药物合成反应

辛炳炜　孙昌俊　曹晓冉　主编

薛依婷　贾 贞　李洪亮　副主编

化学工业出版社

·北京·

全书十二章，包括氧化反应、还原反应、卤化反应、烃基化反应、酰基化反应、缩合反应、杂环化合物合成、消除反应、重排反应、磺化反应、硝化反应、重氮化反应等，涵盖了药物合成反应的基本反应类型。每一类反应中，以相应反应试剂或反应类型为主线，尽量按照有机化合物的类型如烯、炔、醇、酚、醚、醛、酮、酸、含氮化合物、含硫化合物等进行详细论述。

可供从事药物、化学、应化、生化等行业科技工作者以及上述专业师生参考。

图书在版编目（CIP）数据

药物合成反应/辛炳炜，孙昌俊，曹晓冉主编. —北京：
化学工业出版社，2019.1
ISBN 978-7-122-33402-2

Ⅰ.①药…　Ⅱ.①辛…　②孙…　③曹…　Ⅲ.①药物
化学-有机合成-化学反应　Ⅳ.①TQ460.31

中国版本图书馆 CIP 数据核字（2018）第 283177 号

责任编辑：王湘民　　　　　　　　　　　　装帧设计：韩　飞
责任校对：宋　玮

出版发行：化学工业出版社（北京市东城区青年湖南街 13 号　邮政编码 100011）
印　　装：三河市航远印刷有限公司
787mm×1092mm　1/16　印张 39　字数 976 千字　2019 年 3 月北京第 1 版第 1 次印刷

购书咨询：010-64518888　　售后服务：010-64518899
网　　址：http://www.cip.com.cn
凡购买本书，如有缺损质量问题，本社销售中心负责调换。

定　　价：198.00 元

→ 前言

近年来药物及其中间体的合成发展十分迅速，已成为国内外科学、经济发展中的热点之一。国内已出版了几本药物合成反应的书籍，包括闻韧主编的《药物合成反应》一～四版、姚其正主编的《药物合成反应》、刘守信主编的《药物合成反应基础》、孙昌俊主编的《药物合成反应——理论与实践》等，这些书籍对于培养我国的药物合成人才、发展我国的医药等工业具有非常重要的意义。

为适应当前医药行业迅速发展的新形势，编者根据多年来从事药物合成教学、科研的经验和实践，编写了这本《药物合成反应》，向读者系统介绍化学药物及其中间体合成的重要有机反应。全书共分十二章，包括氧化、还原、卤化、磺化、硝化、烃基化、酰基化、消除、重氮化、重排、缩合、杂环化等反应，基本涵盖了药物合成的主要反应。在每一类反应中，再尽量按照有机化合物的类型（如烯、炔、醇、酚、醚、醛、酮、酸、含氮化合物、含硫化合物等）、反应试剂或反应类型进行分类，对每类化合物的相应合成反应进行系统的总结。每章内容相对独立，深入浅出地介绍各种反应的反应机理、影响反应的主要因素、适用范围等，并适当介绍了有机合成中的一些新方法，以反映现代药物合成的新特点。书中附有大量参考文献，以供读者查阅。

本书由辛炳炜、孙昌俊、曹晓冉主编，薛依婷、贾贞、李洪亮副主编，参加编写和资料收集、整理的还有刘宝胜、王秀菊、王晓云、田胜、孙风云、孙琪、马岚、孙中云、孙雪峰、张廷锋、房士敏、张纪明、连军、周峰岩、隋洁、刘少杰、茹淼焱、连松、赵晓东等。德州学院化学化工学院、化学工业出版社的有关同志给予了大力支持，在此一并表示感谢。

本书实用性强，适合于从事医药、农药、化学、应化、高分子、生化、染料、颜料、日用化工、助剂、试剂等行业的生产、科研、教学、实验室工作者以及大专院校的本科生、研究生、教师使用。

本教材依托 2015 年教育部人文社会科学研究专项任务项目（工程科技人才培养研究）——新建本科校企"双螺旋递进式"培养工程人才机制研究（15JDGC021），中国高等教育学会 2016 年工程教育专项课题"基于能力培养的制药工程专业微生物学课程支架式教学模式的研究与实践"（2016GCYB02）及德州学院教学改革立项项目。

限于编者水平有限，书中难免存在不妥之处，恳请批评指正。

辛炳炜

2018 年 8 月

书中符号说明

Ac	acetyl	乙酰基
AcOH	acetic acide	乙酸
AIBN	2,2′-azobisisobutyronitrile	偶氮二异丁腈
Ar	aryl	芳基
9-BBN	9-borabicyclo[3.3.1]nonane	9-硼双环[3.3.1]壬烷
Bn	benzyl	苄基
BOC	t-butoxycarbonyl	叔丁氧羰基
Bu	butyl	丁基
Bz	benzoyl	苯甲酰基
Cbz	benzyloxycarbonyl	苄氧羰基
CDI	1,1′-carbonyldiimidazole	1,1′-羰基二咪唑
m-CPBA	m-chloropetoxybenzoic acid	间氯过氧苯甲酸
DABCO	1,4-diazabicyclo[2.2.2]octane	1,4-二氮杂二环[2.2.2]辛烷
DCC	dicyclohexyl carbodiimide	二环己基碳二亚胺
DDQ	2,3-dichloro-5,6-dicyano-1,4-benzoquinone	2,3-二氯-5,6-二氰基-1,4-苯醌
DEAD	diethyl azodicarboxylate	偶氮二甲酸二乙酯
DMAC	N,N-dimethylacetamide	N,N-二甲基乙酰胺
DMAP	4-dimetylaminopyridine	4-二甲胺基吡啶
DME	1,2-dimethoxyethane	1,2-二甲氧基乙烷
DMF	N,N-dimethylformamide	N,N-二甲基甲酰胺
DMSO	dimethyl sulfoxide	二甲亚砜
dppb	1,4-bis(diphenylphosphino)butane	1,4-双(二苯膦基)丁烷
dppe	1,4-bis(diphenylphosphino)ethane	1,4-双(二苯膦基)乙烷
ee	enantiomeric excess	对映体过量
$endo$		内型
exo		外型
Et	ethyl	乙基
EtOH	ethyl alcohol	乙醇
$h\nu$	irradiation	光照
HMPA	hexamethylphosphorictriamide	六甲基磷酰三胺
HOBt	1-hydroxybenzotriazole	1-羟基苯并三唑
HOMO	highest occupied molecular orbital	最高占有轨道
i	iso-	异
LAH	lithium aluminum hydride	氢化铝锂
LDA	lithium diisopropyl amine	二异丙基胺基锂
LHMDS	lithium hexamethyldisilazane	六甲基二硅胺锂
LUMO	lowest unoccupied molecular orbital	最低空轨道

m-	meta-	间位
mol%		摩尔分数
MW	microwave	微波
n-	normal	正
NBA	*N*-bromo acetamide	*N*-溴代乙酰胺
NBS	*N*-bromo succinimide	*N*-溴代丁二酰亚胺
NCA	*N*-chloro succinimide	*N*-氯代乙酰胺
NCS	*N*-chloro succinimide	*N*-氯代丁二酰亚胺
NIS	*N*-Iodo succinimide	*N*-碘代丁二酰亚胺
NMM	*N*-methylmorpholine	*N*-甲基吗啉
NMP	*N*-methyl-2-pyrrolidinone	*N*-甲基吡咯烷酮
TEBA	triethyl benzyl ammonium salt	三乙基苄基铵盐
o-	ortho	邻位
p-	para	对位
Ph	phenyl	苯基
PPA	poly phosphoric acid	多聚磷酸
Pr	propyl	丙基
Py	pyridine	吡啶
R	alkyl	烷基
rt	room temperature	室温
t-	*tert*-	叔-
S$_N$1	unimolecular nucleophilic substitution	单分子亲核取代
S$_N$2	bimolecular nucleophilic substitution	双分子亲核取代
TBAB	tetrabutylammonium bromide	溴代四丁基铵
TEA	triethylamine	三乙胺
TEBA	triethylbenzylammonium salt	三乙基苄基铵盐
Tf	trifluoromethanesulfonyl(triflyl)	三氟甲磺酰基
TFA	trifluoroacetic acid	三氟乙酸
TFAA	trifluoroacetic anhydride	三氟乙酸酐
THF	tetrahydrofurane	四氢呋喃
TMP	2,2,6,6-tetramethylpiperidine	2,2,6,6-四甲基哌啶
Tol	toluene or tolyl	甲苯或甲苯基
Ts	tosyl	对甲苯磺酰基
TsOH	tosic acid	对甲苯磺酸
Xyl	xylene	二甲苯

第一章 氧化反应

氧化反应是一类常见的有机化学反应。有机化合物分子中，凡是失去电子或电子发生偏移，从而使碳原子上电子云密度降低的反应，统称为氧化反应。狭义上讲，则是指有机物分子中增加氧、失去氢，或同时增加氧、失去氢的反应，而不涉及形成 C—X、C—N、C—S 等新化学键。

通过氧化反应可以合成各种化合物，如醇、酚、环氧化合物、醛、酮、酸等。氧化反应通常是在氧化剂或氧化催化剂存在下实现的。氧化剂种类很多、特点各异，往往一种氧化剂可以与多种不同的基团发生反应，而同一种基团也可以被多种氧化剂氧化，同时氧化过程往往伴随很多副反应。本章将按照氧化剂的类型进行分类，介绍各类氧化剂的氧化反应及其在药物合成中的应用。

氧化反应中常用的氧化剂可大致分为无机氧化剂和有机氧化剂两大类。

第一节 无机氧化剂

无机氧化剂主要有氧（空气）、臭氧、过氧化氢、锰化合物、铬化合物、硝酸、含卤化合物、二氧化硒、四氧化锇以及含有铜、银、铅、铁等金属元素的氧化剂等。

一、氧、臭氧

1. 氧

氧（空气）是最廉价的氧化剂，在有机合成中，通常在催化剂存在下进行催化氧化，常用的催化剂有 Cu、Co、Pt、Ag、V 或其氧化物等。

C—H 键被空气中的氧气氧化为过氧化物（R—O—OH）的反应称为自动氧化。空气氧化属自由基型反应机理，生成烷基过氧化物，烷基过氧化物再分解成相应的氧化产物。

$$RH + Q\,(能量) \longrightarrow R^{\cdot} + H^{\cdot}$$

$$R\cdot + O_2 \longrightarrow R{-}O{-}O\cdot$$

$$R{-}O{-}O^{\cdot} + R{-}H \longrightarrow R{-}O{-}O{-}H + R^{\cdot}$$

$$\xrightarrow{\text{分解}} R'{-}OH + CH_2O\,(CH_3OH)$$

$$\xrightarrow{\text{继续氧化}} 醛（酸）$$

光和高温有利于自动氧化过程，而避光和低温则能有效降低氧化速度。在烃类化合物中，叔碳原子上的氢容易被氧化，烯丙位和苄基位上的氢最容易被氧化。

自然界中这种自动氧化很普遍。例如油脂类化合物，分子中含有烯键，烯丙基位的氢容易被氧化，油脂久置后会变味。

烃类的空气氧化在工业上可以直接制备有机过氧化氢、醇、醛、酮、羧酸等一系列化合物。异丙苯氧化而后分解，是工业上合成苯酚和丙酮的一种重要方法。

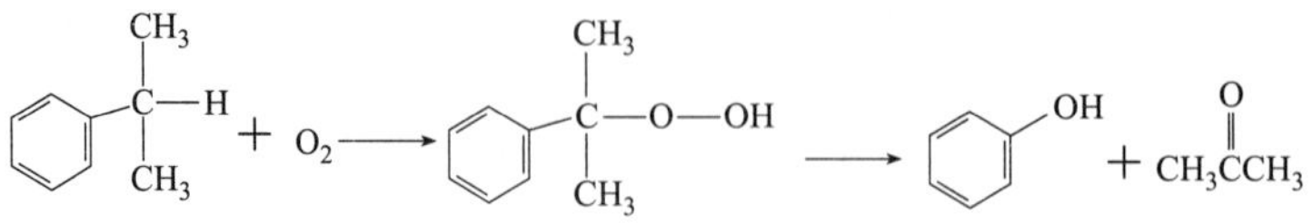

芳环侧链 α-位的氢容易被氧化。在由甲苯制备苯甲酸时，催化氧化法常用的催化剂是锰、钴等过渡金属的盐，特别是有机羧酸盐，如环烷酸钴等。

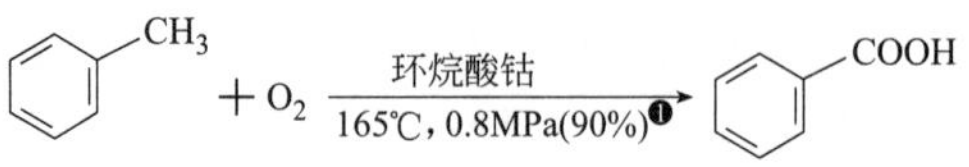

降血糖药格列吡嗪中间体 5-甲基吡嗪-2-羧酸 （**1**）[1] 的合成如下：

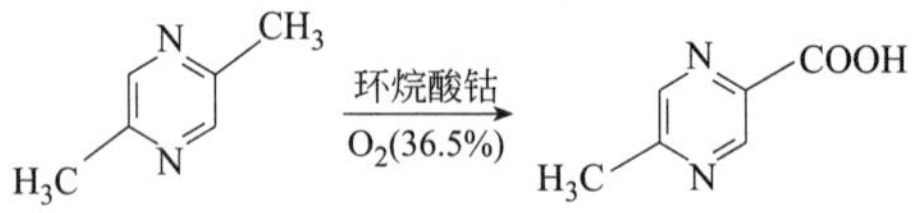

在乙酸钴催化下用空气中的氧作氧化剂时，对甲基叔丁基苯中的甲基优先被选择性地氧化[2]。

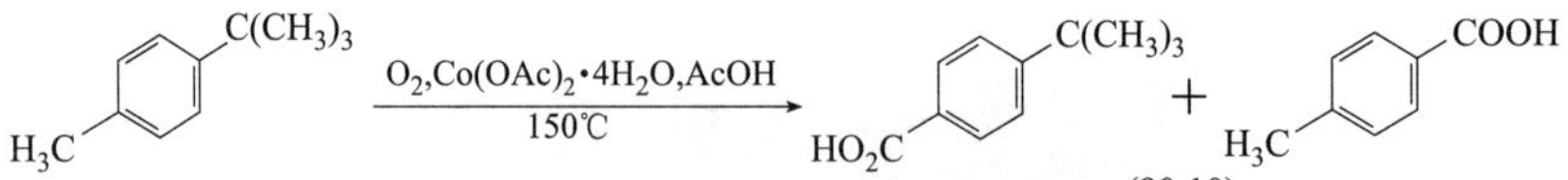

在硬脂酸钴催化剂存在下，氧气可以将邻氯乙苯氧化为邻氯苯乙酮，其为平喘药盐酸妥洛特罗（Tulobuterol hydrochloride）的中间体。

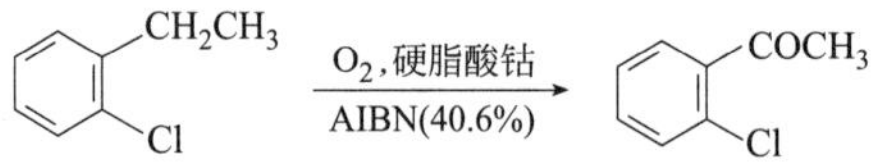

芳环侧链的空气催化氧化多用于芳香族酮、羧酸的制备，也有选择性氧化为醛的报道。例如抗过敏药曲尼司特（Tranilast）、降压药哌唑嗪（Prazosin）等的中间体（**2**）[3] 的合成。

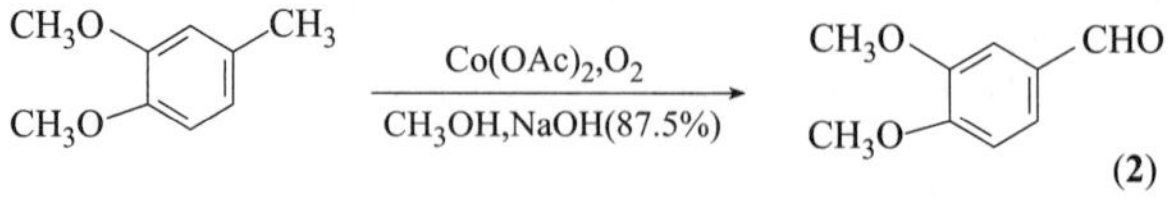

在一定条件下，芳环可以被氧化破坏，例如萘氧化生成邻苯二甲酸酐。

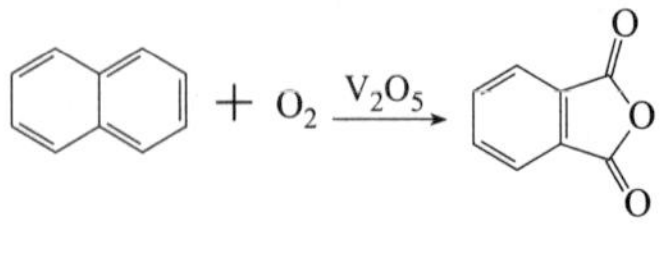

---

❶ 无特指时均为质量分数，全书同。

在活性银的催化下，乙烯可以被空气中的氧直接氧化生成环氧乙烷。

$$CH_2{=}CH_2 + O_2 \xrightarrow[250℃,10MPa]{Ag} H_2C\underset{O}{\triangle}CH_2$$

其他烯烃的空气直接氧化合成环氧乙烷衍生物很少获得成功，主要原因是处于烯丙位的 C—H 键更易被氧化。

以氧气为氧源的均相催化体系也有一些报道，但是催化剂多是金属配合物，稳定性低，而且回收困难。

有报道[4]，在1,2-二氯乙烷中，加入醛类化合物，并通入氧气，可以将烯烃氧化为环氧乙烷衍生物。反应中是利用醛的自动氧化原位生成过酸，最后将烯氧化为环氧化合物。

$$\underset{}{>}C{=}C{<} + O_2 + RCHO \xrightarrow{催化剂} C\overset{O}{\triangle}C + RCOOH$$

1,2-环氧环己烷可以采用分子氧/正戊醛/三氧化二钴的新型氧化体系由环己烯来合成[5]。

$$\bigcirc + O_2 + n\text{-}C_4H_9CHO \xrightarrow[ClCH_2CH_2Cl(94\%)]{Co_2O_3} \bigcirc\hspace{-4pt}O + n\text{-}C_4H_9COOH$$

在一定条件下，烯烃可以氧化为羰基化合物（醛、酮）。Wacker 反应是由烯烃一步合成醛、酮的重要方法。

$$RCH{=}CH_2 + O_2 \xrightarrow[THF,H_2O]{PdCl_2 \cdot CuCl_2} R\overset{O}{\underset{}{\parallel}}CCH_3$$

$$R{=}H,烷基$$

反应分三步进行：

$$PdCl_4^{2-} + CH_2{=}CH_2 + H_2O \longrightarrow CH_3CHO + Pd(0) + 2HCl + 2Cl^-$$

$$Pd(0) + CuCl_2 + 2Cl^- \longrightarrow PdCl_4^{2-} + 2CuCl$$

$$2CuCl + 1/2O_2 + 2HCl \longrightarrow 2CuCl_2 + H_2O$$

将上述三个反应合并，总反应如下：

$$1/2\ O_2 + CH_2{=}CH_2 \longrightarrow CH_3CHO$$

反应中氯化钯被还原为钯（0）。由于钯试剂价格昂贵，加入 CuCl$_2$ 作共氧化剂，将钯（0）重新氧化为钯（Ⅱ），CuCl$_2$ 则被还原为 Cu（Ⅰ），而后被空气中的氧氧化为 Cu（Ⅱ）。因而，空气中的氧实际上是唯一的氧化剂。

常用的催化剂是 PdCl$_2$-CuCl$_2$。其他催化剂体系有 PdCl$_2$-CuCl、PdCl$_2$-Cu（NO$_3$）$_2$、PdCl$_2$/Cu(OAc)$_2$、Pd(OAc)$_2$/多苯胺等。端基烯氧化除了苯乙烯外，主要生成 α-甲基酮。2-癸酮是重要的医药和香料中间体，用 Wacker 反应合成[6]，收率 65%～73%。

$$CH_3(CH_2)_7CH{=}CH_2 \xrightarrow[CuCl,O_2(65\%\sim73\%)]{PdCl_2} CH_3(CH_2)_7\overset{O}{\underset{}{\parallel}}CCH_3$$

采用该方法，非端基烯氧化生成两种酮的混合物。

$$RCH{=}CHR' + O_2 \xrightarrow[120℃]{PdCl_2-CuCl_2} R\overset{O}{\underset{}{\parallel}}CCH_2R' + RCH_2\overset{O}{\underset{}{\parallel}}CR'$$

Wacker 反应具有选择性，当分子中同时含有链端和链中烯键时，可以只氧化链端烯键。

$$\text{（结构式）} CO_2Et \xrightarrow[O_2(77\%)]{PdCl_2-CuCl_2} \text{（结构式）} CO_2Et$$

对于 1,1-二取代乙烯，氧化时取代基会发生迁移得到重排产物。

$$\underset{R^2}{\overset{R^1}{\diagdown}} C = CH_2 \xrightarrow{\text{PdCl}_2\text{-CuCl}_2,\text{O}_2} R^1 \overset{O}{\overset{\|}{C}} CH_2 R^2$$

近年来 Wacker 反应取得了长足的发展。利用 0.6MPa 的氧气作单一氧化剂，在氯化钯催化下将端基烯氧化为酮，该体系不需要铜盐[7]。

$$C_7H_{15} \diagup\diagdown + H_2O \xrightarrow[\text{DMA,0.6MPa,O}_2,80℃]{\text{5mol\% PdCl}_2} C_7H_{15}\overset{O}{\overset{\|}{\diagdown}}$$

在 Co（acac）$_2$ 存在下，用氧气氧化苯乙烯，受溶剂的影响很大。若反应在 THF 中进行，得到较高收率的苯甲酸；而在乙酸乙酯中进行反应时，则主要生成苯甲醛[8]。

$$PhCH = CH_2 + O_2 \xrightarrow[70℃]{\text{Co(acac)}_2} PhCOOH + PhCHO$$

$$\begin{array}{ccc} & \text{THF} & 86 & 14 \\ & \text{EtOAc} & 5 & 95 \end{array}$$

烯丙型氢由于受双键的影响比较活泼，容易发生多种化学反应，如自由基取代反应、氧化反应等。以氧化亚铜为催化剂，丙烯可以被空气中的氧氧化为丙烯醛。

$$CH_3CH = CH_2 + O_2 \xrightarrow[350℃,0.25\text{MPa}]{\text{Cu}_2\text{O}} CH_2 = CHCHO + H_2O$$

如用含铈的磷钼酸铋为催化剂，在氨和空气的混合物中丙烯被氧化成丙烯腈。此反应称为氨氧化反应，是目前工业上生产丙烯腈的主要方法之一。

$$CH_3CH = CH_2 + O_2 + NH_3 \xrightarrow[470℃]{\text{含铈磷钼酸铋}} CH_2 = CHCN + H_2O$$

氨氧化法也用于甲苯及其取代物制备苯甲腈及其取代衍生物，甲基吡啶氧化生成氰基吡啶。甲基芳烃的氨氧化催化剂是以 V_2O_5 为主催化剂，以 P_2O_5、MoO_3、Cr_2O_3、BaO、SnO_2、TiO_2 等作助催化剂。载体一般是硅胶或硅铝胶。不同的反应底物氨氧化时，催化剂的组成和反应条件也各不相同。

在氯化亚铜和空气（氧气）的作用下，端基炔可以发生氧化偶联反应生成二炔类化合物，该反应称为 Glazer 反应[9]。

$$RC \equiv CH \xrightarrow[\text{CuCl}]{\text{O}_2} RC \equiv C - C \equiv CR$$

$$2PhC \equiv CH \xrightarrow[\text{NH}_4\text{OH,EtOH}]{\text{2CuCl}} 2PhC \equiv CCu \xrightarrow[\text{NH}_4\text{OH,EtOH}]{\text{O}_2} PhC \equiv C - C \equiv CPh$$

该反应常用氯化亚铜与氨或胺（如吡啶、二乙基胺等）的配合物作催化剂，反应的收率一般很高。

$$2CH_3\overset{OH}{\overset{|}{CH}}C \equiv CH \xrightarrow[\text{H}_2\text{O(90\%)}]{\text{CuCl} - \text{NH}_4\text{Cl}} CH_3\overset{OH}{\overset{|}{CH}}C \equiv C - C \equiv C\overset{OH}{\overset{|}{CH}}CH_3$$

用双端基炔进行氧化偶联，可以得到大环的二聚体、三聚体等。例如：

$$HC \equiv C(CH_2)_5C \equiv CH \xrightarrow[\text{O}_2]{\text{Cu(OAc)}_2,\text{Py}} \begin{array}{c} C \equiv C(CH_2)_5C \equiv C \\ | \quad\quad\quad\quad\quad | \\ C \equiv C(CH_2)_5C \equiv C \\ \text{环二聚体} \end{array} + 环三聚体 + 环四聚体等$$

炔烃化合物也可以发生 Wacker 氧化反应生成邻二酮类化合物[10]。

$$R^1-C\equiv C-R^2 \xrightarrow[\text{0.1MPa O}_2,60℃,\text{二氧六环/H}_2O]{5mol\% \text{ PdBr}_2,10mol\% \text{ CuBr}_2} R^1-\overset{O}{\underset{}{C}}-\overset{O}{\underset{}{C}}-R^2$$

$$R^1,R^2—芳基、烃基$$

使用 PdCl$_2$-DMSO 或 I$_2$-DMSO 也可以将炔氧化为1,2-二羰基化合物。二苯基乙二酮[11] 是重要的药物合成中间体，可用该方法来合成。

$$\text{(图)} \xrightarrow[\text{DMSO(98\%)}]{\text{PdCl}_2} \text{(图)}$$

将伯醇的蒸气与空气一起通过催化剂进行催化氧化，可以得到相应的醛，这是工业上制备多种醛的方法。例如肉桂醛的合成。

$$\text{(图)} \xrightarrow[\text{Tol,60℃,40min(92\%)}]{\text{O}_2 \text{ Ru-Co-Al-CO}_3,\text{HT(10\%Ru)}} \text{(图)}$$

金属钯以及 Cu、Os 等的化合物也可以催化醇的氧化。例如：

$$\text{(图)} \xrightarrow[\text{DMF,25℃,1.75h (100\%)}]{\text{O}_2,\text{CuCl,TEMPP}} \text{(图)}$$

$$\text{CH}_3O\text{(图)} \xrightarrow[\text{Tol,100℃,1h(96\%)}]{\text{O}_2,\text{OsO}_4(1mol\%),\text{CuCl}(1.5mol\%)} \text{CH}_3O\text{(图)}$$

在乙酸钴存在下，1,2-环己二醇可以被空气氧化为己二醛，其为重要的化学灭菌剂。

$$\text{(图)} \xrightarrow[\text{100℃(35\%)}]{\text{O}_2,\text{Co(OAc)}_2} \text{(图)}$$

二价钴盐作催化剂，用空气氧化，可以将伯醇氧化为羧酸。例如羧苄青霉素等的中间体2-乙基己酸的合成：

$$\underset{\overset{|}{\text{C}_2\text{H}_5}}{\text{CH}_3(\text{CH}_2)_3\text{CHCH}_2\text{OH}} \xrightarrow[140℃]{\text{Co}^{2+},\text{O}_2} \underset{\overset{|}{\text{C}_2\text{H}_5}}{\text{CH}_3(\text{CH}_2)_3\text{CHCOOH}}$$

邻二苯酚用氯化亚铜作催化剂，在吡啶存在下于甲醇中可以开环氧化为（Z，Z）-2,4-己二酸单甲酯[12]。

$$\text{(图)} + \text{O}_2 \xrightarrow[\text{Py(71\%~80\%)}]{\text{CuCl,CH}_3\text{OH}} \underset{\text{CO}_2\text{CH}_3}{\overset{\text{CO}_2\text{H}}{\text{(图)}}}$$

酚类化合物用空气进行催化氧化生成醌。可用催化剂种类很多，如 Cu(NO$_3$)$_2$-V$_2$O$_5$、MnCl$_2$、CoCl$_2$、FeSO$_4$、TiO$_2$-SiO$_2$、Cr$_2$O$_3$-SiO$_2$ 以及 Cu(NO$_3$)$_2$-LiCl 复合催化剂等。

$$\text{HO}\text{(图)} \xrightarrow[\text{CH}_3\text{OH,70℃,2.5MPa(80.4\%)}]{\text{O}_2,\text{Cu(NO}_3)_2-\text{LiCl}} O=\text{(图)}=O$$

醚类化合物会生成过氧化物。例如乙醚和空气长期接触会有过氧化物生成，虽然过氧化物的结构尚未完全确定，但与 α-H 的活性有关，过氧键连在 α-碳原子上。

$$\text{CH}_3\text{CH}_2\text{OCH}_2\text{CH}_3 + \text{O}_2 \longrightarrow \underset{\overset{|}{\text{O}-\text{OH (过氧化醚)}}}{\text{CH}_3\text{CH}_2\text{OCHCH}_3}$$

为了防止过氧化物的形成，市售无水乙醚加有 $0.05\mu g/L$ 的二乙基氨基二硫代甲酸钠做抗氧化剂。即使如此，仍有过氧化物生成，使用时应特别注意。

在空气中，醛可被 O_2 按自由基反应机理氧化成酸，芳醛较脂肪醛易被氧化，因为芳醛的羰基较易形成自由基。

腈可以被氧化为减少一个碳原子的羧酸。例如辛腈在叔丁醇钾存在下，可以被氧气氧化为庚酸。庚酸为香料的原料，也是抗霉菌剂。

$$CH_3(CH_2)_6CN \xrightarrow[t\text{-BuOK},18\text{-冠-6}(89\%)]{O_2,THF} CH_3(CH_2)_5COOH$$

2. 臭氧

臭氧（O_3）是一种有刺激性腥臭气味的气体，浓度高时与氯气气味相像；液态臭氧深蓝色，固态臭氧紫黑色。在常温下易分解，生成氧气和氧原子。其氧化能力比氧略强。臭氧需用特定设备——臭氧发生器来制备，目前主要采用高压放电的方法使氧气转化为臭氧。

烷烃分子中含有各种氢（伯、仲、叔氢），很多氧化剂可以将烷烃氧化，氧化不十分专一。但环烷烃环上的叔氢用臭氧氧化却是专一性反应。例如低温时在硅胶存在下臭氧可以使环烷烃叔氢氧化为叔醇。

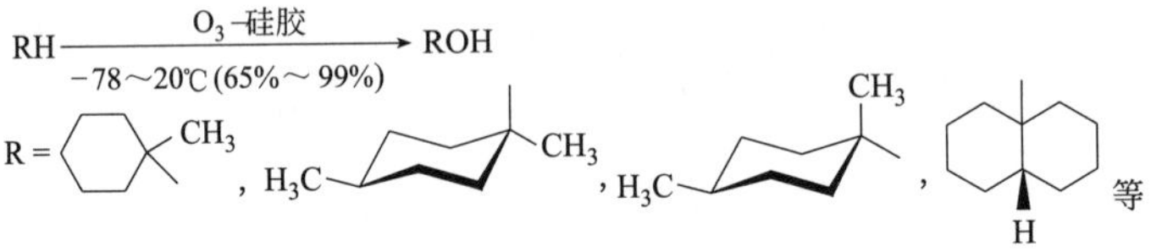

研究证明环上的叔氢氧化时，所连接的碳原子绝对构型几乎不变，且反应产率较高。如：

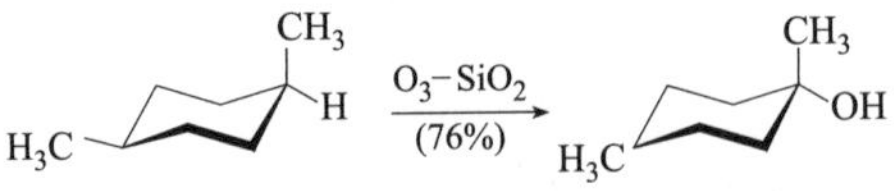

臭氧常用于烯烃的氧化，目前公认的烯烃臭氧氧化机理是 Criegee 于 1949 年提出的裂解-再化合机理。首先生成分子臭氧化物，并进而迅速转化为臭氧化物，称为臭氧化反应。生成的易爆炸不稳定的臭氧化合物，不经分离，可直接将其氧化或还原断裂成羧酸、醛或酮，以及醇类化合物。

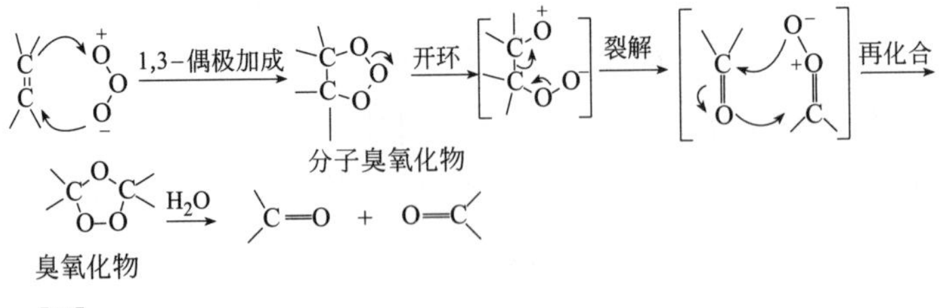

例如如下反应[13]：

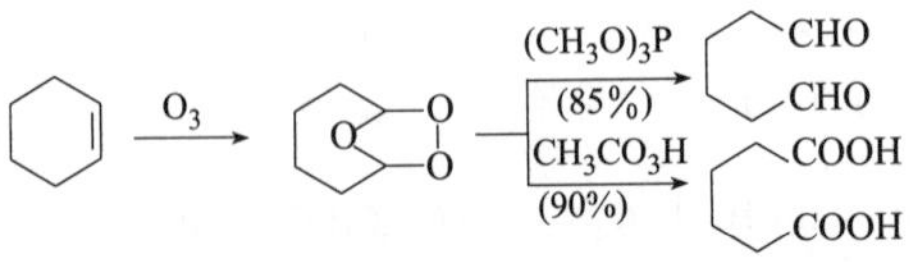

菲也可发生类似的反应。

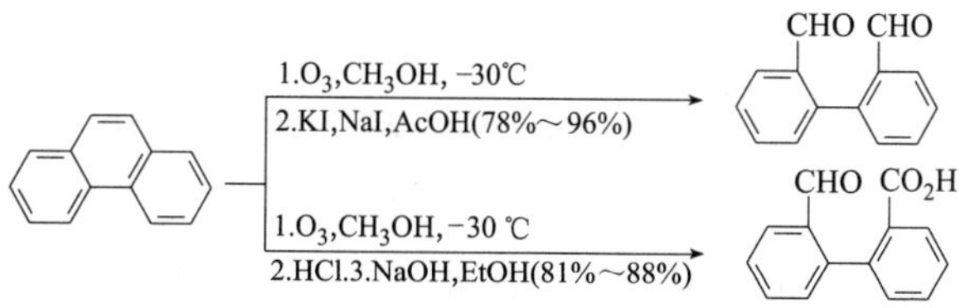

分子中含有—OH、—NH$_2$、—CHO 等基团的化合物，在臭氧氧化前这些基团应适当保护。臭氧化物水解时生成 H$_2$O$_2$，仍具有氧化作用，应加入一些还原性物质将其分解，例如 Zn、Na$_2$SO$_3$、三苯基膦、亚磷酸三甲（乙）酯、二甲硫醚等。锌粉-酸体系不适于对酸敏感的底物，使用二甲硫醚的产率高。

心脏病治疗药奥普力农（Olprinone）中间体 1-(咪唑并［1,2-a］吡啶-6-基)-2-丙酮（**3**)[14] 的合成如下：

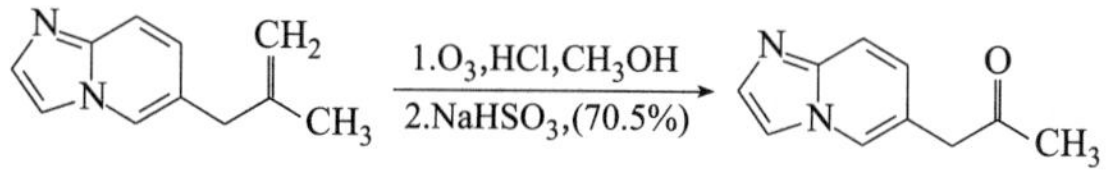

若分子中有两个或两个以上的双键，则双键上电子云密度大、空间位阻小的双键优先被氧化。例如：

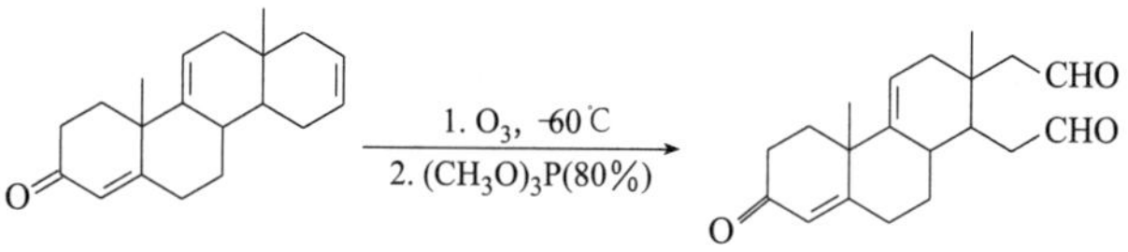

用还原剂 LiAlH$_4$、NaBH$_4$ 时，臭氧化物被还原成醇，而在钯存在下氢解时生成醛、酮。例如：

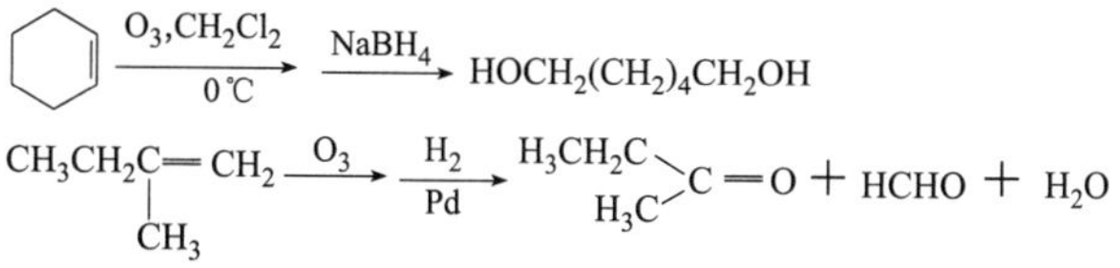

烯烃的臭氧化反应若在甲醇中进行，还可能发生如下反应。

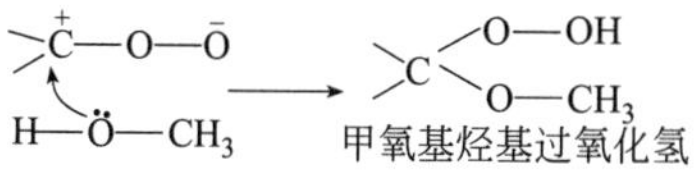

生成的甲氧基烃基过氧化氢还原时也可生成羰基化合物。

臭氧化水解法可用于由烯类化合物合成各种不同化合物，也可用于烯烃结构的测定。

在碱性过氧化氢水溶液中烯烃与臭氧反应，则臭氧化和氧化分裂连续发生。例如由环辛烯合成辛二酸（**4**)[15]。辛二酸是皮肤 T 淋巴细胞癌、乳腺癌等治疗药物伏立诺他（Vorinostat）的中间体。

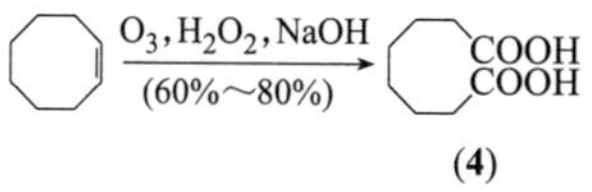

烯醇硅醚也可以经臭氧氧化，氧化分裂为羧酸。

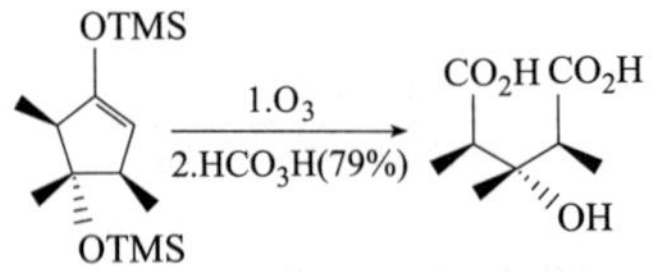

若将环状烯醇硅醚的臭氧化物用硼氢化钠处理，则会发生还原反应，分裂生成 ω-羟基羧酸，这是合成 ω-羟基羧酸的方法之一。

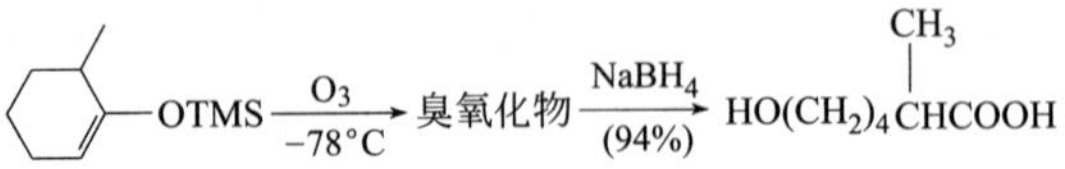

如下反应则生成酮酸：

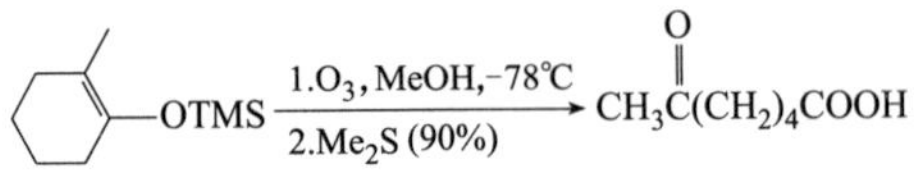

α-蒎烯进行臭氧化反应生成蒎酮酸（**5**）[16]，其酰胺类衍生物具有很好的生物活性。

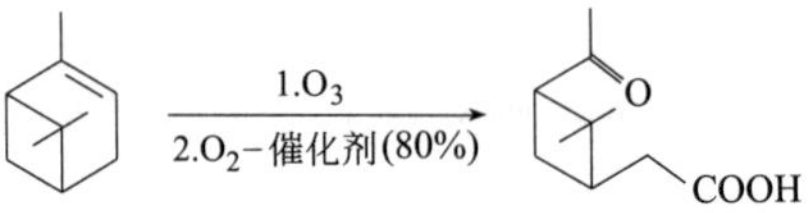

α,β-不饱和酮也可以被臭氧氧化，发生碳碳双键的断裂，生成酮酸。例如：

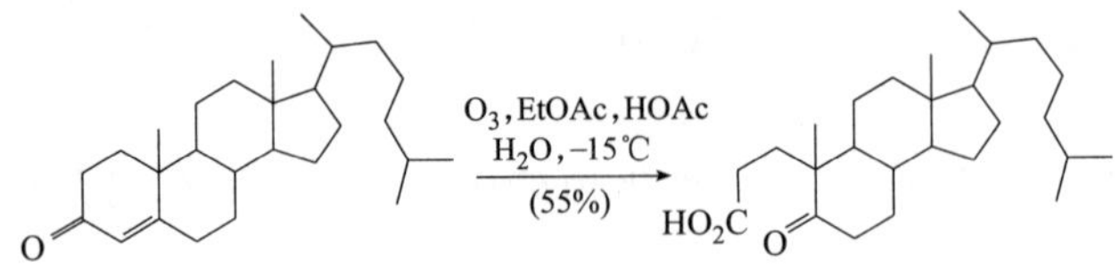

当底物分子中同时含有烯键和烯酮双键时，臭氧可以选择性地氧化烯的双键。例如：

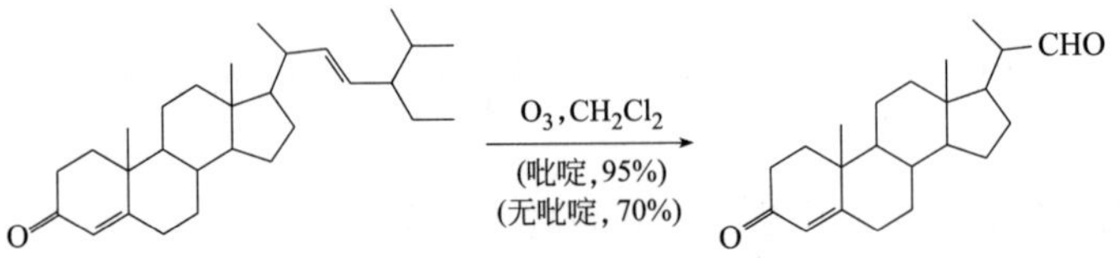

对于位阻较大的烯，用臭氧氧化时可以生成环氧乙烷衍生物。例如：

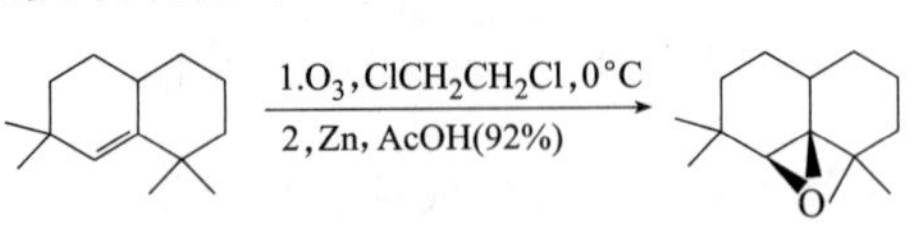

炔烃化合物经臭氧氧化而后水解，生成小分子的羧酸。

$$RC\equiv CH \xrightarrow[2.\ H_2O]{1.\ O_3} RCOOH + HCOOH$$

$$RC\equiv CR' \xrightarrow[2.\ H_2O]{1.\ O_3} RCOOH + R'COOH$$

二苯基乙炔基甲醇经臭氧氧化生成二苯羟乙酸（**6**）[17]，为胃病治疗药贝那替秦和奥芬溴铵等的中间体。

$$\underset{\underset{Ph}{\overset{HO}{\diagdown}}}{\overset{}{\diagup}}C\!\!\equiv\!\!CH \xrightarrow[\text{CHCl}_3(73\%)]{\text{O}_3} \underset{\underset{Ph}{\overset{HO}{\diagdown}}}{\overset{}{\diagup}}COOH \qquad (6)$$

当分子中同时含有双键和叁键时，用臭氧氧化时双键更容易被氧化。

喹啉在酸性条件下可以被臭氧-H_2O_2氧化，生成 2,3-吡啶二甲酸（**7**）[18]，其为合成烟酸、尼可刹米、莫西沙星等的中间体。对于稠环化合物，电子云密度比较大的环容易被氧化。

$$\text{喹啉} \xrightarrow[\text{2.H}_2\text{O}_2(61\%\sim70\%)]{\text{1.O}_3,\text{AcOH},\text{H}_2\text{SO}_4,\text{H}_2\text{O}} \text{吡啶-2,3-二甲酸} \qquad (7)$$

干燥的臭氧可以将脂肪族伯胺氧化为硝基化合物。氧化过程如下：

$$\underset{\text{NH}_2}{\text{CH}_3\text{CHCH}_2\text{CH}_3} \xrightarrow{\text{O}_3} \underset{\overset{+}{\text{NH}_2}:\text{O}_3^-}{\text{CH}_3\text{CHCH}_2\text{CH}_3} \xrightarrow{-\text{O}_2} \underset{\overset{+}{\text{NH}_2}:\text{O}^-}{\text{CH}_3\text{CHCH}_2\text{CH}_3} \longrightarrow$$

$$\underset{\text{NHOH}}{\text{CH}_3\text{CHCH}_2\text{CH}_3} \longrightarrow \underset{\text{NO}}{\text{CH}_3\text{CHCH}_2\text{CH}_3} \longrightarrow \underset{\text{NO}_2}{\text{CH}_3\text{CHCH}_2\text{CH}_3}$$

这类反应的副反应是生成相应的酮。

$$\underset{\text{NH}_2}{\text{CH}_3\text{CHCH}_2\text{CH}_3} \xrightarrow{\text{O}_3} \underset{\underset{\text{OH}}{\overset{\text{NH}_2}{}}}{\text{CH}_3\text{CCH}_2\text{CH}_3} \longrightarrow \underset{\text{O}}{\text{CH}_3\text{CCH}_2\text{CH}_3}$$

二、过氧化氢

过氧化氢（H_2O_2）是一种较缓和的氧化剂。1mol 过氧化氢氧化时可生成 16g 活泼氧，可在中性、碱性或酸性介质中用各种不同浓度的过氧化氢进行反应，通常加入一些催化剂。氧化反应温度一般不高，且反应后过氧化氢生成水，是一种理想的氧源。不足的是，高浓度的双氧水具有强烈的腐蚀性及潜在的爆炸隐患，低浓度的双氧水活性低，需要催化剂使其活化。

在碱性介质中，过氧化氢生成它的共轭碱 HOO^-，后者作为亲核试剂进行氧化反应。α,β-不饱和羰基化合物可氧化成环氧羰基化合物。生成的环氧环处在位阻较小的一边。例如：

$$\xrightarrow[-15\sim0{}^\circ\text{C}(92\%)]{\text{H}_2\text{O}_2,\text{NaOH}}$$

环氧化机理如下：

$$\text{HOO}^- + \text{R}-\text{CH}\!=\!\text{CH}-\overset{\text{O}}{\overset{\|}{\text{C}}}-\text{R}' \Longrightarrow \text{R}-\text{CH}-\text{CH}\!=\!\text{C}-\text{R}' \longrightarrow \text{R}-\text{CH}-\text{CH}-\overset{\text{O}}{\overset{\|}{\text{C}}}-\text{R}' + \text{HO}^-$$

反应的第一步是 Michael 加成，而后发生分子内的亲核取代。

在 α,β-不饱和醛的环氧化反应中，醛基和不饱和键可能同时被氧化。例如肉桂醛在碱性条件下被过氧化氢氧化为环氧化的酸。

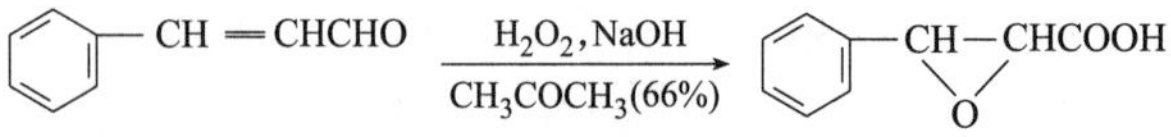

$$\text{C}_6\text{H}_5\text{—CH}=\text{CHCHO} \xrightarrow[\text{CH}_3\text{COCH}_3(66\%)]{\text{H}_2\text{O}_2,\text{NaOH}} \text{C}_6\text{H}_5\text{—CH—CHCOOH}$$

不饱和酸酯，控制反应介质的 pH 值，可生成环氧酸酯，例如：

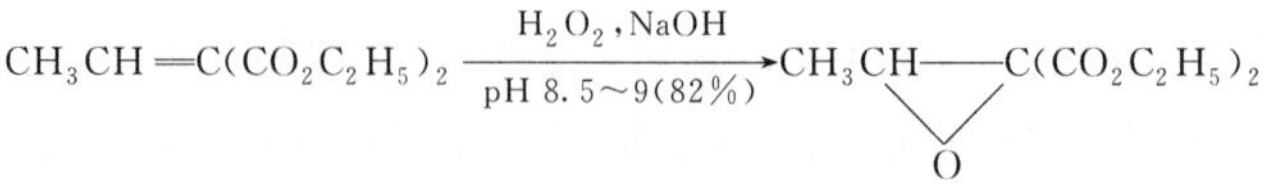

$$\text{CH}_3\text{CH}=\text{C}(\text{CO}_2\text{C}_2\text{H}_5)_2 \xrightarrow[\text{pH } 8.5\sim 9(82\%)]{\text{H}_2\text{O}_2,\text{NaOH}} \text{CH}_3\text{CH—C}(\text{CO}_2\text{C}_2\text{H}_5)_2$$

上述反应若碱性太强，则酯基容易发生水解反应。

环氧化反应中虽然环氧环倾向于在位阻较小的一边，但光学纯度不高。上世纪末，Shioiri 等人[19]用辛可宁合成了新型季铵盐手性相转移催化剂。利用这种催化剂，用过氧化氢氧化查耳酮及其类似物，得到高光学纯度的环氧化合物。

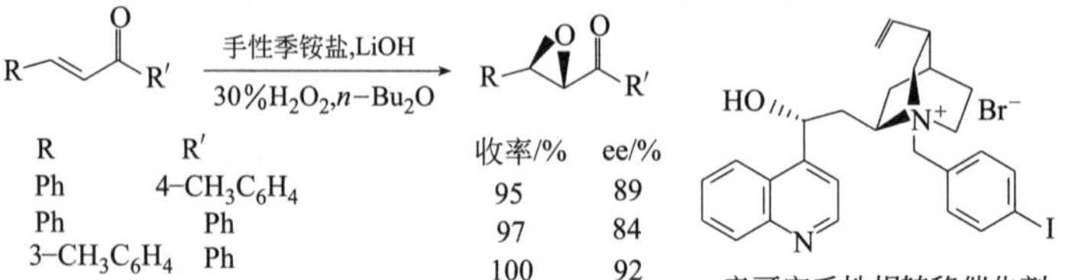

R	R′	收率/%	ee/%
Ph	4-CH₃C₆H₄	95	89
Ph	Ph	97	84
3-CH₃C₆H₄	Ph	100	92

辛可宁手性相转移催化剂

手性相转移催化剂在环氧化合物中的应用已有不少报道。

在用双氧水为氧源的烯烃环氧化反应中，金属催化剂的金属元素中以铝、锰、铼、钨、钛、铁、钼等最为常见，非金属催化剂中尤以有机物作催化剂为主。

在腈存在下，碱性过氧化氢可使双键环氧化，此时不饱和酮不发生 Baeyer-Villiger 反应，利用这一特点，可合成非共轭不饱和酮（**A**）的环氧化合物（**B**）。

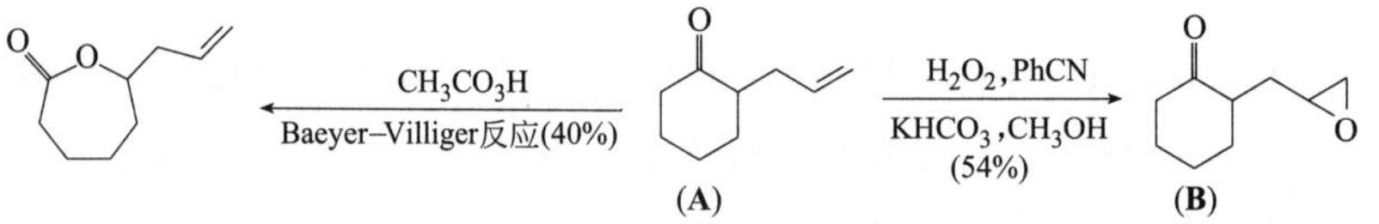

腈存在下的反应机理如下：

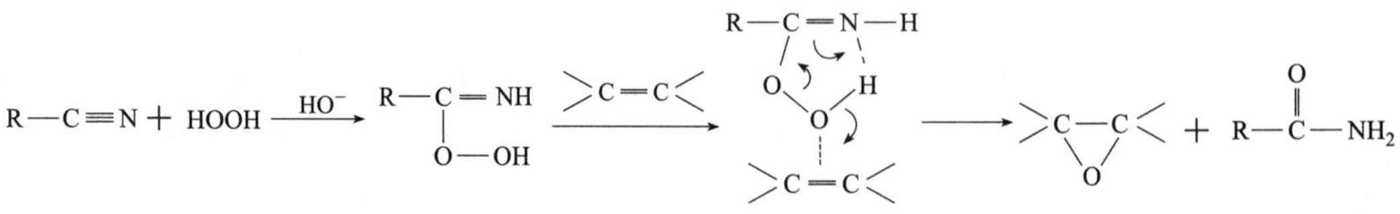

芳环上邻或对位有羟基的芳香族醛、酮可被氧化为多元酚，称为 Dakin 反应[20]。如：

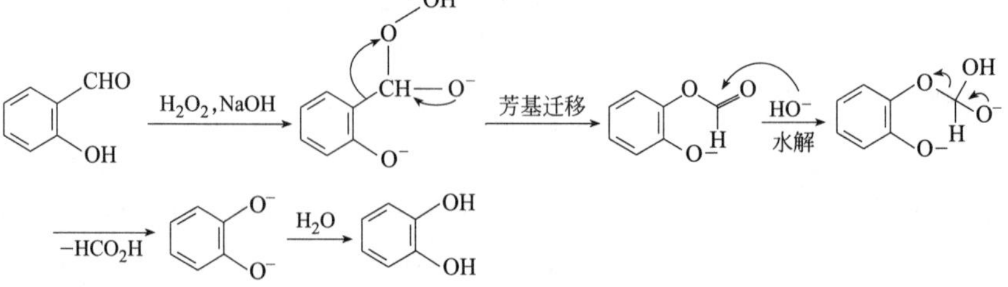

该反应常用过氧化氢作氧化剂，也可以使用过氧化氢-尿素、过氧化氢-二氧化硒、过氧化氢-硼酸等，有时也可使用有机过酸。医药中间体 3,4-二甲氧基苯酚（**8**）[21]的合成如下。

$$\text{(图)} \xrightarrow[\text{H}_2\text{SO}_4(80\%)]{\text{H}_2\text{O}_2,\text{B(OH)}_3} \text{(图)} \quad \textbf{(8)}$$

又如如下反应[22]:

$$\text{(图)} \xrightarrow[\text{MeOH},\text{THF}(50\%)]{\text{H}_2\text{O}_2,\text{HCl}} \text{(图)}$$

Dakin 反应可以将甲酰基进一步扩展至乙酰基和丙酰基。反应体系的 pH 值对反应有明显的影响,当 pH 值大于 10 时,会发生过度氧化生成酸,在 pH 8~9 时酚的收率明显提高。对苯二酚的合成如下[23]。

$$\text{CH}_3\text{CO}\text{-}\text{(环)}\text{-OH} \xrightarrow[28℃,20h(86.8\%)]{\text{NaOH},\text{H}_2\text{O}_2} \text{HO}\text{-}\text{(环)}\text{-OH}$$

含有羧基、硝基、卤素、氨基、甲氧基、甲基等基团的羟基芳醛、芳酮都可发生此反应。

在酸催化下用过氧化氢可以将叔醇氧化为叔烷基过氧化氢、二叔烷基过氧化物(例如二叔丁基过氧化物 DTBP),这些过氧化物都是有机合成中的氧化剂。如下述反应[24],产物中含 66% 的叔丁基过氧化氢,34% 的过氧化二叔丁基,活性氧含量 11.74%。

$$(\text{CH}_3)_3\text{COH} \xrightarrow{\text{H}_2\text{SO}_4} (\text{CH}_3)_3\text{COSO}_3\text{H} \xrightarrow[\text{H}_2\text{SO}_4]{\text{H}_2\text{O}_2} (\text{CH}_3)_3\text{COOH} + (\text{CH}_3)_3\text{COOC}(\text{CH}_3)_3$$

在中性介质中,过氧化氢可将硫醚氧化成亚砜,例如:

$$\text{PhCH}_2\text{SCH}_3 \xrightarrow[\text{CH}_3\text{COCH}_3(77\%)]{\text{H}_2\text{O}_2} \text{PhCH}_2\overset{\text{O}}{\underset{\|}{\text{S}}}\text{CH}_3$$

过氧化氢与亚铁离子作用,生成氢氧基自由基,该试剂又称为 Fenton 试剂。

$$\text{H}_2\text{O}_2 + \text{Fe}^{2+} \longrightarrow \text{Fe(OH)}^{2+} + \text{HO}\cdot$$

在糖的降解中可利用此试剂,称为 Ruff-Fenton 反应。例如 D-阿拉伯糖的合成:

$$\text{(D-葡萄糖)} \xrightarrow[40℃]{\text{H}_2\text{O}_2,\text{Fe}^{2+},\text{Ba(OAc)}_2} \text{(中间体)} \xrightarrow{-\text{CO}_2} \text{(D-阿拉伯糖)}$$

过氧化氢与有机酸,例如甲酸、乙酸、三氟乙酸等可生成有机过氧酸。可将烯烃氧化成环氧化合物(顺式加成),而后水解生成反式邻二醇(详见本章第二节有机氧化剂)。

在适当的条件下,邻二醇也可以被氧化为酸。在钨酸钠-磷酸的催化下,用过氧化氢可以将苯基乙二醇氧化为苯甲酸。

$$\text{(图)} \xrightarrow[\text{NaWO}_4\cdot2\text{H}_2\text{O}-\text{H}_3\text{PO}_4(87\%)]{\text{H}_2\text{O}_2} \text{(图)}\text{CO}_2\text{H} + \text{CO}_2$$

在二氧化硒催化下，2-甲基丙烯醛可以被过氧化氢氧化为2-甲基丙烯酸。

$$CH_2=\underset{\underset{CH_3}{|}}{C}CHO \xrightarrow[(74\%)]{H_2O_2, SeO_2} CH_2=\underset{\underset{CH_3}{|}}{C}COOH$$

过氧化氢可将一些酮类化合物氧化为过氧化物，环己酮可被氧化为过氧化环己酮（**9**）[25]。

$$2 \underset{}{\bigcirc}=O \xrightarrow[(85\%\sim89\%)]{H_2O_2} \text{(9)}$$

叔胺用过氧化氢或过酸等氧化可以生成叔胺氧化物，又称为氧化胺。

$$R_3N + H_2O_2 \longrightarrow R_3\overset{+}{N}-O^-$$

叔胺氧化物在缓和的条件下经热消除生成烯烃，此反应称为 Cope 消除反应。Cope 消除是顺式消除，经由五元环状过滤态，是制备烯烃的一种有价值的方法。

腈部分水解可以生成酰胺。在碱性条件下水解，加入适量的过氧化氢，可以得到较高收率的酰胺。过氧化氢的浓度以 3%～30% 为宜。例如降血脂药苯扎贝特（Bezafibrate）的中间体 4-氯苯甲酰胺的合成[26]。

$$Cl-\underset{}{\bigcirc}-CN \xrightarrow[DMSO, K_2CO_3(85\%)]{30\% H_2O_2} Cl-\underset{}{\bigcirc}-CONH_2$$

可能的反应过程如下：

$$HOOH + HO^- \longrightarrow HOO^- + H_2O$$

$$R-C\equiv N + HOO^- \xrightarrow{H_2O} R-\underset{}{C}=NH \xrightarrow[H_2O]{HOO^-} R-\underset{}{C}-NH_2 \longrightarrow RCONH_2 + O_2 + HO^-$$

有时也可以直接在水溶液中，碱性条件下用稀的 H_2O_2 进行氧化水解来合成相应的酰胺。例如新药中间体 3,4-二甲氧基苯甲酰胺（**10**）的合成[27]。

$$\underset{CH_3O}{CH_3O}\underset{}{\bigcirc}-CN + 2H_2O_2 \xrightarrow[(87\%)]{KOH} \underset{CH_3O}{CH_3O}\underset{}{\bigcirc}-CONH_2 \quad \text{(10)}$$

有报道，用钨酸钠作催化剂，用碳酸钠-H_2O_2 或过碳酸钠作氧化剂，可以将芳香腈高选择性地氧化为相应的酰胺[28]。用邻、间、对甲基苯甲腈进行反应时，邻位甲基的位阻对反应有影响，收率较低，而间位和对位甲基对反应的影响不大。

将 15% 的过氧化氢慢慢滴加至硫醇的氢氧化钠溶液中，可以生成二硫化物。

$$n\text{-}C_{16}H_{33}SH + H_2O_2 \xrightarrow[30℃(75\%\sim80\%)]{NaOH} n\text{-}C_{16}H_{33}SSC_{16}H_{33}\text{-}n$$

过氧化氢与有机酸反应生成相应的有机过氧酸。用甲磺酸作催化剂，苯甲酸氧化为过氧苯甲酸。

$$C_6H_5CO_2H + H_2O_2 \xrightarrow[(85\%\sim90\%)]{CH_3SO_3H} C_6H_5CO_3H + H_2O$$

酰氯在碱性条件下与过氧化氢反应可以生成过酸或过酸酐，与烷基过氧化氢反应则生成过氧酸酯。它们都是有机合成中经常使用的试剂。

反应中的 Na_2O_2，可以由 H_2O_2 和氢氧化钠水溶液在反应液中原位产生。例如氧化剂、引发剂、面粉、油脂、蜡的漂白剂过氧化苯甲酰的合成[29]。

$$2PhCOCl + H_2O_2 \xrightarrow{NaOH} PhC\underset{O}{-}O\underset{O}{-}O\underset{O}{-}CPh$$

酸酐与过氧化氢反应可以生成过酸。

$$(CH_3CO)_2O + H_2O_2 \xrightarrow{40℃} CH_3CO_3H + CH_3CO_2H$$

环状酸酐与过氧化氢反应，可以生成二元羧酸的单过酸。例如：

反应式图（邻苯二甲酸酐 + H_2O_2 $\xrightarrow{(75\%～80\%)}$ 邻位 CO_3H、CO_2H 产物）

三、锰化合物

锰化合物主要有高锰酸钾和二氧化锰。高锰酸钠易潮解，高锰酸钙可发生剧烈氧化反应而很少使用。

1. 高锰酸钾

高锰酸钾是很强的氧化剂，可在酸性、中性及碱性条件下使用，由于介质的 pH 不同，氧化能力也不同。氧化反应通常在水中进行，若被氧化的有机物难溶于水，可用丙酮、吡啶、冰乙酸等有机溶剂。高锰酸钾可与冠醚（例如二苯并-18-冠-6）形成配合物，增加在非极性有机溶剂中的溶解度，而使其氧化速率加快。

在中性或碱性介质中，高锰酸钾的反应为：

$$2KMnO_4 + H_2O \longrightarrow 2MnO_2 + 2KOH + 3[O]$$

反应中锰原子由 +7 价降为 +4 价，生成 MnO_2 沉淀。反应中由于生成氢氧化钾而使碱性增强，因此，可加入 $MgSO_4$、$Al_2(SO_4)_3$ 等，使之生成碱式硫酸镁、碱式硫酸铝以降低溶液的碱性，也可通入 CO_2 气体。

有时可向反应体系中加入一定量的 Na_2CO_3，以减少 MnO_2 过滤时的困难。

在强酸性条件下进行氧化时，高锰酸钾发生如下反应，锰原子由 +7 价变为 +2 价。

$$2KMnO_4 + 3H_2SO_4 \longrightarrow K_2SO_4 + 2MnSO_4 + 3H_2O + 5[O]$$

但这并不意味着在酸性条件下高锰酸钾的氧化能力比碱性或中性条件下强，有些反应在碱性条件下氧化性能反而较强，反应速度也较快。实际上只有在强酸中（例如25％的硫酸）才能发生上述反应，而这种条件并不常用，而且反应的选择性差，其应用范围也受到限制。在稀酸或弱酸（如乙酸）中，仍会按照在碱性或中性条件下的情况进行反应。

高锰酸钾是一种常用的氧化剂，适用的反应底物很多，包括烷、烯、炔、醇、酚、醚、羰基化合物、含氮、硫杂原子的化合物等。具体反应见图 1-1。

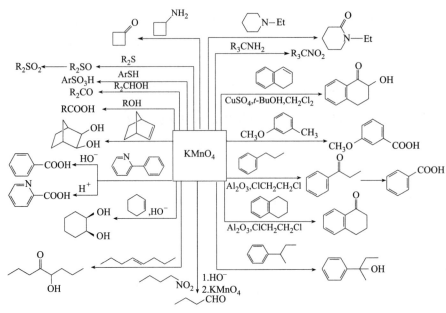

图 1-1 KMnO₄ 作为氧化剂的主要氧化反应

烷烃化合物叔碳原子上的氢更容易被氧化，C—H 键反应的活性顺序为：叔＞仲＞伯。甲基环己烷可以被高锰酸季铵盐（相转移催化剂）氧化为相应的叔醇。

$$\text{环己烷}-CH_3 \xrightarrow[\text{AcOH,3℃}]{PhCH_2NEt_3MnO_4^-} \underset{(72\%)}{\text{环己烷}<\!\!\begin{array}{c}CH_3\\OH\end{array}} + \underset{(3\%)}{\text{环己酮}-CH_3}$$

桥环化合物桥头位置叔碳原子上的氢容易被氧化，氧化产物为叔醇，这类叔醇是稳定的，因为其既不容易脱水成烯，也不能被氧化为酮。

杂环上的氢也可以被氧化为羟基。例如：

$$C_2H_5O-\text{环}-CO_2C_2H_5 \xrightarrow[(74\%)]{KMnO_4,MnSO_4} HO-\text{环}-CO_2C_2H_5$$

高锰酸钾可以氧化各种苄基氢，生成相应的羰基化合物或醇。在中性介质中，高锰酸钾可将芳环上的乙基氧化成乙酰基，例如对硝基苯乙酮的合成。

$$O_2N-\text{苯}-CH_2CH_3 \xrightarrow[Mg(NO_3)_2 \cdot 6H_2O]{KMnO_4} O_2N-\text{苯}-COCH_3$$

1,2,3,4-四氢萘在碱性条件下可被氧化为邻羧基苯乙酮酸。

$$\text{四氢萘} \xrightarrow[(90\%)]{KMnO_4,H_2O} \text{苯}<\!\!\begin{array}{c}COCO_2H\\CO_2H\end{array}$$

如下反应则生成了叔醇。

$$\text{苯}-CH(CH_3)CH_2CH_3 \xrightarrow[ClCH_2CH_2Cl(79\%)]{KMnO_4,\text{氧化铝}} \text{苯}-C(CH_3)(OH)CH_2CH_3$$

具有 α-H 的烷基苯可以被高锰酸钾氧化为苯甲酸类化合物。2-氯-6-乙酰氨基苯甲酸 (**11**)[30] 是流产药雷夫奴尔等的中间体，可用如下方法合成。

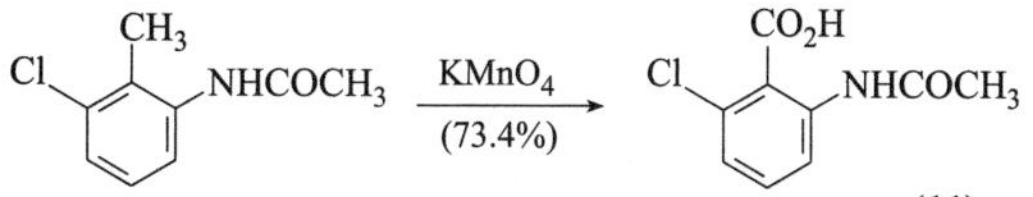

(**11**)

由于烷基芳烃的水溶性差，在水相中用高锰酸钾氧化时，加入相转移催化剂如二环己基-18-冠-6、二苯并-18-冠-6 等，反应可以在较低温度下进行，而且产品的收率明显提高。

叔烷基苯用强氧化剂高锰酸钾氧化，在剧烈的反应条件下可以将苯环氧化生成叔烷基羧酸。例如 2,2-二甲基丙酸的合成。

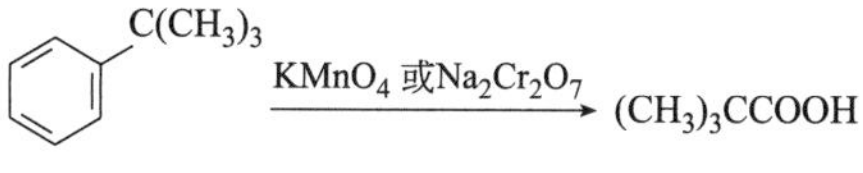

芳杂环上的烷基也可以被氧化为羧基，例如局部麻醉药布比卡因、罗哌卡因等的中间体吡啶-2-甲酸 (**12**) 的合成[31]：

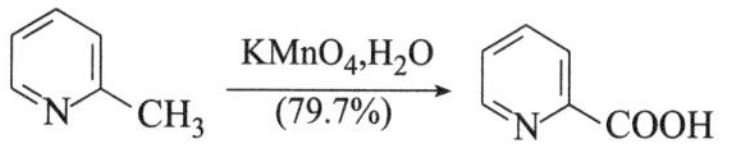

(**12**)

在酸性条件下，氧化芳香族及杂环化合物的侧链时，可伴有脱羧反应，芳环有时也被氧化。适用于产物比较稳定的化合物的合成。

稠环化合物用高锰酸钾氧化时部分芳环被破坏，如 α-硝基萘可氧化为硝基邻苯二甲酸。

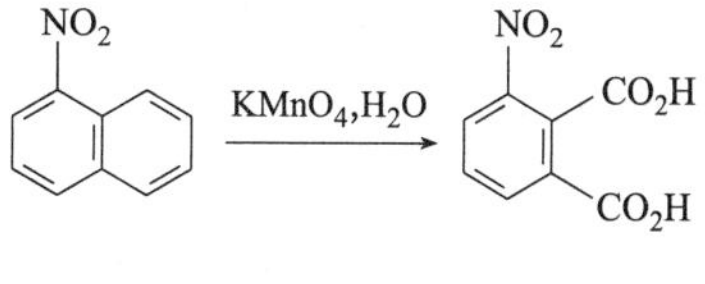

氧化反应可看作是一种亲电过程，电子云密度较大的环容易被氧化。在上述例子中，与硝基相连的苯环电子云密度低，环较稳定，不容易被氧化

烯烃与高锰酸钾反应，条件不同，氧化产物也可能不同。主要有三种反应：水合氧化加成，生成邻二醇，进一步氧化生成羟基酮或邻二羰基化合物；裂解，双键断裂生成两个化合物；环氧化生成环氧乙烷衍生物。

在温和条件下，高锰酸钾可将烯烃氧化成邻二醇。氧化烯烃的机理，是首先生成环状锰酸酯，后者水解生成顺式 1,2-二醇。

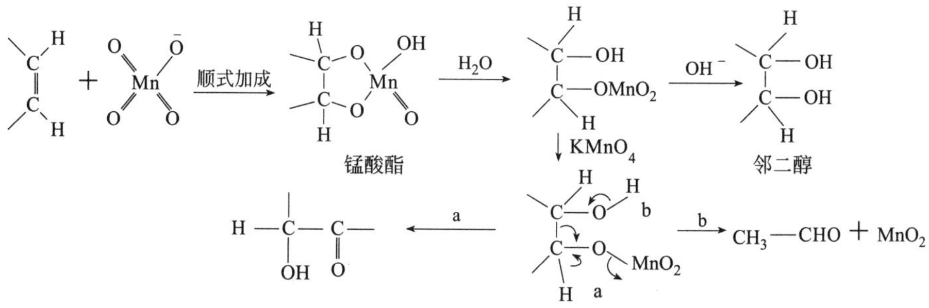

中间体锰酸酯水解生成邻二醇，但也可以进一步被氧化，究竟发生何种反应，取决于反应液的 pH。pH 保持在 12 以上，并使用计算量的低浓度高锰酸钾，则生成邻二醇，例如化合物（**13**）的合成。若 pH 低于 12，则有利于进一步氧化，生成 α-羟基酮或双键断裂的产物。

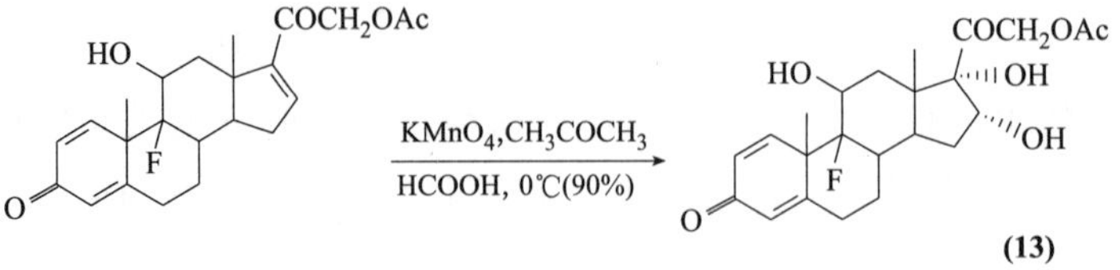

(13)

苯丙二醇类抗心律失常药等的中间体（**14**）[32] 的合成如下：

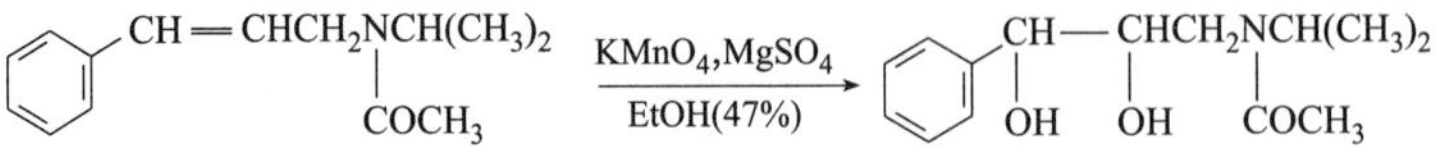

(14)

在温和条件下，苯乙烯可以被高锰酸钾氧化为苯甲酰基甲酸[33]，其为胃病治疗药格隆溴铵（Glycopyrronium bromide）等的中间体。

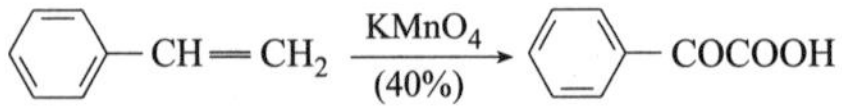

在相转移催化剂双环己基-18-冠-6 的催化下，高锰酸钾几乎可以定量地将二苯乙烯氧化为苯甲酸。

$$PhCH=CHPh \xrightarrow[C_6H_6,H_2O(100\%)]{KMnO_4,双环己基-18-冠-6} PhCOOH$$

单独用高锰酸钾进行烯键断裂氧化存在如下缺点：选择性低，分子中其他容易氧化的基团可能同时被氧化；产生大量 MnO_2，后处理麻烦，而且吸附产物。使用 Lemieux 试剂可克服以上缺点。将高锰酸钾和高碘酸钠按一定比例配成溶液（$NaIO_4$：$KMnO_4$ 为 6：1）作氧化剂，此法称为 Lemieux-von Rudolff 方法。该方法的原理是高锰酸钾首先氧化双键生成邻二醇，而后高碘酸钠氧化邻二醇生成双键断裂产物。同时过量的高碘酸钠将锰化合物氧化成高锰酸盐，使之继续参加反应。该方法反应条件温和、产品收率高。例如壬二酸的合成。

$$CH_3(CH_2)_7CH=CH(CH_2)_7COOH \xrightarrow[H^+,20℃(100\%)]{KMnO_4,NaIO_4,K_2CO_3} CH_3(CH_2)_7COOH+HOOC(CH_2)_7COOH$$

若将高锰酸钾附着在酸性氧化铝载体上，在惰性有机溶剂中室温下进行反应，双键断裂生成羰基化合物。例如[34]：

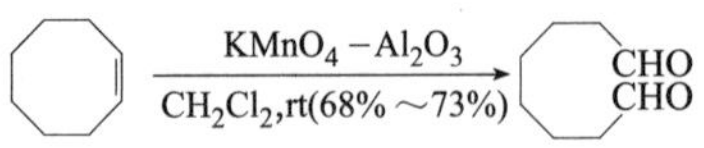

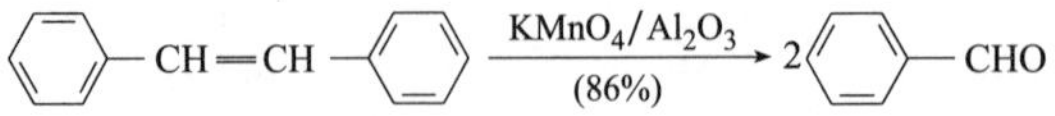

二取代炔烃用稀的中性高锰酸钾水溶液在较低温度下，可以被氧化生成 1,2-二酮。例如：

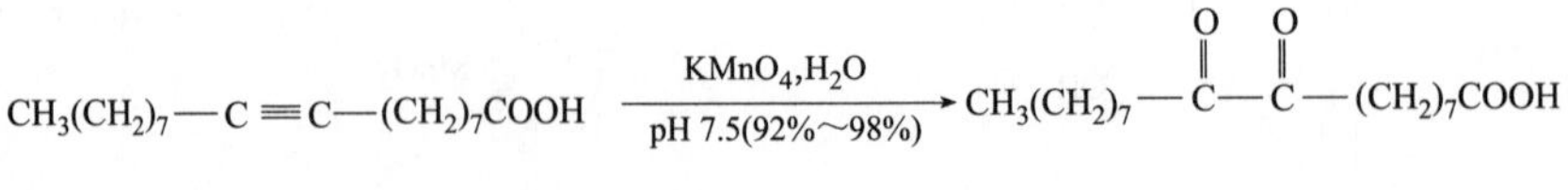

若温度较高或在碱性条件下，叁键氧化断裂生成羧酸或二氧化碳。这个反应常用于测定炔类化合物分子中叁键的位置。

二吡啶高锰酸银可以高收率的将二取代炔氧化为 1,2-二羰基化合物。例如癫痫病治疗药苯妥英钠（Phenytoinum natricum）中间体二苯基乙二酮的合成：

$$Ph-C\equiv C-Ph \xrightarrow[(95\%)]{Py_2AgMnO_4} \text{PhCO-CO-Ph}$$

高锰酸钾可以将伯醇氧化为相应的羧酸。例如异丁酸的合成，异丁酸是高脂血症和高胆固醇血症治疗药物瑞舒伐他汀（Rosuvastatin）等的合成中间体。

$$(CH_3)_2CHCH_2OH \xrightarrow[(75.5\%)]{KMnO_4} (CH_3)_2CHCOOH + MnO_2$$

若将 $KMnO_4$ 负载在沸石分子筛（Zeolite）上，能很好地氧化烯丙基醇中的羟基生成不饱和酮而不引起不饱和键的氧化。

$$\underset{OH}{C_6H_{13}\overset{|}{C}HCH=CH_2} \xrightarrow[(90\%)]{KMnO_4\text{-Zeolite}} C_6H_{13}COCH=CH_2$$

羟基酸及其衍生物可以氧化为酮酸类化合物。心脏病治疗药吲哚洛尔（Pindolol）中间体丙酮酸乙酯的合成如下[35]。

$$\underset{OH}{CH_3\overset{|}{C}HCO_2C_2H_5} \xrightarrow[\text{饱和}MgSO_4\text{溶液}(51\%\sim54\%)]{KMnO_4} CH_3COCO_2C_2H_5$$

高锰酸钾可以使醚氧化成酯，

$$Ph\text{—}CH_2\text{—}O\text{—}CH_2CH_3 \xrightarrow{KMnO_4} PhCO_2CH_2CH_3$$

环状醚也可以被氧化生成内酯，是制备内酯的方法之一。常用的氧化剂是高锰酸钾、三氧化铬等。Jones 试剂也可以将某些环状醚氧化为内酯。

$$\xrightarrow[(91\%)]{KMnO_4\text{-}Al_2O_3}$$

在室温条件下于丙酮中，高锰酸钾可以将芳香醛氧化为芳香酸。例如抗菌药西洛沙星、米诺沙星、心血管药物奥索利酸等的中间体胡椒酸（**15**）[36] 的合成。

$$\xrightarrow[(78\%\sim84\%)]{KMnO_4}$$

(15)

在用高锰酸钾氧化醛时，可以加入相转移催化剂。例如消炎镇痛药酮洛芬等的中间体 2-(3-苯甲酰苯基)丙酸（**16**）[37] 的合成。

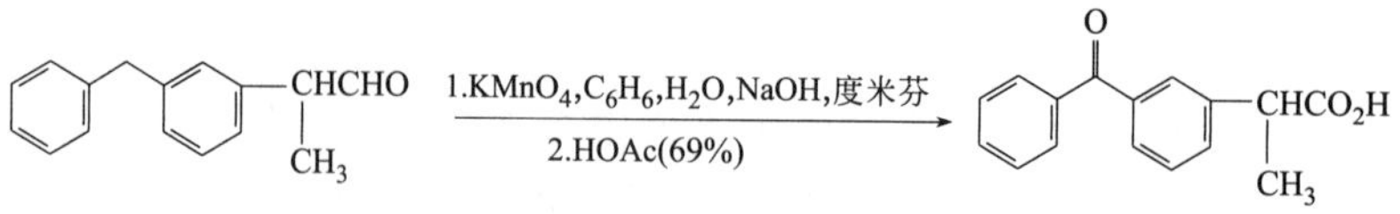

(16)

叔烷基伯胺可以被高锰酸钾氧化生成相应的硝基化合物。反应可以在水中进行，也可以在丙酮-水、乙酸-水中进行，硝基化合物的收率一般在 $70\%\sim80\%$。

$$R_3C-NH_2 \xrightarrow[CH_3COCH_3,H_2O]{KMnO_4} R_3C-NO_2$$

环状脂肪族叔胺可以被高锰酸钾氧化为内酰胺。例如：

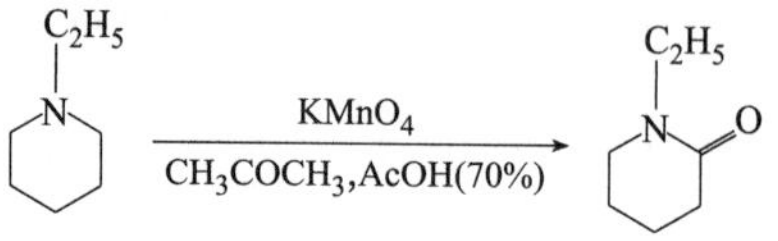

用高锰酸钾氧化伯烷基胺或仲烷基胺，于水-叔丁醇介质中可以生成醛或酮。例如环己酮的合成[38]。

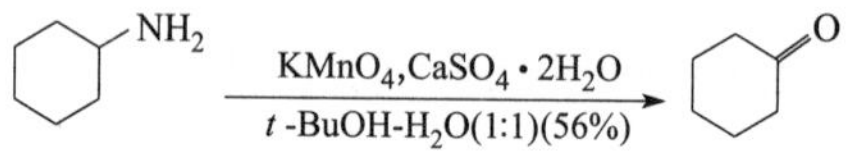

N,N-二异丙基立方烷基甲胺可以被高锰酸钾氧化为相应的羧酸[39]：

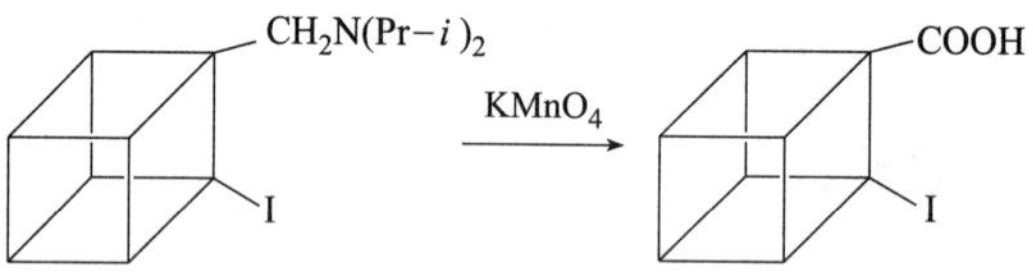

硫醚可以被高锰酸钾氧化为砜。例如舒巴坦等的中间体 $6\alpha,6\beta$-二溴-1,1-二氧青霉烷酸（**17**）[40] 的合成。

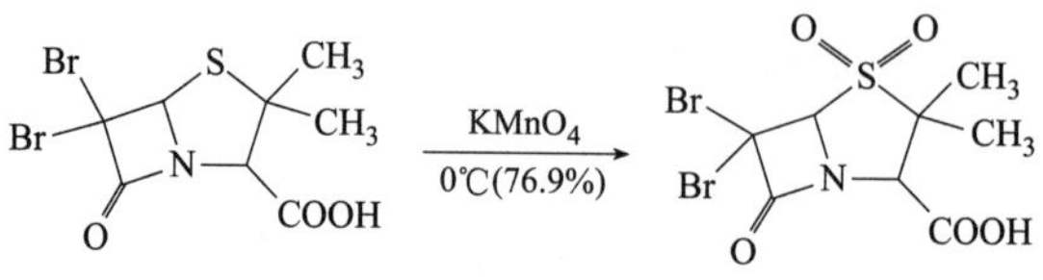

(17)

2. 二氧化锰

二氧化锰作为氧化剂主要有两种存在形式，一种是活性二氧化锰，另一种是二氧化锰与硫酸的混合物，它们都是较温和的氧化剂。活性二氧化锰的选择性较强，广泛用于 β,γ-不饱和醇的氧化来制备相应的 α,β-不饱和醛、酮，氧化反应不影响碳碳双键。条件温和，收率较高。反应常在室温条件下于水或石油醚、氯仿、丙酮、苯、乙酸乙酯等有机溶剂中进行。一般市售二氧化锰活性很小或根本没有活性，故活性二氧化锰必须新鲜制备，一般在使用前应检查活性。其方法是用一定量的二氧化锰氧化肉桂醇，生成的肉桂醛与2,4-二硝基苯肼反应，生成相应的苯腙，由苯腙的量判断二氧化锰的活性。活性二氧化锰的制备方法较多，制备方法不同，活性也不同。

活性二氧化锰作为氧化剂有很多用途，具体反应如图 1-2 所示。

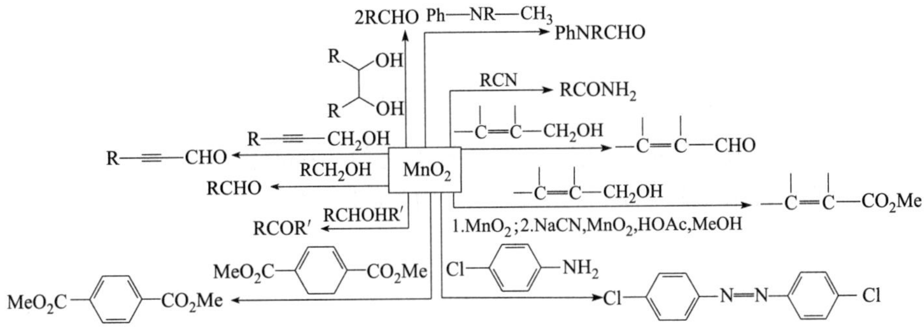

图 1-2 MnO$_2$ 作为氧化剂的氧化反应

活性二氧化锰可以将烯丙基醇、炔丙基醇、苄基醇氧化为相应的羰基化合物。例如利尿药盐酸西氯他宁（Cicletanine hydrochloride）中间体（**18**）[41] 的合成：

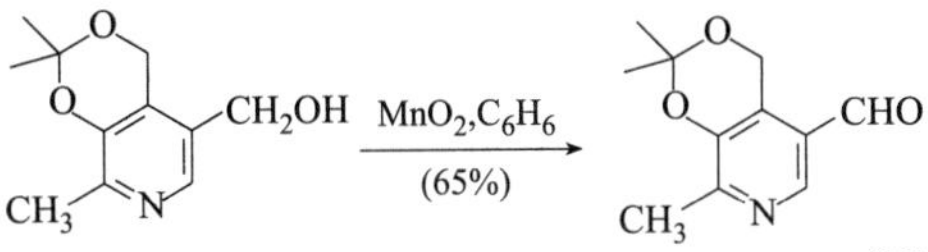

活性二氧化锰最大的优点是其选择性好，而且氧化条件温和。特别是在同一分子中有烯丙位羟基和其他羟基共存时，可选择性地氧化烯丙位羟基。例如 11β-羟基睾丸素（**19**）的合成。

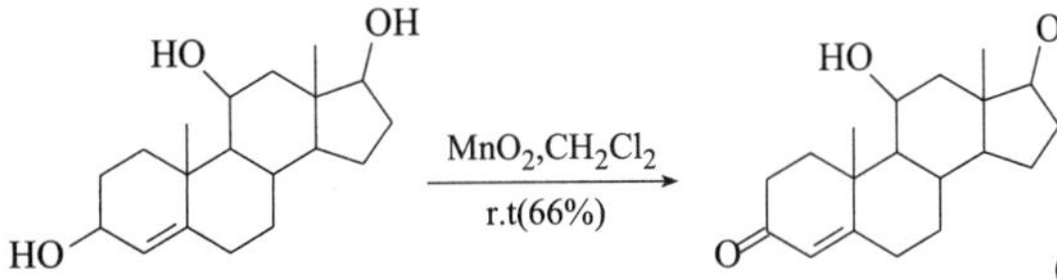

微波技术在氧化反应中的应用越来越多，可大大缩短反应时间，提高产品收率。

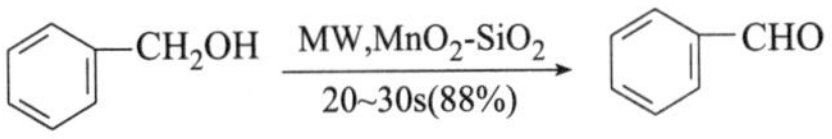

活性二氧化锰可以将烯丙醇氧化停留在丙烯醛阶段，但如果在反应中加入氰化钠，则 α,β-不饱和醛进一步氧化为相应的羧酸。该方法不仅收率高，而且反应过程中不发生双键的氧化和顺、反异构化，是 α,β-不饱和醇和醛立体定向氧化的好方法。若反应在醇中进行，则可以直接生成羧酸酯。该类反应的可能反应历程如下：

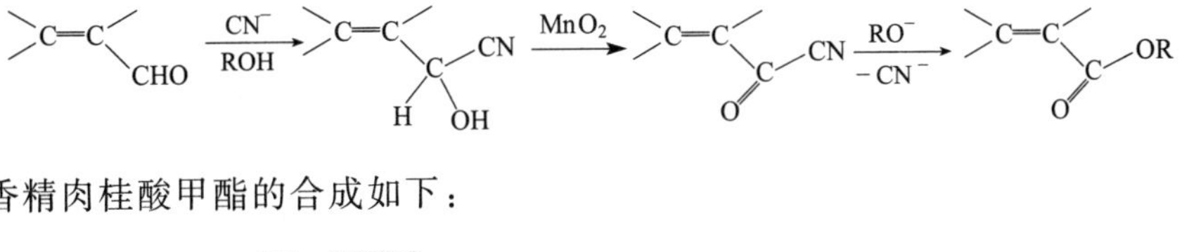

食用香精肉桂酸甲酯的合成如下：

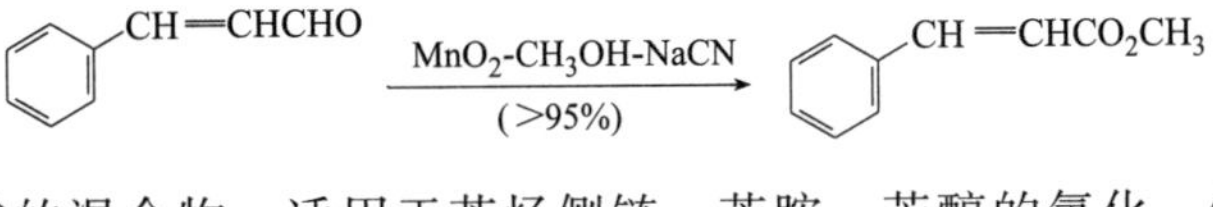

二氧化锰与硫酸的混合物，适用于芳烃侧链、芳胺、苄醇的氧化。例如：

$$\text{（图）} \underset{40℃}{\overset{MnO_2,65\%H_2SO_4}{\longrightarrow}} \text{（图）}-CHO$$

$$\text{（图）} \overset{MnO_2,H_2SO_4}{\longrightarrow} \text{（图）}$$

N,N-二甲基苯胺用过量的活性二氧化锰作氧化剂，在氯仿中室温反应，可生成甲酰胺。例如原发性高胆固醇血症和原发性混合型血脂异常治疗药物氟伐他汀钠（Fluvastatin sodium）中间体（**20**）[42] 的合成。

$$\text{（图）}-N(CH_3)_2 \underset{rt(87\%)}{\overset{MnO_2,CHCl_3}{\longrightarrow}} \text{（图）} \quad (20)$$

又如如下反应：

$$\text{（图）}-NHCH_3 \underset{(80\%)}{\overset{MnO_2}{\longrightarrow}} \text{（图）}-NHCHO$$

上述反应芳环上取代基性质对反应有影响。给电子基团促进反应的进行，而吸电子基团（如对位硝基）室温时完全抑制反应。

活性二氧化锰可以将环状 1,2-二醇氧化断裂为二羰基化合物，即使高位阻的 1,2-二醇也可氧化为二羰基化合物。

$$\text{（图）} \underset{CH_2Cl_2(100\%)}{\overset{MnO_2}{\longrightarrow}} \text{（图）}$$

四、铬化合物

常用的铬化合物有三氧化铬（铬酐）、铬酸和重铬酸盐，一般在硫酸中进行氧化。

$$K_2Cr_2O_7 + 4H_2SO_4 \longrightarrow K_2SO_4 + Cr_2(SO_4)_3 + 4H_2O + 3[O]$$
$$2CrO_3 + 3H_2SO_4 \longrightarrow Cr_2(SO_4)_3 + 3H_2O + 3[O]$$

1. 三氧化铬

三氧化铬又名铬酐，是一种多聚体，可在水、醋酐、叔丁醇、吡啶等溶剂中解聚，生成不同的铬化合物。

$$CrO_3 + (CH_3CO)_2O \longrightarrow (CH_3COO)_2CrO_2 \quad （铬酰醋酸酯）$$
$$CrO_3 + (CH_3)_3COH \longrightarrow [(CH_3)_3CO]_2CrO_2 \quad （铬酸叔丁酯）$$
$$CrO_3 + 2C_5H_5N \longrightarrow CrO_3 \cdot 2C_5H_5N \quad （Sarett 试剂）$$
$$CrO_3 + HCl（干燥） \longrightarrow CrO_2Cl_2 \quad （铬酰氯）$$

Sarett 试剂是将一份三氧化铬分次加入十份吡啶中，逐渐升温到 30℃ 而得到黄色的配合物。不能将吡啶加入三氧化铬中，以免引起燃烧。Sarett 试剂易着火，一般是用它的吡啶或二氯甲烷溶液。Sarett 试剂是一种易吸潮的红色结晶，吸水后形成不溶于氯代烷的黄色结晶水合物（$C_{10}H_{12}Cr_2N_2O_3$）。

Cornforth 则将三氧化铬、水（1:1）冰水冷却下逐渐加到十倍量的吡啶中，所得试剂称为 Cornforth 试剂，在制备时比 Sarett 试剂安全得多。它们可将烯丙型或非烯丙型的醇氧化成相应的醛或酮。室温反应时对分子中的双键、缩醛、缩酮、环氧、硫醚等均无影响，产品收率较高。

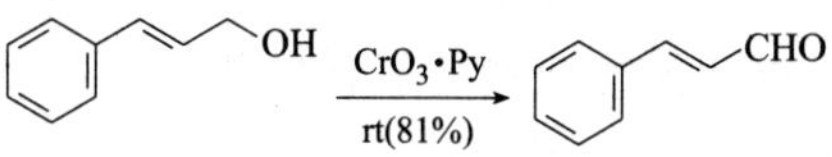

抗肿瘤药物盐酸乌苯美司（Ubenimex hydrochloride）中间体（**21**）[43] 的合成如下：

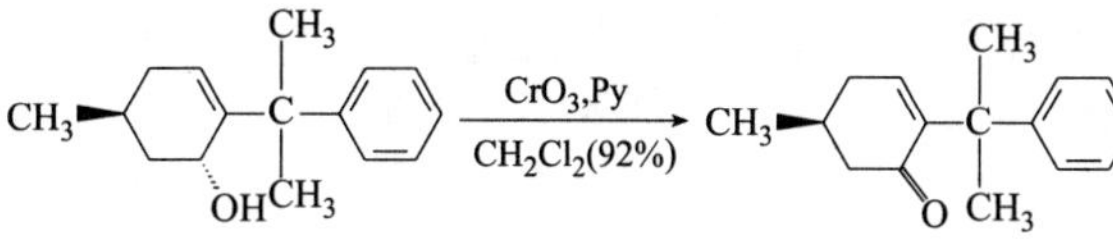

又如维生素药物阿法骨化醇（Alfacalcidol）中间体 6,6-亚乙二氧基-5α-胆甾烷-3-酮（**22**）[44] 的合成。

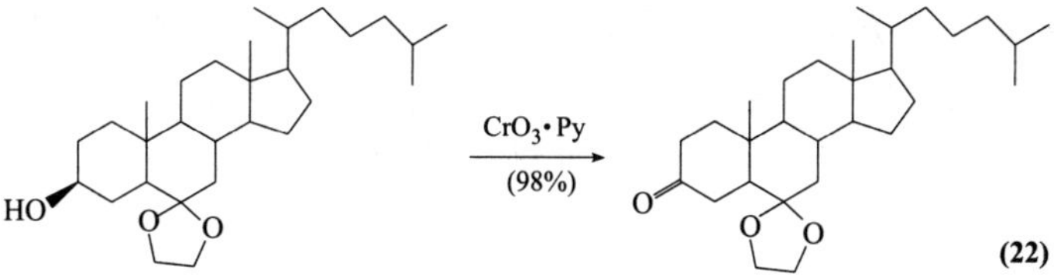

烯丙位亚甲基可被氧化成酮。

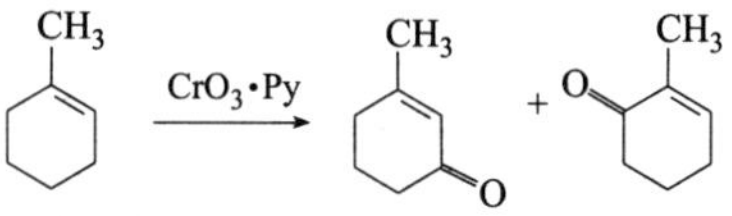

此外，还能选择性地氧化叔胺上的甲基成甲酰基，例如：

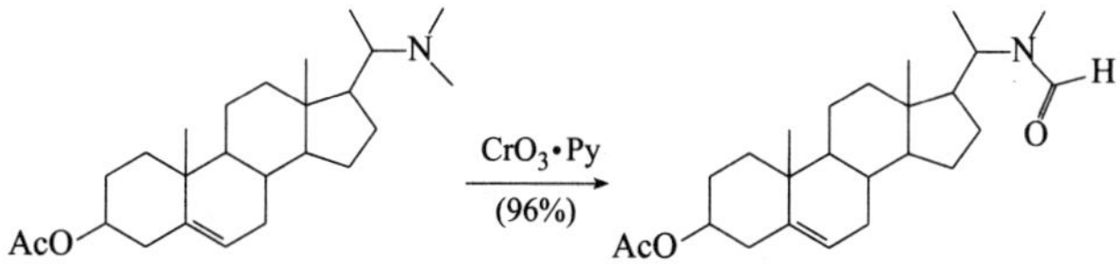

吡啶具有恶臭味，用 DMF 代替吡啶在有些反应中优于三氧化铬吡啶配合物。

将三氧化铬分次缓慢加入到醋酐中（加料次序不得颠倒，否则会引起爆炸），生成铬酰乙酸酯，主要用于芳环上的甲基氧化，生成相应的醛。反应中可能甲基先被氧化成醛，在酸的存在下，过量的醋酐与醛反应生成二乙酸酯，减少或避免了醛基的氧化，二乙酸酯水解生成醛，是制备芳醛的方法之一。

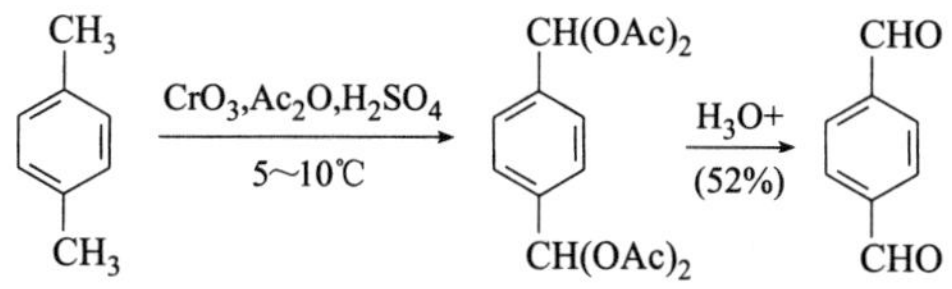

芳环上取代基的性质和位置对氧化反应有影响，对位给电子基团使氧化速度加快，吸电子基团使氧化速度变慢。抗抑郁药诺米芬辛（Nomifensine）、心绞痛治疗药硝苯地平（Nifedipine）等的中间体邻硝基苯甲醛可以用此方法来合成[45]。

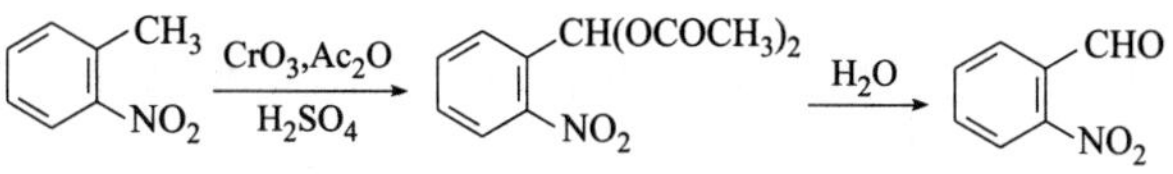

冰浴冷却下，向无水叔丁醇中边搅拌边分批加入三氧化铬，生成铬酸叔丁酯。进行氧化反应时，常以石油醚作溶剂，可使伯醇或仲醇氧化成相应的羰基化合物，也可使烯丙位亚甲基选择性地氧化成羰基而不影响双键。例如：

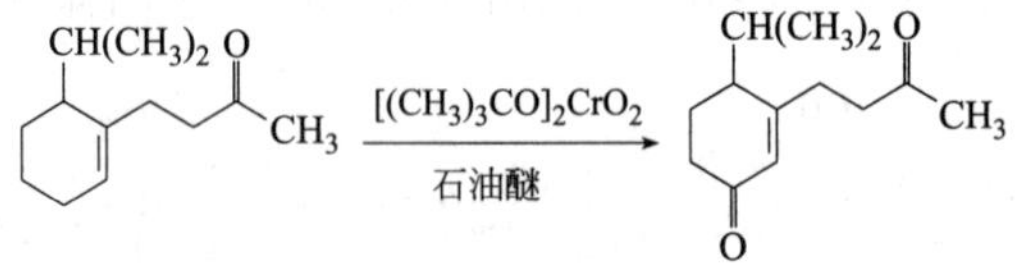

本试剂氧化仲醇成酮并不比其他试剂优越，更适于伯醇氧化成醛，条件温和，选择性好，收率高。

三氧化铬与干燥的氯化氢反应生成铬酰氯，铬酰氯又叫 Etard 试剂，常在惰性溶剂如二硫化碳、四氯化碳、氯仿中使用，最常用的是它的四氯化碳或二硫化碳溶液。芳环上具有甲基或亚甲基的化合物可被氧化成不溶性的配合物，水解后生成相应的醛或酮。该试剂主要特征是当芳环上有多个甲基时，仅氧化其中的一个，是制备芳香醛类化合物的重要方法之一，

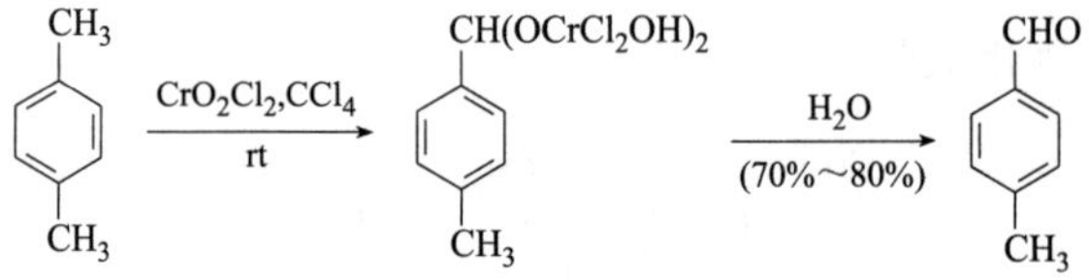

若芳环上甲基的邻位有吸电子基团（$-NO_2$）时，收率很低。

铬酰氯氧化烯烃时，按反马氏规则加成，生成β-氯代醇。例如：

$$CH_3CH_2CH=CH_2 \xrightarrow{CrO_2Cl_2,\ CCl_4} CH_3CH_2\overset{\overset{Cl}{|}}{C}H-CH_2OCrOCl \xrightarrow{H_2O} CH_3CH_2\overset{\overset{Cl}{|}}{C}H-CH_2OH$$

2,2-二取代端基烯于 0～5℃与铬酰氯反应，而后用锌粉还原水解，可以以 70%～78%的收率得到用其他方法难以得到的α-取代醛。

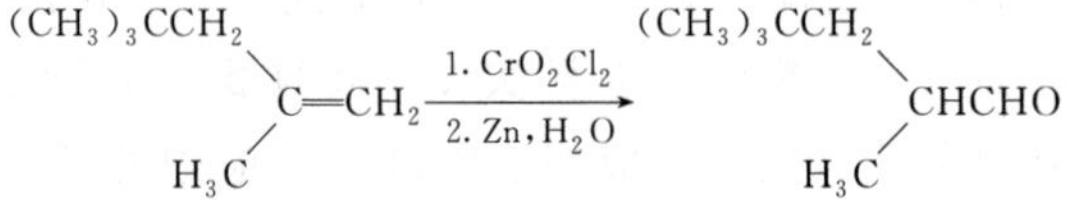

将氯铬酸盐负载于某些载体如氧化铝上，稳定性更高，于空气中暴露数月仍可以使用，可以将苄基醇、烯丙基醇氧化，例如苯甲醛的合成：

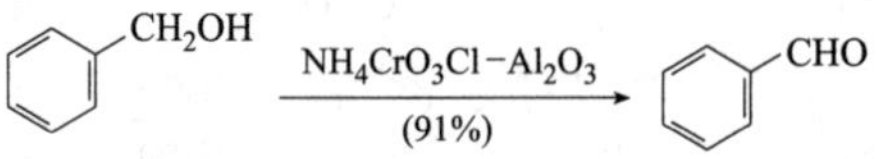

烯烃的α-H 可以被多种氧化剂氧化。烯丙位亚甲基可以被氧化为α,β-不饱和羰基化合物。常用的氧化剂有三氧化铬-乙酸、三氧化铬吡啶、PCC、PDC、高碘酸钠，催化量的铬试剂或高锰酸钾-叔丁醇等。

单芳环的侧链可被氧化成羧酸，若芳环上含有易氧化的羟基或氨基，则必须加以保护，否则会氧化成醌类。

芳环上的亚甲基可被氧化成酮，例如镇痛药氢溴酸依他佐辛（Eptazocine hydrobromide）的中间体（**23**）[46] 的合成：

铬酐、重铬酸钠等在一定的条件下也可以将烯丙基、苄基卤化合物氧化为相应的羰基化合物或羧酸。例如医药中间体 1-茚满酮的合成[47]。

抗菌药硝呋肼（Nifurzide）中间体 5-硝基噻吩-2-甲酸的合成如下：

PCC 也是一种常用的氧化剂。其制备方法如下：

$$CrO_3 + HCl(盐酸) + \underset{N}{\bigcirc} \longrightarrow \underset{\overset{+}{N}H \cdot CrO_3Cl^-}{\bigcirc} (HOCrO_2Cl-C_5H_5N)$$
(PCC)

PCC 用作氧化剂的主要氧化反应如图 1-3。

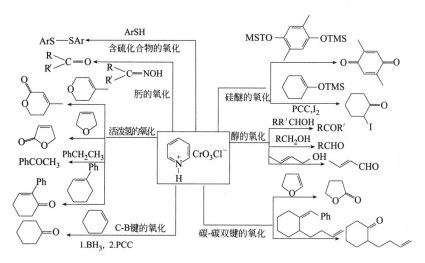

图 1-3 PCC 作为氧化剂的主要反应

抗癌药培美曲塞（Pemetrexed）中间体 4-（4-氧代丁基）苯甲酸乙酯（**24**）[48] 的合成如下。

（**24**）

2. 铬酸、重铬酸盐

常用的铬酸是三氧化铬的稀硫酸溶液，有时也可加入乙酸，以利于三氧化铬的解聚。

重铬酸盐、三氧化铬在酸性条件下生成铬酸与重铬酸的动态平衡体系。

$$H_2CrO_4 \rightleftharpoons H^+ + HCrO_4^- \rightleftharpoons 2H^+ + CrO_4^{2-}$$

$$2HCrO_4^- \rightleftharpoons Cr_2O_7^{2-} + H_2O$$

在稀水溶液中，几乎都以 $HCrO_4^-$ 的形式存在，在很浓的水溶液中，则以 $Cr_2O_7^{2-}$ 存在。铬酸溶液呈橘红色，反应后变为绿色的 Cr^{3+}，从而可观察到反应的进行。

重铬酸盐属于强氧化剂，烯烃可以被重铬酸盐氧化生成双键断裂的产物，其氧化结果如同高锰酸钾氧化。

氧化时，铬原子接受三个电子，由正六价变为正三价。

$$2H_2CrO_4 + 3H_2SO_4 \longrightarrow Cr_2(SO_4)_3 + 5H_2O + 3[O]$$

$$K_2CrO_4 + 4H_2SO_4 \longrightarrow Cr_2(SO_4)_3 + K_2SO_4 + H_2O + 3[O]$$

由于铬容易造成环境污染，其应用受到限制。实验室中应用较多。止吐药格拉司琼等的中间体靛红（**25**）[49]，可以用如下方法来合成。

三氧化铬的稀硫酸溶液又叫 Jones 试剂。Jones 试剂是由将铬酐（267g）溶于浓硫酸（230mL）和水（400mL）中，而后用水稀释至 1L 的溶液，可以根据溶液体积来控制所需氧化剂的用量，在有机合成中应用较方便。

Jones 试剂可以将仲醇氧化为酮，伯醇氧化为羧酸，α-羟基酮氧化为 1,2-二酮等。芳环上具有 α-H 的烃基可以氧化为羧基。

由 60g 重铬酸钾、80g 浓硫酸和 270mL 水配成的氧化剂称为 Beckman 氧化剂，可用于氧化伯醇和仲醇，例如将薄荷醇氧化为薄荷酮[50]。

Jones 试剂是一种选择性的温和氧化剂，可以氧化具有烯键或炔键的醇，而不会引起不饱和键的氧化、异构化等副反应。

重铬酸钾的硫酸水溶液氧化伯醇时可以生成相应的醛，但醛容易进一步氧化为羧酸。当氧化小分子伯醇时，为了避免生成的醛进一步被氧化，通常是控制比生成的醛的沸点稍高的反应温度，将生成的醛直接蒸出，离开氧化环境，可以得到较满意的结果。例如：

$$CH_3CH_2CH_2OH \xrightarrow[(45\% \sim 49\%)]{K_2Cr_2O_7, H_2SO_4, H_2O} CH_3CH_2CHO$$

对酸敏感或含有其他容易氧化基团的醇，不能使用铬酸的酸性溶液氧化。

铬酸及其衍生物的氧化机理十分复杂，尚不十分清楚。目前一般认为是醇和铬酸首先生成铬酸酯，而后酯分解断键生成醛、酮。通常铬酸酯的分解是决定反应速率的步骤，但对于位阻大的醇来说，铬酸酯的生成是决定反应速率的步骤。

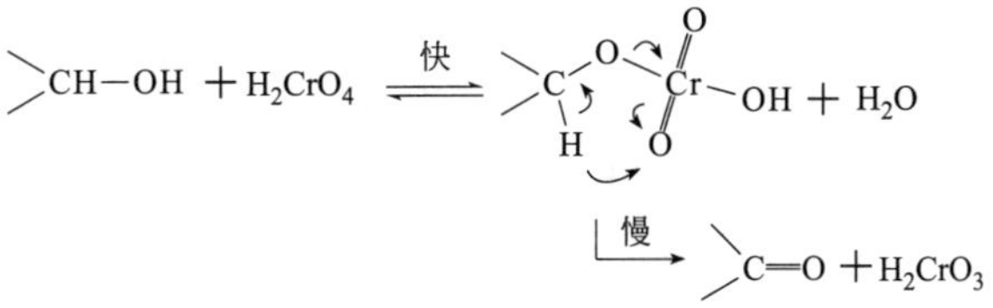

铬酸氧化醇的过程，铬原子由 +6 价变为 +4 价。Cr^{4+} 很不稳定，可与 Cr^{6+} 发生氧化还原反应生成 Cr^{5+}，Cr^{5+} 仍是强氧化剂，可继续氧化醇类化合物。在某些情况下，Cr^{4+} 和 Cr^{5+} 是产生副反应的重要原因。因而在反应中加入 Mn^{2+}、Ce^{3+} 等，以分解 Cr^{4+} 和 Cr^{5+} 将其变为 Cr^{3+}。

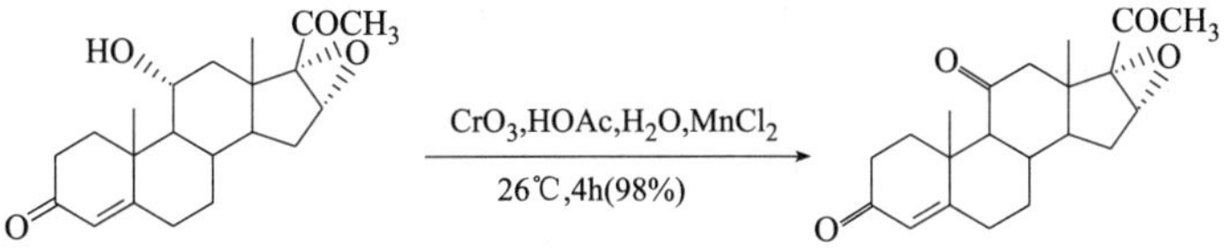

铬酸可以直接将苄位伯醇的酯氧化为羧酸。例如治疗关节炎的消炎镇痛药双醋瑞因（Diacerein）合成中，其中一条合成路线是以芦荟大黄素为原料，酰基化后用铬酸氧化时，伯醇酯氧化为羧酸（**26**），而两个酚酯保持不变：

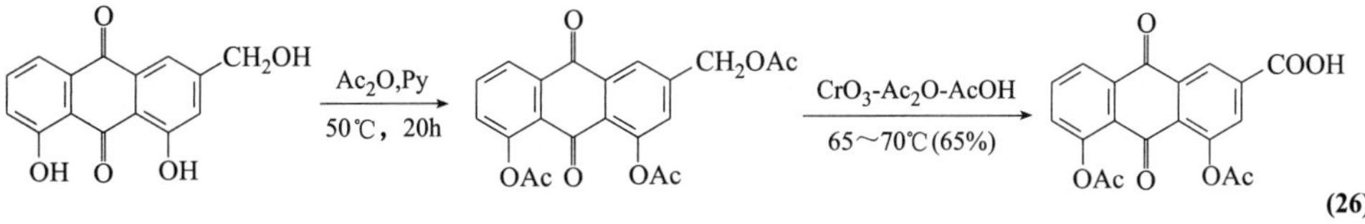

(26)

酸性条件下用铬酸氧化仲醇生成酮。抗生素类药物拉氧头孢钠中间体（**27**）可以由相应的仲醇通过 CrO_3-H_2SO_4 的氧化来合成。

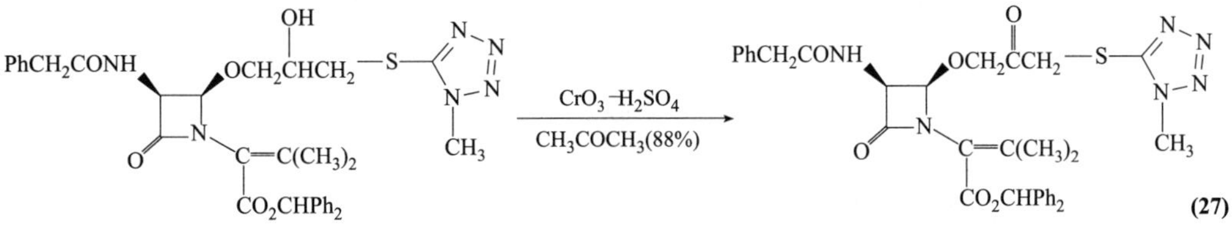

(27)

该方法的主要缺点同高锰酸钾一样，生成的酮易于烯醇化而进一步氧化生成羧酸混合物。为了减少副反应，可将计量的铬酸水溶液滴入含有二氯甲烷、苯等的反应液中，并控制在室温以下，在非均相条件下进行，使生成的酮溶于有机溶剂，减少与水相中氧化剂的接触，而得到较好的实验结果。

铬酸可氧化由两个叔羟基形成的 1,2-二醇，发生碳碳键断裂，生成羰基化合物。例如，口服避孕药 18-甲基炔诺酮的中间体 2,6-庚二酮的合成[51]。

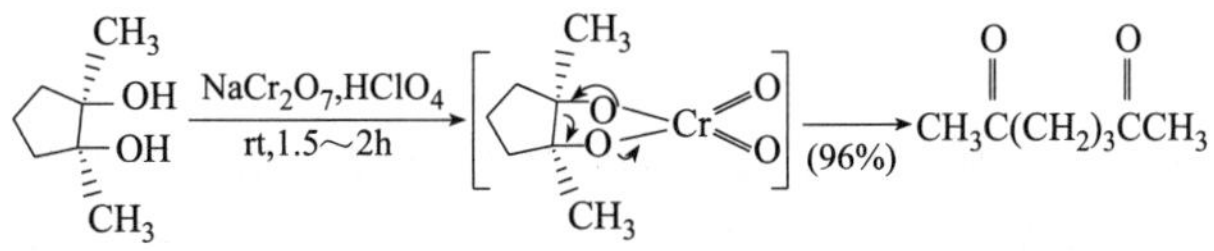

该化合物（顺式）的氧化，比反式异构体快 1700 倍，因而可以认为反应过程中形成了环状中间体。

对于由伯羟基和仲羟基形成的 1,2-二醇，铬酸仅将其氧化成相应的羰基化合物，而碳链不断裂。

苯胺可以被重铬酸盐氧化为醌。

萘可被铬酸氧化为 1,4-萘醌，但收率并不高。氨基或羟基取代的萘环，萘醌的收率较高。

在中性条件下，重铬酸盐的氧化能力很弱，稠环芳烃侧链需在高温、高压下才能氧化为相应的羧酸而芳环不受影响。

乙苯用中性重铬酸钠氧化，可高收率的生成苯乙酸。

PDC［吡啶重铬酸盐，$(C_5H_5NH^+)_2Cr_2O_7^{2-}$］可以选择性地氧化伯醇生成醛，氧化反应几乎是在中性条件下进行的，分子中的烯醇醚不受影响。例如：

PDC 可以将仲醇氧化为酮，分子中的其他基团可以不受影响。

PDC 也适用于糖类化合物分子中羟基的氧化。例如[52]：

PDC 既可以在 DMF 中应用（在 DMF 中的溶解度约 0.9g/mL），也可以在二氯甲烷中应用。

五、硝酸

硝酸是一种强氧化剂。稀硝酸的氧化能力比浓硝酸强，稀硝酸被还原成一氧化氮，而浓硝酸则生成二氧化氮。用硝酸作氧化剂的缺点是腐蚀性强，反应的选择性较差，且会发生硝化（芳环）和酯化（醇）反应。有时可用乙酸、二氧六环（即二噁烷）等溶剂稀释以调节其氧化能力。加入催化剂如铁盐、钒酸盐、钼酸盐、亚硝酸钠等可提高硝酸的氧化能力。液体有机物可直接用硝酸氧化，固体有机物则常在对硝酸稳定的有机溶剂中进行氧化，例如乙酸、氯苯、硝基苯等。

烷基苯氧化时，只要侧链含有 α-H，氧化首先发生在苄基碳原子上，生成苯甲酸。一般而言，仲烃基支链比伯烃基支链容易被氧化，因此可选用合适的氧化剂和反应条件，选择性地使仲烃基支链氧化。对甲基异丙基苯用稀硝酸氧化，异丙基优先被氧化生成对甲基苯甲酸。

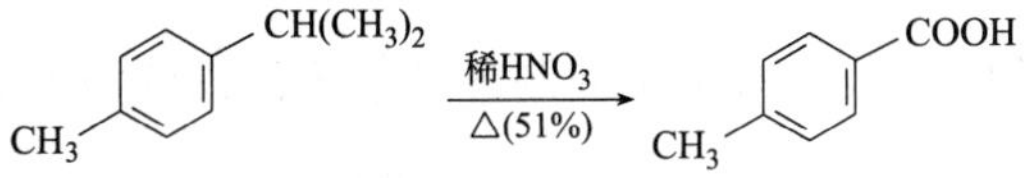

芳杂环化合物环上的烷基也可以被硝酸氧化。例如抗凝血药莫哌达醇（Mopidamol）中间体硝基乳清酸（**28**）[53] 的合成：

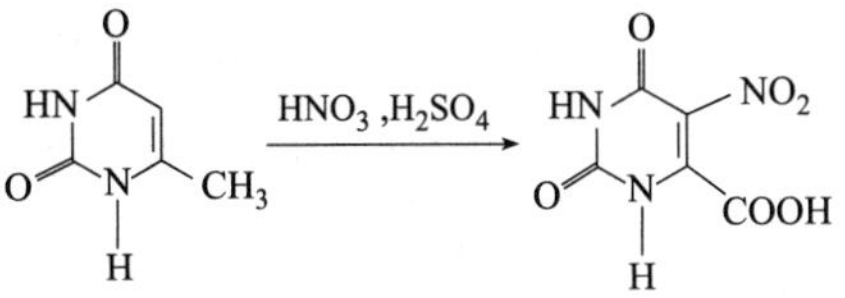

(**28**)

在过量硝酸作用下，如下化合物可以氧化为苯四甲酸。

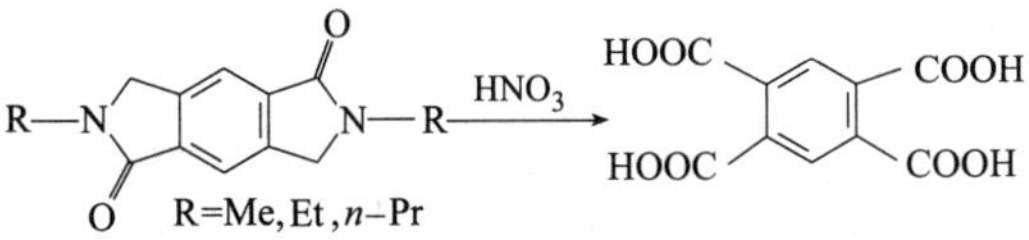

对于比较稳定的酮类化合物也可使用硝酸作为氧化剂来合成。如二苯甲烷氧化为二苯酮。

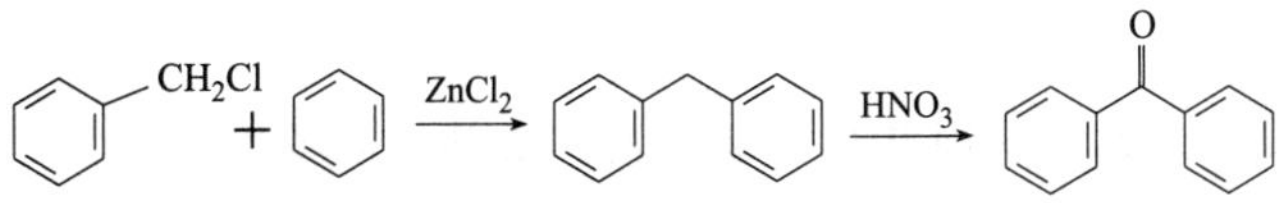

硝酸氧化主要用于制备羧酸。伯醇、醛可氧化为酸。

$$ClCH_2CH_2CH_2OH \xrightarrow[25\sim30℃(74\%)]{HNO_3} ClCH_2CH_2COOH$$

脂环醇氧化为酮并进而发生环裂化氧化生成二元酸。例如驱虫药己二酸哌嗪（Piperazine adipate）中间体己二酸的合成：

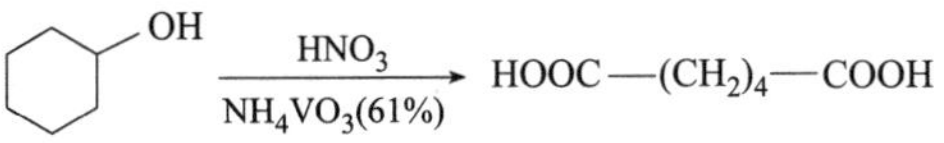

超声波可应用于氧化反应之中。正辛醇用 60% 的硝酸氧化时，若不用超声波，几乎无羧酸生成，只得到相应的硝酸酯；若用超声波，则在较短的时间内将伯醇氧化为羧酸，而且产物的收率几乎是定量的。

$$n\text{-}C_7H_{15}CH_2OH \xrightarrow[\text{rt,12h(100\%)}]{60\%HNO_3} n\text{-}C_7H_{15}CH_2ONO_2$$

$$n\text{-}C_7H_{15}CH_2OH \xrightarrow[\text{rt,超声波,20min(100\%)}]{60\%HNO_3} n\text{-}C_7H_{15}COOH$$

在硝酸的作用下，芳香环、稠环化合物以及杂环化合物可发生裂环反应，例如：

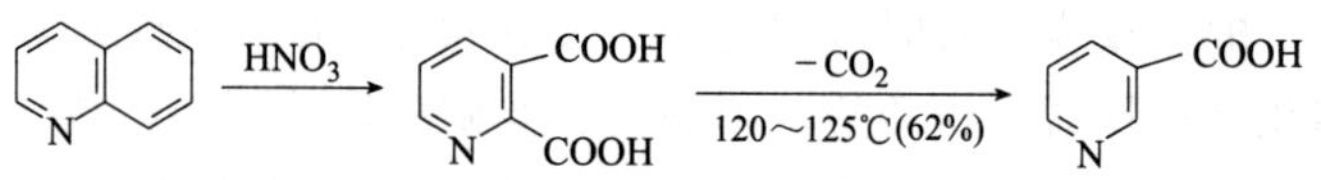

多取代的氢醌，可用浓硝酸氧化成相应的醌。

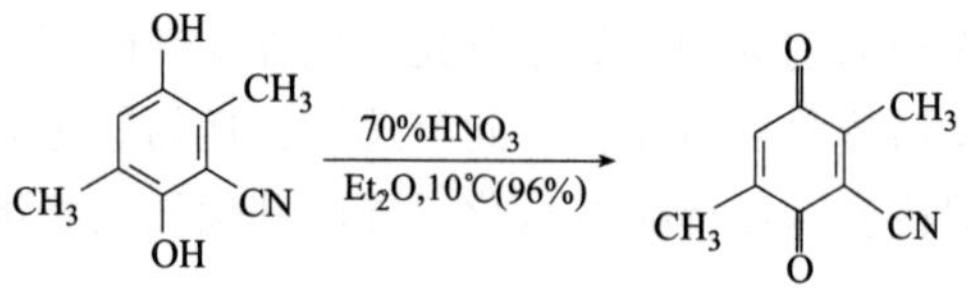

具有广谱杀菌能力的戊二酸（可用于配制各种杀菌消毒洗涤液和药品）可用如下方法：

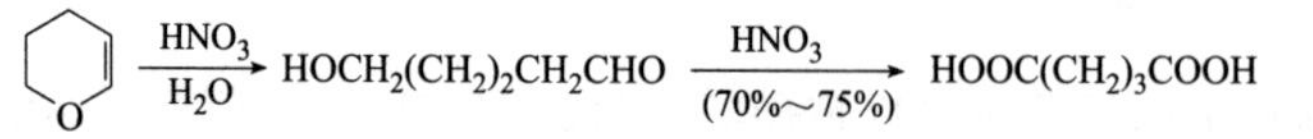

α-羟基酮分子中的羟基可以被氧化为羰基生成邻二酮类化合物。例如苯妥英钠（Phenytoinum natrium）、贝那替秦（Benactyzine）等的中间体联苯甲酰（**29**）[54] 的合成。

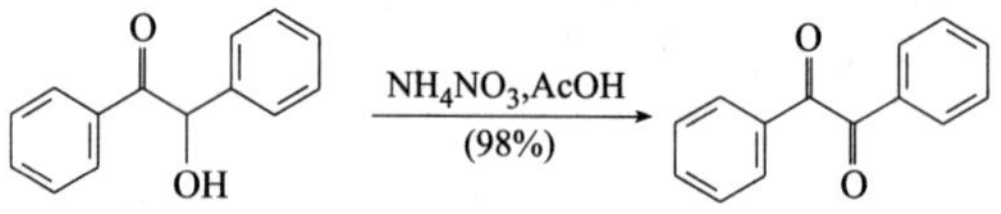

(29)

α-羟基酮分子中的羟基，由于受到邻近羰基的影响，很容易被氧化，一些弱氧化剂即可将其氧化为羰基，例如铜盐等。

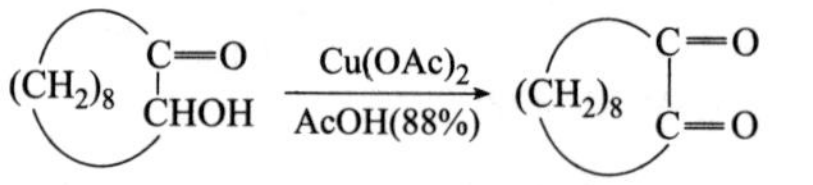

六、含卤氧化剂

含卤氧化剂主要有卤素、次卤酸盐、氯（溴）酸钠、高碘酸等。

1. 卤素

氯气作为氧化剂实际上是将氯气通入水或碱的水溶液中，生成次氯酸或次氯酸盐而进行氧化反应的。

$$NaOCl + H_2O \rightleftharpoons HOCl + NaOH$$
$$\longrightarrow HCl + [O]$$

氯气同二甲硫醚、DMSO、碘苯、吡啶、HMPA 形成的配合物可作为脱氢氧化剂，伯醇、仲醇生成羰基化合物，使用 Cl_2-吡啶、Cl_2-HMPA 配合物时仲醇的脱氢氧化速度比伯醇快。

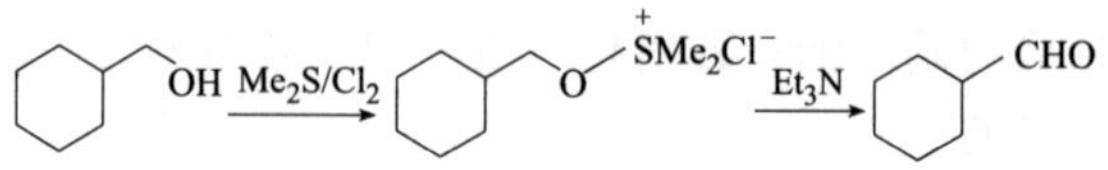

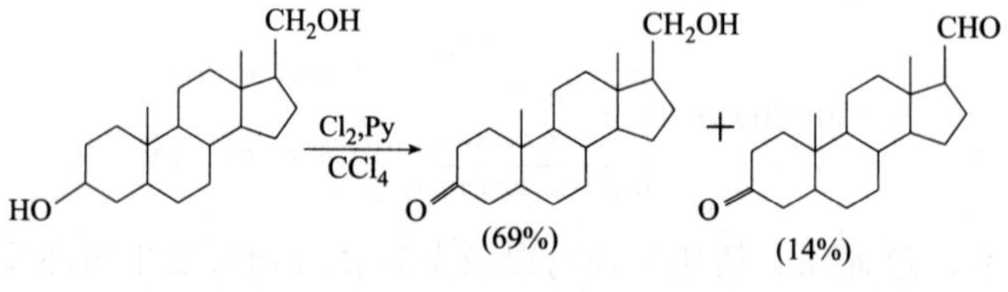

糠醛用氯气氧化，呋喃环裂解生成糠氯酸。

$$\text{呋喃-CHO} \xrightarrow{Cl_2,H_2O} \begin{array}{c} Cl \\ Cl \end{array}C=C\begin{array}{c} COOH \\ CHO \end{array} + CO_2$$

氯气可以将二硫化物氧化为磺酰氯。例如降压药二氮嗪（Diazoxide）等的中间体邻硝基苯磺酰氯的合成。

$$\text{（二苯二硫化物）} \xrightarrow[HNO_3,HCl(84\%)]{Cl_2} 2\ \text{（邻硝基苯磺酰氯）}SO_2Cl$$

利尿药乙酰唑胺（Acetazolamide）中间体的合成如下：

$$CH_3CONH-\text{（噻二唑）}-SH \xrightarrow[0\sim5℃]{Cl_2,H_2O,HOAc} CH_3CONH-\text{（噻二唑）}-SO_2Cl$$

卤代烃或硫酸二烷基酯与硫脲反应，可以生成 S-烃基异硫脲的盐，后者在低温下通入氯气，可直接得到磺酰氯。药物中间体甲基磺酰氯可以用这种方法来合成。

$$NH_2CNH_2 + (CH_3O)_2SO_2 \xrightarrow{(85\%)} \left[HN=C\begin{array}{c} S-CH_3 \\ NH_2 \end{array} \right]_2 \cdot H_2SO_4 \xrightarrow[H_2O(50\%)]{Cl_2} CH_3SO_2Cl$$

溴的氧化能力比氯弱。溴为液体，可配成一定浓度的四氯化碳、氯仿、二硫化碳或冰醋酸溶液来使用。

在催化剂存在下，溴可以选择性地氧化伯醇或仲醇。例如，在双三正丁基锡氧化物（HBD）存在下，溴可以将苄基醇、烯丙基醇、仲醇氧化为羰基而不氧化普通的伯羟基。

$$\text{（2-丁二醇）} \xrightarrow[CH_2Cl_2(66\%)]{Br_2,(n-Bu_3Sn)_2O} \text{（羟基丁酮）}$$

胃及十二指肠溃疡、慢性胃炎、胃酸分泌过多等症治疗药格隆溴铵（Glycopyrronium bromide）中间体 α-羟基苯乙酮（**30**）的合成如下：

$$\text{（苯基乙二醇）} \xrightarrow[CH_2Cl_2,rt(76\%)]{Br_2,(n-Bu_3Sn)_2O} \text{（α-羟基苯乙酮）}$$

(**30**)

在羧酸镍（Ⅱ）存在下，溴氧化伯羟基而不氧化仲羟基，如下 1,4-二醇氧化为 γ-丁内酯。

$$H_{13}C_6\text{（二醇）}OH \xrightarrow[CH_3CN]{Br_2,Ni[(O_2CCHBu-n)]_2} H_{13}C_6\text{（内酯）}O$$

葡萄糖可被溴氧化成葡萄糖酸，是补钙剂葡萄糖酸钙的原料。

$$\text{（D-葡萄糖）} \xrightarrow[(44\%)]{Br_2,CHCl_3} \text{D-葡萄糖酸} \xrightarrow{-H_2O} \text{D-葡萄糖-1,5-内酯}$$

溴水可将醛糖氧化为糖酸，但不能将酮糖氧化为糖酸。溴水在 pH 1～11 范围内，都能高收率地将 D-葡萄糖氧化为 D-葡萄糖酸，氯和碘都是好的氧化剂，几乎对所有的醛糖都适用。

用计算量的碘在碱性溶液中可将硫醇氧化为二硫化物，这是测定硫醇纯度的一种方法。

$$2HOCH_2CHCH_2SH \xrightarrow{I_2,KI} HOCH_2CHCH_2S—SCH_2CHCH_2OH$$
$$\underset{OH}{} \qquad\qquad \underset{OH}{} \qquad\qquad \underset{OH}{}$$

2. 次氯酸钠

在 0℃下，氢氧化钠溶液用氯气饱和生成次氯酸钠溶液。次氯酸钠具有很强的氧化能力，一般在碱性条件下使用。

次氯酸钠可以将烯氧化为环氧乙烷衍生物。在含锰的手性催化剂存在下，用次氯酸钠溶液作氧化剂，可进行烯烃的不对称环氧化。环氧化最好是使用顺式苯乙烯类化合物。手性药物合成中间体（2S，3R）-2-甲基-3-苯基环氧乙烷的合成如下[55]。

该反应可以选用多种氧化剂，反应的对映体过量百分比（%ee）不会因为氧化剂的改变而受影响。常用的氧化剂有高碘酸盐、次氯酸钠、氧、过氧化氢，在较低温度下还可以使用间氯过苯甲酸。若在反应中加入 N-甲基吗啉-N-氧化物（NMO），产物的收率和%ee 值还会有提高。用马来酸酐和尿素-过氧化氢原位生成过氧酸也可取得满意的结果。

甲基酮和可以氧化为甲基酮的醇与次卤酸钠反应，生成卤仿和减少一个碳原子的羧酸，此反应称为卤仿反应：

$$(CH_3)_3C—COCH_3 \xrightarrow[\text{2. HCl}]{\text{1. NaOCl}} (CH_3)_3C—COOH+CHCl_3$$

反应中首先是甲基上的三个氢依次被卤素原子取代生成 α,α,α-三卤代甲基酮，后者进一步与碱作用，生成减少一个碳原子的羧酸和卤仿。

氯仿、溴仿是液体，碘仿是黄色固体。利用碘仿反应也可以用于甲基酮和可以氧化为甲基酮的醇的鉴别（生成碘仿黄色沉淀）。碘仿在医学上是防腐剂，碘仿本身无防腐作用，与组织液接触时，能缓慢地分解出游离碘而呈现防腐功能，作用持续时间约 1～3 天。

例如抗癌药雷替曲塞（Raltitrexed）、非甾体抗炎药替尼达普（Tenidap）等的中间体噻吩-2-甲酸的合成[56]。

反应一般在水溶液中进行。若甲基酮不溶于水，反应时应加强搅拌，也可加入少量乳化剂或共溶剂，以促进反应的进行。

1,4-二氧六环是常用的共溶剂。4-甲基-3-戊烯-2-酮在二氧六环和水的混合溶剂中，用次氯酸钾作氧化剂，分子中的双键不受影响，生成化合物（**31**），其为抗真菌药环吡酮胺（Ciclopirox Olamine）、肾肽酶抑制剂西司他汀（Cilastatin）等的中间体。

$$CH_3-\underset{\underset{CH_3}{|}}{C}=CHCOCH_3 \xrightarrow[\text{二氧六环-}H_2O]{KOCl} CHCl_3 + CH_3-\underset{\underset{CH_3}{|}}{C}=CHCOOH$$

（**31**）

分子中含有碳碳叁键的甲基酮，发生卤仿反应时，分子中的叁键不受影响。

对于具有 α-手性碳的甲基酮，发生卤仿反应时，手性碳的绝对构型保持不变。

$$\xrightarrow[(97.3\%ee)]{NaOCl}$$

除了甲基酮外，具有两个 α-H 的酮也可以发生类似的反应。

$$ArCOCH_2R \xrightarrow{Br_2, NaOH} ArCOCBr_2R \xrightarrow[-2NaBr]{NaOH} Ar\underset{\underset{O}{||}}{C}-\underset{\underset{O}{||}}{C}R \xrightarrow{NaOBr, H_2O} ArCOONa + RCOONa$$

1-苯基-1-丁酮用次溴酸钠溶液处理后，可以生成苯甲酸和丙酸。

$$\xrightarrow[2.HCl]{1.NaOBr,H_2O} + CH_3CH_2COOH$$

另外，次氯酸钠可将萘氧化成邻苯二甲酸，甲苯氧化成苯甲酸，肟氧化成硝基化合物，硫醇氧化成磺酸，硫醚氧化成亚砜或砜等。

苯环上连有甲基或亚甲基的苯乙酮，同次氯酸钠一起加热，则甲基、亚甲基会同时被氧化为羧基。例如：

$$CH_3CO-\underset{}{\bigcirc}-CH_2CH_3 \xrightarrow[2.HCl]{1.NaOBr,H_2O,\triangle} HOOC-\underset{}{\bigcirc}-COOH$$

α-羟基环酮可以在不同的氧化剂作用下氧化裂解为相应的二元羧酸。例如 α-羟基环己酮用次氯酸钠氧化可以生成己二酸。

$$\xrightarrow{NaOCl}$$

次氯酸钠可以将伯胺氧化为腈，苄胺生成腈的收率比脂肪族伯胺高。例如胃肠促动力药伊托必利（Itopride）中间体 3,4-二甲氧基苯甲腈（**32**）[57] 的合成。

$$\xrightarrow[(97\%)]{NaOCl}$$

（**32**）

反应中可能是首先氧化为亚胺，后者进一步氧化为腈。

$$\underset{}{\bigcirc}-NH_2 \xrightarrow{NaOCl}{EtOH} \underset{}{\bigcirc}=NH \xrightarrow{NaOCl}{EtOH} \underset{}{\bigcirc}-CN$$

α-氨基酸用次氯酸钠氧化可以生成醛：

$$R—CH—COONa + NaOCl \longrightarrow R—CH—COONa \longrightarrow R—CH—COONa$$

$$\underset{NH_2}{|} \qquad\qquad \underset{NHCl}{|} \qquad\qquad \underset{NH}{||}$$

$$RCHO + NH_3 \longleftarrow RCH=NH + NaHCO_3 \overset{H_2O}{\longleftarrow}$$

α-甲基-α-氨基酸可以被次氯酸盐或次氯酸酯氧化，同时脱去氨基和羧基生成酮类化合物。抗高血压药物 L-甲基多巴中间体 3,4-二甲氧基苯丙酮（**33**）[58] 的合成如下。

次氯酸盐可以将硫醇氧化为二硫化物或相应的磺酸盐，硫醚氧化为亚砜或砜。硫脲类化合物可以氧化为异硫氰酸酯。例如抗麻风病药物硫安布新（Thiambutosine）中间体的合成。

3. 氯酸（溴酸）盐

氯酸及其盐类都是强氧化剂。氯酸水溶液在 40℃ 以下稳定。氧化时常使用中性或微酸性的氯酸钠（钾）溶液，温度稍高于 40℃。在某些情况下可加入催化剂，如铜盐、铁盐、钒盐、铈盐等。

$$3HClO_3 \longrightarrow HClO_4 + H_2O + Cl_2 + 4[O]$$

醇可被氧化成酸，烯烃氧化成环氧乙烷衍生物，反-丁烯二酸氧化为外消旋酒石酸。稠环芳烃或芳香烃可被氧化成醌，例如蒽氧化成蒽醌。糠醛在 V_2O_5 存在下氧化成反丁烯二酸。反丁烯二酸在医药工业中用于解毒药二巯基丁二酸的生产，反丁烯二酸铁是用于治疗小红血球型贫血的药物富血铁。

炔烃化合物在酸性条件下同 $NaBrO_3$ 和 $NaHSO_3$ 作用，生成 α,α-二溴酮，而与 H_5IO_6（$HIO_4 \cdot 2H_2O$）和 $NaHSO_3$ 反应则只生成酮[59]。

α-羟基酮在碱性条件下被溴酸钠氧化生成邻二酮（α-二酮）类化合物，后者发生二苯羟乙酸重排反应，生成 α-羟基羧酸[60]。如药物胃复康（Benaetyzine）等中间体二苯羟基乙酸的合成。

4. 高碘酸

高碘酸可以氧化 1,2-二醇、1,2-氨基醇、相邻二羰基化合物以及相邻的酮醇化合物，从而发生碳碳键断裂，生成羰基和羧基化合物，这些反应统称为 Malaprade 反应。以上基团若不在相邻位置，则不发生此类反应。对于不溶于水的反应物，可在甲醇，二氧六环或乙酸中进行氧化。由于生成的碘酸仍具有氧化作用，因此反应一般在室温下进行。以邻二醇的反应为例，其反应机理表示如下：

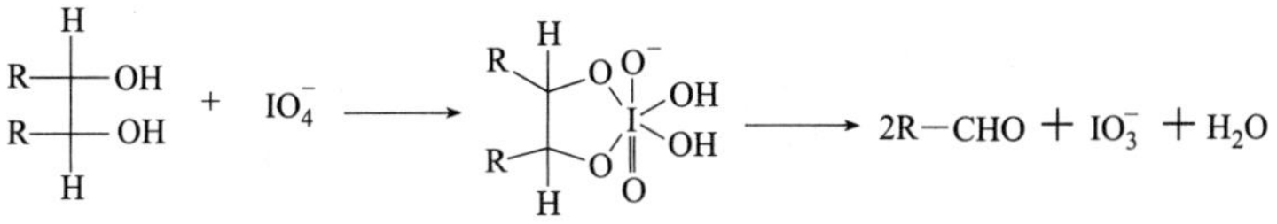

反应中生成环状结构的酯，按照这一机理，环状邻二醇顺式比反式更容易被氧化。

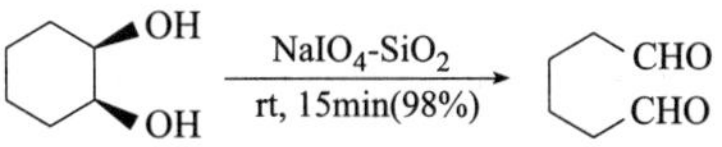

高碘酸氧化广泛用于多元醇及糖类化合物的降解。并根据降解产物研究它们的结构。抗癌药盐酸吉西他滨（Gemcitabine hydrochloride）等的中间体 D-(R)-甘油醛缩丙酮（**34**）[61]的合成如下：

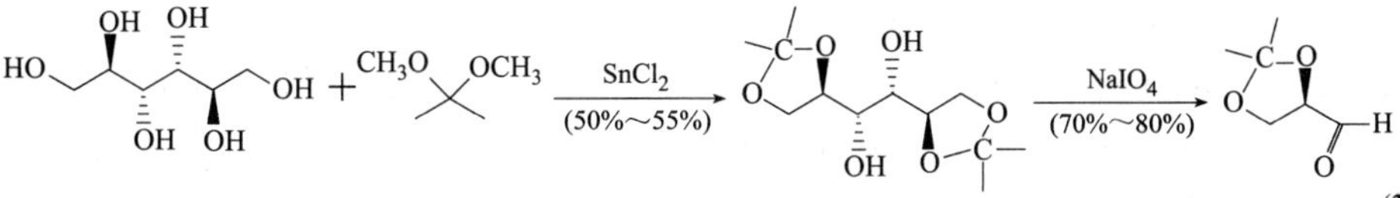

抗生素类药物卡芦莫南（Carumonam）中间体乙醛酸甲酯可以由如下反应来制备。

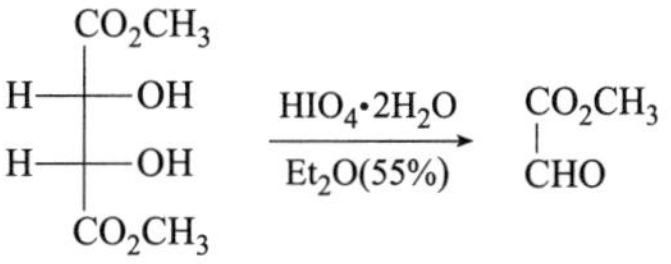

在 RuCl$_3$ 存在下苯环可被高碘酸、高碘酸钠、次氯酸钠等氧化剂氧化生成相应羧酸。如：

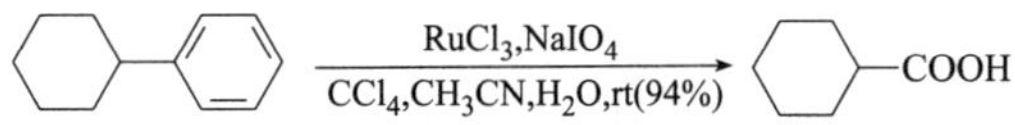

反应中实际上是 RuCl$_3$ 与高碘酸等反应生成的四氧化钌为氧化剂，可以将取代的苯环氧化生成相应的羧酸，而不影响或很少影响与之相连的侧链烷基或环烷基。例如[62]：

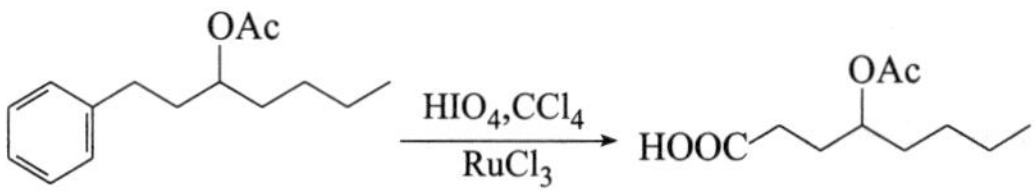

用 RuO$_2$-NaIO$_4$ 可以使环醚发生氧化分裂生成羧酸。驱肠虫药己二酸哌嗪（Piperazine adipate）的中间体己二酸的合成如下[63]。

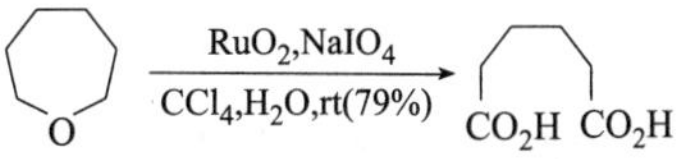

七、过二硫酸盐和过一硫酸

作为氧化剂的过二硫酸盐主要是过二硫酸钾和过二硫酸铵。

$$KOSO_2OOSO_2OK + H_2O \longrightarrow 2KHSO_4 + [O]$$

反应可以在中性，碱性或酸性介质中进行。

酚类化合物在碱性条件下被过二硫酸盐氧化生成多元酚的反应称为 Elbs 氧化反应或 Elbs 过硫酸盐氧化反应。该反应是由 Elbs K 于 1893 年发现的。

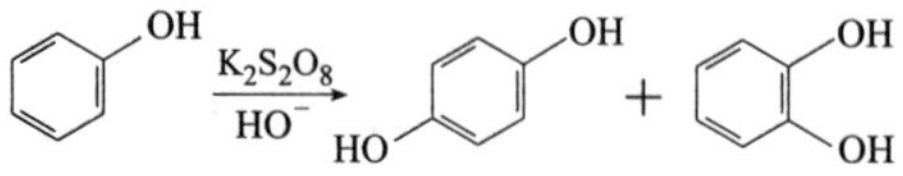

反应机理如下：

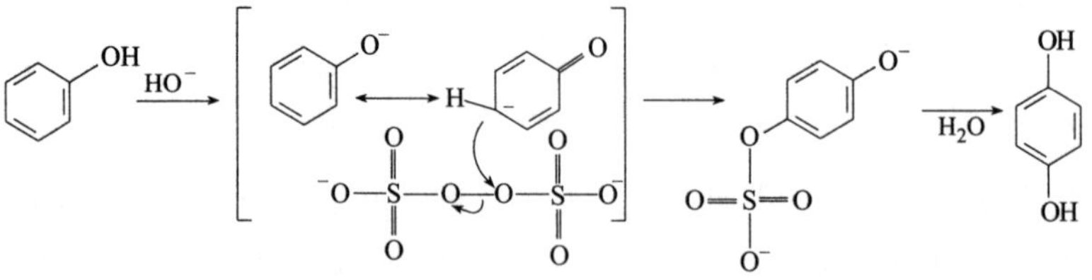

该反应适用于邻、间、对位取代酚。通常分子中的其他取代基如醛基、双键等在反应条件下不受影响。芳环上含有给电子基团时有利于反应的进行，而含有吸电子基团时反应较慢。一般邻、间位取代的酚氧化后的产物收率较高，对位取代的酚氧化后的产物收率较低。反应一般发生在酚羟基的邻、对位，对位有取代基时发生在邻位。尽管该方法的收率不高，但这是在芳环上引入羟基的重要方法。例如抗心律失常药氟卡尼（Flecanide）中间体 2,5-二羟基苯甲酸（龙胆酸）的合成。

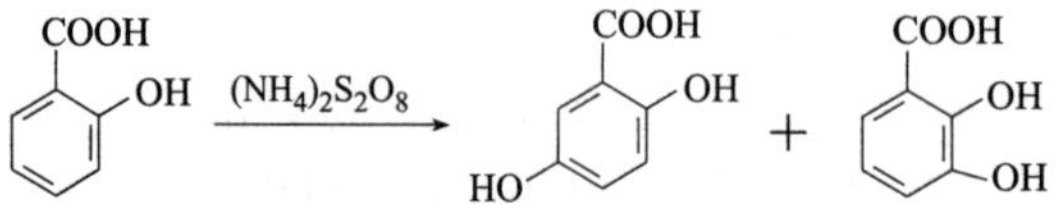

芳香族的伯、仲、叔胺都可以发生该反应。

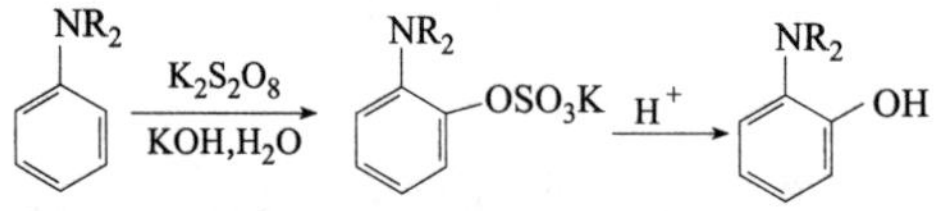

该方法也适用于杂环类化合物，例如医药中间体 2,5-二羟基吡啶 (**35**)[64] 的合成。

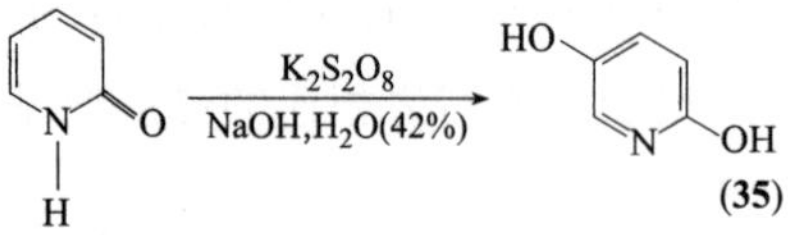

又如医药中间体 5-羟基胞嘧啶的合成：

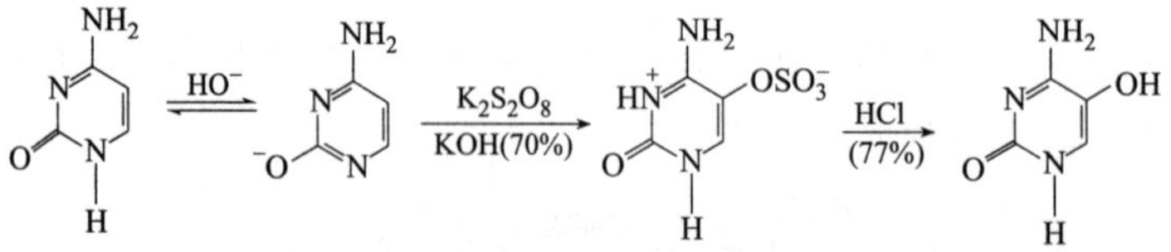

在铜离子存在下，苯可以被过硫酸盐氧化生成苯酚。反应属于自由基型机理。

$$R\text{—}\langle\text{苯环}\rangle \xrightarrow[\text{H}^+,30℃(20\%\sim64\%)]{\text{S}_2\text{O}_8^{2-}-\text{Fe}^{2+}-\text{Cu}^{2+}} R\text{—}\langle\text{苯环}\rangle\text{—OH}$$

在 0℃下将 $K_2S_2O_8$ 溶于浓硫酸（10:7）可制得过一硫酸 H_2SO_5，又称为 Caro's 酸。水解后生成硫酸和过氧化氢。

$$HOOSO_3^- + H_2O \longrightarrow HOOH + HOSO_3^-$$

Caro's 酸可将芳香胺氧化成芳香族亚硝基化合物。

$$\langle\text{苯环}\rangle\text{—NH}_2 \xrightarrow{H_2SO_5} \langle\text{苯环}\rangle\text{—NO}$$

另外，Caro's 酸也可将酮氧化成酯，反应结果类似于 Baeyer-Villiger 重排反应。

$$\langle\text{二苯甲酮}\rangle \xrightarrow[\text{H}_2\text{SO}_4,\text{AcOH}<35℃,30\text{min}(69\%)]{\text{KHSO}_5,\text{KHSO}_4,\text{K}_2\text{SO}_4,} \langle\text{苯甲酸苯酯}\rangle$$

Oxone 是一种组成为 $2KHSO_5 \cdot KHSO_4 \cdot K_2SO_4$ 的混合试剂，已商品化，是一种常用的氧化剂，可以发生多种氧化反应。$KHSO_5$ 是 Caro's 酸的盐，其基本反应如图 1-4。

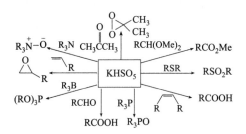

图 1-4 KHSO₅ 的氧化反应

八、其他无机氧化剂

1. 四氧化锇

应用四氧化锇（OsO_4）氧化烯烃制备顺式 1,2-二醇的反应称为 Criegee 氧化反应，其选择性高于 $KMnO_4$ 氧化法，也用于甾醇结构测定。其氧化机理是四氧化锇与烯键顺式加成生成环状锇酸酯，而后水解成顺式二醇。

$$\langle\text{烯}\rangle + Os(O)_4 \longrightarrow \langle\text{环状锇酸酯}\rangle \xrightarrow{H_2O} \langle\text{二醇}\rangle + H_2OsO_4$$

顺丁烯二酸可被四氧化锇氧化为内消旋酒石酸。

$$\langle\text{顺丁烯二酸}\rangle \xrightarrow[\text{2.Na}_2\text{SO}_3]{\text{1.OsO}_4} \langle\text{内消旋酒石酸}\rangle$$

在一些刚性分子中，如甾体化合物，锇酸酯一般在位阻较小的一边形成。锇酸酯不稳定，常加入叔胺（如吡啶）形成配合物，以稳定锇酸酯。

由于锇酸酯水解为可逆反应，因此常加入一些还原剂，如亚硫酸钠，甲醛、四氢铝锂、硫化氢等将锇酸还原为金属锇，回收的金属锇再制备四氧化锇。吡啶和叔胺类化合物对该反应有催化作用，因而吡啶常作为四氧化锇氧化反应的介质。价格昂贵和剧毒限制了其应用。

实验中常使用催化量的四氧化锇和其他氧化剂，如氯酸盐、碘酸盐、过氧化氢、叔丁基过氧化氢等。反应中四氧化锇首先与烯烃反应生成锇酸酯，而后水解成锇酸，后者被氧化剂氧化成四氧化锇继续参加反应。在使用四氧化锇时加入 N-甲基吗啉-N-氧化物作氧化剂，一方面可将锇酸氧化为四氧化锇，另一方面可使锇酸酯稳定，是一种较好的配体和氧化剂。

Minato 等[65] 用铁氰化钾作共氧化剂进行烯烃的双羟基化取得了令人满意的结果。该反应是在强碱性条件下进行的，反应更适用于小分子量的烯烃，分子量大的烯烃难与水中的铁氰化钾反应。改用含水的叔丁醇后效果有所改善。

四氧化锇与奎宁等手性配体形成的催化剂，可用于不对称合成。

1980 年，Hentges 和 Sharpless 首次报道了用四氧化锇为二羟基化试剂的烯烃不对称顺式二羟基化反应（AD 反应）。烯烃在含天然金鸡纳生物碱奎宁二氢化物（DHQ）和奎尼定的二氢化物（DHQD）的手性配体和四氧化锇存在下，可以对映选择性地发生邻二羟基化反应，生成高光学活性的邻二醇类化合物，该反应称为 Sharpless 不对称二羟基化反应。由于奎宁二氢化物和奎尼定的二氢化物的手性配体中的氮原子和四氧化锇的结合比较牢固，得到的二醇的光学纯度比较高。此后，化学工作者做了许多努力以提高二醇的光学纯度。

该反应的有效的不对称二羟基化试剂是 AD-mix-α[手性配体（DHQ)$_2$PHAL，K$_3$Fe(CN)$_6$，K$_2$CO$_3$，K$_2$OsO$_4$ · 2H$_2$O] 和 AD-mix-β[手性配体（DHQD)$_2$PHAL，K$_3$Fe(CN)$_6$，K$_2$CO$_3$，K$_2$OsO$_4$ · 2H$_2$O][66]。

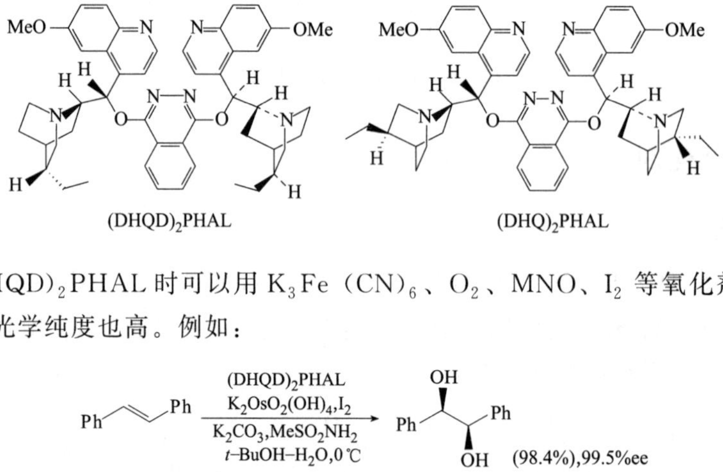

(DHQD)$_2$PHAL   (DHQ)$_2$PHAL

使用 (DHQD)$_2$PHAL 时可以用 K$_3$Fe (CN)$_6$、O$_2$、MNO、I$_2$ 等氧化剂，邻二醇的收率高，产物的光学纯度也高。例如：

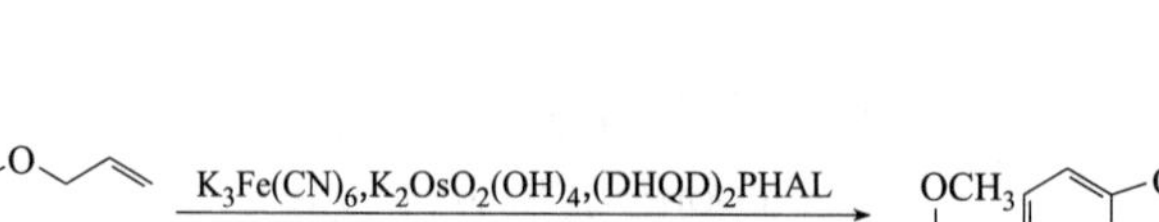

例如治疗高血压、心绞痛及心律失常药美托洛尔（Metoprolol）等的中间体（**36**）的合成[67]。

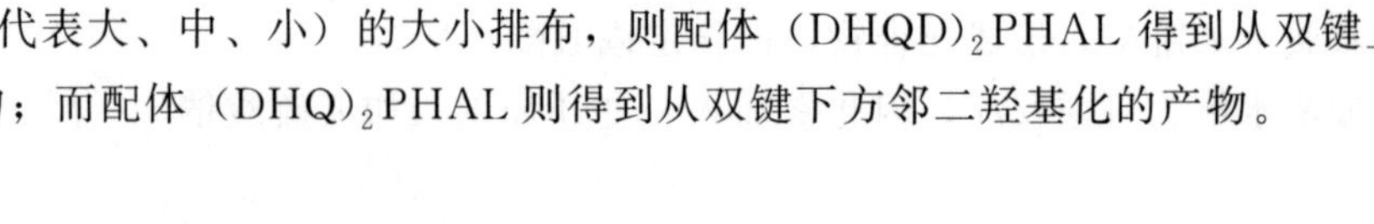

该类反应的立体选择性可以按照如下规则预测。将双键上的取代基按照相对体积（L、M、S 分别代表大、中、小）的大小排布，则配体 (DHQD)$_2$PHAL 得到从双键上方邻二羟基化的产物；而配体 (DHQ)$_2$PHAL 则得到从双键下方邻二羟基化的产物。

不同烯烃进行 Sharpless 不对称二羟基化反应时，反式烯烃比顺式烯烃容易进行，在多烯化合物中，富电子双键更容易进行。对含有叁键的烯烃，双键比叁键更容易进行。

(2S)-3-(1-萘氧基)-1,2-丙二醇 (**37**)[68] 是治疗高血压、心绞痛及心律失常药盐酸普萘洛尔（Propranolol hydrochloride）等的中间体，可以用此方法来合成。

又如抗癌药多烯紫杉醇中间体 (**38**)[69] 的合成。

一些羰基化合物通过制成烯醇硅醚，而后进行 Sharpless 不对称二羟基化，可以合成 α-羟基酮类化合物（偶姻类化合物）[70]。

R＝Et，R′＝n-Pr；R＝n-Pr，R′＝n-Bu；R＝i-Pr，R′＝i-Bu；
R＝Me，R′＝i-Bu；R＝Bn，R′＝n-Bu；收率 67%～80%

2. 二氧化硒

应用二氧化硒（SeO_2）的氧化反应称为 Riley 氧化反应，反应时最好使用新制备的 SeO_2。反应可在二氧六环、乙酐、乙酸、乙腈、苯、水等溶剂中进行。反应结束后可从反应液中回收被还原沉淀出的红色的硒，硒经过氧气或硝酸氧化生成的 SeO_2 可重复使用。SeO_2 剧毒（毒性比 As_2O_3 大），限制了其应用。

SeO_2 是一种选择性氧化剂，主要用于氧化烯丙位的活泼氢生成相应的醇或羰基化合物、活泼甲基或亚甲基氧化为相应的羰基化合物，也可以使羰基化合物脱氢生成烯酮类化合物等。

烯的 α-氢可以被二氧化硒选择性地氧化，生成 β,γ-不饱和醇。反应常在乙酸或乙酸酐中进行，且最好用于五个碳原子以上的烯烃。环状烯烃和炔烃 α-位也能被氧化。反应中首先生成乙酸酯，接着水解生成 α,β-不饱和醇。

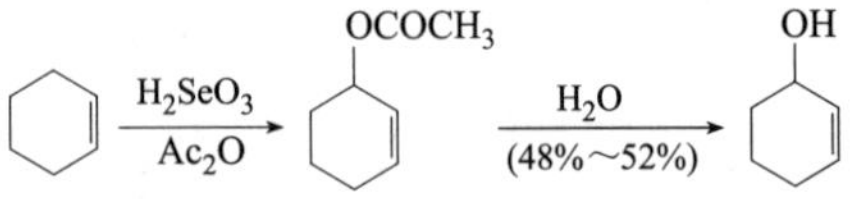

SeO_2 对于烯烃氧化一般有如下规律：

(1) 发生在双键碳上取代基较多一边的 α-位上；

(2) 在不违背上述规则的前提下，氧化次序为 —CH_2＞—CH_3＞—CHR_2；

(3) 环烯氧化时，优先发生在环内双键上取代基较多的 α-位；

(4) 氧化时会发生烯丙基重排，羟基引入在末端。例如：

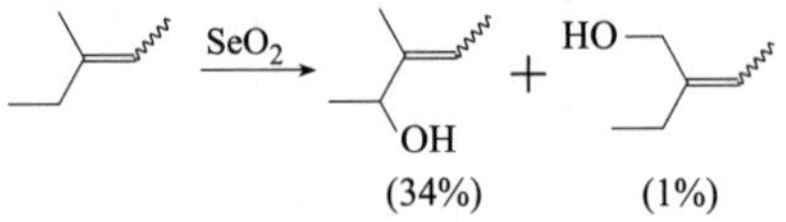

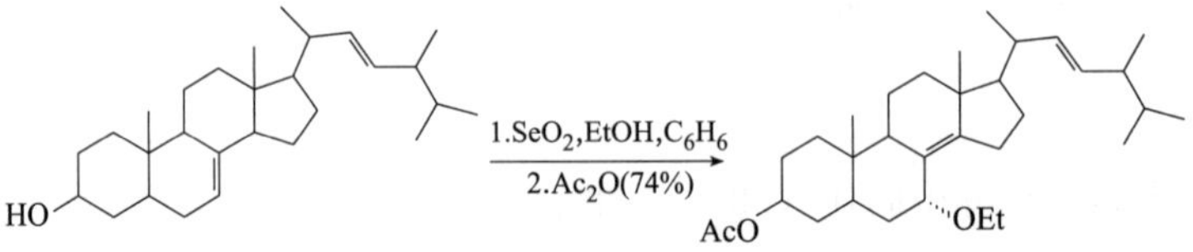

由于 SeO_2 的毒性和环境污染问题严重，因此使用催化量的 SeO_2 和其他氧化剂联用是重要的研究内容。在催化量 SeO_2 存在下，过氧化氢可以将烯烃的 α-H 氧化，生成 β,γ-不饱和醇。例如 β-蒎烯可以被氧化为反-松香芹醇[71]：

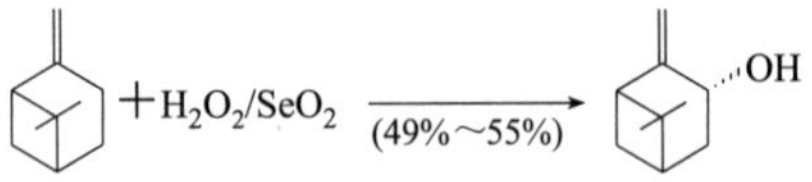

叔丁基过氧化氢（TBHP）是目前应用较多的辅助氧化剂，SeO_2 和 TBHP 联用，改变 TBHP 用量或反应条件，可以将烯丙基位氧化为羟基或羰基。例如[72]：

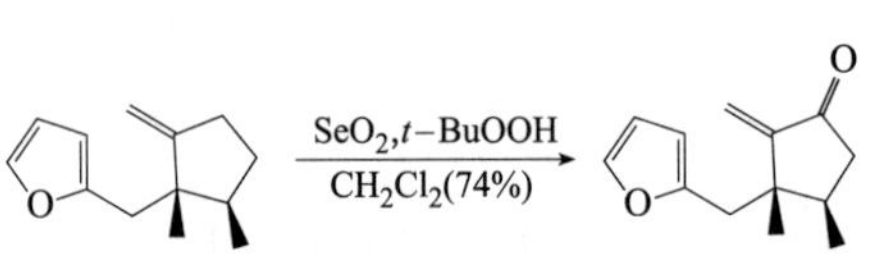

使用尿素-过氧化氢（UHP）和催化量的 SeO_2 可以将烯丙位氧化为羰基[73]。

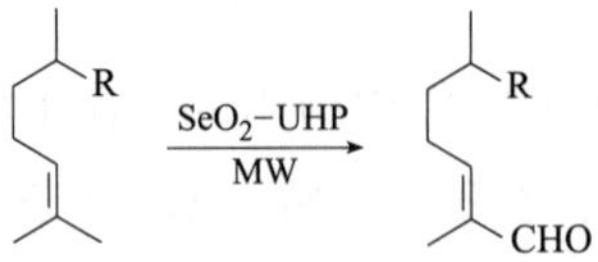

二氧化硒也可以将烯丙基醇氧化为相应的醛。例如：

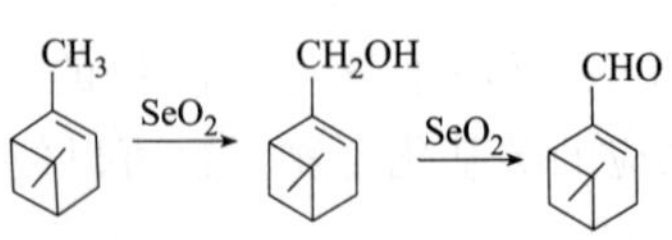

在二氧化硒催化下，2-甲基丙烯醛可以被过氧化氢氧化为 2-甲基丙烯酸。

$$CH_2=CCHO \xrightarrow[\text{(74\%)}]{H_2O_2, SeO_2} CH_2=CCOOH$$
$$\quad\quad | \quad\quad\quad\quad\quad\quad\quad\quad\quad\quad\quad\quad | $$
$$\quad\quad CH_3 \quad\quad\quad\quad\quad\quad\quad\quad\quad\quad CH_3$$

炔键的 α-氢也可以被 SeO_2 氧化，生成 α-羟基炔。次甲基、亚甲基的 C—H 键比甲基的 C—H 键活泼。具有两个烃基的炔可以氧化为 α,α'-炔二醇，也有部分酮生成。

$$CH_3(CH_2)_5-CH_2C{\equiv}CCH_3 \xrightarrow{SeO_2, t\text{-BuOOH}} CH_3(CH_2)_5-\overset{OH}{\underset{(41\%)}{CHC{\equiv}CCH_3}}$$

$$+CH_3(CH_2)_5-\overset{OH}{\underset{(12\%)}{CHC{\equiv}CCH_2OH}} + CH_3(CH_2)_5-\overset{O}{\underset{(<6\%)}{CC{\equiv}CCH_3}}$$

炔键上的 α-H 被氧化的大致活性顺序是：$CH_2 \approx CH > CH_3$。

二氧化硒有时也可以用于芳环上甲基和亚甲基的氧化制备芳香醛或酮。抗生素头孢他啶（Ceftazidime）中间体（2-氯乙酰胺基-4-噻唑基）乙醛酸甲酯（**39**）[74] 的合成如下：

与羰基直接相连的 α-碳上的氢由于受羰基的影响比较活泼，容易被氧化。二氧化硒可使羰基的 α-位上的亚甲基或甲基氧化为羰基，生成邻二羰基化合物，例如环己酮可以被氧化为 1,2-环己二酮。

可能的氧化反应机理如下：

SeO_2 对羰基两个 α-位的甲基、亚甲基的氧化缺乏选择性，故只有当羰基 α-位仅有一个可被氧化的烃基，或两个亚甲基处于相似（或对称）的位置时才有合成意义。例如胃病治疗药奥芬溴铵（Oxyphenonium）、等的中间体苯甲酰甲醛（**40**）[75] 的合成。

SeO_2 有时也用于脱氢反应，例如：

$$PhC-CH_2-CH_2-CPh \xrightarrow[90℃,21h(75\%)]{SeO_2-H_2O} PhC-CH=CH-CPh$$

SeO_2 的脱氢机理目前认为是酮的烯醇式与二氧化硒首先生成硒酸酯，而后经 [2,3]-σ 迁移、β-消除，最后生成 α,β-不饱和酮。

二氧化硒的脱氢与二氧化硒氧化羰基 α-位活泼亚甲基生成 α-二酮，具有类似的中间体硒酸酯，因此，酮的脱氢生成 α,β-不饱和酮和氧化生成 α-二酮是一对竞争反应。当反应条件和底物结构有利于 β-消除时，则生成 α,β-不饱和酮，叔丁醇和芳香化合物作溶剂时，更有利于 β-消除，生成 α,β-不饱和酮。当反应条件和底物结构有利于生成 α-二酮时，则生成 α-二酮，例如用含水二噁烷、乙醇作溶剂时，更有利于生成 α-二酮。

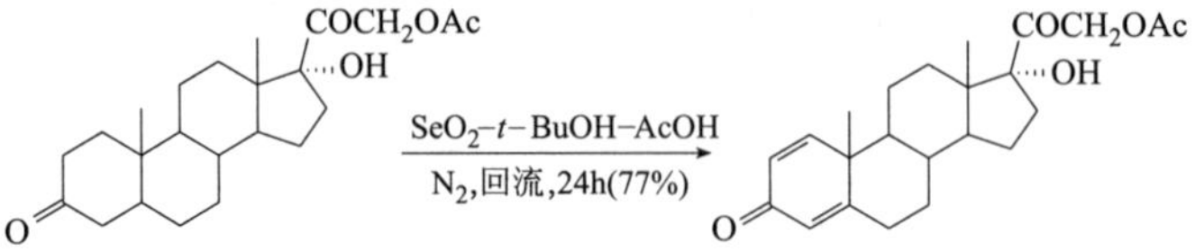

3. 过氧化镍

用次氯酸钠在碱性条件下处理镍盐（例如硫酸镍）生成过氧化镍（NiO_2），是一种用途较广泛的氧化剂。过氧化镍在碱性水溶液中可以氧化伯醇为相应的羧酸，产率很好。例如由正丙醇制丙酸，收率为 96%；由苄基醇制苯甲酸，收率为 93%。过氧化镍在有机溶剂苯、石油醚、或乙醚中，可以氧化烯丙型醇、苯甲型醇为相应的羰基化合物，产率也很高。过氧化镍和二氧化锰是属于同一类型的氧化剂，但反应能力稍强，而且用过的氧化剂用碱性次氯酸盐溶液处理再生后可以重复使用。

过氧化镍可以使 α-碳原子上有两个氢原子的伯胺氧化为腈。反应可以在苯中于室温或加热回流来进行。

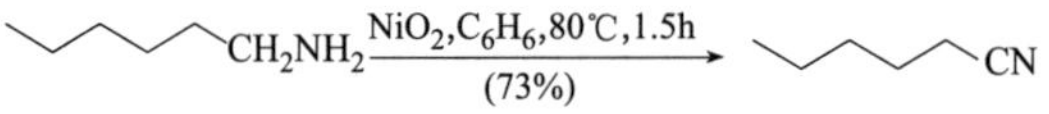

邻苯二胺用过氧化镍可生成苯环破坏的二腈。

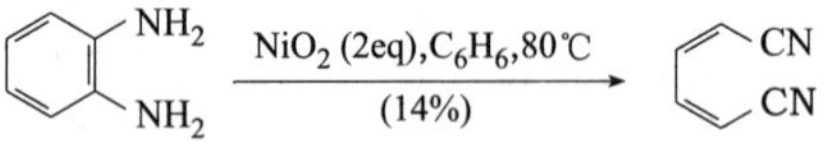

过氧化镍的主要氧化反应如图 1-5。

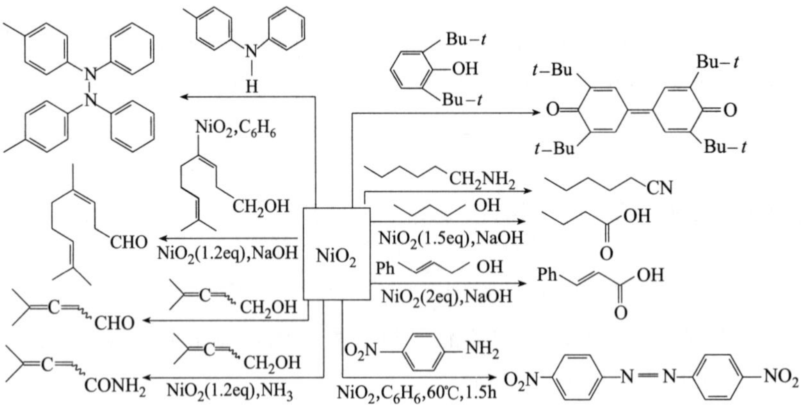

图 1-5 NiO_2 的氧化反应

4. 氧化银、碳酸银

硝酸银及氧化银的氨水溶液（Tollen's 试剂）是弱氧化剂。氧化银由硝酸银与氢氧化钠溶液反应制备。将其溶于氨水中则制成 Tollen's 试剂。

$$2AgNO_3 + 2NaOH \longrightarrow Ag_2O + 2NaNO_3 + H_2O$$
$$Ag_2O + 4NH_4OH \longrightarrow 2Ag(NH_3)_2OH + 3H_2O$$

Tollen's 试剂可将醛氧化为相应的羧酸。葡萄糖与 Tollen's 试剂反应是银镜反应的基础。

氧化银可使醛基氧化成羧基，酚羟基氧化成醌，分子中的双键及对强氧化剂敏感的基团不受影响。

对于不含卤素的氢醌，氧化银和碳酸银等弱氧化剂可以将其氧化为醌，例如 5-甲基-2-正辛基-1,4-苯二醌（**41**）[76] 的合成。

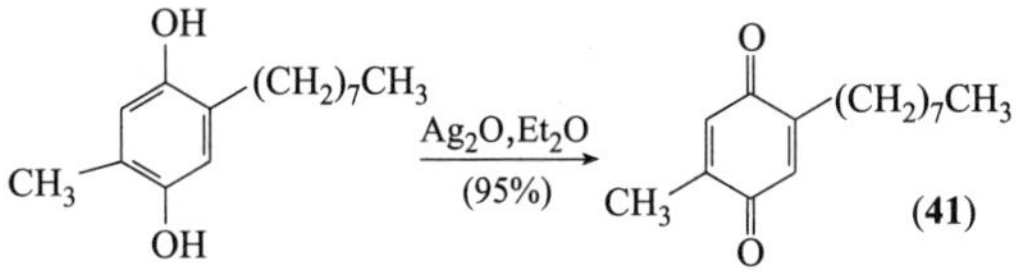

香草醛被氧化银氧化可以高收率的得到香草酸。香草酸是重要的医药中间体，本身具有较强的抗氧化、抗菌活性，广泛存在于胡黄连、高丽参、蜂胶等中药材中。

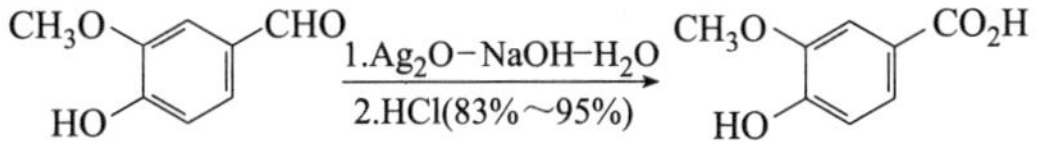

对于一些分子中含有容易被氧化的基团的醛类化合物，由于氧化银的氧化能力较弱，可以选择性地氧化醛基，而不影响其他基团，如双键等。

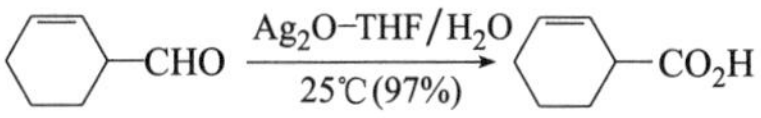

银的价格不菲，为了降低成本，采用含有氧化亚铜的氧化银作催化剂，用空气进行氧化来合成羧酸。例如：

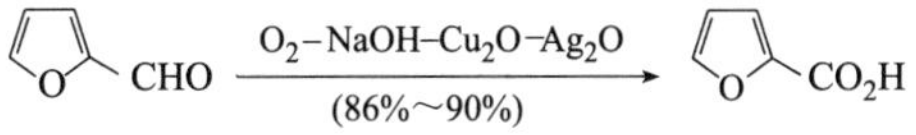

硝酸银与碳酸钠反应可生成碳酸银。碳酸银是氧化伯、仲醇较理想的氧化剂，氧化反应有一定选择性。位阻大的羟基不易被氧化；优先氧化仲醇；烯丙位羟基比仲醇更容易被氧化。

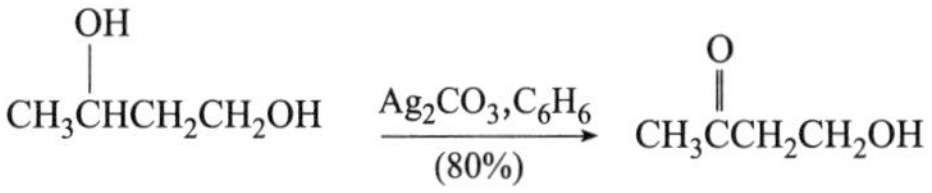

将碳酸银沉积于硅藻土上，是一种温和的氧化剂，可以将伯醇氧化为醛，反应产率高，而且其他容易氧化的基团不受影响。

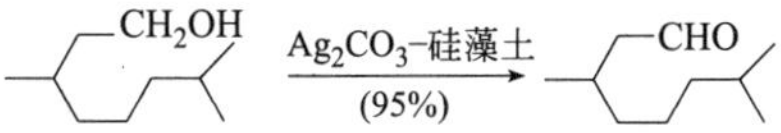

1,4-、1,5-、1,6-二醇等二元伯醇，可氧化生成环内酯。

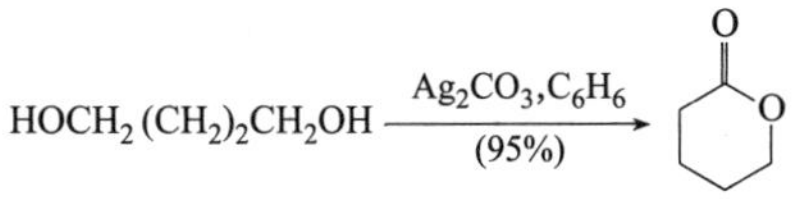

5. 铁氰化钾

一种缓和的氧化剂，一般在碱性条件下使用。

$$2K_3Fe(CN)_6 + 2KOH \longrightarrow 2K_4Fe(CN)_6 + H_2O + [O]$$

铁氰化钾主要用于酚的偶联以及在其作用下氧化环合。例如如下反应：

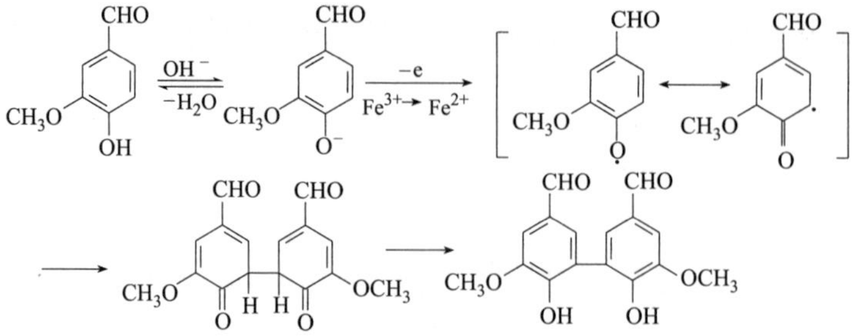

这是一种自由基型反应，生成的两个自由基相互结合，得到偶联产物。对于 C—C 偶合反应来说，偶合方式可能有邻-邻偶合、邻-对偶合、对-对偶合三种。

对位烷基酚氧化可以得到 C—C、C—O 偶联产物。对甲基苯酚氧化时，先发生邻、对位 C—C 偶联，而后分子内重排，酚羟基与环己二烯酮进行 Macheal 加成，生成 Pummerer's 酮。

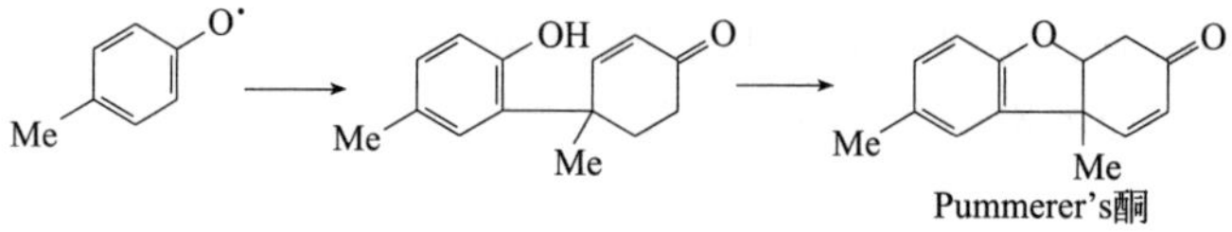

对叔丁基苯酚由于空间位阻的原因，难以发生偶联反应。

2,6-二烷基酚用铁氰化钾氧化生成的 C—C 偶联产物用氧化银处理，可以生成二酚醌。

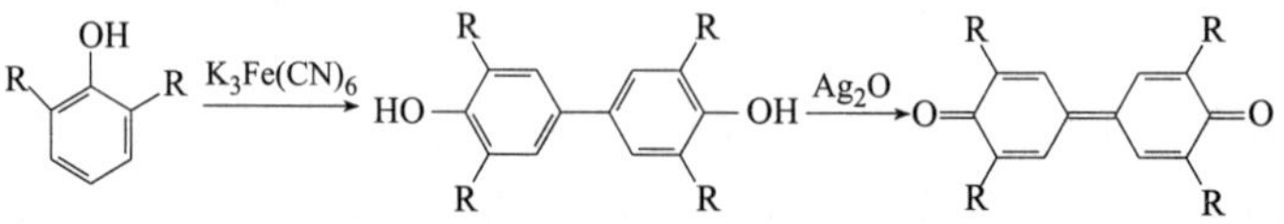

2,5-二羟基苯丙氨酸用铁氰化钾氧化时生成 5-羟基吲哚（**42**），其为 5-羟色胺、褪黑激素合成的重要中间体，也是医药等领域的重要中间产物。

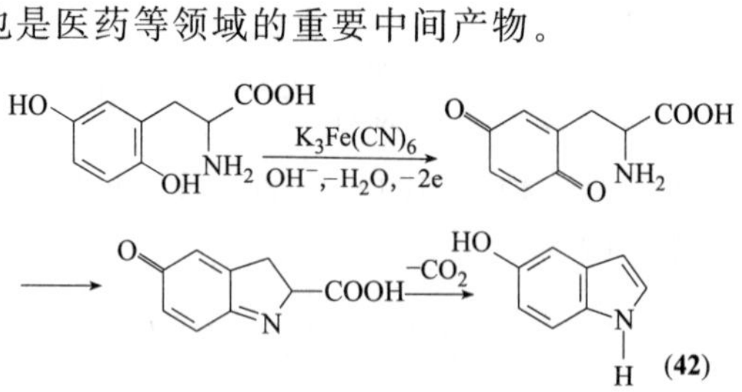

铁氰化钾也可将伯胺氧化脱氢生成腈。

$$C_6H_{13}CH_2NH_2 \xrightarrow[(55\%)]{K_3Fe(CN)_6} C_6H_{13}CN$$

6. 硝酸铈铵

硝酸铈铵 $[(NH_4)_2Ce(NO_3)_6]$ 在酸性条件下是一种强氧化剂，起主要作用的是 Ce^{4+}，是一种单电子氧化剂，反应后生成 Ce^{3+}。有时也可以使用硫酸铈。硝酸铈铵可以氧化多种有机官能团。烯烃化合物用硝酸铈铵处理，可以生成邻二硝酸酯。例如：

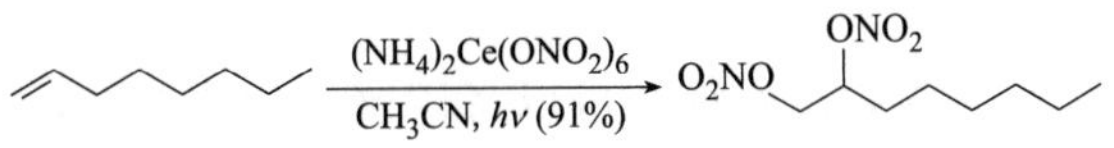

反应按照自由基型机理进行：

$$Ce^{4+}(ONO_2)_4 \xrightarrow{h\nu} Ce^{3+}(ONO_2)_3 + O_2NO^{\bullet}$$

$$RCH=CH_2 + O_2NO^{\bullet} \longrightarrow R\overset{\bullet}{C}H-CH_2ONO_2$$

$$Ce^{4+}(ONO_2)_4 + R\overset{\bullet}{C}H-CH_2ONO_2 \longrightarrow Ce^{3+}(ONO_2)_3 + R\overset{ONO_2}{\overset{|}{C}H}-CH_2ONO_2$$

芳环上 α-位活泼氢可以被硝酸铈铵氧化，生成相应的氧化产物，具有很高的区域选择性。例如：

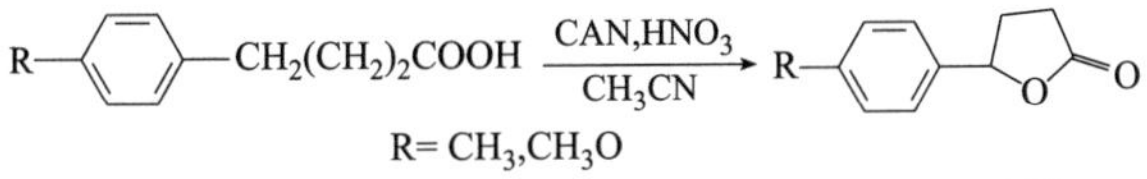

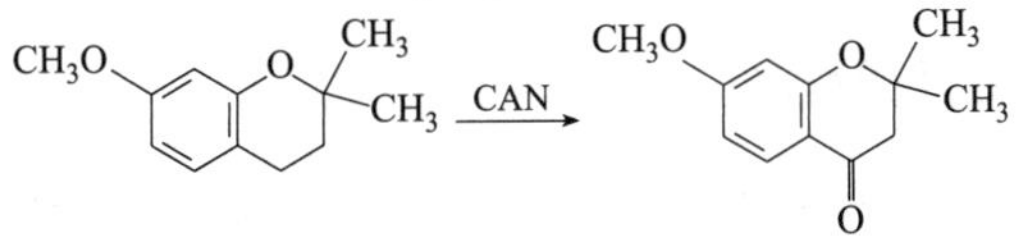

硝酸铈铵与50％的乙酸组成的氧化体系，可以将甲苯氧化为相应的醛。例如：

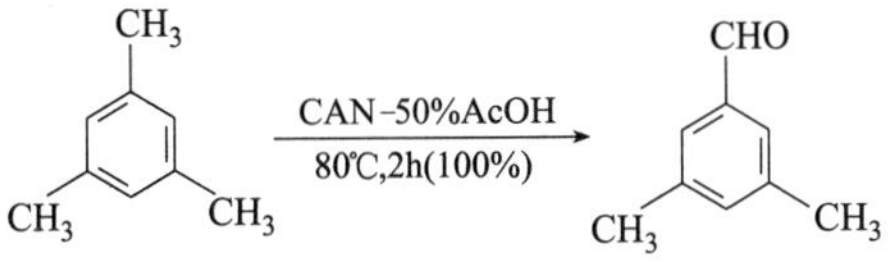

硝酸铈铵可以将伯醇、仲醇氧化为羰基化合物，当分子中同时含有伯、仲羟基时，仲羟基被氧化为酮而伯羟基可以保留。

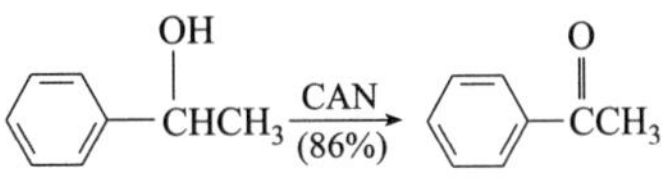

邻二酚可以被硝酸铈铵氧化为邻二醌类化合物。例如：

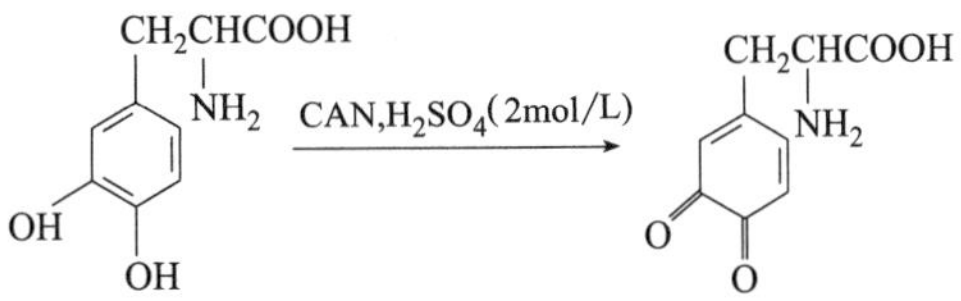

在超声波作用下，1,4-萘二酚可以氧化为1,4-萘醌，反应速度比不用超声波快50倍。

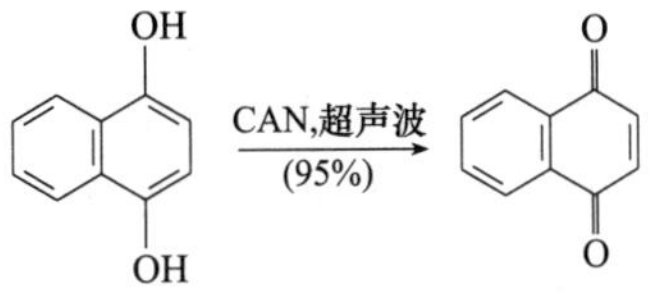

一些芳香醚也可以被氧化为醌类化合物。例如：

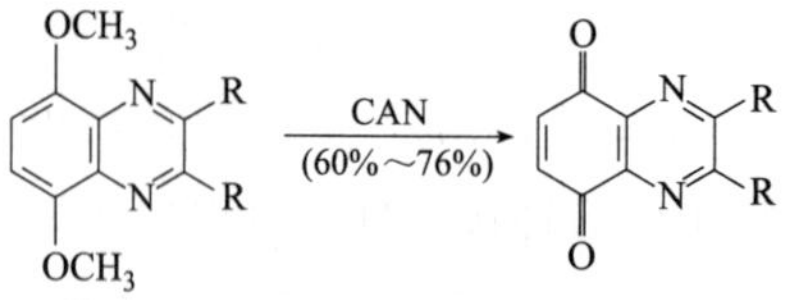

在二氯甲烷中，用含水硅胶和硝酸铈铵可以将硫醚氧化为亚砜，更适用于含多种官能团的硫醚的氧化。

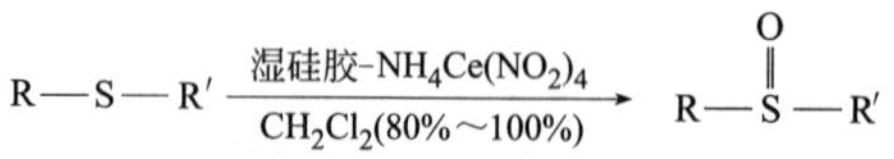

$$R-S-R' \xrightarrow[\text{CH}_2\text{Cl}_2(80\%\sim100\%)]{\text{湿硅胶-NH}_4\text{Ce(NO}_2)_4} R-\overset{\text{O}}{\underset{}{S}}-R'$$

第二节　有机氧化剂

有机氧化剂主要有有机过氧酸及其酯类、异丙醇铝、二甲亚砜、醌类化合物、N-氧化物以及 N-卤代亚胺等。

一、有机过氧酸及有关过氧化物

有机过氧酸简称过酸，向羧酸中加入双氧水即氧化为过酸。常用的过酸有过氧甲酸，过氧乙酸，过氧三氟乙酸，过氧苯甲酸，过氧间氯苯甲酸等。过酸一般不稳定，应新鲜制备，但过氧间氯苯甲酸是稳定的晶体。

烯烃在过酸作用下容易生成环氧乙烷类化合物，后者在酸性条件下容易水解开环生成反式 1,2-二醇，是合成反式 1,2-二醇的一种方法。有时也可以直接使用过氧化氢作氧化剂。

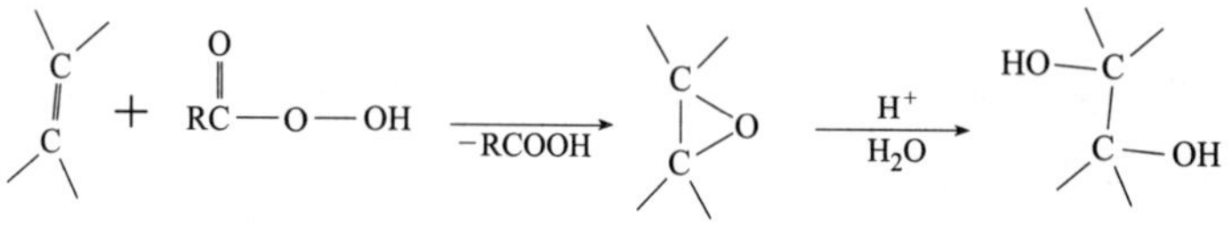

反式 1,2-环己二醇的合成如下[77]：

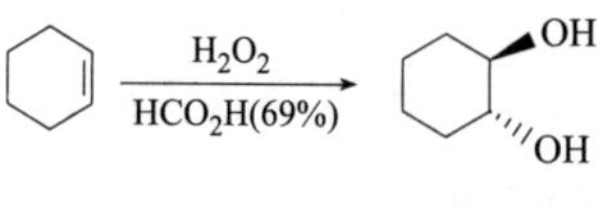

又如治疗高血压病的药物地拉普利（Delapril）中间体 1H-茚满-2(3H)-酮（**43**）[78] 的合成。

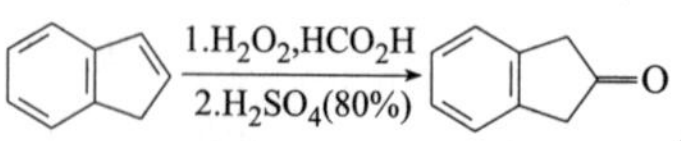

由于过氧甲酸和过氧乙酸常以水溶液存在，用它们作氧化剂时生成的环氧化合物往往被水解或部分水解生成二醇。使用无水过氧酸如无水过氧苯甲酸时可以直接得到环氧化合物。

过氧酸氧化烯键生成环氧化合物的反应机理是双键上的亲电加成，过酸由位阻较小的一边向双键进攻，环氧环位于位阻较小的一边。

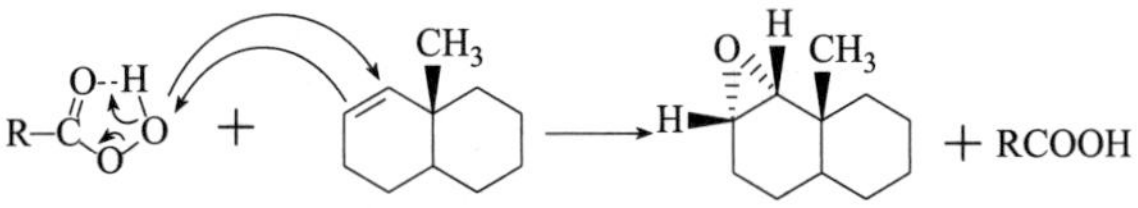

氧化的难易与过酸的 R 和双键上电子云密度有关。双键上电子云密度高，容易发生环氧化，电子云密度较低时，则应选用 R 为吸电子基的过酸，如 CF_3CO_3H。过酸的强弱次序为：$CF_3CO_3H > PhCO_3H > CH_3CO_3H$。用过酸环氧化时，分子中的羟基不受影响。

烯类化合物的环氧化为顺式加成过程，顺式烯烃环氧化后生成顺式加成产物；反式烯烃环氧化后生成反式加成产物。并且过氧化物是从双键上空间位阻最小的一边向烯键加成。

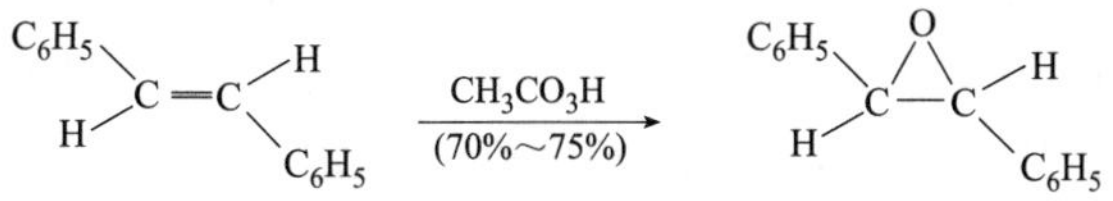

双键碳原子上连有卤素原子（卤乙烯类化合物）、烷氧基（烯醚）和酰氧基（烯醇酯）的化合物，在过酸作用下也可以氧化为环氧乙烷衍生物。但这些环氧化合物对酸、热非常不稳定，容易立即发生分子内重排，生成 α-羰基化合物。

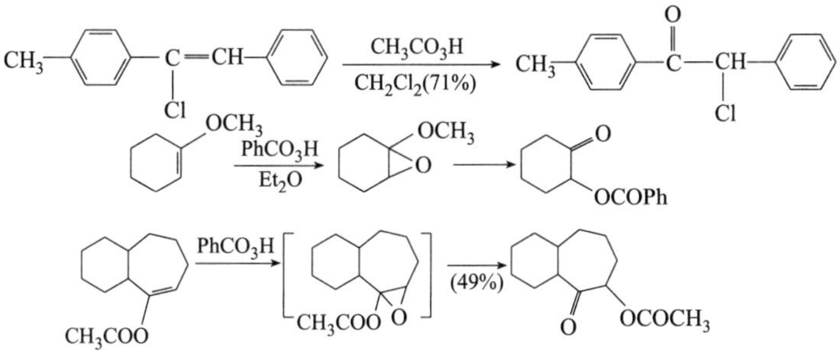

用于治疗子宫颈炎、绝经期综合征以及前列腺肥大症等的药物雌三醇（**44**）[79] 的合成如下：

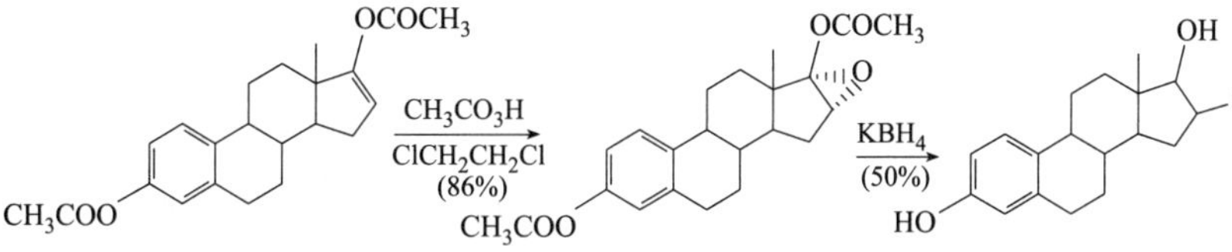

用 m-CPBA 作氧化剂在二氯甲烷中反应，如下端基烯可以被氧化为环氧化合物，分子中的炔键不受影响[80]。

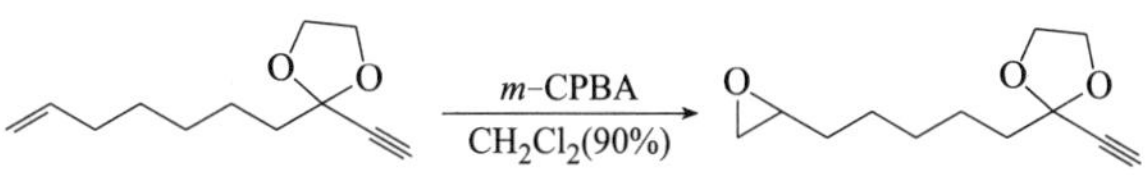

预防和治疗肾、肝、心脏和骨髓移植排斥的药物麦考酚酸中间体（**45**）的合成如下，双键具有选择性。

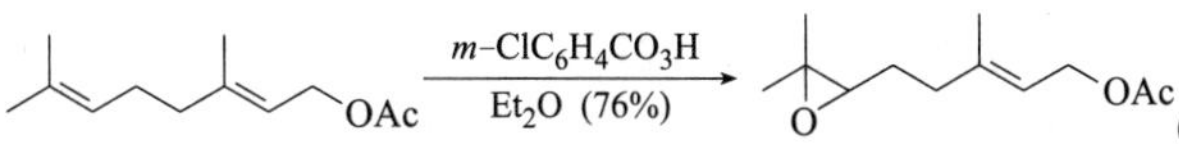

如下 α,β-不饱和酮用过氧乙酸氧化，除了生成环氧化物外，还有 Baeyer-Villiger 氧化产物生成。

$$(CH_3)_2C=CH-\overset{O}{\overset{\|}{C}}CH_3 \xrightarrow[CHCl_3, 20\sim25℃]{CH_3CO_3H, CH_3CO_2Na} (CH_3)_2\overset{O}{\overset{\diagdown}{C}}-CH-\overset{O}{\overset{\|}{C}}CH_3 + (CH_3)_2\overset{O}{\overset{\diagdown}{C}}-\overset{O}{\overset{\diagdown}{C}}H-\overset{O}{\overset{\|}{C}}CH_3$$

过亚胺酸也可将烯氧化为环氧乙烷衍生物。过亚胺羧酸可以由腈与 H_2O_2 直接反应来生成。常用的腈有乙腈、苯甲腈、三氯乙腈等。反应一般以甲醇作溶剂，用碳酸氢钾作缓冲剂。

$$\text{（环辛烯）} + \overset{NH}{\underset{}{\overset{\|}{C}}}-O-OH \xrightarrow{(60\%)} \text{（环氧化物）} + \overset{O}{\overset{\|}{C}}-NH_2$$

酮类化合物用过酸氧化生成酯，称为 Baeyer-Villiger 反应。有关内容参见重排反应。

在酸性条件下，用过氧化物例如过氧化氢、过氧化醚、过氧酸、过氧碳酸酯等，可以将芳烃氧化为酚类化合物。不同的反应方法，其反应机理也不尽相同。用过酸氧化实质上是芳环上的亲电取代反应。过氧化物分解生成氢氧正离子，而后对芳环进行亲电取代，最后生成酚类化合物。

$$F_3C\overset{O}{\overset{\|}{C}}-O-O-OH \longrightarrow F_3C\overset{O}{\overset{\|}{C}}-O^- + HO^+$$

显然，环上连有给电子基团的芳环容易发生该类反应。

在三氟化硼存在下，过氧三氟乙酸可以将 1,3,5-三甲基苯氧化为 2,4,6-三甲基苯酚，收率达 88%，2,4,6-三甲基苯酚为维生素 E 的中间体。但当使用苯进行上述反应时，只生成痕量的苯酚。

$$\text{（1,3,5-三甲基苯）} \xrightarrow[CH_2Cl_2(88\%)]{F_3CCO_3H, BF_3} \text{（2,4,6-三甲基苯酚）}$$

三氟化硼的作用是促进 HO^+ 的生成。

$$F_3C-\overset{O}{\overset{\|}{C}}-O-O-OH + BF_3 \longrightarrow \begin{cases} F_3C-\overset{O\cdots BF_3}{\overset{\|}{C}}-O-O-OH \longrightarrow F_3CCOOBF_3 + HO^+ \\ F_3C-\overset{O}{\overset{\|}{C}}-O-O-OH \underset{BF_3}{} \longrightarrow F_3CCOOBF_3 + HO^+ \end{cases}$$

菲用过酸氧化可生成 2,2′-联苯二甲酸（**46**）[81]，为兽药双硝氯酚（Niclofolan）等的中间体。

$$\text{（菲）} \xrightarrow[CH_3COOH(67\%)]{H_2O_2} \text{（2,2′-联苯二甲酸）} \quad \textbf{(46)}$$

有机过酸可将叔胺氧化为叔胺氧化物。吡啶在本质上也属于叔胺，吡啶氧化可以生成吡啶 N-氧化物。吡啶 N-氧化物是一种性质特殊的化合物，可以使吡啶环氮原子的邻、对位活化，从而使吡啶环上既容易发生亲电取代反应，也可以发生亲核取代反应。

叔胺 N-氧化物也可以作为氧化剂来使用。

　　芳香胺用过酸氧化，控制过酸的用量以及反应条件，可得到亚硝基化合物、氧化偶氮苯、偶氮苯、硝基化合物等。有时可利用芳香胺的过酸氧化来制备用其他方法难以制备的硝基化合物。

　　芳香胺通常是由相应的硝基化合物经还原而制备的，因此，芳香胺氧化制备硝基化合物的情况并不多。但在某些情况下也可以利用芳香胺的氧化法来制备特定位置的硝基化合物，过氧三氟乙酸是首选氧化剂，原因是可以得到较高收率的纯的产品。例如2,6-二氯硝基苯，用一般的方法难以合成，但可用2,6-二氯苯胺的氧化。2,6-二氯硝基苯是氟喹诺酮类抗菌药的中间体[82]。

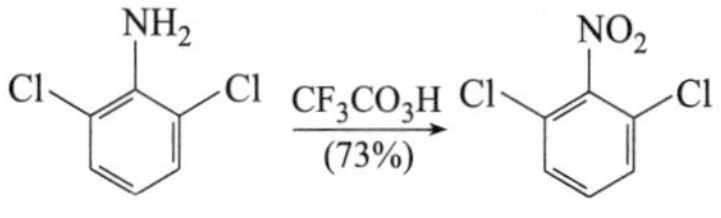

　　叔胺氧化物在乙酸酐作用下可以发生 Polonovski 重排反应。例如平喘药盐酸丙卡特罗（Procaterol hydrochloride）的中间体 8-羟基喹诺啉-2(1H)-酮（**47**）[83] 的合成。

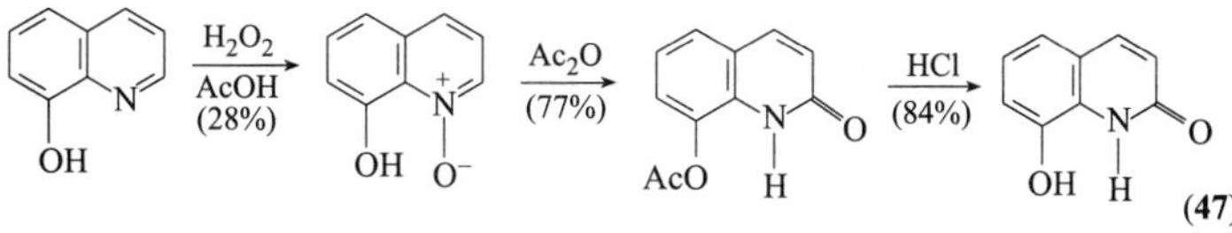

（**47**）

　　又如抗焦虑药奥沙西泮（Oxazepam）中间体（**48**）的合成如下：

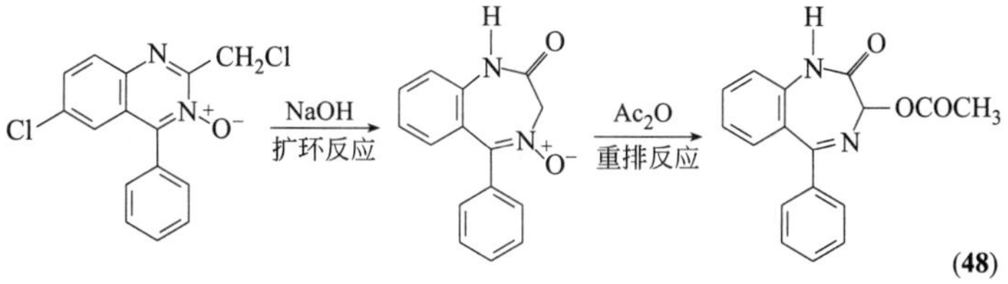

（**48**）

　　m-CPBA 可以将硫醚氧化为亚砜或砜。例如用于治疗消化性溃疡和佐-埃二氏综合征、反溃性食管炎药物奥美拉唑（**49**）[84] 的合成。

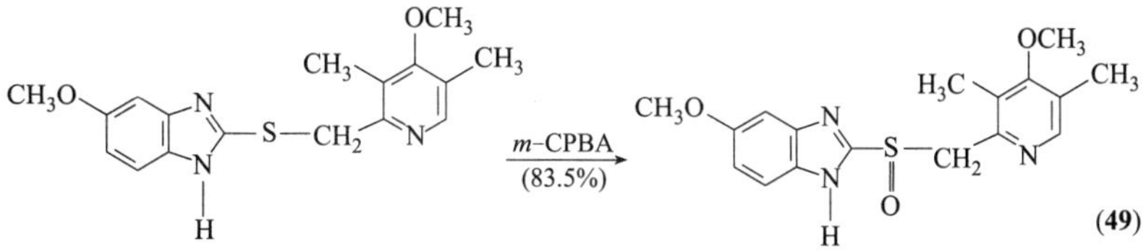

（**49**）

二、烷基过氧化物

　　烃基过氧化物也是常用的氧化剂，例如叔丁基过氧化氢、异丙苯基过氧化氢等。

　　在过渡金属配合物催化下，烷基过氧化氢或过氧化氢可氧化烯烃不饱和键生成环氧化合物。烯烃的结构对环氧化速率有影响。若烯键碳原子上连有多个烃基时，可加快环氧化速度，分子中有多个双键时，往往连有较多烃基的双键优先环氧化。例如：

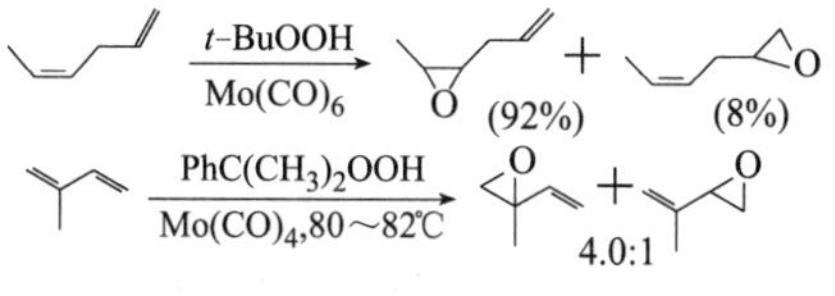

　　在烯丙醇中，羟基对双键的环氧化有很大影响，在过渡金属配合物催化下，用烷基过氧化氢作氧化剂，可选择性地对烯丙醇的双键进行环氧化。例如：

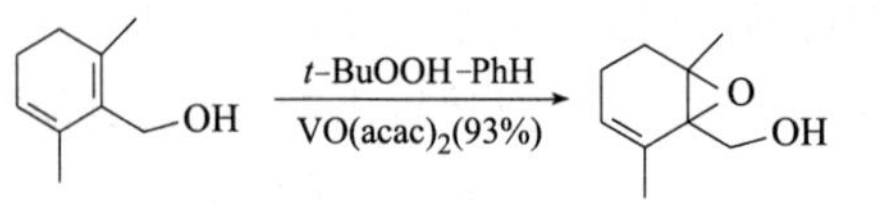

α,β-不饱和羰基化合物中，碳碳双键与羰基共轭，叔丁基过氧化氢可使之环氧化。

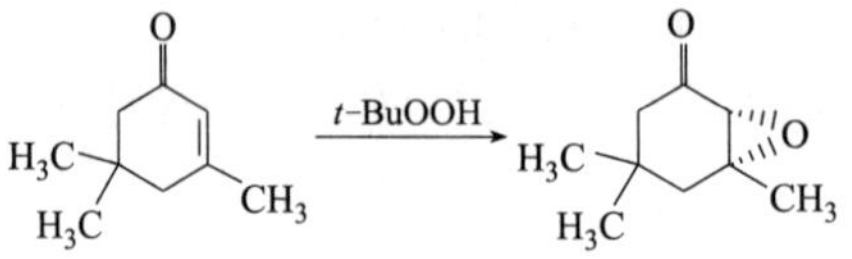

α,β-不饱和酮的环氧化，首先是 ROO$^-$ 的亲核加成（Michael 加成），而后形成环氧化合物。

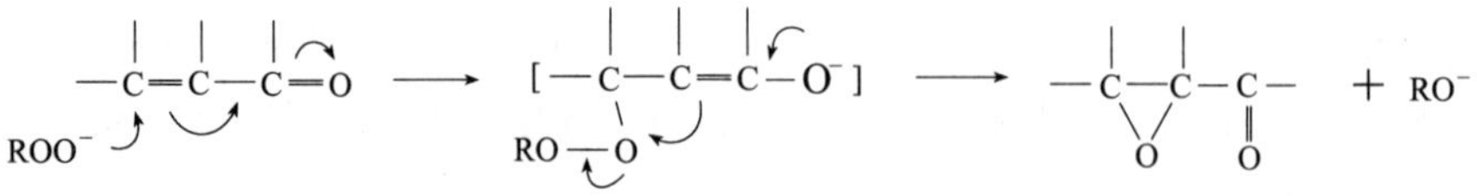

α,β-不饱和酮，其中双键的反应能力明显降低，有时不能得到环氧化合物，而主要得到酯（Baeyer-Villiger 反应）或混合物。

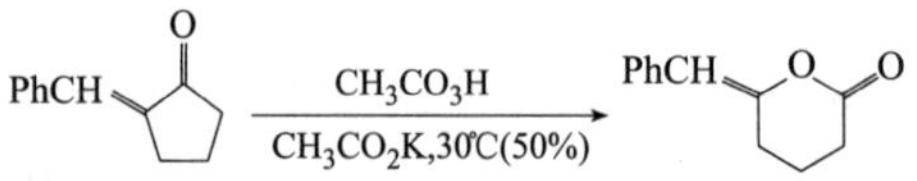

α,β-不饱和醛也可以在碱性条件下生成环氧化合物，例如：

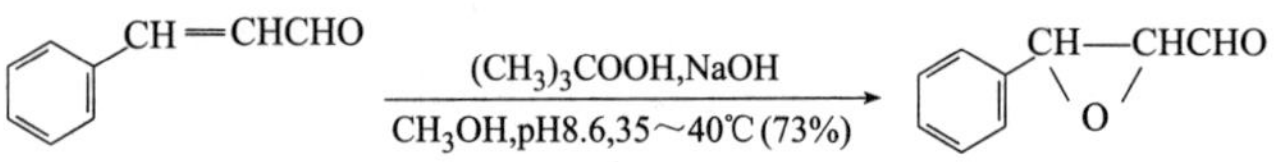

三、异丙醇铝

在异丙醇铝或叔丁醇铝存在下，过量的酮如丙酮、丁酮或环己酮，可将伯醇、仲醇氧化为相应的羰基化合物，该反应称为 Oppenauer 反应[85]。

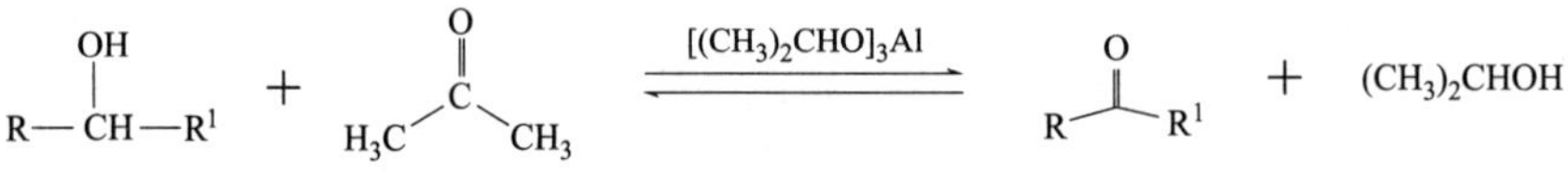

该反应是可逆的，逆反应称为 Meerwein-Ponndorf 还原反应，因此在进行 Oppenauer 反应时，酮是过量的，甚至醇酮比例达 1：20。反应在无水条件下进行，以免醇铝的分解，常在二甲苯，甲苯溶液中进行反应。反应过程中，将生成的异丙醇或环己醇与溶剂一起蒸出，以促进原料醇的氧化。

Oppenauer 反应的机理是负氢离子的转移过程，这种机理已得到同位素试验的证实。

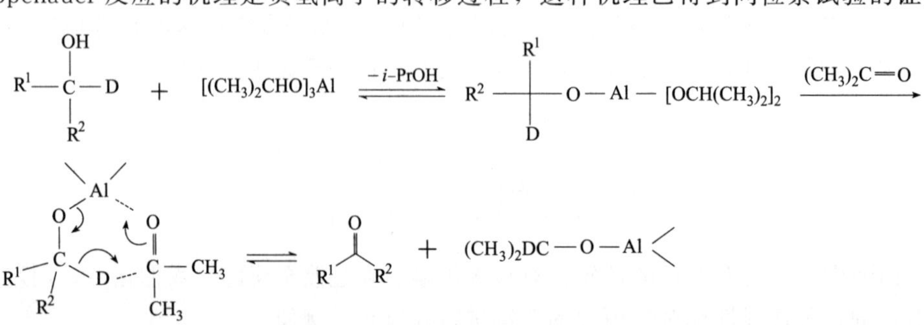

异丙醇铝是一种选择性氧化剂，特别适用于仲醇氧化。不饱和醇中的 C＝C 不被氧化，尤其适用于烯丙位的仲醇氧化为 α,β-不饱和酮，但双键有时会移位生成更稳定的共轭体系。

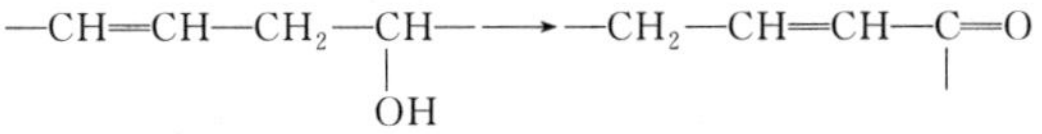

$$—CH=CH-CH_2-CH— \longrightarrow —CH_2-CH=CH-C=O$$

分子中有多个羟基时可同时被氧化生成多羰基化合物。

避孕药孕三烯酮（Gestrinone）中间体 6-甲氧基-2,3,5,8-四氢萘-1(2H)-酮（**50**）[86] 的合成如下：

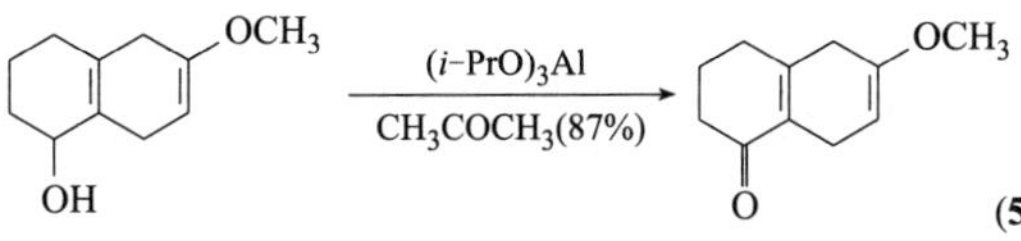

（**50**）

该方法的改进是利用醇钾代替醇铝，某些含氮化合物，不能与醇铝生成配合物，此时改用醇钾作为氧化剂，可以得到满意的结果。对苯二醌或二苯酮可以作为氢的受体。该方法对于含氮的碱性化合物如生物碱的氧化很适用。

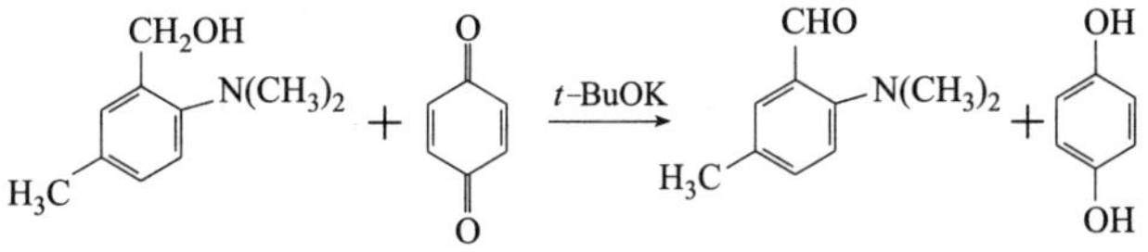

Oppenauer 氧化法虽然可以用于醛的制备，但不常用。因为生成的醛可与酮发生羟醛缩合反应。这时可以先将被氧化的伯醇与异丙醇铝作用，转化为伯醇的铝盐，而后加入高沸点的醛作氢的受体，并用减压蒸馏的方法分离出生成的醛。

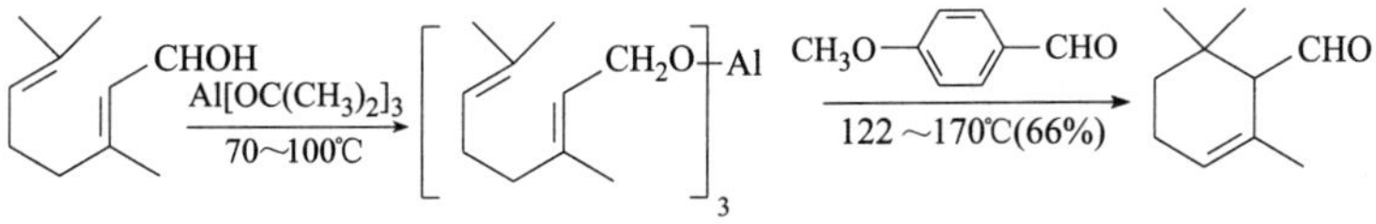

Oppenauer 氧化法广泛用于甾醇的氧化。例如甾体抗炎药地夫可特（Deflazacort）中间体（**51**）[87] 的合成。

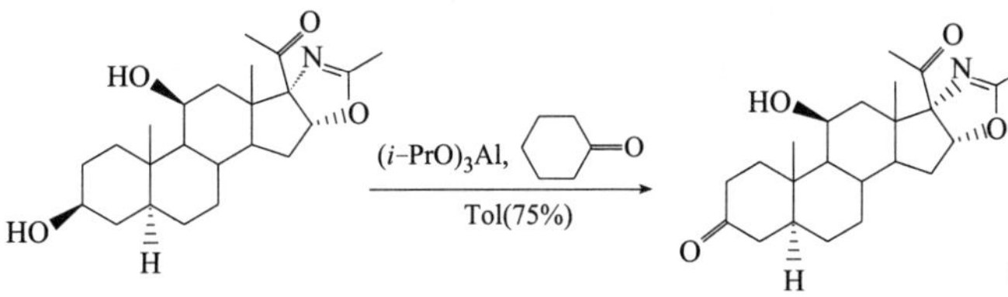

（**51**）

α,β-不饱和醇可以氧化成相应的 α,β-不饱和酮，而 β,γ-不饱和醇氧化后则双键移位，生成 α,β-不饱和酮。例如如下化合物的合成：

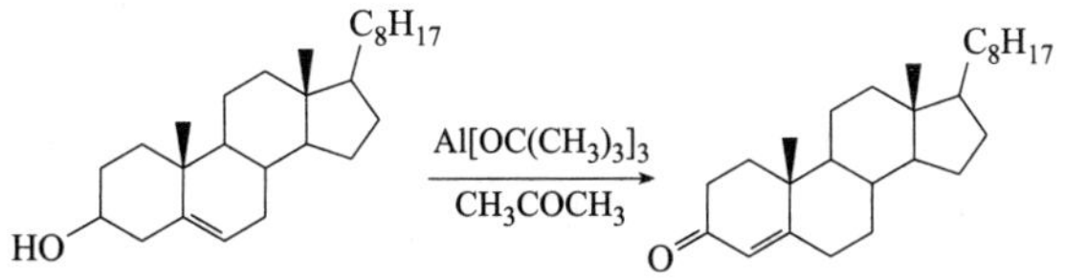

一些甲酸酯类化合物也可以采用类似的方法被氧化为羰基化合物。例如如下反应：

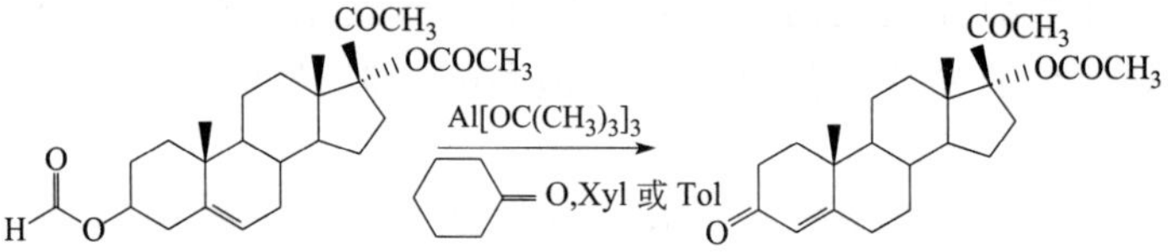

在某些反应中可以使用三氯乙醛-氧化铝。将三氯乙醛吸附于氧化铝载体上，用三氯乙醛作氧化剂，是对 Oppenaur 氧化法的一种改进。该方法在中性无水条件下进行，反应底物分子中的卤素、酯基、内酯基等都不受影响。当底物分子中有不同的羟基时，可以进行选择性氧化。有时也可以用苯甲醛代替三氯乙醛。例如如下反应：

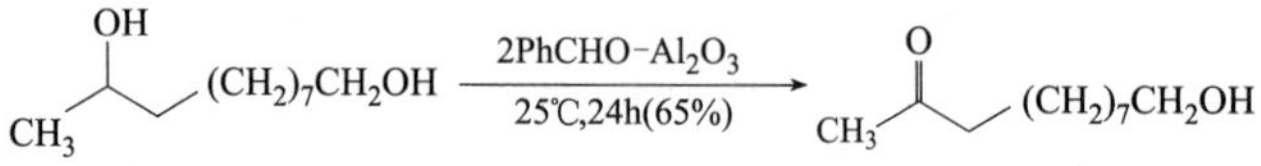

该方法的另外一种改进是使用三甲基铝，用间硝基苯甲醛作氧化剂。例如樟脑（**52**）[88] 的合成。

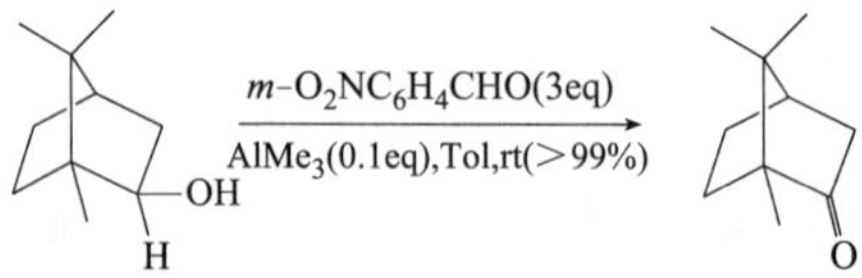

有时也可以使用二异丙氧基三氟乙酸铝。例如抗心律失常药普罗帕酮（Propafenone）中间体邻羟基苯乙酮的合成[89]。

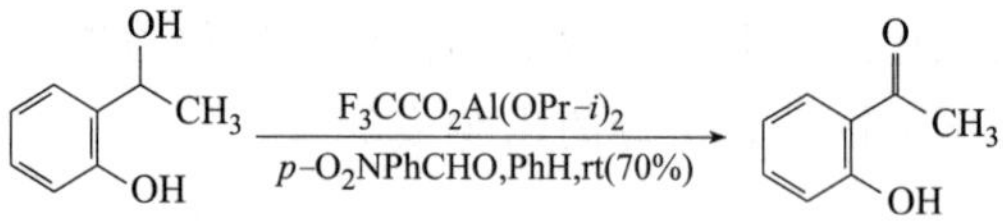

除了醇铝之外，还有其他类似的 Oppenauer 氧化反应可以将醇氧化为羰基化合物。例如镁 Oppenauer 氧化[90]。

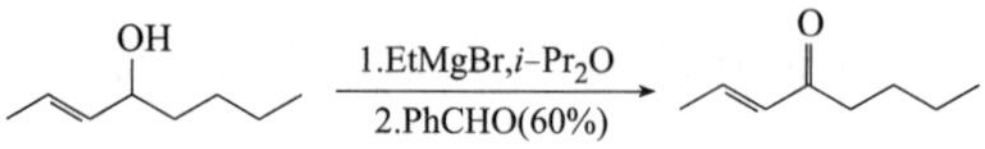

用氨基醇和铱生成的络合物作催化剂，可顺利用丙酮或丁酮将伯醇氧化为醛。例如抗过敏药曲尼司特（Tranilast）、降压药哌唑嗪（Prazosin）等的中间体 3,4-二甲氧基苯甲醛的合成[91]。

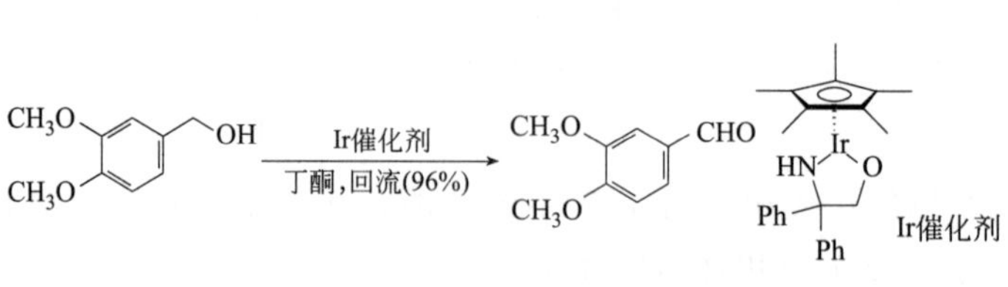

用 $(Ph_3P)_3RuCl_2$ 作催化剂，可以用丙酮将醇羟基氧化为羰基。例如：

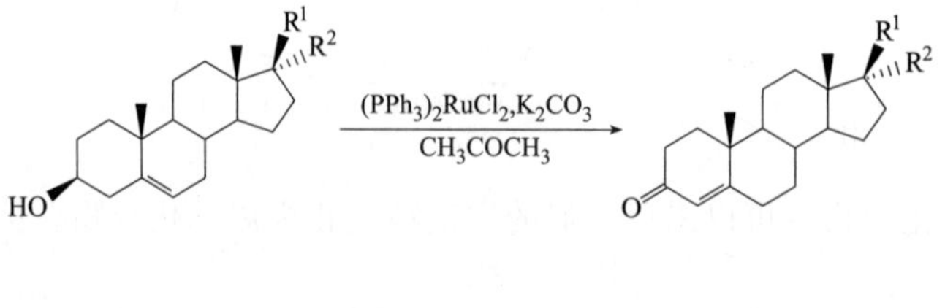

四、二甲亚砜

1957 年 Kornblum N 报道，α-溴代苯乙酮类化合物与二甲亚砜反应，得到了相应的羰基化合物。

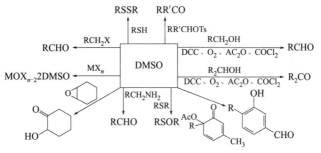

后来发现，α-卤代酸及其酯，苄卤、α-卤代苯乙酮、伯碘代物等都可以被二甲亚砜氧化成羰基化合物，该反应称为 Kornblum 反应，主要适用于碘代烃和溴代烃。氧化机理如下：

反应在碱性条件下进行，常用的碱是碳酸氢钠、2-甲基-4-乙基吡啶、三甲基吡啶等。碱的作用是明显的，一方面是促进锍盐的分解，另一方面是中和生成的酸，以免氢卤酸将二甲亚砜还原为二甲硫醚。

$$(CH_3)_2SO + 2HX \longrightarrow CH_3SCH_3 + H_2O + X_2$$

二甲亚砜（DMSO）常用作非质子的极性有机溶剂，用作氧化剂时，是一种温和的选择性氧化剂。二甲亚砜作为氧化剂的常见反应如图 1-6 所示。

MX_n = NbCl$_5$、NbBr$_5$、TaCl$_5$、TaBr$_5$、MoCl$_5$等
R = 烃基；R′ = 烃基或 H

图 1-6　DMSO 作为氧化剂的主要反应

例如抗抑郁药诺米芬辛（Nomifensine）、心绞痛治疗药硝苯地平（Nifedipine）等的中间体邻硝基苯甲醛的合成[92]。

此类反应可在室温或加热条件下进行。对于更活泼的卤化物有时并不加碱，只要放置数小时即可完成反应。

对于伯卤代烷，用伯碘代烷最好。苄基碘、杂环取代的伯碘代烃等都能顺利发生该反应。

$$CH_2=CH(CH_2)_5CH_2I \xrightarrow[\text{150℃,5min(83\%)}]{\text{DMSO,NaHCO}_3} CH_2=CH(CH_2)_5CHO$$

上述二甲亚砜氧化法的一种改良方法是在反应中加入氟硼酸银,此时可以在温和的条件下进行反应。氟硼酸银可以溶于二甲亚砜中,银盐的存在有利于卤素原子的离去,特别适用于伯溴代烷和烯丙基氯、α-卤代酮、α-卤代酸酯以及 α-卤代酸的氧化反应。对某些仲卤代烃也能得到较理想的结果。

$$CH_3(CH_2)_6CH_2Br \xrightarrow[\text{rt,18h(83\%)}]{\text{DMSO,AgBF}_4,\text{Et}_3\text{N}} CH_3(CH_2)_6CHO$$

伯醇和仲醇的磺酸酯在碱性条件下可被氧化成相应的醛,酮。因此,难以被 DMSO 氧化的伯溴代烷或伯氯代烷可以转化成磺酸酯再进行氧化。

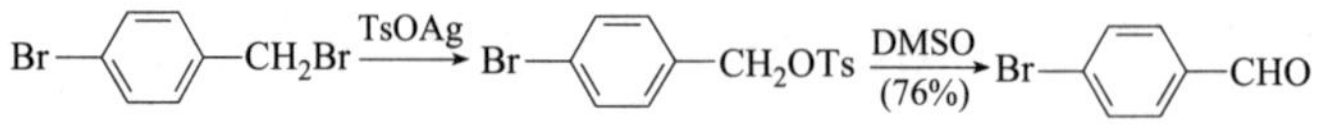

$$Br-\langle\rangle-CH_2Br \xrightarrow{\text{TsOAg}} Br-\langle\rangle-CH_2OTs \xrightarrow[\text{(76\%)}]{\text{DMSO}} Br-\langle\rangle-CHO$$

DMSO 与氢溴酸或碘组成的氧化体系,可以将 1,2-二芳基烯或炔氧化为二酮类化合物。例如[93]:

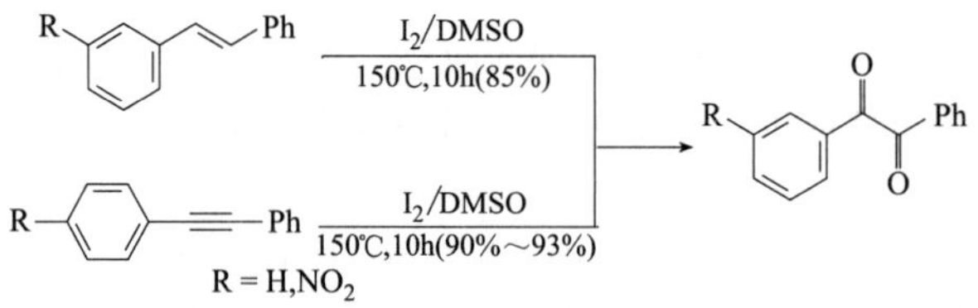

DMSO 与碳二亚胺(例如 DCC),或 DMSO 与醋酐混合使用均能将伯、仲醇氧化成相应的羰基化合物,条件温和,收率较高,而且具有高度的化学选择性,分子中的烯键、氨基、酯基以及叔羟基等均不受影响。在生物碱、甾族、糖类衍生物的合成中应用较多。DMSO 与碳二亚胺组成的试剂又叫 Pfitzner-Moffatt 试剂。DCC 和 DMSO 将醇氧化为羰基化合物,称为 Pfitzner-Moffatt 反应。

Pfitzner-Moffatt 反应的机理如下:

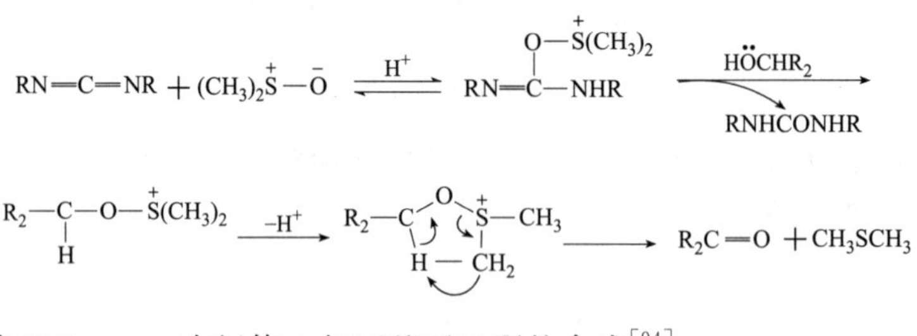

例如抗菌药 Tribactam 中间体 4-叔丁基环己酮的合成[94]。

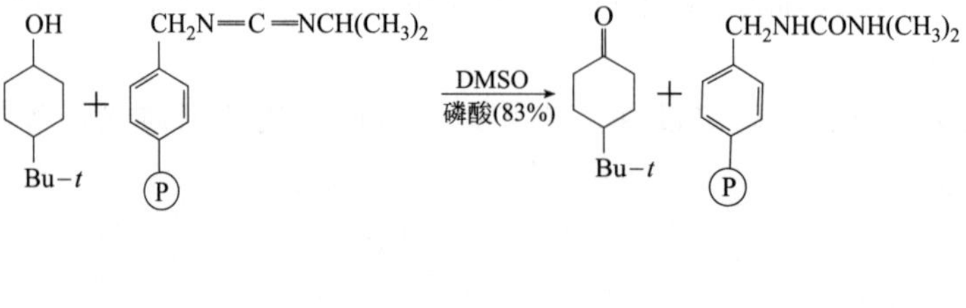

二甲亚砜和乙酸酐混合体系可以将羟基氧化为羰基，例如化合物（**53**）的合成：

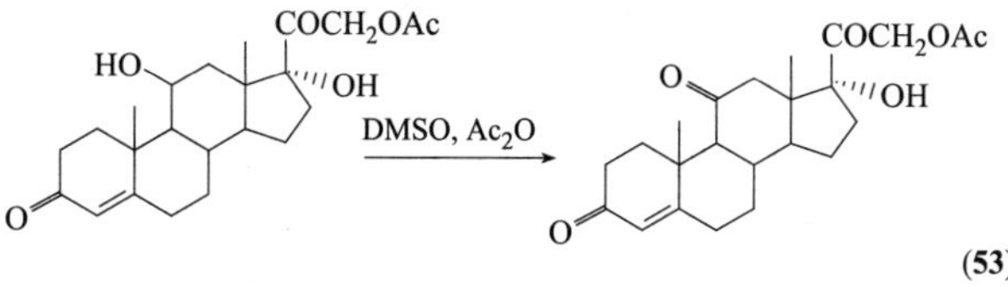

(**53**)

二甲亚砜与醋酐氧化羟基的可能机理如下。

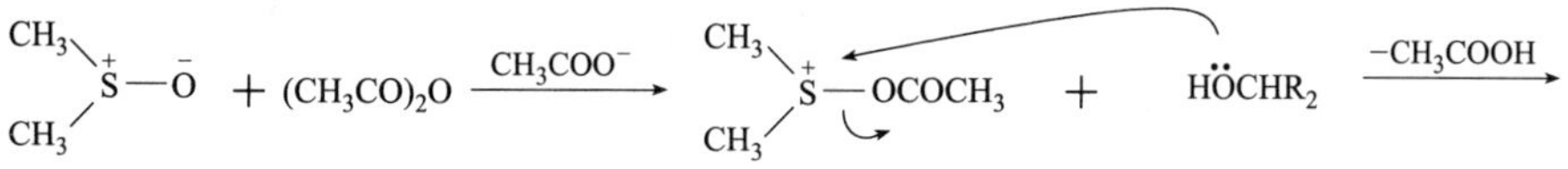

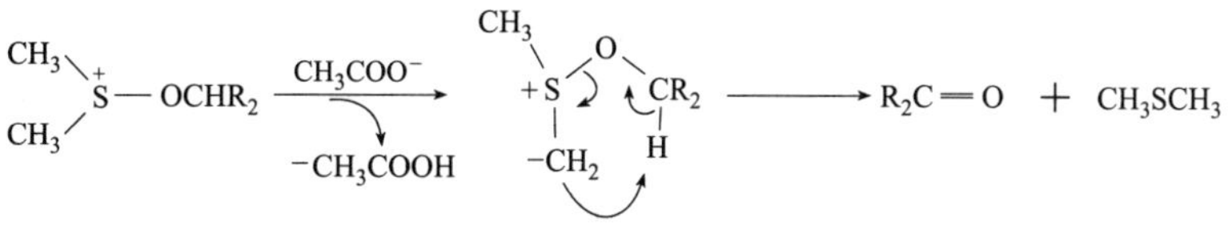

1976 年，Swern D 等发现，当二甲亚砜和三氟乙酸酐在低温处理以后和伯醇或仲醇反应能形成一种中间体，而其继续用三乙胺处理以后能得到相应高收率的醛或酮。例如 1-金刚烷甲醛的合成：

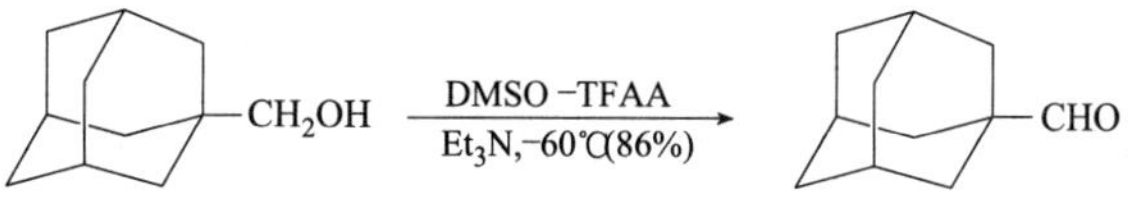

1978 年，他们又报道了用草酰氯代替三氟乙酸酐能更高效地进行反应，后来该类反应称为 Swern 氧化反应。反应的第一步是低温下，二甲基亚砜（**1a**）共振形成（**1b**）并与草酰氯（**2**）进行亲核加成，生成第一个中间体（**3**）。此中间体迅速的分解出 CO_2 和 CO，并生成氯化二甲基氯代锍盐（**4**）。

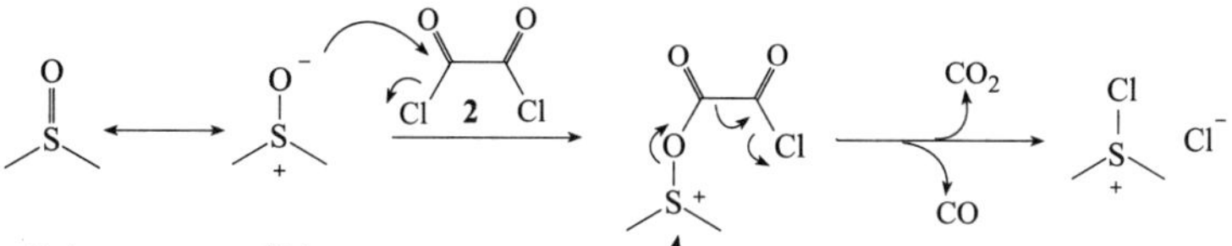

当加入醇（**5**）以后，锍盐（**4**）与加入的醇（**5**）反应生成关键的烷氧基锍离子中间体（**6**）。在加入了两当量的碱后，发生去质子作用生成硫叶立德（**7**）。通过一个五元环的过渡态，硫叶立德（**7**）进一步分解为二甲基硫醚以及产物酮（或醛）(**8**)。

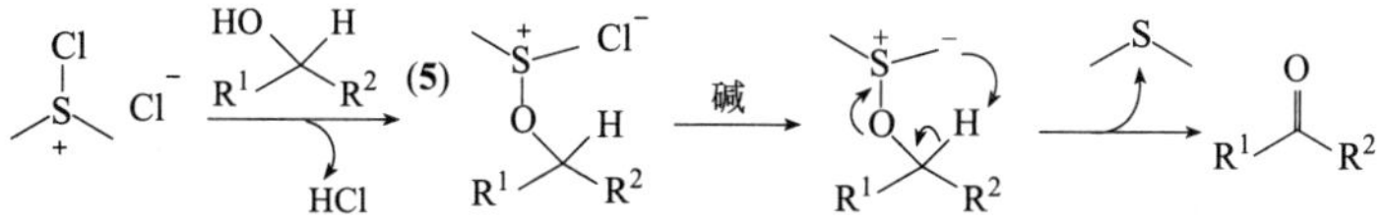

使用草酰氯作为脱水试剂时为了减少副反应，反应温度必须得低于 $-60℃$，如果使用三氟乙酸酐替换草酰氯，则反应温度允许在 $-30℃$ 而不产生副产物。例如苯拉海明（Diphenhydramine）、哌克昔林（Perhexiline）等的中间体二苯甲酮的合成[95]。

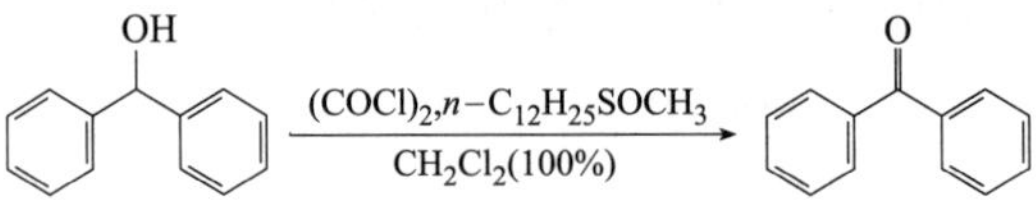

又如 4-叔丁基二甲基硅氧基丁醛的合成[96]。

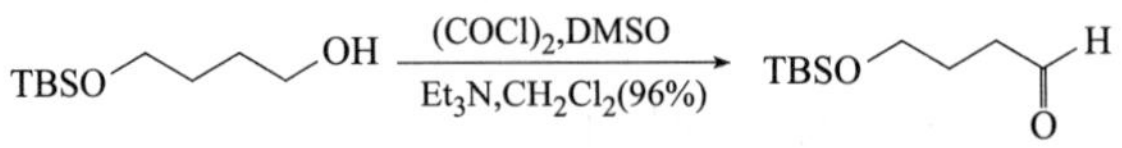

在碱（如三乙胺、吡啶）存在下，用二甲亚砜-三氧化硫配合物可以将醇氧化为羰基化合物，该反应称为 Parikh-Doering 氧化反应。

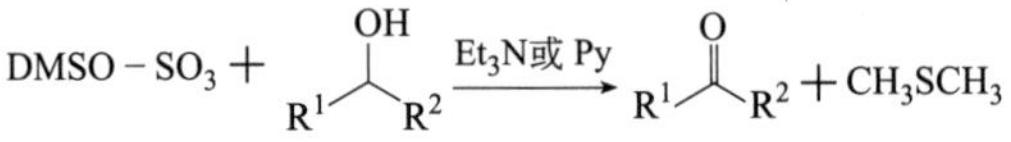

可能的反应机理如下：

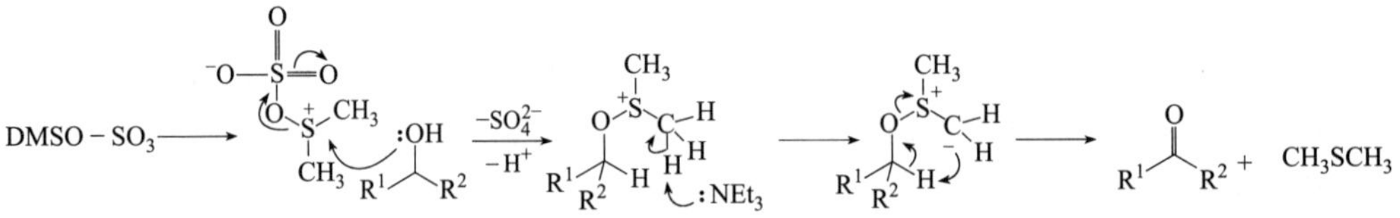

Parikh-Doering 氧化反应对醇的立体化学敏感，对醇的不同立体异构体氧化速率可能有很大差异，位阻小的异构体可以选择性地被氧化。例如如下化合物的氧化，羟基的立体化学不同，反应结果有很大差异。

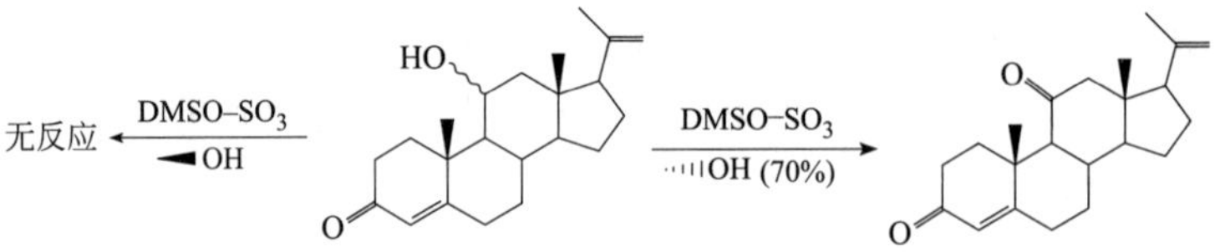

由于该反应简便易行、条件温和，反应迅速（数分钟即可），常用于天然产物的合成。

环氧化合物在 DMSO 存在下氧化开环，生成 α-羟基酮。

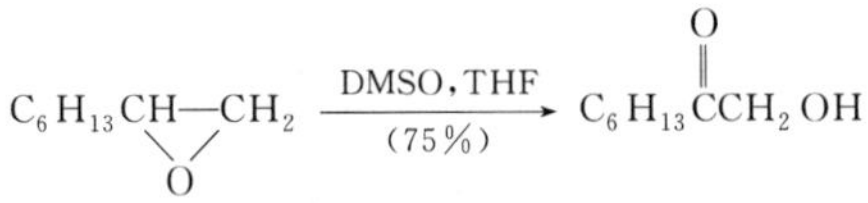

三氟化硼对该类反应有催化作用。例如环氧环己烷在三氟化硼催化下被 DMSO 氧化成 α-羟基环己酮。

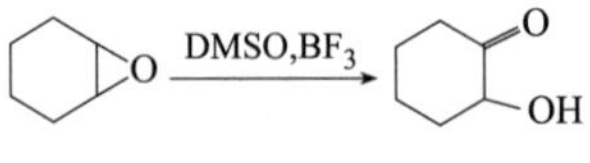

在催化量的甲醇存在下，环氧乙烷类化合物发生 Swern 氧化反应（草酰氯、DMSO、Et_3N）时可以高收率的生成 α-氯代酮。例如：

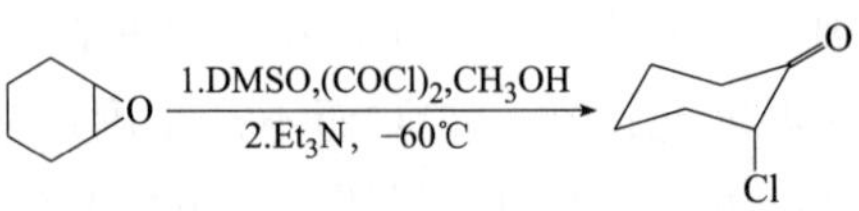

环氧乙烷衍生物发生氧化断裂生成少一个碳原子的羧酸。用扁桃酸铋作催化剂[97]。

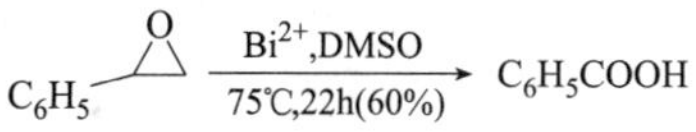

$$C_6H_5 \overset{O}{\triangle} \xrightarrow[75℃,22h(60\%)]{Bi^{2+},DMSO} C_6H_5COOH$$

五、四乙酸铅

四乙酸铅是一种选择性很强的氧化剂,系由铅丹(Pb$_3$O$_4$)与乙酸一起加热制得。向反应体系中通入氯气,四乙酸铅的收率很高。四乙酸铅不稳定,易被水分解,故常在有机溶剂如冰醋酸、苯、氯仿、乙腈等中进行氧化反应。在有机溶剂中进行反应时加入少量水或醇可加快反应速度。有机合成中,四乙酸铅可作强氧化剂、提供乙酰氧基的来源以及制备有机铅化合物,但铅的毒性限制了其应用。

$$Pb_3O_4 + 8CH_3COOH \longrightarrow Pb(OOCCH_3)_4 + 2Pb(OOCCH_3)_2 + 4H_2O$$

四乙酸铅可与烯烃反应,反应中四乙酸铅脱掉两个乙酰氧基,两个乙酰氧基加到烯键的两个碳原子上生成双乙酸酯。例如:

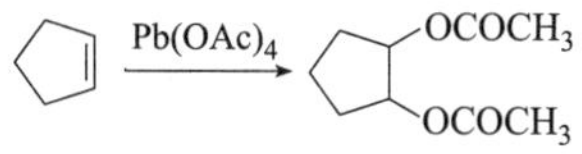

四乙酸铅也可将一元醇和非相邻的多元醇氧化,生成羰基化合物,对不饱和醇的不饱和键不产生影响。反应中加入少量的吡啶有利于反应的进行。

四乙酸铅氧化醇的大致过程如下:

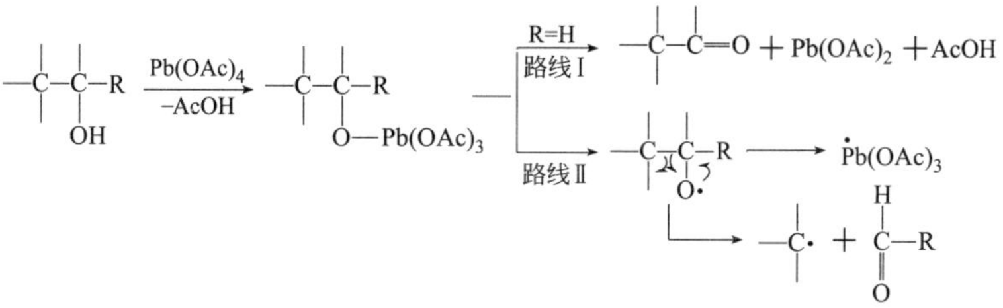

首先是醇与四乙酸铅反应生成烷氧基铅,而后根据不同的结构和反应条件生成不同的氧化产物。路线Ⅱ发生 C-C 键的断裂,发生在能生成稳定的自由基或原料中具有较大张力的部位。加热或光照有利于生成自由基。由于反应中生成自由基,因而有可能发生其他副反应,如成醚反应等。反应中吡啶有催化作用。

在如下反应中,反应条件不同,得到的产物也不同。避光反应按照路线Ⅰ反应生成酮,而光照时则生成了环醚[98]。

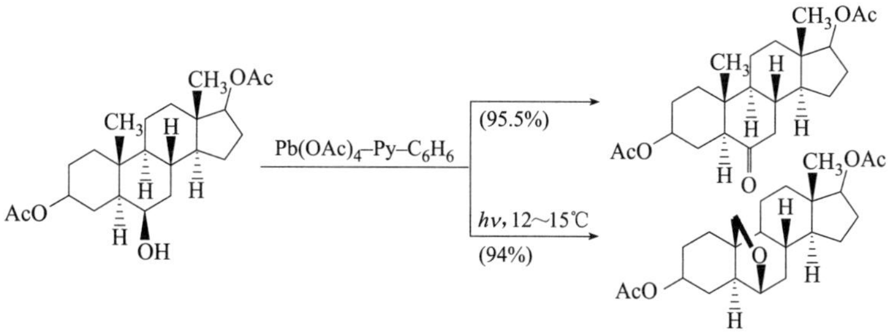

形成环醚的大致过程如下:

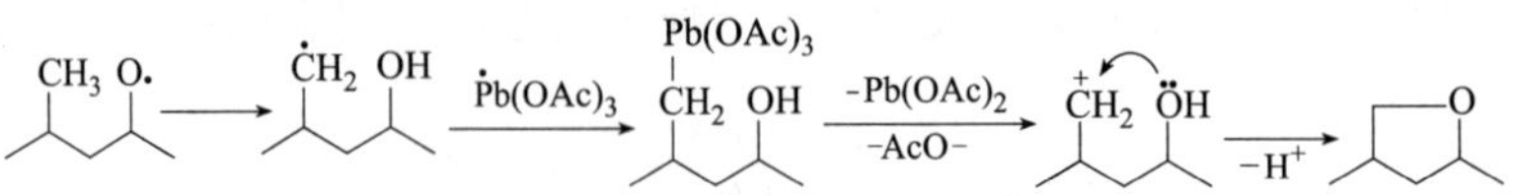

四乙酸铅氧化 1,2-二醇生成 C-C 键断裂的产物，是经历一个五元环中间体进行的。邻二醇被四乙酸铅氧化，邻二醇的碳碳键断裂而生成两分子羰基化合物。氧化机理是形成五元环状中间体，后者分解为羰基化合物。

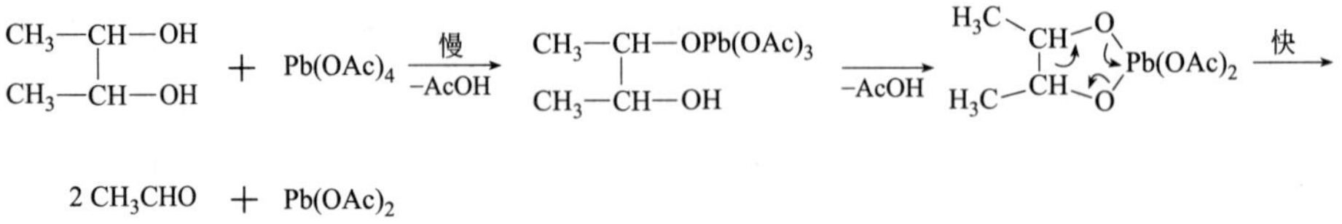

$$2\ CH_3CHO\ +\ Pb(OAc)_2$$

环状邻二醇也可以被四乙酸铅氧化。按照上述机理，顺式 1,2-二醇的氧化比反式 1,2-二醇要容易得多。

对于反式 1,2-二醇的氧化，有人认为可能经历了非环状中间体的碱或酸催化的消除过程：

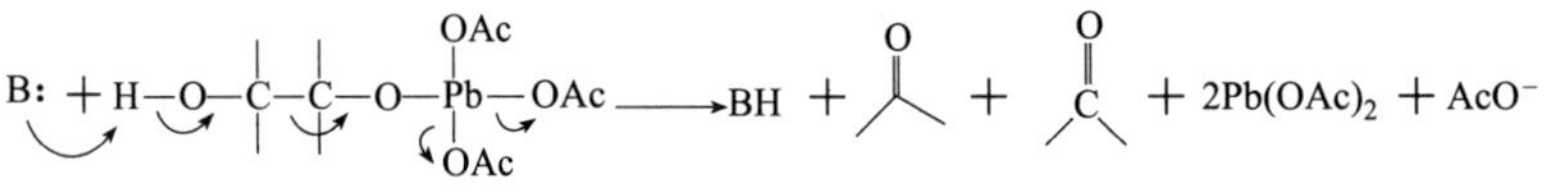

除了邻二醇外，1,2-氨基醇、α-羟基酸、α-酮酸、α-氨基酸、乙二胺等也可以被四乙酸铅氧化，发生类似的反应。

同高碘酸氧化邻二醇一样，都是发生 1,2-二醇碳碳键的断裂，但高碘酸氧化一般在水中进行，而四乙酸铅常在有机溶剂中进行。

四（三氟乙酸）铅在室温条件下可将甲苯氧化为相应的三氟乙酸酯，后者水解生成苄基醇。

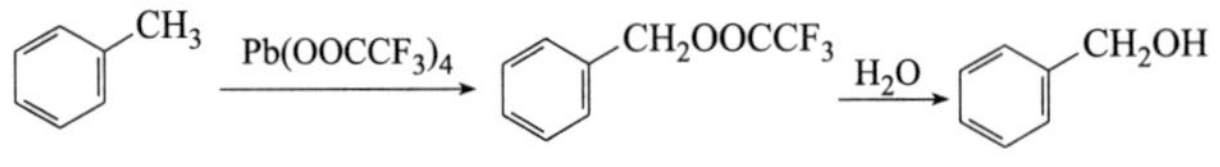

具有活泼氢的化合物，如 β-二羰基化合物和芳烃侧链 α-位上的氢原子，可被四乙酸铅中的乙酰氧基取代，生成相应的乙酸酯，例如：

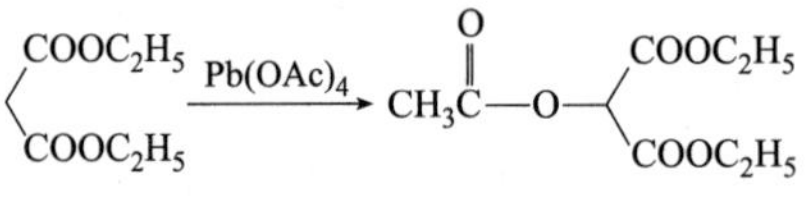

酚类化合物可被四乙酸铅脱氢而生成醌，例如：

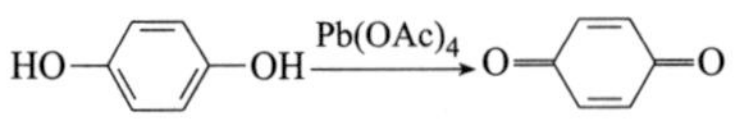

羧酸用四乙酸铅催化脱羧可以生成烷烃、烯烃、乙酸酯等。

四乙酸铅催化下的氧化脱羧，属于自由基型反应。

$$n\text{-}RCOOH + Pb(OAc)_4 \rightleftharpoons (RCOO)_nPb(OAc)_{4-n} \xrightarrow[\text{或 } h\nu]{\triangle} nR\cdot + CO_2 + Pb(OAc)_2$$

$$R\cdot + SH \longrightarrow RH + S\cdot \ 等（式中 SH 为溶剂）$$

用四乙酸铅处理伯烷基羧酸和仲烷基羧酸时，可以得到不同的产物，这与如下因素有关：氧化成伯或仲自由基是一种慢过程，通过溶剂中氢转移生成烷烃是竞争性反应；氧化可以得到烯和酯；伯或仲烷基自由基的氧化可能会产生重排或非重排的产物。

在乙酸铜存在下，四乙酸铅将羧酸氧化为烯。

$$-\overset{|}{\underset{H}{C}}-\overset{|}{\underset{COOH}{C}}- \xrightarrow{Pb^{4+}-Cu^{2+}} \quad \underset{}{>}C=C\underset{}{<} \ + \ 2H^+ + CO_2$$

反应中只需催化量的乙酸铜，因为在反应中二价铜可以再生。

该方法可以用于烯烃的制备，适用于伯烷基羧酸、仲烷基羧酸以及环状羧酸。

$$AcOCH_2CH_2CH_2\underset{CH_2CH_3}{\overset{|}{C}HCOOH} \xrightarrow{Pb^{4+}-Cu^{2+}} AcOCH_2CH_2CH=CHCH_2CH_3 + AcOCH_2CH_2CH_2CH=CHCH_3$$
$$(40\%) \qquad\qquad (60\%)$$

$$\text{环己基-}CH_2COOH \xrightarrow[(84\%)]{Pb^{4+}-Cu^{2+}} \text{环己基=}CH_2$$

叔烷基羧酸在四乙酸铅存在下很容易生成叔烷基自由基，而后生成烯烃化合物，乙酸铜对反应的影响不如伯和仲烷基羧酸明显。

α-芳基烷基羧酸用四乙酸铅氧化主要生成乙酸酯。例如：

$$Ph-\overset{CH_3}{\underset{CH_3}{\overset{|}{\underset{|}{C}}}}-COOH \xrightarrow{Pb(OAc)_4} Ph-\overset{CH_3}{\overset{|}{C}}=CH_2 + Ph-\overset{CH_3}{\underset{CH_3}{\overset{|}{\underset{|}{C}}}}-OAc$$
$$(14\%) \qquad\qquad (74\%)$$

上述反应中，无论是热反应还是光照反应，对产物的比例影响很小。芳环上的取代基对乙酸酯的收率有影响，芳环上连有给电子基团时乙酸酯的收率较高，而连有吸电子基团时乙酸酯的收率较低。对甲氧基苯乙酸反应时，得到 90% 的乙酸对甲氧基苄基酯，而对硝基苯乙酸反应时，只生成 1% 的乙酸对硝基苄基酯。

用四乙酸铅脱羧通常使用惰性溶剂，如苯、氯苯、氯仿、六甲基磷酰胺、二甲基乙酰胺、二甲基甲酰胺、乙腈、吡啶、二氧六环、二甲基亚砜等。

若用四乙酸铅脱羧在乙酸中进行，则主要生成乙酸酯。例如：

$$\text{环己基-}COOH \xrightarrow{Pb(OAc)_4} \begin{cases} \xrightarrow{C_6H_5,回流} \text{环己基-}OAc + \text{环己烯} \\ (13\%) \qquad (47\%) \\ \xrightarrow[60℃,0.3h]{AcOH,KOAc} \text{环己基-}OAc \\ (75\%) \end{cases}$$

四乙酸铅与碘光照条件下可以使羧酸脱羧，并生成碘代物。

$$CH_3(CH_2)_5\underset{}{\overset{OAc}{\overset{|}{C}}}H(CH_2)_{10}COOH \xrightarrow{\underset{CCl_4,h\nu}{Pb(OAc)_4,I_2}} CH_3(CH_2)_5\overset{OAc}{\overset{|}{C}}H(CH_2)_9CH_2I$$

$$\text{苯基-}COOH \xrightarrow[(56\%)]{Pb(OAc)_4/I_2} \text{苯基-}I$$

该类反应属于自由基型反应，反应缺乏立体选择性。

采用该方法脱羧引入碘后，可以用锌等还原生成烃类化合物。

$$RCOOH \xrightarrow{Pb(OAc)_4/I_2} R—I \xrightarrow[\text{或Li-}t\text{-BuOH}]{Zn–HOAc} R—H$$

在用四乙酸铅脱羧时，如果加入卤化金属盐，如氯化锂、氯化钾、氯化铯等，可以高收率地得到氯代烃类化合物。也可以使用溴化或碘化金属盐，分别得到溴化物和碘化物。此时的反应称为 Kochi 反应。反应结果类似于 Hunsdiecker 反应。例如：

$$RCOOH \xrightarrow{Pb(OAc)_4}{LiCl} RCl + CO_2 + LiOAc + Pb(OAc)_2 + HOAc$$

顺、反环烷基羧酸反应后生成顺、反式异构体的混合物。例如：

手性的羧酸反应后生成的卤化物为外消旋体。

伯和仲烷基羧酸几乎定量得到氯代烷。叔烷基羧酸也可得到高收率的氯代烷，同时生成少量烯烃化合物。芳香族羧酸在四乙酸铅及氯化锂作用下只能得到低收率氯代芳烃。

用 NCS 和四乙酸铅与羧酸在 DMF 中反应，也可以生成氯代烃，其优点是避免了金属氯化物在有机溶剂中低溶解度的缺点。

丁二酸类化合物在四乙酸铅作用下可以发生双脱羧反应生成乙烯衍生物。

该反应的应用范围很广，而且反应具有立体选择性，但没有立体专一性。内消旋和外消旋的 2,3-二苯基丁二酸氧化后都生成反式 1,2-二苯乙烯。

丙二酸类化合物在四醋酸铅的作用下，可以发生双脱羧反应，生成偕二乙酸酯（乙酰基缩醛），后者水解生成羰基化合物。

$$R\underset{R'}{\overset{COOH}{\diagdown}}\xrightarrow{Pb(OAc)_4} R\underset{R'}{\overset{OAc}{\diagdown}}\xrightarrow{水解} R\underset{R'}{\overset{}{\diagdown}}=O$$

伯酰胺与四乙酸铅在醇中反应，生成相应的氨基甲酸酯，在无醇存在时则生成异氰酸酯。反应可以用三乙胺或四氯化锡作催化剂。反应结果类似于 Hofmann 重排反应。

$$\square\text{—CONH}_2 \xrightarrow[\text{Et}_3\text{N,50℃(62\%)}]{Pb(OAc)_4,\,t\text{–BuOH}} \square\text{—NHCO}_2\text{Bu–}t$$

氟喹诺酮类抗菌药巴洛沙星（Balofloxacin）中间体 3-氨基吡啶（**54**）[99] 的合成如下。

$$\overset{CONH_2}{\underset{N}{\diagup}}\ \xrightarrow[(73.1\%)]{Pb(OAc)_4,\,t\text{–BuOH}}\ \overset{NH_2}{\underset{N}{\diagup}}$$

(54)

四乙酸铅可以氧化具有 α-亚甲基的脂肪族伯胺生成腈，而芳香族伯胺则生成偶氮化合物。

$$C_6H_{13}CH_2NH_2 \xrightarrow[C_6H_6,回流(62\%)]{Pb(OAc)_4} C_6H_{13}CN$$

$$\text{—NH}_2 \xrightarrow[C_6H_6,回流]{Pb(OAc)_4} \text{—N}=\text{N—}$$

六、醌类

醌类主要用于脱氢反应，脱氢反应实际上也是氧化反应。苯醌的脱氢能力差，但在苯醌分子中引入吸电子基团，如氯原子、氰基等，则脱氢能力增强。常用的醌类氧化剂是四氯 1,4-苯醌（氯醌）和 2,3-二氯-5,6-二氰基苯醌（DDQ），反应后自身生成 1,4-二酚。

（氯醌）　　　（DDQ）

DDQ 应用最广泛。DDQ 在苯中的溶液呈红色，随着反应的进行，生成不溶于苯的浅黄色固体氢醌而分离出来。

醌类脱氢的机理是反应物中的负氢离子被醌中的氧夺取，进而是反应物中连续的氢原子转移。

醌类的脱氢反应，大多用于醇类、脂环类以及甾族化合物，例如：

$$\text{二甲基四氢萘} \xrightarrow[80℃(76\%)]{DDQ,C_6H_6} \text{二甲基萘} + \overset{OH}{\underset{OH}{\diagup}}$$

用 DDQ 作脱氢剂，溶剂通常为苯和二噁烷，它也以使联苄衍生物脱氢，生成收率较高的芪衍生物。

$$p\text{-CH}_3\text{OC}_6\text{H}_4\text{—CH}_2\text{CH}_2\text{—C}_6\text{H}_4\text{OCH}_3\text{-}p \xrightarrow[105℃,18h(85\%)]{DDQ,二氧六环} \underset{H}{\overset{p\text{-CH}_3\text{OC}_6\text{H}_4}{\diagdown}}C=C\underset{C_6H_4OCH_3\text{-}p}{\overset{H}{\diagup}}$$

这些醌也能氧化胺和烯丙醇类化合物，对苯醌容易与 1,3-二烯烃发生 Diels-Alder 反应，因而在应用上受到一定限制。

七、二甲基二氧杂环丙烷（DMDO）

二甲基二氧杂环丙烷(dimethyl dioxirane,DMDO)容易将烯烃氧化为环氧化合物。该试剂为易挥发的过氧化物,因此应当特别注意安全。应在很好的通风条件下制备,避免吸入或直接接触皮肤。

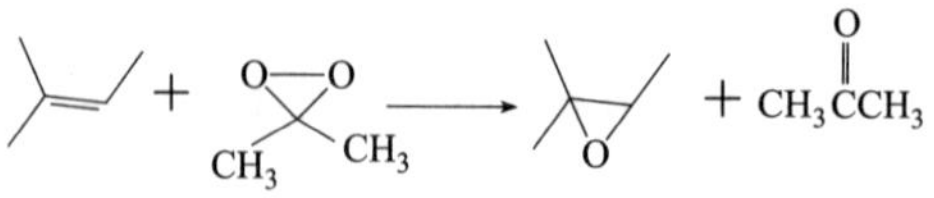

DMDO 的制备方法如下式所示[100],式中的 $2KHSO_5 \cdot K_2SO_4 \cdot KHSO_4$ 为 Oxone 试剂。

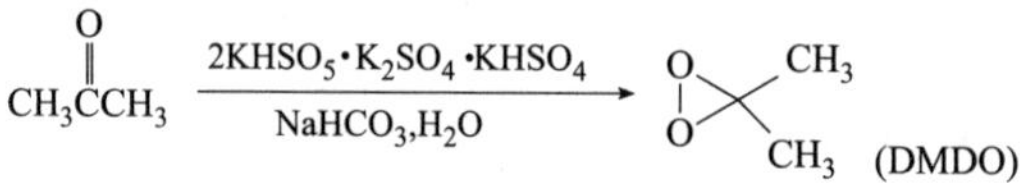

反应中既可以使用 DMDO 的丙酮溶液,也可以使丙酮与 Oxone 反应原位产生 DMDO。

除了使用丙酮之外,也可以使用其他酮,如六氟丙酮、1,1,1-三氟丙酮、环己酮等。使用六氟丙酮时可以使用过氧化氢作氧化剂,在乙腈存在下进行反应的过程如下:

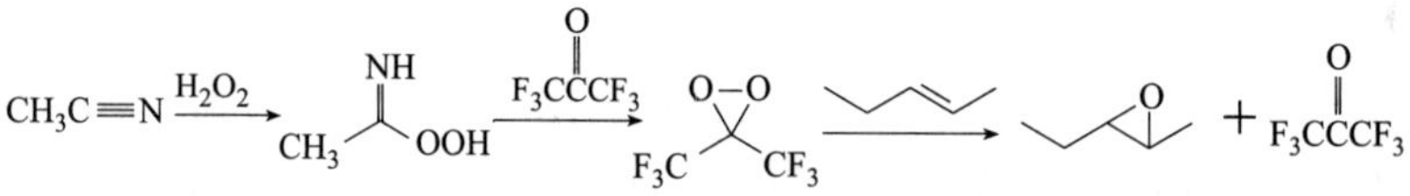

避孕药乙酸乌利司他（Ulipristal acetate）中间体 3,20-双-亚乙二氧基-17α-羟基-5α,10α-环氧-19-去甲孕甾-9(11)-烯（**55**）[101]的一条合成路线就是用 H_2O_2 和六氟丙酮来合成的。

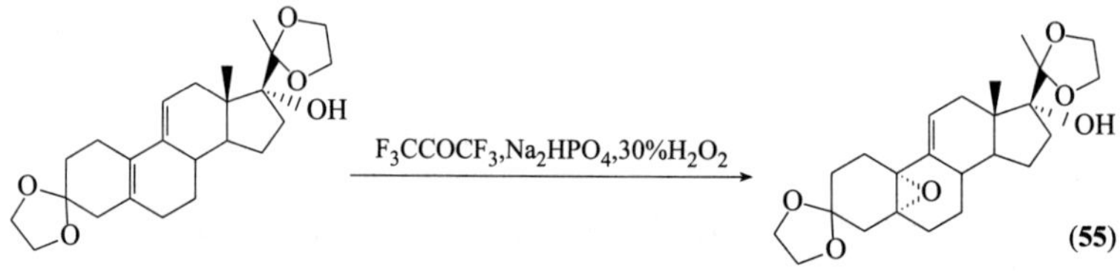

DMDO 是性质活泼的氧化剂,可以用于多种化合物的氧化,其主要反应如图 1-7。

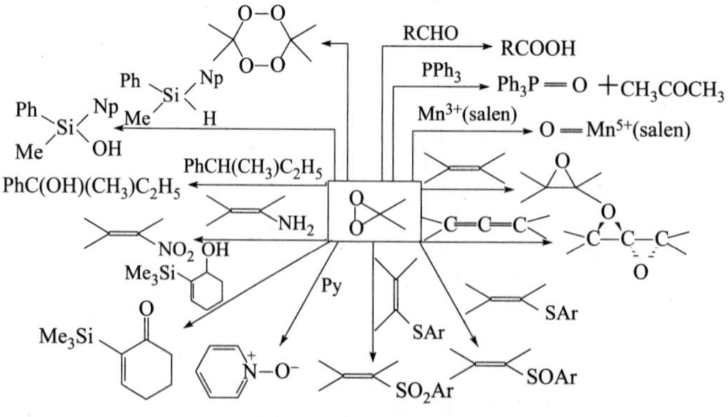

图 1-7　二甲基二氧杂环丙烷的氧化反应

烯烃的结构对环氧化反应有影响。由于环氧化反应属于亲电反应,因此双键上电子云密度较大的烯键更容易被氧化。对于烷基取代的烯烃,取代基越多越容易被氧化。即四取代>三取代>二取代>单取代烯烃。

连有吸电子基团的烯烃反应时,比较困难,往往需要较长的反应时间(有时达数天),使用过量的氧化剂,或适当提高反应温度(注意 DMDO 不稳定)。

用 DMDO 氧化烯烃时,具有立体选择性。顺式烯烃氧化为顺式环氧化合物,反式烯烃氧化为反式环氧化合物。

在顺、反异构体中,顺式异构体比反式异构体更容易进行反应。

对酸敏感的环氧化合物,可使用缓冲液控制反应体系的 pH 值来实现相应的反应。如:

分子中的其他官能团可能对反应有影响。

在上述第二个反应中,吡咯啶 N-原子容易被氧化生成叔胺氧化物,但先加入三氟化硼-乙醚溶液,使 N-原子首先生成 N-BF$_3$ 配合物,将 N-原子保护,则可以顺利地将分子中的双键环氧化。氨基也可以采用成盐或酰胺的方法来进行保护。

分子中的羟基相距较远时可以不影响环氧化。例如:

烯醇类化合物用 DMDO 环氧化时,烯醇羟基可能被氧化为酮基。例如:

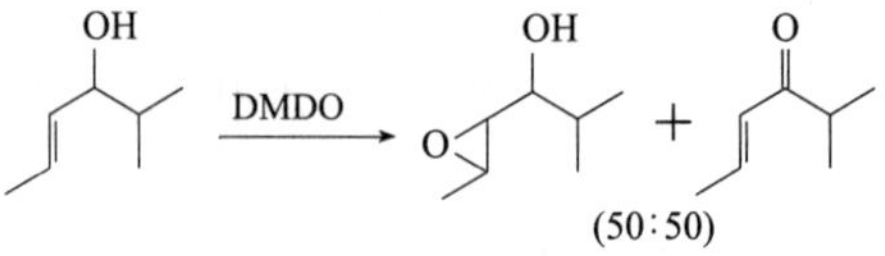

(50:50)

使用 1,1-二氧代四氢硫杂吡喃-4-酮和过硫酸氢钾复盐时,丙烯醇类化合物的双键也可以被环氧化。例如抗抑郁药瑞波西汀(Reboxetine)中间体 2,3-环氧-3-苯基-1-丙醇(**56**)[102]的合成。

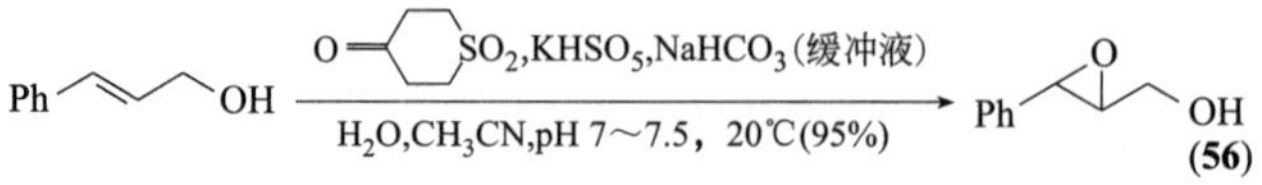

上述反应使用的 1,1-二氧代四氢硫杂吡喃-4-酮,反应中原位生成相应的螺环二氧杂环氧乙烷衍生物。

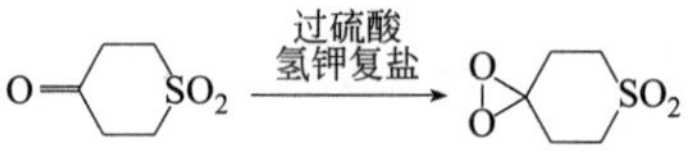

α,β-不饱和醛用 DMDO 氧化时,醛基更容易被氧化,例如:

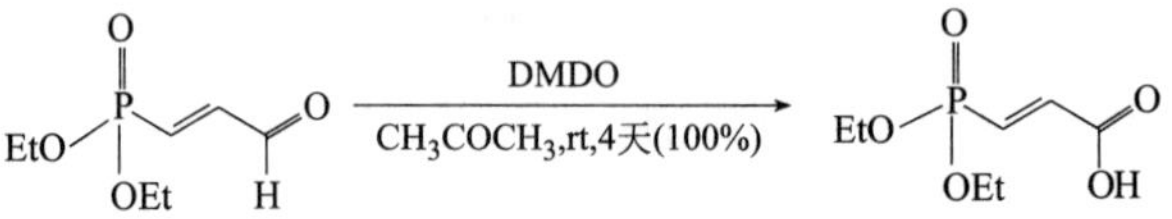

DMDO 也可以将某些烃类化合物氧化为醇。各种氢的氧化由易至难的顺序是:叔氢＞仲氢＞伯氢。例如:

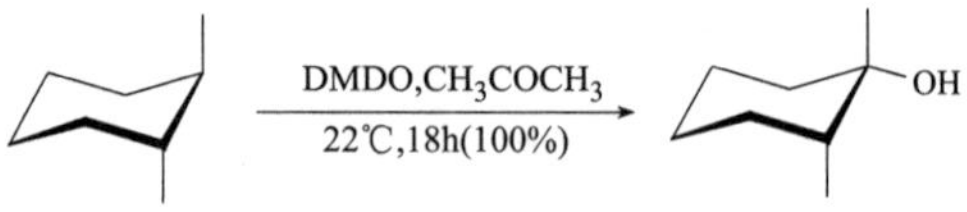

治疗痤疮的药物阿达帕林(Adapalene)的中间体 1-金刚醇可以由金刚烷的氧化来合成。

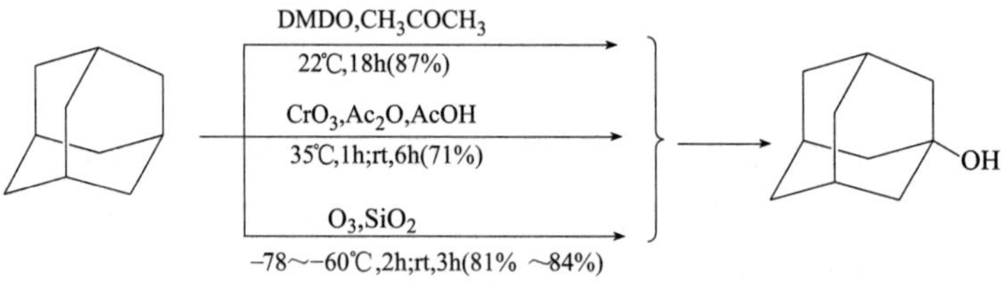

DMDO 可以将酚氧化为醌,但往往有醌的双键继续被氧化的副产物生成。

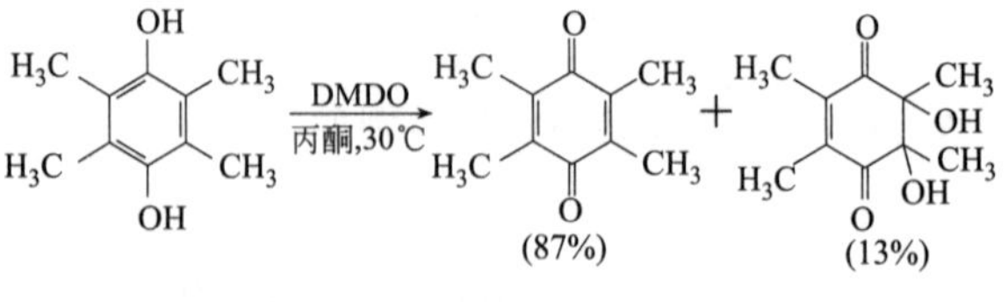

DMDO 将胺氧化为硝基化合物。例如:

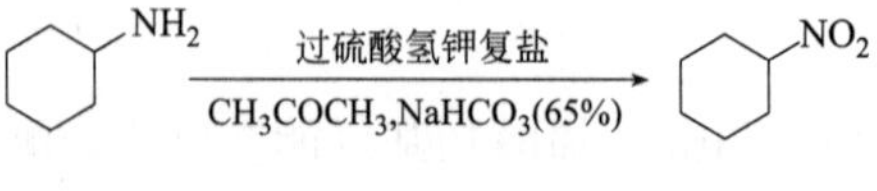

盐酸普鲁卡因、叶酸、苯佐卡因等中间体对硝基苯甲酸的合成如下[103]。

$$H_2N-\!\!\!\!\bigcirc\!\!\!\!-COOH \xrightarrow[\;(95\%)\;]{DMDO} O_2N-\!\!\!\!\bigcirc\!\!\!\!-COOH$$

◆ 参考文献 ◆

[1]   孙昌俊，曹晓冉，王秀菊. 药物合成反应——理论与实践. 北京：化学工业出版社，2007：24.

[2]   Ichikawa Y, et al. Ind Eng Chem, 1970, 62（4）：38.

[3]   任群翔，孟祥军，李荣梅等. 化学试剂，2002，25（1）：40.

[4]   Kaneda K, Haruna S, Imanaka T, et al. Tetrahedron Lett, 1992, 33: 6827.

[5]   宋国强，王钒，吕晓玲等. 江苏石油化工学院学报，1999，11（3）：13.

[6]   Tsuji J, Nagashima H, Nemoto H. Org Synth, 1990, Coll Vol 7: 137.

[7]   Kaneda K. Angew Chem Int Ed, 2006, 45: 481.

[8]   Reetz M T, Tollner K. Tetrahedron Lett, 1995, 36: 9461.

[9]   Li J. Name Reactions. A Collection of Detailed Mechanisms and Synthetic Applications. Fifth End. Sprringer Cham Heidelberg New York Dordrecht London. 2014: 282.

[10]   Ren W, Xia Y, Ji S, et al. Org Lett, 2009, 11（8）：1841.

[11]   Chi Ki-Whan, Yusubov N S, Filimonov V D. Synth Commun, 1994, 24（15）：2119.

[12]   Bankston D. Org Synth, 1993, Coll Vol 8: 490.

[13]   闻韧. 药物合成反应. 第二版. 北京：化学工业出版社，2003：329.

[14]   陈仲强，李泉. 现代药物的合成与制备. 第二卷. 北京：化学工业出版社，2011：321.

[15]   胡杨，陈国华，吴燕等. 中国医药工业杂志，2009，40（7）：481.

[16]   李英春，宋湛谦. 精细石油化工，2004，3：13.

[17]   Silbert S, Foglia T A. Angew Chem, 1985, 57: 1404.

[18]   黄成坤，周聪晓. 化工进展，2007，26（8）：1125.

[19]   ①Arai S, Tsuge H, Shioiri T. Tetrahedron Lett, 1998, 39: 7563.

[20]   Li J. Name Reactions. A Collection of Detailed Mechanisms and Synthetic Applications. Fifth End. Sprringer Cham Heidelberg New York Dordrecht London. 2014: 190

[21]   Roy A, Reddy K R, Mohanta P K, et al. Synth Commun, 1999, 29（21）：3781.

[22]   Alamgir M, Mitchell P S R, Bowyer P K, et al. Tetrahedron, 2008, 64: 7136.

[23]   谢如刚，陈翌清，袁德其等. 有机化学，1984，4：297.

[24]   岳霞丽，姚晶晶，廖李，等. 应用化工，2008，37（7）：808.

[25]   段行信. 实用精细有机合成手册. 北京：化学工业出版社，2000：159.

[26]   Katritzky A R, et al. Synthesis, 1989: 949.

[27]   Furniss B S, Hannaford A J, Rogers V, et al. Vogel's Textbook of Practical Chemistry. Longman London and New York. Fourth edition, 1978: 845.

[28]   杨敏，李敏，郑宏杰等. 催化学报，2005，26（3）：175.

[29]   段海宝，周艳平，彭奇均. 中国食品添加剂，2002，5：23.

[30]   陈国广，翟健. 化学试剂，2007，29（12）：761.

[31]   梅苏宁，俞迪虎，李勇等. 化学研究，2010，21（1）：64.

[32]   王如斌，彭司勋，华唯一. 中国药物化学杂志，1995，5（1）：1.

[33]   杨巍民，张一宾. 上海化工，2000，2：22.

[34]   Lee D G, Chen T, Wang Z. J Org Chem, 1993, 58: 2918.

[35]   陆平波，莫芬珠. 化工时刊，2002，4：48.

[36]   勃拉特 A H（Blatt A H）主编. 有机合成：第二集. 南京大学化学系有机化学教研室译. 北京：科学出版社，1964：366.

[37]   范琦，程秀华，张琴等. 中国医药工业杂志，2005，11：15.

[38] Rawalay S S, Shechter H. J Org Chem, 1967, 32（10）: 3129.

[39] Eaton P E, Maggini M. J Am Chem Soc, 1988, 110, 21: 7230.

[40] 王正平, 韩军凤. 精细化工原料及中间体, 2005, 9: 12.

[41] 高兴文. 中国医药工业杂志, 1994, 25: 42.

[42] 闻韧. 药物合成反应. 第二版. 北京: 化学工业出版社, 2003: 343.

[43] Pearson W H, J Org Chem, 1989, 54: 4235.

[44] DeLuca H F, Schnoes H K, Holick M F, et al. US 3741996. 1973.

[45] 李彤, 张军良, 郭燕文等. 化学试剂, 2004, 26（3）: 153.

[46] 日本公开特许 84-130843.

[47] 麻远, 殷魏, 赵玉芬. 有机化学, 2008, 28（1）: 37.

[48] 陈仲强, 陈虹. 现代药物的制备与合成. 第一卷. 北京, 化学工业出版社, 2008: 152

[49] 孙昌俊, 曹晓冉, 王秀菊. 药物合成反应——理论与实践. 北京: 化学工业出版社, 2007: 28.

[50] 司红岩, 孙国富, 祝贞科. 山东化工, 2010, 39（3）: 15.

[51] 闻韧. 药物合成反应. 第二版. 北京: 化学工业出版社, 2003: 314.

[52] Czernecki S. Tetrahedron Lett, 1985, 26: 1699.

[53] Boyle Peter H, Gillespie Paul. Journal of Chemical Research, Miniprint, 1989, 9: 2086.

[54] 陈毅平. 中国医药工业杂志, 1999, 30（5）: 233.

[55] Zhang W, Jacobsen E N. J Org Chem, 1991, 56: 2296.

[56] 黄小明, 汪新芽. 化学世界, 1995, 36（3）: 131.

[57] Yamazaki S. Synth Commun, 1997, 27: 3559.

[58] Slates H L, Taub D, Kuo C H, et al. J Org Chem, 1964, 29: 1424.

[59] Haruyoshi M. J Org Chem, 1994, 59（19）: 5550.

[60] Li J. Name Reactions. A Collection of Detailed Mechanisms and Synthetic Applications. Fifth End. Sprringer Cham Heidelberg New York Dordrecht London. 2014: 52.

[61] Schmid C R, Bryant J D. Org Synth, 1998, Coll Vol 9: 450.

[62] Teresa N M, Martin V S. J Org Chem, 1990, 55（6）: 1928.

[63] Smith A B, Scarborough R M, Jr. Synth Commun, 1980, 10: 205.

[64] Behman E J. Org Ractions, 1988, 35: 421.

[65] Minato M, Yamamoto K, Tsuji T. J Org Chem, 1990, 55: 766.

[66] Noe M C, Letavic M A, Snow S L. Org React, 2005, 66: 109.

[67] 向顺, 匡永清. 合成化学, 2011, 19（1）: 127.

[68] 罗成礼, 匡永清, 王莹等. 合成化学, 2008, 16（3）: 351.

[69] 陈慧, 罗晶, 赵安东等. 中国医药工业杂志, 2005, 36（9）: 526.

[70] 公秀芹. 精细化工, 2011, 28（9）: 875.

[71] Coxon J M, Dansted E, Hartsborn M P. Org Synth, 1988, Coll Vol 6: 946.

[72] Mateos A F, Barrueco O F, Gonzalez R R. Tetrahedron Lett, 1990, 31: 4343.

[73] Manktala R, Dhillon R S, Chhabra B R. Indian J Chem, Section B, 2006, 45B（06）: 1591.

[74] Kishimoto S, Sendal M, Tomimoto M, et al. Chem Pharm Bull, 1984, 32（7）: 2646.

[75] Carre M C, Caubere P. Tetrahedron Lette, 1985, 26（26）: 3103.

[76] 全哲山, 朴虎日. 中国药物化学杂志, 1998, 2: 130.

[77] Cambie R C, Rutledge P S. Org Synth, 1988, Coll Vol 6: 348.

[78] 庞学良, 薛建良, 顾英姿. 化工时刊, 2000, 6: 39.

[79] Hosoda H. ChemicaL and Pharmaceutical Bulletin, 1975, 23: 3141.

[80] Snider B B, Zhou J. Org Lett, 2006, 8: 1283.

[81] 孙昌俊, 曹晓冉, 王秀菊. 药物合成反应——理论与实践. 北京: 化学工业出版社, 2007: 31.

[82] Pagano A S, Emmons W D. Org Synth, 1973, Coll Vol 5: 367.

[83] 焦淑清, 于莲, 侯薇. 中华医学写作杂志, 2002, 9（17）: 1380.

［84］ 戴立言，王井明，陈英奇等. 浙江大学学报，2004，38（3）：333.

［85］ Li J. Name Reactions. A Collection of Detailed Mechanisms and Synthetic Applications. Fifth End. Sprringer Cham Heidelberg New York Dordrecht London. 2014: 447.

［86］ Bagal S K, Adlington R M, Baldwin J E, et al. Org Lett, 2003, 5: 3049.

［87］ Nathansohn G. J Med Chem, 1967, 10: 799.

［88］ Graves C R, Zeng B S, et al. J Am Chem Soc, 2006, 128（39）: 12596.

［89］ Auge J. Tetrahedron Lett, 2003, 44: 819.

［90］ Byrne B, Karras M. Tetrahedron Lett, 1987, 28: 769.

［91］ Suzuki T, Morita K, Tsuchida M, et al. J Org Chem, 2003, 68（4）: 1601.

［92］ Ertel W, Wuppertal. U. S. P. 4297519. 1981.

［93］ Yusubov M S. Synthesis, 1991: 131.

［94］ Weinshbenker N M, Chah M S, Jack Y W. Org Synth, 1988: 218.

［95］ Nishide K, Ohsugi S, Fudesaka M, et al. Tetrahedron Lett, 2002, 43: 5177.

［96］ Taillier C, Gille B, Bellosta V, et al. J Org Chem, 2005, 70: 2097.

［97］ Zevaco B. Tetrahedron Lett, 1993, 34: 2601.

［98］ Lethbrige A. J Chem Soc Perkin Trans 1, 1973, 35.

［99］ Baumgarten H E, Smith H L, Staklis A. J Org Chem, 1975, 40（24）: 3554.

［100］ Robert W, Murray, Megh Singh. Org Synth, 1998, Coll Vol 9, 288.

［101］ 刘兆鹏，张灿飞. 中国医药工业杂志，2013，44（11）: 1094.

［102］ Adam W, Saha-Moller C R, Zhao C-G. Org React, 2002, 61: 219.

［103］ Murray R W, Rajiadhyaksha S N, Mohan L. J Org Chem, 1989, 54: 5783.

第二章 | 还原反应

还原与氧化一样，是有机合成中应用广泛的反应之一。凡是能使有机物分子得到电子或使参加反应的碳原子上电子云密度增加的反应，都可称为还原反应。在分子组成上主要表现为被还原物氧原子减少，或氢原子增加，或二者兼而有之。

根据所用还原剂及操作方法上的不同，还原反应大致可分为化学还原、催化氢化还原、电化学还原、光化学还原以及生物还原等五种，本章主要讨论前两种。

凡是使用化学物质作还原剂所进行的还原反应称为化学还原反应，催化氢化（包括氢解）是指在催化剂存在下利用分子氢与有机化合物进行的还原反应。

还原反应在药物及其中间体的合成中应用十分广泛。

第一节 化学还原反应

化学还原反应常用的还原剂有无机还原剂和有机还原剂两大类。主要的无机还原剂有活泼金属（包括合金）、金属氢化物以及一些低价元素的化合物。常用的有机还原剂有金属有机化合物和有机化合物两类。

一、无机还原剂

1. 金属还原剂

金属还原剂包括活泼金属、它们的合金及其盐类。一般用于还原反应的活泼金属有碱金属（Li、Na、K）、碱土金属（Ca、Zn、Mg）以及 Al、Sn、Fe 等。合金包括钠汞齐、锌汞齐、铝汞齐、镁汞齐等。金属盐有含硫化合物、$FeSO_4$、$SnCl_2$ 等。肼及其衍生物在有机还原反应中也有重要的应用。

金属还原剂在进行还原反应时均有电子的得失过程，同时产生质子的转移。金属无疑是电子的供给者，而水、醇、酸类等化合物则是质子的供给者。因此其还原机理是电子-质子的转移过程，而并非是所谓的"新生态氢"的还原。例如，羰基化合物用金属还原为羟基化合物，是羰基首先自金属原子得到一个电子，形成负离子自由基，后者再由金属得到一个电子，形成两价负离子，两价负离子由质子供给者得到质子生成羟基化合物。

$$\text{C=O} + M \longrightarrow \text{C–O}^-\,M^+ \xrightarrow{M-e} \text{C–O}^-\,M^+ \xrightarrow{2H^+} \text{CH–OH}$$

（1）铁（Fe）和低价铁盐 铁在酸性条件下（如硫酸、乙酸、盐酸等）为强还原剂，可将芳香族硝基、脂肪族硝基以及其他含氮氧功能基（亚硝基、羟胺基等）还原成氨基；将偶氮化合物还原成两个胺；将磺酰氯还原成巯基。一般情况下对卤素、烯键或羰基无影响，是一种选择性还原剂。铁粉将硝基苯还原为苯胺的反应如下：

$$4 PhNO_2 + 9Fe + 4 H_2O \xrightarrow{Fe,H^+} 4 PhNH_2 + 3 Fe_3O_4$$

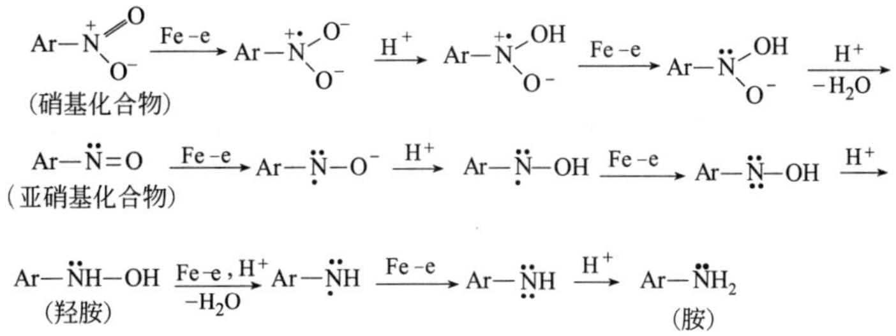

（硝基化合物）

（亚硝基化合物）

（羟胺） （胺）

一个硝基需要得到六个电子和六个质子才能还原为氨基。

芳环上有吸电子基团时，硝基容易被还原，一般反应温度较低；而有给电子基团时，反应温度较高。反应后产生大量不易处理的铁泥，目前工业上应用越来越少。

铁粉作还原剂时，一般含硅的铁粉效果较好，而熟铁粉、钢粉及化学纯铁粉效果很差。反应前应先将铁粉活化，方法是加入少量稀酸并加热一定时间，除去表面的氧化铁而形成亚铁盐作为电解质。另外也可加入氯化铵等电解质。

例如抗肿瘤药物泊马度胺（Pomalidomide）原料药（**1**）[1] 的合成。

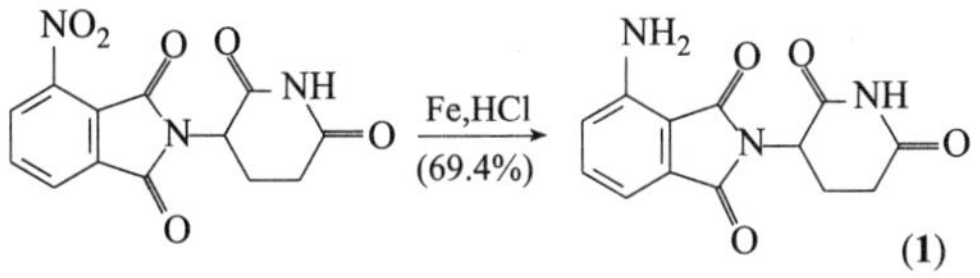

（**1**）

又如抗生素双氯苯唑西林钠等的中间体 2-氨基-6-氯苯甲酸[2] 的合成。

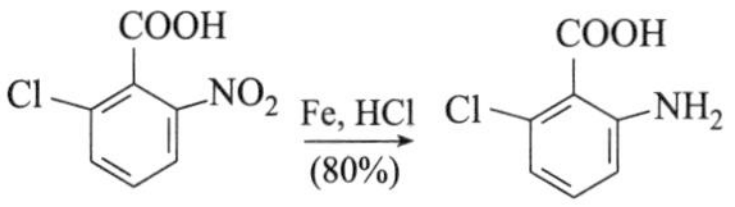

分子中含有酯基的硝基化合物也可以用铁粉还原，因为此时反应体系呈弱酸性，酯基不至于水解。

芳香族硝基化合物用铁粉还原时，环上的卤素原子不受影响。例如氟哌酸、诺氟沙星等的中间体 3-氯-4-氟苯胺[3] 的合成。

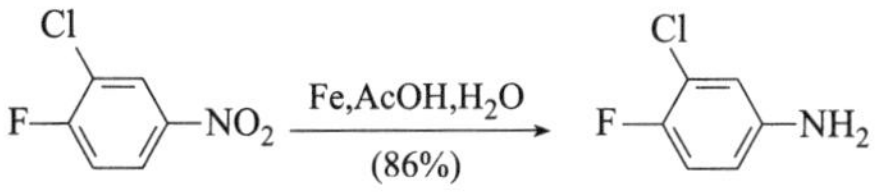

4-硝基-N-氧化吡啶经铁粉在酸性条件下处理，硝基和过氧化物同时被还原，生成 4-氨基吡啶[4]，其为降压药吡那地尔（Pinacidil）等的中间体。

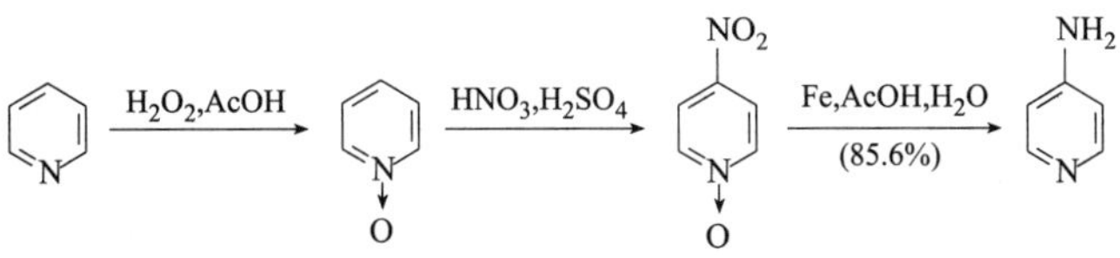

在酸性条件下金属铁粉可以将肟还原为伯胺。例如 2,5-二氨基尿嘧啶（**2**）的合成，其

为尿酸、茶碱、咖啡碱等杂环化合物的合成中间体。

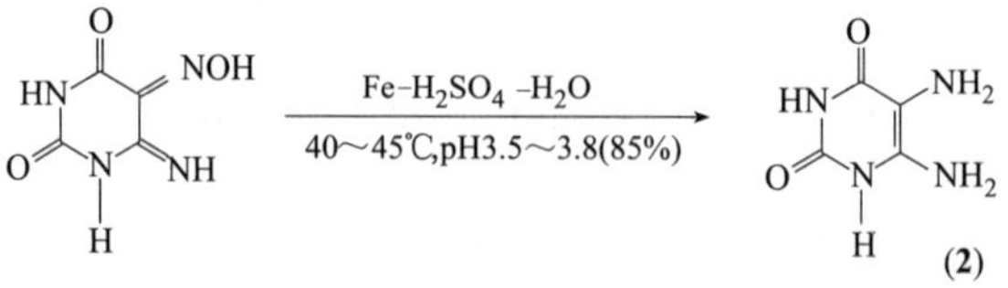

(2)

对于水溶性差的含肟基的化合物，可以在醇的水溶液中进行还原反应。例如镇静催眠药阿普唑仑（Alprazolam）中间体 2-氨基-5-氯二苯酮（**3**）[5] 的合成。

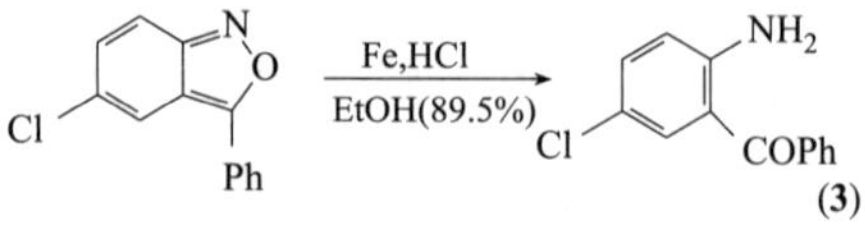

(3)

低价铁盐如 $FeSO_4$、$FeCl_2$、$Fe(OAc)_2$、$(HCOO)_2Fe$ 等也可作为还原剂。$FeSO_4$ 常与氨水一起使用，将硝基还原成氨基时，分子中的醛基、羟基等不受影响。

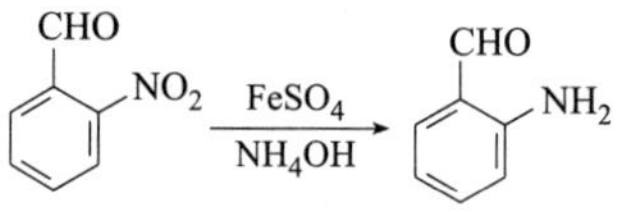

（2）钠和钠汞齐　金属钠在醇类（甲醇、乙醇、丁醇等）、液氨或惰性有机溶剂（苯、甲苯、乙醚等）中，都是强还原剂，可用于炔键、—OH、C＝O、—COOH、—COOR、—CN以及苯环及杂环的还原。为增加金属钠的表面积，常将其轧成钠丝或在甲苯中加热制成钠砂使用。钠汞齐通常为含钠 2％～10％ 的钠汞合金。将汞加热到 200℃ 左右，慢慢加入小块金属钠即得。主要用作还原剂。钠汞齐在醇、水中，无论碱性条件还是酸性条件下都是强还原剂，但由于汞的毒性大，钠汞齐已较少使用。

金属钠（锂）可以在液氨或低级胺中将非端基炔还原为双键，得到热力学稳定的反式烯烃。

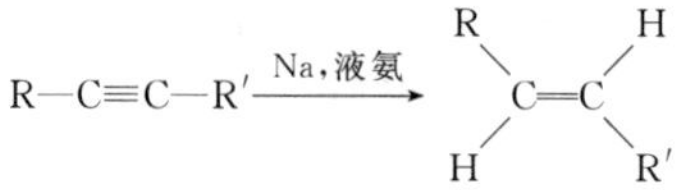

端基炔不能被钠-液氨还原，因为在此条件下端基炔生成炔钠。但是可以将端基炔加到含硫酸铵的 Na-NH_3（液）溶液中，释放出游离的炔基，从而将炔基还原为双键。

还原剂可以是 Na-液氨、Li-液氨，也可以是 Na-乙胺、Li-乙胺等。例如如下反应：

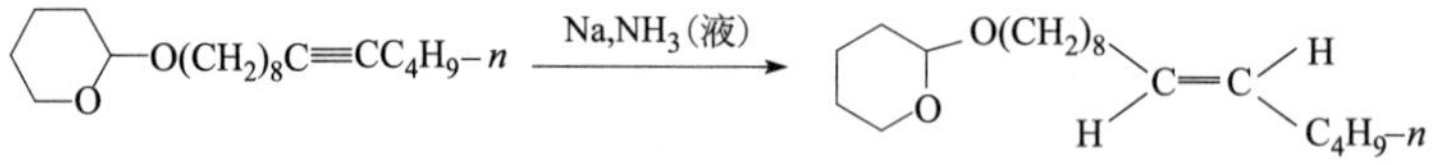

大环炔用碱金属和液氨还原可以得到环状反式的环烯，而较小的环炔还原时反式环烯的比例明显降低。使用的金属也与顺、反异构体的比例有关，使用金属锂时反式环烯的比例较高，而使用钠、钾时比例降低。例如环癸炔用金属锂在液氨中还原，得到 91％ 的反式环癸烯和 9％ 的顺式环癸烯，而当使用金属钠或金属钾时，实际上主要得到顺式环癸烯。环十二炔用金属锂还原时得到 95.5％ 的反式环十二烯和 4.5％ 的顺式环十二烯，而当使用金属钠时，得到 81％ 的反式环十二烯和 19％ 的顺式环十二烯。

分子中含有两个炔键，若其中一个炔键在端基，当用碱金属于液氨中还原时，端基炔很容易生成炔金属盐，此时分子中的炔键还原而端基炔键保留。例如：

$$CH_3(CH_2)_2C \equiv C(CH_2)_4C \equiv CH \xrightarrow[(75\%)]{Na, NH_3(\text{液})} \begin{matrix} H \\ \underset{CH_3(CH_2)_2}{C} = \underset{H}{C} (CH_2)_4C \equiv CH \end{matrix}$$

与芳环或羰基相邻的共轭双键能被钠汞齐还原为饱和化合物。例如：

$$PhCH = CHCOONa \xrightarrow[2, H^+]{1, Na-Hg, H_2O} PhCH_2CH_2COOH$$

用 Na-乙醇还原萘，萘分子中可以加一分子氢或两分子氢，生成二氢萘和四氢萘。

$$\underset{152℃}{\xleftarrow{Na, C_2H_5OH}} \quad \underset{78℃}{\xrightarrow{Na, C_2H_5OH}}$$

但是，用这种方法不能进一步还原另一个苯环，因此，用这种方法萘最终只能生成1，2，3，4-四氢萘，若要继续氢化，则需要采用催化氢化的方法。

蒽和菲用 Na-乙醇还原，分别生成 9,10-二氢蒽和 9,10-二氢菲。

杂环化合物也可以用 Na-醇还原。吡啶用 Na-醇还原最终可以生成哌啶类化合物。

$$\xrightarrow{Na, EtOH} \quad \underset{NH}{} \xrightarrow{PhCOCl} \quad N—COPh$$

苯甲酸类化合物也可以被 Na-醇还原，生成环己基甲酸和环己烯基甲酸的混合物。

反应中常用的醇有乙醇、丙醇、丁醇、戊醇等伯醇，有时也可以使用仲醇。叔醇的效果并不理想。该反应的缺点是金属钠需过量很多，而且安全性较低。

环酮在钠和醇的作用下还原成仲醇，取代脂环酮主要被还原成反式醇，肟和腈可被还原为胺。芳脂混酮还原为仲醇。

$$\xrightarrow[(99\%)]{Na, C_2H_5OH}$$

$$CH_3O— \overset{O}{\underset{}{C}} CH_3 \xrightarrow{Na, C_2H_5OH} CH_3O— \overset{OH}{\underset{}{CHCH_3}}$$

9-氧杂-1-氮杂蒽酮用钠汞齐于乙醇中还原，生成 9-氧杂-1-氮杂-蒽-10-酚（**4**），其为消炎镇痛药普拉洛芬（Pranoprofen）的中间体。

$$\xrightarrow{Na-Hg, EtOH} \quad (4)$$

除了甲酸酯和羧基直接与芳环相连的芳酸酯外，其他羧酸酯可被醇和金属钠还原成相应的伯醇，该反应称为 Bouveault-Blanc 还原反应。

$$RCO_2R' \xrightarrow{Na, C_2H_5OH} RCH_2OH + C_2H_5OH$$

反应机理如下（单电子转移还原）：

$$RC \overset{O}{\underset{}{—}} OC_2H_5 \xrightarrow{Na-e} \overset{O^-Na^+}{\underset{\cdot}{RC}} — OC_2H_5 \xrightarrow{Na-e} \overset{O^-Na^+}{\underset{-}{RC}} — OC_2H_5 \xrightarrow[-EtO^-]{EtOH} \overset{O^-Na^+}{\underset{H}{RC}} — OC_2H_5 \xrightarrow{-EtO^-}$$

$$RC = O \xrightarrow{Na-e} \overset{}{\underset{H}{RC}} — O^-Na^+ \xrightarrow{Na-e} \overset{}{\underset{H}{RC}} — O^-Na^+ \xrightarrow[-EtO^-]{EtOH} \overset{H}{\underset{H}{RC}} — O^-Na^+ \xrightarrow{H^+} RCH_2OH$$

例如抗癫痫药非尔氨酯（Felbamate）中间体 2-苯基-1,3-丙二醇[6] 的合成。

$$\text{⟨⟩}-CH(CO_2C_2H_5)_2 \xrightarrow[(68\%)]{Na,C_2H_5OH} \text{⟨⟩}-CH(CH_2OH)_2$$

该方法常用于高级脂肪族羧酸酯的还原，尤其适用于由油脂制备长链的饱和或不饱和醇。例如由橄榄油制备十八碳-9-烯-1-醇。

$$\text{橄榄油} \xrightarrow[Xyl]{Na,EtOH} CH_3(CH_2)_7CH=CH(CH_2)_7CH_2OH$$

反应中生成的醇钠可催化羧酸酯的缩合反应，加入尿素使其分解，不影响还原效果。

$$C_2H_5ONa + H_2NCONH_2 \longrightarrow C_2H_5OH + NaOCN + NH_3\uparrow$$

由于催化氢化法和氢化铝锂等的广泛应用，此方法已很少使用。

二元羧酸酯可以被还原为二元醇，例如抗菌药奥替尼啶（Octenidine hydrochloride）中间体 1,10-癸二醇的合成[7]。

$$C_2H_5O_2C(CH_2)_8CO_2C_2H_5 \xrightarrow[C_2H_5OH]{Na} HOCH_2(CH_2)_8CH_2OH + 2C_2H_5OH$$

使用金属钠-液氨-醇也可以将酯基还原为伯醇，例如胃病治疗药西咪替丁（cimetidine）合成中间体 4-甲基-5-羟甲基咪唑盐酸盐（**5**）[8] 的合成。

$$\text{（咪唑环结构）} \xrightarrow[\text{2.HCl(89\%)}]{\text{1.Na-NH}_3(\text{液})-CH_3OH} \text{（产物5）}$$

(5)

使用金属钠-液氨-醇，由于反应是在低温下进行的，减少了副反应，可以得到较好的结果，但氨的回收和再利用是必须注意的问题。

铝-汞齐和乙醇组成的还原体系，也是还原酯生成醇的较好的还原剂。例如：

$$\text{（邻苯二甲酸二乙酯）} \xrightarrow[(60\%)]{Al-Hg,EtOH} \text{（邻苯二甲醇）}$$

Bouveault-Blanc 还原反应若在苯、二甲苯、乙醚等无质子供给的溶剂中进行，则生成的负离子自由基相互偶合而发生酮醇缩合反应，生成 α-羟基酮，称为偶姻偶合反应（Acyloin couplings），是合成脂肪族 α-羟基酮的重要方法。例如：

$$2RCOOC_2H_5 \xrightarrow[\text{乙醚}]{Na} R-\overset{O}{\underset{}{C}}-\overset{OH}{\underset{}{C}}H-R$$

反应机理可能是通过钠的电子转移形成自由基负离子，而后自由基负离子发生双分子偶联生成二酮，最后二酮还原生成 α-羟基酮。

该反应在有机合成中应用广泛。食品用香料 5-羟基-4-辛酮（**6**）[9] 的合成如下。

$$2C_3H_7CO_2C_2H_5 \xrightarrow[\text{2. H}^+(65\% \sim 70\%)]{\text{1. Na, Et}_2\text{O}} \underset{\underset{OH}{|}\ \ \underset{O}{||}}{C_3H_7CH-CC_3H_7} \qquad (6)$$

Na-K 合金也可以应用于该反应。

在甾族 α-羟基酮的合成中，往往采用均相的钠-液氨-乙醚还原体系，可以得到较好的结果。例如化合物（**7**）[10] 的合成。

(7)

二元羧酸酯进行分子内的还原偶联反应，可合成五元以上的环状化合物，特别对大环化合物的合成有重要意义。

反应是在碱性条件下进行的，主要的副反应是 Claisen 酯缩合反应和 Dickmann 酯缩合反应。反应中加入三甲基氯硅烷可以基本完全避免这些副反应，反应中生成烯醇硅醚中间体。整个操作比较简便，中间体容易纯化，用酸的水溶液或甲醇处理后可以得到 α-羟基酮，若该中间体用溴的四氯化碳溶液或戊烷溶液等处理，则会生成 1,2-二酮。例如：

该方法也适用于环中含有 N、O、S、Si 等杂原子的化合物的合成。

在液氨中，有乙醇存在时，金属钠可将芳环还原成二氢化合物，此反应称为 Birch 还原。金属锂、钾也发生此反应，反应速度：Li＞Na＞K。铁盐等杂质对反应有影响。芳环上的取代基性质对反应有很大影响。一般吸电子基团（如—COONa）使反应容易进行，生成的产物为 1,4-二氢化合物；而给电子基团，如 R、—NH$_2$、—OR 等，则使反应较难进行，且生成的产物为 2,5-二氢化合物。

Birch 还原的机理如下：

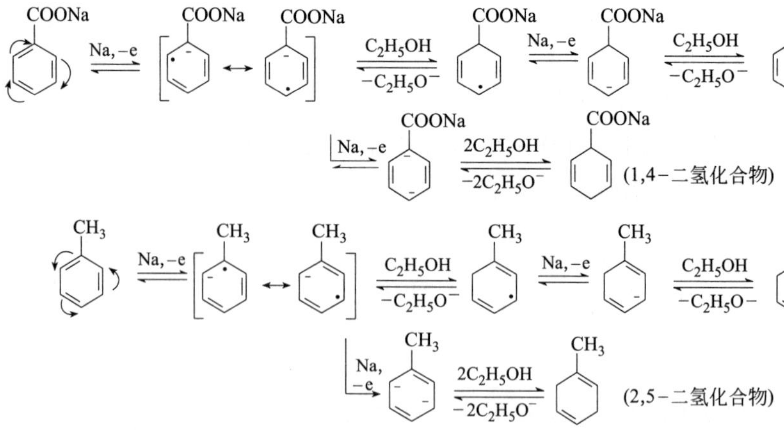

Birch 还原的反应速率和生成二烯的区域选择性，与芳环上取代基的性质有关。还原的速率取决于电子的转移，给电子基团使苯环钝化（苯甲醚除外），并使质子化发生在 2,5-位，生成 2,5-二氢化合物；吸电子基团有利于电子的转移，并使质子化发生在 1,4-位，生成 1,4-二氢化合物。例如苯甲醚的还原。

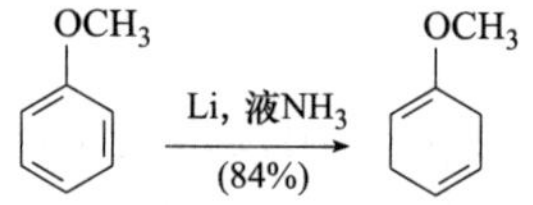

又如长效避孕药 18-甲基炔诺酮（norgestrel）中间体（**8**）[11] 的合成，苯环被还原，甲氧基水解生成 α,β-不饱和酮。

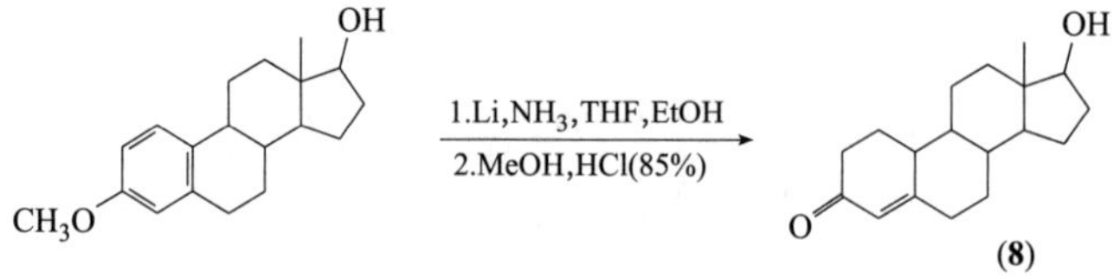

苯甲醚和芳胺的 Birch 还原在合成中应用较广，因为它们的二氢化合物很容易水解为环己酮衍生物。例如：

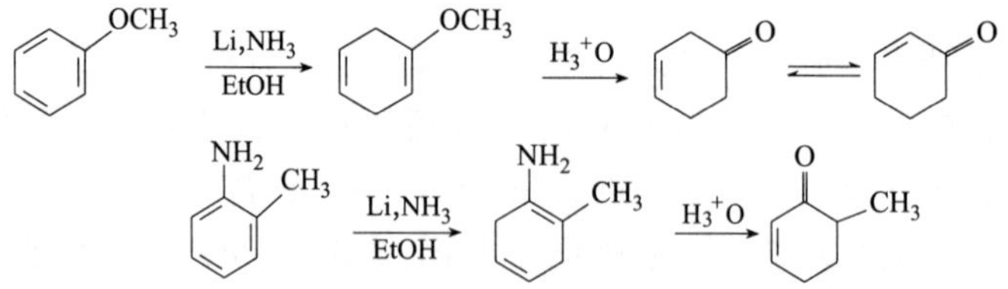

选择给电子取代基或吸电子取代基或者二者适当的组合，可以使芳香族化合物还原得到各种不同取代基的环己二烯类化合物。

α-萘酚发生 Birch 还原时，羟基所在的环较稳定，不被还原。β 受体阻滞剂纳多洛尔（Nadolol）中间体 5,8-二氢-1-萘酚（**9**）[12] 的合成如下。

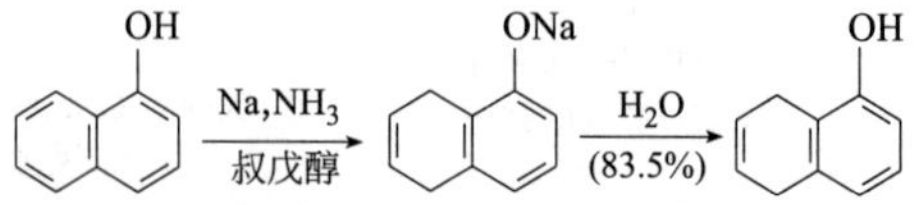

Birch 反应中除了使用液氨外，也可以使用低级脂肪胺，如甲胺、乙二胺等。用低分子量的烃基胺如乙胺代替液氨，则称为 Benkeser 还原反应。Benkeser 还原法的适用范围大致与 Brich 还原相同。

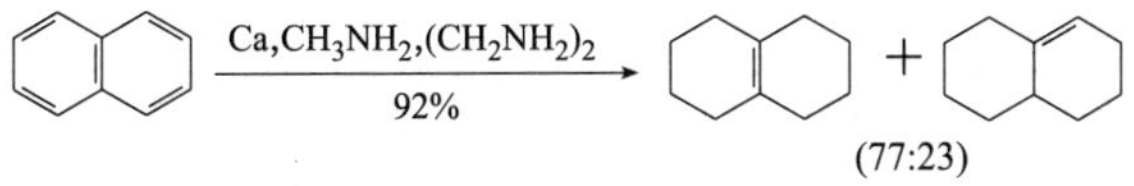

Ca,CH3NH2,(CH2NH2)2
92%
(77:23)

对于反应底物，除了含苯环、萘环的化合物外，其他一些化合物也可以发生 Birch 反应，例如，与羰基或苯环共轭的双键容易发生 Brich 还原。

Ph2C═CH2
1.Na, 液NH3,乙醚
2. NH4Cl
Ph2CHCH3

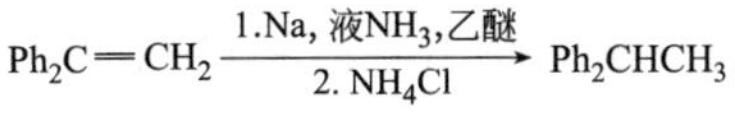

除此之外，酯、酮、α,β-不饱和酮的双键、炔、卤化物、磺酸酯等也可以发生 Birch 还原反应，生成相应的还原产物。

芳基硅醚也可以发生 Birch 还原。三甲基硅醚发生 Birch 还原的收率较低，而叔丁基二甲基硅醚和异丙基二甲基硅醚的收率较高，可达 80%～97%。

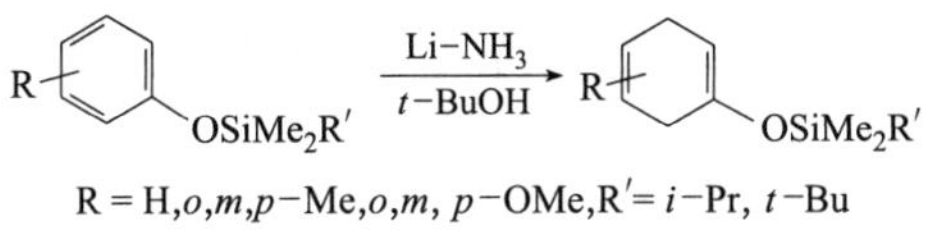

R
OSiMe2R′
Li-NH3
t-BuOH
R
OSiMe2R′
R = H,o,m,p-Me,o,m, p-OMe,R′= i-Pr, t-Bu

这些还原产物经不同的方法处理可以得到相应的化合物，例如：

O
H3C
OH
CH3COCl
TiCl4-Ti(OPr-i)4
CH3
OSiMe2Pr-i
n-Bu4NF
H3BO3,H2O
H3C
O

呋喃类化合物也可以发生 Birch 还原反应，生成二氢呋喃类化合物。例如[13]：

OCH3
O
O
N
OCH3
1.Na,NH3,THF,-78℃
2.CH3I(98%,30:1dr)
OCH3
O
O
N
OCH3

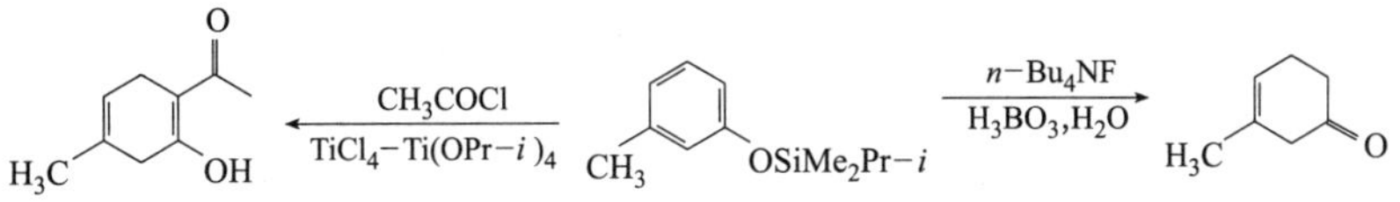

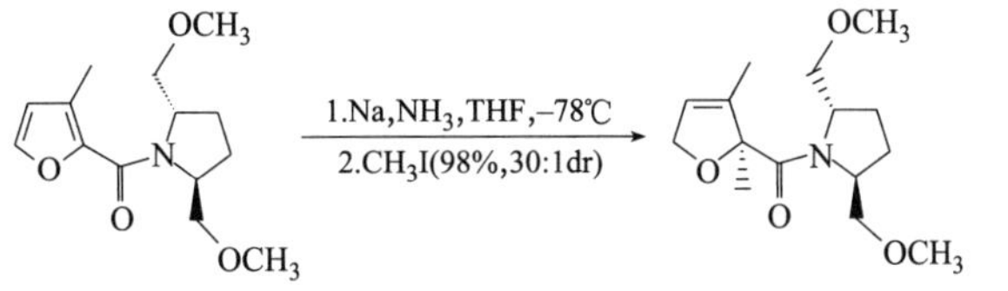

早期的 Birch 还原主要集中在烷基苯和芳香醚类化合物，后来逐渐扩展至芳香酸、酯、酮、腈、酰胺、稠环等化合物，并在天然产物的合成中得到应用。

金属钠可以将肟还原为胺。例如高血压病治疗药利美尼定（Rilmenidine）的中间体二环丙基甲胺盐酸盐[14] 的合成。

C═NOH
1.Na,Et2O
2.HCl(81.4%)
CHNH2·HCl

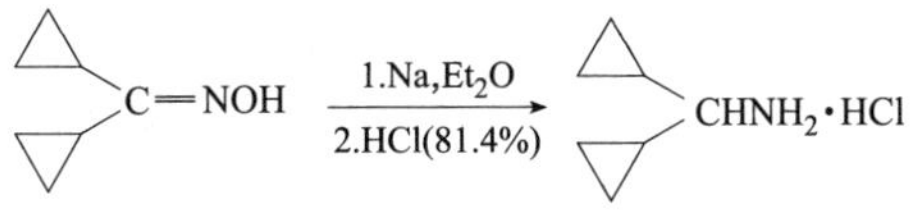

芳基烷基硫醚可以被还原为硫酚。例如药物中间体 1,2-苯二硫酚[15] 的合成。

S
Bu
Bu
S
Na,NH3(液)
SNa
SNa
HCl
(56%～85%)
SH
SH

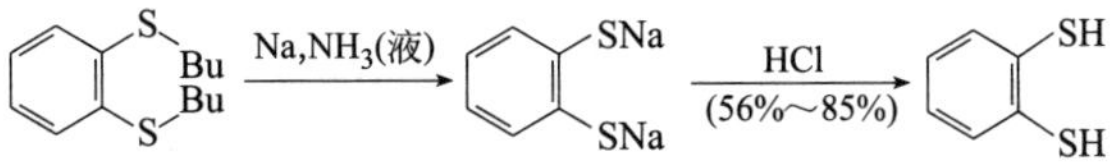

（3）镁 金属镁也是一种常用的还原剂，不过常常是将其制成镁粉或镁-汞齐，其活性高于锌粉。但由于镁粉活性高，容易发生安全事故，应用时应十分小心。其实，很多可以使

用镁粉的还原反应可以用锌粉代替。

镁粉可以断裂碳卤键，在如下反应中，分子中的溴原子可以被 Mg 等还原，生成青霉烷砜酸（**10**）[16]，其钠盐为抗生素药物舒巴坦原料药。

$$\xrightarrow{\text{Mg,AcOEt} \atop (79\%)}$$

（**10**）

用金属镁还原碳卤键方便的方法是将 RX 制成 Grignard 试剂，后者与含有活泼氢的化合物反应而生成烃，实际上这是卤化物的一种间接还原法。但这种方法脱卤素，一般不常用。

$$R—X + Mg \xrightarrow{Et_2O} R—MgX \xrightarrow{H_2O} R—H$$

使用 $CdCl_2$-Mg-H_2O 体系可以在室温下将醛、酮还原为相应的醇类化合物，醇的收率很高。该还原剂还可以将环氧乙烷还原为单醇，将苄基氯还原为甲苯，将酰氯还原为醛，并且可以使硫缩酮生成相应的酮。药物合成中间体肉桂醇可以用该方法来合成。

$$\text{—CH=CHCHO} \xrightarrow{CdCl_2-Mg-H_2O \atop (95\%)} \text{—CH=CHCH_2OH}$$

某些羰基化合物，在非质子溶剂如苯中，可被 Mg-Hg、Na-Hg、Al-Hg 还原，生成邻二醇，例如抗真菌药盐酸特比萘芬（Terbinafine hydrochloride）中间体品那醇（**11**）[17] 的合成。

$$2CH_3COCH_3 \xrightarrow{Mg-Hg \atop C_6H_6(48\%)} (CH_3)_2\underset{\underset{OH}{|}}{C}-\underset{\underset{OH}{|}}{C}(CH_3)_2 \cdot 6H_2O \qquad (\textbf{11})$$

反应机理如下：

$$\underset{R}{\overset{O}{\underset{\parallel}{C}}}R' \xrightarrow[-e]{Mg} R\overset{O^-}{\underset{\cdot}{C}}R'$$

反应可能是单电子转移过程。金属提供电子，羰基化合物得到电子生成负离子自由基，负离子自由基相互结合生成偶联产物品那醇。该方法是由酮合成 α-二醇的一种方便的方法。又如如下 α-二醇的合成：

$$\text{环戊酮} \xrightarrow{Mg-Hg \atop C_6H_6} \xrightarrow{H_3O^+} \text{HO OH}$$

生成的品那醇在酸催化下可以发生品那醇重排反应。

羰基化合物还原偶联为品那醇，反应中除了生成双分子偶联产物外，还有单分子还原产物醇的生成。

醛和不对称的酮发生还原偶联生成的品那醇可能有两个手性中心，这为品那醇的合成增加了难度。为了有效地控制反应的化学选择性和产物的立体选择性，探索新的金属试剂和新的反应体系一直是化学工作者关注和研究的热点。在这方面已经取得了一定的进展。

除了金属镁外，已经发现多种金属可以使醛、酮发生双分子偶联反应生成品那醇，例如金属钠、铝、钐、铈、铟、碲、锰、钛、锌等，而且发现很多反应可以以水或水溶液为介质进行双分子偶联反应以合成品那醇。光化学法、电化学法合成品那醇的报道已有不少，微波、超声波可以促进品那醇的生成，在固相条件下也可以合成品那醇。

用金属镁在水或氯化铵水溶液中进行羰基化合物的还原偶联反应，芳香醛、酮室温反应24h，品那醇的收率在 $41\% \sim 92\%$。

$$\underset{Ar}{\overset{O}{\underset{}{\|}}}\overset{}{C}-R' \xrightarrow{Mg-NH_4Cl(0.1mol/L,H_2O)} \underset{OH\ OH}{Ar-\overset{R'}{\underset{}{C}}-\overset{R'}{\underset{}{C}}-Ar} + \underset{OH}{Ar-\overset{H}{\underset{}{C}}-R'}$$
（主产物）

金属钐（Sm）的还原电势高（$Sm^{3+}/Sm = -2.41V$），与金属镁（$Mg^{2+}/Mg = -2.37V$）相近，是一种良好的还原剂[18]。

硝基化合物、亚硝基化合物可以被镁粉还原为相应的氨基化合物。金属镁与用乙酸铵饱和的甲醇体系可以将肟还原为相应的胺类化合物。例如：

$$\text{C=NOH} \xrightarrow[(44\%)]{Mg-AcONH_4-MeOH} \text{CHNH_2}$$

肟的还原可以采用的化学还原剂有很多。比较常用的是钠-醇、锌与乙酸或甲酸或三氟乙酸等。

二硫键可以还原断裂生成相应的巯基化合物。例如半胱氨酸盐酸盐的合成。

$$\xrightarrow{Mg,HCl} 2$$

（4）锌和锌-汞齐 无论在酸性、碱性，还是在中性条件下，锌粉都具有还原性。反应介质不同，还原的官能团和相应的产物也不尽相同。

用1,2-二溴乙烷或用1,2-二溴乙烷和溴化铜锂（$LiCuBr_2$）活化的锌粉，在无水乙醇中可以将炔烃还原为顺式烯烃。例如[19]：

$$C_8H_{17}C \equiv CCH_2OH \xrightarrow[C_2H_5OH]{Zn} \underset{H}{\overset{H_{17}C_8}{\underset{}{}}} C=C \underset{H}{\overset{CH_2OH}{\underset{}{}}} + Zn(OC_2H_5)_2$$

与传统的 Lindlar 催化氢化不同的是，利用金属锌或锌合金在质子溶剂中还原炔烃时，锌提供电子，而溶剂提供质子，可以高选择性地顺式加成生成烯烃，而且还可以防止过度氢化。炔醇类化合物用锌粉还原，活性非常高，在乙醇中回流，转化率达 95% 以上。

共轭的烯炔用锌还原可以得到共轭的二烯。例如[20]：

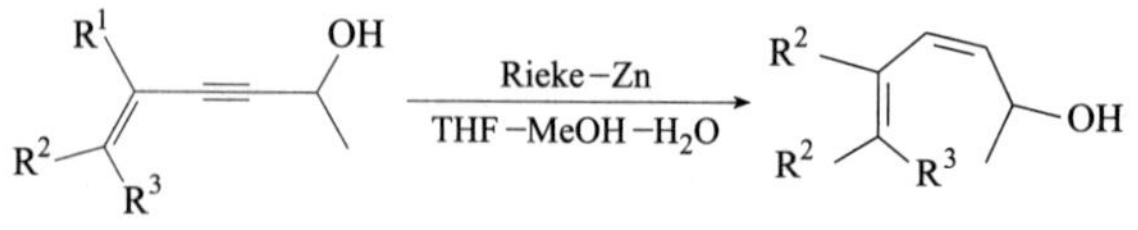

TaCl$_5$-Zn、NbCl$_5$-Zn 体系也可以将炔还原为顺烯[21]。

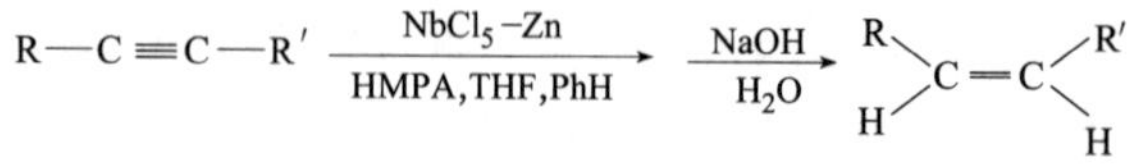

Zn-AlCl$_3$ 体系可以还原吲哚的吡咯环，例如药物塞洛多辛（Silodosin）中间体 7-甲基二氢吲哚（**12**）的合成[22]。

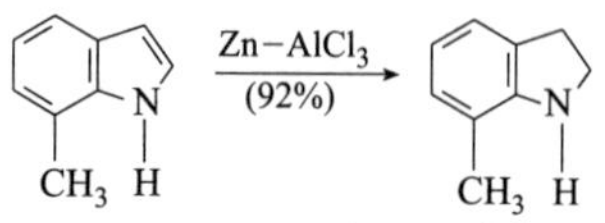

脂肪族碘化物、溴化物以及苄基氯等采用锌-酸还原体系，很容易将 C-X 键还原而生成烃类化合物。

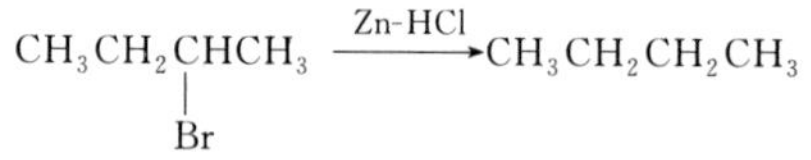

在 C-X 键中，还原的活性次序为：C—I＞C—Br＞C—Cl。

卤代烃的脱卤除了与卤代烃的卤素原子种类有关外，还与其化学结构有关。α-位有吸电子基团（酮、腈、硝基、羧基、酯基、磺酸基等）的卤素原子、苄基位或烯丙基位的卤素原子、芳环上电子云密度较低位置卤素原子更容易发生氢解脱卤反应。例如哒嗪酮类化合物中间体（**13**）的合成：

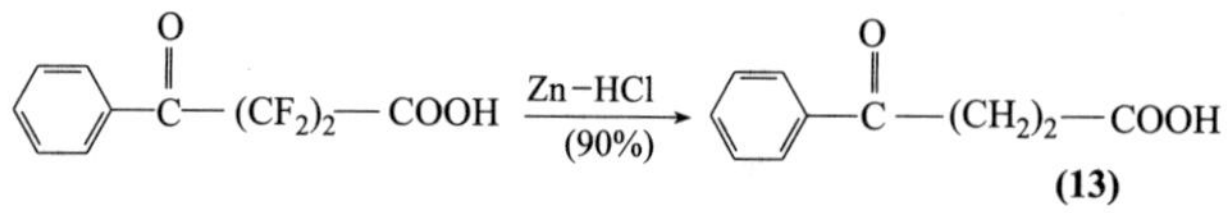

虽然卤代芳烃的还原要困难一些，但在乙酸-水混合体系中用锌还原 2，3，5-三溴噻吩，生成抗生素替卡西林（Ticarcillin）的中间体 3-溴代噻吩[23]。

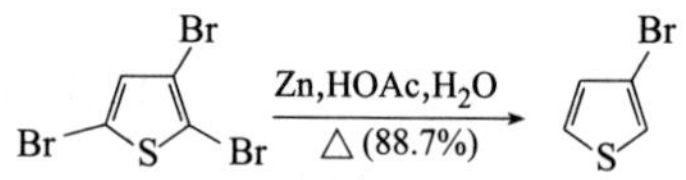

某些酮类的 α-位上有卤素、羟基、酰氧基（RCOO—）、氨基等基团时，在酸性条件下，锌可使这些基团消去。

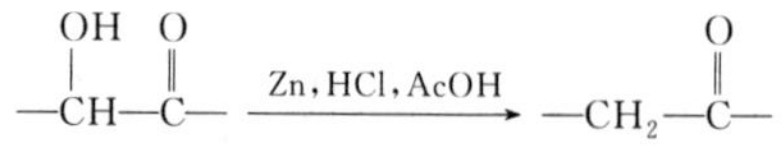

α-羟基环酮分子中的羟基可以被锌粉在酸性条件下还原。例如：

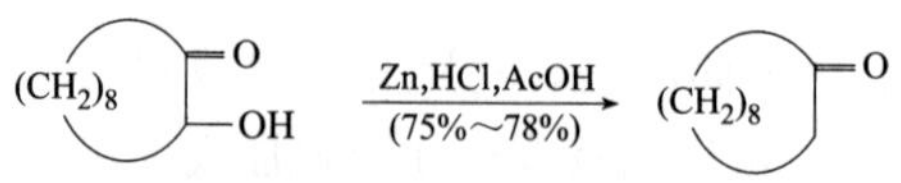

邻苯二甲酰亚胺类化合物在硫酸铜存在下，于碱性条件用锌还原生成苯酞类化合物，例如抗抑郁药西酞普兰（Citabopram）中间体 6-氨基苯酞（**14**）[24] 的合成。

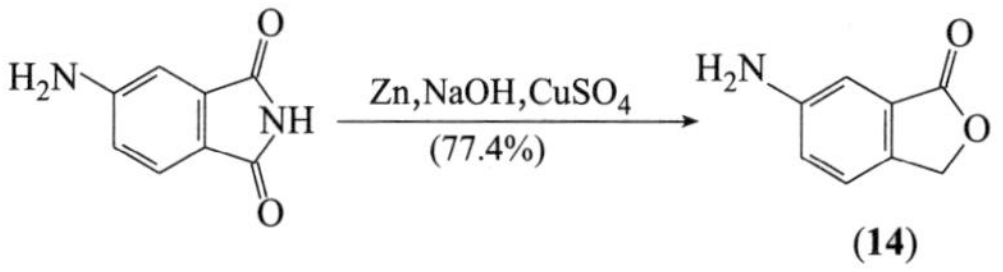

$$(14)$$

在碱性条件下，锌粉可将二苯酮还原成二苯甲醇，其是抗组胺类药物苯海拉明的中间体。

$$C_6H_5COC_6H_5 \xrightarrow[(69\% \sim 71\%)]{Zn,NaOH} C_6H_5\overset{OH}{\underset{}{CH}}C_6H_5$$

醛或酮的羰基用锌汞齐和盐酸还原为甲基或亚甲基的反应称为 Clemmensen 还原反应。

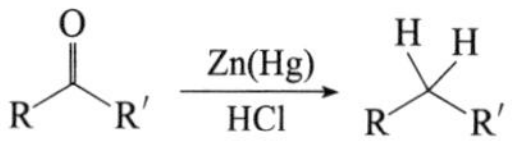

关于 Clemmensen 还原的反应机理尚不十分清楚，主要有两种解释。一种是锌-卡宾机理，另一种是负离子自由基中间体机理。

锌卡宾历程

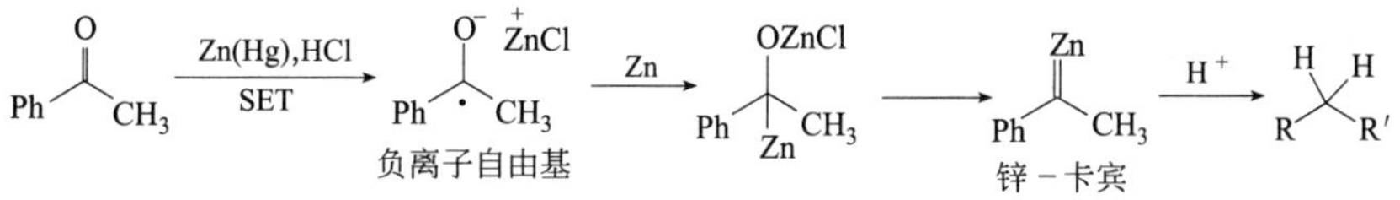

负离子自由基中间体历程

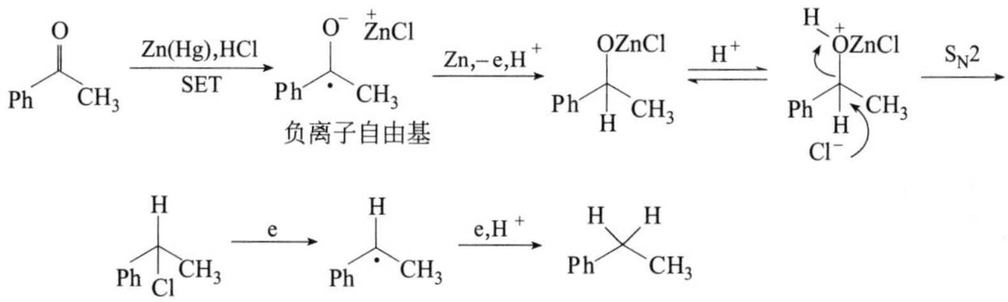

锌-汞齐是用锌粒与氯化汞在稀盐酸中反应而制备的，锌可以将 Hg^{2+} 还原为 Hg，在锌的表面形成锌-汞齐。该方法主要用于芳香族羰基化合物的还原。

在酸性条件下锌粉和锌汞齐作还原剂时，用的酸是盐酸、硫酸、乙酸等，但盐酸更常用。

由于芳烃的烃基化反应容易进行芳环上的多烃基化反应，因此，利用芳烃的酰基化而后进行还原，可以方便地制备单烃基化合物。分子量较大或水溶性较低的酮可加入一些有机溶剂，如乙醇、乙酸、二氧六环等，它们和盐酸水溶液混溶，有利于提高产物的收率。在有机溶剂中进行 Clemmensn 还原反应时，生成品那醇的倾向会增大。

Clemmensen 还原反应是在酸性条件下加热回流进行的，因此更适用于对酸稳定的羰基化合物的还原。若被还原的羰基化合物对酸敏感（如吡咯、呋喃等的衍生物）而对碱稳定，则可采用 Wolff-Kishner-黄鸣龙反应进行还原。

Clemmensen 反应适用范围比较广，几乎可以应用于所有对酸稳定的芳香脂肪混合酮的还原，反应容易进行且收率较高。

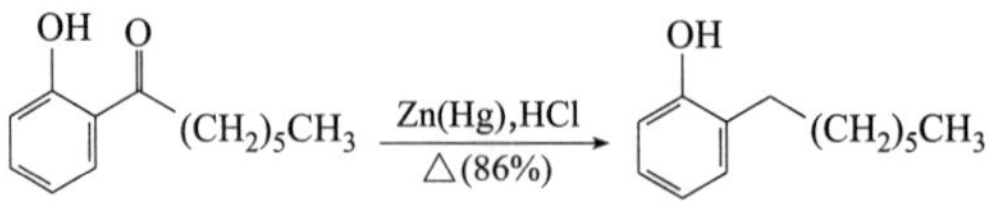

反应底物分子中含有羧酸、酯、酰胺等的羰基化合物还原时，这些基团可不受影响。抗抑郁药物舍曲林（Sertraline）等的中间体 γ-苯基丁酸[25] 的合成如下。

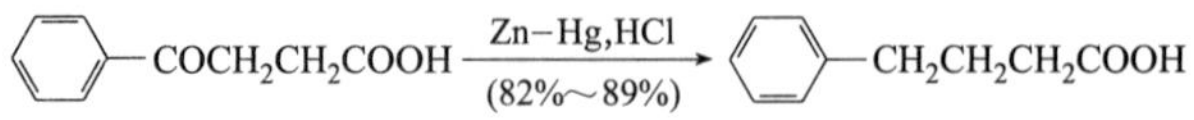

不饱和醛、酮采用此方法还原时，一般情况下分子中的孤立双键不受影响，但与羰基共轭的双键会同时被还原。α,β-不饱和酸及其酯采用此方法还原时，则只有双键被还原，生成饱和羧酸或相应的酯。帕金森病治疗药物雷沙吉兰（Rasagiline）等的中间体 3-苯基丙酸[26] 的合成如下。

$$PhCH{=}CHCOOH \xrightarrow[(60\%\sim65\%)]{Zn-Hg,HCl} PhCH_2CH_2COOH$$

脂肪族醛、酮和脂环酮采用此方法还原时效果并不理想，容易产生树脂化物质或双分子还原，收率较低。

Clemmensen 反应若采用比较温和的条件，例如使用无水有机溶剂（醚、THF、乙酸酐、苯），干燥的氯化氢和锌，在较低温度下反应，也可以将一些对酸敏感的羰基化合物还原。这是 Clemmensen 还原的一种改良方法。抗凝血药吲哚布芬（Indobufen）(**15**)[27] 的合成如下。

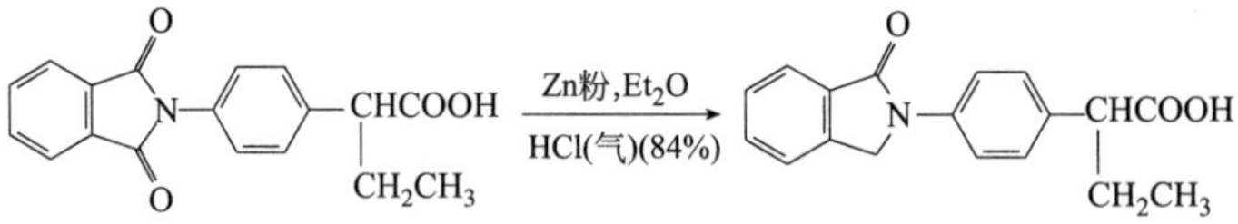

(**15**)

在酸性、中性或弱碱性条件下锌粉可以将硝基还原为氨基。也可在醇和氯化铵、氯化镁、氯化钙的水溶液中使用，在此条件下呈弱碱性，可将硝基还原为氨基。抗过敏药阿司咪唑（Astemizole）中间体邻苯二胺的合成如下。

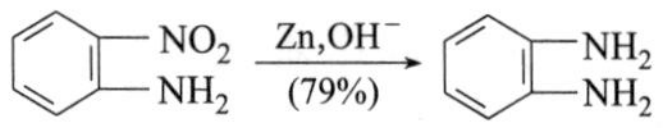

硝基苯在中性条件下用锌粉和氯化铵还原，生成 N-羟基苯胺，也可以直接还原为胺。例如[28]：

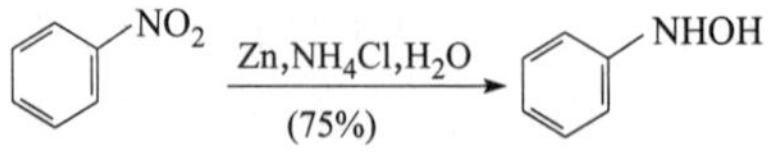

不用氯化铵，在二氧化碳气氛中也可以将硝基化合物还原为 N-羟基苯胺，转化率可达 100%。

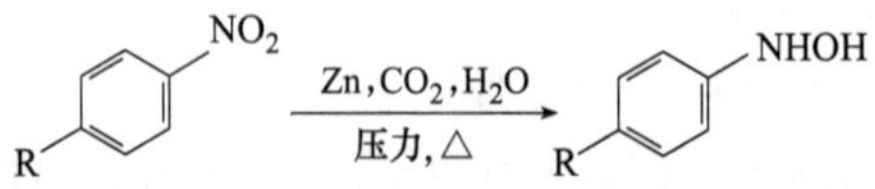

R=NO_2, CN, $COCH_3$, CH_3

硝基苯在碱性条件下还原，不同的还原剂可以得到不同的还原产物，如下偶氮化合物都是由中间产物的进一步反应而生成的还原产物。

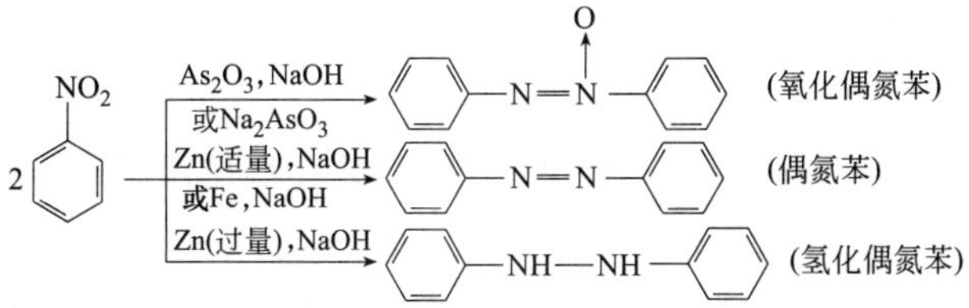

芳香族硝基化合物在碱性条件下用锌粉还原可以生成氢化偶氮苯类化合物，这是工业上比较成熟的方法之一。反应是分两步进行的，第一步是先生成氧化偶氮苯，第二步是氧化偶氮苯还原生成氢化偶氮苯。例如：

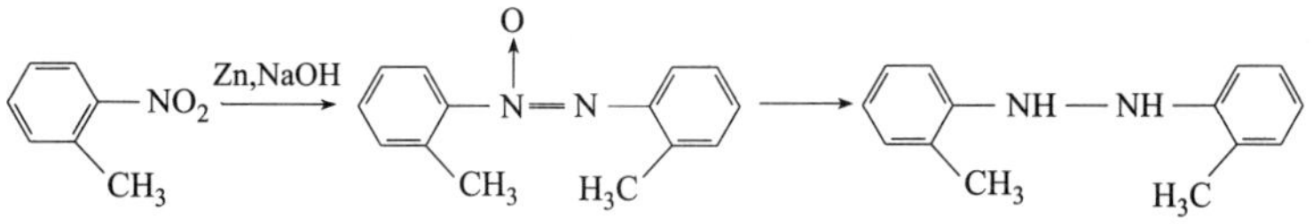

能够发生联苯胺重排反应的化合物是氢化偶氮苯类化合物，当然也包括含有萘环等的化合物。

类风湿性关节炎治疗药保泰松保泰松（Phenylbutazone）等的中间体氢化偶氮苯[29] 的合成如下。

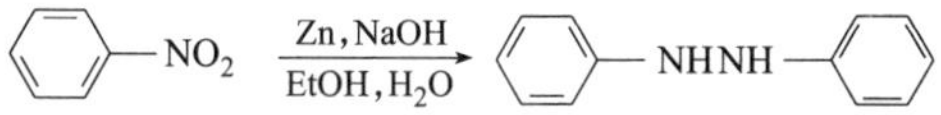

类似化合物也可以在 Pd 催化剂存在下来合成。

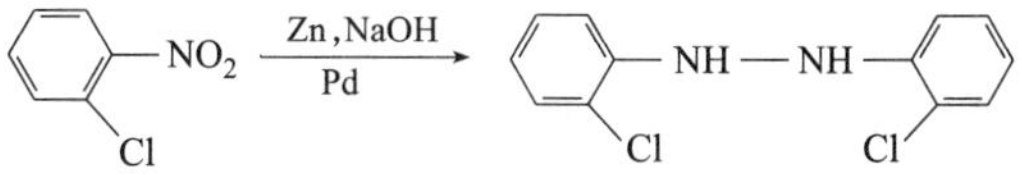

Zn-HCl、保险粉、亚硫酸盐等很多无机还原剂都可以将亚硝基还原为相应的氨基。

N-亚硝基化合物在乙酸中用锌粉还原生成肼，这是制备不对称肼的合成方法之一。而用锌粉和盐酸、氯化亚锡和盐酸还原时，得到原来的仲胺，有时用这种方法来提纯仲胺。

$$(CH_3)_2NH\cdot HCl \xrightarrow[(88\%\sim90\%)]{NaNO_2,HCl} (CH_3)_2N-NO \xrightarrow[HOAc]{Zn} (CH_3)_2N-NH_2 \xrightarrow[(77\%\sim83\%)]{HCl} (CH_3)_2N-NH_2\cdot HCl$$

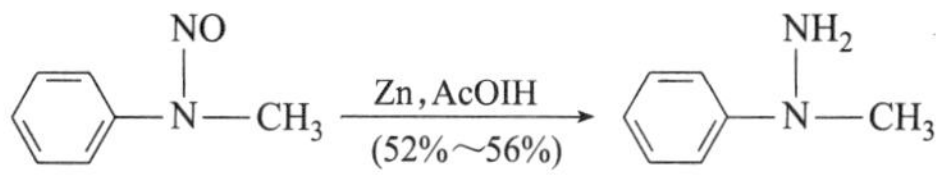

偶氮和氧化偶氮化合物用 Zn-NaOH 还原时可以停留在氢化偶氮化合物阶段。例如消炎镇痛药地夫美多（Difmedol）中间体（**16**）[30] 的合成。

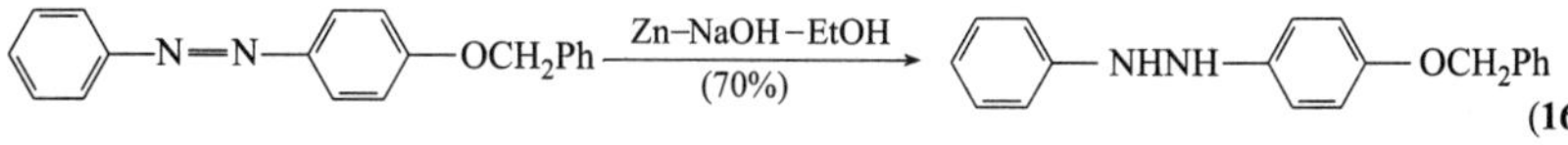

(**16**)

肟在酸性条件下可以被锌还原生成相应的胺，例如 γ-分泌酶抑制剂 LY411575 中间体（**17**）[31] 的合成如下。

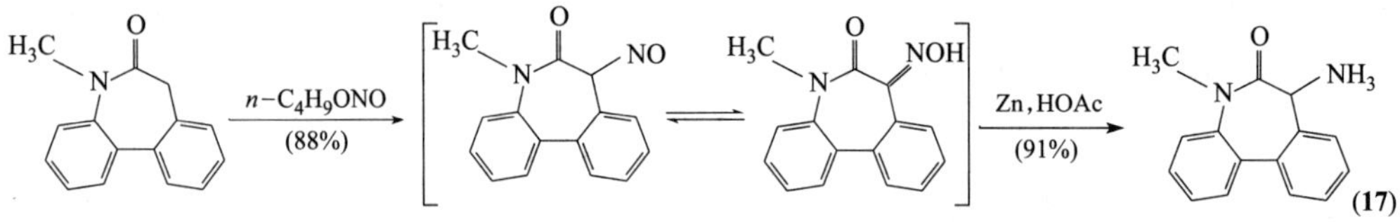

芳基磺酰氯可以直接还原为硫酚，锌-酸、锡-盐酸等都是常用的还原剂。用锌-氢碘酸时可以直接使用红磷和碘，原位产生碘化氢。

甲砜霉素（Thiamphenicol）、抗真菌药硝酸芬替康唑（Fenticonazole）等的中间体苯硫酚的合成如下：

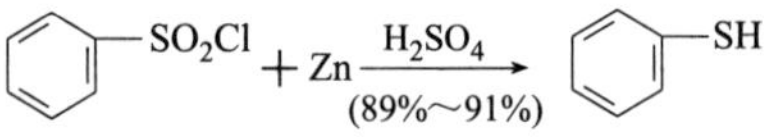

（5）锡和氯化亚锡　锡和氯化亚锡是较强的还原剂，但因价格贵而多用于实验室中，工业上很少使用。将锡焙融慢慢倒入冷水中可制锡的细小颗粒。

用锡和盐酸可以脱除芳环上的卤素原子。例如长效消炎镇痛药萘丁美酮（Nabumetone）中间体 6-溴-2-甲氧基萘（**18**）[32] 的合成。

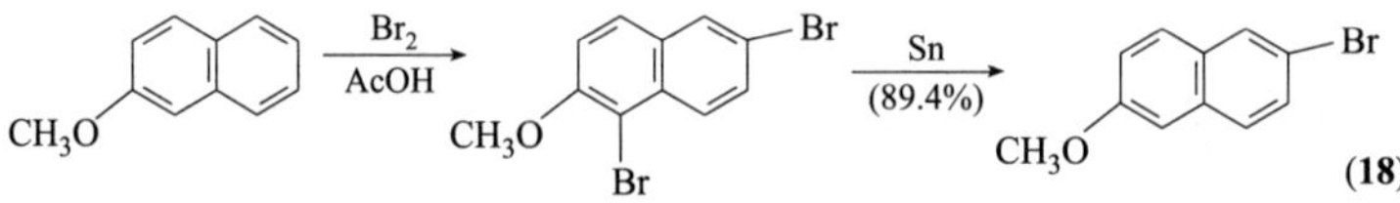

Sn 和盐酸可以将 α-羟基酮还原脱去羟基。例如：

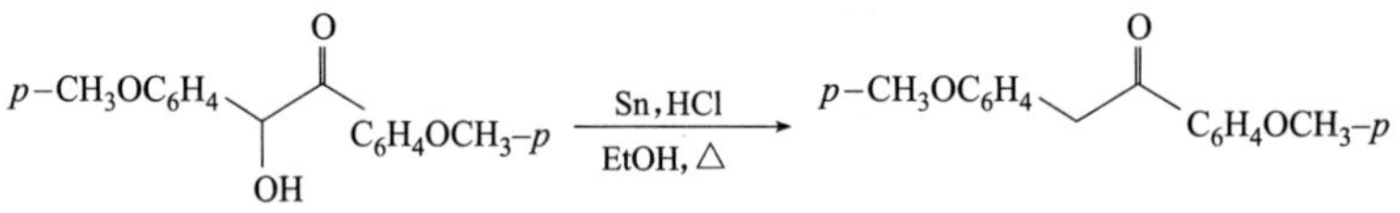

锡可将硝基还原成氨基，也可将腈还原成胺。例如局部麻醉药苯佐卡因（Benzocaine）中间体对氨基苯甲酸[33] 的合成。

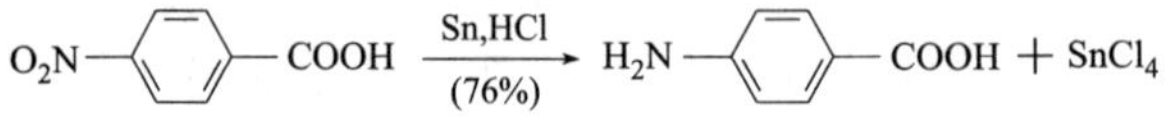

理论上还原硝基需要 1.5mol 的锡。

$$2ArNO_2 + 3Sn + 12H^+ \longrightarrow 2ArNH_2 + 3Sn^{4+} + 4H_2O$$

还原后生成的胺与氯化锡生成配合物，加入碱可以使胺游离出来。有时也可通入硫化氢以分解配合物。

$$2[ArNH_3]^+ \cdot [SnCl_6]^{2-} + 8HO^- \longrightarrow 2ArNH_2 + SnO_3^{2-} + 6Cl^-$$

氯化亚锡作还原剂时常将其配成盐酸溶液，因其能溶于醇，有时还原反应也在醇中进行，氯化亚锡盐酸溶液能将硝基还原成氨基。例如高血压治疗药坎地沙坦酯（Candesartan）中间体（**19**）[34] 的合成。

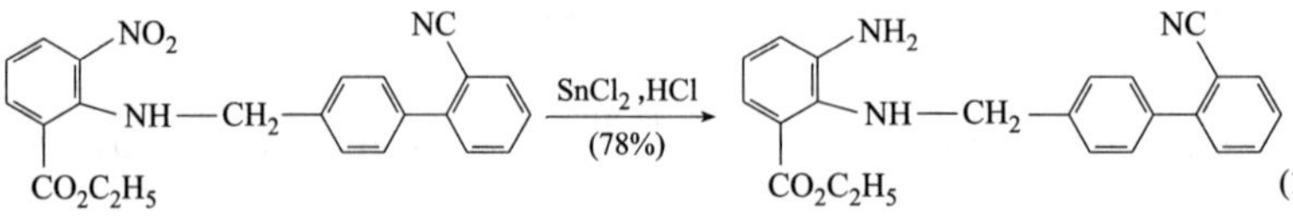

氯化亚锡不还原羰基和羟基（三苯甲醇例外），因此含醛基的硝基苯类用氯化亚锡可还原为氨基芳醛。例如抗癌药酚嘧啶（Hexamethylmelamine）等的中间体间羟基苯甲醛[35] 的合成。

用计量的氯化亚锡还原多硝基化合物时，可以只还原其中的一个硝基。

氯化亚锡在冰醋酸溶液或用氯化氢气体饱和的乙醚溶液中，具有很强的还原作用。脂肪族或芳香族腈可被还原为醛，该反应称为 Stephen 反应。

$$RC{\equiv}N+HCl \xrightarrow{无水乙醚} RC{=}NH \xrightarrow[HCl]{SnCl_2} RCH{=}NH{\cdot}HCl{\cdot}SnCl_4 \xrightarrow{H_2O} RCHO$$

反应中腈与干燥的氯化氢加成，进而用无水氯化亚锡还原，氢原子取代氯原子生成亚胺，后者在酸性条件下水解，可生成醛。无水氯化亚锡可用如下方法来制备：将结晶氯化亚锡（一般含两个结晶水）慢慢加入等量的氯化亚砜中，放置 2h。过滤、以无水乙醚洗涤，而后真空干燥，得无水氯化亚锡。

该方法主要用于芳香族醛的合成，但长链的脂肪腈也可得到较高收率的醛，也适用于杂环体系。该方法成功的关键是无水、无醇。溶剂中的水可导致亚胺酰氯的水解而生成羧酸，醇则导致亚胺酰氯的醇解而生成酯。

甲状腺素中间体（**20**）的合成如下：

又如医药中间体 2-萘甲醛[36] 的合成。

重氮盐在过量的盐酸中用氯化亚锡还原，生成肼类化合物，收率一般较高。

$$ArN_2^+Cl^- + 2SnCl_2 + 4HCl \longrightarrow ArNHNH_2{\cdot}HCl + 2SnCl_4$$

止吐药格拉司琼（Granisetron）等的中间体 1H-吲唑-3-羧酸（**21**）[37] 的合成如下。

偶氮化合物可以被氯化亚锡在盐酸中还原为两分子的胺类化合物。例如利胆酚中间体对氨基苯酚的合成：

$$HO-\!\!\!\left\langle\ \right\rangle\!\!-N\!=\!N-\!\!\!\left\langle\ \right\rangle\!\!-OH \xrightarrow{SnCl_2,HCl} 2\ H_2N-\!\!\!\left\langle\ \right\rangle\!\!-OH$$

2. 含硫化合物

含硫化合物大多为温和的还原剂，包括硫化物（硫化钠、硫氢化钠、多硫化钠等）和含氧硫化物（亚硫酸钠、亚硫酸氢钠、连二硫酸钠、二氧化硫、二氧化硫脲等）。

硫化钠、硫化铵、多硫化钠、硫氢化钠、硫氢化铵以及多硫化钠（铵）等都是常用的还原剂，可以将硝基还原为氨基。多硝基化合物可以进行选择性的还原，只还原一个硝基为氨基。例如：

$$\underset{NO_2}{O_2N-}\!\!\!\left\langle\ \right\rangle \xrightarrow[\text{或}Na_2S_2,H_2O]{NaHS,CH_3OH} \underset{NO_2}{H_2N-}\!\!\!\left\langle\ \right\rangle$$

抗心绞痛药物醋丁酰心安（Acebutolol）中间体 2-氨基-4-硝基苯酚[38] 的合成如下。

$$\underset{NO_2}{O_2N-}\!\!\!\left\langle\ \right\rangle\!\!-OH \xrightarrow[(64\%\sim67\%)]{Na_2S,NH_4Cl} O_2N-\!\!\!\left\langle\ \right\rangle\!\!\underset{NH_2}{-OH}$$

在硫化物进行的还原反应中，硫化物是电子供给者，而水或醇是质子供给者，反应后硫化物生成硫代硫酸盐。用硫化钠还原时，有氢氧化钠生成，反应介质的碱性增强。

$$4PhNO_2+6Na_2S+7H_2O \longrightarrow 4PhNH_2+3Na_2S_2O_3+6NaOH$$

由于反应体系 pH 值升高，从而使硝基化合物容易发生双分子还原，产物带有有色杂质。可加入氯化铵、硫酸镁、硫酸铝等中和生成的碱。也可使用二硫化钠，二硫化钠不引起双分子还原。二硫化钠是由等摩尔的硫化钠和硫黄粉在水中加热来制备的，还原硝基化合物时不生成氢氧化钠，而是生成硫代硫酸钠，可以回收利用。

$$PhNO_2+Na_2S_2+H_2O \longrightarrow PhNH_2+Na_2S_2O_3$$

对硝基甲苯用多硫化钠还原时，生成对氨基苯甲醛[39]。

$$O_2N-\!\!\!\left\langle\ \right\rangle\!\!-CH_3 \xrightarrow[(45\%)]{Na_2S_2} H_2N-\!\!\!\left\langle\ \right\rangle\!\!-CHO$$

特别需要指出的是，若硝基化合物分子中含有对碱敏感的基团时，不宜用硫化物还原。用多硫化物还原时常有硫生成，有时会造成分离的困难。

$$PhNO_2+Na_2S_x+H_2O \longrightarrow PhNH_2+Na_2S_2O_3+S\downarrow$$

常用的含氧硫化物有二氧化硫脲（有机还原剂）、亚硫酸盐（亚硫酸钠、亚硫酸氢钠）和连二硫酸钠，后者又名保险粉。

亚硫酸盐能将硝基、亚硝基、羟胺基、偶氮基还原成胺，将重氮基还原成肼。在起还原作用时，也可能在芳环上发生磺化反应。其还原机理是亚硫酸盐对上述被还原官能团的不饱和键进行加成，加成产物为 N-磺酸胺盐，后者水解成相应产物。

芳胺按常规方法制成重氮盐后，再用亚硫酸盐、亚硫酸氢盐的混合液进行还原，而后再进行酸性水解，得到芳肼的盐类化合物。有关内容参见本书第八章第二节重氮化反应。例如消炎镇痛药依托度酸（Etodolac）等的中间体 2-乙基苯肼盐酸盐的合成[40]。

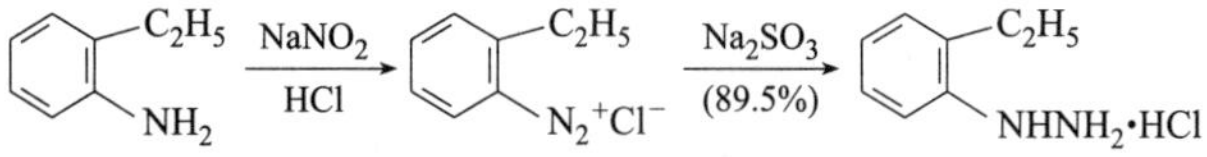

苯磺酰氯可被亚硫酸氢钠、亚硫酸钠还原为苯亚磺酸钠。

$$PhSO_2Cl \xrightarrow{NaHSO_3} PhSO_2Na$$

甲基对甲苯基砜是甲砜霉素（Thiamphenicol）、兽用抗菌药氟洛芬（Florfeniol）等的中间体，可以用如下方法来合成[41]。

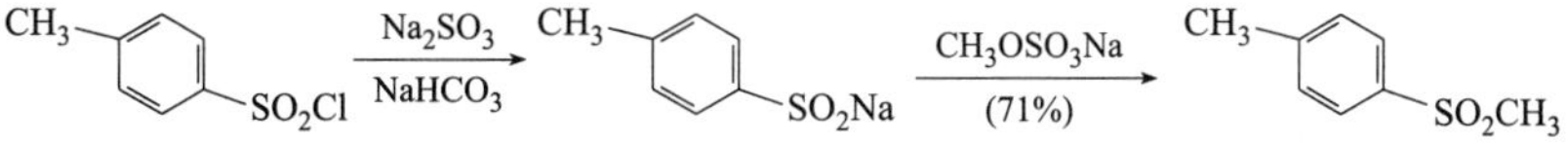

卤代酚类化合物在硫酸氢盐-亚硫酸盐存在下，于甲醇中可以将卤素原子脱去，生成相应的酚类化合物。例如长效消炎镇痛药萘丁美酮（Nabumetone）中间体 2-萘酚的合成[42]。

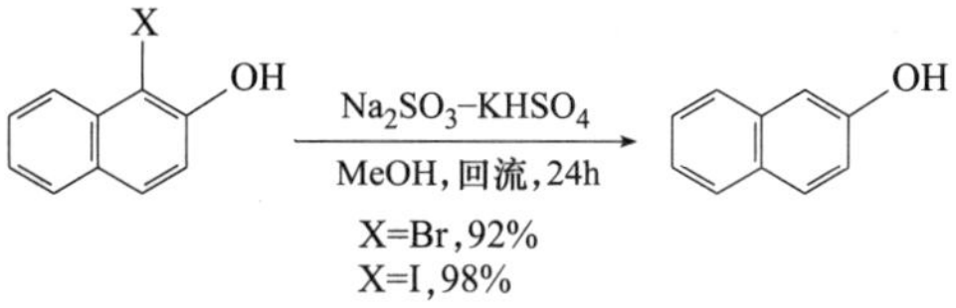

连二亚硫酸钠在碱性条件下是一种强还原剂，可以将硝基、亚硝基，肟等还原为氨基，将醌类还原为酚。很容易将偶氮基还原为胺类化合物。1mol 的偶氮化合物约需 2.2mol 的连二亚硫酸钠。抗凝血药莫哌达醇（mopidamol）中间体 5-氨基乳清酸（**22**）[43] 的合成如下。

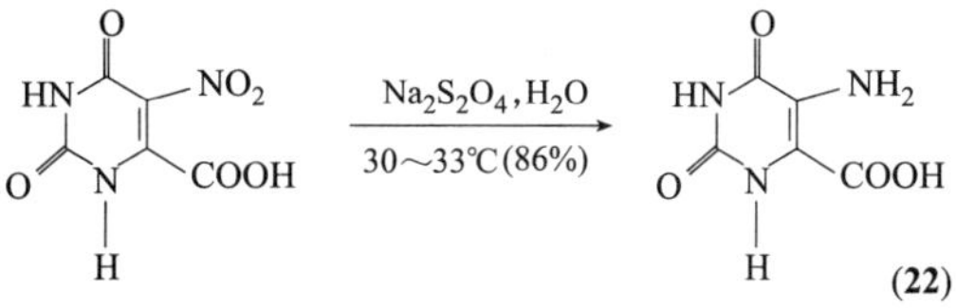

硫代硫酸钠是一种强还原剂，可以将多种官能团还原。邻二溴化物在 DMSO 中可以被还原为相应的烯，芳香族亚硝基化合物和芳香族叠氮化合物被还原为胺，醌和 1,2-二苄氧基乙烯可以被还原为酚和 1,2-二苄氧基乙烷等。

α,β-不饱和醛、酮在相转移催化剂存在下可以进行 1,4-还原生成饱和醛、酮。

在二氧六环中，硫代硫酸钠可以对含有酮基和酯基的化合物进行选择性还原，酮基生成相应的羟基。例如：

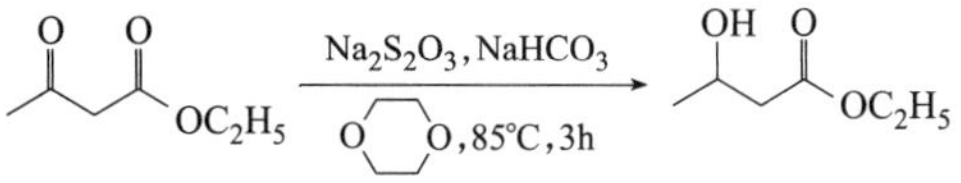

醌类化合物可以被硫代硫酸钠还原为氢醌。例如维生素 E、维生素 K 等的中间体 2,6-二甲基对苯二酚[44] 的合成。

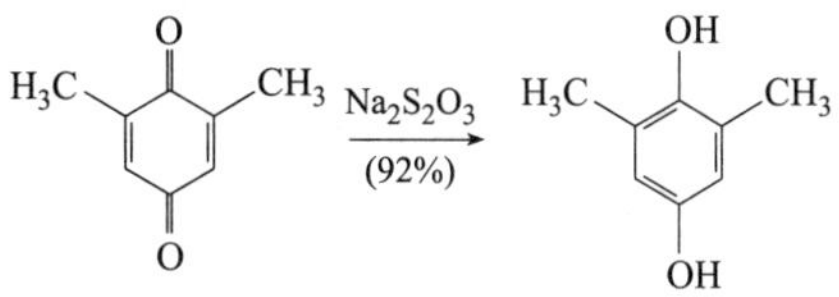

3. 硼烷

也叫乙硼烷（B_2H_6）又称二硼烷，为无机化合物，是目前能分离出的最简单的硼烷。三氟化硼与硼氢化钠反应生成二硼烷。

$$4BF_3 + 3NaBH_4 \longrightarrow 2(BH_3)_2 + 3NaBF_4$$

二硼烷常用的是其乙醚、THF 等的溶液，或二甲基硫醚的配合物，在 THF 中存在如下平衡：

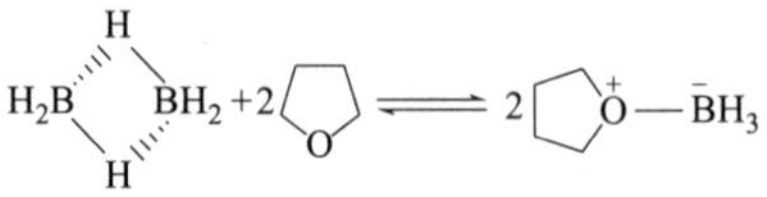

二硼烷的 THF 的溶液和二甲硫醚配合物溶液，二者的反应活性相似，但硼烷与二甲基硫醚生成的配合物更稳定，保存时间更长。

乙硼烷（BH_3）$_2$ 和烷基硼可以与烯烃发生加成反应生成有机硼化合物，后者用羧酸处理生成烷烃，这是间接由烯烃制备烷烃的方法之一。

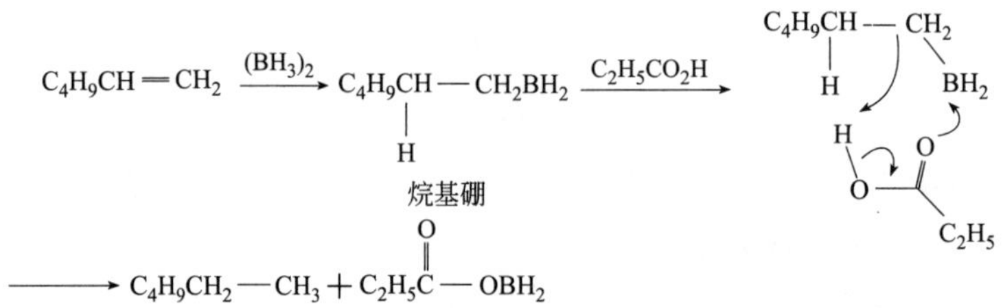

硼烷在醚溶液中分解为甲硼烷。反应分两步进行，第一步是甲硼烷加到烯烃的双键上生成烷基硼烷，第二步是烷基硼烷被有机酸分解生成烷烃，丙酸是常用的有机酸。

该反应的特点是：a. 反应过程不发生重排；b. 反应为顺式加成；c. 与不对称烯烃加成时，硼原子加到含氢原子较多的双键碳原子上，而氢则加在含氢较少的碳原子上，形式上是反马氏规则的。

实验证明，烯烃的硼氢化反应是通过形成一个四中心过渡态历程进行的：

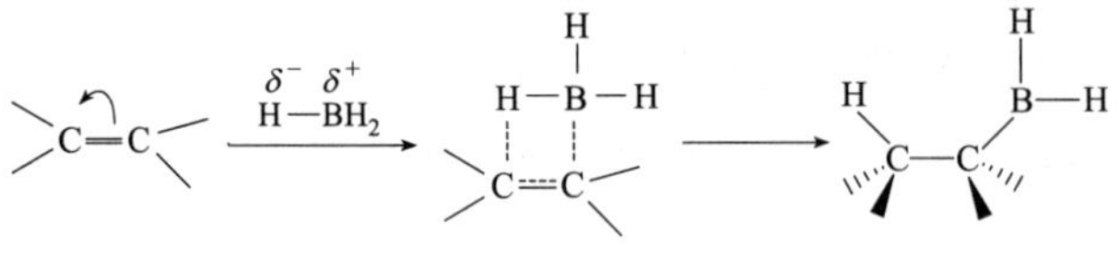

因而在这一反应中不会发生重排，而且是一个典型的顺式加成反应。

由于是顺式加成，因此氧化后生成的醇也是顺式产物，得到反马氏规则的醇。例如：

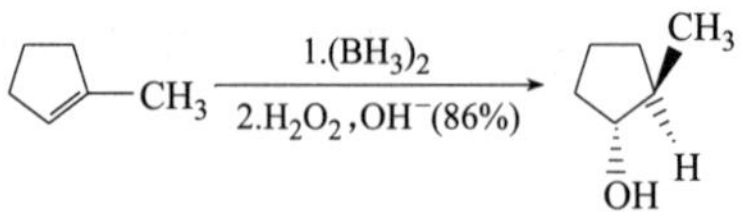

将烷基硼烷在碱性条件下进行氧化和水解可得到醇，常用的氧化剂是过氧化氢，这类反应称为硼氢化-氧化反应，是制备醇的方法之一。其反应方向与烯烃的酸催化水合反应方向正好相反。例如由 1-辛烯合成 1-辛醇：

$$CH_3(CH_2)_5CH=CH_2 \xrightarrow[\text{2. }H_2O_2,\text{NaOH(80\%)}]{\text{1. }B_2H_6} CH_3(CH_2)_6CH_2OH$$

而 1-辛烯在酸催化下的水合反应得到的是 2-辛醇。

用硼氢化、碱性氧化水解制备醇的另一优点是烯烃的碳架不发生重排：

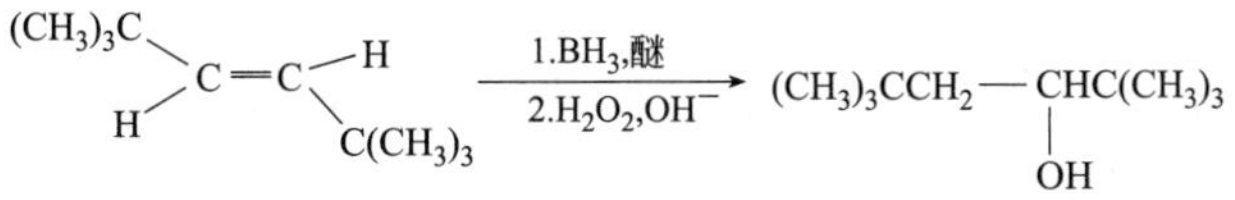

$$(CH_3)_3C \underset{H}{\overset{H}{C=C}} C(CH_3)_3 \xrightarrow[\text{2. }H_2O_2,OH^-]{\text{1. }BH_3,\text{醚}} (CH_3)_3CCH_2-\underset{OH}{CH}C(CH_3)_3$$

一烷基硼烷和二烷基硼烷可代替乙硼烷作为硼氢化反应的试剂使用。

乙硼烷的区域选择性不是太高。高区域选择性的试剂是 9-硼杂二环［3.3.1］壬烷（9-BBN），可以由 1,5-环辛二烯与硼烷反应来制备。

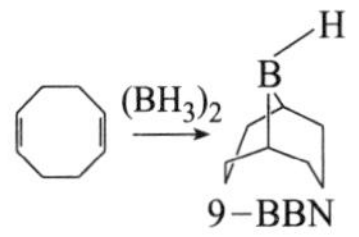

9-BBN 的特点是在空气中稳定，几乎可以与所有的烯键反应。9-BBN 容易进攻位阻较小的双键，因此有可能只硼氢化一个双键而对分子中的其他双键没有或很少有影响，或者只硼氢化两种烯烃混合物中较活泼的一种，而对不活泼的烯烃没有影响。例如在顺式烯烃和反式烯烃的混合物中，顺式烯烃优先发生硼氢化反应。

9-BBN 除了可以和烯烃发生硼氢化反应生成醇外，9-BBN 和烯烃反应生成的硼化物还可以与一氧化碳反应。例如：

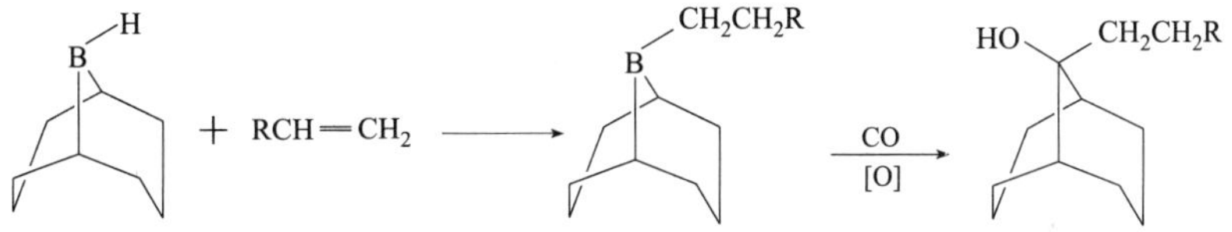

采用二异松莰烷硼烷（可以由光学活性的 α-蒎烯与 BH_3 反应得到），可以实现对映选择性的硼氢化-氧化反应，用这种方法可以得到高光学纯度的醇。例如：

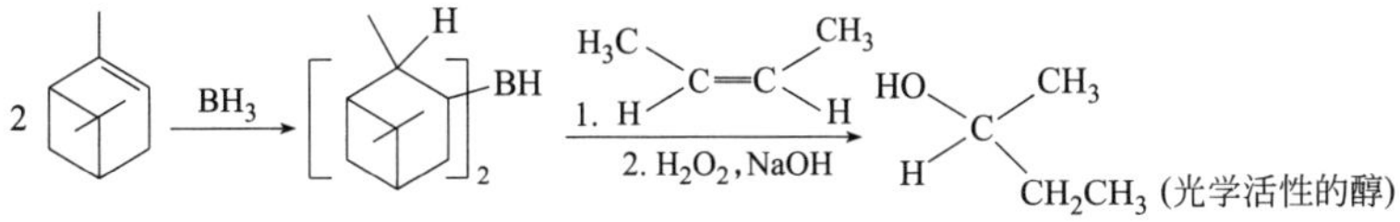

普通共轭二烯的硼氢化反应不发生 1,4-加成，而是两个双键分别硼氢化。例如：

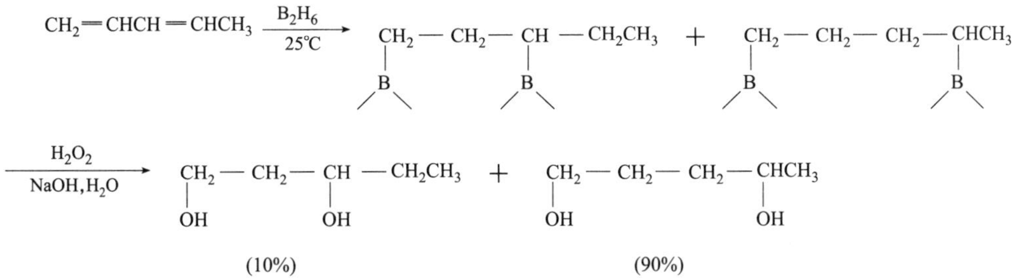

（10%）　　　　　　　　　　（90%）

但在甾体化合物中存在共轭双键时，可以区域专一性地只发生在一个双键上。例如化合物（**23**）的合成：

$$\text{(23)}$$

烯烃与硼烷的加成产物除了氧化成醇、质子解生成烷之外，还可以转化为胺类化合物；与 α,β-不饱和羰基化合物发生 Michael 加成反应等。例如：

新药中间体 3-蒎烷胺的合成[45] 如下。

非端基炔烃与乙硼烷反应，首先得到加成产物。后者用羧酸处理生成顺式烯烃。这是制备顺式烯烃的方法之一。关于硼氢化反应的反应机理同烯烃的硼氢化反应。

若不对称炔烃与乙硼烷的加成物用过氧化氢处理，则生成羰基化合物。例如：

硼烷除了与烯键、炔键发生硼氢化反应外，还可以还原多种官能团（表 2-1）。

表 2-1　硼烷可还原的官能团

反应物官能团	生成物官能团（还原后水解产物）	反应物官能团	生成物官能团（还原后水解产物）
—COOH	—CH$_2$OH	$\underset{(CH_2)_n}{\overset{O}{\underset{\quad}{\text{C}}}}$ O	$(CH_2)_n\!\begin{array}{l}CH_2OH\\CH_2OH\end{array}$
—CH＝CH—	—CH$_2$CH$_2$—		
＞C＝O，—CHO	＞CHOH，—CH$_2$OH	—COOR	—CH$_2$OH＋ROH
—C≡N	—CH$_2$NH$_2$	—COO$^-$	不反应
		—COCl	不反应
$\overset{O}{\triangle}$	$\underset{OH}{CH—C}$	—NO$_2$	不反应

硼氢化钠一般情况下不能还原羧酸，但由硼氢化钠和三氟化硼乙醚溶液制备的硼烷可以在 THF 中于 $0\sim25℃$ 将羧酸还原为醇，收率 $89\%\sim100\%$。该试剂是选择性还原羧酸为醇

的优良试剂，条件温和，反应速度快。硼烷还原羧基时的反应速度比其他基团快，在分子中同时存在酯基、硝基、氰基、酮羰基、芳环上的卤素原子等时，控制硼烷的用量并在低温下进行，可以选择性地还原羧基。而当用四氢铝锂时分子中的卤素原子可以被除去。

$$C_2H_5OOC(CH_2)_4COOH \xrightarrow[\text{(88\%)}]{BH_3-THF} C_2H_5OOC(CH_2)_4CH_2OH$$

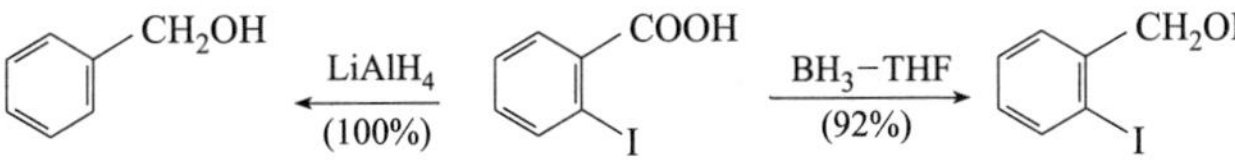

如下二酸可以被 $NaBH_4$-$BF_3 \cdot Et_2O$ 还原为二醇：

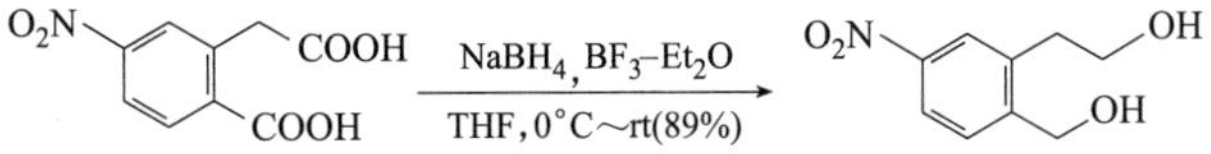

关于硼烷还原羧基为醇的反应机理，一般认为如下：

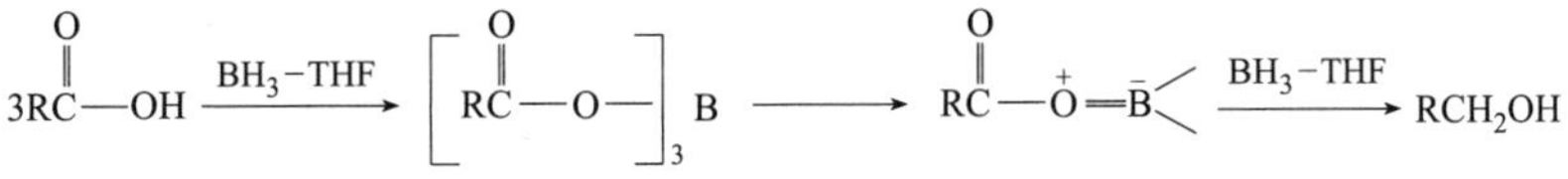

反应中可能首先生成三酰氧基硼烷［1］，而后［1］中氧上的未共电子对与缺电子的硼原子之间可能发生相互作用，生成中间体［2］，从而使酰氧基硼烷的羰基更为活泼，进一步按照羰基的还原方式进行还原，最后得到相应的醇。

硼烷还原羰基化合物的大致过程是：

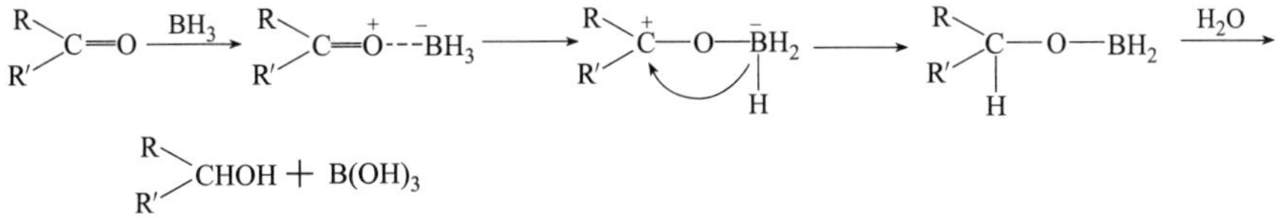

也有人认为是硼烷生成三羟氧基硼氧化物，后者水解生成硼酸和醇。用硼烷还原甲酸，三甲氧基硼氧化物可以以 78% 的收率分离出来，并用 ^1H NMR 进行了表征，甲基氢的 δ 值为 3.59。

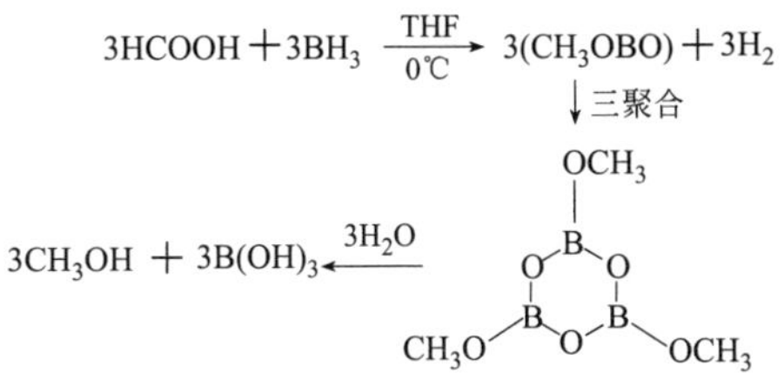

抗尿失禁药酒石酸托特罗定（Tolterodine L-tartrate）中间体 3-(2-甲氧基-5-甲基苯基)-3-苯丙醇（**24**）[46] 的合成如下。

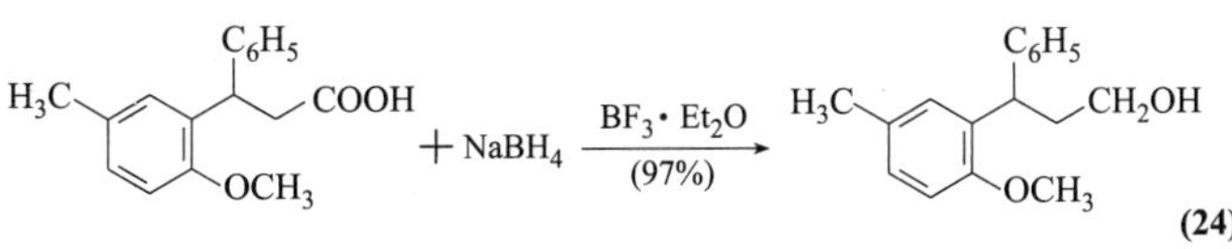

硼烷还原羧酸的速度，脂肪族羧酸大于芳香族羧酸，位阻小的羧酸大于位阻大的羧酸，

但羧酸盐不能被还原。脂肪族羧酸酯的还原速度一般较羧酸慢，芳香族羧酸酯几乎不发生反应，原因是芳香族羧酸酯的羰基与芳环共轭，不利于硼烷的亲电进攻。

9-羟基壬酸甲酯的合成如下[47]。

$$\text{HO} \underset{O}{\overset{O}{\parallel}} \text{C} \cdots)_6 \quad \xrightarrow[\text{THF, }-18\sim0℃(88\%)]{\text{BH}_3-\text{THF}} \quad \text{HO} \cdots)_6 \underset{O}{\overset{O}{\parallel}} \text{O}$$

硼烷的 THF 溶液可以顺利地将腈还原为伯胺，反应具有良好的化学选择性。分子中含有硝基时，硝基不会被还原。例如：

$$\underset{NO_2}{\overset{\displaystyle (CH_3)_2CCH_2CH_2CN}{|}} \quad \xrightarrow[\text{回流,2h(97\%)}]{\text{BH}_3-\text{THF}} \quad \underset{NO_2}{\overset{\displaystyle (CH_3)_2CCH_2CH_2CH_2NH_2}{|}}$$

一些有机硼化合物可以将羧酸还原为醛。烷基溴化硼-二甲硫醚体系还原脂肪族羧酸生成相应的醛，室温反应 1h，醛的收率达 92%～99%。治疗高血压疾病药物美拉加群（Melagatran）等的中间体环己基甲醛[48] 的合成如下。

$$\underset{CH_3SCH_3(99\%)}{\overset{\displaystyle (CH_3)_2CH-\underset{\underset{CH_3}{|}}{\overset{\overset{CH_3}{|}}{C}}-BHBr}{\text{◯}-COOH}} \longrightarrow \text{◯}-CHO$$

还原脂肪族二元羧酸、α,β-不饱和羧酸生成相应醛的收率也在 90% 以上。

该试剂具有较高的化学选择性，若羧酸分子中含有—COCl、C＝C 双键时，只还原羧基成醛基。但该方法对芳香族羧酸还原的效果差，相应醛的收率低。另外，溴代烷基硼烷-二甲硫醚室温下不还原 C＝C 键，而氯代烷基硼烷-二甲硫醚则可以还原 C＝C 双键。

硼烷可以将肟还原为伯胺。用乙硼烷还原对硝基苯甲醛肟时，分子中的硝基不受影响。

$$O_2N-\text{◯}-CH＝NOH \quad \xrightarrow[105\sim110℃]{\text{B}_2\text{H}_6,(CH_3OCH_2CH_2)_2O} \quad O_2N-\text{◯}-CH_2NH_2$$

4. 金属复氢化物

常用的金属复氢化物有硼氢化钠、硼氢化钾、四氢铝锂、三仲丁基硼氢化锂（LiBH(Bu-sec)$_3$）等。其中四氢铝锂还原能力最强，它是由粉状氢化锂与无水三氯化铝在干醚中反应制备的。

$$4LiH + AlCl_3 \longrightarrow LiAlH_4 + 3LiCl$$

LiAlH$_4$ 性质非常活泼，遇水、醇、酸等含活泼氢的化合物立即分解，因此反应要在无水条件下进行，常用的溶剂是无水乙醚和干燥的四氢呋喃。反应结束后可加入乙醇、含水乙醚、10% 的氯化铵水溶液、饱和硫酸钠溶液等将未反应的四氢铝锂分解。用饱和硫酸钠水溶液时，生成白色沉淀，很多情况下充分洗涤后，溶液浓缩后得到还原产物。

$$LiAlH_4 + 2H_2O \longrightarrow LiAlO_2 + 4H_2 \uparrow$$

硼氢化钠、硼氢化钾还原能力比四氢铝锂弱，故可作为选择性还原剂，而且操作简便、安全，已成为本类还原剂的首典型试剂。在羰基化合物的还原中，分子中的硝基、氰基、亚氨基、双键、卤素等可不受影响。例如如下反应中，用硼氢化钾还原时只还原酮羰基成醇，若用四氢铝锂还原，则酯基也同时被还原。

$$
\begin{array}{c}
\underset{|}{\text{COCH}_2\text{CH}_2\text{Cl}} \\
(\text{CH}_2)_4 \\
\underset{|}{\text{COOC}_2\text{H}_5}
\end{array}
\xrightarrow[15\sim20℃]{\text{KBH}_4,\text{醇}}
\begin{array}{c}
\underset{|}{\text{CHOHCH}_2\text{CH}_2\text{Cl}} \\
(\text{CH}_2)_4 \\
\underset{|}{\text{COOC}_2\text{H}_5}
\end{array}
$$

硼氢化钠、硼氢化钾比较稳定，可在水、醇类溶剂中进行反应。硼氢化钠易吸潮，故硼氢化钾更为常用。反应结束后，可加入水和少量的酸使之分解。

$$\text{KBH}_4 + \text{HCl} + 3\text{H}_2\text{O} \longrightarrow \text{B(OH)}_3 + \text{KCl} + 4\text{H}_2$$

关于金属复氢化物的还原机理，认为是负氢离子向被还原化合物分子的转移。这类还原剂具有 AlH_4^- 和 BH_4^-，是很强的亲核试剂。以羰基的还原为例表示如下：

$$\text{\Large{$>$}}C{=}O + H{-}\bar{A}lH_3 \longrightarrow \text{\Large{$>$}}CH{-}O\bar{A}lH_3 \xrightarrow{\text{\Large{$>$}}C{=}O} (\text{\Large{$>$}}CH{-}O)_2\bar{A}lH_2$$

$$\xrightarrow{\text{\Large{$>$}}C{=}O} (\text{\Large{$>$}}CH{-}O)_3\bar{A}lH \xrightarrow{\text{\Large{$>$}}C{=}O} (\text{\Large{$>$}}CH{-}O)_4\bar{A}l \xrightarrow{H^+} 4\text{\Large{$>$}}CHOH$$

AlH_4^- 中第一个氢原子作用最强，反应最快，其后逐渐减弱。

硼氢化钾、硼氢化钠的还原机理与四氢铝锂相似，但 BH_4^- 则正好与上述顺序相反，即第一个氢反应速度最慢，以后各步较快。

金属复氢化合物还原羰基时，如果羰基的 α-位具有不对称碳原子，则四氢铝或四氢硼离子从羰基双键立体位阻最小的一边进攻羰基碳原子，结果产生占优势的非对映异构体，即著名的 Cram 规则，在不对称合成中具有重要的用途。

次要进攻方向 ⟶ $\underset{L\text{大}}{\overset{O}{\underset{|}{\overset{|}{\text{中}M{-}C{-}S\text{小}}}}}$ ⟵ 主要进攻方向

金属复氢化物能够还原的基团很多，表 2-2 列出了四氢铝锂、硼氢化锂、硼氢化钠、硼氢化钾的适用范围。

表 2-2 金属氢化物还原剂的还原作用

反应物官能团	产物官能团	LiAlH$_4$	LiBH$_4$	NaBH$_4$	KBH$_4$
—CHO	—CH$_2$OH	+	+	+	+
$>$C=O	$>$CHOH	+	+	+	+
—COCl	—CH$_2$OH	+	+	+	+
—CH—C(三元环氧)	—CH—C OH	+	+	+	+
—COOR(或内酯)	—CH$_2$OH+ROH	+	+	—	—
—COOH 或 —COOLi	—CH$_2$OH	+	—	—	—
—CONR$_2$	—CH$_2$NR$_2$ 或 —CHR$_2$ OH ⟶ —CHO+HNR$_2$	+	—	—	—
—C≡N	—CH$_2$NH$_2$ 或 —CH=NH ⟶ —CHO	+	—	—	—

续表

反应物官能团	产物官能团	LiAlH₄	LiBH₄	NaBH₄	KBH₄
C=NOH	CHNH₂	+	+	+	+
—C—NO₂(脂肪族)	—C—NH₂	+	−	−	−
—CH₂OSO₂Ph 或 —CH₂Br	—CH₃	+	−	−	−
(RCO)₂O	—CH₂OH	+	+		
—CSNR₂	—CH₂NR₂	+	+	+	+
—N=C=S	—NHCH₃	+	+	+①	+①
PhNO₂	PhN=NPh	+	+	+①	+①
—N→O	—N	+	+	+	+
RSSR 或 RSO₂Cl	RSH	+	+	+	+

① 还原为氧化偶氮化合物（ PhN=NPh ）。
　　　　　　　　　　　　　　　↓
　　　　　　　　　　　　　　　O

由表 2-2 可以看出，四氢铝锂最活泼，硼氢化锂比硼氢化钠、硼氢化钾活泼，其性质与四氢铝锂相似。使用四氢铝锂、硼氢化锂时操作应在无水条件下进行，常用的溶剂有无水乙醚、异丙胺、四氢呋喃等，一般不使用醇类作溶剂。

四氢铝锂还原能力特别强，是一种非选择性还原剂，可以还原表 2-2 中的所有基团，包括羧酸、酰胺、酯、内酯、酮、醛、环氧化合物、腈等还原为相应的醇或胺等。

用四氢铝锂还原炔类化合物时，通常反式烯类化合物为主要产物。用四氢铝锂还原炔类化合物时，可以在乙醚中进行，也可以在 THF 中进行。同一反应物采用不同的溶剂，得到的顺、反异构体产物的比例可能不同。

使用烷氧基氢化铝锂还原炔基硫醚，可以得到与使用四氢铝锂构型相反的结果。例如：

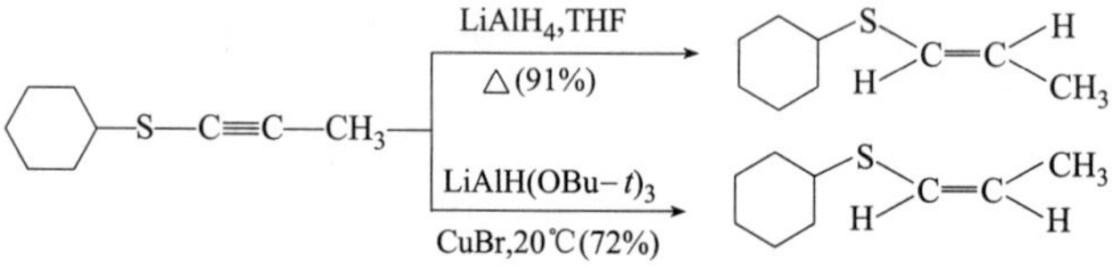

二（2-甲氧基乙氧基）氢化铝钠（RedAl）是将炔丙基醇还原为烯丙基醇的一种优良的还原剂，生成的烯丙基醇为反式结构。例如[49]：

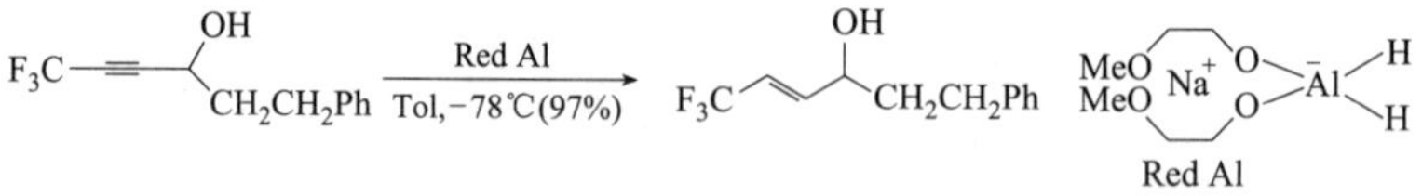

氢化铝锂与三氯化铝还原体系可以将醇还原，特别是烯丙醇类化合物。例如化合物（**25**）的合成。

$$3LiAlH_4 + AlCl_3 \longrightarrow 3LiCl + 4AlH_3$$

在上述反应中，LiAlH$_4$ 与 AlCl$_3$ 反应生成了铝烷 AlH$_3$，实际上起作用的是 AlH$_3$。

烯丙基醇用 LiAlH$_4$-AlCl$_3$ 还原时，可以发生双键移位。例如：

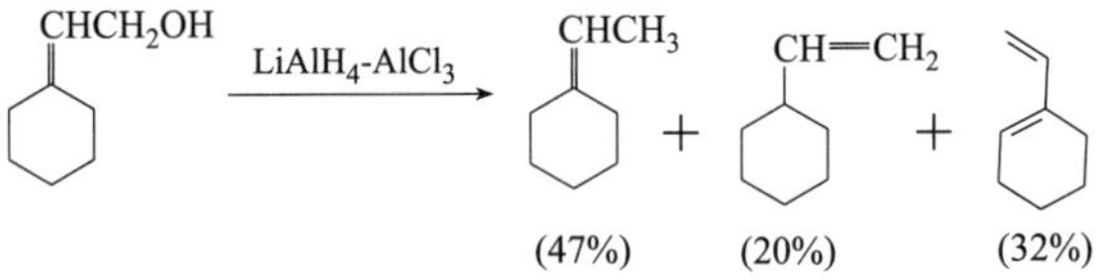

一些 α,β-不饱和酮类化合物还原时，得到了类似的结果，说明这些酮还原时经历了醇的阶段，最后还原为相应的化合物。

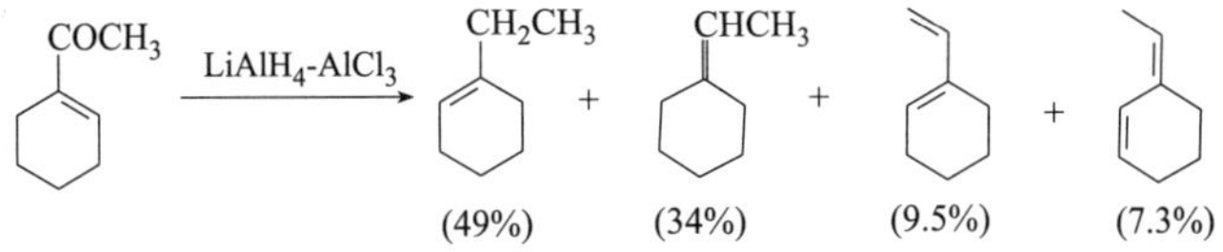

用 LiAlH$_4$-AlCl$_3$ 还原，当 LiAlH$_4$ 与 AlCl$_3$ 的摩尔比接近于 1∶3 时，实际上是二者首先反应生成氢化二氯化铝，后者是真正的还原剂。

$$LiAlH_4 + 3AlCl_3 \longrightarrow 4AlHCl_2 + LiCl$$

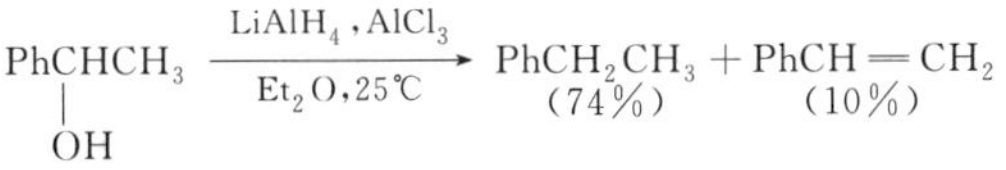

$$PhCHCH_3 \xrightarrow[Et_2O,25℃]{LiAlH_4,AlCl_3} \underset{(74\%)}{PhCH_2CH_3} + \underset{(10\%)}{PhCH=CH_2}$$

|
OH

环氧化合物的还原开环生成醇，常用的还原剂有氢化铝锂、硼氢化锂等。不对称环氧化合物还原开环可以生成异构的两种醇，其比例与还原剂的性质有关。通常，单独使用金属氢化物作还原剂时，产品中往往按马氏规则开环的醇居多，而在三氯化铝存在下用氢化铝锂还原时，则会恰恰相反，产品中反马氏规则开环的醇居多。

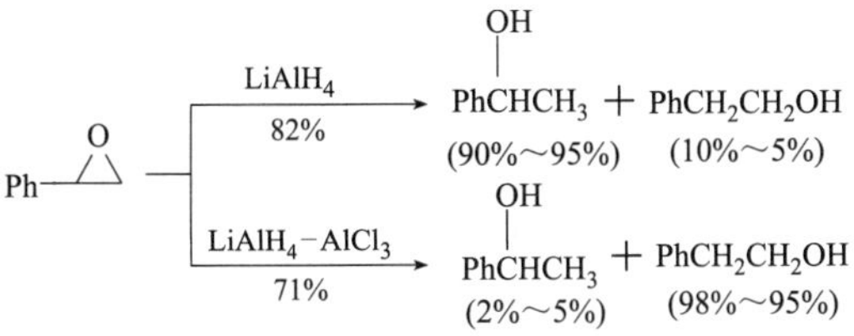

缩醛、缩酮在结构上属于偕二醚，用 LiAlH$_4$-AlCl$_3$ 可以打开其中的一个醚键。例如香料、医药中间体 2-环己氧基乙醇（**26**）[50] 的合成。

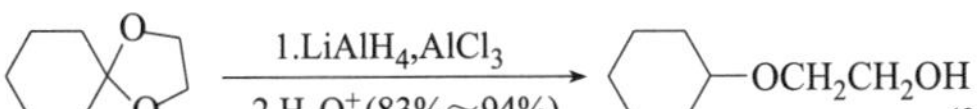

用金属氢化物还原羰基化合物，通常得到相应的醇，但有些羰基化合物在 LiAlH$_4$ 和 AlCl$_3$ 存在下还原可以生成烃类化合物。例如二苯酮的合成。

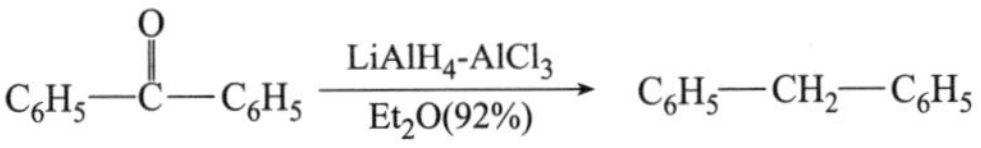

有很多手性金属氢化物试剂，可以进行酮的不对称还原生成手性醇。例如，由（2S, 3S）-1,4-双（二甲胺基）-2,3-丁二醇与氢化铝锂反应制备的手性还原剂，可以实现如下反应生成 S 构型的醇，光学纯度达 75%。

氢化铝锂可以在乙醚溶液中很容易地将羧酸还原为醇，该反应为放热反应。还原是 4mol 的酸需要使用 3mol 的氢化铝锂。

$$4RC\overset{O}{\underset{}{—}}OH + 3LiAlH_4 + 2H_2O \longrightarrow 4RCH_2OH + 3LiAlO_2 + 4H_2$$

在实际应用中氢化铝锂的用量要大于理论量。因为氢化铝锂分子中的四个氢很难都用上。

白藜芦醇等的合成中间体 3,5-二甲氧基苯甲醇（**27**）[51] 的合成如下。

(**27**)

氢化铝锂还原羧酸，可以在十分温和的条件下进行，一般不会停留在醛的阶段。位阻大的羧酸也可以顺利地被还原。

用四氢铝锂还原含有共轭三键的羧酸时，可以得到烯醇。丁炔二羧酸在室温用氢化铝锂还原生成反式丁烯二醇，为利尿药盐酸西氯他宁（Cicletanine hydrochloride）的合成中间体。

脂肪族和芳香族酰氯可以被烷氧基氢化铝锂 [如 $LiAlH(OCH_3)_3$、$LiAlH(OC_2H_5)_3$、$LiAlH(OBu\text{-}t)_3$] 和 $NaAlH_2(OC_2H_4OCH_3)_2$ 还原为相应的醇，醇的收率比用氢化铝锂高。可以用于分子中含有其他取代基或双键的酰氯的还原。

这些试剂也可以还原酰氯生成相应的醛，只要使用 1 摩尔量的还原剂，在 THF 中或二甲氧基乙烷中反应即可。抗菌药氯霉素等的中间体 4-硝基苯甲醛的合成如下[52]。不过，酰氯还原为醛，常用 Rosenmund 还原法。

酰氯还原为醇也可以用铝烷（氢化铝锂与氯化铝原位产生）在乙醚中进行。例如：

$$BrCH_2CH_2COCl \xrightarrow[\text{(86\%)}]{LiAlH_4\text{-}AlCl_3} BrCH_2CH_2CH_2OH$$

一元酸酐用复氢化合物还原生成相应的醇。

$$(PhCO)_2O \xrightarrow{LiAlH_4} 2PhCH_2OH$$

邻苯二甲酸酐可以被氢化铝锂或双（2-甲氧乙氧基）氢化铝锂还原为邻苯二甲醇。萘 1,2-二羧酸酐在二丁基醚中可以被氢化铝锂还原为相应的二元醇，收率 60%。

控制氢化铝锂的用量和反应温度，环状酸酐可以部分还原生成内酯。硼氢化锂、三乙基硼氢化锂（Superhydride）、三仲丁基硼氢化锂（L-Selectride）、三甲氧基硼氢化钠等也可以将环状酸酐还原为内酯。

羧酸酯用氢化铝锂还原可以生成伯醇。用氢化铝锂还原时，分子中的卤原子、双键、羟基、烷氧基、氨基、杂环的醇等均不受影响，而且醇的收率比较高。镇静药盐酸阿芬太尼（Alfentanil hydrochloride）中间体（**28**）[53] 的合成如下。

又如预防和治疗绝经后妇女骨质疏松病药物利塞膦酸钠（Risedronate sodium）中间体 3-吡啶甲醇盐酸盐[54] 的合成。

三叔丁基氢化锂铝（LTBA）可以将羧酸苯基酯于 THF 中还原为醛。例如环己基甲醛[55] 的合成。

酰胺还原为醛的还原剂主要是复氢化物，例如氢化铝锂、三乙氧基氢化铝锂、双（2-甲氧基乙氧基）氢化铝锂等，但需控制还原剂的用量。实际上能够还原为醛的酰胺有限。酰胺 N 上取代基的性质对反应有明显的影响。由芳香胺如 N-甲基苯胺、吡咯、吲哚、咔唑等生成的酰胺最适合于制备醛类化合物。

烷氧基氢化锂铝的还原效果比氢化铝锂要好。特别是二或三乙氧基氢化铝锂，它们可以由氢化铝锂与乙醇在乙醚中原位产生。环己基甲醛的合成如下[56]。

值得指出的是，在由酰胺还原合成醛时，生成的醛有可能进一步还原生成醇。

氢化铝锂可以将腈还原为伯胺。用氢化铝锂还原时，常使用过量的氢化铝锂，这不仅是由于放出氢气，而且可以减少副反应。对于 α,β-不饱和腈，还原时双键不受影响。具体操作时一般是将腈滴加至还原剂与溶剂的悬浮液中。例如抗癌药硫酸长春碱（Vinblastine sulphate）中间体 3-(3-氨基丙基）吲哚盐酸盐（**29**）[57] 的合成。

叠氮化合物也可以采用化学法进行还原。氢化铝锂、硼氢化钠、硼氢化四丁基铵、二甲胺基硼氢化锂、硼氢化锌等都能将脂肪族和芳香族叠氮化合物还原为伯胺，而且胺的收率较高，化学选择性良好。止吐药左舒必利（Levosulpiride）中间体（**30**）[58] 的合成如下。

$$\text{（图）} \quad \xrightarrow{\text{LiAlH}_4,\text{Et}_2\text{O}} \quad \text{（图）} \quad \textbf{(30)}$$

肟可以被四氢铝锂还原，醛肟、酮肟都可以还原为伯胺，但往往有重排产物仲胺生成，有时甚至仲胺成为主要产物。

$$\text{（图）} \quad \xrightarrow{\text{LiAlH}_4} \quad \text{（图）} + \text{（图）} \quad [\text{（图）}]$$
无此产物生成

当使用 LiAlH$_4$-AlCl$_3$ 时，芳基脂肪基混酮往往主要生成仲胺。例如：

$$\text{（图）} \quad \xrightarrow[\text{97\%}]{\text{LiAlH}_4-\text{AlCl}_3} \quad \text{（图）}$$

若将 LiAlH$_4$ 悬浮于干燥的四氢呋喃中低温下加入定量的浓硫酸转化为 AlH$_3$，则肟还原为胺的收率比较高。例如止吐药格拉司琼等中间体（**31**）[59] 的合成。

$$\text{（图）} \quad \xrightarrow[\text{THF}]{\text{LiAlH}_4,\text{H}_2\text{SO}_4} \quad \text{（图）} \quad \textbf{(31)}$$

硼氢化钾、硼氢化钠属于比较温和的复氢化物还原剂，而且价格不高，甚至可以在水中进行反应，应用较广。可以选择性地将醛、酮还原为醇，将亚胺或亚胺盐还原为胺硼氢化钠在甲醇中很容易将醛、酮还原为相应的羟基化合物，例如神经肌肉阻断剂苯磺酸阿曲库铵（Atracurium besilate）中间体（**32**）[60] 的合成。

$$\text{（图）} \quad \xrightarrow[\text{(85\%)}]{\text{NaBH}_4,i\text{-PrOH}} \quad \text{（图）} \quad \textbf{(32)}$$

又如平喘药富马酸福莫特罗（Formoterol fumarate）中间体（**33**）[61] 的合成。

$$\text{（图）} \quad \xrightarrow[\text{95\%C}_2\text{H}_5\text{OH(78.6\%)}]{\text{KBH}_4} \quad \text{（图）} \quad \textbf{(33)}$$

饱和醛、酮的反应活性往往大于 α,β-不饱和醛、酮，可进行选择性还原，例如：

$$\text{（图）} \quad \xrightarrow[\text{C}_2\text{H}_5\text{OH}]{\text{NaBH}_4(0.25\text{mol})} \quad \text{（图）}$$

硼氢化钠在甲醇中还原羰基，分子中的硝基、酯基等不受影响。

硼氢化钠不能还原羧酸、酯类、酰胺类、腈类等化合物，但在硼氢化钠中加入某些活性成分后，则生成了硼氢化钠复合体系，如与 $AlCl_3$、F_3CCO_2H、$AcOH$、Br_2、I_2、$ZnCl_2$、DIBAl-BuLi 等，增强了还原活性，使得很多种化合物容易被还原，包括烯、炔、羧酸及其衍生物（酯、酰氯、酰胺、腈等）、硝基化合物等[62]。

当然还有其他还原体系，如 $NaBH_4$-$CoCl_2$ 体系可以在非常温和的条件下将脂肪族和芳香族烯、炔还原，收率比较高[63]。在 DMSO、DMF、六甲基磷酰三胺、二甘醇等极性溶剂中，硼氢化钠可以使伯、仲、叔、烯丙基、苄基卤化物还原脱去卤素原子。

硼氢化钠不能将醇还原为碳氢化合物，但在硼氢化钠-三氟乙酸体系中，能够将二芳基甲醇和三芳基甲醇还原为烃，且收率很高，例如药物苯拉海明盐酸盐（Diphenhydramine hydrochloride）中间体二苯甲烷的合成。

$$Ph_2CHOH \xrightarrow[\text{(93\%)}]{NaBH_4\text{-}F_3CCOOH} Ph_2CH_2$$

氰基硼氢化钠-二碘化锌体系可以还原苄基醇和烯丙基醇、叔醇。

氰基硼氢化钠-二碘化锌体系可以还原酮羰基生成亚甲基化合物，期间可能经历醇的阶段，醇再进一步还原生成亚甲基化合物。

$NaBH_4$-$AlCl_3$ 体系也可以将酮羰基还原为亚甲基。例如降糖药达格列净（Dapagliflozin）合成中间体（**34**）[64] 的合成。

在三苯基膦钯 [Pd（PPh$_3$）$_4$] 催化下，硼氢化钠可以将苯基烯丙基醚还原，脱去烯丙基生成酚类化合物。Pd（PPh$_2$）Cl$_2$ 也可以促进该反应的发生。

硼氢化钠一般情况下不能还原羧酸，但硼氢化钠-碘可以将羧酸还原为醇类化合物。镇痛药纳布啡（Nalbuphine）、丁啡喃（Butorphanol）等的中间体环丁基甲醇的合成如下[65]。

硼氢化钠在三氯化铝存在下，其还原能力大大提高，可将羧酸还原为醇。例如硝酸芬替康唑（Fenticonazole nitrate）中间体（**35**）[66] 的合成。

硼氢化钠在硫酸存在下也可以将羧酸还原为醇。例如新药开发中间体，手性拆分剂 L-苯丙氨醇的合成[67]。

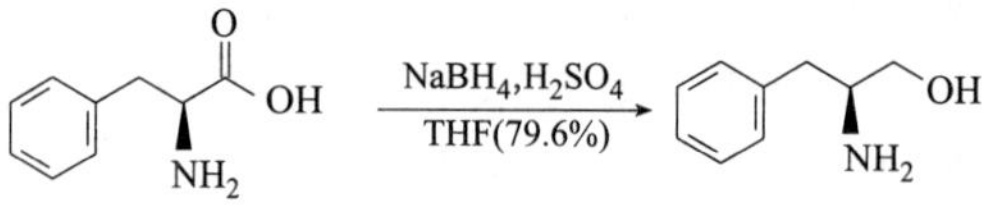

硼氢化钠一般情况下还原酯的效果较差，采用 NaBH$_4$-AlCl$_3$ 体系，可顺利地将酯还原为醇。例如用此试剂能选择性地还原对硝基苯甲酸酯成对硝基苯甲醇。

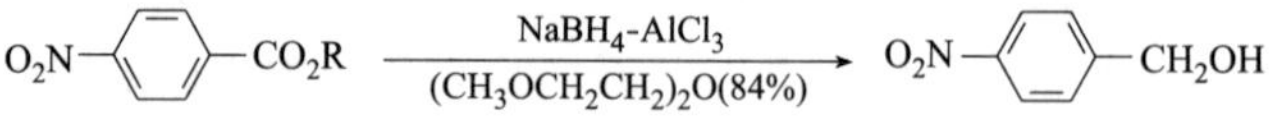

硼氢化钠与酰基苯胺在 2-甲基吡啶中作用，生成酰苯胺硼氢化钠（Sodium anilidoboro-hydride），是还原酯基的有效试剂，不需无水条件，操作简便，而且选择性好，分子中容易被氢化铝锂等还原的基团如酰胺基、氰基等不受影响。

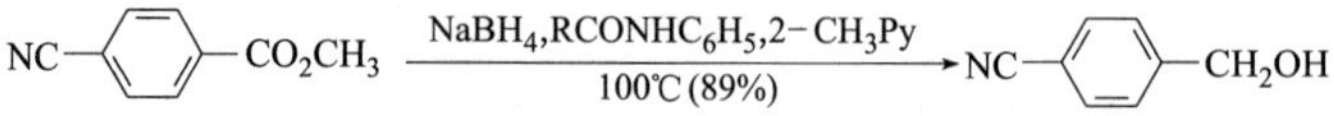

使用 KBH$_4$-ZnCl$_2$ 可以将邻苯二甲酸酐还原为二醇[68]，收率 91%。

硼氢化钠（钾）一般情况下不能还原氰基，但加入活性镍、氯化钯等催化剂，可顺利将氰基还原为氨甲基。

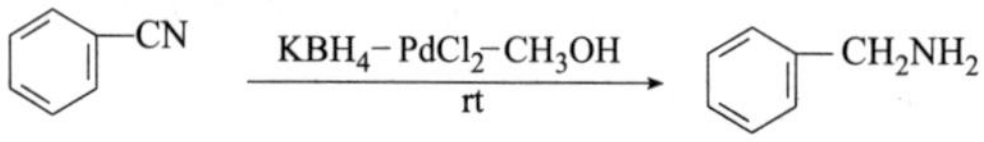

在较高温度下，NaBH$_4$-AcOH 体系可以将氨基酸酯还原为相应的氨基醇，氨基的构型保持不变。例如：

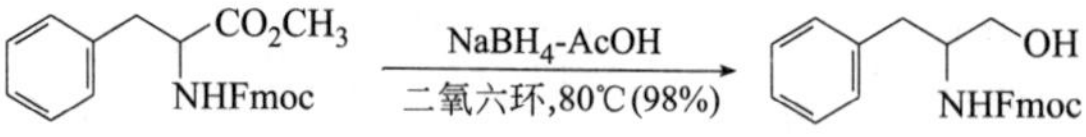

用硼氢化钠-LiCl 可以将氨基不用保护的氨基酸酯还原为氨基醇，构型保持不变，光学纯度达 99% 以上。

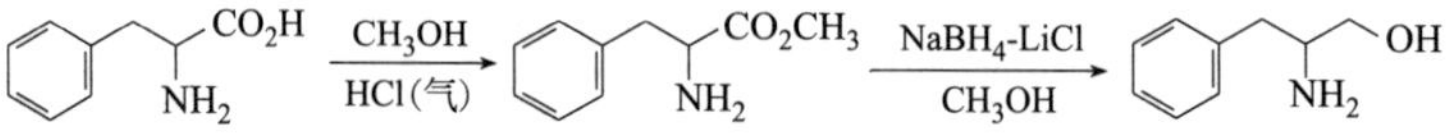

LiBH$_4$-TMSCl 组成的还原体系可以将内酯还原为二元醇。例如[69]：

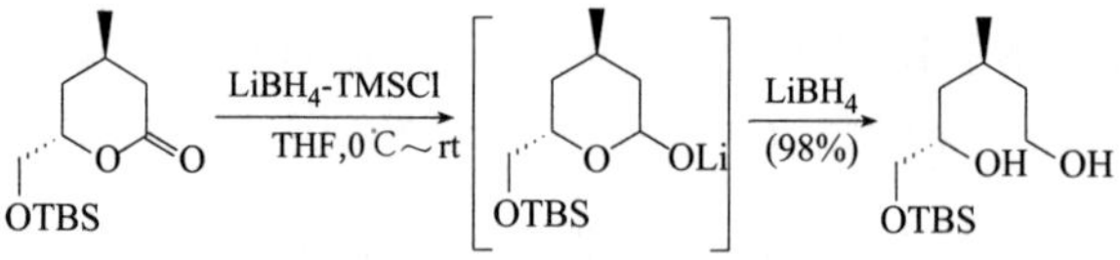

羧酸及甲磺酸的邻二醇酯，用硼氢化钠还原，可以生成醛，这是由羧酸或酰氯为起始原料来合成醛的一种方法。环丁基甲醛是镇痛药布托啡诺（Butorphenol）等的中间体，可以采用该方法来合成[70]。

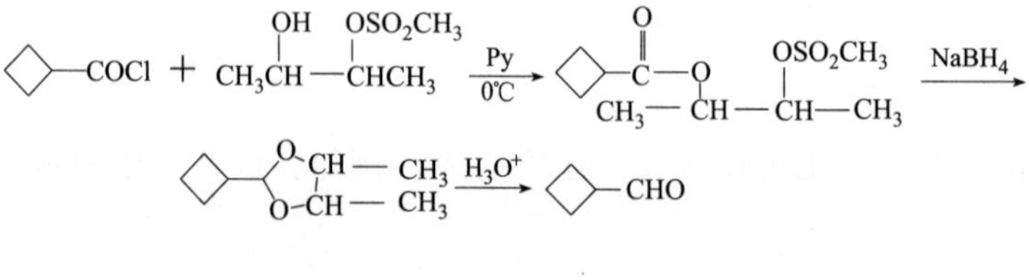

硼氢化钠单独使用时不能还原亚砜。硼氢化钠-三氯化铁复合物则很容易地将亚砜还原为相应的硫醚。

$$R-\overset{\overset{O}{\parallel}}{S}-R' \xrightarrow[\text{H}_2\text{O,EtOH}]{\text{NaBH}_4\text{-FeCl}_3,6\text{H}_2\text{O}} R-S-R'$$

此外，硼氢化钠/四氯化钛、硼氢化钠/氯化钴等复合还原剂也可以将亚砜还原为硫醚。

$$\text{（2-吡啶基-S(=O)CH}_3\text{）} \xrightarrow[\text{CH}_3\text{OCH}_2\text{CH}_2\text{OCH}_3(89\%)]{\text{NaBH}_4\text{-TiCl}_4} \text{（2-吡啶基-S-CH}_3\text{）}$$

医药、农药中间体二苯基硫醚［医学上用于合成肺吸虫病药物硫双二氯酚（Bithionol）等］的合成如下[71]。

$$\text{（Ph-S(=O)-Ph）} \xrightarrow[\text{95\%EtOH}]{\text{NaBH}_4\text{-CoCl}_2\cdot6\text{H}_2\text{O}} \text{（Ph-S-Ph）}$$

5. 肼和二亚胺

一般常用的肼是水合肼（$N_2H_4 \cdot H_2O$），在碱性条件下是较强的还原剂。

$$N_2H_4 + 4OH^- \longrightarrow N_2 + 4H_2O + 4e$$

Wolff-Kishner-黄鸣龙反应是在碱性条件下用肼将羰基还原为亚甲基，最早是由 Kishner 和 Wolff 分别于 1911 年和 1912 年报道的。经典的方法是羰基化合物与纯肼先生成腙，尔后在醇钠存在下于高温高压下进行反应。黄鸣龙进行了改进，采用水合肼、一缩二乙二醇或二缩三乙二醇等高沸点溶剂以及氢氧化钾在常压下反应，方法简便、安全、收率也有提高。例如治疗原发性高尿酸血症药物苯溴马隆（Benzobromarone）中间体（**36**）[72] 的合成。

$$\text{（苯并呋喃-2-COCH}_3\text{）} \xrightarrow[\text{2.KOH,}\triangle(90\%)]{\text{1.NH}_2\text{NH}_2\cdot\text{H}_2\text{O,二甘醇}} \text{（苯并呋喃-2-CH}_2\text{CH}_3\text{）}$$

(36)

反应机理大致如下：

$$>C=O + H_2NNH_2 \xrightarrow{-H_2O} >C=N-NH_2 \xrightarrow[-H_2O]{HO^-} \left[>C=N-\overset{-}{N}H \longleftrightarrow >\overset{-}{C}-N=NH\right]$$

$$\xrightarrow[-HO^-]{H_2O} >CH-N=NH \xrightarrow[-H_2O]{HO^-} >CH-N=N^- \xrightarrow{N_2} >\overset{-}{C}H \xrightarrow[-HO^-]{H_2O} >CH_2$$

碱的用量一般较少，只用 0.3～0.5mol 或更少，个别情况下也可不用醇钠，因为肼也是强碱，但此时要求更剧烈的反应条件。肼必须过量，以抑制副反应的发生。

又如抗类风湿药物替尼达普（Tenidap）等的中间体 5-氯-二氢吲哚-2-酮（**37**）[73] 的合成。

$$\text{（5-氯靛红）} \xrightarrow[\text{聚乙二醇400(63.8\%)}]{\text{H}_2\text{NNH}_2} \text{（5-氯二氢吲哚-2-酮）}$$

(37)

肼还原的特点是分子中的双键、羧基等不受影响，立体位阻较大的酮也可被还原。但还原共轭羰基时，有时双键移位。

如下苯基乙烯基酮在还原过程中，可发生重排，生成与苯环共轭的烯烃。

$$C_6H_5COCH=CHCH_3 + NH_2NH_2 \longrightarrow C_6H_5\underset{NNH_2}{\overset{}{C}}CH=CHCH_3 \underset{\longleftarrow}{\overset{RO^-}{\longrightarrow}} C_6H_5\overset{-}{\underset{N-NH}{C}}CH=CHCH_3 \xrightarrow{-N_2}$$

$$\left[C_6H_5\overset{-}{C}HCH=CHCH_3 \longleftrightarrow C_6H_5CH=CH\overset{-}{C}HCH_3 \right] \xrightarrow[-RO^-]{ROH} C_6H_5CH=CHCH_2CH_3$$

1-羟基-2-萘基羰基化合物采用黄鸣龙改进法还原时，可能得到含氮的环状化合物。例如：

可能的解释是反应中生成的腙发生了分子内的亲核取代反应。

苯系化合物一般不会生成含氮杂环化合物，可能是由于苯环上的羟基不如萘环上的羟基活泼，不容易发生亲核取代的缘故。

含卤素的芳香或杂环羰基化合物用黄鸣龙法还原时，环上的溴、碘原子容易除去，而氟和氯不容易除去。

分子中有对强碱和高温敏感的基团时不能用 Wolff-Kishner-黄鸣龙反应。若将被还原的羰基与水合肼反应生成腙，然后在室温下加入叔丁基醇钾的二甲亚砜溶液，有时反应会迅速发生，可避免高温等条件带来的麻烦。

Wolff-Kishner 反应的一种改良法是羰基化合物与对甲苯磺酰肼反应生成对甲苯磺酰腙，后者用硼烷或金属氢化物（硼氢化钠、氰基硼氢化钠等）试剂还原。该方法的特点是反应可以在较低的温度下进行，对不耐高温的羰基化合物效果很好。反应分两步进行。首先是酮与对甲苯磺酰肼反应生成腙，而后腙在弱酸性条件下还原生成亚甲基。

Clemmensen 还原反应是在酸性条件下进行的，而 Wolff-Kishner-黄鸣龙反应是在碱性条件下进行的，二者互补，在合成中广泛应用。

水合肼可将硝基化合物还原为胺，多硝基化合物可利用控制反应条件的方法进行选择性还原。例如：

$$\text{(反应式)} \xleftarrow[70\sim75℃]{NH_2NH_2·H_2O,醇} \text{(2,4-二硝基甲苯)} \xrightarrow[140℃]{NH_2NH_2·H_2O} \text{(产物)}$$

很多还原剂可以使二硫化物发生 S—S 键的断裂，反应中不影响其他基团，如硝基。若将硝基还原而不影响二硫键，可以选择肼作为还原剂。例如：

$$O_2N\text{(芳环)}S-S\text{(芳环)}NO_2 \xrightarrow[(95\%)]{NH_2NH_2} H_2N\text{(芳环)}S-S\text{(芳环)}NH_2$$

肼和氢化反应催化剂如钯-碳、Ranney Ni 一起使用，则很容易发生催化转移还原，条件温和，常压或低压，产品收率高。此时金属催化剂能促进肼分解为氮（或氨）和氢。此法似乎相当于催化氢化反应，肼是氢源。控制肼的用量可将硝基化合物和最终产物胺之间的还原中间产物分离出来。这些中间体继续与肼和催化剂反应，可最终中生成胺。肟可被还原为胺。

$$C_6H_5CH_2C(=N-OH)(C_6H_5) \xrightarrow[Raney-Ni(74\%)]{NH_2NH_2·H_2O} C_6H_5CH_2CH-NH_2(C_6H_5)$$

在 Pd-C、Ni 催化剂存在下，肼可以作为供氢体还原偶氮化合物。例如治疗溃疡性结肠炎药物马沙拉嗪（Masalazine）的原料药 5-氨基水杨酸的合成[74]。

$$\text{(苯基偶氮化合物)} \xrightarrow[100℃(72\%)]{NH_2NH_2,Ni,NaOH,H_2O} \text{(5-氨基水杨酸)}$$

芳酰基偶氮化合物用水合肼可以还原为酰肼类化合物[75]。

$$X\text{(芳环)}C(=O)-N=N\text{(芳环)}Y \xrightarrow{NH_2NH_2·H_2O} X\text{(芳环)}C(=O)-NHNH\text{(芳环)}Y$$

水合肼被过氧化氢、高铁氰化钾或偏碘酸钠（Na_3IO_3）等氧化剂氧化可生成二亚胺（Diimine）$HN=NH$，二亚胺为顺式和反式异构体的混合物，相互之间迅速达到平衡。

$$\text{(顺式二亚胺)} \rightleftharpoons \text{(反式二亚胺)}$$

二亚胺可选择性地还原 $C=C$，$-N=N-$ 等不饱和键，而对 $-CN$，$-NO_2$，$-CH=N-$，$S=O$，$C=O$ 等基团无影响。二亚胺的顺式异构体先与双键形成六元环状过渡态，尔后失去氮，两个氢原子顺式加成到双键原子上。例如：

$$\text{(反应式)} + \text{(肼)} \xrightarrow[25℃]{H_2O_2} \text{(环状过渡态)} \xrightarrow{-N_2} \text{(产物)}$$

用二亚胺还原的其他例子如下：

$$PhCH =\!\!\!= CHCO_2H \xrightarrow[\text{(81\%)}]{HN =\!\!\!= NH} PhCH_2CH_2CO_2H$$

$$\xrightarrow[\text{(40\%)}]{NH_2NH_2, H_2O_2}$$

二、有机还原剂

1. 烷氧基铝

在异丙醇铝存在下，于异丙醇中将醛、酮还原为相应的醇，该反应最早是由 Meerwein H 于 1925 年发现的。

$$\underset{(H)R'}{\overset{R}{>}}C\!=\!\!O + (CH_3)_2CHOH \xrightarrow{[(CH_3)_2CHO]_3Al} \underset{(H)R'}{\overset{R}{>}}CHOH + CH_3COCH_3$$

该反应具有化学选择性好、反应条件温和、操作简便等特点，适用于实验室和工业化生产。常用的烷氧基铝有异丙醇铝、乙醇铝等，分别由由金属铝与相应的醇反应来制备。

$$Al + 3(CH_3)_2CHOH \xrightarrow{HgCl} Al[OCH(CH_3)_2]_3 + 1.5H_2$$

$$Al + 3CH_3CH_2OH \xrightarrow{HgCl} Al(OCH_2CH_3)_3 + 1.5H_2$$

醇铝易潮解，还原反应在无水条件下进行。后来 Ponndorf 和 Verley 对该反应进行了更深入的研究，被命名为 Meerwein-Ponndorf-Verley 还原反应，简称 MPV 反应。其逆反应为 Oppenauer 氧化反应。由于反应是可逆的，因此还原反应是在过量的异丙醇中进行的。蒸出反应中生成的丙酮，有利于反应向正方向进行。

异丙醇铝还原羰基的机理，是铝原子首先与羰基氧原子配位结合，形成六元环过渡态，然后异丙基上的氢原子带着一对电子以负离子的形式转移到羰基碳上，铝氧键断裂，生成新的烷氧基铝盐和丙酮，铝盐醇解后生成还原产物。

因此反应中实际仅需催化量的异丙醇铝，但在实际反应中为了提高反应速率和产品收率，催化剂的用量大于化学计量。反应中异丙醇是氢源。

平喘药福莫特罗（Formaterol）中间体（**38**）[76] 的合成如下。

该方法的适用范围较广，既适用于脂肪族醛、酮，也适用于芳香族和杂环芳香族醛、酮。用异丙醇铝还原时，分子中的烯键、炔键、硝基、缩醛、氰基以及碳-卤键等不受影响。

该类反应中加入一定量无水三氯化铝，可加速反应并提高产品收率，原因是加入三氯化铝后生成了氯化异丙醇铝，后者与羰基氧原子形成六元环过渡态较快，负氢离子更容易转移。

$$2Al(OPr\text{-}i)_3 + AlCl_3 \longrightarrow 3ClAl(OPr\text{-}i)_2$$

但是对于1,3-二酮、β-酮酸酯等容易发生烯醇化的羰基化合物，含有酚羟基、羧基以及氨基的化合物，由于羟基、羧基、氨基能与铝形成复盐而影响反应的进行。

醇铝中异丙醇铝的效果比乙醇铝要好一些，副反应较少。对热敏感的醛，可以使用乙醇铝和乙醇作还原剂，反应中通入氮气，将生成的乙醛赶出，可以使反应进行的比较完全。

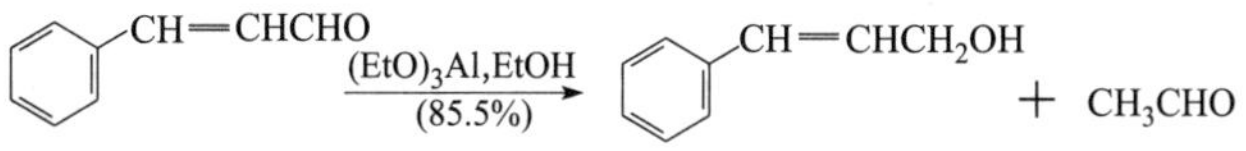

一些难还原的羰基化合物，可以加入甲苯或二甲苯作共溶剂。醇铝也适用于醌类化合物的还原。

值得指出的是，醇铝是酯交换反应的良好催化剂，若发生 MPV 还原反应的底物分子中含有酯基时，可能会发生酯交换反应。例如：

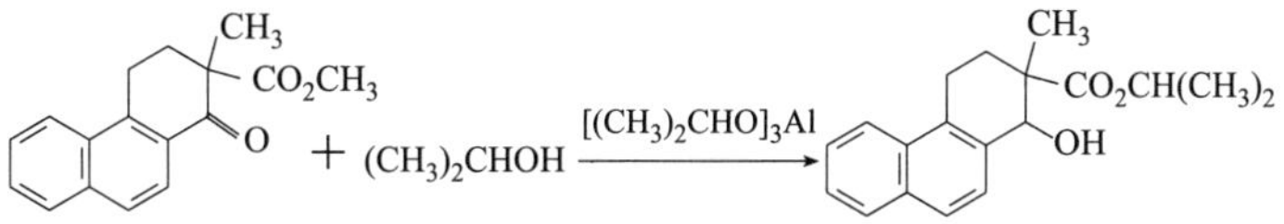

微波技术可以用于 MPV 还原反应，用异丙醇铝作还原剂，很短时间内即可完成反应。

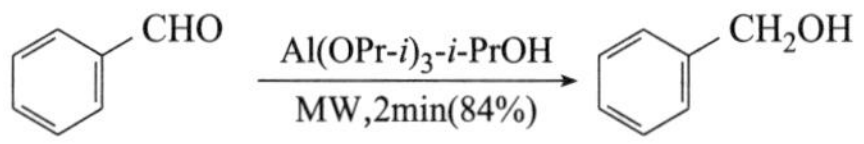

若使用脱水铝胶（层析用氧化铝于石英管中 400℃减压加热制备），异丙醇可以在温和的条件下迅速还原醛生成相应的醇，优点是仅使用稍微过量的异丙醇、消耗低、产品容易分离纯化且选择性好。例如：

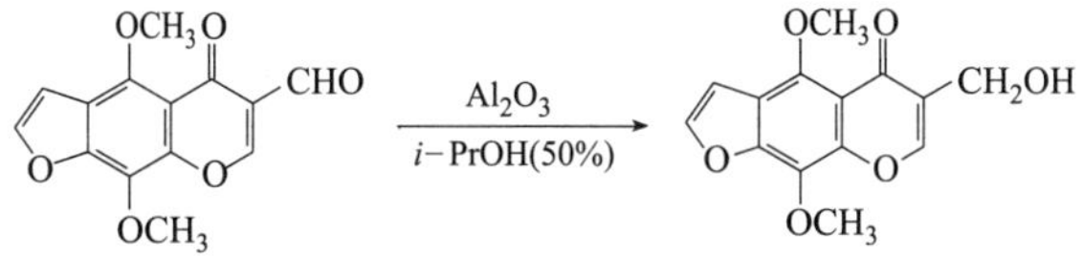

上述反应若用经典的异丙醇铝还原法不会发生反应；用硼氢化钠、氢化二异丁基铝或氰基硼氢化钠还原，则醛基和与醛基共轭的双键一起被还原。

后来的研究发现，除了醇铝外，其他一些烷氧基金属化合物也可以发生 MPV 反应，如 $La(OR)_3$、$Sm(OR)_3$、$Ar(OR)_3$ 等。

氧化镁可以发生 MPV 还原反应[77]。

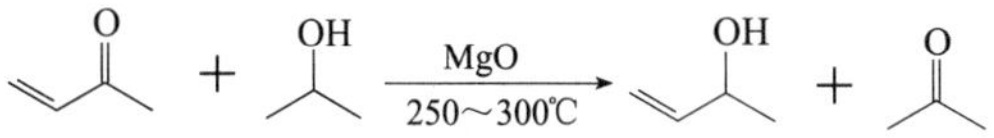

金属烷氧基化合物一般是均相催化剂，反应速度较快，转化率和选择性较高，但无法重复使用。

醇铝还原的立体选择性与反应物的结构有关系。α-位具有手性碳的酮，用醇铝进行还原时，遵循 Cram 规则，负氢离子从空间位阻较小的一边进攻羰基碳原子。例如氯霉素（Chloramphenicol）中间体的还原。

反应中化合物 **A** 的羟甲基首先与异丙醇铝发生醇交换形成六元环过渡态 **B**，从而限制了 C1-C2 之间单键的自由旋转。负氢离子主要从位阻较小的一边即环状物的下部进攻 C1 原子生成 **C**，并放出丙酮，最后水解生成 96% 的苏型产物 **D**，赤型产物只有 4%。

2. 二氧化硫脲

二氧化硫脲（Thiourea dioxide，TUD），别名甲脒亚磺酸，是一种优良的还原剂。

二氧化硫脲在水中溶解度为 26.7g/L（20℃），饱和水溶液的 pH 值为 5.0。在水中以 A、B 两种形式存在。

A 性质稳定，在微酸性、中性及常温下主要以 A 的形式存在。在碱性增强、温度较高时，A 逐渐转化为 B，B 稳定性差，会迅速分解生成尿素和还原性极强的次磺酸根。

次硫酸根具有还原电位高、还原时间长，到一定程度后还原电位趋于稳定的特点，被广泛用于有机合成中。

二氧化硫脲可以将脂肪族、脂环族、芳香族、杂环以及甾族酮类化合物还原为仲醇，将二硫化物还原为硫醇或硫酚，将对甲苯磺酰亚胺还原为硫醚、将亚砜还原为硫醚等。由于很多有机物不溶于水或水溶性差，用二氧化硫脲还原时，常加入醇如甲醇、乙醇作溶剂。特别是将酮还原为醇、将硝基化合物还原为胺时，加入醇后还原产物的收率都明显提高。

二氧化硫脲在碱性条件下还原硝基苯及其衍生物时，既可以生成苯胺及其衍生物，也可以生成氢化偶氮苯类化合物，这取决于加入的二氧化硫脲和碱的用量。当底物∶TUD∶NaOH 为 1∶4∶8 时，生成苯胺类化合物；当底物∶TUD∶NaOH 为 1∶2.8∶6 时，则生成相应的氢化偶氮苯类化合物。例如药物中间体 4-甲基-4′-氨基二苯醚（**39**）[78] 的合成。

酮可以被二氧化硫脲还原为仲醇。仲醇还可以进一步被还原为烷烃。酮还原为仲醇还是烷烃取决于二氧化硫脲和氢氧化钠的用量、反应温度和反应时间。烷烃的生成要比醇的生成困难得多，对反应温度和时间有更高的要求，即使如此，烷烃的收率也不高。反应中可以检测到醇的生成，说明由酮到烷烃是逐步进行的，其间可能经历了醇的阶段，但在同样条件下用醇进行反应，却不能生成烷烃，这说明实际反应过程要复杂得多，可能经历了一个比较活泼的过渡态。关于酮被二氧化硫脲还原为烷烃的机理仍在进一步的研究之中。

医药中间体二苯甲醇[79] 的合成如下。

烯烃的双键可以被二氧化硫脲在碱性条件下还原生成烷烃，例如环己烯的还原。

醛可以被二氧化硫脲还原为伯醇。

α,β-环氧酮类化合物用二氧化硫脲在 THF 的碱性溶液中，于相转移催化剂四丁基溴化铵存在下可以脱去环氧环上的氧原子生成 α,β-不饱和酮。例如[80]：

二氧化硫脲还可以将二硫化物还原为硫醇，也可以还原 N-氧化物。

二氧化硫脲作为还原剂，其应用越来越受到人们的重视，但反应需要较强的碱性条件，反应后生成大量的尿素和硫酸钠需要处理，因而应用也受到一定的限制。

3. 甲酸及其盐

常用的有甲酸、甲酸铵、甲酸与三甲胺的加合物［5HCOOH·2N（CH$_3$）$_3$］（简称 TMAF）和甲酸与三乙胺的加合物［HCOOH·N（C$_2$H$_5$）$_3$］（简称 TEAF）。在这两种加合物中，前者沸点为 $90.1℃/2.67kPa$，后者为 $101.6℃/2.67kPa$。TMAF 的制备方法是将三甲胺气体直接通入经冰盐浴冷却的 80% 的甲酸中，直至溶液呈碱性为止。

甲酸本身可作为还原剂，但单独用甲酸作为还原剂很少使用，大多使用其盐类化合物。

甲酸铵用于有机合成最早是由 Leucart 发现的，用甲酸铵可以还原羰基化合物生成相应的胺。Wallach 研究了其反应机理，后来称为 Leucart-Wallach 还原反应。

反应机理如下，属于催化转移氢化反应。

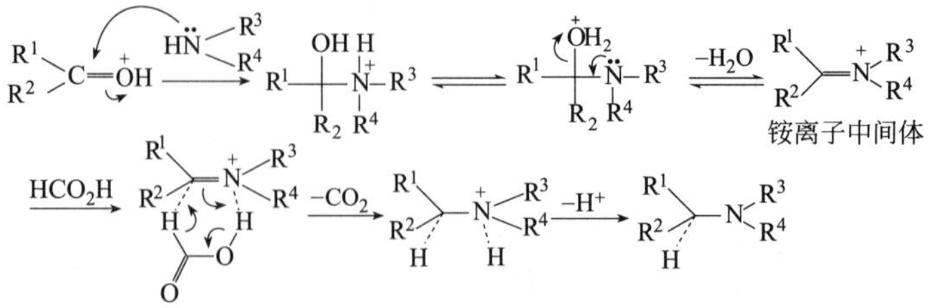

该方法既可以还原醛，也可以还原酮。甲酸铵可以直接将羰基还原为胺，与胺化氢化相比，该反应选择性好，分子中的硝基、亚硝基、碳碳双键可以不受影响。例如如下反应，生成的胺（**40**）[81] 具有很好的抗心律失常的作用。

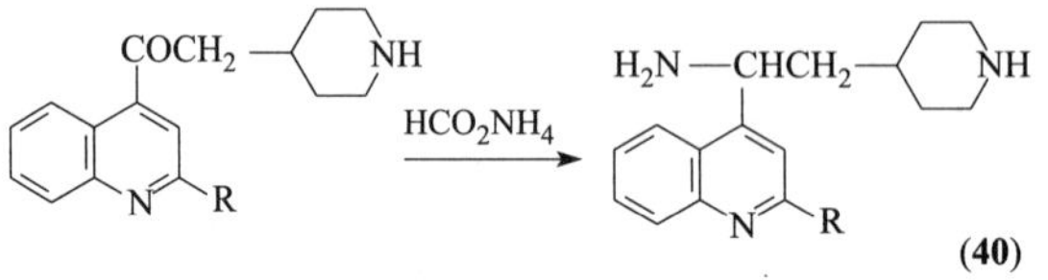

(40)

也可以使用甲酸和有机胺，如下反应生成的产物（**41**）[82] 属于叔胺，是重要的新药开发中间体。

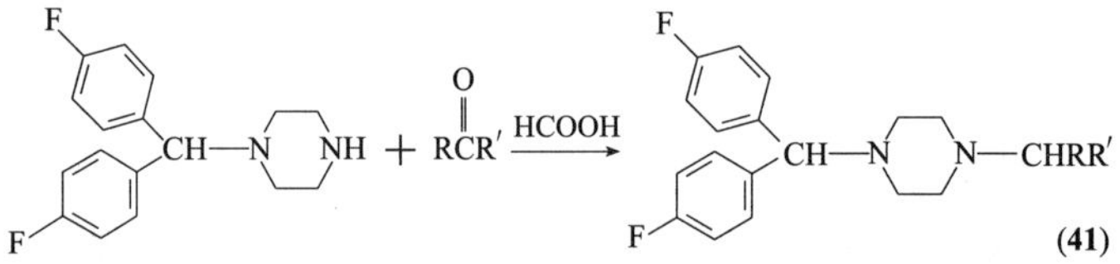

(41)

羰基化合物的还原若使用甲酸铵或甲酰胺还原，水解后得到良好收率的伯胺，若使用 *N*-烷基取代或 *N*,*N*-二烷基取代的甲酰胺代替甲酸铵，则可以得到仲胺或叔胺。

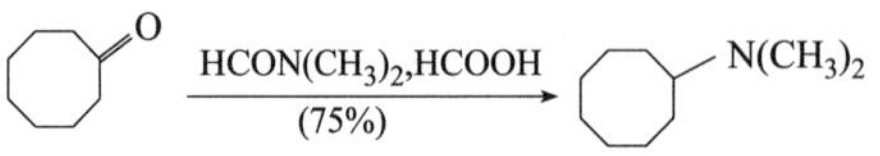

甲酸铵可用于多种官能团的还原，也用于卤代芳烃的脱卤以及脱保护基等。腙可以被还原为肼、在钯催化剂存在下，硝基可以还原为氨基、叠氮化合物还原为胺，腈则可以直接还原为甲基。不过这些反应均是在催化剂如 Pd、Ni 存在下进行的，属于催化转移氢化反应。

$$R—NO_2 \xrightarrow{Pd-C,HCO_2NH_4,CH_3OH} R—NH_2$$

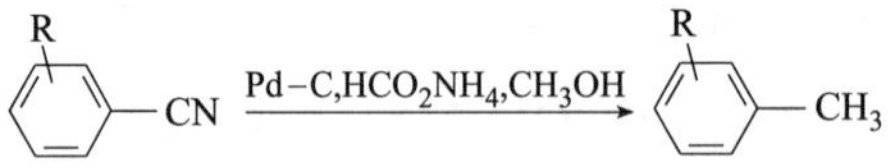

甲酸-叔胺加合物应用范围广泛得多，可还原碳氧双键、碳氮双键、芳香族硝基化合物；选择性还原 α,β-不饱和羰基化合物中的双键；还可用于 N—C—N、N—C—O 键间的断裂还原，是制备胺类化合物的一种好方法。具体反应实例如下：

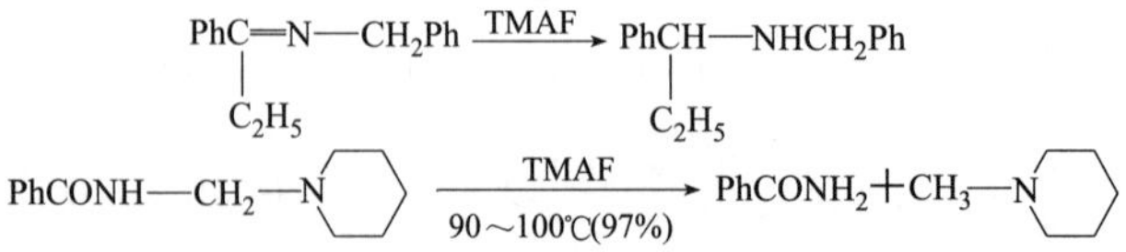

甲酸-三乙胺在 Pd 催化剂存在下可以还原硝基、脱去芳环上的卤素原子、还原炔键等。

常见有机还原剂还有 HCN、$H_2C_2O_4$（草酸）等，不过它们在有机合成中应用不多。

第二节 催化氢化

在没有催化剂存在下，不饱和官能团的加氢是非常困难的，但在镍、钯、铂等过渡金属存在下很容易加氢，而且反应几乎可以定量进行。这种在催化剂存在下的加氢反应称为催化加氢（氢化）反应。

氢化（Hydrogenation）是用分子氢进行的还原反应。催化剂的作用是降低反应的活化能，改变反应速度。催化氢化按照作用方式可分为三种类型，催化剂自成一相的称为非均相催化氢化；催化剂溶于反应介质的称为均相催化氢化；氢源为其他有机物分子的为催化转移氢化。按反应物分子在还原反应中的变化情况，则可分为氢化和氢解。氢化是指氢分子加成到烯键、炔键、羰基、氰基、亚胺基等不饱和基团上的反应；而氢解则是指分子中的某些化学键因加氢而断裂，分解成两部分的反应，例如硝基的氢解（生成胺和水）。实际上有机化合物与氢分子的反应总称为氢化反应。

一、非均相催化氢化

在目前的化工、医药生产中，非均相催化氢化居催化氢化反应的主要地位。常用的非均相催化剂有 Raney-Ni、Rh、Ru、Pt-C、Pd-C、Lindlar 催化剂（Pd-BaSO$_4$ 或 Pd-CaCO$_3$）、Adams 催化剂（PtO$_2$）、铬催化剂等。

催化氢化的优点是产品纯度较好、收率高，很多情况下氢化结束后，除去催化剂即可得到高收率、高纯度的产物，而且应用广泛，可以用来还原各种不同的有机化合物。表 2-3 列出了可被还原的化合物类型及由易到难的大致顺序。

表 2-3 催化氢化反应中官能团反应活性次序

官能团	反应产物	说明
R—COCl	R—CHO	容易还原，Rosenmund 反应
R—NO$_2$	R—NH$_2$	芳香族硝基比脂肪族硝基容易被还原
R—C≡C—R	(顺式烯烃)	Lindlar，P-2
R—CHO	R—CH$_2$OH	用 Pt 作催化剂，Fe^{2+} 可加快反应速度
R—CH＝CH—R	R—CH$_2$CH$_2$—R	氢化活性：孤立双键＞共轭双键；双键碳原子上取代基增多，还原困难
R—CO—R	R—CH(OH)—R	

续表

官能团	反应产物	说明
$C_6H_5CH_2-Y-R$ $Y=O、N$	$C_6H_5CH_3+HYR$	氢解活性：$PhCH_2-\overset{\oplus}{N}<$ $>PhCH_2-X$ $>PhCH_2-O->PhCH_2N<$
$C_6H_5CH_2-X$ $X=Cl、Br$	$C_6H_5CH_3+HX$	碱性条件
$R-CN$	$R-CH_2NH_2$	用 Ni 时应在 NH_3 存在下进行反应，用 Pd 或 Pt 时在酸性条件下进行反应，在中性条件下反应有仲胺生成
(萘)	(四氢萘)	也可部分还原
$R-CO-OR$ $R-CO-NH_2$	$RCH_2OH+RCH_2OH$ $R-CH_2NH_2$	用 Pt、Pd 不能实现还原，可以在高温、高压下用 $Cu(CrO_2)$ 活性：环酰胺＞脂肪酰胺，常用二氧六环作溶剂
(苯+R)	(环己烷+R)	一般催化剂难氢化。可选用 PtO_2、RhO_2、RuO_2 等
$R-COOH$	$R-CH_2OH$	难氢化。可以用 RhO_2、RuO_2 等高温高压氢化

由表 2-3 可以看出，可以发生氢化反应的化合物很多，氢化反应的反应活性差别也很大。关于氢化反应的反应机理，不同的化合物其反应机理也不同。

烯烃的双键可以与氢气反应生成饱和化合物。烯烃氢化的反应机理，主要有两种解释。Polyani 提出的机理是两点吸附形成 σ-配合物而进行顺式加成，Bond 则提出了形成 π-配合物的顺式加成机理，在这里我们只介绍前者。Polyani 认为，首先氢分子在催化剂表面的活性中心上进行离解吸附 [1]，乙烯与相应的活性中心发生化学吸附，π 键打开形成两点吸附活化配合物 [2]，然后活化了的氢进行分步加成，首先生成半氢化中间产物 [3]，最后氢进行顺式加成得到乙烷 [4]。

$$H_2 + * \rightleftharpoons 2\overset{H}{\underset{*}{|}} \qquad [1]$$

$$CH_2=CH_2 + 2* \rightleftharpoons \overset{CH_2-CH_2}{\underset{*\quad *}{|\qquad|}} \qquad [2]$$

$$\overset{CH_2-CH_2}{\underset{*\quad\ *}{|\qquad|}} + \overset{H}{\underset{*}{|}} \rightleftharpoons \overset{CH_2-CH_3}{\underset{*}{|}} \qquad [3]$$

$$\overset{CH_2-CH_3}{\underset{*}{|}} + \overset{H}{\underset{*}{|}} \rightleftharpoons CH_3-CH_3 \qquad [4]$$

大量实验结果表明，不饱和键的催化加氢，主要得到顺式加成产物。不饱和键上空间位阻越小越容易被催化剂吸附，因而也应当容易被还原。

优良的催化剂应具有催化活性高，选择性好，机械强度大，不易中毒，使用寿命长以及制备简单，价格低廉等特点。无论在工业生产中还是在实验室合成中，常常将催化剂附着在某种载体上。常用的载体有活性炭、碳酸钙、硅藻土、活性氧化铝等。这些载体能增加催化剂的比表面积（活性炭表面积 500～1000m^2/g，二氧化硅 100～300m^2/g，氧化铝 75～350m^2/g），提高催化剂的机械强度，同时又能改善催化剂的热稳定性和导热性。在制备催化剂的过程中，有时加入少量或微量的助催化剂，使催化剂的活性或选择性得到改善，有的助催化剂还能提高催化剂的寿命和热稳定性。

影响催化氢化反应的因素很多，除了催化剂种类、催化剂活性、反应温度、反应压力外，诸如溶剂、介质的酸碱性、催化剂用量、搅拌效果、空间位阻等也会对催化氢化产生不同程度的影响。仅就溶剂而言，溶剂作为氢化的介质，有助于反应物与氢的充分接触，并能影响催化剂的状态，因而对催化剂的催化活性有影响。常用的溶剂有水、甲醇、乙醇、乙酸、乙酸乙酯、四氢呋喃等。一般的使用效果是乙酸＞水＞乙醇＞乙酸乙酯。选用对氢化产物溶解度较大的溶剂，可以避免由于产物附于催化剂表面而引起的催化剂活性下降。

1. 常用的催化氢化催化剂

（1）镍催化剂　主要有 Raney-Ni（活性镍）、载体镍、还原镍、硼化镍等。

Raney-Ni（W-2）是具有多孔海绵状结构的金属镍颗粒，是由 Ni-Al 合金在氢氧化钠溶液中反应来制备的。各种规格的 Ni-Al 合金都有商品出售。

$$Ni-Al + 6NaOH \longrightarrow Ni + 2NaAlO_3 + 3H_2$$

干燥的 Raney-Ni 在空气中剧烈氧化而自燃，据此可检查其活性的高低。

用这种方法制备的催化剂，具有晶体骨架结构，其内外表面吸附有大量的氢，具有很高的催化活性。在放置过程中催化剂会慢慢失去氢，在空气中活性下降的特别快。因此，制备的催化剂应当密闭于良好的容器中，并用乙醇或其他惰性溶剂浸没，隔绝空气以保持其活性。

用这种方法制备的 Raney-Ni 催化剂，本身吸附有大量的氢，在过量催化剂存在下，可以不再通入氢气而直接用于还原反应。

Raney-Ni 是一种应用范围很广泛的催化剂，差不多对所有能进行氢化和氢解的基团都起作用。对烯烃和芳烃的氢化相对有效，可以顺利地氢解 C—S 键（脱硫作用）。对酰胺、酯的氢解效果不佳。主要特点是在中性或碱性介质中能发挥很好的催化作用，尤其在碱性条件下催化作用更好。因此，在氢化时常常加入少量的碱，如三乙胺、氢氧化钠等，可明显提高催化活性（硝基化合物除外）。催化羰基化合物的还原时，加入少量的碱可提高吸氢速度3～4倍。

卤素（尤其是碘）、含磷、硫、砷或铋的化合物以及含硅、锗、锡和铅的有机金属化合物在不同程度上可以使催化剂中毒。在压力下，有水蒸气存在时 Raney-Ni 会很快失活。使用时应特别注意。

在催化剂制备过程中，反应温度、碱的用量及浓度、反应时间、洗涤等条件不同，所制得的催化剂的分散程度、铝含量以及吸氢能力也不相同，因而催化活性也不相同。根据活性大小，Raney-Ni 分为 W_1～W_8 等不同型号，可根据被还原化合物的类型进行选择。应用最多的是 W-2 型。

4-腈基-3-环己烯羧酸甲酯氢化后得到的顺式 4-氨甲基环己羧酸甲酯，是制备止血药凝血酸的中间体。在本例中，由于羧酸甲酯基位于环平面的下方，空间位阻较大，主要得到顺式产物。

在酸性条件下 Raney-Ni 活性降低，pH＜3 时几乎失去活性。

也可以在 Raney-Ni 中加入其他组分形成改性的催化剂。在氢化前向 Raney-Ni 中加入少量氯化铂,则对各种基团的氢化都有显著的促进作用,例如硝基苯的氢化,其活性可以增加9 倍。除了氯化铂外,有时也可以加入少量的二氯化镍、硝酸铜、二氯化锰等。

也可以使用镍-镁合金在稀乙酸中来制备镍催化剂,这样制得的镍催化剂的催化活性是W-2 的 2 倍,与 W-4 相同。硝基化合物的还原使用这种催化剂效果很好。

硼化镍也是常用的氢化催化剂。乙酸镍的水溶液用硼氢化钠或硼氢化钾还原所得到的催化剂称为 P-1 型硼化镍(Nickel Boride,Ni_2B),而在乙醇溶液中用硼氢化钠或硼氢化钾还原制备得到的催化剂称为 P-2 型硼化镍。

$$Ni(OOCCH_3)_2 + NaBH_4 \longrightarrow Ni_2B$$

反应活性 P-2<P-1,但 P-2 选择性好。硼化镍催化剂适用于还原烯类化合物,不产生双键的异构化。对于烯键的氢化活性次序是:一取代烯>二取代烯>三取代烯>四取代烯;顺式烯>反式烯。分子中同时含有炔键和烯键时,P-2 可选择性地还原炔键,效果优于 Lindlar 催化剂。非端基炔还原生成顺式烯烃。例如维生素 B_6 中间体顺式丁烯二醇的合成。

$$HOCH_2C\equiv CCH_2OH \xrightarrow{P-2, H_2} \underset{H}{\overset{HOH_2C}{}}C=C\underset{H}{\overset{CH_2OH}{}}$$

(2)钯和铂催化剂 钯和铂都属于贵金属,价格昂贵,但作为催化剂,它们的优点非常突出:催化活性高、反应条件要求低、应用范围广。就其应用范围而言,除了适用于 Raney-Ni 的应用范围外,还可用于酯基及酰胺基的氢化及具有苄基结构的化合物的氢解。可在中性或酸性条件下使用。铂催化剂易中毒,不适于含硫化合物及有机胺的还原,而钯则较不易中毒。

钯黑和铂黑是由相应金属的水溶性盐经还原而生成的极细的黑色金属粉末,其制备反应方程式如下:

$$PdCl_2 + H_2 \longrightarrow Pd\downarrow + 2HCl$$
$$PdCl_2 + HCHO + 3NaOH \longrightarrow Pd\downarrow + HCOONa + 2NaCl + 2H_2O$$
$$Na_2PtCl_6 + 2HCHO + 6NaOH \longrightarrow Pt\downarrow + 2HCOONa + 6NaCl + 4H_2O$$

载体钯和载体铂则是将钯和铂吸附于载体上。例如钯-炭、铂-炭催化剂。除炭以外,也可用硫酸钡等为载体。它们的分散性好,催化活性高,而且可大大减少催化剂的用量。

有时为了降低催化剂的活性,提高催化剂的选择性,可加入一些抑制剂,如 Lindlar 催化剂就是以铅盐为抑制剂的钯催化剂,使用时再加些喹啉,能选择性地将炔键还原为烯键,使酰氯还原为醛(Rosenmund 还原反应)。例如维生素 A 中间体(**42**)的合成:

又如磺胺药增效剂甲氧基苄基嘧啶的中间体 3,4,5-三甲氧基苯甲醛[83] 的合成。

(3)铜铬催化剂 $CuO\cdot Cr_2O_3$、$CuO\cdot BaO\cdot Cr_2O_3$ 等统称为铜铬催化剂。这种催化剂较稳定,不易中毒。但低温不活泼,仅在高温高压下呈现活性,为活性优良的催化剂,能使醛、酮、酯、内酯氢化为醇，酰胺氢化为胺，由于价格低廉而广泛应用。

$CuO \cdot Cr_2O_3$ 亦可写为 $Cu(CrO_2)_2$，称为亚铬酸铜催化剂，可由铬酸铜铵加热分解制备。该催化剂对烯键、炔键的催化活性较低，对苯环无活性。为了避免催化剂中的铜被还原，常加入适量的钡化合物作稳定剂，$CuO \cdot BaO \cdot Cr_2O_3$ 便是其中之一。

$$\text{\raisebox{0pt}{⬡}}-CO_2C_2H_5 \xrightarrow[160℃,2.7MPa]{CuO \cdot Cr_2O_3,H_2} \text{\raisebox{0pt}{⬡}}-CH_2OH$$

（4）铑催化剂 这是一种重要的催化剂。铑在铂族金属中产量很低，价格较高。铑催化剂在乙酸介质中活性相当高。例如，在乙酸中室温、常压下可以将芳环、杂环还原，对烯键、芳香硝基、羰基等都有活性。对烯键的还原能力比铂或钯低，但选择性要好得多。铑催化剂是一种优良的氢解催化剂，具有很高的催化活性。此外，用铑可以制备多种均相催化剂，在均相催化氢化中有重要的用途。

（5）钌催化剂 钌是产量比较高的铂族金属。将钌、氢氧化钾和硝酸钾一起熔融，制成水溶性的钌酸钾，以其为原料可以制备钌催化剂。用该催化剂氢化时，在水介质中可以得到很好的结果。该催化剂对羰基化合物的还原具有很高的催化活性。在氢化时使用该类催化剂很少发生异构化现象。在过渡金属中它的催化活性较低，但选择性较高。

（6）铱催化剂 大多数催化氢化反应不必使用该催化剂，但芳香族硝基化合物用铱催化剂时可以将硝基还原为肟，具有一定的选择性。

2. 各种化合物的氢化反应

（1）烯烃的氢化 不同类型的烯烃，其催化氢化的情况也不相同。大多数具有碳碳双键的单烯烃在惰性溶剂中，使用钯、铂、铑、Raney-Ni 催化剂等都能比较容易地被氢化。在氢化双键时，不同的催化剂活性也不相同，其活性顺序如下：Pt＞Pd＞Rh＞Ru≫Raney-Ni（金属表面积相同）。

值得指出的是，当使用钯、钌、铑、Raney-Ni 时，烯键的加氢主要是同面（顺式）加氢，但使用铂催化剂时，会出现异面（反式）加氢。在这些催化剂中，钯催化剂应用较多，即使在碱性条件下，钯也可以顺利地将 3-戊烯-1-醇氢化为相应的饱和醇。但钯有引起双键迁移的可能，使用时应当注意。Raney-Ni 也是常用的催化剂，但氢化条件比钯要苛刻一些。氧化铬铜催化剂难以氢化双键。

单烯的结构对氢化反应有影响。乙烯最容易氢化，双键上取代基越多一般越难氢化。单烯类化合物催化氢化由易至难的顺序如下：

乙烯＞一取代乙烯＞二取代乙烯＞三取代乙烯＞四取代乙烯；

端基烯＞顺式环内取代的乙烯＞反式环内取代的乙烯＞三取代乙烯＞四取代乙烯

这可以从氢化反应的反应机理得到解释。催化加氢是一种吸附过程，双键上取代基越多，空间位阻越大，越难被催化剂吸附，氢化反应也就越难以进行。值得指出的是，上述规律并不是在所有情况下都适用，与反应底物的化学结构还有关系，例如取代基的性质，取代基是苯环的乙烯衍生物就不一定遵循上述规律。

当分子中含有一个以上的双键时，哪个双键被还原，与反应物的结构、双键的位置及是否共轭、催化剂的类型等有关。选择合适的反应条件，有可能在某种程度上影响加氢结果。对称的二烯，两个双键可同时被还原，控制反应条件，也可以只还原一个双键。例如：

$$H_2C=CH(CH_2)_nCH=CH_2 \xrightarrow[n=1\sim8]{Raney-Ni,H_2} H_3C-CH_2(CH_2)_nCH=CH_2$$

在上述反应中使用钯催化剂时，可能生成双键移位的产物。

不对称多烯和非共轭多烯，氢化的选择性一般取决于双键上取代基的多少。使用铂和 Raney-Ni 的氢化反应结果表明，取代基较多的双键难还原。此外，取代基的大小和位置（包括空间位置）对氢化反应的结果影响也较大。例如：

$$(CH_3)_2C \!=\!\!\!\bigcirc\!\!\!-CH_3 \xrightarrow{\text{H}_2,\text{Pd-C}} (H_3C)_2HC\!-\!\!\!\bigcirc\!\!\!-CH_3$$

在上述反应中，带有四个取代基的环外双键容易被还原。分子模型表明，环外双键更容易与催化剂表面接触，但当环外双键上连有更大的取代基（如亚异戊基）时，则环内双键容易被还原。

含有端基烯的多烯化合物，端基烯更容易被还原。

丙二烯类化合物也可以只还原一个碳碳双键。例如：

$$H_2C\!=\!C\!=\!CH\!-\!P[OC(CH_3)_3]_2 \xrightarrow{\text{H}_2,\text{Pt-C}} \underset{H}{\overset{H_3C}{\underset{}{C}}}\!=\!CH\!-\!P[OC(CH_3)_3]_2$$

（2）炔烃的氢化　炔类化合物分子中的碳碳三键，催化氢化吸收两分子氢生成烷烃化合物。炔烃的还原是分步进行的，首先吸收一分子氢生成烯烃（主要是顺式），而后再吸收一分子氢生成饱和化合物。

炔烃催化氢化的催化剂与烯烃催化氢化的催化剂一样，主要是钯、铂、镍、钌等。当使用这些催化剂时往往不能停留在烯烃的阶段，而是直接还原为烷烃。若要停留在烯烃阶段，应当降低催化剂的活性，例如使用用硫或喹啉钝化了的钯（Lindlar Pd）或 P-2 催化剂等。

研究发现，端基炔的氢化速度明显高于对称的炔烃。分子中含有两个叁键的二炔类化合物，端基炔更容易还原。若二炔化合物为非端基炔，则空间位阻小的炔键易被还原。例如：

$$(CH_3)_3CC\!\!\equiv\!\!C(CH_2)_3C\!\!\equiv\!\!CCH_3 \xrightarrow{2\text{H}_2} (CH_3)_3CC\!\!\equiv\!\!C(CH_2)_3CH_2CH_2CH_3$$

在乙酸、三氟乙酸等酸性介质中，Pd 的催化活性提高。抗肿瘤药物甲氨蝶呤中间体（**43**）[84] 的合成如下。

当炔类化合物分子中含有其他官能团时，氢化时往往炔键更容易被还原，其他官能团可以保留下来。

炔烃催化氢化的反应机理与烯烃相同，也是炔烃首先吸附于催化剂表面，而后与活化的氢进行加成。由于炔键是线性的，而烯烃是平面型的，炔烃更容易被催化剂表面吸附，因此炔烃比烯烃更容易被氢化。

P-2 催化剂和 Lindlar 催化剂还原炔烃生成顺式烯烃，属于顺式加成反应。但由于向更稳定的反式异构体转化等因素的存在，产物中仍有一定比例的反式异构体生成。

抗牛皮癣药阿维 A 酯（Etretinate）中间体（**44**）[85] 的合成如下。

$$\text{(化合物结构式)} \xrightarrow[\text{己烷}]{10\%\text{Pd-C,H}_2} \text{(化合物结构式)} \tag{44}$$

（3）芳环的催化氢化　在钯、镍、铂等催化剂存在下，芳香族化合物中的芳环可以被氢还原，生成脂环类化合物。苯环属于比较难以还原的芳烃，芳稠环如萘、蒽、菲等的氢化活性远远大于苯。

芳环的催化加氢，其反应机理与烯烃的加氢基本上是一样的，首先是氢和反应底物吸附于催化剂表面，被催化剂活化，而后进行反应使芳环还原。

由于芳环是完全封闭的共轭大 π-键，比较稳定，因此，芳环的催化氢化比起烯、炔类化合物要困难得多。大 π-键一旦被打开，则很容易被还原为饱和的脂环类化合物，但控制一定的条件和氢气的用量，苯环也可以部分还原生成环己烯。

取代苯如苯酚、苯胺等的活性也大于苯。取代基对苯环的还原有影响，在乙酸中用铂作催化剂，苯环取代基的活性顺序大致为：

$$\text{ArOH} > \text{ArNH}_2 > \text{ArH} > \text{ArCOOH} > \text{ArCH}_3$$

苯环上不同数量、不同位置取代基对氢化反应速率有影响，随着取代基数目的增加，氢化速率降低。

催化剂不同，反应介质不同，其催化活性顺序也会有所不同。

芳环加氢可以使用多种催化剂。早期的催化剂主要是 Ni、Fe、Co、Al、Cu、Mn、Mo 等，其中 Ni 的应用最普遍，其最大特点是价格便宜。但含 Ni 催化剂的抗毒性能较差，CO、CO_2 和水蒸气能使其暂时中毒，而硫化物能使其永久中毒，失去活性。工业上需要的是具有优良耐硫能力的高活性的金属加氢催化剂。一些贵金属催化剂较非贵金属催化剂具有优良的耐硫化物的能力，且活性高、性能稳定，不易流失，是芳环加氢的良好催化剂。这些贵金属有 Ru、Rh、Pd、Os、Ir、Pt 等。

用铂、钌催化剂时，由于其催化活性高，可在比较低的温度和压力下进行反应；当用钯作催化剂时需要较高的温度和压力；当使用镍作催化剂时，则需要使用更高的温度和压力。

和烯、炔的加氢反应一样，芳环的加氢也可以分为均相加氢和非均相加氢。

二取代的苯还原为环己烷衍生物时，常常会生成顺、反异构体，催化剂对二者的比例有明显的影响。用铂作催化剂时，邻二甲苯主要生成顺式 1,2-二甲基环己烷，用铱和锇还原邻二甲苯时，顺式 1,2-二甲基环己烷的收率可达 97%～99%，间和对二甲苯还原时，顺式产物可达 90%。钌是还原多烷基取代的吡啶生成顺式六氢吡啶的良好催化剂，顺式二甲基、二乙基、2,4,6-三甲基六氢吡啶的收率达 80%～100%。

氢气压力也与顺反异构体的比例有关。用铂还原 4-叔丁基甲苯时，随着氢气压力的增大，顺式/反式产物的比例略有增大。

以 Ru-Al_2O_3 和 CuO-Cr_2O_3 为催化剂，使对苯二甲酸甲酯还原，得到反式 1,4-环己基二甲醇，两步收率 98%。

$$\text{CH}_3\text{O}_2\text{C}{-}\bigcirc{-}\text{CO}_2\text{CH}_3 \xrightarrow{\text{H}_2,\text{Ru-Al}_2\text{O}_3} \text{CH}_3\text{O}_2\text{C}{\cdots}\bigcirc{-}\text{CO}_2\text{CH}_3 \xrightarrow{\text{H}_2,\text{CuO,Cr}_2\text{O}_3} \text{HOH}_2\text{C}{\cdots}\bigcirc{-}\text{CH}_2\text{OH}$$

苯甲酸在 Pd-C 催化剂存在下，于 145～160℃、3.92MPa 氢气压力下可以还原为环己基甲酸，收率达 95%，是避孕药抗孕 392 和治疗血吸虫病药物吡喹酮（Praziquantel）的中间体。

$$\text{C}_6\text{H}_5\text{—COOH} \xrightarrow[\substack{145\sim160℃,3.92\text{MPa} \\ (95\%)}]{\text{H}_2,5\%\text{Pd}-\text{C}} \text{C}_6\text{H}_{11}\text{—COOH}$$

酚类化合物芳环的氢化是合成环醇的方法之一。活性镍、氧化铂、铑、钌等都是可以使用的催化剂。活性镍作催化剂时，需要在较高压力和温度下进行，而使用氧化铂作催化剂时，可以在室温下进行反应。

苯酚在镍催化剂存在下加氢生成环己醇，这是工业上制备环己醇的方法之一。

$$\text{C}_6\text{H}_5\text{—OH} \xrightarrow[\substack{130\sim155℃,1.01\sim1.72\text{MPa}}]{\text{H}_2,\text{Ni}-\text{Al}_2\text{O}_3} \text{C}_6\text{H}_{11}\text{—OH}$$

抗糖尿病药物格列美脲（Glimepiride）的中间体 4-甲基环己醇[86] 的合成如下。

$$\text{HO}\text{—C}_6\text{H}_4\text{—CH}_3 \xrightarrow[(87.8\%)]{\text{H}_2,\text{Ni}} \text{HO}\text{—C}_6\text{H}_{10}\text{—CH}_3$$

苯酚若用钯作催化剂进行加氢，可以得到环己酮。

$$\text{C}_6\text{H}_5\text{—OH} \xrightarrow{\text{H}_2,\text{Pd}} \text{环己酮}$$

间苯二酚用镍作催化剂进行氢化，可以生成治疗高血压病药物卡维地洛（Carvedilol）、止吐药恩丹西酮（Ondansetron hydrochloride）等的中间体 1,3-环己二酮[87]。

$$\text{间苯二酚} \xrightarrow[(81.8\%)]{\text{H}_2,\text{Ni}} \text{1,3-环己二酮}$$

联苯催化加氢首先生成环己基苯，在更强烈的条件下继续氢化则生成环己基环己烷。这表明环己基苯的氢化比联苯要困难。

$$\text{联苯} \xrightarrow{3\text{H}_2} \text{环己基苯} \xrightarrow{3\text{H}_2} \text{环己基环己烷}$$

芳香稠环化合物也可以催化加氢，首先生成部分环被还原的产物，在更强烈的条件下可以生成完全氢化的还原产物。

萘催化加氢首先生成 1,2,3,4-四氢萘，进而加氢生成十氢萘。

$$\text{萘} \xrightarrow{2\text{H}_2} \underset{\text{1,2,3,4-四氢萘}}{\text{四氢萘}} \xrightarrow{3\text{H}_2} \underset{\text{十氢萘}}{\text{十氢萘}}$$

1,5-萘二酚还原可以生成 5-羟基萘满酮（**45**）[88]，其为青光眼病治疗药左布诺洛尔（Levobunolol）中间体。

$$\text{1,5-萘二酚} \xrightarrow[(58.7\%)]{\text{H}_2,\text{Ni},\text{NaOH},\text{H}_2\text{O}} \text{5-羟基萘满酮}\quad\textbf{(45)}$$

止吐药盐酸帕洛诺司琼（Palonosetron hydrochloride）中间体 5,6,7,8-四氢-1-萘甲酸的合成如下[89]：

蒽和菲也可以加氢，反应条件不同，加氢量不同，得到的产物也不同。

呋喃及其衍生物很容易还原为四氢呋喃类化合物。常用的催化剂是钯和 Raney-Ni。糠酸还原生成降压药盐酸阿夫唑嗪（Alfuzosin hydrochloride）的中间体四氢呋喃-2-甲酸。

苯并呋喃还原时，呋喃环更容易被还原，首先生成 2,3-二氢苯并呋喃，其为抗癌制剂苯并呋喃磺酰脲 DPP-Ⅳ 抑制剂类化合物等的医药中间体，继续氢化则生成八氢苯并呋喃。

2,3-二氢苯并呋喃

噻吩类化合物的还原一般不用镍类催化剂，因为镍具有脱硫作用，并使催化剂中毒。比较好的催化剂是多硫化钴、八羰基二钴、七硫化二铼、七硒化二铼等。后面的两种催化剂需要较高的温度和压力，生成四氢噻吩的收率较高，分别可达 70% 和 100%。

吡咯及其同系物可以被完全还原或部分还原。吡咯自身的完全还原并不容易，但 N-烃基取代吡咯很容易氢化，高收率的得到 N-烃基四氢吡咯。2,5-二甲基吡咯在乙酸中以铑作催化剂于 60℃、0.3MPa 氢化，得到 cis-2,5-二甲基四氢吡咯的收率为 70%。

侧链上具有双键的吡咯，还原时侧链双键优先被还原，而后在更强烈的条件下吡咯环进一步被还原。

吲哚类化合物催化氢化时，反应条件不同，氢化产物也可能不同，但吡咯环更容易还原。

吡啶及其同系物可以完全还原生成六氢吡啶（哌啶）及其同系物，也可以部分还原生成二氢或四氢化合物。催化氢化的速度比苯类化合物快。

吡啶-2-甲酸加氢还原可以生成哌啶-2-甲酸，是局部麻醉药盐酸甲哌卡因、甲磺酸罗哌卡因等的中间体。

还原吡啶类化合物的良好催化剂是铑系催化剂。吡啶环上可以带有多种取代基，例如：2-(CH$_2$)$_2$OH、2-(CH$_2$)$_3$OH、2-或 4-CH$_2$Ph、2-或 4-COOH、2-或 3-或 4-COOR、3-CONH$_2$、2-CON(C$_2$H$_5$)$_2$、2,4,6-三甲基等，收率一般都很高。

喹啉还原时，一般喹啉分子中的吡啶环容易被还原，无论是催化氢化，还是化学还原。

用铱作催化剂进行 2-或 4-甲基喹啉的还原，得到 1,2,3,4-四氢喹啉，基本没有其他产物。

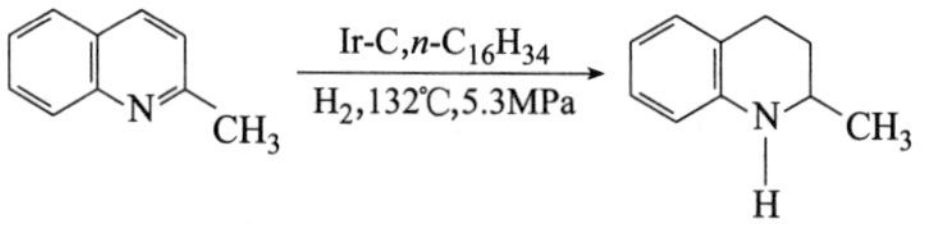

（4）羰基化合物的催化氢化　醛、酮催化氢化通常得到相应的醇类化合物，特别是脂肪族醛、酮。

几乎所有的催化氢化催化剂都能将醛还原为伯醇。Raney-Ni、Pt、PtO_2、氧化铝或氧化铬与其他金属（如铜、锌）等组成的复合催化剂等是常用的催化剂。用氧化铬组成的复合催化剂时，需要较强烈的反应条件。

不饱和醛还原时，选择合适的催化剂和反应条件，可以实现选择性还原，例如：

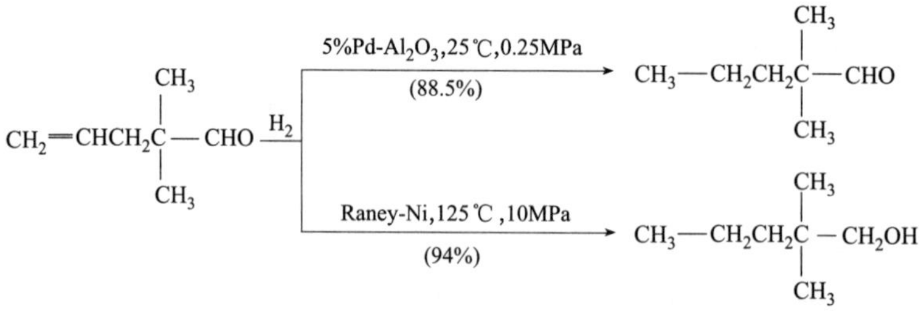

在还原不饱和羰基化合物时，还原双键钯比镍具有更好的选择性。例如长效消炎镇痛药萘丁美酮（Nabumetone）（46）[90] 的合成。

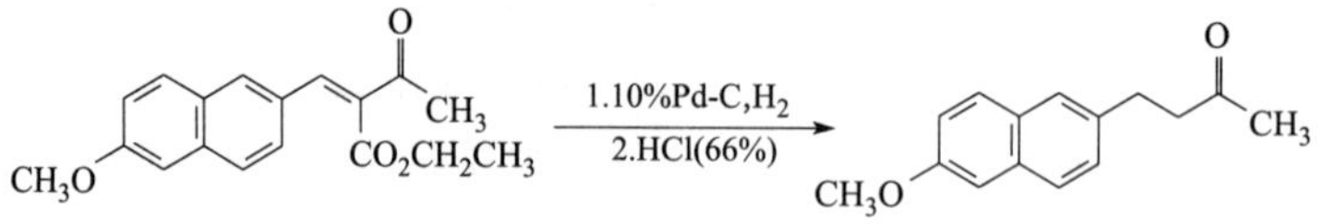

不饱和醛也可以选择性地还原为不饱和醇。例如柠檬醛在氯化亚铁或硫化亚铁、氯化锌存在下用 PtO_2 作催化剂进行氢化还原生成牻牛儿醇，其具有抗菌、驱虫等作用。

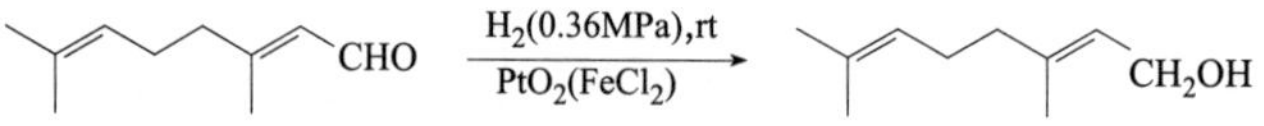

酮的催化氢化可以生成仲醇，例如如下反应采用 PtO_2 为催化剂，合成了青光眼治疗药盐酸地匹福林（Dipivefrin hydrochloride）（47）[91]。

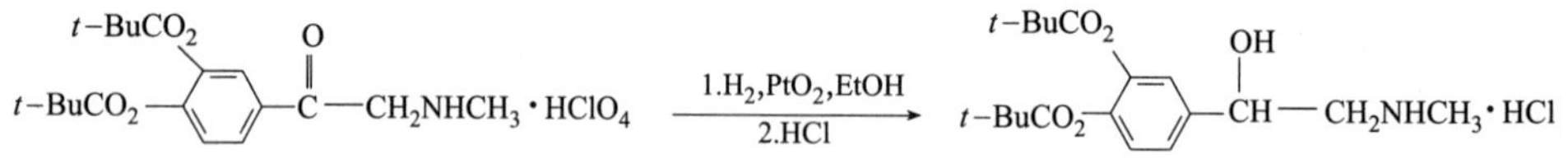

酮羰基催化氢化时不如醛羰基活泼，因此，当分子中同时含有酮羰基和醛基时，只还原醛基而保留酮基是可行的。若想只还原酮基，则醛基需要保护。

二羰基化合物若在活性上存在明显差异，则可以实现选择性氢化。例如 2,6,6-三甲基-1,4-环己二酮的还原，空间位阻小的羰基容易被还原。

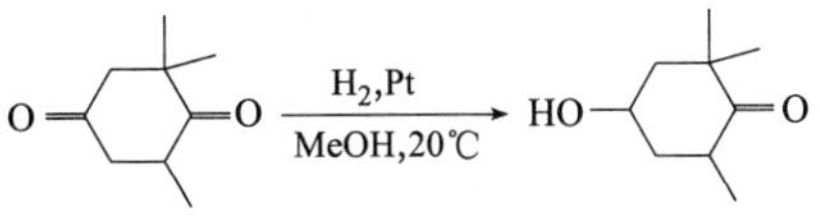

芳香醛、芳香酮催化还原时，生成的醇为苄基醇，在氢化条件下有可能进一步发生氢解脱去羟基而生成甲基或亚甲基，这是还原芳香族酮羰基为亚甲基的方法之一，钯是有效的催化剂。但用镍催化剂和氧化铜铬催化剂时不会发生氢解。例如抗肿瘤新药开发中间体色满-7-醇（**48**）[92] 的合成。

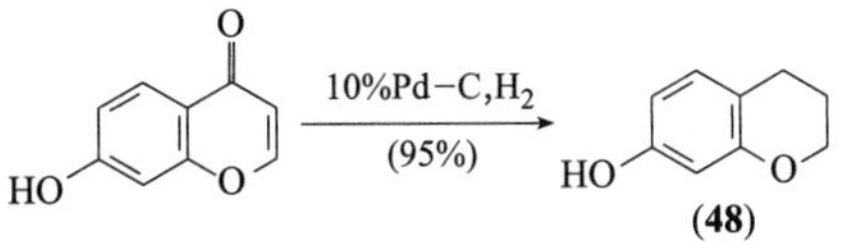

在羰基化合物进行催化氢化将羰基变为甲基或亚甲基时，分子中的一些基团如内酰胺、酯基等不受影响。

将醛或酮首先转化为硫缩醛或硫缩酮，而后还原脱硫生成烃，这是间接将羰基化合物转化为烃的好方法。Raney-Ni 是将硫缩醛、硫缩酮转化为烷类化合物的有用的催化剂。四氢铝锂/四氯化钛、四氢铝锂/氯化锌也是可以使用的还原剂。

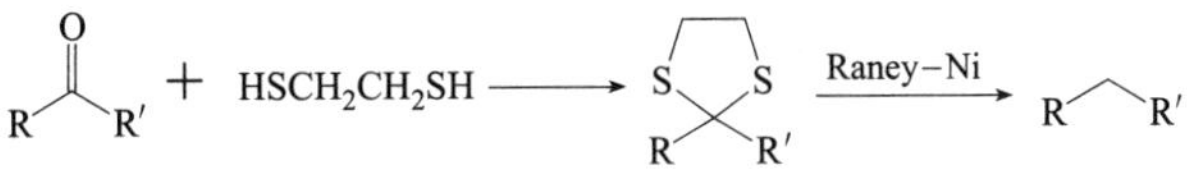

均相催化氢化在羰基化合物的还原反应中的应用也越来越受到重视，特别是在不对称还原中的应用越来越广泛，用于合成手性醇。常用的催化剂为钌、铑、铱等金属的配合物。

在强碱性条件下，用铑配合物作催化剂，脂肪族和芳香族酮容易被还原为相应的醇。

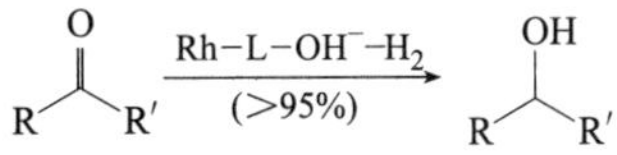

采用手性配体的钌、铑配合物作催化剂，可以进行酮的不对称还原，得到的手性醇的光学活性很高。例如：

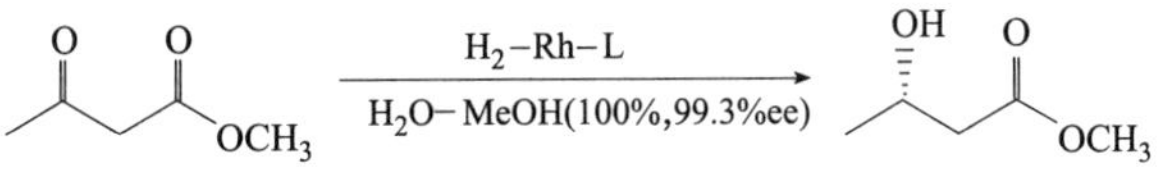

2,2'-双（二苯基膦)-1,1'-联萘（BINAP）是一种优良的催化剂配体，生成的铑配合物可以将酮在均相氢化条件下还原为醇。使用 2,2'-双（二苯基膦)-1,1'-联萘/氢的还原称为 Noyori 不对称还原。

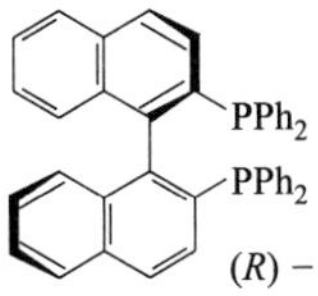

(5) 腈的氢化　腈类化合物还原为伯胺，既可以采用催化氢化法，也可以采用化学还原法。腈催化氢化可以生成伯胺，氢化是分步进行的，腈首先吸收一分子的氢生成亚胺，亚胺再吸收一分子的氢生成胺。

$$R—C\equiv N \xrightarrow{H_2} R—CH=\underset{亚胺}{NH} \xrightarrow{H_2} R—CH_2—\underset{胺}{NH_2}$$

实际上，腈的还原十分复杂，主要可以发生如下反应：

$$R—C\equiv N \xrightarrow{H_2} R—CH=NH \xrightarrow{H_2} R—CH_2—NH_2$$
$$\text{(1)} \qquad\qquad \text{(2)} \qquad\qquad \text{(3)}$$

反应中若有水存在，则很容易由（1）生成仲胺（5）。

由于反应中生成的伯胺可以与亚胺或醛反应，因此反应中可能会生成仲胺甚至叔胺的副产物。在具体反应中加入氨可以抑制副反应的发生。另一种减少副反应的方法是在酸性条件下或在酰基化溶剂中进行，如乙酸、乙酸-硫酸、乙酸酐等，使生成的胺转变为盐或酰胺。也可以使用氯化氢乙醇溶液作为反应介质。最方便的方法应该是加入过量的氨。

Raney-Ni 是还原腈类化合物最常用的催化剂。使用过量的催化剂可以使反应在较低的氢气压力下进行。Raney-Ni 适用于多种类型的腈的还原，但氰醇和 α-氨基腈还原时会发生氢解生成氰化氢，值得注意。在还原 β-和 γ-腈酯时会发生环合反应。在还原一些碱性腈时，使用 Raney-Ni 有时会出现氢解，但总体来说，腈催化还原为胺的收率都比较高。

镇静、镇痛药物四氢巴马丁（Tetrahydropalmatine）、维拉帕米（Verapamil）等的中间体 3,4-二甲氧基苯乙胺（**49**）[93] 的合成如下。

载体铑在氨存在下，将腈还原为伯胺的效果很好。在 α-氨基腈还原时不会发生氢解，这是与 Raney-Ni 不同的地方。

二腈类在加氢时是分步进行的，可能先生成氰基胺，进一步加强氢化条件，可生成二胺。

$$NC(CH_2)_4CN \xrightarrow[\text{压力},\triangle(92\%)]{H_2,Pd\text{-}SiO_2} H_2NCH_2(CH_2)_4CN \xrightarrow{H_2} H_2NCH_2(CH_2)_4CH_2NH_2$$

在二腈的氢化反应中可能发生成环的副反应。因此通入适量的氨很必要。

不饱和腈类化合物采用催化氢化法还原时，双键更容易被还原，加强反应条件，则可以被还原为饱和胺。

$$H_2C=CHCN \xrightarrow{H_2,Ni} CH_3CH_2CH_2NH_2$$

但当双键在环内或双键上有较多的取代基或腈基在端基时，才可以实现选择性还原腈基。

当腈类化合物分子中含有羰基时，腈基首先被还原，酮腈还原首先生成氨基酮类化合物。进一步加强反应条件，可以将羰基还原生成氨基醇。

在如下反应中，分子中同时含有硝基、氯和腈基，采用钯、酸、水体系，由于硝基的还原、C-Cl键的氢解和腈基的还原都不难，则同时实现了还原，得到的产物（**50**）[94] 是维生素 B_6 的中间体。

$$H_2, 5\%Pd-C, H_2O-HCl \quad 0.147MPa, 25\sim30℃(70\%)$$

(50)

另外值得指出的是，腈类化合物还原时，在特定的条件下可以将腈基还原为甲基，苯甲腈在 $130\sim150℃$、$98kPa$ 的氢气压力下，用 30% 的镍-氧化铝作催化剂，可以还原为甲苯。

二、均相催化氢化

均相催化氢化是指催化剂可溶于反应介质的催化氢化反应。其特点是反应活性高，条件温和，选择性好，不易中毒等，尤其适用于不对称合成，应用广泛，但催化剂价格高。

均相催化剂在多种有机反应中都有应用，例如氢化、羰基化、加成、聚合、异构化、偶联、环合、氢硅化和不对称合成等。

均相催化剂具有确定的分子结构，对研究反应机理具有重要的意义。

均相催化剂主要是过渡金属钌、铑、铱、铂、钴等，它们都具有未充满的和不稳定的 d 电子轨道，容易吸附氢分子并使其活化，从而很容易对许多有机基团进行氢化。

均相催化剂是过渡金属钌、铑、铱、铂、钴等原子或离子的络合物。以这些过渡金属原子或离子为中心的配位基可以是离子、自由基或基团（它们可以是饱和分子，也可以是不饱和分子）。常用的配位基团是三苯基膦。三苯基膦类配合物，磷可以和这些金属形成牢固的配位键。三（三苯基膦）氯化铑可由氯化铑同过量的三苯基膦在乙醇中回流来制备，为红色结晶，mp 159℃。可溶于乙醇、苯、丙酮等有机溶剂，

$$RhCl_3 \cdot 3H_2O + 4PPh_3 \xrightarrow{EtOH} (PPh_3)_3RhCl + PPh_3Cl_2$$

关于均相催化氢化的机理，以三（三苯基膦）氯化铑为例说明如下：

首先是三（三苯基膦）氯化铑在溶剂 S 作用下，S 取代一个 PPh$_3$ 得到配合物 [1]，尔后与氢配位并活化生成 [2]，反应物分子的烯键置换 [2] 中的溶剂分子 S 生成中间配合物 [3]，[3] 迅速进行顺式加成生成配合物 [4]，随后 [4] 解离，生成还原产物和 [1]，[1] 继续参加反应。

均相催化氢化反应应用很广。空间位阻小或端基烯、炔可以被选择性还原，例如：

$$\text{（图）} \xrightarrow[\text{C}_6\text{H}_6,\text{rt},0.1\text{MPa}(78\%)]{(\text{PPh}_3)_3\text{RhCl}} \text{（图）}$$

均相催化氢化选择性好。例如抗癌药三尖杉酯碱（Harringtonine）中间体（**51**）的合成，分子中的硝基不受影响：

$$\text{（图）} \xrightarrow[\text{C}_6\text{H}_6,\text{rt},]{\text{H}_2,\text{Rh}(\text{PPh}_3)_3\text{Cl}} \text{（图）}$$

(51)

用载体钯或铂为催化剂氢化 α-山道年的与羰基共轭的双键，生成非选择性的四氢山道年异构体的混合物，而当使用均相催化剂时，则可以进行选择性还原，生成驱虫剂二氢山道年，反应迅速、收率高[95]。

（四氢山道年）

（二氢山道年）

三（三苯基膦）二氯化钌[(PPh$_3$)$_3$RuCl$_2$] 也是常用的均相催化剂。

采用手性配体制成的均相催化剂，可以使前手征性反应底物转化为高光学活性的产物。例如非甾体抗炎药（S）-萘普生（**52**）的合成。

$$\text{（图）} \xrightarrow[(92\%,\ 97\%ee)]{\text{H}_2,\text{Ru-}(S)\text{-BINAP}} \text{（图）}$$

（S）-萘普生

(52)

又如维生素 E 和维生素 K 侧链部分的合成：

$$\text{（图）} \xrightarrow[\text{Ru-}(R)\text{-BINAP}]{\text{H}_2} \text{（图）}$$

1996 年，我国化学家蒋耀忠发明了一种手性催化剂——蒋氏催化剂，其结构如下：

[(+)或(−)-(Ⅱ)Rh(COD)]X
COD = 1,5-环辛二烯；X=BF$_4^-$，Cl$^-$

该催化剂能特异性地催化 α,β-不饱和氨基酸衍生物进行不对称加氢，得到高光学活性的氨基酸衍生物，产物水解得光学纯氨基酸。

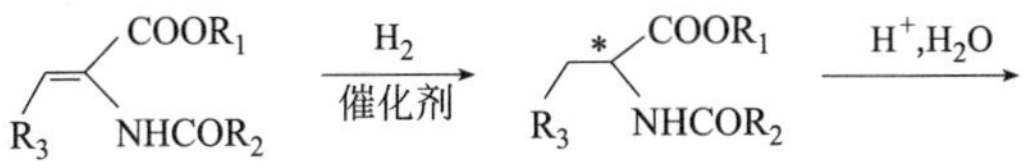

该催化剂催化的加氢反应条件温和，在 $20℃$，$0.1MPa$ 的氢气压力下，$10min$ 完成反应，收率几乎 100%，光学纯度 $90\%\sim99\%$，是一个理想的手性纯氨基酸合成方法。通过改变底物和催化剂，可以得到不同构型的氨基酸。

随着新的均相催化剂的出现，均相催化氢化的应用范围也逐渐扩大。但均相催化的缺点是催化剂不易回收，产物的分离、纯化也往往比较困难。

第三节 催化转移氢化反应

某些化合物在催化剂存在下成为氢的给予体，定量地释放出氢，并作为氢源进行催化氢化，这类反应称为催化转移氢化反应（Catalytic transfer hydrogenation）。

该类反应的特点是在催化剂存在下，氢源大多是有机物分子而非气态氢进行的还原反应。一般常用的氢的给予体是环己烯、环己二烯、四氢萘、α-蒎烯、乙醇、异丙醇、环己醇、甲酸、肼以及 NaH_2PO_2 等。

催化转移氢化反应应用较广，很多官能团可以被还原。例如烯键、炔键、羰基、氰基、硝基化合物、亚胺、羟胺、腙、偶氮化合物等，也可以使苄基、烯丙基以及碳-卤键发生氢解，例如医药、农药中间体邻甲苯胺的合成。

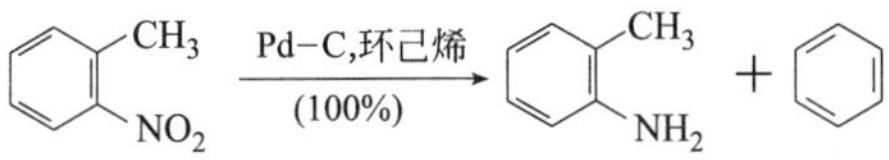

又如如下脱苄基反应：

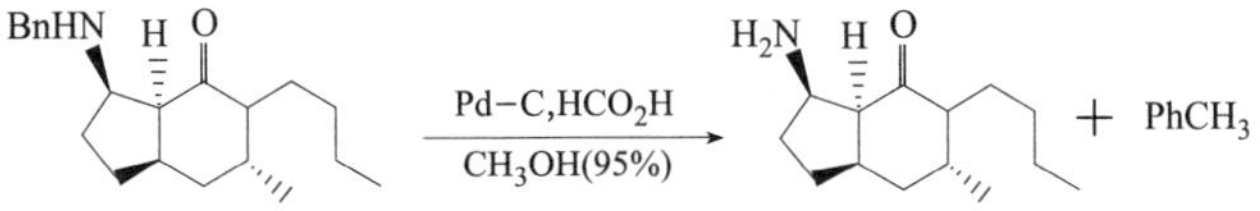

催化转移氢化的特点是反应条件比较温和；操作简单，无需特殊设备；具有较高的选择性。但催化转移氢化也有一定的局限性，例如有些氢的给予体价格较高；催化氢化活性较低；反应体系中增加了氢给予体脱氢后的副产物，有时会对产物的提纯带来不便等。

催化转移氢化反应与多种因素有关，例如氢给予体的性质、反应底物的性质、催化剂的类型、溶剂、反应温度、介质的酸碱性等。

氢给予体是在一定的条件下放出氢的一类化合物。氢给予体是一类氧化势很低的有机化合物，在温和的条件下可以进行氢的转移。有时也可以使用无机物肼、NaH_2PO_2 等，表 2-4 列出了一些常用的催化转移氢化的氢给予体。

表 2-4 一些常用的氢给予体

氢给予体	催化剂	氢给予体	催化剂
环己烯	Pd	蒎烯	Pd
取代环己烯	Pd	乙醇	Raney-Ni
1,3-环己烯	Pd	异丙醇	Raney-Ni
1,4-环己烯	Pd	二乙基甲醇	Raney-Ni
八氢萘	Pd	辛醇	$RuCl_2(PPh_3)_3$
1-甲基八氢萘	Pd	环己醇	Raney-Ni
2-甲基八氢萘	Pd	苄醇	$RuCl_2(PPh_3)_3$
萘满	Pd	苯乙醇	$RuCl_2(PPh_3)_3$
1,6-二甲基萘满	Pd	甲酸	$RuCl_2(PPh_3)_3$
6-甲基萘满	Pd		
d-1,8-萜二烯	Pd		

环己烯是一种较适用的氢给予体，具有较高的反应活性，而且价格较低。例如选择性胃肠道钙离子拮抗剂，用于治疗肠易激综合征药物匹维溴铵（Pinaverium bromide）中间体二氢诺卜醇（**53**）[96] 的合成如下。

(**53**)

环己烯的缺点是反应温度有限，因而往往反应速度较慢。萘满、四氢萘、单萜、1,8-萜二烯、肼、甲酸等也是较常用的氢给予体。甲酸在催化剂存在下可以放出氢。

$$HCOOH \xrightarrow{Pd-C} H_2 + CO_2$$

这些氢给予体反应活性不同，可以根据反应底物选用不同的氢给予体。还原羰基时，可以选用醇作为氢给予体，萜类化合物中，增加萜烯的不饱和性，其还原活性会增大。

催化转移氢化的催化剂一般为过渡金属或其化合物。例如钯黑、钯-炭、钯-氧化铝、镍-硅藻土、$Ru(PPh_3)_3Cl_2$、$IrHCl_2(Me_2SO)$、$IrBr(CO)(PPh_3)_3$、$RhCl(PPh_3)_3$、$PtCl_2$$(Ph_3As)$-$SnCl_2 \cdot H_2O$ 等。其中钯、镍催化剂应用较多。

分子中含有 α,β-不饱和羰基基团和孤立双键时，用 Pd-C 催化剂和甲酸铵进行转移氢化反应，双键更容易被还原，羰基不被还原，反应的选择性很高。例如化合物（**54**）的合成：

(**54**)

催化转移氢化与以氢气为氢源的还原十分相似，只是氢的来源不同。

肼在钯、铂或 Raney-Ni 存在下分解为氢、氮、氨，条件不同，放出的氢气量也不同。

$$2NH_2NH_2 \xrightarrow[空气]{Pt} 2NH_3 + N_2 + H_2$$

$$3NH_2NH_2 \xrightarrow[无氧]{Pt} 4NH_3 + N_2$$

$$NH_2NH_2 \xrightarrow[Ba(OH)_2]{Pt} N_2 + 2H_2$$

$$3NH_2NH_2 \xrightarrow[HO^-]{Pt} 2NH_3 + 2N_2 + 3H_2$$

这类反应由于不需要加氢设备、操作简便、使用安全，因而在应用上得到迅速发展。例如心脏病治疗药盐酸艾司洛尔（Esmolol hydrochloride）中间体 3-对羟基苯丙酸的合成[97]。

$$HO-\bigcirc-CH=CHCOOH \xrightarrow[(85.4\%)]{Raney-Ni,NH_2NH_2} HO-\bigcirc-CH_2-CH_2COOH$$

如下反应在 Pd-C 催化剂存在下，使用 NaH_2PO_2 作氢供体，生成镇痛药苯噻啶的中间体（**55**）[98]。

$$\xrightarrow[(91\%)]{Pd-C,NaH_2PO_2 \cdot H_2O,NaOH}$$

(55)

影响催化转移氢化的因素很多。除了氢给予体的性质外，还与氢接受体的性质、催化剂本身的性质、溶剂、反应温度等有关。使用该方法时，应充分考虑到这些因素。

第四节 氢解反应

在氢化反应中，σ-键的还原裂解称为氢解，即在氢化过程中，有些原子和基团脱去的同时被氢原子取代。用通式表示如下：

$$A-B + 2H \longrightarrow A-H + B-H$$

式中，A、B 可以是碳、氧、氮、硫或卤素等。

氢解反应可以分为脱苄基、脱卤、脱水、开环、脱羧、脱硫等类型。

从断裂的化学键的情况看，氢解主要包括 C-H（又称为氢交换）、C-C、C-O、C-N、S-O、C-S、C-X、N-O、N-N、O-O 等键的断裂。硝基、亚硝基、肟等还原为氨基，实际上也属于氢解反应，是 N-O 键的断裂。

氢解反应的主要用途是：还原某些基团（例如硝基还原为氨基）；去掉某些基团（例如脱苄基、脱卤素等），是有机合成的重要反应之一。

氢解通常在比较温和的条件下进行，在药物合成中应用广泛。但氢解常常是氢化某些化合物时的副反应，给氢化反应带来不便，应尽量避免。

一、氢解脱苄基

连在氮、氧原子上的苄基，在 Raney-Ni 或 Pd-C 催化剂存在下，与氢反应，苄基可以脱去，特别是 Pd-C 催化剂，在 0.1MPa，室温或稍高于室温的情况下，就能脱去苄基。例如抗癌化合物（**56**）[99] 的合成。

$$\xrightarrow[25℃,0.1MPa(90\%)]{C_2H_5OH,Pd-C,H_2} \quad + PhCH_3$$

(56)

苄基醚容易氢解生成羟基化合物和甲苯,生成苄基醚是保护醇羟基和酚羟基的方法之一。氢解时既可以采用催化氢解的方法,也可以采用催化转移氢化的方法。例如色素沉着过度治疗药莫诺苯宗(Monobenzone)原料药对苄氧基苯酚的合成[100]。

$$PhCH_2O \underset{}{\overset{}{\bigcirc}} OCH_2Ph \xrightarrow[\text{(46.5\%)}]{\text{Pd-C,环己烯}} PhCH_2O \underset{}{\overset{}{\bigcirc}} OH$$

苄基酯的苄基也可以氢解脱去。

$$PhCH_2OCONHCHCO_2C_4H_9 \xrightarrow{H_2,Pd-C} H_2NCHCO_2C_4H_9 + C_6H_5CH_3 + CO_2$$
$$\overset{|}{R} \qquad\qquad\qquad \overset{|}{R}$$

在上述反应中,苄氧羰基是氨基的保护基团,通过氢解很容易将保护基脱去。反应中每吸收 1mol 的氢,将释放出 1mol 的二氧化碳,用碱吸收,可以进行定量分析。

苄基胺类化合物可以氢解脱去苄基。例如抗菌剂托氟沙星等的中间体 3-氨基吡咯烷二盐酸盐(**57**)[101] 的合成。

(57)

苄基与氮、氧原子相连时,脱苄反应的活性大致有如下活性次序:

$$PhCH_2 \overset{|}{\underset{|}{-N^+-}} > PhCH_2-O- > PhCH_2-N\overset{R}{\underset{R'}{<}} > PhCH_2-NHR$$

二、醚的催化氢解

苄基醚很容易氢解,但一般的开链醚是稳定的化合物难以氢解。用氧化铬铜或 Raney-Ni 作催化剂,在高温、高压下可以氢解断裂 C-O 键,使用 Pd-C 催化剂也可以发生氢解。除了苄基醚外,这种方法在有机合成中并不常用。

$$R-O-R' \longrightarrow R-OH + R'-H$$

环氧乙烷衍生物氢解开环通常按照如下两种方式进行,氧原子两端都可以开环,但主要由取代基、反应介质及催化剂性质等因素来决定。

$$\underset{O}{\overset{R\quad R'}{\triangle}} \longrightarrow \begin{array}{l} RCHCH_2R' \quad \left(\begin{array}{c}RCH_2CHR'\end{array}\right) \quad (1) \\ \overset{|}{OH} \qquad\qquad \overset{|}{OH} \\ RCH_2CH_2R' \qquad\qquad\qquad\quad (2) \end{array}$$

氢解产物可以是醇(1),也可能是烷类化合物(2),两种产物的比例往往基本相等,化合物(2)可能是按如下方式反应生成的:

$$\underset{O}{\overset{R\quad R'}{\triangle}} \xrightarrow[-H_2O]{H_2} RCH=CHR' \xrightarrow{H_2} RCH_2CH_2R'$$

环氧乙烷衍生物常用钯、铂作氢解催化剂。苯基缩水甘油酸钠在水中用 2% 的 Pd-C 作催化剂进行氢解,生成苯基乳酸(**58**),其为降血糖药恩格列酮(Englitazone)的中间体,也是非蛋白氨基酸施德丁(Stating)的中间体。

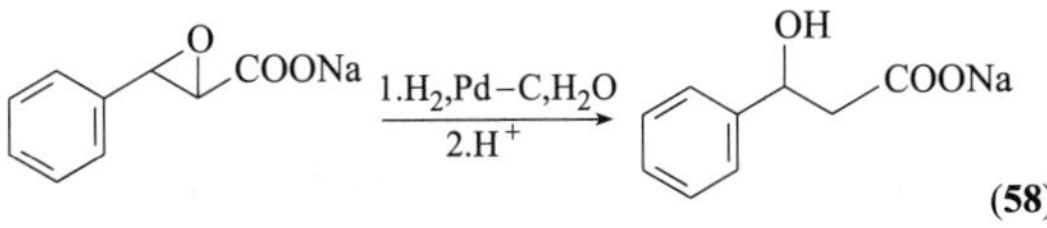

(58)

分子中同时含有双键和环氧环的化合物氢化时，通常双键容易被还原。若加入 1mol 的硝酸银，可以防止双键的还原，有利于环氧环的氢解。

THF 也可以发生氢解反应，但比环氧乙烷衍生物要困难得多，原因是五元环稳定，

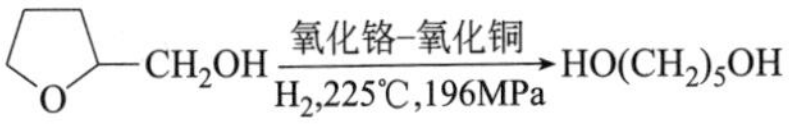

三、碳-硫键、硫-硫键的氢解

硫醇、硫醚、二硫化物、亚砜、砜、磺酸衍生物以及含硫杂环等含硫化合物，可发生氢解，使碳-硫键、硫-硫键断裂。Raney-Ni 是最常用的催化剂，有时也用 Pd-C 催化剂。

例如氟喹诺酮类抗菌新药格帕沙星（Grepafloxacin）中间体 2,4-二氯-5-氟-6-甲基苯胺 (**59**)[102] 的合成。

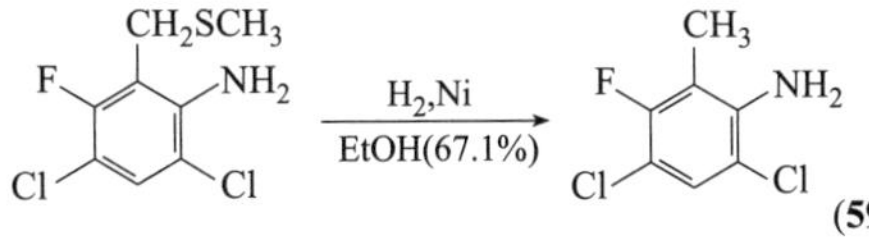

(59)

关于在镍催化剂存在下的脱硫反应的反应机理，目前认为属于自由基型反应。

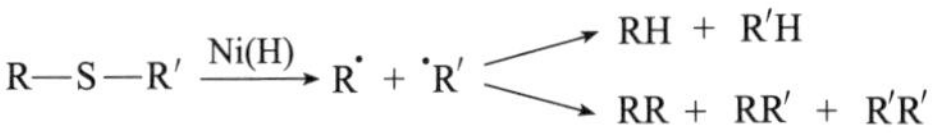

二硫键可以还原断裂，半胱氨酸甲酯的合成如下：

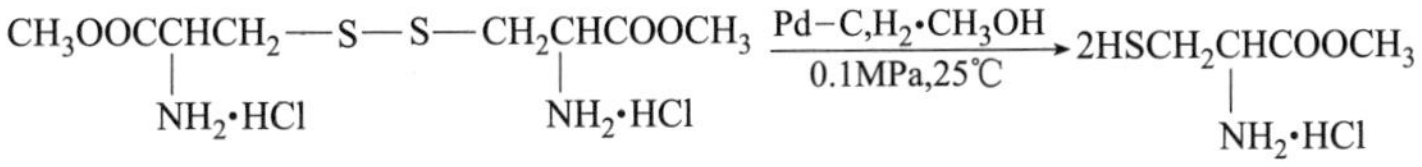

硫代缩酮和硫代半缩酮在 Raney-Ni 存在下也可以氢解。例如：

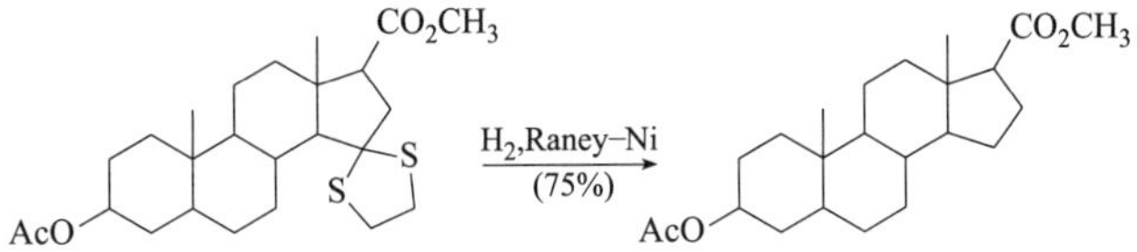

如下硫代酰胺类化合物也可以发生氢解反应脱去硫。

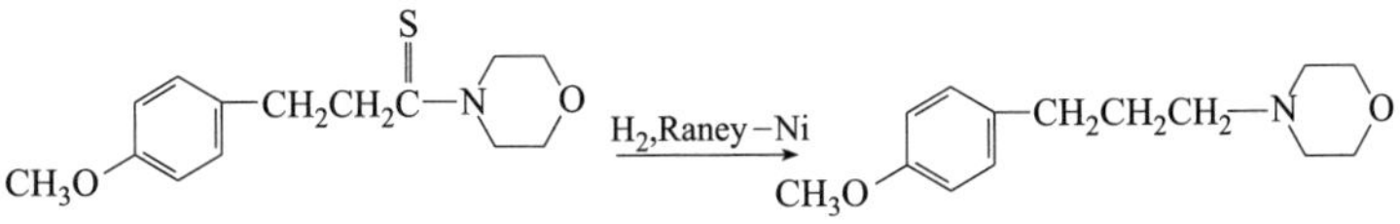

四、催化氢解脱卤

催化氢化法是氢解脱卤的最常用的方法。常用的催化剂是钯、Raney-Ni 等。氢解 C-X 键铂不如钯。镍虽然也可以使用，但由于镍容易受卤素离子的毒化，使用时一般采取增大镍

用量的方法来解决。氢解后的氟，可以使催化剂中毒，故催化氢化法一般不用于含氟化合物C-F键的氢解。

例如高血压病治疗药贝那普利（Benazepril）中间体（**60**）的合成[103]。

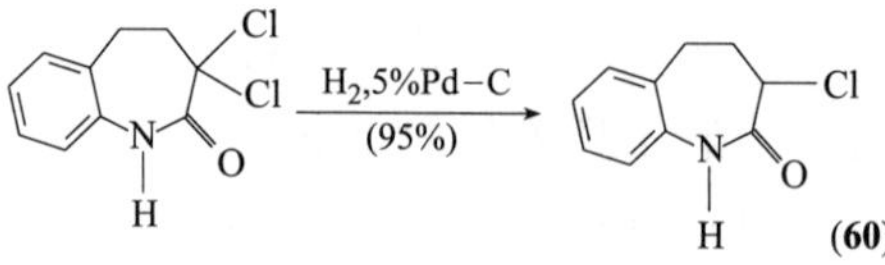

(60)

又如为解热镇痛药二氟尼柳（Diflunisal）等的中间体2,4-二氟苯胺的合成，硝基还原的同时，氯原子被除去。

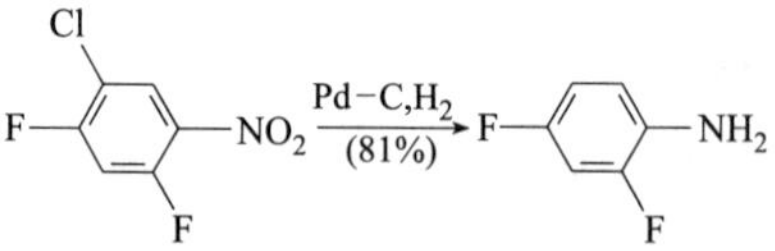

氢解脱卤的活性主要与两种因素有关。一是卤素原子的活性，卤素原子的活性顺序是I＞Br＞Cl＞F；二是含卤素化合物的结构，酰卤、苄基卤、烯丙基卤、芳环上电子云密度较低的卤素原子以及α-位连有吸电子基团的卤素原子，更容易被氢解。一般来说，普通的卤代烷较难氢解。

芳环上不同位置的卤素原子，若与其相连的碳原子电子云密度具有明显差别，则可以实现选择性氢解。电子云密度较低处的C-X键更容易被氢解。例如，2-羟基-4,7-二氯喹啉的氢解生成2-羟基-7-氯喹啉。

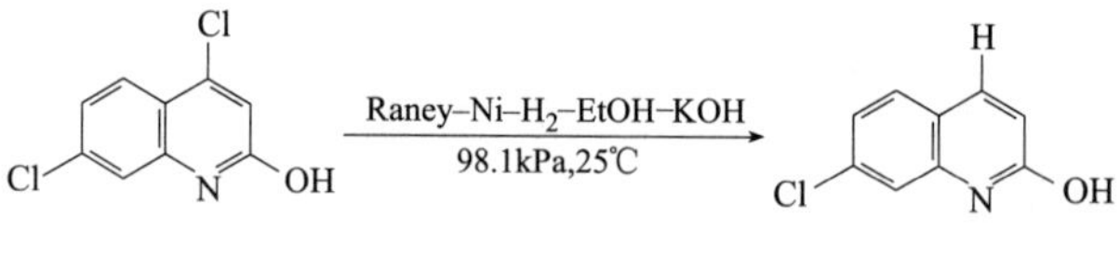

含氮杂环卤化物在催化剂存在下氢解，可以脱去卤素原子。抗病毒药奈韦拉平（Navirapine）中间体（**61**）[104]的合成如下。

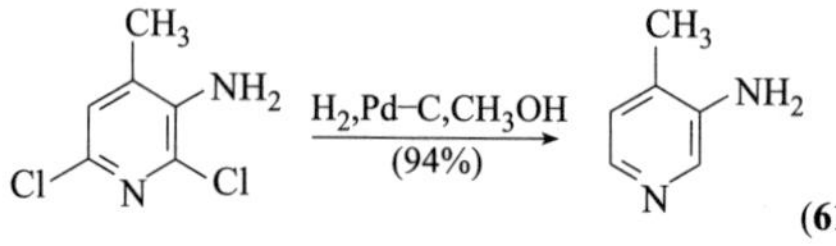

(61)

酰氯在钯催化剂存在下用氢气氢解生成醛，该反应称为 Rosenmund 还原反应。该法可用于脂肪醛的合成，但主要还是用于芳香醛的制备。由于醛可以进一步被还原为醇，故常加入抑制剂以降低催化剂的活性。常用的是附着在硫酸钡上的钯并加入抑制剂（2,6-二甲基吡啶、喹啉-硫等）。酰氯分子中有—X、—NO$_2$、—COOR 等基团时不受影响。但羟基则应先用乙酰基保护，否则容易与酰氯反应生成酯。碳碳双键虽然不被还原，但有时会发生双键的重排。长效抗菌药溴莫普林（Brodimoprim）等的中间体 4-溴-3,5-二甲氧基苯甲醛（**62**）[105]的合成如下。

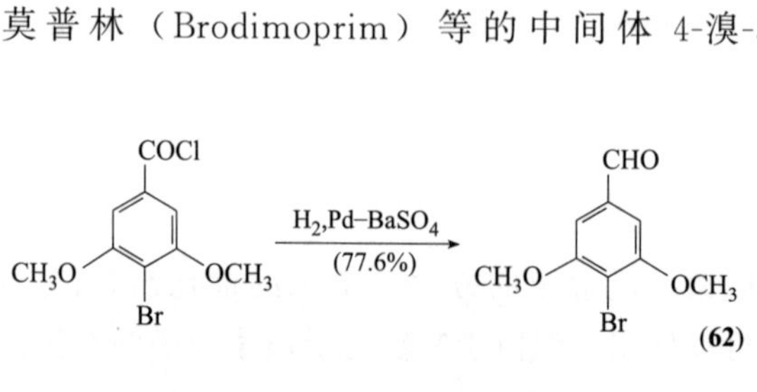

(62)

在有些情况下，不用降低催化剂的活性，直接控制氢气的用量也可以得到相应的醛。也可以使用以硫脲降低活性的 PtO_2 作催化剂应用于酰氯还原为相应的醛。

$$\text{PhCOCl} \xrightarrow[\text{Tol,回流6～12h(96\%)}]{PtO_2 \cdot H_2NCSNH_2} \text{PhCHO}$$

五、羧酸及其衍生物的氢解

羧酸、酸酐、酰氯、酯、内酯、酰胺、酰亚胺、内酰胺等氢解比较困难，但在一定的条件下也可以发生氢解反应。

羧酸的氢解生成相应的醇，需要在催化剂存在下高温、高压才能进行，该方法并不常用。

酸酐氢解有时并不能得到满意的结果，常常会发生一些副反应。例如开环、生成烃类化合物等，芳香酸酐有时会发生环上的加氢反应等。

丁二酸酐在乙酸乙酯中用 Pd-C 或 Pd-Al$_2$O$_3$ 作催化剂，于 35～100℃，1.57～1.67MPa 氢气压力下可以氢解为 γ-丁内酯，其为环丙沙星、脑复康、维生素 B$_1$ 等的中间体。

$$\xrightarrow[\text{(80\%～94\%)}]{H_2,Pd-C}$$

邻苯二甲酸酐在二氧六环中用 Raney-Ni 作催化剂，于 30℃，9.8MPa 氢压下氢解可以生成苯酞，收率 90%，为杀菌剂四氯苯酞、抗焦虑药多虑平（Doxepin）等的中间体。

$$\xrightarrow[\text{(90\%)}]{H_2,Raney-Ni}$$

羧酸酯在催化剂存在下，于一定的温度和压力下，可以被氢气还原生成相应的醇，一般收率都很高。常用的催化剂有 Raney-Ni、Pd、Pt、Rh、Cr-Cu、In、铼配合物等。例如拟除虫菊酯型杀虫剂中间体 3-苯氧基苯甲醇的合成：

$$3\text{-PhOC}_6\text{H}_4\text{COOR} \xrightarrow[150～180℃,0.98～2.5MPa]{H_2,Cr\text{-}Cu\text{-}Ba,CH_3OH} 3\text{-PhOC}_6\text{H}_4\text{CH}_2\text{OH} + \text{ROH}$$

$$R = CH_3, C_2H_5$$

不饱和酸酯还原时生成饱和醇。例如利胆醇原料药 γ-苯基丙醇的合成。

$$\text{PhCH}=\text{CHCO}_2\text{C}_2\text{H}_5 + H_2 \xrightarrow[\text{(85\%)}]{Cr\text{-}Cu\text{-}Ba} \text{PhCH}_2\text{CH}_2\text{CH}_2\text{OH} + C_2H_5OH$$

脂肪族和芳香族酰胺（包括 N-烃基酰胺、N,N-二烃基酰胺），在高温高压下进行催化氢解，可以生成相应的胺，常用的催化剂有氧化铜铬、Reany-Ni、Reany-Co、铂、氧化铂、钌-炭、氧化钌等。

$$R\overset{\overset{\displaystyle O}{\|}}{C}\!-\!NR^1R^2 \xrightarrow[210～250℃,(100～300)MPa]{H_2,CuO \cdot CuCr_2O_4} RCH_2NR^1R^2$$

$$(40\%～70\%)$$

酰胺和酰亚胺的氢解比酸转化为醇还困难，伯酰胺氢解可以生成伯胺和仲胺的混合物。仲酰胺和叔酰胺用氧化铬铜作催化剂进行氢解，可以分别高收率的生成仲胺和叔胺。

丁二酰亚胺、N-烃基丁二酰亚胺、戊二酰亚胺等在镍-钴/氨或钌/炭催化剂存在下氢解，分别生成吡咯烷酮和哌啶酮。

除了上述化合物外，很多有机化合物也可以在一定的条件下发生氢解反应，例如羰基化合物、醇、肟、肼、缩醛、缩酮、杂环化合物等。

六、硝基化合物的氢解

硝基化合物分子中的 N-O 键，很容易被氢解。在镍、钯、铂、铑等催化剂存在下，硝基可以顺利地被氢气还原为氨基，滤去催化剂几乎可以定量得到高纯度的胺。使用 Pd-C 催化剂，很多硝基化合物在常压、室温下就可以用氢气还原为相应的胺。使用 Raney-Ni 催化剂时，反应温度和压力应适当提高。

急性白血病、恶性黑色素瘤病治疗药乌苯美司（Benstatin）中间体（**63**）[106] 的合成如下。

$$\underset{}{PhCH_2} \overset{NO_2}{\underset{OH}{CHCHCO_2H}} \xrightarrow{H_2,10\%Pd-C} \underset{}{PhCH_2} \overset{NH_2}{\underset{OH}{CHCHCO_2H}} \quad \textbf{(63)}$$

又如抗心律失常药多非利特（Dofetilide）中间体 4-［2-［(4-氨基苯乙基)(甲基) 氨基］乙氧基］苯胺（**64**）[107] 的合成如下。

$$\xrightarrow[MeOH(81.7\%)]{H_2,10\%Pd-C} \quad \textbf{(64)}$$

值得指出的是，硝基化合物的催化氢解，大都是放热反应，有时温度可以升的较高，在反应底物浓度高或底物用量比较大时，应特别注意，必要时可以冷却，以控制反应速度。

溶剂和反应介质（酸性、碱性或中性）会影响反应的收率。还原芳香族硝基化合物常用的溶剂是醇，如甲醇、乙醇或它们的水溶液。有些硝基化合物在醇中溶解度小，可以选用甲基溶纤剂（乙二醇单甲醚）或 DMF 等。在中性或碱性介质中，用 Raney-Ni 可以比较顺利地还原硝基化合物成胺，芳香族硝基化合物还原的速度一般比脂肪族硝基化合物快，还原产物的收率也比较高。

硝基化合物的还原是分步进行的，中间经历了多种中间体。

$$ArNO_2 \xrightarrow{H_2} \underset{亚硝基化合物}{ArNO} \xrightarrow{H_2} \underset{羟胺}{ArNHOH} \xrightarrow{H_2} \underset{胺}{ArNH_2}$$

由于硝基很容易被还原，分子中的其他一些基团，只要还原条件合适，可以不受影响，例如烯键、羰基、C-O 键、C-X 键，但炔键和 C-I 键容易被还原，值得注意，此时可以采用控制吸氢量的方法来达到选择性还原的目的。

在有些情况下，也可以在碱性条件下直接用 Ni-Al 合金来进行还原反应。Ni-Al 合金与碱反应放出氢，利用这种性质可以将硝基还原为氨基。

转移催化氢化法在硝基化合物的还原反应中应用较多。环己烯、水合肼、甲酸等的应用比较普遍。经常使用环己烯-Pd-C 体系还原硝基化合物生成相应的胺。

水合肼可将硝基化合物还原为胺，在 Pd-C，Raney-Ni 等存在下硝基也可以被肼还原而生成胺。胃病治疗药奥美拉唑（Omeperazole）中间体（**65**）[108] 的合成如下。

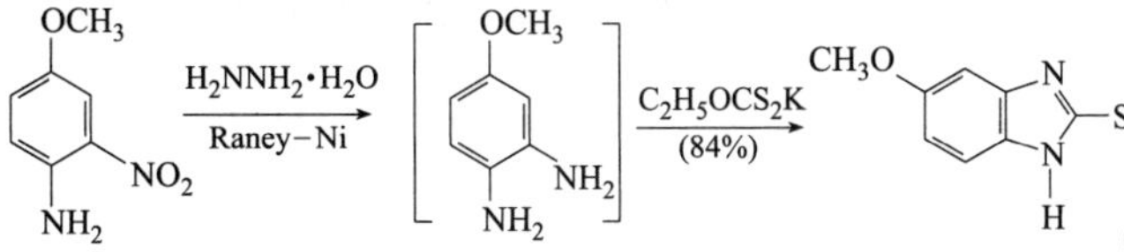

有时也可以使用 $FeCl_3$-C。例如抗真菌药氟康唑（Fluconazol）中间体 2,4-二氨基苯甲醛的合成[109]。

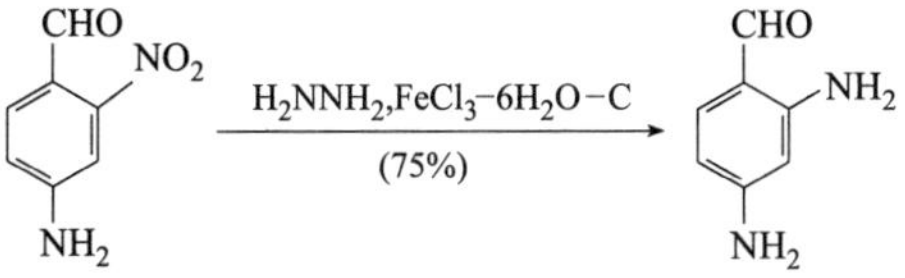

以金属 Pd、Pt、Rh、Ir、Ni 等为催化剂，以氢气为氢源，可以将芳香族硝基化合物还原为羟胺，但需要降低催化剂的催化活性，以免过度还原。

芳环上连有吸电子基团的硝基化合物，容易生成相应的苯基羟胺。

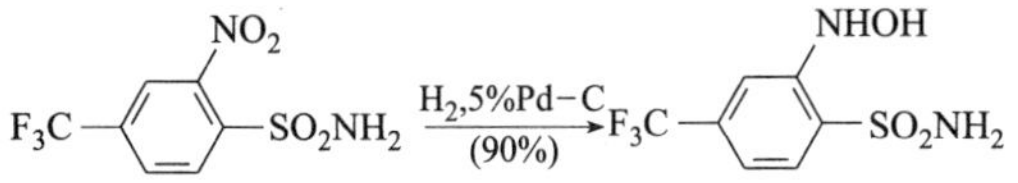

脂肪族硝基化合物也可以部分还原生成相应的羟胺。例如：

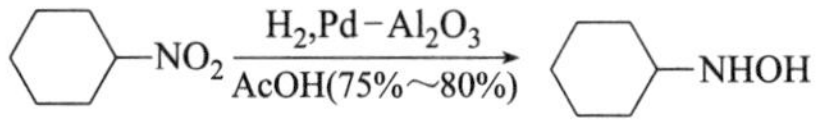

叠氮化合物还原可以生成伯胺类化合物。催化氢化是常用的方法，铂、钯、镍是常用的催化剂。$Pd-CaCO_3$ 催化剂，对于分子中含有羰基、C＝C 的叠氮化合物的还原，具有良好的化学选择性，只还原叠氮基成氨基。用 5％的 $Pd-CaCO_3$ 催化剂进行催化氢化，3-苯基-2-烯丙基叠氮还原为相应的胺，分子中的 C＝C 不受影响。

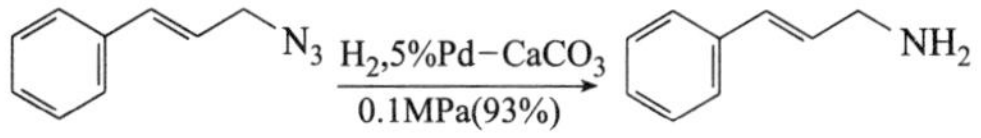

高血压病治疗药贝那普利（Benazepril）中间体（**66**）[110] 的合成如下。

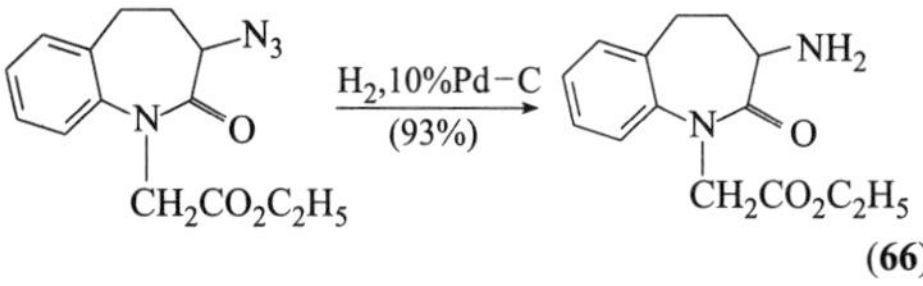

肟催化氢化可以生成胺，反应过程可能是先生成羟胺或亚胺，再进一步氢化生成胺（也可能是羟胺脱水再生成胺）。反应如下：

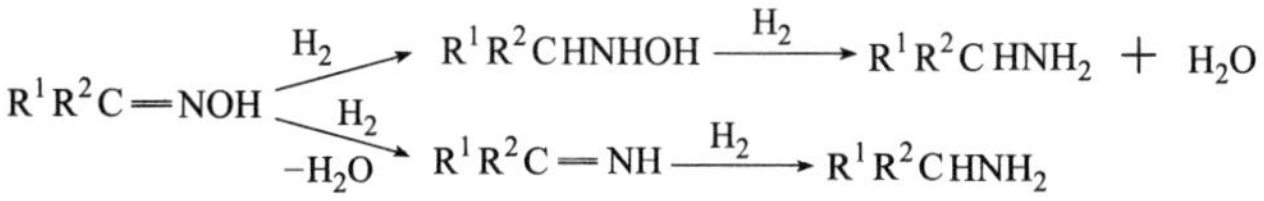

抗高血压药地拉普利（Delapril）中间体 2-氨基茚满（**67**）[111] 的合成如下。

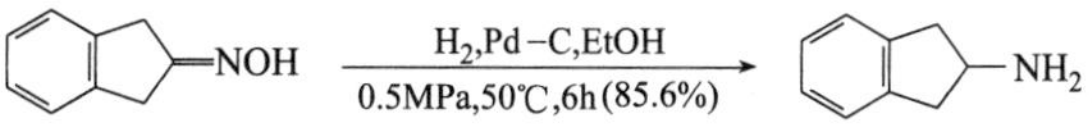

　　当然，还有很多基团可以发生氢解，含有多官能团的化合物很多情况下可以实现选择性氢化或氢解反应。

◆ **参考文献** ◆

[1] 唐玫，吴晗，张爱英等.中国医药工业杂志，2009，40（10）：721.

[2] Andrews B D. Australian Journal of Chemistry, 1972, 25: 639.

[3] 黄庆云，曹霞.中国医药工业杂志，1991，22（8）：368.

[4] 任勇，刘静，华维一.化学试剂，1998，20（4）：240.

[5] 姚建新，李占灵.郑州大学学报：医学版，2008，43（4）：791.

[6] 张灿，张慧斌.中国医药工业杂志，1996，27（10）：468.

[7] Manske R H. Org Synth, 1943, Coll Vol 2: 154.

[8] 高生辉.中国医药工业杂志，1993，24（3）：136.

[9] 勃拉特（Blatt H A）.有机合成：第二集.南京大学有机化学教研室译.北京：科学出版社，1964：78.

[10] 闻韧.药物合成反应.第二版.北京：化学工业出版社，2003：387.

[11] Goto G, Yoshioka K, Hiraga K, et al. Chem Pharm Bull, 1978, 26（6）: 1718.

[12] 蒋忠良，王娟，何继颖.精细与专用化学品，2007，15（7）：15.

[13] Donohoe J T, Guillermin J B, et al. Tetrahedron Lett, 2001, 42: 5841.

[14] 陈芬儿.有机药物合成法.北京：中国医药科技出版社，1999：361.

[15] Ferretti A. Org Synth. 1973, Coll Vol 5: 419.

[16] 刘莹.化工中间体，2006，7：26.

[17] Furniss B S, Hannaford A J, Rogers V, et al. Vogel's Textbook of Practical Chemistry. Longman London and New York. Fourth edition, 1978: 359.

[18] 边延江，韩雪峰，刘树明等.有机化学，2003，23：1356.

[19] Aerssens M H P J, et al. Synth Commun, 1990, 20: 3421.

[20] Bhatt R K, et al. J Am Chem Soc, 1994, 116（12）: 5050.

[21] Kataoka Y, et al. J Org Chem, 1992, 57: 1615.

[22] 张宝华，史兰香，岳红坤等.河南师范大学学报：自然科学版，2009，33（1）：83.

[23] 郭海昌.安徽化工，2008，34（1）：33.

[24] 刘丹，孟艳秋.中国医药工业杂志，2004，35（6）：330.

[25] 勃拉特 A H（Blatt A H）.有机合成：第二集.南京大学化学系有机化学教研室译.北京：科学出版社，1964：340.

[26] 段行信.实用精细有机合成手册.北京：化学工业出版社，2000：7.

[27] 郑庚修，王秋芬.中国医药工业杂志，1991，22（7）：292.

[28] 韩广甸，赵树纬，李述文.有机制备化学手册：中卷.北京：化学工业出版社，1980：70.

[29] Hudlicky M. Reductions in Organic Chemistry. Ellis Horwood Limited. Halsted Press: A division of John Wiley & Sons. New York. 1984: 213.

[30] 陈芬儿.有机药物合成法.北京：中国医药科技出版社，1999：182.

[31] Fauq A H, Simpson K, Maharvi G M, et al. Bioorganic & Medicinal Chemistry Lett, 2007, 17: 6392.

[32] 张立光，於学良，叶蓓.安徽医药，2011，15（2）：150.

[33] 张斌，许莉勇.浙江工业大学学报，2004，32（2）：143.

[34] 曹日辉，钟庆华.中国医药工业杂志，2003，34（9）：426.

[35] 孙昌俊，曹晓冉，王秀菊.药物合成反应——理论与实践.北京：化学工业出版社，2007：79.

[36] 段行信.实用精细有机合成手册.北京：化学工业出版社，2000：87.

[37] 李家明，周思祥，章兴.中国医药工业杂志，2000，31（2）：49.

[38] 魏启华，梁燕波.徐州师范大学学报：自然科学版，1999，17（4）：35.

[39] 周碧荷，陶斌，张德宇等.化学工程师，1988，01：3.

［40］ 潘富友，杨建国. 中国医药工业杂志，1998，29（2）：89.

［41］ Otto J L. Annalen der Chemie，1985，284：300

［42］ Adimurthy S，Ramachandraiah G. Tetrahedron Lett，2004，45：5251.

［43］ 陈芬儿. 有机药物合成法. 北京，中国医药科技出版社，1999：431.

［44］ 何力，朱晨江等. 中国医药工业杂志，2006，37（5）：301.

［45］ Rathke M W，Millard A A. Org Synth，1988，Coll Vol 6：943.

［46］ 周淑晶，刘素云，李锦莲等. 中国医药工业杂志，2009，40（1）：18.

［47］ Gung B W，Dickson H. Org Lett，2002，4：2517.

［48］ Jin S C，Jin E K，Se Y O，er al. Tetrahedron Lett，1987，28（21）：2389.

［49］ Yamazaki T，Mizutani K，Kitazume T. J Org Chem，1995，60（19）：6046.

［50］ Ronald A D，Eliel E L. Org Synth，1973，Coll Vol 5：303.

［51］ 王尊元，马臻. 中国医药工业杂志，2003，34（9）：428.

［52］ Malec J，Carey M. Synthesis，1972：217.

［53］ 杨玉龙. 药学学报，1990，25：253.

［54］ 赵彦伟，唐龙骞. 中国医药工业杂志，2002，33（9）：427.

［55］ Weissman P M，Brown H C. J Org Chem，1966，31：283.

［56］ Malek J，Cerny M. Synthesis，1972：217.

［57］ Kuehne M E，CowenS D，Xu F，et al. J Org Chem，2001，66：5303.

［58］ 陈芬儿. 有机药物合成法. 北京：中国医药科技出版社，1999：1032.

［59］ 孙昌俊，曹晓冉，王秀菊. 药物合成反应——理论与实践. 北京：化学工业出版社，2007：69.

［60］ 项晓静，沙兰兰，陈志新. 化工生产与技术，2008，15（2）：13.

［61］ 赵丽琴，赵冬梅，张雅芳等. 中国药物化学杂志，2000，10（4）：285.

［62］ 戴利. 山东化工，2012，41（1）：66.

［63］ Chung S K，J Org Chem，1979，44（6）：1014.

［64］ 高艳坤，冀亚飞. 中国医药工业杂志，2011，42（2）：84.

［65］ 孙昌俊，曹晓冉，王秀菊. 药物合成反应——理论与实践. 北京：化学工业出版社，2007：85.

［66］ 麻静，陈宝泉，卢学磊等. 大连理工大学学报，2010，26（5）：50.

［67］ 袁雷，李云飞，孙铁民. 中国药物化学杂志，2010，20（5）：336.

［68］ 宁志强，吕宏飞，徐虹等. 化学与粘合，2012，34（6）：42.

［69］ Ahmed A，Hoegenauer E K，Enev V S，et al. J Org Chem，2003，68：3026.

［70］ Johnson M R，Rickborn B. Org Synth，1988，Coll Vol 6：312.

［71］ Chasar D W. J Org Chem，1971，36：613.

［72］ 李家明，查大俊. 中国医药工业杂志，2000，31（7）：289.

［73］ 申永存，邹淑静，陈国松. 中国医药工业杂志，1997，28（5）：200.

［74］ 戴国华，费炜，徐子鹏. 中国医药工业杂志，1998，29（10）：443.

［75］ 姜小莹，黄建华，李建平. 化学研究与应用，2010，22（4）：511.

［76］ 臧佳良，冀亚飞. 中国医药工业杂志，2010，41（6）：413.

［77］ Kaspar J，Trovarelli A，Lenarda M，et al. Tetrahedron Lett，1989，30：2705.

［78］ 彭安顺. 化学研究与应用，2000，12（5）：535.

［79］ 顾尚香，姚卡玲，侯自杰等. 有机化学，1998，18：157.

［80］ Reginaldo B. Tetrahedron Lett，1997，38（5）：745.

［81］ Renault C，et al. EP155888. 1985.

［82］ 周萍，倪沛洲，王礼琛. 药学进展，2002，05：279.

［83］ Rachlin A I，Gurien H，Wagner D P. Org Synth，1988，Coll Vol 6：1007.

［84］ Taylor E C，Wong S K. J Org Chem，1989，54（15）：3618.

［85］ 陈芬儿. 有机药物合成法. 北京：中国医药科技出版社，1999：42.

［86］ 邓勇，沈怡. 中国医药工业杂志，2001，32（8）：369.

［87］ 仇缀百，焦萍.中国医药工业杂志，2000，31（12）：555.

［88］ 肖传健，李宗桃.中国医药工业杂志，2002，33（7）：319.

［89］ Ofosu-Asante K, Stock L M. J Org Chem, 1986, 51（26）：5452.

［90］ 方正，唐伟芳，徐芳.中国药科大学学报，2004，35（1）：90.

［91］ Anwar Hussain, James E Truelove, et al. US 3809714. 1974.

［92］ 王世辉，王岩，朱玉莹等.中国药物化学杂志，2010，20（5）：342.

［93］ 王受武，卢荣.中国医药工业杂志，1988，19（10）：445.

［94］ 闻韧.药物合成反应.第二版.北京：化学工业出版社，2003：389.

［95］ Greene A E, et al. J Org Chem, 1974, 39：186.

［96］ 张磊，薛忠辉，陈国良.化学试剂，2007，29（10）：640.

［97］ 邹霈，罗世能，谢敏浩等.中国现代应用药学，1999，16（6）：31.

［98］ 尤启冬，周后元等.中国医药工业杂志，1990，21（7），316.

［99］ 孙昌俊，陈再成，王汝聪.齐鲁药事，1988，4：18.

［100］ 李麟，庞其捷.华西药学杂志，1996，11（4）：234.

［101］ 王海山，张致平.中国医药工业杂志，1995，26（2）：87.

［102］ 杜煜，李卓荣.中国医药工业杂志，2001，32（2）：78.

［103］ Watthey J W H, Stanton J L, Desai M, et al. J Med Chem, 1985, 28（10）：1511.

［104］ Helnrich Schnelder. US 5686618, 1997.

［105］ 徐林，俞雄.中国医药工业杂志，2001，32（10）：438.

［106］ 徐文芳，郁有农.中国医药工业杂志，2011，42（2）：80.

［107］ 葛宗明，董艳梅，中国医药工业杂志，2003，34（2）：161.

［108］ 戴桂元，刘德龙.中国医药工业杂志，2003，34（2）：61.

［109］ 张精安，尹文清.中国医药工业杂志，2002，33（6）：272.

［110］ Watthey J W H, Stanton J L, Desai M, et al. J Med Chem, 1985, 28（10）：1511.

［111］ 汪金璟，叶梅红，郑睿等.科学技术与工程，2011，11（32）：8001.

第三章 | 卤化反应

卤化反应是指在有机物分子中引入卤素原子（氟、氯、溴、碘）的反应。根据引进的卤原子的不同，可分为氟化、氯化、溴化和碘化反应。根据引入的卤原子的数目，可分为一卤化、二卤化和多元卤化等反应。在卤化反应中，氯化和溴化为最常用的反应。由于氟原子半径小，电负性最大，往往会产生一些特殊的生物学作用，在药物合成中应用越来越广，氟化反应已引起人们的普遍关注。

常用的卤化剂有卤素、卤化氢、卤化磷、氯化亚砜、氯化硫酰、次卤酸、含氮卤化物（例如 NBS 等）等。本章以卤化剂类型为主，分别介绍各种化合物的卤化反应。

第一节 卤素卤化剂

一、烷烃的卤化反应

根据烷烃用氯气作氯化剂的氯化反应，只有在光照、高温和自由基引发剂存在下才能发生的事实，人们提出了烷烃卤化的自由基取代机理。

烷烃的自由基型卤化反应可以分为三个阶段：链引发、链增长和链终止。

链引发需要一定的能量，才能发生共价键的均裂产生自由基。产生自由基的方法主要有三种：热裂法、光解法和电子转移法。

热裂法是在一定温度下对分子进行热激发，使共价键发生均裂产生自由基，从而提供反应所需的自由基。这时常加入引发剂，如过氧化苯甲酰、偶氮二异丁腈等。

光解法是在光照下分子被活化，诱导离解产生自由基。例如：

$$Cl_2 \xrightarrow{\text{光照}} 2Cl\cdot$$

电子转移法则是利用了重金属离子具有得失电子的性质。

$$M^{n+} \longrightarrow M^{(n+1)+} + e$$

对于卤化反应而言，自由基的产生主要采用热裂法和光解法，因为金属离子的存在可能会催化芳环上的取代反应等。

影响烷烃自由基型卤化反应的因素很多，主要有卤素的性质、烷烃分子中氢原子的类型以及具体的反应条件等。

卤素发生烷烃的自由基型取代的反应活性顺序为：氟＞＞氯＞溴＞碘。卤素的反应活性越高，则反应的选择性越低。氯的活性大于溴，但氯的选择性不如溴的高。

很少直接使用氟作为氟化试剂，因为氟化反应是强烈的放热反应，反应不容易控制。必要时可以将氟用氮气稀释后直接进行氟化反应。

氯化和溴化反应虽然为放热反应，但放出的反应热并不太高，反应比较缓慢，容易控制。

氯为气体，价格低廉，应用最广。溴是液体，使用比较方便，溴化物反应活性也较高，故溴化反应应用也较广。

除了甲烷、乙烷和新戊烷等结构特殊的烷烃外，其他开链烷烃分子中大都含有不同类型的氢原子。各种氢同卤素发生卤化反应的活性次序是：叔氢＞仲氢＞伯氢。烯丙基氢也很容易发生自由基型卤化反应。

上述顺序与自由基的稳定性有关。反应中生成的中间体自由基越稳定，反应越容易进行。自由基的稳定性次序为：$R_3\dot{C}>R_2\dot{C}H>R\dot{C}H_2$。

环己烷分子中的氢是一样的，卤代相对而言产物简单，容易分离。例如氯代环己烷的合成[1]，其为中枢抗胆碱抗帕金森病药盐酸苯海索（Benzhexol hydrochloride）的合成中间体。

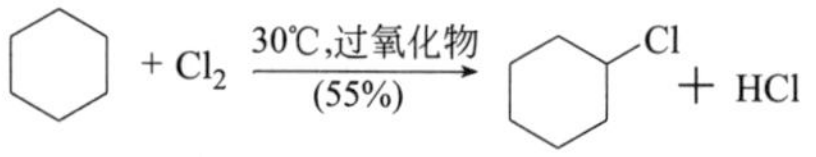

值得指出的是，在一些复杂的分子中，若中间体碳自由基的单电子 p 轨道处于不同的空间环境，则卤取代反应的立体选择性也可能不同。例如降冰片的氯化反应，主要得到 *exo*-2-氯代产物。

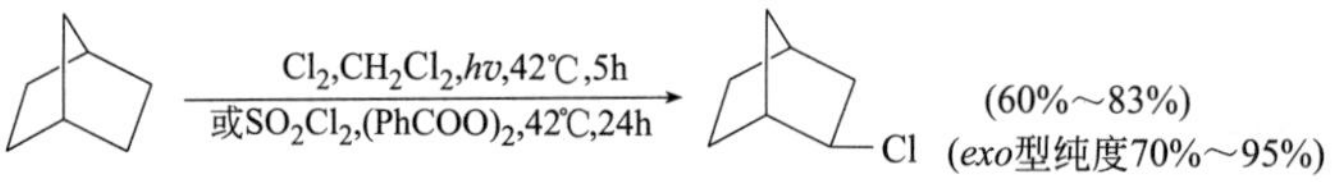

在上述反应中，取代与桥头碳相连的碳原子上的不同氢原子，生成的自由基可能有两种结构 A 和 B：

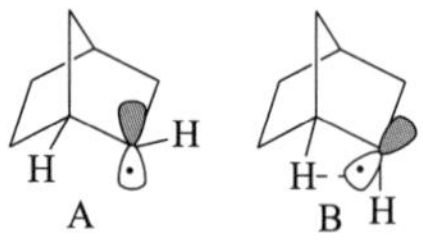

由于在 B 中桥头碳上的氢与自由基 p 轨道相距较近，具有轨道覆盖的可能，故相对比较稳定，为主要的结构形式，得到的产物主要为 *exo*-型。

光解法产生自由基的过程与温度无关，在较低温度下也可发生。控制反应物浓度和光强度可以调节自由基产生的速度，便于控制反应进程。

反应温度对自由基型反应有影响。反应温度提高，反应的选择性降低。

溶剂对自由基卤化反应有影响，能与自由基发生溶剂化的溶剂可降低自由基的活性，故自由基型卤化反应常用非极性的惰性溶剂，同时要控制体系中的水分。2,3-二甲基丁烷在脂肪族溶剂和芳香族溶剂中氯代反应的产物比例不同，例如：

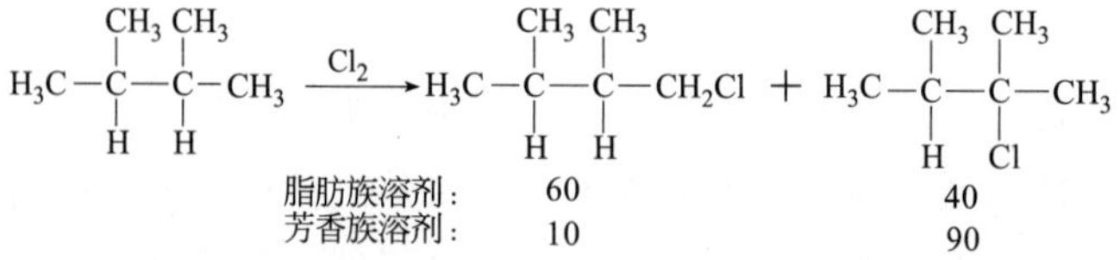

可能的原因是由于芳香族溶剂与氯原子生成了络合物，活性有所降低，从而提高了氯化反应的选择性。

体系中的金属杂质会影响自由基型卤化反应，铁、锑、锡等的存在，将会引起芳环上的亲电取代。在烷基苯进行侧链上的氯化反应时，有微量的铁等存在时，可以加入少量的三氯化磷，使铁离子配位掩蔽，以减少苯环上的取代反应。

二、卤素与烯烃的亲电加成

氯和溴与烯烃发生亲电加成反应，生成邻二卤化物。

溴与烯烃的反应是分两步进行的。首先是溴作为亲电试剂被烯烃双键的 π-电子吸引，使溴分子的 σ-键极化，进而生成 π-配合物 [1]，π-配合物不稳定，发生 Br-Br 键异裂生成环状溴鎓离子 [2] 和溴负离子，[2] 又称 σ-配合物。溴负离子和反应体系中的氯负离子或水分子从溴鎓离子的背面进攻缺电子的碳原子，从而生成反式加成产物。

溴与 1,2-二苯乙烯在甲醇中反应，除生成二溴二苯乙烷外，还有 1-溴-2-甲氧基-1,2-二苯基乙烷生成，说明反应是分步进行的。

$$C_6H_5CH=CHC_6H_5+Br_2 \xrightarrow{CH_3OH} C_6H_5CH-CHC_6H_5+C_6H_5CH-CHC_6H_5$$

氯和碘由于价电子能级匹配性差，卤鎓离子的稳定性下降，但和脂肪族烯烃反应时仍主要按卤鎓离子机理进行。π-配合物也可异裂为碳正离子和卤负离子。由于 C-C 键的自由旋转，卤负离子与碳正离子结合，可生成一定量的顺式加成产物。目前更倾向于将两种机理结合起来解释有关问题。

大量实验事实证明，溴和氯与烯烃的亲电加成，主要是反式加成，立体选择性相当高。

2,3-二溴丁二酸（**1**）[2] 为生物素（维生素 H）中间体，也用作阻燃剂，其合成方法如下。

但随着作用物结构、试剂、反应条件的改变，顺式加成产物的比例会增加。例如烯键上有苯环时（尤其是有给电子基的苯环），生成的碳正离子稳定性增加，按碳正离子机理进行的可能性增大，顺式加成产物也会明显增加。在如下反应中，氯与双键的反应顺式加成是主要反应。

$$Ph\text{—}C\text{=}C\text{—}CH_3 + Br_2 \xrightarrow{CCl_4}$$

(赤型，顺加17%)　　　　(苏型，反加83%)

$$Ph\text{—}C\text{=}C\text{—}CH_3 + Cl_2 \xrightarrow{CCl_4}$$

(赤型，顺加68%)　　　　(苏型，反加32%)

烯烃的结构对反应有影响。例如如下结构的烯，与氯和溴反应时，得到顺式加成和反式加成产物的比例具有明显的差异。

$$\xrightarrow[\text{反式加成}]{Br_2} \quad \xleftarrow[\text{顺式加成}]{Cl_2}$$

与氯加成时的主要产物是顺式加成产物，因为氯不容易生成桥状的鎓离子。同时由于环的体积很大，刚刚生成的氯负离子来不及完全离开并立即参与反应，有利于生成顺式产物。

与溴反应时的主要产物是反式加成产物，因为溴与双键容易生成桥状的鎓离子。溴负离子从鎓离子的背面进攻，生成反式加成产物。

烯烃与卤素发生亲电加成反应，就卤素而言，其活性顺序为：$F_2 > Cl_2 > Br_2 > I_2$。

氟与烯烃的加成反应非常剧烈，并有取代和碳链断裂的副反应。常将氟用氮气稀释使用。

氯或溴与烯烃的亲电加成是最常见的反应，常用的溶剂有四氯化碳、氯仿、乙酸乙酯、二硫化碳等。当卤化产物是液体时，可以不用溶剂或用卤化产物作溶剂。

烯烃的反应活性次序为：

$$RCH\text{=}CH_2 > CH_2\text{=}CH_2 > CH_2\text{=}CHX$$

新型防腐剂 α-溴代富马酸二甲酯（**2**）[3] 的合成如下。

$$CH_3O_2C\text{—}CO_2CH_3 \xrightarrow{Br_2}{AcOH(70\%)} CH_3O_2C\text{—}CO_2CH_3 \xrightarrow{NaOH}{EtOH(70\%)} CH_3O_2C\text{—}CO_2CH_3$$

(2)

卤素的亲电加成，可以使用 $FeCl_3$ 等 Lewis 酸作催化剂，有时也可以不使用催化剂。双键碳原子上有吸电子基团时，反应活性下降，这时可加入少量 Lewis 酸或叔胺进行催化。

$$H_2C\text{=}CH\text{—}CN + Cl_2 \xrightarrow{Py} ClCH_2CHClCN$$

卤素与烯烃发生加成反应的温度不易过高，否则生成的邻二卤代物有脱去卤化氢的可能，并可能发生取代反应。

过溴季铵盐、过溴季鏻盐也是很好的溴化剂，例如四丁基铵过溴化物 $Bu_4N^+Br_3^-$（TBABr$_3$），苄基三甲基过溴化物 $PhCH_2(CH_3)_3N^+Br_3^-$（BTMABr$_3$）等，可与烯烃在温和的条件下反应生成二溴代物。

$$PhCH\text{=}CH_2 \xrightarrow[20min(95\%)]{TBABr_3} PhCH\text{—}CH_2Br$$

共轭双烯可以发生 1,2-加成和 1,4-加成反应。例如：

$$H_2C=CH-CH=CH_2+Br_2 \Longrightarrow \underset{\underset{Br}{|}}{CH_2}-\underset{\underset{Br}{|}}{CH}-CH=CH_2 + \underset{\underset{Br}{|}}{CH_2}-CH=CH-\underset{\underset{Br}{|}}{CH_2}$$

$-80℃$	80%	20%
$40℃$	20%	80%
$60℃$	<10%	>90%

温度低时，主要得到动力学控制的 1,2-加成产物，此时 1,2-加成反应速度快。温度较高时，或将 1,2-加成产物长时间放置，则 1,4-加成产物为主，此时为热力学控制产物，生成的 1,4-加成产物在热力学上是稳定的产物。1,3-丁二烯与溴化氢等的反应也是如此。

利用溴化钠（钾）与氧化剂在反应体系中原位产生溴并与烯或炔直接进行加成反应是一种十分方便的合成方法。常用的是溴化钾（钠）-过氧化氢或溴化钾-过硼酸钾（钠）。例如如下 1,2-二溴化物的合成。

$$\xrightarrow[\text{NH}_4\text{VO}_3,25℃(>98\%)]{\text{KBr-H}_2\text{O}_2}$$

在相转移催化剂苄基三乙基氯化铵存在下，烯烃与氯化氢和过氧化氢反应，可以达到氯加成的目的。反应中氯化氢首先与过氧化氢反应原位生成氯气，氯气进而与烯烃反应生成邻二氯化物。该方法的特点是反应条件温和，产品收率较高，没有像直接使用氯气、硫酰氯作氯化剂时所遇到的自由基取代的副产物。例如 1,2-二氯环己烷的合成。

$$\bigcirc + 2HCl + H_2O_2 \xrightarrow[\text{CCl}_4\text{-H}_2\text{O}(76\%)]{\text{PhCH}_2\text{N}(\text{C}_2\text{H}_5)_3\text{Cl}}$$

盐酸、高锰酸钾与烯烃反应也可以生成 1,2-二卤化物。例如：

$$\text{Ph-CH=CH}_2 \xrightarrow[\text{CH}_3\text{CN},60℃(88\%)]{37\%\text{HCl,KMnO}_4} \text{Ph-CHCH}_2\text{Cl}$$

其他一些氧化剂也可以将氯化氢、溴化氢原位氧化为相应的卤素，在反应体系中直接与烯键反应。例如用 Oxone（$2KHSO_5$-$KHSO_4$-K_2SO_4）的氧化加成卤化[4]。

$$\xrightarrow[\text{CH}_2\text{Cl}_2,\text{rt},2\text{h}]{\text{Oxone,1.2eq}}$$

碘与烯烃的加成是一种平衡反应。简单烯烃与碘反应时，不仅收率低，而且生成的产物不稳定。将乙烯通入碘的乙醇溶液，直至碘的颜色完全消失，可以生成 1,2-二碘乙烷。粗品用乙醇重结晶，得到纯的 1,2-二碘乙烷。

$$CH_2=CH_2+I_2 \xrightarrow{\text{EtOH}} ICH_2CH_2I$$

用五氯化锑和碘或溴进行双键上的加成，可以得到氯-碘或氯-溴化物。例如：

$$2R-CH=CH-R'+SbCl_5+I_2 \xrightarrow{\text{CCl}_4} 2R-\underset{\underset{Cl}{|}}{CH}-\underset{\underset{I}{|}}{CH}-R'$$

反应中可能是首先生成氯化碘，而后氯化碘与双键进行亲电加成。

$$SbCl_5 + I_2 \Longrightarrow 2ICl + SbCl_3$$

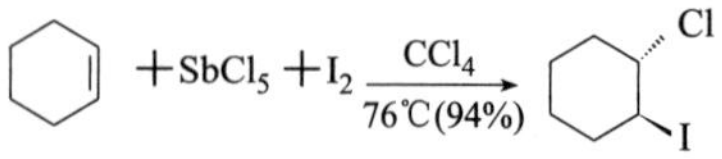

用溴代替碘，则可生成氯化溴，并进而与烯键反应生成氯和溴加到双键上的相应化合物。

$$SbCl_5 + Br_2 \Longrightarrow 2BrCl + SbCl_3$$

$$C_6H_{13}CH{=}CH_2 + SbCl_5 + Br_2 \xrightarrow[76℃(73\%)]{CCl_4} C_6H_{13}CHClCH_2Br + C_6H_{13}CHBrCH_2Cl$$
$$(7:3)$$

有时也可以使用氯化铜等与碘作卤化试剂对双键进行氯化碘化反应。例如：

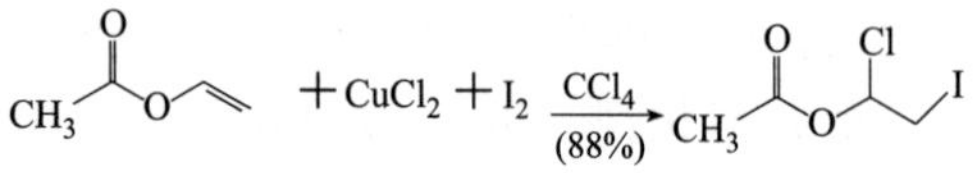

在四丁基碘化铵存在下，烯或炔可以与 1，2-二氯乙烷（DCE）反应，生成不饱和键上的加成产物。例如[5]：

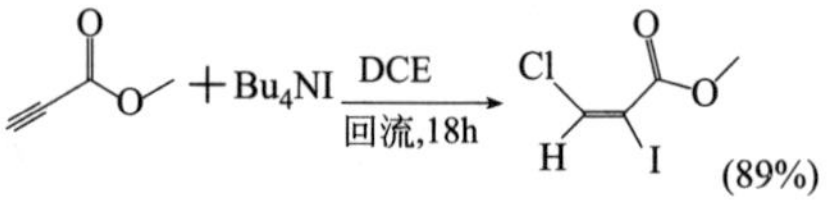

可能的反应机理如下（亲电加成机理）。

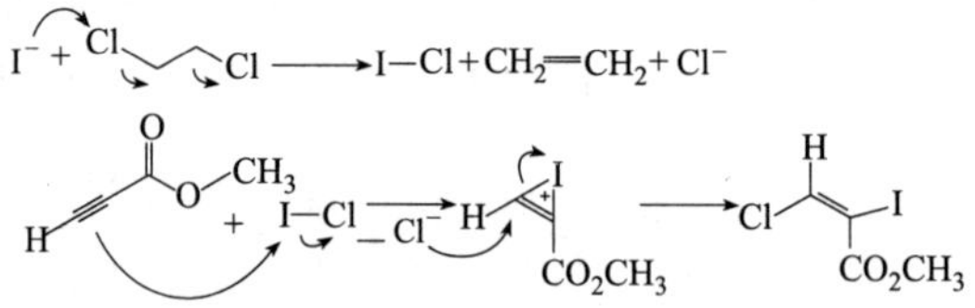

三、卤素与炔烃的反应

端基炔炔键上的氢原子显弱酸性，对于不同的端基炔来说，炔键上的氢原子的酸性强弱不同。在碱性条件下，如氢氧化钠（钾）溶液、氨基钠、氨基钾、苄基锂、烷基锂、Grignard 试剂等存在下，可以转化为炔基碳负离子或炔基 Grignard 试剂，后者与卤素发生卤素-金属交换反应，生成 1-卤代炔烃。

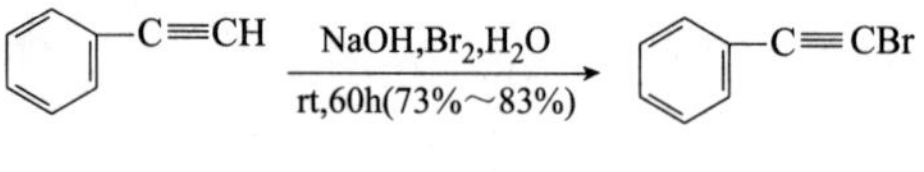

反应过程如下：

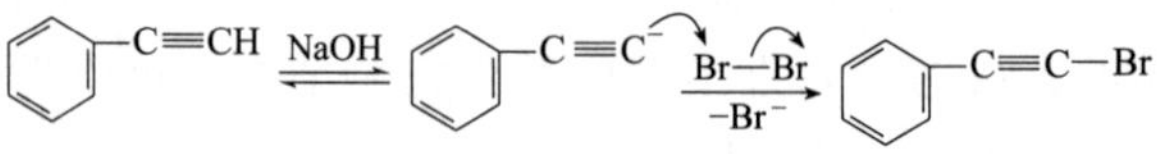

端基炔在碱性条件下与碘反应可以生成炔基碘。例如抗真菌药、消毒防腐药氯丙炔碘（**3**）（Haloprogin）原料药的合成。

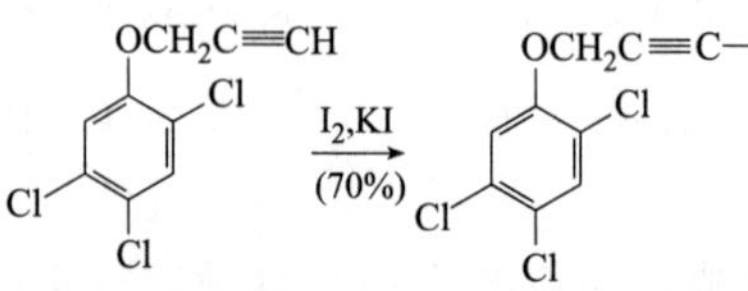

(**3**)

炔基 Grignard 试剂与卤素反应可以得到卤代物。

$$R-C \equiv CH \xrightarrow{R'MgX} R-C \equiv CMgX \xrightarrow{I_2} R-C \equiv C-I$$

端基炔在甲醇钠存在下用 $I(Py)_2BF_4$ 处理，得到 1-碘炔，

$$RC \equiv CH + CH_3ONa \xrightarrow{CH_3OH} RC \equiv CNa \xrightarrow[CH_3OH]{I(Py)_2BF_4} RC \equiv C-I$$

氯化碘可以将端基炔转化为 1-碘炔。例如化合物（4）的合成[6]：

$$\xrightarrow[(95.6\%)]{ICl,AcOH}$$

（4）

1-卤代炔是很强在亲核试剂，可以使碳、氮、氧、硫等原子进行炔基化反应，在分子中引入炔基。

$$\xrightarrow[(74\%)]{K_2CO_3,DMF,80℃}$$

与烯烃相似，卤素也能与炔烃发生亲电加成反应，但炔烃的亲电加成比烯烃困难。炔烃与一摩尔卤素（氯或溴）反应，得到以反式加成为主要产物的邻二卤代烯烃。

$$R-C \equiv C-R' + Br_2 \longrightarrow \underset{Br}{\overset{R}{>}}C=C\underset{R'}{\overset{Br}{<}}$$

$$R-C \equiv C-H + Br_2 \longrightarrow \underset{Br}{\overset{R}{>}}C=C\underset{H}{\overset{Br}{<}}$$

有机合成中间体（E）-2,3-二溴-2-丁烯酸[7]的合成如下。

$$CH_3-C \equiv C-COOH \xrightarrow[(76\%)]{Br_2} \underset{Br}{\overset{CH_3}{>}}C=C\underset{COOH}{\overset{Br}{<}}$$

在反应中可以加入溴化锂以提高溴负离子的浓度，减少溶剂引起的副反应。

在如下反应中，炔丙酸乙酯与溴在四氯化碳溶液中于 70℃ 反应，则生成顺-2,3-二溴-2-丙烯酸乙酯[8]，这可能与羧酸酯基体积较大有关。

$$HC \equiv C-CO_2C_2H_5 \xrightarrow[(91\%\sim93\%)]{Br_2,CCl_4,70℃} \underset{H}{\overset{Br}{>}}C=C\underset{CO_2C_2H_5}{\overset{Br}{<}}$$

若与两摩尔卤素（氯或溴）反应，则生成四卤代烷。

$$R-C \equiv C-R' + 2Cl_2 \longrightarrow RCCl_2-CCl_2R'$$

$$HC \equiv CH \xrightarrow{Br_2} BrCH=CHBr \xrightarrow{Br_2} Br_2CH-CHBr_2$$

对于双键和叁键相隔一个以上碳原子的烯炔，与一摩尔卤素（氯或溴）反应时，优先发生在双键上。

$$HC \equiv C-CH_2-CH=CH_2 + Br_2 \xrightarrow{(90\%)} HC \equiv C-CH_2-CHBrCH_2Br$$

氟也可以与炔进行加成反应。1-苯基丙炔在甲醇中与氟反应，四氟代物仅占 23%。

$$PhC \equiv CCH_3 \xrightarrow{F_2} \underset{F}{\overset{F}{PhC}} \begin{array}{c} F \\ | \\ -CCH_3 \\ | \end{array} + \underset{CH_3O}{\overset{H_3CO}{PhC}} \begin{array}{c} F \\ | \\ -CCH_3 \\ | \end{array} + \underset{F}{\overset{H_3CO}{PhC}} \begin{array}{c} F \\ | \\ -CCH_3 \\ | \end{array}$$

（23%）　　　　（20%）　　　　（57%）

上述反应结果表明，反应中有碳正离子生成。

四、卤素与不饱和键的自由基型反应

烯烃除了可以发生亲电加成外，还可以发生自由基型加成反应。自由基具有亲电性，烯烃能与很多化合物进行自由基加成反应，如卤素（Cl_2、Br_2）、卤化氢（HBr）、多卤代甲烷（CCl_4、CBr_4、$BrCCl_3$、$BrCHCl_2$、$CHBr_3$、$CHCl_3$、CHI_3 等）、烃、醇、醛、羧酸、酯、硫醇等。此外，烯烃通过自由基加成聚合反应可以得到许多高分子化合物。

烯烃与卤素自由基型加成反应的机理如下：

$$Cl_2 \longrightarrow 2Cl^\cdot$$

常用的溶剂是四氯化碳等惰性溶剂，若反应物为液体，也可不使用其他溶剂。

双键上具有吸电子基团的烯烃，容易发生自由基型加成反应。

$$ClCH{=}CCl_2 + Cl_2 \xrightarrow[60\sim70℃(95\%)]{h\nu} Cl_2CH{-}CCl_3$$

樟脑代用品全氯乙烷的合成如下[9]：

$$Cl_2C{=}CCl_2 + Cl_2 \xrightarrow[90\sim100℃(72\%)]{h\nu} Cl_3CCCl_3$$

硝酸铈铵（CAN）-溴化钾体系可以使双键生成邻二溴化物。该反应可能的机理是自由基型反应。有机合成中间体 1,2-二溴乙苯的合成如下[10]。

反应机理如下：

$$Br^- + Ce^{4+} \longrightarrow Br^\cdot + Ce^{3+}$$

炔烃与碘或氯的加成，光催化发生自由基型反应，主要得到反式二卤代烯烃。炔烃与碘也可在催化剂作用下发生加成反应。例如：

$$HC{\equiv}CCH_2OH + I_2 \xrightarrow[CCl_4(75\%)]{h\nu}$$

五、芳烃的直接卤化

苯在光照条件下与氯气反应，生成六氯环己烷，其有九种异构体，r-异构体（六六六）具有杀虫作用，曾作为杀虫剂使用，因残留严重已被禁用。

$$\text{苯} + 3Cl_2 \xrightarrow{h\nu} C_6H_6Cl_6$$

菲在光照条件下与溴反应，可生成 9,10-二溴化物。

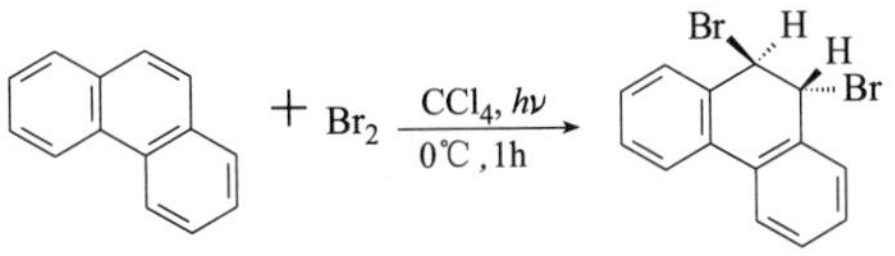

芳环的卤化反应主要指氯化和溴化。低温时苯难以与氯或溴反应，但在催化剂如铝-汞齐、吡啶或铁、卤化铁、卤化铝等存在下，可首先生成单卤代物，也可进一步反应生成邻或对二卤代物。

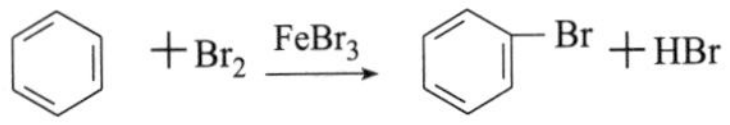

芳环的卤化属于芳环上的亲电取代反应。

芳环的卤化反应，常常加入 Lewis 酸作催化剂，例如，$AlCl_3$、$FeCl_3$、$FeBr_3$、$SnCl_4$、$TiCl_4$、$ZnCl_2$ 等。S_2Cl_2、SO_2Cl_2、$(CH_3)_3COCl$ 等也能提供氯正离子而具有催化作用。芳环上有强的给电子基团（—OH、—NH_2 等）或使用较强的卤化剂时，不用催化剂反应也能顺利进行。

卤化反应常用的溶剂有二硫化碳、稀乙酸、稀盐酸、氯仿或其他卤代烃。芳烃自身为液体时也可兼作溶剂。

具有取代基的芳香化合物，卤素原子的引入位置受取代基的电子效应、空间位阻等因素的影响。卤化剂的性质和反应条件也可影响取代的位置和异构体的比例。例如药物中间体（**5**）和（**6**）的合成：

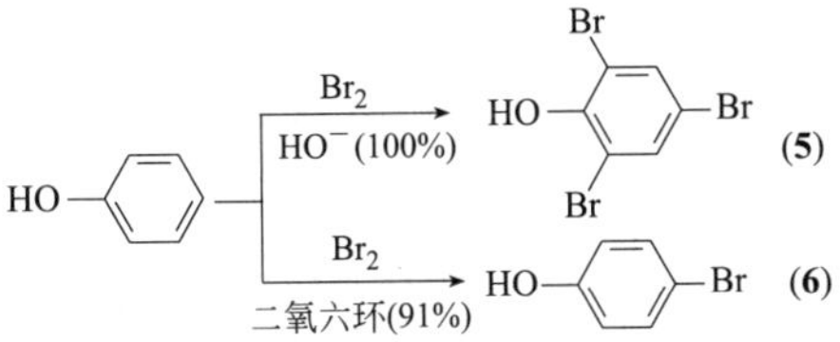

使用溴和二氧六环作溴化试剂时，溴和二氧六环首先生成复合物，这种体积很大的复合物与苯酚反应时主要发生在酚羟基的对位，生成对溴苯酚（**6**），是治疗和预防乳腺癌药物他莫昔芬（Tamoxifen）等的中间体。苯酚在碱性条件下生成苯氧负离子，反应活性提高，与溴反应生成 2,4,6-三溴苯酚（**5**），其为消毒防腐药三溴苯酚铋（Xeroform）等的中间体。

苯酚直接用溴溴化很容易引入三个溴原子生成化合物（**5**），2,6-二溴苯酚（**7**）可以用如下方法来合成[11]，其为钙拮抗剂盐酸戈洛帕米（Gallopamil hydrochloride）的中间体。

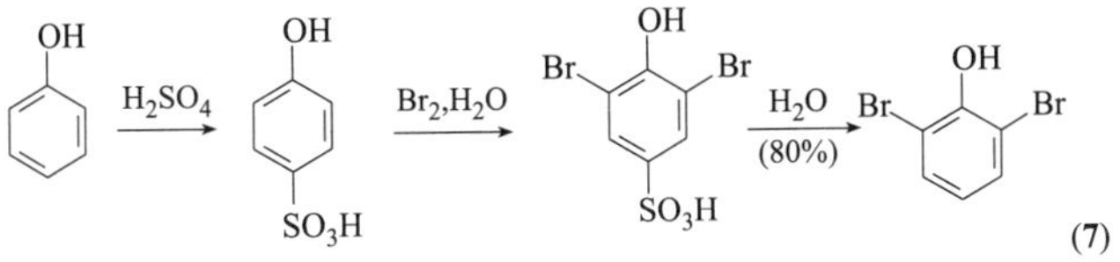

间苯二酚用苄基三甲基三溴化铵（过溴季铵盐）作溴化剂，生成三溴化物，后者还原为2-溴间苯二酚（**8**），为抗精神分裂症药物盐酸瑞莫比利（Remoxipride hydrochloride）的中间体。

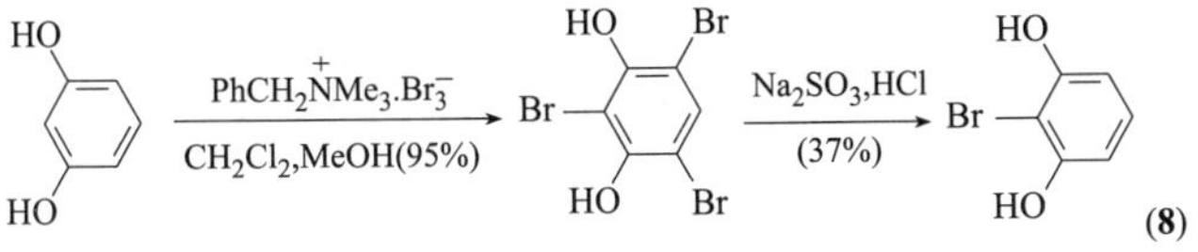

过溴季铵盐与苯胺反应，生成对溴苯胺，氨基无需保护。例如：

$$\text{⟨苯环⟩—NH}_2 + \text{Bu}_4\text{N}^+\text{Br}_3^- \xrightarrow[\text{3min(82\%)}]{\text{CHCl}_3,20℃} \text{Br—⟨苯环⟩—NH}_2$$

芳环上有吸电子基团时，使芳环钝化，以间位产物为主。卤素原子使苯环钝化，但仍是邻、对位定位基。

[bmim] Br$_3$ 是一种芳香胺芳环上单溴化的良好区域选择性溴化剂。反应中溴原子引入芳环原来氨基的对位，若对位已有取代基，则可以引入原来氨基的邻位，溴化物的收率很高。例如重要的药物合成中间体 2-氨基-5-溴吡啶（**9**）的合成。

$$\text{⟨吡啶⟩—NH}_2 + \text{[bmim]Br}_3 \xrightarrow[\text{−10℃,5min(91\%)}]{\text{CH}_2\text{Cl}_2} \text{Br—⟨吡啶⟩—NH}_2$$

$$(\textbf{9})$$

硝基是间位定位基，硝基苯溴化生成间硝基溴苯，为镇吐药硫乙拉嗪（Thiethylperazine）等的中间体。

$$\text{O}_2\text{N—⟨苯环⟩} + \text{Br}_2 \xrightarrow[\text{(65.3\%)}]{\text{Fe}} \text{O}_2\text{N—⟨苯环⟩—Br}$$

萘等稠环化合物也可以发生卤化反应。例如萘的溴化反应：

$$\text{⟨萘⟩} \xrightarrow[\substack{\text{Br}_2,\text{Fe} \\ 150℃}]{\substack{\text{Br}_2,\text{CCl}_4 \\ 60℃}} \begin{cases} \text{1-溴萘} \\ \text{2-溴萘} \end{cases}$$

生成的 1-溴萘和 2-溴萘都是药物合成的中间体。大体积富电子的萘环在药物化学中常具有独特的药理作用，萘普生、萘美丁酮、萘甲唑啉、萘替芬等许多药物均含有萘环结构。

溴的价格比起氯来要高得多。用溴进行溴化反应时要注意提高溴的利用率。副产物溴化氢可以被氧化生成溴从而使溴再利用是一种比较经济的办法。可以氧化溴化氢的试剂比较经济和环保的是氯气、双氧水等。

$$2\text{HBr} + \text{Cl}_2 \longrightarrow \text{Br}_2 + 2\text{HCl}$$
$$2\text{HBr} + \text{H}_2\text{O}_2 \longrightarrow \text{Br}_2 + 2\text{H}_2\text{O}$$

有时在溴化过程中使用发烟硫酸以提高溴的利用率。

$$2\text{HBr} + 2\text{SO}_3 \longrightarrow \text{Br}_2 + \text{H}_2\text{SO}_4 + \text{SO}_2$$

也可以用溴化钠/氯酸钾为溴化试剂，例如阻燃剂四溴双酚 A 的一条合成路线如下：

$$\text{双酚A} \xrightarrow[\text{(98\%)}]{\text{NaBr,NaClO}_3,\text{HCl}} \text{四溴双酚A}$$

微波用于 H$_2$O$_2$-HBr 体系进行芳环溴代也有报道。例如：

$$\text{⟨咔唑⟩} + n\text{HX} + \text{H}_2\text{O}_2 \xrightarrow{\text{微波}} \text{⟨四卤代咔唑⟩}$$

2,6-二氯苯胺（**10**）为第三代喹诺酮类抗菌药氧氟沙星（Ofoxacin）中间体，可以采用如下方法来合成[12]。

芳香酮类化合物在三氯化铝催化剂存在下用溴进行溴化时，三氯化铝的用量对反应有明显的影响。微量三氯化铝催化芳香酮的烯醇化，Br_2 与烯醇式的 C＝C 发生亲电加成，生成 $C_6H_5COCH_2Br$。

当有大量三氯化铝时，则发生苯环上的亲电取代，乙酰基是间位定位基，从而主要得到间溴苯乙酮，其为解热、镇痛、抗炎药苯氧布洛芬（fenoprofen）的中间体[13]。

芳杂环的卤化比较复杂。吡咯、噻吩、呋喃的卤化非常容易，但不同的五元杂环化合物卤化时异构体的比例差别很大。

噻吩在冰醋酸中于 10℃ 以下与溴反应生成抗凝药噻氯匹啶（Ticlopidine）等的中间体 α-溴代噻吩[14]。

如下溴化反应发生在噻吩环的 α-位，生成的产物（**11**）[15] 为催眠镇静药溴替唑仑（Brotizolam）的中间体。

α-吡咯甲酸酯用溴作溴化剂时，生成 4-溴和 5-溴吡咯-2-甲酸酯的混合物。而且 4-溴代产物的生成量远远高于 5-溴代产物。

吡啶卤化时，由于生成的卤化氢以及加入的催化剂能与吡啶环上的氮原子结合，进一步降低了环上的电子云密度，反应更难进行。但溴化时加入一些氧化剂如三氧化硫，除去生成的溴化氢，则收率明显提高。例如抗菌药巴洛沙星（Balofloxacin）中间体 3-溴吡啶的合成。

$$\text{（吡啶）} \xrightarrow[130℃]{Br_2,SO_3} \text{（3-溴吡啶）}$$

3-氨基吡啶用 HCl-H$_2$O$_2$ 作氯化剂，生成抗消化性溃疡药哌仑西平（Pirenzepine）等的中间体 2-氯-3-氨基吡啶（**12**）[16]。

$$\text{（3-氨基吡啶）} + HCl \xrightarrow{H_2O_2} \text{（2-氯-3-氨基吡啶）} \tag{12}$$

对于氟化反应而言，用氟进行氟化反应难以控制，缺少实用价值。但在某些情况下仍可进行。例如抗代谢类抗肿瘤药物 5-氟脲嘧啶（**13**），其一条合成路线是用尿嘧啶直接用由氮气稀释的氟气体进行氟化，不过此时的反应机理，可能是首先加成，而后再进行消除反应。

$$\text{（尿嘧啶）} \xrightarrow{F_2 \atop HOAc} \text{［加成中间体］} \xrightarrow{-HF} \text{（5-氟脲嘧啶）} \tag{13}$$

氟的引入往往会对生物活性物质产生特殊作用，因而越来越受到重视，对于专一性强的氟化方法的研究也越来越活跃，并已取得了许多进展。其中以元素氟和由元素氟衍生的新氟化试剂最突出，有不少已用于芳环或芳杂环的氟化反应。直接由元素氟衍生的一些试剂如下：

$$F_2 \begin{cases} \xrightarrow{COF_2} & CF_3OF次氟酸三氟甲酯 \\ \xrightarrow{N_2,NaOAc,HOAc} & CH_3COOF乙酰化次氟酸 \\ \xrightarrow{N_2,Cs_2SO_4,H_2O} & Cs^+FOSO_3^- \ 氟氧代硫酸铯 \\ \xrightarrow{p-CH_3C_6H_4SO_2NHR} & p-CH_3C_6H_4SO_2NFR \ TsNFR \\ \xrightarrow[Xe]{CFCl_3-CHCl_3,\,-78℃} & XeF_2二氟化氙 \end{cases}$$

这些氟化试剂可以看做是"F$^+$"的亲电性氟化剂。虽然它们的反应机理尚不太清楚，但具体的氟化反应的应用已有不少报道。例如抗精神病特效药三氟哌啶醇（Trifluperidol）等的中间体氟苯的合成[17]。

$$\text{（苯）} + F_3COF \xrightarrow[CCl_3F(65\%)]{h\nu} \text{（氟苯）}$$

碘的活性低，而且苯环上的碘化是可逆的，生成的碘化氢对有机碘化物有脱碘作用，只有不断除去碘化氢才能使反应顺利进行。除去碘化氢最常用的方法是加入氧化剂，例如硝酸、过氧化氢、碘酸钾、碘酸、次氯酸钠等。也可加入碱性物质中和碘化氢，如氨、氢氧化钠、碳酸钠等。加入氧化镁、氧化汞等可与碘化氢形成难溶于水的碘化物。常用的碘化剂有：碘-发烟硫酸、三碘化铝-氯化铜、三氟乙酸碘、碘-过碘酸、碘-三氟甲磺酸汞、碘化钾-三氧化二鉈、氯化碘等。例如平喘药盐酸马布特罗（Mabuterol hydrochloride）中间体 4-碘-2-三氟甲基苯胺（**14**）[18] 的合成。

$$\text{（2-三氟甲基苯胺）} \xrightarrow[(65.4\%)]{I_2,CaCO_3} \text{（4-碘-2-三氟甲基苯胺）} \tag{14}$$

芳环的碘化反应中氯化碘应用比较多。例如治疗甲状腺疾病的甲状腺素（Thyroxin, Thyeoxine）中间体 3,5-二碘-L-酪氨酸（**15**）[19] 的合成。

$$HO-\!\!\bigcirc\!\!-CH_2CHCOOH \xrightarrow[\text{(90.4\%)}]{ICl,HCl} HO-\!\!\bigcirc\!\!-CH_2CHCOOH$$

（**15**）

氯化碘为棕红色液体，不太稳定，与氯化钠配成 1∶1 的配合物（ICl-NaCl）则稳定的多，在工业上得到应用。

对于碘代反应的机理研究远不如溴代和氯代反应清楚。碘自身不活泼，只能与苯酚等活泼底物直接反应，有很好的证据显示，此时进攻的实体是碘；当采用过氧乙酸作催化剂时，AcOI 可能是进攻的实体；当采用 SO_3 或 HIO_3 作氧化剂时，进攻实体可能是 I_3^+。在有些情况下进攻实体可能是 I^+。

六、芳环侧链的卤化

芳环侧链 α-碳上的氢活性高，容易发生自由基型取代反应，这是由于此时生成的自由基与芳环共轭而稳定的缘故。侧链其他碳上的氢发生自由基卤化反应的活性，与脂肪族化合物相同，叔氢＞仲氢＞伯氢。不饱和烃类与双键相连的碳上的氢容易发生自由基型卤化反应。

自由基型卤化反应在药物中间体合成中应用广泛。例如抗心率失常药溴苄胺托西酸盐中间体邻溴苄基溴（**16**）的合成：

$$\bigcirc\!\!\begin{smallmatrix}CH_3\\Br\end{smallmatrix} + Br_2 \xrightarrow[160\sim180℃(85\%)]{h\nu} \bigcirc\!\!\begin{smallmatrix}CH_2Br\\Br\end{smallmatrix}$$

（**16**）

2-氯甲基吡啶是植物生长调节剂吡啶醇（Pyripropanol）的中间体，也是医药马来酸氯苯那敏（Chlorphenamine maleate）的中间体，可以用如下方法来合成。

$$\bigcirc\!\!\begin{smallmatrix}\\CH_3\end{smallmatrix} + Cl_2 \xrightarrow[60\sim65℃(60\%)]{Na_2CO_3,CCl_4,h\nu} \bigcirc\!\!\begin{smallmatrix}\\CH_2Cl\end{smallmatrix}$$

不同卤素对反应也有影响，氯的活性大于溴。氯的选择性不如溴的高。例如：

$$\bigcirc\!\!-CH_2CH_3 \xrightarrow{Cl_2,\ h\nu} \bigcirc\!\!-\underset{Cl}{CHCH_3} + \bigcirc\!\!-CH_2CH_2Cl$$

（51%）　　　（49%）

$$\bigcirc\!\!-CH_2CH_3 \xrightarrow[\text{(98\%)}]{Br_2,h\nu} \bigcirc\!\!-\underset{Br}{CHCH_3}$$

医药、农药合成中间体喹啉-2-甲酸（**17**）[20] 的合成如下。

$$\bigcirc\!\!\bigcirc\!\!\begin{smallmatrix}\\CH_3\end{smallmatrix} \xrightarrow[\text{(95\%)}]{Br_2} \bigcirc\!\!\bigcirc\!\!\begin{smallmatrix}\\CBr_3\end{smallmatrix} \xrightarrow{H_2SO_4} \bigcirc\!\!\bigcirc\!\!\begin{smallmatrix}\\COOH\end{smallmatrix}$$

（**17**）

七、醇的卤化

单独使用卤素不能将醇卤化，但使用二溴化三苯基膦［$(Ph)_3PBr_2$］、二溴化亚磷酸酯

$[(C_6H_5O)_3PBr_2]$，NBS 与三苯基膦的配合物等都是反应条件温和、选择性良好的溴化试剂，可以将醇转化为相应的溴化物。

$$Ph_3P + X_2 \longrightarrow Ph_3PX_2 \xrightarrow{POH} ROPPh_3^+X^- + HX \longrightarrow RX + O{=}PPh_3$$

例如解痉药西托溴铵（Cimetropium bromide）等的中间体溴甲基环丙烷[21] 的合成。

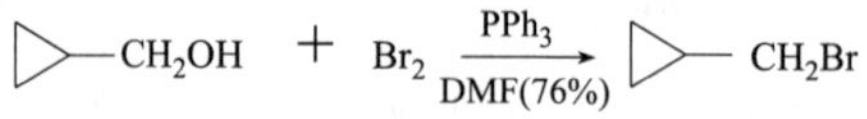

$$\triangleright\!-CH_2OH \;+\; Br_2 \xrightarrow[DMF(76\%)]{PPh_3} \triangleright\!- CH_2Br$$

又如糖尿病综合征治疗药 Methosorbinil 中间体 （R）-1-溴-2-（4-氟苯氧基）丙烷（**18**）[22] 的合成。

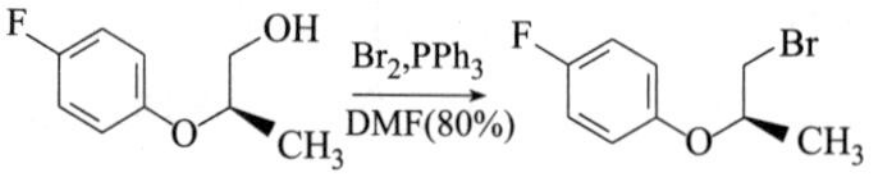

(18)

该方法的优点是活性较好，反应条件温和；反应中产生较少 HX，不易发生由此引起的副反应。对于光学活性的醇反应后可以得到构型翻转的卤代物，例如：

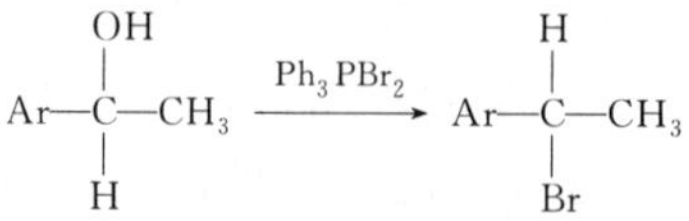

（光学纯度 80%）

一些对酸不稳定的醇或甾醇类化合物可以用此方法进行羟基的卤代。

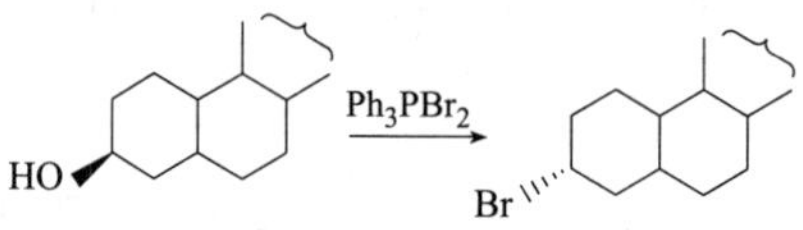

三苯基膦和碘与醇反应可以生成碘化物。

八、醚类化合物 α-氢的卤代

醚类化合物分子中与醚键氧原子直接相连的碳原子为 α-碳原子，其含有的氢为 α-氢。α-氢比较活泼，在卤化试剂如卤素、硫酰氯、五氯化磷、次卤素酯等作用下可以被取代，生成相应的含卤素原子的醚。例如吸入麻醉药异氟烷（Isoflurane）的中间体 2-二氯甲氧基-1，1,1-三氟乙烷的合成[23]。

$$CF_3CH_2OCH_3 \xrightarrow{Cl_2,h\nu} CF_3CH_2OCHCl_2$$

医药、农药中间体三氟甲氧基苯[24] 的合成如下：

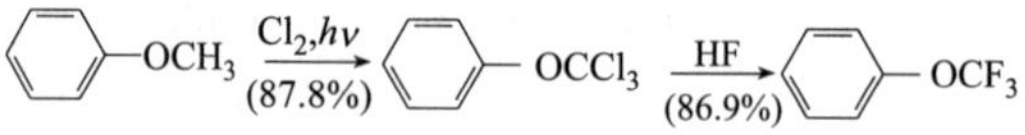

九、羰基化合物的卤化

羰基化合物（醛、酮）的 α-氢具有一定的反应活性，在酸（包括 Lewis 酸）或碱（无机碱、有机碱）的催化下，可以被卤素原子取代，生成 α-卤代羰基化合物。

常用的卤化剂有卤素（主要是 Cl_2、Br_2）、硫酰氯、N-卤代酰胺、次卤酸等。

卤素使羰基化合物 α-氢的卤化，在酸和碱不同的条件下反应机理是不同的。

酸催化使用的催化剂可以是质子酸，也可以是 Lewis 酸。酸催化卤化的反应机理如下：

$$H^+ + \begin{array}{c} H \ O \\ | \; \| \\ -C-C- \end{array} \underset{快}{\rightleftharpoons} \left[\begin{array}{c} H \; ^+OH \\ | \quad | \\ -C-C- \end{array} \longleftrightarrow \begin{array}{c} H \quad OH \\ | \quad | \\ -C-C- \\ \quad + \end{array} \right] \underset{慢}{\rightleftharpoons} \begin{array}{c} OH \\ | \\ >C=C< \end{array} + H^+$$

$$X-X \; + \; >C=C< \overset{\ddot{O}H}{\underset{快}{\rightleftharpoons}} \begin{array}{c} \quad + \\ -C-C-OH \\ | \\ X \end{array} + X^- \rightleftharpoons \begin{array}{c} \\ -C-C=O \\ | \\ X \end{array} + HX$$

首先是羰基氧原子接受质子，而后生成烯醇。决定反应速度的步骤是生成烯醇的一步，生成烯醇后，卤素作为亲电试剂与烯醇的双键发生亲电加成，生成 α-卤代羰基化合物和卤化氢，因此酸催化常常是自催化。例如治疗支气管炎药物氯丙那林（Clorprenaline）中间体 α-溴代邻氯苯乙酮（**19**）[25] 的合成。

$$\underset{Cl}{\overset{COCH_3}{\bigcirc}} \xrightarrow[(96\%)]{Br_2,H_2O} \underset{Cl}{\overset{COCH_2Br}{\bigcirc}}$$

(19)

反应时经常有一个诱导期，因为反应开始时烯醇化速度较慢。随着反应的进行，卤化氢浓度增大，烯醇化速度加快，反应也相应加快。反应初期，可加入少量氢卤酸以缩短诱导期，光照也常起到明显的催化效果。Lewis 酸对某些反应有催化作用，防治早产药利托君（Ritodrine）等的合成中间体 2-溴-1-（4-甲氧基苯基）丙酮-1（**20**）[26] 的合成如下。

$$CH_3O-\bigcirc-COCH_2CH_3 \xrightarrow[(81.5\%)]{Br_2,AlCl_3} CH_3O-\bigcirc-COCHBrCH_3$$

(20)

不对称的酮，若羰基的一个 α-位有给电子基团，有利于酸催化下烯醇化及提高烯醇的稳定性，卤素主要取代这个 α-碳上的氢。即不对称酮的 α-卤代主要发生在与给电子基相连的 α-碳原子上。

$$CH_3COCH_2CH_2CH_3 \xrightarrow[H_2O]{Br_2,KClO_3} \begin{array}{l} \overset{OH}{\underset{[1]}{CH_3C=CHCH_2CH_3}} \xrightarrow{(53\%)} CH_3COCHBrCH_2CH_3 \\[2mm] \underset{[2]}{CH_2=C(OH)CH_2CH_2CH_3} \xrightarrow{(30\%)} CH_2BrCOCH_2CH_2CH_3 \end{array}$$

显然上述反应中烯醇式［1］比烯醇式［2］稳定，因此，由［1］生成的相应产物产率高。抗生素头孢地秦钠（Cefodizime sodium）中间体 3-溴-4-氧代戊酸（**21**）的合成如下。

$$CH_3COCH_2CH_2COOH \xrightarrow[(85\%)]{Br_2,CHCl_3} \overset{Br}{\underset{}{CH_3COCHCH_2COOH}}$$

(21)

该类反应当使用有机溶剂如甲醇时，情况可能相反。例如：

$$CH_3(CH_2)_4\overset{O}{\overset{\|}{C}}CH_3 \xrightarrow[(60\%)]{Br_2,CH_3OH} CH_3(CH_2)_4\overset{O}{\overset{\|}{C}}CH_2Br$$

若羰基的 α-碳上有吸电子基团，则酸催化下的卤化反应困难，即同一碳原子不容易引入两个卤原子（卤素原子具有吸电子性质）。如果在羰基的另一个 α-碳上具有活泼氢，则第二个卤素原子更容易取代另一边的 α-氢原子。例如治疗失眠症咪达唑仑（Midazolam）中间体 1,3-二溴丙酮的合成[27]。

$$CH_3\overset{O}{\overset{\|}{C}}CH_3 \xrightarrow[(50\%)]{Br_2} BrH_2C\overset{O}{\overset{\|}{C}}CH_2Br$$

又如 1,3-二溴-2-丁酮的合成：

$$CH_3CH_2COCH_3 \xrightarrow[<10℃(55\%\sim58\%)]{2molBr_2,HBr} CH_3CHCOCH_2Br$$

（式中 CH₃CHCOCH₂Br 的 CH 下方为 Br）

酸催化难在同一个碳原子上引入第二个卤原子，是制备单卤代羰基化合物的一种方法。维生素类药物阿法骨化醇（Alfacalcidol）中间体（**22**）[28] 的合成如下：

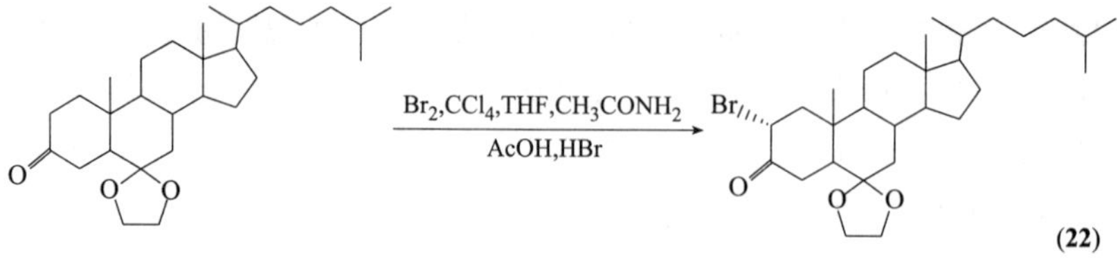

(22)

缩酮 α-碳上的氢也可以发生卤化反应，例如广谱抗真菌药酮康唑（Ketocinazole）中间体（**23**）[29] 的合成：

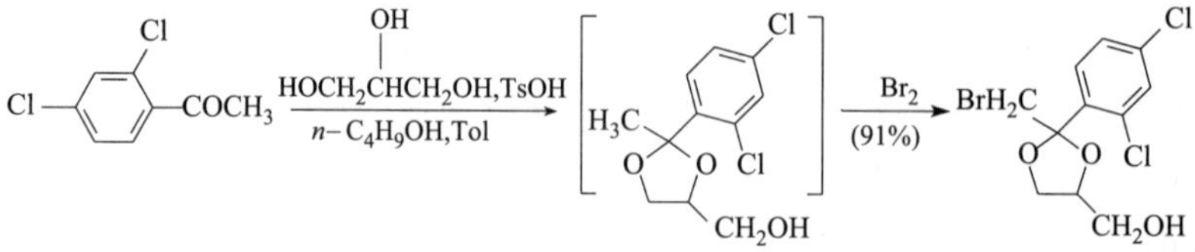

(23)

α-羰基化合物的溴化反应中，溴化氢起双重作用。一是催化作用，加快烯醇化速度并进而加快溴代速度。二是还原作用，它能将生成的 α-溴代羰基化合物还原为原来的羰基化合物，并重新生成溴。

$$RCOCH_2Br + HBr \longrightarrow RCOCH_3 + Br_2$$

反应是可逆的，因此某些二溴代或三溴代酮可作为溴化剂来使用。例如：

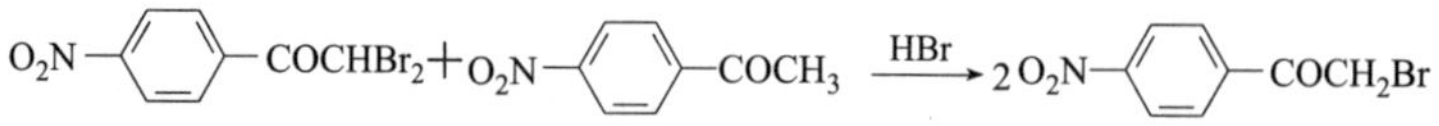

$$O_2N-\text{\small◯}-COCHBr_2 + O_2N-\text{\small◯}-COCH_3 \xrightarrow{HBr} 2 O_2N-\text{\small◯}-COCH_2Br$$

有时可利用 α-溴代反应的可逆性，使脂环酮溴化产物的构型发生改变，生成比较稳定的异构体。

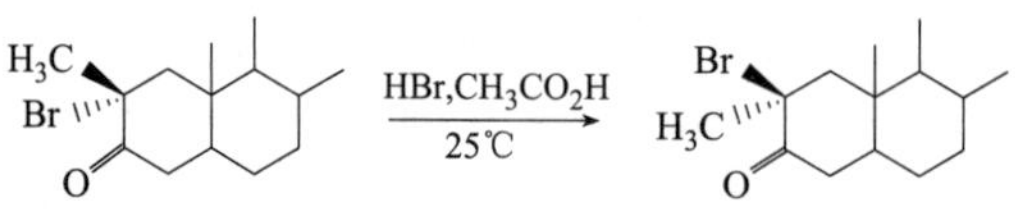

有时也可发生位置异构化。例如：

$$(C_6H_5)_2CHCOCH_3 \xrightarrow[(Br_2,CH_3CO_2H)]{Br_2,CCl_4} (C_6H_5)_2\overset{Br}{\underset{}{C}}COCH_3 \xrightarrow[(HBr,CH_3CO_2H)]{Et_2O,HBr} (C_6H_5)_2CHCOCH_2Br$$

在极性溶剂中溴化氢的溶解度大，异构化能力强，容易异构化为更稳定的异构体。
碱催化卤化常用的碱有氢氧化钠（钾）、氢氧化钙以及有机碱类。
碱催化卤化的反应机理如下：

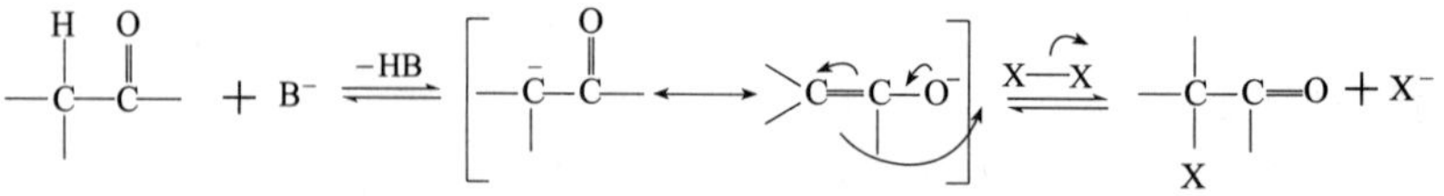

碱首先夺取一个 α-H 原子，生成烯醇负离子，后者与卤素分子迅速发生亲电加成反应，

生成 α-卤代产物。

酮的结构对 α-卤代反应的影响与酸催化不同，α-碳上有给电子基团时，降低了 α-氢原子的酸性，不利于碱性条件下失去质子。有吸电子基团时，则 α-氢原子的活性增加，质子易于脱去，从而促进 α-卤代反应。因此在碱性条件下，当羰基 α-碳原子上连有卤素原子时，反应变得更容易。在过量卤素存在下，反应不停留在 α-单卤代阶段，同碳上容易发生多元取代，可以制备同碳原子的多卤代产物。例如卤仿反应。

$$CH_3COCH_3 + I_2 \xrightarrow{NaOH} CH_3CO_2Na + CHI_3(黄色沉淀)$$

甲基酮在碱性条件下与卤素反应，很容易得到三卤代甲基酮衍生物，后者在碱性条件下碳碳键断裂，生成减少一个碳原子的羧酸和卤仿，此反应称为卤仿反应。这是由甲基酮和能够氧化为甲基酮的醇制备减少一个碳原子的羧酸的有效方法。

$$(CH_3)_2C=CHCOCH_3 \xrightarrow[\text{O}]{KOCl,H_2O} (CH_3)_2C=CHCO_2H + CHCl_3$$
$$(53\%)$$

丙酮在三正丁基膦存在下用氯气氯化，可以生成六氯丙酮，为全身麻醉药七氟烷（Sevoflurane）的中间体。

$$\overset{O}{\underset{\|}{CH_3CCH_3}} \xrightarrow[(70\%)]{Cl_2,(n-C_4H_9)_3P} \overset{O}{\underset{\|}{Cl_3CCCCl_3}}$$

羰基 α-位的碘代反应是可逆的，若加入碱中和反应中生成的碘化氢，并在有机溶剂中进行反应，控制碘的用量，可生成一碘化物，后者不稳定，不经分离直接与乙酸钾反应，可在碘的位置上引入乙酰氧基。例如甾体抗炎药地夫可特（Deflazocort）（**24**）[30] 的合成。

在酸或碱催化下，脂肪醛的 α-氢和醛基氢都可被卤素原子取代，分别生成 α-卤代醛和酰卤，但醛 α-卤代的收率往往不高。若将醛转化为烯醇酯然后再卤代、水解，可得到预期的卤代醛。

$$CH_3(CH_2)_4CH_2CHO \xrightarrow[AcOK(40\%\sim45\%)]{Ac_2O} CH_3(CH_2)_4CH=CHOAc \xrightarrow[2.CH_3OH(70\%\sim85\%)]{1.Br_2,CCl_4}$$

$$CH_3(CH_2)_4CHBrCH(OCH_3)_2 \xrightarrow[(90\%\sim95\%)]{H^+} CH_3(CH_2)_4CHBrCHO$$

脂肪醛在 N-甲酰吡咯烷盐酸盐催化下进行氯化反应，可高收率的生成 α-氯代醛，例如：

$$CH_3(CH_2)_3CHO + \left[\underset{}{N}=CHO\cdot Cl^-\right] + Cl_2 \xrightarrow[(99\%)]{CCl_4,70℃} \underset{\underset{Cl}{|}}{CH_3(CH_2)_2CHCHO}$$

乙醛在甲醇中用氯气氯化，可以生成氯乙醛缩二甲醇，为抗感染药物磺胺-5-甲氧嘧啶中间体。

$$CH_3CHO + Cl_2 \xrightarrow[(80\%)]{CH_3OH} ClCH_2CH(OCH_3)_2$$

溴与二氧六环生成的络合物可以与醛反应生成 α-溴代醛。例如：

$$CH_3(CH_2)_4CH_2CHO \xrightarrow[\text{Et}_2\text{O(68\%)}]{\text{Br}_2-\text{二氧六环}} CH_3(CH_2)_4CHBrCHO$$

肉桂醛在乙酸中与溴反应，生成广谱杀菌剂和消臭剂 α-溴代肉桂醛（**25**）[31]。

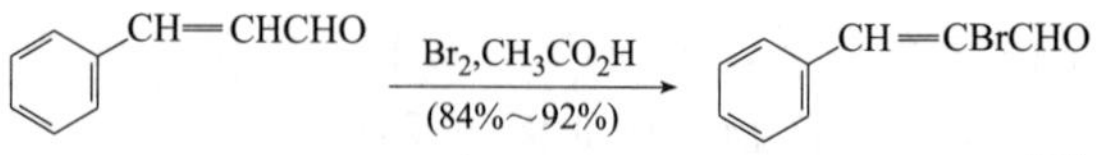

$$\text{CH=CHCHO} \xrightarrow[(84\%\sim92\%)]{\text{Br}_2,\text{CH}_3\text{CO}_2\text{H}} \text{CH=CBrCHO}$$

(25)

不含 α-氢的芳香醛在较高温度下与氯气反应，可以生成芳香族酰氯。该反应为自由基型反应。有时可以利用该方法来合成酰氯。例如镇消炎药消炎灵（Acidum chlofenamicum）等中间体邻氯苯甲酰氯的合成[32]。

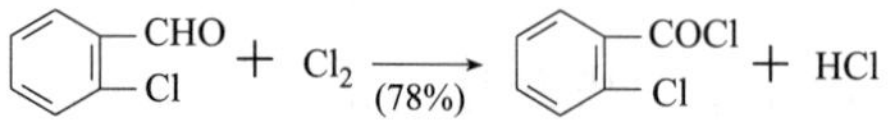

$$\text{CHO} + \text{Cl}_2 \xrightarrow{(78\%)} \text{COCl} + \text{HCl}$$

氯乙醛在催化剂存在下与氯气反应可以生成氯乙酰氯。氯乙酰氯为类风湿性和骨关节炎、强直性脊椎炎治疗药双氯芬酸钠（Diclofenac sodium）等的中间体[33]。

$$\text{ClCH}_2\text{CHO} + \text{Cl}_2 \xrightarrow[(98.5\%)]{\text{催化剂}} \text{ClCH}_2\text{COCl} + \text{HCl}$$

酮的烯胺与卤素反应，可以生成 α-卤代酮。酮的烯胺衍生物的亲核能力强于它的母体结构，而且在卤代反应中区域选择性常常不同于母体羰基化合物或其烯醇衍生物，因而常应用于不对称酮的选择性 α-卤代反应。例如：

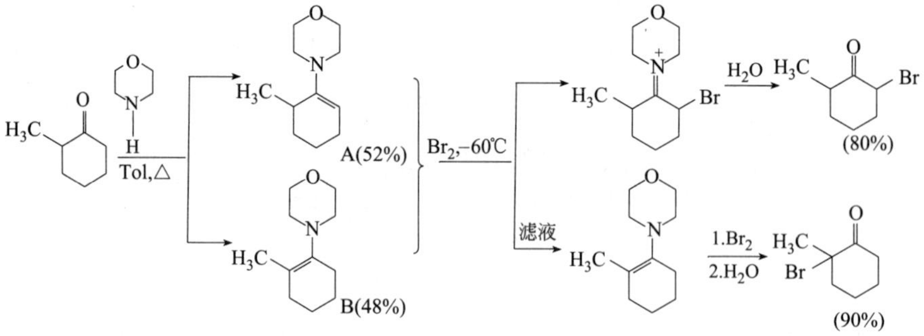

2-甲基环己酮与吗啉反应生成烯胺 A 和 B，由于双键取代基较少的烯胺 A 较稳定，其含量略高于取代基较多的 B，且亲核性比 B 强，因此该混合物在低温与 0.5mol 的溴反应时，只有 A 可以反应，水解后得到 2-溴-6-甲基环己酮，而烯胺 B 则留在反应液中。再将 B 溴化、水解，则得到 2-溴-2-甲基环己酮。

使用光学活性的仲胺与羰基化合物首先生成烯胺，而后进行卤代，可以实现不对称卤化反应，得到光学活性的 α-羰基化合物。例如（R）-（-）-2-溴环己酮的合成[34]。

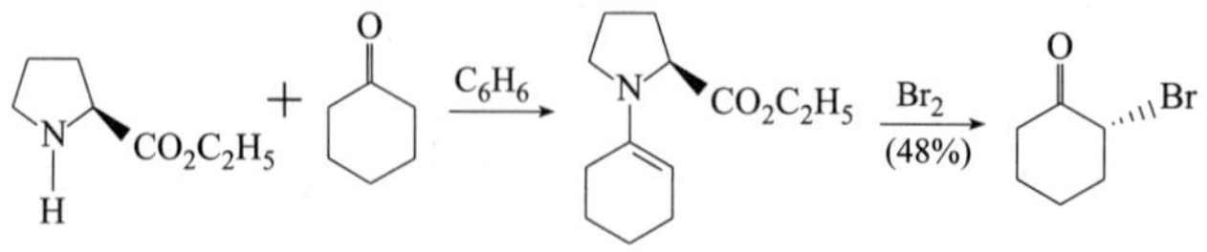

烯胺与 N_2F_2 作用可以生成 α-氟代羰基化合物。

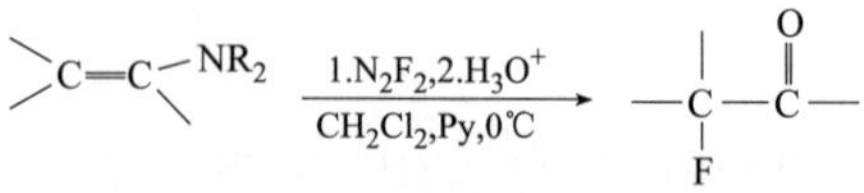

N_2F_2 可以通过如下反应来合成：

$$ROC(O)NF_2 + t\text{-}BuOK \longrightarrow ROC(O)OBu\text{-}t + KF + 1/2N_2F_2$$

十、羧酸的卤化反应

脂肪族卤代羧酸主要有氯代酸、溴代酸、氟代酸。根据卤素原子在碳链中与羧基的位置关系，可分为 α-、β-、γ-、δ-、ω-等卤代酸。根据分子中所含卤素原子的数目，则可分为一卤代、二卤代、多卤代酸。

普通的脂肪族羧酸进行自由基型卤化反应时，碳链上的氢容易被取代，但主要产物不是 α-卤代酸，而且与反应介质有关。一般在特殊情况下才具有一定的合成意义。例如：

$$CH_3CH_2CH_2COOH \xrightarrow[\text{溶剂}]{Cl_2, 25℃, h\nu} ClCH_2CH_2CH_2CO_2H + CH_3\overset{Cl}{\underset{|}{C}HCH_2CO_2H} + CH_3CH_2\overset{Cl}{\underset{|}{C}HCO_2H}$$

CCl_4	42%	53%	5%
H_2SO_4	79%	21%	—

在红磷或三卤化磷的催化下，有 α-H 的羧酸与氯或溴共热，可生成相应的 α-卤代羧酸。该反应称为 Hell-Volhard-Zelinsky 反应。例如：

$$CH_3COOH + Cl_2 \xrightarrow[105\sim110℃]{P} ClCH_2COOH$$

$$CH_3CH_2COOH + Br_2 \xrightarrow[65\sim100℃]{PCl_3} CH_3\overset{}{\underset{\overset{|}{Br}}{C}}HCOOH$$

实际上，反应中是卤素与磷首先生成三卤化磷，后者与羧酸反应生成 α-卤代羧酸。直接使用卤素，并加入三卤化磷作催化剂，也可以得到满意的结果。例如局部麻醉药盐酸布比卡因中间体（**26**）[35] 的合成。

$$Cl(CH_2)_5COOH \xrightarrow[2.C_2H_5OH(89.6\%)]{1.Br_2, PCl_3} Cl(CH_2)_4\overset{}{\underset{\overset{|}{Br}}{C}}HCOOC_2H_5 \qquad (26)$$

2-氯丙酸为镇痛药布洛芬（Ibuprofen）中间体，可以用该方法来合成。

$$CH_3CH_2COOH + Cl_2 \xrightarrow[(74.5\%)]{PCl_3} CH_3CHClCOOH + HCl$$

乙酸及其同系物进行卤化时，总是得到 α-卤代（氯、溴）羧酸，进一步氯代可生成 α, α-二卤代羧酸或三卤代乙酸，也是合成多卤代羧酸的方法。

该反应生成了大量的卤化氢气体，用水吸收可制备氢卤酸。

酰氯、酸酐、腈、丙二酸及其酯等的 α-氢原子的活性较高，也可以直接用各种卤化试剂进行 α-卤代反应。例如：

$$CH_3CH_2CN \xrightarrow{Cl_2, HCl} CH_3CCl_2CN$$

$$CH_2(CO_2C_2H_5)_2 + Br_2 \xrightarrow{(75\%)} BrCH(CO_2C_2H_5)_2$$

第二节　卤化氢

一、卤化氢对烯键的加成反应

卤化氢与烯键的加成反应是放热反应，反应是可逆的。

$$RCH{=\!\!=}CH_2 + HX \Longrightarrow RCHX{-\!\!-}CH_3 + Q$$

反应温度升高,平衡移向左方,温度降低则有利于加成反应。低于50℃时几乎不可逆。从反应机理来看,卤化氢与双键的反应可分为亲电加成和自由基型加成反应。

亲电加成反应机理如下:

$$\underset{}{\overset{}{>}}C{=\!\!=}C\overset{}{<} \ +\ HX \longrightarrow \ \underset{H}{\overset{+}{>}}C{-\!\!-}C\overset{}{<} \ \overset{X^-}{\longrightarrow} \ \underset{X}{\overset{}{>}}C{-\!\!-}C\underset{H}{\overset{}{<}}$$

反应分两步进行,首先是质子对双键进行亲电加成,形成碳正离子,第二步是卤负离子与碳正离子结合生成卤化物。卤化氢与不饱和烃的亲电加成,遵守 Markovnikov 规则。烯烃的结构对亲电加成有影响,有给电子基团时容易发生亲电加成。烯烃的反应活性顺序如下。

$$RCH{=\!\!=}CH_2 > CH_2{=\!\!=}CH_2 > CH_2{=\!\!=}CHCl$$

卤化氢的活性顺序为:HI>HBr>HCl。烯烃与碘化氢、溴化氢的反应可以在室温下进行,而与氯化氢反应则必须加热,或加入 Lewis 酸作催化剂,例如三氯化铝、氯化锌、三氯化铁等。这些催化剂有利于 H-X 键的异裂。

$$H{-\!\!-}Cl + FeCl_3 \longrightarrow H^+ + FeCl_4^-$$

反应时常用的溶剂是苯、戊烷、醚等。

烯烃双键碳原子上有强吸电子基团如—COOH、—CN、—CF$_3$ 时,与卤化氢的加成方向不遵守 Markovnikov 规则,生成 β-卤代物。例如:

$$CH_2{=\!\!=}CH{-\!\!-}CN + HBr \longrightarrow BrCH_2CH_2CN$$

但双键距离吸电子基团更远的化合物,与卤化氢加成时遵守 Markovnikov 规则。例如:

$$CH_2{=\!\!=}CHCH_2CN + HBr \xrightarrow[(51\%)]{} CH_3{-\!\!-}CHBrCH_2CN$$

卤化氢与不饱和烃的亲电加成,一般使用卤化氢气体。可将气体直接通入不饱和烃中,或在中等极性的溶剂中进行反应,如乙酸、醚等。若使用氢卤酸,则可能发生水与烯烃的加成,加入含卤负离子的试剂常可提高卤代烃的收率。

高血压和充血性心力衰竭病治疗药卡托普利(Captopril)中间体 3-氯-2-甲基丙酸的合成如下[36]。

$$\underset{}{\overset{CH_3}{\underset{}{H_2C{=\!\!=}C{-\!\!-}COOH}}} \xrightarrow[Et_2O(93\%)]{HCl(气)} \underset{}{\overset{CH_3}{\underset{}{ClH_2C{-\!\!-}CH{-\!\!-}COOH}}}$$

新药合成中间体 3-溴丁醛缩乙二醇可以由 2-丁烯醛来合成[37]。

共轭二烯可以与卤化氢发生 1,4-加成反应和 1,2-加成反应。

碘化氢与烯烃反应时,若碘化氢过量,由于其具有还原性将会还原碘代烃成烷烃。

$$RCH{=\!\!=}CH_2 + HI \longrightarrow RCHICH_3 \xrightarrow{HI} RCH_2CH_3 + I_2$$

烯烃与碘化钾和95%的磷酸一起回流,可以顺利地实现碘化氢的加成。例如广谱抗吸虫和绦虫药物吡喹酮(Praziquantelp)等的中间体碘代环己烷的合成。

氟化氢与双键的加成，易采用铜或镀镍的压力容器，使烯烃与无水氟化氢在低温下反应，温度高时易生成多聚物。若用氟化氢与吡啶的络合物作氟化剂，可提高氟化效果。但加入 N-溴代乙酰胺，而后还原除溴，反应温和得多。

二、溴化氢与烯键的自由基加成反应

不对称烯烃与溴化氢的加成反应，反应的产物取决于反应条件。在暗处无氧时，发生亲电加成，产物符合马氏规则。而在光照或有过氧化物存在时，是一个反马氏规则的加成反应，属于自由基型反应，后来称为过氧化物效应（Peroxide effect），又称 Kharasch 效应。

在四种卤化氢（HF、HCl、HBr、HI）中，只有溴化氢在过氧化物影响下与烯烃按自由基型机理进行加成反应，不对称烯烃生成反马氏规则的加成产物。例如，

$$CH_3CH =\!\!=CH_2 + HBr \xrightarrow{\text{过氧化物}} CH_3CH_2CH_2Br$$

值得指出的是，过氧化物效应只限于溴化氢。氯化氢和碘化氢都不能进行上述自由基型加成反应。利用烯烃与溴化氢的亲电加成和自由基型加成，可以得到不同的溴代物。

$$RCH =\!\!=CH_2 + HBr \xrightarrow{\text{过氧化物}} RCH_2CH_2Br$$

$$RCH =\!\!=CH_2 + HBr \xrightarrow{\text{亲电加成}} RCHBrCH_3$$

例如经典的 Sternbach 生物素合成法中所需的侧链 1-溴-3-乙氧基丙烷（**27**）[38] 的合成。

$$(27)$$

当然，反应也可以在光照条件下进行。例如精神病治疗药氯丙嗪（Chlorpromazine）、三氟拉嗪（Trifluoperazine）等的中间体 1-溴-3-氯丙烷的合成如下。

$$H_2C =\!\!=CHCH_2Cl + HBr \xrightarrow[(78\%)]{h\nu} BrCH_2CH_2CH_2Cl$$

实验证明，烯烃与溴化氢的自由基加成反应如果在低温下进行，反式加成产物占优势。

为了解释反式加成的立体选择性，认为加成是通过一个"桥"自由基（环状溴自由基）进行的，很像溴对烯烃的离子型加成中涉及到的环状溴鎓离子。

炔烃也能与溴化氢发生过氧化物效应。利用烯烃或炔烃与溴化氢的亲电加成和自由基型加成，可以得到不同的溴化物。

三、卤化氢与炔烃的加成

卤化氢可以与炔烃按照离子型反应进行亲电加成。加成是分步进行的，首先加成一分子卤化氢，生成卤乙烯型衍生物，而后再按照马氏规则与第二分子卤化氢进行反应，生成二卤代烷烃类化合物。由于反应属于离子型机理，为了减少溶剂参与的副反应，在反应过程中加入含卤素负离子的物质，有利于提高加成产物的收率。例如：

$$C_2H_5C{\equiv}CC_2H_5 \xrightarrow[\text{AcOH},25\,℃]{\text{HCl(气)}}$$

— 41%～72%
Me$_4$NCl 95%～98%

28%～59%
2%～5%

炔烃与卤化氢的亲电加成不如烯烃活泼。乙炔及其同系物与氯化氢、溴化氢反应时，以氯化汞、溴化汞（沉淀于硅胶、活性炭上）为催化剂，于 120～350℃进行气相反应，可以顺利地进行第一步加成，生成氯乙烯、溴乙烯及其衍生物。

氯乙烯是合成聚氯乙烯的原料，工业上氯乙烯的一条合成路线如下：

$$HC{\equiv}CH + HCl \xrightarrow{\text{HgCl}_2\text{-活性炭}} CH_2{=}CHCl$$

乙烯基乙炔在氯化亚铜、氯化铵催化下与氯化氢于 40～45℃反应，生成 2-氯-1,3-丁二烯，是合成氯丁橡胶的原料。

$$CH_2{=}CH{-}C{\equiv}CH + HCl \xrightarrow{\text{Cu}_2\text{Cl}_2\text{-NH}_4\text{Cl}} CH_2{=}CH{-}CCl{=}CH_2$$

氟化氢在汞盐（乙酸盐、磷酸盐或硫化物）催化下，也可以与乙炔及其同系物在气相条件下进行加成反应。

$$HC{\equiv}CH \xrightarrow[97\sim104\,℃]{\text{HF},\text{HgCl}_2,\text{BaCl}_2\text{-C}} H_2C{=}CHF + CH_3CHF_2$$
（82%） （4%）

端基炔与溴化氢进行自由基型加成反应，可以生成 1-溴-1-烯。若端基炔与溴化氢进行离子型加成反应，则应当得到 2-溴-1-烯，但该方法的收率很低，一般不适用于有机合成。若将端基炔转化为 1-三甲基硅基-1-炔，而后再与溴化氢加成，同时伴随着溴化三甲基硅烷的消除，则可以较高收率的得到 2-溴-1-烯。该反应的第一步是溴化氢与 1-三甲基硅基-1-炔的自由基型加成，随后发生的是 β-消除反应。

$$RC{\equiv}C{-}Si(CH_3)_3 \xrightarrow{\text{HBr}} RC{=}CH{-}Si(CH_3)_3 \xrightarrow{\text{HBr}} RCBr_2CH_2Si(CH_3)_3 \longrightarrow RC{=}CH_2 + BrSi(CH_3)_3$$

三键上连有吸电子基团的炔类化合物在乙酸中与卤化锂（钠、钾）反应，可以生成顺式加成产物，特别适用于 3-卤代丙烯酸、3-卤代丙烯酸酯、3-卤代丙烯腈、3-卤代丙烯酰胺等的制备。例如有机合成中间体 (Z)-3-溴-2-丙烯酸乙酯的合成[39]。

$$HC{\equiv}C{-}CO_2C_2H_5 + HOAc \xrightarrow[\text{乙腈}(85\%)]{\text{LiBr}}$$

反应机理一般认为是卤负离子对缺电子碳碳三键的亲核加成。

生成的负离子中间体，负电荷与溴原子处于反位更稳定，故容易生成顺式加成产物。

四、卤化氢或氢卤酸与醇的反应

卤化氢或氢卤酸与醇反应，醇羟基被卤原子取代生成卤代烃。反应可按 S_N1 或 S_N2 机理进行。

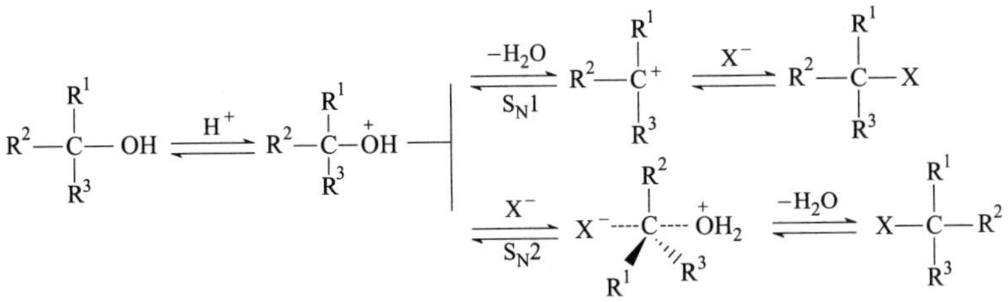

伯醇主要按 S_N2 机理，叔醇主要按 S_N1 机理，仲醇则二者都有可能。

反应是可逆的。反应的难易取决于醇和氢卤酸的活性。醇羟基的活性顺序为：叔（苄基、烯丙基）醇＞仲醇＞伯醇。氢卤酸的活性顺序为：HI＞HBr＞HCl。

用浓盐酸与醇反应时，常加入氯化锌作催化剂。锌原子与醇羟基形成配位键，使醇中的 C-O 键变弱，羟基容易被取代而离去。

$$ROH + ZnCl_2 \longrightarrow \overset{H}{RO \cdot ZnCl_2} \overset{HCl}{\longrightarrow} RCl + H_2O + ZnCl_2$$

盐酸-氯化锌试剂又称 Lucas 试剂，除了可以用于由醇制备氯化物之外，也用作伯、仲、叔醇（C_6 以下的醇）的鉴别试剂。结构不同的醇和 Lucas 试剂反应速度差异明显，叔醇、苄醇或烯丙式醇与 Lucas 试剂混合后，溶液立即浑浊或分层；5～10min 内分层为仲醇；不分层难以反应的为伯醇。当然，用这种方法鉴别醇时，醇的分子量不能太大。

4-苯硫基苄基醇与浓盐酸室温剧烈搅拌生成 4-苯硫基苄基氯（**28**）[40]，为抗真菌药硝酸芬替康唑（Fenticonazole nitrate）中间体。

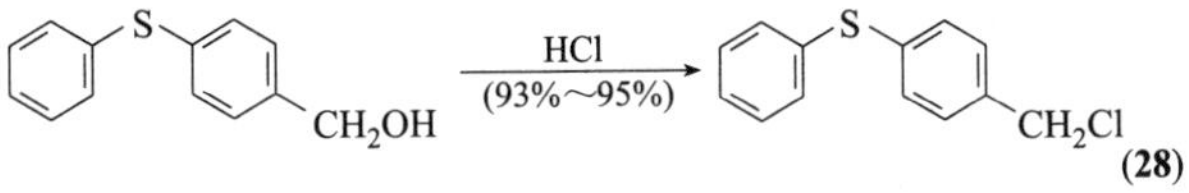

天然活性化合物白藜芦醇的重要中间体 3,4,5-三甲氧基苄基氯（**29**）[41] 的合成如下：

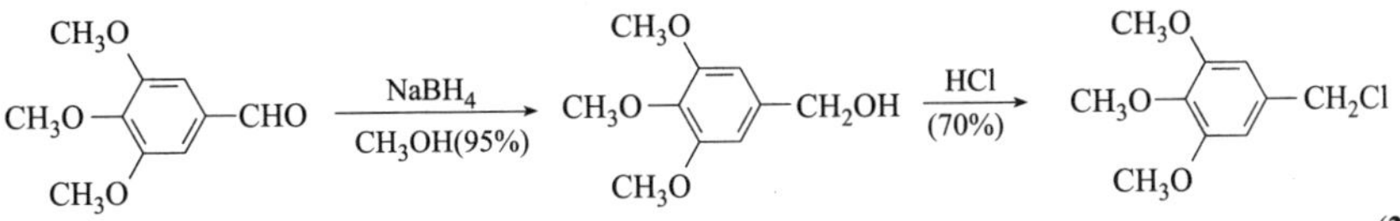

二(2-氟苯基)甲醇在无水 $ZnCl_2$ 存在下与浓盐酸反应，生成钙拮抗剂二盐酸氟桂利嗪（Flunarizine dihydrochloride）中间体二(2-氟苯基)氯甲烷。

$$(2\text{-}FC_6H_4)_2CHOH + HCl \xrightarrow[(68\%)]{ZnCl_2} (2\text{-}FC_6H_4)_2CHCl$$

有时也可以使用无水氯化钙。例如抗癫痫、痉挛药盐酸苯海索（Benzhexol hydrochloride）等的中间体氯代环己烷的合成。

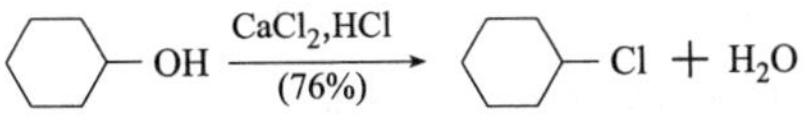

有时不用浓盐酸，而是通入氯化氢气体至饱和，使醇生成氯化物。

$$CH_3CH_2C(CH_3)_2OH \xrightarrow[rt]{\text{干} HCl} CH_3CH_2C(CH_3)_2Cl$$

用氢溴酸时，为了提高氢溴酸浓度，可除去反应中生成的水，也可加入浓硫酸，或者直接使用溴化钠和硫酸或溴化铵和硫酸。血管紧张素转化酶抑制剂马来酸依那普利（Enalapril maleate）中间体 β-溴代乙苯的合成如下[42]。

$$\text{苯环-}CH_2CH_2OH + HBr \xrightarrow[(92\%)]{H_2SO_4} \text{苯环-}CH_2CH_2Br$$

抗感染药替硝唑（Tinidazole）等的中间体 1-（2-溴乙基)-2-甲基-5-硝基-1H-咪唑（**30**）[43] 的合成，则是直接使用溴化铵与硫酸。

$$\text{（咪唑环）} \xrightarrow[(85.5\%)]{NH_4Br,H_2SO_4} \text{（咪唑环）}$$

(30)

溴素与硫黄反应生成溴化硫，在有水存在的情况下，溴化硫分解生成溴化氢和硫酸。溴化氢作为与醇反应的试剂，而硫酸作为催化脱水剂。1-溴丙烷为局部麻醉药甲磺酸罗哌卡因（Ropivacaine mesylate）的中间体，可用该合成方法[44]。

$$6CH_3CH_2CH_2OH + 3Br_2 + S \xrightarrow{(95\%)} 6CH_3CH_2CH_2Br + H_2SO_4 + 2H_2O$$

氢卤酸与醇发生取代反应时可能发生重排、异构化、脱水成烯等副反应。若烯丙型醇的 α-位上有苯基、苯乙烯基、乙烯基等基团时，由于这些基团能与烯丙基形成共轭体系，几乎完全生成重排产物。例如：

$$\text{（重排反应式）} \xrightarrow[-H_2O]{HBr} [\cdots] \longleftrightarrow [\cdots] \xrightarrow{Br^-} \cdots$$

碘化氢具有还原性，为避免生成的碘代烃被还原为烷烃，可将生成的碘代烃蒸出反应体系。常用的碘化剂是碘化钾和磷酸（或多聚磷酸）、碘和红磷等。

$$10ROH + 2P + 5I_2 \longrightarrow 10RI + 2H_3PO_4 + 2H_2O$$

$$HOCH_2(CH_2)_nCH_2OH + 2KI + 2H_3PO_4 \longrightarrow ICH_2(CH_2)_nCH_2I + 2KH_2PO_4 + 2H_2O$$

五、氢卤酸与醚的反应

氢卤酸与醚反应，可使醚键断裂，生成卤代物。

$$R\!-\!O\!-\!R' + HX \longrightarrow RX + R'OH$$
$$\xrightarrow{HX} R'X + H_2O$$

反应中首先是醚键氧原子接受一个质子生成锌盐，而后发生取代反应。根据烃基的不同，可以发生 S_N1 或 S_N2 反应。

常用的酸是氢碘酸和氢溴酸。氢卤酸与二烷基醚反应时，首先生成一分子卤代烃和一分子醇，在过量氢卤酸存在下，醇羟基被卤素原子取代生成第二分子的卤代烃。例如：

$$(CH_3)_2CH—O—CH(CH_3)_2 + HBr \longrightarrow (CH_3)_2CHBr + (CH_3)_2CHOH$$

$$\xrightarrow[\ ]{HBr} (CH_3)_2CHBr + H_2O$$

芳脂混醚与氢卤酸反应，生成酚和一分子卤代烃。例如：

$$CH_3O—\underset{C_2H_5}{\overset{C_2H_5}{C}}H—OCH_3 \xrightarrow{HI} HO—\underset{C_2H_5}{\overset{C_2H_5}{C}}H—OH + 2CH_3I$$

测定生成的碘甲烷的量，可以推算出分子中的甲氧基的数目，此反应是 Zeisel 甲氧基测定法的基础。氢碘酸酸性强，容易使醚键断裂。氢碘酸价格较高，有时采用氢碘酸和氢溴酸或盐酸的混和酸来断裂醚键。

在相转移催化剂存在下，醚键断裂更容易。例如：

$$\text{C}_6\text{H}_5\text{O—C}_8\text{H}_{17}\text{-}n \xrightarrow[48\%HBr(89\%)]{C_{16}H_{33}P^+(C_4H_9\text{-}n)_3\ Br^-} \text{C}_6\text{H}_5\text{OH} + n\text{-C}_8\text{H}_{17}\text{Br}$$

环醚也可被氢卤酸断裂醚键。环氧乙烷的衍生物在酸性条件下首先生成锌盐，卤负离子从环氧环背面进攻环氧环的碳原子，生成 α-卤代醇。环氧乙烷与 48% 的氢溴酸于 10℃ 以下反应，生成 2-溴乙醇。

$$\text{环氧乙烷} + HBr \xrightarrow{(87\%\sim92\%)} BrCH_2CH_2OH$$

氢化可的松中间体（31）的合成如下：

$$\text{(甾体环氧化物)} + HBr(48\%) \longrightarrow \text{(31)}$$

四氢呋喃中通入干燥的氯化氢气体，可以生成哮喘治疗药普伦斯特（Pranlukast）中间体 4-氯-1-丁醇。

$$\text{(四氢呋喃)} + HCl \xrightarrow[(52.4\%)]{\triangle} ClCH_2CH_2CH_2CH_2OH$$

四氢吡喃与 48% 的氢溴酸和浓硫酸一起反应，可以得到 1,5-二溴戊烷。

$$\text{(四氢吡喃)} + HBr \xrightarrow[(80\%)]{H_2SO_4} Br(CH_2)_5Br$$

周围血管扩张药己酮可可碱（Pentoxifylline）中间体 6-溴-2-己酮（32）的合成如下[27]。

$$ClCH_2CH_2CH_2Br + CH_3COCH_2CO_2C_2H_5 \xrightarrow[EtOH]{K_2CO_3} \text{(二氢吡喃衍生物)} \xrightarrow[H_2SO_4]{HBr,NaBr} CH_3C(O)(CH_2)_3CH_2Br$$

(32)

也可用其他方法来断裂醚键。

六、α-卤代糖的合成

α-氯代、α-溴代酰基糖一般是由酰基糖或甲基糖苷与氯化氢或溴化氢的乙酸溶液反应来制备的，溴代糖可以由红磷和溴来制备。例如药物天麻素（Gastrodin）等的中间体 α-溴代乙酰基吡喃葡萄糖的合成。

抗白血病药克拉屈滨（Cladribine）等的中间体 1-氯-2-脱氧-3,5-二-O-对甲苯甲酰基-α-D-呋喃核糖（**33**），是由对甲苯甲酰基保护的甲基脱氧核糖苷与饱和氯化氢乙酸溶液反应来合成的[45,46]。

(**33**)

第三节 卤化磷和三氯氧磷

卤化磷主要指五氯化磷、三氯化磷、三溴化磷、三碘化磷，它们和三氯氧磷一样都是常用的卤化试剂。由红磷和溴或碘能迅速反应生成三溴化磷和三碘化磷，因此在实际应用中往往用红磷和溴或碘来代替三溴化磷和三碘化磷。

一、醇、酚羟基的取代

醇与卤化磷反应生成卤代物，同醇与氢卤酸的反应相比，由于避免了强酸性质子介质，有利于按 S_N2 机理进行反应，重排反应很少，例如：

$$CH_3CH\!=\!CHCH_2OH \xrightarrow[-15℃,Py]{PBr_3} CH_3CH\!=\!CHCH_2Br + CH_3CHBrCH\!=\!CH_2$$
$$(94\%) \qquad\qquad (6\%)$$

醇与三卤化磷的反应机理如下：

$$RO\!-\!H + X\!-\!PX_2 \longrightarrow R\!-\!O\!-\!PX_2 + HX \rightleftharpoons$$

醇与三卤化磷首先生成二卤代亚磷酸酯和卤化氢，前者立即质子化，尔后卤负离子按两种途径取代亚磷酰氧基生成卤代烃。叔醇按 S_N1 机理反应，伯醇、仲醇按 S_N2 机理进行反应。但氯负离子的亲核性弱，不容易与卤代亚磷酸酯作用，而后者又会与醇继续反应，最后生成亚磷酸酯 P（OR）$_3$，因此三氯化磷与醇反应，特别是伯醇，氯代物产率较低，用三溴化磷时效果较理想。

具有抗氧化、消除自由基、提高免疫调节力等多种生物学功能的白皮杉醇中间体（**34**）[47] 的合成如下：

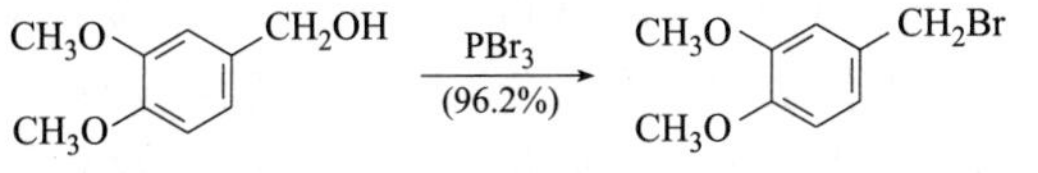

$$CH_3O-\langle\rangle-CH_2OH \xrightarrow[(96.2\%)]{PBr_3} CH_3O-\langle\rangle-CH_2Br$$

(34)

又如镇痛药柠檬酸舒芬太尼（Sufentanil citrate）中间体 2-（2-溴乙基）噻吩（**35**）的合成。

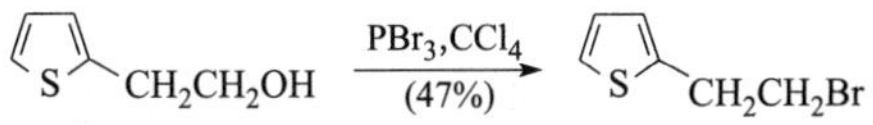

$$\langle S \rangle-CH_2CH_2OH \xrightarrow[(47\%)]{PBr_3,CCl_4} \langle S \rangle-CH_2CH_2Br$$

(35)

直接使用红磷和溴可以代替三溴化磷。例如用作杀菌剂、去污剂等的溴化十六烷基三甲基铵的中间体 1-溴十六烷的合成。

$$CH_3(CH_2)_{14}CH_2OH \xrightarrow[(80\%)]{Br_2,P} CH_3(CH_2)_{14}CH_2Br$$

三氯氧磷与醇反应，则更容易生成磷酸酯。

$$3ROH + POCl_3 \longrightarrow (RO)_3PO + 3HCl$$

三氯氧磷与 DMF 等一起使用，则可以较高收率地将醇转化为相应的氯化物（Vilsmeier 反应）。例如有机合成中间体 2-氯辛烷的合成[48]。

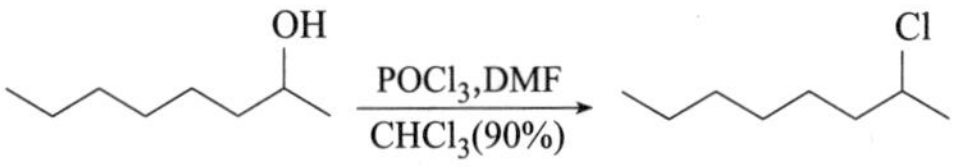

$$\sim\!\!\!\!\!\overset{OH}{\wedge}\!\!\!\!\!\sim \xrightarrow[CHCl_3(90\%)]{POCl_3,DMF} \sim\!\!\!\!\!\overset{Cl}{\wedge}\!\!\!\!\!\sim$$

药物及香料中间体 5-氯甲基呋喃-2-甲醛[49] 的合成如下。

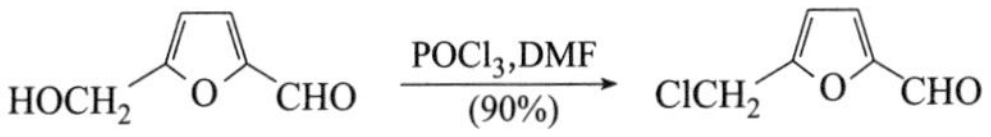

$$HOCH_2-\langle O \rangle-CHO \xrightarrow[(90\%)]{POCl_3,DMF} ClCH_2-\langle O \rangle-CHO$$

五氯化磷可以与醇反应生成相应的氯化物，例如：

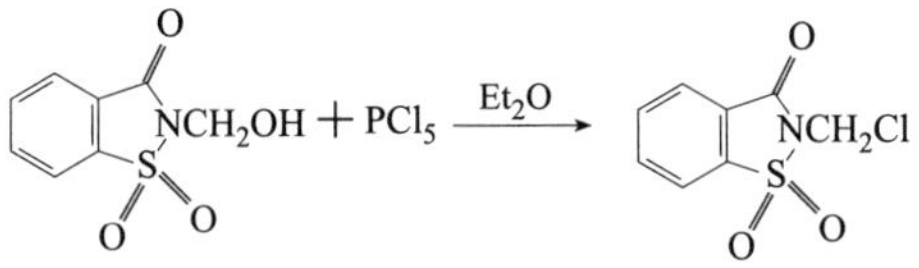

五氯化磷与 DMF 作用，生成氯代亚胺盐，该盐称为 Vilsmeier-Haack 试剂，在二氧六环或乙腈等溶剂中，和光学活性的仲醇反应，可得到构型反转的氯代烃，且收率较高。

$$PCl_5 + HCON(CH_3)_2 \xrightarrow[15min]{120℃} [(CH_3)_2N^+=CHCl]Cl^-$$

$$\overset{H}{\underset{n-H_{13}C_6}{H_3C-C-OH}} \xrightarrow[CH_3CN,80\sim120℃]{[(CH_3)_2N^+=CHCl]Cl^-} \overset{H}{\underset{C_6H_{13}-n}{Cl-C\cdots CH_3}}$$

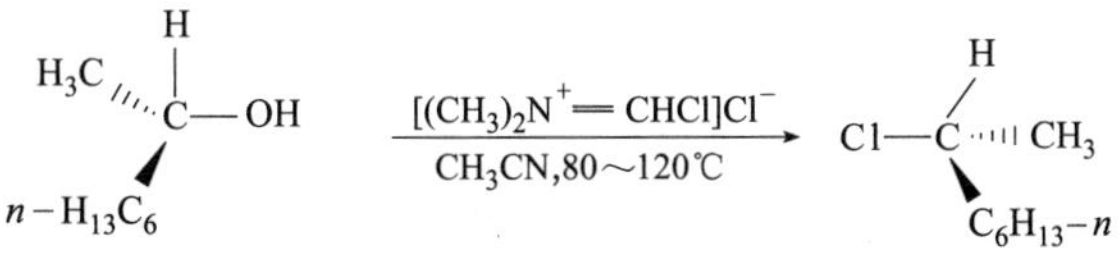

五氯化磷和三氯氧磷都是强氯化剂，芳环上羟基的氯代常用这两种氯化剂。五氯化磷是固体，反应中常加入适量三氯氧磷或三氯化磷、四氯化碳等作溶剂。

三氯氧磷分子中有三个氯原子，但只有第一个氯原子的置换能力强，因此置换羟基时三氯氧磷要过量，并常常加入催化剂如吡啶、DMF、N,N-二甲苯胺等。

酚羟基被卤素原子取代不如醇羟基活泼，原因是酚羟基氧原子上的未共电子对与芳环上的大 π-键形成共轭体系，从而使 C-O 键结合得更牢固，不容易发生断裂。但在强卤化剂或剧烈的条件下，仍然可以被卤素原子取代生成氯代芳基化合物。例如抗肿瘤药吉非替尼（Gifetinib）、埃罗替尼（Erlotinib）等的中间体 4-氯喹唑啉 (**36**)[50] 的合成。

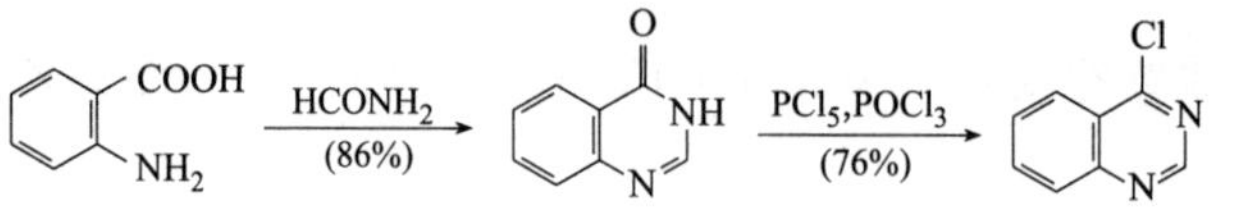

(36)

值得指出的是，五氯化磷在温度较高时容易分解为三氯化磷和氯，温度越高，分解速度越快，置换能力也将随之降低。同时氯的存在则容易产生芳环或侧链的氯化反应，故使用五氯化磷时温度不易过高。

杂环芳香化合物芳环上的羟基相对比较容易被卤素原子置换，有时直接使用三氯氧磷即可，反应时常加入吡啶、DMF、N,N-二甲基苯胺等作催化剂。

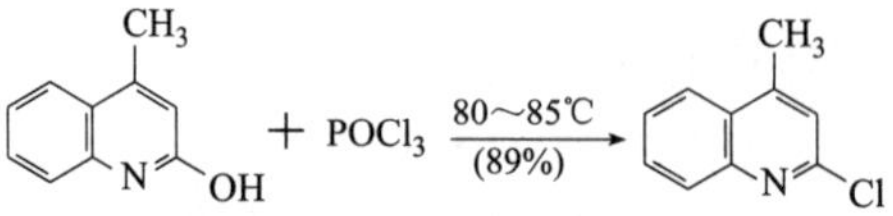

抗肿瘤新药中间体 (**37**)[51] 的合成如下。

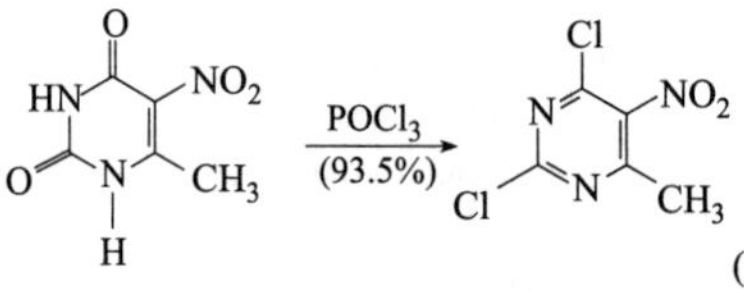

(37)

芳杂环的酮类化合物由于可能发生酮式—烯醇式互变，烯醇式羟基可以被卤素原子取代而生成芳杂环的卤素化合物。5-氟尿嘧啶为抗癌药物，可以发生如下转化，生成新的 5-氟尿嘧啶衍生物的中间体。

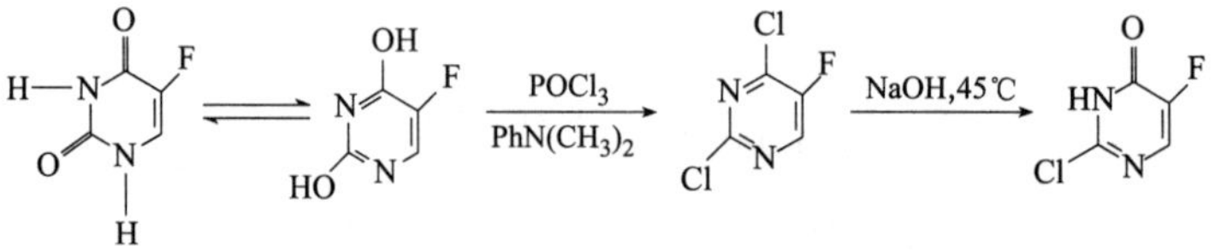

环上连有强吸电子基团的酚类化合物，有时也可以使用氯化亚砜作为卤化试剂。例如：

二、羰基的卤化

五氯化磷与羰基化合物反应可以生成偕二氯化物，这是合成偕二氯化物的方法之一。例如二氯降樟脑（2,2-二氯双环 [2.2.1] 庚烷）的合成：

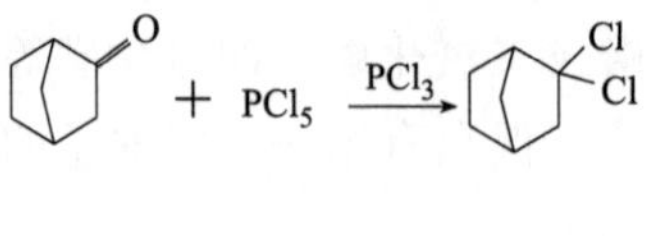

频哪酮与 PCl$_5$ 反应生成偕二氯化物，在碱性条件下发生消除反应，生成 3,3-二甲基-1-丁炔[52]，其为烯丙胺类抗真菌药特比萘芬（Terbinafine）的合成中间体。

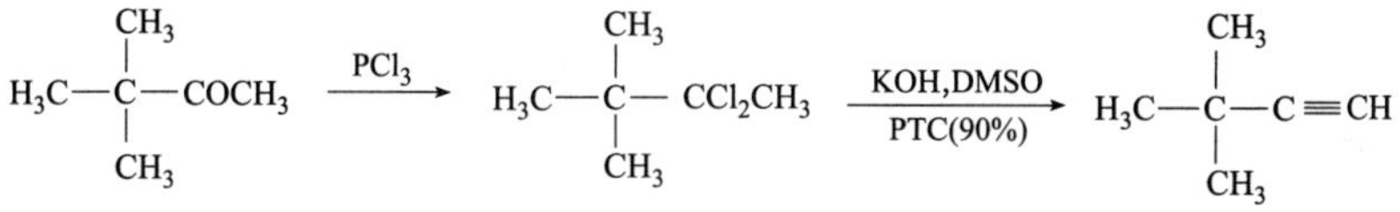

一些环酮用五氯化磷在四氯化碳中回流，可以生成 1,1,2-三氯环烷烃，并有环烯基氯生成。例如：

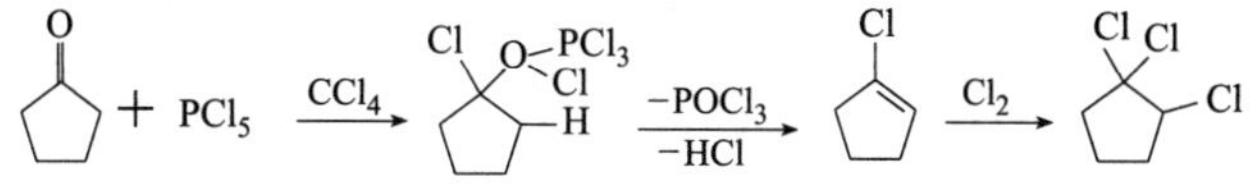

2-甲基环己酮于己烷中同五氯化磷一起回流，生成 2-氯-3-甲基环己烯，后者用氢氧化钠醇溶液处理，异构化为 1-氯-2-甲基环己烯。

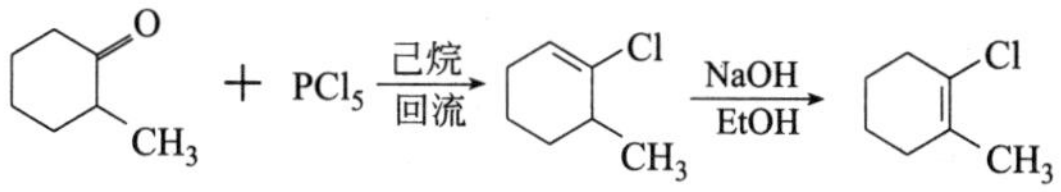

醛与氯化磷类化合物反应的报道很少，有报道称，2,4,6-三甲基苯甲醛与 PCl$_5$ 在氯仿中反应，可以高收率的生成相应偕二氯化物

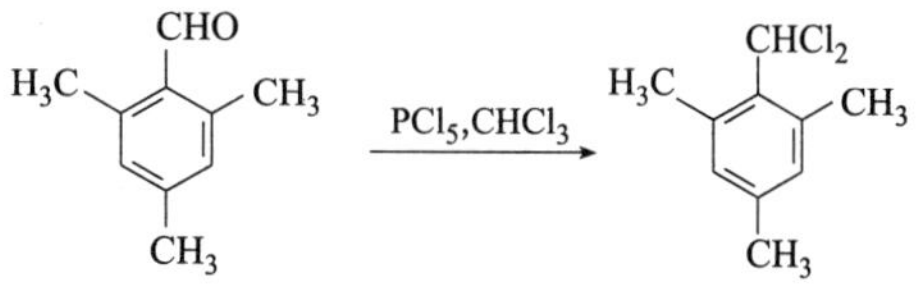

甲酸甲酯分子中含有醛羰基，与 PCl$_5$ 反应，可以生成普卢利沙星（Prulifloxacin）中间体 1,1-二氯甲基甲基醚[53]。

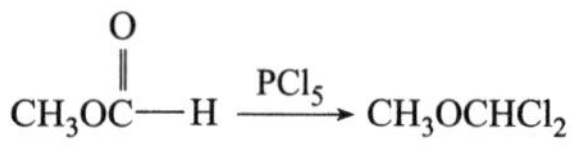

环酮用五溴化磷代替五氯化磷时，得到的产物是 α,α'-二溴代酮。

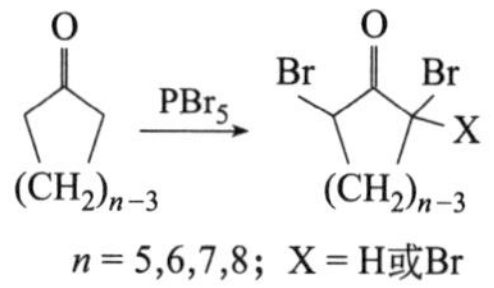

$n = 5,6,7,8$; X = H 或 Br

若将羰基化合物转化为一卤代烃，一般要经过两步反应，首先是羰基化合物还原成相应的醇，而后用卤化试剂与醇羟基反应生成一卤化物。当然还有其他方法，但大都是还原卤化。

将羰基化合物与肼反应生成腙，后者再与四氯化碳在氯化亚铜作用下与 DMSO 反应，腙基被二氯甲基取代，生成在羰基原来位置连接二氯甲基的化合物。例如[54]：

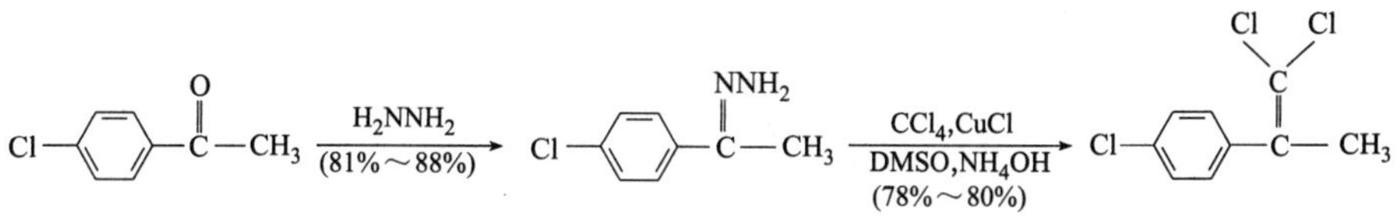

使用四溴化碳和亚磷酸酯则可以生成相应的二溴化物。例如[55]：

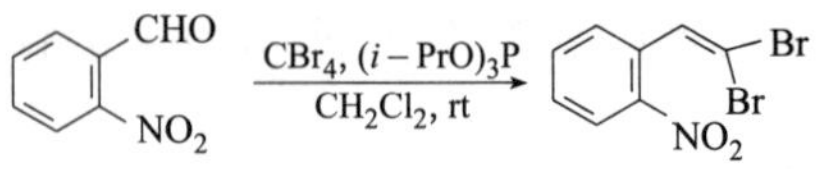

三、羧酸的卤化

酰氯是十分重要的羧酸衍生物，可以发生水解、醇解、氨（胺）解、还原、与活泼金属反应、α-氢卤代等一系列反应，生成相应的化合物。酰氯是活泼的酰基化试剂，在一些羧酸不能进行的反应或羧酸难以进行的反应中，将羧酸转化为酰氯，可以大大提高反应活性和产品收率。由于绝大多数的羧酸都能转变为酰氯，因此，作为酰基化试剂，酰氯的应用范围比酸酐广泛得多。

常见的酰卤是酰氯和酰溴，其中酰氯最常用。

将羧酸转化为酰氯常用的卤化试剂有氯化亚砜、卤化磷（PCl_5、PCl_3、$POCl_3$、PBr_3）、光气（光气、双光气、三光气）、草酰氯、三氯异氰尿酸、六氯丙酮等，有时也可以使用四氯化碳、苯甲酰氯等。

卤化磷与羧酸反应可以生成酰氯。其中五氯化磷是最强的氯化剂，生成产品的外观、质量较好。但反应中常常生成焦磷酸，有时会使分离变得困难。三氯化磷应用最广，三溴化磷和三碘化磷在具体反应中常常使用红磷和溴或碘进行反应。不过，酰溴、酰碘的应用很少。

神经肌肉阻断剂苯磺酸阿曲库铵（Atracurium besilate）中间体丙烯酰氯，可以由丙烯酸与三氯化磷反应得到。

$$H_2C =\!\!=\!\!CHCOOH \xrightarrow[(66\%)]{PCl_3} H_2C =\!\!=\!\!CHCOCl$$

又如止咳药咳美芬（Caramipheni）、咳必清：（Carbetapentane citrate）等的中间体 1-苯基环戊酰氯（**38**）[56] 的合成。

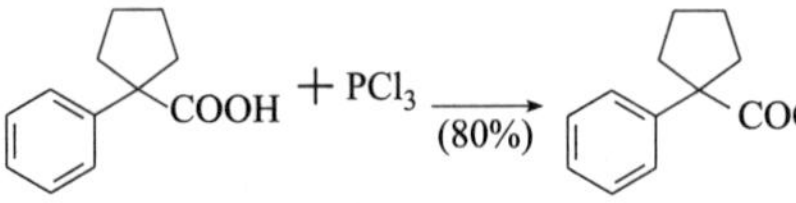

抗生素头孢他啶（Ceftazidime）中间体 α-溴代异丁酰溴可由异丁酸与溴和红磷反应生成。

$$(CH_3)_2CHCOOH \xrightarrow[(82.9\%)]{Br_2,P} (CH_3)_2\overset{\overset{\displaystyle Br}{|}}{C}COBr$$

2-苯氧基尼克酸与三氯氧磷反应，得到消炎镇痛药普拉洛芬（Pranoprofen）中间体（**39**）。

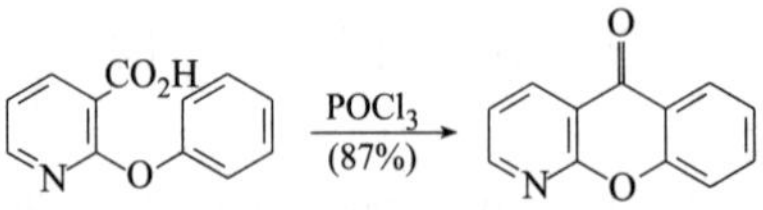

抗生素苯唑西林钠等的中间体 5-甲基-3-苯基异噁唑-4-甲酰氯（**40**）[57] 可以由相应羧酸在甲苯中与 PCl_5 反应来制备。

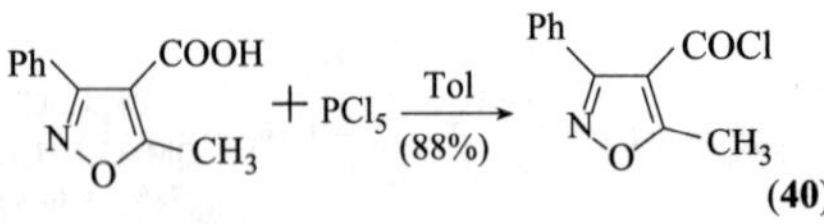

酸酐与氯化亚砜、卤化磷等反应可以生成相应的酰氯。一些二元酸酐可以转化为相应的酰氯。

除了上述羧酸、酸酐的卤化外，芳香族磺酸盐与五氯化磷或三氯氧磷反应，也可生成芳磺酰氯。

苄基氯与亚硫酸钠反应生成苄基磺酸钠，后者用 PCl_5 处理生成相应酰氯。如偏头痛治疗药舒马曲坦（Sumatriptan）、纳拉曲坦（Naratriptan）等的中间体对硝基苄基磺酰氯的合成[58]。

第四节 亚硫酰氯和硫酰氯

一、亚硫酰氯

亚硫酰氯又叫氯化亚砜或氯化亚硫酰，无色液体，是一种常用的卤化剂，主要用于羟基的取代，生成含氯化合物。自身则分解为二氧化硫和氯化氢气体逸出反应体系，得到的产物纯度高。

1. 亚硫酰氯与醇的反应

亚硫酰氯与醇反应，醇羟基被氯原子取代生成氯化物。

$$ROH + SOCl_2 \longrightarrow RCl + SO_2 + HCl$$

副产物 SO_2 和 HCl 都是气体，容易与氯化物分离。但必须吸收放出的气体，而且气体的腐蚀性很强。

该反应的特点是当醇羟基连在手性碳上时，用乙醚或二氧六环作溶剂得到构型保持的氯化物，而用吡啶作溶剂时得到构型翻转的氯化物。亚硫酰氯自身作溶剂时一般按 S_N1 机理进行，生成外消旋体。

关于以乙醚或二氧六环为溶剂生成构型保持的产物的原因，一种解释是它们的氧上的未共电子对与氯化亚硫酸酯的中心碳原子生成弱键而增大空间位阻，从而促使氯进行分子内亲核取代。

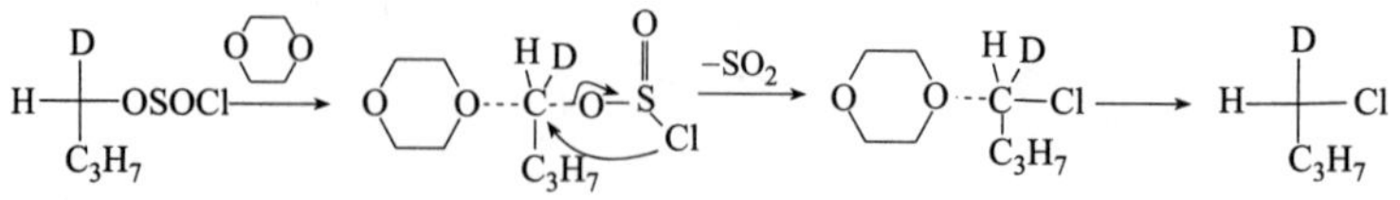

用吡啶作溶剂时，吡啶的用量至少是等摩尔的。吡啶在反应中成盐，而后解离出氯负离子，后者从氯化亚硫酸酯基的背面进攻生成构型翻转的产物。

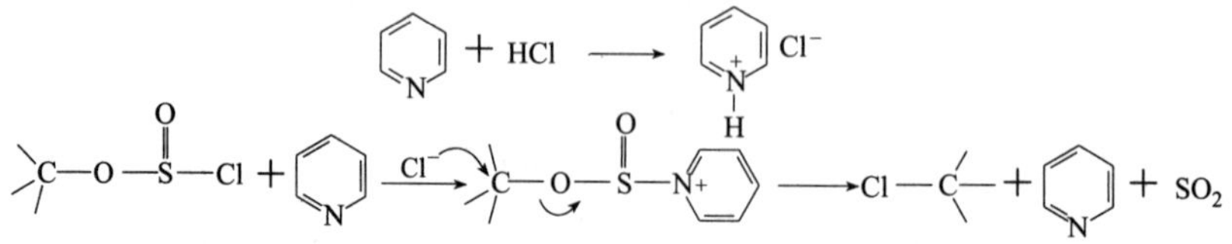

亚硫酰氯与醇反应也可用苯、甲苯、二氯甲烷、氯仿、乙醚等作溶剂。亚硫酰氯容易水解，故应在无水条件下使用。用于治疗消化性溃疡和佐-埃二氏综合征、反馈性食管炎药物奥美拉唑（Omeprazole）中间体（**41**）[59] 的合成如下：

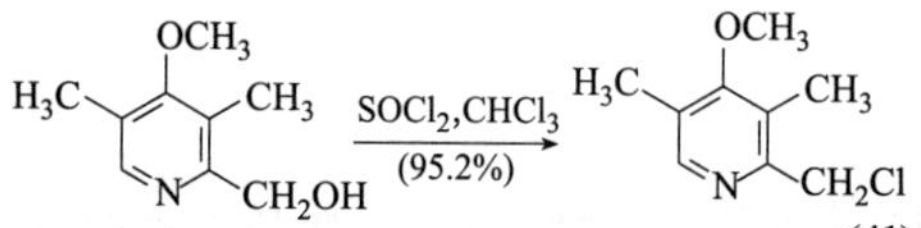

又如高血压治疗药乌拉地尔（Ebrantil）等的中间体 1,3-二甲基-6-（3-氯丙基）氨基脲嘧啶（**42**）[60] 的合成。

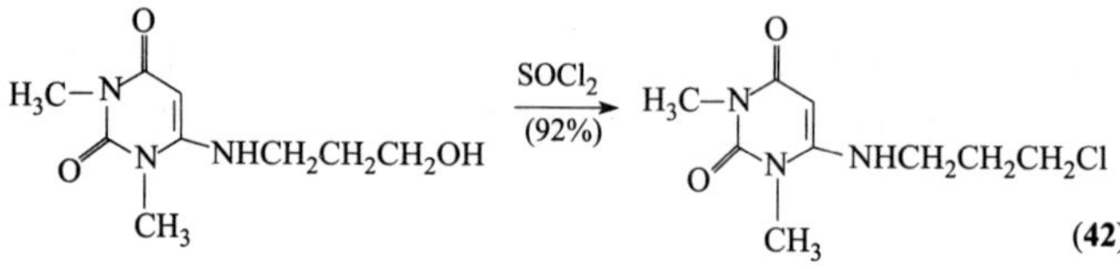

环醇也可以发生氯化反应，例如抗组胺药氯雷他定（Loratadine）中间体（**43**）的合成。

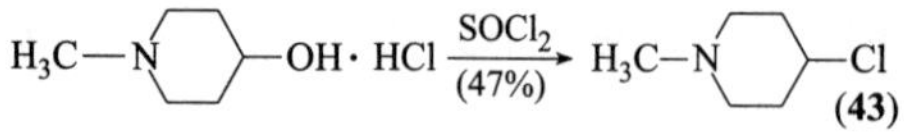

1,2-二醇或 1,3-二醇与亚硫酰氯反应，首先生成环状亚硫酸酯，而后在吡啶存在下与过量亚硫酰氯作用，生成氯化物。

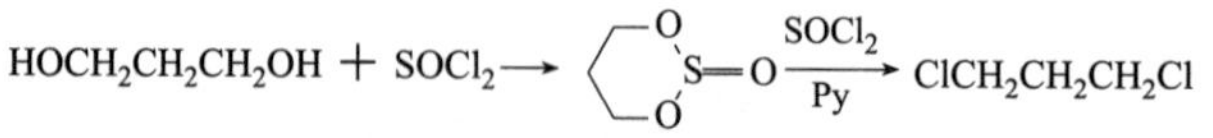

丁炔二醇在吡啶存在下与氯化亚砜反应生成相应二氯化物，炔键未受影响。

$$HOCH_2C\equiv CCH_2OH + SOCl_2 \xrightarrow[(88.6\%)]{Py} ClCH_2C\equiv CCH_2Cl$$

氨基醇类与亚硫酰氯反应，不用加催化剂，胺自身成盐就有催化作用。

$$HOCH_2CH_2NH_2 \cdot HCl + SOCl_2 \xrightarrow[(65\%)]{CHCl_3} ClCH_2CH_2NH_2 \cdot HCl$$

除了吡啶外，DMF、六磷胺等也有催化作用。溴化亚砜不常用。于 0℃ 左右将干燥的溴化氢气体通入氯化亚砜中，而后分馏，可得到溴化亚砜，bp 58～60℃/5.3kPa。其可以将醇中的羟基取代成相应的溴化物。

2. 亚硫酰氯与羧酸的反应

亚硫酰氯与羧酸反应，羧基中的羟基被氯取代生成酰氯。一般情况下，三氯化磷常用于制备低沸点的酰氯，五氯化磷常用于制备沸点较高的芳香族酰氯，而氯化亚砜则是制备脂肪族及环烷酸酰氯的常用氯化试剂。便于反应混合物的分离，是选用氯化试剂的重要依据之一。

$$RCOOH + SOCl_2 \longrightarrow RCOCl + SO_2 + HCl$$

吡啶、DMF 等对反应有催化作用。DMF 的催化机理如下：

除了 DMF，也可用 N,N-二乙基乙酰胺，己内酰胺等作催化剂。

工业亚硫酰氯中常含有 S_2Cl_2、SCl_2、SO_2 等杂质，当使用 DMF 时，反应体系颜色变深，有时产品不易提纯。向亚硫酰氯中加入一些 N,N-二甲苯胺或植物油，加热回流，而后蒸馏提纯效果会明显改善。

用亚硫酰氯作氯化剂时，若生成的酰氯与氯化亚砜的沸点较近，难以用蒸馏或分馏的方法分离时，可加入适量的无水甲酸，使氯化亚砜分解，可得到较纯的酰氯。

$$HCOOH + SOCl_2 \longrightarrow CO + SO_2 + 2HCl$$

用羧酸合成相应酰氯时，分子中的其他羟基应加以保护，分子中的双键、羰基、烷氧基、酯基等不受影响。

例如药物中间体 O-乙酰基扁桃酰氯（**44**）[61] 的合成。

又如减肥药利莫那班（Rimonabant）、抗心律失常药丁氢萘心定（Butikacin）等的中间体丁二酸单甲酯单酰氯（**45**）[62] 的合成。

使用亚硫酰氯作氯化剂时，有时也可以在有机溶剂中进行，例如氯仿、二氯甲烷等。此时，氯化亚砜的用量可大大减少。

近年来相转移催化法也用于羧酸的酰氯化反应。例如对苯二甲酰氯的合成：

$$\text{HOOC——COOH} \xrightarrow[\text{SOCl}_2,\text{回流4h(86\%)}]{\text{PhCH}_2\overset{+}{\text{NEt}}_3\text{Cl}^-} \text{ClOC——COCl}$$

超声辐射应用于酰氯合成的报道已有不少。3,3-偶氮苯二甲酸以亚硫酰氯为氯化剂进行超声辐射 4h，酰氯的收率 95.3%，比以十六烷基三甲基溴化铵为相转移催化剂法（回流10h）收率（88.5%）的效果好[63]。

$$\text{HOOC} \cdots \text{COOH} \xrightarrow[\text{超声,4h(95.3\%)}]{\text{SOCl}_2} \text{ClOC} \cdots \text{COCl}$$

二元羧酸用亚硫酰氯氯化时反应很慢，例如丁二酸、邻苯二甲酸等，原因是由于分子内氢键而形成稳定的螯形环结构。同亚硫酰氯长时间回流，收率往往也较低，加入 DMF 效果明显改善。但改用五氯化磷，则反应能顺利进行。机理如下：

螯形环一旦打开，则反应能顺利进行。

亚硫酰氯也可使磺酸生成磺酰氯，例如：

$$\text{CH}_3\text{SO}_3\text{H} + \text{SOCl}_2 \xrightarrow[\text{(71.8\%)}]{\triangle} \text{CH}_3\text{SO}_2\text{Cl}$$

若磺酸基与羧基同时存在于分子中，羧酸基更容易生成酰氯。例如磺苄西林钠（Sulbenicillin sodium）等的中间体 α-磺酰基苯乙酰氯（**46**）[64] 的合成。

$$\text{——CHCOOH} \xrightarrow[\text{(72\%)}]{\text{SOCl}_2} \text{——CHCOCl} \quad (\textbf{46})$$

（SO₃H）

丙二酸衍生物与亚硫酰氯反应，可以生成单酰氯。例如 α-羧基苯乙酰氯（**47**）[65] 的合成。

$$\text{——CH(COOH)}_2 + \text{SOCl}_2 \xrightarrow{\text{(99\%)}} \text{——CH—COCl} \quad (\textbf{47})$$

含氨基的羧酸或含氮杂环羧酸反应后生成相应酰氯的盐酸盐。例如蛋白酶抑制剂甲磺酸萘莫司他（Nafamostat mesilate）中间体对脒基苯甲酰氯盐酸盐（**48**）[66] 的合成。

$$\text{H}_2\text{N}\overset{\text{NH}}{\underset{}{\text{C}}}\text{—NH——COOH} \xrightarrow{\text{SOCl}_2} \text{HCl·H}_2\text{N}\overset{\text{NH}}{\underset{}{\text{C}}}\text{—NH——COCl} \quad (\textbf{48})$$

芳香杂环羧酸也可以生成相应的酰氯。例如具有抗增殖活性的异唑类免疫调节剂来氟米特（Leflunomide）中间体 5-甲基异恶唑-4-甲酰氯（**49**）[67] 的合成。

$$\overset{\text{COOH}}{\underset{\text{CH}_3}{}} + \text{SOCl}_2 \xrightarrow{\text{(90\%)}} \overset{\text{COCl}}{\underset{\text{CH}_3}{}} \quad (\textbf{49})$$

以亚硫酰氯为氯化剂也存在明显的缺点。反应中产生大量有毒气体二氧化硫和氯化氢，在工业生产中增加后处理设备；氯化亚砜本身有毒，具有强烈的刺激性气味；工业亚硫酰氯常常使产品颜色加深，这些都是值得注意的问题。

3. 亚硫酰氯的其他应用

芳醛和亚硫酰氯在干燥的 DMF 中，生成二氯甲基芳烃。例如：

$$\text{C}_6\text{H}_5\text{—CHO} + \text{SOCl}_2 \xrightarrow[\text{(90%)}]{\text{DMF}} \text{C}_6\text{H}_5\text{—CHCl}_2$$

反应机理如下：

$$(\text{CH}_3)_2\text{NC}=\text{O} \xrightarrow{\text{SOCl}_2} (\text{CH}_3)_2\overset{+}{\text{N}}=\text{CH—O—}\underset{\text{O}}{\overset{}{\text{S}}}\text{—Cl} \cdot \text{Cl}^- \xrightarrow{\text{C}_6\text{H}_5\text{CHO}}$$

$$\xrightarrow[\text{—SO}_2]{\text{—DMF}} \text{C}_6\text{H}_5\overset{+}{\text{C}}\text{HCl} \xrightarrow{\text{Cl}^-} \text{C}_6\text{H}_5\text{CHCl}_2$$

芳环上的氯化反应有时也可以使用亚硫酰氯作为氯化剂。例如新药的中间体 3-氨基-1H-吡唑并 [3,4-b] 吡嗪（**50**）[68] 的合成。

$$\text{（反应式）} \xrightarrow[\text{DMF(60%)}]{\text{SOCl}_2} \text{（反应式）} \xrightarrow[\text{(38%)}]{\text{NH}_2\text{NH}_2} \text{（50）}$$

又如靶向肿瘤治疗药对甲苯磺酸索拉非尼中间体（**51**）[69] 的合成如下：

$$\text{（反应式）} \xrightarrow{\text{SOCl}_2} \text{（反应式）} \cdot \text{HCl} \xrightarrow[\text{(93%)}]{\text{CH}_3\text{NH}_2} \text{（51）}$$

二、硫酰氯

硫酰氯又叫二氯硫酰，可发生如下变化：

$$\text{SO}_2\text{Cl}_2 \rightleftharpoons \text{ClSO}_2^- + \text{Cl}^+$$
$$\quad\quad\quad \rightarrow \text{Cl}^- + \text{SO}_2$$

生成的氯正离子可以作为亲电试剂参加一系列反应。

苯乙烯与硫酰氯在 N-甲基吡咯存在下反应生成苯乙烯基磺酰氯。反应中首先发生双键上的亲电加成，而后发生消除反应生成产物。

$$\text{（反应式）} + \text{SO}_2\text{Cl}_2 \xrightarrow[\text{(79%)}]{\text{N—CH}_3} \text{（反应式）SO}_2\text{Cl}$$

由于硫酰氯可以离解出氯正离子，可发生芳环上的氯化反应。例如抗血吸虫病类药物氯硝柳胺（Niclosamide）等的中间体 5-氯-2-羟基苯甲醛[70] 的合成如下。

萘酚也可以发生环上的卤化反应，卤素原子更容易引入萘酚羟基所在的苯环。

使用无水三氯化铝和二苯硫醚形成的配合物作催化剂，由于该配合物体积很大，用硫酰氯作氯化试剂进行邻氯苯酚的氯化时，反应的化学选择性很高，主要生成 2,4-二氯苯酚[71]，其为治疗肺吸虫病及华支睾吸虫病药物硫双二氯酚（Bithionol）等的中间体。

硫酰氯可以使烯醇选择性的卤化。例如 2-甲基环己酮同硫酰氯反应，只得到 2-氯-2-甲基环己酮，收率 83%～85%，而用氯气时得到的是卤化产物的混合物。

烯醇硅醚与硫酰氯反应，可以生成 α-氯代酮。例如 2-氯环辛酮的合成[72]。

在光照或过氧化物存在下，硫酰氯也可发生如下变化：

$$SO_2Cl_2 \xrightarrow[\text{或过氧化物}]{h\nu} ClSO_2^{\cdot} + Cl^{\cdot}$$

分解成的氯自由基和硫酰氯自由基，都可作为初始自由基引发自由基型反应。例如：

$$C_6H_5CH_2CH_2CH_3 + SO_2Cl_2 \xrightarrow{(PhCOO)_2} C_6H_5CHClCH_2CH_3$$

药物金刚烷胺的中间体 1-氯金刚烷的合成如下[73]。

又如抗癫痫和痉挛药盐酸苯海索（Benzhexol hydrochloride）中间体氯代环己烷的合成。

普卢利沙星（Prulifloxacin）等的中间体 4-氯甲基-5-甲基-1,3-二氧杂环戊烯-2-酮（**52**）[74] 的合成如下。

硫醚与硫酰氯反应，与硫原子直接相连的碳原子上的氢可以被氯原子取代生成 α-氯代硫醚。例如：

硫酰氯有时也可以作为醇的卤化试剂，将醇羟基转化为氯，生成相应氯化物。例如：

拟除虫菊酯类（Pyrethroeds）杀虫剂中间体间苯氧基苄基氯（**53**）[75] 的合成如下。

硫酰氯也可作为氧化剂。二硫化物在乙酸中同硫酰氯反应可以生成亚磺酰氯。例如：

$$RSSR + 3SO_2Cl_2 + 2CH_3CO_2H \longrightarrow 2RSOCl + 2CH_3COCl + 3SO_2 + 2HCl$$

医药、农药中间体苯基亚磺酰氯的合成如下。

亚磺酰氯是重要的亚磺酰化试剂，可以进行 C、O、N 等原子上的亚磺酰化反应生成相应的亚磺酰化产物。亚磺酰化产物氧化生成磺酰化产物。

第五节　其他卤化剂

一、次卤酸和次卤酸盐(酯)

次卤酸和次卤酸盐（酯）既是氧化剂又是卤化剂，作卤化剂时与烯烃发生亲电加成生成 β-卤代醇。由于次卤酸都是弱酸，同强酸与烯烃的反应不同，它们不是氢质子进攻 π-键，而是由于氧的电负性较大，使次卤酸分子极化成 $HO^{\delta^-}-X^{\delta^+}$，反应遵循 Markovnikov 规则。

反应时首先生成卤鎓离子，继而氢氧根负离子从卤鎓离子的背面进攻碳原子生成反式 β-卤代醇。

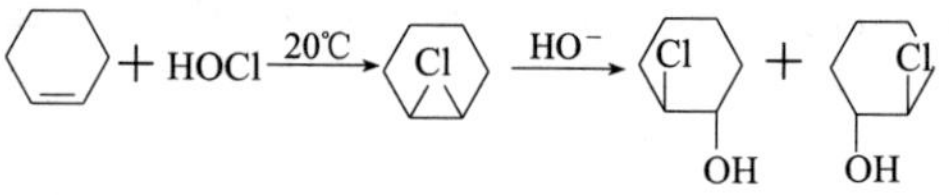

不对称烯烃与次卤酸反应时，生成的β-卤代醇可能有两种异构体，主要产物符合Markovnikov规则

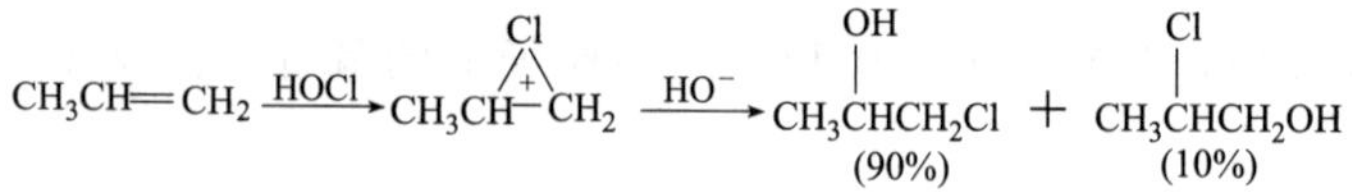

抗早孕药米非司酮（Mifepristone）中间体（**54**）[76] 的合成如下。

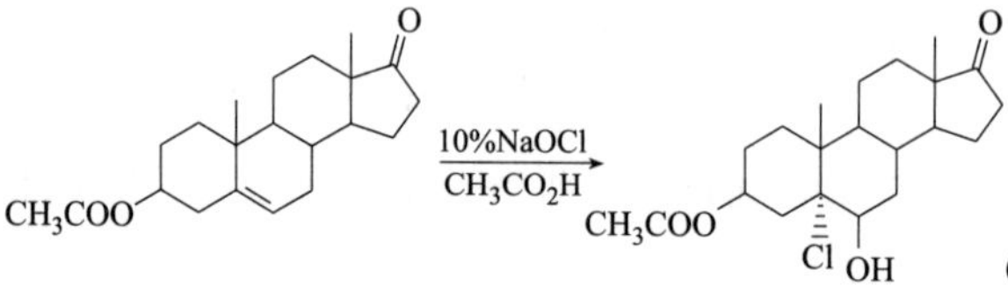
(54)

上述结果似乎不遵守Markovnikov规则，可能是由于反应中生成的氯鎓离子，氢氧根负离子从背面进攻时受空间位阻的影响造成的。

烯烃与次卤酸的加成反应在其他溶剂中进行时，例如乙酸，可能乙酸根也进攻卤鎓离子，生成β-卤代乙酸酯的副产物。

$$RCH{=}CH_2 + HOCl \xrightarrow{CH_3CO_2H} \underset{\displaystyle OH}{RCH}{-}CH_2Cl + \underset{\displaystyle OOCCH_3}{RCH}{-}CH_2Cl$$

次卤酸不稳定，难以保存，通常现用现制。一般是将卤素通入或加入水或氢氧化钠水溶液中，以制得次卤酸或次卤酸盐。也可以使用次氯酸钙与无机酸作用，或次氯酸酯与稀乙酸反应生成，还可以用卤素与新制得的氧化汞悬浮液反应得到。若加入乳化剂则可以改善收率。

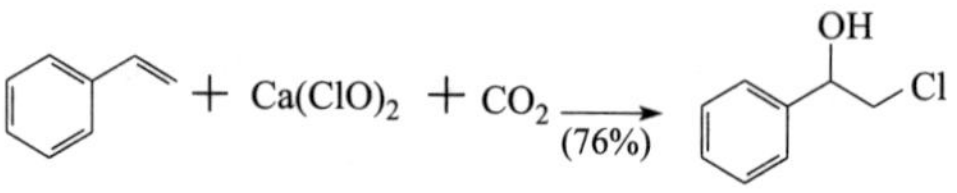

工业上氯乙醇是由乙烯、氯气和水，按照一定的比例混合而制备的。

$$Cl_2 + H_2O \longrightarrow HOCl + HCl$$

$$CH_2{=}CH_2 \xrightarrow{HOCl} ClCH_2CH_2OH$$

烯类化合物与溴水反应生成β-溴代醇。例如：

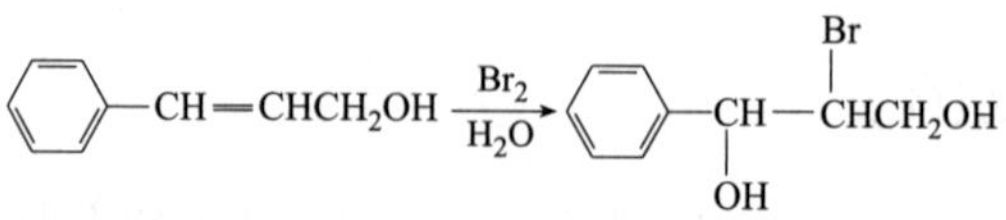

在氧化汞和少量水存在下，碘可以与烯在醚溶液中反应生成β-碘代醇，其中的氧化汞和水的作用是除去还原性较强的碘负离子。

$$RCH{=}CH_2 + I_2 \xrightarrow{HgO, Et_2O, H_2O} \underset{\displaystyle OH}{RCH}{-}CH_2I$$

高碘酸或溴酸钠与亚硫酸氢钠在反应体系中原位生成次卤酸，而后与烯键反应可以生成碘代醇和溴代醇。反应中经历卤鎓离子中间体：

碘化钠-NCS[77]、碘-亚硫酸铁水溶液[78] 等反应也是生成次碘酸的方法。

端基烯烃与铬酰氯反应，而后水解，也可以得到 α-氯代醇，其特点是加成方向与上述次氯酸的加成方向相反，羟基连在伯碳原子上。

$$n\text{-}C_3H_7CH = CH_2 + CrO_2Cl_2 \longrightarrow n\text{-}C_3H_7CH - CH_2OCrOCl \xrightarrow{H_2O} n\text{-}C_3H_7CH - CH_2OH$$

次溴酸与烯烃反应可以生成 β-溴代醇，一种比较方便的方法是用 NBS 或 N-溴代乙酰胺在 DMSO-H_2O 体系中与烯烃反应，可以得到高收率的 β-溴代醇。

甾体烯烃难溶于水，不宜用次卤酸水溶液，而在含水的二氧六环、丙酮中用酸催化 NBS 等进行反应，得到收率很好的甾体化合物。例如外用甾体抗炎药糠酸莫米松（Mometasone furoate）中间体（**55**）的合成[79]。

也可以使用其他 N-卤化物，例如外用甾体抗炎药二乙酸卤泼尼松（Halopredone biacetate）中间体（**56**）的合成[80]。

烯与次氯酸反应生成氯代醇这是一般的常识，但对于多取代的烯类化合物，当与次氯酸在二氯甲烷中低温反应时，可以生成烯丙基氯。例如：

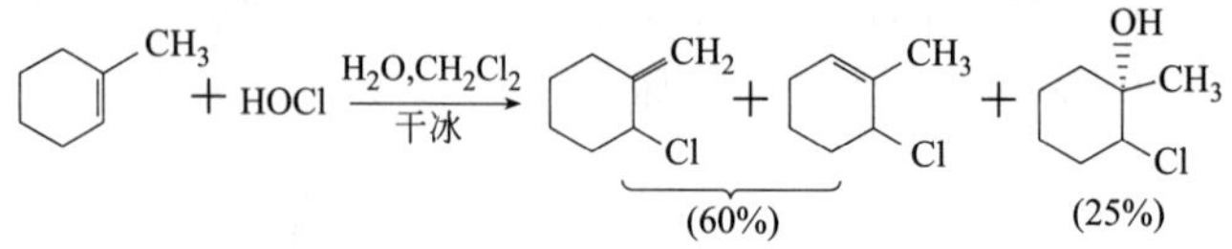

该类反应可能是经历了加成-消除过程。

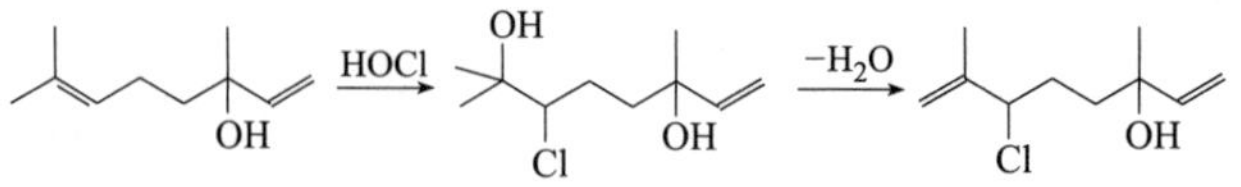

此时分子中其他一些官能团如醇、醛、环氧环、醚、酯、酮、腈等一般不受影响。如：

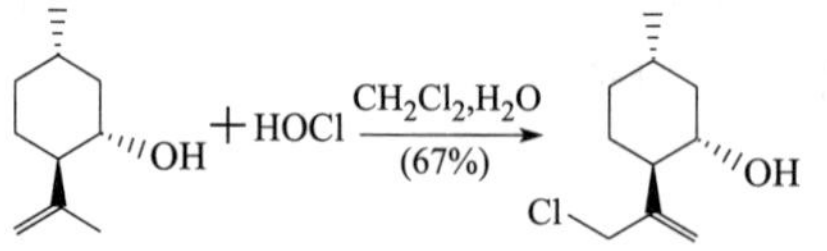

上述反应在没有二氯甲烷存在的情况下，主要生成氯表醇。

当1,3-丁二烯与次溴酸或次碘酸反应时，只发生1,2-加成生成相应的化合物。例如：

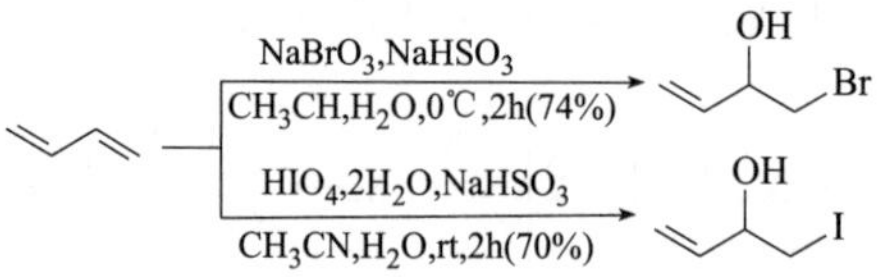

对于α,β-不饱和羰基化合物，反应时的立体选择性很高。例如：

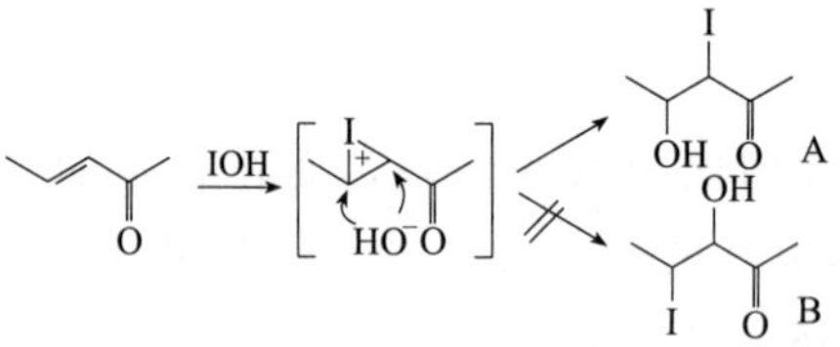

在上述反应中，生成碘鎓离子，由于羰基的影响，氢氧根负离子容易进攻β-位生成产物A，而不容易进攻α-位生成产物B。

次氯酸叔丁酯在不同溶剂中与烯烃加成，得到不同的β-卤代醇衍生物。

$$C_6H_5CH{=}CH_2 + t\text{-BuOCl} \xrightarrow{CH_3OH} C_6H_5CH(OCH_3)CH_2Cl$$

$$C_6H_5CH{=}CH_2 + t\text{-BuOCl} \xrightarrow{PhOH} C_6H_5CH(OPh)CH_2Cl$$

$$C_6H_5CH{=}CH_2 + t\text{-BuOCl} \xrightarrow[H_2O]{HOAc} C_6H_5CHOHCH_2Cl$$

$$C_6H_5CH{=}CH_2 + t\text{-BuOCl} \xrightarrow{HOAc} C_6H_5CH(OAc)CH_2Cl$$

反应也是主要经历卤鎓离子中间体，而后亲核试剂从卤鎓离子中卤素原子的背面进攻，生成相应的化合物。

次氯酸及其酯可以与炔类化合物反应，生成α-卤代酮类化合物。例如：

$$H_3C{-}C{\equiv}CH + t\text{-BuOCl} \longrightarrow H_3C{-}\overset{OH}{\overset{|}{C}}{=}CHCl \rightleftharpoons H_3C{-}\overset{O}{\overset{\|}{C}}{-}CH_2Cl$$

$$Ar{-}C{\equiv}CH + t\text{-BuOCl} \longrightarrow Ar{-}\overset{O}{\overset{\|}{C}}{-}CH_2Cl$$

当炔与用高碘酸-亚硫酸氢钠原位生成的次碘酸反应时，生成不含卤素的酮，例如苯乙炔反应后生成苯乙酮[81]。

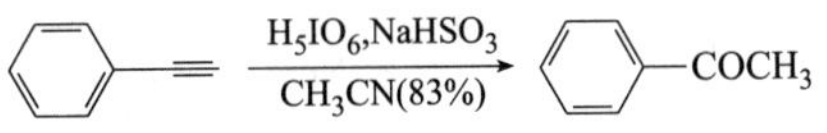

而与用溴酸钠-亚硫酸氢钠原位生成的次溴酸反应时，则主要产物是 α,α-二溴代酮。

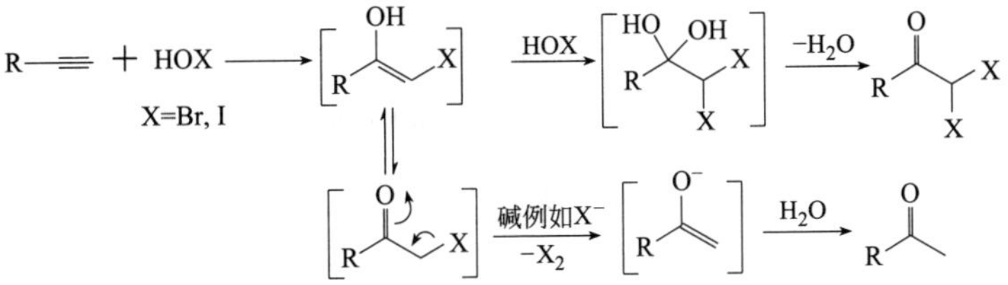

例如 1,1-二溴-2-辛酮的合成。

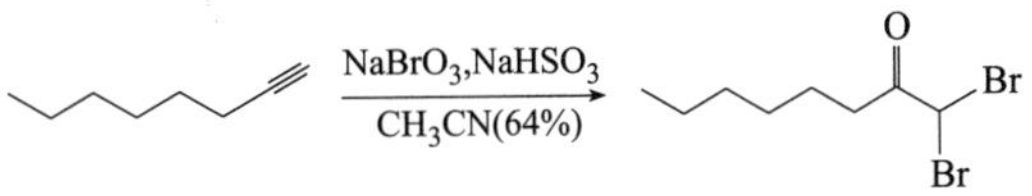

甲基酮和可以氧化为甲基酮的仲醇，用次卤酸盐处理，生成减少一个碳原子的羧酸和卤仿。这是制备比原来的酮减少一个碳原子的羧酸的方法之一。例如：

$$(CH_3)_3CCOCH_3 \xrightarrow[2.\ H_3O^+]{1.\ NaOX} (CH_3)_3CCOOH + CHX_3$$

值得指出的是，乙酰乙酸乙酯不发生碘仿反应。这可能是由于乙酰乙酸乙酯的烯醇化发生在两个羰基之间的碳原子上，取代反应不发生在甲基上而引起的。

醛肟与次氯酸酯反应，可以生成氯化醛肟。例如[82]：

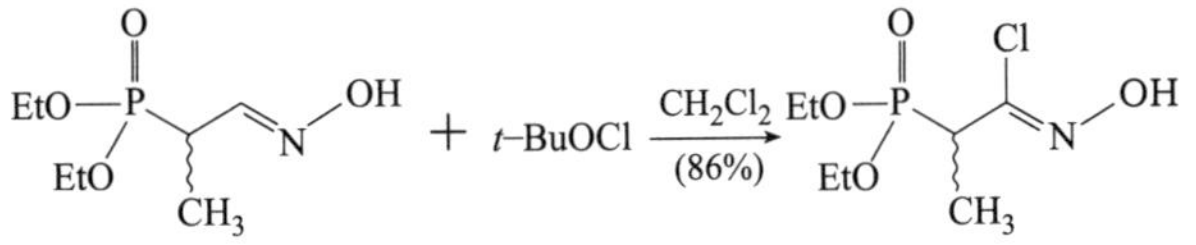

脂肪族胺氮上的氢可以被卤素原子取代，生成 N-卤胺。例如 α-氨基乙苯与 2mol 的次氯酸叔丁酯反应，可以生成 N,N-二氯氨基乙苯。后者经一系列变化生成 2-氨基苯乙酮盐酸盐[83]，其为升压药盐酸乙苯福林（Etilefrine hydrochloride）的中间体。

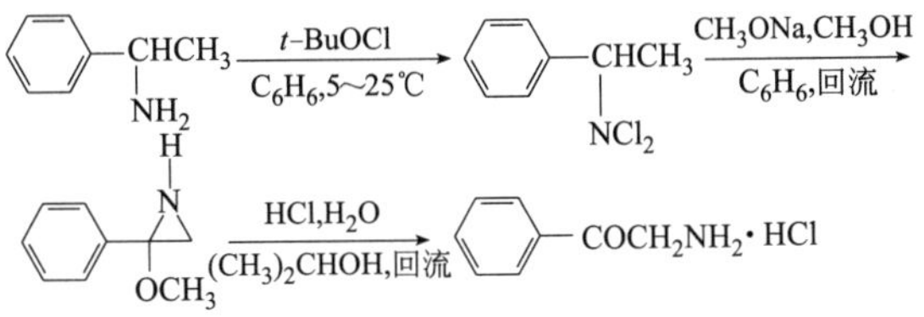

N-卤胺也可以使活泼的芳环发生卤化反应，如 2,4-二氯苯甲醚的合成：

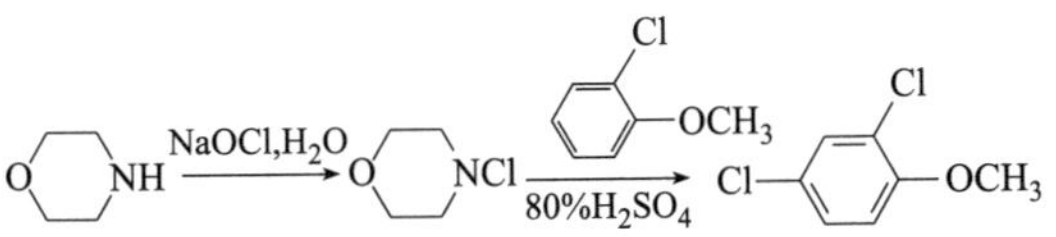

氮上含有氢的脂肪族有机胺可生成卤胺。主要制备方法是：a.有机胺与碳酸氢钠的水溶液用氯气处理；b.有机胺与次氯酸叔丁酯反应；c.有机胺与 N-氯代丁二酰亚胺（NCS）反应。一种改进的方法是三烃基硅基胺与氯气反应，可得到 45%～90% 不等收率的 N-氯代亚胺。

$$\text{环己基—NH}_2 \xrightarrow{t\text{-BuOCl(2eq)}} \text{环己基—NCl}_2 \xrightarrow[\text{(48\%~69\%)}]{\text{CH}_3\text{CO}_2\text{K}} \text{环己基}=\text{NCl}$$

$$(n\text{-C}_4\text{H}_9)_2\text{NH} \xrightarrow[\substack{\text{NCS,Et}_2\text{O} \\ \text{(92\%)}}]{\text{Cl}_2,\text{NaOH,石油醚}} (n\text{-C}_4\text{H}_9)_2\text{NCl}$$

$$\text{R}_2\text{NSiR}_3 + \text{Cl}_2 \longrightarrow \text{R}_2\text{NCl} + \text{R}_3\text{SiCl}$$

N-溴胺、N-碘胺也可以用类似的方法来制备。

亚胺类化合物也可以转化为 N-卤代亚胺。例如二苯酮亚胺在碳酸氢钠溶液中用氯或溴处理，可以分别生成 N-氯代和 N-溴代亚胺。

$$\text{Ph}_2\text{C}=\text{NH} + \text{X}_2 \xrightarrow{\text{NaHCO}_3,\text{H}_2\text{O}} \text{Ph}_2\text{C}=\text{N}-\text{X}$$
$$\text{X}=\text{Cl}；\text{mp37℃}$$
$$\text{X}=\text{Br}；\text{mp38.5℃}$$

N-卤代胺是一种胺基化试剂，在硫酸、乙酸、硫酸亚铁存在下，可在苯环上引入胺基生成芳香胺类化合物。如 N,N-二甲基苯胺的合成，其为头孢菌素 V、氟孢嘧啶等的中间体。

$$\text{苯} + (\text{CH}_3)_2\text{NCl} \xrightarrow[\text{(76\%)}]{\text{H}_2\text{SO}_4,\text{FeSO}_4} \text{苯}-\text{N(CH}_3)_2$$

该反应属于自由基型反应。

N-氯代胺或 N-溴代胺是选择性卤化剂。例如：

$$\text{HO(CH}_2)_6\text{CH}_3 + (i\text{-Pr})_2\text{NCl} \xrightarrow[\text{H}_2\text{SO}_4,\text{H}_2\text{O}]{h\nu} \text{HO(CH}_2)_6\text{CH}_2\text{Cl} + (i\text{-Pr})_2\text{NH}$$
$$(72\%)$$

氨也可以生成氯胺，氯胺的合成方法通常有两种，一是氨与含正性卤的化合物反应，二是在气相条件下氨与卤素反应。最简单的反应是氨与次氯酸钠在水相中反应生成氯胺。

$$\text{NH}_3 + \text{NaOCl} \longrightarrow \text{NH}_2\text{Cl} + \text{NaOH}$$

氨与氯气的气相反应在氨气过量的情况下氯胺的收率可达 $75\%\sim90\%$。但氯胺是不稳定的化合物。

$$2\text{NH}_3 + \text{Cl}_2 \longrightarrow \text{NH}_2\text{Cl} + \text{NH}_4\text{Cl}$$

氨与氯反应生成的氯胺是一种混合物，具有氧化和消毒的作用，是常用饮用水二级消毒剂，主要包括一氯胺、二氯胺和三氯胺（NH_2Cl、NHCl_2 和 NCl_3），副产品少于其他水消毒剂。

二、N-卤代酰胺

氮原子上有氢的酰胺或酰亚胺可以进行氮原子上的卤化反应，生成 N-卤代酰胺或 N-卤代酰亚胺。N-卤代酰亚胺主要指 NBS（N-溴代丁二酰亚胺）、NCS（N-氯代丁二酰亚胺）和 NBP（N-溴代邻苯二甲酰亚胺），N-卤代酰胺常用的是 NBA（N-溴代乙酰胺）。N-卤代酰胺或 N-卤代酰亚胺一般可以由酰胺或酰亚胺在碱性条件下与氯或溴反应得到，也可以由酰胺或酰亚胺与次卤酸盐反应得到。比较方便的方法是使用溴酸钠（氯酸钠）和溴化钠（氯化钠）加硫酸作卤化剂。

$$6 >\text{NH} + 2\text{NaBrO}_3 + 4\text{HBr} + \text{H}_2\text{SO}_4 \longrightarrow 6 >\text{NBr} + \text{Na}_2\text{SO}_4 + 6\text{H}_2\text{O}$$

$$6 \!>\!\!NH + 2NaBrO_3 + 4NaBr + 3H_2SO_4 \longrightarrow 6 \!>\!\!NBr + 3Na_2SO_4 + 6H_2O$$

有时也可以使用亚溴酸钠（$NaBrO_2$）和氢溴酸作溴化试剂。

$$2 \!>\!\!NH + 2NaBrO_2 + 2HBr \longrightarrow 2 \!>\!\!NBr + 2H_2O + 2NaBr$$

N-氯代丁二酰亚胺（NCS）是一种常用的氯化试剂，可以由丁二酰亚胺的氯化来合成[84]。

$$\text{（反应式图）} \quad \frac{\text{方法1.NaOCl,AcOH(92%)}}{\text{方法2.Cl}_2\text{,AcONa,H}_2\text{O(92.5%)}} \quad \text{（产物图）}$$

NBS、NCS 特别适用于烯丙位和苄位氢的卤代，具有选择性高、副反应少等特点。而叔碳上的氢选择性不明显。该方法称为 Wohl-Ziegler 反应[85]。

$$CH_3CH\!=\!CHCO_2C_2H_5 + NBS \xrightarrow[h\nu]{CCl_4} BrCH_2CH\!=\!CHCO_2C_2H_5$$

$$C_6H_5CH_2CH_2COC_6H_5 + NBS \xrightarrow[CCl_4]{h\nu} C_6H_5CHBrCH_2COC_6H_5$$

反应机理如下：

$$Br\cdot + -CH_2-CH\!=\!CH- \longrightarrow -\dot{C}H-CH\!=\!CH- + HBr$$

$$Br_2 + -\dot{C}H-CH\!=\!CH- \longrightarrow Br\cdot + -CHBr-CH\!=\!CH-$$

由以上反应可以看出，NBS 与溴化氢反应生成的溴是有效的溴化剂。

NBS 作溴化剂常用的溶剂是四氯化碳。反应中生成的丁二酰亚胺不溶于四氯化碳，很容易回收。有时也用苯、石油醚作溶剂，若反应物本身为液体也可不用溶剂。抗高血压药缬沙坦中间体 2-氰基-4'-溴甲基联苯（**57**）[86] 的合成如下。

$$\text{（反应式图）} \quad \frac{NBS}{(71\%)} \quad \text{（产物图）(57)}$$

NCS 也可以发生类似的反应。降血糖药格列吡嗪（Glipizide）的中间体 5-甲基-2-氯甲基吡嗪（**58**）[87] 的合成如下。

$$\text{（反应式图）} \quad \frac{NCS,CCl_4}{(PhCO)_2O_2(80\%)} \quad \text{（产物图）(58)}$$

反应按照自由基机理进行，生成的烯丙基或苄基自由基的稳定程度直接影响卤化反应的难易和区域选择性等。若苄基或烯丙基位上有吸电子取代基，则会降低此自由基的稳定性，使得卤化反应不容易发生。反之，有给电子基团时会提高自由基的稳定性，使反应容易发生。有时为了生成更稳定的自由基，可能会发生双键的移位或重排。例如：

$$Ph_3CCH_2CH\!=\!CH_2 \xrightarrow[CCl_4,2h(94\%)]{NBS,h\nu/\triangle} Ph_3CCH\!=\!CHCH_2Br$$

使用 NBS 时，若烯键 α-位或 β-位有苯基等芳环，双键可以发生移位。

NBS 对羰基、碳碳叁键、氰基、芳环侧链上 α-位的溴化，选择性很高，当双键和叁键处于同一分子中时，优先位置是叁键的 α-位。肟也可发生溴代。

醛肟与 NCS 于 DMF 中反应，可以生成氯化醛肟，例如化合物（**59**）[88] 的合成。

NBS 在酸性条件下（乙酸、氢溴酸、高氯酸）可与碳碳双键发生加成反应，生成 α-溴代物。

$$PhCH\!=\!CH_2 \xrightarrow[25℃(80\%)]{NBS,H_2O} PhCHCH_2Br$$
$$\qquad\qquad\qquad\qquad\quad |$$
$$\qquad\qquad\qquad\qquad\ OH$$

$$CH_3CH\!=\!CHCH_3 \xrightarrow[CH_3OH]{NBA,H^+} CH_3CHCHBrCH_3$$
$$\qquad\qquad\qquad\qquad\qquad\qquad |$$
$$\qquad\qquad\qquad\qquad\qquad\ OCH_3$$

该反应的机理如下：

此处的亲核试剂 B 可以是 H_2O、ROH、DMSO、THF 等。

NBS 在三乙胺-氟化氢存在下与烯烃反应可以生成邻位氟溴化合物，后者在碱作用下消除溴化氢可以生成氟代烯烃。

NCS、NBS 等可发生芳环上的取代反应，例如：

NBS 也可以使酮的 α-氢被溴取代生成相应的 α-溴代酮。

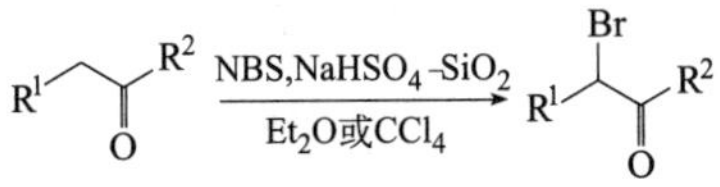

用乙酸铵作催化剂进行酮的 α-溴代，环酮在乙醚中 25℃反应可以得到高收率的产物，脂肪酮则在四氯化碳中于 80℃反应可有效地发生溴代，并且只发生酮的 α-溴代而不生成苄基溴类化合物[89]。

NBS 在有机合成中除了作为溴化剂外，有时也可以作为催化剂或氧化剂使用，例如可以将仲醇氧化为相应的酮。

NBS 在含水二甲亚砜中与烯烃反应，可生成高收率、高选择性的反式加成产物 α-溴代醇，此反应为 Dalton 反应。若在干燥的二甲亚砜中反应，则发生 β-消除，生成 α-溴代酮。这是由烯烃制备 α-溴代酮的好方法。可能的机理如下：

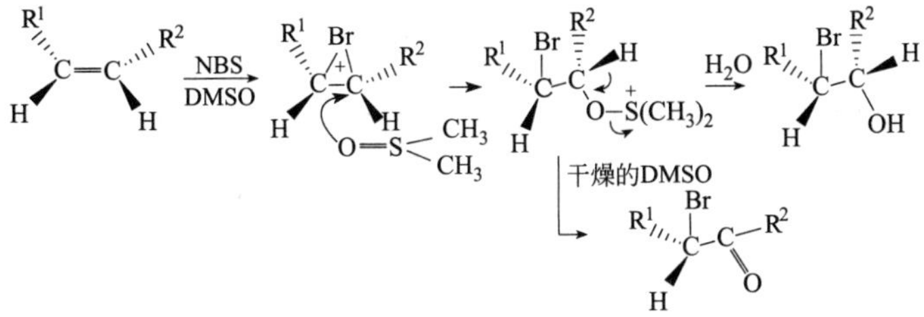

烯醇酯卤化时，常用的卤化试剂为卤素、N-卤代酰胺等，其中 NBS 应用较多。

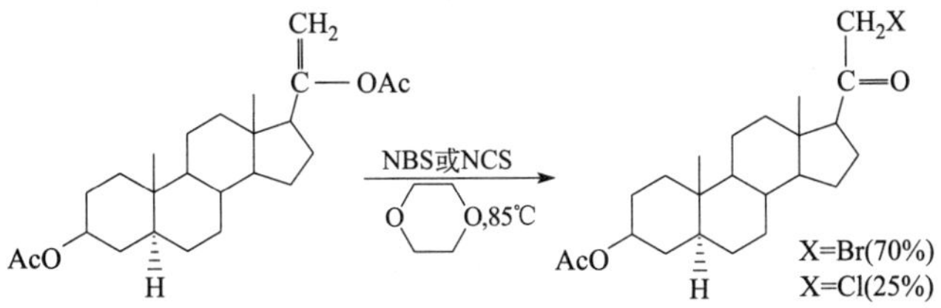

使用碘或 NIS 进行烯醇酯的碘化反应收率较低，在合成上受到限制。一种改进的方法是使烯醇乙酸酯与碘和乙酸亚铊于有机溶剂中反应，可以得到较高收率的 α-碘代酮。例如[90]。

$$CH_3(CH_2)_4CCH_3 \xrightarrow[\text{2. } I_2, TiOAc, CH_2Cl_2, 20℃, 24h]{\text{1. } AcOC_3H_5, H_2SO_4} CH_3(CH_2)_3CHCCH_3 + CH_3(CH_2)_4CCH_2I$$
$$(81\%) \qquad (5\%)$$

可能的反应机理如下：

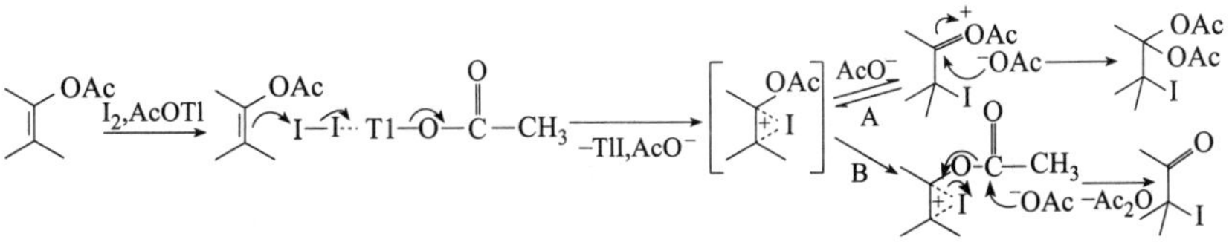

乙酸亚铊与碘首先生成复合物，从而增强了碘对烯醇双键的亲电能力，生成碘鎓离子。同时生成的碘化亚铊沉淀除去了具有还原能力的碘负离子。生成的碘鎓离子与乙酸根可以以两种方式反应，其中方式 A 生成 α-碘代二酯，为可逆反应；方式 B 生成 α-碘代酮，为不可逆的反应，生成的产物为主要产物。

Ph_3P-NBS可以将醇转化为构型翻转的溴代物。例如：

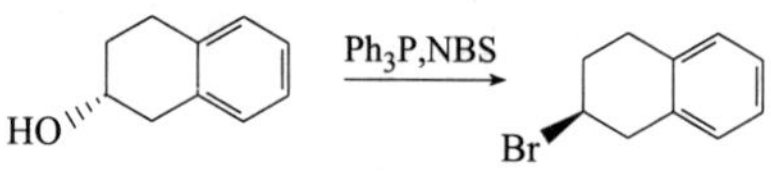

其他可以使用的溴化剂还有二苯酮-*N*-溴亚胺［$(C_6H_5)_2C{=}NBr$］、三氯甲烷磺酰溴（CCl_3SO_2Br）等。

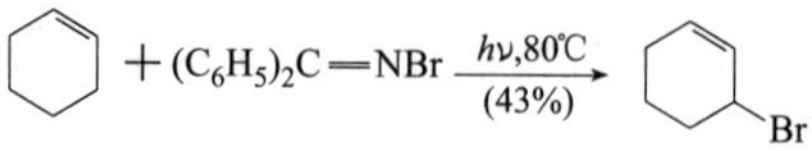

N-溴代乙酰胺（NBA）也是常用的溴化剂，可以取代芳环侧链和烯键α-位上的氢。在含有微量水的溶剂中，则以次溴酸形式与烯键加成。无水条件下也可以与烯键加成。例如：

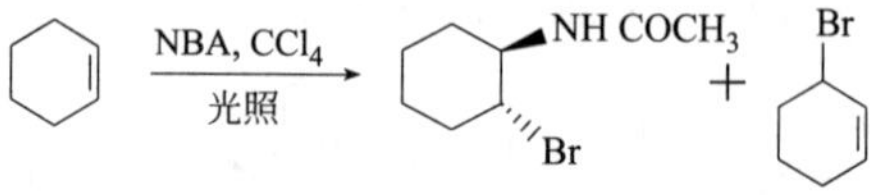

N-溴代邻苯二甲酰亚胺（NBP）也可发生类似的反应。因而制备α-溴代烯烃时很少使用这两种试剂。

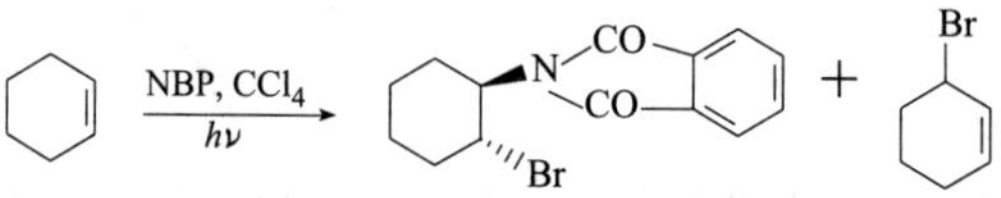

NBA也可用于芳环上的溴代，例如治疗绝经期后骨质疏松症的药物盐酸雷洛昔芬（Raloxifene hydrochloride）、乳腺癌治疗药阿唑昔芬（Arzoxifene）等的中间体3-溴-2-（4-溴苯基）-6-甲氧基苯并［*b*］噻吩（**60**）[91] 的合成如下。

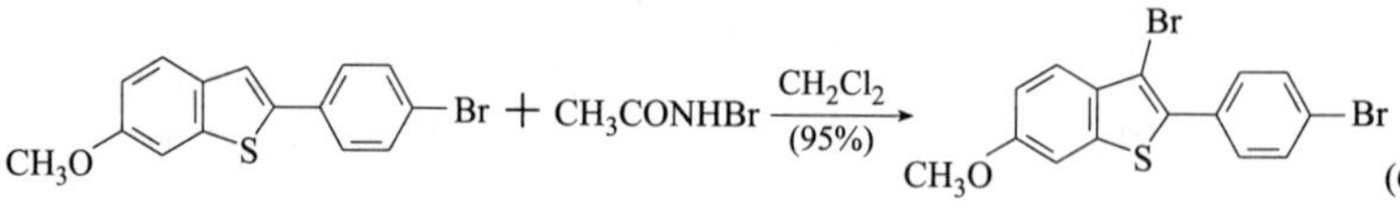

(60)

二溴海因的N-Br键比较活泼，是一种十分优良的溴化试剂，而且本身稳定性好，含溴量高，价格比较低廉。可以进行四种类型反应：Whol-Zeigler烯丙基溴化反应（α-碳上的氢被溴取代）；双键加成反应（次溴酸化）；活泼氢取代反应（芳烃衍生物邻位或对位上取代）；仲醇转化成酮的氧化反应。

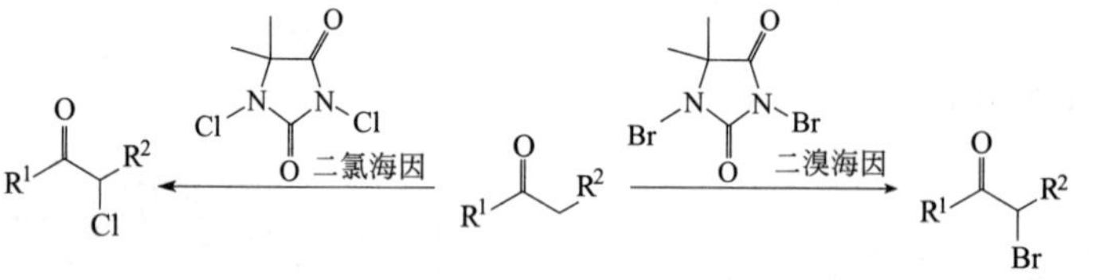

二溴海因具有很高的区域选择性，只生成单α-溴代羰基化合物，收率较高，例如2-戊酮在甲醇中与1,3-二溴-5,5-二甲基海因反应，可以得到82%收率的1-溴-2-戊酮。

$$CH_3CH_2CH_2\overset{O}{\overset{\|}{C}}CH_3 \xrightarrow[CH_3OH(82\%)]{\text{二溴海因},TsOH} CH_3CH_2CH_2\overset{O}{\overset{\|}{C}}CH_2Br$$

但二氯海因的选择性差一些。除了生成α-氯代羰基化合物外，还有部分α,α′-二氯代羰基化合物生成。例如：

$$CH_3CH_2CH_2CCH_3 \xrightarrow[CH_3CN]{二氯海因,TsOH} CH_3CH_2CH_2CCH_2Cl + CH_3CH_2CHCCH_3 + CH_3CH_2CHCCH_2Cl$$

1,3-二羰基化合物和 β-酮酸酯用二氯海因氯化时可以得到高收率的单 α-氯代化合物。如：

$$O_2N \xrightarrow{} CCH_2COC_2H_5 \xrightarrow[CH_3CN(93\%)]{二氯海因,TsOH} O_2N \xrightarrow{} CCHCOC_2H_5$$

三聚氯氰（TCT）为白色粉末，在空气中不稳定，有挥发性和刺激性。三聚氯氰是比较好的选择性氯化试剂，活性比 NCS 强。

三聚氯氰与 DMF 组成的混合试剂可以将醇羟基转化为氯。伯醇、仲醇甚至叔醇都可以实现这种转化。手性醇用该试剂处理时，构型发生转化。控制试剂的比例，可以将二元醇转化为一氯代醇或二氯代物。例如：

$$Ph \xrightarrow{OH} + \xrightarrow{} \xrightarrow[(98\%)]{DMF,CH_2Cl_2} Ph \xrightarrow{Cl}$$

$$Ph \xrightarrow{} OH + \xrightarrow{} \xrightarrow[(92\%)]{DMF,CH_2Cl_2} Ph \xrightarrow{} Cl$$

该类反应的大致过程如下。

反应中首先是三聚氯氰与 DMF 反应生成 Vilsmeier-Haack 类型的配合物 [1]，[1] 与醇羟基反应生成 [2]，[2] 失去氯化氢生成正离子 [3]，最后是氯负离子从羟基的背面进攻，生成构型翻转的氯化物。

若在反应中加入溴化钠，则可以生成相应的溴化物，但含有一定量的氯化物。例如[92]：

$$\underset{Boc}{N} \xrightarrow{} OH + \xrightarrow{} \xrightarrow[CH_2Cl_2(70\%)]{DMF,NaBr} \underset{Boc}{N} \xrightarrow{} Br$$

在碘化钾存在下可以直接生成碘化物。

$$CH_2\text{=}CHCH_2OH + KI + \text{（三嗪）} \xrightarrow[\text{(71\%)}]{\text{DMF}} CH_2\text{=}CHCH_2I$$

有时也可以使用三聚氯氰将羧酸转化为酰氯。

$$RCOOH + \text{（三嗪）} \xrightarrow{Et_3N} RCOCl$$

三氯异氰脲酸（Trichloroisocyanuric acid，TCCA）可以在温和的条件下对羰基的 α-位及苄基位、烯丙基位进行氯化，区域选择性较高，取代主要发生在取代基较多的 α-位。

$$\text{（2-甲基环己酮）} + \text{（TCCA）} \xrightarrow{\text{(87\%)}} \text{（2-甲基-2-氯环己酮）}$$

三氯异氰脲酸和苯甲醛肟反应，可以生成氯化苯甲醛肟（**61**）[93]，其为抗生素苯唑西林（Oxacillin）的中间体。

$$\text{（苯甲醛肟）} + \text{（TCCA）} \xrightarrow{\text{(95\%)}} \text{（61）}$$

三氯异氰脲酸是一种高效的消毒漂白剂，广泛用于食品加工、饮用水消毒，养蚕业和水稻种子的消毒等，三氯异氰脲酸除了广泛用于消毒剂、杀菌剂外，在工业生产中应用也很广。

三、草酰氯

草酰氯也叫乙二酰氯，是由乙二酸衍生出来的二酰氯，无色液体，可由无水草酸与五氯化磷反应制备。草酰氯是一个应用广泛的制备碳酰氯、磷酰二氯、氯代烷烃以及酰基异氰的酰化试剂。

草酰氯与醇类化合物反应首先生成相应的单酯，后者在吡啶存在下加热会生成氯代烃、二氧化碳和一氧化碳。

$$ROH + \text{（草酰氯）} \xrightarrow[rt]{C_6H_6} \text{（单酯）} \xrightarrow[120\sim125℃]{Py} RCl + CO_2 + CO$$

例如如下化合物的合成：

$$\xrightarrow[\text{(96\%)}]{(COCl)_2, CH_2Cl_2}$$

叔醇与草酰氯反应可以生成叔烃基氯，反应按 Barton-Hunsdiecker 类型的自由基型反应进行[94]。

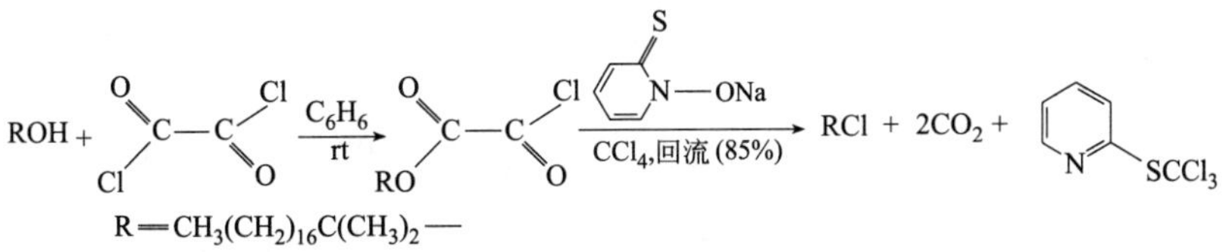

$$R = CH_3(CH_2)_{16}C(CH_3)_2-$$

羰基化合物与草酰氯反应可以生成相应的氯化物。期间经历了酮式-烯醇式互变，醇羟基被取代。例如：

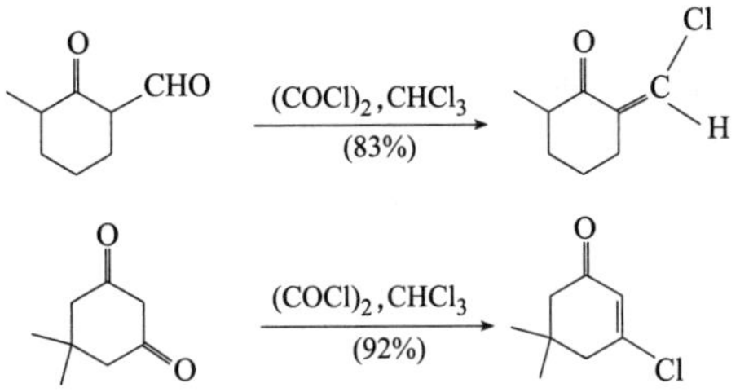

草酰氯也是将羧酸转化为相应酰氯的常用试剂。反应中可以使用三乙胺作催化剂和缚酸剂。例如抗生素拉氧头孢钠（Latamoxef disodium）中间体（**62**）[95] 的合成。

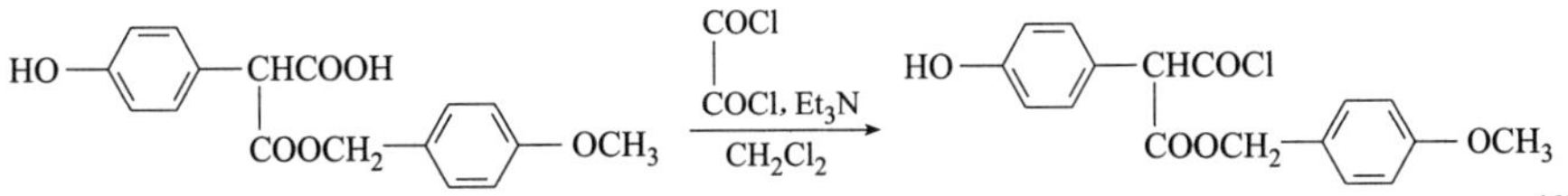

羧酸的钠盐可以直接与草酰氯反应生成相应的酰氯。消炎镇痛药辛诺昔康（Cinnoxi-cam）中间体肉桂酰氯的合成如下。

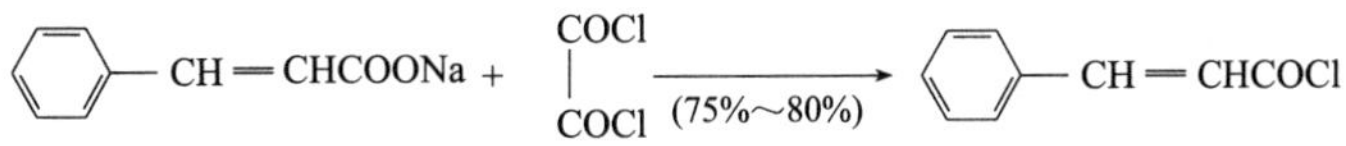

用草酰氯作酰化试剂可以用 DMF 作催化剂，此时的反应机理如下，生成 Vilsmeier 试剂型化合物。

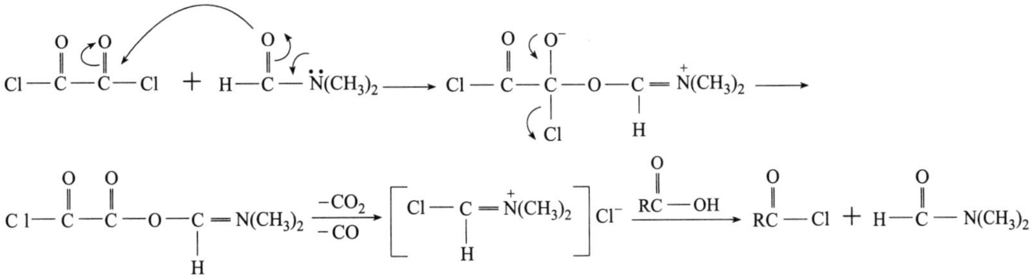

草酰氯适用于结构中有对酸敏感的官能团或结构单元的羧酸。

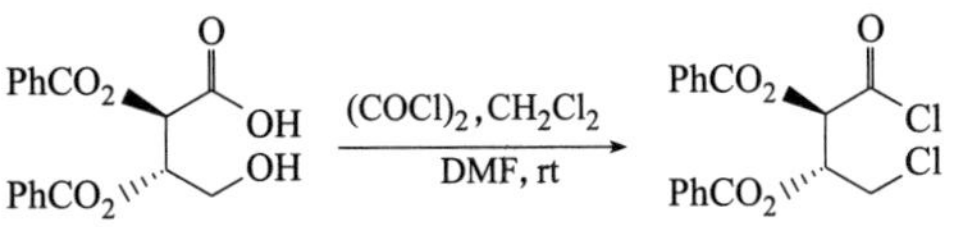

有时草酰氯也可以作为酰基化试剂，使芳环上引入酰基氯。此时可以使用无水三氯化铝

作催化剂，草酰氯在三氯化铝催化下可以分解为光气和一氧化碳，生成的光气可以作为酰基化试剂进行芳环上的酰化反应生成相应的酰氯。

$$(COCCl)_2 + AlCl_3 \longrightarrow COCl_2 + CO$$

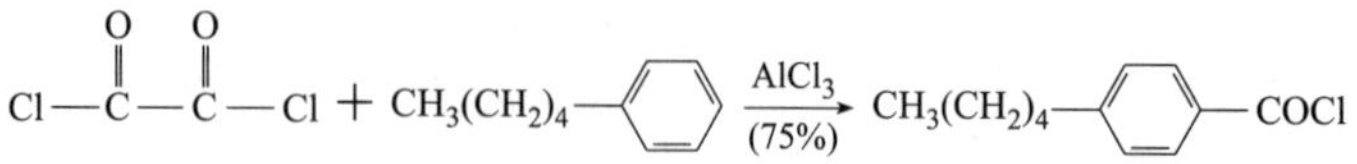

值得注意的是，市售草酰氯往往纯度不高，使用时最好重新蒸馏。

四、光气、双光气和三光气

光气是一种很好的酰化试剂，用光气制备酰氯产品收率高。但是光气是剧毒气体，在使用、运输及储存过程中具有很大的危险性。

20 世纪 80 年代开发研制生产的双光气（氯甲酸三氯甲酯）可替代光气应用于实验室和工业生产。双光气是一种剧毒，有刺激性气味的液体，虽然双光气在运输、储存和使用均较光气方便，安全，但仍然具有很大的危险性。抗生素氧哌嗪青霉素中间体（**63**）的合成应用了双光气：

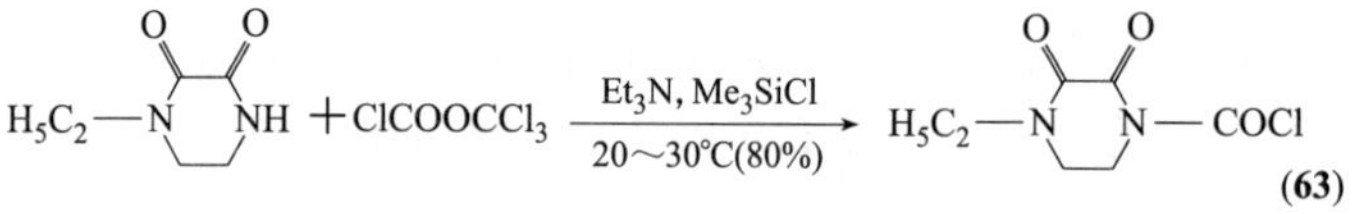

(63)

三光气［碳酸二（三氯甲基）酯］是一种稳定的白色晶体，熔点 80℃，沸点 206℃，即使在沸腾时，仅有少量分解释放出光气，在运输、贮藏和使用过程中极为安全。固体光气可作为光气和双光气理想的替代品。其反应机理同光气和双光气差不多，一分子的固体光气在亲核试剂的作用下能释放出三分子的光气。

$$Cl_3CO-\overset{\overset{\displaystyle O}{\|}}{C}-OCCl_3 \longrightarrow 3Cl-\overset{\overset{\displaystyle O}{\|}}{C}-Cl$$

三光气可以将羧酸转化为相应的酰氯。

$$R-\overset{\overset{\displaystyle O}{\|}}{C}-OH + Cl_3CO\overset{\overset{\displaystyle O}{\|}}{C}OCCl_3 \longrightarrow R-\overset{\overset{\displaystyle O}{\|}}{C}-Cl + CO_2 + HCl$$

抗生素药物氧哌嗪青霉素（Piperacillin）中间体 4-乙基-2,3-二氧代哌嗪-1-甲酰胺基-对羟基苯基乙酰氯（**64**）[96] 的合成如下。

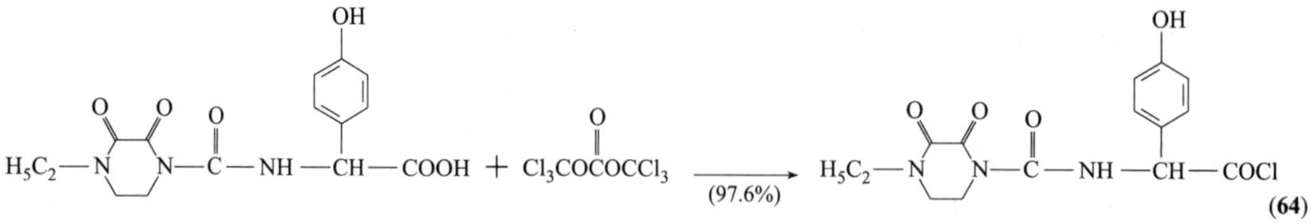

(64)

氨基酸类化合物可以与三光气反应生成酰氯，*N*-Boc-缬氨酸与三光气反应生成 *N*-羧基-L-缬氨酸酐（**65**）[97]。

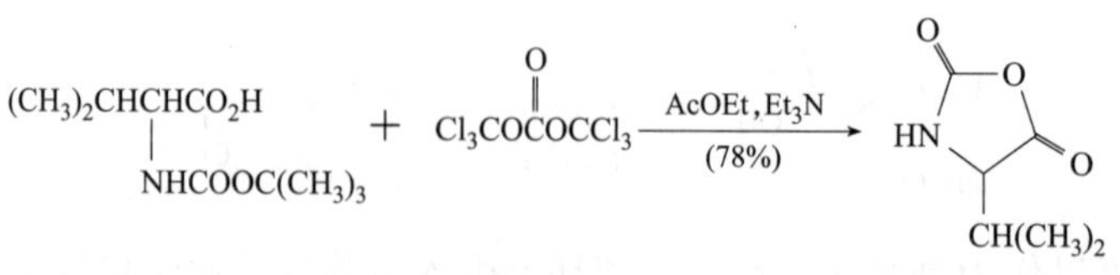

(65)

固体光气作为一种非常活泼的酰化试剂，其使用根据反应体系而定，体系中若含有引发其分解的物质（有机胺或其他有机碱）时，无需添加任何试剂，反应即可顺利进行。若体系中无此类物质，则需加入一定量的有机碱，一般有 N-甲基吡咯烷酮、N,N-二甲基甲酰胺、吡啶、N-甲基咪唑和三乙胺等。三乙胺是一种很强的有机碱，可使三光气快速分解，但反应生成的氯化氢易与其生成铵盐而从溶剂中析出，从而影响引发效果，而吡啶的亲核性适中，使三光气分解速度较缓慢，体系中始终存在过量的光气与吡啶形成活性中间体。对于有些反应，若单一的催化剂催化效果欠佳，可以考虑使用复合催化剂。N,N-二甲基甲酰胺在固体光气法中的作用机理同光气法中的类似，生成 Vilsmeier 试剂型化合物。

三苯基膦与三光气反应可以生成二氯化三苯基膦，后者可以将醇高收率的转化为相应的氯化物。例如香料覆盆子酮中间体对甲氧基氯苄的合成[98]。

$$CH_3O-\text{〇}-CH_2OH + PPh_3 + Cl_3COCOCCl_3 \xrightarrow{(96\%)} CH_3O-\text{〇}-CH_2Cl$$

五、酰氯和磺酰氯

乙酰氯和乙酰溴有时也可以用于醇羟基的卤代，反应中可能是先生成乙酸酯，而后卤素负离子作为亲核试剂进行取代反应得到相应的卤化物。例如抗癌药紫杉醇类似物中间体（**66**）的合成[99]。

有时也可以用乙酰氯与羧酸反应来合成比较复杂的酰氯。

苯甲酰氯可以将比较简单的羧酸转化为酰氯，例如头孢唑林（Cefazolin）等的中间体三甲基乙酰氯的合成[100]。

甲基磺酰氯与肉桂醇在 4-乙基-2-甲基吡啶存在下，可以将羟基转化为氯而生成肉桂基氯，其为桂利嗪（Cinnarizine）、盐酸氟桂利嗪（Flunarizine hydrochloride）等的中间体。当然，该化合物也可以由肉桂醇与氯化亚砜反应来制备。

第六节 特殊卤化剂

亚磷酸三苯酯和碘甲烷与醇反应可以制备碘代烷。具体反应如下：

$$(C_6H_5O)_3P + CH_3I \longrightarrow [(C_6H_5O)_3\overset{+}{P}CH_3]\ I^- \xrightarrow{ROH} RI + (C_6H_5O)_2POCH_3 + C_6H_5OH$$

反应机理如下：

$$(PhO)_3 \overset{+}{P}—R \cdot X^- + R'OH \longrightarrow (PhO)_2 \overset{+}{P}—R + PhOH$$

$$\longrightarrow R'X + (PhO)_2 \overset{O}{P}—R$$

该反应的典型例子是抗肿瘤药去氧氟脲苷（Doxifluridine）中间体 5′-脱氧-5′-碘-2′,3′-O-异亚丙基-5-氟脲苷（**67**）的合成。

(67)

$[(PhO)_3P^+CH_3]I^-$ 可以将手性醇催化碘化，生成构型翻转的碘代物。

Rydon 类试剂为有机磷卤化剂，主要包括三苯基膦与四氯化碳形成的配合物（**A**）、亚磷酸三苯酯二卤化物（**B**）、亚磷酸三苯酯卤化烷（**C**）、二苯基膦三卤化物（**D**）、三苯基膦二卤化物（**E**）等。它们的共同特点是反应活性高，反应条件温和。由于反应中产生的卤化氢几乎很少，因而不易发生由于卤化氢存在而引起的副反应。它们均可将醇转化为卤化物。

$[Ph_3\overset{+}{P}CCl_3Cl^-]$	$[(PhO)_3PX_2]$	$[(PhO)_3\overset{+}{P}RCl^-]$	$[Ph_2PCl_3]$	$[Ph_3PCl_2]$
A	**B**	**C**	**D**	**E**

用这些试剂时很少发生重排、消除以及异构化等反应，因而应用很广泛，常以 DMF、六甲基磷酰胺作溶剂。可在较温和的条件下将光学活性的仲醇转化成构型反转的卤代烃，可将对酸不稳定的化合物进行卤化。例如：

β-二酮可生成 β-卤代 α,β-不饱和酮。

酚羟基也可以被卤原子取代。

三苯基膦卤化物可断裂醚键，例如：

$$n\text{-}C_{16}H_{33}\text{—}O\text{—}\underset{O}{\bigcirc} \xrightarrow[\text{ClCH}_2\text{CH}_2\text{Cl}]{\text{Ph}_3\text{PBr}_2,\text{rt}} n\text{-}C_{16}H_{33}Br + \underset{O}{\bigcirc}$$

羧酸和三苯基、四氯化碳或溴代三氯甲烷的加成物一起加热，即生成相应的酰氯，后者不经过分离，继续和胺反应，生成酰胺，可用于合成肽。

$$\underset{\underset{NHCO_2CH_2Ph}{|}}{PhCH_2CHCOOH} + NH_2CH_2CO_2C_2H_5 \cdot HCl \xrightarrow[i\text{-}Pr_2NEt\text{-}THF,\triangle(86\%)]{Ph_3PBrCCl_3} \underset{\underset{NHCO_2CH_2Ph}{|}}{PhCH_2CHCONHCH_2CO_2C_2H_5}$$

用四氯化碳和三苯基膦体系可以将羧酸转化为酰氯，大致反应过程如下：

$$Ph_3P + CCl_4 \longrightarrow \left[Ph_3\overset{+}{P}CCl_3 \right] Cl^- \xrightarrow{RCOOH} RCOO\overset{+}{P}Ph_3Cl^- + HCCl_3$$
$$\overset{|}{\underset{}{}}$$
$$RCOCl + Ph_3PO$$

从上面的反应可以看出，此反应没有 HCl 等酸性物质生成，因此一些对酸敏感的化合物，用此方法效果比较好。

以取代苯甲酸和脂肪酸为原料，用四氯化碳为酰化试剂，三氯化铁和 DMF 为催化剂，于 140℃反应，可以生成取代苯甲酰氯和脂肪酰氯，而后可以制成相应的酯或酰胺[101]。

$$\underset{R}{\overset{O}{\underset{\|}{C}}}\text{—OH} + CCl_4 \xrightarrow[\text{DMF}]{\text{FeCl}_3} \underset{R}{\overset{O}{\underset{\|}{C}}}\text{—Cl}$$

$$HO_2C\text{—}\underset{}{\bigcirc}\text{—}CO_2H + CCl_4 \xrightarrow[\text{DMF}]{\text{FeCl}_3} ClOC\text{—}\underset{}{\bigcirc}\text{—}COCl \xrightarrow[(94\%)]{\text{EtOH}} EtO_2C\text{—}\underset{}{\bigcirc}\text{—}CO_2Et$$

该方法对于大部分的羧酸都适用，收率较高。相对于固体光气，反应条件没有那么温和，但相对于氯化亚砜，没有那么多酸性气体放出，有时可以代替氯化亚砜。

α,α-二氯甲基醚（α,α-Dichloromethyl methylether）可以将羧酸转化为酰氯，但该方法不常用，α,α-二氯甲基醚为致癌物质。

$$\underset{}{\overset{O}{\underset{\|}{CH_3CCOOH}}} \xrightarrow{Cl_2CHOCH_3} \underset{}{\overset{O}{\underset{\|}{CH_3CCOCl}}}$$

六氟环氧丙烷（Hexafluoro-1,2-epoxypropane）可以将羧酸转化为酰氟。例如：

$$PhCOOH + \underset{F}{\overset{F_3C}{\underset{}{\bigtriangleup}}}\underset{O}{\overset{CF_2}{}} \xrightarrow[-75℃\sim rt]{Et_3N,CH_3CN} PhCOF \xrightarrow[(86\%)]{PhNH_2} PhCONHPh$$

四甲基-α-氯代烯胺（Tetramethyl -α-halogeno-emanime）可以将羧酸转化为酰氯，收率很高。

$$\underset{O}{\bigcirc}\text{—}COOH \xrightarrow[\text{CH}_2\text{Cl}_2,\text{rt}(100\%)]{\underset{}{Me_2C=\overset{\overset{Cl}{|}}{C}\text{—}NMe_2}} \underset{O}{\bigcirc}\text{—}COCl$$

有时也可以使用四氯化硅制备酰氯。

$$CH_3COOH + SiCl_4 \xrightarrow{(85\%)} CH_3COCl$$

近年来，有关于用六氯丙酮作为酰化剂来制备酰氯的报道。但是只是针对某些特定的反应，用途不是很广泛。

氯仿在浓的氢氧化钠中加热，可生成二氯卡宾，其与烯烃反应生成二氯三元环状化合物。

$$\text{环己烯} \xrightarrow[\text{NaOH}]{\text{CHCl}_3} \text{二氯双环}(\text{CCl}_2)$$

叔卤代烷在三氯化铝等 Lewis 酸催化下，可与烯键发生加成反应，机理类似于 Fridel-Crafts 反应。

$$(CH_3)_3C{-}Cl + CH_2 {=\!=} CH_2 \xrightarrow{AlCl_3} (CH_3)_3C{-}CH_2CH_2Cl$$

多卤甲烷如四氯化碳、氯仿、溴仿、一溴三氯甲烷、一碘三氟甲烷等，可与双键发生自由基型加成反应。

$$CCl_4 + CH_3CH{=\!=}CH_2 \xrightarrow{\text{过氧化物}} \underset{\underset{Cl}{|}}{CH_3CHCH_2CCl_3} \xrightarrow{H_2O} \underset{\underset{Cl}{|}}{CH_3CHCH_2COOH}$$

氯化铜与醛反应可以得到高收率的 α-氯代醛。例如化合物的合成：

$$(CH_3)_2CHCHO \xrightarrow[\text{回流,(95\%)}]{CuCl_2 . CH_3COCH_3 , H_2O} (CH_3)_2CClCHO$$

溴化铜与酮反应可以生成 α-溴代酮。例如解热镇痛非甾体抗炎药萘普生中间体 1-(6-甲氧基-2-萘基)-2-溴代丙酮-1 (**68**)[102] 的合成。

苯酚与过量的溴反应，生成四溴环己二烯酮（TBCO），与苯胺反应时，只生成对位产物，反应条件温和，而且溶剂对定位无影响。

TBCO 是一种选择性的卤化试剂，可用于 α'-溴代-α,β 不饱和酮的制备，此时该试剂不发生双键的加成反应，从而减少或避免双键加成副产物。常用的溶剂有氯仿、四氯化碳、乙醚、乙酸等。

5,5-二溴代-2,2-二甲基-4,6-二羰基-1,3-二噁烷也是一种选择性溴化剂，可以将羰基化合物的 α-位溴代。例如：

三溴化季铵盐可以将羰基化合物的 α-位溴代，生成相应的溴代物。

$$\underset{\text{(苯乙酮)}}{} \xrightarrow[\text{CHCl}_3(85\%)]{\text{PhCH}_2\overset{+}{\text{NEt}}_3\text{Br}_3^-} $$

类风湿性关节炎治疗药美洛昔康（Meloxicam）的合成中间体 2-溴丙醛的合成如下[103]。

$$\text{CH}_3\text{CH}_2\text{CHO} \xrightarrow[(60\%)]{\text{PhN}^+(\text{CH}_3)_3\text{Br}_3^-} \underset{\text{CH}_3\text{CHCHO}}{\overset{\text{Br}}{|}}$$

第七节　卤素置换反应

氯化物和溴化物的制备相对比较容易，而氟化物和碘化物的制备由于不同的原因，比较困难。卤素交换法制备卤代烃主要适用于氟化物和碘化物的制备。

一、卤素原子的交换反应

碘代物有时用卤原子的交换法来制备，碘化钠在丙酮中的溶解度较大（39.9g/100mL，25℃），而与氯化物反应时生成的氯化钠溶解度则很小，从而使反应顺利进行，这类反应称为 Finkelstein 卤素交换反应。例如下列反应，该反应一般属于 S_N2 反应。

$$\text{ClCH}_2\text{CH}_2\text{OH} + \text{NaI} \xrightarrow{\text{CH}_3\text{COCH}_3} \text{ICH}_2\text{CH}_2\text{OH} + \text{NaCl}$$

后来将伯或仲醇首先与芳基磺酰氯反应生成磺酸酯，而后再与卤化物反应生成有机卤化物的反应也归属于 Finkelstein 反应。

将氯乙酰胺、无水丙酮、无水碘化钠一起回流反应 15h，冷至室温，滤出氯化钠，蒸出丙酮，可以得到碘乙酰胺粗品。用水重结晶，得纯品。

$$\text{ClCH}_2\text{CONH}_2 \xrightarrow{\text{NaI}}_{\text{CH}_3\text{COCH}_3} \text{ICH}_2\text{CONH}_2$$

二氯甲烷与碘化钠在相转移催化剂存在下，于一定的温度和压力下可以生成二碘甲烷，这是工业上制备二碘甲烷的方法之一。

$$\text{CH}_2\text{Cl}_2 + 2\text{NaI} \xrightarrow[100\sim110℃,0.39\sim0.49\text{MPa}(>65\%)]{\text{TEBA},\text{H}_2\text{O}} \text{CH}_2\text{I}_2 + 2\text{NaCl}$$

1,3-二碘-2-丙醇是眼病辅助治疗用药安妥碘（Prolonium Iodide）中间体，可以用如下方法来制备：

$$\underset{\text{ClCH}_2\text{CHCH}_2\text{Cl}}{\overset{\text{OH}}{|}} \xrightarrow[130\sim140℃(66\%)]{\text{NaI},\text{H}_2\text{O}} \underset{\text{ICH}_2\text{CHCH}_2\text{I}}{\overset{\text{OH}}{|}}$$

新药合成中间体（*E*）-3-碘-1-苯基丙-2-烯-1-醇 的合成如下[104]。

脂肪族氯化物在 Lewis 酸催化下，容易与氢溴酸发生取代反应生成相应的脂肪族溴化物。

这种方法虽然也可以实现某些卤素原子的交换，但实际上应用不多，因为氯化物和溴化物比较容易得到。主要应用于碳原子数目较少的卤代烃。例如生成氯溴甲烷、二溴甲烷、二氟氯溴甲烷、三氟溴甲烷、三氯溴甲烷、四溴甲烷等。

$$RCl + HBr \xrightarrow{AlBr_3} RBr + HCl$$

$$CH_2Cl_2 + HBr \xrightarrow{AlCl_3} CH_2BrCl$$

卤素-氟交换是合成含氟化合物的一种重要的方法。交换的难易程度取决于有机卤化物的结构和无机氟化物的活性。碳-卤键上卤素被氟置换的活性一般是 $RI > RBr > RCl$。但从经济角度考虑，氯化物是最好的选择。无机氟化物工业上实际应用的主要有氟化氢、氟化钾和氟化锑等。氟化钠的晶格能较高，反应活性低，应用较少。

单独使用氟化氢进行卤素交换，主要适用于活性高的卤化物，例如：

$$RCOCl \xrightarrow{HF} RCOF + HCl$$

$$C_6H_5CCl_3 \xrightarrow{HF} C_6H_5CF_3 + 3HCl$$

用氟化氢进行氟化，通常是卤化物与五价锑化合物如 $SbCl_5$ 或 $SbCl_2F_3$ 等一起使用，锑起到催化剂和增效剂的作用。反应中 $SbCl_5$ 或 $SbCl_2F_3$ 起了氟载体的作用，实际消耗的只是氟化氢。例如药物中间体对三氟甲硫基硝基苯（**69**）的合成[105]。

这种方法在工业上有应用，实验室中很少使用。实验室和小规模工业生产中常用氟化钾作氟交换试剂。氟化钾容易吸潮，使用时必须干燥，保证无水，否则会明显影响使用效果。

用无水氟化钾，氟可以取代分子中的氯、溴原子生成氟化物。例如抗癌药 5-氟脲嘧啶（5-Fluorouracil）中间体氟乙酸乙酯的合成。

$$ClCH_2CO_2C_2H_5 \xrightarrow[CH_3CONH_2(65\%)]{KF} FCH_2CO_2C_2H_5$$

相转移催化剂 18-冠-6 用于氟交换反应，产品收率明显提高。例如：

$$CH_3(CH_2)_6CH_2Br + KF \xrightarrow[C_6H_6,25℃(92\%)]{18\text{-}冠\text{-}6} CH_3(CH_2)_6CH_2F$$

氟化钾进行氟交换的主要对象是单取代的卤化物。除卤代烃外，含有其他取代基的有机卤化物（如醇、醚、酯、酰胺等）也适用。常用的反应方式是在溶剂中搅拌回流。芳环上卤素原子的交换属于芳环上的亲核取代反应，例如环丙沙星、培氟沙星、二氟沙星等喹诺酮类抗菌药中间体 2,4-二硝基氟苯的合成。

又如抗菌剂司帕沙星（Sparfloxacin）等的中间体 2,3,4,5,6-五氟苯甲酸的合成[106]。

芳环上的氯原子，特别是氯原子的邻、对位有吸电子基团如硝基、腈基、三氟甲基时，更容易与碱金属氟化物进行卤素交换生成相应的氟化物。

常用的溶剂有二甲基甲酰胺、二甲基乙酰胺、二甲亚砜、N-甲基吡咯烷酮、环丁砜等非质子极性溶剂。反应中可以加入相转移催化剂。碱金属氟化物的活性次序为：CsF＞KF＞NaF＞LiF。其中氟化钾最常用。工业上可以用间硝基氯苯来制备间硝基氟苯，转化率达 90%。

用氟置换芳环上其他卤素原子的反应又称置换氟化反应，属于芳环上的亲核取代反应。

式中，L为离去基团；A为吸电性基团。

由于 C—L 键能（C—Cl 339kJ/mol，C—NO$_2$ 305kJ/mol 等）小于 C—F 键能（432kJ/mol），因此，氯和硝基等容易被氟原子取代。该反应属于动力学控制反应。环上的活化基 A 由于其诱导作用和共轭作用使得其邻、对位上电子云密度降低，从而容易受到氟负离子的进攻而发生亲核取代反应。但是，尽管 C-F 键在热力学上强度很大，氟却是较易离去的基团，这主要是其极强的电负性所决定的。极强的电负性使其过渡态较稳定，在动力学上容易被—OH、—NH$_2$ 等亲核试剂进攻而发生取代副反应。因此，氟化反应多在高温、无水条件下于非质子惰性有机溶剂中进行，以减少副反应的发生。

置换氟化反应由于原料易得、工艺简单、操作安全而得到迅速发展。现在的主要研究方向集中在氟化剂、溶剂、催化剂以及新技术手段等方面。

目前报道的氟化剂很多，如 NH$_4$F、LiF、NaF、KF、CsF、AgF、SbF$_3$、BrF$_3$、MnF$_3$ 等以及四甲基氟化铵等。但在工业上具有制备价值的是碱金属和碱土金属的氟化物，其中尤以氟化钾为首选。有时也可以将无机氟化剂混合使用以提高氟化效果。KF 的表面状态影响反应效果，30% 的 KF 水溶液经 300～500℃喷雾干燥制得的 SD-KF，因其颗粒小、比表面积大、氟化活性高等特点，成为置换氟化的主要氟化试剂。

氟化锑能选择性的取代同一碳原子上的多个卤原子，常用于三氟甲基化合物的制备，在药物合成中应用较多，例如：

三氟化锑常作为无水氟化氢氟代的催化剂。

将卤化物制成有机镁、有机锂化合物，也可以将原来卤化物中的卤素原子交换，生成新的卤素化合物。这可以看成是卤素的间接交换法。

$$X=Br,57\%;X=I,69\%$$

超声波、微波等技术在置换氟化反应中也有广泛的应用。

二、芳环上其他基团被卤素原子取代

除了芳环上的卤素原子外，芳环上的羟基、硝基、巯基、重氮基等可以被卤素原子取代，生成新的卤合物。关于重氮基被卤素原子取代的反应，参见第八章重氮化反应。

1. 羟基被卤素原子取代

酚类化合物的羟基不像醇类那样容易被卤素原子取代（卤化氢、卤化磷等）。酚与卤化磷反应仅得到很少量的卤代苯（硝基酚除外），主要产物是亚磷酸酯或磷酸酯。

$$3ArOH+PCl_3 \longrightarrow (ArO)_3P+3HCl$$

若将酚首先与三苯基膦和卤素生成的络合物在乙腈中反应，生成芳氧基三苯基鏻卤化物，而后再进行热分解，则得到很高收率的芳基卤化物。

$$(C_6H_5)_3P+X_2 \longrightarrow (C_6H_5)_3PX_2 \xrightarrow[-HX]{ArOH} (C_6H_5)_3\overset{+}{P}(OAr)X^- \longrightarrow ArX+(C_6H_5)_3PO$$

芳环上有多个强吸电子基团的酚，例如 2,4,6-三硝基苯酚，其羟基由于受到三个硝基的影响，可以与五氯化磷反应生成 2,4,6-三硝基氯苯。

芳杂环的酮类化合物由于可能发生酮式-烯醇式互变，烯醇式羟基可以被卤素原子取代而生成芳杂环的卤素化合物。例如抗球虫药物磺胺喹沙啉（Sulfaquinoxaline）中间体 2,4-二氯-6,7-二甲氧基喹唑啉（**70**）[107] 的合成。

2. 巯基被卤素原子取代

芳环上的巯基可以被卤素原子取代，生成含卤素原子的化合物。例如抗真菌药物氟康唑类化合物等的中间体 2-氯代苯并噻唑的合成[108]。

又如如下反应，生成的五氟溴苯是医药、农药中间体，也是液晶材料在中间体。

3. 硝基被卤素原子取代

芳环上的硝基在一定的条件下也可以被卤素原子取代，生成芳基卤化物。例如抗真菌药氟康唑等的中间体 2,4-二氟苯甲酸的合成[109]。

同卤素交换反应相比，氟化脱硝基反应被认为是合成间氟芳香族化合物的更有效的方法。但以氟化钾为脱硝基试剂时，由于副反应较多，反应常处于失控状态。与氯相比，硝基具有更大的离去能力，因此，氟化脱硝基的反应条件相对于卤素交换来说更温和一些。反应中没有棕色氧化氮生成，反应中脱去的亚硝酸根离子与四甲基铵正离子结合生成了较稳定的 $(CH_3)_4NNO_2$，从而避免了由 KF 直接进行氟化脱硝而由亚硝酸根分解为氧化氮引起的氧化副反应。用四甲基氟化铵（TMAF）为氟化脱硝基试剂，是合成含氟芳香族化合物的一种方便的方法。例如农药、医药、染料中间体 2-氟苯甲腈的合成[110]。

如下硝基吡啶 N-氧化物在氯化锌存在下与氯化氢气体反应，硝基可以被氯取代，生成的产物为高效、速效、安全的质子泵抑制剂雷贝拉唑（Rabeprazole）的中间体[111]。

参考文献

[1] 刘琳, 张亨. 氯碱工业, 2000, 1: 39.

[2] 段行信. 精细有机合成手册. 北京: 化学工业出版社, 2000: 212.

[3] 黄艳仙, 曾霞, 黄敏等. 食品科技, 2009, 34 (9): 230.

[4] Kim K, In-Hwan Park I. Synthesis, 2004, 16: 2641.

[5] Ho M L, Flynn A B, Ogilvie W W. J Org Chem, 2007, 72: 977.

[6] 庞怀林, 黄引, 尹笃林等. 化学试剂, 2007, 29 (4): 232.

[7] Ngi S I, AnselmiE, Abarbri M, et al, Org Synth, 2008, 85: 231.

[8] Myers A G. Org Synth, 1998, Coll Vol 9: 117.

[9] 张大国. 精细有机单元反应合成技术-卤化反应及其实例. 北京: 化学工业出版社, 2009:4.

[10] Nair V, Panicker S B, Augustine A, et al. Tetrahedron, 2001, 57: 7417.

[11] 章思规. 实用精细化学品手册(上). 北京: 化学工业出版社, 1996: 852.

[12] 孙昌俊, 曹晓冉, 王秀菊. 药物合成反应——理论与实践. 北京: 化学工业出版社, 2007:118.

[13] 王学勤, 王卫东, 王峰等. 中国医药工业杂志, 2000, 31 (8): 369.

[14] 庄伟强, 刘爱军. 化工进展, 2003, 22 (7): 721.

[15] Weber K, Bauer A, Langbein A. US 4201712. 1980.

[16] 倪生良, 林丹, 莫勤华. 内蒙古石油化工, 2006, 10: 25.

[17] Kollonitsch J, Barash L, Doldouras G A. J Am Chem Soc, 1970, 92 (25): 7494.

[18] Krueger G, et al. Arzneim-Forsch, 1984, 34: 1612.

[19] 张文雯, 陈绘茹, 罗放等. 化学试剂, 2010, 32 (12): 1134.

[20] Furniss B S, Hannaford A J, Rogers V, et al. Vogel's Textbook of Practical Chemistry. Longman London and New York. Fourth edition, 1978: 824.

[21] 仇缀百, 迟传金, 张志伟等. 中国医药工业杂志, 1984, 5: 42.

[22] 陈仲强, 李泉. 现代药物的制备与合成: 第二卷. 北京: 化学工业出版社, 2011: 445.

[23] Terrell R C, Speers L, Szur A J, et al. J Med Chem, 1971, 14 (6): 517.

[24] 张虹, 张喜军, 杨德臣等. 有机氟工业, 2005, 3: 3.

[25] 张宝丰. 中国医药工业杂志, 1989, 20 (1): 33.

[26] 任进知, 叶晓镭, 江天维. 中国医药工业杂志, 2000, 31 (6): 241.

[27] 李和平. 含氟、溴、碘精细化学品. 北京: 化学工业出版社, 2010: 310.

[28] DeLuca H F, Schnoes H K, Holick M F, et al. US 3741996. 1973.

[29] Heeres J et al. J Med Chem, 1979, 22 (8): 1003.

[30] 陈芬儿. 有机药物合成法. 北京: 中国医药科技出版社, 1999: 174.

[31] 孙明昆, 钱佐国, 陈通前等. 中国医药工业杂志, 1990, 21: 390.

[32] Clarke H T. Org Synth, 1998, Coll Vol 9: 34.

[33] 赵美发, 徐华, 徐炳财. 江苏化工, 1997, 25 (2): 18.

[34] Hiroi K, Yamada S I. Chem Pharm Bull, 1973, 21 (1): 54.

[35] 薛克亮, 黄明湖, 汪敏等. 中国医药工业杂志, 1990, 21: 251.

[36] Nam D H, Lee C S, Kyu D D Y. J Pharm Sci. 1984, 73 (12): 1843.

[37] 袁春良, 叶和珏. 中国医药工业杂志, 2003, 34 (10): 487.

[38] 王燕, 陈建辉, 叶伟东. 中国医药工业杂志, 2004, 35 (4): 203.

[39] Ma S M, Lu X Y. Org Synth, 1998, Coll Vol 9: 415.

[40] 麻静, 陈宝泉, 卢学磊等. 天津理工大学学报, 2010, 26 (5): 50.

[41] 钟荣清, 邹永, 张学景等. 中国医药工业杂志, 2005, 36 (6): 328.

[42] Hojo K, et al. Chem Lett, 1976: 619.

[43] 孙昌俊, 曹晓冉, 王秀菊. 药物合成反应——理论与实践. 北京: 化学工业出版社, 2007: 124.

[44] 李和平. 含氟、溴、碘精细化学品. 北京: 化学工业出版社, 2010: 240.

[45] Kawakami J, Wang Z, Fujiki H, et al. Chemistry Lett, 2004, 23 (12): 1554.

[46] 陈莉莉, 岑均达. 中国医药工业杂志, 2005, 36 (7): 387.

[47] 李晓霞, 晏日安, 段翰英. 精细化工, 2011, 28 (5): 475.

[48] Yoshihara M, Eda T, Sakaki K, et al. Synehesis, 1980: 746.

[49] Sanda K, Rigal L, Delmas M, Gasel A. Synthesis, 1992, 6: 541.

[50] Schoenowsky H, Sachse B Z, Naturforch B. Anorg Chem, Org Chem, 1982, 37B (7): 907.

[51] 戴立言, 陈英奇, 朱锦桃等. 中国医药工业杂志, 2000, 31 (10): 470.

[52] 韩莹, 黄嘉梓. 中国药科大学学报, 2001, 32 (1): 8.

[53] Gross H, Rieche A, Höft, E, et al. Org Synth, 1973, Coll Vol 5: 365.

[54] Nenajdenko V G, Korotchenko V N, Shastin A V, et al, Org Synth, 2005, 82: 93.

[55] Lautens M, et al, Org Synth, 2009, 86: 35.

[56] Calderon S N, Newman A H, Tortella F C. J Medicinal Chemistry, 1991, 34 (11): 3159.

[57] Natate N R, McKenna John I, Niou Cheng-Shyr, et al. J Org Chem, 1985, 50 (26): 5660.

[58] 张雪峰, 王兴涌, 杨志林等. 中国医药工业杂志, 2009, 40 (6): 410.

[59] 傅建谓, 陶兴法, 傅韶娟等. 中国医药工业杂志, 2007, 38 (2): 78.

[60] 许佑君，杨治旻，蒋清乾等. 中国医药工业杂志. 2000, 31 (7): 294.

[61] Notte G T, Tarek S, Steel P J. J Am Chem Soc, 2005, 127 (39): 13502.

[62] 孙跃冉，牟徽，常明等. 石家庄学院学报, 2010, 12 (6): 21.

[63] 邱明艳，石蔚云，牛永生等. 染料与染色, 2009, 46 (4): 42.

[64] ①Morimoto S, et al. J Med Chem, 1972, 15 (11): 1105.

[65] Saidi K, Shaterian H K, Sheibani H. Syn Commun, 2000, 30 (13): 2345.

[66] 陈芬儿. 有机药物合成法. 北京: 中国医药科技出版社, 1999; 298.

[67] Kumiko A, Eriko T, Yuko A, et al. Organic and Biomolecular Chemistry, 2004, 2 (4): 625.

[68] 匡仁云，郭瑾，周小春等. 中国医药工业杂志, 2010, 41 (4): 249.

[69] 赵乘有，陈林捷，许熙等. 中国医药工业杂志, 2007, 38 (9): 614.

[70] 柳翠英，赵全芹. 中国医药工业杂志, 2001, 31 (1): 37.

[71] 孙昌俊，陈再成，王彪等. 河南化工, 1990, 11: 19.

[72] Olah G A, et al. J Org Chem, 1984, 49 (11): 2032.

[73] Tabushi I, Yoshida Z, Takaru Y. Tetrahedron, 1973, 19 (1): 81.

[74] Sakamoto F, Ikeda S, Tsukamoto G. Chem Pharm Bull, 1984, 32 (6): 2241.

[75] 李在国. 有机中间体制备. 北京: 化学工业出版社, 1997; 13.

[76] 金灿，徐寅，金炜华等. 浙江化工, 2013, 44 (12): 8.

[77] Maligres P E, et al. Tetrahedron Lett, 1995, 36: 2195.

[78] De Mettos M C S, Sanseverino A M. J Chem Res, 1994; 440.

[79] 陈芬儿. 有机药物合成法. 北京: 中国医药科技出版社, 1999; 328.

[80] 陈芬儿. 有机药物合成法. 北京: 中国医药科技出版社, 1999; 201.

[81] Masuda H, Ishii Y, et al. J Org Chem, 1994, 59 (19): 5550.

[82] Bode J W, Carreira E M. J Org Chem, 2001, 66: 6410.

[83] Baumgarten H E. Petersen1 J M. Org Synth, 1973, Coll Vol 5: 909.

[84] 杨锦飞，刘云山. 中国药科大学学报, 2001, 32 (5): 396.

[85] Li J. Name Reactions. A Collection of Detailed Mechanisms and synthetic Applications. Fifth Edition. Springer Cham Heiderlberg New York Dordrecht London. 2014; 640.

[86] 贾庆忠，马桂林，黎文志等. 中国医药工业杂志, 2001, 32 (9): 385.

[87] 孙昌俊，曹晓冉，王秀菊. 药物合成反应——理论与实践. 北京: 化学工业出版社, 2007; 119.

[88] Gerritz, Samuel et al. U S Pat Appl Publ. 20060287287.

[89] Tanemura K, Suzuki T, Nishida Y, et al. Chem Commun, 2004; 470.

[90] Cambie R C, et al. J Chem Soc Perkin Trans 1, 1978; 126.

[91] Qin Z, Kastrati I, Chandrasena R P, et al. J Med Chem, 2007, 50: 2682.

[92] Luca L D, Giacomelli G, Porcheddu A, Org Lett, 2002, 4: 553.

[93] 朱翔，陈志龙，李焰. 湖北大学学报, 2007, 29 (2): 164.

[94] Crich D, Fouth S. Synthesis, 1987; 35.

[95] 陈芬儿. 有机药物合成法. 北京: 中国医药科技出版社, 1999; 338.

[96] 魏文珑，李俊波，杨欣等. 广州化工, 2006, 34 (5): 1.

[97] Wilder R, Mobashery S. J Org Chem, 1994, 57 (9): 2755.

[98] Rivero I A, Somanathan R, Hellberg L H. Synth Commun, 1992; 711.

[99] Barboni L, Lambertucci C. J Med Chem, 2001, 44 (10): 1576.

[100] 刘守信，张红利，李振朝. 化学试剂, 1995, 17 (4): 209.

[101] Chu C H, Liu R H. Applied Catalisis B: Environmental, 2001, 101: 343.

[102] 胡艾希，曹声春，董先明等. 中国医药工业杂志, 2000, 31 (6): 278.

[103] 王玉成，史达清，赵红等. 中国医药工业杂志, 2001, 32 (6): 245.

[104] 马养民，傅建熙，张作省. 西北林业科技大学学报, 2003, 31 (1): 142.

[105] 李英春，李祺. 氟化合物制备与应用. 北京: 化学工业出版社, 2010; 212.

［106］葛雅莉，林原斌，苏琼等. 中国医药工业杂志，2007, 38 (1): 14.

［107］彭柱伦，杨侃. 中国医药工业杂志，2000, 31 (9): 385.

［108］Koichi S, Oyo M. Bulletin of the Chemical Society Japan, 1992, 65 (11): 3163.

［109］李敬芬，董军，王旭. 佳木斯医学院学报，1997, 20 (10): 14.

［110］Boechat N, Clark J H. Chem Commun, 1993：921.

［111］冯晓亮，吕延文，吾国强. 合成化学，2006, 12 (1): 20.

第四章 硝化和亚硝化反应

硝化反应是指有机物分子中的氢原子或其他基团被硝基取代的反应。广义的硝化反应包括氧-硝化、氮-硝化和碳-硝化反应，本章主要讨论碳-硝化反应。

芳香族化合物的硝化的方法主要有两种，第一种是直接硝化法，即有机物分子中的氢原子直接被硝基取代的方法，第二种方法是间接硝化法，即有机物分子中的其他原子或基团（如—Cl、—R、—SO₃H、—COOH、—N＝N—等）被硝基置换的方法，脂肪族硝基化合物则多用此法来制备。

亚硝基化合物包括 C—亚硝基化合物和 N—亚硝基化合物，亚硝基化合物在药物合成也有一定的地位，本章对亚硝化反应也做一简单介绍。

第一节 硝化反应机理及硝化剂的类型和性质

一、硝化反应机理

关于芳环上硝化反应的机理，人们已有了相当深刻的认识。早在上世纪初，Euler 就提出了硝酰正离子 $^+NO_2$ 为有效硝化剂的见解。此后关于反应动力学、同位素效应、结构和反应性能的关系以及 Raman 光谱等物理学方法的研究，证明了这一观点。芳环上的硝化反应是双分子亲电取代反应。反应过程如下所示：

$$2HNO_3 \rightleftharpoons \overset{+}{N}O_2 + NO_3^- + H_2O$$

反应中硝化试剂首先生成硝酰正离子（又叫硝鎓离子，Nitronium ion），硝酰正离子与芳环结合，形成 π-配合物［1］，［1］随后生成 σ-配合物［2］，［2］极不稳定，失去质子恢复稳定的芳环结构，生成硝基化合物，属于芳环上的亲电取代反应。

硝化剂有多种，但反应机理基本相同。

取代苯芳环上原有取代基的性质影响硝基引入的位置，邻、对位定位基将硝基引入原来取代基的邻、对位，而间位定位基则使硝基引入原来取代基的间位。卤素原子使芳环致钝但仍是邻、对位定位基。芳环上可以引入多个硝基，但要比引入第一个困难得多。稠芳环化合物、芳杂环化合物也可以在环上引入硝基生成相应的硝基化合物。

抗凝药物直接凝血酶抑制剂达比加群酯（Dabigatran Etexilate）中间体 4-氯-3-硝基苯甲酸（**1**）[1] 的合成如下。

$$\text{Cl}-\!\!\bigcirc\!\!-\text{COOH} \xrightarrow[\text{(97\%)}]{\text{HNO}_3,\text{H}_2\text{SO}_4} \text{Cl}-\!\!\bigcirc\!\!-\text{COOH}$$

$$(1)$$

二、硝化剂的类型和性质

硝化剂种类较多，但总体而言是以硝酸和氮的氧化物（N_2O_5，N_2O_4）为主体的，硝化能力与其解离生成 $^+NO_2$ 的难易程度有关。若用通式 $Y—NO_2$ 表示硝化剂，则其解离的过程可以表示如下：

$$Y—NO_2 \Longrightarrow Y^- + {}^+NO_2$$

Y 的吸电子能力越强，则形成 $^+NO_2$ 的倾向越大，硝化能力也就越强。表 4-1 为硝化能力递增的硝化剂排列顺序。

表 4-1　常见硝化剂硝化能力递增顺序

硝化剂名称	硝化剂分子式	离去基团 Y	硝化剂名称	硝化剂分子式	离去基团 Y
硝酸乙酯	$C_2H_5ONO_2$	$C_2H_5O^-$	氯化硝酰	$ClNO_2$	Cl^-
硝酸	$HONO_2$	HO^-	硝酸-硫酸（混酸）	$H_3O^+NO_2$	H_3O^+
乙酸硝酰酯（硝酸-醋酐）	CH_3COONO_2	CH_3COO^-			
五氧化二氮（硝酸酐）	NO_3NO_2	NO_3^-	硝酰氟硼酸	$BF_4^-NO_2^+$	BF_4^-

显然，硝酸乙酯的硝化能力最弱，而硝酰氟硼酸的硝化能力最强。但硝化反应中最常用的是硝酸-硫酸、硝酸-醋酐硝化剂。N_2O_5 虽然具有很强的硝化能力，但使用起来不太方便，应用较少。一般来说，硝化剂的选择取决于硝化试剂和反应物的反应活性、硝化的区域选择性和一元硝化及多元硝化的控制等诸多因素。

1. 硝酸

硝酸是一种强酸，同时又是硝化剂和氧化剂。在纯硝酸和浓硝酸中同样存在硝酰正离子，但生成量很少。即使是纯硝酸，也仅有 1% 的硝酸转化为 $^+NO_2$，未解离的硝酸分子约占 97%，NO_3^- 约占 1.5%，水约占 0.5%。硝酸的解离如下式所示。

$$HNO_3 \Longrightarrow NO_3^- + H^+$$
$$H^+ + HNO_3 \Longrightarrow H_2NO_3^+ \Longrightarrow NO_2^+ + H_2O$$
$$\overline{2HNO_3 \Longrightarrow NO_2^+ + NO_3^- + H_2O}$$

显然，上述反应都是平衡反应，随着水量的增加，即硝酸浓度的降低，平衡向左移动，NO_2^+ 逐渐减少，硝化能力下降。若单用硝酸硝化，反应中生成的水将硝酸稀释，甚至失去硝化能力。含 5% 的水的硝酸，几乎已没有 NO_2^+ 的存在，75%~95% 的硝酸约有 99.9% 呈分子状态存在。因此很少使用单一的硝酸作硝化剂。要想用硝酸作硝化剂，必须减少水的含量。

硝酸在发生硝化反应的同时，在较高温度下常常分解而具有氧化性：

$$2HNO_3 \xrightarrow{-H_2O} N_2O_5 \Longrightarrow N_2O_4 + [O]$$

随着硝酸中水分的增加，硝化和氧化反应速度均降低，但前者降低更快，而氧化副反应相对增加。

一般使用的浓硝酸是 68% 的硝酸，是 HNO_3 与 H_2O 的"负"共沸物，所谓"负"共沸物是指具有最低蒸气压与最高共沸点的共沸物，而与一般"正"共沸物具有最高蒸气压和最低共沸点正好相反。沸点 120.5℃，含 HNO_3 68%，$d_4^{20}1.41$。其硝化能力不强，很少单独使用，不过有些活泼的芳环可以使用。

抗菌药西诺沙星（Cinoxacin）等的中间体 3,4-亚甲二氧基苯胺（**2**）[2] 的合成如下。

对于酚、酚醚、芳香胺以及稠环芳烃，因为芳环本身反应活性大，可采用硝酸硝化，甚至可用稀硝酸。但反应机理已不同，亲电试剂不是 NO_2^+，而是硝酸中的痕量亚硝酸解离成的亚硝酰正离子 NO^+，芳环首先发生亚硝化反应，亚硝基再被硝酸氧化成硝基，同时又产生亚硝酸。例如苯酚的硝化。

反应之前若加入少量尿素除去亚硝酸，则反应难以进行，只有待硝酸与此类化合物发生氧化反应生成亚硝酸后，反应才能进行。亚硝酰正离子的亲电性比硝酰正离子弱的多，因此，只有活性很高的芳环才能用稀硝酸硝化。

稀硝酸的氧化能力很强，环上的氨基等需加以保护，即使如此，产品收率一般也不高。

硝酸的水溶液中，只要 HNO_3 的含量高于 68%，都会发烟，通常所说的发烟硝酸是指含 HNO_3 100% 的硝酸，可以通过用过量的浓硫酸加到浓硝酸（冰盐浴冷却）中，再减压蒸馏得到，为微黄色液体，$d_4^{15}1.522$。更浓的发烟硝酸是 N_2O_5 在 100% 硝酸中的溶液，一般不常用。

如果蒸馏时不减压，则部分硝酸会分解生成二氧化氮，溶于硝酸中，呈棕红色，又叫红色发烟硝酸，更适合于作氧化剂而不宜作硝化剂。

酶抑制剂，甲状腺撷抗药 5-硝基尿嘧啶（**3**）[3] 的合成如下。

2. 硝酸与硫酸（混酸）

硝酸（发烟硝酸）与硫酸（发烟硫酸）的混合液称为混酸，是最常用的硝化剂。混酸发生如下反应：

$$HONO_2 + H_2SO_4 \rightleftharpoons H_2ONO_2^+ + HSO_4^-$$
$$H_2ONO_2^+ \rightleftharpoons H_2O + NO_2^+$$
$$H_2O + H_2SO_4 \rightleftharpoons H_3O^+ + HSO_4^-$$
$$\overline{HONO_2 + 2H_2SO_4 \rightleftharpoons NO_2^+ + H_3O^+ + 2HSO_4^-}$$

在实际应用中，最常用的是浓硝酸与浓硫酸的比例是质量比 1:3 的混酸。混酸中硫酸的作用首先是提供质子给硝酸，其次是吸收生成的水，因此，其硝化能力比发烟硝酸还要强。

如果希望去水能力更好，硝化能力更强，可以使用浓硝酸与发烟硫酸的混合液。当然发烟硝酸和发烟硫酸或 N_2O_5 和发烟硫酸，硝化能力更强。

用于治疗低血压药物依替福林（Etilefrine）、镇静催眠药扎来普隆（Zaleplon）等的中间体间硝基苯乙酮（**4**）的合成如下[4]。

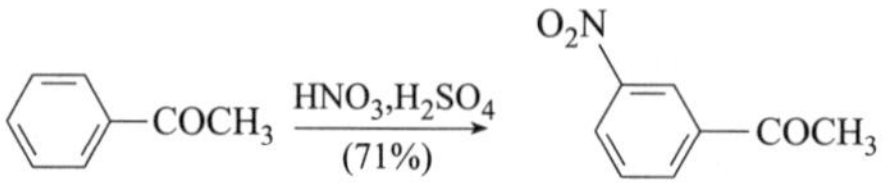

用混酸作为硝化剂有如下优点。

（1）硝化能力强　硫酸的供质子能力大于硝酸，从而有利于硝酸离解为 NO_2^+。10% 的硝酸-硫酸溶液，硝酸几乎 100% 的离解成 NO_2^+。20% 的硝酸-硫酸溶液，也有 62.5% 的硝酸离解为 NO_2^+。

（2）硝酸的利用率高　硫酸具有很强的吸水能力，因此，硝酸不容易被生成的水稀释，因而硝酸的利用率很高。

（3）氧化能力低　混酸中的硝酸几乎为纯硝酸，氧化能力下降，同时硫酸的热容很大，可有效地避免局部过热，因而减少了氧化等副反应。

（4）对设备的腐蚀性小　混酸对铸铁的腐蚀性很小，因此可在铸铁、普通碳钢、不锈钢等设备中进行反应。

（5）混酸比例有较大变化　可根据反应物结构（不同取代基）和产物结构（单取代或多取代）调节混酸比例。

盐酸帕唑帕尼（Pazopanib hydrochloride）中间体 2-乙基-5-硝基苯胺（**5**）[5] 的合如下。

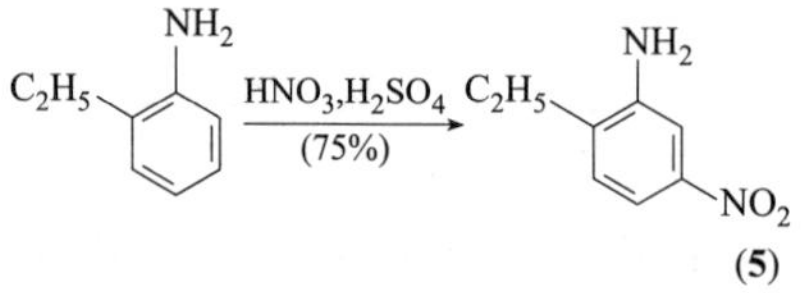

混酸的适用范围很广，例如烷基苯、酚、芳香胺、芳香醛酮、芳香族羧酸、芳香族腈、萘类化合物、芳香杂环化合物等的硝化。

局部麻醉药罗哌卡因（Ropivacaine）、甲哌卡因（Mepivacaine）等的中间体 2,6-二甲基硝基苯（**6**）[6] 的合成如下：

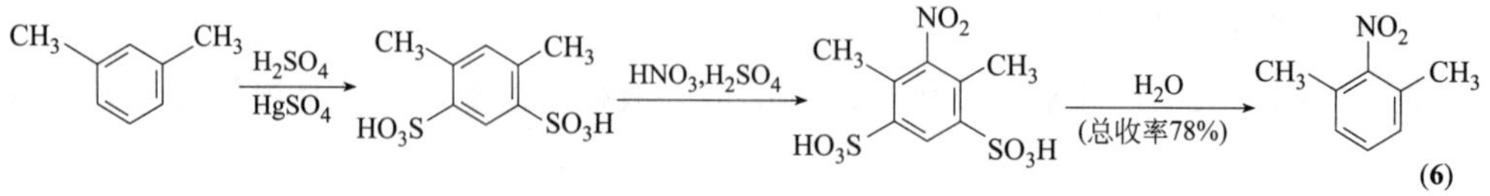

有时也用硝酸盐和硫酸、磷酸作用来产生硝酸。硝酸盐加硫酸实际上是无水硝酸和硫酸形成的混酸，常用的硝酸盐有硝酸钾、硝酸钠，该方法适用于较难硝化的反应底物。由于硝酸钠容易吸水，更常用的是硝酸钾。例如除草剂安磺灵中间体 2,6-二硝基-4-氯苯磺酸钾（**7**）[7] 的合成。

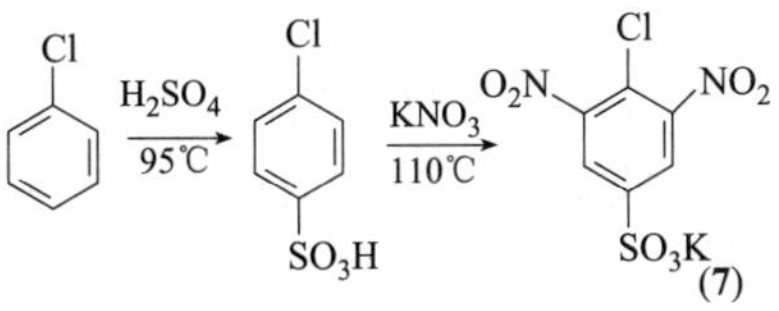

(7)

如下反应则是直接用硫酸-硝酸钾进行硝化反应。

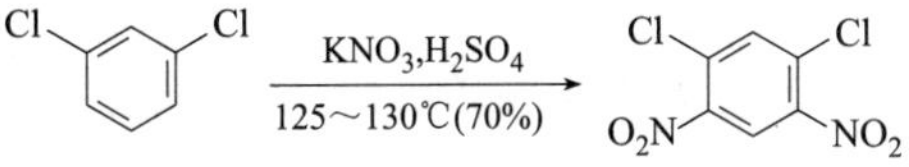

混酸硝化的缺点是产生大量废酸，另外，有些有机物在混酸中溶解度较小，反应难以进行。若为后者，可以加入乙酸等，以增大反应物的溶解度，有利于反应的进行。例如中枢性降压药莫索尼定（Moxonidine）等的中间体 4,6-二羟基-2-甲基-5-硝基嘧啶（**8**）[8] 的合成。

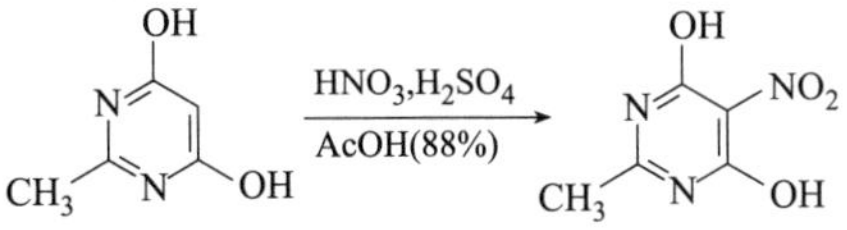

(**8**)

近年来，微波技术也用于芳烃的硝化反应。例如间二硝基苯和对硝基苯乙酰胺的合成：

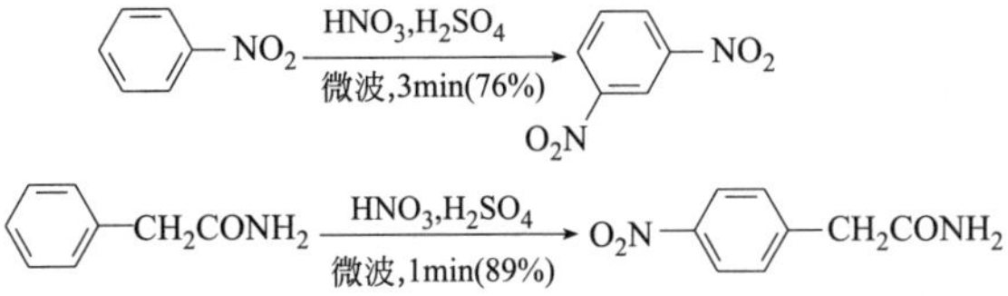

3. 硝酸与醋酐

硝酸与醋酐混和，发生如下反应：

$$2\ HONO_2 \rightleftharpoons H_2ONO_2^+ + NO_3^-$$
$$(CH_3CO)_2O + HONO_2 \rightleftharpoons CH_3COONO_2 + CH_3COOH$$
$$H_2ONO_2^+ + CH_3COONO_2 \rightleftharpoons CH_3COONO_2H^+ + HNO_3$$
$$CH_3COONO_2H^+ + NO_3^- \rightleftharpoons CH_3COOH + O_2NONO_2\ (N_2O_5)$$

在硝化反应中，作为亲电试剂进攻芳环的除了硝酰正离子 $^+NO_2$ 以外，还有 N_2O_5、$CH_3COONO_2H^+$ 等。

抗菌药西洛沙星（Cinoxacin）、心血管药物奥索利酸（Oxolinic acid）等的中间体 6-硝基胡椒醛（**9**）[9] 可以用这种方法来合成。

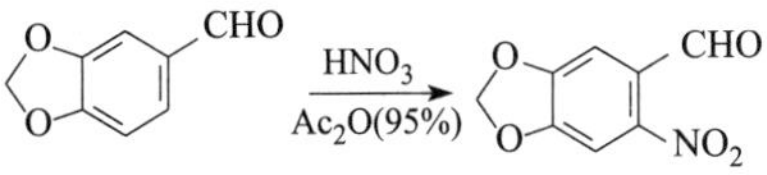

(**9**)

硝酸-乙酸酐混合物通常由纯硝酸与乙酸酐混合得到，是很强的硝化剂。乙酸酐作为去水剂非常有效，而且对很多有机物具有很好的溶解性，从而有利于硝化反应的进行。

有时也可以将硝酸铵（钾）溶于纯硝酸中，再与乙酸酐混合，也是强硝化剂。

硝酸-乙酸酐混合液作硝化试剂有如下特点。

（1）同硫酸相比，乙酐对有机物具有更好的溶解性能，可使反应成为均相反应，易于发生硝化反应。

(2) 硝化能力强，可在较低的温度下进行反应，从而减少了氧化等副反应。

(3) 酸性较弱，容易被混酸中的硫酸破坏的有机物，更适用于在硝酸-乙酐中硝化。例如 5-硝基呋喃甲醛的合成：

(4) 主要发生一元硝化，而且主要发生在邻、对位定位基的邻位，为邻位硝化剂。例如：

麻醉药托利卡因（Tolycaine）等的中间体 2-甲基-6-硝基苯胺（**10**）[10] 的合成如下。

硝酸在乙酸酐中可以以任意比例溶解，一般常用的硝酸-乙酐的浓度是含硝酸 $10\% \sim 30\%$。

使用硝酸-乙酸酐混合物。其缺点是不能久置，必须使用前临时配制。否则会生成四硝基甲烷，是一种催泪物质，可燃，有毒，具爆炸性。

$$4(CH_3CO)_2O + 4HNO_3 \longrightarrow C(NO_2)_4 + 7CH_3COOH + CO_2$$

硝酸与乙酸酐反应生成的硝酸乙酰 $[CH_3COONO_2]$，可以看做是硝酸与乙酸生成的混合酐，也是很好的硝化剂，但其不稳定、易爆，使用时要特别注意。优点是可以与被硝化的有机物一起溶于有机溶剂如乙腈等中，形成均相反应体系。

在实际反应中有时使用硝酸盐代替硝酸，例如硝酸铵与三氟乙酸酐组成的硝化试剂，可以高收率的将苯甲酸硝化生成间硝基苯甲酸[11]。

间硝基苯甲酸为诊断用药乙碘苯酸（Acetrizoic acid）、胆影酸（adipiodone）等的中间体。当然也可以用混酸来合成。若用硝酸钠-硫酸进行硝化，收率 81%[12]。

有时也可用硝酸作硝化剂，乙酸作溶剂进行硝化反应，即硝酸-乙酸硝化法。硝酸-乙酸亦为邻位硝化剂，硝基主要进入邻、对位定位基的邻位。有时也可用硝酸作硝化剂，四氯化碳、二氯甲烷等作溶剂进行硝化反应。硝酸在这些溶剂中慢慢生成 $^+NO_2$，反应条件较温和。

4. 氟硼酸硝酰（NO_2BF_4）

三氟化硼可以和水络合，是一种很好的去水剂。

$$BF_3 + H_2O \longrightarrow BF_3 \cdot H_2O$$

将 95% 的发烟硝酸先与无水氟化氢反应，再在硝基甲烷中冰浴冷却下通入 BF_3，可制得氟硼酸硝酰硝化剂。

$$HNO_3 + HF + 2BF_3 \xrightarrow{CH_3NO_2} NO_2BF_4 + BF_3 \cdot H_2O$$

该硝化剂的硝化能力极强，可以使亲电取代反应性能较低的芳烃在较温和的条件下进行硝化反应。但在反应中常使用特殊的高真空系统；氟化氢、三氟化硼毒性大等问题限制了其应用范围。

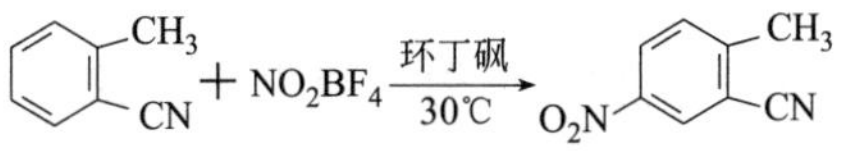

1,3,5-三硝基苯不易用其他硝化法来合成，但采用氟硼酸硝酰作硝化剂，可以顺利地使间二硝基苯在氟磺酸中硝化生成 1,3,5-三硝基苯。氟磺酸为可自由流动的无色液体，溶于乙酸、乙酸乙酯、硝基苯、不溶于二硫化碳、四氯化碳和氯仿。可以溶解许多无机化合物和几乎所有的有机化合物。遇水分解生成氟化氢。

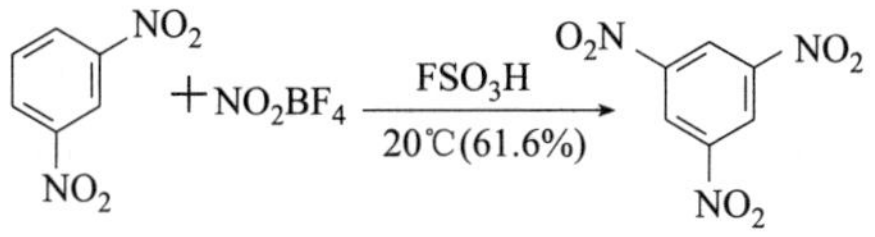

三氟化硼对很多有机亲电取代反应具有催化作用，可能对硝化反应也具有催化作用。

5. 三氟甲基磺酸硝酰（$NO_2CF_3SO_3$）

$$2CF_3SO_3H + HNO_3 \xrightarrow{CH_2Cl_2} {}^+NO_2CF_3SO_3^- + H_3O^+CF_3SO_3^-$$

硝酸与三氟甲基磺酸在惰性溶剂如二氯甲烷中反应，生成 ${}^+NO_2CF_3SO_3^-$，不必分离可直接用于硝化反应。该硝化剂为邻位硝化剂。例如：

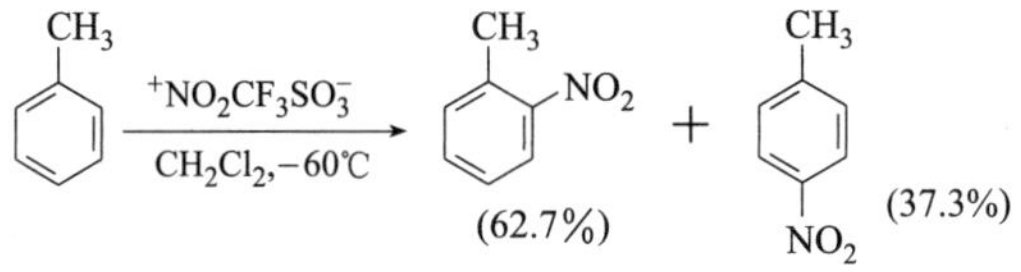

除了上述几种硝化剂外，有时也可以使用如下硝化剂。

硝酸-硝酸汞硝化剂，对于芳环而言，不仅能进行硝化，同时还能进行氧化反应，称为氧化硝化试剂。例如：

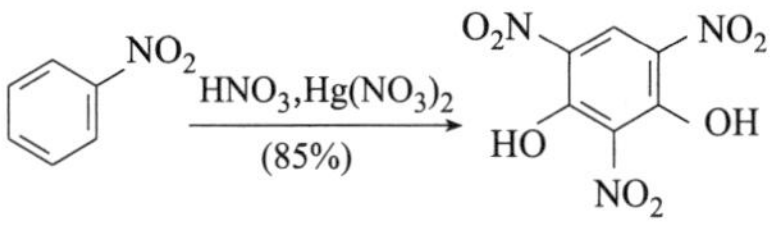

硝酸酯加三氟化硼有时也可以作为硝化剂，用于芳环的硝化反应。在此类反应中三氟化硼可能是催化剂。例如：

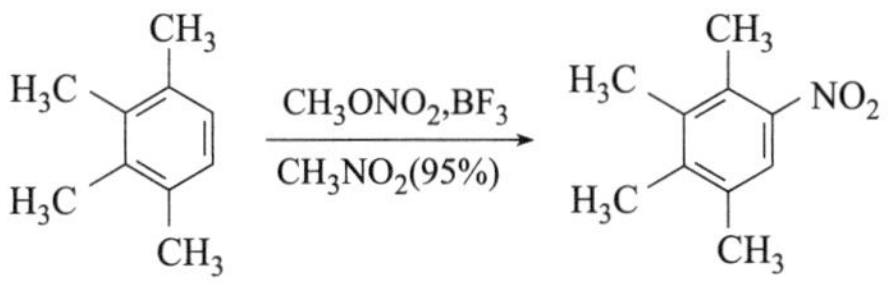

硝酸铈铵负载于硅胶上，可以将 1-甲氧基萘硝化，反应具有很好的选择性，只生成 4-取代的产物。

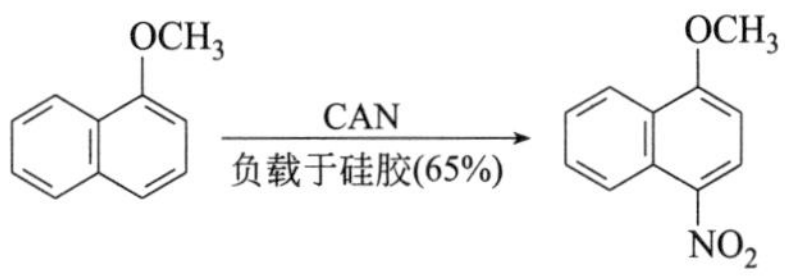

第二节 硝化反应的影响因素

影响硝化反应的因素主要有反应物的结构、硝化剂、溶剂、催化剂以及反应温度等。

一、反应物结构对硝化反应的影响

如前所述，芳烃的硝化反应属于芳环上的亲电取代反应，反应物分子芳环上电子效应和立体效应对硝化反应速度以及硝基的定位有明显影响。芳环上有活化基团时，芳环的电子云密度增大，硝化反应速度快。反之，芳环上有某种钝化基团时，硝化反应速度慢。取代芳烃进行硝化反应时，硝基容易进入电子云密度高、空间位阻小的位置。关于芳环上取代基的定位规律，有机化学教科书上已有详细介绍。此处仅介绍一些特殊情况。

1. 芳香胺的硝化

芳香胺容易被硝酸氧化，进行硝化反应时氨基需要保护。一种方法是在大量强酸中进行，使氨基生成铵盐。—NH₂为邻、对位定位基，但用混酸硝化时，因生成铵盐而成为间位定位基，同时硝化反应速度变慢。

要想得到邻、对位硝化产物，氨基往往采用另一种保护方法，即将其酰基化转化为酰胺或苯磺酰胺等。常用的是乙酰氯、乙酸酐和对甲苯磺酰氯，硝化反应结束后再水解脱去保护基得到相应的硝基芳胺。

抗疟药伯氨喹（Primaquine）等的中间体 4-甲氧基-2-硝基苯胺的合成如下。

有时也可以改用其他硝化剂，例如硝酸-醋酐等。表 4-2 列出了一些芳香胺类化合物硝化反应的反应条件和主要产物的情况。

表 4-2 某些芳香胺类化合物的硝化反应

PhNR¹R²	反应条件	硝基进入的主要位置
R_1＝R_2＝H	混酸，0℃以下	间位
R^1＝H，R^2＝CH₃	混酸，0℃以下	间位
R^1＝R^2＝CH₃	混酸，0℃以下	间位
R^1＝H，R^2＝CH₃	酸性介质＋NaNO₂	对位，对位有取代基时邻位
R^1＝R^2＝CH₃	酸性介质＋NaNO₂	邻、对位
R^1＝H，R^2＝CH₃CO	混酸	邻、对位
R^1＝H，R^2＝PhCO	混酸，硝酸-醋酸酐	主要邻位

2. 邻位效应

芳环上有邻、对位定位基时，由于对位电子云密度大，空间位阻小，故对位产物的比例一般大于邻位产物。但芳基醚、芳香胺、芳香酰胺等，用硝酸-醋酐硝化时，邻位产物明显增加，称为"邻位效应"。可能的反应机理如下：

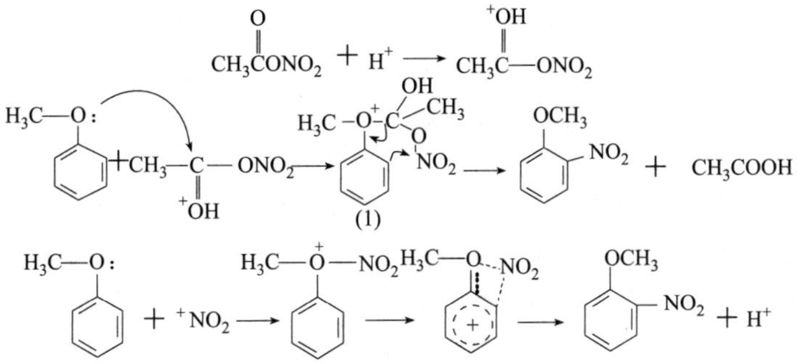

反应中乙酰硝酸酯或硝酰正离子首先与具有未共电子对的氧等结合生成中间体（1），此时硝基就处在相应取代基的邻位，容易发生邻位取代，生成邻位取代产物。表4-3列出了一些取代苯的邻位效应情况。

表 4-3　一些取代苯的邻位效应

反应物	硝化剂	邻位/%	对位/%
苯甲醚	HNO_3，H_2SO_4	31	67
	HNO_3，Ac_2O	71	28
	$^+NO_2BF_4^- - (CH_3)_2SO_4$	69	31
乙酰苯胺	HNO_3，H_2SO_4	19	79
	HNO_3，Ac_2O	63	30
甲基苯乙基醚	HNO_3，H_2SO_4	32	59
	HNO_3，Ac_2O	62	34

除了上述几种反应外，苯酚，甲苯等发生硝化反应时，也有邻位效应。例如：

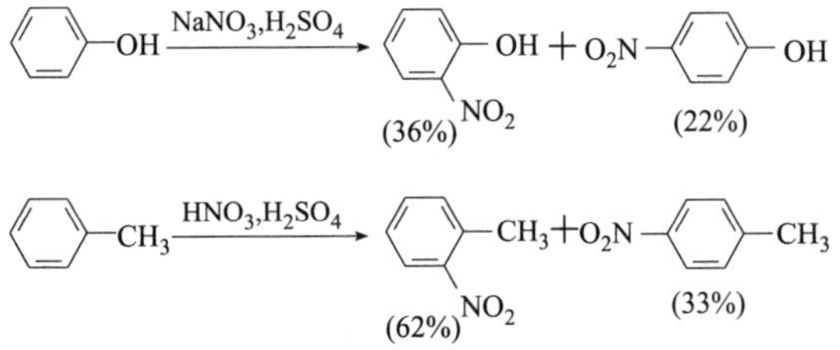

它们可能是由于羟基和甲基上的氢与硝酰正离子的氧原子生成氢键，或是硝酰正离子与羟基氧原子配合，因而容易在邻位进行反应。

3. 立体效应

芳环上具有体积较大的邻、对位定位基，硝化时主要发生在对位。甲苯硝化时邻、对位产物的比例是 57∶40，而叔丁基苯硝化时，邻、对位产物的比例为 12∶79。β-苯丙氨酸硝化时，对位产物（**11**）[13] 的收率达 80.9%，该化合物为合成抗癌药溶肉瘤素的中间体。

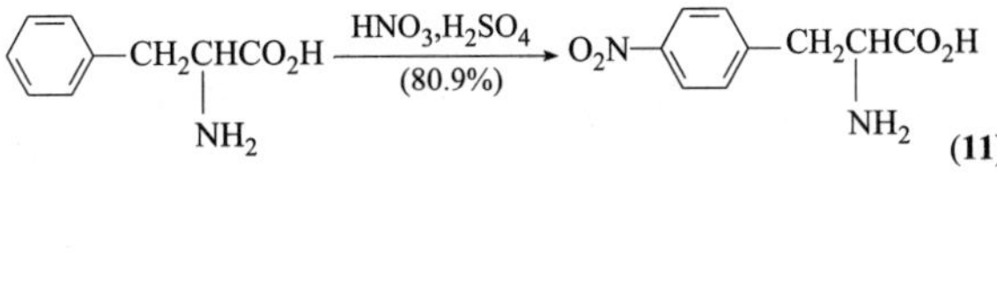

4. 稠芳环的硝化

萘环的 α-位电子云密度大于 β-位，一元硝化时主要发生在 α-位。例如 1-硝基萘的合成。1-硝基萘是医药中间体，也是农药西维因（Carbaryl）等的中间体。

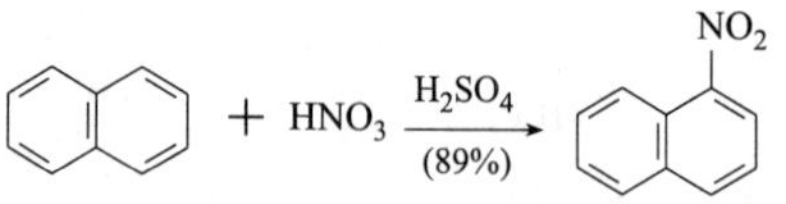

若在离子液体 1-乙基-3-甲基咪唑啉-三氟乙酸盐中，用 NH_4NO_3-$(CF_3CO)_2O$ 作硝化剂，则 1-硝基萘的收率达 92.9%[14]。也有报道，于乙腈中在聚乙二醇-400 催化下，用溴酸钠和硝酸铈铵进行硝化，1-硝基萘的收率 81.5%[15]。

萘二元硝化时首先进行一元硝化，第二个硝基的引入发生在另一环的 α-位，生成 1,8-二硝基萘和 1,5-二硝基萘的混合物。

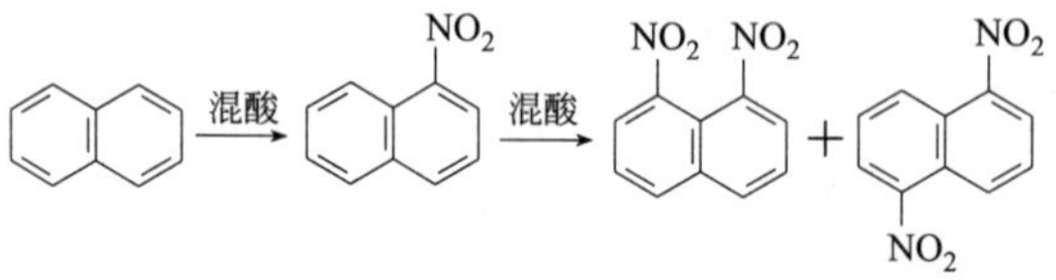

具有邻、对位定位基的萘，一元硝化时发生在有取代基的同一苯环上。例如 1-硝基 2-萘乙酰胺的合成。

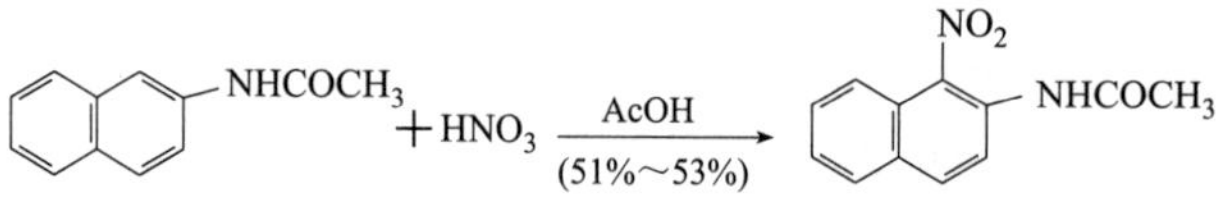

蒽、菲发生硝化反应时，硝基引入蒽（菲）的 9（10）位。

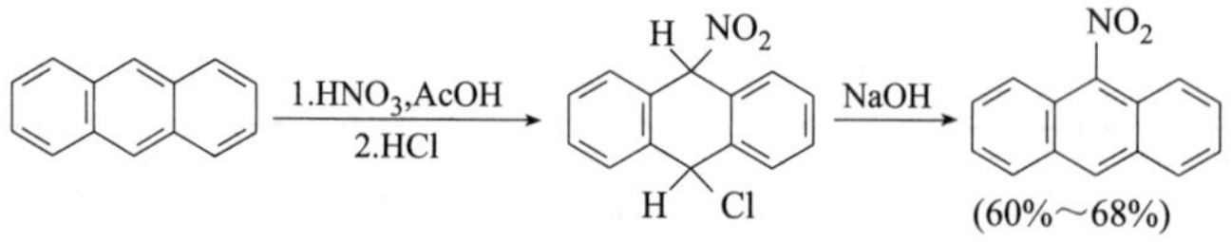

芴硝化时发生在苯环上。例如：

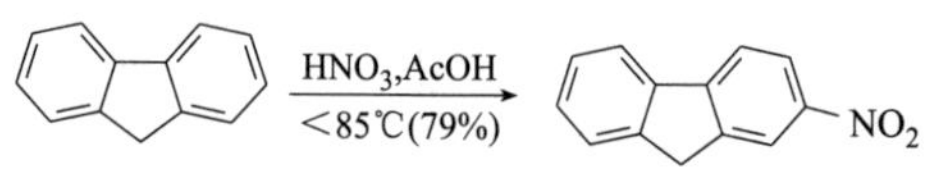

5. 芳香杂环化合物的硝化

吡咯、呋喃、噻吩等五元芳香杂环化合物，在混酸中非常容易被破坏，不适于硝化反应，而用硝酸-乙酸酐硝化时，硝基进入电子云密度较大的 α-位。例如广谱抗菌药呋喃唑酮（Furazolidone）等的中间体（**12**）的合成，分子中的双键不受影响。

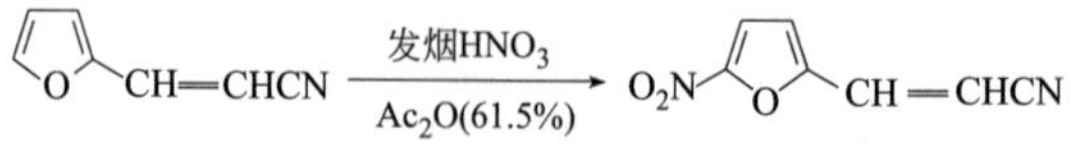

内服抗血吸虫病药物药物呋喃丙胺（Funanbingan）的中间体（**13**）也可用类似方法来合成。

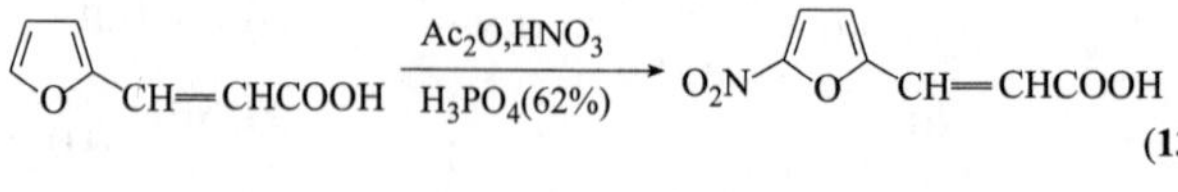

5-硝基-2-糠醛二乙酸酯（**14**）为消毒防腐药呋喃西林（Nitrofurazone）等的中间体，反应中醛基生成二乙酸酯，酸性水解后可以生成醛。

$$\text{（结构式）}\ \xrightarrow[\text{H}_2\text{SO}_4]{\text{Ac}_2\text{O,HNO}_3} \left[\text{O}_2\text{N}\ \begin{matrix}\text{OCOCH}_3\\ \text{CH(OCOCH}_3)_2\end{matrix} \right] \xrightarrow[(84.3\%)]{\text{Na}_2\text{CO}_3,\text{H}_2\text{O}} \text{O}_2\text{N}\ \ \text{CH(OCOCH}_3)_2$$

（14）

含两个杂原子的五元芳香杂环化合物，如咪唑、噻唑等，用混酸硝化时，硝基进入 4-位或 5-位。若该位置已有取代基，则不发生反应。

$$\xrightarrow[(63\%)]{\text{HNO}_3,\text{H}_2\text{SO}_4}$$

$$\xrightarrow[(88\%)]{\text{HNO}_3,\text{H}_2\text{SO}_4}$$

例如抗滴虫药甲硝唑（Metronidazole）等的中间体 2-甲基-5-硝基咪唑（**15**）[16] 的合成。

$$\xrightarrow[\text{Na}_2\text{SO}_4(90.7\%)]{\text{HNO}_3,\text{H}_2\text{SO}_4}$$

（15）

用于器官移植病人的抗排斥反应药物硫唑嘌呤（Azathioprine）等的中间体 1-甲基-4-硝基-5-氯-1H-咪唑（**16**）[17] 的合成如下：

$$\xrightarrow[(92\%)]{\text{HNO}_3,\text{H}_2\text{SO}_4}$$

（16）

吡啶环由于氮原子的吸电子作用而难硝化，温度较高时，硝化反应发生在 β-位。例如在液体二氧化硫中，用 N_2O_5 作硝化剂，3-硝基吡啶的收率 63%[18]，其为胃溃疡和十二指肠溃疡药的合成中间体。

$$\xrightarrow[\text{液体SO}_2(63\%)]{\text{N}_2\text{O}_5}$$

又如恶性疟疾治疗药咯萘啶磷酸盐（Malaridine Phosphate）等的中间体 2-氨基-5-硝基吡啶（**17**）[19] 的合成。

$$+ \text{HNO}_3(\text{发烟}) \xrightarrow[(75\%)]{\text{H}_2\text{SO}_4}$$

（17）

但吡啶的 N-氧化物硝化时，硝基主要加入 γ-位。生成的 4-硝基吡啶是降压药吡那地尔（Pinacidil）等的中间体。

$$\xrightarrow[\text{CH}_3\text{CO}_2\text{H}]{\text{H}_2\text{O}_2} \xrightarrow{\text{混酸}} \xrightarrow[\text{CHCl}_3]{\text{PCl}_3}$$

吡啶与过氧化氢或过氧酸反应生成吡啶 N-氧化物（也叫氧化吡啶），吡啶环上既容易发生亲电取代，又容易发生亲核取代。吡啶 N-氧化物用三氯化磷处理，脱去氧原子生成吡啶类化合物。当然，吡啶 N-氧化物也可用其他方法恢复吡啶的结构。其亲核取代的例子如下：

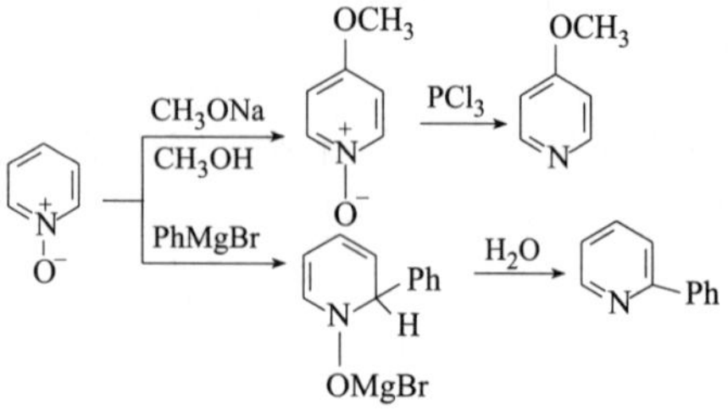

抗组胺药氯雷他定（Loratadine）和卢帕他定（Rupatadine）等的中间体 4-氨基-3-甲基吡啶-2-甲酸甲酯（**18**）[20] 的合成是吡啶 N-氧化物吡啶环上发生亲电取代的例子。

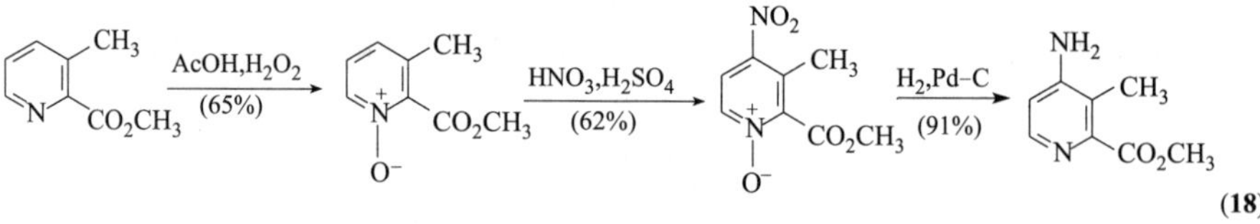

喹啉用混酸硝化，温度低时硝基进入苯环上的 5-位和 8-位。但用硝酸在较高温度下硝化时，因喹啉中的吡啶环被硝酸氧化而生成 N-氧化物，硝基进入吡啶环的 4-位。

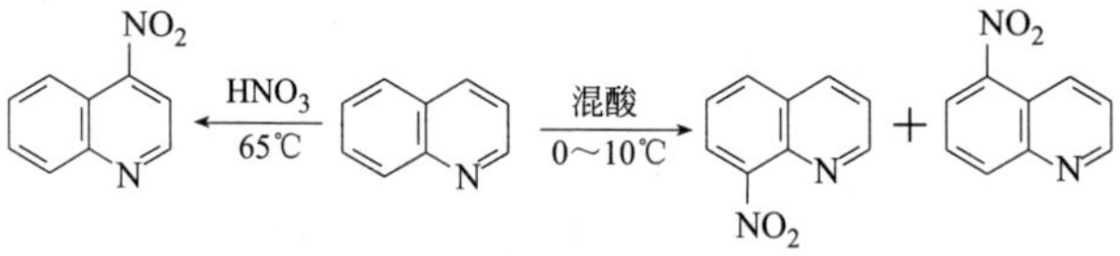

异喹啉用混酸硝化时硝基更容易引入苯环上。竞争性 AMPA 受体拮抗剂 SPD502 中间体 5-溴-8-硝基异喹啉（**19**）[21] 的合成如下。

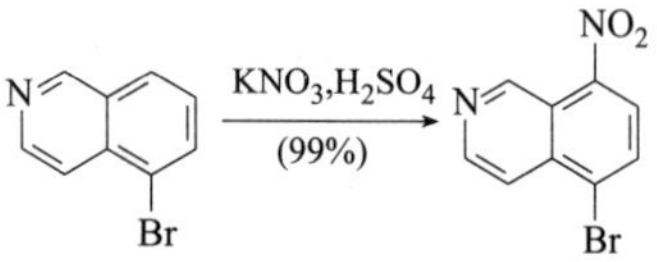

喹唑啉的硝化与异喹啉的情况一样，硝基容易引入苯环，例如抗肿瘤药物卡奈替尼（Canertinib）中间体 4-氯-7-氟-6-硝基喹唑啉（**20**）[22] 的合成。

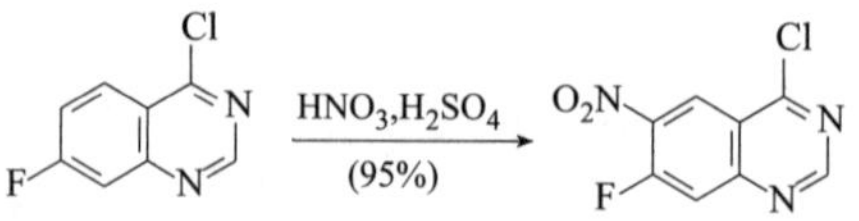

二、硝化剂对硝化反应的影响

各类硝化剂的性质和特点前已述及，在此仅就其他有关问题作一简单介绍。

1. 硝化剂的浓度

硝化剂浓度对硝化反应有明显影响，例如苯在 80℃ 硝化，硝酸浓度降至 50% 时，反应基本停止；苯乙酮用硝酸硝化，5℃时硝酸浓度低于70％，硝化反应基本停止。硝化反应是不可逆反应，硝化反应停止是由于反应体系中生成的水的增加，而使硝酰正离子浓度下降引起的。因此，硝化反应要保持硝酸达到一定的浓度，同时要尽量避免或减少氧化反应。浓硫酸和乙酸酐等具有很强的吸水性，它们的用量和浓度应满足产生硝酰正离子的要求。就混酸而言，在足够量的硫酸存在下，硝酸能100％的分解为硝酰正离子。表4-4列出了不同比例的混酸中硝酸离解为硝酰正离子的比例。

表 4-4　不同比例混酸中硝酸离解为硝酰正离子的比例/%

品种	比　例								
HNO_2-H_2SO_4	5	10	15	20	40	60	80	90	100
+ NO_2-HNO_3	100	100	80	62.5	48.8	16.7	9.8	5.9	1

由表4-4可以看出，不同浓度的混酸，产生硝酰正离子的浓度差异很大，其硝化能力差异当然也很大。

混酸的组成不同，对于相同化合物的硝化有明显不同。混酸中硫酸含量越高，其硝化能力越强。对于极难硝化的化合物，可采用三氧化硫与硝酸的混合物作硝化剂。混酸的硝化能力越强，则硝化产物的邻、对位（或间位）选择性越低。有时向混酸中加入适量磷酸，可提高对位异构体的比例。磷酸的作用可能是使硝化活性质点的体积增大，活性降低，生成邻位异构体的位阻变大引起的。

用混酸作硝化剂时，工业生产中常使用硫酸脱水值这一概念。硫酸脱水值用 DVS（Dehydrating Value of Sulfuric acid）来表示。

$$DVS = 混酸中硫酸的质量 / （混酸中含水量 + 硝化后生成的水量）$$

混酸的 DVS 值越大，说明混酸中的水越少。硫酸的含量越高，混酸的硝化能力越强。一般来说，DVS 值约在 2.8～12。具有给电子基团的芳烃，宜使用 DVS 值偏低的混酸，否则芳烃容易多硝基化。具有吸电子基团的芳烃引入一个或多个硝基时，宜采用 DVS 值较高的混酸。例如苯硝化制备一硝基苯，需用 DVS 值 2.40 的混酸，而制备二硝基苯时，需用 DVS 值 7.36 的混酸。硝化反应后的废酸，通过调节 DVS 值可重复使用。DVS 值越大，表示硝化能力越强，适用于难以硝化的物质；DVS 值小，表示硝化能力弱，适用于容易硝化的物质。反应底物不同，硝化反应所需的 DVS 值也不同，而且在实际操作时硝化试剂是远远过量的，其只为一种参考值。在废酸回收配制新的硝化试剂时有参考价值。

2. 硝化剂的溶解性能

硝化剂的溶解性能有时可影响硝化反应的进行。例如1,3,5-三甲苯在混酸中硝化，主要得到二硝基化合物。1,3,5-三甲苯在混酸中溶解度很小，一元硝化进行的较慢。但一元硝化后的产物立即溶解于混酸中而继续硝化，生成二硝基化合物。硝化剂对反应物有较好的溶解性能时，可形成均相反应体系，有利于硝化反应的进行。故有时在硝化反应中加入某种有机溶剂，如氯仿、四氯化碳、乙醚、硝基甲烷等。提高搅拌速度，有利于反应物与硝化剂的充分混和，也可提高反应速度。

3. 温度对硝化反应的影响

提高反应温度，有利于提高硝化反应的速度。硝化反应为强烈的放热反应，用混酸作硝化剂时，反应中生成的水稀释硫酸又放出大量稀释热（稀释热约为反应热的7％～10％），将进一步提高反应温度。随着温度的提高，氧化、置换、断键、聚合、多硝化等副反应也相应增加。苯的一元硝化反应热可达 142kJ/mol，一般芳环一元硝化的反应热也有约 126kJ/mol。虽然与氯化、磺化反应热差别不太大，但因反应速度很快，反应较难控制，合成中应特别注意安全，硝化反应应选择适宜的温度范围。硝化反应在一定的温度范围内对异构体的影响虽然不是很大，但在较低的温度下常具有较高的选择性。例如苯甲酸甲酯15℃以下硝化时间位异构体的收率达到 78%，而在 70℃ 硝化时，间位异构体的收率仅有 42%。因此，选择合适的反应温度，同时又要保持一定的反应速度，在有机合成中往往要兼顾。

4. 催化剂对硝化反应的影响

混酸中的硫酸具有促进硝酰正离子形成的作用，可看作是催化剂。乙酸酐、乙酸不仅是溶剂，而且也是催化剂。一些难以硝化的反应物，以及多元硝化时，加入汞、锶、钡的硝酸盐或三氟化硼、氯化铁、四氯化锡等 Lewis 酸，可提高硝化反应的硝化活性。而硝酸中的亚硝酸能显著降低硝化反应速度，有时甚至影响硝化反应的定位。用混酸硝化时，加入磷酸有时可提高对位异构体的比例。

5. 硝化反应中的副反应

主要的副反应是氧化反应。温度越高，发生氧化反应的可能性也越大，特别是芳环上含有易被氧化的基团时。另外，也可发生置换、脱羧、聚合、断键等副反应。用硝酸-乙酸酐作硝化剂时，还会发生酰基化反应。氧化反应剧烈时，常生成 NO、NO_2 气体，并伴随温度的急剧上升。硝化反应发生爆炸事故的例子并非绝无仅有。稀硝酸具有更强的氧化性。

酚类、芳香胺类硝化时容易氧化成醌，多环芳烃也容易形成醌类。有时也可利用硝化反应中有氧化反应，将硝化与氧化同时进行，以简化操作步骤、提高产品收率。

多取代苯的烷基、卤素、磺酸基、烷氧基以及羰基等均有可能被硝基取代。若这些基团在邻、对位定位基的活化位置上，则更容易被取代。若被取代基团为烷基时，烷基的离去次序与其正离子的稳定性次序是一致的，如 $(CH_3)_3C^+ > (CH_3)_2CH^+ > CH_3CH_2^+$。若被取代基团为卤素原子，则被取代的活性次序为：$I^- > Br^- > Cl^-$。

在如下反应中苯环上的碘发生了移位。

处于活化位置的磺酸基，则更容易被硝基取代。有时可利用这一性质来合成相应的硝基化合物。例如：

又如

很多副反应的发生，与反应体系中存在氮的氧化物有关。因此，减少硝化剂中氮的氧化物含量，严格控制反应条件，防止硝酸的分解，常常是减少副反应的重要措施之一。

邻二甲苯在乙酸中用 CH_3COONO_2 进行硝化时，主要产物是芳环的酯化反应产物。

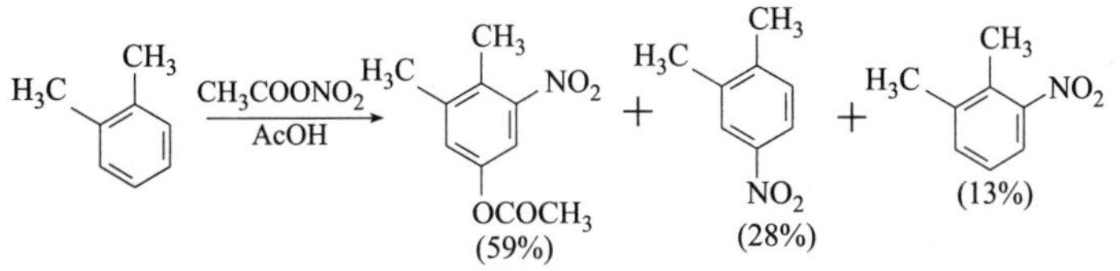

酚醚硝化时有可能脱去甲基。例如如下反应：

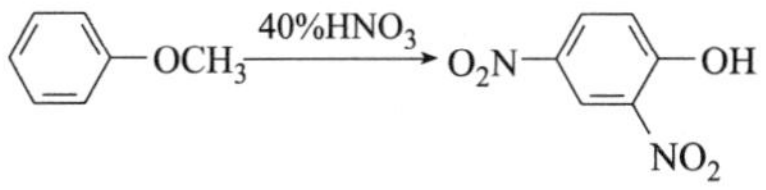

硝化反应中产生了大量废酸，废酸的处理是一大问题。主要的处理方法有如下几种。一是闭路循环法，将硝化反应的废酸直接用于下一批的硝化反应中，但这种方法不能实现完全循环，最终会废酸越来越多，仍需进一步处理；二是蒸发浓缩法，在一定的温度下，用原料芳烃提取废酸中的杂质，而后再蒸发浓缩废酸，使废酸中的硫酸浓度达到 $92.5\%\sim95\%$，并用于下一批反应中。三是分解吸收法，废酸中的硝酸、亚硝酸在硫酸浓度不超过 75% 时，只要加热至一定温度很容易分解，放出的氧化氮气体用碱吸收。工业上也有将废酸中的有机杂质萃取、吸附或用过热蒸汽吹扫除去后，用氨中和制备化肥的处理方法。

第三节　间接硝化法

硝基化合物的制备，除了上面介绍的直接在有机物分子中引入硝基的直接硝化法以外，也可用间接硝化法。

一、卤素置换法

脂肪族或芳烃侧链的伯碘代物、伯溴代物，与亚硝酸银、亚硝酸钠（钾、锂）、亚硝酸汞作用，卤素原子被硝基取代，生成硝基化合物或亚硝酸酯，该反应称为 Victor-Meyer 反应。

$$RX+AgNO_2 \longrightarrow RNO_2+RONO+AgX$$
$$（主）\quad（副）$$

$$RX+NaNO_2 \longrightarrow RNO_2+RONO+NaX$$

反应的大致过程如下：

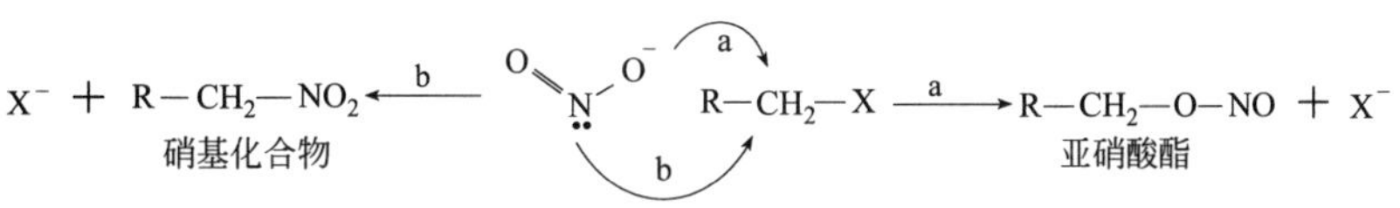

亚硝酸根作为亲核试剂，有两个活性中心，氮原子作为亲核中心生成硝基化合物，而氧原子作为亲核中心时则生成亚硝酸酯。亚硝酸银中的氧与银结合更牢固，不容易断裂，主要以氮原子作为亲核中心，生成硝基化合物。

反应中生成的硝基化合物与亚硝酸酯是同分异构体，二者沸点差距大，很容易分离。

使用亚硝酸盐时，一般用伯、仲溴化物或碘化物，而使用亚硝酸银时，仅适合于伯烷基溴化物和碘化物。

$$I-(CH_2)_4-I+2AgNO_2 \xrightarrow[(45\%)]{} O_2N-(CH_2)_4-NO_2+2AgI$$

$$CH_3(CH_2)_7CH_2Br+AgNO_2 \xrightarrow[(75\%\sim80\%)]{} CH_3(CH_2)_7CH_2NO_2+AgBr$$

亚硝酸钠与溴代烷在冠醚存在下于乙腈中进行反应，可以以良好的收率得到硝基化合物。例如1-硝基辛烷的合成：

$$n\text{-}C_8H_{17}Br+NaNO_2 \xrightarrow[25\sim40℃(65\%\sim70\%)]{18\text{-冠-}6,CH_3CN} n\text{-}C_8H_{17}NO_2$$

α-硝基丁酸乙酯是α-氨基丁酸等的中间体，可以用如下方法来合成[23]。

$$\underset{\underset{Br}{|}}{CH_3CH_2CHCO_2C_2H_5} + NaNO_2 \xrightarrow[(68\%\sim75\%)]{DMF,均苯三酚} \underset{\underset{NO_2}{|}}{CH_3CH_2CHCO_2C_2H_5}$$

氯代烃活性低，但活泼的氯代烃与亚硝酸银的反应也能顺利进行。如苄氧基氯甲烷可以合成相应的硝基化合物。

$$PhCH_2OCH_2Cl+AgNO_2 \xrightarrow[-25\sim0℃]{THF\text{-}Tol} PhCH_2OCH_2NO_2$$

硝基化合物还原生成相应的伯胺，是合成伯胺的方法之一。

氯乙酸钠与亚硝酸钠于80℃反应，则取代与脱羧同时进行生成硝基甲烷[24]。

$$ClCH_2COOH \xrightarrow{NaOH} ClCH_2COONa \xrightarrow[80℃]{NaNO_2} CH_3NO_2+NaCl+NaHCO_3$$

硝基甲烷可用于医药、农药、炸药、火箭燃料和汽油添加剂等领域。

二、磺酸基及其他基团置换法

芳环上的磺酸基可以被硝基取代生成相应的硝基化合物。

$$ArSO_3H+HNO_3 \longrightarrow ArNO_2+H_2SO_4$$

酚类化合物容易被氧化，用硝酸直接硝化效果往往不佳，但酚类化合物容易磺化生成磺酸，后者与硝酸反应，磺酸基被硝基置换，生成相应的硝基化合物。例如由苯酚制备苦味酸时，为防止苯酚的氧化，常采用先磺化后硝化的方法。苦味酸是炸药的一种，室温下为略带黄色的结晶。受三个硝基吸电子基团的影响而有很强的酸性，其难溶于四氯化碳，微溶于二硫化碳，溶于热水、乙醇、乙醚，易溶于丙酮、苯等有机溶剂。也是药物合成的中间体。

1-萘酚与浓硫酸反应，生成1-萘酚-2,4-二磺酸，无需分离用浓硝酸处理，最后生成2,4-二硝基-1-萘酚。

芳基硼酸用硝酸铵和三氟乙酸酐处理，硼被硝基取代生成相应的硝基化合物[25]。

$$\text{（B(OH)}_2\text{苯）} \xrightarrow[\text{CH}_3\text{CN},-35\,℃(78\%)]{\text{NH}_4\text{NO}_3,(\text{CF}_3\text{CO})_2\text{O}} \text{（NO}_2\text{苯）}$$

烯丙基硅烷中的硅基可以被硝基取代。例如[26]：

$$\text{CH}_2\!\!=\!\!\text{CHCH}_2\text{SiMe}_3 \xrightarrow[(80\%)]{\text{NO}_2^+\,\text{BF}_4^-} \text{CH}_2\!\!=\!\!\text{CHCH}_2\text{NO}_2$$

$$\text{CH}_3\text{CH}\!\!=\!\!\text{CHCH}_2\text{SiMe}_3 \xrightarrow[(75\%)]{\text{NO}_2^+\,\text{BF}_4^-} \underset{\underset{\text{NO}_2}{|}}{\text{CH}_3\text{CHCH}}\!\!=\!\!\text{CH}_2$$

重氮基可以被硝基取代（Sandmeyer 反应）。例如：

$$\text{O}_2\text{N}\!-\!\!\text{（苯）}\!\!-\!\text{NH}_2 \xrightarrow[(95\%\sim99\%)]{\text{NaNO}_2,\text{HBF}_4} \text{O}_2\text{N}\!-\!\!\text{（苯）}\!\!-\!\text{N}_2^+\,\text{BF}_4^- \xrightarrow[(67\%\sim82\%)]{\text{NaNO}_2,\text{Cu}} \text{O}_2\text{N}\!-\!\!\text{（苯）}\!\!-\!\text{NO}_2$$

关于重氮基被置换的反应详见本书第八章重氮化反应。

第四节 其他硝化反应

一、烷烃和芳烃侧链的硝化反应

低碳烷烃与硝酸在高温下反应可以生成硝基烷烃，硝基甲烷可以用这种方法来合成。用硝酸气相硝化丙烷可以得到硝基甲烷、硝基乙烷、1-硝基丙烷和 2-硝基丙烷等的混合物。

将被硝化的低级烷烃和硝酸的混合气体迅速通过 $250\sim600\,℃$ 的反应器，而后迅速冷却，生成各种硝基化合物的混合物，同时生成氧化产物（醇、醛、酮、羧酸、CO、CO_2 等）。例如以异戊烷为原料进行气相硝化反应，可生成如下各种化合物的混合物。

$$
\begin{array}{c}
\underset{(24.1\%)}{\underset{|}{\text{CH}_2\text{NO}_2}}{\text{CH}_3\text{CHCH}_2\text{CH}_3} + \underset{(11.1\%)}{\underset{|}{\text{CH}_3}}{\text{CH}_3\text{CHCH}_2\text{CH}_2\text{NO}_2} \longleftarrow \boxed{\begin{array}{c}\text{CH}_3\\ |\\ \text{CH}_3\text{CHCH}_2\text{CH}_3\\ +\\ \text{HNO}_3\end{array}} \longrightarrow \underset{(12.2\%)}{\underset{|}{\text{NO}_2}}{\text{CH}_3\text{CCH}_2\text{CH}_3} + \underset{(14.0\%)}{\underset{|}{\text{NO}_2}}{\text{CH}_3\text{CHCHCH}_3}
\end{array}
$$

$$\underset{\underset{\text{NO}_2}{|}}{\text{CH}_3\text{CHCH}_2\text{CH}_3} + \underbrace{\text{(CH}_3)_2\text{CHCH}_2\text{NO}_2}_{(9.8\%)} \qquad\qquad \underset{(3.9\%)}{\text{CH}_3\text{NO}_2} + \underset{(8.8\%)}{\text{CH}_3\text{CH}_2\text{NO}_2} + \underset{(16.1\%)}{\text{(CH}_3)_2\text{CHNO}_2}$$

很显然，上述反应中，既有正常的硝化反应，又有碳链的断裂，因而产物复杂。

反应是按自由基型机理进行的，硝化速度为：叔碳＞仲碳＞伯碳。可能的机理如下：

$$\text{HONO}_2 \xrightarrow{\triangle} \text{HO}^{\,\cdot} + {}^{\cdot}\text{NO}_2$$
$$\text{R}\!-\!\text{H} + \text{HO}^{\,\cdot} \longrightarrow \text{R}^{\,\cdot} + \text{H}_2\text{O}$$
$$\text{R}^{\,\cdot} + {}^{\cdot}\text{NO}_2 \longrightarrow \text{R}\!-\!\text{NO}_2$$
$$\text{R}\!-\!\text{H} + {}^{\cdot}\text{NO}_2 \longrightarrow \text{R}^{\,\cdot} + \text{HNO}_2$$

环烷烃进行直接硝化时，往往可以得到较好的效果。例如环己烷和硝酸于 $300\sim315\,℃$ 进行气相反应，可以得到 69.3% 收率的硝基环己烷。

$$\text{（环己烷）} + \text{HNO}_3 \xrightarrow[(69.3\%)]{300\sim315\,℃} \text{（环己烷）}\!-\!\text{NO}_2$$

在 N-羟基邻苯二甲酰亚胺催化下，用 NO_2 可以使烷烃硝化。例如 1-硝基金刚烷的合成[27]，其为抗病毒药、抗震颤麻痹药的中间体。

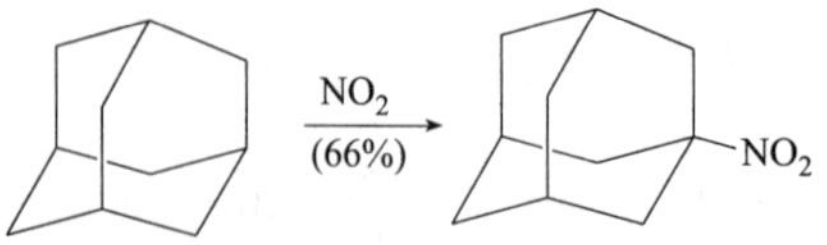

烷基苯与稀硝酸在密闭容器中加热，烷基部分可顺利进行硝化，生成 α-硝基取代的烷基苯。例如乙苯的硝化。

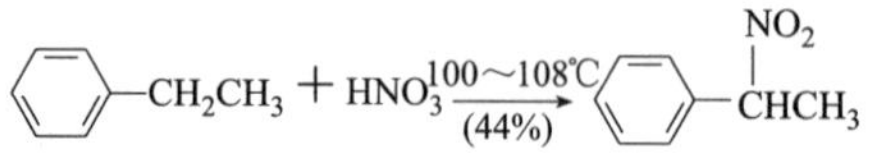

苯乙腈在碱性条件下与硝酸乙酯反应，而后水解、脱羧，可以生成硝基苄。

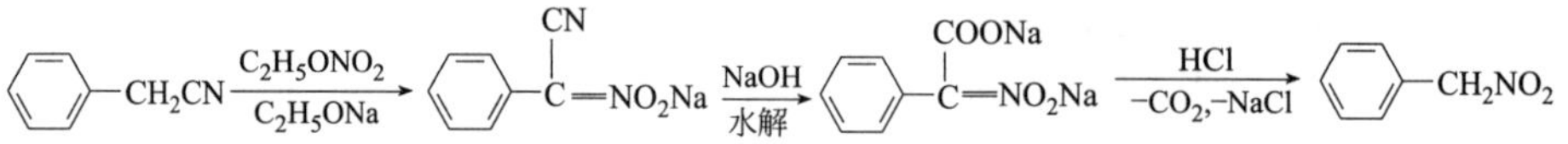

二苯甲烷用二氧化氮在硫酸铜存在下硝化，可以生成二苯基硝基甲烷。

$$Ph_2CH_2 + NO_2 \xrightarrow[CCl_4 (50\%)]{CuSO_4, O_2} Ph_2CH-NO_2$$

钙拮抗剂、抗高血压、防治心绞痛药物硝苯地平（Nifedipine）等的中间体邻硝基苯甲醛的合成如下[28]：

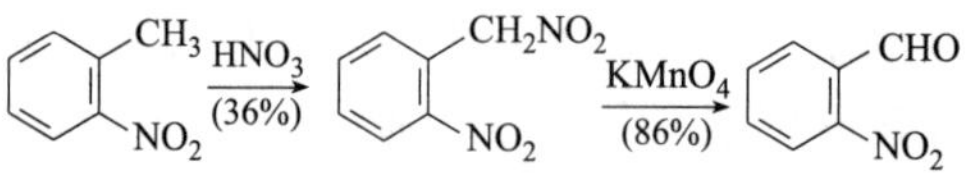

不过，用上述方法合成邻硝基苯甲醛并不适用于工业生成，设备腐蚀、环境污染都比较严重，应开发更好的合成方法。

二、不饱和烃的加成硝化

硝酰化合物与烯烃加成生成 β-取代的硝基化合物。

$$RCH=CH_2 + NO_2X \longrightarrow \underset{\underset{X}{|}}{RCH}-CH_2-NO_2$$

硝酸与氯磺酸反应生成硝酰氯，硝酰氯和烯烃加成生成 β-氯代硝基化合物。例如：

$$HNO_3 + ClSO_3H \xrightarrow{0℃} NO_2Cl + H_2SO_4$$

$$CH_2=CHCOOCH_3 + NO_2Cl \xrightarrow[CCl_4]{0℃} O_2N-CH_2-\underset{\underset{Cl}{|}}{CH}COOCH_3$$

炔烃也可以发生类似的反应。

$$PhC\equiv CH + NO_2Cl \xrightarrow[-75\sim25℃]{Et_2O} PhC=\underset{\underset{Cl}{|}}{CH}-NO_2$$

NO_2BF_4 于 72% 的氢氟酸及吡啶的溶液中，在 $-70℃$ 与环己烯反应，生成 2-硝基-1-氟环己烷[29]。

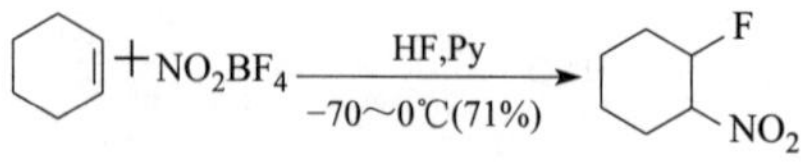

三、硝酸酯

硝酸酯是一类非常重要的有机化合物，在现代科学中有广泛的应用。

硝酸酯类药物目前主要有硝酸甘油酯、二硝酸异山梨酯、单硝酸异山梨酯、戊四硝酯等。这些药物主要用于心脏病是预防和治疗，属于非内皮依赖性的血管扩张药。于 1987 年发现，这类药物是通过释放 NO 来介导药理学作用。

硝酸酯的制备方法主要有如下几种。

1. 烷烃的氧化硝化

用 HNO_3-三氟乙酸酐混合物可以将烷烃氧化硝化生成硝酸酯。在不断搅拌下向 HNO_3 和十二烷的混合物中加入三氟乙酸酐，于 5℃下反应可以生成十二烷基硝酸酯。

N_2O_5 与烷烃反应生成硝基烷烃和硝酸酯的混合物。

$$RH \xrightarrow{N_2O_5} RNO_2 + RONO_2$$

反应可以在光照条件下进行，属于自由基型机理。硝酸酯的收率随着反应压力的增大和反应温度的降低而升高。

各种甲苯衍生物用硝酸铈铵作硝化剂，光照条件下进行，可以在甲基位置生成相应的硝酸酯。反应中环上的硝化被抑制[30]。

Y = H,4−Br,3−Me,2,4−Cl₂,3,5−Me₂(47%～96%)

2. 烯烃的亲电加成

烯烃与硝酸盐或硝酸发生加成反应可以生成硝酸酯。不过这种方法应用并不多。

3. 卤代烃或酰氯与硝酸盐或硝酸的亲核取代

卤代烃与 $AgNO_3$ 反应制备硝酸酯是经典的方法。碘代物和溴代物可用于合成伯、仲硝酸酯，叔氯化物，烯丙基氯化物和苄基氯化物也可以使用。由于硝酸银在乙腈中的溶解度较大，故是常用的反应溶剂。

非甾体抗炎药萘普西诺（Naproxcinod）原料药（**21**）[31] 的合成如下。

有时也可以使用硝酸汞或硝酸亚汞。

$$RBr + Hg(NO_3)_n \xrightarrow[n=1,2]{\text{乙二醇二甲醚}} RONO_3$$

α-溴代酮、α-溴代酸酯也可以顺利地发生该反应。

有些溴代烃、碘代烃也可与硝酸反应生成相应的酯，如溴乙烷与硝酸反应生成硝酸乙酯。

4. 三元或四元含氧杂环化合物的氧化开环合成多元硝酸酯

环氧乙烷衍生物用 N_2O_5 氧化开环可以生成 1,2-二硝酸酯。

$$\text{R—} \overset{\overset{R}{\diagdown}}{\underset{O}{\triangle}} \xrightarrow[\text{CH}_2\text{Cl}_2(>90\%)]{N_2O_5} \text{R—CH—CH}_2\text{ONO}_2$$
$$\underset{\quad\quad ONO_2}{\big|}$$

血管扩张药硝化甘油（Nitroglycerine）原料药（**22**）[32] 的合成如下。

$$\underset{O}{\triangle}\!\!-\!\!CH_2OH \xrightarrow{N_2O_5,CH_2Cl_2} \underset{\underset{ONO_2}{|}}{CH_2CHCH_2ONO_2} \overset{ONO_2}{|}$$

（**22**）

5. 由醇或含羟基化合物制备硝酸酯

可以使羟基硝化的试剂很多，混酸是经常使用的试剂。使用混酸时，为了避免亚硝酸酯化合物的生成，常加入一些尿素或硝基脲以破坏反应中生成的亚硝酸。也可以使用硝酸-乙酸酐作硝化试剂。心脏病治疗药物单硝酸异山梨醇酯（Isosorbide 5-mononitrate）原料药（**23**）[33] 的合成如下。

$$\xrightarrow[\text{Ac}_2\text{O}]{\text{发烟HNO}_3} \xrightarrow{\text{NaO}} \xrightarrow{\text{H}^+}$$

（**23**）

氯化亚砜与硝酸银反应可以生成如下两种硝化试剂[34]：

$$AgNO_3 + SOCl_2 \xrightarrow{-AgCl} \underset{\underset{O}{\|}}{ClS}-ONO_2$$

$$2AgNO_3 + SOCl_2 \xrightarrow{-2AgCl} \underset{\underset{O}{\|}}{O_2NO-S}-ONO_2$$

它们主要用于酚羟基的硝化反应。

$$ArOH + \underset{\underset{O}{\|}}{ClS}-ONO_2 \longrightarrow ArONO_2 + ClSOH$$

$$ArOH + \underset{\underset{O}{\|}}{O_2NO-S}-ONO_2 \longrightarrow ArONO_2 + SO_2 + HNO_3$$

这两种试剂也可以将多元醇中的伯、仲羟基和核苷酸中的羟基进行选择性硝化。

$^+NO_2BF_4^-$ 也可以将醇硝化生成硝酸酯。

$$ROH + {}^+NO_2BF_4^- \longrightarrow RONO_2 + BF_3 + HF$$

使用 $BF_3\text{-}H_2O$ 作催化剂，用硝酸钾可以将伯、仲醇高收率的转化为相应的硝酸酯。

$$\diagdown\!\!\diagup\!\!\diagdown\!\!\diagup\!\!\diagdown\!\!OH \xrightarrow[(41\%\sim87\%)]{KNO_3,BF_3\cdot 1.25H_2O} \diagdown\!\!\diagup\!\!\diagdown\!\!\diagup\!\!\diagdown\!\!ONO_2$$

当然，硝酸酯的合成方法还有不少，例如磺酸酯用硝酸四丁基铵处理，磺酸酯基被硝酸酯基交换，生成硝酸酯等[35]。

第五节 亚硝基化合物

将亚硝基（—N=O）引入有机物分子的碳、氧或氮原子上的反应，统称为亚硝化反应。亚硝化反应常用的试剂是亚硝酸（亚硝酸盐加酸）和亚硝酸酯，但真正起作用的是亚硝酰正离子。

$$NaNO_2 + HCl \rightleftharpoons HO{-}NO + NaCl$$
$$H^+ + HO{-}NO \rightleftharpoons H_2O + {}^+N{=}O$$
$$R{-}O{-}NO + H^+ \rightleftharpoons R\overset{+}{O}{-}NO \longrightarrow ROH + {}^+N{=}O$$

亚硝基与硝基化合物相比，显示不饱和键的性质，可进行还原、氧化、缩合、加成等一系列反应，用于制备各类中间体。但不纯的 N-亚硝基化合物容易分解，不宜久置。亚硝基化合物，特别是 N-亚硝基化合物是很强的致癌物质。

一、碳原子上的亚硝基化反应

亚硝化反应也是双分子亲电取代。亚硝酰正离子是很弱的亲电试剂，只能与含活泼氢脂肪族化合物、酚类、芳香叔胺以及某些 π-电子较多的杂环化合物反应生成亚硝基化合物。

活泼亚甲基化合物在酸性条件下与亚硝酸钠反应，可以在活泼亚甲基上引入亚硝基。这些化合物 α-碳原子上的氢容易失去生成碳负离子或生成烯醇式结构，与亚硝酸钠或亚硝酸酯反应，生成亚硝基化合物。

生成的含 α-氢的亚硝基化合物与肟是互变异构体。

例如抗肿瘤药物消瘤芥（Nitrocaphar）等的中间体乙酰氨基丙二酸二乙酯（**24**）[36] 的合成。

$$CH_2(COOC_2H_5)_2 + NaNO_2 \xrightarrow{CH_3COOH} ON{-}CH(COOC_2H_5)_2 \xrightarrow[(CH_3CO)_2O]{Zn} CH_3CONHCH(COOC_2H_5)_2 \quad (\mathbf{24})$$

又如药物合成中间体 α-亚硝基苯乙酮（**25**）[37] 的合成。

γ-分泌酶抑制剂 LY411575 合成中间体 5-甲基-5H-二苯并［b,d］氮杂环庚-6,7-二酮-7-

肟（**26**）[38] 的合成如下。

与苯酚反应时，亚硝化反应的区域选择性很强，主要进入对位。若对位已有取代基，可发生在邻位。

对亚硝基苯酚与醌肟是互变异构体，醌肟更稳定。

某些对位有取代基的酚类，加入一些重金属盐，可生成邻亚硝基酚的金属络合物，则更有利于邻位亚硝基化反应。

在 Cu^{2+} 催化下，以羟胺和过氧化氢为亚硝化反应试剂，可以生成邻亚硝基化合物。

2-异丙基-5-甲基-4-亚硝基苯酚的合成在乙醇、浓盐酸中进行，分批加入固体亚硝酸钠，首先生成亚硝酸乙酯，不会有氮的氧化物放出。

萘酚也可以发生亚硝化反应，β-萘酚用亚硝酸钠-硫酸进行反应，亚硝基进入电子云密度大的 1 位，生成 1-亚硝基-2-萘酚。

α-萘酚在乙醇中用氯化锌作催化剂，则生成 2-亚硝基-1-萘酚。

芳香叔胺可以发生环上的亚硝基化反应。N,N-二甲基苯胺用亚硝酸钠-盐酸进行亚硝化，生成对亚硝基-N,N-二甲苯胺（**27**），为抗麻风病药物丁氨苯硫脲（Thiambutosine）等的中间体。

$$\text{\Large$\bigcirc$}\!-\!N(CH_3)_2 + NaNO_2 \xrightarrow[\text{(60.8\%)}]{HCl} ON\!-\!\text{\Large$\bigcirc$}\!-\!NH(CH_3)_2 \tag{27}$$

游离芳胺 C-亚硝基化合物以偶极离子的形式存在，可以与酸或碱作用生成相应的盐。

$$\begin{array}{c}R\\R\end{array}\!\!N^+\!\!=\!\!\text{\Large$\bigcirc$}\!\!=\!\!NO^- \begin{array}{c}\xrightarrow{H^+} \begin{array}{c}R\\R\end{array}\!\!N^+\!\!=\!\!\text{\Large$\bigcirc$}\!\!=\!\!N\!-\!OH\\[2mm] \xrightarrow{HO^-} R_2\!\!\underset{HO^-}{N}^+\!\!-\!\!\text{\Large$\bigcirc$}\!\!=\!\!NO^-\end{array}$$

芳香族伯胺与亚硝酸容易发生重氮化反应，而芳香族仲胺则发生氮上的亚硝基化反应生成 N-亚硝基化合物。

除了酚和芳香叔胺外，一些电子云密度大的芳香杂环化合物，也可发生亚硝基化反应，表 4-5 列出了一些化合物亚硝化反应的具体例子。

表 4-5 亚硝化反应的具体例子

反应物	产物	亚硝化试剂	反应温度/℃
		$NaNO_2$，H_2SO_4	<2
		$NaNO_2$，H_2SO_4	$40\sim50$
		$NaNO_2$，HCl	30
		$NaNO_2$，HCl	<10

二、氮原子上的亚硝基化反应

N-亚硝基化合物包括亚硝胺和亚硝酰胺两大类。N-亚硝基化合物是强致癌物，在经检验过的 100 多种亚硝基类化合物中，有 80 多种有致癌作用。在天然食物中 N-亚硝基化合物的含量极微（对人体是安全的），目前发现含 N-亚硝基化合物较多的食品有：烟熏鱼、腌制鱼、腊肉、火腿、腌酸菜等。

伯、仲、叔胺与亚硝酸的作用不同，以芳香胺为例，伯胺与亚硝酸反应发生重氮化反应，仲胺发生 N-亚硝基化反应，叔胺则在芳环上发生 C-亚硝基化。

$$H_2N\!-\!\text{\Large$\bigcirc$} \xrightarrow[HCl]{NaNO_2} Cl^-\!\overset{+}{N_2}\!-\!\text{\Large$\bigcirc$}$$

$$RHN\!-\!\text{\Large$\bigcirc$} \xrightarrow[HCl]{NaNO_2} RN\!-\!\text{\Large$\bigcirc$}\\[-2mm]\qquad\qquad\qquad\qquad\qquad |\\[-2mm]\qquad\qquad\qquad\qquad\quad NO$$

$$R_2N\!-\!\text{\Large$\bigcirc$} \xrightarrow[HCl]{NaNO_2} R_2N\!-\!\text{\Large$\bigcirc$}\!-\!N\!=\!O$$

N-亚硝基二甲胺的合成如下：

$$(CH_3)_2NH \cdot HCl + NaNO_2 + HCl \xrightarrow[(88\%\sim90\%)]{} (CH_3)_2N\!-\!NO$$

　　N-亚硝基化合物不稳定，受热或长时间放置会慢慢分解，特别是含有酸时分解更快。其稳定性与结构有关。给电子基团使其稳定性增加，例如纯的 N-亚硝基二甲胺、N-亚硝基-N-甲基苯胺可以蒸馏或减压蒸馏而无明显分解。吸电子基团使其稳定性降低。

　　N-亚硝基化合物在冰醋酸中用锌粉还原生成不对称的肼，是制备肼的方法之一。若使用更强的还原剂，如 Zn-HCl、SnCl$_2$-HCl，则生成原来的仲胺，因此有时利用该方法来提纯仲胺。

　　无论芳香族仲胺还是脂肪族仲胺，在酸中与亚硝酸钠反应，都几乎定量地生成 N-亚硝基化合物，虽然反应体系中有大量的强酸，N-亚硝基化合物并不生成盐。

　　芳香仲胺的 N-亚硝基化合物，在醇溶液中，在过量盐酸存在下可发生 Fischer-Hepp 重排，亚硝基由氮原子重排到芳环对位的碳原子上，生成芳香族亚硝基化合物。因此，制备 N-亚硝基化合物最好用硫酸而不用盐酸。

　　若控制盐酸的用量，也可以使用盐酸。

　　酰胺类化合物也可以发生 N-亚硝化反应。例如尿素类衍生物的亚硝化。尿素的衍生物，N-原子上可以发生亚硝化反应，有些在药物合成中有重要的应用。抗肿瘤药物洛莫司汀（Lomustine）原料药（**28**）[39] 的合成如下。

　　抗癌药嘧啶亚硝脲（ACUN，Nimustine hydrochloride）原料药（**29**）[40] 在结构上也属于 N-亚硝基脲。

　　又如抗癌药物卡莫司汀（Carmustine）原料药（**30**）[41] 的合成。

　　一些 N-取代磺酰胺也可发生亚硝基化反应，例如：

　　苯基羟胺（胲）也可以发生 N-亚硝基化反应。例如：

乌洛托品与亚硝酸钠反应生成二亚硝基五亚甲基四胺，其为一种发泡剂。

关于亚硝化反应的实施方法，与重氮化反应相似，在低温下进行。因为亚硝酸盐与酸反应生成的亚硝酸不稳定，温度高时极易分解。可以将亚硝酸盐溶液滴入反应物的酸性介质中，也可以将酸滴入反应物与亚硝酸盐的反应介质中。亚硝酸盐与强酸的亚硝化剂通常在水溶液中进行，常为非均相反应，应剧烈搅拌以促使反应顺利进行。用亚硝酸盐与冰醋酸或亚硝酸酯与有机溶剂作亚硝化试剂时，常为均相反应，一般反应容易进行。用亚硝酸酯作亚消化试剂时，常在酸性条件下进行。

◆ **参考文献** ◆

［1］ 邢松松，王晓蕾，周付刚等. 中国医药工业杂志，2010，41 (5)：321.

［2］ 孟祥军，吕洁，王阳等. 中国医药工业杂志，1998，29 (2)：90.

［3］ 孙昌俊，曹晓冉，王秀菊. 药物合成反应——理论与实践. 北京：化学工业出版社，2007：154.

［4］ 苑兴彪. 辽宁化工，1997，26 (5)：47.

［5］ 陈燕，方正，卫萍等. 中国医药工业杂志，2010，41 (5)：326.

［6］ 袁荣鑫，张鸣. 化学试剂，1995，17 (5)：316.

［7］ 杨福斌，康静静，王涛涛等. 精细石油化工，2013，20 (5)：25.

［8］ 孙昌俊，曹晓冉，王秀菊. 药物合成反应——理论与实践. 北京：化学工业出版社，2007：157.

［9］ 韩英锋，董建霞，杨定乔，刘二畅. 合成化学，2005，13 (3)：311.

［10］ 祁磊，庞思平，孙成辉. 含能材料，2009，17 (1)：4.

［11］ Crivello J V. J Org Chem，1981，46：3056.

［12］ 王光华，刘巧玲，郭明等. 应用化工，2013，42 (6)：1105.

［13］ 刘金强，钱超，张涛等. 高校化学工程学报，2009，23 (6)：1008.

［14］ Laali K K, Gettwert V J. J Org Chem，2001，66：35.

［15］ 朱惠芹. 化学试剂，2005，27 (4)：243.

［16］ 蔡绍安，韦恒双. 化工技术与开发，2012，41 (11)：18.

［17］ 颜秋梅，何斌，潘富友. 合成化学，2009，17 (3)：360.

［18］ Bakke J M, Hegbom I, et al. Acta Chem Scand，1994，48；1001.

［19］ 宁涣焱，杨晓云，黄启亮等. 农药，2010，49 (7)：492.

［20］ 史群峰，张薇薇，周恒等. 中国医药工业杂志，2012，43 (1)：12.

［21］ 王军军，杨海超，葛敏. 中国医药工业杂志，2011，42 (8)：569.

［22］ 吴云登，纪安成，沈义鹏等. 中国医药工业杂志，2010，40 (6)；404.

［23］ 孙昌俊，曹晓冉，王秀菊. 药物合成反应——理论与实践. 北京：化学工业出版社，2007：158.

［24］ Furniss B S, Hannaford A J, Rogers V, et al. Vogel's Textbook of Practical Chemistry. Longman London and New York. Fourth edition, 1978；564.

［25］ Salzbrunn S, Simon J, et al. Synlett，2000；1485.

［26］ Beresis R T, Masse C E, Panek J S. J Org Chem，1995，60：7714.

［27］ Ishii Y. Synth J Org Chem (Japan)，2001，59：4.

［28］ 张姝，白金泉，郭丰艳. 广州化工，2009，36 (9)：73.

［29］ George A O, John T W, et al. J Org Chem，1979，40 (22)：3872.

［30］ Baciocchi E, et al. Tetrahedron Lett，1984，25 (18)：1945.

［31］ 曹亮，李慧，张恺等. 中国医药工业杂志，2009，40 (9)：644.

［32］ 王庆法, 石飞, 张香文等. 含能材料,2009, 17 (3): 304.

［33］ 邢慧海, 鲍杰, 段梅莉. 中国医药工业杂志,2011, 42 (7): 489.

［34］ Hakimilahi G H, et al. Helv Chim Acta,1984, 67 (3);906.

［35］ Gainelli G, et al. Tetrahedrn Lett,1985, 26 (28): 3369.

［36］ Hardegger E. et al. Heiv Chim Acta,1956, 39: 980.

［37］ 韩广甸, 赵树伟, 李述文. 有机制备化学手册 (上卷), 北京:化学工业出版社, 1978:176.

［38］ Abdul H Fauq, Katherine Simpson, Ghulam M Maharvi, et al. Bioorganic & Medicinal Chemistry Letters,2007, 17: 6392.

［39］ 苏军, 孟庆伟, 赵伟杰等. 中国药物化学杂志,2003, 13 (3): 170.

［40］ 张荣久, 张爱华. 中国药物化学杂志,1996, 6 (3): 207.

［41］ Lown J W, Chauhan S M S. J Org Chem, 1981, 46: 5309.

第五章 | 磺化和氯磺化反应

磺化反应是指在有机物分子中引入磺酸基的反应。芳香族化合物一般比较容易直接引入磺酸基，有时也可间接引入。脂肪族化合物要想在某一特定位置引入磺酸基，一般采用间接法，有时也用直接磺化法。在有机物分子中引入氯磺酰基的反应称为氯磺化反应，是磺化反应的一种特殊形式。

磺酸类化合物在有机化工及药物合成中应用广泛，特别是芳香族磺酸类。通过磺化反应在有机分子中引入磺酸基，可以使产品具有水溶性、酸性、表面活性等。磺酸基性质活泼，可以转化为酰氯，也可以被—OH、—NH$_2$、—NO$_2$、—X、—CN 等基团置换，生成新的化合物。

有机合成中常利用磺化反应的可逆性，将磺酸基引入芳环的特定位置，再引入其他基团，而后水解除去磺酸基，从而达到预期的合成目的，磺酸基起到封闭占位的作用。

磺酰氯除了作为磺酰化试剂合成磺酸酯、磺酰胺等外，还可以被还原为亚磺酸，也可以被还原为巯基。这些反应在有机合成、药物合成中都有广泛的用途。

第一节 磺化反应的机理及磺酸的分离方法

磺化反应可供选择的磺化剂有多种，磺化剂不同，反应底物不同，其反应机理也不尽相同。脂肪族化合物的直接磺化，往往属于自由基机理，而芳环上的直接磺化属于芳环上的亲电取代反应。本节主要讨论芳环上的亲电取代反应。

一、芳环上磺化反应机理

1. 硫酸

在进行芳环上的磺化反应时，可用硫酸作磺化剂，此时硫酸可发生如下变化：

$$2 H_2SO_4 \Longrightarrow HSO_4^- + H_2\overset{+}{O}-SO_2OH \Longrightarrow H_2O + {}^+SO_2OH$$
（磺酸基正离子）

反应中首先是磺酰基正离子与芳环结合，生成 σ-配合物，后者失去质子恢复苯环的稳定结构生成芳基磺酸。磺酸基正离子是真正的磺化反应亲电试剂。也有人认为亲电试剂是三氧化硫，硫酸可以看作是三氧化硫与水生成的配合物（SO$_3$·H$_2$O），浓硫酸中含有部分焦硫酸 H$_2$S$_2$O$_7$（H$_2$SO$_4$·SO$_3$），也是一种磺化剂。

以硫酸为磺化剂时，反应中有水生成，因而随着反应的进行，硫酸浓度逐渐降低，磺化能力下降。要使反应顺利进行，应增大硫酸的用量和提高反应温度。

2. 发烟硫酸

用发烟硫酸作磺化剂时，三氧化硫是有效的磺化反应亲电试剂。

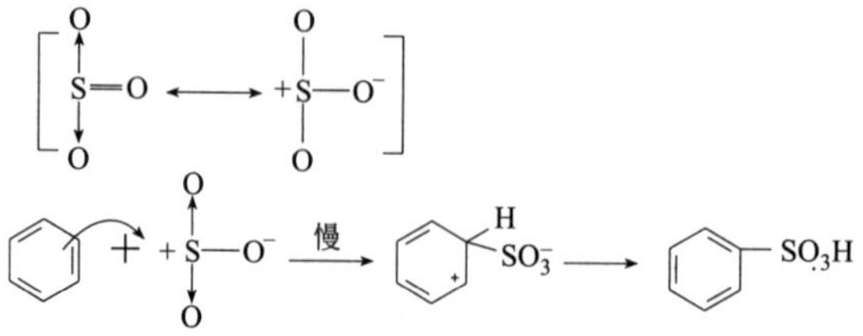

用发烟硫酸时无水生成，因而反应迅速，可在较低温度下进行磺化反应，但三氧化硫是很强的磺化试剂，容易发生多元磺化、生成砜类化合物以及氧化等副反应。

3. 氯磺酸

以氯磺酸作磺化剂时，氯磺酸发生如下反应：

$$2Cl-SO_2OH \rightleftharpoons HCl + {}^+SO_3H + ClSO_3^-$$

磺酰基正离子是真正的磺化试剂，反应机理与用硫酸时相似。

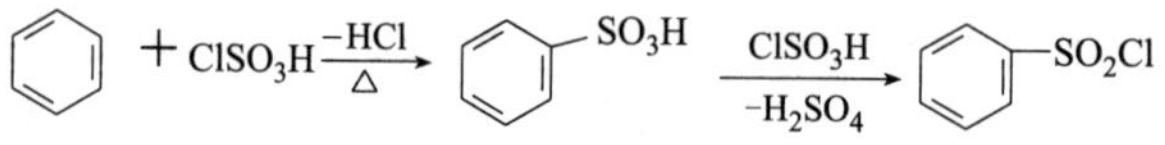

在过量氯磺酸存在下，生成的苯磺酸与氯磺酸反应生成苯磺酰氯。在实际应用中以氯磺酸作磺化剂时，氯磺酸是过量的，大都是直接合成磺酰氯。

4. 硫酰氯

用硫酰氯作磺化剂时，常用三氯化铝等 Lewis 酸作催化剂，生成磺酰氯，其反应机理如下：

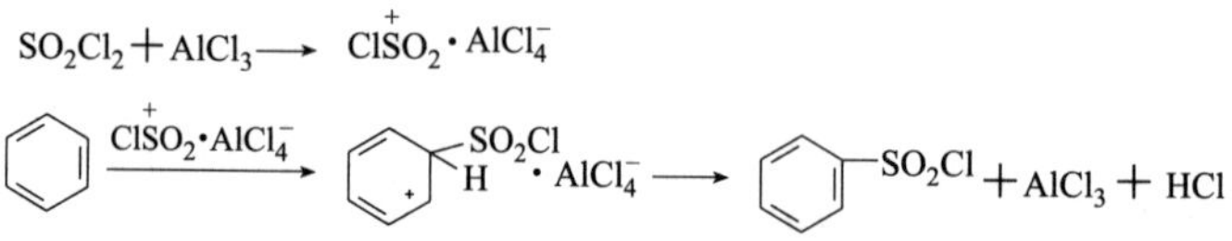

$$SO_2Cl_2 + AlCl_3 \longrightarrow Cl\overset{+}{S}O_2 \cdot AlCl_4^-$$

反应中首先是硫酰氯与催化剂 Lewis 酸作用生成氯磺酰正离子的配合物，后者作为亲电试剂与苯环反应，最后生成磺酰氯。这是合成芳基磺酰氯的一种方法。

5. N-吡啶磺酸

有时为了防止由于磺化反应剧烈而发生氧化等副反应，可采用 N-吡啶磺酸作磺化剂，将三氧化硫慢慢通入吡啶中，生成 N-吡啶磺酸。用其作磺化试剂的反应机理如下：

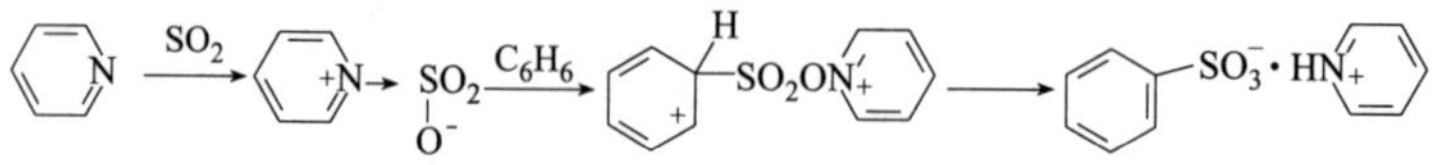

反应中 N-吡啶磺酸的硫原子是亲电试剂的中心原子，反应后生成磺酸吡啶盐，酸化后生成磺酸和吡啶盐。

了解有机合成反应的反应机理，对于控制合适的反应条件，提高反应产物收率、安全生产等是十分必要的。

二、磺酸的一般分离方法

有机物分子中引入磺酸基后，水溶性增大，而且与反应介质同时都是酸性的，因此，磺化后产物的分离比较困难，常用的方法有稀释法、中和法和成盐法。

1. 稀释法

有些磺酸在水中溶解度较小，此时可采用稀释法，即将反应液倒入一定量的冰水中，静置后析出磺酸结晶。例如对甲苯磺酸可用此法与邻甲苯磺酸分离。加入浓盐酸分离效果会更好。间二甲苯在约85％的硫酸中于65～70℃磺化10h加水稀释，析出2,4-二甲苯磺酸，邻、对位二甲苯在此条件下不被磺化。

2. 成盐法

有些磺酸的盐类在磺化体系中或磺化稀释液中溶解度较小，此时可加入氯化钠、硫酸钠等无机盐，将其转化为盐进行分离。例如2-甲基萘与硫酸于95～100℃反应结束后，倒入冰水中，加入氯化钠，则析出6-甲基-2-萘磺酸钠。

又如2,6-萘二磺酸钠的合成，萘与硫酸反应结束后，将反应液倒入冰水中，加入氯化钠，趁热过滤（70～80℃），得到2,6-萘二磺酸钠。

（2,6-萘二磺酸钠）　　　　（2,7-萘二磺酸钠）

在下面的反应中，将反应液倒入冰水中，析出4-氯-3,5-二硝基苯磺酸钾结晶，其为除草剂安磺灵的合成中间体。

3. 中和法

若磺化反应中生成的磺酸其钙盐是可溶性的，可采用中和法分离。磺化液稀释后，加入碳酸钙或石灰，使硫酸生成硫酸钙沉淀，而磺酸钙则溶于热水中，滤去硫酸钙，溶液中加入纯碱，磺酸变成钠盐。滤去碳酸钙或碳酸氢钙，蒸干钠盐溶液得到相应的磺酸钠。对氨基苯磺酸等可用此法分离。非甾体消炎药萘普生（Naproxen）中间体 β-萘磺酸钠也可按此法分离[1]。

磺化反应除了用于合成磺酸及其衍生物外，在有机合成中还常常利用磺化反应的可逆性，利用磺酸基作为封闭基，引入其他基团后再水解除去磺酸基。芳香族磺酸的水解是磺化反应的逆反应，常在稀硫酸中进行。

$$\text{(benzene-}SO_3^-) + H_3O^+ \rightleftharpoons \text{(intermediate } H\ SO_3^-) \xrightarrow{H_2O} \text{(benzene)} + H_2SO_4\,(H_2O + SO_3)$$

磺酸基的水解实际上是质子氢作为亲电试剂进行的取代反应。具有邻、对位定位基的芳磺酸，芳环上电子云密度大，磺酸基容易被水解。具有间位定位基的芳磺酸，磺酸基难水解。酸的浓度大，则水解速度快。因此，磺酸的水解一般都采用中等浓度的硫酸。硫酸的浓度增大，虽可增大水解速度，但发生磺化的可能性也随之增大。

磺酸基可被—OH、—NH_2、—CN、—X、—NO_2等基团取代，生成相应的化合物，这在有机合成、药物合成中有应用价值。

在有机合成中，有时也利用磺化反应来分离异构体。不同的异构体发生磺化反应的难易也不同，同时磺化反应条件有较大的选择性。有时只使一种异构体磺化而与其他异构体分开，从而达到分离纯化的目的。例如混合二甲苯，邻、间、对三种异构体沸点差别很小，用分馏的方法分离困难。将混合二甲苯在65℃用75%～78%的硫酸处理，只有间二甲苯发生磺化反应，生成2,4-二甲苯磺酸。分离后水解，得到纯度大于95%的间二甲苯。邻二甲苯和对二甲苯沸点差别较大，容易用分馏法分离。

$$\text{(m-xylene)} \xrightarrow[65℃]{78\%H_2SO_4} \text{(2,4-dimethylbenzenesulfonic acid, } SO_3H) \xrightarrow{H_2SO_4,H_2O} \text{(m-xylene)}$$

又如溴甲苯的分离纯化：

$$\text{(toluene)} + Br_2 \xrightarrow[<30℃]{Fe} \begin{cases} \text{(o-bromotoluene)} \\ \text{(p-bromotoluene)} \end{cases} \xrightarrow[125℃]{H_2SO_4} \text{(} CH_3, Br, SO_3H\text{)} \xrightarrow{H_2SO_4 \atop H_2O} \text{(o-bromotoluene)}$$

甲苯溴化生成邻和对溴甲苯，在上述条件下邻溴甲苯可以被磺化，分离后水解生成邻溴甲苯。而对溴甲苯不容易磺化，可直接由磺化产物中分离出来。

第二节　直接磺化法

根据磺酸基引入的方式，可以将磺化法分为直接磺化法和间接磺化法。

一、直接磺化法制备脂肪族磺酸

脂肪烃可以被多种磺化剂磺化，生成磺酸，常用的磺化剂有发烟硫酸、三氧化硫等。

$$RH + H_2SO_4\,(SO_3) \longrightarrow RSO_3H + H_2O$$

例如樟脑磺酸（**1**）的合成[2]，手性樟脑磺酸在手性药物合成中常常用作拆分剂。

$$\text{（樟脑结构）} + H_2SO_4 \xrightarrow[43\sim50℃(57\%)]{(CH_3CO)_2O} \text{（樟脑磺酸结构）}-CH_2SO_3H$$

(1)

将三氧化硫与1,4-二氧六环首先制成配合物，用其作为磺化剂是一种方便的磺化方法。脂肪烃的磺化属于自由基型反应，过氧化物、光、臭氧等对反应有催化作用。由于烃分子中的各种C-H键都可以发生磺化反应，这种方法往往得到混合磺酸。一些含有活泼氢的化合物可以用三氧化硫直接进行磺化。饱和脂肪酸或酯用三氧化硫磺化，生成 α-单磺化产物。上述反应的大致过程如下：

$$RCH_2\overset{O}{\underset{}{C}}-OH \xrightleftharpoons{SO_3} R-CH_2-\overset{+OH}{\underset{OSO_3^-}{C}} \xrightleftharpoons{} R-CH_2-\overset{O}{\underset{}{C}}OSO_3H$$

$$\xrightarrow{\triangle} R-\underset{SO_3H}{CH}-\overset{O}{\underset{}{C}}OH \xrightarrow{NaOH} R-\underset{SO_3H}{CH}-\overset{O}{\underset{}{C}}OH$$

反应中首先生成混合酸酐，加热重排生成 α-单磺化产物。例如 α-磺酸基棕榈酸的合成[3]：

$$CH_3(CH_2)_{13}CH_2COOH + SO_3 \xrightarrow[(75\%\sim85\%)]{CCl_4} CH_3(CH_2)_{13}\underset{SO_3H}{CH}COOH$$

抗生素磺苄西林钠（Sulbenicllin disodium）中间体 α-磺酸基苯乙酸（**2**）[4] 的合成如下。

$$\text{（苯基）}-CH_2COOH \xrightarrow[2.NaOH(92.7\%)]{1.（二氧六环）O,SO_3} \text{（苯基）}-\underset{SO_3Na}{CH}COONa \xrightarrow[(95\%)]{732离子交换树脂} \text{（苯基）}-\underset{SO_3H}{CH}COOH \text{ (2)}$$

苯乙酮用三氧化硫-1,4-二氧六环（dioxane·SO₃）磺化，而后用氢氧化钠中和，生成苯乙酮-α-磺酸钠。

$$\text{（苯基）}-COCH_3 \xrightarrow[2.\ NaOH(76\%)]{1.dioxane\cdot SO_3} \text{（苯基）}-COCH_2SO_3Na$$

苯乙烯用三氧化硫-1,4-二氧六环磺化，生成 β-苯乙烯磺酸[5]。

$$PhCH=CH_2 \xrightarrow[(58\%\sim65\%)]{dioxane\cdot SO_3} PhCH=CHSO_3H$$

用这种方法制备的磺酸主要是末端磺酸。反应过程如下：

$$R-CH=CH_2 + \overset{O}{\underset{O}{\overset{+}{S}}}-O^- \longrightarrow R-\overset{+}{C}H-CH_2-SO_3^- \longrightarrow R-CH=CH-SO_3H + R-\underset{O-SO_2}{CH-CH_2}$$

目前已有不少报道，烷烃与二氧化硫和氧气一起进行催化磺化反应来合成磺酸。例如在Co60照射下，甲烷与二氧化硫和氧气于10MPa、20℃反应，甲基磺酸的收率达97%。甲基磺酸是局部麻醉药甲磺酸罗哌卡因（Ropivacaine mesylate）等的中间体。

$$2CH_4 + SO_2 + O_2 \xrightarrow[10MPa,20℃(97\%)]{CO60} 2CH_3SO_3H$$

反应按照自由基型机理进行。

$$RH \xrightarrow{h\nu} R\cdot + H\cdot$$

$$R\cdot + SO_2 \longrightarrow R\dot{S}O_2 \xrightarrow{O_2} RSO_2OO\cdot$$

$$RSO_2OO\cdot + RH \longrightarrow RSO_2OOH + R\cdot$$

$$RSO_2OOH + SO_2 + H_2O \longrightarrow RSO_3H + H_2SO_4$$

采用这种方法，除甲烷、新戊烷外，生成的低级烷基磺酸主要是叔碳、仲碳磺酸，因为叔碳、仲碳上的氢比伯碳上的氢活泼。

二、直接磺化法合成芳基磺酸

在芳环上直接引入磺酸基而生成芳基磺酸的方法称为芳烃的直接磺化法。芳环上的直接磺化法大致有三种方法，第一种是过量硫酸和发烟硫酸磺化法，第二种是共沸脱水磺化法，第三种是气体三氧化硫磺化法。

1. 过量硫酸和发烟硫酸磺化法

硫酸和发烟硫酸都可用看作是不同浓度的三氧化硫水溶液。工业硫酸有 93% 和 98% 两种浓度。98% 的硫酸可看作是三氧化硫与水摩尔比为 $1:1$ 的配合物。发烟硫酸可表示为 $H_2SO_4 \cdot xSO_3$，是三氧化硫的硫酸溶液。硫酸、发烟硫酸可按照下式进行电离：

$$2H_2SO_4 \rightleftharpoons HSO_4^- + H_2\overset{+}{O}-SO_2OH \rightleftharpoons H_2O + {}^+SO_2OH$$

$$SO_3 + H_2SO_4 \rightleftharpoons H_2S_2O_7$$

$$H_2S_2O_7 + H_2SO_4 \rightleftharpoons H_3SO_4^+ + HS_2O_7^-$$

实际上体系中存在着 SO_3、$H_2S_2O_7$、H_2SO_4、HSO_3^+、$H_3SO_4^+$ 等多种亲电质点，是不同溶剂化的 SO_3 分子，都能参加磺化反应，它们的浓度随磺化剂的浓度变化而改变。发烟硫酸中的亲电质点主要是 SO_3，浓硫酸中含有 $H_2S_2O_7$（$H_2SO_4 \cdot SO_3$），在 $80\% \sim 85\%$ 的硫酸中主要是 $H_3SO_4^+$（或 ${}^+SO_2OH$），在更低浓度的硫酸中主要是 H_2SO_4。各种质点参与磺化反应的活性差异很大，SO_3 最活泼，$H_2S_2O_7$ 次之，$H_3SO_4^+$ 最小。反应的选择性则相反。发烟硫酸的比重、熔点、沸点等随三氧化硫的含量不同而有差异。一般含三氧化硫的质量分数为 20%、40%、60%、66% 等。有人认为发烟硫酸中主要含焦硫酸 $H_2S_2O_7$（即 $H_2SO_4 \cdot SO_3$）。发烟硫酸具有强烈的吸水性、脱水性和腐蚀性。大多数芳香族化合物的磺化采用此法。用硫酸作磺化剂时，不断生成水：

$$\langle \text{苯} \rangle + H_2SO_4 \rightleftharpoons \langle \text{苯} \rangle-SO_3H + H_2O$$

由于水的生成，从而使反应体系中硫酸的浓度不断降低，致使磺化反应难以进行。而且磺化反应是可逆的，硫酸的浓度降低，逆反应相应增加，成为脱磺酸基反应。此时应加大硫酸的用量或用发烟硫酸。这种方法称为过量硫酸磺化法。使用发烟硫酸主要是利用其中的游离三氧化硫，因此也要用过量很多的磺化剂。该法应用广泛，缺点是硫酸过量多，生成的废酸多，生产能力较低。

以浓硫酸、发烟硫酸为磺化剂进行磺化反应时，影响反应的主要因素是磺化剂浓度、反应物的结构、反应温度以及催化剂等。

（1）磺化剂浓度　芳环上的磺化反应速度与硫酸的浓度密切相关。动力学研究表明，用浓硫酸作磺化剂时，磺化速度与硫酸中所含水分的浓度的平方成反比。反应中生成的水会使硫酸浓度降低，反应速度变慢。当硫酸浓度下降至一定浓度时，磺化反应停止。此时硫酸的浓度以三氧化硫的重量百分数表示，称为 π-值（临界浓度）。进行磺化反应时，所需硫酸最低量可根据硫酸浓度和 π-值来进行计算。

$$XC/100 = 80+(X-80)\pi/100, 即\ X=80(100-\pi)/(C-\pi)$$

式中，80 为三氧化硫的分子量；X 为磺化 1kg 摩尔（工程上常用的未换算数据，单位 mol/kg）的有机物时硫酸的重量；C 为磺化剂浓度（以三氧化硫计）；π 为不同有机物在不同磺化剂浓度下磺化时的临界浓度。表 5-1 列出了某些芳烃磺化的 π-值。

表 5-1 各种芳烃的 π-值

化合物	π-值	硫酸浓度/%	化合物	π-值	硫酸浓度/%
苯单磺化	66.4	78.4	萘二磺化(160℃)	52	63.7
蒽单磺化	43	53	萘三磺化(160℃)	79.8	97
萘单磺化(60℃)	56	68.5	硝基苯单磺化	82	100.1

计算实例：用含 81.6% 三氧化硫的硫酸（98%）磺化 1kg 摩尔的苯时，该种硫酸的用量是：

$$X=80(100-66.4)/(81.6-66.4)=176.8kg$$

上述计算量只表示进行磺化反应的最低用量，并不代表反应中该种硫酸的实际用量。实际生产中要得到较高收率的磺化产物，必须使用足够过量的硫酸，以保持硫酸的浓度超过 π-值。采用三氧化硫或 65% 的发烟硫酸时，磺化剂用量少，但反应体系黏度大，更容易发生多元磺化、氧化、成砜等副反应。磺化剂浓度有时对磺酸基进入的位置有影响，例如萘磺化时，浓硫酸有利于生成 α-萘磺酸，较稀的硫酸有利于生成 β-萘磺酸。因此，在进行磺化反应时，应根据具体情况选择合适浓度、合适用量的磺化剂。

（2）反应物的结构　芳环上的磺化反应属于芳环上亲电取代反应，环上取代基的性质对磺化反应有明显的影响。有邻、对位取代基的芳香化合物易于磺化，例如：

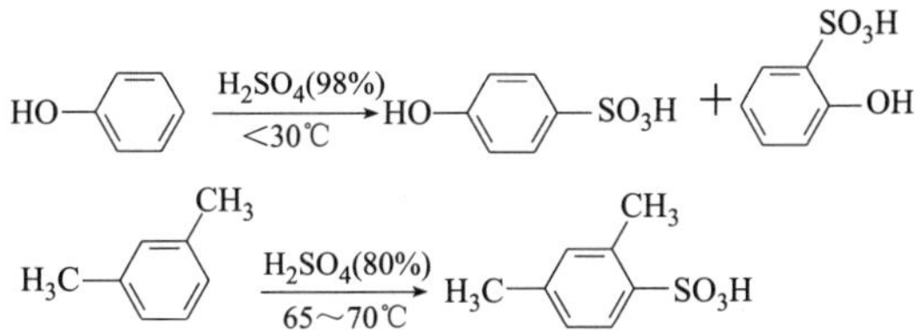

芳环上有吸电子取代基时，磺化反应较难发生，需用强磺化剂并提高反应温度，例如[6]：

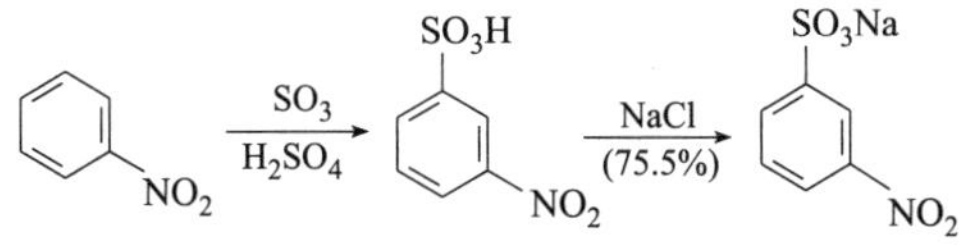

在进行多元磺化时，由于磺酸基为强吸电子基团，在引入另一个磺酸基时需要更强烈的反应条件。

苯胺的磺化，首先生成苯胺基磺酸，加热后重排生成对氨基苯磺酸或邻氨基苯磺酸。

萘容易发生磺化反应，低温磺化时主要生成 α-萘磺酸。

多数芳香杂环化合物均能顺利磺化。例如二苯并呋喃与浓硫酸一起加热，可以以 70%

的收率得到二苯并呋喃-2-磺酸（**3**）。

$$\text{（二苯并呋喃）} + H_2SO_4 \xrightarrow[\text{(70\%)}]{\triangle} \text{（二苯并呋喃-SO_3H）} \quad (3)$$

吡啶类化合物的磺化，由于吡啶环上氮原子的影响，磺酸基进入吡啶环氮原子的间位，生成吡啶-3-磺酸，但反应中需加入硫酸汞作催化剂。

$$\text{（吡啶）} + H_2SO_4\,(SO_3) \xrightarrow[230\sim240℃(81\%)]{HgSO_4} \text{（吡啶-3-SO_3H）}$$

8-羟基喹啉用发烟硫酸磺化，磺酸基引入含有羟基的苯环，生成 8-羟基喹啉-5-磺酸（**4**）[7]。

$$\text{（8-羟基喹啉）} + H_2SO_4(SO_3) \xrightarrow[(85\%)]{} \text{（8-羟基喹啉-5-SO_3H）} \quad (4)$$

异喹啉磺化生成血管扩张药盐酸法舒地尔（Fasudil hydrochloride）中间体 5-异喹啉磺酸（**5**）[8]。

$$\text{（异喹啉）} \xrightarrow[80℃(58.3\%)]{\text{发烟}H_2SO_4} \text{（5-异喹啉-SO_3H）} \quad (5)$$

（3）反应温度　磺化反应是可逆的，反应温度对磺化反应的影响非常大。温度低影响反应速度，但温度高时副反应增多，同时温度还能影响磺酸基引入的位置和异构体的比例。如：

$$\text{（苯酚）} + H_2SO_4 \begin{cases} \xrightarrow{\text{rt}} \text{（邻羟基苯磺酸）} & \text{（主）} \\ \xrightarrow{100℃} \text{（对羟基苯磺酸）} & \text{（主）} \end{cases}$$

苯酚用浓硫酸于 100℃ 磺化，90％以上为对羟基苯磺酸。

2,6-二氯苯酚是消炎镇痛药双氯芬酸钠（Diclofenac sodium）等的中间体。可以由苯酚先用硫酸磺化，首先生成对羟基苯磺酸，再进行氯代，而后水解脱去磺酸基的方法来合成，在此反应中，磺酸基起到保护基的作用[9]。

$$\text{（苯酚）} \xrightarrow[100℃]{H_2SO_4} \text{（对羟基苯磺酸）} \xrightarrow[Fe]{Cl_2} \text{（二氯-羟基苯磺酸）} \xrightarrow[(\text{总收率}60\%)]{H_2SO_4} \text{（2,6-二氯苯酚）}$$

在一定条件下，磺化反应中会发生磺酸的异构化，即磺酸基从原来的位置转移到其他位置上。在含水硫酸中，这种异构化是一个水解—再磺化的过程。在无水硫酸中则是分子内的重排反应。芳环上有邻、对位定位基时，低温有利于进入邻位，高温时有利于进入对位，甚至进入热力学稳定的间位，例如：

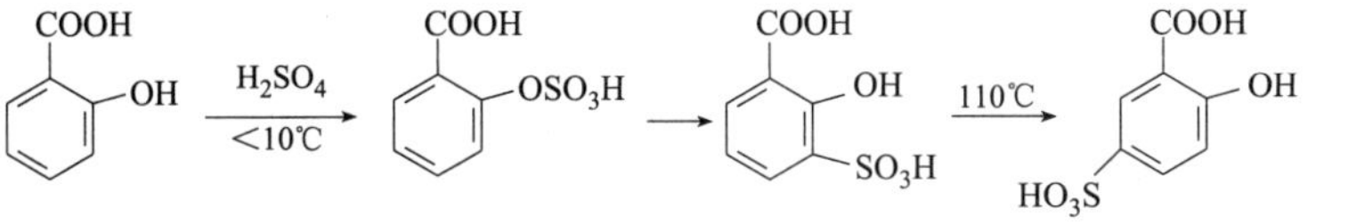

这种异构化也是一个平衡过程，并不能完全异构化，在一定条件下可以将异构体分离出来。例如：

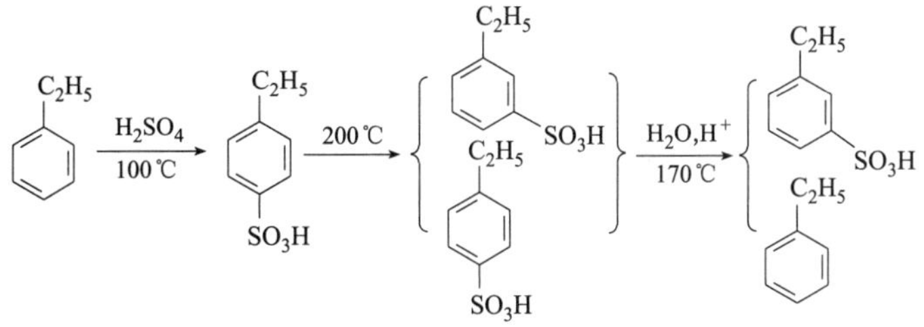

萘的磺化随着反应温度的不同，磺化产物也不同。低温（$<80℃$），主要生成 α-萘磺酸，而高温磺化，则主要生成 β-萘磺酸。原因是低温磺化时，反应是动力学控制的，电子云密度大的 α-位更容易磺化。当高温磺化时，反应属于热力学控制的，生成 β-萘磺酸是稳定的。反应中生成的 α-萘磺酸很快通过可逆反应转化为 β-萘磺酸，因此高温时萘的磺化反应生成 β-萘磺酸。这为有机合成中合成两种不同的萘磺酸提供了很好的控制方法。

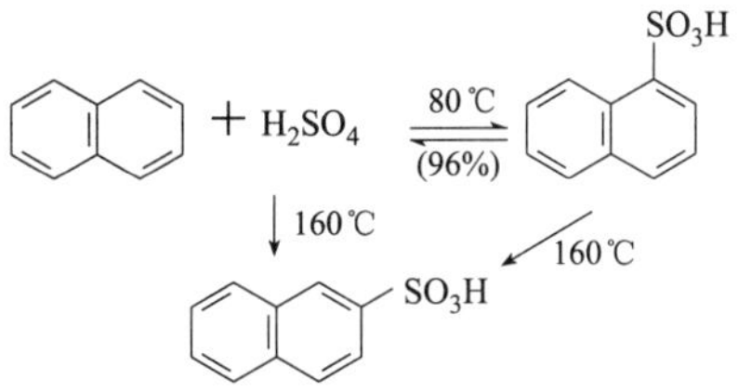

微波技术也可用于磺化反应。例如：

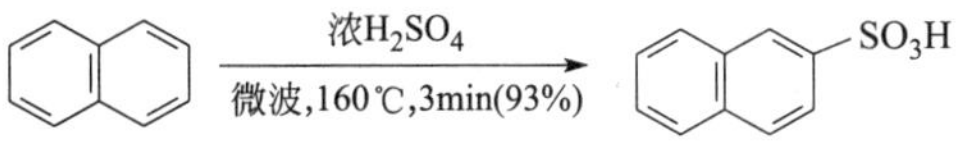

β-甲基萘的磺化反应，不同的反应温度反应产物也有十分明显的差异。

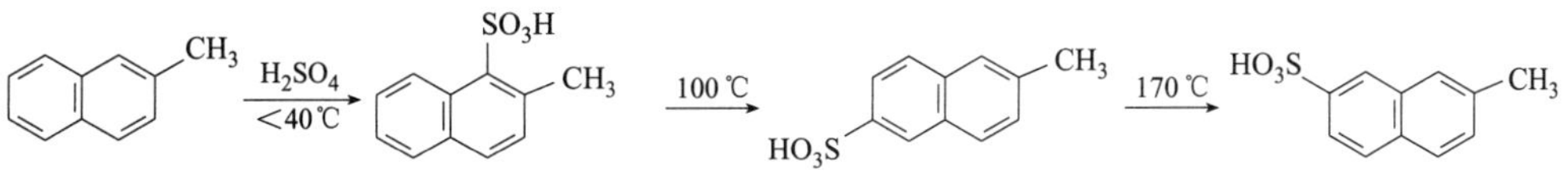

在制备多元磺酸时，常采用分段磺化法，此时可使每一磺化阶段都处在最佳反应条件，包括最佳磺化剂浓度和最佳磺化温度，从而使磺酸基引入预期的位置。例如 1,3,6-萘三磺酸的制备，分为如下阶段进行反应：

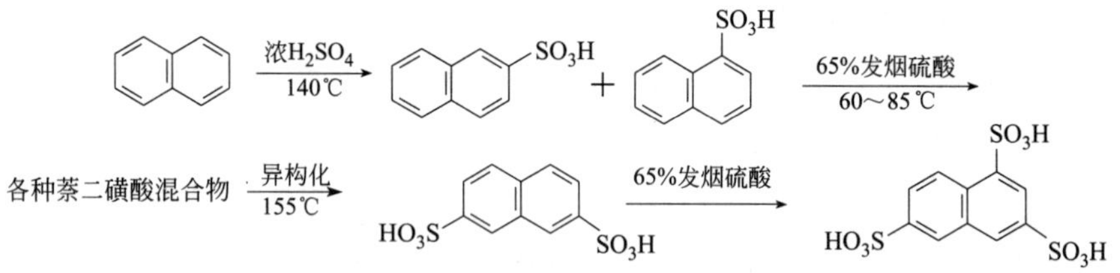

如下蒽醌类化合物用发烟硫酸磺化，反应条件不同，磺酸基引入的位置也不同。使用 40%～50%的发烟硫酸于 160℃反应，生成蒽醌-2-磺酸，当使用 20%的发烟硫酸，120℃反应，则生成蒽醌-1-磺酸[10]。

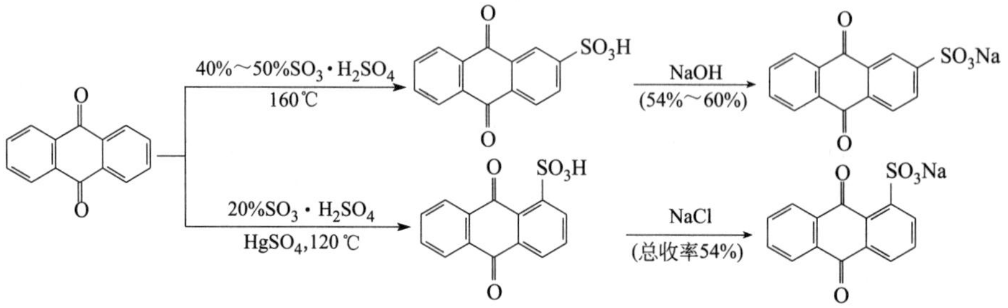

（4）催化剂　用发烟硫酸作磺化剂时，硫酸汞可影响磺酸基引入的位置，例如：

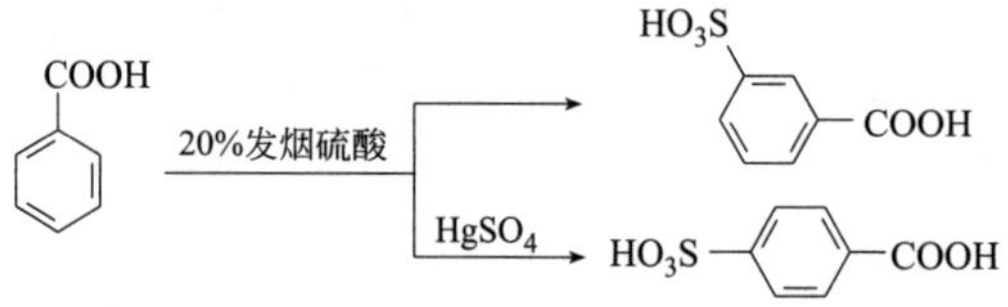

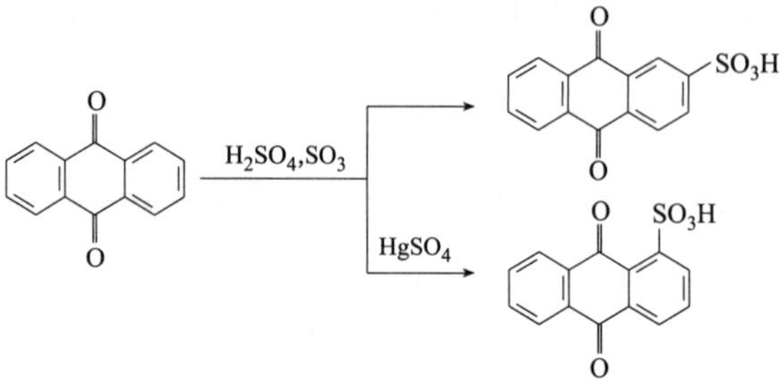

除汞盐外，钯、铊、铑等在蒽醌的磺化中，有利于磺酸基进入 α-位。但在较高温度下，汞盐等也催化了副反应氧化反应，若反应物不纯，则氧化反应更明显。

一些难以磺化的化合物，可加入催化剂以加速反应、提高收率。吡啶用硫酸或发烟硫酸于 320℃磺化时，吡啶-3-磺酸的收率很低，加入少量硫酸汞，于 240℃磺化，收率可达 81%。

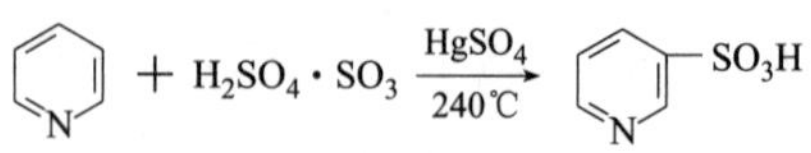

有时加入某些催化剂，可以抑制副反应。磺化时加入无水硫酸钠或乙酸酐，可抑制砜的产生，萘酚磺化时加入硫酸钠可抑制氧化反应。

2. 共沸脱水磺化法

这种方法是利用磺化反应的可逆性，不断蒸出反应中生成的水，促使反应向正反应方向进行的磺化方法。例如，将过量 6～8 倍的过热苯蒸气通入 120～180℃ 的硫酸中进行磺化，利用共沸原理由未反应的苯将反应中生成的水带出。采用此法磺化剂浓度不会降低太多，硫酸的利用率较高。蒸出的苯蒸气和水蒸气冷却后回收苯，回收的苯干燥后可循环使用。该法又称为气相磺化法。但该方法只适用于沸点较低的芳烃，例如苯、甲苯、氯苯等。抗痛风药丙磺舒（Probenecid）、抗菌药甲砜霉素（Thiamphenicol）等的中间体对甲基苯磺酸[11]，可以采用这种方法来合成，反应中使用分水器，采用甲苯共沸脱水，甲苯可循环使用。

$$H_3C-\text{〇}+H_2SO_4 \xrightarrow{(82.5\%)} H_3C-\text{〇}-SO_3H \cdot H_2O$$

2,5-二氯苯磺酸钠的合成也是在反应中不断蒸出生成的水，收率 80%。

$$\text{〇}+H_2SO_4 \longrightarrow \text{〇} \xrightarrow[(80\%)]{NaCl} \text{〇}$$

3. 三氧化硫磺化法

三氧化硫又称为硫酸酐，气态时为单体，液态时为单体和三聚体的平衡体系。固态时为三聚体。三聚体有 α、β、γ 三种变体，熔点分别为 62.5℃、32.5℃、16.8℃。三氧化硫是最强的磺化剂。

$$\text{〇}+SO_3 \longrightarrow \text{〇}-SO_3H$$

磺化时不生成水，用量接近理论量。反应迅速、三废少。但因为反应活性高而发生成砜副反应。随着先进设备和相应技术的发展，采用三氧化硫为磺化剂的工艺越来越多。例如表面活性剂十二烷基苯磺酸钠的合成。

用三氧化硫磺化时，主要有如下几种磺化方法。

（1）气体三氧化硫磺化法　十二烷基苯磺化时采用此法。将三氧化硫气化，通入十二烷基苯中，属于气相反应。对生产设备和工艺条件都有严格的要求。十二烷基苯磺酸钠是用途广泛的阴离子表面活性剂。

$$H_{25}C_{12}-\text{〇} \xrightarrow{SO_3} H_{25}C_{12}-\text{〇}-SO_3H \xrightarrow{NaOH} H_{25}C_{12}-\text{〇}-SO_3Na$$

该方法的优点是反应中不生成水，无大量废酸生成；磺化能力强，反应速度快；收率高，接近理论量，成本低；产品质量高，杂质少。但缺点是设备要求高，反应的热效应大，不易控制，容易发生多元磺化及氧化副反应。为了减少副反应的发生，反应中常常将三氧化硫用干燥的空气稀释至浓度 10% 以下，而后通入磺化物中进行磺化。

（2）液体三氧化硫法　这种方法磺化能力强，一般不产生废酸，收率较高，后处理也比较简单，有诸多优点。缺点是副产物砜容易生成，因而往往用于不活泼的液态芳烃的磺化，而且生成的磺酸在反应条件下也是液体的芳烃的磺化。例如硝基苯的磺化合成间硝基苯磺酸钠。

$$\text{〇}+SO_3(液体) \longrightarrow \text{〇} \xrightarrow{NaOH} \text{〇}$$

将稍过量的液体三氧化硫加入硝基苯中，于 95～120℃反应完后，稀释，用氢氧化钠中和，得到间硝基苯磺酸钠。

（3）三氧化硫溶剂法　用三氧化硫进行磺化，有时可以采用溶剂法，所用溶剂有无机溶剂和有机溶剂两类。无机溶剂主要是硫酸和液体二氧化硫。磺化时在有机物中加入少量硫酸（重量比约 10%），而后通入三氧化硫气体或三氧化硫液体进行磺化。这种方法可代替一般的发烟硫酸法。例如 1,5-萘二磺酸的合成。先将萘溶于浓硫酸中，再室温通入三氧化硫气体，1,5-萘二磺酸的收率约 75%。

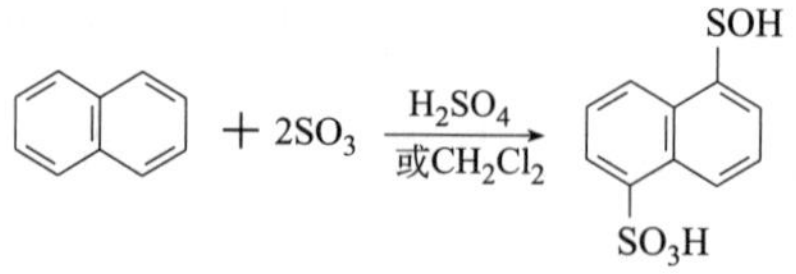

有机溶剂主要有二氯甲烷、1,2-二氯乙烷、硝基苯、硝基甲烷、石油醚等。所选溶剂应能溶解被磺化的有机物，而且对三氧化硫的溶解度比较大。有机物稀释后，有利于减少副反应的发生。

（4）三氧化硫配合物法　三氧化硫可以与吡啶、二氧六环、三甲胺、DNF 等配位，用这些配合物作磺化试剂，有其独特的优点。

用三氧化硫时可以制成三氧化硫-二氧六环体系，使用比较方便。制备方法如下：于安有蒸馏装置的 500mL 蒸馏瓶中，加入 50% 的发烟硫酸 200mL，于 50～80℃蒸馏。将生成的三氧化硫气体通入盛有 300mL 1,2-二氯乙烷、88g(1.0mol) 二氧六环的接受瓶中，接受瓶控制在 0℃以下，直至增重 80g，停止通气，摇动至无三氧化硫烟雾。例如如下化合物的合成：

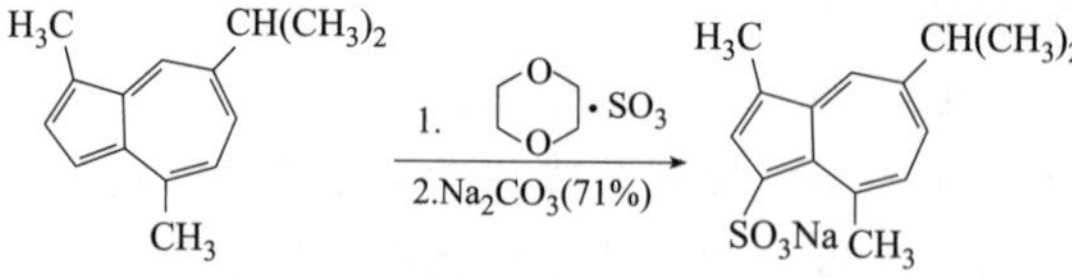

（5）也可以使用 SO_3-吡啶磺化法。三氧化硫-吡啶是一种复合物（Py-SO_3），制备方法如下：干燥反应瓶中加入吡啶 79g(1.0mol)、无水三氯甲烷 500mL，搅拌下于 1h 内滴加氯磺酸 116.5g(1.0mol)。加完后析出白色固体，用无水三氯甲烷洗涤，干燥，得产物 192g(89%)，mp160～165℃。这种复合物是一种固体物，使用比较方便。例如抗菌药卡芦莫南（Carumonam）中间体顺式-3-氨基-4-氨甲酰氧甲基-2-氮杂环丁酮-1-磺酸（**6**）[12]的合成。

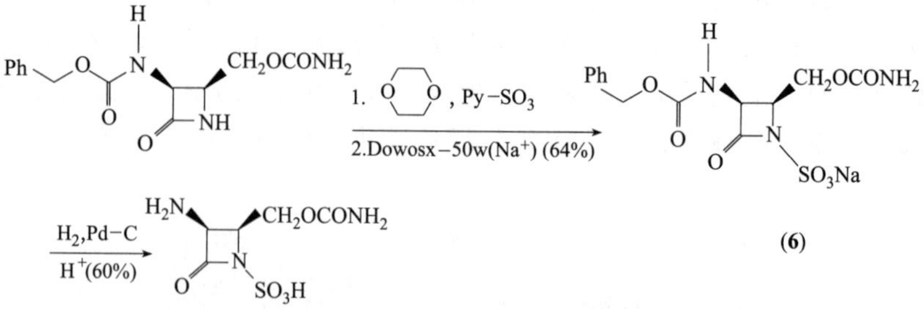

除了上述几种有机配合物外，三氧化硫还可以吸附于氟石、硅酸盐、硅胶、钛-硅酸盐、

硅酸硼、黏土、磷酸铝等生成无机载体上，用它们作磺化剂，反应条件温和、选择性高、副反应少，后处理简单，适用于实验室合成。

三、焙烘磺化法

芳香伯胺的酸式硫酸盐在高温下焙烘，生成氨基磺酸。磺酸基进入氨基的对位，若对位有其他取代基，可进入氨基的邻位。其实这是一种重排反应，称为氨基苯磺酸重排。

苯胺与浓硫酸在 185℃ 反应生成对氨基苯磺酸（**7**）[13]，其为抗菌药 2-磺胺吡啶（Sulfapyridine）等的中间体，也用作有机合成催化剂。

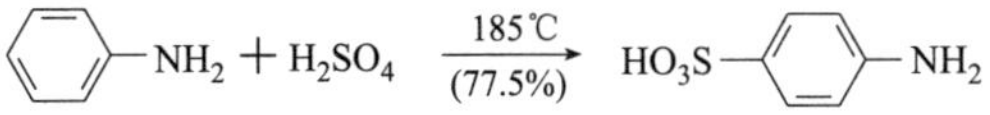

(**7**)

反应机理如下：

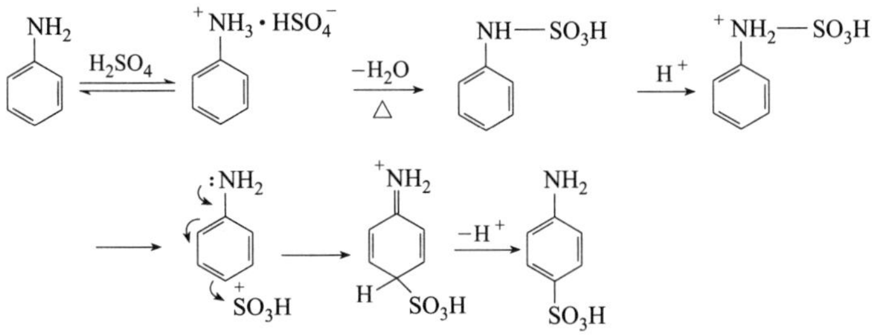

显然，该重排反应属于分子间重排反应。

还有另外一种解释，认为该重排反应属于分子内重排。过程如下：

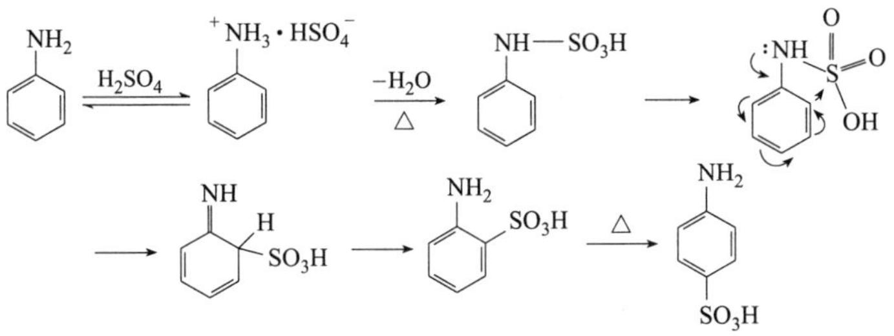

反应中生成的氨基磺酸分子中的硫原子带有正电性，在加热的情况下可以作为亲电试剂进攻苯胺氨基的邻位，生成邻氨基苯磺酸，后者在高温下转位，生成热力学稳定的对氨基苯磺酸。

氨基磺酸是一种内盐（$H_3\overset{+}{N}$—⬡—SO_3^-），微溶于水，但可溶于酸和碱。

芳环上的取代基性质对重排反应有影响，一般含有邻、对位定位基的苯或萘衍生物更容易发生该重排反应。

烘焙法制备氨基磺酸的最大优点是仅使用理论量的硫酸。不像普通的磺化反应那样，使用过量的浓硫酸或发烟硫酸，反应后生成大量的废酸。

烘焙法的另一特点是生成的产物收率高，几乎是定量的。反应温度影响邻、对位的比例。例如：

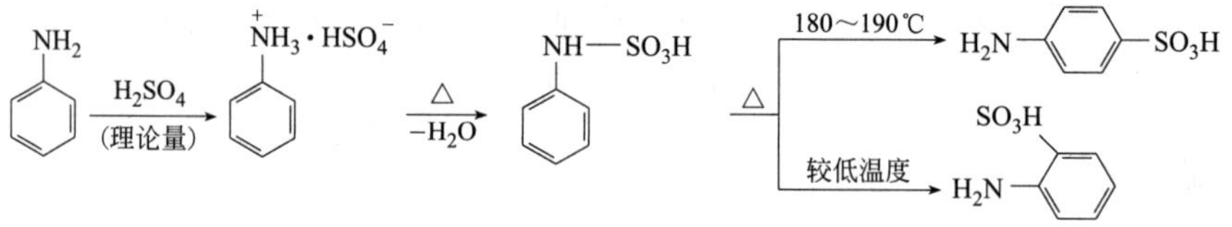

萘胺也可以发生该类反应。有机合成、新药开发中间体 1-氨基-4-萘磺酸的合成如下[14]，其钠盐可作为亚硝酸盐和碘中毒的解药。

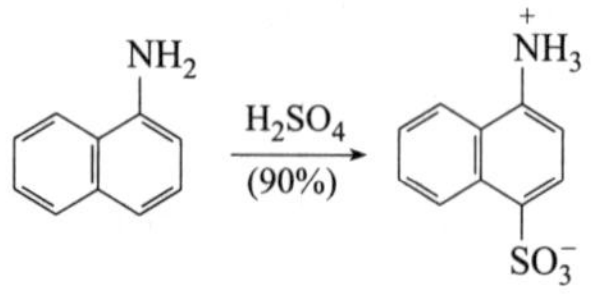

发生该类重排反应时，可以使用浓硫酸，也可以使用氯磺酸。使用氯磺酸的特点是反应温度较低，可以得到邻氨基苯磺酸类化合物。高血压病治疗药二氮嗪（Diazoxide）等的中间体邻氨基苯磺酸的合成[15]，重排反应在 145℃进行。

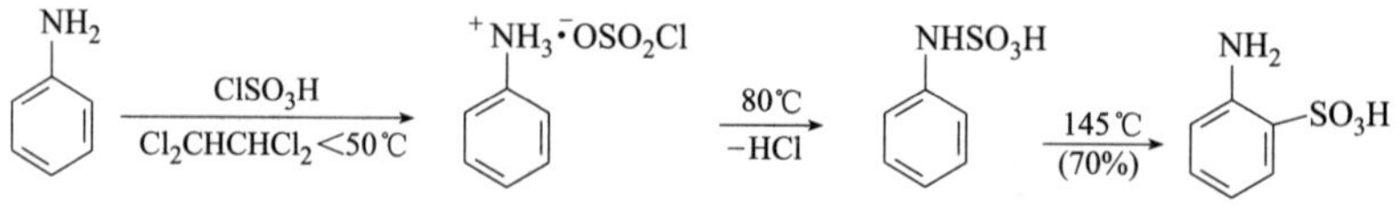

又如如下反应：

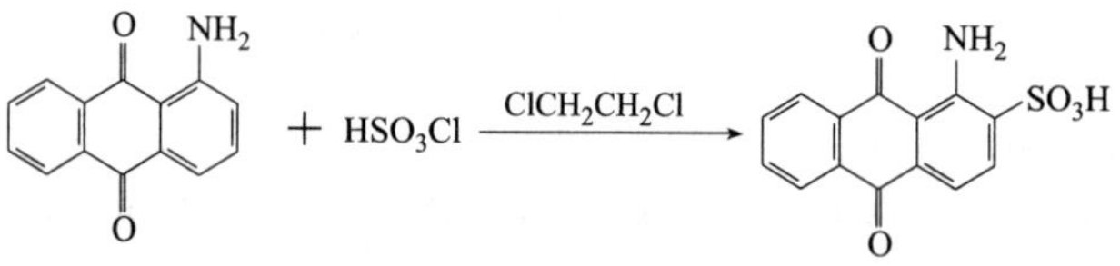

近年来，微波技术用于烘焙法制备氨基芳磺酸的报道不断涌现。例如苯胺与硫酸于 200～250℃微波照射 40min，对氨基苯磺酸的收率为 78%～80%。

焙烘磺化法常在减压、高温（160～180℃）下进行，将生成的水及时除去，减少与空气接触而造成的氧化，收率可达 95% 以上。也可在溶剂中进行重排反应，如硫酸、四氯乙烷等。

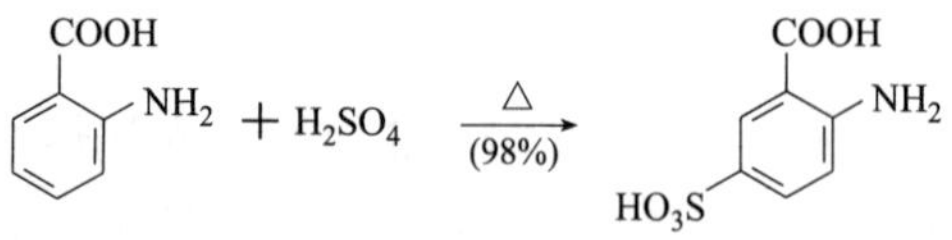

四、氯磺酸磺化法

氯磺酸（$ClSO_3H$）可以看作是 $SO_3 \cdot HCl$ 的配合物，mp-80℃，bp152℃。达到沸点附近时分解为三氧化硫和氯化氢。氯磺酸的磺化能力很强，仅次于 SO_3。氯磺化反应分两步进行。

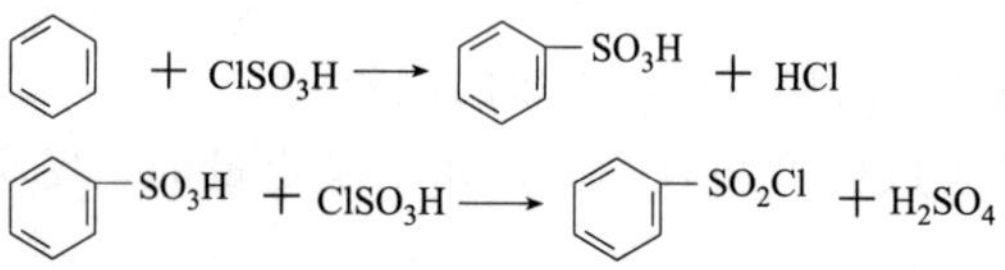

　　第一步引入磺酸基，第二步是在过量的氯磺酸作用下酰氯化。因此，要制备芳磺酰氯，至少要用 $2.5 \sim 3$ 分子的氯磺酸。但萘和其他一些稠环化合物，不能用此法来制备一磺酰氯，因为它们往往在进行第二步酰氯化之前便发生了多磺酸化反应。

　　镇痛药帕瑞昔布（Parecoxib）中间体 1-苯基-2-(4-磺酸基苯基）乙酮（**8**）[16] 的合成如下。

$$\tag{8}$$

　　氯磺酸磺化的特点是反应温度低、可同时进行磺化和酰氯化。控制氯磺酸的用量，可制备芳磺酸或芳酰氯，例如：

　　在有机溶剂中，苯胺与氯磺酸反应，磺酸基进入氨基的邻位。

第三节　间接磺化法

　　间接磺化法是指将其他基团通过相应反应转换成磺酸基的方法。

一、硫氰酸酯的氧化

　　卤代烃、硫酸酯、磺酸酯等与硫氰化钠（钾）反应，生成硫氰酸酯，后者氧化生成磺酸。

$$RBr + NaSCN \xrightarrow{C_2H_5OH} RSCN + NaBr$$

$$3RSCN + 11HNO_3 \longrightarrow 3RSO_3H + 3CO_2 + 14NO + 4H_2O$$

例如局部麻醉药甲磺酸罗哌卡因（Ropivacaine mesylate）等的中间体甲基磺酸的合成。

$$KSCN + (CH_3)_2SO_4 \longrightarrow CH_3SCN \xrightarrow[(49\%)]{HNO_3} CH_3SO_3H + CO_2 + NO + H_2O$$

二、硫醇及二硫化物的氧化

　　伯硫醇可被硝酸等氧化剂氧化生成相应的磺酸。例如制剂助剂，乳化剂十二烷基磺酸钠的合成[17]。

$$CH_3(CH_2)_{10}CH_2SH \xrightarrow[2.\ NaOH(75\%)]{1.\ HNO_3} CH_3(CH_2)_{10}CH_2SO_3Na$$

　　硫醇或二硫化物在水中通入氯气进行氯氧化，可生成磺酰氯。例如：

$$n\text{-}C_{16}H_{33}SH + 3Cl_2 + 2H_2O \xrightarrow[35℃(95\%)]{CCl_4} n\text{-}C_{16}H_{33}SO_2Cl + 5HCl$$

又如降压药二氮嗪（Diazoxide）中间体邻硝基苯磺酰氯的合成[18]。

$$\xrightarrow[HNO_3,HCl(84\%)]{Cl_2} 2$$

三、活泼卤原子被磺酸基取代

含活泼卤原子的化合物，与亚硫酸钠水溶液反应，卤素原子可以被取代生成相应的磺酸钠盐。卤素原子的反应活性为：I＞Br＞Cl，脂肪族卤化物可以进行反应，芳环上连有吸电子基团的卤代物也容易被取代，特别是卤素原子邻、对位上连有吸电子基团时更容易发生反应。反应机理属于亲核取代。

$$CH_2=CHCH_2Cl + Na_2SO_3 \xrightarrow{H_2O} CH_2=CHCH_2SO_3Na + NaCl$$

牛磺酸（Taurine）等的中间体 2-溴乙磺酸钠的合成如下[19]。

$$BrCH_2CH_2Br + Na_2SO_3 \xrightarrow[(75\%\sim80\%)]{EtOH,H_2O} BrCH_2CH_2SO_3Na + NaBr$$

抗偏头痛药舒马曲坦（Sumatriptan）中间体 4-硝基苯甲磺酸钠的合成[20]。

芳环上的卤素原子也可以被取代。例如

消炎镇痛药替诺西康（Tenoxicam）中间体 3-磺酸基噻吩-2-磺酸（9）[21] 的合成如下。

四、S-烃基硫脲氯氧化

S-烃基硫脲在溶剂中通入氯气，可生成磺酰氯。例如：

$$n\text{-}C_{16}H_{33}SO_2Cl + H_2NCONH_2 \cdot HCl + CH_3COCl + HBr$$

五、羟基磺酸盐

醛、脂肪族甲基酮以及脂肪族环酮与亚硫酸氢钠加成生成 α-羟基磺酸钠。甲基酮的反应随着羰基相连的烃基体积的增大而变得困难。许多酮酸酯如丙酮酸酯、乙酰乙酸乙酯等也可以发生反应。生成的 α-羟基磺酸钠很多以结晶的形式析出。

例如药物新胂凡钠明（Neoarsphenamine）、异菸肼甲烷磺酸钠（Isoniazid methanesulfonic sodium）等的中间体羟甲基磺酸钠的合成[22]。

$$CH_2O + NaHSO_3 \longrightarrow HOCH_2SO_3Na$$

环氧乙烷衍生物与亚硫酸钠水溶液反应，环氧环开裂，生成 β-羟基磺酸盐，例如：

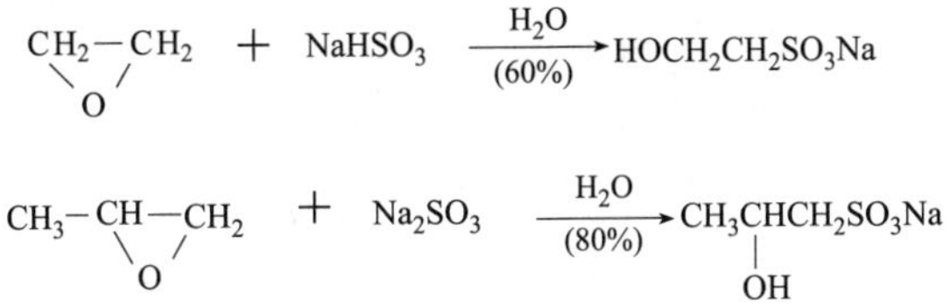

第四节 磺酰氯

有机化合物分子中的氢被氯磺酰基（—SO$_2$Cl）所取代生成磺酰氯的反应称为氯磺化反应。脂肪族化合物和芳香族化合物都可以发生氯磺化反应。磺酰氯性质活泼，是重要的有机合成中间体，在药物合成中应用广泛。

磺酰氯容易发生水解、醇解、氨解等一系列反应，生成相应的化合物，也可发生磺酰基基化反应生成砜、还能被还原生成亚磺酸或硫酚（表 5-2）。

表 5-2 芳磺酰氯（$ArSO_2Cl$）的主要化学反应

反应试剂	产物结构式	产物名称	反应试剂	产物结构式	产物名称
NH_3	$ArSO_2NH_2$	芳磺酰胺	ROH（碱）	$ArSO_2OR$	芳基磺酸酯
RNH_2	$ArSO_2NHR$	N-烷基芳磺酰胺	Na_2SO_3	$ArSO_2H$	芳基亚磺酸
Ar^1NH_2	$ArSO_2NHAr^1$	N-芳基芳磺酰胺			
$Ar^1H（AlCl_3）$	$ArSO_2Ar^1$	二苯基砜	$Zn，HCl（Sn，HCl）$	$ArSH$	硫酚

磺酰氯在药物合成中，特别是磺胺类药物合成中应用广泛。急性骨髓性白血病治疗药安吖啶（Amsacrine）(**10**)[23] 原料药分子中含有甲基磺酰胺的结构单元。

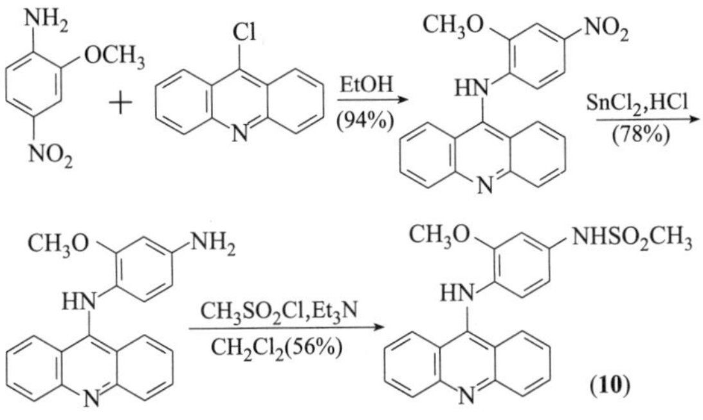

常用的氯磺化试剂有氯磺酸、二氧化硫和氯气的混合物，磺酸用氯磺酸、五氯化磷、三氯氧磷、氯化亚砜、硫酰氯等处理也可以生成磺酰氯。

一、Reed 光化学氯磺化反应

烷烃可用二氧化硫和氯气（或臭氧）的混合物作氯磺化剂，生成烷基磺酰氯。反应通常是在紫外光照射或自由基引发剂作用下进行的，称为 Reed 反应或 Reed 光化学氯磺化反应。反应一般在 20～30℃进行，显然属于自由基型反应。

$$RH + SO_2 + Cl_2 \longrightarrow RSO_2Cl + HCl$$

反应机理如下：

$$Cl_2 \xrightarrow{h\nu} 2Cl\cdot$$

$$-CH_2- + Cl\cdot \longrightarrow -\dot{C}H- + HCl$$

$$SO_2 + Cl_2 \longrightarrow SO_2Cl_2$$

$$-\dot{C}H- + SO_2Cl_2 \longrightarrow \underset{\underset{}{|}}{\overset{\overset{SO_2Cl}{|}}{-CH-}} + Cl\cdot$$

也可能是按如下方式进行的。

$$Cl_2 \xrightarrow{h\nu} 2Cl\cdot$$

$$-CH_2- + Cl\cdot \longrightarrow -\dot{C}H- + HCl$$

$$-\dot{C}H- + SO_2 \longrightarrow \underset{\underset{}{|}}{\overset{\overset{\cdot SO_2}{|}}{-CH-}}$$

$$\underset{\underset{}{|}}{\overset{\overset{\cdot SO_2}{|}}{-CH-}} + Cl_2 \longrightarrow \underset{\underset{}{|}}{\overset{\overset{SO_2Cl}{|}}{-CH-}} + Cl\cdot$$

当然，反应中碳自由基也可以与氯结合生成含氯化合物。氯磺化聚乙烯是一种重要的弹性体，是由聚乙烯用二氧化硫和氯气进行自由基型氯磺化反应来制备的。

该方法使不活泼的烷烃分子中引入了活泼的磺酰氯基团，为合成重要的化工中间体开辟了一条新途径。该方法的不足之处是二氧化硫必须过量，因为未反应的二氧化硫会随着尾气排出。反应中有氯化产物生成。加大二氧化硫的用量可以抑制氯化物的生成。

Reed 反应的特点是伯碳原子上的氢比仲碳原子上的氢容易反应，叔碳原子上的氢则完全不起反应。本反应也可以用化学引发剂来引发。

二、芳环上的氯磺化反应

芳烃的氯磺化通常使用氯磺酸，一般反应温度不高。

$$C_6H_6 + 2ClSO_3H \longrightarrow C_6H_5SO_2Cl + HCl + H_2SO_4$$

实际上反应中首先与一分子氯磺酸反应生成苯磺酸，后者接着与第二分子的氯磺酸反应生成苯磺酰氯，因此，使用氯磺酸作氯磺化试剂时，氯磺酸至少需要过量一倍以上。

芳环上原有的取代基性质对引入氯磺酰基的反应活性和位置有影响。邻、对位取代基使反应容易进行，并使氯磺酰基引入邻、对位；间位定位基使反应难以进行，并使氯磺酰基引入间位。

临床上用作止吐剂、抗胃肠功能紊乱药和抗精神药左舒必利（Levosulpiride）中间体。2-甲氧基-5-氨磺酰基苯甲酸（**11**）[24] 的合成如下。

又如利尿药美托拉宗（Metolazone）中间体 2-氯-5-甲基-4-乙酰氨基苯磺酰胺（**12**）[25] 的合成。

$$(12)$$

香兰素等的中间体间硝基苯磺酰氯的合成如下[26]。

三、磺酸及其盐的酰氯化

磺酸或磺酸盐用氯磺酸、五氯化磷、三氯化磷、三氯氧磷、氯化亚砜等处理也可以转化为相应的磺酰氯，反应中磺酸基中的羟基被氯原子取代。

血管扩张药盐酸法舒地尔（Fasudil hydrochloride）原料药（**13**）[27] 的合成中，其中的磺酰氯是由相应磺酸与氯化亚砜反应生成的。

又如用于慢性粒细胞白血病慢性期的缓解治疗药物白消安（Busulfan，Myleran）、预防和治疗疟疾药物阿的平（Meparcrine，Quinacrine）等的中间体甲基磺酰氯的合成。

$$CH_3SO_3H + SOCl_2 \xrightarrow[(71\%\sim83\%)]{} CH_3SO_2Cl + SO_2 + HCl$$

磺酸的钠盐、钾盐等也很容易转化为相应的磺酰氯。对于磺酸盐，则可能是先转化中为磺酸，而后再转化为相应的磺酰氯，也可能是先失去氯化钠（钾）等无机盐再生成磺酰氯。由于磺酸盐溶解性差，常采用溶剂法。常用的溶剂有苯、甲苯、氯代苯、氯仿、二氯甲烷、四氯化碳等，基本原则是生成的磺酰氯要溶于有机溶剂中，以便于磺酰氯的分离。对于液体氯化试剂也可以直接用其既作氯化剂又作反应溶剂。

抗精神病药氯普噻吨（Chlorprothixene）、轻、中度成年型糖尿病治疗药物氯磺丙脲（Chlorpropamide）等的中间体对氯苯磺酰氯的合成如下。

又如除草剂安磺灵（Oryzalin）原料药（**14**）[28] 的合成。

偏头痛治疗药舒马曲坦（Sumatriptan）、纳拉曲坦（Naratriptan）等中间体（**15**）[29] 的合成如下。

$$CH_2Br \xrightarrow[\text{(90\%)}]{Na_2SO_3, MeOH} CH_2SO_3Na \xrightarrow[\text{2.CH}_3NH_2(76\%)]{\text{1.PCl}_5,Tol} CH_2SO_2NHCH_3 \quad (15)$$

◆ 参考文献 ◆

[1] 孙昌俊, 曹晓冉, 王秀菊. 药物合成反应——理论与实践. 北京: 化学工业出版社, 2007: 182.

[2] 刘秀娟, 厉连斌, 姚菊英等. 江西教育学院学报. 2006, 27 (3): 16.

[3] 林原斌, 刘展鹏, 陈红飙. 有机中间体的制备与合成. 北京, 科学出版社, 2006: 662.

[4] 李贤坤, 樊维, 吴勇. 华西药学杂志, 2011, 26 (4): 313.

[5] Rondeslvedt C S, Bordwell F G, Org synth, 1963, Coll Vol 4: 846.

[6] 陈继新, 王芳. 吉林化工学院学报, 2004, 21 (2): 9.

[7] 孙昌俊, 曹晓冉, 王秀菊. 药物合成反应——理论与实践. 北京: 化学工业出版社, 2007: 181.

[8] 张朋, 王飞虎, 范兴山. 山东化工, 2012, 41 (5): 25.

[9] 孙昌俊, 曹晓冉, 王秀菊. 药物合成反应——理论与实践. 北京: 化学工业出版社, 2007: 172.

[10] Furniss B S, Hannaqford A J, Rogers V, et al. Vogel's Textbook of Practical Organic Chemistry. Fouth Edition, Longman London and New York, 1978: 644.

[11] 段行信. 实用精细有机合成手册. 北京: 化学工业出版社, 2000: 248.

[12] Kishimoto S, et al. Chem Pharm Bull, 1984, 32: 2646.

[13] Furniss B S, Hannaford A J, Rogers V, et al. Vogel's Textbook of Practical Chemistry. Fourth Edition, Longman London and New York, 1978: 679.

[14] 韩广甸, 范如霖, 李述文. 有机制备化学手册(上). 北京: 化学工业出版社, 1985: 196.

[15] 段行信. 实用精细有机合成手册. 北京: 化学工业出版社, 2000: 249.

[16] 王凯, 徐泽彬, 宋率华等. 中国医药工业杂志. 2013, 44 (12): 1207.

[17] 孙昌俊, 曹晓冉, 王秀菊. 药物合成反应——理论与实践. 北京: 化学工业出版社, 2007: 175.

[18] 孙昌俊, 曹晓冉, 王秀菊. 药物合成反应——理论与实践. 北京: 化学工业出版社, 2007: 173.

[19] 赵平, 欧莉, 王建塔. 贵州医学院学报. 2006, 31 (6): 589.

[20] 王绍杰, 赵存良, 杨卓等. 中国药物化学杂志, 2008, 18 (6): 442.

[21] Binder D, Hromatka O, Geissler F, et al. J Med Chem, 1987, 30 (4): 678.

[22] 王强, 陈冬梅. 洛阳理工大学学报, 2005, 15 (3): 14.

[23] 陈冰, 高凡, 冬海洋等. 中国医药工业杂志, 2015, 46 (9): 950.

[24] 韩长日, 明文昱, 王昌明等. 中国医药工业杂志, 1991, 22 (7): 320.

[25] 陈国良. 沈阳药科大学学报, 2004, 21 (2): 109.

[26] Soma S, Srikanth K, Sachandra B, et al. Bioorganic & Medicinal Chemistry, 2004, 12 (6): 1413.

[27] 陈仲强, 李泉. 现代药物的合成与制备: 第二卷. 北京: 化学工业出版社, 2011: 400.

[28] 孙昌俊, 陈再成, 王义贵等. 山东化工, 1992, 3: 15.

[29] 张雪峰, 王兴涌, 杨志林等. 中国医药工业杂志, 2009, 40 (6): 410.

第六章 烃基化反应

烃基化反应（Hydrocarbylation reaction）是指有机物分子中的碳、氮、氧、硫、磷、硅等原子上引入烃基的反应。引入的烃基可以是烷基、烯基、炔基、芳基以及带有各种取代基的烃基。例如卤甲基、羟甲基、氰乙基、羧甲基等。

在有机合成中，碳、氧、氮、硫原子上的烃基化是最常见的烃基化反应。可以发生烃基化反应的化合物有醇类、酚类、羧酸类、胺类、芳烃类、活泼亚甲基类化合物等。可以使这些化合物发生烃基化反应的试剂称为烃基化试剂。常用的烃基化试剂有卤代烃、磺酸酯、硫酸酯、醇、环氧化合物、烯、重氮甲烷、有机金属试剂等。

烃基化反应有多种不同的分类方法，可以按照反应机理进行分类，可以按照被烃基化的中心原子分类（O、N、S、C 的烃基化），也可以按照烃基化试剂的类型来分类。本章以烃基化试剂的类型为主要的分类方法，介绍氧、氮、硫、碳等原子上的烃基化反应。

第一节 卤代烃类烃化剂

卤代烃是最常用的一类烃基化试剂，卤代烃可以是脂肪族卤代烃，也可以是芳香族卤代烃。以卤代烃为烃基化试剂，可以进行氧、硫、氮、碳等原子上的烃基化反应，分别生成相应的烃基化产物。

一、氧原子上的烃基化反应

氧原子上的烃基化反应，包括卤代烃与醇、酚、羧酸及水（卤代烃的水解）等的反应。

1. 醇与卤代烃的反应

醇与卤代烃在碱性条件下反应生成醚，该反应称为 Williamson 反应，这是合成混合醚的常用方法。

$$R-OH + R'X \longrightarrow R-O-R' + HX$$

醇与脂肪族卤代烃的反应，属于卤代烃的亲核取代反应。根据卤代烃的结构，可按 S_N1 或 S_N2 机理进行。S_N2 反应机理如下：

$$RO^- + R'-\overset{\delta^+}{C}H_2 \overset{\delta^-}{-}X \longrightarrow \left[\overset{R'}{\underset{H}{\overset{\delta^-}{RO}\text{---}\overset{|}{C}\text{---}\overset{\delta^-}{X}}} \right] \longrightarrow RO-CH_2-R' + X^-$$

烷氧基负离子从卤素原子的背面进攻与卤素原子相连的碳原子，新键的形成与旧键的断裂同时进行生成醚类化合物。S_N2 反应的速度与反应物卤代烃和烷氧基负离子的浓度有关。

S_N1 反应机理如下：

反应中 C-X 键断裂生成碳正离子，后者与醇反应生成醚，反应速度只与卤代物的浓度有关。

卤代烃的结构对烃基化反应的活性影响较大。对于脂肪族卤代烃而言，烃基相同时，不同卤素的卤代烃活性次序为：RI＞RBr＞RCl＞RF，应用较广泛的是氯代烃和溴代烃。

卤代烃的烃基结构主要通过电子效应和立体效应影响亲核取代反应的活性。在 S_N1 反应中，决定反应速度的步骤是 C-X 键断裂形成碳正离子。因此，凡是能促进碳正离子形成以及使其稳定的因素都有利于按 S_N1 机理进行，给电子的电子效应有利于碳正离子的稳定。不同碳正离子的相对稳定性次序是：

$$\overset{+}{Ph}CHR > CH_2=CH-\overset{+}{C}HR > (CH_3)_3\overset{+}{C} > (CH_3)_2\overset{+}{C}H > CH_3\overset{+}{C}H_2 > \overset{+}{C}H_3$$

在 S_N2 反应中，反应速率决定于过渡态的稳定性，因此，有利于 S_N2 过渡态稳定的因素有利于按 S_N2 机理进行。在过渡态的形成中与卤素相连的碳原子由四面体结构变为更加拥挤的三角双锥结构，因此在卤代烃分子中烃基的空间位阻对反应的影响很大。不同烃基的卤代烃发生 S_N2 反应的活性次序为：CH_3X＞伯卤＞仲卤＞叔卤。综上所述，卤代烃发生亲核取代反应的相对活性规律是：

$$\xrightarrow{\quad S_N1\text{ 增大}\quad}$$
$$RX：CH_3X，伯卤、仲卤、叔卤化物$$
$$\xleftarrow{\quad S_N2\text{ 增大}\quad}$$

一般情况下甲基卤、伯卤代物按 S_N2 机理进行反应，叔卤代物按 S_N1 机理进行，仲卤代物居中，可按 S_N2 也可按 S_N1 机理，或既按 S_N2 又按 S_N1 机理进行，主要视反应条件而定。

苄基卤或烯丙基卤进行 S_N1 和 S_N2 反应都有利，都有很高的反应活性。例如外用抗真菌药硝酸芬替康唑原料药（**1**）的合成[1]。

卤原子连在桥环化合物的桥头碳原子上时，虽是叔卤代物，但其非常稳定，卤原子难以被取代。既难发生 S_N1 反应，也难发生 S_N2 反应。

在碱性条件下，叔卤代烷很容易发生消除反应，而且生成的碳正离子很容易和溶剂分子等反应生成副产物。因此在 Williamson 反应中一般不用叔卤代物，并且尽量使反应按 S_N2 机理进行。

利用此法合成醚类化合物时，一般选用伯卤代烃。若将仲、叔醇首先制备成醇钠，再与伯卤代烃反应，则可制备仲、叔烃基醚。

$$(CH_3)_3C-ONa+C_2H_5Br \longrightarrow (CH_3)_3C-O-C_2H_5+NaBr$$

但三苯基氯甲烷虽是叔卤代物，本身不能发生消除反应，在中性或弱碱性条件下，可按 S_N1 机理与伯醇进行反应，三苯基氯甲烷在糖化学合成中常用来保护糖的伯羟基。例如：

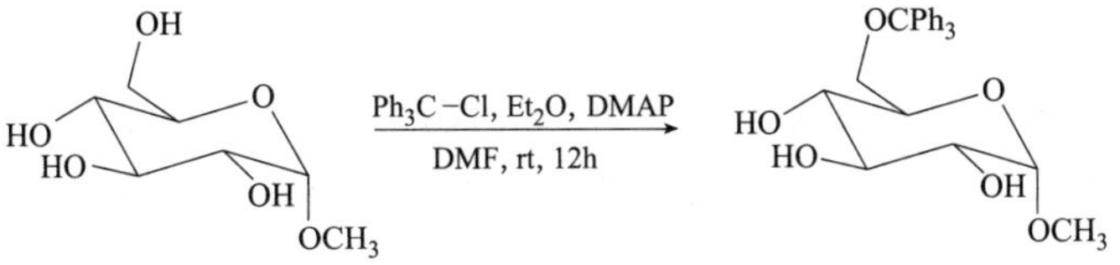

在合成叔烷基混合醚时，可使叔醇与相应的卤代烷进行反应，以减少消除反应的发生。由于氯代烃价廉易得，工业上常用氯代物。如果氯代物不够活泼，可加入适量碘化钾进行催化，其作用是将氯代物转化为碘代物。

卤化物与炔丙基醇在四氟硼酸银存在下可以生成相应的醚。例如抗生素拉氧头孢钠（Latamoxef sodium）中间体（**2**）的合成：

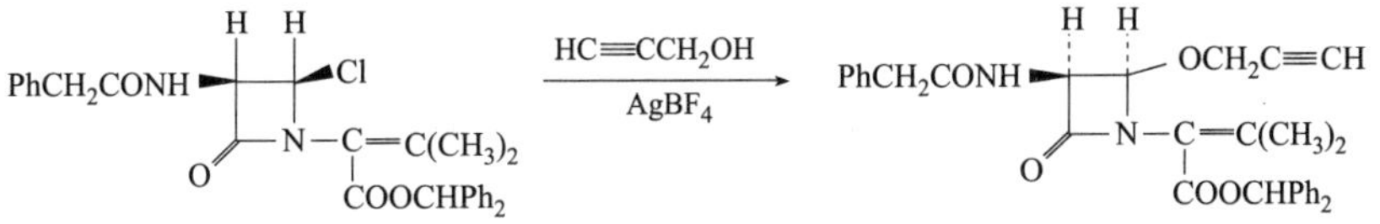

烯醇也可以与卤化物反应生成相应的醚类化合物。例如抗精神病药佐替平（Zotepine）原料药（**3**）的合成[2]。

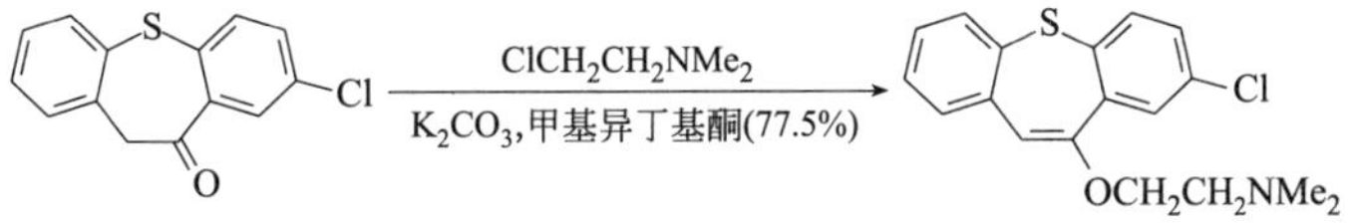

卤代芳烃与醇在碱性条件下反应可生成芳基-烷基混合醚.

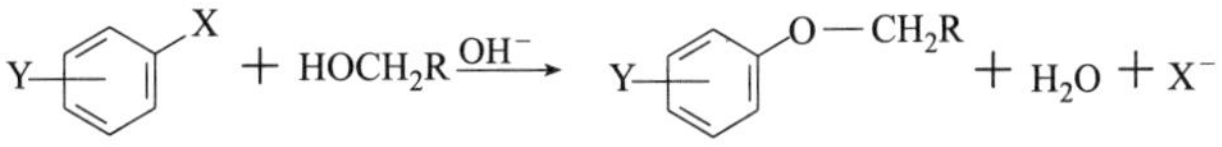

不过，此时的反应属于芳环上的亲核取代反应。环上有吸电子基团的卤化物更容易发生反应。例如消炎镇痛药依莫法宗（Emorfazone）原料药（**4**）的合成[3]。

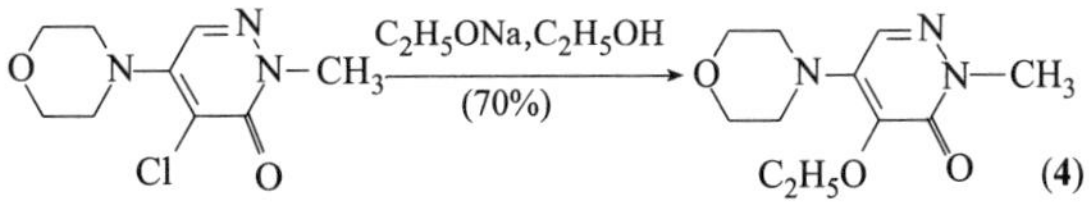

其他含卤素化合物也可与醇发生 Williamson 反应，例如高血压、心绞痛治疗药苯磺酸氨氯地平（Amlodipine besylate）中间体（**5**）的合成[4]。

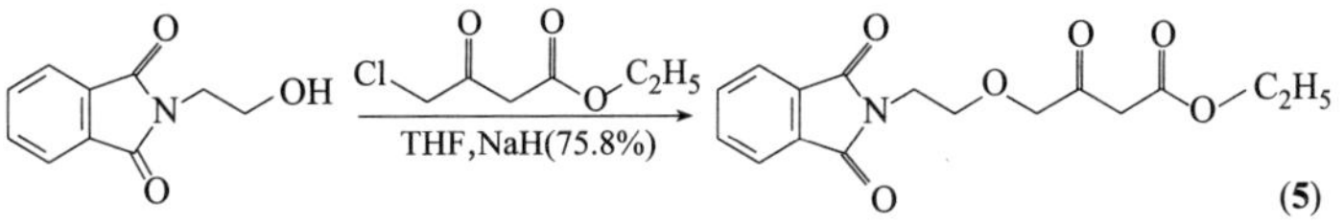

分子中同时含有羟基和卤原子的卤代醇可发生分子内的 Williamson 反应，生成环醚。

$$\underset{\text{OH}}{\overset{\text{CH}_2\text{CH}_2\text{CH}_2\text{Cl}}{\bigcirc}} \xrightarrow[\text{二甲苯}]{\text{NaOH}} \text{环醚}$$

邻卤代醇在碱性条件下发生反应，可以生成环氧乙烷衍生物，属于分子内的 S_N2 反应。

$$>C=C< \xrightarrow{X_2,H_2O} \underset{X\ \ OH}{>C-C<} \xrightarrow{HO^-} \text{环氧化物}$$

碱和溶剂对反应有影响。醇的亲核性较弱，但在反应中加入金属钠、氢氧化钠等强碱性物质，使醇转化为醇钠等，则 RO^- 的亲核性大大增加，有利于反应的进行，同时碱还有中和反应中生成的酸的作用。

某些具有光学活性的醇，若用金属钠制成醇钠再与卤代烃反应，往往产物复杂，部分未反应的醇和生成的醚发生差向异构化。若改用 NaH，则可立体专一性地得到相应的混和醚。例如：

$$\text{（环己醇衍生物）}\overset{\text{OH}}{\underset{\text{CH}_3}{}} + \text{CH}_3\text{I} \xrightarrow[50℃,1h(100\%)]{\text{NaH,THF}} \text{（环己醚衍生物）}\overset{\text{OCH}_3}{\underset{\text{CH}_3}{}}$$

质子性溶剂有利于卤代烃的解离，但却使 RO^- 发生溶剂化作用，降低了 RO^- 的亲核活性。极性非质子溶剂则具有增强 RO^- 亲核活性的作用。故在 Williamson 反应中常用极性非质子溶剂作反应介质，如 DMSO、DMF、HMPTA 等，有时也用苯、甲苯等，也可将醇钠悬浮于醚类（THF、乙二醇二甲醚等）中进行反应。

2. 酚与卤代烃的反应

酚的酸性比醇强，在碱性条件下与卤代烃反应，可高收率地生成芳基醚。常用的碱有氢氧化钠（钾）、碳酸钠（钾）。因为酚盐较稳定，反应可在水中进行，也可在醇、丙酮、苯、甲苯、DMF、DMSO 等溶剂中进行。

卤代烃结构对反应的影响和与醇的反应相似。碘代烷最容易发生反应，其次是溴代烷、氯代烷。叔卤代烃容易发生消除反应。

碱性条件下酚与烯丙基卤、苄基卤很容易进行反应生成芳基烃基混合醚。例如非小细胞肺癌和乳腺癌治疗药物来那替尼（Neratinib）等的中间体（**6**）的合成[5]。

$$\underset{O_2N}{\overset{Cl}{\bigcirc}}\text{OH} + \text{ClCH}_2\text{（吡啶）}\cdot\text{HCl} \xrightarrow[\text{DMF(98\%)}]{\text{K}_2\text{CO}_3,\text{KI}} \underset{O_2N}{\overset{Cl}{\bigcirc}}O-CH_2\text{（吡啶）} \quad \textbf{(6)}$$

酚类芳环上有吸电子基团时，酚的酸性增强，可使用较弱的碱，如碳酸钠等。有给电子基团时，可是用较强的碱，如氢氧化钠等。

酚类化合物在进行 O-烃基化时，有时除了得到 O-烃基化产物外，还可能得到 C-烃基化产物，甚至主要得到 C-烃基化产物。例如 2-萘酚与苄基溴在碱性条件下的反应：

$$\underset{}{\text{（萘酚钠）}}\text{ONa} + \text{PhCH}_2\text{Br} \begin{cases} \xrightarrow{\text{DMF}} \text{（萘）}\text{OCH}_2\text{Ph}\ (97\%) \\ \xrightarrow{\text{CF}_2\text{CH}_2\text{OH}} \underset{(85\%)}{\text{（萘）}\overset{\text{CH}_2\text{Ph}}{\text{OH}}} + \underset{(7\%)}{\text{（萘）}\text{OCH}_2\text{Ph}} \end{cases}$$

研究表明，反应溶剂对烃基化的位置有较大的关系：酚类化合物在 DMSO、DMF、醚类、醇类溶剂中烃基化时，主要得到 *O*-烃基化产物；在水、酚或三氟乙醇中进行烃基化反应时，则主要得到 *C*-烃基化产物[6]。

生成上述 *O*-、*C*-两种烃基化产物的原因，是酚在碱性条件下生成的酚氧负离子，负电荷可以共振到芳环的碳原子上，在不同的溶剂体系中，共振结构的稳定性不同而造成的。

Koenigs-Knorr 法是合成糖苷类化合物的一种重要的方法，酚或醇的银、汞盐与卤代（氯或溴）糖反应，生成糖苷。例如抗癌化合物 FU-O-G 中间体（**7**）的合成：

天麻素中间体（**8**）的合成采用了相转移催化技术。

水杨酸进行烃基化反应时，由于分子中存在氢键，使酚羟基烃基化困难，而烃基化反应发生在羧基上。

由于同样的原因，下面化合物的甲基化，发生在 *β*-位。

若要在 *α*-位甲基化，可选用如下方法：

芳香族卤化物与酚类反应生成二芳基醚，称为 Ullmann 反应。酚与芳香族卤化物在碱性条件下发生的是芳环上的亲核取代反应。例如抗癌药对甲苯磺酸索拉非尼（Sorafenib tosylate）中间体（**9**）的合成[7]。

(9)

3. 羧酸与卤代烃的反应

将羧酸与碱反应制成羧酸盐，而后与卤代烃反应，可制备羧酸酯。常用的羧酸盐为钾盐或钠盐。例如：

$$CH_3COOH + ClCH_2-\!\!\!\!\!\bigcirc\!\!\!\!\!-NO_2 \xrightarrow[\text{(64\%)}]{Na_2CO_3} CH_3COOCH_2-\!\!\!\!\!\bigcirc\!\!\!\!\!-NO_2 + NaCl$$

因为羧酸酯在碱性条件下容易水解，因此反应中控制合适的 pH 值是重要的。防治心绞痛药地拉齐普（Dilazep）等的中间体 3,4,5-三甲氧基苯甲酸-3'-氯丙酯（**10**）的合成如下[8]：

(10)

相转移催化法以及微波技术可用于此类反应。例如：

$$CH_3COOK + n\text{-}C_{16}H_{33}Br \xrightarrow[\text{(98\%)}]{MW, 1\sim2min} CH_3COOC_{16}H_{33}\text{-}n$$

长链氯代烃是弱亲电试剂，较难与乙酸钾反应，但在微波条件下则能顺利进行反应。

显然，该类反应属于含卤素化合物的亲核取代反应，亲核试剂为羧酸根负离子。很多情况下是 S_N2 反应。甲基、乙基、烯丙基、苄基卤化物的收率一般较高。羧酸的铯盐和季铵盐的反应效果较好，反应溶剂常采用非质子溶剂如 DMF、DMSO 等。相转移催化法常用于该类反应。

苯甲酸与碘乙烷在 DBU 存在下反应 1h 后，苯甲酸乙酯的收率达 95%，苯甲酸与苄基溴于 30℃反应 10min，苯甲酸苄基酯的收率几乎 100%。

利用 DBU 可以合成高分子量的聚酯。如间苯二甲酸与间二溴甲基苯在 DBU 存在下于 THF 中反应，生成高分子量的聚酯，而使用其他有机碱如三乙胺、吡啶等不能得到高聚物。

4. 肟与卤代烃的反应

肟的羟基在碱性条件下可以与卤化物反应生成烃氧基亚胺类化合物。例如头孢类抗生素卡芦莫南（Carumonam）中间体（**11**）的合成[9]。

(11)

二、硫原子上的烃基化反应

硫原子上的烃基化反应主要是指硫醇和硫酚的烃基化生成硫醚。除了硫醚的自身用途外，硫醚很容易被氧化生成亚砜或砜，同样在药物合成中具有重要意义。

1. 硫醇的烃基化反应

硫醇的酸性比醇强，在碱性条件下容易与含卤素化合物反应生成硫醚，也属于 Williamson 反应，在反应机理上为卤代烃的亲核取代反应。影响因素与醇与卤代烃的反应相似。例如抗真菌药硝酸硫康唑（Sulconazole nitrate）原料药（**12**）的合成[10]：

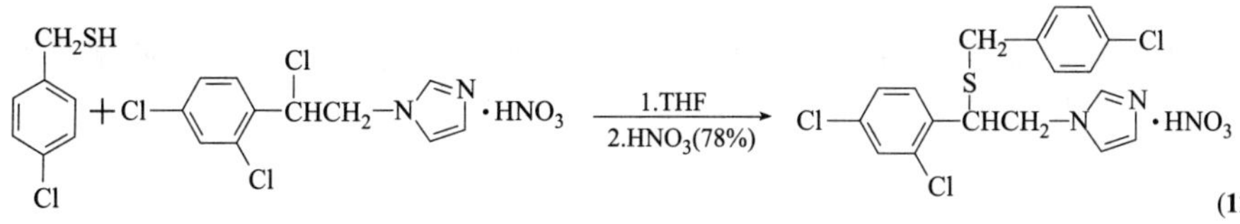

（12）

硫脲在碱性条件下与卤代烃反应，发生 S-烷基化反应生成 S-烷基异硫脲，后者水解生成硫醇。例如精神兴奋药阿屈非尼（Adrafinil）、中枢兴奋药莫达非尼（Modafinil）等的中间体二苯甲硫基乙酸（**13**）的合成[11]。

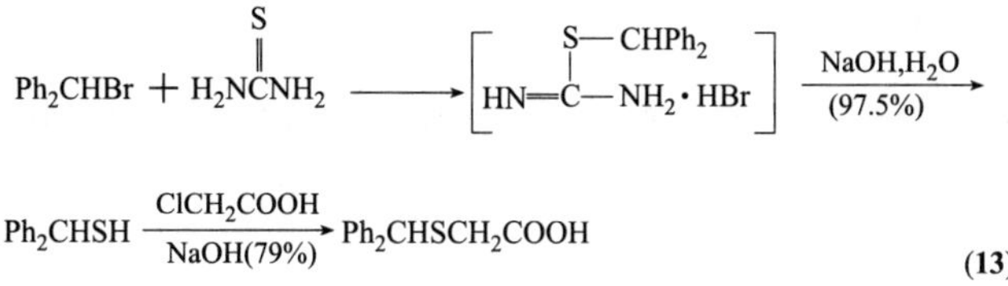

（13）

2. 硫酚的烃基化反应

苯硫酚、杂环硫酚等在碱性条件下与卤代烃反应，可以生成硫醚，反应中常用的碱为醇钠、氢氧化钠、碳酸钾等，反应常常在非质子有机溶剂中进行，有些反应也可以在水溶液中进行。例如抗流感药盐酸阿比多尔（Arbidol hydrochloride）中间体（**14**）的合成[12]：

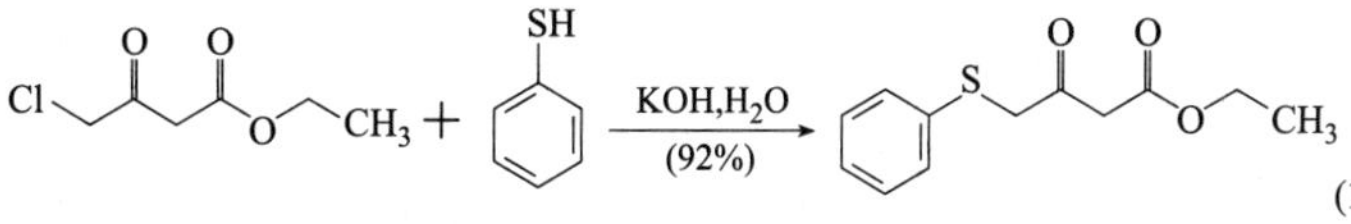

（14）

又如局部抗真菌药硝酸布康唑（Butoconazole nitrate）中间体（**15**）的合成[13]。

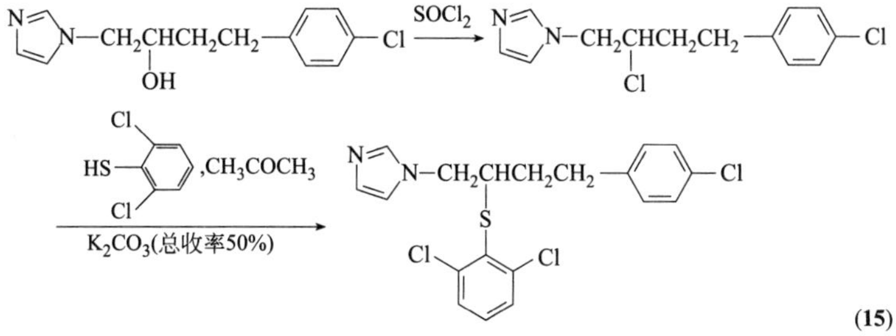

（15）

芳基卤化物也可以与硫酚反应生成二芳基硫醚类化合物，这是合成二芳基硫醚的重要方法。例如抑郁症和焦虑症治疗药物氢溴酸沃替西汀（Vortioxetine hydrobromide）中间体 2-（2,4-二甲基苯硫基）硝基苯（**16**）的合成[14]。

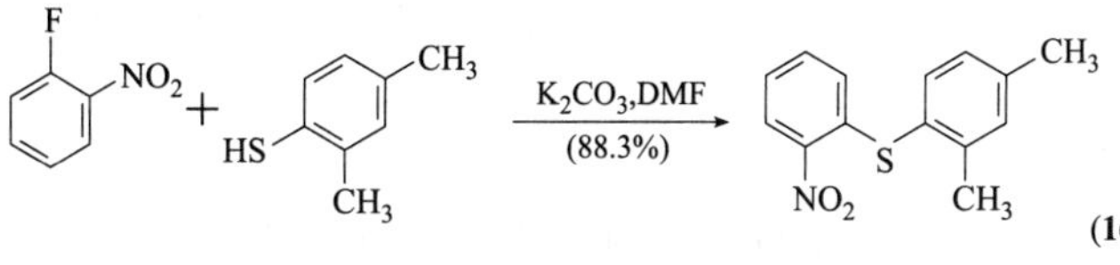

（16）

将硫酚制成亚铜盐，有时更有利于反应。例如抗真菌药硝酸芬替康唑（Fenticonazole nitrate）中间体 4-苯硫基苯甲酸（**17**）的合成[15]。

有时可以直接用亚铜作催化剂，例如肝细胞癌治疗药物盐酸诺拉曲塞（Nolatrexed hydrochloride）碱基（**18**）的合成[16]。

三、氮原子上的烃基化

氨、伯胺、仲胺、叔胺分子中氮原子的亲核性强，故氮上的烃基化比氧上的烃基化容易得多，是合成有机胺类化合物的主要方法。酰胺氮原子上的氢也可以被烃基取代，生成 N-取代酰胺。

1. 氨的烃基化

氨与卤代烃的反应又叫卤代烃的氨基化反应，属于卤代烃的亲核取代反应。脂肪族卤化物与氨反应，常常生成伯、仲、叔胺及季铵盐的混合物。原料配比、反应溶剂、以及卤代烃的结构等可以影响反应速度和产物比例。氨过量伯胺的产量高，氨不足，则仲胺、叔胺的产率增加。反应可以用水或醇作溶剂，但一般在水中反应速度较快。高级卤代烃常用醇作溶剂，此时可增大卤代烃在溶剂中的溶解度而使反应成为均相反应。若在反应中加入氯化铵、乙酸铵等盐类，则有利于氨化反应的进行。

空间位阻效应对氨化反应的影响较明显。直链伯卤代烃与氨反应，生成伯、仲、叔胺的混合物，仲卤代物以及 α-或 β-位有侧链的伯卤化物与氨反应，叔胺的比例甚低。尽管如此，适当控制反应物比例，仍可以获得某一种主要产物。

对于脂肪族卤代烃而言，烃基相同时，反应活性顺序为：碘代烃＞溴代烃＞氯代烃＞氟代烃。其中最常用的是氯代烃和溴代烃。

卤代芳烃卤原子的邻、对位有吸电子基团时，卤原子容易被氨基取代：

镇痛药氟吡汀（Flupirtine）中间体（**19**）的合成如下[17]。

2. 伯胺的烃基化

伯胺（脂肪族、芳香族）可以与不同的卤代烃的反应，包括脂肪族卤化物、芳香族卤化物。

（1）脂肪族伯胺与脂肪族卤代烃反应主要生成仲胺、叔胺和季铵盐的混合物。反应物结构对生成的产物有一定影响。一般来说，卤代烷活性大、伯胺碱性强、且两者无明显空间位阻时，往往得到混合胺，产物的比例取决于原料配比及反应温度等条件。

脂肪族伯胺一般容易与脂肪族卤化物反应，体积较大的原料，仲胺的收率比较高，是合成仲胺的常用方法。

平喘药盐酸马布特罗（Mabuterol hydrochloride）原料药（**20**）的合成如下[18]。

（2）脂肪族伯胺与芳香族卤化物反应生成相应的仲胺，属于芳环上的亲核取代反应。卤素原子的邻、对位上连有吸电子取代基时，反应更容易进行。此类反应称为 Ullmann 芳胺合成反应，常以铜盐作催化剂，在高温条件下进行。但对含有敏感基团的化合物不适应。

$$HNu = H_2NR, NHRR', HOAr, HSR 等$$

卤代芳烃与胺的反应，若卤素原子比较活泼，有时也可以不使用铜催化剂，在碱催化剂存在下于溶剂中加热即可完成反应。例如抗精神失常药替米哌隆中间体（**21**）的合成如下[19]：

又如艾滋病治疗药物奈韦拉平（Navirapine）原料药（**22**）的合成[20]。

芳香族卤化物的活性顺序为 ArI＞ArBr＞ArCl，邻、对位上的吸电子基团对反应有活化作用。苯环上不同位置的硝基的活性次序为邻＞对＞间位。

（3）脂肪族卤化物和芳香族伯胺也可进行反应。芳香族伯胺的碱性一般较弱，原因是氨基氮原子上的未共电子对与芳环生成共轭体系，降低了氮上的电子云密度。芳环上连有给电子基团时，碱性增强，而连有吸电子基团时则碱性减弱。但一般都可以与脂肪族卤化物反应生成 N-取代的芳香胺。例如非甾体抗炎药阿明洛芬（Alminoprofen）等的中间体（**23**）的合成[21]。

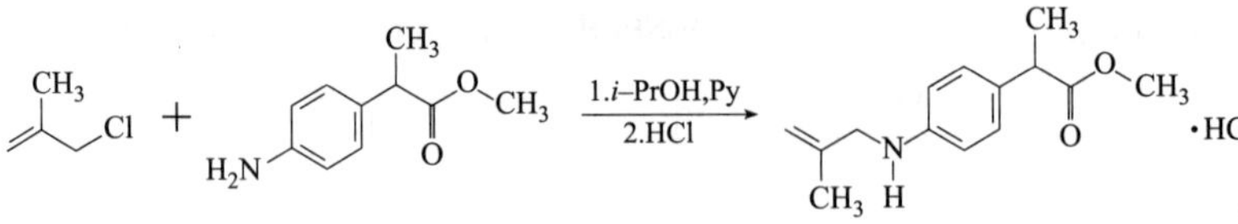

（23）

三苯基氯甲烷与氨基反应，常用于氨基的保护，在药物合成和多肽合成中经常用到。例如抗生素头孢噻肟钠（Cefotaxime sodium）中间体（**24**）的合成。

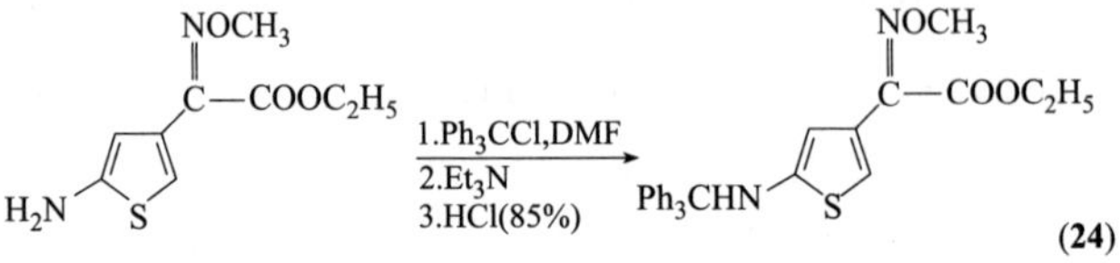

（24）

有时为了减少多烷基化，可采用一些特殊的处理方法。例如用苯胺与氯乙酸反应制备苯胺基乙酸时，除了使用过量的苯胺外，在水介质中可加入氢氧化亚铁，使苯胺基乙酸以铁盐的形式沉淀出来，从而避免了进一步的烃基化反应，然后再用酸中和。

$$C_6H_5NH_2 + ClCH_2COOH \xrightarrow{NaOH,Fe(OH)_2} (C_6H_5NHCH_2COO)_2Fe \xrightarrow{HCl} C_6H_5NHCH_2COOH$$

芳香族伯胺与二卤代物反应可以生成环状叔胺。例如消炎镇痛药吡洛芬（Pirprofen）中间体（**25**）的合成[22]：

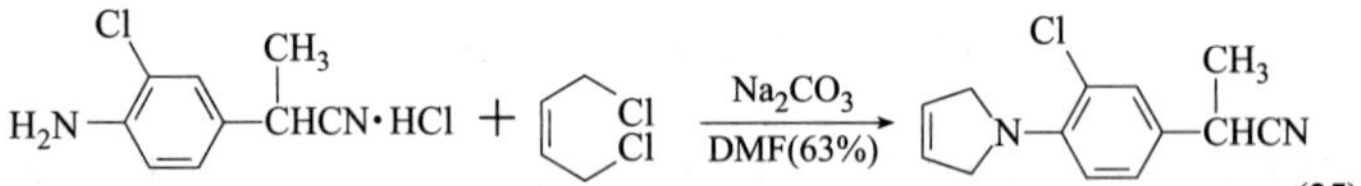

（25）

（4）卤代芳烃和芳伯胺在铜盐催化下与无水碳酸钠共热，可生成二芳胺及其同系物，此反应属于 Ullmann 芳胺合成反应。例如消炎镇痛药扎利二钠（Lobenzarit disodium）原料药（**26**）的合成[23]：

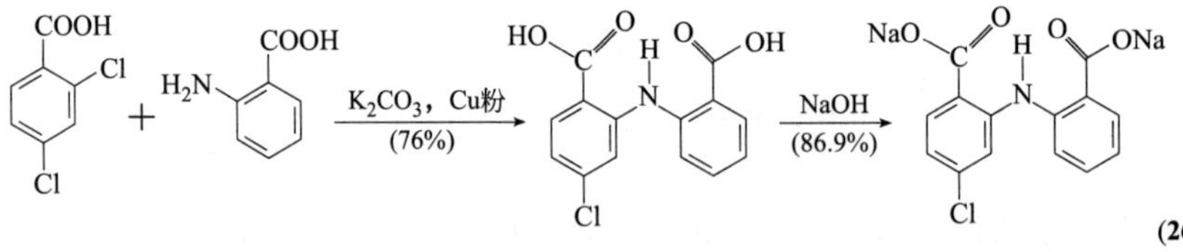

（26）

关于该类反应的反应机理还不是太清楚，目前对于铜等金属配体的研究较多，采用不同的配体可以在较低的反应温度下进行，收率也有提高。

有时也可以不用铜催化剂，在氢氧化锂存在下反应也可以得到二芳基胺，例如抗精神病药物奥氮平（Olanzapine）等的中间体（**27**）的合成[24]。

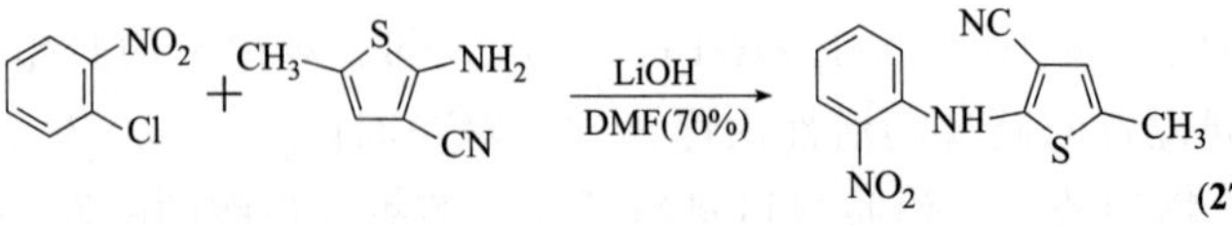

（27）

3. 仲胺的烃基化

仲胺与卤代烃反应生成叔胺，生成季铵盐是主要的副反应。参与这类反应的仲胺，可以是脂肪族仲胺、芳香族仲胺、杂环仲胺、环状仲胺、桥环仲胺等。卤化物大多采用伯卤代物，也可使用仲卤代物，叔卤代物很少使用，原因是叔卤代物容易发生消除反应。但三苯基氯甲烷可以与仲胺反应，用于保护氨基。

治疗心肌缺血性疾病药物烯丙尼定（Alinidine）原料药（**28**）的合成如下[25]。

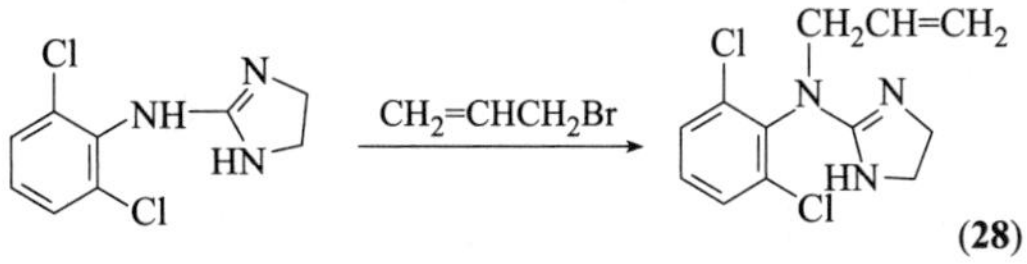

抗真菌药氟曲马唑（Flutrimazole）原料药（**29**）的合成，则是采用芳香族叔卤化物与咪唑的烃基化反应[26]。

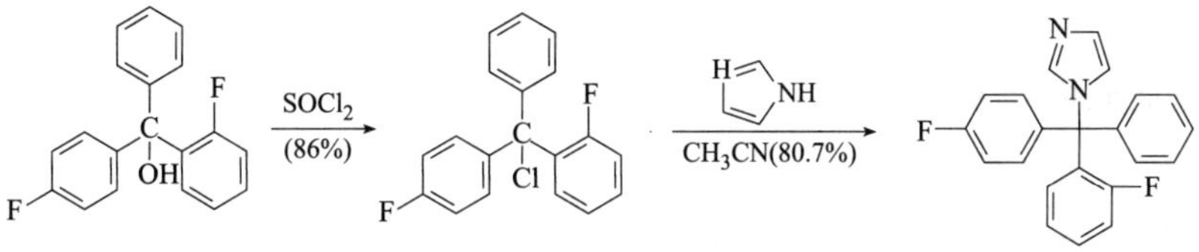

桥环仲胺可以与卤代烃反应生成叔胺，例如平喘药氟托溴铵（Flutropium bromide）中间体的合成。

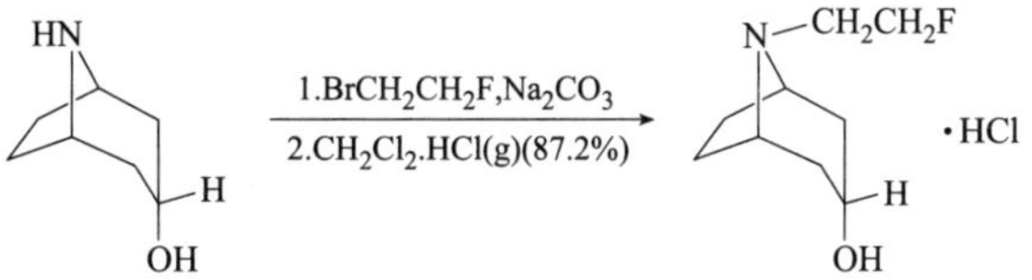

芳香族卤化物也可以与仲胺反应，生成叔胺。芳环上连有不同的卤素原子时，可以利用其反应活性差异，进行选择性亲核取代反应，得到希望得到的化合物。例如喹诺酮类抗菌药盐酸环丙沙星（Ciprofloxacin hydrochloride）原料药（**30**）的合成。

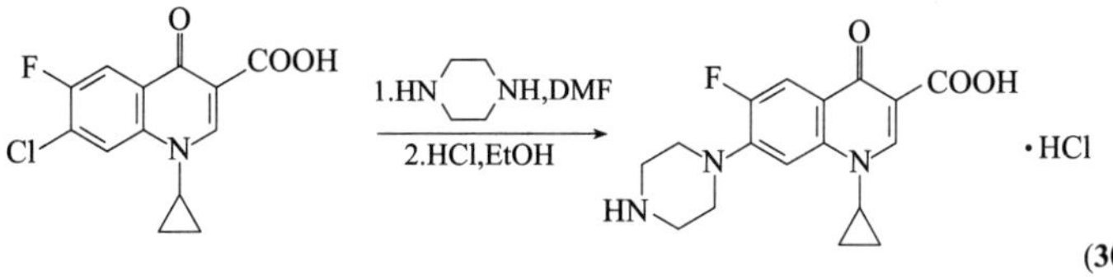

对于碱性很弱的胺，可先将其制成钠盐，而后再与卤代物反应。例如抗组胺药物曲吡那敏中间体的合成：

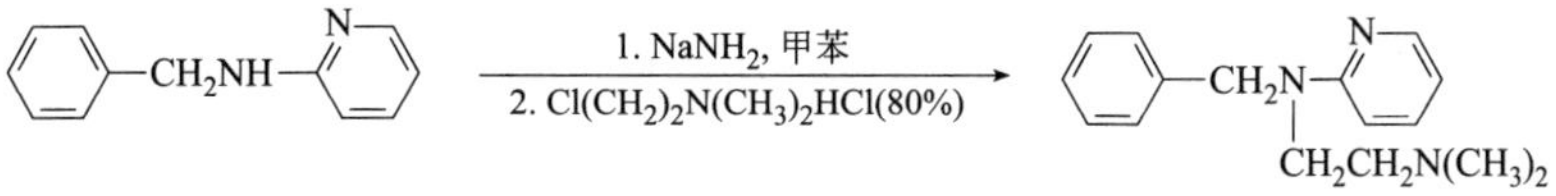

4. 叔胺的烃基化

叔胺与卤代烃反应生成季铵盐，称为季铵化反应。苯扎溴铵是一种消毒防腐剂。可采用如下方法来合成。

慢性支气管炎和肺气肿等症治疗药物噻托溴铵（Tiotropium bromide）原料药（**31**）的合成如下[27]。

$$(31)$$

吡啶也可以生成季铵盐类化合物，例如药物槟榔碱（**32**）的合成[28]：

$$(32)$$

5. 酰胺、酰亚胺的烃基化

酰胺一般为中性化合物，但在强碱作用下，酰胺氮原子上的氢可以被碱夺去生成氮负离子，并作为亲核试剂与卤代烃发生亲核取代反应，生成 N-烃基取代的酰胺。例如平喘药奈多罗米钠（Nedocromil sodium）中间体（**33**）的合成[29]。

$$(33)$$

高血压症治疗药盐酸贝那普利（Benazepril hydrochloride）中间体（**34**）的合成属于内酰胺的烃基化[30]。

$$(34)$$

邻苯二甲酰亚胺氮原子上的氢具有弱酸性，在无水乙醇这与氢氧化钾一起回流。可以生成邻苯二甲酰亚胺盐，而后再与卤代烃共热，生成 N-烃基邻苯二甲酰亚胺，后者水解生成高纯度的伯胺，此反应称为 Gabriel 反应，是合成伯胺的方法之一。

其他酰亚胺也可以发生 N-烃基化反应，例如抗焦虑药盐酸丁螺环酮（Buspirone hydrochloride）中间体（**35**）的合成[31]。

$$(35)$$

又如治疗风湿性及类风湿性关节炎药物吡罗昔康（Piroxicam）等的中间体（**36**）的合成[32]。

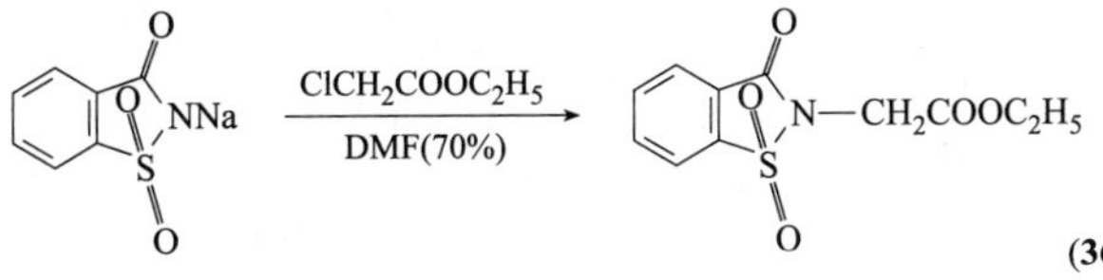

(**36**)

四、碳原子上的烃基化反应

碳原子上的烃基化反应主要包括芳环上的烃基化、活泼亚甲基碳原子上的烃基化、醛、酮、羧酸衍生物 α-碳原子上的烃基化以及其他碳原子上的烃基化反应等。

1. 芳环上的烃基化反应

在无水三氯化铝、三氯化铁等 Lewis 酸存在下，卤代烃与芳香族化合物反应，烃基取代芳环上的氢，生成烃基芳烃，此反应称为 Friedel-Crafts 烷基化反应（以下简称 F-C 反应）。烷基化试剂除卤代烃外，也可用醇、烯等，属于芳环上的亲电取代反应。

用卤代烃作烷基化试剂时，常用的催化剂为 Lewis 酸，其活性次序为 $AlBr_3 > AlCl_3 > SbCl_3 > FeCl_3 > SnCl_4 > TiCl_4 > ZnCl_2$ 等，但其催化活性与具体反应以及反应条件的不同而改变。最常用的是无水 $AlCl_3$ 和 $FeCl_3$。

其中无水三氯化铝价廉易得，催化活性高，是以卤代烃为烃化剂时最常用的催化剂。缺点是不太适用于酚和芳香胺等的碳烷基化反应，某些含硫化合物会使三氯化铝的活性降低。三氯化铝催化活性高，易发生多烷基化。另外，芳环上的苄基醚、烯丙基醚在三氯化铝存在下还会发生失去烃基的副反应。

卤代烃的结构对反应有影响。卤代烃的活性，既与 R 的结构有关，又与卤原子的性质有关。用无水三氯化铝催化卤代烃的反应时，卤原子相同 R 不同时，RX 的活性次序为：$CH_2=CHCH_2X \approx PhCH_2X > R_3CX > R_2CHX > RCH_2X > CH_3X > PhX \approx CH_2=CHX$。

对于芳烃来说，芳环上有给电子基团时，F-C 反应容易进行，吸电子基团对芳环有致钝作用，反应难以进行。例如硝基苯、苯甲腈等不能发生 F-C 反应。但芳环上同时有强的给电子基和硝基时，仍可发生 F-C 反应。如如下反应：

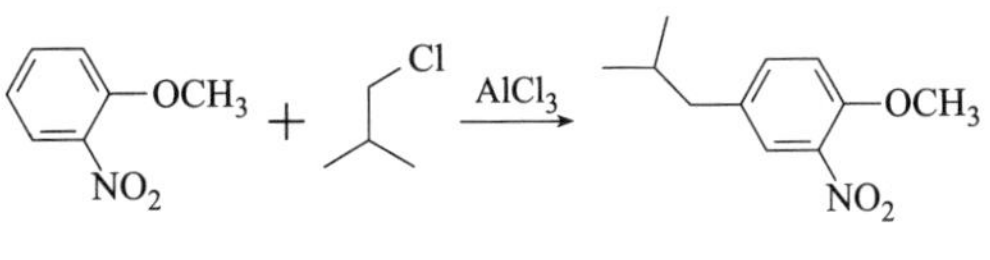

由于—OH、—OR、—NH_2、—NHR、—NR_2 等基团氧或氮原子上带有未共电子对，容易和 Lewis 酸形成络合物而降低了芳环的活性，发生 F-C 反应时有时并不一定比苯更容易。

呋喃、噻吩等具有多电子 p-π 共轭体系的芳杂环化合物的烃基化，一般不用三氯化铝作催化剂，因为即使在温和的条件下这些杂环也会分解。

在 F-C 反应中，有两种烃基异构化现象，其一是烃基化试剂发生碳正离子重排生成不同烃基的芳香化合物；其二是芳环上的烃基发生位置的移动生成位置异构体。前者是由碳正离子的稳定性引起的，而后者是由于烃基化反应是可逆的，在一定的条件下生成热力学稳定的化合物。

一般情况下，温度高易于异构化，催化剂活性高、用量大容易异构化。

芳烃本身为液体时可兼作溶剂，但用量要大，以减少多烷基化。常用的溶剂有二硫化碳、四氯化碳、石油醚、硝基苯等。硝基苯由于硝基的存在不发生 F-C 反应。三氯化铝、卤代烃以及芳烃在硝基苯中的溶解度较大，可使反应在均相中进行。但硝基苯毒性大，已很少用作烷基化反应的溶剂。

2. 活泼亚甲基碳原子上的烃基化

亚甲基上连有吸电子基团时，使亚甲基上的氢酸性增强，称为活泼亚甲基。例如丙二酸（酯）、腈乙酸酯、乙酰乙酸酯、丙二腈、1,3-二羰基化合物等。苄腈、单酮、单腈以及脂肪族硝基化物等，与吸电子基团相连的亚甲基也有活性，也称为活泼亚甲基化合物。

具有活泼亚甲基的化合物，在碱性条件下与卤代烃反应，可以生成碳原子上的烃基化产物。例如咳嗽治疗药物止咳酮（Antitussone）等的中间体苄基丙酮的合成[33]。

$$CH_3COCH_2CO_2C_2H_5 \xrightarrow[\text{KF-Al}_2\text{O}_3]{\text{PhCH}_2\text{Cl}} \underset{\overset{|}{\text{CH}_2\text{Ph}}}{CH_3COCHCO_2C_2H_5} \xrightarrow[\text{2. HCl},\triangle(65\%)]{\text{1. NaOH}} PhCH_2CH_2COCH_3$$

以乙酰乙酸乙酯为例表示反应机理如下：

显然，反应是按 S_N2 机理进行的。常用的碱是醇钠。

活泼亚甲基上氢的酸性强，可选用较弱的碱，反之选用较强的碱，有时甚至用金属钠、氢化钠，而有时可用无水碳酸钠、碳酸钾等。

亚甲基与两个吸电子基团相连，有利于亚甲基上的氢被碱夺取生成单一的烯醇盐，而后按 S_N2 机理进行反应。与亚甲基相连的基团的吸电子能力越强，则亚甲基上氢的酸性也越强。

当用醇钠作催化剂时，一般用相应的无水醇作溶剂。在醇中难烃基化的化合物可在苯、二甲苯、甲苯、煤油等中用氢化钠或醇钠作催化剂。用醇钠时，可以使醇钠先与活泼亚甲基化合物反应，蒸出醇，生成亚甲基化合物的钠盐，而后再与卤代物反应。

选择溶剂时既要考虑溶剂对反应速度的影响，也要注意可能发生的副反应。DMF 和 DMSO 可加快烃基化反应速度，但也有利于氧烃基化副反应，DMSO 也可使活泼卤代物（碘代物、溴代物）氧化。丙二酸酯、氰基乙酸酯的烃基化产物在醇钠的醇溶液中长时间加热，能发生脱烷氧羰基的副反应。

$$(C_2H_5)_2C\begin{matrix}COOC_2H_5\\COOC_2H_5\end{matrix} \underset{EtOH}{\overset{EtO^-}{\rightleftharpoons}} (C_2H_5)_2C\begin{matrix}COOC_2H_5\\O^-\\OEt\end{matrix} \rightleftharpoons (C_2H_5)_2C{-}COOC_2H_5 + EtO{-}\overset{O}{C}{-}OEt$$

$$\xrightarrow{EtOH} (C_2H_5)_2CHCOOC_2H_5$$

用碳酸二乙酯作溶剂可防止上述副反应的发生。

活泼亚甲基化合物分子中有两个活泼氢原子，有可能发生单取代或双取代反应，这取决于活泼亚甲基化合物的结构、卤代物的活性大小以及具体的反应条件。乙酰乙酸甲酯在醇钠存在下与1-溴丙烷反应，三者的摩尔比为 $1:1:1$ 时主要生成单取代物。醇钠和溴丙烷过量时生成二正丙基乙酰乙酸甲酯[34]，后者是抗癫痫药丙戊酸钠的中间体。

$$CH_3COCH_2CO_2CH_3 + CH_3CH_2CH_2Br \xrightarrow[(88\%)]{K_2CO_3,\ TBAB} CH_3COCCO_2CH_3 \begin{matrix}CH_2CH_2CH_3\\|\\|\\CH_2CH_2CH_3\end{matrix}$$

二卤代物作烃基化试剂时可生成环状化合物。例如镇痛药布托啡诺、纳丁啡等的中间体（**37**）的合成[35]。

$$\begin{matrix}{-}Br\\{-}Br\end{matrix} + CH_2(CO_2Et)_2 \xrightarrow{EtONa} \langle\rangle\begin{matrix}CO_2Et\\CO_2Et\end{matrix} \xrightarrow[2.H^+(38\%)]{1.OH^-} \langle\rangle\begin{matrix}CO_2H\\CO_2H\end{matrix} \xrightarrow[(86\%)]{\triangle} \langle\rangle{-}COOH \quad(\mathbf{37})$$

活泼亚甲基化合物的双取代物在药物合成中应用广泛。若两个烃基不同时，烃基引入的次序有时会影响产品的纯度和收率。对于不同伯烃基的双取代物，一般是先引入较大的伯烃基，再引入较小的伯烃基。因为体积较大的伯卤代烃空间位阻大，难以发生双取代副反应，而体积较小的伯卤代烃空间位阻小，容易发生双取代副反应。例如：

$$CH_2(COOC_2H_5)_2 \xrightarrow[EtONa,EtOH(88\%)]{(CH_3)_2CHCH_2CH_2Br} \begin{matrix}(CH_3)_2CHCH_2CH_2\\\\C(COOC_2H_5)_2\\|\\H\end{matrix}$$

$$\xrightarrow[EtONa,EtOH(87\%)]{C_2H_5Br} \begin{matrix}(CH_3)_2CHCH_2CH_2\\\\C(COOC_2H_5)_2\\|\\CH_3CH_2\end{matrix}$$

若两个烃基一个是伯烃基一个是仲烃基，一般是先引入伯烃基，再引入仲烃基。仲烃基丙二酸二乙酯中亚甲基上的氢原子酸性比伯烃基丙二酸二乙酯的弱，而且空间位阻大，再引入第二个烃基比较困难。若引入的两个烃基都是体积较大的仲烃基，反应非常困难。例如二异丙基丙二酸二乙酯，引入第二个异丙基时的收率只有 4%，这时可改用亚甲基上氢的酸性更强，空间位阻较小的腈基乙酸乙酯代替丙二酸二乙酯。

$$(CH_3)_2CHBr + CH_2\begin{matrix}COOC_2H_5\\|\\|\\CN\end{matrix} \xrightarrow{EtONa\atop EtOH} (CH_3)_2C{-}CH\begin{matrix}COOC_2H_5\\|\\|\\CN\end{matrix} \xrightarrow[(CH_3)_2CHBr(95\%)]{(CH_3)_3CONa} \begin{matrix}(CH_3)_2CH\\\\C\\(CH_3)_2CH\end{matrix}\begin{matrix}COOC_2H_5\\\\\\CN\end{matrix}$$

但在合成双取代衍生物时，引入烃基的先后次序最好的办法还是分别比较两步反应的总收率。在工艺条件差别不大的情况下，选择总收率较高的路线是经济的路线。

活泼的芳香族卤化物也可以与活泼亚甲基化合物在碱性条件下反应，生成相应芳基取代的化合物。例如消炎镇痛药噻布洛芬（Suprofen）原料药（**38**）的合成[36]。

$$\text{噻吩-CO-}C_6H_4\text{-F} \xrightarrow[\text{NaH,DMF}]{\text{CH}_3\text{CH(CO}_2\text{Et})_2} \text{噻吩-CO-}C_6H_4\text{-C(CO}_2\text{Et})_2\text{CH}_3$$

$$\xrightarrow[\text{(总收率34\%)}]{\text{1.NaOH, 2.HCl}} \text{噻吩-CO-}C_6H_4\text{-CHCO}_2\text{H(CH}_3)$$

(38)

3. 醛、酮 α-碳原子的烃基化

醛、酮 α-碳原子上的氢被碱夺去生成碳负离子，而后与卤代烃发生亲核取代反应，生成 α-烃基取代的羰基化合物。

醛、酮 α-碳原子上的氢酸性比较弱，常常需要较强的碱，如醇钠、醇钾等，反应中生成的烯醇盐很容易与未反应的原料发生缩合反应，因此缩合反应是这类反应的主要副反应。反应中往往使用更强的碱使醛、酮完全烯醇化，而后再与烃基化试剂反应以提高反应收率。

$$\text{(2-tetralone)} + \text{BrCH}_2\text{CO}_2\text{CH}_3 \xrightarrow{\text{C}_6\text{H}_5\text{NHNa}} \text{(product with CH}_2\text{CO}_2\text{CH}_3)$$

止吐药大麻隆（Nabilone）中间体（**39**）的合成如下[37]：

$$\xrightarrow[\text{C}_6\text{H}_6(90\%)]{\text{CH}_3\text{I},t-\text{BuOK}}$$

(39)

若醛、酮的羰基 α-碳原子上有氢原子，同时在分子中的适当位置上连有卤素原子，则有可能发生分子内的亲核取代反应生成环状化合物。例如高血压治疗药利美尼定（Rilmenidine）中间体二环丙基甲酮的合成[38]。

$$\text{O=C(CH}_2\text{CH}_2\text{CH}_2\text{Cl})_2 \xrightarrow[\text{(70\%)}]{\text{NaOH}} \text{二环丙基甲酮}$$

又如反-1,2-二苯甲酰基环丙烷的合成：

$$\text{C}_6\text{H}_5\text{CCH}_2\text{CH}_2\text{CH}_2\text{CC}_6\text{H}_5 + \text{I}_2 \xrightarrow[\text{(88\%~97\%)}]{\text{NaOH,CH}_3\text{OH}} \text{C}_6\text{H}_5\text{CO-环丙烷-COC}_6\text{H}_5$$

对于不对称的酮，有两种 α-H，在进行烃基化反应时情况比较复杂。反应的大致情况用如下反应式表示：

$$R_2CH-\overset{O}{\overset{\|}{C}}-CH_2R'$$

$$B^- \downarrow k_a \qquad\qquad B^- \downarrow k_b$$

$$R_2C=\overset{O^-}{\overset{|}{C}}-CH_2R' \underset{}{\overset{k_a/k_b = [A]/[B]}{\rightleftharpoons}} R_2CH-\overset{O^-}{\overset{|}{C}}=CHR'$$

A(热力学控制)   B(动力学控制)

上述酮在碱的作用下发生烯醇式互变，生成 A 和 B 两种烯醇负离子的混合物，其比例由动力学和热力学因素控制。动力学因素控制时，是指产物的组成决定于两个竞争性夺取氢的反应的相对速度，产物比例由动力学控制决定，此时 B 为主要产物（α-H 酸性强），称为动力学控制产物。若 A 和 B 可以相互转变，当温度较高或长时间放置时，会逐渐转化为热力学稳定的烯醇式 A（双键上取代基多），此时 A 为主要产物，称为热力学控制产物。

控制反应条件，可以使酮的烯醇化混合物受动力学控制或热力学控制。若使用强碱如三苯甲基锂、在非质子溶剂中进行反应，而且酮不过量时，反应受动力学控制。烯醇一旦生成，体积较小的锂离子紧密地与烯醇负离子的氧结合，降低了质子转移的速度，相互转变的速度较慢，动力学控制产物成为主要产物。

若采用质子溶剂，酮过量时，不利于动力学控制，通过烯醇式之间质子转移而相互转变而达到平衡，这时为热力学控制产物。

如下是几种酮在动力学控制和热力学控制条件下两种烯醇混合物的比例。

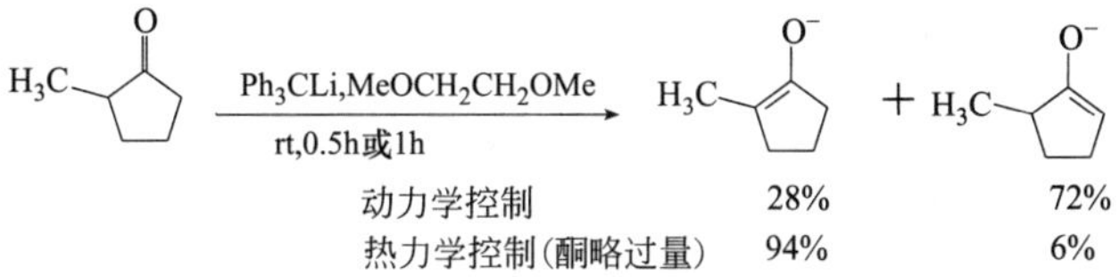

又如如下 2-庚酮的反应：

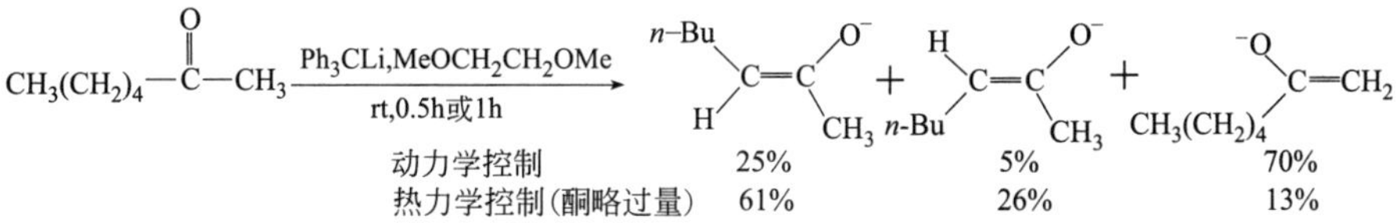

由上述实例可以看出，动力学控制条件下得到的烯醇，主要产物是双键上取代基较少的烯醇。这是因为取代基较少的位置上的氢酸性相对较强（R 为给电子基团，R 基团少，相应碳上氢的酸性强），更容易被碱夺去，更容易进行反应。但在热力学控制条件下，生成双键上取代基较多的烯醇，此时双键的稳定性随着取代基数目的增大而增大，因此，较多取代基的烯醇更稳定。

醛在碱性条件下容易发生羟醛缩合反应，因此，醛的烃基化反应报道相对较少。但转化为烯胺则容易发生 α-烃基化反应。

醛、酮与仲胺在酸性条件下反应生成烯胺，此时原醛、酮的 α-碳原子上可引入烃基，水解后生成 α-烃基取代的醛、酮。反应机理如下：

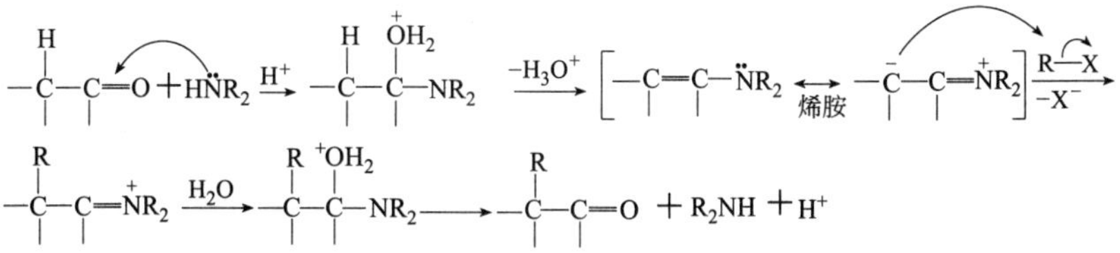

常用的仲胺有四氢吡咯、哌啶、吗啉等。

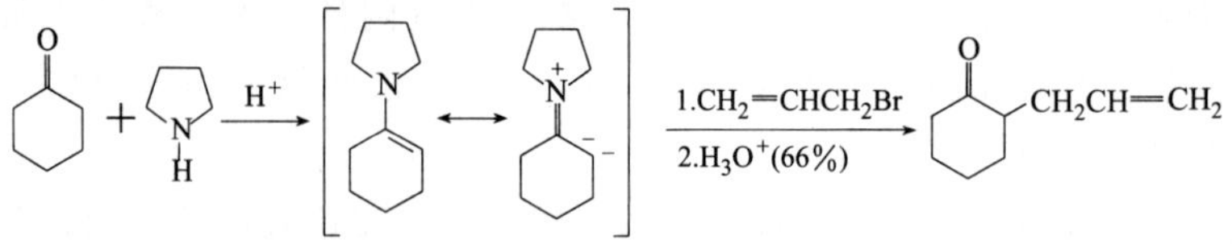

上述烯胺的合成通常是在酸性催化剂存在下采用共沸脱水的方法。也可以使用强脱水剂由酮和仲胺缩合来制备，例如无水 $TiCl_4$ 存在下酮与仲胺的反应：

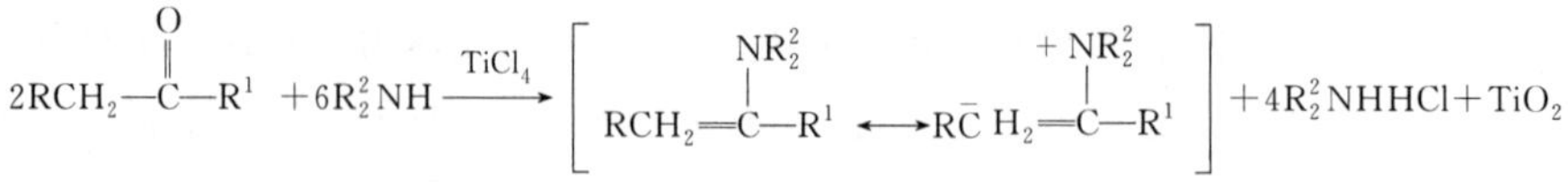

制备烯胺的另一种方法是用仲胺的三甲基硅基衍生物与酮直接反应，可以在比较温和的条件下进行。

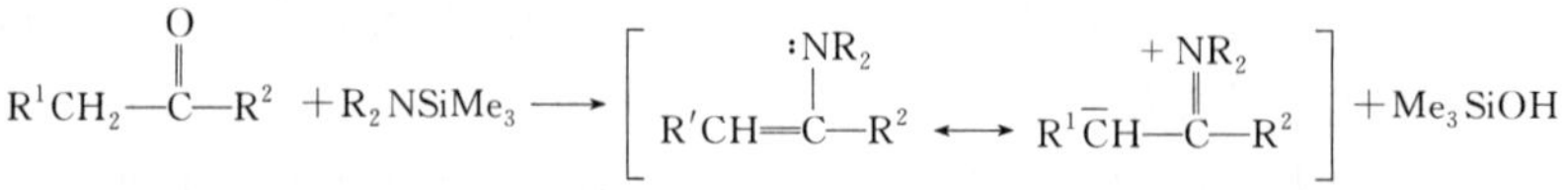

烯胺的共振结构中，β-碳原子上带有负电荷，可以作为亲核试剂与卤代烃发生亲核取代反应，进而水解，得到 α-烃基化的羰基化合物。

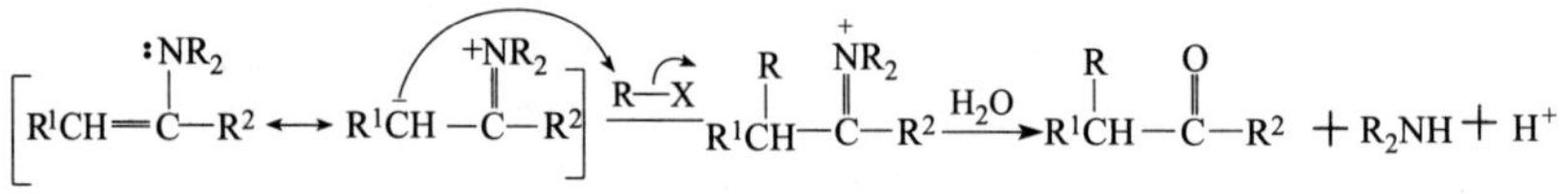

甲基环己酮与四氢吡咯反应生成的烯胺混合物中，双键上取代基较少的烯胺为主要产物，原因是位阻因素更有利于取代基少的烯胺的生成。

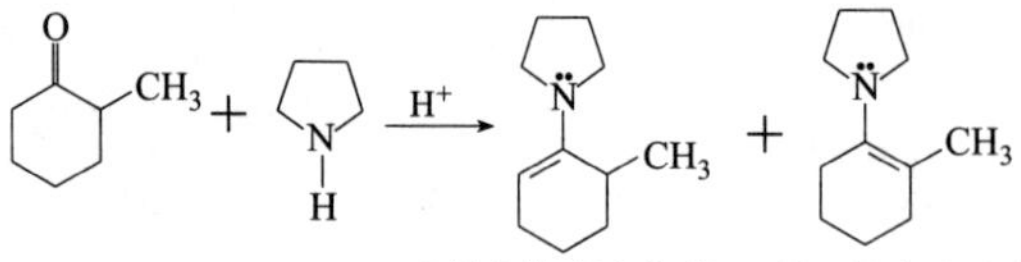

双键上较少取代基　双键上较多取代基
(90%)　　　　　(10%)

上述结果的一种解释是烯胺氮上的未共享电子对与双键形成共轭体系，要求氮及双键碳原子必须共平面。此时，双键上连有较多取代基的烯胺异构体中明显存在着非键排斥作用，而不利于该异构体的生成。双键上取代基较少的烯胺异构体则无非键排斥作用，故为主要产物。

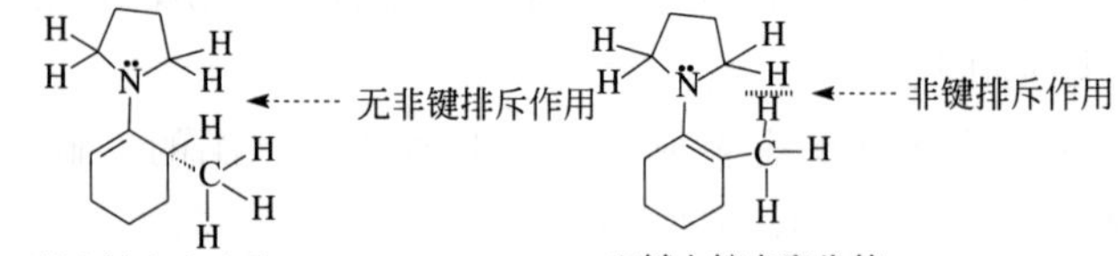

无非键排斥作用　　　非键排斥作用
双键上较少取代基　　　双键上较多取代基

以下是这方面的反应的具体例子。

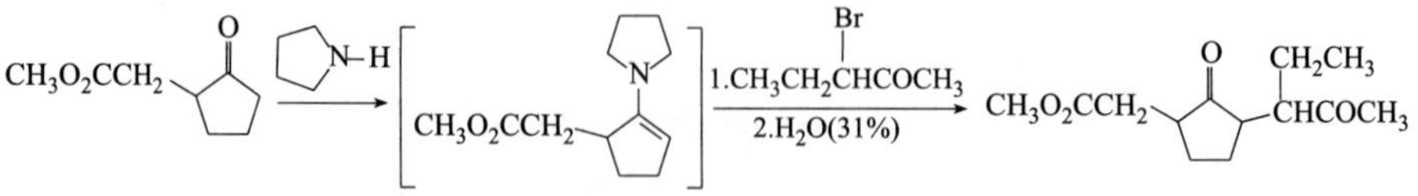

4. 羧酸及其衍生物 α-碳上的烃基化反应

羧酸进行 α-碳上的烃基化反应，报道较少。含有 α-H 的羧酸首先制成钠盐，而后与强碱二异丙基氨基锂（LDA）反应，生成 α-锂代羧酸钠盐，再与卤代烃反应，可以生成 α-烃基取代的羧酸盐，酸化后生成相应的羧酸。例如降血脂药吉非贝齐（Gemfibrozil）原料药（**40**）的合成[39]。

(40)

醇钠可催化酯的缩合反应，但用更强的碱如 LDA 时，在低温可夺取酯及内酯的 α-氢生成烯醇，而不发生羰基加成。生成的烯醇可与溴代烷、碘代烷反应，生成烃基化产物。例如：

$$CH_3(CH_2)_4COOC_2H_5 \xrightarrow{i\text{-}Pr_2NLi} CH_3(CH_2)_3CH{=}C\begin{smallmatrix}O^-Li^+\\OC_2H_5\end{smallmatrix} \xrightarrow[\text{(90\%)}]{CH_3I} CH_3(CH_2)_3\underset{CH_3}{CH}CO_2C_2H_5$$

又如降血脂药吉非贝齐（Gemfibrozil）中间体（**41**）的合成[40]。

$$CH_3\underset{CH_3}{CH}COOCH_2CH(CH_3)_2 \xrightarrow[\text{2. ClCH_2CH_2CH_2Br(94\%)}]{\text{1. }i\text{-}Pr_2NH,Li,THF} ClCH_2CH_2CH_2\underset{CH_3}{\overset{CH_3}{C}}COOCH_2CH(CH_3)_2 \quad\quad \textbf{(41)}$$

腈也是羧酸的衍生物。具有 α-氢的腈，在强碱作用下与卤代烃反应，生成 α-烃基取代的腈。由于氰基属于强吸电子取代基，腈的 α-氢酸性比酯的 α-氢的酸性强，可以使用氨基钠、醇钠，有时也可以使用氢氧化钠。例如钙拮抗剂盐酸戈洛帕米（Gallopamil hydrochloride）中间体（**42**）的合成[41]。

(42)

二卤代物作烃基化试剂时可生成环状化合物。例如镇咳药喷托维林（Pentoxyverine）中间体（**43**）的合成[42]。

(43)

又如镇痛药盐酸哌替啶（Pethidine）中间体（**44**）的合成。

(44)

如下反应则是分子内碳负离子对芳环的亲核取代生成环状化合物。

5. 其他碳原子上的烃基化

（1）端基炔的烃基化 端基炔的氢具有酸性，可与强碱如氨基钠反应生成炔钠，炔钠与卤代烃反应生成新的炔。

$$HC{\equiv}CH + NaNH_2 \longrightarrow HC{\equiv}CNa \xrightarrow{RX} HC{\equiv}C-R$$

$$HC{\equiv}C-R + NaC{\equiv}CH \xrightarrow{R'X} R'C{\equiv}CR$$

医药中间体 4-氯-2-丁炔酸甲酯的合成如下[43]。

$$ClCH_2C{\equiv}CH \xrightarrow{CH_3Li} ClCH_2C{\equiv}CLi \xrightarrow[(81\%\sim83\%)]{ClCO_2CH_3} ClCH_2C{\equiv}C-CO_2CH_3$$

端基炔的烃基化通常是用炔基钠（锂）、炔基铜、炔基铝或炔基 Grignard 试剂与卤代烃反应。

芳香族卤代物不易与炔钠反应生成炔基化合物。脂肪族卤代烃中，只有当伯卤代烃的 β-位上无侧链时才能得到较高的收率。仲和叔卤代烃以及 β-位上有侧链的伯卤代烃与炔钠反应时，主要产物为消除反应而生成的烯。卤代烃中以溴代烃最好，其次是氯代烃。1,5-二溴戊烷在液氨中与乙炔钠反应得到 1,8-壬二炔。

$$Br(CH_2)_5Br + HC{\equiv}CNa \xrightarrow[(84\%)]{液氨} HC{\equiv}C(CH_2)_5C{\equiv}CH$$

（2）烯丙位、苄基位碳原子的烃基化 烯丙位、苄基位碳原子上的氢，可被强碱夺取生成碳负离子，该类碳负离子因形成 p-π 共轭体系而较稳定，可与卤代烃等反应生成烃基化产物。例如：

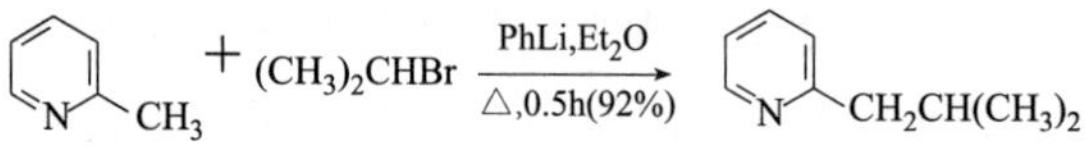

抗组胺药氯雷他定（Loratadine）中间体 3-(3-氯苯乙基)-N-叔丁基皮考林酰胺（**45**）的合成如下[44]。

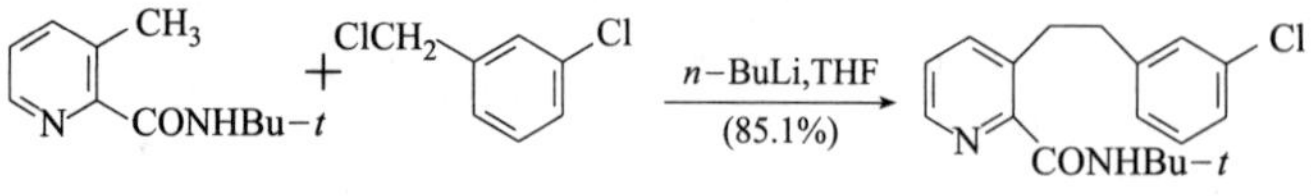

（3）卤代烃与氰化钠（钾）的反应 氰化钠（钾）与卤化物反应可以生成腈，属于卤化物的亲核取代反应。这类反应的典型代表是苯乙腈的合成，苄基氯与氰化钠反应是工业上合成苯乙腈的方法之一。苯乙腈是重要的医药、农药和香料中间体。

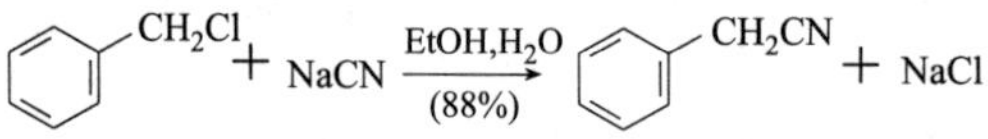

预防疟疾和休止期抗复发治疗药乙胺嘧啶（Pyrimethamine）等的中间体 4-氯苯乙腈的合成如下[45]。

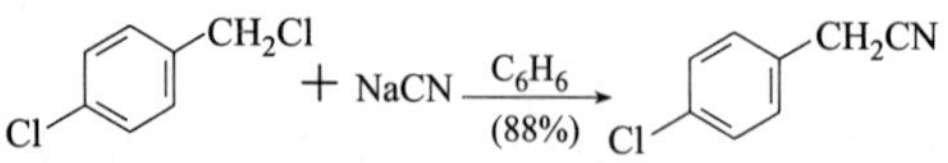

氰化钠与酰氯反应生成酰基腈，例如苯甲酰腈可以由苯甲酰氯与氰化钠反应得到，不过这属于碳原子上的酰基化反应。

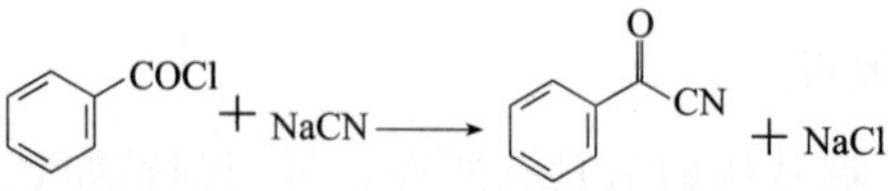

第二节 酯类烃化剂

主要的酯类烃化剂是硫酸酯和芳磺酸酯，有时也可以使用羧酸酯、磷酸酯和碳酸酯。其反应机理与使用卤代烃的烃化反应相同，属于亲核取代反应。同卤代烃的亲核取代反应相比，硫酸酯基、芳磺酸基是更好的离去基团，因此，它们的活性比卤代烃高，其活性次序为：$ROSO_2OR > ArSO_2OR > RX$。因此反应条件比卤代烃温和。

一、硫酸酯

常用的是硫酸二甲酯和硫酸二乙酯，它们只用于甲基化和乙基化，故又称为甲基化和乙基化试剂。硫酸二酯类化合物都属于有毒物质，但它们都是重要的烷基化试剂，使用时应特别注意安全。

硫酸二酯类烃化剂分子中的两个烃基，通常只有一个参加反应。烃基化时一般是将硫酸二酯加到被烃化物的碱性溶液中进行反应。碱具有双重作用，一是提高被烃化物的活性，二是中和反应中生成的硫酸氢酯。有时也可在较高温度下直接进行烃基化反应。

硫酸二酯作为烷基化试剂，可以进行氧、硫、氮、碳原子上的烃基化，生成相应的产物。

1. 氧原子上的烃基化

氧原子上的烃基化反应主要是羟基的烃基化，包括醇羟基、酚羟基和羧酸的羟基等。

（1）硫酸二酯与醇反应生成醚，是合成混合醚的方法之一。对于活性较大的醇，例如苄基醇、烯丙基醇、α-腈基醇，在氢氧化钠水溶液中就可以与硫酸二酯顺利地进行反应，生成醚。活性较小的醇，应先在无水条件下生成醇钠，再与硫酸二酯反应。

糖尿病性神经痛和成年癫痫病治疗药拉科酰胺（Lacosamide）的中间体（R）-2-叔丁氧羰基-3-甲氧基丙酸（**46**）的合成如下[46]。

$$BocHN\text{-}CH(CH_2OH)COOH \xrightarrow[NaOH(90\%)]{(CH_3)_2SO_4} BocHN\text{-}CH(CH_2OCH_3)COOH \quad (46)$$

烯醇也可以与硫酸二甲酯反应生成烯醇醚。例如抗肿瘤药盐酸尼莫司汀（Nimustine hydrochloride）中间体的合成，是将烯醇进行甲基化，生成烯醇甲醚。

$$CH_2\!=\!CHCN \xrightarrow{CH_3ONa, HCOO_2C_2H_5} CH_3OCH_2CCN \xrightarrow[(88\%\sim95\%)]{(CH_3)_2SO_4} CH_3OCH_2CCN$$
（左侧产物带 HCONa，右侧产物带 HCOCH_3）

（2）硫酸二酯与酚反应生成芳基烃基混合醚。酚羟基的酸性比醇强，容易生成氧负离子。在氢氧化钠水溶液中，温度不太高的情况下即可生成混合醚。抗炎、抗过敏药物地塞米松（Dexamethasone）、解热镇痛药非那西汀（Phenacetin，Acetophenetidine）等的中间体苯乙醚的合成如下[47]。

$$\text{Ph—OH} + (C_2H_5)_2SO_4 \xrightarrow[\quad (C_{18}H_{37})_2\overset{+}{N}MeCH_2PhCl^-\,(92\%)\quad]{NaOH, EtOH, Tol} \text{Ph—OC}_2H_5$$

多元酚也可以进行反应，治疗高血压药物甲基多巴（Aldometil）、防治支气管哮喘、过敏性鼻炎药物曲尼司特（Tranilast）等的中间体3,4-二甲氧基苯甲醛的合成[48]。

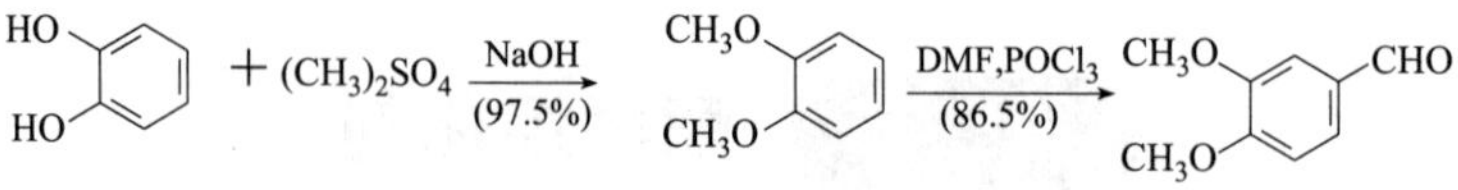

多元酚可发生多烃基化，但在一定条件下也可生成单烃基化产物。例如：

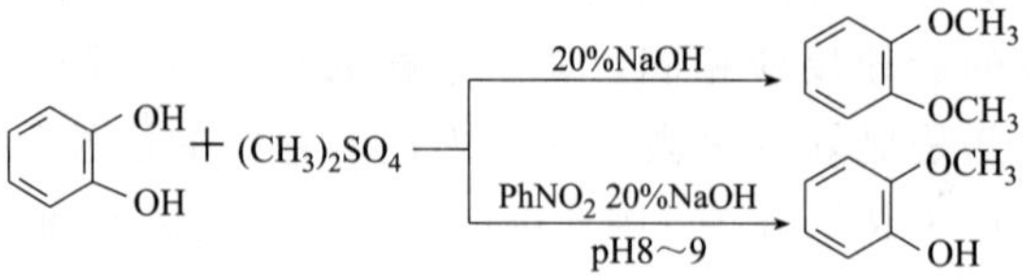

后者是控制 pH8～9，以硝基苯为溶剂，生成的单烃基化产物溶于硝基苯，减少了继续烃基化而主要得到单烃基化产物。

分子中同时含有酚羟基和羧基时，如水杨酸，控制合适的条件，可以只甲基化酚羟基。例如止吐药左舒必利（Levosulpiride）中间体邻甲氧基苯甲酸的合成。

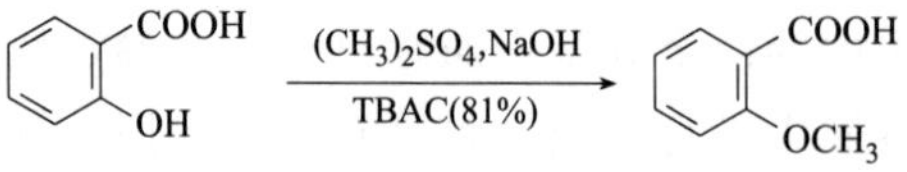

上述反应若使用过量的硫酸二甲酯，羧基也可以发生甲基化反应生成酯。

如果反应物分子中同时含有氨基和羟基，控制合适的反应条件，可以只甲基化羟基而保留氨基。

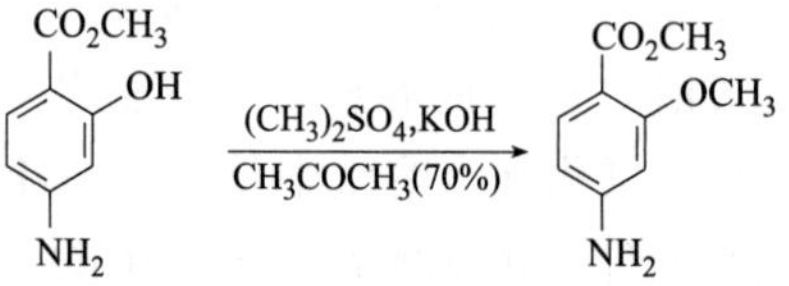

由于硫酸二酯的活性大于卤代烃，因此卤代烃难以烃基化的酚羟基，用硫酸二酯或对甲苯磺酸甲酯有时可顺利地进行烃基化反应。例如：

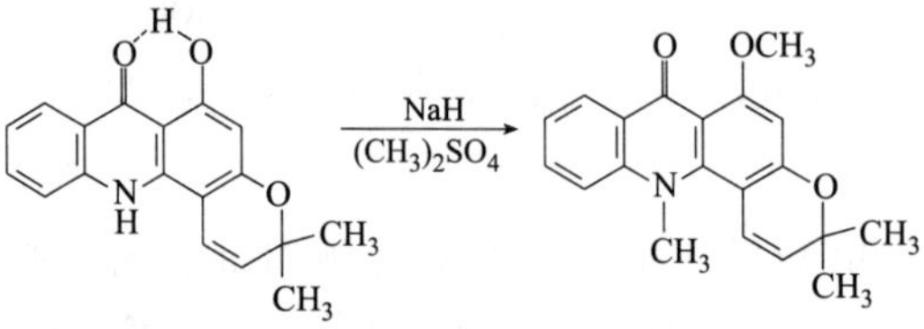

羧酸酚基酯在碱性条件下与硫酸二乙酯反应，可以生成相应的芳基乙基醚，反应中可能是羧酸酚基酯在碱性条件下很容易水解，生成酚氧负离子，而后再与硫酸二乙酯反应生成相应的产物。例如利胆药曲匹布通（Trepibutone）中间体（**47**）的合成[49]。

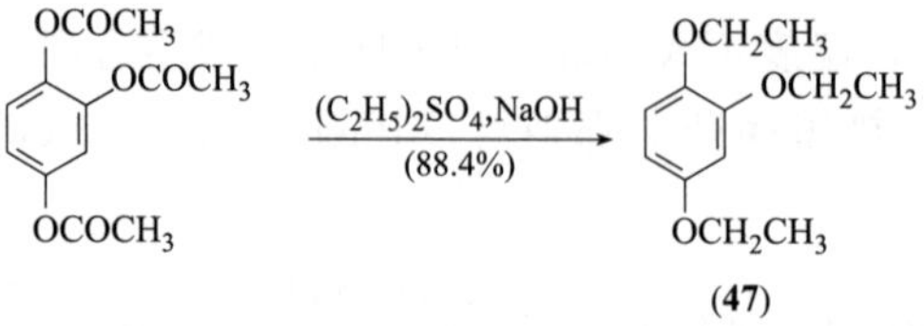

(47)

（3）羧酸与硫酸二酯反应生成羧酸酯　在碱性条件下羧酸生成羧酸盐，羧酸根负离子与硫酸二酯反应可以生成相应的羧酸酯。例如例如抗菌药甲氧苄啶（Trimethoprim）等的中间体 3,4,5-三甲氧基苯甲酸甲酯的合成[50]。

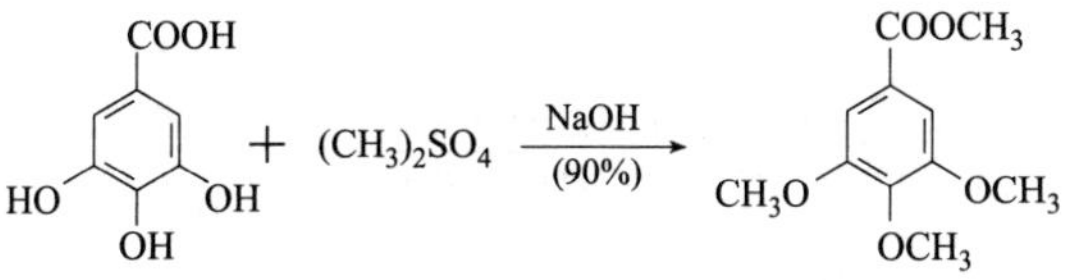

很多反应采用氢氧化锂作碱性试剂，使用 LiOH 时的可能反应过程如下[51]。

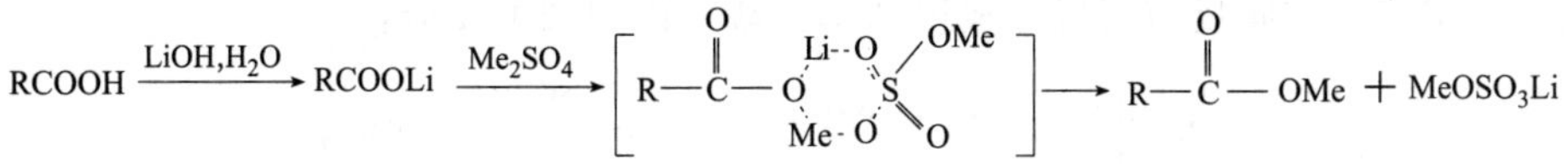

硫酸二甲酯与 DMF 作用，可以生成 N,N-二甲基甲酰胺二甲基缩醛（DMFDMA），是一种在有机合成中应用广泛的试剂，可以对羧酸进行甲酯化生成相应的羧酸甲酯。

$$(CH_3)_2SO_4+(CH_3)_2NCHO \longrightarrow (CH_3)_2\overset{+}{N}{=}CHOCH_3 \cdot CH_3OSO_3^- \xrightarrow{CH_3ONa} \underset{(DMFDMA)}{(CH_3)_2NCH(OCH_3)_2}$$

$$RCOOH \xrightarrow[-CH_3OH]{(CH_3)_2NCH(OCH_3)_2} RCOO^- + (CH_3)_2\overset{+}{N}{=}CHOCH_3 \longrightarrow RCOOCH_3 + (CH_3)_2NCHO$$

在实际反应中可以直接使用 DMF 和硫酸二甲酯对羧酸进行甲酯化。例如对硝基苯甲酸甲酯的合成[52]。

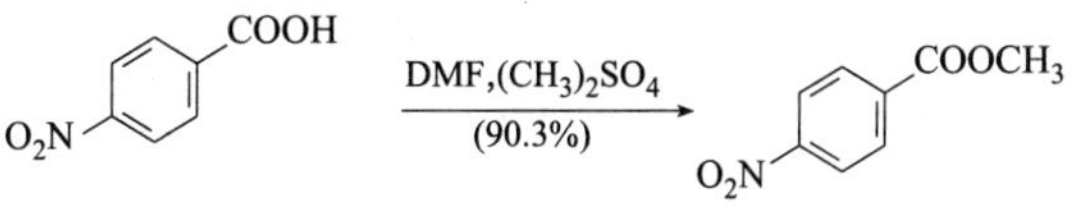

该方法的特点是反应迅速，收率高，无需其他溶剂，而且对于位阻大的羧酸同样可以取得满意的结果。

（4）肟羟基的烃基化　肟在碱性条件下与硫酸二酯反应，可以发生肟羟基上的烃基化，生成 N-烷氧基亚胺类化合物。例如抗生素头孢他美酯（Cefetamet pivoxil）中间体（**48**）的合成[53]。

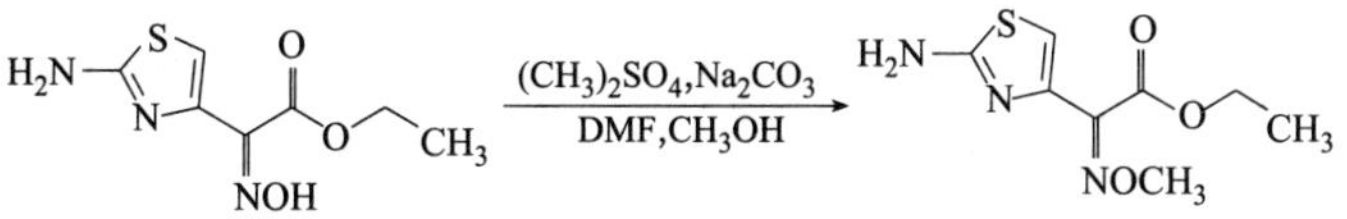

(48)

2. 氮原子上的烃基化

氨基氮原子的亲核活性大，很容易与硫酸二酯发生亲核取代反应，生成氮烃基化产物。例如：

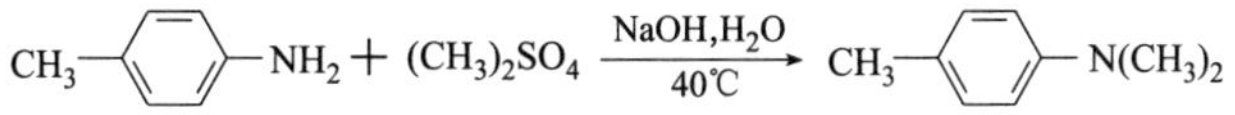

该反应中硫酸二甲酯为理论量的 150%，逐渐加到温热的、加有碱的反应物中。碱是过量的，为两相反应。加入相转移催化剂将有利于反应的进行。

局部麻醉药甲哌卡因（**49**）可用硫酸二甲酯进行氮上的甲基化来制备[54]。

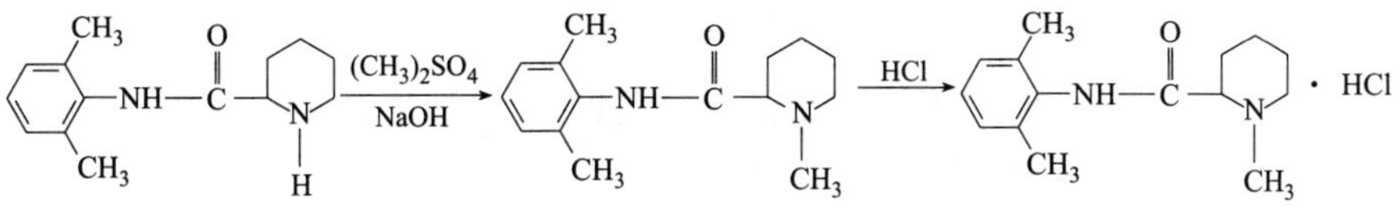

(49)

止吐药盐酸昂丹司琼（Ondansetron hydrochloride）中间体（**50**）的合成如下[55]。

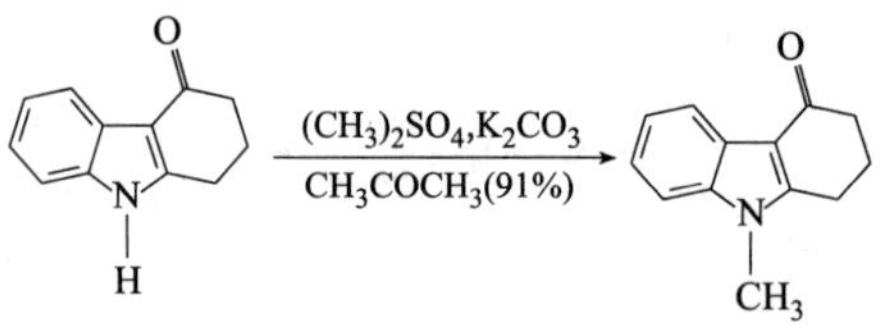

$$(50)$$

硫酸二甲酯与叔胺反应可以生成甲基季铵盐。例如如下反应：

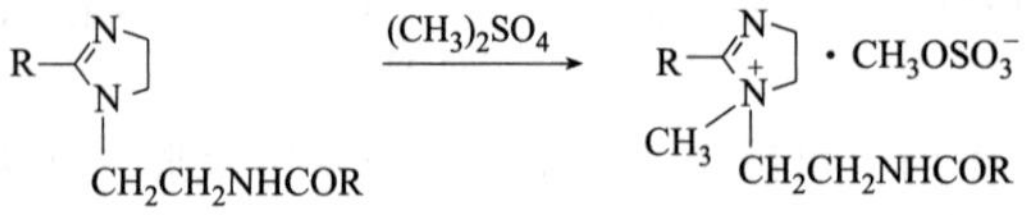

分子中既有氨基又有羟基的化合物，控制反应体系的 pH 值或选用合适的溶剂，可选择性地进行氨基烃基化。

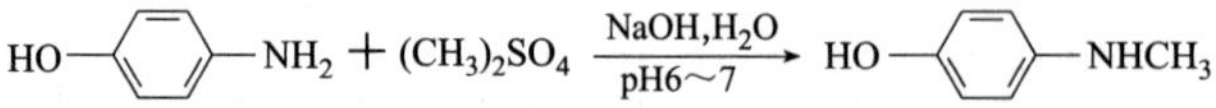

若使羟基烃基化，则氨基可以先加以保护，烃基化后再脱去保护基。

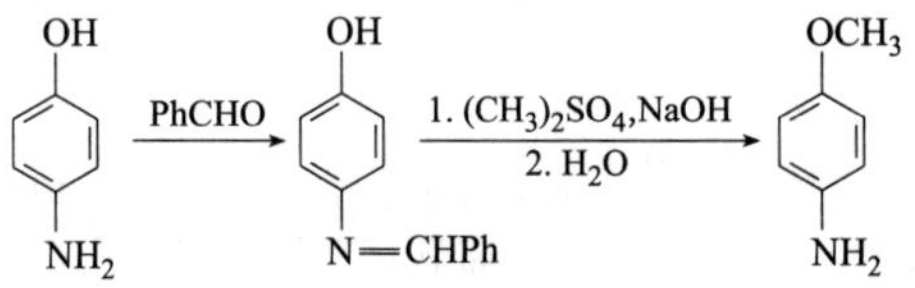

分子中有多个氮原子的化合物，可根据氮原子的碱性差异，选择性地烃基化。例如黄嘌呤分子中有三个可被烃化的氮原子，在不同条件下用硫酸二甲酯烃基化，可得到两种不同的产物咖啡因（**A**）和可可碱（**B**）。

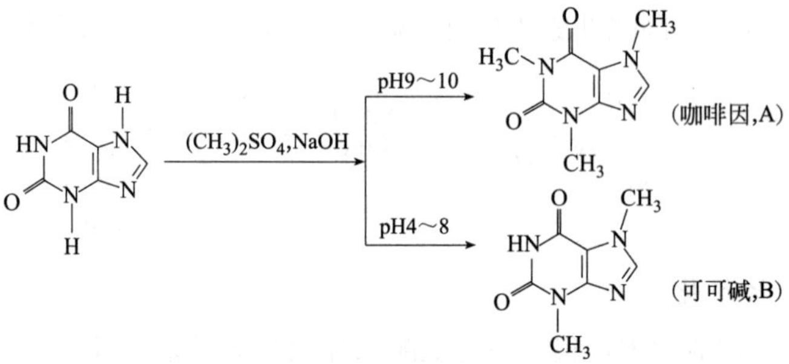

氮原子上氢的酸性强，则容易在碱性条件下烃基化。例如如下化合物，酰亚胺氮原子上更容易甲基化。

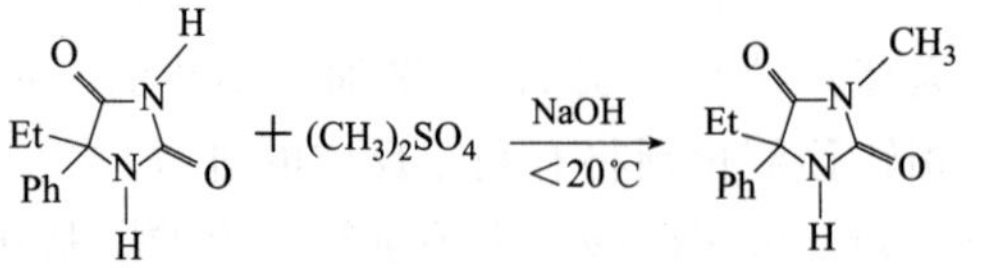

消炎镇痛药吡罗昔康（Piroxicam）中间体（**51**）的收率几乎 100%[56]。

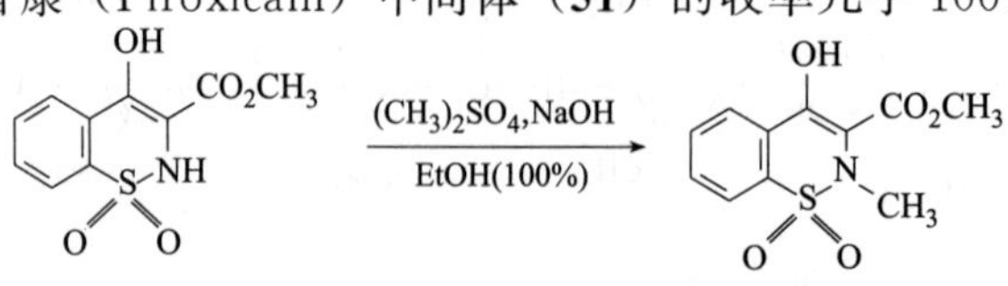

$$(51)$$

己内酰胺与硫酸二甲酯等摩尔反应，主要产物是 *O*-甲基化产物（1-氮杂-2-甲氧基-1-环庚烯），在过量硫酸二甲酯存在下反应，*O*-甲基化产物会逐渐重排生成 *N*-甲基化产物（*N*-甲基己内酰胺）。

甲酰苯胺在碱性条件下与硫酸二甲酯反应生成 *N*-甲基甲酰苯胺（MFA），在有机合成中主要被用作 Vilsmeier-Haak 反应中的甲酰化试剂。使用 MFA 进行的 Vilsmeier-Haak 反应条件非常温和，1,2-二氯乙烷是最常用的反应溶剂，有时也可以在无溶剂条件下反应。反应可在室温下或者反应溶剂的回流温度下进行，产率一般在中等至较高水平。

N,*N*-二甲基乙酰胺与硫酸二甲酯反应，可以生成 *N*,*N*-二甲基乙酰胺二甲基缩醛（DMACA）。DMACA 在有机电制发光材料、医药、农药等领域有重要用途。

磺酰胺 N 原子上也可以烷基化。例如抗精神病药物奈莫必利（Nemonapride）等的中间体 2-甲氧基-4-(*N*-甲基-*N*-甲苯磺酰氨基) 苯甲酸甲酯（**52**）的合成[57]。

3. 硫原子上的烃基化

硫脲与硫酸二甲酯反应生成 *S*-甲基异硫脲，为重要的医药、农药等的中间体。

苯硫酚与硫酸二甲酯在碱性条件下反应生成苯甲硫醚。苯甲硫醚是抗生素罗非昔布（Rofecoxib）的合成中间体[58]。

心脏病治疗药依诺昔酮（Enoximone）等的中间体对甲硫基苯甲酸的合成如下[59]。

4. 碳原子上的烃基化

容易生成碳负离子的化合物也可以与硫酸二甲酯反应，进行碳原子上的甲基化反应。例如消炎药酮基布洛芬（ketoprofen）原料药、外用消炎镇痛药盐酸吡酮洛芬（Piketoprofen hydrochloride）中间体（**53**）的合成[60]。

$$\text{（结构式）} \xrightarrow[\text{KOH(85\%)}]{\text{(CH}_3)_2\text{SO}_4,\text{TEBA},\text{PGE}-400} \text{（结构式，53）}$$

丙二酸二乙酯在碱性条件下与硫酸二甲酯反应，可以生成甲基丙二酸二乙酯。反应中加入相转移催化剂，可以明显提高产物的收率。麝香酮（Muscone）、盐酸阿莫洛芬（Amorolfine hyhloride）等的中间体甲基丙二酸二乙酯的合成如下[61]。

$$\text{（结构式）} \xrightarrow[\text{C}_6\text{H}_6,\text{NaOH(95.7\%)}]{\text{(CH}_3)_2\text{SO}_4,\text{TEBA}} \text{（结构式）}$$

乙酰乙酸乙酯也可以在碱性条件下与硫酸二甲酯反应生成 2-甲基乙酰乙酸乙酯，但有二甲基化产物，同时有 O-甲基化产物生成。采用烯胺法则可以有效地避免上述副反应的发生，较高收率的得到 2-甲基乙酰乙酸乙酯[62]。

$$\text{（结构式）} \xrightarrow[\text{(96\%)}]{\text{NH}} \text{（结构式）} \xrightarrow[\text{2.H}_2\text{O(85.4\%)}]{\text{1.(CH}_3)_2\text{SO}_4} \text{（结构式）}$$

腈类化合物的 α-位比较活泼，在碱的作用下，可以与硫酸二甲酯反应进行 α-位的甲基化。例如消炎镇痛药氟吡洛芬、吡洛芬等的中间体 2-苯基丙腈的合成[63]。

$$\text{（结构式）}\text{CH}_2\text{CN} \xrightarrow[\text{NaOH(72\%)}]{\text{(CH}_3)_2\text{SO}_4} \text{（结构式）}\text{CHCN}\atop\text{CH}_3$$

二、芳磺酸酯

磺酸酯主要有甲磺酸酯、三氟甲磺酸酯、对甲苯磺酸酯（TsOR）和苯磺酸酯，TsOR 应用更广泛。

由于 TsO⁻ 是很好的离去基团，芳磺酸酯是很强的烃基化试剂。而且酯基 R 基团可以是简单的，也可以是复杂的、带有各种取代基的烃基，其应用范围比硫酸酯更广泛。

醇、酚的羟基可用芳磺酸酯烃基化生成醚，反应机理属于亲核取代反应，磺酸基作为离去基团离去。例如临床用于治疗因用抗肿瘤药及放射治疗而引起的白细胞减少的药物鲨肝醇（Batyl alcohol）原料药（**54**）的合成。

$$\text{（结构式）} \xrightarrow[\text{HCl(干)}]{\text{CH}_3\text{COCH}_3} \text{（结构式）} \xrightarrow[\text{Tol,}>110℃]{\text{TsOC}_{18}\text{H}_{37},\text{KOH}} \text{（结构式）} \xrightarrow[\text{HCl}]{\text{C}_2\text{H}_5\text{OH}} \text{（结构式，54）}$$

由于分子内形成氢键难以用卤代烃烃基化的羟基，用芳磺酸酯很容易进行烃基化。在如下反应中，由于分子中含有氢键，用碘甲烷难以甲基化，而用对甲苯磺酸甲酯，则甲基化产物的收率几乎100%。

$$\text{（结构式）} \xrightarrow[\text{NaOH, 180℃（约100\%）}]{\text{TsOCH}_3} \text{（结构式）} + \text{TsONa}$$

脂肪族胺和芳香胺也可用芳磺酸酯进行氮原子上的烃基化反应，前者反应温度较低，后者则较高。

$$\text{（结构式）} \xrightarrow[\text{xyl, } \triangle]{\text{TsOCH}_3} \text{（结构式）} \cdot \text{TsO}^-$$

$$\text{ArNH}_2 + \text{TsOR} \xrightarrow{120℃} \text{ArNHR} + \text{TsOH}$$

$$\text{ArNH}_2 + 2\text{TsOR} \xrightarrow{\text{NaCO}_3 \atop 160℃} \text{ArNR}_2 + 2\text{TsONa} + \text{CO}_2 + \text{H}_2\text{O}$$

若芳磺酸酯的用量更大，则有可能生成季铵盐。

值得指出的是，用芳磺酸酯进行氮原子上的烃基化时不能使用胺的盐，必须使用游离胺。用盐时可能发生如下反应。

$$\text{ArSO}_2\text{OR} + \text{R}'\text{NH}_2 \cdot \text{HCl} \longrightarrow \text{RCl} + \text{R}'\overset{+}{\text{N}}\text{H}_3\text{ArSO}_3^-$$

镇咳祛痰药左羟丙哌嗪（Levodropropizine）原料药（**55**）的合成如下[64]：

$$\text{（结构式）} + \text{（结构式）} \xrightarrow[\text{(92.6\%)}]{\text{C}_6\text{H}_6} \text{（结构式）} \quad (55)$$

甲磺酸酯的应用相对也较多。甲磺酸酯也可以进行 O、N、S 等原子上的烃基化反应。抗真菌药特康唑（Terconazole）原料药（**56**），是酚在碱性条件下与甲磺酸酯反应进行酚羟基烃基化的具体例子[65]。

$$\text{（结构式）} + \text{（结构式）} \xrightarrow[\text{(76.4\%)}]{\text{NaH, DMSO}} \text{（结构式）} \quad (56)$$

失眠症治疗药拉米替隆（Ramelteon）原料药（**57**）的合成如下[66]。

$$\text{（结构式）} \xrightarrow[\text{(86\%)}]{\text{CH}_3\text{SO}_2\text{Cl, Py}} \text{（结构式）} \quad (57)$$

反应中一个羟基先生成甲基磺酸酯，而后另一个羟基进行亲核取代，最终生成环醚结构。

三氟甲磺酸酯也可以作为烃基化试剂。例如三氟甲磺酸三氟乙基酯可以进行酚羟基和羧酸羟基的烃基化。抗心律失常药乙酸氟卡尼（Flecainide acetate）中间体 2,5-双（2′,2′,2′-三氟乙氧基）苯甲酸 2′,2′,2′-三氟乙酯的合成[67]。

甲磺酸酯可以进行氮原子上的烃基化反应。例如抗过敏药阿司咪唑（Astemizole）原料药（**58**）的合成[68]。

同样，甲磺酸酯也可以进行硫原子上的烃基化反应。在碱性条件下硫醇生成硫负离子，硫负离子作为亲核试剂与甲磺酸酯反应，生成硫醚。例如抗帕金森氏病药物甲磺酸培高利特（Pergolide mesylate）中间体（**59**）的合成[69]。

磺酸酯也可以作为烃基化试剂进行芳环上的烃基化反应，例如环己基苯的合成[70]。

除了硫酸酯、芳磺酸酯以外，可用作烃化剂的酯还有磷酸酯、亚磷酸酯、氯甲酸酯、多聚磷酸酯、羧酸酯等。例如：

三、羧酸酯

羧酸酯分子中的羧酸根在碱性条件下可以被氮、硫负离子取代而生成胺或硫醚，这种反应虽然应用不是太普遍，但有时在药物合成中得到应用。

在如下反应中，抗生素头孢特仑酯（Cefteram piroxil）中间体（**60**）的合成[71]，是乙酸酯与四氮唑在 BF_3-Et_2O 作用下进行的亲核取代反应，羧酸根被氮取代生成胺类化合物。

抗生素头孢匹胺（Cefpiramide）中间体（**61**）的合成是应用羧酸酯与巯基的反应，生成硫醚类化合物[72]。

四、碳酸酯

碳酸酯作为烃基化试剂应用最多的是碳酸二甲酯（DMC），因其可以代替硫酸二甲酯、氯甲烷等而备受关注。

DMC 为无色透明、具有芳香气味和一定挥发度的无腐蚀油状液体，其毒性与无水乙醇相当。由于分子中有甲基、甲氧基和羰基基团，可以作为甲基化试剂、羰基化试剂等。

DMC 作为甲基化试剂，可以进行 O、N、S 和 C 原子上的甲基化反应，其作用与硫酸二甲酯相当，但反应活性远不如硫酸二甲酯。

1. O-甲基化

苯甲醚是重要的化工和医药中间体，可以由苯酚与碳酸二甲酯来合成。在碱金属交换的分子筛催化下，苯甲醚的收率达 92%。由于 DMC 活性较低，甲基化往往需要较高的反应温度。邻苯二酚、对苯二酚、萘酚等都可以与 DMC 反应生成相应的甲基醚。例如医药、农药中间体 2,6-二氯苯甲醚的合成[73]，反应在碳酸钾和聚乙二醇（PEG-400）存在下于 150℃（压力反应釜中进行）进行，产物收率达 87%。

藜芦醛（**62**）是合成盐酸哌唑嗪（Prazosin hydrochloride）、贝凡洛尔（Bevantolol）等的中间体，可以采用如下方法来合成。

这类反应的反应机理如下：

实现这类反应比较好的方法是使用碳酸钾，同时加入相转移催化剂。

羧酸甲酯可以由羧酸与 DMC 反应来制备。水杨酸、DMC 于高压反应釜中反应，在 423K、HZSM-5 催化剂存在下，水杨酸的转化率为 90%，水杨酸甲酯的选择性达 95%。

用 DBU 作催化剂，羧酸与 DMC 反应，羧酸甲酯的收率几乎 100%，是合成羧酸甲酯的一种好方法。该反应不仅适用于简单的羧酸，而且适用于位阻大的羧酸。采用微波技术则可以将反应速率提高 20~80 倍，使反应在很短时间内即可完成。

醇类化合物与 DMC 反应，容易生成碳酸酯。

2. S-甲基化

传统的不对称硫醚的合成方法是硫醇与卤代烃亲核取代。近年来 DMC 与硫醚反应合成甲基硫醚的报道逐渐增多。在碳酸钾和 18-冠-6 相转移催化剂存在下，硫醇与 DMC 反应可以生成甲基硫醚。

$$n=3,90\%; n=5,82\%; n=6,84\%$$

硫代苯酚与 DMC 反应生成苯甲硫醚。

3. N-甲基化

苯胺与 DMC 反应可以生成 N-甲基苯胺和 N,N-二甲基苯胺，控制原料配比和反应条件，可以使其中一种产物为主要产物[74]。

DMC 也可以使杂环化合物分子中的氮进行甲基化，例如咪唑和苯并咪唑在碳酸钾和 18-冠-6 相转移催化体系中进行氮上的甲基化反应。

吲哚类化合物在 1,4-二氮杂双环 [2.2.2] 辛烷（DABCO）催化剂存在下与碳酸二甲酯反应，高收率的得到 N-甲基吲哚类化合物。例如医药中间体 N-甲基吲哚的合成[75]。

在季铵盐催化下，丙酰胺、苯甲酰胺与 DMC 反应可选择性进行氮上的甲基化反应。

$$RCONH_2 + CH_3OCOCH_3 \xrightarrow[CTAB]{K_2CO_3} RCONHCH_3 + CH_3OH + CO_2$$

尿嘧啶衍生物与 DMC 反应，可以生成 N^1,N^3-二甲基尿嘧啶。

4. C-甲基化

在一定的条件下，DMC 可以进行碳上的甲基化反应。例如苯乙腈与 DMC 的混合气体，通过涂有碳酸钾的聚乙二醇催化剂床层，可以生成相应的甲基化产物。

该反应苯乙腈的转化率达 98%，二甲基化产物只有 1%。而当使用氯代甲烷时二甲基化产物比例高。与甲醇相比，使用 DMC 反应条件要温和得多，说明作为甲基化试剂，DMC 比甲醇活性高。p-异丁基苯乙腈与 DMC 反应可以高选择性的得到单甲基化产物，水解后生成 2-(p-异丁基苯基) 丙酸（**63**）为消炎药布洛芬原料药。

消炎药酮基布洛芬（**64**）原料药的一条合成路线如下，反应中也使用了碳酸二甲酯：

苯乙酸甲酯与碳酸二甲酯在碳酸钾催化下于高压釜中 150℃ 反应，生成 2-苯基丙酸甲酯。

$$\underset{\text{(苯基)}}{\bigcirc}\!\!-\!CH_2CO_2CH_3 + CH_3\overset{O}{\overset{\|}{O}}COCH_3 \xrightarrow[150℃]{K_2CO_3} \underset{\text{(苯基)}}{\bigcirc}\!\!-\!\overset{CH_3}{\underset{}{CH}}CO_2CH_3 + CH_3OH + CO_2$$

在相转移催化剂十六烷基三甲基溴化铵存在下，丙二酸二甲酯与 DMC 反应生成甲基丙二酸二甲酯。

$$CH_2(CO_2C_2H_5)_2 + CH_3\overset{O}{\overset{\|}{O}}COCH_3 \xrightarrow{n\text{-}C_{16}H_{33}\overset{+}{N}Me_3Br^-} CH_3CH(CO_2C_2H_5)_2$$

第三节　环氧乙烷类烃化剂

环氧乙烷为三元环醚，分子具有较大的张力，容易开裂，性质非常活泼，可在氧、氮、碳、硫等原子上引入羟乙基。因此，环氧乙烷又称为羟乙基化试剂。相应的反应称为羟乙基化反应。除了环氧乙烷外，环氧丙烷、环氧氯丙烷等也是经常使用的试剂。图 6-1 以环氧丙烷为例列出了环氧乙烷衍生物的一些基本反应。

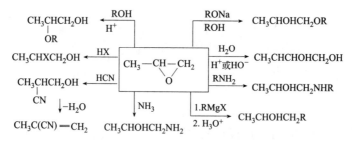

图 6-1　环氧丙烷的主要化学反应

一、氧原子上的羟乙基化

环氧乙烷与醇、酚在酸或碱的存在下，容易开环，在醇或酚的羟基氧原子上引入羟乙基。

$$\underset{O}{\triangle} + C_2H_5OH \xrightarrow{H^+} C_2H_5OCH_2CH_2OH$$

$$\underset{O}{\triangle} + \bigcirc\!\!-\!OH \xrightarrow[\text{或}OH^-]{H^+} \bigcirc\!\!-\!OCH_2CH_2OH$$

环氧乙烷中的两个碳原子是相同的，反应中无论断裂哪一个 C-O 键，产物是相同的。但对于不对称取代的环氧乙烷衍生物，环氧环上的两个碳原子不同，因此开环的方向有两种，生成的产物也不同。开环的方向与体系的酸碱性有关。

在酸性条件下，环氧化合物首先质子化，对环的开裂起催化作用。离去基团变成醇羟基，也有利于环氧环 C-O 键的断裂。但在酸性条件下亲核试剂（醇、酚等）的亲核性也有所下降。

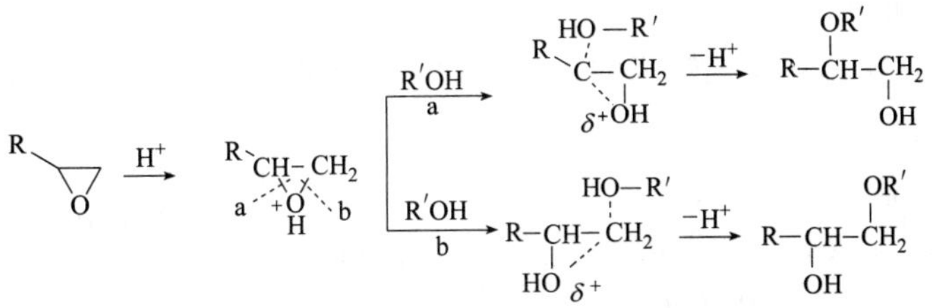

这类反应可以按 S_N1 机理进行反应，也可以按具有 S_N1 性质的 S_N2 机理进行反应。上面 a、b 两种断裂方式，究竟以哪种方式断裂，与 R 基团的性质有关。R 为给电子基团时，以 a 断裂方式为主，因为此时生成的过渡态能量低，得到伯醇类产物。若 R 为吸电子基团，则以 b 断裂方式为主，生成仲醇类产物。

在碱性条件下，醇和酚首先与碱反应生成烃氧负离子，然后与环氧乙烷衍生物发生 S_N2 反应，从空间位阻较小的一侧进攻环氧环上的碳原子，生成仲醇类化合物。

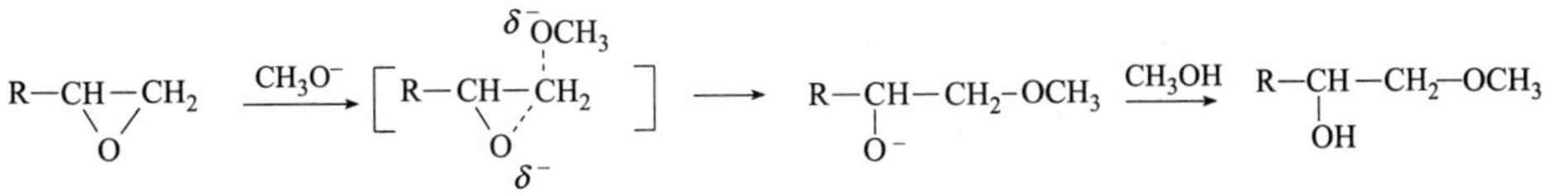

例如苯基环氧乙烷在酸性条件下与甲醇反应，主要得到伯醇；以甲醇钠作催化剂时，则主要生成仲醇。

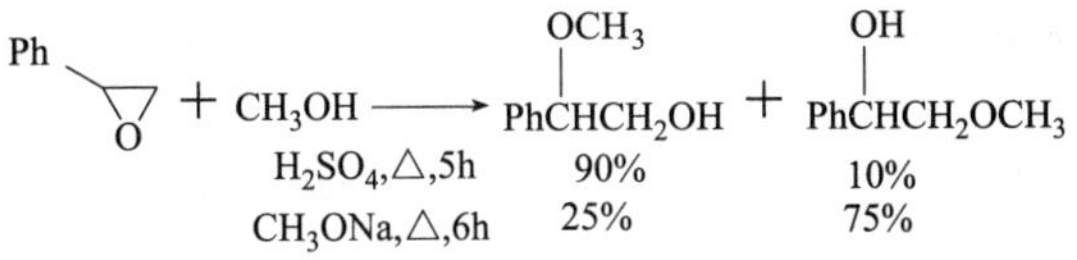

利用环氧乙烷进行氧原子上的羟乙基化，生成的产物仍含有醇羟基，可以继续与环氧乙烷反应生成聚醚。减少聚合的方法是使反应物醇、水、酚大大过量。但制备聚醚时则使环氧乙烷过量。

环氧氯丙烷在碱性条件下与酚反应，环氧环开裂生成 β-氯代醇，而后在过量碱存在下，β-氯代醇发生分子内 S_N2 反应脱去卤化氢重新生成环氧乙烷环状化合物。例如治疗前列腺疾病的药物萘哌地尔中间体萘氧基环氧丙烷的合成：

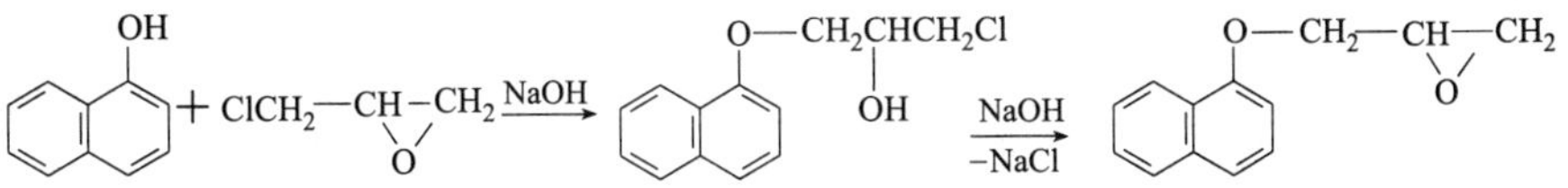

上述反应中，首先是萘酚在碱的作用下生成酚氧负离子，该离子进攻环氧氯丙烷分子中的环氧环，生成开环产物 β-氯代醇，最后是 β-氯代醇发生分子内亲核取代反应生成产物。

利胆药非布丙醇（Febuprol）原料药（**65**）的合成如下[76]。

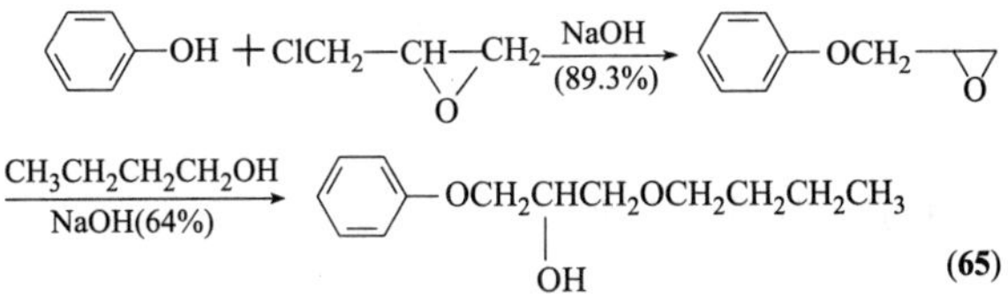

(65)

上述反应中的第二步反应是醇与环氧乙烷衍生物在碱性条件下的开环反应，有用三氟化硼-乙醚作催化剂的报道。

又如治疗过敏性疾病如支气管哮喘、过敏性鼻炎药物甲磺司特（Suplatast tosylate）等的中间体（**66**）的合成[77]。

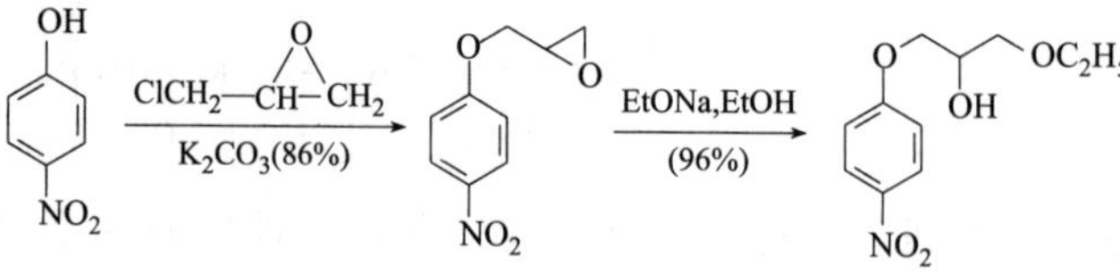

(**66**)

酚与环氧氯丙烷的反应，也可以使用碳酸钾，有时加入相转移催化剂会获得不错的结果。

抑郁症治疗药物瑞波西汀（Reboxetine）中间体（2R，3S）-3-(2-乙氧苯氧基)-3-苯基-1，2-丙二醇（**67**）的合成如下[78]。

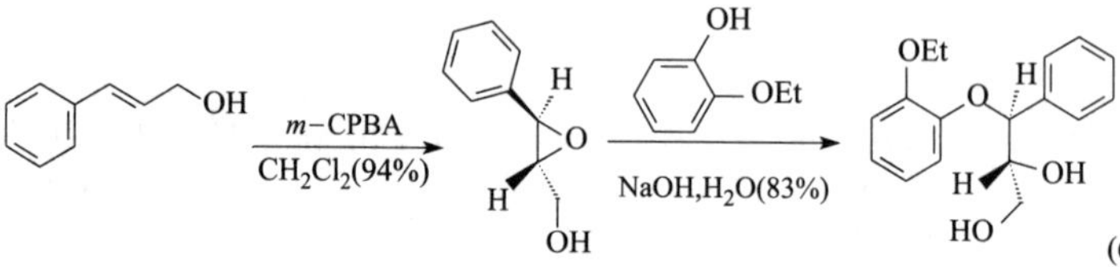

(**67**)

二、氮原子上的羟乙基化

环氧乙烷及其衍生物很容易和氨或胺反应，生成 β-氨基醇，该反应属于 S_N2 反应机理。

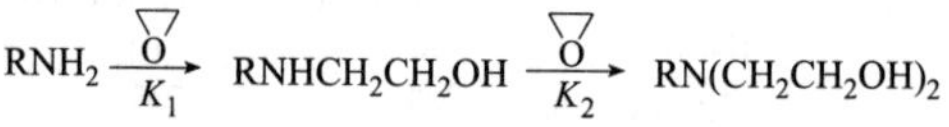

由于一羟乙基化和二羟乙基化的反应速率常数 K_1 和 K_2 一般差别不大，因此，在用氨或伯胺制备 β-羟乙基胺时，即使使用低于理论量的环氧乙烷，也容易生成双取代物。特别是同氨反应时，甚至生成三取代物。反应的难易取决于氮原子碱性的强弱。碱性越强、亲核能力越大反应越容易进行。脂肪胺碱性较强，较容易羟乙基化。但芳胺的羟乙基化常加入酸性催化剂。苯胺或芳环上有邻、对位定位基的芳胺，反应可在较低温度下进行，芳环上有吸电子基团时，反应温度较高，并且要在压力下进行反应。催化剂的作用与酸催化下氧原子上的羟乙基化相同。

用伯胺与环氧乙烷反应制备 N,N-双-β-羟乙基衍生物，或用仲胺制备 N-烃基-N-羟乙基衍生物时，应严格控制环氧乙烷的用量。过量的环氧乙烷有可能与醇羟基反应生成 N-聚乙二醇。

哌嗪属于仲胺，与环氧乙烷反应生成 N-羟乙基哌嗪。生成的产物为降压药盐酸马尼地平（Manidipine hydrochloride）中间体。

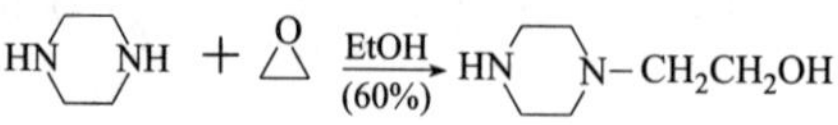

叔胺与环氧乙烷反应生成季铵盐。例如：

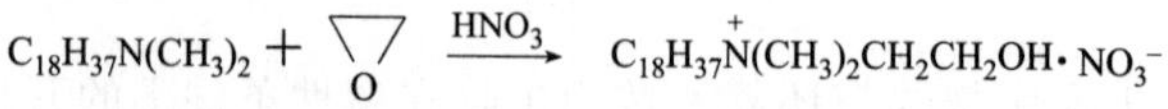

氮原子上的羟乙基化反应在药物合成中应用较多。如抗寄生虫药物甲硝唑（**68**）的合成[79]：

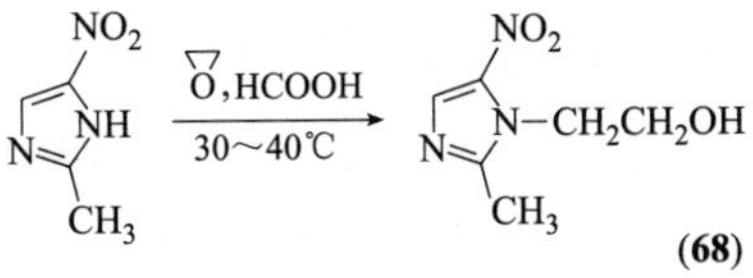

(68)

如下具有内酰胺和烯胺结构的化合物，可以与两分子环氧乙烷反应生成化合物（**69**），其为抗焦虑药氟他唑仑（Flutazolam）原料药。

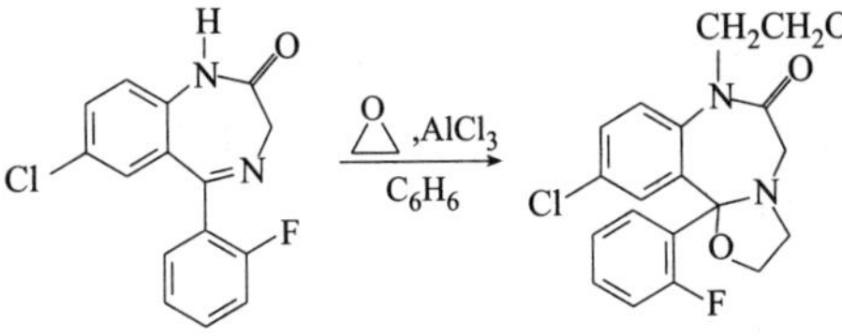

(69)

取代的环氧乙烷与胺反应，胺从空间位阻较小的一侧进攻环氧环，生成仲醇类化合物，

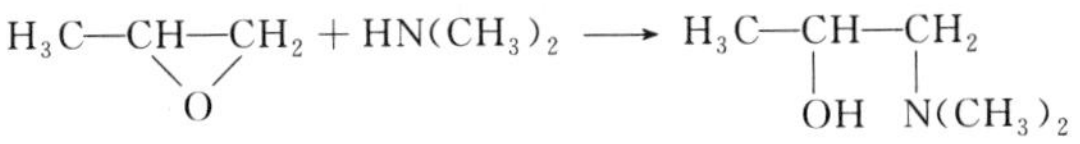

$$H_3C-CH-CH_2 + HN(CH_3)_2 \longrightarrow H_3C-CH-CH_2$$

高血压治疗药盐酸布新洛尔（Bucindolol hydrochloride）原料药（**70**）的合成如下[80]。

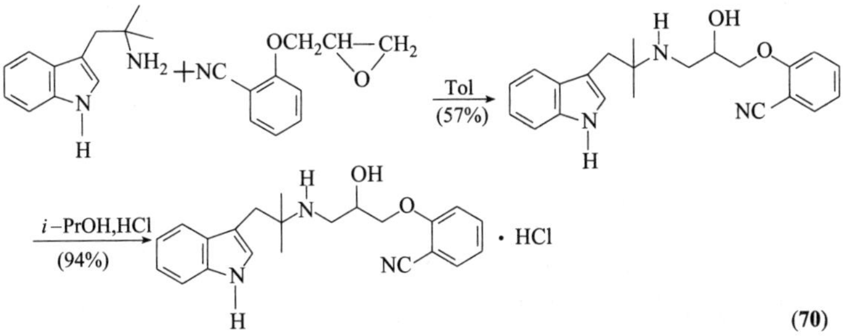

(70)

又如抗真菌药氟康唑（Fluconazole）原料药（**71**）的合成[81]。

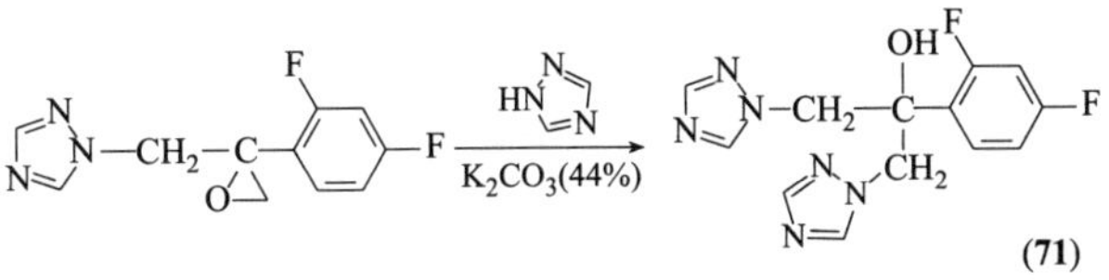

(71)

环氧丙烷也可以与胺类化合物反应，生成 β-羟丙基化合物。例如抗阿米巴药、抗滴虫药塞克硝唑（Secnidazole）原料药（**72**）的合成[82]。

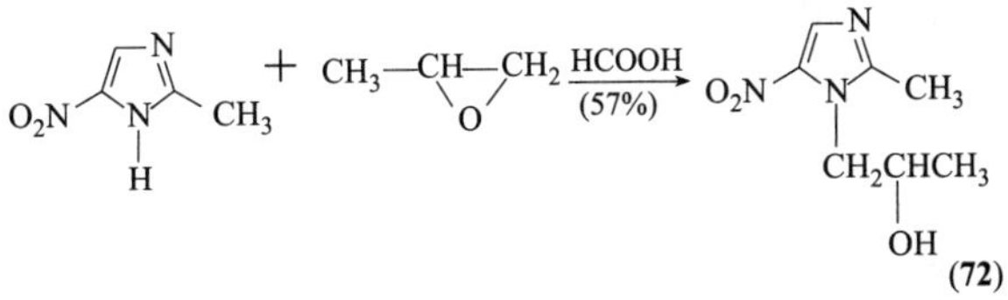

(72)

三、碳原子上的羟乙基化

碳原子上的羟乙基化反应主要包括芳环上的羟乙基化、活泼亚甲基化合物的羟乙基化和

有机金属化合物的羟乙基化反应等。

1. 芳烃的羟乙基化反应

环氧乙烷衍生物可以作为芳烃的烷基化试剂，合成 β-羟烷基芳烃。例如：

反应常用的催化剂为 Lewis 酸，如 $AlCl_3$、$SnCl_4$ 等。

反应机理属于芳环上的亲电取代。芳环上连有邻、对位取代基时反应容易进行。

苯酚锂在三异丁基铝催化剂存在下与环氧乙烷反应，生成对羟基苯乙醇[83]。

若使用单取代环氧乙烷作烃基化试剂，则往往得到芳基连在环氧乙烷已有取代基的碳原子上的产物。例如胃动力药马来酸曲美布汀中间体 2-苯基-1-丁醇的合成：

在上述反应中，环氧乙烷开环生成氯代醇是主要的副产物。

反应中若使用手性的环氧乙烷衍生物，在 Lewis 酸催化下与芳烃反应，芳烃从环氧环的背面进攻环氧环，生成具有手性的开环产物。显然，碳正离子机理不适合于该反应，因为碳正离子机理会伴有手性碳原子构型的翻转。因此，反应过程类似于 S_N2 反应[84]。

光学活性的环氧乙烷衍生物与吲哚在 $InBr_3$ 催化剂存在下反应，得到高光学活性的吲哚衍生物，为吲哚衍生物的合成开辟了新途径[85]。

吡咯可以在硫酸氧锆催化剂存在下发生 F-C 反应，反应发生在吡咯的 2-位，生成伯醇。

$$\text{Ph} \triangleleft^{O} + \underset{R}{\overset{\bigcirc}{\underset{N}{\bigcap}}} \xrightarrow[\text{CH}_2\text{Cl}_2,\text{rt},3\sim4.5\text{h}]{\text{ZrO}_2\text{SO}_4} \underset{R}{\overset{\bigcirc}{\underset{N}{\bigcap}}}\underset{\text{Ph}}{\overset{\text{OH}}{\diagdown}}$$
$$R=\text{H,Me}$$

吡唑的反应则发生在 N 上，且环氧乙烷的开环方向也不同，生成的是仲醇。

$$\text{Ph} \triangleleft^{O} + \underset{N}{\overset{\bigcirc N}{\underset{|}{\bigcap}}} \xrightarrow[\text{CH}_2\text{Cl}_2,\text{rt},3\sim4.5\text{h}]{\text{ZrO}_2\text{SO}_4} \underset{N}{\overset{N}{\bigcap}}\underset{|}{\underset{N}{\diagup}}\overset{\text{HO}}{\underset{}{\diagup}}\text{Ph}$$

2. 活泼亚甲基化合物的 β-羟烷基化

含活泼亚甲基的化合物如乙酰乙酸乙酯，在碱催化下与环氧乙烷反应，可在碳原子上进行羟乙基化反应，而后发生酯交换，生成维生素 B_1 的中间体 2-乙酰基-γ-丁内酯。

$$\text{CH}_3\text{COCH}_2\text{COOC}_2\text{H}_5 + \triangledown_O \xrightarrow[\text{C}_2\text{H}_5\text{ONa}]{\text{C}_2\text{H}_5\text{OH}} \underset{\text{CH}_2\text{CH}_2\text{OH}}{\text{CH}_3\text{COCHCOOC}_2\text{H}_5} \longrightarrow \overset{\text{COCH}_3}{\underset{O}{\bigcirc}}$$

丙二酸二乙酯在相似条件下生成 α-乙氧羰基-γ-丁内酯（**73**），其为合成维生素 B_1 及心绞痛治疗药物卡波罗蓝（Carbocromen）的中间体[86]。

$$\text{CH}_2(\text{COOC}_2\text{H}_5)_2 \xrightarrow[\text{C}_2\text{H}_5\text{ONa}]{\triangledown_O \ \text{C}_2\text{H}_5\text{OH}} \text{HOCH}_2\text{CH}_2\text{CH}(\text{COOC}_2\text{H}_5)_2 \xrightarrow[(75\%)]{} \overset{\text{CO}_2\text{C}_2\text{H}_5}{\underset{O}{\bigcirc}}\quad(73)$$

又如如下反应[87]。

$$\underset{R}{\bigodot}\text{O}\diagup\triangleleft_O + \text{CH}_2(\text{CO}_2\text{C}_2\text{H}_5)_2 \xrightarrow[\text{EtOH}]{\text{EtONa}} \underset{R}{\bigodot}\text{O}\diagup\overset{O}{\underset{O}{\bigcirc}}\overset{\text{OC}_2\text{H}_5}{\underset{O}{\diagup}}$$

不对称环氧乙烷与含活泼亚甲基化合物在碱性条件下反应时，首先是活泼亚甲基化合物的烯醇负离子进攻环氧乙烷中取代基较少的碳原子生成的羟乙基化产物，而后进一步发生分子内的醇解而环合为 γ-丁内酯衍生物。

常见的活泼亚甲基化合物有 β-二酮、β-羰基酸酯、丙二酸酯、丙二腈、腈基乙酸酯、乙酰乙酸酯、苄基腈、脂肪族硝基化合物等。

抗抑郁药米那普仑（Milnacipran）中间体（**74**）的合成如下[88]。

$$\underset{}{\bigodot}\diagup\text{CN} \xrightarrow[t-\text{BuOK}]{\overset{O}{\triangle}\diagdown\text{CH}_2\text{Cl}} \underset{\text{NC}}{\bigodot}\overset{}{\triangleleft}\diagup\text{OH} \xrightarrow[2.\text{HCl}]{1.\text{KOH}} \underset{O}{\bigodot}\overset{}{\triangleleft}\overset{O}{\underset{O}{\bigcirc}} \xrightarrow[\text{HBr,AcOH}]{} \underset{O}{\bigodot}\overset{}{\triangleleft}\diagup\text{Br}\atop\text{OH}\quad(74)$$

端基炔也可以与环氧乙烷及其衍生物在碱性条件下发生羟乙基化反应。例如：

$$\text{CH}_3\text{CH}_2\text{C}\equiv\text{CH} + \triangledown_O \longrightarrow \text{CH}_3\text{CH}_2\text{C}\equiv\text{CCH}_2\text{CH}_2\text{OH}$$

3. 有机金属化合物的 β-羟烷基化

Grignard 试剂与环氧乙烷可以发生亲核开环反应，生成在 Grignard 试剂与金属相连的碳原子上的羟乙基化产物，得到 β-取代的乙醇类化合物。这在有机合成中十分有用，可以合成增加两个碳原子的醇。

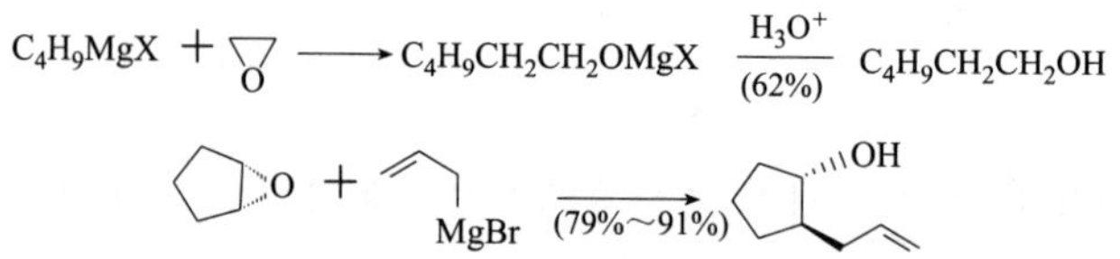

$$C_4H_9MgX + \triangle O \longrightarrow C_4H_9CH_2CH_2OMgX \xrightarrow[(62\%)]{H_3O^+} C_4H_9CH_2CH_2OH$$

该反应更适合于用由伯卤代烷制备的 Grignarg 试剂，此时醇的收率较高。Grignard 试剂可以是脂肪族的，也可以是芳香族的。但若使用叔卤代烷制备的 Grignard 试剂，则相应醇的收率较低。

对羟基苯乙醇为高血压、心脏病治疗药美多心安、治疗药高血压、青光眼病的药物倍他洛尔等的中间体，其一条合成路线如下[89]：

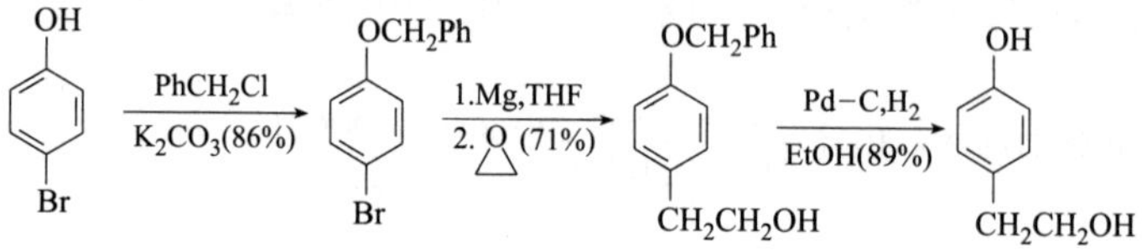

又如动脉血栓栓塞性疾病的防治药物噻氯匹定（Ticlopidine）等的中间体 2-噻吩乙醇的合成[90]。

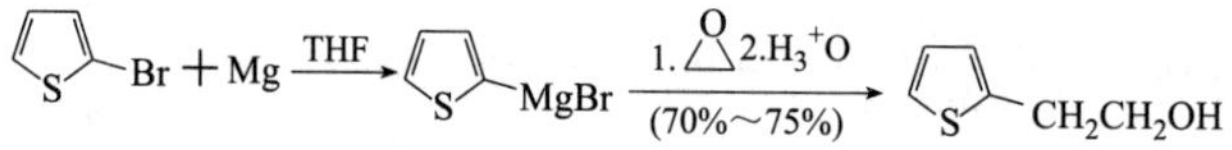

Grignard 试剂与环氧乙烷的反应为放热反应，反应中析出大量镁盐而影响反应的进一步进行，因此常常需要加入大量的溶剂。溶剂中微量的水又可使 Grignard 试剂分解，因此，反应的收率往往不高。

环氧丙烷或其他不对称的环氧乙烷衍生物与 Grignard 试剂反应时，Grignard 试剂中与镁原子相连的碳原子作为亲核试剂进攻环氧环的空间位阻较小的碳原子，水解后生成相应的醇，但反应的选择性并不太高。除了生成仲醇外，尚有部分伯醇的生成。

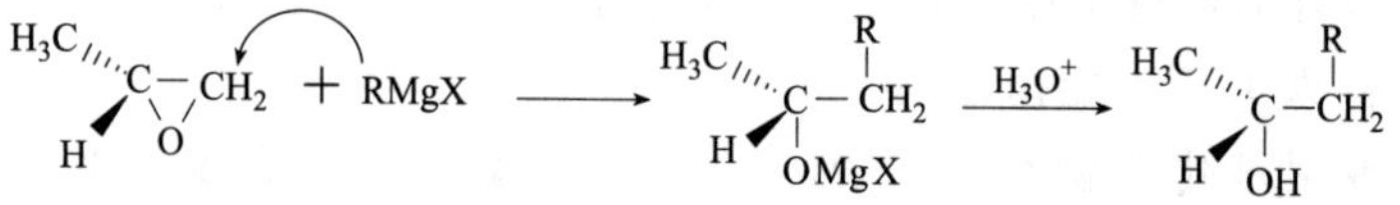

值得指出的是，偕二取代的环氧乙烷与 Grignard 试剂反应时，可能生成如下产物，新的烷基连接在羟基所在的位置上。

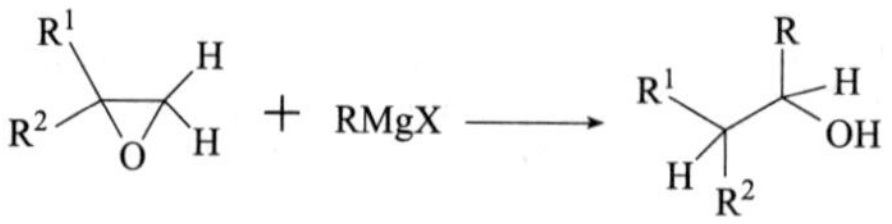

可能的原因是环氧化合物在反应前就异构化为醛或酮，而后再与 Grignard 试剂反应。

乙烯基环氧乙烷与 Grignard 试剂反应时常常得到混合物，除了正常的反应产物外，还有烯丙基重排产物，甚至后者成为主要产物。

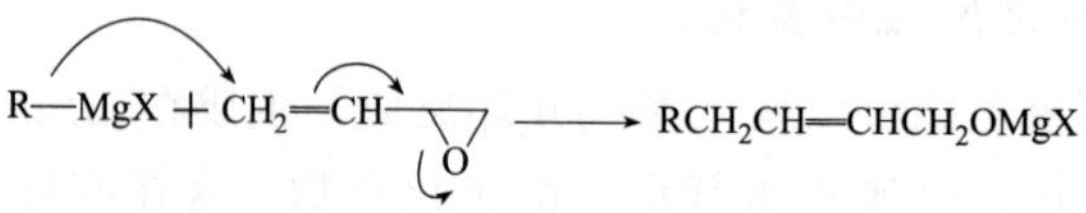

$$R-MgX + CH_2=CH-\triangle O \longrightarrow RCH_2CH=CHCH_2OMgX$$

如下环状乙烯基环氧乙烷化合物与 Grignard 试剂和二烷基铜锂反应，得到的产物不同。

除了 Grignard 试剂外，很多其他有机金属化合物也可以促进环氧乙烷类化合物发生羟乙基化反应。例如有机锂盐、烷基铜锂、有机硼盐等。很多情况下分子中的羟基、酯基、羧基、醚基等不受影响。有机铝、有机钡、有机锰化合物也有报道。

有报道称，在二烷基铜锂与环氧乙烷衍生物的反应中，加入 $BF_3\text{-}Et_2O$ 可以增加二烷基铜锂的反应活性。

第四节　醇类烃化剂

醇类化合物作为烃基化试剂，可以进行氧、氮、硫、碳原子上的烃基化反应，分别生成不同的化合物。这些反应同样在药物合成中具有重要的应用价值。

一、羟基氧原子上的烃基化

醇羟基氧原子上的烃基化，是制备醚的方法之一，可分为液相法和气相法两种方法。

液相法常用的催化剂有硫酸、磷酸、对甲苯磺酸等。

$$R\text{—}OH + H_2SO_4 \longrightarrow ROSO_3H \xrightarrow{R\text{—}OH} R\text{—}O\text{—}R + H_2SO_4$$

硫酸首先与醇生成硫酸氢烷基酯，后者与醇发生 S_N2 反应生成醚。温度高时醇类容易脱水成烯，特别是叔醇。某些活性较大的醇，如苄醇、烯丙醇、α-羟基酮等，可在非常温和的条件下使用很少量的催化剂即可进行烃基化反应。

$$(C_6H_5)_2CH\text{—}OH + HOCH_2CH_2Cl \xrightarrow[75\sim80\text{℃}(84\%)]{H_2SO_4} (C_6H_5)_2CH\text{—}OCH_2CH_2Cl$$

某些环醚可用二元醇以相似的方法来制备。

仲醇、叔醇容易脱水成烯而不能用此法制备单醚。叔醇容易形成碳正离子，有时利用这一性质在弱催化剂存在下与伯醇、仲醇制备混合醚。例如：

$$(CH_3)_3C—OH + (CH_3)_2CHOH \xrightarrow[\text{rt}]{KHSO_4, H_2O} (CH_3)_3C—O—CH(CH_3)_2$$

这可能与空间位阻有关，叔丁基碳正离子体积较大，难以与叔丁醇反应，而容易和体积较小的伯、仲醇结合生成混合醚。

气相烃基化是将醇类蒸气通过固体催化剂在高温下脱水，这是工业上制备低级醚的主要方法。

$$2C_2H_5OH \xrightarrow[\text{220～250℃}]{\text{无水明矾}} C_2H_5OC_2H_5 + H_2O$$

酚与伯醇在硫酸存在下一起加热，可以生成芳基烷基混合醚，例如避孕药孕三烯酮（Gestrinone）中间体 2-甲氧基萘的合成。

$$\text{(图) } \xrightarrow[\text{(85%)}]{CH_3OH, H_2SO_4} \text{(图) }$$

酚也可以用缩合剂 DCC 与醇反应进行烃基化反应。

$$\text{(图) —OH} + \text{HOCH}_2\text{(图) } \xrightarrow[\text{(96%)}]{DCC, 100℃} \text{(图) —O—CH}_2\text{(图) }$$

伯醇、仲醇甚至叔醇与三苯基膦及偶氮二羧酸酯反应，生成烷氧基镤盐，其为一种较强的烃基化试剂，可以将酚羟基烃基化生成醚。

$$ArOH + ROH \xrightarrow[\text{Ph}_3\text{P}, 0～25℃, 2h(88\%～95\%)]{C_2H_5OOCN=NCOOC_2H_5} Ar—O—R$$

叔丁醇与酚类化合物反应，可生成芳基叔丁基醚；

$$O_2N—\text{(图)}—OH + (CH_3)_3COH \xrightarrow[\text{Ph}_3\text{P}]{C_2H_5OOCN=NCOOC_2H_5} O_2N—\text{(图)}—OC(CH_3)_3$$

上述反应可能的反应机理如下。

除了醚类化合物自身的用途外，在有机合成或药物合成中，成醚是保护羟基的一种重要的方法。理想保护基的基本要求是：引入保护基的试剂易得、稳定、无毒；保护基不带有或不引入手性中心；保护基在整个反应过程中是稳定的；保护基容易脱去，且引入和脱去的收率都较高；脱去保护基后，保护基部分与产物容易分离。

二、氨及胺氮原子上的烃基化

醇可以与氨或胺发生氮原子上的烃基化反应，这是制备胺类化合物的方法之一。该类反应有液相和气相两种反应方法。

液相反应可用酸催化或镍催化。常用的酸为硫酸、盐酸、氢溴酸、磷酸、芳磺酸以及氯化锌等 Lewis 酸。这种方法通常在较高温度下反应。

$$CH_3OH \xrightarrow[\text{300℃，加压}]{NH_4Cl,ZnCl_2} CH_3NH_2 + (CH_3)_2NH + (CH_3)_3N$$

实验室制备时常使用氢溴酸，为防止有水，可用一定量的溴代烃代替醇，反应之初就生成了溴化氢。用盐酸时，可使用胺的盐酸盐直接与醇反应。

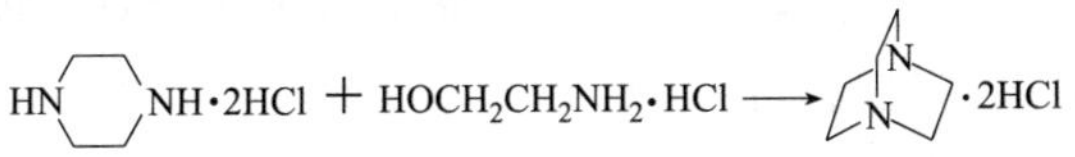

$$HN\underset{}{\bigcirc}NH \cdot 2HCl + HOCH_2CH_2NH_2 \cdot HCl \longrightarrow \underset{}{\bigcirc} \cdot 2HCl$$

氢溴酸的催化活性比盐酸大的多，可在较低的温度下进行反应。

氢卤酸催化的机理可能如下：

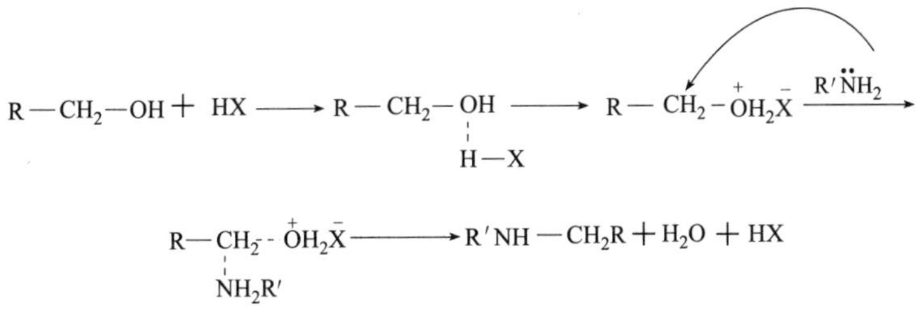

$$R\text{—}CH_2\text{—}OH + HX \longrightarrow R\text{—}CH_2\text{—}\underset{\overset{|}{H-X}}{OH} \longrightarrow R\text{—}CH_2\text{—}\overset{+}{O}H_2\bar{X} \xrightarrow{R'\ddot{N}H_2}$$

$$R\text{—}CH_2\text{-}\underset{\overset{|}{NH_2R'}}{\overset{+}{O}H_2\bar{X}} \longrightarrow R'NH\text{—}CH_2R + H_2O + HX$$

用硫酸作催化剂时，首先生成酸式硫酸酯，然后与胺进行 S_N2 反应。在硫酸催化下，用醇作芳胺的 *N*-烃基化试剂时，明显有醚的生成。

哌嗪是重要的医药中间体，通过如下反应可以合成。

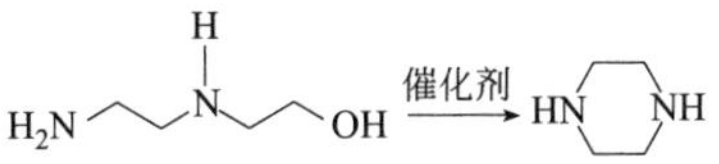

$$H_2N\diagdown\diagup\underset{\overset{|}{H}}{N}\diagdown\diagup OH \xrightarrow{\text{催化剂}} HN\underset{}{\bigcirc}NH$$

N,*N*-二甲苯胺是抗真菌类药物氟胞嘧啶（Flucytosine）等的中间体，可用如下方法来制备。

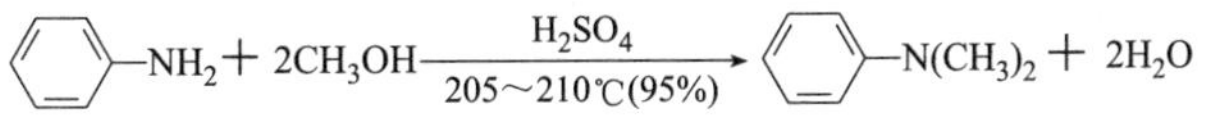

$$\underset{}{\bigcirc}\text{—}NH_2 + 2CH_3OH \xrightarrow[\text{205～210℃(95\%)}]{H_2SO_4} \underset{}{\bigcirc}\text{—}N(CH_3)_2 + 2H_2O$$

在叔丁醇铝存在下，Raney-Ni 作催化剂，醇类作烃化剂，吲哚分子中的氮可被烃基化。

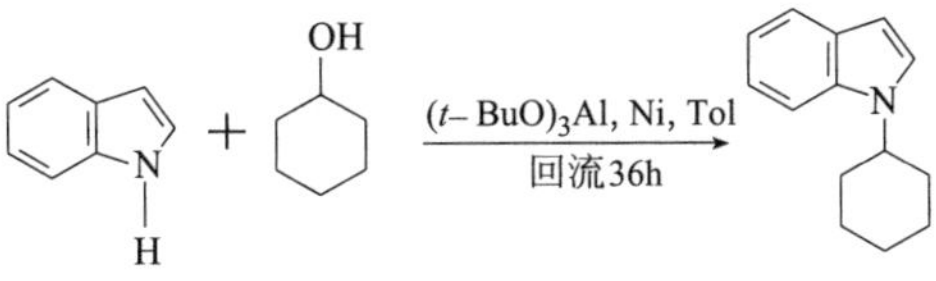

$$\underset{\overset{|}{H}}{\bigcirc\!\!\!\bigcirc N} + \overset{OH}{\bigcirc} \xrightarrow[\text{回流36h}]{(t-BuO)_3Al,\ Ni,\ Tol} \underset{\bigcirc}{\bigcirc\!\!\!\bigcirc N}$$

气相法烃基化，根据催化剂和反应条件的不同，可分别生成胺或腈为主的产物。

$$R\text{—}CH_2\text{—}OH + NH_3 \left\{ \begin{array}{l} \longrightarrow RCH_2NH_2 + H_2O\text{（包括仲、叔胺）} \\ \longrightarrow RC\equiv N + 2H_2 + H_2O \end{array} \right.$$

伯醇与氨反应生成胺的收率最高，仲醇生成胺的收率明显降低。伯胺与醇进一步反应生成仲胺和叔胺。

$$6C_2H_5OH + 3NH_3 \xrightarrow[\text{195～200℃}]{\text{Ni-Cu 活性土}} C_2H_5NH_2 + (C_2H_5)_2NH + (C_2H_5)_3N$$

以正丁醇和氨为原料，以 CuO、NiO-HZSM-5 为催化剂，常压下一步可以合成正丁胺。正丁胺是合成杀菌剂水杨酰正丁胺的中间体。

$$CH_3CH_2CH_2CH_2OH + NH_3 \xrightarrow[300℃(90\%)]{CuO-NiO-HZSM-5} CH_3CH_2CH_2CH_2NH_2$$

该反应的副反应是生成烯，因此，在气相反应中胺的烃基化一般不用仲醇和叔醇。另一副反应是醇的脱氢反应生成醛、酮。

关于这类反应的反应机理，目前认为首先是醇在催化剂存在下脱氢生成羰基化合物和氢气，羰基化合物与氨或胺反应生成亚胺，最后亚胺加氢生成相应的胺。因此，反应的催化剂研究常常集中在脱氢/加氢催化剂方面。如 Cu、Ni、Cr、Co 等或其复合物。Cu 和 Ni 复配或 Cu 与 Cr 复配效果往往较好。所用载体主要有 Al$_2$O$_3$、SiO$_2$、硅藻土、分子筛等。这方面的研究已经取得了很大的进展。

苯酚与苯胺反应可以生成二苯基胺，例如：

叔丁醇与尿素在硫酸存在下反应生成 N-叔丁基脲[91]。

$$(CH_3)_3C—OH + H_2NCONH_2 \xrightarrow[(90.5\%)]{H_2SO_4} (CH_3)_3C—NHCONH_2 + H_2O$$

酰亚胺也可以与醇反应生成 N-烃基化产物，例如抗结核病药物 SQ109 中间体香叶胺（**75**）的合成[92]。

三、碳原子上的烃基化

醇类化合物作烷基化试剂进行碳原子上的烃基化，主要是进行芳环上的 Friedl-Crafts 反应，在芳环上引入烃基。常用酸作催化剂，此时容易生成碳正离子。常用的酸是硫酸、磷酸，也可以使用 Lewis 酸，如无水三氯化铝、三氟化硼等。有时也用有机酸和强酸性离子交换树脂等。用硫酸等作为催化剂时，由于可能生成碳正离子，反应中会发生异构化。

用无水三氯化铝作催化剂时，反应速度取决于与醇生成配合物的速度，反应速度为：叔醇＞仲醇。伯醇很少使用三氯化铝。

反应中除了烃基的异构化外，还可能有多元取代产物生成。

叔丁醇与苯反应，用无水三氯化铝催化，于 30℃反应，叔丁基苯的收率可达 84%。但当将温度提高到 80～95℃时，则产物复杂得多，为甲苯、二甲苯、乙苯、异丙苯的混合物。

氯苯与乙醇用 AlCl₃ 作催化剂在 80～90℃反应，可以得到对氯乙苯，收率 40%。

萘也可以发生类似的反应。例如：

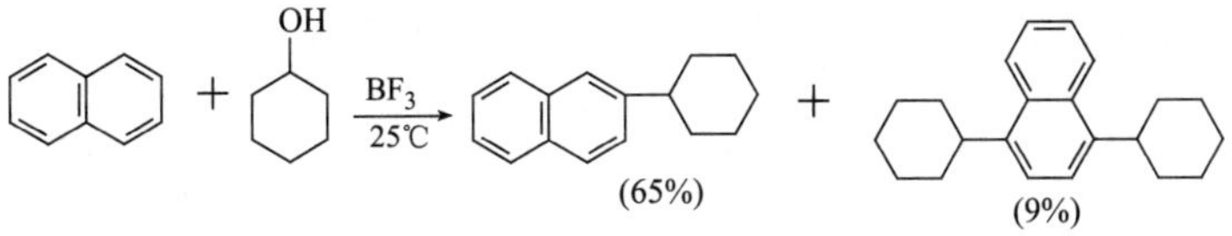

值得指出的是，使用三氯化铝作催化剂时，催化剂的用量比较大（与用卤代烃、烯相比），因为醇与三氯化铝发生了如下反应。

$$C_2H_5OH + AlCl_3 \longrightarrow C_2H_5OH \cdot AlCl_3 \longrightarrow CH_3CH_2OAlCl_2 + HCl$$

$$\downarrow \triangle \quad CH_3CH_2Cl + AlOCl$$

智力增进药盐酸二苯美仑（Bifemelane hydrochloride）中间体（**76**）是由苯酚与苄基醇在三氧化二铝催化剂存在下合成的[93]。

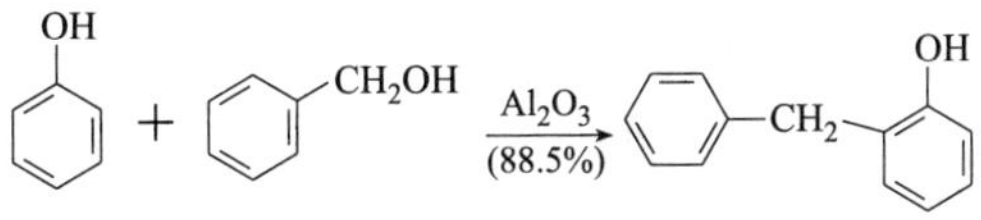

全身麻醉药丙泊酚（Propofol）原料药（**77**）可以可用如下方法来合成[94]。

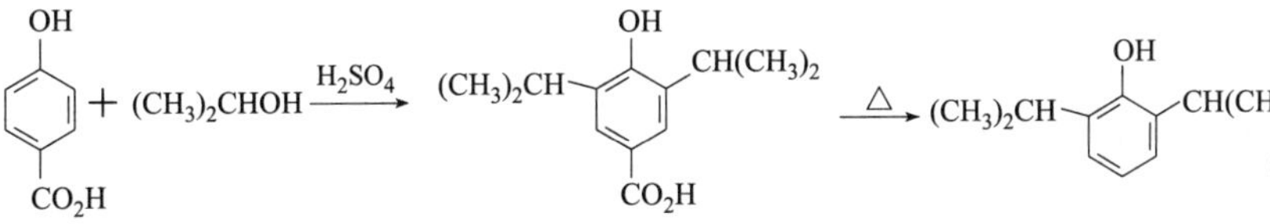

又如失眠症治疗药物雷美替胺（Ramelteon）中间体 3-(7-叔丁基-2,3-二氢-1-苯并呋喃-5-基）丙酸（**78**）的合成[95]。

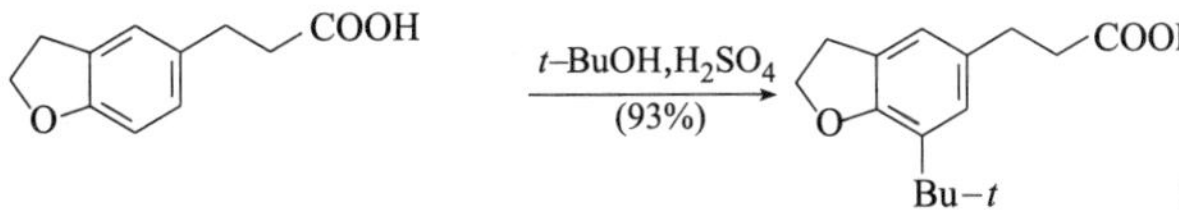

苯酚或邻甲基苯酚与甲醇进行气相催化反应，而后进行精馏纯化，可以得到纯度 99% 的 2,6-二甲基苯酚。

第五节　烯烃类烃化剂

烯类化合物可作为烃基化试剂，与氧、氮、硫、碳等原子结合，生成相应的烃基化产物。

一、氧原子上的烃基化

醇可以与烯烃双键进行加成反应生成醚，可以理解为烯对醇的 *O*-烃基化反应。

烯烃与醇反应，在乙酸汞或三氟乙酸汞作用下生成烷氧汞化合物，后者经硼氢化钠还原生成醚。

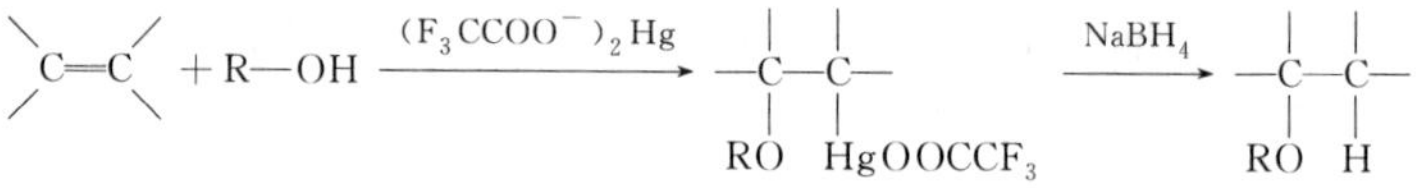

$$C=C + R-OH \xrightarrow{(F_3CCOO^-)_2Hg} \underset{RO \quad HgOOCCF_3}{-\overset{|}{C}-\overset{|}{C}-} \xrightarrow{NaBH_4} \underset{RO \quad H}{-\overset{|}{C}-\overset{|}{C}-}$$

该反应是在双键碳原子上引入了烷氧基，加成产物符合 Markovnikov 规则。

$$(CH_3)_3C-CH=CH_2 + C_2H_5OH \xrightarrow[2.\ NaBH_4]{1.\ (F_3CCOO^-)_2Hg} (CH_3)_3C-\underset{OC_2H_5}{\overset{}{CH}}-CH_2$$

该反应收率高、反应迅速、不发生重排，应用广泛。可用于除二叔烷基醚以外的各种烷基醚的合成。

在醇钠、氢氧化钠（钾）催化下，醇与丙烯腈反应生成腈乙基醚。

$$ROH \xrightarrow{HO^-} RO^- \underset{CH_2=CHCN}{\rightleftharpoons} ROCH_2-\bar{C}H-CN \underset{R-OH}{\rightleftharpoons} ROCH_2CH_2CN +$$

$$RO^-\ CH_3OH + CH_2=CHCN \xrightarrow[90℃,1h]{CH_2ONa} CH_3OCH_2CH_2CN$$

此反应是可逆的，因此在制备腈乙基醚时，反应结束回收醇之前，应加入适量的酸中和催化剂碱，否则会降低腈乙基醚的收率。

这类反应是通过碳碳双键的加成来实现的，属于 Michael 加成反应。若烯烃结构中 α-位有吸电子基团如羧基、腈基、羰基、酯基时，双键的活性增强，容易进行反应。

由于芳氧负离子的亲核活性比烷氧负离子低，因此苯酚与丙烯腈的反应困难一些。

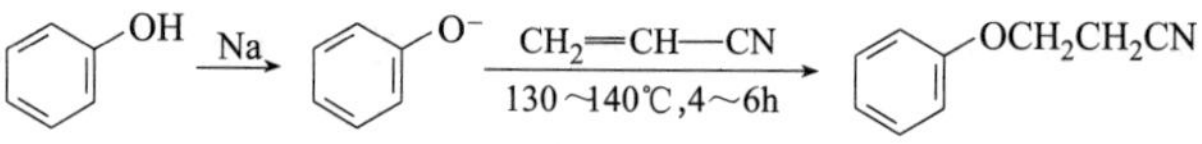

对硝基苯酚由于硝基的影响，很难与丙烯腈反应。

间苯二酚在碱催化下与丙烯腈反应生成 1,3-双（β-腈乙氧基）苯。

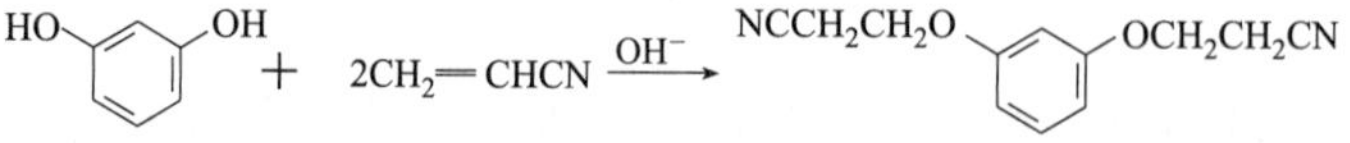

但在酸性条件下发生如下反应：

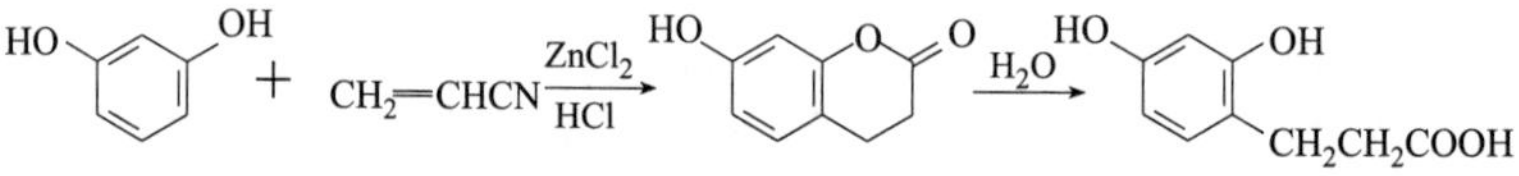

该反应可看作是丙烯腈对苯环的亲电取代，而后经水解、环合生成内酯，后者水解生成丙酸衍生物。

其他 α,β-不饱和羰基化合物，在醇钠等强碱存在下也能与羟基化合物加成，生成醚类化合物。

$$C_2H_5O^- + CH_2=\underset{\overset{\displaystyle O}{\|}}{C}-CH_3 \xrightarrow{C_2H_5OH} CH_3OCH_2CH_2\overset{\overset{\displaystyle O}{\|}}{C}CH_3$$

醇类化合物与异丁烯反应生成叔丁基醚，在药物合成中是保护羟基的一种方便方法。例如药物合成中间体（**79**）的合成[96]。

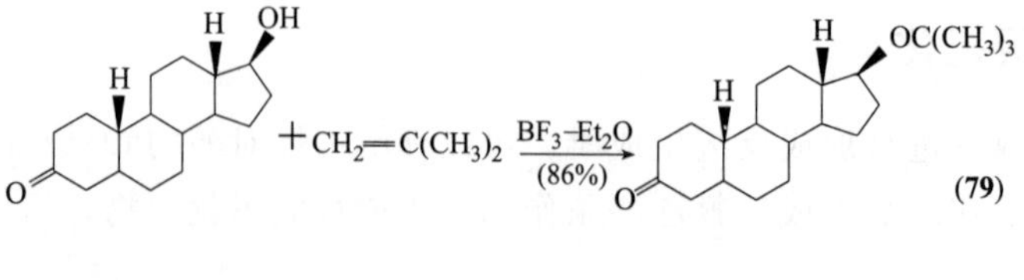

羧酸与异丁烯反应生成羧酸叔丁基酯，在药物合成中也有重要的应用。例如中、重度高血压，充血性心力衰竭治疗药喹那普利（Quinapril）中间体（**80**）的合成[97]。

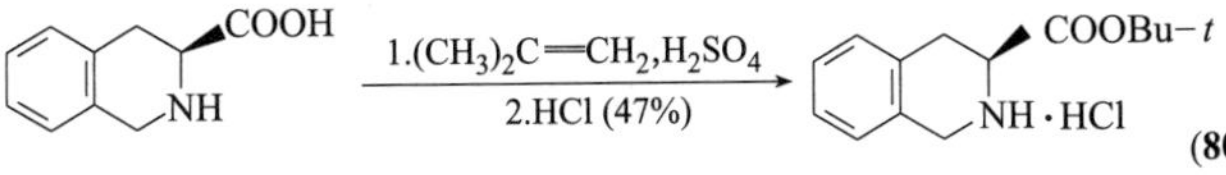

硫醇、硫化氢等也可以与丙烯腈等反应，属于硫原子上的烃基化反应。例如芬那露中间体 3-巯基丙酸的合成[98]。

$$NaSH + CH_2=CHCN \xrightarrow[\triangle]{HCl,H_2O} HSCH_2CH_2COOH$$

二、氮原子上的烃基化

丙烯腈同氨或胺反应生成 β-氨基丙腈的混合物，产物的比例取决于反应条件，如原料配比、反应温度等。

$$C_2H_5NH_2 + CH_2=CHCN \xrightarrow{<30℃} C_2H_5NHCH_2CH_2CN + C_2H_5N(CH_2CH_2CN)_2$$

$$H_2NCH_2COOH + CH_2=CHCN \xrightarrow{OH^-} NCCH_2CH_2NHCH_2COOH$$

空间位阻对反应有明显的影响，例如：

$$(CH_3CH_2CH_2)_2NH + CH_2=CHCN \xrightarrow{(90\%)} (CH_3CH_2CH_2)_2NCH_2CH_2CN$$

$$[(CH_3)_2CH]_2NH + CH_2=CHCN \xrightarrow{(12\%)} [(CH_3)_2CH]_2NCH_2CH_2CN$$

脂肪胺与丙烯腈反应一般不用催化剂，芳香胺则需加入强碱，如醇钠、季铵碱等。

某些 α,β-不饱和醛、酮可与胺、羟胺发生 1,4-加成，生成 N-烃基化产物。例如：

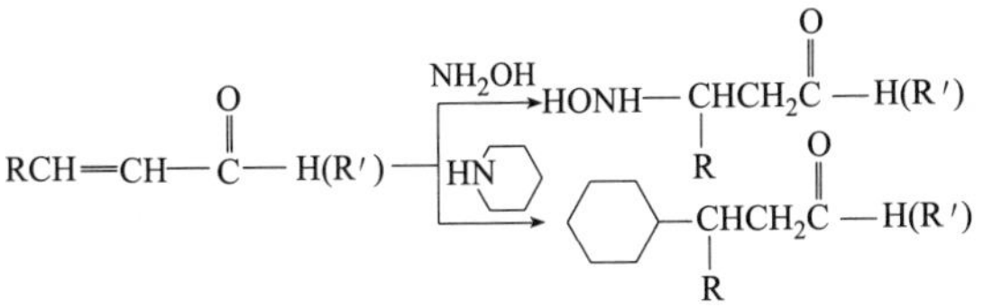

在催化量 DBU 催化下，苯胺衍生物可以与 α,β-不饱和醛发生 Michael 加成，氮原子连接在 α,β-不饱和醛的 β-位上。在 InCl$_3$、La（OTf）$_3$、Yb（OTf）$_3$ 存在下，于一定的压力下，胺可以与 α,β-不饱和酯发生 Michael 加成，生成 β-氨基酯。

芳胺与丙烯醛反应，在硝基苯存在下生成喹啉，这是 Skraup 喹啉合成法，反应中甘油脱水生成丙烯醛。

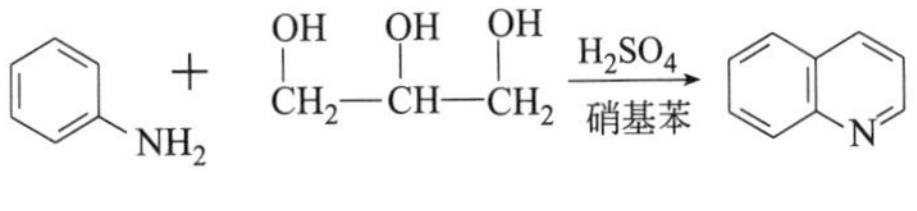

三、碳原子上的烃基化

在硫酸、磷酸、三氯化铝等催化剂存在下，烯烃作为烃基化试剂与芳烃发生芳环上的亲电取代，生成烃基芳烃。反应机理为芳环亲电取代。工业上常用烯作烷基化试剂生产乙苯、异丙苯等。2017 年，Murakami 总结概述了吡啶环上烃基化反应[99]。

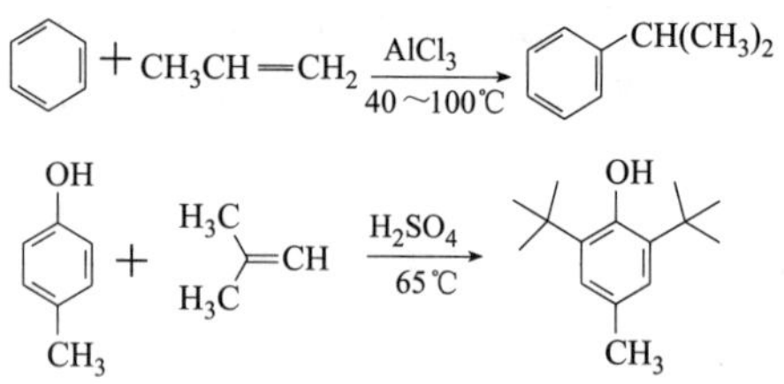

用烯烃进行芳环上的烃基化反应，必须注意减少烯烃自身的聚合反应。抗抑郁药吲达品（Indalpine）原料药（**81**）的合成如下[100]。

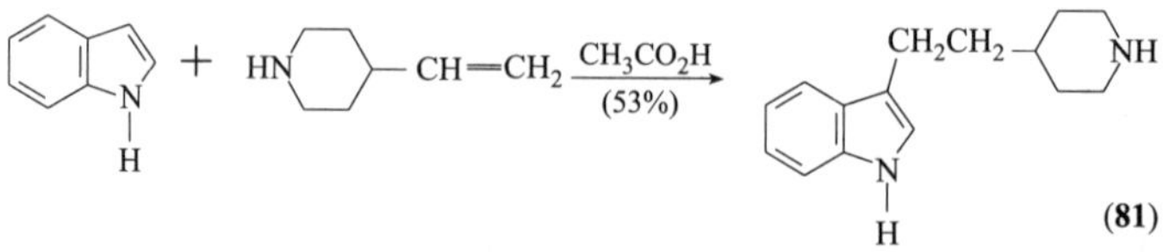

又如冠状动脉扩张药普尼拉明（Prenylamine）中间体二苯丙酸的合成：

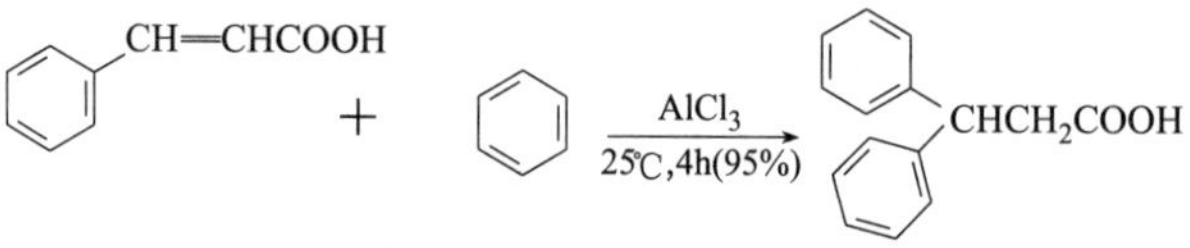

第六节 **有机金属烃化剂**

有机镁、有机锂、有机硅、有机锌、有机磷、有机硼等试剂在有机合成中广泛应用，其中有机镁、有机锂试剂应用最多，特别在碳烃基化反应中。

一、有机镁试剂——Grignard 试剂

Grignard 试剂非常活泼，能与水、二氧化碳、氧、卤素、硫等无机物以及大多数类型的有机物（烃、醇、醛、酮、羧酸、酯、环氧乙烷、胺、酰胺、腈、卤代烃、硝基、亚磺酸等）反应，水解后生成各种类型的化合物。Grignard 试剂与有机化合物的基本反应总结于图 6-2 中。

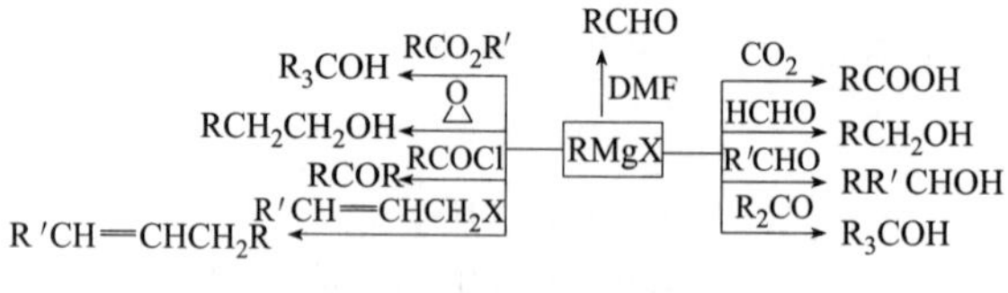

图 6-2 Grignard 试剂的基本反应

Grignard 试剂与二氧化碳反应生成羧酸，如驱虫药吡喹酮、抗孕 392 等的中间体环己基甲酸的合成。

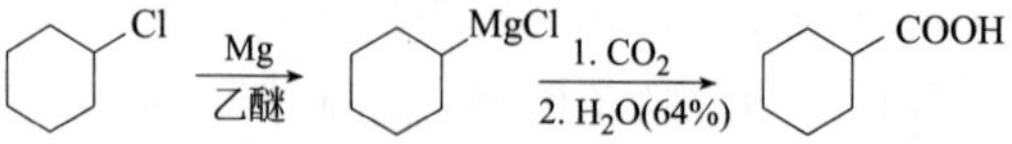

Grignard 试剂与对甲苯磺酸酯、硫酸二烷基酯等可以发生烃基化反应。

$$PhCH_2MgCl + n\text{-}BuOTs \longrightarrow PhCH_2Bu\text{-}n$$

Grignard 试剂与活泼卤代烃可以发生偶联反应。

香料 2-丁基吡啶的合成如下[101]。

腈与 Grignard 试剂反应可以生成酮。例如抗炎、镇痛药萘丁美酮（**82**）的合成：

镇痛药盐酸依那朵林（Enadoline hydrochloride）中间体（**83**）由 Grignard 与酮反应生成[102]。

Grignard 试剂与甲醛反应生成增加一个碳原子的伯醇，但芳甲基 Grignard 试剂与甲醛反应时，有可能生成邻甲基芳基甲醇。例如：

X = Cl, Br, R = H, 烷基, CH₃O等

显然，上述反应过程中发生了类似于 Claisen 重排反应。

芳甲基 Grignard 试剂与环氧乙烷的反应也有类似的情况。

二、有机锂试剂

有机锂化合物性质与 Grignard 试剂相似，但比 Grignard 试剂更活泼。凡是 Grignard 试剂能发生的反应，有机锂均能发生，即使 Grignard 试剂难以发生的反应，有机锂也能顺利进行。

有机锂制备与 Grignard 试剂相似，卤代烃在有机溶剂中与金属锂直接反应生成烃基锂。

$$R\text{---}X + 2Li \longrightarrow RLi + LiX$$

常用的溶剂有苯、环己烷、THF、乙醚、饱和烷烃（戊烷、己烷、石油醚）等。制备时必须隔绝空气、水气、二氧化碳等，并且避免与酸、碱接触，最好在纯氮保护下制备。

脂肪族卤代烃常用氯代烃（碘甲烷、溴甲烷除外），碘代烷与锂反应，产物不是有机锂，

而是它进一步与碘代烷反应生成偶联产物。

$$2RI + 2Li \longrightarrow R—R + 2LiX$$

芳香族卤代烃常用溴代烃。选用的溶剂取决于有机锂的活性。活性大者常用正己烷、环己烷、苯等；活性小者可用乙醚、四氢呋喃等。有机锂化合物也可采用锂-氢交换法制备。

$$C_4H_9C≡CH + n\text{-}C_4H_9Li \longrightarrow C_4H_9C≡CLi + n-C_4H_{10}$$

丁基锂活性很大，应用最广。市售丁基锂常是其不同浓度的正己烷溶液。

金属-金属交换法也是烃基锂的一种制备方法。二烃基汞与金属锂反应，可以生成烃基锂。这种方法二烃基汞容易得到，而且反应后过量的锂与汞生成锂-汞齐，与产物容易分离。由于反应中没有卤素原子参与，产物中不含卤化锂，是合成不含卤化锂的烃基锂的较好方法。

$$R_2Hg + 2Li \longrightarrow 2RLi + Hg$$

制备乙烯基锂时，使用有机锡与有机锂化合物进行交换反应效果较好。

$$4C_6H_5Li + (CH_2=CH)_4Sn \longrightarrow 4CH_2=CHLi + (C_6H_5)_4Sn$$

空间位阻很大的六甲基丙酮，即使甲基 Grignard 试剂也很难与其反应，而有机锂化合物即使是位阻比较大的叔丁基锂，也很容易进行反应。

$$(CH_3)_3C—\overset{\overset{\displaystyle O}{\|}}{C}—C(CH_3)_3 + (CH_3)_3CLi \xrightarrow{(81\%)} (CH_3)_3C—\overset{\overset{\displaystyle OH}{|}}{\underset{\underset{\displaystyle C(CH_3)_3}{|}}{C}}—C(CH_3)_3$$

又如如下反应：

$$\xrightarrow[\text{2.H}_3\text{O}^+(81\%)]{\text{1.(CH}_3)_3\text{CLi}}$$

有机锂与二氧化碳反应可生成酮。

$$RLi + CO_2 \longrightarrow R—\overset{\overset{\displaystyle O}{\|}}{C}—OLi \xrightarrow{RLi} R—\overset{\overset{\displaystyle OLi}{|}}{\underset{\underset{\displaystyle R}{|}}{C}}—OLi \xrightarrow{H^+} R—\overset{\overset{\displaystyle O}{\|}}{C}—R$$

有机锂化合物可以与烯烃发生加成反应，生成增长碳链的化合物。例如：

$$PhCH=CH_2 + n\text{-}C_4H_9Li \longrightarrow PhCHCH_2—C_4H_9\text{-}n$$
$$\underset{\displaystyle Li}{|}$$

苯基锂与烯丙基卤化物可以发生偶联反应，可能是通过环状协同机理进行的。

$$\longrightarrow PhCH_2CH=CH_2$$

有机锂可以与 α,β-不饱和化合物发生 Michael 加成反应，在有机合成中得到广泛的应用。例如如下反应，几乎定量地生成 1,4-加成产物。

$$+ PhC≡CLi \xrightarrow[(100\%)]{Al(2,6\text{-diph-PhO})_3}$$

麻醉药阿法罗定（Alphaprodine）的中间体（**84**）可由苯基锂来制备。

$$(84)$$

除了上述有机镁、有机锂外，还有很多有机金属化合物可以作为烃基化试剂用于有机合成，例如有机铜、有机铬、有机汞、以及金属镍化合物等，本节不再介绍。

第七节　重氮甲烷

重氮甲烷是一种重要的甲基化试剂，特别适用于羟基氧原子的甲基化。反应一般在乙醚、氯仿、丙酮或甲醇中于室温下进行。反应中除生成氮气外，很少有副反应发生。

$$ArOH + CH_2N_2 \longrightarrow ArOCH_3 + N_2$$

$$RCOOH + CH_2N_2 \longrightarrow RCOOCH_3 + N_2$$

$$CH_3COCH_2COOC_2H_5 + CH_2N_2 \longrightarrow CH_3C=CHCOOC_2H_5 + N_2$$
$$\underset{OCH_3}{|}$$

重氮甲烷可由具有如下结构的化合物在碱性条件下催化降解来合成。

$$R-N-CH_3 \xrightarrow{HO^-} CH_2N_2$$
$$\underset{NO}{|}$$

$$R = O_2N-NH-\underset{NH}{\overset{\|}{C}}- , p\text{-}CH_3PhSO_2- , PhCONHCH_2- , H_2NCO- , CH_3COC(CH_3)_2- , C_2H_5O_2C- 等$$

例如：

$$CH_3NH_2HCl + H_2NCONH_2 \xrightarrow{NaNO_2} CH_3NCONH_2 \xrightarrow{KOH} CH_2N_2$$
$$\underset{NO}{|}$$

$$CH_3NH_2 + ClCO_2C_2H_5 \longrightarrow CH_3NHCO_2C_2H_5 \xrightarrow{HNO_2} CH_3NCO_2C_2H_5 \xrightarrow{KOH} CH_2N_2$$
$$\underset{NO}{|}$$

除了上述各种方法外，氯仿和肼在碱性条件下发生相转移催化反应也可以生成重氮甲烷。

用重氮甲烷进行甲基化反应的机理如下：重氮甲烷先从酸性化合物（以 A-H 表示）夺取一个质子形成质子化的重氮甲烷（甲基重氮离子），后者极不稳定，失去氮分子生成碳正离子，再与 A$^-$ 作用，或者甲基重氮离子直接与 A-H 或 A$^-$ 作用，放出氮气。

$$A-H + \overset{-}{C}H_2-\overset{+}{N}\equiv N \longrightarrow A^- + CH_3N_2^+$$

$$CH_3N_2^+ \longrightarrow CH_3^+ + N_2$$

$$A^- + CH_3^+ \longrightarrow A-CH_3$$

或者：

$$CH_3N_2^+ + A^- \longrightarrow N_2 + A-CH_3$$

$$CH_3^+ + A-H \longrightarrow A-CH_3 + H^-$$

重氮甲烷可以发生如下各种化学反应（图 6-3）。

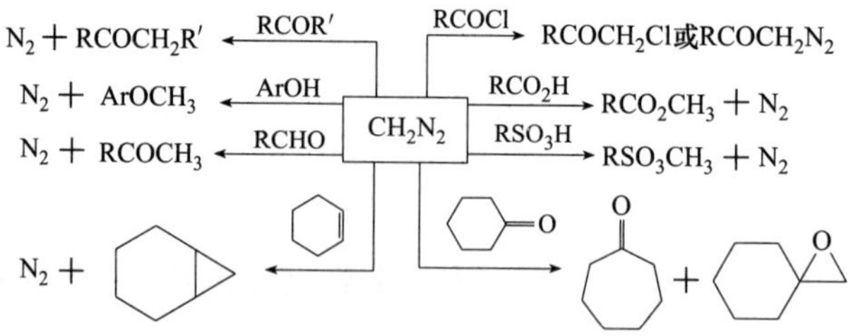

图 6-3 重氮甲烷的主要化学反应

醇在一般条件下不易提供质子，因而不被重氮甲烷甲基化，但在三氟化硼、氟硼酸或烷氧基铝存在下仍可被甲基化生成醚。例如：

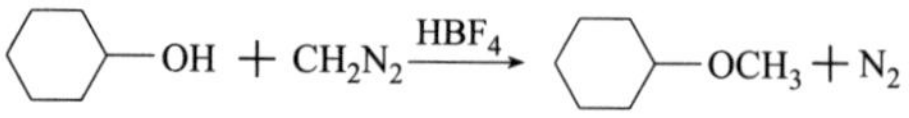

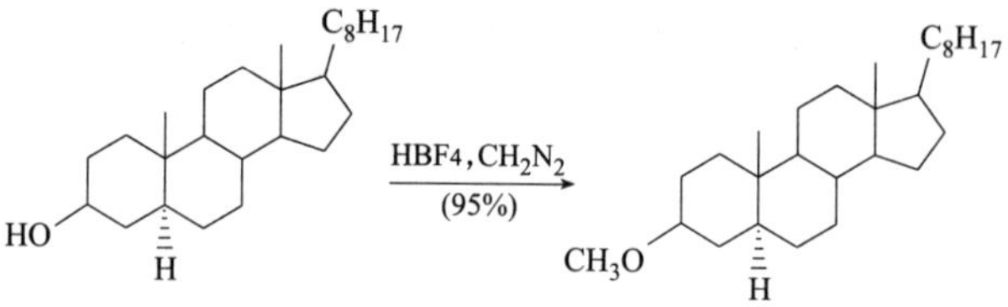

原因可能是醇羟基氧原子与硼、铝等原子配位，增强了羟基的酸性。羟基的酸性越强，反应越容易进行。

烯醇也可发生类似反应。如托酚酮衍生物溶于 THF，与重氮甲烷反应生成相应的甲醚。

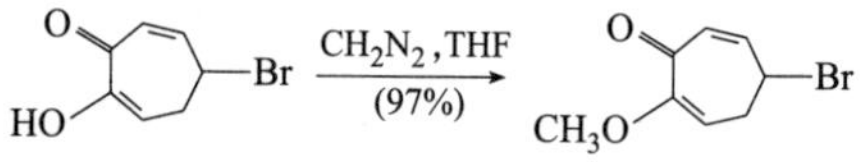

如下溴代脱氧异抗坏血酸具有烯醇结构，与重氮甲烷的乙醚溶液反应，而后脱溴生成 6-脱氧-2,3-二甲基异抗坏血酸。

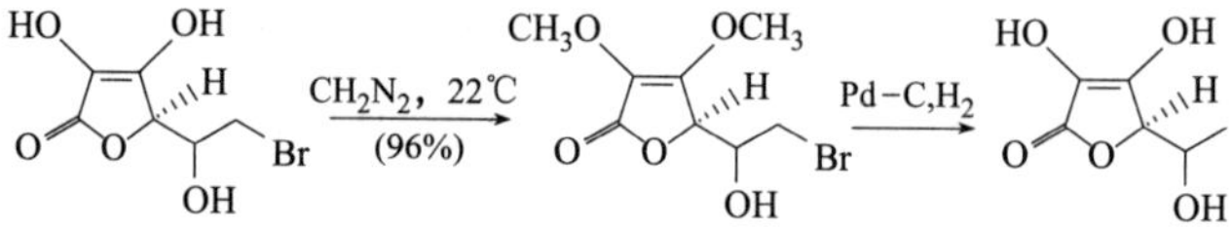

酚羟基具有一定的酸性，可以与重氮甲烷反应生成甲基醚。多元酚羟基的位置不同，其酸性大小也不同，因此可进行选择性甲基化反应。例如：

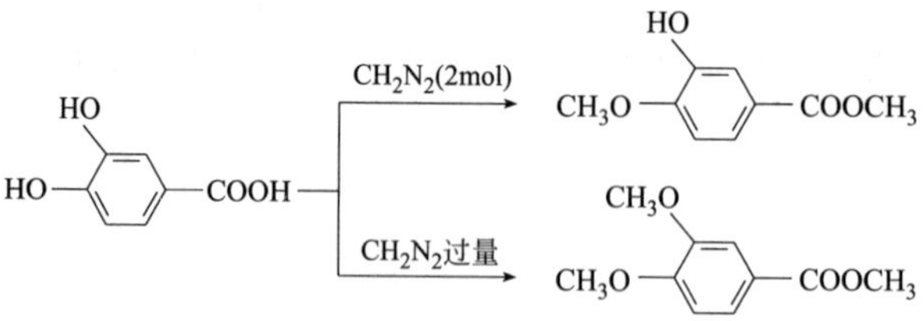

分子中形成氢键的酚羟基，用重氮甲烷甲基化比较困难。如：

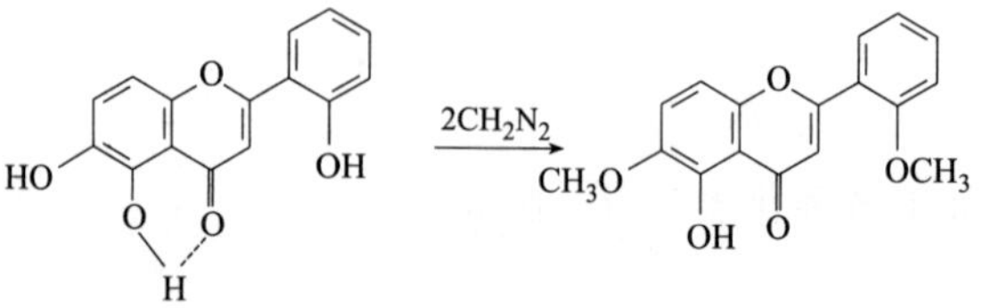

有位阻的酚与重氮甲烷反应很慢，容易得到甲醚和其他产物的混合物。例如 2-烯丙基萘酚与重氮甲烷反应，得到甲基化产物和环上取代产物的混合物。

羧基比酚容易甲基化，生成相应的羧酸甲酯，例如环丙烷氨基酸的氨基被保护后，羧基可以与重氮甲烷反应生成相应的羧酸甲酯。

N、S 原子也可以用重氮甲烷进行甲基化。例如如下反应，发生了 N 上的甲基化。

如下化合物，分子中的硫原子上发生甲基化反应。

碳原子上用重氮甲烷进行甲基化是很困难的。但若使其首先与含吸电子基团的碳碳双键发生 1,3-偶极环加成，而后脱氮，则可以实现碳上的间接甲基化。例如地塞米松（Dexamethasone）和倍他米松（Betamethasonum）的合成中，都可以采用重氮甲基的间接甲基化法来进行甲基化反应。

地塞米松中间体

第八节 相转移催化反应及其在烃基化反应中的应用

在两相反应体系中，通过加入第三种物质，即相转移催化剂，使一种反应物从一相转移至另一相，并且与后一相中的另一反应物反应，从而变非均相反应为均相反应，并使反应速度加快，得以顺利进行。这种反应称为相转移催化反应。

相转移催化反应是二十世纪中期发展起来的一项新技术，广泛用于有机合成，烃基化反应中应用最多。

一、相转移催化剂

相转移催化剂种类较多，有季铵盐、季鏻盐、季钾盐、锍盐、叔胺、开链聚醚（聚乙二醇）、冠醚等。季铵盐价廉易得、无毒，应用最广。常见的季铵盐催化剂列于表 6-1 中。

表 6-1　常见的季铵盐催化剂

催化剂	简写	催化剂	简写
$(CH_3)_4NBr$	TMAB	$(C_8H_{17})_3NCH_3Cl$	TOMAC
$(C_3H_7)_4NBr$	TPAB	$C_6H_{13}N(C_2H_5)_3Br$	HTEAB
$(C_4H_9)_4NBr$	TBAB	$C_8H_{17}N(C_2H_5)_3Br$	OTEAB
$(C_4H_9)_4NI$	TBAI	$C_{12}H_{25}N(C_2H_5)_3Br$	LTEAB
$(C_2H_5)_3C_6H_5CH_2NCl$	TEBAC	$C_{16}H_{33}N(CH_3)_3Br$	CTMAB
$(C_2H_5)_3C_6H_5CH_2NBr$	TEBAB	$C_{16}H_{33}N(C_2H_5)_3Br$	CTEAB

季铵盐、季鏻盐、季钾盐、季锑盐等属于锑盐类相转移催化剂，锑盐类相转移催化剂从组成上看，由中心原子、取代基和负离子三部分组成。这三部分对催化活性都有影响。

中心原子的影响：$R_3P^+>R_3N^+>R_3As^+>R_3Sb^+$

负离子的影响：$I^->Br^->CN^->Cr^->HO^->F^->SO_4^{2-}$

中心原子上的取代基，其催化能力有如下规律：最长碳链碳原子数多的强于碳原子数少的；对称取代的强于只有一个长链；脂肪烃取代强于芳香烃取代。

近年来固载化的相转移催化剂引起人们的普遍重视。将可溶性相转移催化剂固载于高分子载体上，得到既不溶于水，又不溶于有机溶剂的相转移催化剂。这类催化剂因为不溶，反应结束后简单过滤即可除去，可以重复使用。这类催化剂目前已有固载季铵盐、固载聚乙二醇、固载冠醚等，其中应用最多的是固载聚乙二醇。

关于选用哪种相转移催化剂和相转移催化剂的用量，视具体反应类型和催化剂种类而定，用量一般在 $1\%\sim10\%$ 不等，应由最佳实验结果来确定。

近年来手性相转移催化剂的研究报道日益增多，其中报道最多的是手性锑盐（主要是季铵盐）和手性冠醚类化合物。利用手性相转移催化剂进行不对称烃基化反应，有些已取得很好的效果。

二、相转移催化反应的基本原理

1. 季铵盐类相转移催化剂

具有酸性氢反应底物（SubH）的相转移催化烃化，常在非极性有机溶剂和氢氧化钠水溶液组成的液-液两相体系中进行。

强酸性氢反应底物可溶于氢氧化钠生成水溶性盐（NaSub），其去质子反应主要发生在水相。季铵盐正离子（Q^+）的作用是与水相中的 Sub^- 形成离子对（QSub），而将 Sub^- 从水相中提入有机相使之与烃化剂迅速反应，如图 6-4 所示。

然而上述机理不能解释弱酸性反应底物的催化烃基化，因为它们难以与氢氧化钠形成可溶性盐，水相中不能有底物负离子。鉴于此，Makosza 等提出了界面反应的假说，酸性底物的去质子化发生在两相的界面，失去质子的底物负离子和与其相应的水合相转移催化剂正离

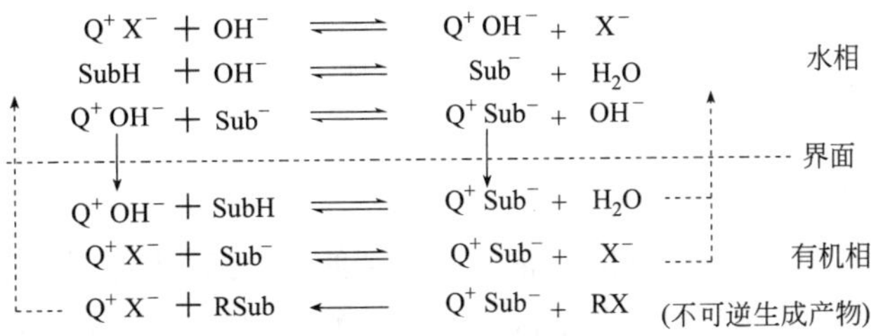

$$Q^+X^- + OH^- \rightleftharpoons Q^+OH^- + X^-$$
$$SubH + OH^- \rightleftharpoons Sub^- + H_2O \qquad \text{水相}$$
$$Q^+OH^- + Sub^- \rightleftharpoons Q^+Sub^- + OH^-$$
$$\text{-------------------------------- 界面}$$
$$Q^+OH^- + SubH \rightleftharpoons Q^+Sub^- + H_2O \qquad \text{有机相}$$
$$Q^+X^- + Sub^- \rightleftharpoons Q^+Sub^- + X^-$$
$$Q^+X^- + RSub \longleftarrow Q^+Sub^- + RX \quad \text{(不可逆生成产物)}$$

图 6-4　相转移催化烃基化萃取机理示意

子借静电引力的作用分别附着于界面两侧。有机相一侧的 Sub^- 由于静电力的作用不易进入有机相，因而活性不高，只能和强亲电试剂或带有正电荷的亲电试剂反应。在相转移催化体系中，Q 以其所带正电荷与界面带负电荷底物结合形成可溶于有机相的离子对（QSub），使 Sub^- 离开界面进入有机相，进而与烃基化试剂反应。因此，Q 在去质子化和离子对形成的过程中起着十分重要的作用，如图 6-5 所示。

$$Q^+X^- + OH^- \rightleftharpoons X^- + Q^+OH^-$$
$$NaOH \longrightarrow Na^+ + H_2O \qquad \text{水相}$$
$$\text{-------------------------------- 界面}$$
$$SubH \longrightarrow Sub^- + Q^+OH^- \rightleftharpoons Q^+Sub^- + OH^- \qquad \text{有机相}$$
$$Q^+X^- + RSub \longleftarrow Q^+Sub^- + RX \quad \text{(不可逆生成产物)}$$

图 6-5　相转移催化烃基化界面反应示意

这一机理不但解释了弱酸性反应底物的烃基化过程，而且也可解释有些两相体系在无催化剂存在下也能发生反应的原因，加入催化剂可加速反应的进行。

综上所述，相转移催化烃基化的反应机理，可随被烃基化反应底物的酸碱性而改变。可以与氢氧化钠成盐的强酸性底物，其去质子化和离子对形成主要发生在水相，弱酸性底物可能发生在两相的界面。但两者并无严格的界限，在不同的反应中，其中之一可能占主导地位。

相转移催化反应中常用的溶剂有二氯甲烷、二氯乙烷、氯仿、苯、甲苯、乙腈、乙酸乙酯、四氢呋喃、二甲亚砜等，若价格便宜，也可用过量的卤代烃烃化剂作溶剂。

近年来固-液两相体系相转移催化烃基化反应亦有广泛应用。固体碱金属盐与有机溶剂形成两相体系可避免水对反应的影响。在这两相体系中，固体表面的溶解、新盐的沉积、搅拌速度、盐粒度大小、新盐沉积于催化剂离子对表面等因素，都可影响反应进行。但由于在无水介质中离子对结合松散，反应活性更高，有些在液-液体系中难以进行的反应，在固-液体系中却能顺利进行。对互变异构质子化合物的烃基化，固-液两相法可提高反应的选择性。

2. 聚乙二醇类催化剂

聚乙二醇（PEG）类化合物根据分子量大小分为各种规格，如 PEG-400，PEG-600、PEG-1000 等。其催化机理是链节可折叠成螺旋状，并有可滑动的长链。

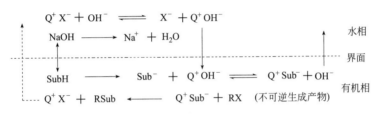

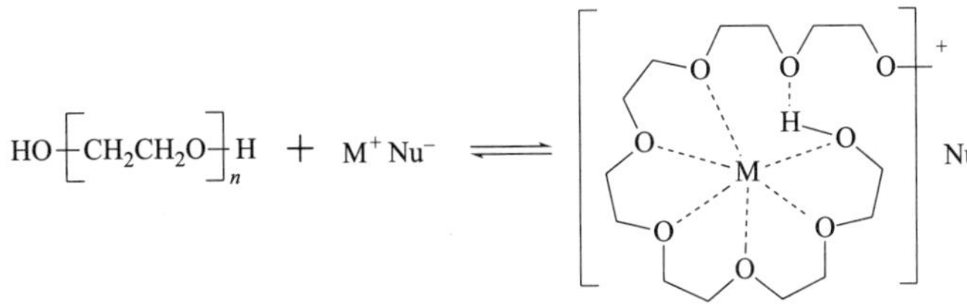

　　金属离子可以与氧原子配位，与多个氧原子配位后，生成 7~8 个氧原子的假环状结构，从而使得亲核试剂 Nu^- "裸露"，提高其反应活性。一般而言 PEG-600、PEG-800 应用较多，催化效果也较好。

3. 冠醚类催化剂

　　冠醚类化合物作相转移催化剂时，常常是所谓的固-液型反应。反应物溶于有机溶剂中，而后此溶液与固体盐类试剂接触。若溶液中加入冠醚，则盐的正离子部分与冠醚络合，并将盐的阴离子部分带入有机相中，随即在有机相中进行反应。

　　典型的例子是高锰酸钾对烯烃的氧化反应。高锰酸钾水溶液对烯烃的氧化，即使反应时间很长，收率也很低，但加入二环己基 18-冠-6，则反应很容易进行。

　　18-冠-6 的空穴半径为 0.26~0.32nm，与 K^+ 的离子半径 (0.266nm) 相当，正好可以将其"装入"空穴中，并将"裸露"的 MnO_4^- 带入有机相中，将烯烃顺利氧化。由于 MnO_4^- 是"裸露"的，提高了其氧化能力。固体高锰酸钾可以直接与冠醚配合，故反应可以在固-液相中进行。

　　除了 MnO_4^- 外，HO^-、CN^-、I^-、COO^-、F^- 等阴离子在形成离子对由水相进入有机相之前，由于阴离子脱去水合分子而成为没有溶剂化的自由的"裸露"阴离子，其亲核性大大增强，有利于各种反应的进行

　　其他冠醚，如 12-冠-4 的空穴半径为 0.11~0.14nm，与 Li^+ 的离子半径 (0.136nm) 相当，15-冠-5 的空穴半径为 0.17~0.22nm，与 Na^+ 的离子半径 (0.194nm) 相，注意应用时选用合适的冠醚。

4. 逆向相转移催化反应

　　传统的相转移催化反应是将水溶性的试剂转移至有机相进行反应，但在有些反应中则正好相反，将有机相中的反应物转移至水相中进行反应，这类反应称为逆向相转移催化反应。逆向相转移催化反应最早是由 Mathias 于 1986 年提出来的。

　　Mathias 在研究酰氯的氨解时发现，4-二甲胺基吡啶（DMAP）对反应具有明显的促进作用。属于吡啶类化合物引起的逆向相转移催化反应。催化机理如下：

在该反应中，DMAP 的真正作用是，在有机相中与酰氯生成一个中间体，该中间体随即被转移到水相，而后在水相中与水溶性的亲核试剂氨基酸盐作用生成最终产物，并释放出 DMAP。DMAP 又重新回到有机相继续参加反应，完成一个循环过程。

除了吡啶类化合物的逆向相转移催化反应外，还有杯芳烃逆向相转移催化反应、环糊精逆向相转移催化反应、水溶性过渡金属配合物的逆向相转移催化反应等。这些反应已在有机合成中得到较广泛的应用。

三、相转移催化反应在烃基化反应中的应用

烃基化反应中，除了 F-C 反应外，大都是亲核取代反应，且大都是在强碱如醇钠、氨基钠等催化下于无水体系中进行的。相转移催化法可用于氧、氮、碳等原子的烃基化，不需无水操作，可使用的碱有氢氧化钠、氢氧化钾，甚至碳酸钠等，条件温和、收率高。

1. 氧原子上的烃基化

醇类化合物与卤代烃或硫酸二烃基酯在碱性条件下反应生成醚。正丁醇与苄基氯在碱性条件下烃基化，加入相转移催化剂可大幅度缩短反应时间，并明显提高产品收率。

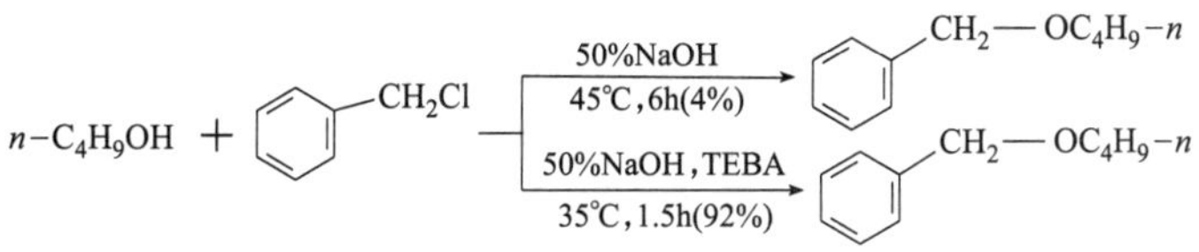

酚类化合物与卤代烃或硫酸二酯可以采用相转移催化法进行 O-烃基化生成芳基烃基醚。例如抗雄性激素药奥生多龙（Oxendolone）中间体（**85**）的合成[103]。

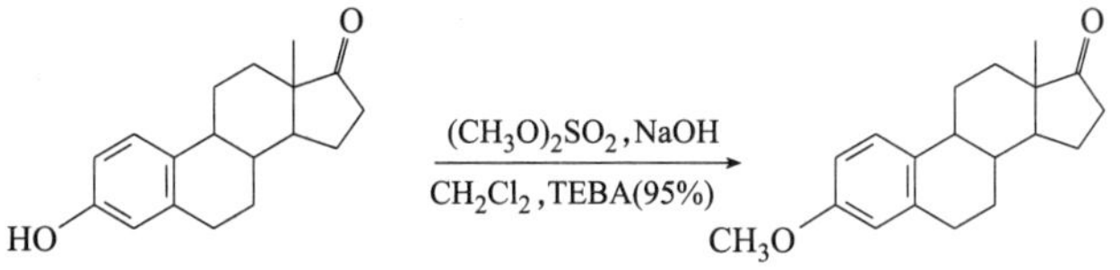

(**85**)

苯基丁基醚为局部麻醉药盐酸达克罗宁（Dyclonine hydrochloride）中间体，可以用相转移催化法来合成[104]。

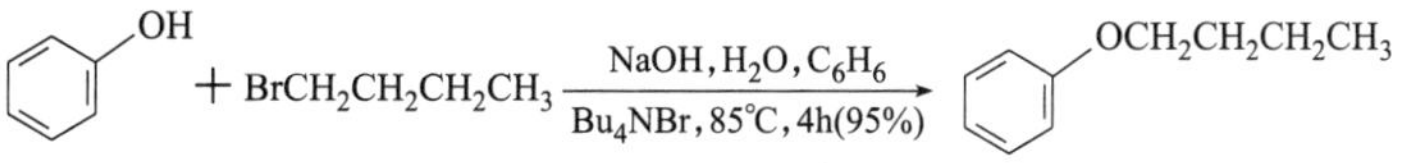

又如天麻素中间体（**86**）的合成[105]。

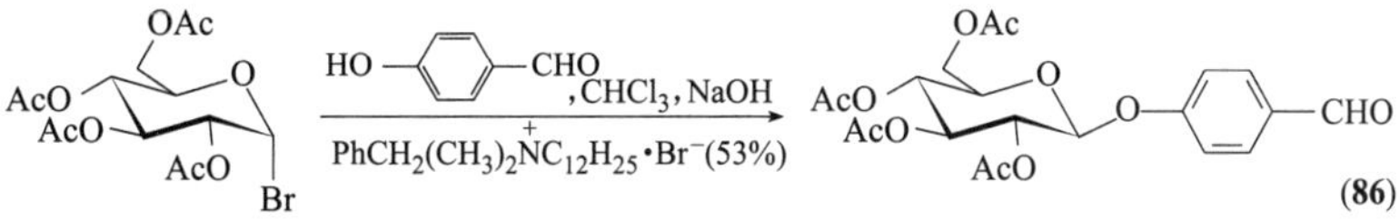

(**86**)

羧酸与卤代烃在碱性条件下加入相转移催化剂，可以高收率的得到相应的羧酸酯。由于羧酸酯在强碱性条件下容易水解，因此控制反应液的 pH 值是重要的，合成羧酸酯时，pH 一般控制在 8～10。例如：

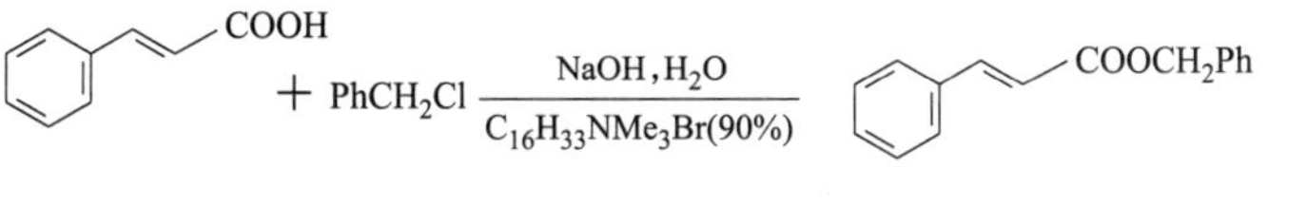

酰氯与醇或酚于相转移催化剂存在下反应，也可以得到相应的酯。例如风湿性关节炎治疗药贝诺酯（Benorilate）原料药（**87**）[106] 的合成。

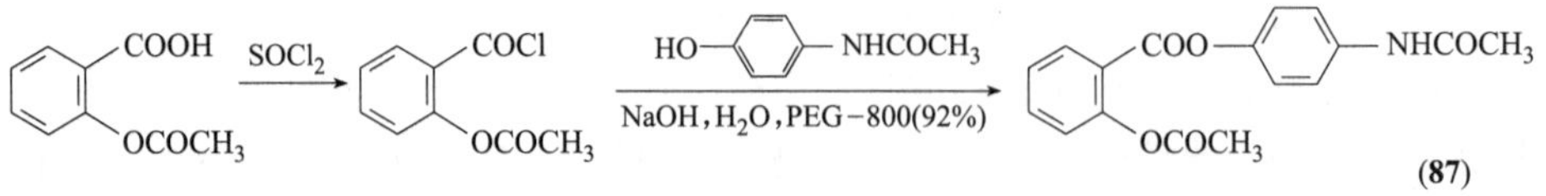

(87)

2. 氮原子上的烃基化

胺类化合物与卤代烃或硫酸二酯可在相转移催化条件下进行烃基化反应。如 N-烃基咔唑可以由咔唑与卤代烃在 PEG 或季铵盐催化剂存在下反应来合成[107]。

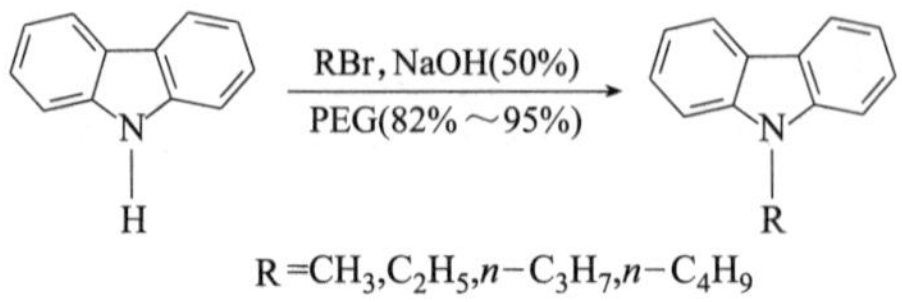

$R=CH_3,C_2H_5,n-C_3H_7,n-C_4H_9$

广谱抗真菌药物氟康唑（Fluconazole）等的中间体 $2',4'$-二氟-α-($1H$-1,2,4-三唑-1-基)苯乙酮的合成如下[108]。

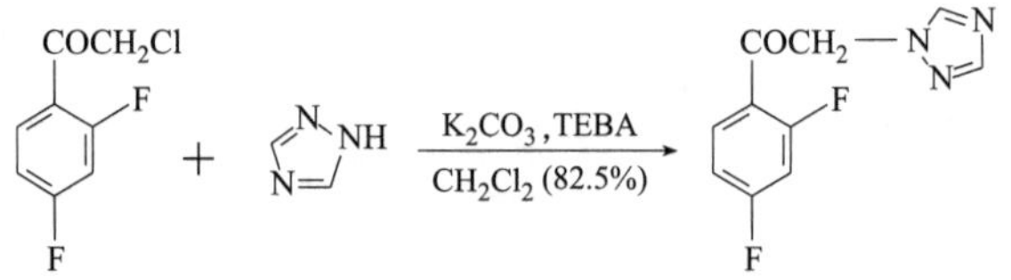

酰胺、酰亚胺类化合物在相转移催化剂存在下容易进行 N-烃基化反应。高血压症治疗药盐酸贝那普利（Benazepril hydrochloride）中间体（**88**）的合成如下[109]。

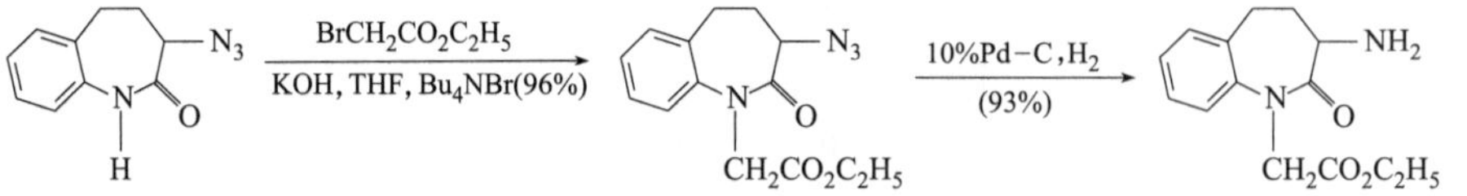

(88)

又如中药麻醉后的催醒药催醒宁等的中间体对乙氧基-N-甲基乙酰苯胺的合成[110]。

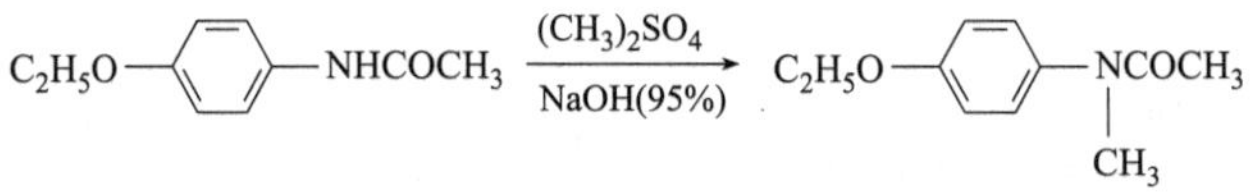

3. 碳原子上的烃基化

具有活泼亚甲基的化合物，在相转移催化剂存在下可很容易的进行烃基化反应。例如心脏病治疗药普罗帕酮（Propafenone）、糖尿病治疗药米格列奈（Mitiglinide）等的中间体苄基丙二酸二乙酯的合成[111]。

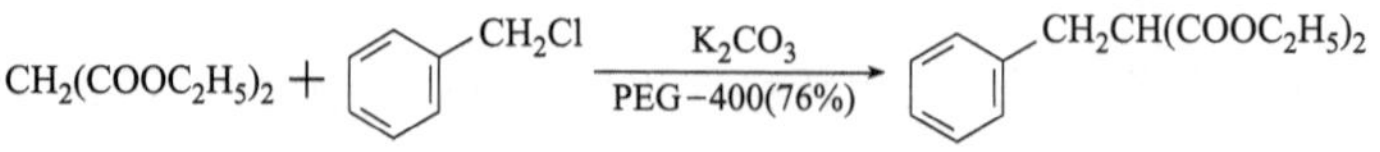

抗凝血药吲哚布芬（Indobufen）中间体 2-苯基丁腈的合成如下[112]

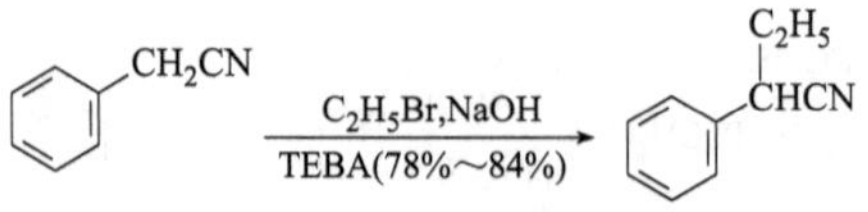

　　若将上述反应的溴乙烷改为硫酸二甲酯，则生成 2-苯基丙腈，收率 72%，其为非甾体抗炎药氟比咯芬（Flurbiprofen）、吡咯芬（Pirprofen）等的中间体。

　　消炎药酮基布洛芬（ketoprofen）原料药（**89**）的合成如下[113]。

4. 硫原子上的烃基化

　　硫醇、硫酚类化合物也可以用相转移催化法进行烃基化反应。例如如下反应。

　　实际上相转移催化法在有机合成这的应用非常广泛，在缩合反应、加成反应、氧化反应、还原反应、羰基化、偶联、重排、聚合等反应中都有很多采用相转移催化方法的报道。

◆ **参考文献** ◆

[1] 陈宝泉, 雷英杰, 李彩文等. 中国药物化学杂志, 2007, 17（1）: 52.

[2] Ueda I, Sato Y, Maeno S, et al. Chem Pharm Bull, 1978, 26（10）: 3058.

[3] 邓波, 郑桂景, 沃阳等. 1994, 9（2）: 2.

[4] 石卫兵, 赖宝生, 张奕华. 中国药物化学杂志, 2006, 16（3）: 161.

[5] 陈锋, 张生平, 王佩倍等. 中国医药工业杂志, 2014, 45（8）: 701.

[6] Komblum N, et al. J Am Chem Soc, 1963, 85（8）: 1141.

[7] 赵乘有, 陈林捷, 许熙等. 中国医药工业杂志, 2007, 38（9）: 614.

[8] 孙昌俊, 曹晓冉, 王秀菊. 药物合成反应——理论与实践. 北京: 化学工业出版社, 2007: 232.

[9] 李爱军, 冯宝, 刘倩春. 精细化工中间体, 2010, 40（2）: 48.

[10] 周庭森, 李永福, 王杏新等. 中国医药工业杂志, 1991, 22（6）: 249.

[11] 窦清玉, 武新燕, 吴范宏. 中国医药工业杂志, 2002, 33（3）: 110.

[12] 宋艳玲, 孟艳秋, 刘丹. 沈阳化工学院学报, 2006, 20（2）: 92.

[13] 张海波, 金荣庆, 王志强. 海峡药学, 2009, 21（12）: 215.

[14] 王芳, 徐浩, 吴雪松等. 中国医药工业杂志, 2014, 45（4）: 301.

[15] 陈仲强, 李泉. 现代药物的制备与合成: 第二卷. 北京: 化学工业出版社, 2011: 95.

[16] 张庆文, 郑云满, 益兵等. 中国医药工业杂志, 2008, 39（11）: 801.

[17] 陈宁. 广州化工, 2016, 44（13）: 87.

[18] 潘莉, 杜桂杰, 葛丹丹等 中国药物化学杂志, 2008, 18（5）: 353.

[19] Makoto S. et al. Chem Phnarm Bull, 1982, 30（2）: 719.

[20] 竺伟, 陈欢生, 胡永安. 中国医药工业杂志, 2012, 43（6）: 411.

[21] Emile Bouchara, US 3957850. 1976.

[22] 王东阳, 嵇耀武, 张广明. 中国医药工业杂志, 1991, 22（7）: 2.

[23] 彭家志, 李家明, 李丰. 化学世界, 2010, 8: 479.

[24] 高敏, 张宇驰, 卢苗苗等. 化工时刊, 2011, 25（9）: 28.

[25] 武引文, 聂辉, 颜廷仁等 中国医药工业杂志, 1990, 21（8）: 10.

[26] 陈宝泉, 雷英杰, 李采文等. 华西药学杂志, 2008, 23（3）: 318.

[27] 靳凤民, 张静. 化学工业与工程, 2016, 33（1）: 57.

[28] 黄胜堂, 黄文龙, 张慧斌. 中国医药工业杂志, 2004, 35（3）: 265.

[29] Hugh C, David C, Ken J G, et al. J Med Chem, 1985, 28（12）: 1832.

[30] Watthey W H, et al. J Med Clmm, 1985, 28（10）: 1511.

[31] 徐燕. 中国医药工业杂志, 1993, 24（2）: 59.

[32] 付金广. 山东化工, 2013, 42（9）: 19.

[33] 彭彩云, 王福东, 盛文兵等. 中南药学, 2008, 6（1）: 40.

[34] 王学勤, 田永广. 中国医药工业杂志, 1999, 30（9）: 389.

[35] Furniss B S, Hannaford A J, Rogers V, et al. Vogel's Textbook of Practical Organic Chemirtry, Fourth edition, 1978: 861.

[36] 赵桂森, 袁玉梅, 成华等. 中国医药工业杂志, l994, 25（7）: 300.

[37] 陈芬儿. 有机药物合成法. 北京: 中国医药科技出版社, 1999: 168.

[38] Omer E C, Jr, Joseph M S, et al. Org Synth, 1963, Coll Vol 4: 278.

[39] 卢金荣, 马英. 中国现代应用药学, 2000, 17（2）: 124.

[40] Francis R K. US 4665226, 1987.

[41] 张大成, 李志亚, 葛敏. 合成化学, 2011, 19（5）: 679.

[42] 孙昌俊, 曹晓冉, 王秀菊. 药物合成反应——理论与实践. 北京: 化学工业出版社, 2007: 231.

[43] Olomucki M, Le G. J Y. Org Synth, 1993, Coll Vol 8: 371.

[44] 郑学文, 江涛. 广东医学院学报, 2005, 21（6）: 655.

[45] 罗新湘, 文瑞明. 湖南城市学院学报: 自然科学版, 2005, 14（1）: 53.

[46] 马银玲, 赵峰, 杜玉民等. 中国医药工业杂志, 2009, 40（9）: 641.

[47] 舒学军, 孙青, 杨龙等. 化学研究与应用. 2012, 24（1）: 142.

[48] 王成峰, 林源斌. 长沙电力学院学报: 自然科学版, 2004, 19（4）: 87.

[49] 魏昭云等. 安徽大学学报: 自然科学版, 1992, 1: 63.

[50] 高兴文, 曹俊耀, 刘玉琦等. 广州化工, 2009, 37（5）: 124.

[51] Chakraborti A K. J Org Chem, 1999, 64（21）: 8014.

[52] 张萍, 宋卫萍, 王昭煜. 化学试剂, 2000, 22（5）: 308.

[53] Ochial M, Morimoto A, Matsushiaa Y. US 4680390: 1987.

[54] 郭家斌, 叶姣, 胡艾希. 中南药学, 2008, 6（1）: 21.

[55] 徐继增, 富强, 李铭东等. 江苏药学与临床研究, 2005, 13（3）: 15.

[56] 付金广. 山东化工, 2013, 42（9）: 19.

[57] Iwanami S, Takashima M, Hirata Y, et al. J Med Chem, 1981, 24（10）: 1224.

[58] 周继鑫, 杜得兰. 甘肃化工, 2004, 4: 34.

[59] 舒宏, 周建宁, 王彦青等. 中国药物化学杂志, 2007, 17（5）: 516.

[60] 陈芬儿, 张文文等. 中国医药工业杂志, 1991, 22（8）: 344.

[61] 周碧荷, 侯海鸽, 李楠. 黑龙江大学自然科学学报, 1983, 1: 97.

[62] 张婷. 硕士学位论文. 湖南师范大学, 2011.

[63] 王东阳, 嵇耀武, 张光明. 中国医药工业杂志. 1991, 22（7）: 289.

[64] 赵桂芝, 王桂梅. 中国医药工业杂志, 1998, 29（11）: 485.

[65] Heeres J, Hendrickx R, Cutsem V. J Med Chem, 1983, 26（4）: 611.

[66] Uchikawa O, Fukatsu K, Tokunoh R, et al. J Med Chem, 2002, 45（19）: 4222.

[67] Banitt E H, Coyne W E. J Med Chem, 1955, 18（11）: 1130.

[68] Janssens F, Torremans J, Janssen J, et al. J Med Chem, 1985, 28（12）: 1934.

[69] Kornfeld E C, Bach N J. US4166182. 1970.

[70] Singh R P, Kamble R M, Chandra K L, et al. Tetrahedron, 2001, 57（1）: 241.

[71] 陈芬儿. 有机药物合成法. 北京: 中国医药科技出版社, 1999: 647.

［72］ 侯钰，张越，吴鹏程. 精细与专用化学品，2004，12（3-4）：9.

［73］ 董燕敏，尹振燕，程琦等. 精细化工 2010，22（7）：667.

［74］ 刘海峰，姜鹏，彭亮福. 湖南科技大学学报：自然科学版，2011，26（3）：91.

［75］ Shieh W C, et al. J Org Chem, 2003, 68: 1954.

［76］ 王尔华. 中国药科大学学报，1987，18（4）：277.

［77］ 李志裕，陆平波，莫芬珠等. 中国药物化学杂志，2009，19（1）：46.

［78］ Melloni P, et al. Tetrahedron, 1985, 41（7）: 1393.

［79］ 邱方丽，陈炳贤，马希升. 中国医药工业杂志，1994，25（1）：7.

［80］ 邱飞，王礼琛，董颖. 中国药物化学杂志，2003，13（6）：353.

［81］ 莫安国，谢庆朝，吴瑞芳等. 中国医药工业杂志，1996，26（1）：18.

［82］ 薛小兰. 海峡药学，2010，22（9）：213.

［83］ Daimon E, Wada I, Akada K. JP2003319213. 2000; JP2000327610. 2000.

［84］ Nakajima T, Suga S. Bull Chem Soc, Japan, 1967, 40（12）: 2980.

［85］ Bandini M, Cozzi P G, Melchiorre P, et al. J Org Chem, 2002, 67: 5386.

［86］ 孙乐大. 广州化工，2010，38（1）：104.

［87］ 沙磊，赵宝祥，谭伟等. 合成化学，2005，13（5）：344.

［88］ 张小林，罗佳洋，欧阳红霞. 南昌大学学报：理科版，2012，36（4）：373.

［89］ 郑红，高文芳，冀学时等. 中国药物化学杂志，2002，12（3）：166.

［90］ 沈东升. 精细石油化工，2001，3：30.

［91］ 郑学梅，陈玉琴，赵媛媛. 山东化工，2012，41（6）：1.

［92］ 孟庆义，陈义郎，姚其正. 中国药物化学杂志，2007，17（5）：279.

［93］ 章佳安，张健. 化学世界，2005，7：431.

［94］ 陈洪. 药学研究，2013，32（6）：328.

［95］ 毛白杨，王明林，夏正君等. 中国医药工业杂志，2016，47（5）：534.

［96］ Robert E I, Thomas H O, Glen L T. Org Synth, 1990, Coll Vol 7: 66.

［97］ Klutchko S, Blankley C J, Fleming R W, et al. J Med Chem, 1986, 29（10）: 1953.

［98］ 姜旭，陈稼轩，龙春梅等. 精细化工中间体，2004，35（3）：48.

［99］ Murakami K, Yamada S, Kaneda T, et al. Chem Rev, 2017, 117（13）: 9302.

［100］ Claude G, et al. J Med Chem, 1980, 23（12）: 1306.

［101］ 兰志银，邱昌隆. 化学世界，1995，6：207.

［102］ 焦萍，仇缀百. 中国医药工业杂志，2001，32（8）：342.

［103］ 徐芳，朱臻，廖清江. 中国药科大学学报，1997，28（5）：260.

［104］ 王树清，高崇. 上海化工，2006，11：17.

［105］ 陈再成，孙昌俊，王宜斌等. 中国医药工业杂志，1988，19（8）：9.

［106］ 郑时龙，何菱，袁妙等. 中国现代应用药学，1997，14（5）：29.

［107］ 李德江，葛正红. 化工时刊，2004，18（5）：51.

［108］ 钟武，张万年，李科等. 中国医药工业杂志，1999，30（9）：418.

［109］ Watthey W H, et al. J Med Clmm, 1985, 28（10）: 1511.

［110］ 范如霖，王雯云，徐传宁. 中国医药工业杂志，1980，12（1）：1.

［111］ 徐立中，贺燕，刘宇. 沈阳理工大学学报，2010，29（4）：72.

［112］ Makosza M, Jonczyk A. Org Synth, 1988, Coll Vol 6: 897.

［113］ 陈芬儿. 有机药物合成法. 北京：中国医药科技出版社，1999：742.

第七章 酰基化反应

在有机化合物分子中的碳、氧、氮、硫等原子上引入酰基的化学反应统称为酰基化反应。

根据接受酰基的原子的不同，酰化反应又可分为 O-酰基化（制备酯类化合物）、N-酰基化（制备酰胺）和 C-酰基化（主要制备芳醛、芳酮）反应等。

酰基化反应根据酰基的引入方式，可以分为直接酰基化和间接酰基化。根据反应机理又可以分为亲电酰基化、亲核酰基化和自由基酰基化等。本章主要按酰化剂分类，分别讨论氧、氮、碳原子上的酰基化反应。常用的酰基化试剂有羧酸、酸酐、酰卤、羧酸酯类等，常见的被酰化物有醇、酚、胺、芳环、活泼亚甲基化合物等。

第一节 羧酸酰化剂

羧酸是弱酰化剂，可与醇（酚、肟等）发生氧-酰基化生成酯、与胺发生氮-酰基化生成酰胺、与芳环发生碳-酰基化生成芳香羰基化合物。

一、氧原子上的酰化

以羧酸为酰化剂进行羟基的酰基化是典型的酯化反应。在酸性催化剂存在下，将羧酸与醇（一般为伯醇或仲醇）一起加热，生成羧酸酯和水。该方法称为 Fischer-Speier 酯化法，是合成酯类化合物的重要方法。

$$RCOOH + R'OH \rightleftharpoons RCOOR' + H_2O$$

酯化反应的机理如下：

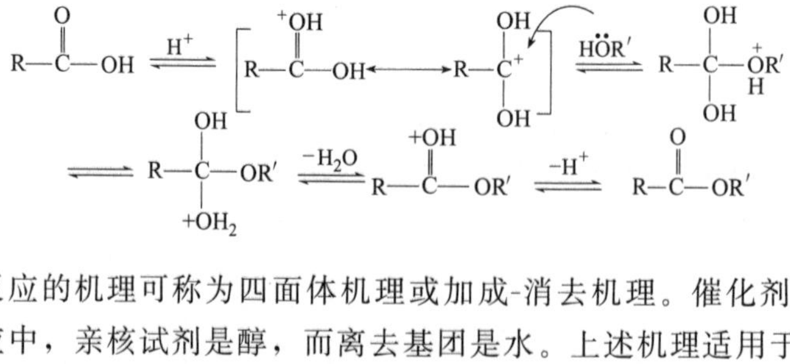

显然，酯化反应的机理可称为四面体机理或加成-消去机理。催化剂酸的作用是显而易见的。在酯化反应中，亲核试剂是醇，而离去基团是水。上述机理适用于伯醇和仲醇。由于反应中羧酸失去了羟基，断裂的是羧酸的酰氧键，而且是双分子反应，故又称为双分子酰氧键断裂机理（$A_{AC}2$）。

对于羧酸与叔醇的酯化反应，在强酸性催化剂存在下，由于叔醇容易质子化后生成叔碳正离子，因此与伯醇、仲醇的反应机理不同。

$$R_3'C\!-\!OH + H^+ \rightleftharpoons R_3'C\!-\!\overset{+}{O}H_2 \xrightarrow{-H_2O} R_3'C^+ \xrightarrow{RC\overset{+}{O}\overset{\cdots}{O}H} R\!-\!\underset{\underset{H}{|}}{\overset{O}{\overset{\|}{C}}}\!-\!\overset{+}{O}\!-\!CR_3' \rightleftharpoons R\!-\!\overset{O}{\overset{\|}{C}}\!-\!O\!-\!CR_3' + H^+$$

反应中叔醇失去了羟基，断裂的是碳-氧键，碳-氧键断裂是决定反应速度的步骤，故又称为单分子烷氧键断裂机理（$A_{AL}1$）。

酯化反应是可逆反应，为了促进反应完全，常常采用增大其中一种反应物（醇或羧酸）配比，或除去其中一种生成物（酯或水）的操作方法。

羧酸是弱酰基化试剂，为了提高反应速率，可以采取活化羧酸以增强羧酸羰基碳的亲电能力，或活化醇以增强醇的反应能力的措施。

1. 羧酸活化法

这种方法主要有酸催化法和脱水剂法。

（1）酸催化法　常用的酸有硫酸、磷酸、干燥的氯化氢、对甲苯磺酸、强酸性离子交换树脂等。有时也使用 Lewis 酸。近年来超强酸、杂多酸类在酯化反应中应用的报道也越来越多。它们的特点是使羧酸质子化，增强羧酸羰基的亲电活性。例如降血脂药氯贝丁酯（Clofibrate）中间体（**1**）的合成。

$$Cl\!-\!\!\bigcirc\!\!-\!O\!-\!C(CH_3)_2COOH + C_2H_5OH \xrightarrow[80\sim85\,^\circ\!C(89\%)]{H_2SO_4} Cl\!-\!\!\bigcirc\!\!-\!O\!-\!C(CH_3)_2COOC_2H_5$$

(1)

浓硫酸酸性很强，催化效果较好，性质稳定，且具有很强的吸水性，是最常用的催化剂。但温度高时氧化性加强，并有可能导致磺化、炭化、醇类脱水等副反应，因此更适合于100℃以下的酯化反应。

干燥的氯化氢作催化剂时，可在酸和醇的混合物中通入氯化氢气体至饱和，或通氯化氢气体至醇中直至饱和，再加入羧酸使之反应。该法适用于用硫酸时易发生脱水等副反应的含羟基化合物的酯化反应。抗病毒药扎那米韦（Zanamivir）中间体 N-乙酰基-D-神经氨酸甲酯（**2**）的合成如下[1]。

(2)

该方法也常用于氨基酸的酯化反应。α-氨基酸的酯化反应比普通的羧酸困难得多。因为氨基很容易与酸成铵盐，而且按照上述酯化机理，羧酸羰基接受质子后，两个正电荷相距较近，斥力较大，反应不容易进行。但该方法仍然是氨基酸酯化的一种常用方法。其他羧酸的酯化也可采用这种方法，例如消炎镇痛药苯噁洛芬（Benoxaprofen）等的中间体3-氨基-4-羟基苯基-α-甲基乙酸乙酯（**3**）的合成[2]。

(3)

对甲苯磺酸具有浓硫酸的一切优点，但无氧化性，可在较高温度或不能使用硫酸的情况下使用。以其作催化剂，可能是放出质子进行酸催化，也可能首先生成磺酸酯，后者再与羧酸反应生成羧酸酯。

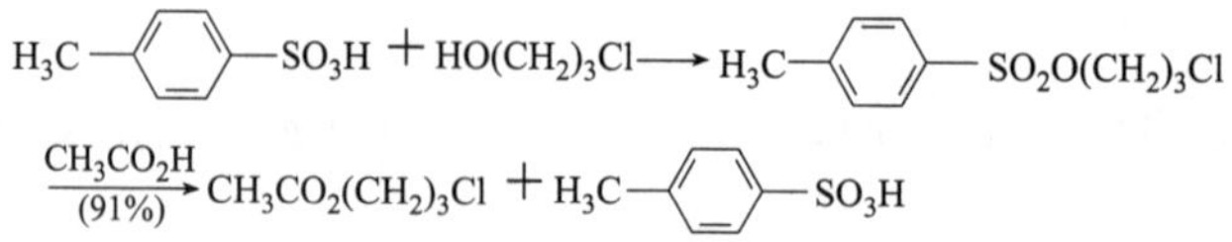

$$H_3C-\!\!\!\!\bigcirc\!\!\!\!-SO_3H + HO(CH_2)_3Cl \longrightarrow H_3C-\!\!\!\!\bigcirc\!\!\!\!-SO_2O(CH_2)_3Cl$$

$$\xrightarrow[(91\%)]{CH_3CO_2H} CH_3CO_2(CH_2)_3Cl + H_3C-\!\!\!\!\bigcirc\!\!\!\!-SO_3H$$

使用杂多酸作催化剂进行酯化反应的报道已有不少，例如保肝药马洛替酯（Malotilate）中间体丙二酸二异丙酯（**4**）的合成。

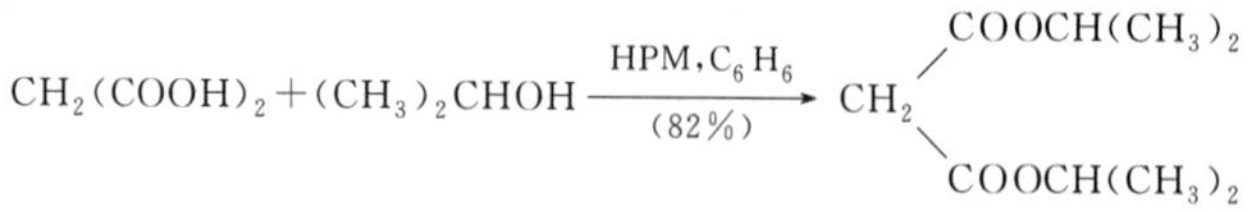

$$CH_2(COOH)_2 + (CH_3)_2CHOH \xrightarrow[(82\%)]{HPM \cdot C_6H_6} CH_2 \Big\langle \begin{matrix} COOCH(CH_3)_2 \\ COOCH(CH_3)_2 \end{matrix} \qquad (\mathbf{4})$$

用 Lewis 酸或用高聚物支持的 Lewis 酸作催化剂，具有收率高，可避免双键的分解和重排等优点，但对于位阻大的叔醇酯，结果并不理想。

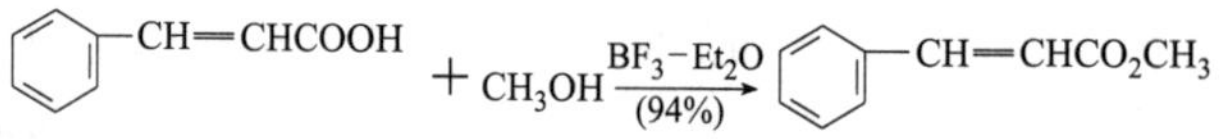

$$\bigcirc\!\!\!\!-CH=CHCOOH + CH_3OH \xrightarrow[(94\%)]{BF_3-Et_2O} \bigcirc\!\!\!\!-CH=CHCO_2CH_3$$

用强酸性阳离子交换树脂作催化剂，具有操作简便、条件温和、催化剂可再生等优点，产品收率也较高。例如抗勾端螺旋体药物咪唑酸乙酯（Ethyl Imidazolate）等的中间体乙酰甘氨酸乙酯的合成[3]。

$$CH_3CONHCH_2CO_2H + C_2H_5OH \xrightarrow[(92\%)]{树脂-SO_3H} CH_3CONHCH_2CO_2C_2H_5 + H_2O$$

使用强酸性离子交换树脂加硫酸钙，称为 Vesley 催化法[4]，该方法可以加快反应速度、提高产物收率。硫酸钙是吸水剂，随时除去反应中生成的水（$CaSO_4 \cdot 2H_2O$）。当然，也有使用其他吸水剂的报道。

$$CH_3COOH + CH_3OH \xrightarrow[10min(94\%)]{Vesley 法} CH_3COOCH_3 + H_2O$$

$$CH_3COOH + n\text{-}C_4H_9OH \xrightarrow[17h(100\%)]{Vesley 法} CH_3COOC_4H_9\text{-}n + H_2O$$

（2）DCC 及其他脱水剂脱水法　二环己基碳二亚胺（$C_6H_{11}N=\!\!=\!\!C=\!\!=NC_6H_{11}$），简称 DCC，是一种强酰化缩合剂，对酯化反应具有催化作用，可使羧基转化为活泼的酰基化试剂（类酐）。机理如下：

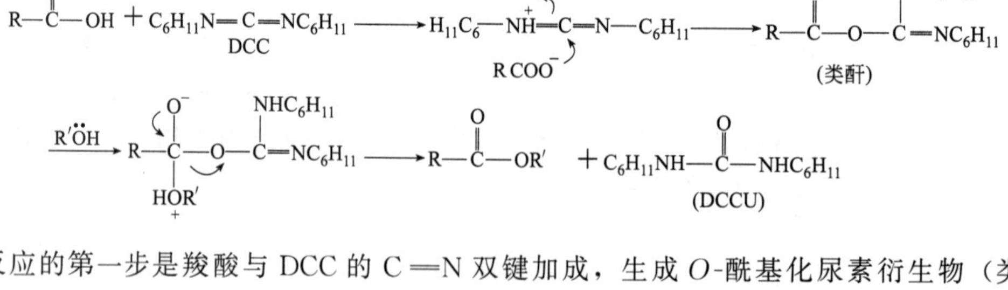

反应的第一步是羧酸与 DCC 的 C=N 双键加成，生成 O-酰基化尿素衍生物（类酐）；第二步是类酐与醇作用，经质子转移生成酯和二环己基尿素（DCCU），后者经过滤可以除去。DCCU 经三氯氧磷处理，又可生成 DCC。类酐的活性与羧酸酐相似。

若在反应体系中加入对二甲胺基吡啶（DMAP）、4-吡咯烷基吡啶（PPY）等催化剂，则反应活性增加，收率提高，而且反应可在室温下进行。

$$\text{(结构式)} + t\text{-BuOH} \xrightarrow[(76\%\sim81\%)]{\text{DCC,DMAP}} \text{(产物)}$$

DMAP 作为一种高效的催化剂，广泛应用于酯化、酰基化、酯交换、烷基化等多种有机反应中。

$$\text{(结构式)} + \text{(结构式)} \xrightarrow[25\text{℃}(96\%)]{\text{DCC/DMAP}} \text{(产物)}$$

羧酸也可以在 DCC 存在下与 N-羟基丁二酰亚胺反应生成相应的活性酯。例如降糖药那格列奈（Nateglinide）中间体（**5**）的合成[5]。

$$\text{(结构式)} + \text{HO—} \xrightarrow[(93\%)]{\text{DCC,THF}} \text{(产物)} \quad (\textbf{5})$$

酚类化合物在 DCC 存在下容易生成相应的羧酸酯。例如 NO 供体型非甾体抗炎药 NCX-4016 中间体 2-乙酰氧基苯甲酸 3-羟甲基苯基酯（**6**）的合成[6]。

$$\text{(结构式)} + \text{HO—} \xrightarrow[(85\%)]{\text{DCC,CH}_2\text{Cl}_2} \text{(产物)} \quad (\textbf{6})$$

又如止吐药米格列奈（Mitiglinide）中间体（*S*）-2-苄基丁二酸二对硝基苯酚酯（**7**）的合成[7]。

$$\text{(结构式)} \xrightarrow[\text{DCC,CH}_2\text{Cl}_2(87.5\%)]{\text{HO—}\langle\rangle\text{—NO}_2} \text{(产物)} \quad (\textbf{7})$$

与 DCC 相类似的碳二亚胺有二异丙基碳二亚胺（DIC）、甲基叔丁基碳二亚胺、1-乙基-(3-二甲基氨基丙基）碳酰二亚胺盐酸盐（EDC 盐酸盐）、二叔丁基碳二亚胺等。

$$(CH_3)_2CHN=C=NCH(CH_3)_2 \qquad CH_3N=C=NC(CH_3)_3$$
二异丙基碳二亚胺（DIC）   甲基叔丁基碳二亚胺

$$(CH_3)_2NCH_2CH_2CH_2N=C=NCH_2CH_3 \qquad (CH_3)_3CN=C=NC(CH_3)_3$$
（EDC 盐酸盐）   二叔丁基碳二亚胺

2. 醇活化法

该方法是将反应物醇进行活化，提高醇的反应能力。

偶氮二羧酸二乙酯（DEAD）与三苯基膦反应用以活化醇，是另一类酯化缩合剂，可以使光学活性的醇转化为构型反转的酯。

$$\text{(结构式)} \xrightarrow{\text{Ph}_3\ddot{\text{P}}} [C_2H_5OC-\bar{N}-N-COOC_2H_5] \xrightarrow{\text{RCOOH}} [C_2H_5OC-\overset{H}{N}-N-COOC_2H_5]\cdot RCOO^-$$

生成的酯皂化后，得到与原来的醇构型相反的醇。

反应中生成了反应活性高的烷氧基三苯基镂，由于三苯基膦的屏蔽作用，羧酸根负离子只能从背面进攻，生成的酯中原来的醇发生了构型的反转。显然与普通的酯化反应的机理不同。同样由于三苯基膦位阻的影响，该方法更适用于伯、仲醇的酯化反应。

在糖苷类化合物的合成中，有时会用到该类反应来保护糖环上的羟基。例如抗病毒药齐多夫定（Zidovudine）中间体（**8**）的合成[8]。

二、氮原子上的酰化反应

N 原子上酰基化生成酰胺。可以发生 N-酰基化的化合物有氨、伯胺、仲胺或酰胺等。

1. 羧酸与胺的直接酰基化反应

羧酸是一个弱酰化剂，一般只有在引入甲酰基、乙酰基、羧甲酰基时才使用甲酸、乙酸和草酸作酰化剂，有时也可用苯甲酸作酰化剂。羧酸作酰化剂一般用于碱性较强的胺或氨的 N-酰基化，该反应是可逆的。

$$RCOOH + R'NH_2 \rightleftharpoons RCONHR' + H_2O$$

羧酸与胺或羧酸的铵盐直接加热生成酰胺，具体例子是乙酸铵加热生成乙酰胺、苯甲酸与苯胺一起加热生成苯甲酰基苯胺、丁二酸铵加热生成丁二酰亚胺。有许多羧酸通入氨气并加热脱水可以生成酰胺。

抗癌药物乙丙昔罗（Efaproxiral）中间体（**9**）的合成如下[9]。

微波技术已用于该类反应。例如苯甲酸与苄基胺（摩尔比 1∶1.5）于微波照射下 150℃反应 30min，相应酰胺的收率达 80%，但用油浴加热时收率只有 8%。

羧酸与胺反应生成酰胺的反应机理尚不太清楚，但一般认为有如下两种可能。

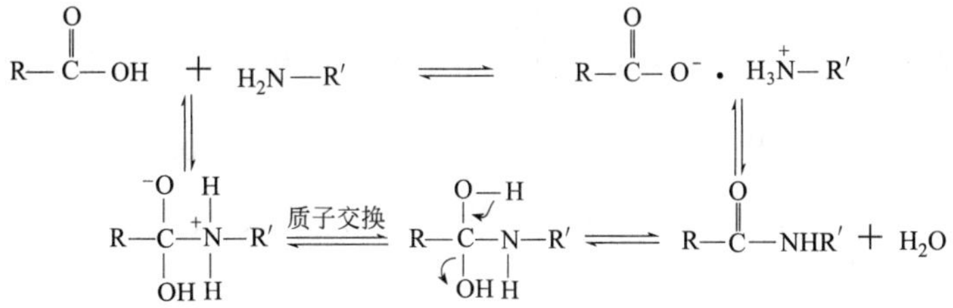

一种可能是羧酸与胺可以成盐，但成盐后如何变成酰胺尚不太清楚，提高反应温度将有利于酰胺的生成。另一种可能是胺的含未共电子对氮原子对羧基碳原子进行亲核进攻，经质子交换、脱水生成酰胺。

酸对反应有催化作用，有时加入少量强酸以加速反应的进行。

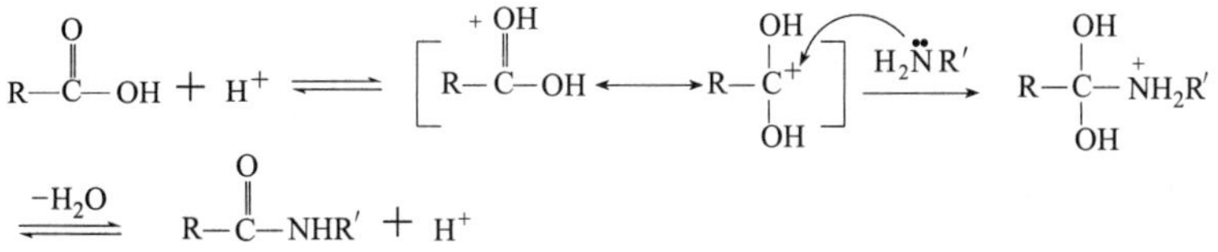

也有人认为酸的作用是有利于形成酰基碳正离子而提高了酰化剂的酰化能力。

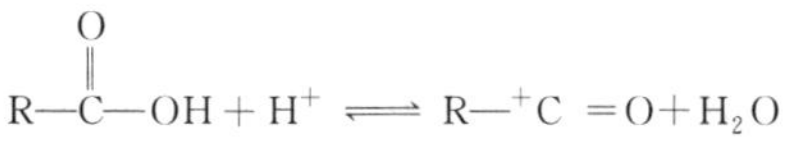

$$R-\overset{O}{\underset{}{C}}-OH + H^+ \rightleftharpoons R-\overset{+}{C}=O + H_2O$$

但酸可使氨基质子化，从而降低了氨基的亲核能力，使酰化反应难以进行。故控制反应介质的酸碱性是必要的。

胺类酰化的难易与胺的亲核能力和空间位阻有关。氨基氮原子上电子云密度越大、空间位阻越小，则越容易酰基化。胺类化合物的酰化活性规律为：伯胺＞仲胺；脂肪胺＞芳香胺；有给电子基团的芳香胺＞有吸电子基团的芳香胺。分子中同时具有羟基和氨基的化合物，氨基更容易酰基化。例如：

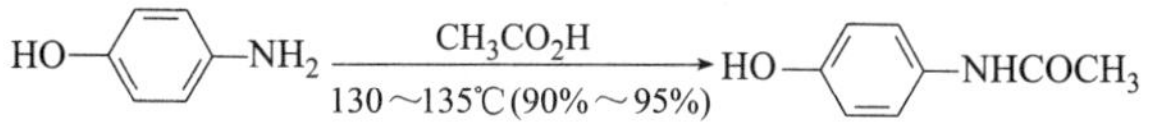

能生成稳定的铵盐的羧酸，也可采用高温熔融脱水酰化法。例如：

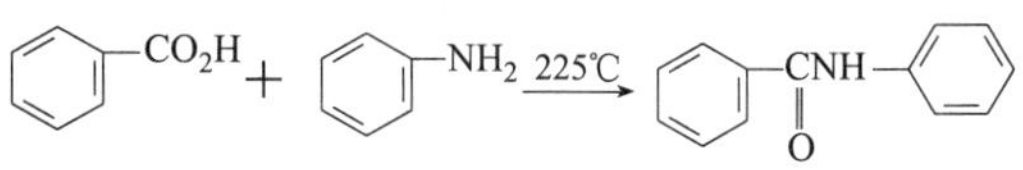

内酰胺很容易由 γ-或 δ-氨基酸来制备。例如：

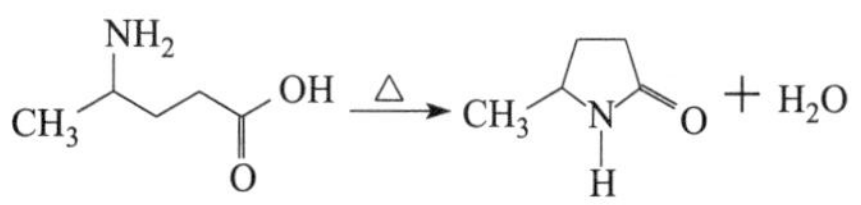

2. 缩合剂存在下羧酸与胺的缩合反应

对于弱碱性的氨基化合物直接用羧酸酰化困难，此时可加入缩合剂以提高反应活性，如DCC等。其作用与酯化反应相似。DCC在合成多肽和氨基糖的反应中应用较广，条件温和、价格低廉、收率较高。但对氨基和羟基的选择性差，分子中同时含有氨基和羟基时，两者都有可能参与反应，对分子中的其他基团无影响。

抗肿瘤药物苹果酸舒尼替尼（Sunitinib malate）中间体（**10**）的合成如下[10]。

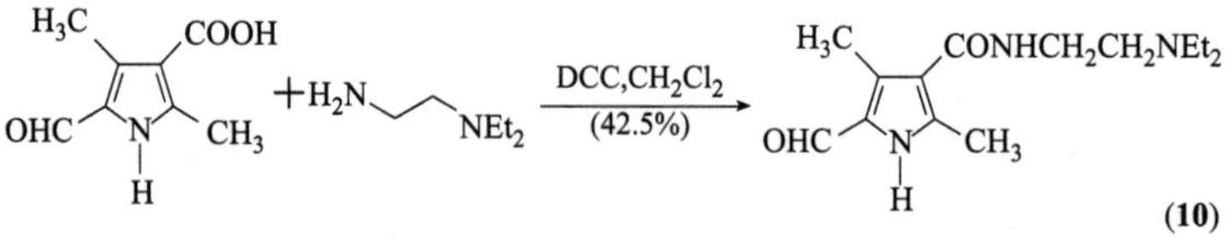

(**10**)

又如血管紧张素转化酶抑制剂阿拉普利（Alacepril）中间体（**11**）的合成[11]。

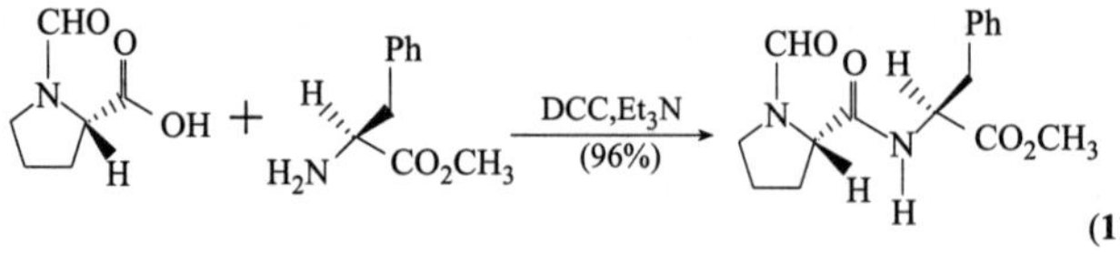

(**11**)

使用碳二亚胺类缩合剂时，常常加入催化剂或活化剂，如4-二甲胺基吡啶（DMAP）、1-羟基苯并三氮唑（HOBt）等。DCC与HOBt复合试剂已成为合成酰胺的广泛使用的方法。

具体反应过程如下：

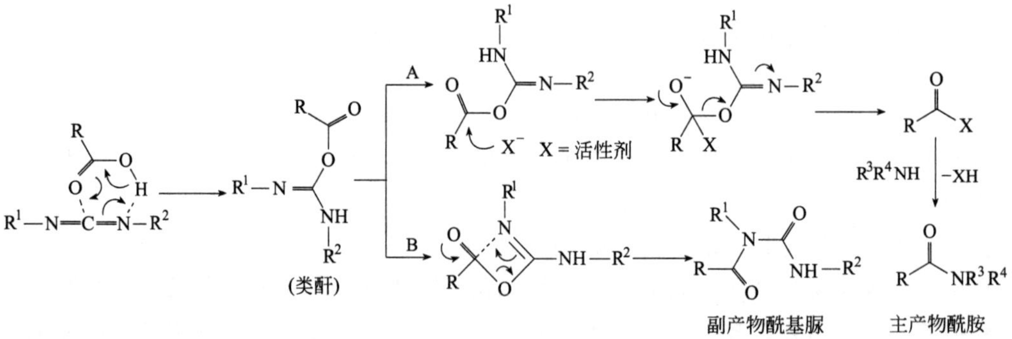
A
B
X = 活性剂
(类酐)
R^3R^4NH
-XH
副产物酰基脲
主产物酰胺

反应中首先是羧酸与碳二亚胺加成，生成的中间体并不稳定，容易按照途径B进行重排反应生成稳定的脲类化合物。当加入催化剂或活化剂时，中间体会按照途径A进行反应，生成相应的活性酯或活性酰胺，进而与胺反应生成酰胺。

常用的活化剂有如下数种：

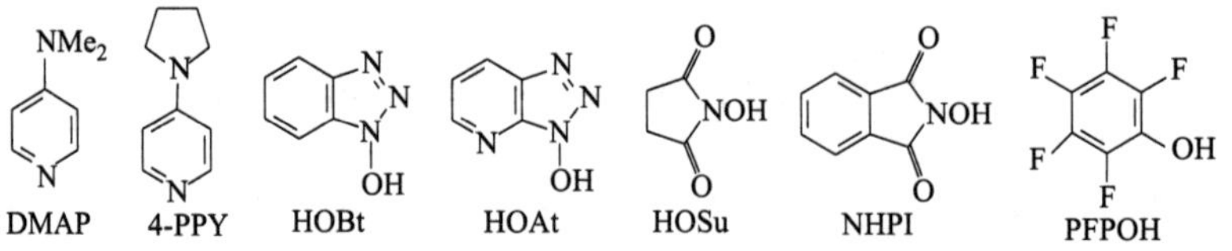
DMAP
4-PPY
HOBt
HOAt
HOSu
NHPI
PFPOH

其中DMAP价格低廉，应用较广。4-PPY的活性比DMAP高得多，当用DMAP效果不理想时可考虑使用4-PPY。HOBt也是常用的活化剂。例如抗癌药物伏利诺他（Vorinostat）中间体8-氧代-8-苯氨基辛酸甲酯的合成[12]。

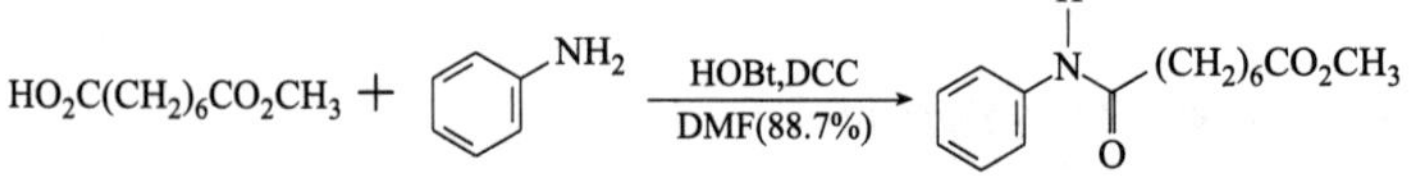

慢性髓性白血病治疗药尼洛替尼（Nilotinib）原料药（**12**）的合成中，使用了EDC盐酸盐和HOBt[13]，酰基化收率达94%。

(12)

另一类缩合剂是鎓盐类缩合剂，可分为碳鎓盐和磷鎓盐。常见的碳鎓盐如下：

使用碳鎓盐缩合剂进行缩合，以 HBTU 的缩合反应为例，说明其反应机理如下。

常见的磷鎓盐如下：

其中 PyBOP 应用最广，反应活性相对更高，并已实现商品化，广泛用于多肽及酰胺类化合物的合成。BOP 在反应中产生具有致癌作用的六甲基磷酰胺，而 PyAOP 价格高。使用这些缩合剂时，常常加入 DMAP。使用 PyBOP 等缩合剂的优点是只进行 N-酰基化，很少有 O-酰基化发生，化学选择性很高。反应的机理主要是在碱性条件下羧基负离子进攻缩合剂生成的酰氧基磷正离子，继而此活泼中间体受苯并三唑氧基负离子进攻生成羧基组分的苯并三唑酯，此活化酯再与氨基组分反应得到目标产物。

例如抗癌化合物 SL100 的合成[14]。

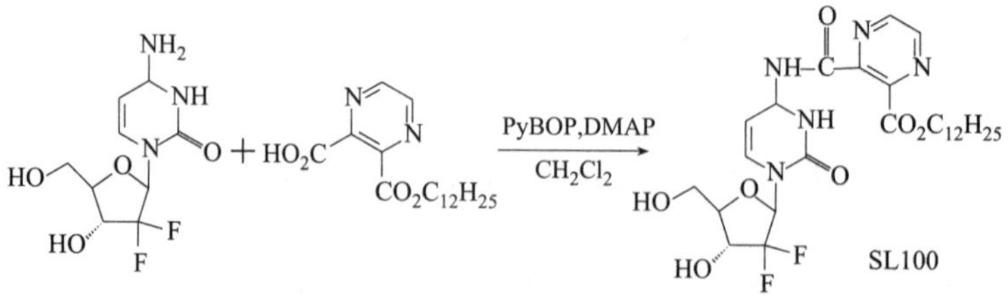

活性磷酸酯类是另一类新型的 N-酰化偶合试剂。这些试剂在反应中迅速生成活性酯并与胺反应生成酰胺。此类试剂反应活性高，反应条件温和，光学活性化合物在反应中不发生消旋化，已广泛用于肽类及 β-内酰胺类化合物的合成中，例如苯并三唑基磷酸二乙酯（**A**），可用于多肽的合成：

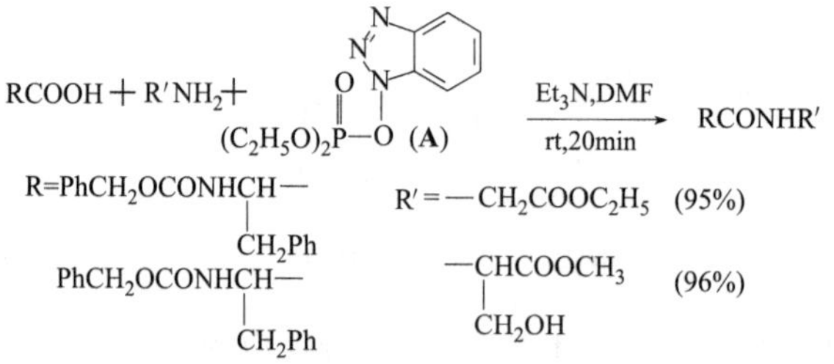

此外，三苯基膦类化合物如：三苯基膦-多卤代甲烷、三苯基膦-NBS、三苯基膦-二硫化合物、三苯基膦-硫酰胺、三苯基膦-六氯丙酮等，以及亚磷酸酯-苯并三氮唑等都是羧酸与胺发生脱水成酰胺的脱水剂。

非甾体抗炎新药开发中间体 N-苄基水杨酸酰胺的合成如下[15]。

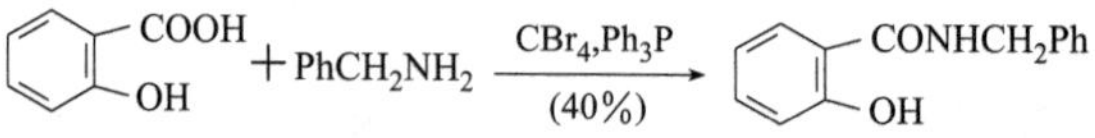

该类反应的可能的反应机理如下：

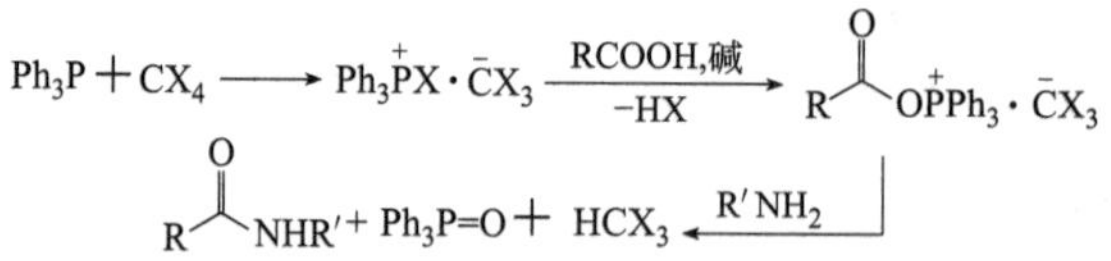

除了上述磷试剂外，三甲基氯硅烷、四氯化硅、四氯化钛、三氟化硼-乙醚、DCC、双异丙基碳二亚胺、对硝基苯磺酰氯、苯磺酰氯、二碳酸二叔丁酯等都是羧酸与胺发生缩合反应的有效试剂。

三、碳原子上的酰化反应

羧酸是弱酰化剂，但在催化剂存在下可与芳环发生碳-酰化反应生成芳香族羰基化合物，该类反应属于 F-C 反应，是合成芳香酮类化合物的方法之一。例如驱虫药己雷琐辛中间体 4-己酰间苯二酚（**13**）的合成[16]。

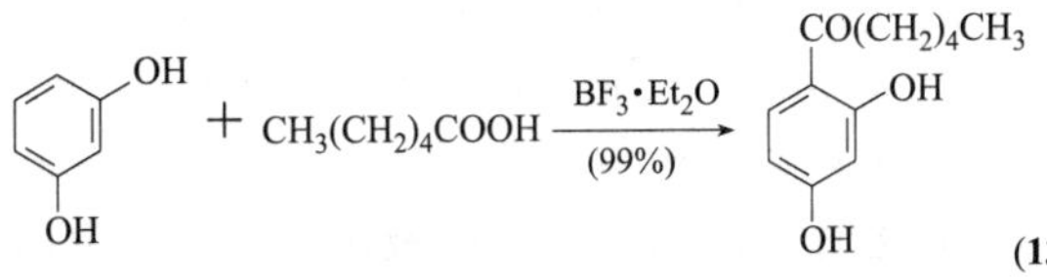

（**13**）

该类反应可以使用传统的 Lewis 酸作催化剂，如 $SnCl_4$、$FeCl_3$、$ZnCl_2$、$BiCl_3$、$AlCl_3$ 等。也可以使用多聚磷酸（PPA）。芳环上连有给电子基团的化合物容易发生反应，而芳环上连有强吸电子基团时反应难以发生。用 $SnCl_4$ 作催化剂，微波照射下用对甲基苯酚与脂肪酸反应，脂肪酸的链长对反应的影响不大，使用乙酸至戊酸，收率都在 90%～95%。

具有芳香环的羧酸分子内酰化是制备并环化合物的方法之一，常用的催化剂是 PPA，硫酸等，例如抗抑郁药阿米替林（Amitriptyline）等的中间体（**14**）的合成[17]。

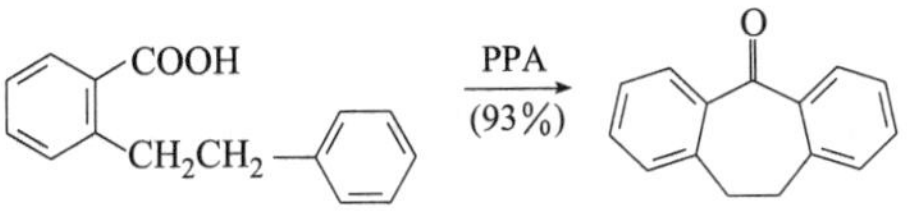

（**14**）

4-苯基丁酸在磷酸/磷酸酐、多聚磷酸、氢氟酸或浓硫酸作用下可以生成 1-四氢萘酮，收率 75%～86%。1-四氢萘酮是合成抗抑郁药舍曲林的中间体。

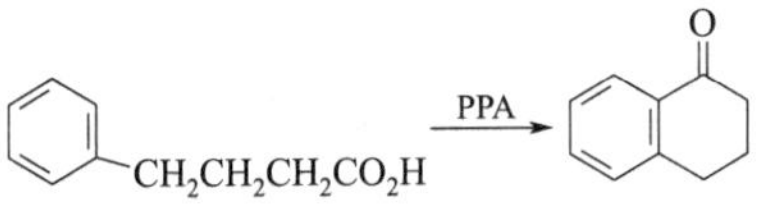

用于治疗糖尿病并发神经病变药物非达司他（Fidarestat）的合成中间体（S）-6-氟-3,4-二氢-4-氧代-2H-苯并吡喃-2-羧酸（**15**）的合成如下[18]。

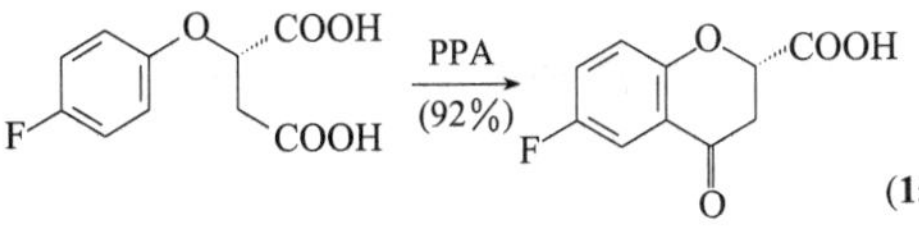

（**15**）

近年来，沸石分子筛用于酰化反应的报道越来越多。例如，用酸性沸石分子筛催化苯甲醚与丙酸的反应，具有良好的对位选择性，并得到满意的收率。

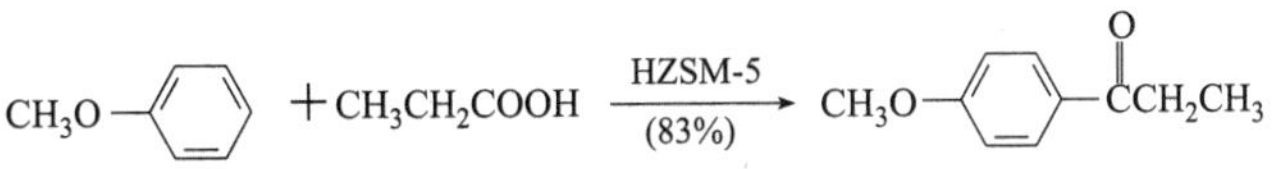

上述反应若用无水 $AlCl_3$ 催化剂，苯甲醚中的甲基容易脱去而发生重排反应，同时 $AlCl_3$ 与苯甲醚、酰化剂及酰化产物都能生成配合物，因而 $AlCl_3$ 的用量很大，效果并不理想。

杂多酸、固体超强酸等用作催化剂也有报道。

第二节 酸酐酰化剂

酸酐是较强的酰化剂，几乎各种类型的醇和酚都可被酸酐酰化生成酯，胺类酰化生成酰胺或酰亚胺，芳环上酰化生成芳香族羰基化合物，在药物及其中间体合成中应用广泛。

一、氧原子上的酰化

利用酸酐进行氧原子上的酰化反应，为不可逆反应。

$$(RCO)_2O + R'OH \longrightarrow RCOOR' + RCOOH$$
$$(RCO)_2O + ArOH \longrightarrow RCOOAr + RCOOH$$

用酸酐进行氧原子上的酰化时，常用酸或有机碱作催化剂。常用的催化剂有硫酸、氯化锌、三氟化硼、二氯化钴、对甲苯磺酸、高氯酸、吡啶、喹啉、三乙胺、二甲苯胺等。

酸催化酰化机理：

酸的作用是与酸酐反应生成酰化能力更强的酰基正离子，后者再与醇或酚作用生成酯。

吡啶的催化酰化机理：

$$H^+ + RCOO^- \longrightarrow RCOOH$$

一般认为是酸酐与吡啶生成活性配合物，后者再与醇反应生成酯。酸催化的活性一般大于碱催化。

醇和酚的结构对反应的影响，与羧酸和醇的直接酯化法类似。反应活性的一般规律是：伯醇＞仲醇＞叔醇；醇＞酚。

皮质甾体抗炎药氯泼尼醇（Cloprednol）中间体（**16**）的合成如下。分子中的伯羟基优先发生成酯反应。

(16)

叔醇的空间位阻大，采用羧酸与叔醇的直接酯化反应比较困难，但可以与酸酐反应生成相应的酯。

在上述反应中，叔醇羟基容易与酸酐反应，原因可能是与羰基相邻的羟基与羰基通过氢键形成环状的结构，从而降低了羟基的活性有关。

抗休克药布拉地新钠原料药（Bucladesine sodium）（**17**）的合成如下，分子中的羟基和氨基同时被酰基化。

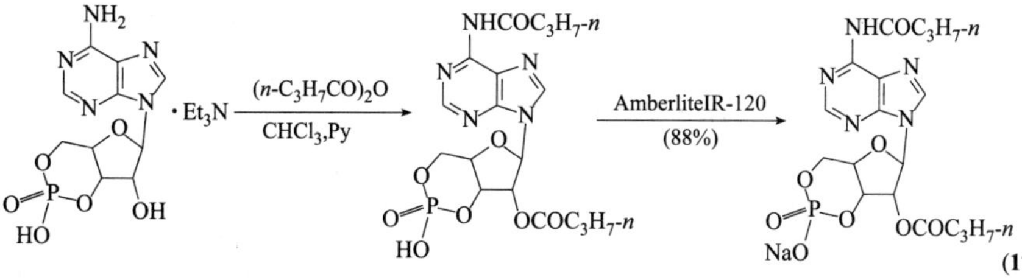

(**17**)

对于位阻较大的醇，可采用 DMAP、4-吡咯烷基吡啶作催化剂。

三氟甲基磺酸盐如 Sc（OTf）$_3$、Cu（OTf）$_2$、Bi（OTf）$_3$ 等是一类新型的催化剂，适用于在温和的条件下各种醇与酸酐反应制备羧酸酯。例如：

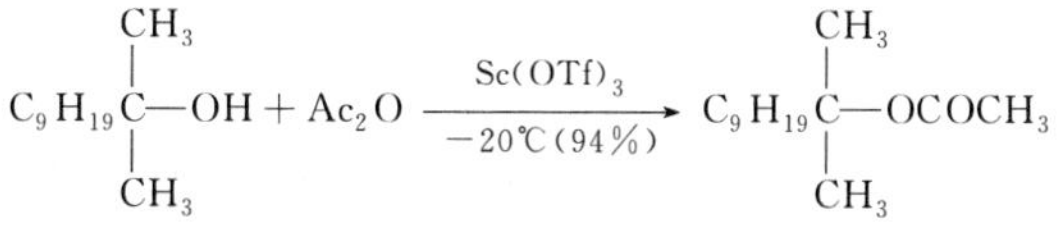

糖类化合物的合成中，常用乙酸酐来与糖的羟基反应来保护羟基。例如抗癌化合物 FU-O-G 中间体（**18**）的合成。

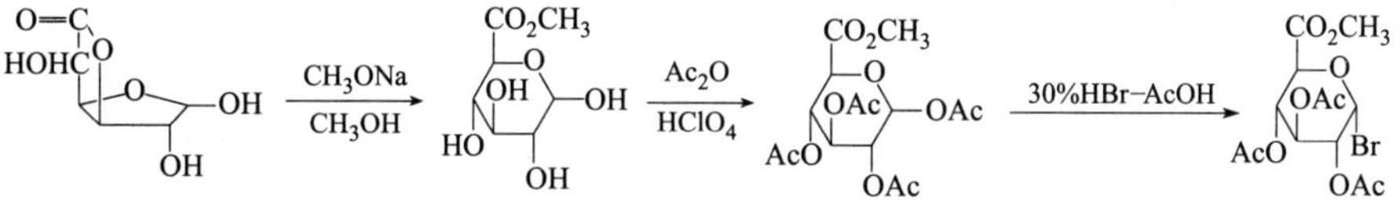

(**18**)

酚类与酸酐反应，加入酸或碱等催化剂可加速反应，反应常在石油醚、苯、甲苯等溶剂中进行。维生素 E 乙酸酯（**19**）就是以乙酸酐作酰化剂与相应的酚反应来制备的。

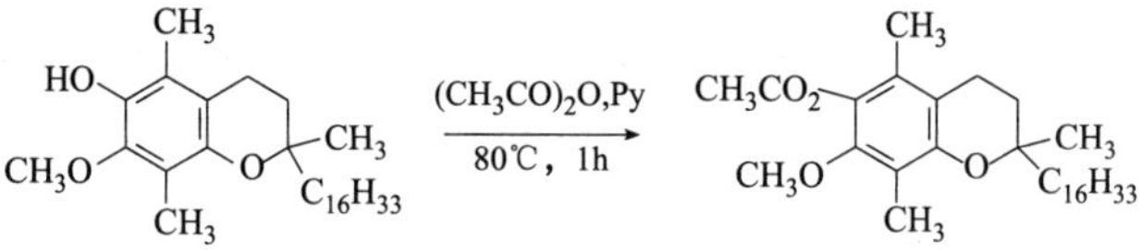

(**19**)

消炎镇痛药双醋瑞因（Diacerein）中间体（**20**）的合成如下，分子中的酚羟基和醇羟基同时被乙酰化[19]。

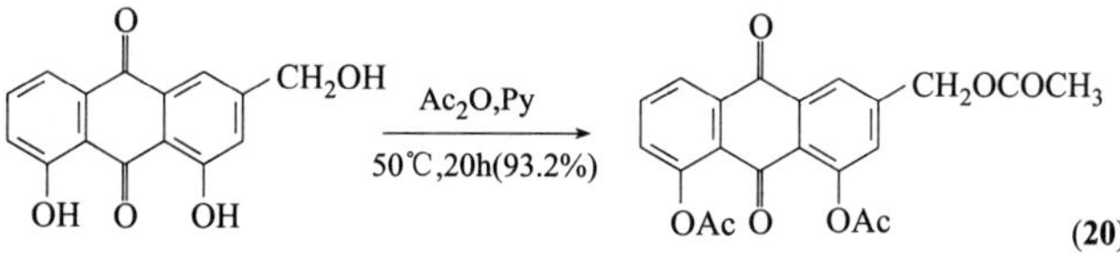

(**20**)

当醇、酚羟基同时存在时，用三氟化硼作催化剂，可使醇羟基酰基化，而用吡啶时两种羟基均可酰基化。

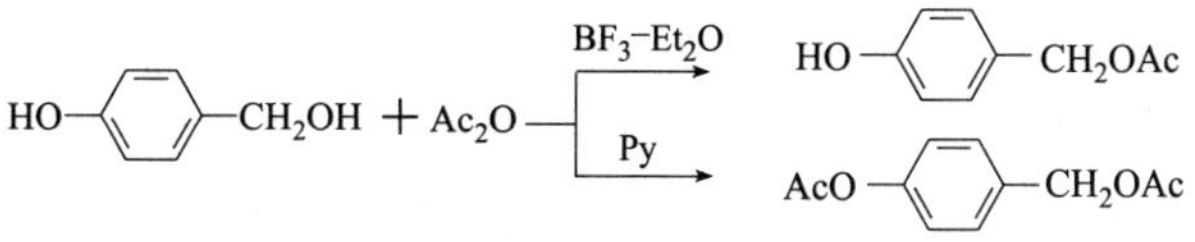

酸酐的结构与活性对酰化反应也有影响，常用的酸酐有乙酸酐、三氟乙酸酐、丙酸酐、丁酸酐等。三氟乙酸酐的酰基化活性较高。

使用三氟乙酸酐的例子如下，分子中的羟基和氨基都被三氟乙酰基化。

常用的二元酸酐主要有丁二酸酐、顺丁烯二酸酐、邻苯二甲酸酐等。用二元酸酐酰化时，得到酸性酰化产物，分子中含有一个羧酸基。

剩下的羧基可继续与醇反应生成二酯。因此二元酸酐与醇的双酯化是分两步进行的，第一步反应非常容易，将苯酐溶于醇中即可生成单酯。第二步由单酯生成双酯是羧酸的酯化，需要用硫酸等作催化剂，常用较高的温度并且不断蒸出反应中生成的水。

非甾体抗炎药奥沙普秦（Oxaprozin）原料药（**21**）的合成如下[20]。

酸酐的数量有限，因此利用酸酐酰化的应用范围受到限制。但将某些羧酸制备成混合酐后，其酰化能力增强，具有更广泛的应用价值。

（1）羧酸-三氟乙酸混合酐　羧酸与三氟乙酸酐反应，生成羧酸-三氟乙酸混合酐：

$$R-\overset{O}{\underset{}{C}}-OH + (CF_3CO)_2O \longrightarrow R-\overset{O}{\underset{}{C}}-O-\overset{O}{\underset{}{C}}-CF_3 + CF_3COOH$$

混合酐与醇反应则生成羧酸酯。

$$R-\overset{O}{\underset{}{C}}-O-\overset{O}{\underset{}{C}}-CF_3 + R'OH \longrightarrow RCOOR' + CF_3COOH$$

反应中生成的三氟乙酸为强酸，因此成酯反应可以不加催化剂。

（2）羧酸-磺酸混合酐　羧酸与磺酰氯在吡啶中反应生成羧酸-磺酸混合酐，这是一个活性较高的酰化剂。由于反应是在吡啶中进行，因此尤其适用于对酸敏感的醇，如叔醇、丙炔醇、烯丙醇等。可用于位阻大的酯或酰胺的制备。

$$R-\overset{O}{\underset{}{C}}-OH + ArSO_2Cl \longrightarrow R-\overset{O}{\underset{}{C}}-O-SO_2Ar + HCl$$

$$R-\overset{O}{\underset{}{C}}-O-SO_2Ar + R'OH \longrightarrow R-\overset{O}{\underset{}{C}}-OR' + ArSO_3H$$

（3）羧酸-多取代苯甲酸混合酐　羟基羧酸与取代苯甲酰氯反应生成混合酐，然后分子中的羟基与混合酐作用生成内酯，在大环内酯类化合物的合成中应用较多。

$$HO(CH_2)_nCOOH + ClOC{-}\langle\rangle{-}Y \longrightarrow HO(CH_2)_nCO{-}O{-}OC{-}\langle\rangle{-}Y$$

$$\longrightarrow \underset{(CH_2)_n}{\overset{O\underset{\parallel}{}O}{\nearrow}} + HO_2C{-}\langle\rangle{-}Y$$

（4）其他混合酸酐　羧酸与氯甲酸酯、光气、三氯氧磷、二卤磷酸酐等反应，均可生成混合酐，使酰化能力增强。

羧酸与氯甲酸酯在三乙胺存在下反应生成羧酸-碳酸单酯的混合酸酐，不必分离可直接用于下一步反应。但主要是用于酰胺的合成。

$$R{-}\overset{O}{\overset{\parallel}{C}}{-}OH + Cl{-}\overset{O}{\overset{\parallel}{C}}{-}OC_2H_5 \xrightarrow{Et_3N} R{-}\overset{O}{\overset{\parallel}{C}}{-}O{-}\overset{O}{\overset{\parallel}{C}}{-}OC_2H_5$$

$$R{-}\overset{O}{\overset{\parallel}{C}}{-}OH + Cl{-}\overset{O}{\overset{\parallel}{C}}{-}OC(CH_3)_3 \xrightarrow{Et_3N} R{-}\overset{O}{\overset{\parallel}{C}}{-}O{-}\overset{O}{\overset{\parallel}{C}}{-}OC(CH_3)_3$$

虽然可以有多种混合酸酐，但这些混合酸酐在成酯反应中应用并不多，而在合成酰胺和多肽中应用较广。

二、氮原子上的酰化

酸酐与胺类化合物很容易发生反应，生成酰胺，这是制备酰胺的方法之一。

$$(RCO)_2O + R'NH_2 \longrightarrow RCONHR' + RCOOH$$

该反应是不可逆的，反应机理如下：

$$R{-}\overset{O}{\overset{\parallel}{C}}{-}O{-}\overset{O}{\overset{\parallel}{C}}{-}R + R'NH_2 \longrightarrow R{-}\underset{\overset{+}{H_2NR}}{\overset{O^-}{\underset{\parallel}{C}}}{-}O{-}\overset{O}{\overset{\parallel}{C}}{-}R \longrightarrow R{-}\overset{O}{\overset{\parallel}{C}}{-}NHR' + R{-}COOH$$

酸酐可以是脂肪族酸酐，也可以是芳香族酸酐，可以是简单酸酐，也可以是混合酸酐。当然，二元酸酐也可以发生反应。

氨可以与酸酐反应生成酰胺，伯胺、仲胺与酸酐反应则生成 *N*-取代的酰胺。

使用酸酐进行 *N* 上的酰基化反应，酸和碱对其都有催化作用，由于反应过程中有酸生成，故常常是自动催化。

抗高血压药酮色林（Ketanserin）中间体（**22**）的合成如下。

$$HN{-}\langle\rangle{-}COOH \xrightarrow[(70\%)]{Ac_2O} CH_3CON{-}\langle\rangle{-}COOH$$

(22)

乙酸酐价格低廉，与胺反应生成酰胺，常用于氨基的保护。由于乙酸酐的水解速度较慢，故对于活性较大的胺，在室温下进行酰化时可在水中进行反应。但脱保护基相对困难。

二碳酸二叔丁酯（BOC 酸酐）常用于氨基酸氨基的保护，在酰胺、多肽合成中应用广泛。例如艾滋病治疗药马拉维诺（Maraviroc）中间体（3*S*）-3-[（叔丁氧羰基）氨基]-3-苯丙酸甲酯（**23**）的合成[21]。

$$\underset{}{H_2N}\cdots\overset{O}{\underset{\parallel}{C}}OCH_3 \xrightarrow[\text{THF,NaOH(约100\%)}]{(CH_3)_3CO{-}\overset{O}{\overset{\parallel}{C}}{-}O{-}\overset{O}{\overset{\parallel}{C}}{-}OC(CH_3)_3} (CH_3)_3CO{-}\overset{O}{\overset{\parallel}{C}}{-}\underset{}{\overset{H}{N}}\cdots\overset{O}{\underset{\parallel}{C}}OCH_3$$

(23)

叔丁氧羰基简称 Boc，*N*-Boc 保护基的脱除比较容易，使用三氟乙酸溶液即可。

伊诺他滨（Enocitabine）（**24**）是一种抗肿瘤（急性白血病）药物。从分子结构上来看，是在抗肿瘤药阿糖胞苷 N^4 上引入山嵛酰基而形成的前药。

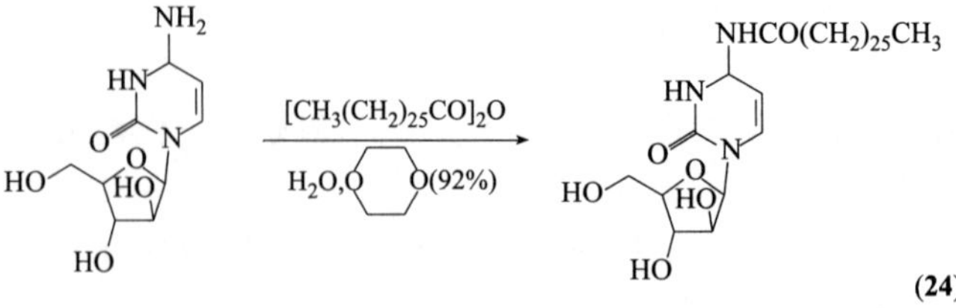

(24)

对于一些难以酰化的氨基化合物，可以加入硫酸、磷酸、高氯酸等强酸以加速反应的进行。例如如下反应：

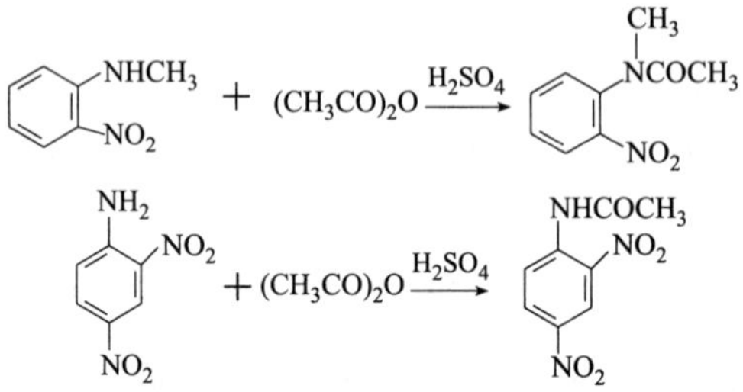

若分子中同时含有芳香氨基和脂肪氨基，有时可以通过调节反应介质的 pH 值来进行选择性单酰基化。例如：

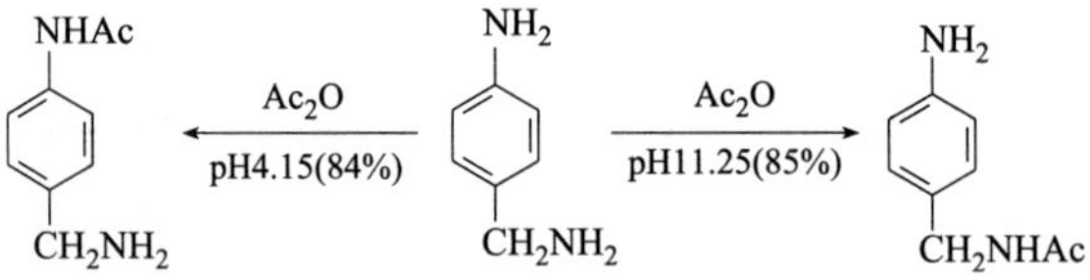

对于环状的酸酐与氨基化合物反应时，低温下生成单酰基化产物，高温加热则生成酰亚胺类化合物。例如：

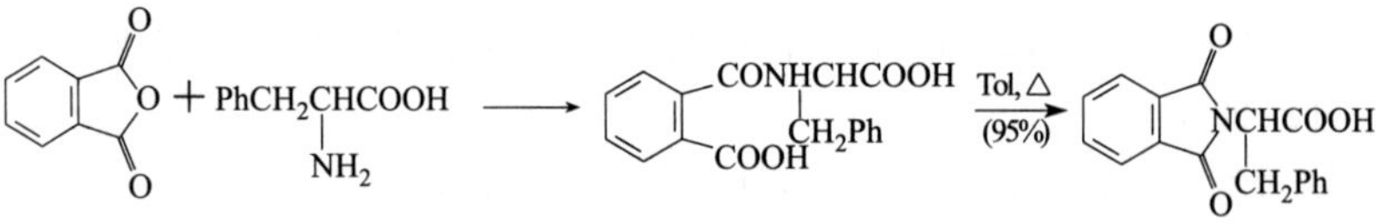

抗生素氨曲南（Aztreonam）中间体 N-羟基酞酰亚胺（**25**）的合成如下[22]：

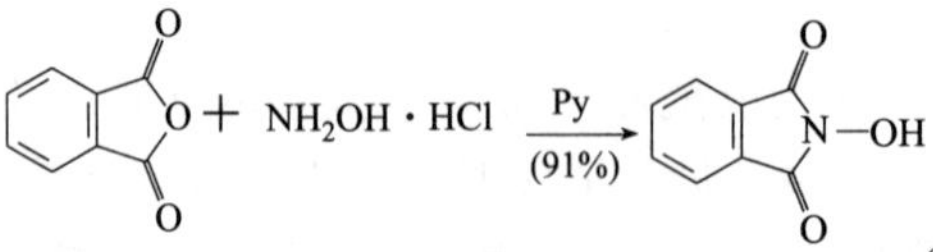

(25)

丁二酸酐与胺反应也可以生成酰亚胺类化合物。例如利尿药吡咯他尼（Piretanide）中间体（**26**）的合成。

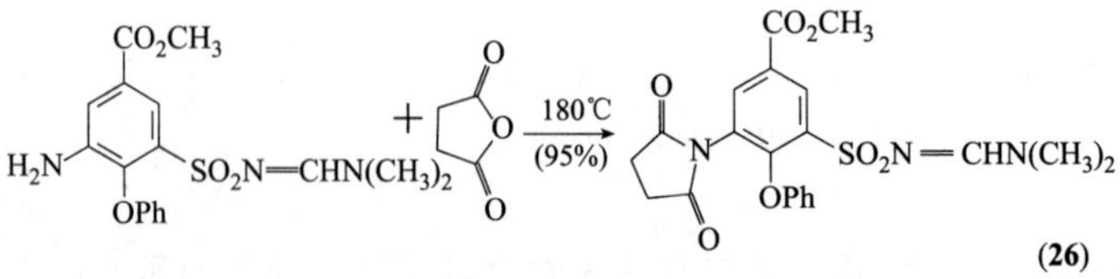

(26)

如下反应则生成了苯并咪唑类化合物，生成的化合物（**27**）为抗肿瘤药盐酸苯达莫司汀（Bendamustine hydrochloride）合成中间体[23]。

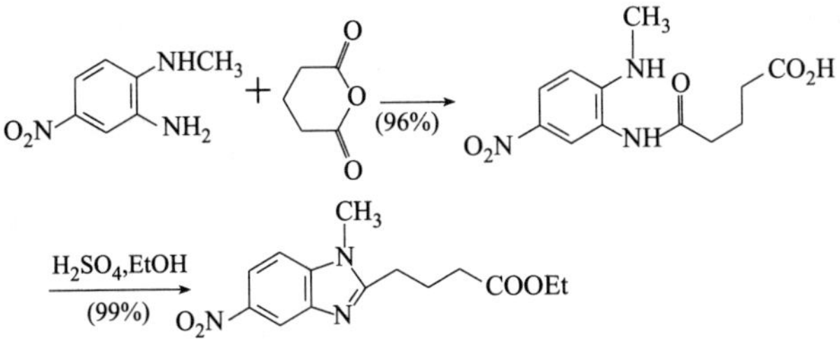

(27)

磺酰胺 N 原子上也可以发生酰基化反应，例如 COX-2 抑制剂帕瑞考昔钠（Parecoxib sodium）中间体（**28**）的合成[24]。

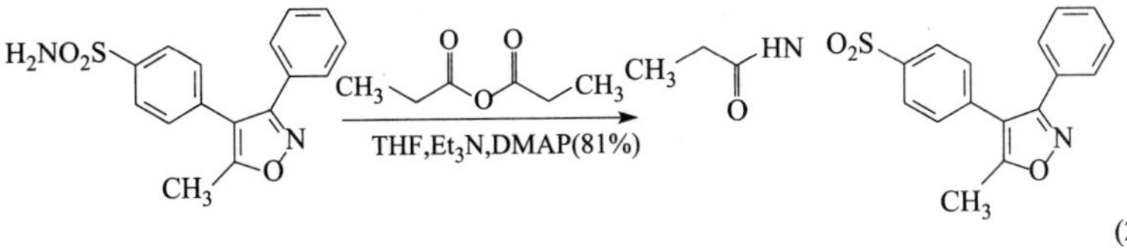

(28)

如前所述，酸酐本身数量有限。为了提高酰化剂的酰化能力，使得反应在较温和的条件下进行，在 N-酰基化反应中常常使用混合酸酐。O-酰基化反应的混合酸酐，同样适用于 N-酰基化，且反应更容易进行。例如高血压病治疗药地拉普利（Depapril）中间体（**29**）的合成[25]。

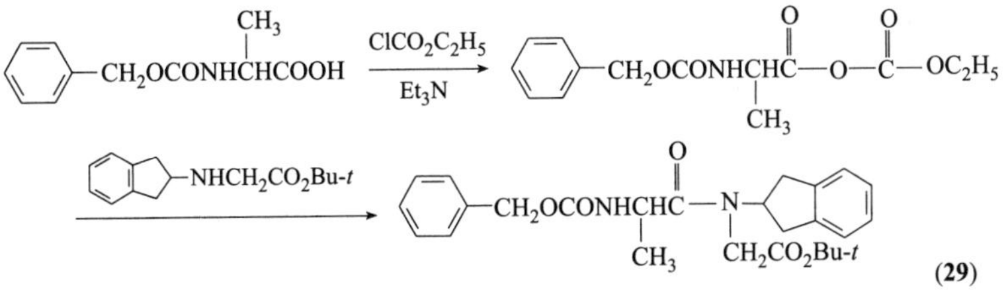

(29)

羧酸与磷酸衍生物生成的混合酸酐称为羧酸-磷酸混合酸酐，具有很高的反应活性，很容易与胺反应生成相应的酰胺。这类磷酸衍生物主要有如下几种。

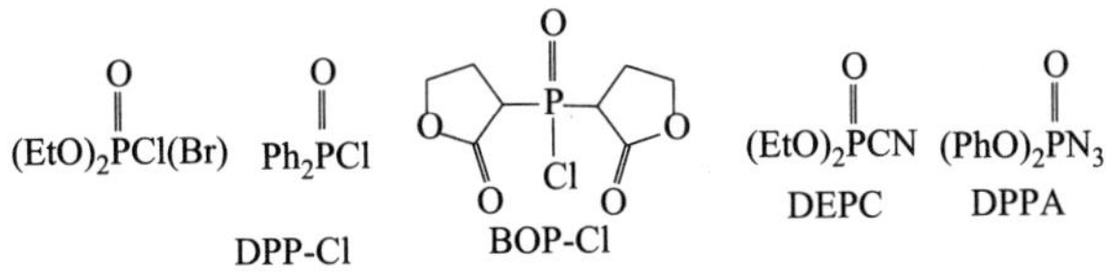

上述化合物与羧酸生成的混合酸酐，与胺反应后生成酰胺，而反应生成的含氧磷酸副产物大都易溶于水，与产物容易分离。另一特点是光学活性的胺反应时消旋化程度较低。故在肽类化合物和 β-内酰胺类抗生素的合成中应用广泛。

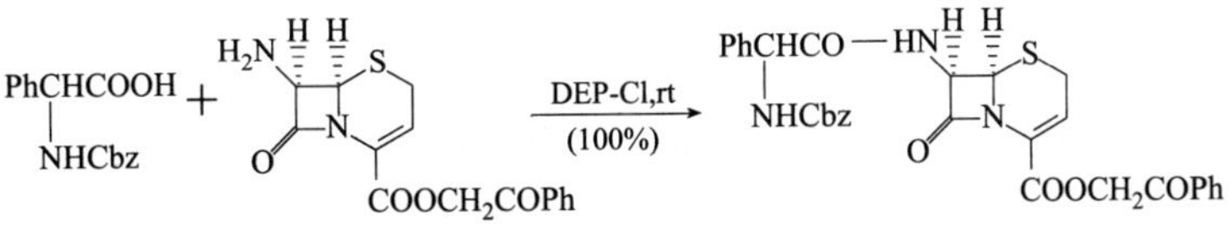

羧酸与磺酰氯反应可以生成羧酸-磺酸混合酸酐，也是常用的一种混合酐，与胺反应生成相应的羧酸的酰胺。在 β-内酰胺类抗生素的合成中应用广泛，也可以用于羧酸酯的合成。

例如如下反应[26]。

但羧酸-磺酸混合酸酐在多肽合成中会导致一些不必要的副反应，例如谷氨酰胺在此条件下生成腈，并且容易发生消旋化。

上述反应中的磺酰氯也可以是甲基磺酰氯。例如抗生素盐酸头孢卡品酯（Cefcapene pivoxil hydrochloride）中间体（**30**）的合成[27]。

三、碳原子上的酰化

利用酸酐对芳环碳原子进行酰化反应，是制备芳基酮的主要方法之一。反应中加入Lewis酸或质子酸作催化剂，以增强酰化剂的酰化能力。

反应机理为芳环上的亲电取代。

用酸酐作酰化剂时，实际上总是只有酸酐中的一个酰基参加反应。催化剂无水三氯化铝的用量为 2.1~2.2mol，因为一分子的三氯化铝与羰基结合，并且一直保持到水解之前，失去了催化作用，只有一分子三氯化铝起到催化剂的作用。

酰化反应常用的溶剂有二硫化碳、硝基苯、四氯化碳、二氯乙烷、石油醚等。有时用过量的被酰化物作溶剂。二氯乙烷作溶剂时，虽然不能溶解 AlCl$_3$，但可溶解酰氯与 AlCl$_3$ 形成的配合物，因此为均相反应，应用较多。

酰化反应的催化剂为 Lewis 酸和质子酸，其催化能力是 Lewis 酸大于质子酸。常用的Lewis 酸为 AlCl$_3$、BF$_3$、SnCl$_4$、ZnCl$_2$ 等。

Lewis 酸中无水三氯化铝的活性高，且价格低廉。但不适用于具有多电子 p-π 共轭体系的呋喃、噻吩等杂环化合物的酰化反应。因为这些化合物在三氯化铝存在下会开环分解。用活性较小的催化剂，如四氯化锡、三氟化硼等，可生成相应的酰化产物。也可以使用磷酸。例如驱肠虫药噻乙吡啶（Thioethylpyridine）、抗菌药头孢噻吩钠（Cefotaxime sodium）等的中间体 2-乙酰噻吩的合成[28]。

含有羟基、烷基、烷氧基、二烃基氨基的芳香化合物的酰基化，一般也不用无水三氯化铝催化，因为此时可能会发生异构化或脱烷基化等副反应。

脂肪族二元酸酐进行芳环上的酰基化，生成芳酰脂肪酸。例如抗心律失常药富马酸伊布利特（Ibutilide furmarate）中间体 4-氧代-4-(4-甲磺酰氨基苯基) 丁酸（**31**）的合成[29]。

$$\text{CH}_3\text{SNH}\text{(苯环)} + \text{(丁二酸酐)} \xrightarrow[\quad(96.5\%)\quad]{\text{AlCl}_3,\text{CH}_2\text{Cl}_2} \text{CH}_3\text{SNH}\text{(苯环)}-\text{COCH}_2\text{CH}_2\text{COOH}$$

$$\text{(31)}$$

用二元酸酐酰化制备的芳酰脂肪酸，与肼类化合物反应生成哒嗪类化合物，例如 6-(4-乙酰胺基苯基)-四氢哒嗪-3-酮（**32**）的合成：

$$\text{CH}_3\text{CONH}\text{(苯环)} + \text{(酸酐)} \xrightarrow{\text{AlCl}_3,\ \text{CS}_2} \text{CH}_3\text{CONH}\text{(苯环)}-\text{COCH}_2\text{CH}_2\text{CO}_2\text{H}$$

$$\xrightarrow{\text{NH}_2\text{NH}_2} \text{CH}_3\text{CONH}\text{(苯环)}-\text{(哒嗪酮环)}$$

$$\text{(32)}$$

用二元酸酐酰化制备的芳酰脂肪酸，可进一步环合生成芳酮化合物，小细胞肺癌治疗药氨柔比星（Amrubicin）合成中间体（**33**）的合成如下[30]。

$$\text{(四氢萘结构)} + \text{(邻苯二甲酸酐)} \xrightarrow[\quad(70\%)\quad]{\text{AlCl}_3,\text{NaCl}} \text{(蒽醌结构)}$$

$$\text{(33)}$$

对于取代的二元酸酐，酰化反应取决于取代基的性质。例如，取代的丁二酸酐，当取代基为吸电子基团时，酰化反应发生在离取代基较近的羰基碳原子上；当取代基为给电子基团时，则发生在离取代基较远的羰基碳原子上。

$$Y\leftarrow\text{(丁二酸酐)} + \text{(苯)} \xrightarrow{\text{AlCl}_3} \text{(苯)}-\text{COCHCH}_2\text{CO}_2\text{H}\ (Y)$$

$$Y\rightarrow\text{(丁二酸酐)} + \text{(苯)} \xrightarrow{\text{AlCl}_3} \text{(苯)}-\text{COCH}_2\text{CHCO}_2\text{H}\ (Y)$$

其原因是三氯化铝更容易与电子云密度较高的酰基氧原子结合，而另一个酰基转化成酰氯进行酰化反应。

芳环上的酰基化反应为亲电取代反应，芳环上有给电子基团时反应容易进行。由于酰基的立体位阻较大，因此酰基主要或完全地进入芳环上已有取代基的对位，对位被占据时则进入邻位。有吸电子基团时反应较难进行。但氨基虽然是给电子基团，却难以进行反应，因为氨基氮原子上的未共电子对能与三氯化铝以配位键结合，从而使反应活性下降，同时容易发生 N-酰基化反应。芳胺类进行芳环上的酰化反应时，氨基应加以保护。

芳环上酰基化的定位规律如下：芳环上有邻、对位定位基时，酰基化反应主要发生在对位，若对位已有取代基，则发生在邻位。

$$\text{Br}\text{(苯环)} + (\text{CH}_3\text{CO})_2\text{O} \xrightarrow[\quad(72\%)\quad]{\text{AlCl}_3,\text{CS}_2} \text{Br}\text{(苯环)}-\text{COCH}_3$$

芳环上引入酰基后，酰基为吸电子基团，使芳环钝化，因此不容易发生多酰基化，这是和 F-C 反应的明显差别。

芳环上同时含有给电子和吸电子基团时，虽可发生酰基化反应，但反应条件要苛刻得多。

第三节　酰氯酰化剂

酰氯是非常活泼的酰化剂，能与各种醇、酚发生 O-酰化反应，广泛用于酯类化合物的合成；可与脂肪族、芳香族胺发生 N-酰化反应生成酰胺，且收率较高；在 C-酰化反应中，即可与芳环反应生成芳香族羰基化合物，又可与活泼亚甲基化合物反应，生成 1,3-二羰基化合物等。

一、氧原子上的酰化反应

酰氯与醇、酚反应生成酯，反应是不可逆的。

$$R{-}\overset{O}{\underset{}{C}}{-}X + R'OH \longrightarrow R{-}\overset{O}{\underset{}{C}}{-}OR' + HX$$

可能的机理如下：

$$R{-}\overset{O}{\underset{}{C}}{-}X + 2R'OH \longrightarrow R'{-}O{-}\overset{H}{\underset{R}{\underset{|}{C}}}\overset{O}{\underset{|}{{-}}}X{\cdots}HOR' \longrightarrow RCOOR' + R'OH + HX$$

也有人认为可能的机理是：

$$R{-}\overset{O}{\underset{}{C}}{-}X + R'\overset{..}{O}H \longrightarrow R{-}\underset{\overset{+}{OR'}}{\underset{H}{\overset{(O^{-}}{C}}}X \xrightarrow{-X^{-}} R{-}\overset{O}{\underset{}{C}}{-}\overset{+}{O}{-}R' \xrightarrow{-H^{+}} R{-}\overset{O}{\underset{}{C}}{-}O{-}R'$$

该反应可被三氯化铝、三溴化铝等 Lewis 酸催化。常用碱中和反应中生成的氯化氢，例如碳酸钠、乙酸钠、三乙胺、吡啶、二甲苯胺等。吡啶可与酰氯生成配合物而增大酰化活性，因此吡啶兼有催化剂的作用。

$$R{-}\overset{O}{\underset{}{C}}{-}X + N\hspace{-0.5em}\diagup\hspace{-1em}\bigcirc \longrightarrow RCO\overset{+}{N}\hspace{-0.5em}\diagup\hspace{-1em}\bigcirc \cdot Cl^{-} \xrightarrow{R'OH} RCO_2R' + HCl\cdot N\hspace{-0.5em}\diagup\hspace{-1em}\bigcirc$$

抗真菌药伊曲康唑（Itraconazole）中间体（**34**）的合成如下[31]。

与酸酐相比，酰氯的数量要大得多，几乎所有的羧酸都可以转化为酰氯。

酰氯可由羧酸与氯化亚砜、三氯化磷、五氯化磷、三氯氧磷、乙酰氯、草酰氯、光气、四氯化碳、四氯化硅、三氯异氰脲酸、六氯丙酮等反应来制备。

酰氯的活性与结构有关，乙酰氯很活泼，随着碳原子数目的增加活性逐渐降低。若脂肪族酰氯的 α-碳原子上的氢被吸电子基团取代，则反应活性增大。

芳香族酰氯因羰基与芳环共轭而使羰基碳原子正电荷分散，活性下降。若在间位、对位有吸电子基团时，反应活性增强，反应速度加快。若为给电子基团时反应变慢。

　　酰氯与醇、酚反应时有氯化氢生成，有时反应体系中允许存在大量氯化氢。但对酸敏感的醇、酚，特别是叔醇，容易发生脱水成烯、异构化、被卤原子取代等副反应，因此常加入缚酸剂，例如三乙胺、吡啶、无水碳酸钾、氢氧化钠，有时也可用氨气、液氨等。难以酰化的醇例如 β-三溴乙醇，可用无水三氯化铝等催化剂。

　　值得指出的是，在用酰氯酰化时，常加入少量 4-二甲氨基吡啶（DMAP），其用量大约每摩尔酰氯加入 $0.05\sim0.2$g，它与酰氯可形成高活性的中间体，后者与醇迅速反应生成酯，尤其适用于位阻大的醇的酰化。与胺迅速反应生成酰胺，而且产品收率也有提高。反应原理与使用吡啶相似。

　　在氰化银存在下，酰氯与醇在苯或六甲基磷酰三胺（HMPT）中很容易成酯，特别适用于空间位阻较大的酯。例如：

$$(CH_3)_3CCOCl + (CH_3)_3COH \xrightarrow[80℃,10min]{AgCN, HMPT} (CH_3)_3CCO_2C(CH_3)_3$$

　　在碱性催化剂存在下，酚类可与酰氯反应生成酯。例如止吐药米格列奈中间体的合成：

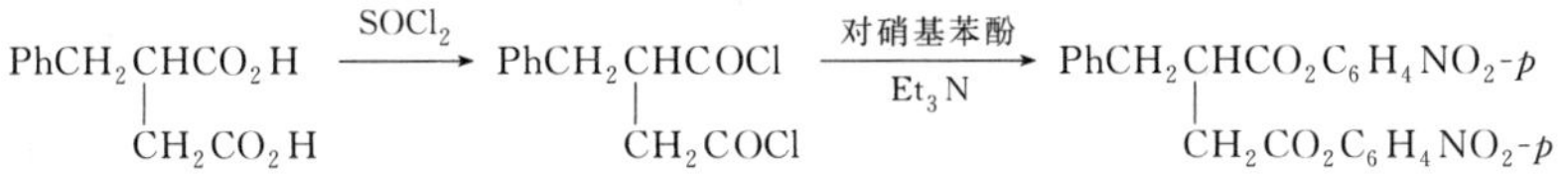

$$PhCH_2CHCO_2H \xrightarrow{SOCl_2} PhCH_2CHCOCl \xrightarrow[Et_3N]{对硝基苯酚} PhCH_2CHCO_2C_6H_4NO_2\text{-}p$$

（下部）CH_2CO_2H　　CH_2COCl　　$CH_2CO_2C_6H_4NO_2\text{-}p$

　　广谱抗生素阿帕西林钠（Apalcillin sodium）中间体（**35**）的合成如下。

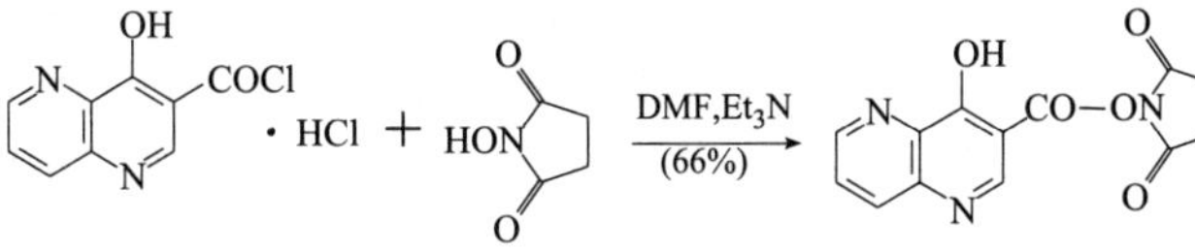

　　上述硝基苯酚酯、丁二酰亚胺酯都属于活性酯，很容易发生其他反应。

　　对于 1,2-二醇的酰化，用有机锡化物作催化剂时可以得到二醇的单酯，若在弱碱 K_2CO_3 存在下，则不对称二醇中位阻小的羟基发生酰基化，而在三甲基氯硅烷存在下进行反应时，则仲羟基被选择性酰化。

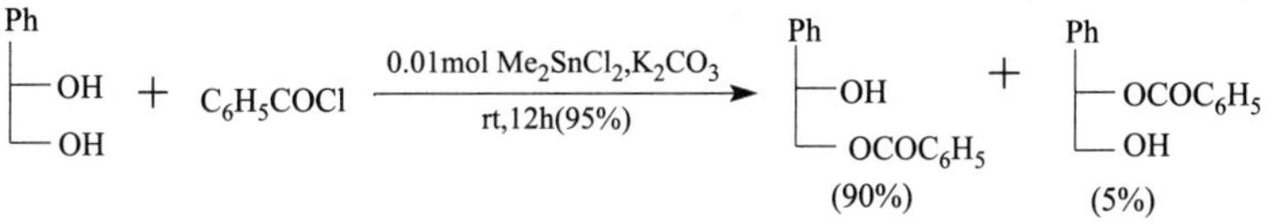

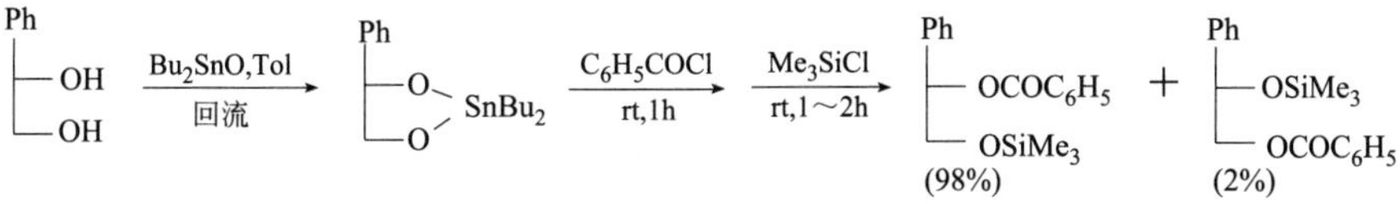

　　二元醇以酰氯为酰化剂，以 2,4,6-三甲基吡啶（Collidine）为催化剂，可选择性地酰化伯醇羟基。例如：

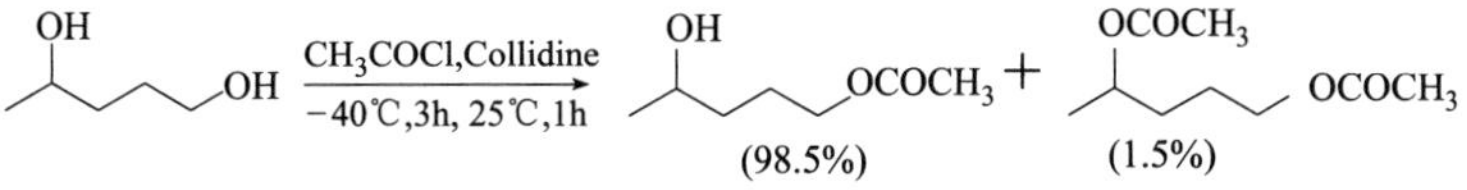

二、氮原子上的酰化反应

　　酰氯与胺类化合物反应生成酰胺。

$$RCOCl + R'NH_2 \longrightarrow RCONHR' + HCl$$

反应机理为：

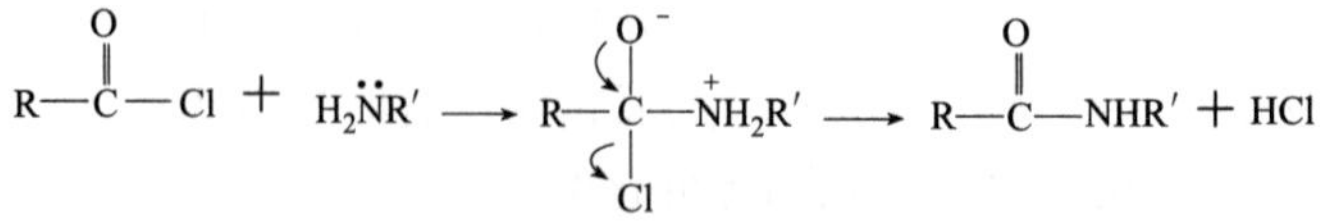

由于胺的氮原子亲核能力强，因此，胺与酰氯非常容易进行反应，并且反应是放热的。反应常在室温或低温条件下进行。常用的溶剂有氯仿、二氯甲烷、丙酮、四氯化碳、苯、甲苯、吡啶等。性质比较稳定的酰氯也可用水作溶剂。因为反应中生成的氯化氢可与胺生成盐，从而降低了酰化反应速度，因此常加入一些缚酸剂，如氢氧化钠、碳酸钠、碳酸氢钠、乙酸钠、三乙胺、吡啶等，吡啶可以作溶剂，兼有缚酸剂和催化剂的作用。

分子中含有羟基和氨基的化合物，可以在氮原子上进行选择性酰基化生成酰胺。例如抗肿瘤药三尖杉酯碱（Harringtonine）中间体（**36**）的合成[32]。

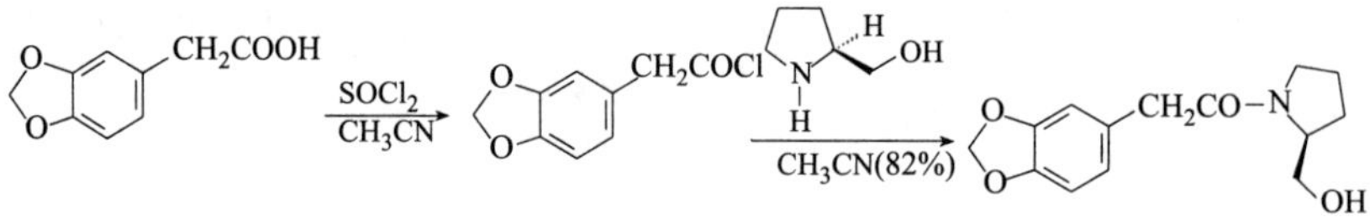

作为被酰化物，可以是氨气、伯胺或仲胺。既可以是脂肪族胺，也可以是芳香族胺。

酰氯在适当溶剂中与氨气反应，可直接生成酰胺。当然，此时分子中不能含有对氨敏感的基团，如酯基等。如止吐药大麻隆（Nabilone）中间体3,5-二甲氧基苯甲酰胺的合成如下。

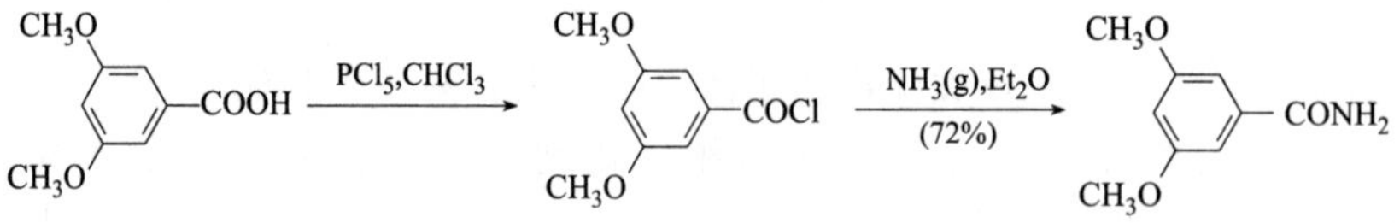

光气可以看作是碳酸的二酰氯（剧毒），是一种很活泼的酰化剂，即可进行氧原子上的酰基化，也可发生氮原子上的酰基化。双光气、三光气使用时则安全得多。例如药物眠尔通（**37**）的合成：

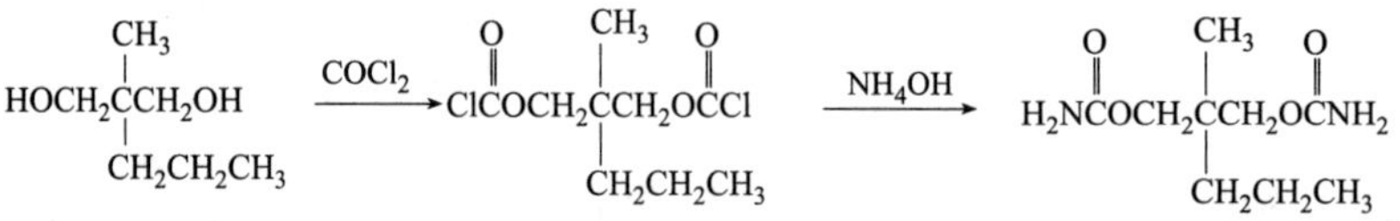

酰氯与伯胺容易发生酰基化反应，一些抗生素类药物也是通过酰氯进行氮原子上的酰基化反应来制备的，例如头孢噻吩钠（Cephalothin sodium）原料药（**38**）的合成[33]。

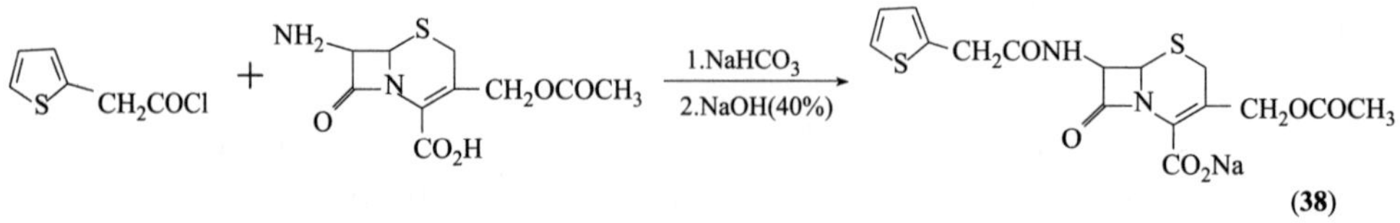

在如下肌肉松弛药氟喹酮（Afloqualone）中间体的合成中，酰氯分子中有氨基，而另一原料邻甲苯胺分子中也有氨基，由于邻甲苯胺的氨基活性高，酰氯更容易与之反应，而酰氯的自身酰基化难以发生。

由于酰氯的反应活性高，对于位阻较大的胺也可以进行酰基化。例如局部麻醉药盐酸罗哌卡因中间体（**39**）的合成[34]。

芳酰氯的活性比低级脂肪族酰氯低，比较稳定，因此有时可在碱性条件下于水中进行酰基化反应。例如：

$$C_6H_5COCl + H_2NCH_2CO_2H \xrightarrow{H_2O,NaOH} C_6H_5CONHCH_2CO_2H + NaCl$$

三、碳原子上的酰基化反应

碳原子上的酰基化反应主要包括芳环上的酰化和活泼亚甲基上的酰化反应。

1. 芳环上的酰化反应

在 Lewis 酸催化剂存在下，酰氯与芳环发生 Friedle-Crafts 反应，生成芳香族羰基化合物。各种酰卤的反应活性，与所用催化剂有关，以 AlX_3 为催化剂时，酰卤的反应活性顺序为：酰碘＞酰溴＞酰氯＞酰氟。若以 BX_3 为催化剂，则活性顺序相反，即酰氟＞酰氯＞酰溴。反应中应用最多的是酰氯，其次是酰溴。

反应机理是芳环上的亲电取代。

用三氯化铝作催化剂时，用各种酰氯酰化甲苯，酰氯的反应活性顺序是：乙酰氯＞苯甲酰氯＞2-乙基丁酰氯；用四氯化钛作催化剂时则是：苯甲酰氯＞丁酰氯＞丙酰氯＞乙酰氯。叔丁酰氯与芳烃在三氯化铝存在下反应，得到的主要产物是叔丁基芳烃。

降血脂药氟伐他汀（Fluvastatin）等的中间体 2-氯-1-(4-氟苯基)乙酮的合成如下[35]。

芳环上的原有取代基对酰基的引入起定位作用。例如心脏病治疗药左西孟旦（Levosimendan）等的中间体 1-对乙酰氨基苯基-2-氯-1-丙酮的合成，新引入的酰基进入原来乙酰氨基的对位[36]。

又如抗抑郁药氟地西泮（Fludiazepam）中间体的合成如下。

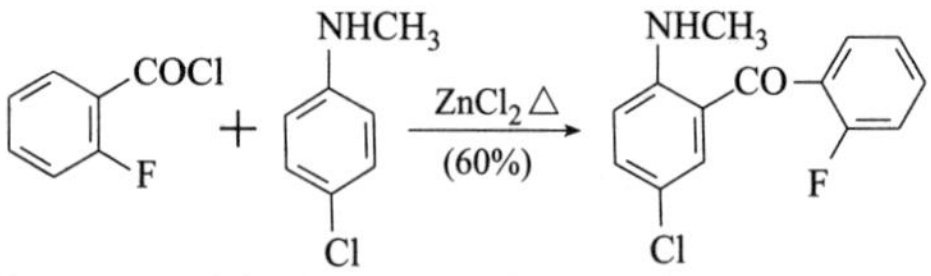

当酰氯分子中的β、γ、δ-位有卤素原子、羟基以及含有α,β-不饱和双键等活性基团时，应严格控制反应条件，因为这些酰氯与芳烃反应时，酰化后有可能再发生分子内烃基化而关环。例如：

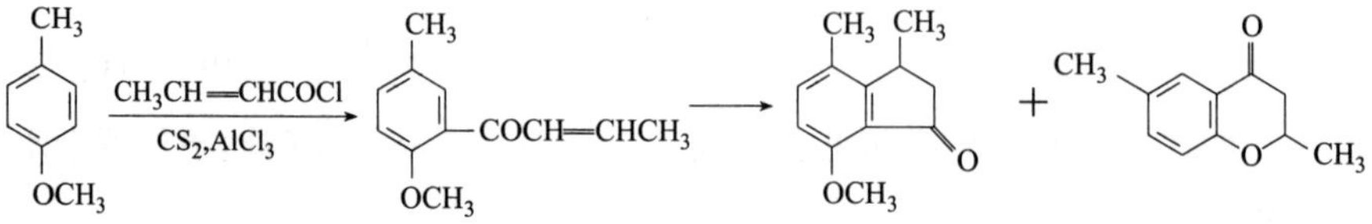

芳基取代的脂肪酰氯，特别是芳基取代在β、γ、δ-位时，可以发生分子内酰化生成环状羰基化合物。

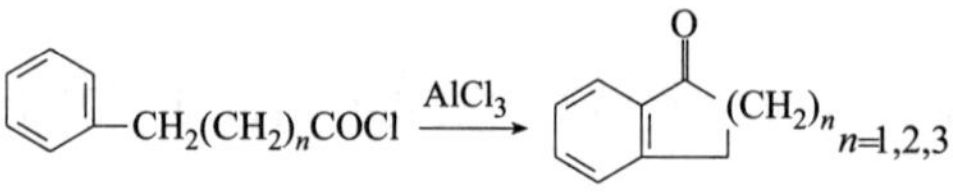

抗老年痴呆药他可林（Tacrine）中间体9-氯吖啶的合成如下[37]。

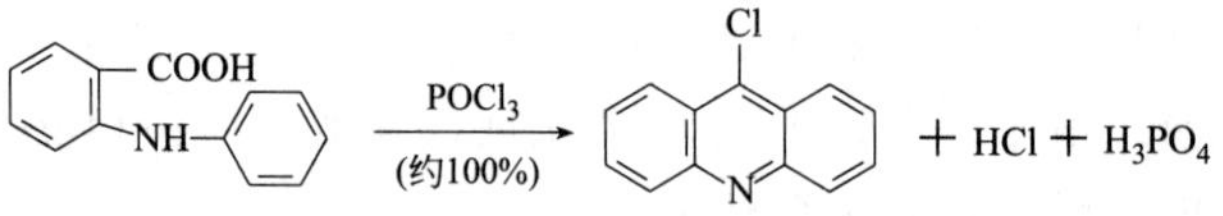

芳香杂环化合物也可以发生酰基化反应。抗心律失常药盐酸胺碘酮（Amiodarone hydrochloride）中间体（**40**）的合成如下[38]。

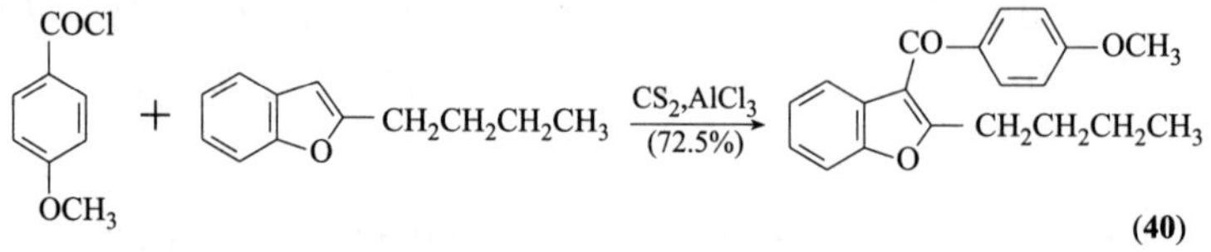

(40)

又如眼科用药噻布洛芬（Suprofen）等的中间体2-(对氟苯甲酰基）噻吩的合成[39]。

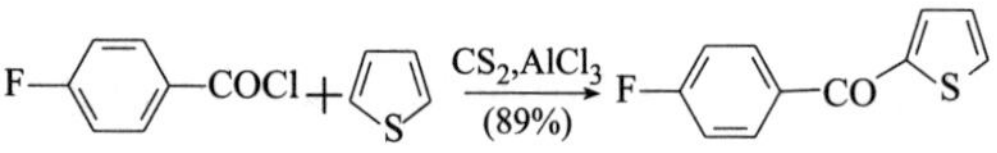

2. 活泼亚甲基化合物的酰化反应

在强碱存在下，活泼亚甲基上的碳原子容易被酰基化，生成C-酰化产物。

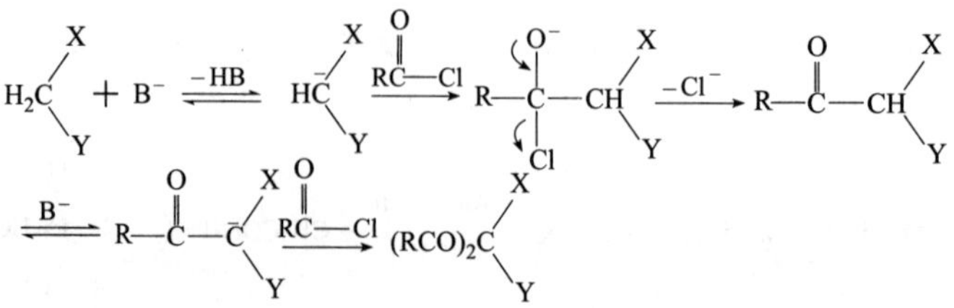

常用的碱有醇钠、氨基钠、氢化钠、醇镁等。最好用氢化钠、氨基钠，因为酰氯容易与醇反应生成酯，因此反应中最好不要用醇作溶剂，而且选用氢化钠较好。常用的溶剂有醚、THF、DMF、DMSO，或者直接用过量的活泼亚甲基化合物作溶剂。

式中，X 和 Y 可以是 COOR′、CHO、COR′、CONR′$_2$、COO$^-$、CN、NO$_2$、SOR′、SO$_2$R′、SO$_2$OR′、SO$_2$NR′$_2$ 或类似的吸电子基团。如果含有活泼氢的碳原子上连有任意两个这样的基团（相同或不相同），在适当的碱存在下，可以失去一个质子生成碳负离子（有时可以互变为烯醇负离子），而后与酰基化试剂反应，在该碳原子上引入一个羰基生成相应化合物。

如下化合物分子中虽然不含有上述各种基团，但同一碳上连有连个苯基，亚甲基上的氢酸性较弱，需要使用更强的碱，如氨基钠。

$$Ph\diagup\diagdown Ph \xrightarrow{NaNH_2,NH_3} \left[Ph\overset{-}{\diagup\diagdown} Ph \right] Na^+$$

活泼亚甲基的碳负离子与酸酐反应可以进行酰基化，但酸酐的使用较少，主要是与酰氯反应进行酰基化。酰基化后生成具有 RCOCHXY 结构的化合物，分子中含有 3 个吸电子基团。这样的化合物其中的 X 或 Y 基团可以脱去其中的一个或两个。例如乙酰乙酸乙酯酰基化后的分解。

芳香族酰氯或酸酐与乙酰乙酸乙酯或丙二酸二乙酯等发生碳原子上的酰基化反应，可以生成酮酸酯等类化合物。

乙酰乙酸乙酯与 1mol 酰氯反应，生成二酰基乙酸酯，后者可选择性水解生成新的 β-酮酸酯或 1,3-二酮衍生物。例如：

$$CH_3COCH_2CO_2C_2H_5 \xrightarrow[Et_2O]{NaNH_2} CH_3CO\overset{-}{C}HCO_2C_2H_5 Na^+ \xrightarrow{PhCOCl} \underset{\underset{COPh}{|}}{CH_3COCHCO_2C_2H_5}$$

$$\xrightarrow[2.HCl]{1.NaOH,H_2O} CH_3COCH_2COPh + CO_2 + C_2H_5OH$$

丙二酸酯用酰氯酰基化后再水解并加热脱羧，可生成酮。该方法可用于制备用其他方法不易得到的酮。

$$R'CH(CO_2C_2H_5)_2 \xrightarrow[2.RCOCl]{1.NaH} \underset{RCO}{\overset{R'}{\diagdown}}C(CO_2C_2H_5)_2 \xrightarrow{H_3^+O} R'CH_2COR + CO_2 + C_2H_5OH$$

在此类反应中，O-酰基化常常是主要的副反应，若将活泼亚甲基化合物首先转化为镁烯醇后再与酰氯、酸酐反应，碳酰基化会得到较好的效果。

$$CH_2(CO_2Et)_2 \xrightarrow[EtOH]{Mg} EtOOCCH\overset{OMgOEt}{=}C-OEt \xrightarrow[\text{或RCOCEt}]{RCOCl} RCOCH(CO_2Et)_2 \xrightarrow{H_3O^+} RCOCH_3$$

$$\underset{NO_2}{\overset{COCl}{\bigcirc}} + EtOOCCH\overset{OMgOEt}{=}C-OEt \xrightarrow{(82\%\sim88\%)} \underset{NO_2}{\overset{COCH(CO_2C_2H_5)_2}{\bigcirc}}$$

上述反应丙二酸二乙酯与乙醇、镁（或氯化镁）作用生成的烯醇乙氧基镁盐能溶于惰性溶剂中，酰基化反应很容易进行。进一步水解、脱羧，可以得到甲基酮。例如农药、医药中间体 2,3-二氯-5-乙酰基吡啶的合成如下。

若使用丙二酸二酯的乙醇镁盐进行酰基化，而后在对甲基苯磺酸存在下加热，可以顺利生成 β-酮酸酯。抗菌药伊诺沙星（Enoxacin）中间体（**41**）的合成[40]。

α-单烷基取代的丙二酸二酯用上述方法进行酰基化反应，收率往往不高。但用 α-单烷基取代的丙二酸单酯生成的烯醇镁盐进行酰基化反应，伴随着二氧化碳的失去，可以一步合成 α-烷基取代的 β-酮酸酯。

酮与碳酸甲酯甲氧基镁作用也可以生成具有螯合结构的 β-酮酸的烯醇镁盐，后者酰基化后水解，可以生成 β-二酮类化合物。

丙二酸亚异丙酯具有较强的酸性，很容易进行酰基化反应。酰基丙二酸亚异丙酯具有易开环的性质，是合成甲基酮和 β-酮酸酯的方法。

将羰基化合物转化为烯胺，而后进行酰基化，可以得到 1,3-二羰基化合物。例如内皮素转化酶抑制剂中间体 2-乙酰基环己酮的合成[41]。

其他具有活泼亚甲基的化合物也可以发生酰基化反应。例如镇痛药帕瑞昔布（Parecoxib）等的中间体（**42**）的合成[42]。

如下 α,β-不饱和酸酯的酰基化发生在 β-位甲基上，生成的化合物（**43**）是广谱抗真菌药物环吡司胺（Ciclopirox olamine）的中间体[43]。

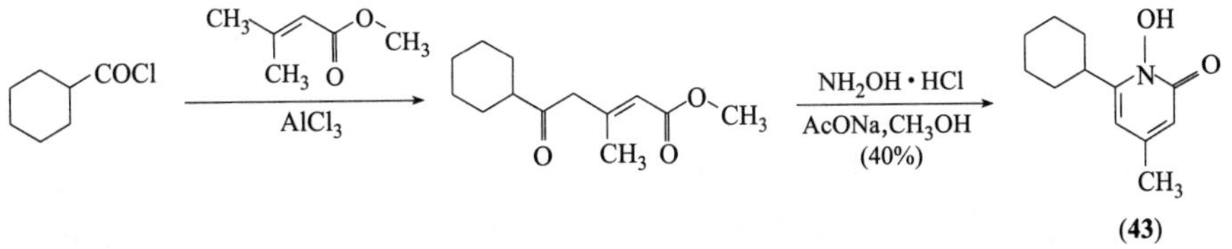

(43)

3. 不饱和烃的酰基化

烯烃的碳碳双键也可以发生酰基化反应，常用的酰基化试剂是酰氯，以无水 $AlCl_3$ 作催化剂。反应遵守马氏规则。

$$RCOCl + CH_2=CHR' \xrightarrow{AlCl_3 \cdot CHCl_3} RCOCH_2-\overset{Cl}{\underset{}{CHR'}} \xrightarrow{PhCO_2Na \text{ 或 } PhNEt_2} RCOCH_2=CHR'$$

不仅是酰氯，酸酐、羧酸也可发生上述反应，不过催化剂常用 HF、H_2SO_4 或 PPA。这是由不饱和烃合成不饱和酮的一种方便的方法。例如[44]：

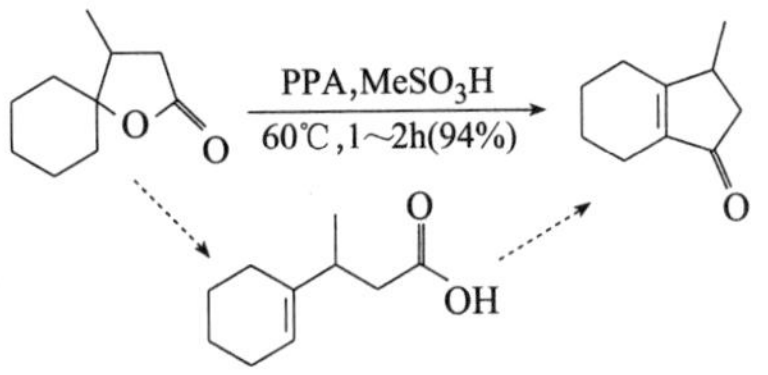

炔烃也可发生类似的反应，不过得到的是两种不同的几何异构体。例如如下反应，还有成环反应[45]。

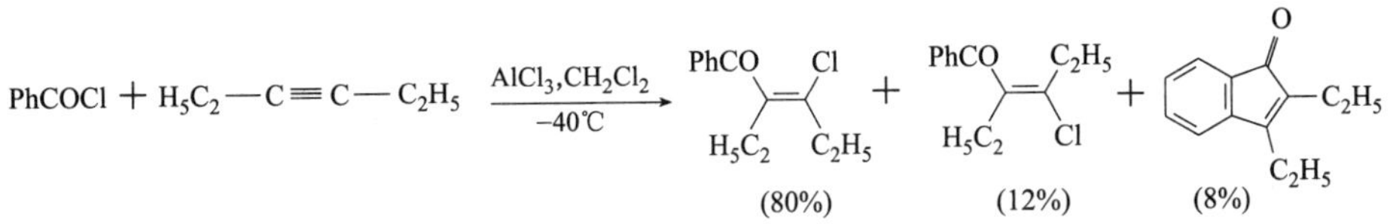

$$(80\%) \qquad (12\%) \qquad (8\%)$$

第四节 酯类酰化剂

羧酸酯可以发生酯交换反应，与氨或含有氨基的化合物可以发生氨解生成酰胺，这些反应在有机合成中都有重要应用价值。

一、氧原子上的酰基化反应

酯交换反应包括三种类型，即酯的醇解、酸解和酯交换。

$$RCOOR^1 + R^2OH \Longrightarrow RCOOR^2 + R^1OH \qquad \text{（醇解）}$$
$$RCOOR^1 + R^2COOH \Longrightarrow R^2COOR^1 + RCOOH \qquad \text{（酸解）}$$
$$RCOOR^1 + R^2COOR^3 \Longrightarrow RCOOR^3 + R^2COOR^1 \qquad \text{（酯交换）}$$

上述反应均为可逆的，这是能够发生酯交换反应的基础，其中第一种醇解应用最广泛。酯的醇解可被酸或碱催化。

酸催化机理，实际上是羧酸和醇在酸催化下酯化反应的逆过程。

碱催化机理如下：

$$R-\overset{O}{\overset{\|}{C}}-OR^1 + R^2O^- \rightleftharpoons R-\overset{O^-}{\underset{OR^2}{\overset{|}{C}}}-OR^1 \rightleftharpoons R-\overset{O}{\overset{\|}{C}}-OR^2 + R^1O^-$$

　　酯交换反应在无水条件下进行，以防止酯的水解。加入微量的催化剂即可使反应顺利进行。采用那一种催化剂取决于醇的性质。若参加酯交换的醇为叔醇应采用碱催化，因为酸催化易引起叔醇的脱水反应（生成烯）。含有碱性基团的醇，也应采用碱催化，否则微量的酸会与碱生成盐，从而降低催化活性。

　　钙拮抗剂尼莫地平（Nimodipine）中间体乙酰乙酸异丙酯的合成是酸催化酯交换的例子。

$$CH_3COCH_2COOCH_3 + (CH_3)_2CHOH \xrightarrow[(67.5\%)]{TsOH} CH_3COCH_2COOCH(CH_3)_2$$

　　又如艾滋病治疗药马拉维诺（Maraviroc）中间体（S）-3-氨基-3-苯丙酸甲酯（**44**）的合成[46]。

$$\text{(结构式)} \xrightarrow[\text{2.Na}_2\text{CO}_3,\text{H}_2\text{O(91\%)}]{\text{1.CH}_3\text{OH,HCl}} \text{(结构式)}$$

(44)

　　烯醇也可以进行酯交换反应。例如甲状腺肥大治疗药奥生多龙（Oxendolone）中间体（**45**）的合成如下[47]。

$$\text{(结构式)} \xrightarrow[\text{TsOH(79.2\%)}]{\text{CH}_3\text{COOCH(CH}_3)_2} \text{(结构式)}$$

(45)

　　碱催化酯交换的应用较广泛。例如抗生素卡芦莫南（Carumonam）中间体（E）-2-(2-氨基-4-噻唑基)-2-羟基亚氨基乙酸烯丙酯（**46**）的合成。

$$\text{(结构式)} \xrightarrow[\text{CH}_2=\text{CHCH}_2\text{OH(81\%)}]{\text{CH}_2=\text{CHCH}_2\text{OK}} \text{(结构式)}$$

(46)

　　强碱性离子交换树脂有时也可作为酯交换的催化剂，例如：

$$C_{17}H_{35}COOC_2H_5 + CH_3OH \xrightarrow{\text{强碱性树脂}} C_{17}H_{35}COOCH_3 + C_2H_5OH$$

　　酯交换反应为可逆反应，反应中使用过量的醇有利于向生成新酯的方向进行。若能将新生成的醇及时除去，也有利于新酯的形成。酯交换反应与醇的结构有关，伯醇容易，仲醇次之，叔醇困难。使用酯交换的方法与用羧酸直接酯化法相比，其反应条件温和，更适用于热敏性或反应活性小的羧酸，以及溶解度较小或结构复杂的醇等化合物。

　　某些内酯发生醇解生成羟基酯，例如肝病治疗药物肝泰乐在甲醇钠催化下与甲醇反应，生成葡萄糖醛酸甲酯，后者是合成抗癌化合物 FU-O-G 的中间体。

酯交换反应在药物合成中应用较广，一些不易用直接酯化法合成的酯，采用醇解法有时会得到较好的结果。例如胃及十二指肠溃疡、慢性胃炎、胃酸分泌过多等症治疗药物格隆溴铵（Glycopyrronium bromide）原料药（**47**）的合成[48]。

两种羧酸酯也可以发生酯交换反应。例如用于治疗尿急、尿频、尿失禁、夜尿和遗尿等症药物盐酸奥西布宁（Oxybutynin hydrochloride,）原料药（**48**）的合成[49]。

在有机合成中，特别是在肽、大环内酯等天然化合物的合成中，常常会使用酯交换反应，因此，化学工作者开发了许多酰化能力比较强的活性羧酸酯作为酰化剂。

（1）活性硫醇酯 这类活性酯的典型例子是羧酸的 2-吡啶硫醇酯和取代咪唑酯。

2-吡啶硫醇酯 1,4-二叔丁基咪唑-2-硫醇酯 1-甲基咪唑-2-硫醇酯

2-吡啶硫醇酯用于大环内酯和 β-内酰胺类化合物的合成，收率较高。

上述硫醇酯的酯交换反应中，若加入 Hg^{2+}、Ag^+、Cu^+、Cu^{2+} 盐，则效果更好，特别是仲醇。叔醇以及有位阻的伯醇，都可以获得满意的结果。但这些硫醇酯的特殊气味和毒性使其应用受到一定的限制。

（2）羧酸吡啶酯 2-卤代吡啶鎓盐或氯甲酸-2-吡啶鎓盐酯与羧酸反应，可以生成相应的羧酸-2-吡啶酯。由于分子中吡啶氮原子上正电荷的影响，使得酯的活性增强，此活性酯一般在加热条件下即可与醇发生酯交换反应。

羧酸-2-吡啶鎓盐酯

具体反应如下：

（3）羧酸硝基苯酯　酰氯与硝基苯酚或羧酸盐与 2,4,6-三硝基氟苯反应可以生成相应的羧酸硝基苯酯，这些酯由于苯环上硝基的吸电子影响而比较活泼，容易发生酯交换反应生成新的羧酸酯。

实际上，合成三硝基苯酯的收率不高，而且难以纯化。反应中常常是不经分离，直接用此活性酯进行酯交换，但对位阻大的醇收率较低。

（4）羧酸异丙烯酯　羧酸与丙炔在催化剂存在下反应生成羧酸异丙烯酯，后者可以与醇发生酯交换反应。对于位阻较大的羧酸和醇，采用该方法较好。例如如下羧酸，位阻很大，直接酯化收率低，但制成异丙烯酯，而后与十八烷基醇进行酯交换，收率达 92%。

（5）其他活性酯　N-羟基丁二酰亚胺、N-羟基邻苯二甲酰亚胺、1-羟基苯并三唑等与酰氯在三乙胺存在下反应，生成相应的羧酸酯。特别是羧酸 1-羟基苯并三唑酯，可以与醇、胺在温和的条件下反应生成羧酸酯或酰胺。当伯、仲醇同时存在时，可以选择性地酰化伯醇，在氨基与羟基同时存在时，可以选择性地酰化氨基。

二、氮原子上的酰基化反应

羧酸酯作为酰基化试剂，虽然不如酰氯、酸酐活泼，但制备容易，也是氮原子上进行酰基化反应的常用试剂。

羧酸酯与氨基反应，生成 N-取代或 N,N-二取代酰胺。

$$RCO_2R^1 + R^2NH_2 \longrightarrow RCONHR^2 + R^1OH$$

$$RCO_2R^1 + R^2R^3NH \longrightarrow RCONR^2R^3$$

反应机理为碱催化的酰氧键断裂的双分子反应机理（$B_{Ac}2$），反应经历了四面体结构的过渡态。

$$R-\overset{O}{\underset{}{C}}-OR^1 + R^2\ddot{N}H_2 \rightleftharpoons R-\overset{O^-}{\underset{+NH_2R^2}{C}}-OR^1 \longrightarrow R-\overset{O}{\underset{}{C}}-NHR^2 + R^1OH$$

该反应常用钠、氢化钠、醇钠、氨基钠、丁基锂等强碱作催化剂，以提高氨基的亲核性能。有时使用 BBr_3、BCl_3 等 Lewis 酸作催化剂。它们的作用是与酯羰基络合，以提高酯羰基的亲电性。

酯的氨解反应速度与酯的结构和胺的结构都有关系。若羧酸中 R 基团的空间位阻大，则氨解速度慢，要使反应顺利进行，应升高反应温度或增加压力。若 R 位阻小且有吸电子基团时，则容易氨解。

羧酸中的酯基部分（R^1），苯基最容易被取代，特别是苯环上连有吸电子基团的苯基，如对硝基苯基，此时的酯为活性酯。叔丁基较难反应。反应由易到难的大致顺序如下：

$$R \quad H > CH_3 > PhCH_2 > C_2H_5 > Ph > (CH_3)_2CH > (CH_3)_3C$$

$$R' \quad Ph > CH_2=CH > PhCH_2 > C_2H_5 > (CH_3)_2CH > (CH_3)_3C$$

酯的氨解与胺的碱性以及空间位阻有关，碱性强、位阻小容易酰基化。

酯与氨反应生成酰胺，可以使用氨气，有时也可以使用浓氨水。糖尿病及其并发症治疗药非达司他（Fidarestar）原料药（**49**）的合成如下[50]。

酰基保护的糖苷类化合物，去掉保护基时，可将氨气通入带保护基的糖苷的醇溶液中，保护基很容易脱去。例如具有抗癌活性的化合物（**50**）的合成：

智能促进药奥拉西坦（Oxiracetam）原料药（**51**）的合成使用了氨水进行羧酸酯的氨解[51]。

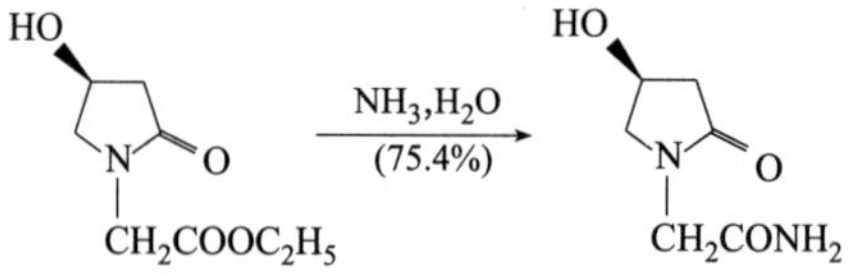

(**51**)

腈基乙酰胺是抗癌药氨基蝶呤、利尿药氨苯蝶啶等的中间体，可以由腈基乙酸乙酯与氨水一起反应来制备。

$$NCCH_2COOC_2H_5 + NH_3 \xrightarrow[(68\%)]{H_2O} NCCH_2CONH_2 + C_2H_5OH$$

酯与盐酸羟胺在碱性条件下反应，可以生成 N-羟基酰胺。例如精神兴奋药阿屈非尼（Adrafinil）中间体的合成[52]。

$$Ph_2CHSCH_2COOC_2H_5 \xrightarrow[MeOH, KOH(87.5\%)]{NH_2OH \cdot HCl} Ph_2CHSCH_2CONHOH$$

酯与普通的伯胺容易进行反应，一般在适当的溶剂中直接加热，即可顺利地进行酰基化反应，收率较高。例如抗心律失常药乙酸氟卡尼（Flecainide acetate）中间体（**52**）的合成[53]。

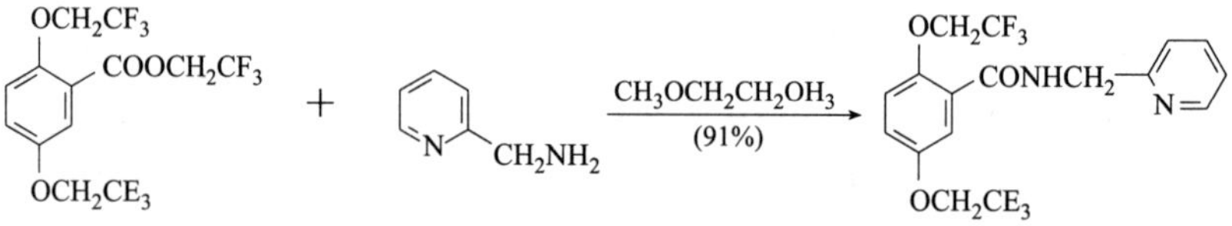

(**52**)

芳香胺碱性较弱，可加入金属钠、醇钠等进行催化，使芳香胺生成共轭碱而增大亲核能力。也可提高反应温度以利于反应的进行。例如非甾体抗炎药吡罗昔康（Piroxicam）原料药（**53**）的合成[54]。

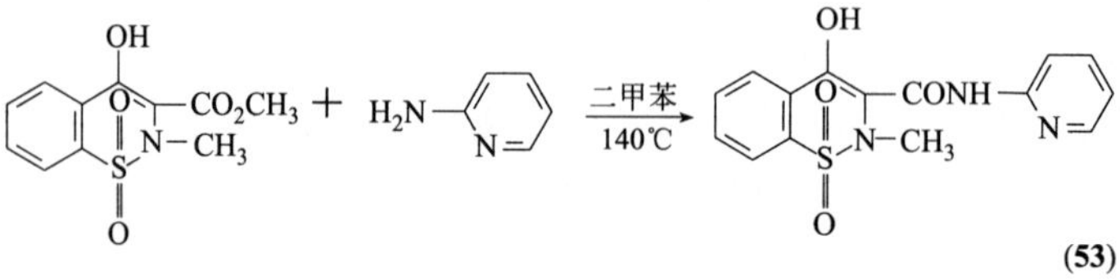

(**53**)

胍也可以与酯发生氨解，例如心脏保护剂卡立帕米德（Cariporide）原料药（**54**）的合成[55]。

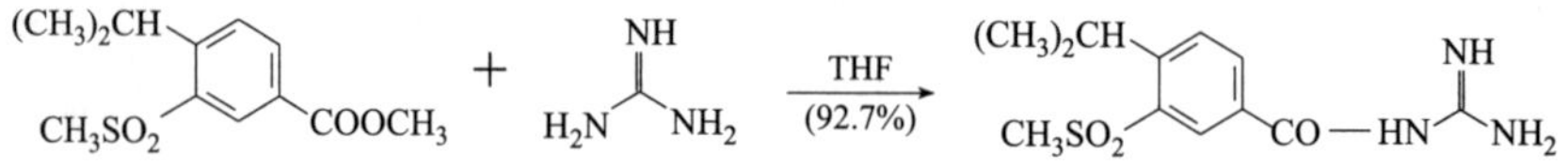

(**54**)

丙二酸二酯类化合物与尿素反应可以生成巴比妥酸类化合物。

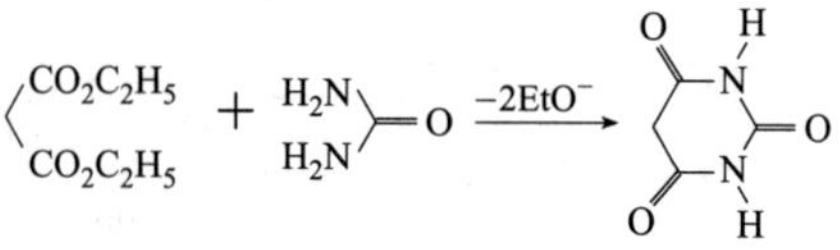

在多肽以及某些含酰胺基的药物合成中，常常使用活性酯，它们非常容易与氨基反应生成酰胺，反应条件温和、收率高。

羧酸氰乙酯是一种性质稳定、活性高、易于保存的酰化剂，可对伯胺、仲胺、氨基酸酯等进行酰基化，特别是在多肽合成中有重要用途，用其作酰化剂时不易发生消旋化副反应。

$$RCO_2CH_2CN + R^1\underset{\displaystyle NH_2}{\underset{|}{C}}HCO_2C_2H_5 \longrightarrow RCONH\underset{\displaystyle R^1}{\underset{|}{C}}HCO_2C_2H_5$$

氨基酸衍生物与活性酯反应，容易生成相应的酰胺。糖尿病治疗药那格列奈（Nateglinide）中间体 *N*-(反-4-异丙基环己基羰基)-D-苯丙氨酸乙酯(**55**) 的合成如下[56]。

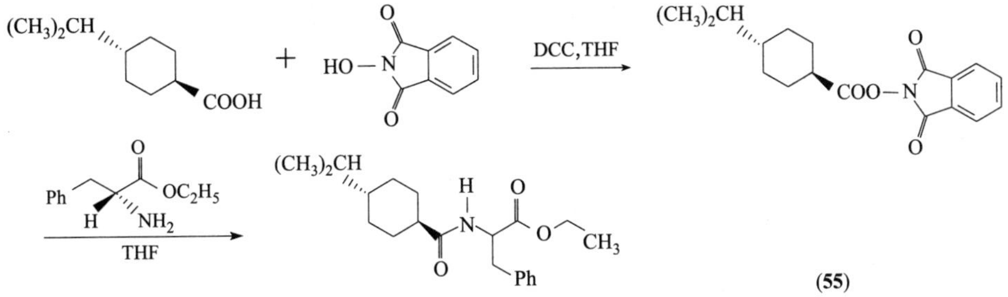

(55)

乙酸异丙烯酯以及羧酸与 DCC 的加成物（类酐），由于共轭效应而具有比一般酯更高的活性，容易与氨基发生酰基化反应。

$$CH_3CO_2\underset{\displaystyle CH_3}{\underset{|}{C}}{=}CH_2 \qquad PhCH_2CO_2{-}\underset{\displaystyle NH{-}C_6H_{11}}{\underset{|}{C}}{=}N{-}C_6H_{11}$$

（醋酸异丙烯酯）　　　　（类酐）

肟酯在酰胺类化合物的合成中也有不少应用。例如：

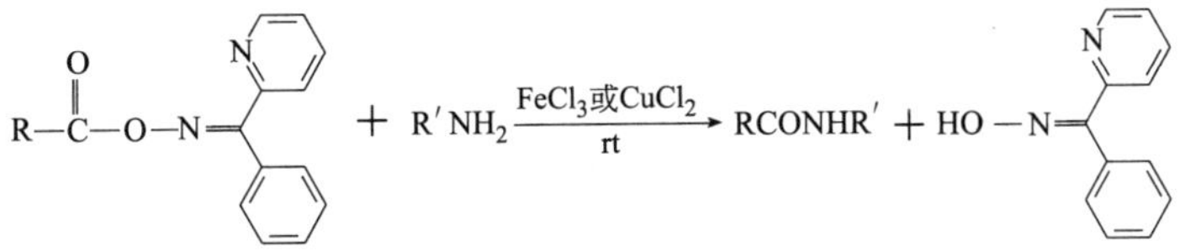

$R=C_{15}H_{31}$　$R'=i\text{-}C_4H_9$　$FeCl_3$　5min　87%

$R=C_{15}H_{31}$　$R'=Ph$　$CuCl_2$　5min　94%

$R=i\text{-}C_4H_9$　$R=PhCH_2$　$FeCl_3$　30min　85%

上述反应中，$FeCl_3$、$CuCl_2$ 等对反应有促进作用，具有位阻的伯胺也可以迅速生成相应的酰胺。

活性酯与芳香胺可以进行反应生成相应的酰胺。例如：

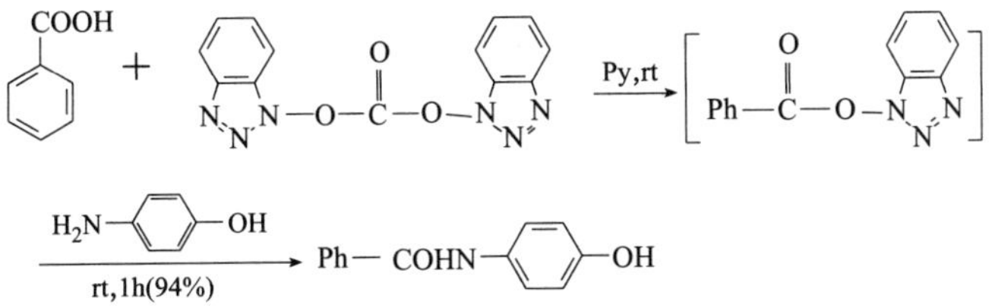

三、碳原子上的酰化反应

醛、酮、腈、羧酸酯基等 α-碳上的氢，由于受到吸电子基团的影响而具有酸性，在碱的作用下容易失去质子而生成碳负离子或烯醇负离子，并进而作为亲核试剂与酯基、酰氯等反应，从而使得 α-碳上引入酰基，实现 α-碳的羰基化反应。其中最常见的是 Claisen 酯缩合反应，又称为酯缩合反应。相关内容参见第十一章缩合反应。

第五节 酰胺、酰基叠氮和腈类酰化剂

一、酰胺酰化剂

很多酰胺用于酰化反应之中，主要包括 O-酰基化、N-酰基化反应和 C-酰基化反应，特别是一些活性酰胺。

1. O-酰基化反应

酰胺的醇解生成羧酸酯，可以看作是酰胺进行的 O-酰基化。酰胺醇解比较困难，离去基团为氨基负离子，为羧酸衍生物离去基团中碱性最强的，因此反应速度较慢。

酰胺的醇解是可逆的，需用过量的醇才能生成酯并放出氨。酸或碱对反应有催化作用

酰胺的醇解在碱的催化下可生成酯，并有氨（胺）生成。

$$CH_2{=}CHCNH_2 + C_2H_5OH \underset{}{\overset{C_2H_5ONa}{\rightleftharpoons}} CH_2{=}CHCOC_2H_5 + NH_3$$

醇解在强酸作用下，可生成酯和铵盐，因为生成的铵盐是稳定的，因此这时的醇解反应为不可逆。例如：

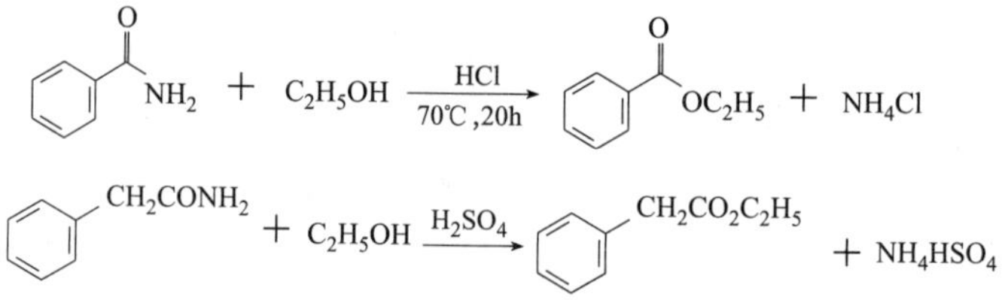

虽然酰胺可以发生醇解生成酯，但用这种方法合成羧酸酯的实例并不多，因为羧酸酯更容易用其他方法来合成。

活性酰胺容易发生该类反应，如咪唑型酰胺。对于其他酰胺，有必要使用活化试剂来协助醇取代酰胺基中的胺基。

在吡啶存在下，用三氟甲磺酸酐处理酰胺而后再加入过量的醇，可得到羧酸酯类化合物。

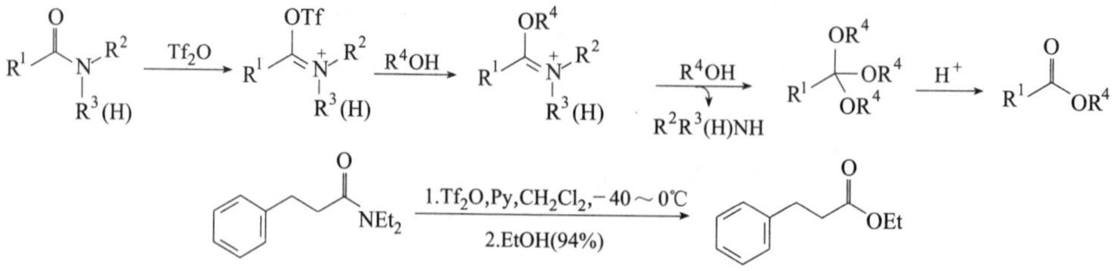

酰胺在低温用三氟甲磺酸酐活化，而后与酚反应生成酰亚胺基醚类化合物，收率中等至较高[57]。

伯酰胺用 $Me_2NCH(OMe)_2$ 处理，而后与醇反应，可以生成酯[58]。

药物阿托品、山莨菪碱等的中间体苯乙酸甲酯的合成如下。

三甲基氧鎓四氟硼酸盐可以将伯酰胺转化为甲酯[59]。

尿素与醇在氯化亚锡、氧化亚铜等催化剂存在下一起加热。可以生成氨基甲酸酯类化合物，并放出氨气。这是合成氨基甲酸酯类化合物的一种方便方法，原料易得、收率较高。

醇类化合物可以是伯醇、仲醇、一元醇、二元醇、开链脂肪醇、环醇，也可以是酚。其反应活性规律大致如下[60]。

伯醇＞仲醇＞叔醇；脂肪醇＞酚；一元醇＞二元醇

2. N-酰基化反应

胺与酰胺反应生成新的酰胺。

$$RCONH_2 + R'\overset{+}{N}H_3 \longrightarrow RCONHR' + \overset{+}{N}H_4$$

该类反应类似于酯交换反应。通常用铵盐进行反应。伯胺（以其盐的形式）是最常用的试剂，有时也可以使用胺而不是盐。

甲酰胺与胺反应，可以生成 N-取代的甲酰胺，例如：

抗菌药磺胺米隆（Mafenide）的中间体 N-苄基乙酰胺的合成如下[61]。

$$CH_3CONH_2 + PhCH_2NH_2 \xrightarrow[\text{(67\%)}]{ClCH_2CH_2Cl, AlCl_3} CH_3CONHCH_2Ph$$

内酰胺与胺在 10kbar（1bar＝$1×10^5$Pa）压力下反应，生成端基连有氨基的酰胺。

若内酰胺的氮原子上连有一个末端带有氨基的侧链，则反应后可得到扩环的内酰胺。如：

反应中强碱将 NH$_2$ 转化为 NH$^-$，后者作为亲核试剂进行交换反应生成扩环的内酰胺。该反应有时称为 Zip 反应，是由 Zip 首先发现的。

若使用尿素与伯胺或其盐反应，则生成取代的脲。

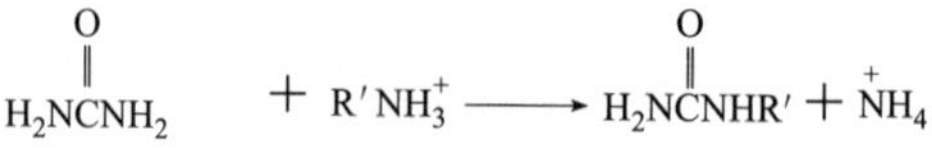

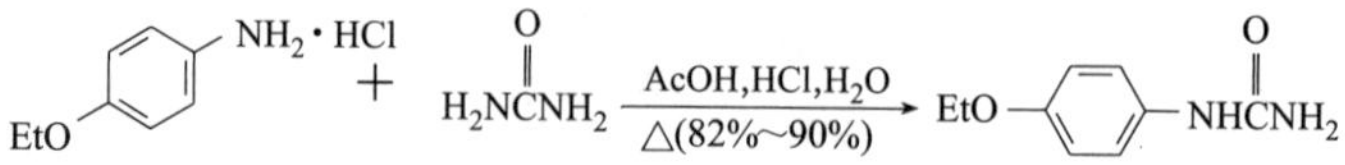

脲与水合肼反应可以生成氨基脲类化合物。例如：

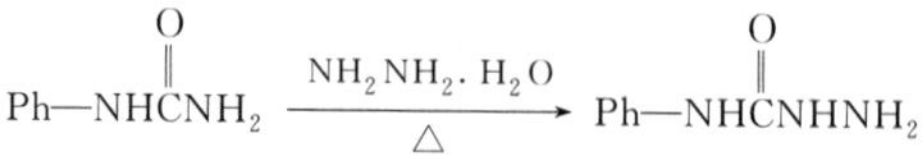

一些活泼酰胺容易发生 N-酰化反应。碳酰二咪唑（CDI）又叫 N,N'-羰基二咪唑，具有较强的反应活性，可以与胺、醇、羧酸等反应，得到一系列具有不同结构的中间体。

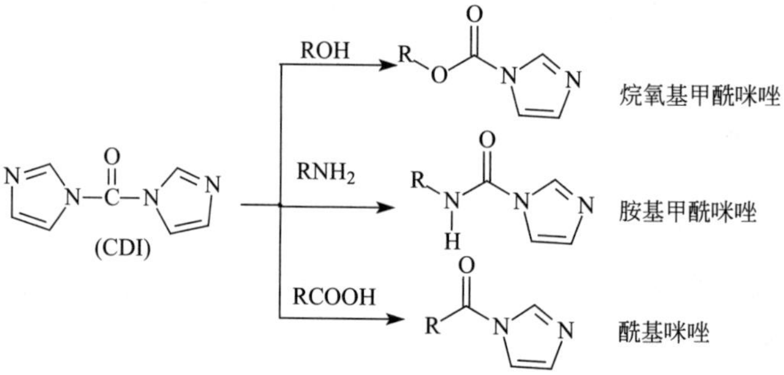

这些中间体具有一定的反应活性，可以与氨、胺、醇、羧酸等进一步反应，生成脲、氨酯、碳酸酯、酰胺、酯等各种不同的化合物。

CDI 在与不同官能团的化合物反应时，表现出不同的反应活性，而通过 CDI 得到的不同中间体对不同官能团也有不同差异。当这种活性差异足够大时，可以实现选择性反应。

对脂肪族化合物来说，当反应体系中有伯胺、仲胺（或伯胺、伯醇）同时存在时，常温条件下 CDI 可以活化伯胺而保留仲胺（或伯醇），反应条件剧烈，则二者都发生反应。

羧酸与 CDI 反应生成酰基咪唑，后者是一种活泼的酰基化试剂，可以与胺或氨基酸的氨基反应生成相应的酰胺。对于具有光学活性的反应底物，消旋化倾向低，尤其是在 DMF 中。反应中生成的副产物咪唑和二氧化碳容易除去。

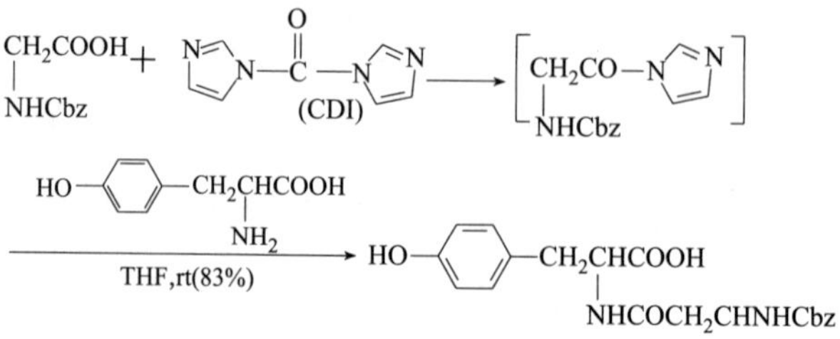

凝血酶抑制剂达比加群酯（Dabigatran etexilate）中间体（**56**）的合成如下[62]。

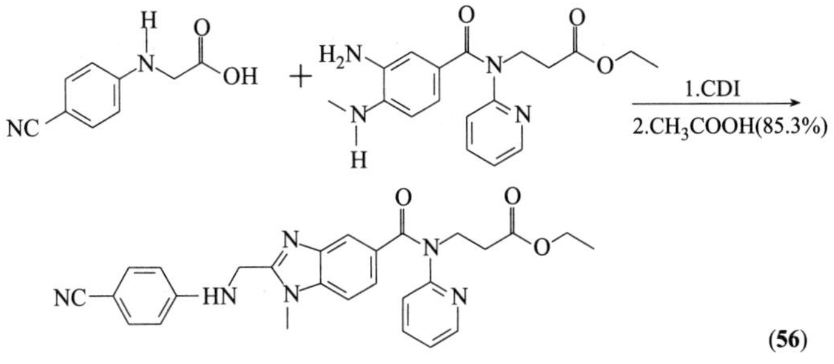

（56）

又如如下反应：

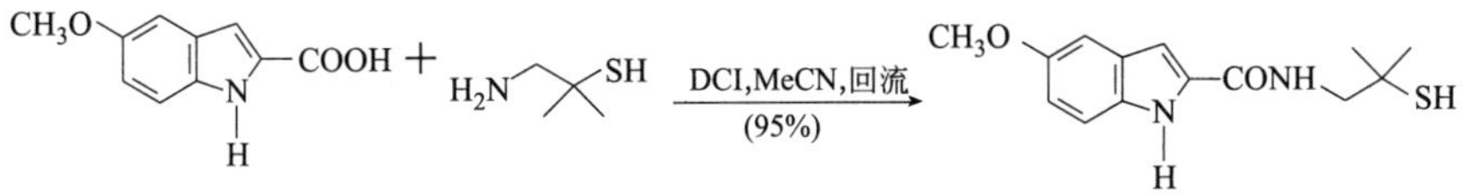

在上述反应中，活性酰胺若与 NBS 反应，则会生成活性更高的酰胺。

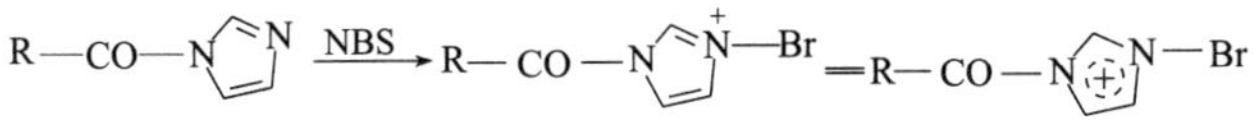

除了上述碳酰二咪唑（CDI）与羧酸反应生成的酰基咪唑外，常见的其他活性酰胺还有：

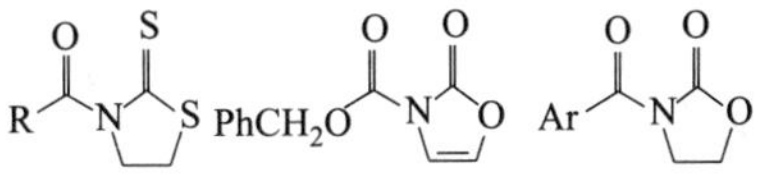

它们的共同特点是分子中的酰基由于受到杂环的影响而反应活性增强，在肽类化合物的合成中都有应用。

酰基苯并三唑也是活性酰胺，可以发生如下各种反应。

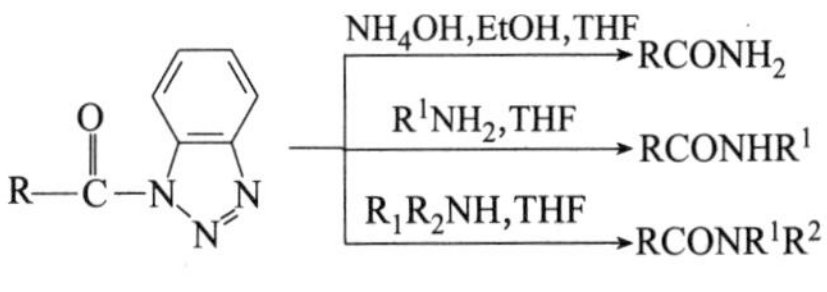

3. C-酰基化反应

金属有机化合物可以与 N,N-二取代甲酰胺及其衍生物如脲等反应，生成相应的酰胺。例如烷基锂的反应，生成 N,N-二取代的酰胺：

$$RLi + HCONR_2' \longrightarrow RCONR_2'$$

邻甲氧基苯基锂与 DMF 在 THF 中反应，生成 N,N-二甲基邻甲氧基苯甲酰胺，收率 71%。

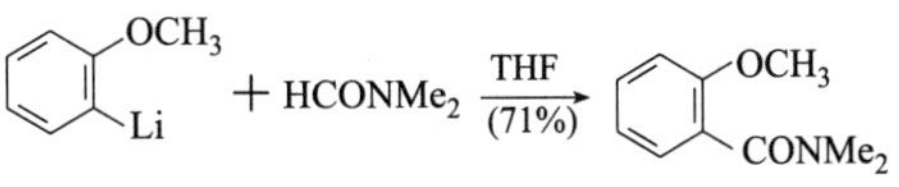

苯基 Grignard 试剂与 1-(N,N-二苯基氨基甲酰基）苯并三唑于 THF 中反应，生成 N, N-二苯基苯甲酰胺，收率 81%。

$$\text{—MgX} + \text{苯并三氮唑—CONPh}_2 \xrightarrow[\text{(81\%)}]{\text{THF}} \text{—CONPh}_2$$

普通的 N,N-二取代酰胺与 Grignard 试剂反应，生成的酮可以进一步反应生成叔醇。

$$R-\overset{O}{\underset{}{C}}-NR_2 + R'MgX \longrightarrow R-\overset{O}{\underset{}{C}}-R' \xrightarrow{R'MgX} \xrightarrow{H_2O} R-\overset{OH}{\underset{R'}{C}}-R'$$

为了防止酮的进一步反应而停留在酮的阶段，化学工作者开发研究了很多方法，其中一种有效的方法是使用 N-甲基-N-甲氧基酰胺与不稳定的金属有机化合物反应生成酮。

$$R-\overset{O}{\underset{Me}{C-N}}-O-Me + R'M \xrightarrow{\text{THF}} \left[\underset{R'}{\overset{R}{\underset{Me}{\mid}}} \overset{M}{\underset{}{\overset{}{C}}} \overset{OMe}{\underset{N}{}} \right] \xrightarrow{H_3O^+} R-\overset{O}{\underset{}{C}}-R'$$

反应中生成的环状中间体在反应条件下非常稳定，避免了由于过早转化为酮与有机金属化合物的进一步反应，从而得到高收率的酮。

$$Ph-\overset{O}{\underset{Me}{C-N}}-O-Me + CH_3MgBr \xrightarrow[\text{0℃,1h}]{\text{THF}} \xrightarrow[\text{(93\%~96\%)}]{H_3O^+} PhCOCH_3$$

在如下反应中，可以实现选择性反应，内酰胺环上的羰基不参与反应：

$$\xrightarrow[\text{(45\%~99\%)}]{RMgX}$$

有机锂也可以发生类似的反应。例如：

$$Ph-\overset{O}{\underset{Me}{C-N}}-O-Me + PhC\equiv CLi \xrightarrow[\text{(90\%)}]{\text{THF,20℃,1h}} PhCOC\equiv CPh$$

使用 N-甲基-N-2-吡啶基酰胺与 Grignard 试剂反应，同样得到满意的结果。例如：

$$Et-\overset{O}{\underset{Me}{C-N}}-\text{吡啶} \xrightarrow[\text{-78~0℃}]{RMgBr,THF} \left[\text{中间体} \right] \xrightarrow[\text{(75\%~94\%)}]{H_3O^+} Et-\overset{O}{\underset{}{C}}-R$$

烯烃与甲酰胺在光照或过氧化物存在下发生自由基型加成反应，生成酰胺。

$$R-CH{=}CH_2 + HCONH_2 \xrightarrow{h\nu} R-CH_2-CH_2-CONH_2$$

$$n\text{-}C_4H_9-CH{=}CH_2 + HCONH_2 \xrightarrow[\text{(50\%)}]{h\nu,\ CH_3COCH_3,\ t\text{-}BuOH} n\text{-}C_4H_9-CH_2-CH_2-CONH_2$$

二、酰基叠氮酰化剂

酰基叠氮化合物是重要的有机合成中间体，可以用于合成酰胺、杂环化合物、经 Curtius

重排生成异氰酸酯等。

有机叠氮化合物通常都有爆炸性，对热、光、压力、摩擦、撞击等敏感，限制了其应用。

酰基叠氮与氨、伯胺、仲胺、肼、取代肼等反应生成相应的酰胺或酰肼[63]。

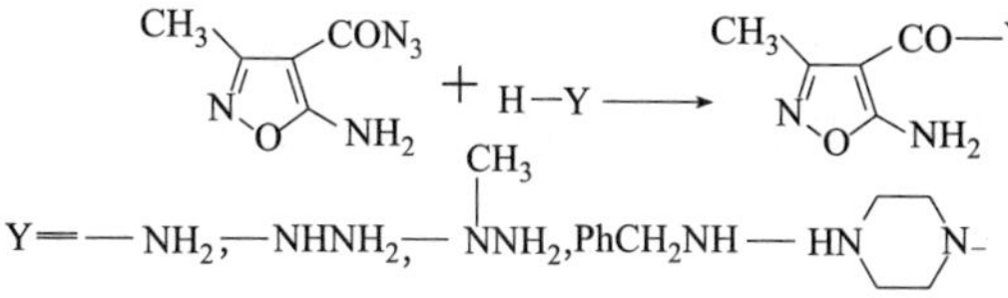

$$Y = -NH_2, -NHNH_2, \overset{CH_3}{\underset{}{-NH_2}}, PhCH_2NH-, HN\underset{}{\bigcirc}N-$$

酰基叠氮化合物在多肽合成中很早就有应用，是形成酰胺键的一种方便方法。胺、氨基酸、氨基酸酯等都可以与酰基叠氮反应生成酰胺或多肽，反应常在碱性条件下进行。酰基叠氮法合成多肽一直被认为是消旋最小的方法之一，但在过量碱的存在下会诱发消旋。

头孢曲嗪丙二醇（Cefatrizine propylene glycol）、头孢丙烯（Cefprozil）等的中间体 2-（叔丁氧基羰氨基）-2-(4-羟基苯基）乙酸（**57**）的合成如下[64]。

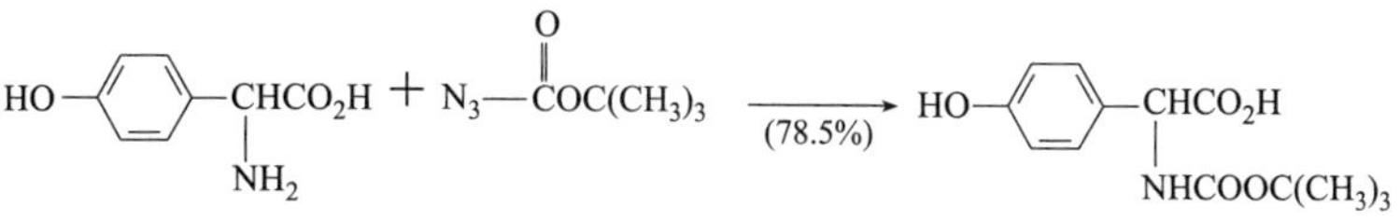

酰基叠氮法合成含有酰胺键的化合物在药物合成中有不少应用。酰基叠氮对水和其他亲核性试剂比较稳定。由于反应活性较低，对于位阻大且亲核性低的胺是不适用的。

三、腈类酰化剂

腈类化合物作为酰基化试剂，原因是分子中的氰基为活泼官能团，氰基碳原子由于受氮原子吸电子作用的影响而具有亲电性，容易受到含氧、含碳原子亲核试剂的进攻而发生相应的反应。腈分子中的氰基可以作为酰基化试剂而发生 O、N、C 上的酰基化反应。

1. O-酰基化反应

在酸的催化下，氰基可以发生醇解而生成酯。常用的酸为硫酸或氯化氢。可能的反应机理如下：

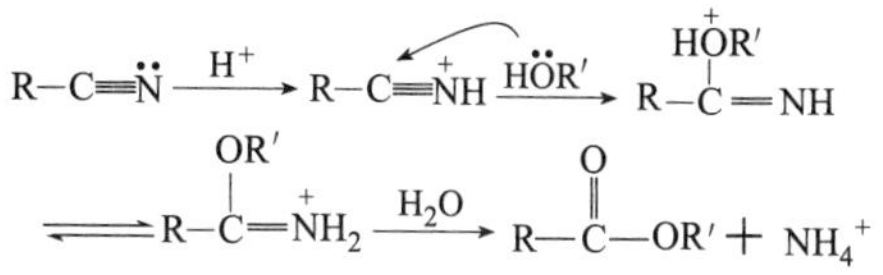

腈的醇解，常用相应的醇作溶剂，其用量一般为理论量的 $4 \sim 5$ 倍。酸的用量也比较大，常常是超过理论量的 $0.5 \sim 1$ 倍。

腈的醇解，一般只适用于伯醇，仲醇和叔醇在酸性条件下容易发生消除成烯反应。

医药中间体 4-哌嗪-1-基-苯甲酸甲酯的合成如下[65]。

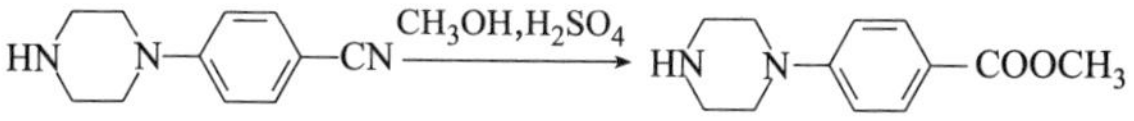

药物合成中间体丙二酸二乙酯的合成如下。

$$ClCH_2COOH + KCN \xrightarrow[-KCl]{NaHCO_3} NCCH_2COONa \xrightarrow[2.\ H^+\ (62\%)]{1.\ C_2H_5OH} CH_2(COOC_2H_5)_2$$

使用氯化氢作催化剂进行腈的醇解，大致过程如下：

$$R-C\equiv N \xrightarrow{2HCl} R-\underset{\underset{NH \cdot HCl}{\|}}{\overset{Cl}{\underset{|}{C}}} \xrightarrow[-HCl]{HOR'} R-\underset{\underset{NH \cdot HCl}{\|}}{\overset{OR'}{\underset{|}{C}}} \xrightarrow[-NH_4Cl]{H_2O} R-\underset{\underset{O}{\|}}{C}-OR'$$

上述反应称为 Pinner 反应，是合成羧酸酯的方法之一。

由于腈可以由相应的卤代物来制备，因此，该方法应用广泛，可以合成脂肪、芳香、杂环族类羧酸酯，特别适用于多官能团的酯，如羟基酸酯、酮酸酯、氨基酸酯等。

2. N-酰基化反应

腈以醇钠为催化剂，用氯化铵进行氨解，可以生成脒。

$$X-\underset{}{\overset{}{\bigcirc}}-CN \xrightarrow{CH_3ONa,CH_3OH} X-\underset{}{\overset{}{\bigcirc}}-\underset{\underset{O-CH_3}{}}{\overset{NH}{\underset{\|}{C}}} \xrightarrow{NH_4Cl} X-\underset{}{\overset{}{\bigcirc}}-\underset{\underset{NH_2 \cdot HCl}{}}{\overset{NH}{\underset{\|}{C}}}$$

该方法对 α-位具有吸电子基团的脂肪族腈和芳香腈，有较好的反应结果。反应条件温和，周期短，收率较高。

盐酸乙脒又名乙脒盐酸盐，是合成维生素 B_1 和抗高血压药物莫索尼定（Moxonidine）等的中间体，可以由乙腈、无水乙醇、干燥的氯化氢反应，而后再与氨反应来制备。

$$CH_3CN \xrightarrow{EtOH,HCl} H_3C-\underset{\underset{OEt}{}}{\overset{NH \cdot HCl}{\underset{\|}{C}}} \xrightarrow{NH_3} H_3C-\underset{\underset{NH_2}{}}{\overset{NH}{\underset{\|}{C}}} \cdot HCl$$

腈与盐酸羟胺在碱存在下反应生成相应的肟，后者还原生成脒。例如：

$$HO-\underset{}{\overset{}{\bigcirc}}-CN \xrightarrow[Na_2CO_3]{NH_2OH \cdot HCl} HO-\underset{}{\overset{}{\bigcirc}}-\underset{\underset{NOH}{}}{\overset{NH_2}{\underset{\|}{C}}} \xrightarrow[EtOH]{H_2,Ni} HO-\underset{}{\overset{}{\bigcirc}}-\underset{\underset{NH_2 \cdot HCl}{}}{\overset{NH}{\underset{\|}{C}}}$$

二碘化钐及有机钐作催化剂，腈可以与有机胺反应，得到高收率的脒类化合物。

$$RCN+2R'NH_2 \xrightarrow{2.5mol\%SmI_2} R-\underset{\underset{NHR'}{}}{\overset{NR'}{\underset{\|}{C}}}$$

脒类化合物在药物合成中有重要用途，例如抗肿瘤药盐酸尼莫司汀（Nimustine hydro-chloride）中间体 2-甲基-4-氨基-5-乙酰胺甲基嘧啶（**58**）的合成[66]。

$$\underset{\underset{CH(OCH_3)_2}{|}}{CH_3OCH_2CHCN} + CH_3-\underset{\underset{NH_2 \cdot HCl}{}}{\overset{NH}{\underset{\|}{C}}} \xrightarrow[\substack{2.HCO_2C_2H_5 \\ 3.H_2O(66\%)}]{1.CH_3ONa,CH_3OH} \text{(58)}$$

3. C-酰基化反应

腈类化合物在氯化氢及氯化锌存在下与多元酚或酚醚反应，生成酮亚胺，后者水解生成芳香酮的反应称为 Hoesch 反应，又称为 Houben-Hoesch 反应。

$$\underset{HO}{\overset{OH}{\bigcirc}}OH + CH_3CN \xrightarrow[Et_2O, 0℃]{ZnCl_2, HCl} \underset{HO}{\overset{OH}{\bigcirc}}\underset{\underset{NH \cdot HCl}{}}{\overset{C-CH_3}{}} \xrightarrow[回流2h]{H_2O} \underset{HO}{\overset{OH}{\bigcirc}}\underset{OH}{COCH_3}$$

反应机理如下：

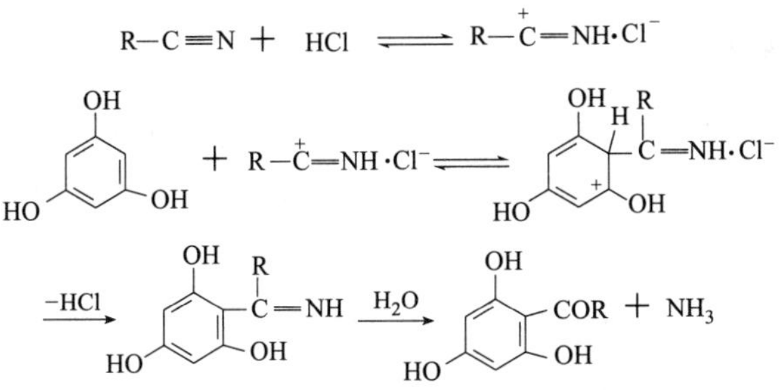

用腈作亲电试剂对芳环的亲电芳香取代，首先产生亚胺，水解后生成芳基酮。整体结果是一种酰化反应，需要酸（如氯化锌和盐酸）催化。

只有富电子芳烃如酚或苯胺才能发生该反应。反应中的酮亚胺中间产物可以分离出来。该反应主要适用于间苯二酚、间苯三酚和相应的酚醚，以及吡咯等杂环化合物。α-萘酚为一元酚，也能发生此反应生成 4 位取代产物。

抗骨质疏松药依普黄酮（Ipriflavone）中间体（**59**）的合成如下[67]。

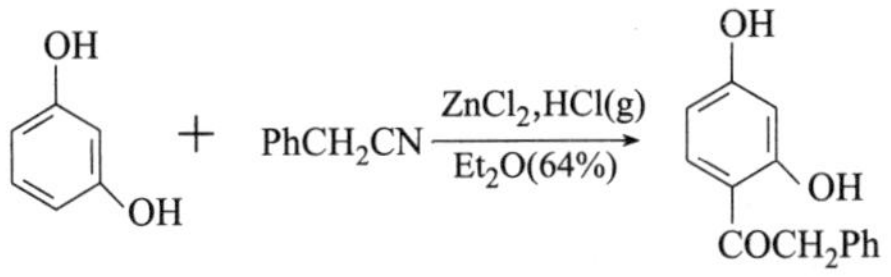

(59)

腈类化合物中，脂肪腈比芳香腈容易反应，若脂肪腈中氰基的 α-碳原子上的氢被卤素原子取代，则活性增强。例如 α-萘乙醚与乙腈反应，酮的收率只有 2%～5%，而用氯乙腈时收率可达 80%，用三氯乙腈时收率为 95%。

乙醚是最常用的反应溶剂，也可用冰醋酸、丙酮、氯苯、乙酸酯、氯仿-乙醚等。常用的催化剂是无水氯化锌，有时也用三氯化铝、三氯化铁等。

若用 BCl_3 作催化剂，一元酚和苯胺可得到邻位产物。烷基苯、氯苯、苯等则需要活性较强的卤代腈类化合物，例如 Cl_2CHCN、Cl_3CCN 等。

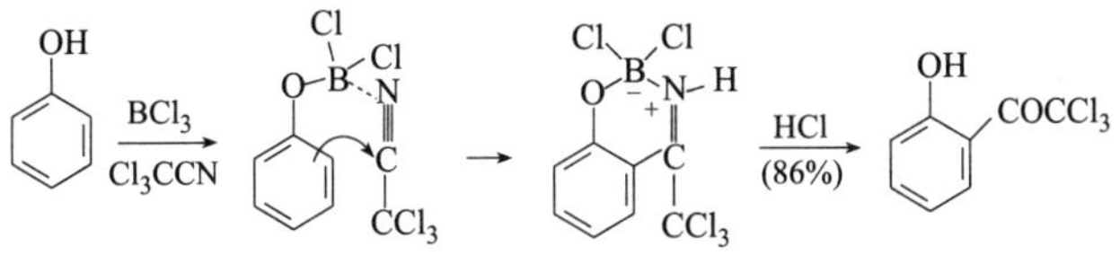

消炎镇痛药氨芬酸钠（Amfenac sodium）中间体（**60**）的合成如下[68]。

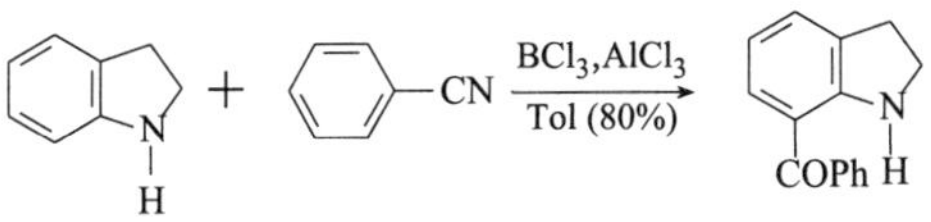

(60)

若芳环上羟基或烷氧基的邻位有吸电子基团，如硝基、乙酰基等，则不能发生此反应。

第六节　其他酰化剂

除了羧酸及其衍生物之外，还有其他酰化剂，各具不同的性质和特点。

一、乙烯酮和双乙烯酮

乙酸或丙酮在700℃高温分解，生成乙烯酮。乙烯酮是剧毒的气体（bp－56℃），性质活泼，制备和贮存都较麻烦，而且容易双聚生成二乙烯酮，因而更适用于大规模工业生产和应用。

$$CH_3COOH \xrightarrow[700℃]{(C_2H_5)_3PO} CH_2=C=O$$

$$CH_3COCH_3 \xrightarrow{700℃} CH_2=C=O + CH_4$$

$$2CH_2=C=O \longrightarrow \begin{array}{c} CH_2=C-O \\ | \quad\quad | \\ H_2C-C=O \end{array}$$

乙烯酮和双乙烯酮都是非常活泼的酰化试剂，主要用于氧和氮原子上的酰基化。

乙烯酮与醇反应生成乙酸酯。

$$CH_2=C=O + ROH \longrightarrow \begin{array}{c} CH_2=C-OH \\ | \\ OR \end{array} \rightleftharpoons CH_3COOR$$

该反应系醇先与乙烯酮的羰基进行亲核加成，再经过烯醇式-酮式互变生成酯。反应可被酸或碱催化。常用的酸有硫酸、对甲苯磺酸，而叔丁醇钾是较好的碱性催化剂。

乙烯酮可与绝大多数的醇、酚、胺发生酰基化反应，但对于难以酰化的醇和酚，若用乙烯酮酰化，均可得到高收率的相应的乙酸酯。

$$(CH_3)_3C-OH + CH_2=C=O \xrightarrow[0℃(89\%)]{H_2SO_4} CH_3COOC(CH_3)_3$$

双乙烯酮与醇、酚反应生成 β-酮酸酯，常用酸或相应醇、酚的钠盐、吡啶等作催化剂。

$$\begin{array}{c} H_2C=C-O \\ | \quad\quad | \\ H_2C-C=O \end{array} + ROH \longrightarrow \begin{array}{c} H_2C=C-O \\ | \quad\quad | \\ H_2C-C-O^- \\ | \\ HOR \end{array} \longrightarrow CH_3COCH_2CO_2R$$

某些醛、酮的互变异构体烯醇，也可与乙烯酮反应生成烯醇酯，如乙酸异丙烯酯的合成：

$$\begin{array}{ccc} O && OH \\ \| && | \\ CH_3-C-CH_3 & \rightleftharpoons & CH_3-C=CH_2 \end{array} \xrightarrow[(93\%)]{H_2C=C=O} \begin{array}{c} CH_3 \\ | \\ CH_3COOC=CH_2 \end{array}$$

生成的乙酸异丙烯酯（IPA）也是一个很好的酰化剂。

$$\text{（略）} + CH_3COOC=CH_2 \xrightarrow{TsOH} \text{（略）} + CH_3COCH_3$$

双乙烯酮与氨或胺反应，生成 β-羰基酰胺。与醇反应生成乙酰乙酸酯。

$$\begin{array}{c} H_2C=C-O \\ | \quad\quad | \\ H_2C-C=O \end{array} \begin{array}{l} \xrightarrow{NH_3} CH_3COCH_2CONH_2 \\ \xrightarrow{EtOH} CH_3COCH_2CO_2Et \end{array}$$

乙烯酮与胺反应，生成 N-取代乙酰胺。由于与胺更容易反应，故有时可进行选择性酰化反应。例如：

$$H_3C-\text{（呋喃环）}-CH_2NHCH_2CH_2OH \xrightarrow[0\sim4℃]{H_2C=C=O} H_3C-\text{（呋喃环）}-CH_2N(COCH_3)CH_2CH_2OH$$

头孢类抗生素二盐酸头孢替安（Cefotiam dihydrochloride）中间体（**61**）的合成如下。

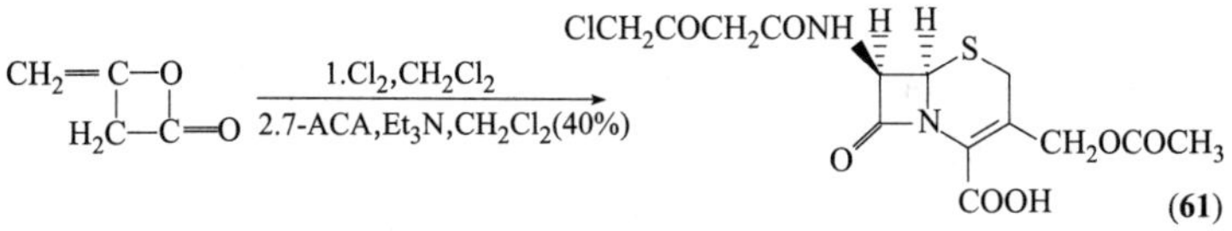

$$CH_2=C-O \atop H_2C-C-O \xrightarrow[\text{2.7-ACA,Et}_3\text{N,CH}_2\text{Cl}_2(40\%)]{\text{1.Cl}_2,\text{CH}_2\text{Cl}_2}$$

ClCH₂COCH₂CONH— ... —CH₂OCOCH₃, COOH　（**61**）

又如高血压治疗药盐酸尼卡地平（Nicardipine hydrochloride）等的中间体 3-氧代丁酸氯乙酯的合成[69]。

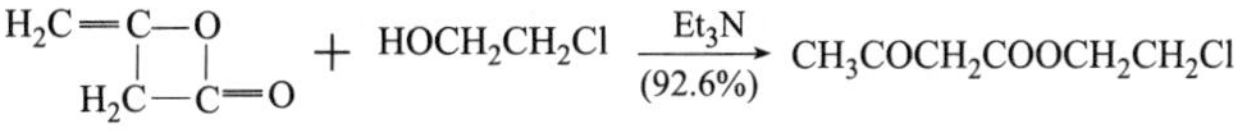

$$CH_2=C-O \atop H_2C-C-O + HOCH_2CH_2Cl \xrightarrow[(92.6\%)]{Et_3N} CH_3COCH_2COOCH_2CH_2Cl$$

二、Vilsmeier 反应

以 N-取代甲酰胺为酰化剂，在三氯氧磷作用下，在芳环（芳杂环）上引入甲酰基的反应，称为 Vilsmeier 反应。

$$\text{苯} + (CH_3)_2N—CHO \xrightarrow{POCl_3} \text{苯-CHO} + (CH_3)_2NH$$

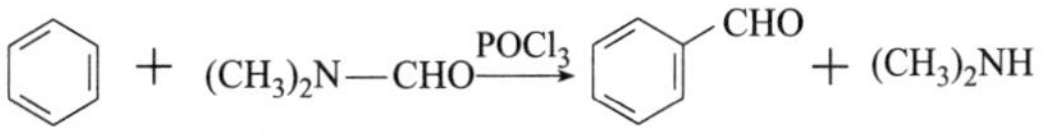

反应机理如下：

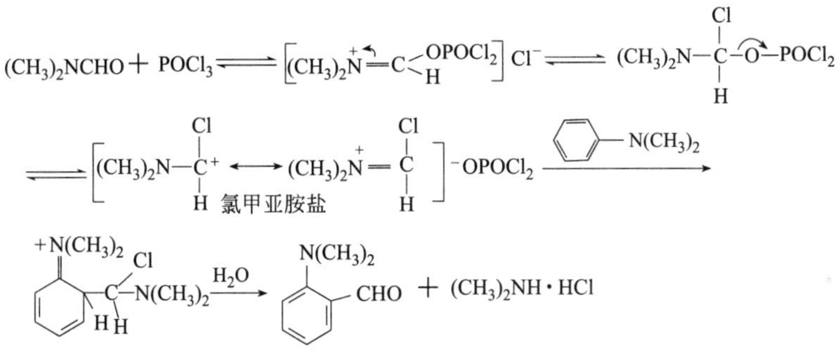

在上述反应中，三氯氧磷是参加反应的，与 N,N-二甲基甲酰胺几乎是等摩尔量的，在实际反应中过量 25%～40%。

随着对 Vilsmeier 反应的深入研究，目前认为，凡是有 Vilsmeier 试剂参与的反应，都称为 Vilsmeier 反应。

Vilsmeier 试剂是由无机酰氯与 N-取代甲酰胺反应，生成活性的氯甲亚胺盐中间体。

除了三氯氧磷外，也可用氯化亚砜、光气、三溴氧磷、氯化锌、甚至乙酸酐、草酰氯等。N-取代甲酰胺可以是单取代或双取代烷基、芳基衍生物，例如 DMF、N-甲基甲酰基苯胺、N-甲酰基哌啶、N-甲酰基吗啉等，最常用的是 DMF，它们与酰氯生成 1∶1 的配合物，也可以使用 P_2O_5 和含氯的无机盐。

Vilsmeier 试剂一般是临时制备，或在反应过程中生成后直接参与反应。Vilsmeier 试剂的生成是放热反应，而且在较高温度时不稳定，故其制备与应用要在适当的温度范围内进行。

Vilsmeier 反应适用于芳环上电子云密度较高的芳烃类、酚类、酚醚、N,N-二烃基苯胺等，用于制备相应的芳醛，收率可达 80% 以上。对-双（β-氯乙基）氨基苯甲醛是抗癌药 N-甲酰溶肉瘤素及异芳芥的中间体，可采用 Vilsmeier 反应来合成。

$$(HOCH_2CH_2)_2N-\underset{}{\bigcirc}\xrightarrow{DMF,POCl_3}(ClCH_2CH_2)_2N-\underset{}{\bigcirc}-CHO$$

又如抗过敏药曲尼可博、降压药哌唑嗪（Prazosin）、关节炎治疗药四氢巴马腾等的中间体 3,4-二甲氧基苯甲醛（**62**）的合成[70]。

$$HO-\underset{HO}{\bigcirc}+(CH_3)_2SO_4\xrightarrow[(97.5\%)]{NaOH}CH_3O-\underset{CH_3O}{\bigcirc}\xrightarrow[(85\%)]{DMF,POCl_3}CH_3O-\underset{CH_3O}{\bigcirc}-CHO$$
(62)

萘也可以发生该类反应。例如抗生素乙氧萘青霉素钠（Sodium nafcillin）中间体 2-乙氧基-1-萘甲醛的合成。

$$\underset{}{\bigcirc\bigcirc}-OC_2H_5+\underset{C_6H_5NCHO}{\overset{CH_3}{|}}\xrightarrow[(74\%\sim84\%)]{POCl_3}\underset{}{\bigcirc\bigcirc}\overset{CHO}{\underset{OC_2H_5}{}}$$

Vilsmeier 反应也适用于呋喃、噻吩、吡咯、吲哚等较活泼的芳杂环化合物。例如吡咯-2-甲醛的合成，收率 89%～95%：

$$\underset{\overset{|}{H}}{\bigcirc_N}+POCl_3+HCON(CH_3)_2\xrightarrow[(89\%\sim95\%)]{}\underset{\overset{|}{H}}{\bigcirc_N}-CHO$$

新药开发中间体 5-氰基-1H-吲哚-3-甲醛的合成如下[71]。

$$NC-\underset{\overset{|}{H}}{\bigcirc\bigcirc_N}\xrightarrow[(93\%)]{DMF,POCl_3}NC-\underset{\overset{|}{H}}{\bigcirc\bigcirc_N}\overset{CHO}{}$$

近年来也有关于用 Vilsmeier 反应制备芳酮的报道。

$$(CH_3)_2N-\underset{}{\bigcirc}+(CH_3)_2N\overset{O}{\overset{||}{C}}-\underset{}{\bigcirc}\xrightarrow{POCl_3}(CH_3)_2N-\underset{}{\bigcirc}-\overset{O}{\overset{||}{C}}-\underset{}{\bigcirc}$$

Vilsmeier 试剂除了可以发生上述反应外，还可以与酮类化合物反应生成氯代醛。酮类化合物包括单酮、二酮。单酮可以是链酮、环酮、烯酮、环烯酮、环烷酮、芳香酮等。

$$\overset{O}{\overset{||}{CH_3-C}}-R\xrightarrow{DMF,POCl_3}\underset{}{\overset{Cl}{\underset{CH_3}{C}}=\overset{CHO}{\underset{R}{C}}}$$

$$\underset{H_3C}{\overset{O}{\bigcirc}}\xrightarrow{DMF,POCl_3}OHC-\underset{H_3C}{\overset{Cl}{\bigcirc}}+\underset{H_3C}{\overset{Cl}{\bigcirc}}-CHO$$

三、利用乌洛托品在芳环上引入醛基

利用乌洛托品（六亚甲基四胺）在芳环上引入醛基是合成芳香醛的重要方法之一。在弱酸性条件下乌洛托品分子中的氮原子可以与质子结合，从而使得亚甲基具有很强的正电性，可以作为亲电试剂进攻具有强负电性的芳环上的碳原子，进行亲电取代反应，直接在芳环上引入醛基。该反应称为 Duff 反应。该反应通常是在酸催化下进行时收率较高，如 PPA、乙酸、三氟乙酸等。

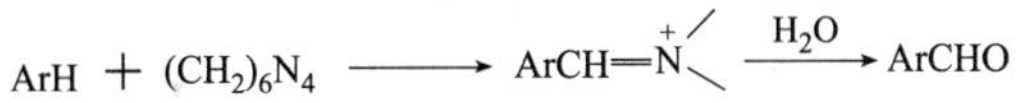

$$ArH + (CH_2)_6N_4 \longrightarrow ArCH=\overset{+}{N}\diagdown \xrightarrow{H_2O} ArCHO$$

反应机理如下：

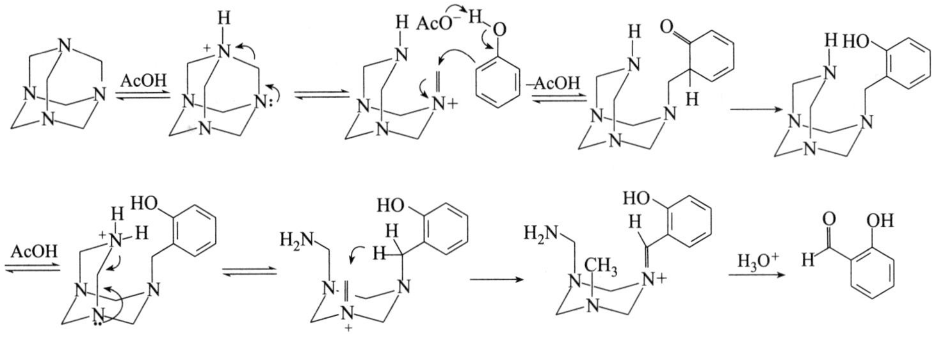

乌洛托品首先质子化，断裂生成亚胺离子，随后亚胺离子对芳环进行亲电取代，经互变异构生成苄胺衍生物。乌洛托品结构进行第二次质子化，并断裂生成亚胺离子，而后进行分子内的氧化-还原反应，苄胺部分被氧化为亚胺离子，后者水解生成醛。甲醛基来源于乌洛托品分子中的亚甲基。

该反应属于芳环上的亲电取代。芳环上连有给电子基团时反应容易进行，如酚、芳香胺等。醛基一般进入羟基或氨基的邻、对位。

该方法产率较低，但操作简单，产品纯度较高。

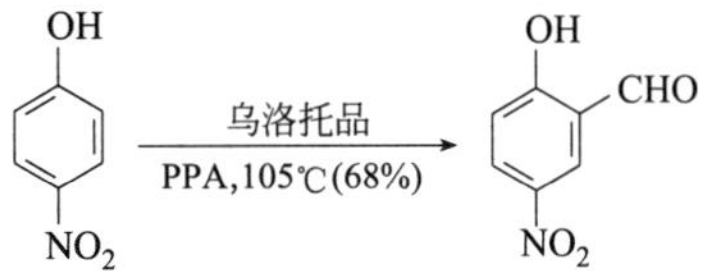

生化测试试剂对二甲氨基苯甲醛的合成如下[72]。

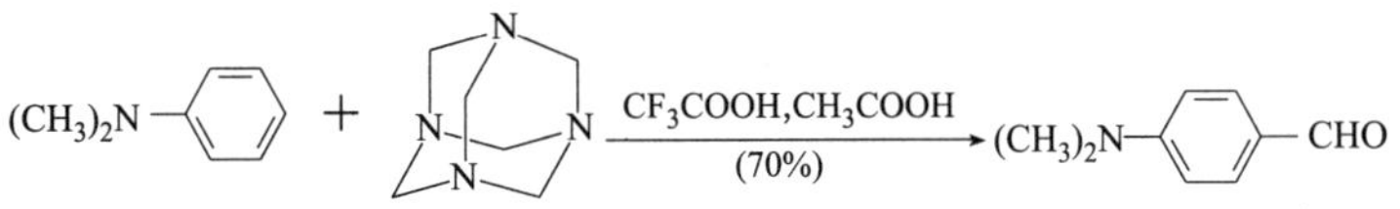

又如用于合成磺胺类药物、抗菌增效剂 TMP 以及抗癫痫药物中间体 3,5-二甲氧基-4-羟基苯甲醛的合成[73]。

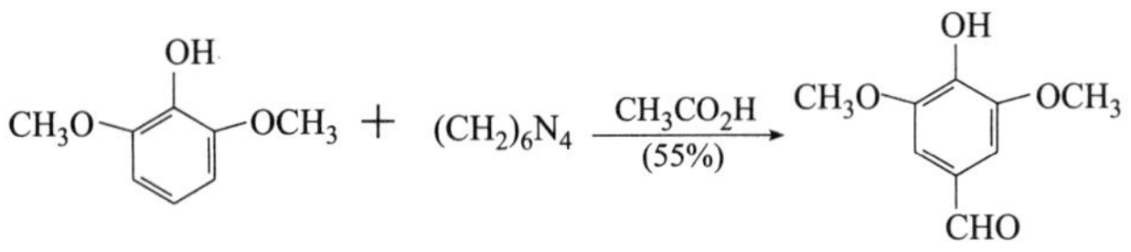

苄基卤与乌洛托品反应生成相应的苯甲醛，该反应称为 Sommelet 反应。

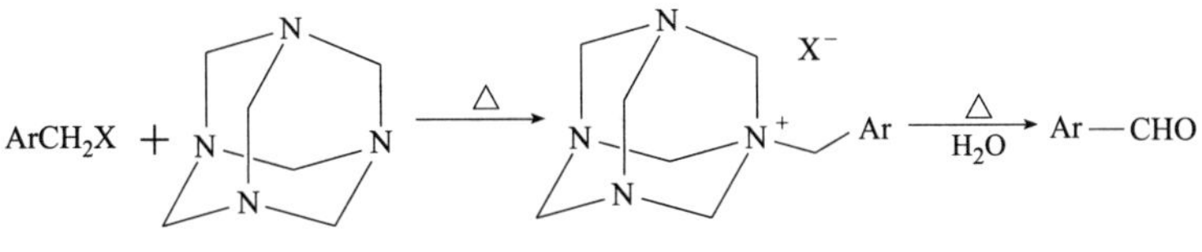

反应机理如下：

该反应在芳香醛的合成中应用广泛。例如治疗失眠药物雷美替胺（Ramelteon）中间体苯并呋喃-5-甲醛（**63**）的合成[74]。

苄基胺也可以发生该反应。例如药物中间体间苯二甲醛的合成[75]。

四、Gattermann-Koch 反应

在三氯化铝和氯化亚铜存在下，用一氧化碳和氯化氢的混合物与芳香烃反应生成芳香醛，该反应称为 Gattermann-Koch 反应。

$$CO + HCl \xrightarrow{Cu_2Cl_2} HCOCl$$

在氯化亚铜的催化下，一氧化碳首先与氯化氢反应生成甲酰氯，后者在三氯化铝催化下与芳环发生 F-C 反应生成芳香醛。一般认为，有效的进攻试剂是在 Lewis 酸作用下生成的甲酰基碳正离子。

$$CO + HCl + AlCl_3 \longrightarrow HC^+{=}O + AlCl_4^-$$

利用此反应可制备苯甲醛的同系物。根据反应条件，醛基可以取代烷基的对位或间位上的氢原子。在无溶剂的情况下一般在对位取代，但在硝基苯中反应时，得到间位烷基苯甲醛。

实验室中 CO 和干燥的 HCl 通常用甲酸和氯磺酸作用来制备：

$$HCOOH + ClSO_3H \longrightarrow CO + HCl + H_2SO_4$$

芳烃为甲苯、乙苯时，相应对位苯甲醛的收率较高，但用异丙苯时仅得到少量异丙基苯甲醛，同时生成 2,4-二异丙基苯甲醛、苯甲醛、间及对二异丙基苯甲醛的混合物。多烷基苯进行甲酰化时，同时发生去烷基和多烷基化反应。

用三溴化铝代替三氯化铝，苯进行甲酰化，苯甲醛的收率较高。

氯苯发生 Gattermann-Koch 反应，生成对氯苯甲醛，但溴苯和碘苯酰化结果不理想。

酚和酚醚用一氧化碳和氯化氢进行酰基化时，不生成相应的芳香醛，但用氰化氢代替一氧化碳，用三氯化铝或氯化锌作催化剂，可生成相应的醛。反应过程如下：

该反应又称为 Gattermann 醛合成法。为了避免使用剧毒的氰化氢，可用氰化锌代替之。

由于 HN=CHCl 的反应活性不如 Gattermann-Koch 反应中的 HCOCl，使得该反应可在酚、酚醚以及烷基苯等的芳环上引入醛基。

用氰化锌代替腈，可以在苯环上引入甲醛基，是合成芳香醛的一种方法。例如抗生素阿莫西林（Amoxycillin）等的中间体对甲氧基苯甲醛的合成[76]。

1,3,5-三甲苯也可以发生该反应，生成 2,4,6-三甲基苯甲醛。

近年来，醛作为酰基化试剂屡见报道。如以下反应[77]。

第七节 选择性酰基化反应

在酰化反应中，若被酰化物有两个或两个以上可被酰化的基团，而又要只酰化其中的一个或一部分基团时，则需要进行选择性酰基化。选择性酰化一般有三种方法，其一是将不需要酰化的基团加以保护，其二是利用被酰化基团自身的性质或在分子中的不同位置而产生的电子效应和空间效应上的差别，选用合适的酰化剂、催化剂、适当的反应条件等进行选择性酰基化。第三种方法是使用选择性酰化试剂，专一与某一种基团反应。

一、氧原子上的选择性酰基化反应

可进行氧原子上的酰基化试剂有羧酸、酸酐、酰氯、羧酸酯、酰胺等，它们的反应活性差异很大，可用于选择性酰基化；被酰化物分子中官能团的电子效应、位阻效应等也可用于选择性酰基化反应。

下面甾族化合物分子中有两个仲羟基，在分子中所处的位置不同，酰基化的难易也不同。

用不太强的酰化剂甲酸时，空间位阻较小的 3-位羟基容易酰基化。邻近羰基的羟基，除了空间位阻大外，羟基与羰基之间形成氢键也降低了其反应活性。但使用乙酰氯、乙酸酐作酰基化试剂时，两个羟基都可以被乙酰基化。

胸腺嘧啶核苷，当用酰氯作酰化剂时由于两个羟基位阻差别小、酰化剂活性高，两个羟基均被酰化。但在偶氮二碳酸二乙酯和三苯基膦存在下，用乙酸或苯甲酸作酰化剂时，由于反应中生成的酰化剂中间体空间位阻很大，更容易与空间位阻较小的 5-羟基反应，生成 5-O-乙酸酯或苯甲酸酯。

若分子中同时存在醇羟基和酚羟基，由于醇羟基的亲核活性大于酚羟基，采用较弱的酯类酰化剂时，醇羟基容易被酰化。但在碱性条件下用酰氯作酰化剂时，酚羟基优先被酰化。

2,4-二羟基苯乙酮用乙酸酐酰化时，分子中 2-位羟基与羰基形成氢键而难以酰化，4-位羟基则容易酰化。

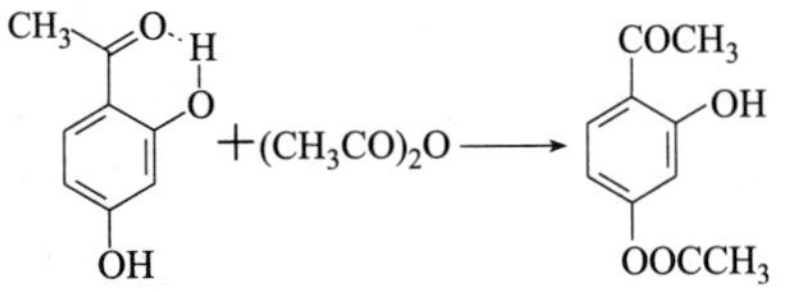

N-乙酰基-1,5,5-三甲基乙内酰脲（Ac-TMH）是一种选择性酰化剂。若分子中同时存在醇羟基和酚羟基，可选择性地酰化酚羟基。

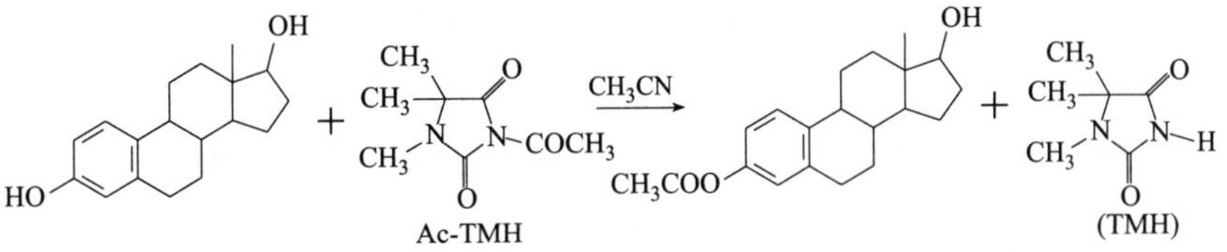

TMH 用乙酸酐酰化，生成 Ac-TMH，可重复使用。

使用 DCC 时合成酯时，酚羟基的活性大于醇羟基，优先与酚羟基反应生成酯。例如新药 NCX-4016 中间体 2-乙酰氧基苯甲酸（3-羟甲基）苯基酯（**64**）的合成[78]。

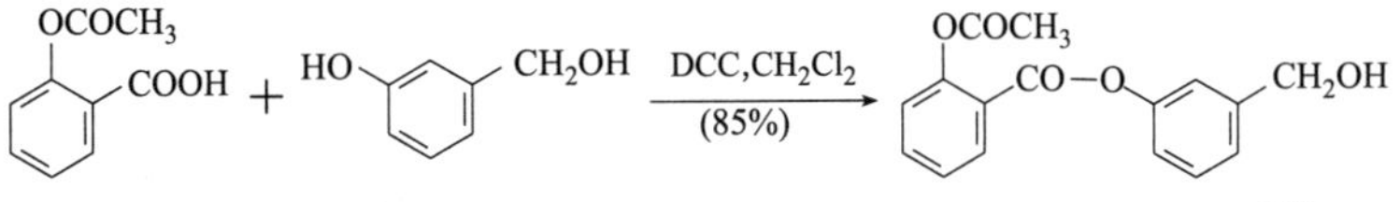

羧酸二甲硫基烯酯对脂肪醇和胺具有较高的选择性，容易与脂肪醇和胺反应。例如：

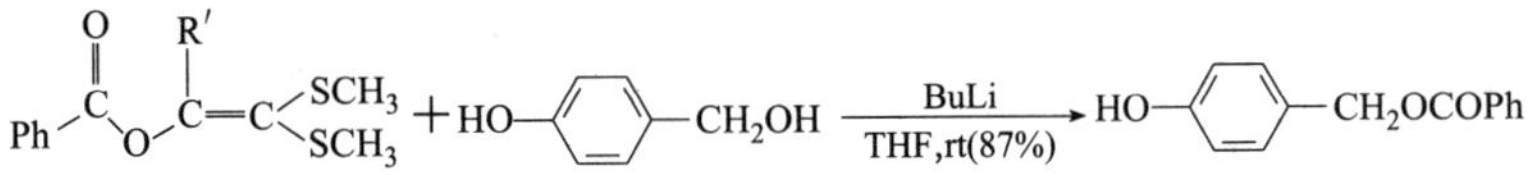

$R' = 2,5\text{-}Cl_2C_6H_3\text{---}$

若分子中具有多个相同性质的羟基，进行部分酰基化是困难的。但用理论量的完全酰基化的产物与未酰化的多羟基化合物进行酯交换，可能取得较好的结果。例如：

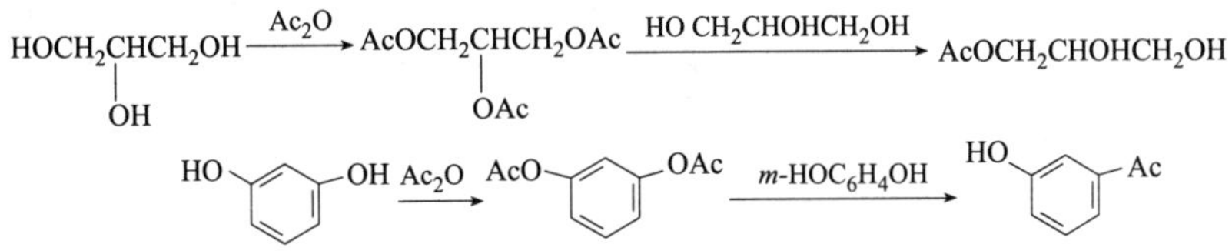

1-羟基苯并三唑的羧酸酯是一种选择性酰化剂，在伯、仲羟基同时存在时，选择性地酰化伯羟基，当氨基与羟基同时存在时，选择性地酰化氨基。

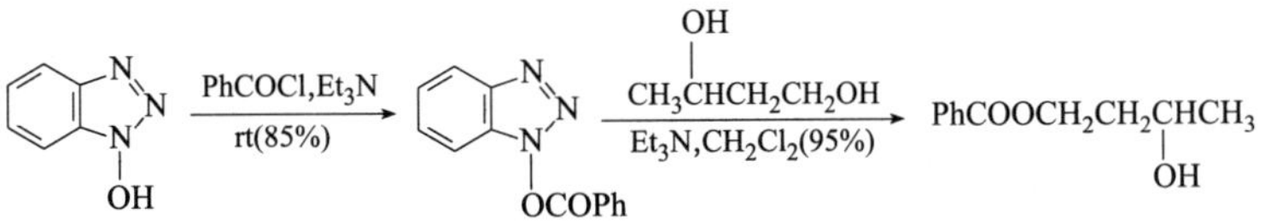

二、氮原子上的选择性酰基化

伯胺、仲氨、咪唑、吡咯、吲哚和其他芳香氮杂环中的氨基都有一定的反应活性，容易作为亲核试剂进行酰基化反应。在多官能团化合物中，往往可以利用这些官能团的反应性差异进行选择性反应。有时则需要引入保护基或活化基，特别是在多肽合成中，氨基常常需要保护，羧基则常常需要活化。关于多肽的合成本节不作介绍。

N 上的甲酰化反应可以使用甲酸。当分子中同时含有羟基和氨基时，氨基往往更容易被酰基化。例如降血脂药益多酯（Etofylline clofibrate）中间体（**65**）的合成[79]。反应物分子中有两个氨基，与嘧啶环氮原子相邻的氨基碱性更弱不容易发生酰基化反应。

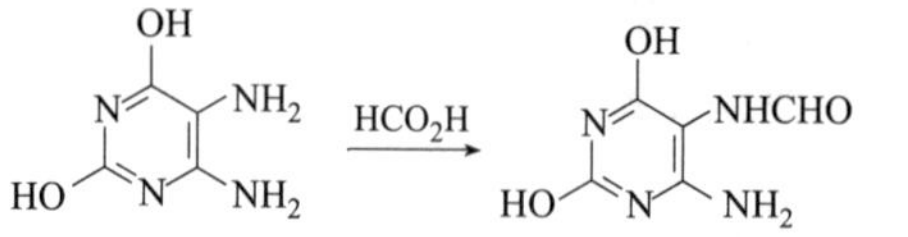

$$(65)$$

N 上乙酰化可用乙酸、乙酸酐、乙酰氯、乙酸五氟苯酯、乙酸对硝基苯酯等乙酰化试剂，其中乙酸五氟苯酯在羟基存在时可选择性酰化氨基，若加入三乙胺，则醇也可发生酰基化。

$$HO(CH_2)nNH_2 + CH_3COC_6F_5 \xrightarrow[25℃,2～12h(78\%～91\%)]{DMF} HO(CH_2)nNHCOCH_3$$

广谱抗真菌药酮康唑（Ketoconazole）中间体 1-乙酰-4-(4-羟基苯基) 哌嗪的合成如下[80]；

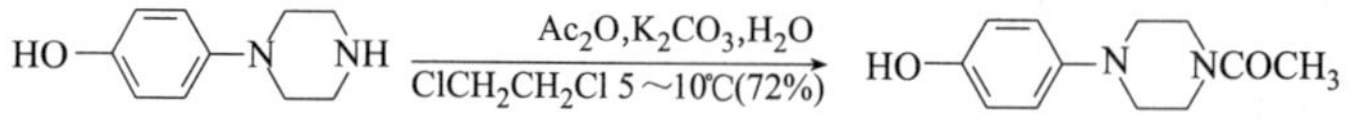

该反应比较复杂，反应中氮和氧原子上都可乙酰基化，且乙酸酐遇水易水解，但控制反应体系的 pH 值，在较低温度下进行，可控制主要发生 N-酰基化反应，并减少乙酸酐的水解。

如下间氨基苯酚，由于氨基氮原子的亲核性较强，使用较弱的酰化剂羧酸苯酯作酰化试剂时，氨基被酰化。

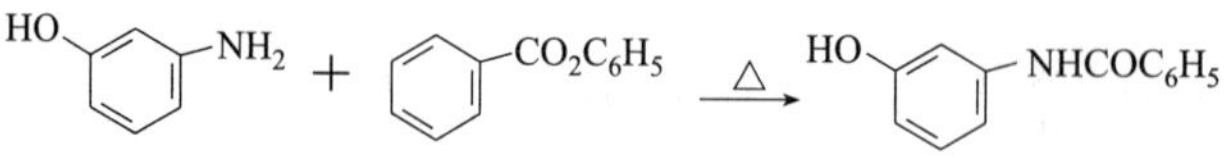

但若采用较强的酰基化试剂如酰氯、酸酐，在碱性条件下进行反应，则羟基和氨基都可能被酰基化。

如下药物柳胺酚（Osalmid）的原料药 N-对羟基苯基水杨酰胺（**66**）的合成中，使用三氯化磷，可能是水杨酸先生成酰氯，而后与对氨基苯酚反应，氨基容易酰基化，但酚羟基的酰基化产物在用氢氧化钠溶液处理时，容易水解，最终得到 N-酰基化产物[81]。

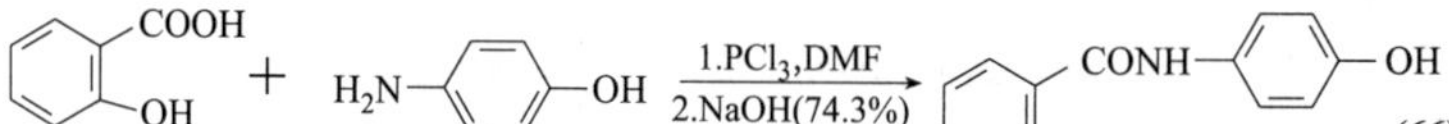

$$(66)$$

对氨基苯磺酰胺分子中有两个氨基，但两个氨基的酸碱性不同，可利用这种差异进行选择性酰基化，例如：

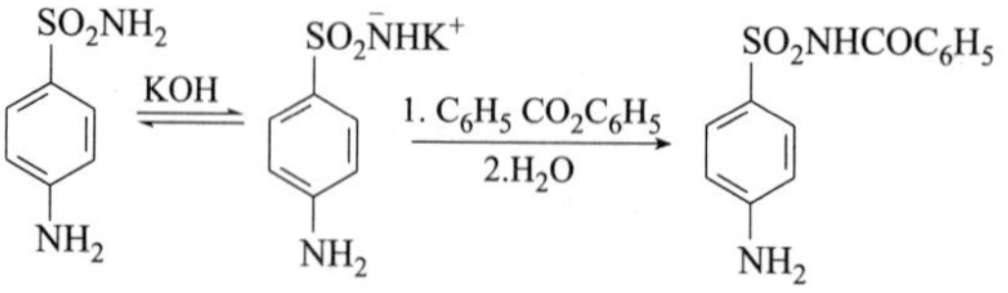

在碱性条件下磺酰胺基氮原子上的氢由于具有酸性，生成磺酰胺钾盐，因而很容易被酰基化。若用乙酸酐直接酰基化，由于苯环上的氨基亲核性大于磺酰胺基上的氨基，环上的氨

基更容易被酰基化。

赖氨酸、色氨酸、精氨酸等碱性氨基酸，α-氨基碱性较弱，在碱性条件下其他的氨基更容易酰化，例如赖氨酸的酰化。

2,5-二氨基苯磺酸分子中有两个氨基，但所处的位置不同，2-位氨基由于受磺酸基的影响较大，酰化反应发生在 5-位氨基上。

对氨基水杨酸甲酯，由于羟基形成分子内氢键不容易被酰基化，氨基则很容易被酰基化。

2-O-取代-5-氟嘧啶-4-酮存在如下互变异构现象：

在三乙胺存在下，酰化反应发生在 3-位氮原子上。例如：

若将其制备成银盐，则酰化反应发生在 4-位氧原子上。

三、碳原子上的选择性酰化反应

苯环、萘环以及芳香杂环化合物，可发生卤化、磺化、硝化以及 F-C 反应，一般遵守芳环上的亲电取代的定位规律。芳环上的原有取代基对新基团的引入具有指导作用。

芳环上的酰基化，常用的酰基化试剂为羧酸、酸酐和酰氯（溴）。酰化反应的催化剂为 Lewis 酸和质子酸。

取代丁二酸酐，用 $AlCl_3$ 作催化剂，当取代基为吸电子基团时，酰化反应发生在离取代基较近的羰基碳原子上；当取代基为给电子基团时，则发生在离取代基较远的羰基碳原子上。

$$Y \overset{CO}{\underset{CO}{\Big\langle}} O + \bigcirc \xrightarrow{AlCl_3} \bigcirc\text{—}COCHCH_2CO_2H \quad (Y)$$

$$Y\text{—}\overset{CO}{\underset{CO}{\Big\langle}} O + \bigcirc \xrightarrow{AlCl_3} \bigcirc\text{—}COCH_2CHCO_2H \quad (Y)$$

1,3-二羰基化合物在碱性条件下与酰卤反应，主要发生在 β-碳上，生成 C-酰基化产物，O-酰基化是副产物，但 1,3-二羰基化合物的铊（Ⅰ）盐可以实现 C 和 O 的区域选择性酰基化反应。1,3-二羰基化合物的铊（Ⅰ）盐可以由 1,3-二羰基化合物与乙醇铊（Ⅰ）在惰性溶剂如石油醚中反应得到。2,4-戊二酮的铊（Ⅰ）盐在乙醚中于 $-78℃$ 与乙酰氯反应，O-酰基化产物的收率达 90% 以上，而于乙醚中室温与乙酰氟反应，则 C-酰基化产物达 95% 以上。

$$\left[H_3C \overset{O}{\underset{}{\big\|}} \overset{-}{\underset{}{\big|}} \overset{O}{\underset{}{\big\|}} CH_3 \rightleftharpoons H_3C \diagdown \diagup CH_3 \right] Tl(I)^+ \overset{CH_3COCl}{\underset{-78℃(90\%)}{\nearrow}} \quad \overset{CH_3COF}{\underset{rt(95\%)}{\searrow}}$$

1,3-二酮或 β-酮酸酯在一定的条件下可以生成双负离子，后者可以进行 γ-酰基化。

$$RCOCH_2COCH_3 \xrightarrow[\text{液氨}]{2LiNH_2} \underset{\alpha\ \beta\ \gamma}{RCOCHCOCH_2Li} \xrightarrow{R^1CO_2CH_3} RCOCHCOCH_2COR^1$$

$$\xrightarrow[\text{液氨}]{LiNH_2} RCOCHCOCHCOR^1 \xrightarrow[(40\%\sim50\%)]{H_3O^+} RCOCH_2COCH_2COR^1$$

对于简单的酮类化合物，与酰氯反应需要强碱，如氨基钠、三苯甲基钠等，而且往往由于 O 酰基化而使产物复杂化。由于 O 位酰基化速度比较快，很多情况下会使得 O-酰基化产物成为主要的产物。为了提高 C-酰基化的产物比例，可以采用如下几种方法。低温下加入过量（2～3 倍）的烯醇负离子（将烯醇盐加入底物中而不是相反）；使用相对无极性的溶剂和金属离子（如 Mg^{2+}），烯醇氧负离子会与金属离子紧密结合；使用酰氯而不要使用酸酐；低温反应等。当使用过量的烯醇时可以实现 C-酰基化的原因是，反应中先发生 O-酰基化，生成烯醇酯，后者再被 C-酰基化。

将简单酮转化为烯醇硅醚，再在 $ZnCl_2$ 或 $SbCl_3$ 催化下与酰氯反应，可以实现碳酰基化反应。例如：

$$\overset{O}{\bigcirc} \xrightarrow[Et_3N]{Me_3SiCl} \overset{OSiMe_3}{\bigcirc} \xrightarrow[\text{催化剂, DCM}]{CH_3COCl} \overset{O}{\underset{}{\bigcirc}}\overset{O}{\diagup} + \overset{O\diagup O}{\bigcirc}$$

| | $ZnCl_2$: | 63% | 3% |
| | $SbCl_3$: | 65% | 15% |

$$\underset{R}{\overset{OSiMe_3}{\diagup}}\diagdown + (CH_3CO)_2O \xrightarrow{BF_3} \xrightarrow[H_2O]{CH_3CO_2Na} RCOCCOCH_3$$

在 BF$_3$ 催化下，酮可以与酸酐反应，生成 β-二酮。将酮和乙酸酐的混合物用 BF$_3$ 饱和，而后用乙酸钠水溶液处理，可以生成 β-二酮。

$$\text{(丙酮)} + (CH_3CO)_2O \xrightarrow[2.CH_3CO_2Na]{1.BF_3} \text{(二酮)} + CH_3CO_2H$$

大致的反应过程如下：

$$\text{(丙酮)} + (CH_3CO)_2O \xrightarrow{-CH_3CO_2H} \text{(OOCCH}_3\text{)} \xrightarrow[BF_3]{(CH_3CO)_2O} \text{(OOCCH}_3\text{)}$$

$$\xrightarrow[-CH_3COF]{BF_3} \text{(BF}_2\text{)} \xrightarrow[H_2O]{CH_3CO_2Na} \text{(二酮)}$$

反应中催化剂 BF$_3$ 是过量的（通入 BF$_3$ 至饱和），使用催化量的 BF$_3$ 未能成功。

丙酮、苯乙酮、o-、m-、p-硝基苯乙酮等甲基酮与乙酸酐在 BF$_3$ 催化下反应都取得了较好的结果。

$$(CH_3CO)_2O + CH_3COC_6H_4NO_2 \xrightarrow[(64\%\sim68\%)]{BF_3} CH_3COCH_2COC_6H_4NO_2 + CH_3COOH$$

亚甲基酮如二乙基酮、环戊酮、环己酮、四氢萘酮等也能取得较好的结果。

$$(CH_3CO)_2O + \text{(环己酮)} \xrightarrow[(73\%)]{BF_3} \text{(产物)}CH_3 + CH_3COOH$$

含有甲基、亚甲基的不对称酮（如 CH_3COCH_2R），发生上述反应生成两种酰基化产物的混合物。两种异构体的比例取决于 R 的性质和通入 BF$_3$ 至饱和的速度。当慢慢通至饱和时，对于甲基乙基酮只得到亚甲基酰化的产物。但对于甲基丙基酮和其他更高级的甲基酮，甲基上的酰基化产物随着 β-碳上支链的增加而增加。甲基异丁基酮甲基上的乙酰基化产物达 45％，而当三个甲基连在 β-碳上的甲基新戊基酮进行反应时，则仅生成甲基酰基化产物。一般来说，提高 BF$_3$ 至饱和的速度，可以提高甲基酰基化物的比例，而在酸存在下降低加入 BF$_3$ 的速度可以提高亚甲基酰基化产物的比例。

如下反应在催化量的对甲苯磺酸存在下反应，而后加入 BF$_3$-乙醚溶液得到亚甲基酰基化产物[82]。

$$n\text{-}C_4H_9CH_2COCH_3 + (CH_3CO)_2O \xrightarrow{TsOH} n\text{-}C_4H_9CH=C(\text{OCOCH}_3)CH_3 \xrightarrow[(CH_3CO)_2O]{BF_3\text{-}CH_3COOH}$$

$$n\text{-}C_4H_9\text{(}H_3C,O,BF_3,O,H_3C\text{)} \xrightarrow[H_2O,\triangle(64\%\sim77\%)]{CH_3CO_2Na} n\text{-}C_4H_9CHCOCH_3\text{(COCH}_3\text{)}$$

苯丙酮也可以发生类似的反应。

$$(CH_3CO)_2O + CH_3COCH_2Ph \xrightarrow[H^+(50\%\sim60\%)]{BF_3} CH_3COCH(Ph)COCH_3 + CH_3COOH$$

除了乙酸酐外，其他一些酸酐也可以发生碳上的酰基化反应。例如：

$$[CH_3(CH_2)_2CO]_2O + CH_3COC_6H_5 \xrightarrow[(63\%)]{BF_3} CH_3(CH_2)_2COCH_2COC_6H_5 + CH_3CH_2CH_2COOH$$

$$[CH_3(CH_2)_4CO]_2O + CH_3COCH_2CH_3 \xrightarrow[(64\%)]{BF_3} CH_3(CH_2)_4COCHCOCH_3 + CH_3(CH_2)_4COOH$$

均三甲苯在 BF$_3$ 催化下与乙酸酐反应，首先发生苯环上的 F-C 酰基化反应，而后发生酮碳上的酰基化反应。

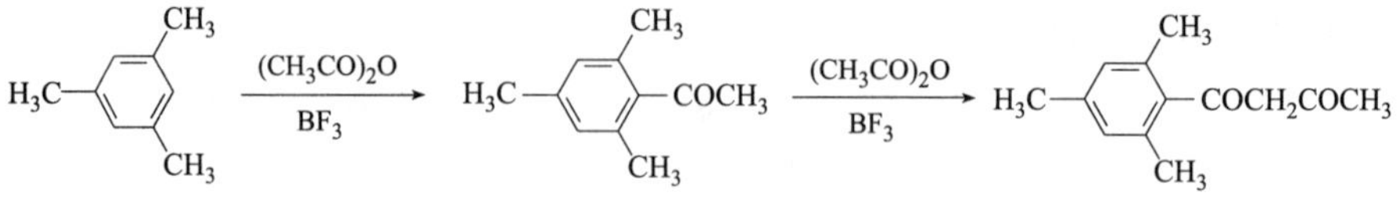

均三甲苯在 BF$_3$ 催化下与乙酸酐反应的化学方程式图

将醛、酮与仲胺发生缩合脱水转化为烯胺，与酰氯反应，可以生成 1,3-二羰基化合物（Stork 烯胺反应）。

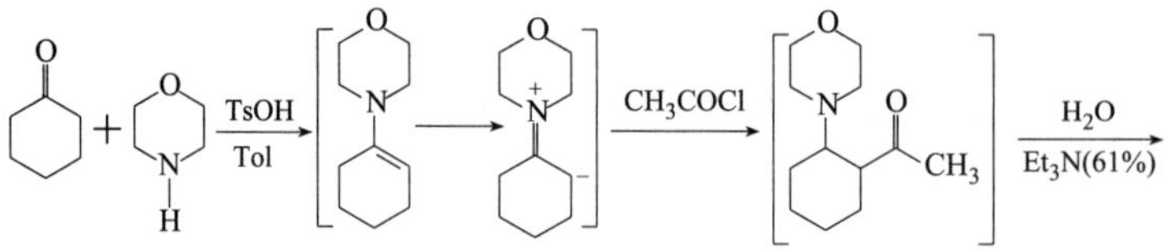

Stork 烯胺反应的化学方程式图

与碱催化下醛、酮进行的直接酰基化相比，采用烯胺法有许多优点。不需要其他催化剂，可以避免在碱性条件下醛、酮的自身缩合、Michael 反应等。从烯胺的结构来看，烯胺有两个反应位点——碳和氮，反应中虽然氮上也可以发生酰基化反应，但生成的 N-酰基化产物（铵盐）为良好的酰基化试剂，也可以对烯胺进行酰基化，故烯胺碳酰基化的收率较高。这一方法是酮在 α-碳原子上引入酰基的重要方法之一。

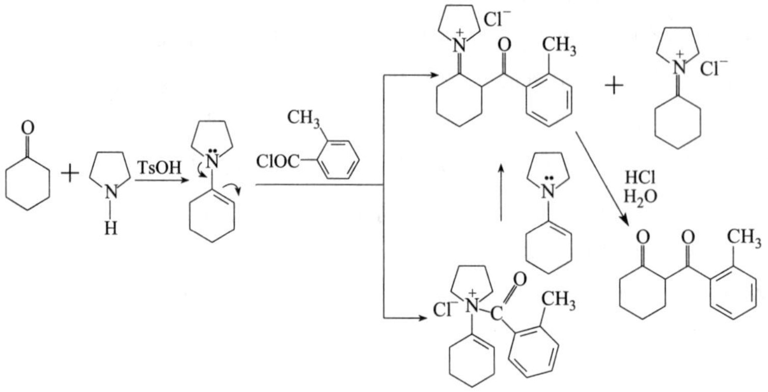

烯胺碳酰基化反应机理图

制备烯胺时常用的仲胺是环状的哌啶、吗啉、四氢吡咯，使用的酰基化试剂可以是酰氯、酸酐、氯甲酸酯等。

酮与胺生成的酮亚胺也可以直接采用酰基苯并三唑进行酰基化[83]。

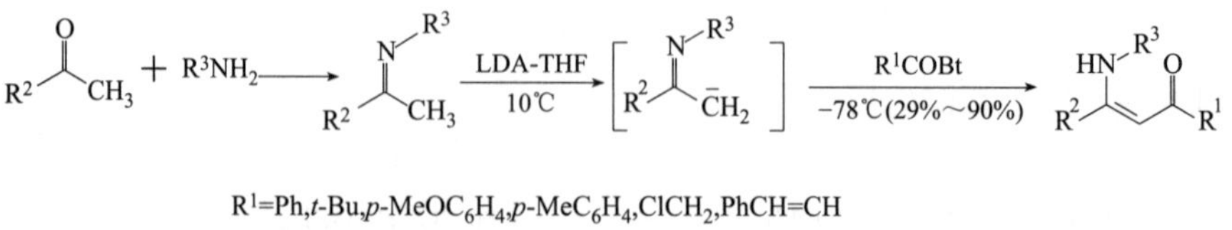

酮亚胺酰基化反应的化学方程式图

R^1=Ph,t-Bu,p-MeOC$_6$H$_4$,p-MeC$_6$H$_4$,ClCH$_2$,PhCH=CH
R^2=i-Pr,Ph,c-Pr; R$_3$=n-Bu,t-Bu,c-C$_6$H$_{11}$; Bt=苯并三唑基

酰胺类化合物低温在强碱 LDA 作用下与酰氯反应可以高立体选择性的生成 α-酰基化产物，后者用三烃基硅烷在三氟乙酸存在下还原，可以高立体选择性的生成羰基还原产物醇。例如[84]：

选择性酰基化往往可以获得高选择性的酰基化产物。

◆ 参考文献 ◆

［1］ 金微西，赵志庆，颜庆林等.中国医药工业杂志，2007，38（5）：321.

［2］ Dunwell D W, et al. J Med Chem, 1975, 18（1）: 53.

［3］ 黄斌，蒋立建，丁军.化工时刊，2004，18（6）：34.

［4］ Vesley D F, Stenberg V I. J Org Chem, 1971, 36（17）: 2548.

［5］ 刘韬，盛春光，张虎山等.中国药物化学杂志，2005，15（6）：251.

［6］ 蒋丽媛，陈莉，张奕华.中国药物化学杂志，2004，14（3）：178.

［7］ 张红梅，陈立功，曹小辉等.现代化工，2008，28（8）：56.

［8］ 余勇，刘骞锋，杨永忠等.应用化工，2011，40（8）：1484.

［9］ 杨辉，刘明峰，张嫡群等.中国医药工业杂志，2007，38（7）：470.

［10］ 刘彪，林蓉，廖建宇等.中国医药工业杂志，2007，38（8）：539.

［11］ 于慧，关筱微，王琳等.精细化工中间体，2014，44（4）：40.

［12］ Gediya I K, et al. J Med Chem, 2005, 48（16）: 5047.

［13］ 陈永红，王丽华，周红等.中国医药工业杂志，2009，40（6）：401.

［14］ 薛晓霞，李刚，孙昌俊等.基于吉西他滨结构的前药及其合成方法及应用.CN，ZL. 2009，1 0020716. 7.

［15］ Einhorn J, Einhorn C, Luche J L. Synth Commun, 1990, 20（8）: 1105.

［16］ 简杰，杨晖，许文东等.中国医药工业杂志，2016，47（6）：685.

［17］ 刘巧云，陈文华.中国医药工业杂志，2013，44（5）：414.

［18］ 吴成龙，黄志雄，桑志培等.有机化学，2011，31（8）：1262.

［19］ 陈芬儿.有机药物合成法：第一卷.北京：中国医药科技出版社，1999：560.

［20］ 陈邦银，张汉萍，丁惟培.中国医药工业杂志，1991，22（5）：205.

［21］ Price D A, Gayton S, Selby M D, et al. Tetrahedron Lett, 2005, 46（30）: 5005.

［22］ 刘建国，刘和平.广东化工，2012，39（4）：49.

［23］ 高丽梅，汪燕翔，宋丹青.中国新药杂志，2007，16（23）：1960.

［24］ Talley J J, Bertenshaw S R, Brown D L, et al. J Med Chem, 2000, 43（9）: 1661.

［25］ Miyake A, et al. Chem Pharm Bull, 1986, 34（7）: 2852.

［26］ Jaszay Z M, Petnehazy I, Toke L. Synthesis, 1989, 10（10）: 745.

［27］ 陈仲强，陈虹.现代药物的制备与合成：第一卷.北京：化学工业出版社，2008：12.

［28］ 李公春，张龙晓，李雪峰.河北化工，2011，6：35.

［29］ 王玉成，郭惠元.中国医药工业杂志，2003，34（5）：209.

［30］ 李志裕，任晓岚，刘潇等.中国医药工业杂志，2009，40（11）：805.

［31］ Heeres J, Backx L J J, Mostmans J H, et al. J Med Chem, 1979, 22（8）: 1003.

［32］ Weinreb S M, Joseph Auerbach. J Am Chem Soc, 1975, 97（9）: 2503.

［33］ 孙昌俊，王秀菊，曹晓冉.药物合成反应——理论与实践.北京：化学工业出版社，2007：272.

［34］ 郭家斌，叶姣，胡艾希.中南药学，2008，6（1）：21.

［35］ 金红日，陈晓芳，闫启东等.合成化学，2008，16（3）：358.

［36］ 郑士才，谢艳，吕延文等.中国新药杂志，2011，20（6）：553.

［37］ 孙昌俊，王秀菊，曹晓冉.药物合成反应——理论与实践.北京：化学工业出版社，2007：436.

［38］ 胡玉琴，周慧莉.中国医药工业杂志，1980，12（2）：1.

［39］ De M G, La R G, Di P A, et al. J Med Chem, 2005, 48（13）: 4378.

［40］陈芬儿. 有机药物合成法：第一卷. 北京：中国医药科技出版社，1999：984.

［41］韩峰，徐崇福，李贞奇等. 安徽农业科学，2009，37（17）：7816.

［42］王凯，徐泽彬，宋率华，金琪. 中国医药工业杂志，2013，44（12）：1207.

［43］吕加国，张万年，朱驹等. 中国医药工业杂志，1995，26（7）：289.

［44］Richard M, et al. Tetrahedron Lett, 1980, 21（13）: 1205.

［45］Martens H, Hoornaert G. Tetrahedron Lett, 1970: 1281.

［46］Price D A, Gayton S, Selby M D, et al. Tetrahedron Lett, 2005, 46（30）: 5005.

［47］陈芬儿. 有机药物合成法：第一卷. 北京：中国医药科技出版社，1999：97.

［48］王钝，侯利柯，吴丽蓉，于鑫. 沈阳药科大学学报，2012，29（2）：113.

［49］Camphell K N, et al. US. 3176019. 1965.

［50］曹瑞强，汪燕翔，何维英等. 中国新药杂志，2006，15（6）：451.

［51］李坤，王瑛瑛，于媛媛等. 中国新药杂志，2011，20（19）：1920.

［52］陆江海，王杉，邓静等. 中国新药杂志，2005，14（5）：583.

［53］陈芬儿. 有机药物合成法：第一卷. 北京：中国医药科技出版社，1999：161.

［54］陈芬儿. 有机药物合成法：第一卷. 北京：中国医药科技出版社，1999：134.

［55］金宁，徐云根，华唯一. 中国药物化学杂志，2006，16（2）：112.

［56］Shinkai H, Nishikawa M, Sato Y, et al. J Med Chem, 1989, 32（7）: 1436.

［57］Ghandi M, Hasani M, Salahi S. Monatshefte für Chemie - Chemical Monthly, March 2012, 143: 455-460.

［58］Anelli P L, Brocchetta M, Palano D, et al. Tetrahedron Lett, 1997, 38（13）: 2367.

［59］Kiesslin A J, McClureib C K. Syn Commun, 1997, 27（5）: 923.

［60］张娟，刘毅峰. 西北大学学报，1995，25（6）：633.

［61］Bon E, Bigg D C H, Bertrand G. J Org Chem, 1994, 59: 4035.

［62］朱津津，樊士勇，仲伯华. 中国药物化学杂志，2012，22（3）：204.

［63］Stanislaw R, Tadeusz G. Synth Commun, 1997, 27（8）:1359.

［64］孙昌俊，王秀菊，曹晓冉. 药物合成反应——理论与实践. 北京：化学工业出版社，2007：273.

［65］Mwassbach, Martin. US 2001. 16207A1.

［66］陈芬儿. 有机药物合成法：第一卷. 北京：中国医药科技出版社，1999：866.

［67］石春桐，王圣符. 中国海洋药物，1990，9（3）：10.

［68］陈芬儿. 有机药物合成法：第一卷. 北京：中国医药科技出版社，1999：60.

［69］陈芬儿. 有机药物合成法：第一卷. 北京：中国医药科技出版社，1999：862.

［70］王成峰，林原斌. 长沙电力学院学报，2004，19（4）：87.

［71］陈重，李钦，樊后兴. 中国医药工业杂志，2009，40（10）：732.

［72］黄晓龙，林东恩，张逸伟. 化学试剂，2007，29（5）：307.

［73］Diana G D, Cutcliffe D, et al. J Med Chem, 1989, 32（2）: 450.

［74］万杰，吴成龙. 中国医药工业杂志，2010，41（1）：14.

［75］Ackerman J H, Surrey A R. Org Synth, 1973, Coll Vol 5: 668.

［76］Furniss B S, Hannaford A J, Rogers V, et al. Vogel's Textbook of Practical Chemistry. Longman London and New York. Fourth edition, 1978: 761.

［77］Linda T, Henrik S. Chem Commun, 2018, 54: 531.

［78］蒋丽媛，陈莉，张奕华. 中国药物化学杂志，2004，14（3）：178.

［79］陈芬儿. 有机药物合成法：第一卷. 北京：中国医药科技出版社，1999：1016.

［80］陈芬儿. 有机药物合成法：第一卷. 北京：中国医药科技出版社，1999：583.

［81］孙昌俊，王秀菊，曹晓冉. 药物合成反应——理论与实践. 北京：化学工业出版社，2007：289.

［82］Ling M, Hausker C R. Org. Synth, 1988, Coll Vol 6: 245.

［83］Katritzky A R. Synthesis, 2000, 14: 2029.

［84］Fujita M, Hiyama T. Organic Syntheses, 1993, Coll Vol 8: 326.

第八章 | 重氮化及重氮盐的反应

脂肪族、芳香族、芳杂环类伯胺，在无机酸存在下与亚硝酸作用（有时也可用亚硝酸酯），生成重氮盐的反应，称为重氮化反应。

$$RNH_2 + HONO + HCl \longrightarrow RN_2{}^+Cl^- + 2H_2O$$

最常用的重氮化试剂是亚硝酸钠。亚硝酸钠与酸作用生成亚硝酸。新生成的亚硝酸立即与伯胺反应生成重氮盐。亚硝酸很不稳定，只能在反应体系中生成后立即参与反应。

$$NaNO_2 + HCl \longrightarrow HONO + NaCl$$

$$NaNO_2 + H_2SO_4 \longrightarrow HONO + NaHSO_4$$

重氮盐本身并无实用价值，但由于其活性很大，可发生许多反应，如取代、还原、偶合、水解反应等，从而转化成各种类型的化合物，在药物及其中间体合成中具有非常重要的意义。

第一节 重氮化反应机理及主要影响因素

一、重氮化反应机理

关于重氮化反应的机理，目前认为是亚硝酰正离子（^+NO）对伯胺氨基的亲电取代反应，以苯胺为例表示如下：

$$NaNO_2 \Longrightarrow Na^+ + {}^-ONO(NO_2^-) \xrightarrow{H^+} HO-NO + Na^+$$

$$HO-NO \xrightarrow{H^+} H_2O^+-NO \Longrightarrow H_2O + {}^+NO$$
$$[1]$$

^+NO 分支：

- $\xrightarrow{NO_2^-}$ $ON-NO_2(N_2O_3)$ [2] $\downarrow PhNH_2$
- $\xrightarrow{PhNH_2}$ $PhNH_2\overset{+}{N}O$ [4] $\uparrow PhNH_1$
- $\xrightarrow{X^-}$ NOX [3]

$$PhNH_2\overset{+}{N}O \xrightarrow{-H^+} PhNHNO \xrightarrow{互变} PhN=NOH \xrightarrow{H^+} Ph\overset{+}{N}\equiv N + H_2O$$
$$[5] \qquad [6] \qquad [7]$$

反应中首先生成亚硝酰正离子，亚硝酰正离子可以生成亚硝酰化合物 [1]、[2]、[3]，它们均可与芳胺的氨基进行亲电反应，生成中间体 [4]，[4] 失去质子生成 N-亚硝基化合物 [5]，[5] 互变异构化生成 [6]，[6] 在酸中进一步失去一分子水转变为重氮盐 [7]。

[1]、[2]、[3] 都是亚硝酰正离子的供给体，只是它们的结构不同。它们的生成与使用的酸的性质和浓度有关，也与重氮化反应速度有关。因此，在不同条件下进行重氮化反应，

其动力学方程也不同。

1. 稀硫酸中的重氮化反应

在稀硫酸中苯胺重氮化反应的动力学方程为：

$$V = K_1 d[PhN_2^+]/dt = K_1[PhNH_2][HNO_2]^2$$

亚硝酸钠与稀硫酸反应生成亚硝酸，两分子亚硝酸反应生成亚硝酸酐（N_2O_3，即 ON-NO_2）。

$$NaNO_2 + H_2SO_4 \rightleftharpoons HONO + NaHSO_4$$
$$2HONO \rightleftharpoons N_2O_3 + H_2O$$

N_2O_3 作为亚硝酰正离子的供给体与苯胺反应生成中间体亚硝胺 [5]，[5] 最终生成重氮盐。因此，在稀硫酸中进行的重氮化反应，真正发生反应的是亚硝酸酐和苯胺。

$$PhNH_2 + NO—NO_2 \longrightarrow PhN\overset{+}{\equiv}N$$

2. 盐酸中的重氮化反应

在盐酸中苯胺重氮化反应的动力学方程为：

$$V = K_1[PhNH_2][HNO_2]^2 + K_2[PhNH_2][HNO_2][H^+][Cl^-]$$

显然，方程式的前半部分与苯胺在稀硫酸中的重氮化反应是相同的，是苯胺与亚硝酸酐的反应，且 $K_2 \gg K_1$，后半部分可以假定是游离胺与亚硝酰氯（NOCl）进行的反应。

$$PhNh_2 + NOCl \longrightarrow PhNHNO + H_3O^+ + Cl^-$$

亚硝酰氯系按下列反应生成的：

$$NaNO_2 + HCl \longrightarrow HONO + NaCl$$
$$HONO + HCl \longrightarrow NOCl + H_2O$$

亚硝酸与盐酸反应生成的亚硝酰氯（NOCl），其亲电性比亚硝酸酐强的多，因此，与苯胺的反应速度更快。可以认为在盐酸中苯胺的重氮化反应，亚硝酰氯是主要的亚硝酰正离子的供给体，其与苯胺反应后生成中间体（4），后者最后转变为重氮盐。

重氮化反应必须在酸性条件下进行，因为在碱性条件下重氮化试剂 HNO_2、N_2O_3、NOCl 等不能存在。参加反应的伯胺应当是游离的，游离的胺亲核性强，才能与重氮化试剂发生反应。芳胺在酸性条件下存在如下平衡：

$$PhNH_2 + H^+ \rightleftharpoons Ph\overset{+}{N}H_3$$
$$Ph\overset{+}{N}H_3 + H_2O \rightleftharpoons PhNH_2 + H_3^+O$$

体系中游离胺是由铵盐水解形成，因此容易水解的铵盐重氮化速度大于难以水解的铵盐。

在有溴离子存在时可生成亚硝酰溴。在水溶液中生成亚硝酰溴的反应平衡常数比生成亚硝酰氯的平衡常数大将近 300 倍，因而重氮化反应速率急剧增大。

使用亚硝酸钠和无机酸进行重氮化反应时，各种无机酸的反应活性如表 8-1 所示。

表 8-1　不同无机酸中重氮化活性

无机酸	浓 H_2SO_4	HBr	HCl	稀 H_2SO_4
亲电质点	^+NO	NOBr	NOCl	N_2O_3
活性	大		$\longrightarrow$	小

除了亚硝酸钠与无机酸作重氮化试剂外，有时也用亚硝酸酯，例如亚硝酸丁酯、亚硝酸

戊酯等，称为亚硝酸酯重氮化法。该法通常是将芳伯胺盐溶于醇、冰醋酸或其他有机溶剂如丙酮、DMF 等中，再以亚硝酸酯进行重氮化。

二、重氮化反应的主要影响因素

很多因素影响重氮化反应的进行，包括无机酸的种类和用量、亚硝酸盐的用量，芳香胺的结构、反应温度等，这些因素直接影响重氮化过程和重氮盐的反应。

1. 无机酸及其用量

用盐酸与亚硝酸钠使芳香胺进行重氮化反应的反应方程式如下：

$$ArNH_2 + NaNO_2 + 2HCl \longrightarrow ArN_2^+Cl^- + 2H_2O + NaCl$$

理论上 1mol 芳胺重氮化时需要 2mol 一元酸，其中 1mol 与亚硝酸钠反应生成亚硝酸，1mol 与芳胺成盐，增大其在水中的溶解度以便于成均相反应，同时形成重氮盐。

$$NaNO_2 + HCl \longrightarrow NaCl + HONO$$

$$ArNH_2 + HCl \Longrightarrow ArNH_2 \cdot HCl$$

$$\xrightarrow{HNO_2} ArN_2^+Cl^- + 2H_2O$$

但重氮化时酸的用量要远远大于理论量，最少不低于 2.5mol，甚至达到 3～4mol。若酸性不强，则生成的重氮盐很容易与芳胺反应生成重氮氨基化合物。

$$ArN_2^+Cl^- + ArNH_2 \Longrightarrow ArN=N-NHAr + HCl$$

该反应可逆，在过量无机酸存在下，重氮氨基化合物又可分解为重氮盐和芳胺无机酸盐。

在弱酸性条件下，重氮化合物还可能与芳胺发生偶联反应，生成偶氮化合物。

$$ArN_2^+Cl^- + ArNH_2 \longrightarrow ArN=N-ArNH_2 + HCl$$

另外，亚硝酸存在如下电离平衡：

$$HNO_2 + H_2O \Longrightarrow H_3^+O + NO_2^-$$

酸过量可抑制亚硝酸的离解，以保证亚硝酰氯或亚硝酸酐的生成，二者才是真正的重氮化试剂。

如前所述，在盐酸中进行的重氮化反应，重氮化试剂主要是亚硝酰氯，在稀硫酸中为亚硝酸酐。而在浓硫酸中则是亚硝酰正离子。若以 NOY 代表重氮化试剂，Y 的碱性越弱，则NOY 的亲电性越强。各种重氮化试剂的反应活性强弱次序如下：

$$ON-OH_2^+ > ON-Cl(Br) > ON-SO_4H > ON-NO_2 > ON-OAc > ON-OH > ON-OR$$

其中亚硝酰乙酸酯和亚硝酸酯是在有机溶剂中进行重氮化反应的试剂，其他都是亚硝酸钠在酸性条件下生成的重氮化试剂。究竟哪一种或哪几种重氮化试剂起作用，取决于酸的浓度和种类。由此可见，重氮化反应中选择合适的酸以及适宜的酸浓度是非常重要的。另外，重氮化速度也依酸的不同而不同，用氢溴酸时反应速度比盐酸快得多，而用硝酸或稀硫酸时，反应速度不及盐酸。

2. 芳胺的结构

芳胺的结构与其碱性强弱有关，碱性强弱又与和酸成盐的能力有关，因而不同结构的芳胺使用的重氮化方法也应有所不同。

反应机理表明，芳胺碱性越强越有利于 N-亚硝基化反应，并进而提高重氮化反应速率。但强碱性的芳胺，例如芳环上有邻、对位定位基的芳胺，碱性较强，容易与酸成盐，而铵盐的水溶性较大，相对而言不容易以游离胺的形式存在，使参加重氮化反应的游离胺浓度降低，从而抑制了重氮化反应速度。因而，酸的浓度低时，芳胺的碱性强弱是主要影响因素，碱性强，重氮化速度快；酸的浓度较高时，铵盐的水解成为主要影响因素，碱性弱的芳胺重氮化速度快。碱性强的芳胺重氮化时常采用所谓顺加法，即先将芳胺溶于稀酸水溶液中，再于低温慢慢加入亚硝酸钠水溶液。

芳环上有强吸电子基团，如硝基、磺酸基、卤原子、腈基等的芳胺，碱性较弱，不太容易与酸成盐，而且其铵盐水溶性差，容易水解为游离胺，即游离胺的相对浓度大，重氮化反应速度较快。同时，生成的重氮盐也容易与游离胺发生反应生成偶氮氨基化合物。这类化合物重氮化时常采用倒加法，即先将芳胺与亚硝酸钠水溶液混合，然后慢慢加到冷的稀酸中进行重氮化反应。对氨基苯磺酸的重氮化即采用此方法。先将对氨基苯磺酸溶于碳酸钠水溶液中，加入亚硝酸钠，而后加到预先冷却的稀盐酸中。

对于碱性很弱的芳胺，例如 4-硝基-1-萘胺、2-氨基-4-硝基联苯、2,4-二硝基苯胺、2-氰基-4-硝基苯胺以及某些杂环化合物如苯并噻唑、苯并咪唑衍生物等，其碱性很弱，在稀酸中几乎完全以游离胺的形式存在，不溶于水，难以进行重氮化反应。但可溶于浓酸，这时可在浓硫酸或硫酸-磷酸中进行重氮化，即所谓浓酸法。将该类芳胺溶于浓硫酸或硫酸-磷酸中，加入固体亚硝酸钠或亚硝酸钠的硫酸溶液，使其发生重氮化反应。此时的重氮化试剂是亚硝酰硫酸（ON-SO_4H）。例如如下反应[1]：

又如[2]

弱碱性的胺在其中重氮化可能获得满意的效果。例如抗癌药甲氧芳芥（Methoxymerphalan）等的中间体间硝基碘苯（**1**）[3] 的合成。

值得指出的是，有时由于溶解性问题，可以考虑使用硫酸-乙酸混合体系作为重氮化反应的介质。例如农药氟虫腈中间体（**2**）[4] 的合成。

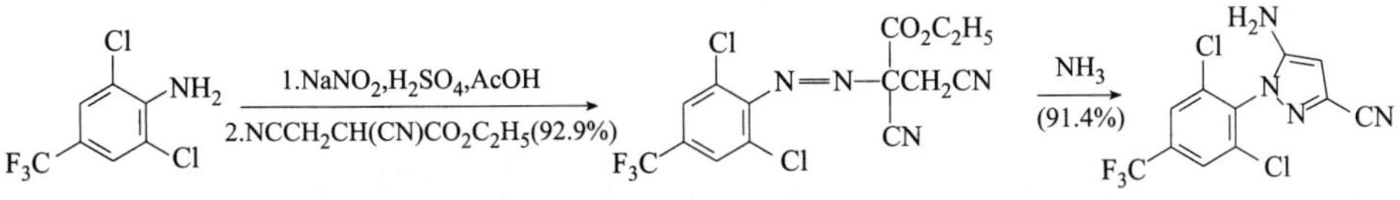

$$(2)$$

这种方法也适用于碱性较强的芳香胺和杂环芳香胺，前提是相应的胺在硫酸中比较稳定。

综上所述，当酸的浓度低时，芳胺的碱性强弱往往是主要影响因素，碱性越强的芳胺重氮化反应速度越快；在酸的浓度较高时，铵盐水解的难易往往成为主要影响因素，碱性弱的芳胺重氮化速度较快。而且在具体的重氮化反应操作方法上也不尽相同。

某些氨基酚类化合物，在无机酸中容易被亚硝酸氧化成醌亚胺型化合物，此时不能用常规的重氮化方法。例如 2-氨基-5,6-二硝基苯酚，其重氮化是先将其溶于氢氧化钠溶液中，再加入盐酸使其以极细的颗粒析出，而后加入亚硝酸钠进行重氮化。1-氨基-2-羟基-4-萘磺酸的重氮化是在中性水溶液中加入硫酸铜催化剂来进行的。

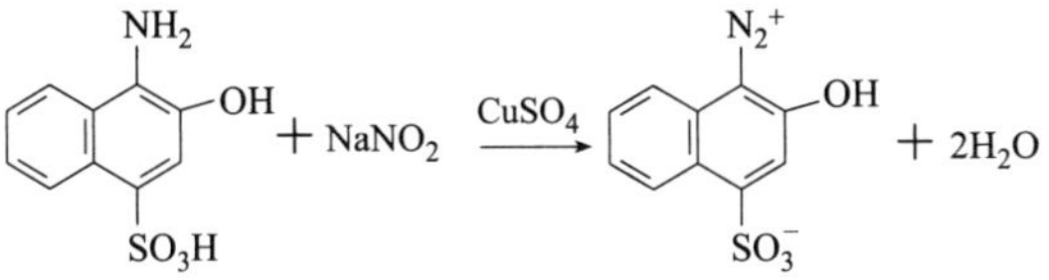

若化合物分子中有两个氨基时，根据其碱性强弱的差异，控制适当的酸度，有可能进行选择性重氮化。例如：

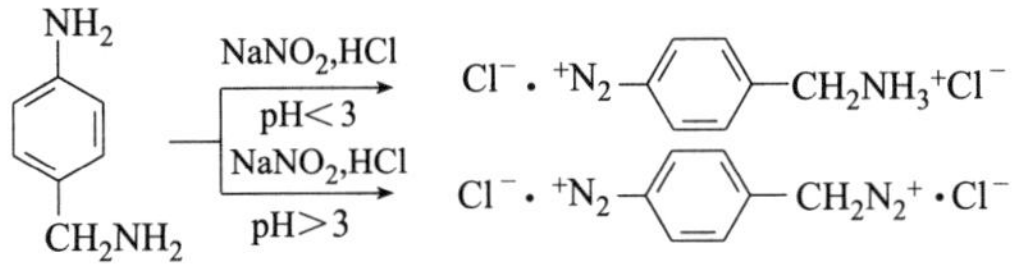

3. 反应温度

温度高时重氮化反应速度快，10℃时反应速度比 0℃时快 3～4 倍。但重氮盐不稳定，亚硝酸温度高易分解，而且重氮化反应为放热反应，因此，在实际操作时一般控制在 0～5℃进行反应。碱性越强的芳胺重氮化反应温度越低。若生成的重氮盐比较稳定，可在较高温度下进行重氮化，已有在 30～40℃进行重氮化反应的报道。

工业上常采用连续重氮化法。由于反应的连续性，可提高重氮化反应温度，重氮盐一经生成立即发生后续反应，可以避免或大大减少重氮盐的分解，从而提高了生产效率。

4. 亚硝酸钠的用量与反应终点控制

重氮化反应中常用理论量或略高于理论量（5%）的亚硝酸钠。过量的亚硝酸钠会使重氮盐分解，若亚硝酸钠用量不足，容易生成重氮氨基化合物和偶氮化合物。重氮化反应的终点可用淀粉-碘化钾试纸或试液来测定。

$$2KI + 2HCl + 2HNO_2 \longrightarrow I_2 + 2NO + 2KCl + 2H_2O$$

反应液若使其变兰，表明已有过量的亚硝酸钠存在，反应已达到终点。然后加入少量尿素或氨基磺酸，分解过量的亚硝酸。

$$2HNO_2 + H_2NCONH_2 \longrightarrow 2N_2 + CO_2 + 3H_2O$$

$$HNO_2 + H_2NSO_3H \longrightarrow H_2SO_4 + N_2 + H_2O$$

过量的尿素和氨基磺酸对后面的反应无影响。

第二节 重氮盐的性质和反应

一、重氮盐的结构和稳定性

脂肪胺的重氮盐极不稳定，在生成的过程中就会分解，经过碳正离子而生成醇，而且碳正离子会有重排现象，进而生成更复杂的化合物，但有些脂肪族伯胺可以生成较稳定的重氮盐时在合成上往往也有重要意义。

芳伯胺重氮化生成的重氮盐 [1] 与重氮物 [2] 为互变异构体：

$$[Ar—\overset{+}{N}\!\!\equiv\!\!N]·Cl^- \underset{H^+}{\overset{HO^-}{\rightleftharpoons}} [Ar—N\!\!=\!\!\overset{+}{N}]·Cl^-$$
$$[1] \qquad\qquad\qquad [2]$$

pH 值低时以 [1] 为主，pH 值高时以 [2] 为主。若 pH 值进一步升高，可发生如下变化：

$$[Ar—\overset{+}{N}\!\!\equiv\!\!N]·Cl^- \rightleftharpoons [Ar—N\!\!=\!\!\overset{+}{N}]·Cl^- \rightleftharpoons \underset{HO—N}{Ar—N} \rightleftharpoons \underset{NaO—N}{Ar—N} \rightleftharpoons \underset{N—ONa}{Ar—N}$$

pH<6　　　　　　pH8~9　　　　　pH10~11　　　pH11~12　　　pH13

（顺重氮酸）　（顺重氮酸盐）　（反重氮酸盐）

因此，重氮化合物的结构随 pH 值的改变而改变，在某一 pH 范围内存在一种主要的结构形式。芳胺的结构不同，生成的重氮盐发生上述变化的 pH 值也不同。

重氮盐一般不稳定，干燥的重氮盐受热或剧烈震动会分解甚至引起爆炸，但在水溶液中低温下比较稳定。因此，一般不分离重氮盐，而是在溶液中直接进行下一步反应。

重氮盐的稳定性与芳胺的结构有关。例如，对氨基苯磺酸的重氮化可在室温进行，因为生成的重氮基与磺酸基生成内盐，提高了重氮盐的稳定性。

$$H_2N—\!\!\!\!\bigcirc\!\!\!\!—SO_3H \xrightarrow[<20℃]{NaNO_2,HCl} {}^+N_2—\!\!\!\!\bigcirc\!\!\!\!—SO_3^-$$

1-氨基蒽醌在浓硫酸中的重氮化可在 45~50℃进行，生成的重氮盐可在 80~90℃的水中重结晶，稳定性很高。原因是特殊的芳环分散了重氮基上的正电荷。

未取代的或有邻、对位定位基的芳胺，生成的重氮盐稳定性差，因而重氮化反应温度一般在 5℃以下进行。

除了结构之外，重氮盐的稳定性还与温度、光、某些金属离子以及氧化剂等有关。但也有例外，也就是所谓的稳定重氮盐，例如氟硼酸重氮盐，吡唑重氮内盐以及三蝶烯重氮盐。氟硼酸重氮盐是稳定的，常用于氟化物的合成。

为了提高重氮盐的稳定性，有时可将其与氯化锌反应生成固体复盐，滤出后可室温保存，随时可以用于后续的各种反应。例如如下复盐（**3**）[5] 是一种光敏剂，可在乙醇中重结晶，得到纯品，保存较长时间。

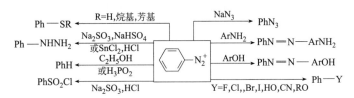

(3)

将硫酸负载于硅胶上，芳香胺与亚硝酸钠反应，用该方法制备的重氮盐比较稳定，可室温保存数日。在室温下可以转化为叠氮化合物[6]。

$$ArNH_2 + NaNO_2 \xrightarrow[H_2O, rt]{HOSO_3\text{-}SiO_2} ArN^+ \cdot {}^-OSO_3\text{-}SiO_2 \xrightarrow{NaN_3} ArN_3$$

重氮化反应是有机合成的重要反应。重氮基分解可以生成碳正离子或自由基，从而实现芳环上的亲核取代、自由基取代或加成反应。重氮盐分解的一般倾向是，在强酸性条件下分解，产生芳基碳正离子；在中性或碱性条件下，或在非极性溶剂中，容易分解为自由基。重氮基可以被还原为芳肼类化合物，也可以作为亲电试剂与芳胺或酚类化合物发生偶联反应，生成偶氮化合物，与叠氮钠反应可以生成叠氮类化合物。从反应后重氮基的情况来看，重氮盐的反应也可以分为保留氮的重氮基的转化反应和失去氮的转化反应，这些反应广泛用于药物及其中间体的合成中。具体反应见图 8-1。

Ph—SR ← R=H,烷基,芳基	NaN₃ → PhN₃	
Ph—NHNH₂ ← Na₂SO₃,NaHSO₄ 或 SnCl₂,HCl	ArNH₂ → PhN=N—ArNH₂	
PhH ← C₂H₅OH 或 H₃PO₂	ArOH → PhN=N—ArOH	
PhSO₂Cl ← Na₂SO₃,HCl	Y=F,Cl,Br,I,HO,CN,RO → Ph—Y	

图 8-1　重氮盐的基本反应

二、放出氮的重氮基转化反应

这类反应既有离子型反应，又有自由基型反应，随反应的不同而不同。

1. 离子型取代反应

芳香族重氮盐分解失去氮气，生成芳基碳正离子，后者与亲核试剂反应生成相应化合物。

$$Ar-\overset{+}{N}\equiv N \xrightarrow[-N_2]{慢} Ar^+ \xrightarrow[快]{Y^-} Ar-Y$$

该反应为一级反应，重氮盐的分解是慢步骤。溶剂效应、芳环上的取代基性质等对反应速率有影响。芳环上有邻、对位定位基如甲基、烷氧基、羟基等时，重氮盐稳定性差，反应速率快，容易失去 N₂ 生成芳基碳正离子，后者与水、卤负离子、硫负离子等结合，生成相应的化合物。

反应在水中进行，在亲核取代反应中为了防止同其他负离子的竞争，重氮化所用的酸有时是有选择的。例如，用碘负离子取代重氮基时，可以用盐酸或硫酸，因为 Cl⁻ 和 HSO₄⁻ 的亲核性很小，但不能用氢溴酸，溴负离子的亲核性较强，容易生成溴代物。

（1）重氮基被羟基、烃氧基取代　重氮基被羟基取代生成酚，例如药物去氧肾上腺素盐酸盐（Phenylephrine hydrochloride）等的中间体间羟基苯乙酮[7] 的合成。

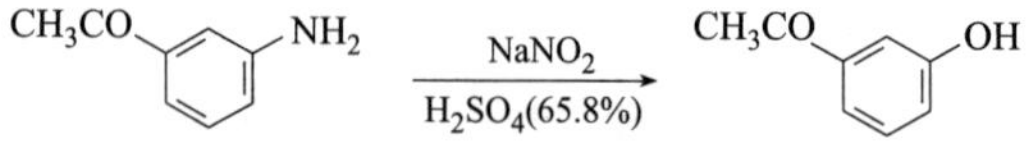

又如头孢类抗生素（Cephalosprorin）等的中间体对氟苯酚[8] 的合成。

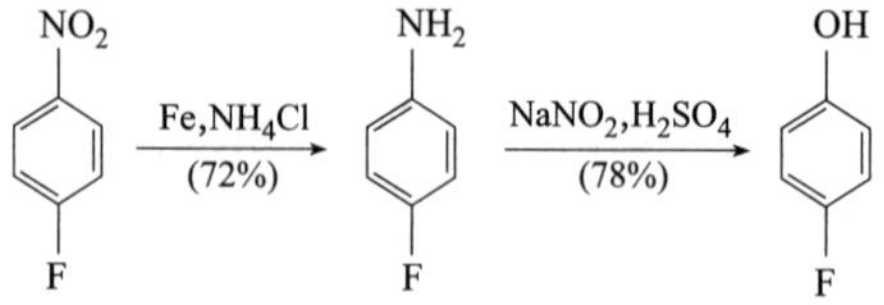

在该类反应中，重氮盐的分解是慢步骤，水解时的温度有较大差异。重氮盐越稳定，水解温度也越高。

若用盐酸制备重氮盐，然后水解制备酚类化合物，则存在两种亲核试剂的竞争反应，生成氯化物和酚的混合物。例如：

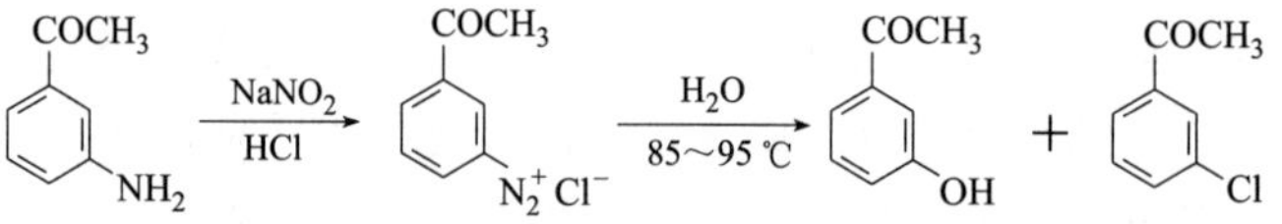

因此，用重氮盐制备酚类化合物时，重氮盐最好是硫酸盐。在这类反应中，有时可加入硫酸铜或硫酸钠，特别是硫酸铜，具有明显的催化水解作用，收率也有提高。

周围动脉闭塞性疾病预防和治疗药物 NCX-4016 合成中间体间羟基苯甲醛[9] 的合成如下。

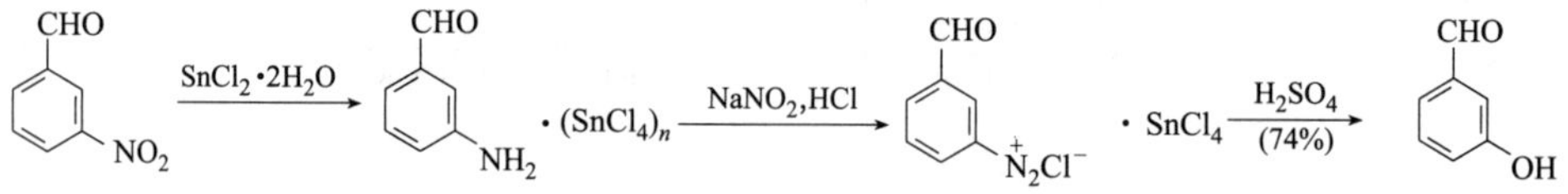

芳香杂环胺类化合物也可以发生该类反应。例如抗流感药法匹拉韦（Favipiravir）合成中间体 6-溴-3-羟基吡嗪-2-甲酰胺（**4**）[10] 的合成。

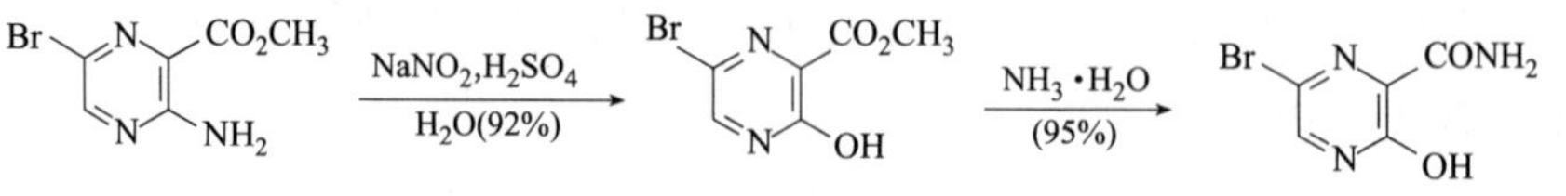

(4)

利用干燥的重氮盐与无水醇等一起加热，重氮基可被烷氧基取代，生成酚醚。

$$ArN_2X + C_2H_5OH \longrightarrow ArOC_2H_5 + HX + N_2$$

重氮盐仍以硫酸盐为好，水应尽量少。除了乙醇外，也可用甲醇、异戊醇、甚至苯酚等。例如西地那非（Sildenafil）重要中间体 2-乙氧基苯甲酸的合成。

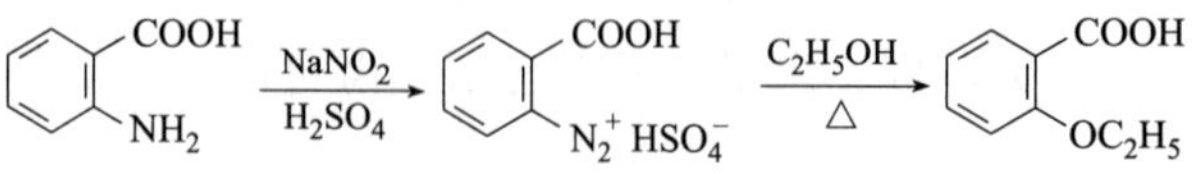

这类反应若在加压条件下进行，烷氧基的取代更有利。不过这种反应实际应用较少，可能的原因是使用醇时重氮基会被氢取代生成脱去重氮基的还原反应。更好的合成混合醚的方法应该是 Williamson 法。

（2）重氮基被卤素原子取代　重氮基被卤素原子取代，生成相应的卤化物，包括氟、氯、溴和碘。卤素原子不同，反应的机理和条件也不尽相同。

$$
ArN^+ \begin{cases}
\xrightarrow[\text{Schiemann反应}]{BF_4^-} ArN_2BF_4^- \xrightarrow{\triangle} Ar\!-\!F \\[1mm]
\xrightarrow[\text{Sandmeyer反应}]{HCl,\,Cu_2Cl_2} Ar\!-\!Cl \\[1mm]
\xrightarrow[\text{Sandmeyer反应}]{HBr,\,Cu_2Br_2} Ar\!-\!Br \\[1mm]
\xrightarrow{KI(\text{直接加入})} Ar\!-\!I
\end{cases}
$$

重氮基被氟取代生成氟代芳烃。氟离子是很弱的碱，而且在水中形成很强的氢键，亲核性很差，不能取代重氮基。若将重氮盐转化为氟硼酸重氮盐，而后将该复盐加热分解，可生成氟代芳烃。

$$
ArN_2^+\cdot F^- \xrightarrow{HBF_4} ArN_2^+\cdot BF_4^-\!\downarrow \xrightarrow[-N_2]{\triangle} Ar^+ \quad \overset{\frown}{} \;^-FBF_3 \longrightarrow Ar\!-\!F + BF_3\!\uparrow
$$

氟硼酸重氮盐的热分解属于 S_N1 反应（也有人认为是自由基型反应），生成芳基碳正离子，亲核试剂不是 F^-，而是 BF_4^-，最后生成氟代芳烃和三氟化硼，该反应称为 Schiemann 反应，也称 Balz-Schiemann 反应。例如氟苯的合成。

氟硼酸可用如下方法来制备：将 310g（5mol）硼酸慢慢加到 1.0kg（20mol）40％的氢氟酸中，生成氟硼酸，注意该反应为放热反应。

该反应的收率受两个因素的影响。一是复盐的形成，二是复盐的热分解。复盐的生成与芳环上取代基的性质和位置有关。具有极性大的基团如羟基、羧基等，其复盐的水溶性大而收率较低。若将这些基团加以保护，则收率相应提高。氟硼酸盐加热分解时，必须在无水条件下进行，否则会生成酚类和树脂状物。芳环上无取代基或有给电子基团的复盐，热分解时收率较高，反之，有吸电子基团的复盐，热分解时收率较低。复盐热分解时，常加入一些氟化钾或铜盐。

氟硼酸重氮盐一般有两种制备方法，一种是向普通的重氮盐中加入氟硼酸或氟硼酸盐溶液，立即析出重氮氟硼酸盐晶体。将晶体滤出、洗净、充分干燥后，小心地加热，即分解放出氮气（N_2）和三氟化硼（BF_3）气体，得到芳基氟（ArF）。另一种方法是直接在氟硼酸中进行重氮化反应。例如催眠、镇静药氟西泮（Flurazepam）等的中间体 2-甲基氟苯的合成[11]。

又如非甾体抗炎、解热、镇痛药氟苯水杨酸（Difunisal）等的中间体间二氟苯的合成[12]。

也可以使用亚硝酸酯代替亚硝酸钠进行重氮化。例如 6-氟-L-多巴（6-Fluoro-L-dopa）的中间体 3,4-二甲氧基氟苯（**5**）[13] 的合成。

(5)

在氯化亚铜、溴化亚铜存在下，重氮基可分别被氯、溴取代，生成相应的氯化物、溴化物。这些反应通称为 Sandmeyer 反应。

$$ArN_2^+ + X^- \xrightarrow[-N_2]{Cu_2X_2} Ar-X(X=Cl,Br)$$

Sandmeyer 反应已被公认为自由基型反应。重氮盐首先与亚铜盐生成配合物，然后经电子转移生成芳香自由基，再进行自由基偶合反应生成相应的卤化物。

$$CuX + X^- \rightleftharpoons CuX_2^- \qquad [1]$$

$$ArN_2^+ + CuX_2^- \rightleftharpoons Ar\overset{+}{N}\equiv N\longrightarrow CuX_2^- \qquad [2]$$

$$Ar\overset{+}{N}\equiv N\longrightarrow CuX_2^- \longrightarrow ArN=N^\cdot + CuX_2 \qquad [3]$$

$$ArN=N^\cdot \longrightarrow Ar^\cdot + N_2 \qquad [4]$$

$$Ar^\cdot + CuX_2 \longrightarrow Ar-X + CuX \qquad [5]$$

式中，X=Cl，Br。

在上述各步反应中，[2]、[3] 两步反应慢，是决定反应速度的步骤。[2] 中形成配合物的反应速度与重氮盐的结构有关，芳环上有吸电子基团时配合物容易生成，反应速度增大，故有如下反应速度排列顺序：

$$p\text{-}NO_2 > P\text{-}Cl > H > p\text{-}CH_3 > p\text{-}CH_3O$$

生成的配合物进一步按 [3]、[4]、[5] 式表示的途径进行反应，生成氯代物、溴代物。因为反应按自由基型机理进行，两个芳基自由基结合生成联苯类化合物，在有些反应中已经检测到。配合物也可按下式进行反应。

$$Ar\overset{+}{N}\equiv N\longrightarrow CuX_2^- \xrightarrow{CuX_2^-} Ar^- + N_2 + 2Cu^{2+} + 4X^-$$

生成的芳基负离子可发生如下反应：

这也是在 Sandmeyer 反应中生成偶氮化合物、芳烃等副产物的原因之一。

但溴代时也可按 S_N1 机理进行。芳环上有给电子基团时，使得芳基碳正离子稳定，溴代可得到较高的收率，但仍存在与羟基的竞争。

利用 Sandmeyer 反应进行氯代、溴代反应的操作方法有两种。一种是将亚铜盐的氢卤酸溶液加热到适当的温度，慢慢加入重氮盐的溶液，混合后立即发生反应，始终保持亚铜盐过量。此法适用于反应速度快的重氮盐。例如：精神分裂症的治疗药三氟哌多（Trifluperi-dol）等的中间体间溴三氟甲苯的合成如下：

$$F_3C-C_6H_4-NH_2 \xrightarrow[0\sim10℃]{NaNO_2,HBr} F_3C-C_6H_4-N_2^+Br^- \xrightarrow[100℃]{Cu_2Br_2-HBr} F_3C-C_6H_4-Br$$

又如胃病治疗药物甲氧氯普胺（Metoclopramide，胃复安）等的中间体 4-氯-3-硝基苯甲醚（**6**）[14] 的合成。

$$\xrightarrow[2.Cu_2Cl_2\ 10\sim45℃(91\%)]{1.NaNO_2,HCl}$$

（6）

第二种方法是将重氮盐一次性加入冷却的亚铜盐氢卤酸溶液中，慢慢反应并加热以使反应完全，重氮盐处于过量状态。该法适用于反应速度较慢的重氮盐。例如：

$$\xrightarrow[H_3PO_4]{NaNO_2,HNO_3} \xrightarrow[0℃\sim rt,\triangle]{CuBr-HBr}$$

有时也可将卤化亚铜直接加入反应液中，而后慢慢加入亚硝酸钠溶液，生成卤化物，例如抗疟药阿的平中间体 2,4-二氯甲苯的合成：

$$\xrightarrow[Cu_2Cl_2]{NaNO_2,HCl}$$

催化剂卤化亚铜的用量一般为重氮盐的 $10\%\sim20\%$。

杂环芳香胺也可以发生 Sandmeyer 反应，例如新烟碱类杀虫剂氯噻啉（Imidaclothiz）等的中间体 2-氯-5-甲基噻唑（**7**）[15] 的合成。

$$\xrightarrow[(71\%)]{NaNO_2,HCl}$$

（7）

利用重氮盐合成溴化物比较容易。一般是在氢溴酸中用亚硝酸钠使芳香胺低温重氮化，生成溴化重氮盐，而后加入溴化亚铜，反应后生成相应的溴化物。例如治疗肾上腺皮质癌及其迁移性癌药物氯苯二氯乙烷等的中间体 2-溴氯苯的合成[16]。

$$\xrightarrow[HBr]{NaNO_2} \xrightarrow[(85\%)]{Cu_2Br_2}$$

2-氨基吡啶用 Sandmeyer 反应制备 2-溴吡啶的收率很低，但将含溴的氢溴酸溶液加到 2-氨基吡啶的重氮盐溶液中加热分解，可得到较高收率的 2-溴吡啶[17]。反应中可能生成了与碘化反应相似的过溴化物（Br_3^-）。2-溴吡啶是抗心律失常药丙吡胺（Disopyramide）等的中间体。

本法也适用于某些吩噻嗪、苯并噻唑溴化物的制备。

除了应用亚铜盐外，也可用铜粉作催化剂。用铜粉作催化剂将重氮基转变成氯或溴原子的反应称为 Gatterman 反应。例如抗抑郁药 SB-245570 中间体 2-溴-5-碘甲苯（**8**）[18] 的合成。

碘负离子是很强的亲核试剂。因此，不管重氮盐的负离子是 Cl^- 还是 HSO_4^-，在与碘负离子反应时，总是发生碘代反应。同时，重氮盐与碘化钾（钠）反应生成 I_2，I^- 与 I_2 反应生成 I_3^-，后者是真正的进攻试剂。反应中有碘升华现象。

$$Ar\overset{+}{N}\equiv N \xrightarrow{-N_2} Ar^+ \xrightarrow{I_3^-} Ar\!-\!I + I_2$$
$$\llcorner\!\!\!\!-I^- \longrightarrow I_3^-$$

重氮盐的碘代一般无需加入催化剂，直接加入碘化钾（钠）反应即可顺利进行，反应属于 S_N1 机理。

抗癌药甲氨蝶呤（Methotrexate）等的中间体对碘苯甲酰谷氨酸（**9**）[19] 的合成如下。

杂环芳香胺的重氮盐，重氮基也可以被碘取代生成相应的碘化物。例如抗炎新药开发中间体 3-碘-1*H*-吡唑并［3,4-*b*］吡嗪（**10**）[20] 的合成。

对于一些反应较慢的碘取代反应，可加入一些铜粉催化。医药、农药合成中间体 4-氯-2-碘甲苯的合成如下[21]。

重氮盐的碘代反应中也有自由基型反应发生：

$$Ar\!-\!N\!=\!N\!-\!I \longrightarrow Ar\cdot(N_2)I\cdot \longrightarrow Ar\!-\!I + N_2$$

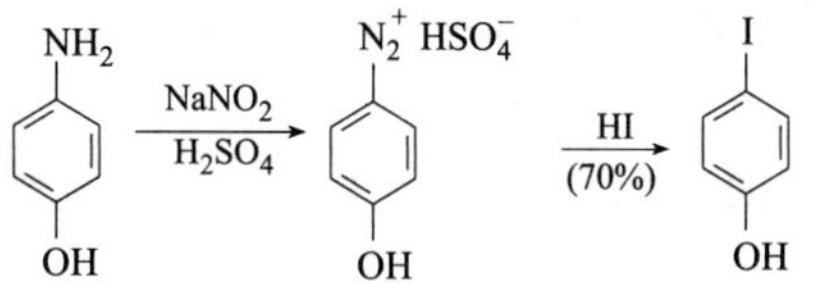

本反应的主要副反应是生成偶氮苯和联苯类化合物，说明反应中存在着自由基。

（3）重氮基被含硫基团取代 含硫基团主要有—SH、—SR、—SAr、—S—CSOEt（黄原酸乙酯）等，这些基团取代重氮基在芳环上引入了含硫基团。

$$\overset{+}{ArN}\equiv N+HS^-\longrightarrow ArSH+N_2$$
$$\overset{+}{ArN}\equiv N+RS^-\longrightarrow Ar-SR+N_2$$
$$\overset{+}{ArN}\equiv N+S^{2-}\longrightarrow Ar-S-Ar+N_2$$

例如药物中间体邻巯基苯甲酸（**11**）的合成如下。

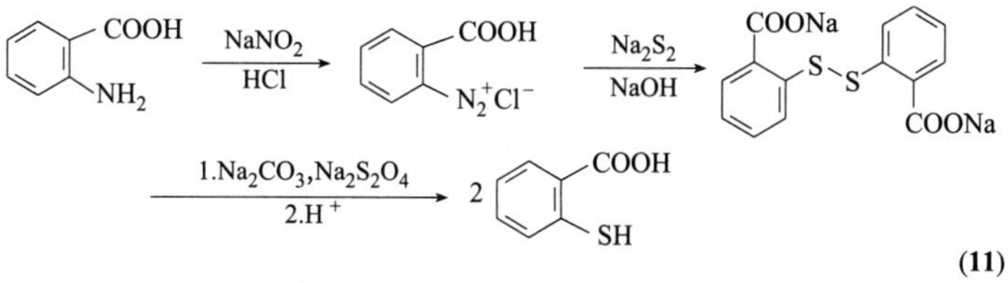

除草剂嘧草硫醚中间体 2-氯-6-巯基苯甲酸（**12**）[22] 的合成如下。

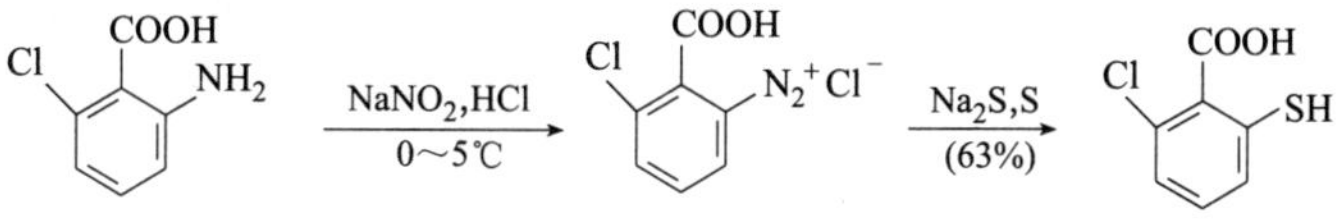

黄原酸钾酯与重氮盐的反应称为 Leukardt 反应。

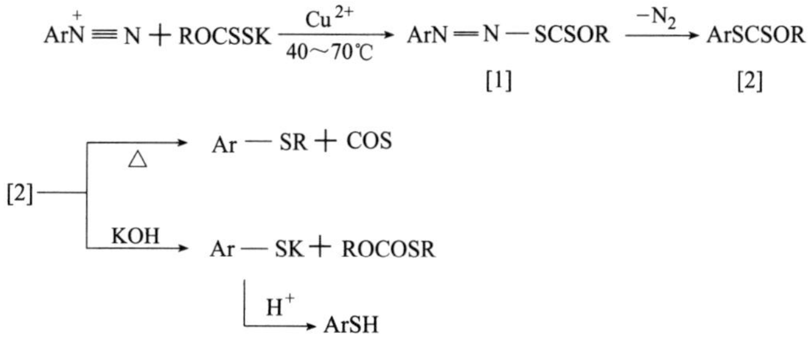

$$\overset{+}{ArN}\equiv N+ROCSSK \xrightarrow[40\sim70℃]{Cu^{2+}} ArN=N-SCSOR \xrightarrow{-N_2} ArSCSOR$$
$$\qquad\qquad\qquad\qquad\qquad\qquad [1] \qquad\qquad\qquad [2]$$

生成的中间体 [1] 和 [2] 加热分解或水解，可生成硫酚。例如间甲基硫酚的合成：

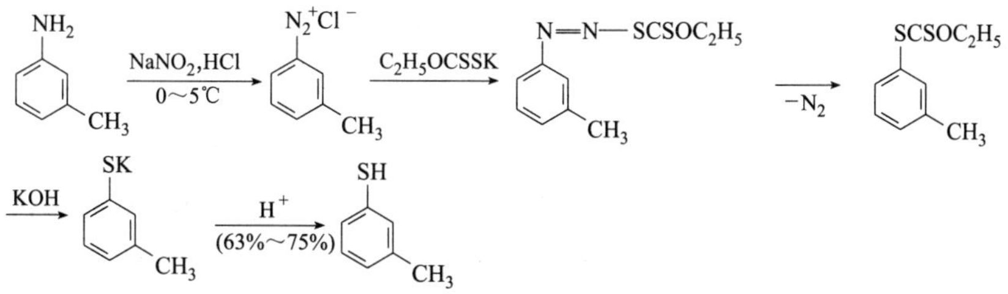

芳基重氮硫化物的分解，可以是离子型的，也可以是自由基型的，重氮基被含硫基团取代。特别是芳环上有给电子基团的芳基重氮盐制备硫化物，容易发生自由基型反应，有时反

应非常剧烈，甚至是爆炸性的。但严格操作规程，掌握反应规律，仍不失为制备含硫化合物的一种好方法。

芳香重氮盐与二氧化硫在铜粉或铜盐存在下反应生成亚磺酸，如苯基亚磺酸（**13**）的合成：

$$ArN_2^+Cl^- + SO_2 \xrightarrow[-CuCl_2, -N_2]{Cu} ArSO_2H$$

(**13**)

重氮盐与二氧化硫的反应可能是自由基型反应机理。

亚磺酸用氯气氧化生成磺酰氯。

$$ArSO_2H + Cl_2 \longrightarrow ArSO_2Cl + HCl$$

某些芳香重氮盐直接与亚硫酸钠的稀盐酸溶液在酮盐催化下，可生成磺酰氯。例如除草剂绿磺隆（Chlorsulfuron）等的中间体邻氯苯磺酰氯的合成[23]。

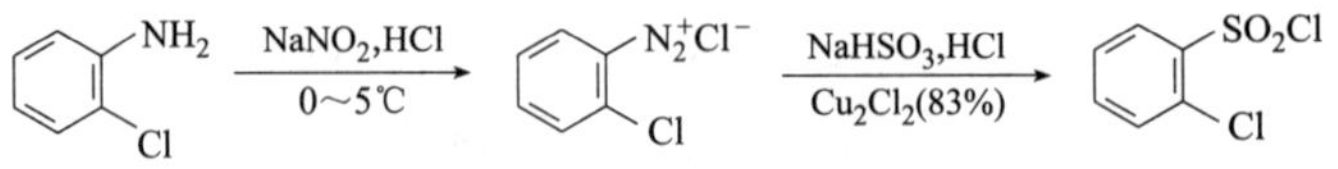

（4）**重氮基被氰基取代** 重氮基被氰基取代生成腈，该反应称为 Sandmeyer 反应。所用的催化剂为氯化亚铜与氰化钠反应生成的二氰亚铜钠 $Na[Cu(CN)_2]$ 或三氰亚铜钠 $Na_2[Cu(CN)_3]$ 的配合物。

$$CuCl + NaCN \longrightarrow Na_2[Cu(CN)_3] + Na[Cu(CN)_2] + NaCl$$

氰化亚铜钠配合物的制备方法如下：将 208g（2.1mol）氯化亚铜悬浮于 1L 水中，另将 355g（7.1mol）氰化钠溶于 1L 水中。搅拌下将氰化钠溶液加入氯化亚铜悬浮液中。反应放热但不必冷却，搅拌至生成无色溶液备用。

它们与重氮盐的反应为自由基型反应。

$$ArN_2^+ + Cu^+ \longrightarrow Ar^· + N_2 + Cu^{2+}$$
$$Ar^· + CN^- + Cu^{2+} \longrightarrow Ar—CN + Cu^+$$

重氮基被氰基取代，也可用氰化镍复盐或四氰氨配铜钠 $[Na_2Cu(CN)_4NH_3]$，例如：

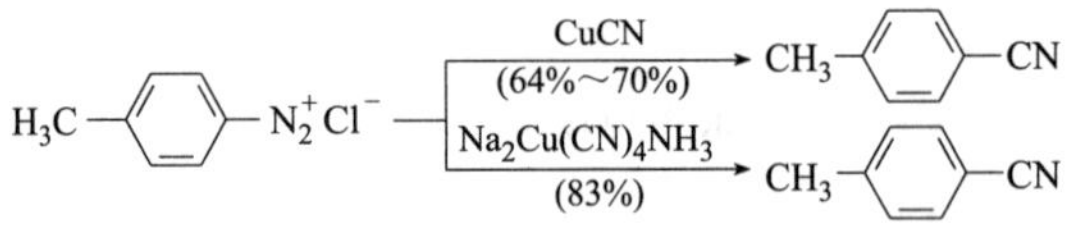

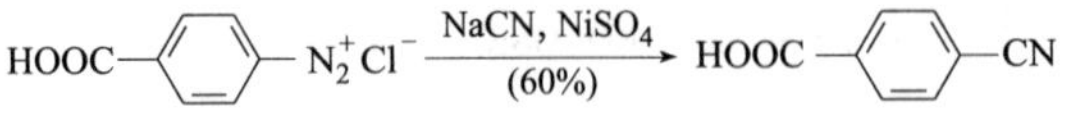

在利用此类反应制备腈时，重氮盐溶液应先中和到中性，然后加到复盐溶液中。反应后的废液用硫酸亚铁处理后妥善处理，以免中毒。

（5）**重氮基被叠氮基取代生成叠氮化合物** 有机叠氮化合物含有高反应活性的官能团叠氮基，是一类重要的有机合成中间体，在药物合成中也有重要的应用。有些药物分子中含有叠氮基，例如抗艾滋病药齐多夫定（Zidovudine）等。

芳香胺重氮化后与叠氮钠反应是合成芳基叠氮化合物的经典方法。反应常分两步进行，第一步是芳香胺的重氮化生成重氮盐，第二步是重氮盐分解并叠氮化生成目标化合物。

$$ArNH_2 \xrightarrow{NaNO_2, HX, 0\sim5℃} ArN_2^+ X^- \xrightarrow[0\sim5℃, rt]{NaN_3} ArN_3$$

该方法成本低、反应高效，至今仍被广泛使用。缺点是在强酸性条件下进行，有时会影响底物结构与官能团之间的兼容性。将硫酸负载于硅胶上，芳香胺在室温下可以转化为叠氮化合物[24]。

$$ArNH_2 + NaN_3 \xrightarrow[\text{NaNO}_2, \text{H}_2\text{O,rt}]{\text{HOSO}_3-\text{SiO}_2} ArN_3$$

$$\begin{array}{c} NaNO_2 \dashrightarrow \\ HOSO_3-SiO_2 \dashrightarrow \end{array} \quad ArN_2^{+} \ ^{-}OSO_3-SiO_2 \quad \overset{\dashrightarrow}{\underset{NaN_3}{}} $$

采用该方法制备的重氮盐比较稳定，可室温保存数日。

2. 自由基型反应

重氮盐分解可以生成芳基自由基，从而发生自由基型反应。除了前面介绍的碘的取代可能有自由基取代反应外，如下一些反应也属于自由基型反应。

（1）重氮基被烃基取代 重氮基可以被芳环取代生成联苯类化合物。重氮盐在碱性条件下与过量的苯反应，生成联苯类化合物。例如：

反应按自由基型机理进行：

$$ArN_2^{+}Cl^{-} \xrightarrow{\text{NaOH}} ArN \!=\! N\!-\!OH \longrightarrow Ar^{\cdot} + N_2 + HO^{\cdot}$$

两个芳基自由基结合生成联苯类化合物。

芳环上的自由基型取代不同于普通的亲电取代和亲核取代。一般来说，取代基无论是给电子的还是吸电子的，都使反应活化，邻位产物占优势（位阻大的基团除外）。

这类反应常在碱性条件下进行，并且保持较低的反应温度。

（2）重氮盐的加成反应 在铜离子催化下，芳基重氮盐可以与具有吸电子基的烯键反应，芳基取代烯烃的 β-氢原子或在双键上加成，生成 β-芳基取代的脂肪烃衍生物，该类反应称为 Meerwein 芳烃化反应。

式中，Y=—NO$_2$、—CO—、—COOR、—CN、—COOH 和共轭双键等。

反应机理如下：

$$ArN_2^+Cl^- \xrightarrow{[CuCl_2]^-} Ar^\cdot + N_2 + CuCl_2$$

$$Ar^\cdot + \underset{H}{\overset{}{C}}=C{-}Y \longrightarrow Ar{-}CH{-}\overset{\cdot}{C}{-}Y$$

$$Ar{-}CH{-}\overset{\cdot}{C}{-}Y \xrightarrow{Cu^{2+}} Ar{-}CH{-}\overset{+}{C}{-}Y$$

$$\begin{array}{l} \xrightarrow{-H^+} Ar{-}C{=}C{-}Y \quad（取代产物）\\ \xrightarrow{Cl^-} Ar{-}CH{-}C{-}Y \quad（加成产物）\\ \qquad\qquad\quad|\\ \qquad\qquad\ Cl \end{array}$$

开始时生成芳基自由基，芳基自由基对不饱和键进行自由基型加成反应，生成的新自由基与 Cu^{2+} 反应生成碳正离子。最终究竟生成取代产物还是加成产物，取决于反应物的结构和反应条件。若反应中生成的碳正离子比较稳定且 pH 值较低，则加成产物较多。若 pH 值较高，加成产物也会发生消除，取代产物较多。

$$O_2N{-}\langle\rangle{-}N_2^+Cl^- + \langle\rangle{-}CH{=}CHCOOH \xrightarrow{-CO_2} \langle\rangle{-}CH{=}CH{-}\langle\rangle{-}NO_2$$

氯化重氮苯在氯化亚铜催化下于丙酮中与肉桂酸乙酯反应，生成稳定的加成产物。

$$PhCH{=}CHCO_2C_2H_5 + ArN_2^+Cl^- \xrightarrow{CuCl} PhCH{-}CH{-}CO_2C_2H_5$$
$$\qquad\qquad\qquad\qquad\qquad\qquad\qquad\quad |\quad\ |$$
$$\qquad\qquad\qquad\qquad\qquad\qquad\qquad Cl\ \ Ar$$

重氮盐与醛肟反应，芳基加到肟的双键碳原子上，生成芳醛或芳酮。反应在中性条件下进行，用亚硫酸亚铜作催化剂。

$$Ar{-}N{=}N{-}OH + R(H){-}\underset{H}{\overset{}{C}}{=}N{-}OH \xrightarrow{Cu_2SO_3} R(H){-}\underset{Ar}{\overset{}{C}}{=}N{-}OH + H_2O + N_2$$

$$\xrightarrow[HCl]{H_2O} R(H){-}\underset{Ar}{\overset{}{C}}{=}O + HONH_2 \cdot HCl$$

（3）**重氮基被氢取代**　重氮基被氢取代是除去芳环上氨基的一种常用方法。最经常使用的还原剂是乙醇、异丙醇、次磷酸，也有用碱性甲醛、亚锡酸钠、硼氢化钠作还原剂的。

用乙醇作还原剂的反应机理如下：

$$ArN_2^+X^- \longrightarrow Ar^\cdot + N_2 + X^\cdot$$

$$Ar^\cdot + C_2H_5OH \longrightarrow Ar{-}H + CH_3\overset{\cdot}{C}HOH$$

$$CH_3\overset{\cdot}{C}HOH + ArN_2^+ \longrightarrow CH_3\overset{+}{C}HOH + Ar^\cdot + N_2$$

$$[CH_3\overset{+}{C}HOH \longleftrightarrow CH_3CH{=}\overset{+}{O}H] \longrightarrow CH_3CHO + H^+$$

$$CH_3\overset{\cdot}{C}HOH + X^\cdot \longrightarrow CH_3\underset{X}{\overset{}{C}}HOH \longrightarrow CH_3CHO + HX$$

用乙醇作还原剂时，铜离子有催化作用。反应中有醚生成，收率较低，同时证明反应中有离子型反应发生。

$$ArN_2^+ + C_2H_5OH \longrightarrow ArOC_2H_5 + N_2 + H^+$$

若反应在酸性条件下进行，更有利于醚的生成，在碱性条件下有利于氢的取代。芳环上有硝基或多个卤原子时，用乙醇作还原剂收率较高。血管扩张剂盐酸丁咯地尔（Buflomedil hydrochloride）中间体 1,3,5-三溴苯的合成如下[25]。

又如抗癌酶诱导剂中间体 2-氯-3-氟溴苯（**14**）[26] 的合成，反应中以异丙醇作为还原剂。

芳香杂环胺也可以发生脱氨基反应。例如抗病毒药利巴韦林（Ribavirin）等的中间体。1，2，4-三氮唑-3-羧酸甲酯（**15**）[27] 的合成。

用次磷酸作还原剂的反应机理如下：

$$Ar^\cdot + H_3PO_2 \longrightarrow Ar\text{-}H + H_2PO_2^\cdot$$

$$H_2PO_2^\cdot + ArN_2^+ \longrightarrow Ar^\cdot + N_2 + H_2PO_2^+$$

$$\downarrow H_2O \quad H_3PO_3 + H^+$$

一般情况下次磷酸法比乙醇法收率高，但次磷酸的用量较大，芳胺与次磷酸的摩尔比至少为 1：5。例如抗生素头孢唑啉钠（Cefazolin sodium）、抗生素头孢替唑钠（Ceftezole sodium）等的中间体四氮唑的合成[28]。

在四氢呋喃、二氧六环等有机溶剂中，芳胺直接用亚硝酸异戊酯重氮化，然后加热分解，重氮基被氢取代，产品收率较高。

反应中四氢呋喃既是溶剂又是氢的供给体，不失为一种较理想的方法。反应机理如下：

$$ArNH_2 + C_5H_{11}ONO \xrightarrow{-H_2O} ArN_2^+ \cdot OC_5H_{11} \longrightarrow Ar^\cdot + N_2 + C_5H_{11}O^\cdot$$

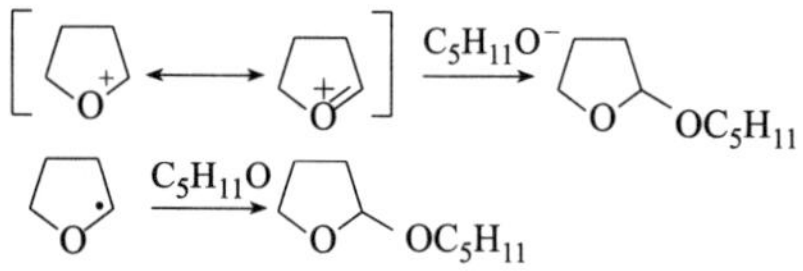

三、保留氮的重氮基转化反应

这类反应主要有重氮基的还原成肼反应和重氮化合物的偶合反应。

1. 重氮基还原成芳肼

重氮基在醇或次磷酸等存在下被氢取代属于还原反应，重氮盐在还原剂存在下生成芳肼也属于还原反应。

芳肼的两个相邻的氮原子都有未共电子对，亲核性很强。芳肼容易氧化生成沥青状物，铁等金属杂质对其氧化起催化作用。芳环上有吸电子基团时稳定性增加，有给电子基团时更容易氧化。保存时应尽量提高其纯度或用氮气保护，或者将肼制成盐酸盐或硫酸盐。

重氮盐还原成肼类化合物，常用的还原剂是亚硫酸盐、亚硫酸氢盐、氯化亚锡，也可用锌粉等。

（1）亚硫酸盐、亚硫酸氢盐还原法　芳胺按常规方法制成重氮盐后，再用亚硫酸盐、亚硫酸氢盐的混合液进行还原，而后再进行酸性水解，得到芳肼的盐类化合物。常用的亚硫酸盐、亚硫酸氢盐是钠盐和铵盐，主要是钠盐。还原机理如下：

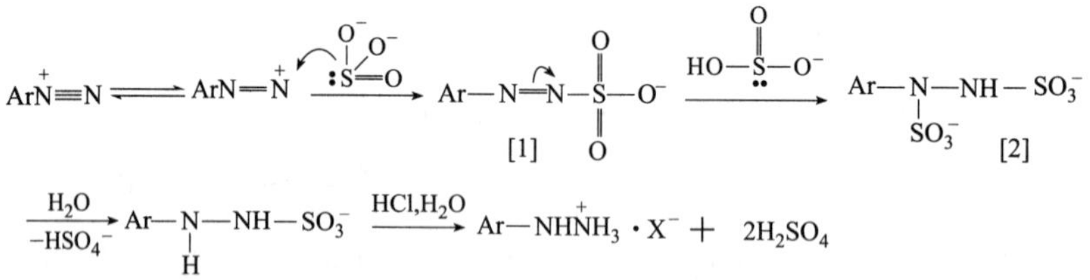

首先是亚硫酸盐硫原子上的未共享电子对与氮正离子结合，生成偶氮磺酸盐［1］，该反应进行的很快，生成它们特有的橘红色。［1］立即与亚硫酸氢钠进行亲核加成，生成芳肼二磺酸盐［2］，橘红色消失。总的结果是与一分子亚硫酸盐、一分子亚硫酸氢盐分别进行反应。因此还原液中亚硫酸盐与亚硫酸氢盐的摩尔比应为1∶1，否则会影响产品收率。一般的配制方法是向亚硫酸氢钠或相当数量的焦硫酸钠（$Na_2S_2O_5$）与水的混合体系中，加入40%的氢氧化钠水溶液，控制最后的pH大约为6。有时控制pH非常重要。碱性强时还原会生成沥青状物，使产品收率下降。

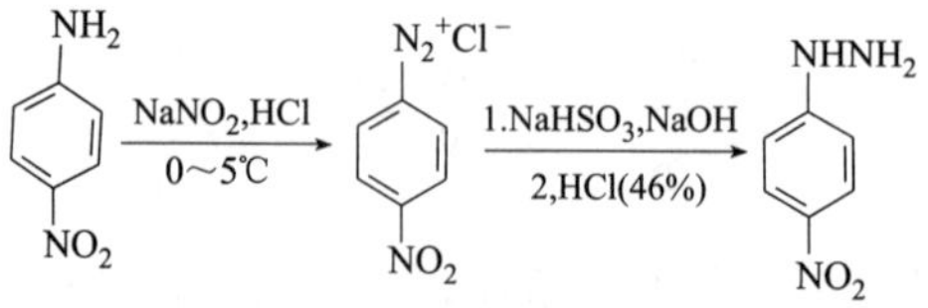

芳环上含有卤素、硝基、羧基等吸电子基团的芳胺，均可用此法来制备相应的芳肼类化合物。医药、有机合成中间体2-肼基苯甲酸盐酸盐[29]的合成如下。

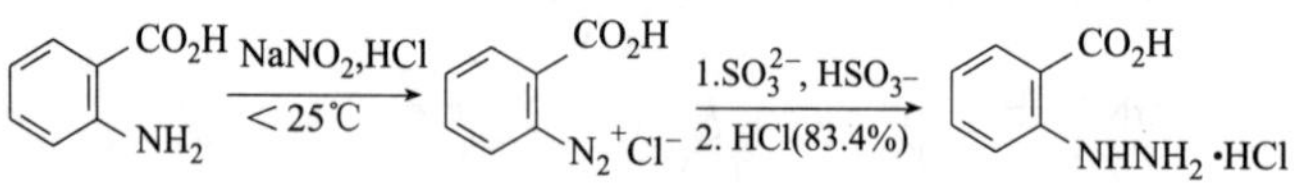

芳环上含有给电子基团的重氮盐同样可以被还原为肼类化合物。消炎镇痛药依托度酸（Etodolac）等的中间体邻乙基苯肼盐酸盐的合成的合成如下[30]。

又如偏头疼治疗药舒马曲坦（Sumatriptan）合成中间体 4-肼基-*N*-甲基苯甲磺酰胺盐酸盐（**16**）[31] 的合成。

（2）氯化亚锡还原法　重氮盐在过量的盐酸中用氯化亚锡还原，生成肼类化合物，收率一般较高。

$$ArN_2^+Cl^- + 2SnCl_2 + 4HCl \longrightarrow ArNHNH_2 \cdot HCl + 2SnCl_4$$

具体操作方法是预先将氯化亚锡溶于一定体积浓盐酸中，生成基本透明的溶液（否则应过滤），低温下将其慢慢加到重氮盐溶液中。反应完成后生成芳肼盐酸盐，中和后生成芳肼。

例如止吐药格拉司琼（Granisetron）等的中间体 1*H*-吲唑-3-羧酸（**17**）[32] 的合成。

当然，上述化合物的合成也可以用亚硫酸钠-亚硫酸氢钠法还原。

又如偏头疼治疗药佐米曲普坦（Zolmitriptan）中间体（*S*）-4-(4-肼基苄基)-1,3-噁唑啉-2-酮盐酸盐（**18**）[33] 的合成。

2. 重氮盐的偶合反应

偶合反应是指重氮盐与含活泼氢原子的化合物发生的以偶氮基取代氢原子的反应。

$$ArN_2^+Cl^- + A{-}H \longrightarrow Ar{-}N{=}N{-}A + HCl$$

如这一反应是重氮正离子的亲电取代反应，不论 A-H 是芳香族或脂肪族化合物，只要 A 有足够的电子云密度，都可发生亲电取代反应。

对于芳香族化合物而言，偶合反应是重氮盐作为亲电试剂与酚类、芳胺等化合物进行芳环上的亲电取代生成偶氮化合物的反应。

$$ArN_2^+Cl^- + Ar'OH \longrightarrow Ar-N=N-Ar'OH$$

$$ArN_2^+Cl^- + Ar'NH_2 \longrightarrow Ar-N=N-Ar'NH_2$$

重氮基是很弱的亲电试剂，一般只能和芳环上具有较大电子云密度的酚类、酚醚、芳胺类化合物进行偶合。

人们对偶合反应的反应机理进行了深入的研究。动力学研究结果表明，重氮盐与酚在碱性条件下偶合时，其动力学方程为：

$$V = K[ArN_2^+][ArO^-]$$

重氮盐与芳胺在酸性条件下偶合时，其动力学方程为

$$V = K[ArN_2^+][ArNH_2]$$

据此推断出重氮盐与酚类和芳胺类化合物偶合的机理，分别讨论如下。

重氮盐与酚类偶合的机理：

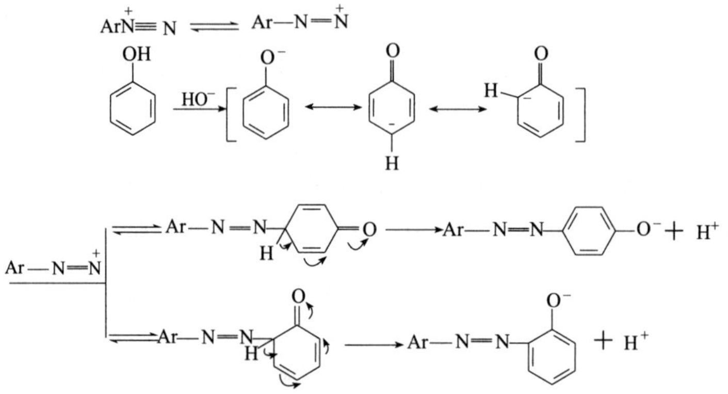

重氮盐与芳胺的偶合机理如下：

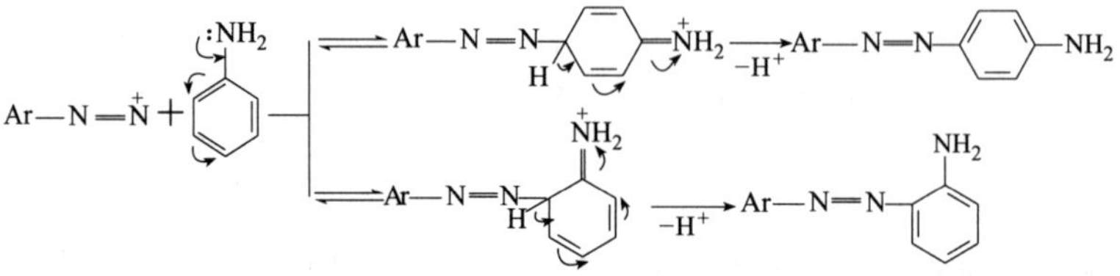

反应时重氮盐正离子进攻偶合组分环上电子云密度较高的碳原子（酚羟基或芳香胺氨基的邻、对位）形成中间产物，这是一步可逆反应。该中间产物迅速失去一个氢质子，不可逆地转化为偶氮化合物。

偶氮化合物有顺、反两种互变异构体，通常反式异构体比较稳定，是主要的存在形式。在加热或光照条件下可以相互转化，当然有诸多因素影响其相互转化。

影响偶合反应的因素很多，重氮盐的结构、偶合组分的结构、反应体系的酸碱性、反应温度、甚至加料方式等对反应都有影响。

重氮盐的结构对偶合反应有影响，因为重氮盐是氮原子作为亲电试剂而进行偶合反应，因此，当重氮盐的芳环上有吸电子基团时，增强了重氮基的亲电活性，偶合活性也随之增强。2,4,6-三硝基苯重氮盐甚至可以与1,3,5-三甲苯偶合。具有给电子基团的重氮盐，偶合活性下降，例如对氨基苯酚的重氮盐，与间苯二酚只有在较高温度和较大浓度时才能顺利进行偶合反应。有时为了使偶合容易进行，可将氨基酚类的羟基加以保护或在芳环中引入磺酸基，以提高其偶合能力。各种对位取代基的苯胺重氮盐与酚类偶合时的相对活性见表8-2。

表 8-2　各种对位取代基的苯胺重氮盐与酚类偶合时的相对活性

对位取代基	NO₂	SO₃H	Br	H	CH₃	OCH₃
相对速度	1300	13	13	1	0.4	0.1

偶合组分的结构对偶合反应有影响。与重氮盐发生偶合的酚、芳胺等化合物，通称为偶合组分。在偶合反应中，偶合组分是作为亲核试剂进行反应的。因此，芳环上电子云密度大有利于偶合反应的发生。芳环上有吸电子基团时，不利于偶合反应，相反，当芳环上有给电子基团时，增大了芳环的电子云密度，有利于偶合反应的进行。给电子基团的活性顺序为：

$$O^- > NR_2 > NHR > OR = OH > NH_3^+$$

偶合组分为酚和芳香胺时，偶合反应一般发生在羟基或氨基的对位；若对位被其他基团占据，则视该基团的性质，或进入其邻位，或是芳偶氮基取代该基团（—SO₃H、—COOH），生成对位偶氮化合物。若对位和两个邻位均被占据，则不发生偶合。

多元酚或多元胺类，可发生多元偶合反应。偶合组分为萘环时，α-萘酚、α-萘胺偶合反应主要发生在4-位，若4-位被占据则进入2-位；β-萘酚、β-萘胺偶合反应都发生在1-位，若1-位被占，则很难发生偶合反应。

例如磺胺类抗菌药柳氮磺胺吡啶（sulfasalazine）原料药（**19**）[34] 的合成，偶合反应在弱碱性条件下进行，偶合反应发生在水杨酸羟基的对位。

值得指出的是，对苯二酚、对氨基酚，两个活性基团处在对位上，它们的还原性很强，可使重氮盐还原而难以发生偶合反应。

酚醚偶合时可伴有醚键的断裂。

反应介质的酸碱性对偶合反应有较大的影响。实验证明偶合反应速度与重氮离子和酚氧离子或游离胺的浓度成正比而它们的浓度与介质的酸度有关。

酸性强时，重氮盐以 $Ar—N^+\equiv NCl^-$ 的形式存在，偶合速度很慢。在弱酸或弱碱中，则 $Ar—N=N^+Cl^-$ 的浓度增加，使反应加速。碱性更强时（pH>11），重氮盐生成重氮酸（$Ar—N=N—OH$）或其盐，难以发生偶合反应。同时，弱碱性条件下，偶氮组分酚类以酚氧负离子的形式存在，增大了芳环上的电子云密度，有利于偶合反应。而酸性强时，芳胺容易成盐，降低了芳环的电子云密度，不利于偶合反应（芳胺以游离胺的形式参与偶合反应）。因此，芳胺类化合物的偶合反应，pH 值一般控制在4～7，而酚类化合物偶合时，pH 值一般控制在7～10。例如溃疡性结肠炎治疗药巴柳氮钠（Balsalazide）原料药（**20**）[35] 的合成。

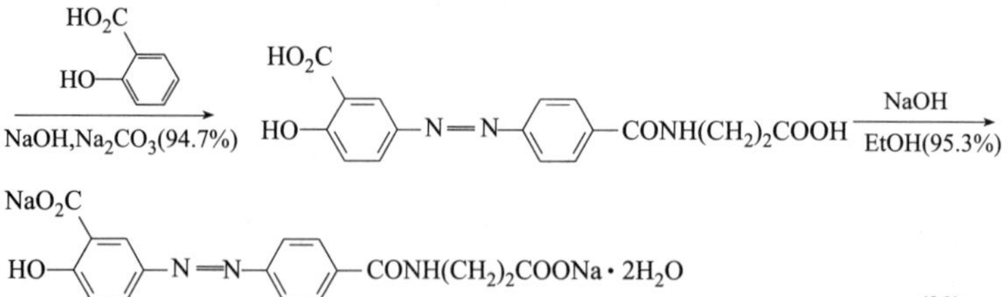

(20)

又如抗原虫药地考喹酯（Decoquinate）中间体 3-乙氧基-4-羟基苯胺（**21**）[36] 的合成

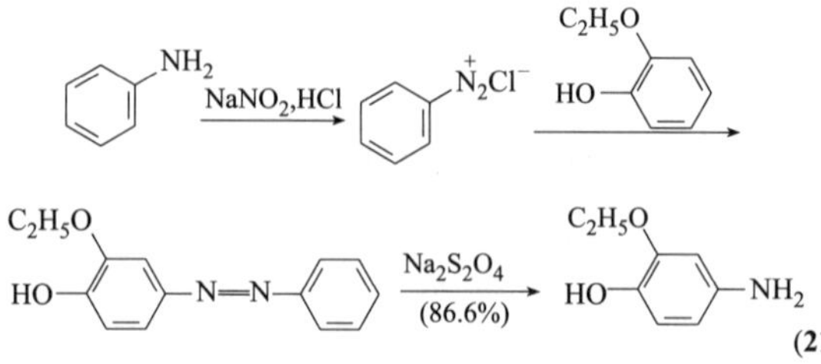

(21)

芳环上同时含有羟基和氨基时，控制合适的 pH 值，可进行选择性偶合反应。例如直接紫（**22**）和直接重氮黑 RO（**23**）的合成：

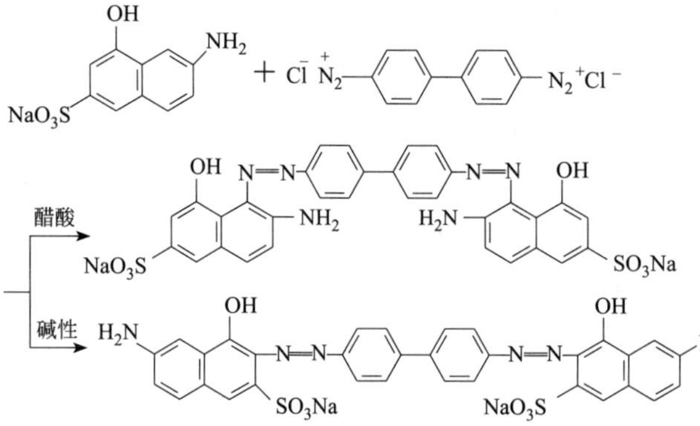

(22)

(23)

在弱酸性介质中，重氮组分与芳胺的偶合反应有三种情况。一是当重氮组分与三级芳胺和芳环上活性强的芳香胺如间甲苯胺、间苯二胺、α-萘胺等反应偶合时，直接生成偶氮化合物。由于它们在水中的溶解度往往不大，反应需在弱酸性条件下进行，以增大水中的溶解度。成盐反应是可逆的，随着偶合反应中芳香胺的消耗，芳香胺的铵盐会重新转化为芳香胺以满足反应的需要。但酸性不能太强，否则会使胺的浓度过低而影响偶合反应的进行。

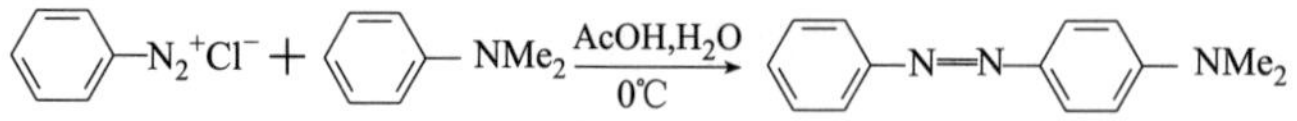

二是当重氮组分与芳环活性弱的胺如苯胺、对甲苯胺、邻甲苯胺、N-甲基苯胺等反应时，通常首先发生 N-偶合反应生成重氮氨基化合物。伯胺生成的重氮氨基化合物的氮原子上还有一个氢原子，可以发生互变异构化反应。

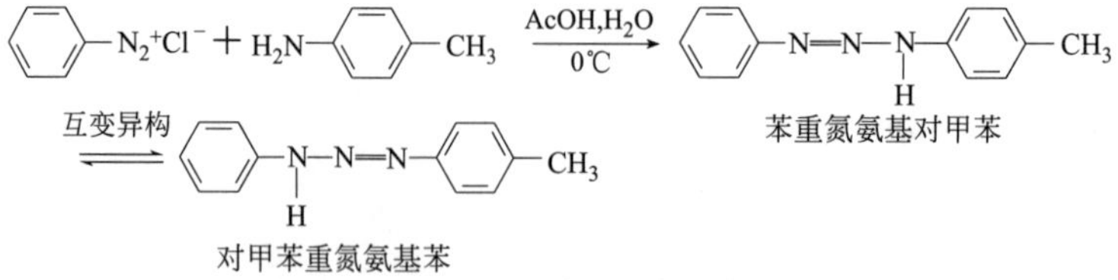

苯重氮氨基苯不与酸生成稳定的盐，在稀酸中加热可以分解生成苯酚、胺和氮气。

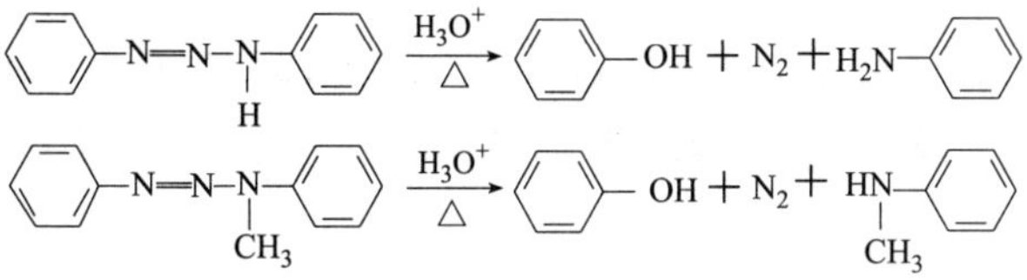

苯重氮氨基苯溶于苯胺中，在少量苯胺盐酸盐存在下加热，可以发生重排反应生成对氨基偶氮苯。

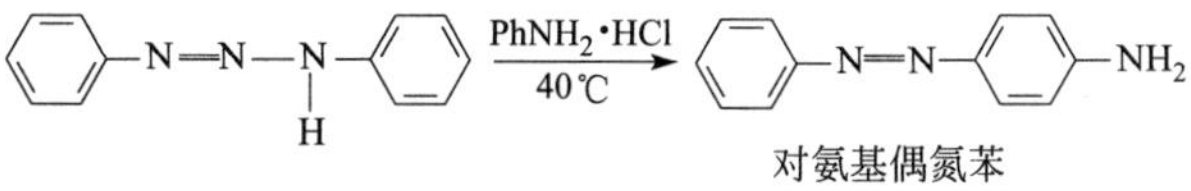

对氨基偶氮苯

反应的大致过程如下：

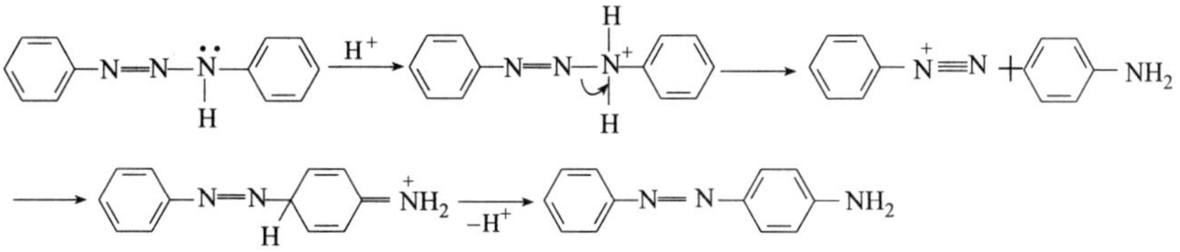

显然，重排属于分子间重反应，在质子的作用下，首先是重氮氨基化合物分解成重氮盐和苯胺，而后重氮基直接进攻苯胺的氨基对位碳原子发生 C-偶合反应得到相应的偶合产物。

仲芳香胺与重氮盐反应生成的重氮氨基化合物更容易发生重排反应，在反应时既有部分生成了偶氮化合物。

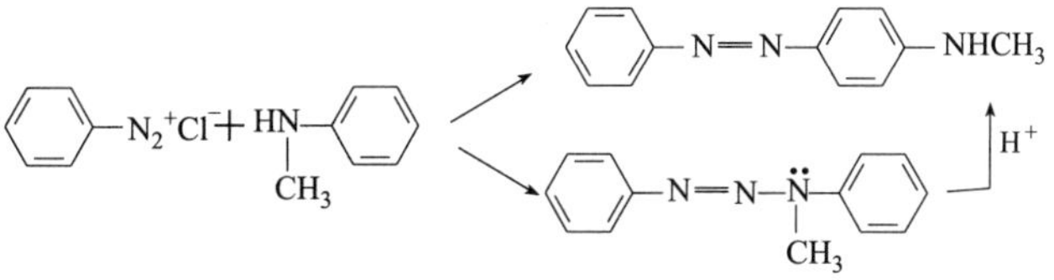

三是如果芳伯胺的氨基邻位带有可以和重氮盐偶合的基团时，这个芳伯胺在重氮化时，重氮基会自行与这个邻位基团关环形成杂环化合物。例如邻苯二胺类化合物重氮化时，一个氨基首先被重氮化，而后重氮盐与未重氮化的氨基反应，生成苯并三唑化合物，这是合成苯并三唑类化合物的一种方法。

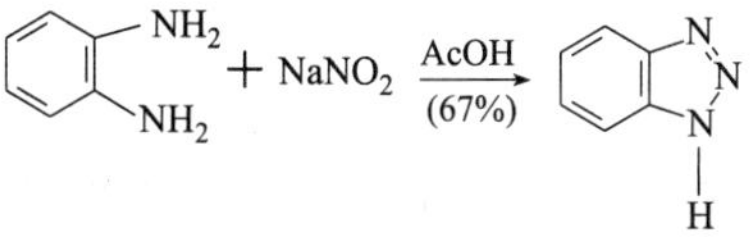

强效止吐药盐酸阿立必利（Alizapride hydrochloride）中间体 6-甲氧基-1H-苯并 [d][1,2,3] 三唑-5-甲酸甲酯（**24**）[37] 的合成如下。

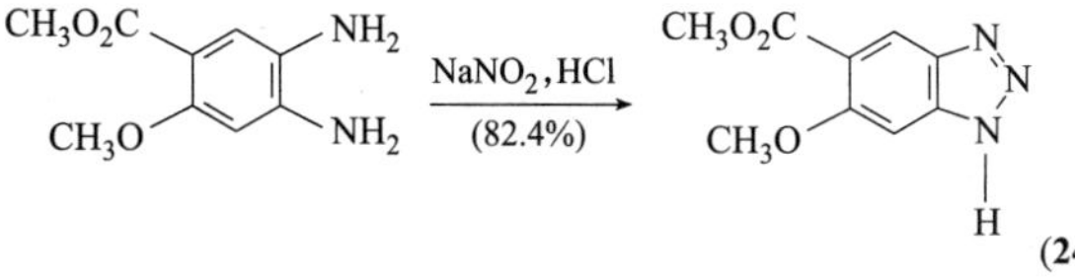

加料方式与反应介质的 pH 值有关。在碱性介质中偶合，常将重氮盐加到偶合组分的溶

液中，而在弱酸性介质中偶合时，则常将偶合组分加到重氮盐溶液中，以满足偶合反应的酸碱性要求。

酪氨酸激酶抑制剂替沃扎尼（Tivozanib）合成中间体 4-氨基-3-氯苯酚（**25**）[38] 的合成，就是将重氮盐溶液慢慢滴加至间氯苯酚的碱性溶液中得到偶联产物，后者还原得到目标化合物。

除了芳香胺、酚类化合物可以发生偶合反应外，一些活泼亚甲基化合物也可以发生偶合反应，例如丙二腈、1,3-二羰基化合物、吡唑酮类化合物等。

例如心脏病治疗药左西孟旦（Levosimendan）原料药（**26**）[39] 的合成。

又如抗球虫新药中间体 2-(3,4,5-三氯苯基)-1,2,4-三嗪-3,5-(2H,4H)-二酮-6-羧酸（**27**）[40] 的合成。

第三节 脂肪伯胺和苄伯胺的重氮化反应

开链脂肪族伯胺与亚硝酸反应，生成的重氮盐极不稳定，很容易放出氮气形成碳正离子，后者既可以与带负电的离子或具有未共电子对的分子反应，也可以发生消除反应，同时伴有碳正离子的重排反应，生成各种复杂产物的混合物，因而往往在制备上缺少实用价值。但也有一些反应可以应用于有机合成。

环状脂肪族伯胺与亚硝酸反应，可发生 Demjanov-Tiffeneau 重排反应，具有制备价值。例如硫酸胍乙啶等的中间体环庚酮[41] 的合成。

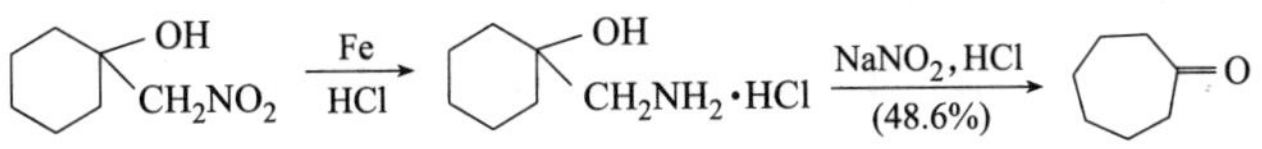

反应的大致过程如下：

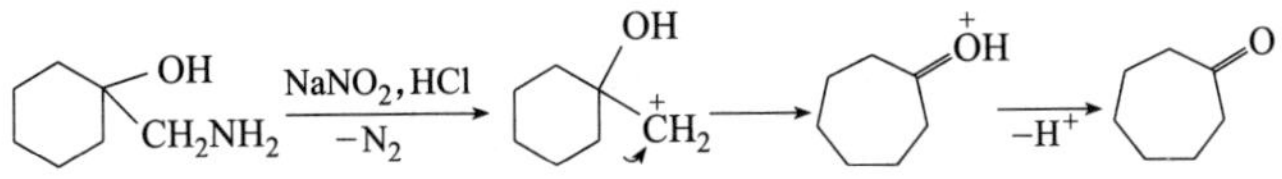

在 Demjanov-Tiffeneau 重排反应中，氮气的失去和 R 基团的迁移是同时进行的，而且是处在原来氨基的反位上的基团迁移，生成相应的产物。

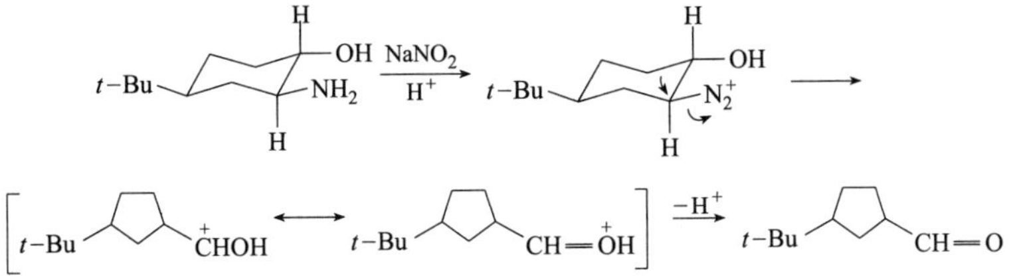

实际上该反应类似于品那醇重排。

如下 α-氨基酸类化合物进行重氮化反应，生成相应的 α-氯代酸，反应产物的绝对构型保持不变[42]。

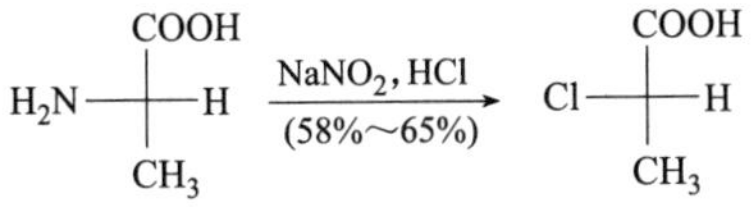

抗生素药物舒巴坦（Sulbactam）中间体 6α-溴青霉烷酸（**28**）[43] 的合成如下。

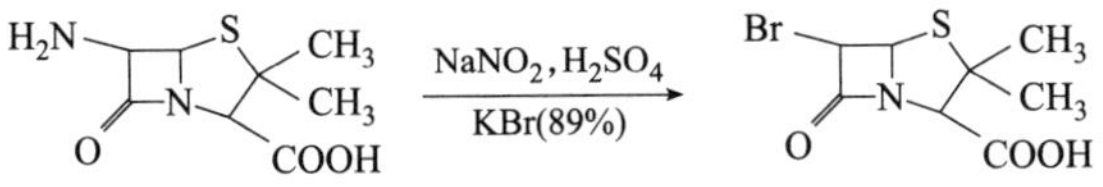

(28)

若上述反应采用溴素代替溴化钾，则生成抗生素药物舒巴坦（Sulbactam）中间体 6α，6β-二溴青霉烷酸[44]。

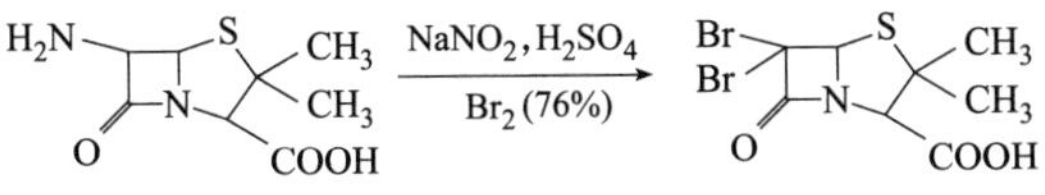

苄基伯胺与亚硝酸反应生成苄基碳正离子，它不发生重排和消除反应，因而具有制备价值。例如维生素 B_6 中间体（**29**）的制备：

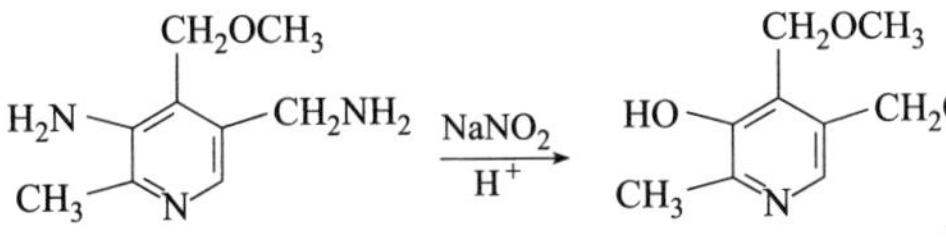

(29)

◆ **参考文献** ◆

[1] Bermes R. US. 5597905. 1997.

[2] Kolodyazhnaya S N, Divaeva N, Simonov A M. Chem Mater Sci, 1983, 19（5）：534.

[3] 孙昌俊，曹晓冉，王秀菊. 药物合成反应——理论与实践. 北京：化学工业出版社，2007：321.

［4］ 陈震，曹晓群，王玉民等.精细化工中间体，2007，37（3）：30.

［5］ 刘理中，俞善信，聂爱华.海南师范大学自然科学学报，1993，16（1）：55.

［6］ Zarei A，Hajipour A R，Khazdooz L，et al. Tetrahedron Lett，2009，50（31）：4443.

［7］ 陈新志.杭州化工，1998，28（4）：12.

［8］ 汪硕鳌，陈洪彪，申理滔等.中国医药工业杂志，2010，41（8）：564.

［9］ 张凯，薛娜，杜玉民等.中国医药工业杂志，2009，40（2）：83.

［10］ 张涛，孔令金，李宗涛等.中国医药工业志，2013，44（9）：841.

［11］ Norihiko Y，Tsuyoshi F，et al. Synth Commun，1989，19（5-6）：865.

［12］ 李和平.含氟、溴、碘精细化学品.北京：化学工业出版社，2010：76

［13］ Furiano D C，Kirk K L. J Org Chem，1986，51（21）：4073.

［14］ 祁刚，吴同新，张银华.化工时刊，2010，24（9）：26.

［15］ Wakasugl T，Miyakuwa T，Taninaka T. US. 5811555. 1998.

［16］ Gross H，Rieche A，et al. Org Synth，1973，Coll Vol 5：365.

［17］ 丁世环，龚艳明.广东化工，2013，40（16）：58.

［18］ 刘长春，贺新，张頔等.应用化工，2012，41（7）：1291.

［19］ 孙昌俊，曹晓冉，王秀菊.药物合成反应——理论与实践.北京：化学工业出版社，2007：322.

［20］ 匡仁云，郭瑾，周小春等.中国医药工业杂志，2010，41（4）：249.

［21］ 薛叙明，赵昊昱.中国医药工业杂志，2005，36（10）：600.

［22］ Dixson J A，et al. US. 5149357. 1992.

［23］ 李光铉，姜德政.农药，2009，48（12）：870.

［24］ Zarei A，Hajipour A R，Khazdooz L，et al. Tetrahedron Lett，2009，50（31）：4443.

［25］ 胡小兵，王凯传.化学工程师，2015，12：48.

［26］ 赵昊昱，潘玉琴.化学世界，2011，11：678

［27］ 赖力，周清凯，张琳萍.中国医药工业杂志，1993，24（4）：181.

［28］ 赵景瑞，胡波，张立东等.精细化工，2013，30（4）：471.

［29］ 陈冲亚，潘富友.广东化工，2007，34（4）：32.

［30］ 戴立言，王晓钟，陈英奇.化工学报，2005，56（8）：1536.

［31］ 王超杰，赵存良，杨卓等.中国药物化学杂志，2008，18（6）：442.

［32］ 李家明，周思祥，张兴.中国医药工业杂志，2000，31（2）：49.

［33］ Glen R C，et al. J Med Chem，1995，38：3566.

［34］ 金灿，林晓清，苏为科.合成化学，2012，20（4）：524.

［35］ 单慧军，方刚，吴松.中国药物化学杂志，2001，11（2）：110.

［36］ 狄庆峰，赵子艳，梅雪艳等.中国医药工业杂志，2011，42（8）：577.

［37］ 陈芬儿.有机药物合成法.北京：中国医药科技出版社，1999：711.

［38］ 郝桂运，黄伟，岑均达.中国医药工业杂志，2013，44（9）：858.

［39］ 孙晋瑞，马新成，娄胜茂等.中国药房，2015，25（13）：1172.

［40］ 赵树春，薛飞群，辛启胜等.中国医药工业杂志，2011，42（12）：889.

［41］ 鲁桂林，齐航.辽宁工业大学学报：自然科学版，2012，32（6）：401.

［42］ Bernhard K，Volker S. Org Synth，1993，Coll Vol 8：119.

［43］ 张楷男，李云政，张青山等.精细与专用化学品，2006，14（12）：12.

［44］ 王正平，韩俊凤.精细化工原料与中间体，1995，9：12.

第九章 消除反应

从一个有机物分子中同时除去两个原子或基团而形成一个新的分子的反应，称为消除反应。有多种化合物可以发生消除反应，如卤代烃、醇、羧酸及其衍生物等。根据消除的原子或基团的彼此位置，可以分为 α-消除（1,1-消除）、β-消除（1,2-消除）、γ-消除（1,3-消除）、δ-消除（1,4-消除）反应等。β-消除是合成不饱和化合物的一种重要的方法，也是本章讨论的主要内容。以下是各种卤化物发生消除反应的具体例子如下。

α-消除反应

$$\overset{\alpha}{C}HCl_3 \xrightarrow{HO^-} {}^-CCl_3 \xrightarrow{-Cl^-} :CCl_2$$

$$R-\overset{\overset{\displaystyle O}{\|}}{C}-\overset{\alpha}{N}\overset{H}{\underset{Br}{}} \xrightarrow{HO^-} R-\overset{\overset{\displaystyle O}{\|}}{C}-\ddot{N}: \longrightarrow R-N=C=O$$

β-消除反应

$$R\overset{\beta}{C}H_2\overset{\alpha}{C}H_2X \xrightarrow{R'O^-} RCH=CH_2 + R'OH + X^-$$

γ-消除反应

$$Br\overset{\gamma}{\wedge}\overset{\beta}{\wedge}\overset{\alpha}{\wedge}Br \xrightarrow{Zn} \triangle + ZnBr_2$$

δ-消除反应

$$\overset{\gamma}{\underset{\delta}{\wedge}}\overset{\alpha}{\underset{\beta}{\wedge}}Br \xrightarrow{OH^-} \diagup\!\!\!\diagdown + H_2O + Br^-$$

在上述各种反应中，应用最普遍，最重要的是 β-消除。

在消除反应中，根据被消除的小分子化合物的不同，例如：H_2、H_2O、HX、X_2、NH_3、胺等又可分为脱氢、脱水、脱卤化氢、脱卤、脱胺等消除反应。

还有一类消除反应，在无其他溶剂或试剂存在下，仅靠加热使有机物进行的消除反应，称为热解消除（Pyrolytic elimination），简称热消除。这类消除反应很多，包括酯的热消除、叔胺氧化物的热消除、季铵碱的热消除、砜的热消除等。

本章将介绍消除反应的基本类型及其在药物合成中的应用，重点是 β-消除反应和热消除反应。

第一节 **卤代烃的消除反应**

卤代烃的消除反应主要是脂肪族卤化物的消除反应，应用最普遍，最重要的是 β-消除，发生消除反应后生成不饱和类化合物，包括烯烃、炔烃、二烯类化合物等。最常见的是消除氯化氢、溴化氢和消除卤素。

一、卤代烃消除卤化氢

在碱性条件下，卤代烃可以发生消除反应生成烯烃。例如心脑血管疾病治疗药物盐酸噻氯吡啶（Ticlopidine hydrochloride）等的中间体 2-乙烯基噻吩（**1**）的合成[1]。

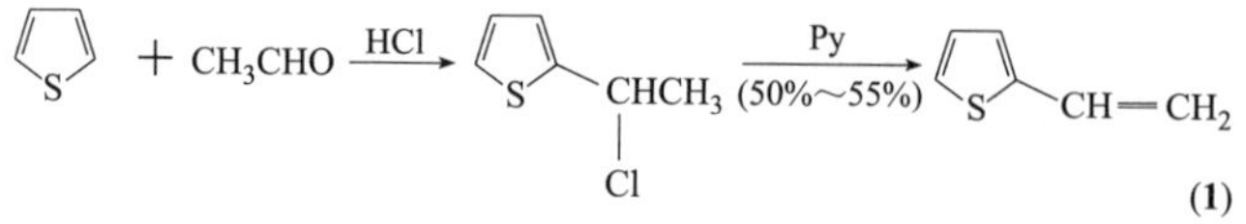

$$(1)$$

在上述反应中，消除反应发生在与卤素原子相连的碳原子（α-碳原子）和与其相邻的碳原子（β-碳原子）上，这种消除反应叫作 β-消除反应或 1,2-消除反应。

β-消除反应可分为液相反应和气相反应两种，前者应用更广泛，后者由于是在比较高的温度下进行的，故又称为热消除反应。β-消除不仅形成碳碳双键、根据反应底物的不同，还可以生成碳碳三键等。

1. β-消除反应机理

β-消除的机理一般可分为双分子消除反应（E2）、单分子消除反应（E1）和单分子共轭碱消除反应（E1cb）。

（1）双分子消除反应（E2）　含卤素化合物的消除反应，大都是在碱性条件下进行的。双分子消除是一步协同的反应过程，用通式表示如下：

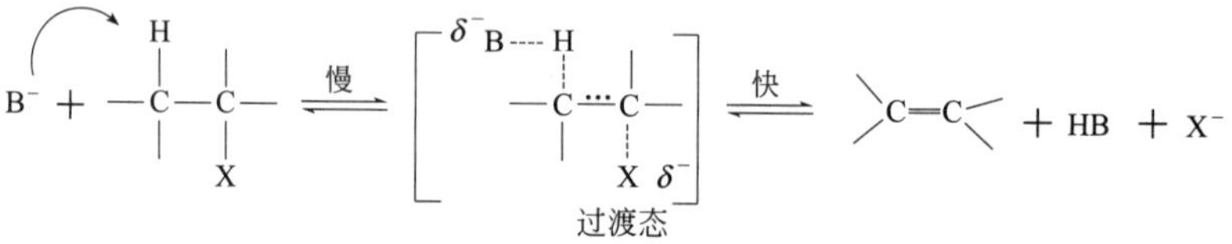

试剂碱首先进攻 β-H，与之部分成键的同时，C-X 键和 C_β-H 键部分断裂，C-C 之间的 π 键部分形成，生成过渡态。碱进一步与 β-H 作用，夺取 β-H 生成共轭酸 HB，同时卤素原子带着一对电子离去，C-C 之间形成双键成烯。整个过程是一步协同进行的，卤代烃和试剂碱都参与了形成过渡态，为双分子消除，用 E2 表示。由于反应中不生成碳正离子，故不发生碳正离子重排反应。

在 E2 消除反应中，立体化学上要求参与反应的五个原子（B、H、C、C、X）处在同一平面上，满足这一共平面要求的两种构象为反式交叉式和顺式重叠式：

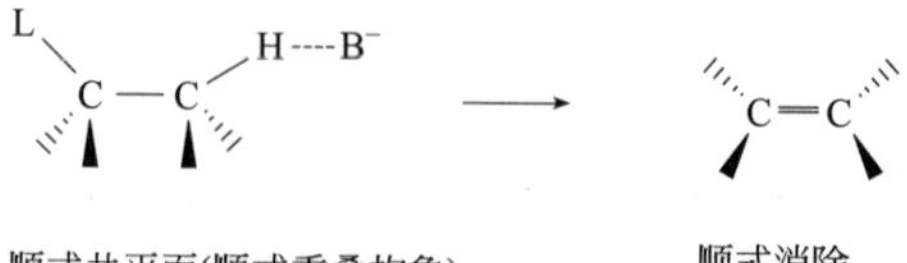

顺式共平面(顺式重叠构象)　　　　顺式消除

反式共平面(反式交叉构象)　　　反式消除

由于反式交叉式构象是能量较低的稳定构象，且此时进攻试剂 B⁻ 进攻氢时距离去基团 L 最远，静电斥力最小，因此一般情况下 E2 反应大都为反式消除，因而 E2 反应常常称为反式消除反应。在极少数情况下，由于几何原因，分子达不到反式交叉式构象时，才可能发生顺式消除。

一般是伯卤代烷容易发生 E2 反应生成烯。例如新己烯的合成[2]。

$$(CH_3)_3C-Cl+CH_2=CH_2 \xrightarrow[(88\%)]{\text{Lewis acid}} (CH_3)_3C-CH_2CH_2Cl \xrightarrow[\text{2-甲基吡咯烷酮}(82\%)]{\text{NaOH}} (CH_3)_3C-CH=CH_2$$

由 E2 反应的消除方式所决定，这类反应是立体有择性反应。赤型和苏型 1-溴-1,2-二苯基丙烷在氢氧化钠乙醇溶液中消除，分别得到顺烯和反烯。

在开链化合物中，分子可以通过单键的旋转采取 H 和 X 处于反式共平面的构象，然而，在环状化合物中，情况并非总是如此。

环己烷衍生物进行 β-消除时，必须是 1,2-a,a（竖键）构象才能符合 E2 消除的反式共平面的立体化学要求。氯蓋烷（**1**）和新蓋基氯（**2**）是两个典型的例子。

在化合物（**1**）中，氯原子处于直立键上的构象才符合反式共平面的要求，因而更容易发生 β-消除反应，尽管其能量较氯原子处于平伏的构象要高，但可以通过环的翻转生成这种不稳定的构象，得到的产物也不符合 Saytzeff 规则。

化合物（**2**）的稳定构象中，氯原子处于直立键上，有左右两个 β-H 可以发生 β-消除反应，因而可以生成两种消除产物，其中主要产物符合 Saytzeff 规则。

一些顺式消除的例子已有不少报道。桥环结构具有一定的刚性骨架，两个消除的基团不可能形成反式共平面的关系，这时顺式消除反而更有利。例如，反-2,3-二氯降冰片烷在戊醇钠-戊醇中进行顺式消除，比顺-2,3-二氯降冰片烷的消除快 66 倍。

反式-2,3-二氯降冰片烷   顺式-2,3-二氯降冰片烷

如下氘代的降冰片溴化物发生消除反应，得到 94% 的不含氘的产物，说明反应中也是发生了顺式消除反应。

在 4～13 元环化合物中，六元环化合物是仅有的可以达到无张力的反式共平面构象的化合物，因此，在六元环化合物中很少有顺式消去反应。

另外，当遇到较差的离去基团时，如氟化物、三甲胺等，则顺式消除可能占优势。不同的反应机理也会有不同的立体化学要求。

（2）单分子消除机理（E1）　E1 机理与 E2 机理不同，反应分步进行。首先是离去基团解离，生成碳正离子，该步反应中共价键异裂，活化能较高，为决定反应速度的步骤。而后碳正离子很快在 β-碳原子上失去质子生成烯烃。

决定反应速度的步骤只与反应的第一步反应底物的解离有关，称为单分子消除反应，用 E1 表示。

实际上，E1 反应的第一步与 S_N1 反应的第一步完全相同，不同的是第二步。在第二步反应中，E1 是碳正离子的 β-碳上的氢失去（质子）生成烯，而 S_N1 是碳正离子直接与带负电性的溶剂或负离子结合生成取代产物。

E1 反应生成碳正离子，碳正离子会发生重排。在纯粹的 E1 反应中，产物应当是完全没有立体专一性的，因为碳正离子在失去质子前，可以自由地生成最稳定的构象。

碳正离子也可受到溶剂分子或试剂的亲核进攻而发生 S_N1 反应，消除产物和取代产物的比例取决于溶剂的极性和反应温度。一般而言，低极性溶剂和较高反应温度有利于 E1。

反应速度取决于碳正离子的生成速度，离去基团相同时，取决于碳正离子的稳定性。由于碳正离子稳定性次序为：$R_3C^+ > R_2CH^+ > RCH_2^+$，因此，不同卤代物的 E1 消除活性次序为：$R_3C—X > R_2CH—X > RCH_2—X$。当烃基相同时，相同条件下反应速度取决于

离去基团的性质，其活性次序为：RI ＞ RBr ＞ RCl。但消除与取代物的比例与离去基团的性质无关。例如：

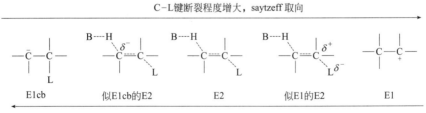

碳正离子可以重排，从而使消除反应变得复杂化，因此在制备烯烃时应特别注意，有时甚至不适于烯烃的制备。

（3）单分子共轭碱消除机理（E1cb）　在 E1 反应中，离去基团首先离去生成碳正离子，而后是 β-H 作为质子离去生成烯；在 E2 反应中，是两个基团同时离去生成烯。第三种情况是 β-H 在碱作用下首先离去生成碳负离子，而后再使离去基团离去而生成烯，这是一种两步反应，称为 E1cb 机理。

$$\underset{B^-}{\overset{\beta\quad\quad\alpha}{\underset{H}{\overset{|}{C}}-\underset{L}{\overset{|}{C}}}}\ \xrightarrow[-HB]{慢}\ -\underset{L}{\overset{|}{C}}-\underset{|}{\overset{|}{C}}-\ \xrightarrow[快]{-L^-}\ \rangle C=C\langle$$

中间体是碳负离子，E1cb 反应不如 E1 和 E2 反应普遍。只有当底物分子中的离去基团离去困难，难以形成碳正离子，而 β-碳上有强吸电子基团如—NO$_2$、—CN、—CHO 等，β-H 的酸性较强，且试剂的碱性足以夺取 β-H 时，才能按 E1cb 机理进行反应。例如药物合成中间体 1,1-二氯-2，2-二氟乙烯的合成[3]。

$$CClF_2\text{—}CHCl_2 \xrightarrow[(94\%)]{NaOH, Bu_4NBr} CF_2\text{=}CCl_2$$

必需指出的是，E1、E2 和 E1cb 机理仅仅是 β-消除反应的三种极限机理，它们之间决非孤立的。可以认为 E1 和 E1cb 是 E2 的两种极端情况，随着反应条件的改变，反应机理可能相互转化，并且在三种极限机理中间可能有其他中间形式的机理。在 E2 机理中，C-L 键和 C_β-H 键的断裂协同进行，只是一种理想状态。在实际反应中，在过渡态时，C-L 键的断裂程度可以比 C_β-H 键的断裂程度大，则该 E2 反应就带有 E1 的特征，发展到极端就是 E1反应，此时主要生成 Saytzeff 烯烃。相反，C_β-H 键在过渡态时的断裂程度较 C-L 键大，则此时的 E2 就具有部分 E1cb 的特征，发展到极端就是 E1cb 反应，此时生成 Hofmann 烯烃。

C–L键断裂程度增大，saytzeff 取向

-C-C-	B---H	B---H	B---H	-C-C-
L	δ⁻ L		δ⁺ L	+
E1cb	似E1cb的E2	E2	似E1的E2	E1

C_b-H键断裂程度增大，Hofmann取向

2. 消除反应的取向——双键的定位规则

在发生消除反应时，如果有可能生成两种或两种以上的烯烃异构体，则消除的取向决定产物的比例。消除的取向有一定规律，即双键定位规则，据此可以预言主要产物。

（1）Saytzeff 规则　在 β-消除反应中，主要产物是双键上烃基较多的稳定烯烃，称为 Saytzeff 规则。烯烃的稳定性如下：

$$R_2C=CR_2 > R_2C=CHR > R_2C=CH_2,RCH=CHR > RCH=CH_2 > CH_2=CH_2;$$
$$RCH_2-CH=CH-CH=CH_2 > RCH=CH-CH_2-CH=CH_2;$$
$$PhCH=CH-CH_2R > PhCH_2-CH=CHR$$

例如在如下反应中，双键上连有三个取代基的烯为主要产物（70%）。

$$(CH_3)_2\overset{Br}{\underset{}{C}}CH_2CH_3 \xrightarrow{KON,EtOH} (CH_3)_2C=CHCH_3 + CH_2=\overset{CH_3}{\underset{}{C}}CH_2CH_3$$
$$(70\%) \qquad (30\%)$$

如下反应中则生成了更稳定的共轭双烯。在消除反应有可能生成共轭体系时，优先生成共轭体系。

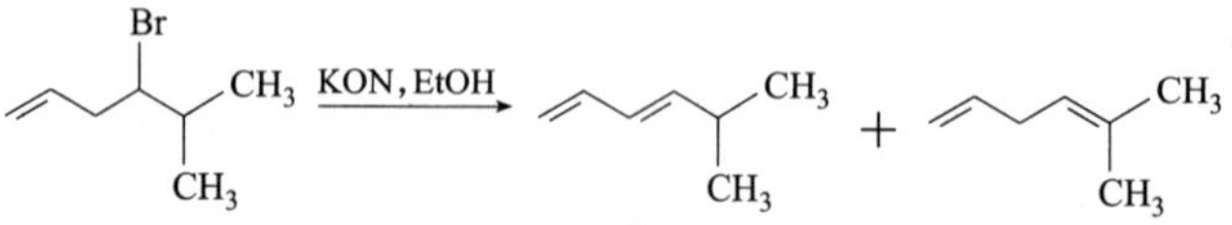

（主） （次）

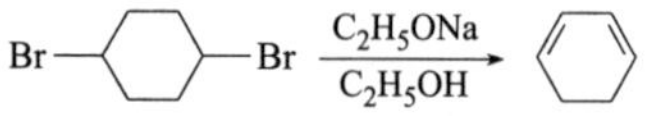

（2）Hofmann 规则　在 E1cb 反应机理中，首先失去 β-H，生成碳负离子，然后离去基团离去生成烯。决定反应取向的是第一步。失去哪种 β-H 后生成的碳负离子最稳定，则哪种取向就占优势。由于碳负离子的稳定性次序是 1°>2°>3°，因此在 E1cb 反应中伯氢比仲氢和叔氢更容易被强碱夺取形成碳负离子，此时得到的主要产物是取代基较少的 Hofmann 烯烃。

离去基团为强吸电子基团，或离去基团带有正电荷（如 R_3N^+，R_2S^+）时，主要生成 Hofmann 烯烃。

$$CH_3-\overset{\beta}{C}H_2-\overset{\alpha}{\underset{\underset{+N(CH_3)_3}{|}}{C}}H-\overset{\beta'}{C}H_3 \xrightarrow[150℃]{-N(CH_3)_3} CH_3-CH=CH-CH_3 + CH_3CH_2CH=CH_2$$
$$(5\%) \qquad (95\%)$$

β'-碳原子失去质子生成 1°碳负离子，比 β-碳原子失去质子生成的 2°碳负离子稳定，容易发生 E1cb 反应生成 Hofmann 烯烃。

（3）Bredt 规则　在桥式二环化合物中，不能在小环体系的桥头碳上形成双键，这是 Bredt 规则的基础，但可生成 Hofmann 烯烃。例如：

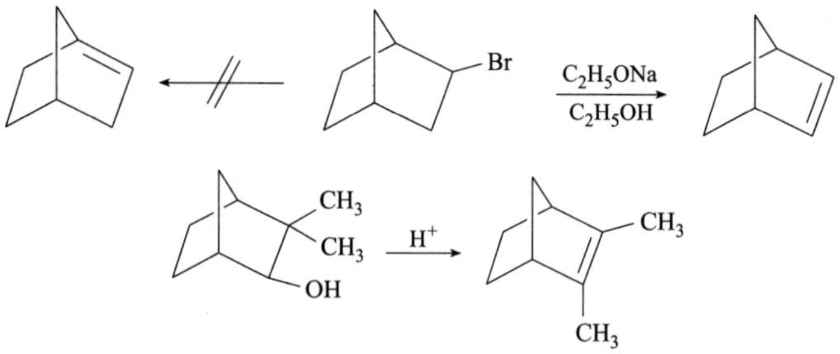

此规则仅适用于含桥头碳原子的小双环化合物，大脂环化合物例外，例如环辛烯类的双环化合物都是稳定的化合物，可看作是反式环辛烯的衍生物。

二环[3.3.1]壬-1-烯　　二环[4.2.1]壬-1(8)-烯

（4）**其他消除规律** 无论哪一种机理，若分子中已有双键（C＝C、C＝O）或芳环，且可能与新生成的双键共轭时，消除反应常以形成共轭体系的产物为主，甚至立体化学不利的情况下也是如此。例如：

$$O_2N-\!\!\!\bigcirc\!\!\!-CH_2CH\!=\!CHCH_2Cl \xrightarrow{KOH,MeOH} O_2N-\!\!\!\bigcirc\!\!\!-CH\!=\!CH-CH\!=\!CH_2$$

$$C_6H_5CH_2CHClCH_3 \xrightarrow[C_2H_5OH]{C_2H_5ONa} C_6H_5CH\!=\!CHCH_3$$

$$\underset{+N(CH_3)_3}{C_6H_5CH_2CHCH_3} \xrightarrow{\triangle} \underset{（主）}{C_6H_5CH\!=\!CHCH_3} + \underset{（次）}{C_6H_5CH_2CH\!=\!CH_2}$$

对于环状化合物的消除反应，应注意消除反应的机理，卤化物的 E2 反应为 1,2-直立键构象的消除，不一定遵循 Saytzeff 规则。

邻二卤代物或偕二卤代物在 KOH 乙醇溶液中加热，生成叁键上取代基较多的炔烃。如：

$$\underset{Cl}{\diagup\!\!\!\diagdown\!\!\!\diagup}^{Cl} \xrightarrow[\triangle]{KOH,C_2H_5OH} [\,\diagup\!\!\!\diagdown\!\!\!\equiv\,] \;\rightleftharpoons\; \diagdown\!\!\!\equiv$$

同样，孤立二炔在碱存在下也可以异构化为共轭的二炔。例如：

$$PhC\!\equiv\!CMgBr+BrCH_2C\!\equiv\!CH \xrightarrow[THF]{CuCl_2} PhC\!\equiv\!C\!-\!CH_2C\!\equiv\!CH \xrightarrow[EtOH]{NaOH} PhC\!\equiv\!C\!-\!C\!\equiv\!CCH_3$$

但用强碱氨基钠时，则生成端基炔。

$$\underset{Cl}{\overset{Cl}{\diagup\!\!\!\diagdown\!\!\!\diagup}} \xrightarrow[\triangle]{氨基钠} \diagup\!\!\!\diagdown\!\!\!\equiv$$

使用强碱时，分子中的炔键甚至可以异构化为端基炔键。例如 9-癸炔-1-醇（**2**）的合成[4]。

$$HOCH_2C\!\equiv\!C(CH_2)_6CH_3 \xrightarrow[（83\%\sim88\%）]{LiHN(CH_2)_3NH_2,\,t\text{-}BuOK} HOCH_2(CH_2)_7C\!\equiv\!CH \tag{2}$$

3. β-消除反应的主要影响因素

卤代烃既可以与亲核试剂发生亲核取代反应，又可以在碱的存在下发生消除反应，实际上卤代烃的消除反应和亲核取代之间存在着竞争。因此，在讨论消除反应的活性和影响因素时，主要讨论如何避免或减少取代等副反应的发生。影响反应的主要因素是卤代烃的结构，其次是反应试剂、反应条件等，使消除反应按照 E1、E2 或 E1cb 机理进行。

反应底物的结构对消除反应的影响明显。凡是消除后生成的双键能与取代基（例如芳环、C＝C 等）形成共轭体系时，无论哪一种机理，都能使反应速率增大（除非 C＝C 的形成可能不是决定反应速度的情况），有利于消除反应。例如：

$$\diagup\!\!\!\diagdown\!\!\!\diagup\!\!\!\diagdown\!\!\!Cl \xrightarrow[C_2H_5OH]{KOH} \underset{（95\%）}{\diagup\!\!\!\diagdown\!\!\!\diagup\!\!\!\diagdown} + \diagup\!\!\!\diagdown\!\!\!\diagup\!\!\!\diagdown\!\!\!OC_2H_5$$

β-位上有吸电子基团，如 Cl、Br、CN、NO_2、SR、C_6H_5 等，由于这些吸电子基增加

了 β-H 的酸性，则有利于 E2 消除反应。如在反丁烯二酸的合成中，β-碳上连有吸电子的酰基溴基，脱溴化氢很容易，甚至在酸性条件下即可脱去溴化氢而生成烯键[5]。反丁烯二酸又名延胡索酸、富马酸或紫堇酸、地衣酸等，是重要的有机合成中间体，也是药物合成中间体。

$$\begin{array}{c} CH_2COOH \\ | \\ CH_2COOH \end{array} \xrightarrow[Br_2]{PBr_3} \begin{array}{c} BrCHCOBr \\ | \\ CH_2COBr \end{array} \xrightarrow[(50\%)]{H_2O} \begin{array}{c} H \\ \diagdown \\ C=C \\ \diagup \quad \diagdown \\ HO_2C \quad\quad H \end{array} \begin{array}{c} CO_2H \end{array} +3HBr$$

α-碳的空间位阻大，亲核试剂不容易靠近 α-碳原子，有利于消除反应而不利于取代反应。在伯、仲、叔卤代烃发生消除反应时，由易到难的次序为：叔＞仲＞伯卤代烃。例如：

$$(CH_3)_3C-Br \xrightarrow[(100\%)]{C_2H_5ONa,\,C_2H_5OH} (CH_3)_2C=CH_2$$

α-烷基和 α-芳基可以稳定生成的碳正离子，从而有利于 E1 反应机理。

β-位上连有芳基，具有稳定生成的碳负离子的作用，有利于按照 E1cb 机理进行反应。

α-碳上取代基数目增多，有利于消除反应，叔烷基卤化物很少发生 S_N2 取代反应。表 9-1 是 α-支链和 β-支链溴代烷与 EtO$^-$ 反应，对发生 E2 消除的速率和烯烃收率的影响。

表 9-1　α-支链和 β-支链对 E2 反应的影响

底物	反应温度/℃	烯的收率/%	E2 反应速率 1×10^5
CH_3CH_2Br	55	0.9	1.6
$(CH_2)CHBr$	24	80.3	0.237
$(CH_3)_3CBr$	25	97	4.17
$CH_3CH_2CH_2Br$	55	8.9	5.3
$(CH_3)_2CHCH_2Br$	55	59.5	8.5

随着 α-碳支链的增多，通常有更多的氢可以被碱进攻，另一方面，则是发生 S_N2 反应的空间位阻增大，因此 E2 的反应速率增大，烯烃的收率提高。

β-支链的增加也使得 E2 反应的速率增大，烯烃收率提高，则可能是由于空间因素造成的，空间位阻的增大使得 S_N2 反应被减慢了很多，相对而言使得消除反应加快了。

带有正电荷的离去基，消除倾向比取代反应大。

碱性试剂和溶剂对卤代化合物的消除反应有影响。卤代化合物的消除反应是在碱性条件下进行的。为了减少取代副反应的发生，应使反应尽可能地向 E1 → E2 → E1cb 机理转移，以利于消除反应。

E1 机理往往不需要额外加碱，溶剂就可以起到碱的作用。E1 反应中，碳正离子的生成与碱无关，一旦生成碳正离子，容易发生取代反应。

E2 和 E1cb 消除，反应速度与碱的浓度和强度有关。碱的浓度大，碱性强有利于消除。常用的碱有氢氧化钠（钾）、醇钠、氨基钠、碳酸钠（钾）、有机叔胺等。一般在氢氧化钠（钾）的醇溶液中进行。增强碱的强度和浓度，有利于反应机理按照如下方向移动：E1 → E2 → E1cb。如下反应使用强碱叔丁醇钾，则主要发生 E1cb 反应生成 2-亚甲基十二烷酸（**3**）[6]。

$$CH_3(CH_2)_9 \overset{\overset{\displaystyle CH_3}{|}}{CHCOOH} \xrightarrow[PBr_3]{Br_2} CH_3(CH_2)_9 \overset{\overset{\displaystyle CH_3}{|}}{\underset{\underset{\displaystyle Br}{|}}{CCOBr}} \xrightarrow[\substack{2.\ NaOH \\ 3.\ H_2SO_4}]{1.\ t\text{-}BuOK} CH_3(CH_2)_9 \overset{\overset{\displaystyle CH_2}{||}}{CCOOH} \qquad (3)$$

试剂的碱性不仅与自身的性质有关，也与溶剂的性质有关。在质子溶剂中，碱性试剂与溶剂呈酸碱平衡（$B^- + SH \longrightarrow BH + S^-$），同时又发生溶剂化作用，不利于消除反应。相反，减小溶剂的极性有利于消除反应。同时，在非质子极性溶剂中，碱的碱性强弱也会发生变化。例如：叔丁醇钾在 DMSO 中的碱性比在甲醇中强的多，甲醇钠在下列溶剂中其碱性也依次增强。$CH_3OH < DMF \sim CH_3CN \ll CH_3COCH_3 \ll \overline{O\;O}$，从而更有利于消除反应。因此，消除反应常在非质子极性溶剂或解离倾向小的质子溶剂中进行。

选择碱性试剂时，还应考虑到试剂的立体效应。碱的强弱和浓度主要影响消除产物和取代产物的比例以及消除反应的速度，而碱性试剂的立体效应则影响到双键的定位。例如 2-甲基-2-溴丁烷的消除反应：

R	[1] 1/%	[2] 2/%
C_2H_5	71	29
$(CH_3)_3C$	28	72
$C_2H_5(CH_3)_2C$	22	78
$(C_2H_5)_3C$	11	89

体积小的碱，Saytzeff 烯烃 [1] 占优势，而体积大的碱，Hofmann 烯烃 [2] 占优势。

在脱卤化氢的消除反应中，使用有机碱可抑制取代反应。如 DBN（1,5-diazabicyclo[4,3,0]non-5-ene）和 DBU（1,5-diazabicyclo[5,4,0]undec-7-ene），具有较强的碱性，脱HX 时不仅具有优良的选择性，而且可在较温和的反应条件下进行反应，适用于用普通脱HX 试剂难以进行的反应。

(DBN)　　(DBU)

用 DBU 使对甲苯磺酸酯发生消除反应，可立体选择性地生成顺烯。例如：

若同叔丁醇钾共热，则生成顺、反混合烯烃。

活性较大的卤代烃，例如苄基位、烯丙基位、羟基 α-位有卤原子的卤代烃，可选用较弱的碱和较温和的反应条件进行消除，有时采用有机碱，如叔胺、吡啶、喹啉等，可避免或减少取代副产物。

维生素类药阿法骨化醇（Alfacalcidol）中间体 6,6-亚乙二氧基-胆甾-1-烯-3-酮（**4**）的合成中[7]，脱溴化氢一步使用了有机碱 2,4,6-三甲基吡啶（TMP）。TMP 除了用于有机合成、药物合成外，也常用作缚酸剂。

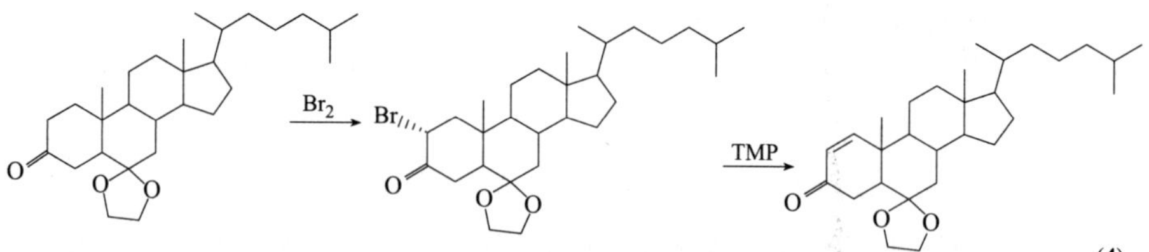

(4)

若卤原子活性较小，β-H 也无活化基团时，应选用较强的碱。若与卤原子相邻的两个β-碳上均有可被消除的氢时，则可能生成两种烯烃异构体。选用合适的试剂和反应条件，有可能使某种烯烃占优势。例如氯化环癸烷 A 的消除：

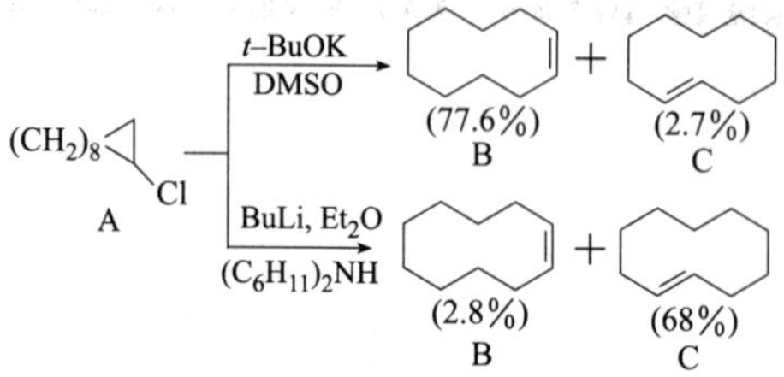

在不同的反应条件下，顺式环癸烯 B 和反式环癸烯 C 的比例完全不同。

升高反应温度，不管是 E2 和 S_N2，还是 E1 和 S_N1，都能提高反应速度，但对于消除反应来说更有利。这是因为在消除反应过程中，涉及到 C_β-H 键的拉长、活化能较高，升高温度，分子内能增加。活化能越大，受温度的影响也越大，更有利于消除反应。因此，要得到较高收率的烯烃，常常在较高温度下进行反应。

近年来，相转移催化法在消除反应中的应用也越来越广泛。例如：

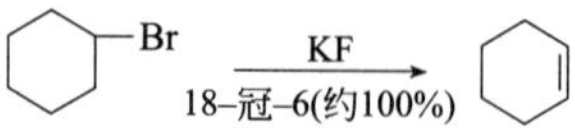

二、多卤代物的消除反应

多卤代物主要指邻二卤代物、偕二卤代物，1,3-二卤代物，当然，还有三卤代物、四卤代物等。它们的结构不同，反应条件不同，生成的消除产物也各不相同。

1. 邻二卤代烷脱卤素生成烯

邻二卤代烷在金属锌、镁、锌-铜及少量碘化钾存在下，在乙醇溶液中可脱去卤素原子，生成烯烃，这时不发生异构化和重排副反应。90%～95%的乙醇可以很好的溶解二卤代烷，但不容易溶解烯烃。由于烯烃的沸点较低，直接从反应体系中蒸出，因此用此法可得到较高收率的烯烃。

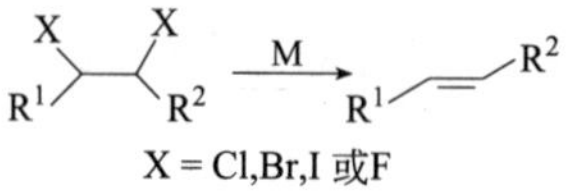

X = Cl,Br,I 或F

例如医药、农药及有机合成等中间体 1-己烯的合成[8]。

$$CH_3(CH_2)_3\underset{\displaystyle Br}{\underset{|}{CH}}-\underset{\displaystyle Br}{\underset{|}{CH_2}}\xrightarrow[(60\%)]{Zn,90\%乙醇}CH_3(CH_2)_3CH=CH_2+ZnBr_2$$

邻二卤代物在锌等存在下脱卤素，也是反式共同面消除。例如 1,2-二溴环己烷只有反式的容易脱溴，顺式的两个溴原子不能处于反式共平面的位置，因而脱溴困难。

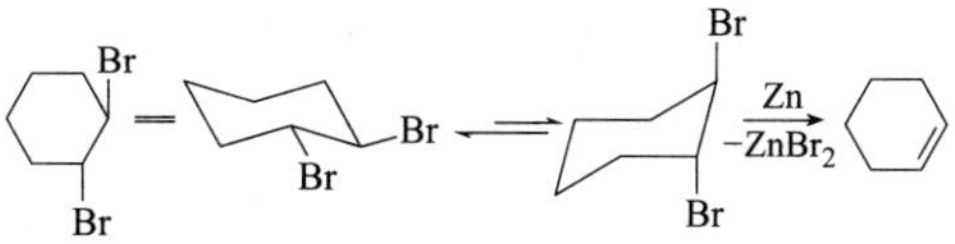

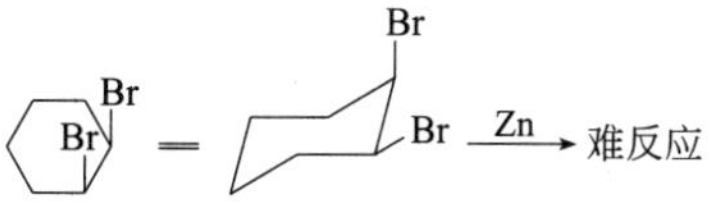

使用锌粉时，甲醇、乙醇、乙酸都是常用的溶剂。

文献报道，还原电位在−800mV左右的金属都具有脱卤能力。可供选择的金属元素很多，如锌、镁、锡、铜、铁、锰。铝等。这些金属稳定性较好，脱卤素反应条件要求也较低。若在不含水的介质中，金属钠、钾、钙也可以使用，但这些金属稳定性差，反应条件苛刻。最常用的还是锌、镁。有报道称，在如下反应中用锌粉脱除 Br、Cl 时，加入少量 $ZnCl_2$，产品收率达 88%，与不加 $ZnCl_2$ 相比，收率明显提高。

$$CF_2Br—CFCl—CH{=}CH_2 \xrightarrow[(88\%)]{Zn,ZnCl_2} CF_2{=}CF—CH{=}CH_2$$

又如含氟单体 1,1-二氯-2,2-二氟乙烯的合成[9]。

$$Cl_3C—CClF_2 \xrightarrow[MeOH(89\%\sim95\%)]{Zn,ZnCl_2} CCl_2{=}CF_2$$

在如下反应中加入 $CuCl_2$，收率达 85%～95%。

$$CF_2Br—CFCl—R \xrightarrow[(85\%\sim95\%)]{Zn,CuCl_2} CF_2{=}CF—R$$

值得指出的是，并非加入助脱卤剂对所有反应都有效。在如下反应中，用锌粉脱氯，$ZnCl_2$、HCl、草酸、丙酸等并不能提高脱氯效率，而锌的粒度、用量和温度才是决定因素。

$$CF_2Cl—CFCl—C_3H_6OH \xrightarrow{Zn} CF_2{=}CF—C_3H_6OH + ZnCl_2$$

也可以使用其他脱卤试剂。如高氯酸铬（Ⅱ）与乙二胺的复合物、$TiCl_4$-$LiAlH_4$、VCl_3-$LiAlH_4$、Na-NH_3（液）、*t*-BuLi-THF、$(CH_3)_2CuLi$-Et_2O 等。

二价铬盐在 DMF 水溶液中与乙二胺配合，室温下与 1,2-二卤化物反应，几乎定量地生成烯烃。例如：

$$CH_3CHBrCHBrCH_3 \xrightarrow[H_2NCH_2CH_2NH_2]{Cr(ClO_4)_2} CH_3CH{=}CHCH_3$$

烃基锂、二烷基铜锂使 1,2-二卤化物脱卤成烯的反应实例如下。

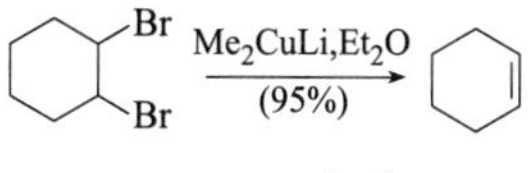

于液氨中用金属钠可以脱卤素生成烯。例如[10]：

使用锌粉可合成累积二烯。如由 X—C—CX_2—C—X 或 X—C—CX═C—体系合成丙二烯。例如[11]：

$$CH_2{=}C(CH_2Cl)(Cl) \xrightarrow[H_2O,\triangle(80\%)]{Zn,EtOH} CH_2{=}C{=}CH_2$$

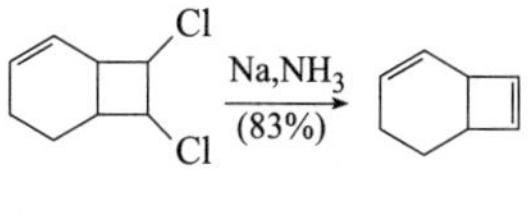

对于试剂锌而言，有时是反式立体专一的，有时却又不是。

2. 邻二卤代烃、偕二卤代物消除卤化氢生成烯（芳烃）

邻二卤代烃在碱性条件下发生消除反应，可以脱去卤化氢生成烯。卤代烃的结构不同，反应机理也可能不同。例如非去极化型神经肌肉阻断药潘库溴胺（Pancuronium bromide）等的中间体 2-溴丙烯（**5**）的合成[12]。

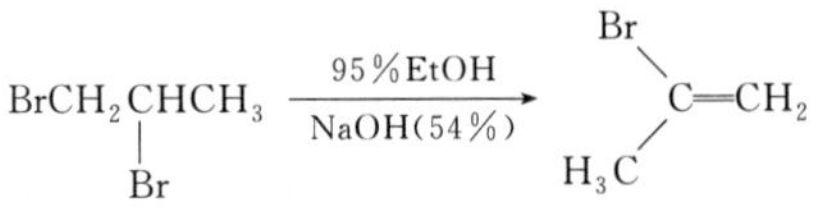

$$BrCH_2CHCH_3 \xrightarrow[\text{NaOH}(54\%)]{95\%\text{EtOH}} \overset{Br}{\underset{H_3C}{C}}=CH_2$$

（**5**）

又如抗炎药双氯芬酸钠（Diclofenac sodium）中间体 N-苯基-2,6-二氯苯胺（**6**）的合成[13]。

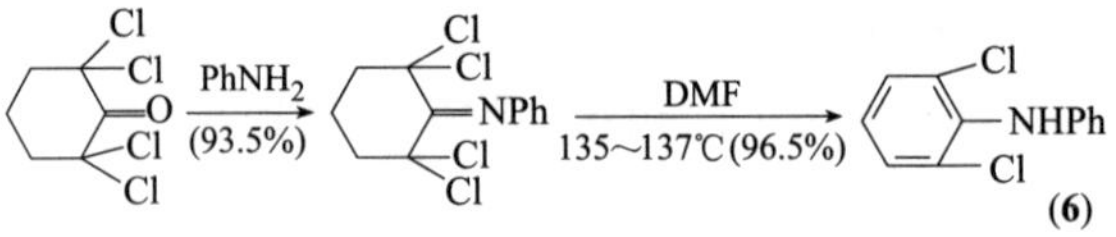

在如下抗癫痫药物奥卡西平（Oxicarbazepine）中间体（**7**）的合成中，邻二溴化物则一个卤素原子发生了消除反应，另一个卤素原子发生了取代反应[14]。

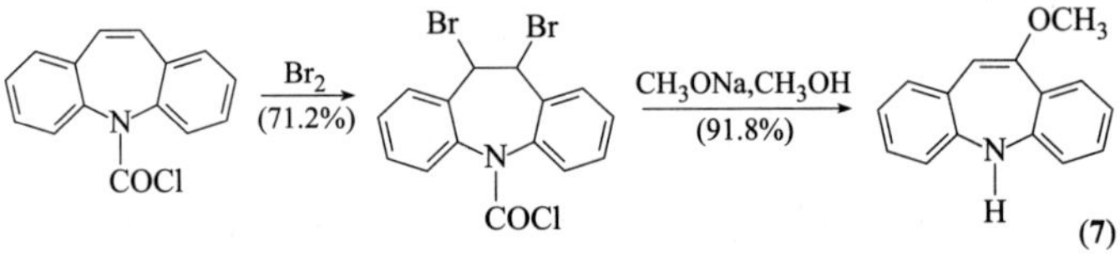

上述反应的最后一步若在氯仿中，通入液氨，在 0.5MPa 压力下反应，则消除一分子溴化氢，并且酰氯生成酰胺，产物同样是奥卡西平的中间体[15]。

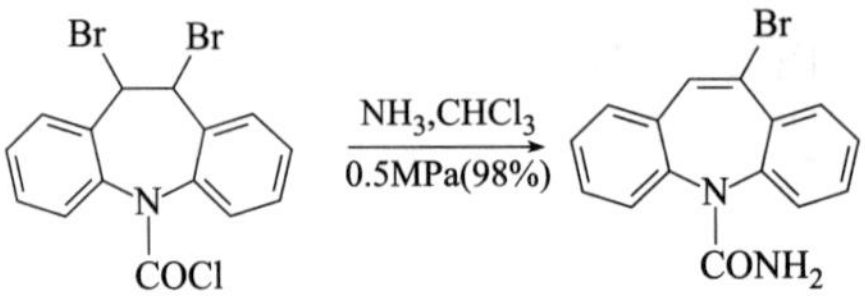

如下偕二卤化物脱去卤化氢生成累积二烯类化合物[16]。

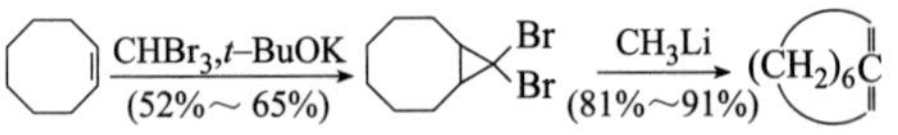

上述反应提供了一种合成增加一个碳原子的环状二烯的方法。当然，由于累积二烯是直线型结构，因此，该方法更适合于大环化合物的合成。

3. 邻二卤代物或偕二卤代物脱卤化氢生成炔

邻二卤代烷或偕二卤代烷在一定的条件下先脱去一分子卤化氢生成乙烯型卤代烃，后者必须在更强烈条件下（强碱、高温）才能再脱去另一分子卤化氢，生成炔。

$$CH_2X—CH_2X \xrightarrow[-HX]{KOH-\text{乙醇}} CH_2=CHX \xrightarrow[\text{或 NaNH}_2]{KOH-\text{乙醇,高温}} CH\equiv CH$$

$$CH_3CHX_2 \xrightarrow[-HX]{KOH-\text{乙醇}} CH_2=CHX \xrightarrow[\text{或 NaNH}_2]{KOH-\text{乙醇,高温}} CH\equiv CH$$

邻二卤代物，偕二卤代物和卤乙烯衍生物脱卤化氢是制备炔烃的方法之一。卤化物的消除仍是反式消除较容易。常用的碱是氢氧化钾的醇溶液或氨基钠。

$$-\overset{\overset{\displaystyle H}{|}}{\underset{\underset{\displaystyle X}{|}}{C}}-\overset{\overset{\displaystyle H}{|}}{\underset{\underset{\displaystyle X}{|}}{C}}- \xrightarrow[-HX]{KOH,醇} \quad \overset{\overset{\displaystyle H}{|}}{C}=\overset{}{\underset{\underset{\displaystyle X}{|}}{C}} \xrightarrow[-HX]{NaNH_2} -C\equiv C-$$

$$CH_2=CH(CH_2)_8COOH \xrightarrow[CCl_4]{Br_2} CH_2BrCHBr(CH_2)_8COOH \xrightarrow[\triangle]{KOH,EtOH} CH\equiv C(CH_2)_8COOH$$

$$HOOCCHCHCOOH \xrightarrow[(73\%\sim88\%)]{KOH,CH_3OH} HOOCC\equiv CCOOH$$
$$\underset{Br\ \ Br}{|\ \ \ |}$$

氯代反丁烯二酸脱卤化氢生成丁炔二酸的速度比顺式异构体快 48 倍，表明反式消除比顺式消除容易得多。

$$\underset{HOOC}{\overset{H}{\diagdown}}C=C\underset{Cl}{\overset{COOH}{\diagup}} \xrightarrow[-HCl]{OH^-} HOOCC\equiv CCOOH$$

间氨基苯乙炔（**8**）是新型抗肿瘤药物盐酸厄洛替尼（Erlotinib hydrochloride）的关键中间体，其一条合成路线如下[17]。

$$O_2N-\phi-CH=CH-CO_2H \xrightarrow[(88\%)]{Br_2,CHCl_3} O_2N-\phi-\underset{Br}{\overset{Br}{CH-CH}}-CO_2H \xrightarrow[(85.7\%)]{Et_3N,DMF}$$

$$O_2N-\phi-CH=CH-Br \xrightarrow[(85\%)]{NaH,DMF} O_2N-\phi-C\equiv CH \xrightarrow[(82\%)]{Fe,HCl} H_2N-\phi-C\equiv CH$$
$$(\mathbf{8})$$

上述反应中，脱溴、脱羧反应生成（Z）-型异构体，反应的大致过程如下。

$$O_2N-\phi-\underset{Br}{\overset{Br}{CH-CH}}-CO_2H \xrightarrow{Et_3N,DMF} \left[\text{环状中间体} \right] \longrightarrow O_2N-\phi-CH=CH-Br$$

反应条件取决于二卤化物的结构。若卤原子和 β-H 都较活泼，可在较温和的条件下发生消除反应，相反，若卤原子和 β-H 的活性较差，则应在强碱存在下采用较高的反应温度进行消除反应。例如中枢兴奋药洛贝林（Lobeline）中间体（**9**）的合成，反应只需在氢氧化钾存在下于乙醇中回流即可得到相应的产物。

$$Ph-\underset{Br}{\overset{Br}{CH-CH}}-\phi_N-\underset{Br}{\overset{Br}{CH-CH}}-Ph \xrightarrow[回流,3.5h]{KOH,EtOH} Ph-C\equiv C-\phi_N-C\equiv C-Ph$$
$$(\mathbf{9})$$

抗真菌药特比萘芬（Terbinafine）等的中间体叔丁基乙炔的合成如下。

$$(CH_3)_3CCH_2CHCl_2 \xrightarrow[(63.4\%)]{KOH,DMSO} (CH_3)_3CC\equiv CH$$

品那酮用 PCl_5 处理生成偕二氯化物，后者脱氯化氢也可以生成叔丁基乙炔[18]。

$$(CH_3)_3C\overset{\overset{\displaystyle O}{||}}{C}CH_3 \xrightarrow{PCl_5} (CH_3)_3CCCl_2CH_3 \xrightarrow{KOH,DMSO} (CH_3)_3CC\equiv CH$$

酮与五氯化磷反应可以转化为偕二卤化物，后者在碱存在下可以生成炔，从而提供了由酮合成炔的一种方法。新药开发中间体对氯苯乙炔（**10**）的合成方法如下：

(10)

又如抗艾滋病药物依法韦仑（Efavirenz）中间体环丙基乙炔的合成[19]。

实验中发现，在高温下氢氧化钾-乙醇会使链端的叁键向中间转移：

$$CH_3CH_2CH—CH_2 \xrightarrow[\triangle]{KOH-乙醇} [CH_3CH_2C≡CH] \rightleftharpoons CH_3C≡CCH_3$$
$$\underset{X\ \ \ \ X}{}$$

因此，用氢氧化钾脱卤化氢的应用范围，一般限于制备非端基炔或不可能发生异构化的情况。而碱性更强的氨基钠，却使叁键从链的中间移向链端。因此，氨基钠是由相应的二卤代烷制备端基炔的常用试剂。

$$CH_3CHCHCH_3 \xrightarrow[\triangle]{NaNH_2} [CH_3C≡CCH_3] \rightleftharpoons CH_3CH_2C≡CH$$
$$\underset{X\ \ X}{}$$

邻二卤代物可由相应的烯与卤素反应来得到，随后发生消除生成炔。例如心脏病治疗药普尼拉明（Prenvlamine）、香料中间体苯丙炔酸（**11**）的合成[20]。

(11)

炔丙醛缩二乙醇是重要的有机合成中间体，在天然产物甾族化合物、杂环化合物的合成中有重要的用途。可以用如下方法来合成。该方法采用了相转移催化剂，避免了二溴化物消除成烯的副反应，而且相转移催化剂可以回收再利用[21]。

$$CH_2=CHCHO \xrightarrow[(74\%\sim77\%)]{Br_2,CH(OEt)_3} BrCH_2—CHCH(OEt)_2 \xrightarrow[(61\%\sim67\%)]{Bu_4NOH} HC≡C—CH(OEt)_2$$
$$\underset{Br}{}$$

丙炔腈是急性白血病治疗药物阿糖胞苷（Cytarabine）、盐酸环胞苷（Cyclocytidine hydrochloride）等中间体，可以由丙烯腈的溴化、脱溴化氢来制备。由于分子中含有腈基，不能用碱进行消除，而是采用高温裂解的方法消除溴化氢[22]。

$$CH_2=CHCN \xrightarrow[(85\%)]{Br_2} CH_2BrCHBrCN \xrightarrow[(50\%)]{\triangle} CH≡C—CN$$

1,1-二氯-1-烯用二乙基氨基锂处理，可以生成1-氯-1-炔。

$$RCH=CCl_2 \xrightarrow[(66\%\sim90\%)]{Et_2NLi} RC≡CCl$$

如下反应则使用苄基三甲基氢氧化铵作碱性试剂，高收率的生成1-溴-1-炔。

若1,1-二卤-1-烯与2mol的丁基锂反应，而后再与CO_2反应，则可以生成2-炔酸。

例如：

$$RCH{=}CBr_2 + 2BuLi \xrightarrow[-78\text{℃}]{THF} RC{\equiv}CLi \xrightarrow{CO_2} RC{\equiv}CCOOH$$

4. 1,3-二卤化物脱卤素生成环丙烷衍生物

1,3-二卤化物在 Zn、Mg 等金属存在下可以消除卤素生成环丙烷类化合物。

后来的研究发现，使用 1,3-二溴化物与锌反应时，加入碘化钠，环丙烷的收率有很大提高。这是合成环丙烷衍生物的一种方便的方法。例如有机合成中间体环丙基苯的合成。

环丙基溴是合成喹诺酮类抗菌药环丙沙星（Ciprofloxacin）等的中间体，其一条合成路线就是采用这种方法，不过使用的碱是甲基锂。

$$Br_2CHCH_2CH_2Br \xrightarrow{MeLi,Et_2O} \triangleright\!{-}Br$$

5. 其他卤化物的消除反应

β-卤代醇在一些金属或金属盐的催化下可以消除次卤酸生成烯烃。其中 β-碘代醇的收率较高。该反应的特点是反式消除。

β-卤代醚衍生物与锌粉一起回流，可同时除去卤原子和醚基而生成烯烃。例如：

$$\underset{\overset{|}{(CH_2)_{13}CH_3}}{BrCH_2CHOC_2H_5} \xrightarrow[\text{回流},24h(63\%)]{Zn,C_4H_9OH} CH_3(CH_2)_{13}CH{=}CH_2$$

但该反应中的卤原子仅限于溴和碘，β-氯代醚中的氯原子活性较差，需要使用氨基钠才能进行反应。例如乙氧基乙炔（**12**）是维生素 A 的重要中间体，可以用如下方法来合成[23]。

$$ClCH_2CH(OEt)_2 \xrightarrow{NaNH_2,NH_3(\text{液})} NaC{\equiv}COEt \xrightarrow[(56\%\sim61\%)]{H_2O} HC{\equiv}COEt$$

（**12**）

卤代亚烃基丙二酸单酯发生脱羧脱卤消除反应，可以生成 α,β-炔酸酯。例如降血脂药匹伐他汀钙（Pitavastatin calcium）的重要中间体环丙基炔丙酸乙酯（**13**）的合成[24]。

（**13**）

三、卡宾的生成

卡宾（Carbene），又称碳烯、碳宾，是含二价碳的电中性化合物。是一类性质活泼的活性中间体。其中一类是卤代烷发生 1,1-消除（α-消除）生成的卡宾或卤代卡宾。

在卤代化合物 α-消除中，碳失去一个不带电子对的基团，通常是质子，而后失去一个带电子对的基团，通常是卤素离子。

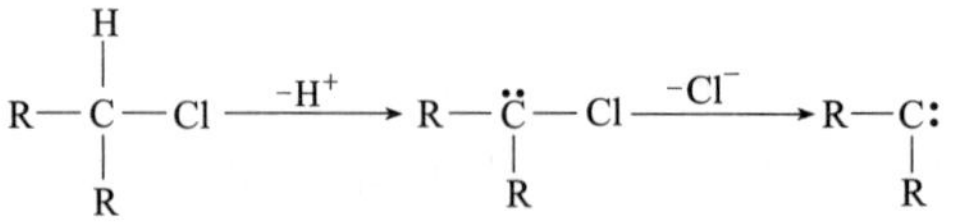

$$R-\overset{\overset{\displaystyle H}{|}}{\underset{\underset{\displaystyle R}{|}}{C}}-Cl \xrightarrow{-H^+} R-\overset{..}{\underset{\underset{\displaystyle R}{|}}{C}}-Cl \xrightarrow{-Cl^-} R-\overset{..}{\underset{\underset{\displaystyle R}{|}}{C}}:$$

氯仿在强碱（例如醇钠、50％的氢氧化钠水溶液等）作用下，可生成二氯卡宾，其与烯键加成生成二氯环丙烷化合物。

$$CHCl_3 \xrightarrow[-EtOH]{EtONa} \bar{C}Cl_3 \xrightarrow{-Cl^-} :CCl_2$$

$$CHCl_3 \xrightarrow[-H_2O]{50\%NaOH} \bar{C}Cl_3 \xrightarrow{-Cl^-} :CCl_2$$

$$(CH_3)_2C=CH_2 \quad + \quad :CCl_2 \longrightarrow (CH_3)_2\overset{\displaystyle}{C}\!-\!\overset{\displaystyle}{CH_2}$$

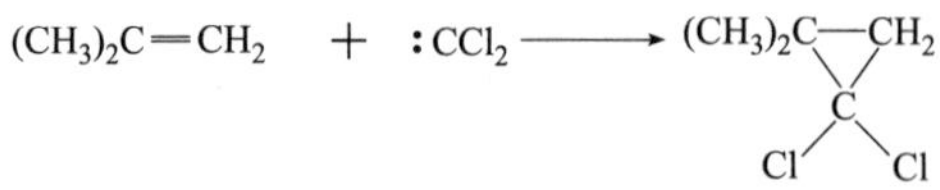

二卤卡宾与环烯的加成产物容易开环，从而提供了一种扩大一个碳原子的环状化合物的合成方法。例如：

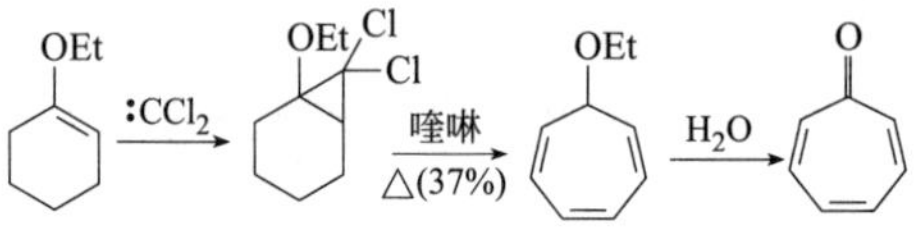

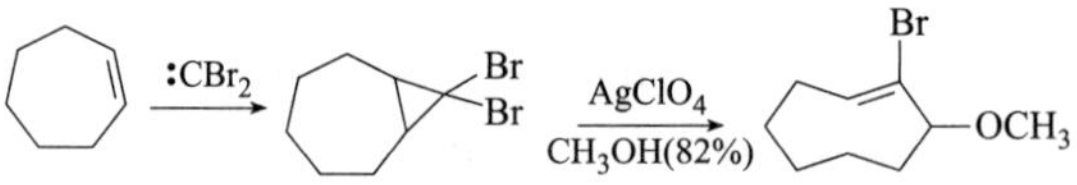

苯酚、氯仿和浓的氢氧化钠水溶液一起加热，可以在苯环上引入醛基，生成酚醛，此反应称为 Reimer-Tiemann 反应。能够发生此反应的化合物除了苯酚外，还有萘酚、多元酚、酚酮以及某些芳香杂环化合物等。这是在芳环上引入甲醛基的一种方便的方法。

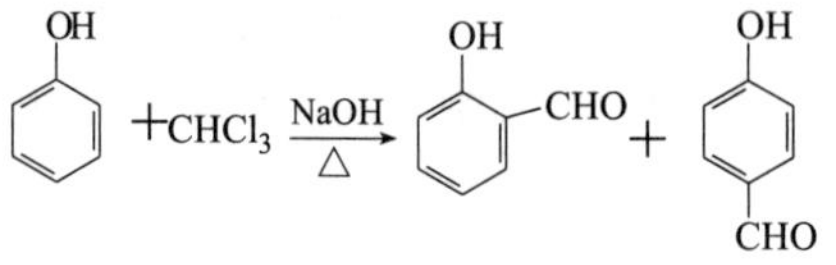

如下反应也可以生成二氯卡宾：

$$Cl_3CCOO^- \xrightarrow{\triangle} Cl_2C: +CO_2+Cl^-$$

二氯卡宾在碱性条件下与吡咯、吲哚可以发生反应，不过是得到扩环的产物。例如：

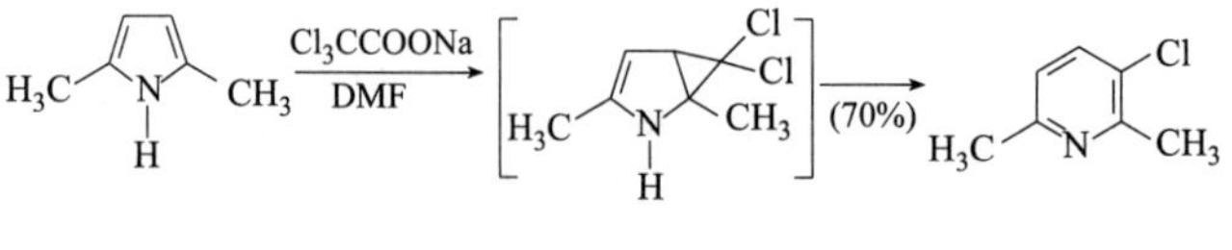

二氯卡宾可以与羰基化合物反应，例如与苯甲醛反应可以最终生成扁桃酸（**14**）[25]。扁桃酸具有较强的抑菌作用，口服可治疗泌尿系统疾病，也是合成抗生素、周围血管扩张药环扁桃酯（Cyclandelate）等的中间体。

$$\text{C}_6\text{H}_5\text{—CHO} \xrightarrow[\text{2.HCl(78\%)}]{\text{1.CHCl}_3,\text{NaOH,PTC}} \text{C}_6\text{H}_5\text{—CH(OH)COOH}$$
$$(14)$$

反应中首先生成二氯卡宾，随后与羰基反应生成环氧乙烷衍生物，再经重排、水解、酸化生成扁桃酸。

$$\underset{\text{Ph—C—H}}{\overset{\text{O}}{\parallel}} \xrightarrow{:\text{CCl}_2} \text{Ph}\overset{\text{O}}{\triangle}\text{CCl}_2 \xrightarrow{\text{重排}} \text{PhCHCl—COCl} \xrightarrow[\text{2.H}^+]{\text{1.HO}^-} \text{PhCH(OH)—COOH}$$

若在上述反应中加入氯化锂和氨水，则可以生成苯甘氨酸（**15**）[26]。苯甘氨酸为抗生素药物阿莫西林钠（Amoxicillin sodium）、头孢氨苄（Cephalexin）、头孢拉定（Cefradine）等的中间体，也用于合成多肽激素和多种农药。

$$\text{C}_6\text{H}_5\text{CHO} + \text{CHCl}_3 \xrightarrow[\text{(71\%)}]{\text{KOH,NH}_3,\text{ TEBAC}} \text{C}_6\text{H}_5\text{CH(NH}_2\text{)COOH}$$

二氯甲烷的酸性比氯仿小，因此，必须使用更强的碱如烷基锂，才能使其生成一氯卡宾。

$$\text{CH}_2\text{Cl}_2 \xrightarrow[-\text{RH}]{\text{RLi}} \text{LiCHCl}_2 \longrightarrow :\text{CHCl} + \text{LiCl}$$

偕二溴代烷用金属锂或烷基锂脱去溴化锂，可以生成二烷基卡宾。

$$\underset{\text{R}^1}{\overset{\text{R}}{>}}\text{CBr}_2 \xrightarrow{\text{Li 或 RLi}} \underset{\text{R}^1}{\overset{\text{R}}{>}}\text{C:} + 2\text{LiBr}$$

卡宾也可以与炔键加成，但炔键的加成不如双键活泼，生成的产物是具有很大张力的环丙烯衍生物，二卤卡宾与炔烃反应生成的二卤环丙烯很容易水解，最终生成环丙烯酮，是合成环丙烯酮的简便方法。

$$\text{RC≡CR} \xrightarrow{:\text{CCl}_2} \underset{\text{Cl Cl}}{\overset{\text{R} \quad \text{R}}{\triangle}} \xrightarrow{\text{H}_2\text{O}} \underset{\text{O}}{\overset{\text{R} \quad \text{R}}{\triangle}}$$

合成中常使用 Simmons-Smith 试剂。该试剂是由二碘甲烷与锌-铜齐制得的有机锌试剂，它虽然不是自由的卡宾，但可以进行像卡宾一样的反应，一般称为类卡宾。

$$\text{CH}_2\text{I}_2 + \text{Zn-Cu} \longrightarrow (\text{ICH}_2)\text{ZnI}$$

二碘甲烷与锌-铜偶合体原位产生有机锌试剂，该方法不仅操作简便，而且产率较高。与烯烃反应时，分子中的卤素、羟基、羰基、羧基、酯基、氨基等反应中均不受影响。

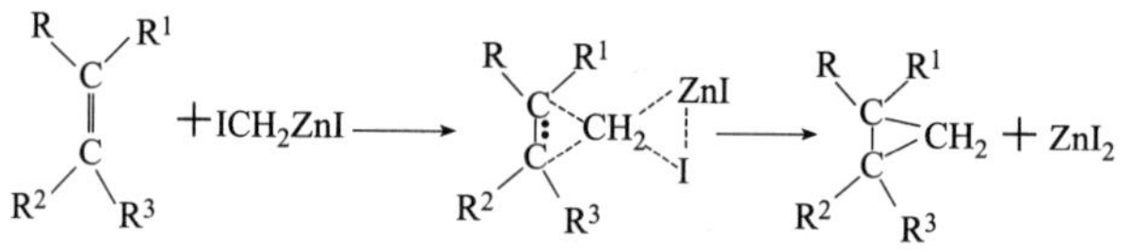

例如：

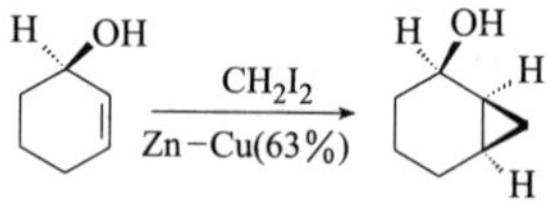

2,2,6,6-四甲基哌啶锂是一种无亲核性的强胺基碱，可以选择性地夺取弱碳-氢酸的氢，可以将苄基氯转变为苯基卡宾，而其他的强碱往往容易发生取代反应。例如：

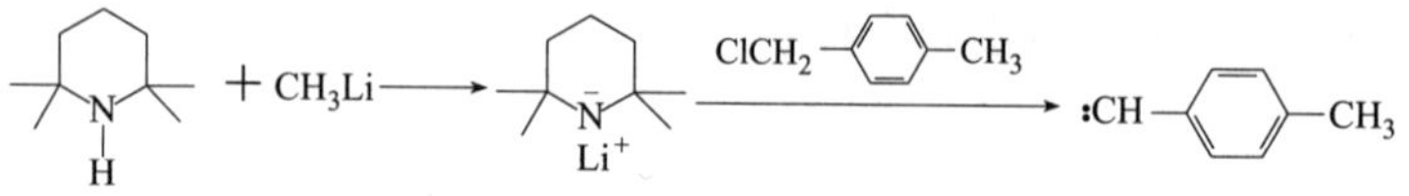

卡宾类中间体在药物合成、有机合成中的应用越来越广泛。

第二节 热消除反应

前面介绍的 E1、E2 以及 E1cb 三种类型的消除反应，都是在催化剂或溶剂作用下，于液相中进行的反应。当然，还有很多化合物是按照 E2 机理进行的。在无其他溶剂存在时，仅靠加热使有机物进行的消除反应，称为热消除反应。可以发生热消除的反应很多，它们在药物合成中同样具有重要的用途。

一、热消除反应机理和消除反应的取向

1. 热消除反应机理

热消除反应主要有两种反应机理。第一种是分子内形成四五或六元环过渡态，然后进行分子内消除（Intramolecular elimination），简称 Ei 机理。在这种机理中，两个基团几乎是同时断裂，并形成双键。由于在 Ei 消除中形成环状过滤态，因此对于四五元环过渡态而言，在立体化学上要求两个被消除的基团处于顺式，如叔胺氧化物等的热消除按 Ei 机理进行。

具有 β-H 的卤化物直接加热至一定温度，经四元环过渡态消除卤化氢生成烯烃。

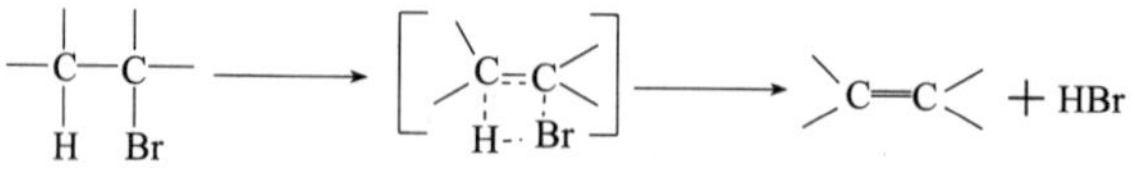

叔胺氧化可以生成叔胺氧化物，具有 β-H 的叔胺氧化物加热经五元环过渡态生成烯和羟基胺。

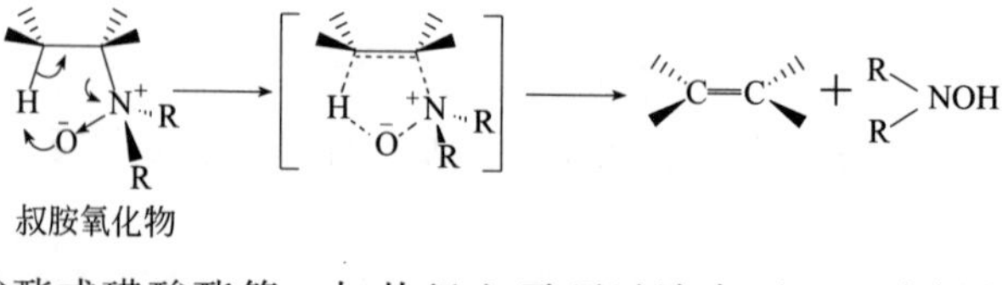

叔胺氧化物

具有 β-H 的羧酸酯或磺酸酯等，加热经六元环过渡态可以生成烯烃和相应的酸。

位阻大的具有 β-H 的季铵碱，加热时有可能经六元环过渡态可以生成烯、叔胺和水（一般季铵碱可能按 E2 机理）。

对于四五元环的过渡态而言，构成环的四或五个原子必须共平面，而对于六元环过渡态，并不要求共平面，因为离去的原子成交叉式时，外侧的原子在空间上是允许的。

值得指出的是，在上述机理中，两个键的断裂只能说是几乎同时断裂，实际上可能是并不同时，而是有先后之分。根据底物性质的不同，期间很可能是一个连续的过程。

Ei 机理的证据充分。动力学上属于一级反应，反应只涉及一个底物分子；反应中加入自由基抑制剂，对反应速率没有影响，因而不是自由基型反应（若属于自由基型反应，加入抑制剂应减慢反应）；从反应产物的立体化学分析，顺式消除是唯一产物。

热消除反应的第二种机理是自由基型机理。多卤代物和伯单卤化物加热时，有些属于自由基机理。

链引发　$R_2CHCH_2X \xrightarrow{\triangle} R_2CHCH_2 + X\cdot$

链增长　$R_2CHCH_2X + X\cdot \longrightarrow R_2\dot{C}CH_2X + HX$

$R_2\dot{C}CH_2X \longrightarrow R_2C=CH_2 + X\cdot$

链终止（歧化）　$2R_2\dot{C}CH_2X \longrightarrow R_2C=CH_2 + R_2CXCH_2X$

自由基型反应，缺乏立体选择性。某些羧酸酯的热解反应也被认为是自由基型反应，不过例子较少。

2. 热消除反应的取向

如上所述，热消除很多是经环状过渡态而进行的。开链脂肪烃热消除的取向，与 β-H 的数目有关。如乙酸仲丁酯，有两种 β-H，其比例为 $\beta:\beta'$ 为 3:2，Hofmann 烯烃与 Saytzeff 烯烃的比例与此相接近。

$$CH_3\overset{\beta'}{-}CH_2-\underset{\underset{OCOCH_3}{|}}{CH}-\overset{\beta}{CH_3} \xrightarrow{\triangle} CH_3CH_2CH=CH_2 + CH_3CH=CHCH_3$$
$$(55\%\sim62\%) \quad (38\%\sim45\%)$$

环状脂肪烃热消除取决于 β-H 能否形成环状过渡态。五元环 β-H 必须与离去基团处于顺式才能形成环状过渡态，从而有利于热消除。若只有一侧有顺式 β-H，则只能在此方向上生成双键，反应不一定遵守 Saytzeff 规则。如下叔胺氧化物的热消除，叔胺氧化物基团只能

和 β_1 位同侧的氢成为环状过渡态，故只能在此处发生消除。

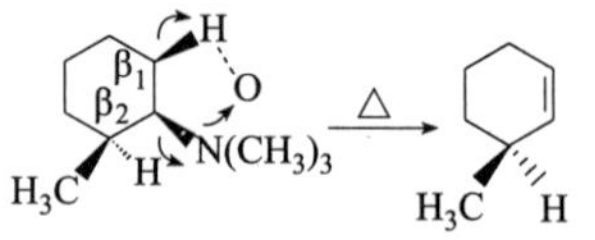

对于六元环过渡态，则未必意味着离去基必须成顺式，因为六元环过渡态不要求完全共平面。若离去基团在直立键上，则 β-H 必须在平伏键上，此时可以生成六元环过渡态；若 β-H 在直立键上，则不能形成六元环过渡态。例如：

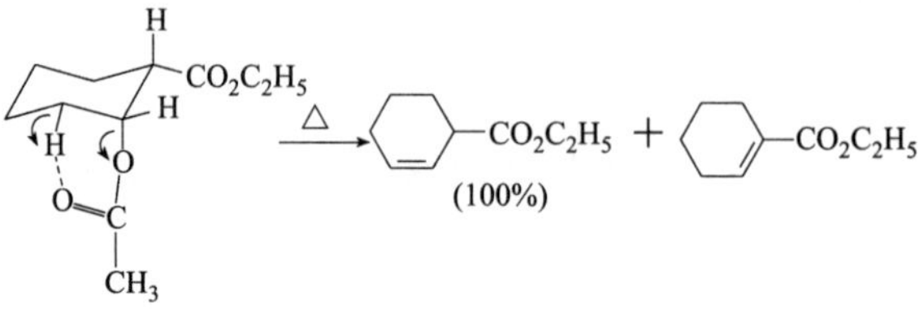

在此反应中，只能生成上述唯一产物，因为离去基团乙酸酯基不能与处于反位的直立 β-H 形成六元环过渡态，尽管此时可以生成与羧酸乙酯共轭的烯类化合物。

若离去基团处在平伏键上，则其既可以与直立键上的 β-H$_a$（顺式）生成六元环过渡态，也可以与平伏键上的 β-H$_b$（反式）生成六元环过渡态。例如如下黄原酸酯的热消除反应：

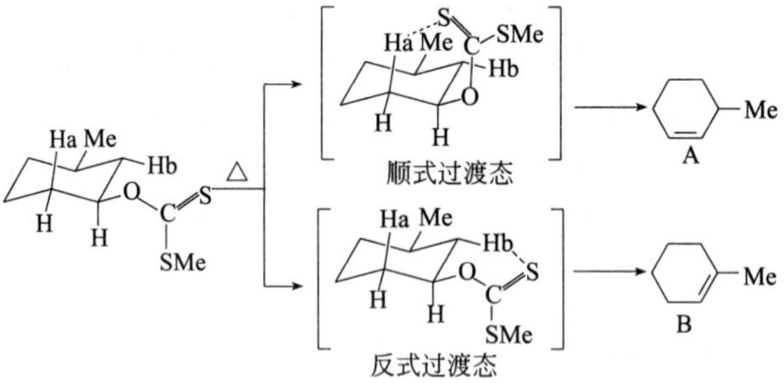

上述反应两种产物 A 和 B 的比例差不多，离去基团与 Ha 生成顺式六元环过渡态，最后生成化合物 A，与 Hb 生成反式六元环过渡态，最后生成化合物 B。

如下乙酸盖基酯的热消除，主要发生在 Ha 处生成了热稳定性的烯，收率 65%，而发生在 Hb 处生成的另一种烯为 35%。

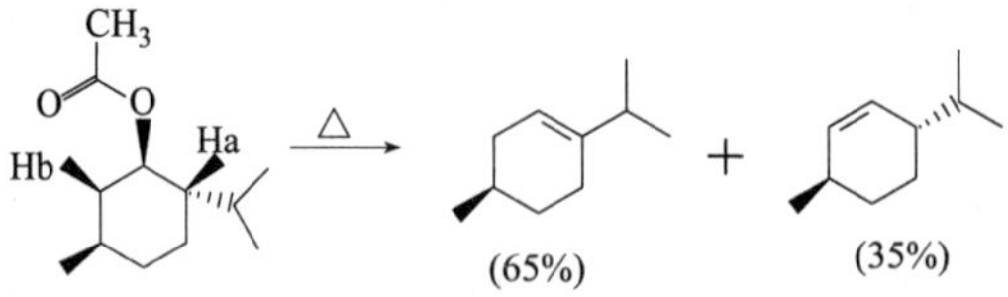

当然，立体化学因素也会对消除反应有影响。

二、各种化合物的热消除反应

1. 酯的热消除

羧酸酯、磺酸酯、黄原酸酯、氨基甲酸酯以及碳酸酯等，在加热至一定温度时，可以发生脱酸消除生成烯。

（1）羧酸酯的热消除　烃基上具有 β-H 的羧酸酯加热，可以生成烯烃和相应的羧酸。

该类反应主要是在气相条件下进行的，反应不需要溶剂，很少有重排和其他副反应。由于乙酸价格低廉，且乙酸酐、乙酰氯的反应活性高，因此用作热消除反应的羧酸酯大多是乙酸酯。热消除的温度一般在 $350\sim600$℃。温度的高低与酯基所在位置有关。伯醇的乙酸酯的热消除温度较高，而叔、仲醇乙酸酯热消除温度相对较低。温度的选择还应考虑到生成的烯烃的稳定性。若生成的烯烃稳定，可选用较高的反应温度，以利于提高反应速度和转化率，反之，则选用较低的反应温度。例如：

$$CH_3CH_2CH_2CH_2OCCH_3 \xrightarrow[\text{(90\%)}]{500℃} CH_3CH_2CH=\!\!=CH_2 + CH_3COOH$$

$$(CH_3)_3C-CHCH_3 \xrightarrow[\text{(92\%)}]{400℃} (CH_3)_3C-CH=\!\!=CH_2 + CH_3COOH$$

$$\underset{OCOCH_3}{}$$

该反应常常是合成较高级烯烃（C_{10} 以上）的方法，而且往往使用乙酸酯。

利用羧酸酯的热消除反应合成烯烃，虽然其应用不是很广泛，但却提供了由醇合成烯的另一条路线（醇类化合物脱水可以生成烯）。

乙酸酯的热消除系经由六元环状过渡态进行的。制备烯烃时产物较纯，一般不发生双键移位和重排反应。例如：

抗抑郁药茚达品（Indalpine）的中间体 4-乙烯基-N-乙酰基哌啶的合成如下[27]。

有些乙酸酯衍生物因熔点高，或热稳定性较差，不能用热消除法，则可以用少量酸或碱作催化剂，在液相中消除乙酸生成烯烃衍生物。例如化合物（**2**）在甲醇中用碳酸钾处理生成化合物（**15**）。此时的反应机理类似于碱催化下卤代烃消除卤化氢的机理。

(15)

对于烯丙基乙酸酯类化合物，在钯或钼混合物存在下一起加热，可以得到二烯类化合物。此时的反应机理不同于酯的热解。例如[28]：

有些内酯也可以发生热消除反应。例如[29]：

除了乙酸酯外，其他酯如硬脂酸酯、芳香酸酯、碳酸酯、氨基甲酸酯等热消除均有报道。

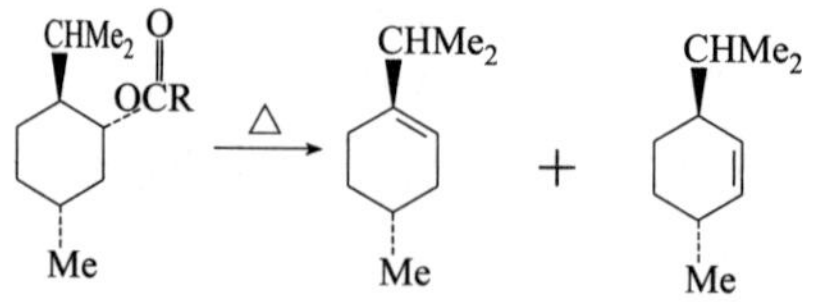

乙酸酯	65%	35%
硬脂酸酯	65%	35%
苯甲酸酯	66%	34%
碳酸酯	67%	33%

由上述例子可看出改变羧酸，产物的比例无明显差别，乙酸酯从价格考虑比较合适。

酯的热解可在真空下进行，例如 5-甲基-5-乙烯基-4,5-二氢呋喃的合成：

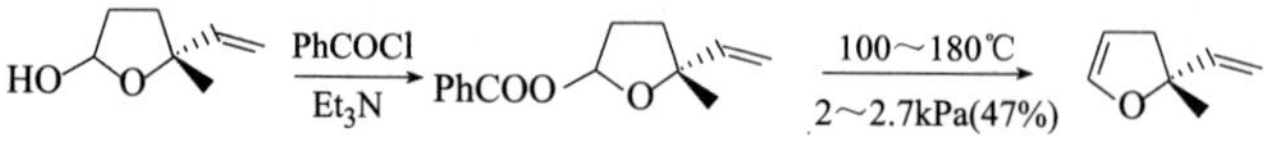

有时磷酸酯也可以发生热消除生成烯，例如 10-十九醇磷酸酯，于二甲苯中回流，发生顺式消除生成 9-十九烯 （**16**）[30]，收率几乎 100%。

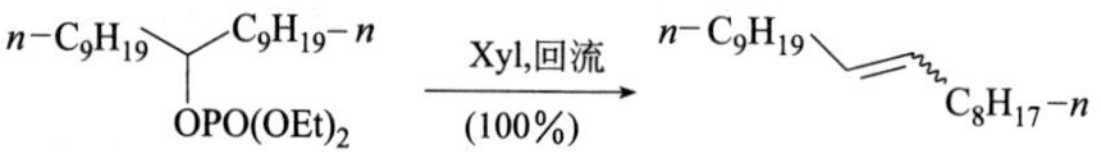

（2）磺酸酯的消除　磺酸酯的消除，最常用的是对甲苯磺酸酯。有些芳基磺酸酯可以进行热解反应。例如 2-吡啶磺酸酯和 8-喹啉磺酸酯只需简单加热就可以生成烯烃，也不需要溶剂[31]。

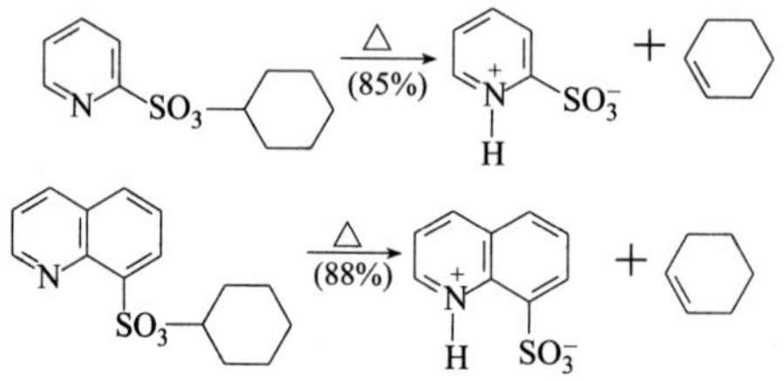

关于反应机理，一种认为是类似于乙酸酯的热消除。

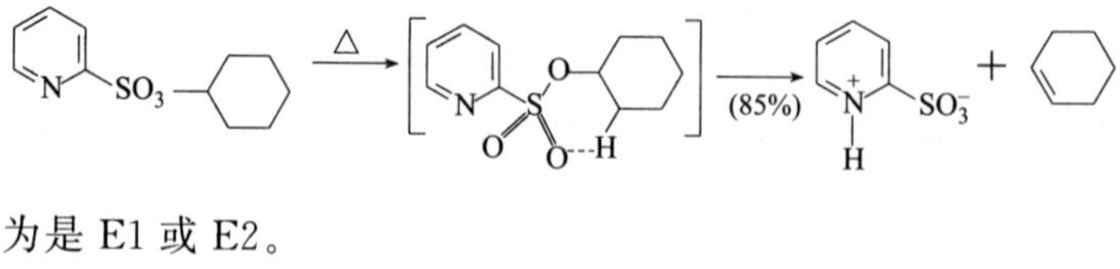

还有一种认为是 E1 或 E2。

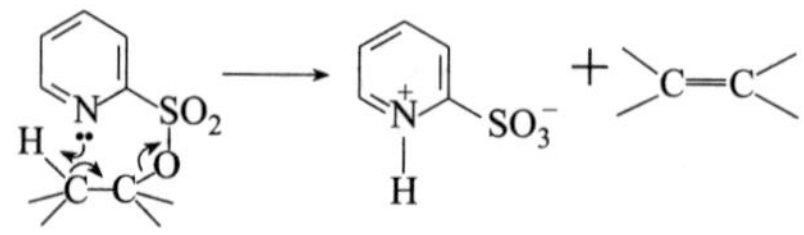

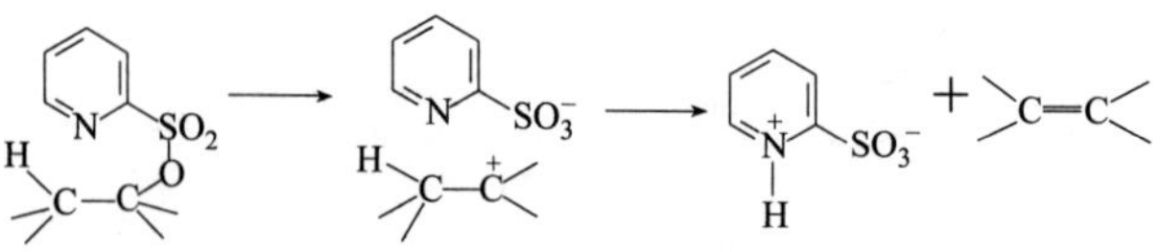

其实，磺酸酯的消除往往不需要进行真正的热消除。在碱性催化剂存在下于适当介质中加热即可发生消除反应，在甾体和脂环化合物中应用较多，往往可得到较高收率的烯。例如外用甾体抗炎药糠酸莫米松（Mometasone furoate）中间体（**17**）的合成[32]：

$$ \xrightarrow{\text{TsCl,Py}} \qquad \xrightarrow[\text{CH}_3\text{CO}_2\text{Na}]{\text{CH}_3\text{CO}_2\text{H}} \qquad \text{(17)} $$

对甲苯磺酸酯与其他磺酸酯一样，在溶液中是按照 E1 或 E2 机理进行消除反应的。

$$ \xrightarrow{\text{HO}^-} \quad \text{C}=\text{C} + \text{TsO}^- + \text{H}_2\text{O} $$

若磺酸酯的 β-C 上有活性氢，则更容易发生消除反应。

$$ \underset{\underset{\text{C}_2\text{H}_5}{|}}{\overset{\beta}{\text{PhCH}}}\text{—}\underset{\underset{\text{OTs}}{|}}{\overset{\alpha}{\text{CHC}_2\text{H}_5}} \xrightarrow[\text{C}_2\text{H}_5\text{OH}]{\text{C}_2\text{H}_5\text{ONa}} \underset{\text{C}_2\text{H}_5}{\overset{\text{Ph}}{}}\text{C}=\text{CHC}_2\text{H}_5 $$

用活性氧化铝作催化剂，脂环族芳磺酸酯可在很温和的条件下脱去对甲苯磺酸生成环烯烃。例如：

$$ \xrightarrow[25℃(80\%)]{\text{CH}_2\text{Cl}_2,\text{Al}_2\text{O}_3} \text{C}_6\text{H}_5\text{COO} $$

苯磺酸酯或对甲苯磺酸酯在 DMSO、HMPA 等极性非质子溶剂中加热，也可发生类似的反应。例如[33]。

$$ \xrightarrow[70℃(74\%\sim 80\%)]{t\text{-BuOK,DMSO}} $$

甲基磺酰氯在吡啶存在下与醇羟基反应，很容易生成甲基磺酸酯，甲基磺酸酯也可以发生消除反应生成烯。例如如下外用甾体抗炎药二乙酸卤泼尼松（Halopredone diacetate）中间体（**18**）的合成[34]。

$$ \xrightarrow[(91.5\%)]{\text{Li}_2\text{CO}_3,\text{THF,LiBr}} \qquad \text{(18)} $$

（3）黄原酸酯的热消除 黄原酸酯一般是由醇钠与二硫化碳反应制备的。

$$ \text{RCH}_2\text{CH}_2\text{OH} \xrightarrow{\text{NaOH}} \text{RCH}_2\text{CH}_2\text{ONa} \xrightarrow{\text{CS}_2} \text{RCH}_2\text{CH}_2\overset{\text{S}}{\overset{\|}{\text{OC}}}\text{—SNa} \xrightarrow[\text{或(CH}_3)_2\text{SO}_4]{\text{CH}_3\text{I}} \text{RCH}_2\text{CH}_2\overset{\text{S}}{\overset{\|}{\text{OC}}}\text{—SCH}_3 $$

黄原酸酯的热消除又叫 Chugaev 反应，也是 Ei 消除，且热解温度较低，可在惰性热载体中进行消除，如联苯-联苯醚热载体等。尤其适用于对酸敏感的烯类化合物的合成，但常含有少量硫化物杂质。

反应后生成烯、COS 和硫醇。黄原酸酯的热消除所需是温度低于普通的酯，主要优点是生成的烯异构化很少。

黄原酸酯的分子中有两个硫原子，在上述反应中究竟是哪一个硫原子成环曾有争议。后来证明，成环的硫原子是 C=S 双键上的硫。

伯醇的黄原酸酯较稳定，加热时不易分解，因此该方法更适用于仲、叔醇类的脱水制烯。该法不发生重排，克服了醇类直接脱水容易重排的缺点。

例如生产香料、农药、医药及其他精细化工产品的重要中间体 3,3-二甲基-1-丁烯的合成如下[35]。

若直接将黄原酸酯用三丁基锡烷还原，可以得到脱去羟基的产物，这是合成脱氧糖类化合物的方法之一。例如[36]

黄原酸酯的热解合成烯类化合物，有比较明显的不足：黄原酸酯需要多步合成；热解时掺杂含硫杂质，造成分离困难。

利用 N,N-二甲基硫代氨基甲酰氯与伯醇或仲醇钠反应，生成 N,N-二甲基硫代氨基甲酸酯，于 180～200℃加热热解，可以生成烯。该方法操作简便，收率较高[37]。

2. 季铵碱的热消除

含有 β-H 的季铵碱热消除生成烯烃衍生物的反应，叫作 Hofmann 降解反应。季铵碱通常是由胺类的彻底甲基化生成季铵盐，后者再与碱反应来制备的。例如：

$$CH_3CH_2CH_2CHCH_3 + CH_3I(过量) \longrightarrow CH_3CH_2CH_2CHCH_3 \xrightarrow[\triangle]{t\text{-BuOK}} CH_3CH_2CH_2CH=CH_2$$

这类消除反应，一般认为应遵守 Hofmann 规则，即倾向于生成取代烷基最少的烯烃。

Hofmann 降解反应在胺类、含氮杂环化合物、生物碱类化合物的结构测定中经常用到。在消除反应机理研究中也经常遇到，也用于有机合成，合成 Hofmann 烯烃。

$$苯环-CH_2CH_2N^+(CH_3)_2CH_3OH^- \xrightarrow{\triangle} 苯环-CH=CH_2 + CH_2=CH_2$$

(94%)

$$(CH_3)_2C-N^+(CH_3)_2 \cdot OH^- \xrightarrow{\triangle} (CH_3)_2C=CH_2 + CH_2=CH_2$$

(93%)　　(7%)

反应机理通常是 E2。对于无环体系而言，可能是季铵碱中的 HO$^-$，在加热过程中进攻酸性相对较强的 β-H 而生成双键上取代基最少的烯烃（Hofmann 烯烃）。Hofmann 规则适用于双分子消除反应（E2）。由于双分子消除反应的立体化学过程是反式消除，体积大的离去基团（三级胺基）与 β-H 正处于相反方向。Hofmann 消除方向取决于最稳定的构象异构体，例如 2-戊基三甲基铵盐消除，得到 98% 的 1-戊烯，只有 2% 的 2-戊烯。原因就是构象 [1] 中邻交叉位只是 H 原子，立体效应小些；而构象 [2] 中邻交叉位的 CH_3CH_2 基离 N $(CH_3)_3$ 近，立体效应大些，显然 [1] 比 [2] 稳定。[1] 消除生成 1-戊烯，[2] 生成 2-戊烯。构象 [3] 中三个大基团的位阻最大，稳定性最差，尽管可能生成 2-戊烯，但所占比例应当很少。

$$CH_3CH_2CH_2CHCH_3 \longrightarrow CH_3CH_2CH_2CH=CH_2 + CH_3CH_2CH=CHCH_3$$
$$| N^+(CH_3)_3OH^-$$

(98%)　　　　　　(2%)

[1]　　　　[2]　　　　[3]

季铵碱热消除的其他例子如下：

$$环己基-N^+(CH_3)_3 \cdot OH^- \xrightarrow{\triangle} 环己基=CH_2 + (CH_3)_3N + H_2O$$

季铵盐及其碱的热消除具有反式消除的特征。反应的一般过程是首先将胺转变为季铵碱，而后再进行热消除。当然，三甲基季铵碱是首要选择，因为此时热分解产物比较简单。

抗疟药奎宁中间体（**19**）可用季铵碱的热消除反应来制备[38]。

$$\xrightarrow[\text{(38%)}]{\text{NaOH165}\sim180℃}$$

(**19**)

对于位阻比较大的季铵碱，反应机理可能是类似于五元环的 Ei 机理，此时氢氧根负离

子不是进攻 β-H，而是夺取甲基上的一个氢，最后生成烯。

所用季铵碱最好是三甲铵基，否则产物将会复杂化。如有机合成中间体庚烯-1 的合成。

$$C_5H_{11}CH_2CH_2NH_2 \xrightarrow[(84\%)]{CH_3I(过量)} C_5H_{11}CH_2CH_2\overset{+}{N}(CH_3)_3I^-$$

$$\xrightarrow{AgOH} C_5H_{11}CH_2CH_2\overset{+}{N}(CH_3)_3OH^- \xrightarrow[(60\%)]{\triangle} C_5H_{11}CH=CH_2$$

上述反应中使用了氧化银试剂，价格较高。但优点是生成的碘化银沉淀很容易除去。一般而言，季铵碱不容易得到纯品。

季铵碱的热消除反应，存在着消除和取代的竞争，反应中往往有取代产物。例如：

$$(CH_3)_3CCH_2\overset{+}{N}(CH_3)_3OH^- \xrightarrow{\triangle} \underset{(81\%)}{(CH_3)_3CCH=CH_2} + \underset{(19\%)}{(CH_3)_3CCH_2CH_2OH} + (CH_3)_3N$$

实际上，季铵碱完全没有取代而只发生消除的反应很少，大多数反应是热消除为主的反应。如下反应则几乎都是取代反应[39]。

对于含有更活泼的 β-H 的季铵盐，可以使用更弱的碱。例如 α-亚甲基-γ-丁内酯（**20**）的合成[40]。该化合物本身具有抗真菌、抗癌等作用，也是医药、有机合成中间体，多用于新药开发。

对于环己烷衍生物而言，其季铵碱的热消除，主要以 E2 机理为主，进行反式消除。此时不一定遵守 Hofmann 规则。

绝大多数 Hofmann 消除的 E2 机理都是按照共平面的反式消除，这是因为位阻以及构象转化的能量都对反式消除有利。但是在某些结构条件下，共平面顺式消除也是可以发生的，多数情况下作为副反应以较低的产率及速度进行，但在有些反应中顺式消除会处在有利地位甚至反应只按顺式进行。比较典型的一个例子是异构的低冰片烷衍生物，反应中可能是经历了 Ei 反应机理。

也可以不用将季铵盐转化为季铵碱，而是用季铵盐直接与强碱如苯基锂、液氨-氨基钠（钾）等反应，生成相应的烯烃。用溴化季铵盐代替季铵碱的消除反应如下：

由于反应中使用了苯基锂、氨基钾等强碱，此时的反应机理属于 Ei 机理。

如下反应则是消除产物发生了异构化，生成更稳定的烯类化合物[41]。

不含 β-H 的季铵碱加热分解，生成取代产物醇。

3. 叔胺氧化物的热消除

叔胺用过氧化氢氧化生成叔胺氧化物，后者在缓和的条件下经热消除生成烯烃和 N,N-二取代羟胺，此反应称为 Cope 消除反应。

在实际反应中，是将叔胺与氧化剂混合后进行反应，不必将氧化胺分离出来。反应条件温和，副反应少，并且烯烃一般也不会重排，因而适用于多种烯的合成。如得到的烯烃有 Z、E 异构时，一般以 E 型为主。

Cope 消除也是顺式消除，几乎所有的证据都证明是经由五元环状过渡态而进行的。反应具有明显的溶剂效应，非质子极性溶剂可显著提高反应速度。

反应过程中形成一个平面的五元环过渡态，叔胺氧化物的氧作为进攻的碱。

要产生这样的环状结构，氨基和 β-氢原子必须处于同一侧，并且在形成五元环过渡态时，α,β-碳原子上的原子基团呈重叠型，这样的过渡态需要较高的活化能，形成后也很不稳定，易于进行消除反应。

精细化学品、医药中间体、材料中间体亚甲基环己烷的合成如下[42]。

该类反应若在无水 DMSO 与 THF 的混合液中进行，可在室温或略高于室温的情况下进行热消除。

Cope 消除反应在应用上没有季铵碱法普遍，但其具有操作简单、没有异构化的特点。

环己烷衍生物的叔胺氧化物，消除时为顺式消除。如下薄荷基二甲基氧化物的热消除反应中有两种 β-H 与氧化物处于顺式，故生成两种产物，以 Hofmann 烯烃为主。而在新薄荷基二甲基胺氧化物分子中，与胺氧化物处于顺式的只有一种 β-H，故只生成一种唯一产物。

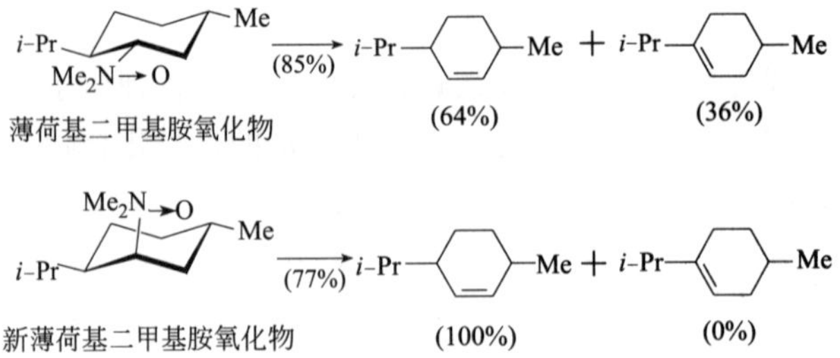

薄荷基二甲基胺氧化物 (85%)   (64%)   (36%)

新薄荷基二甲基胺氧化物 (77%)   (100%)   (0%)

固相法 Cope 消除已有报道[43]。该方法在构建化合物库用于生物活性化合物的筛选方面有重要意义。

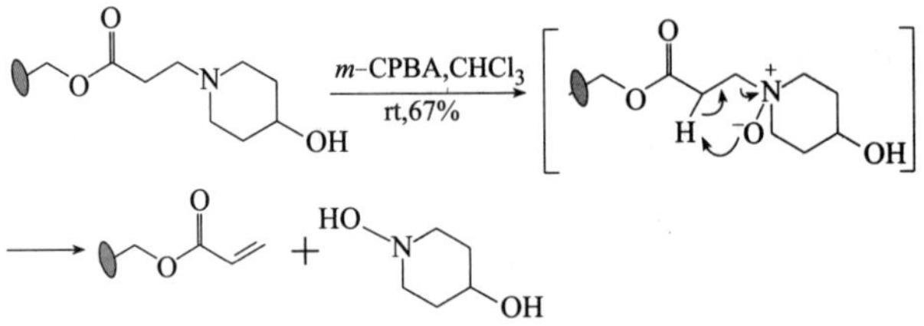

4. Mannich 碱的热消除

含活泼氢的羰基化合物，与甲醛（或其他醛）以及氨或胺（伯、仲胺）脱水缩合，活泼氢原子被氨甲基或取代氨甲基所取代，生成含 β-氨基（或取代氨基）的羰基化合物的反应，称为 Mannich 反应，又称为氨甲基化反应。其反应产物叫做 Mannich 碱或盐。以丙酮的反应为例表示如下：

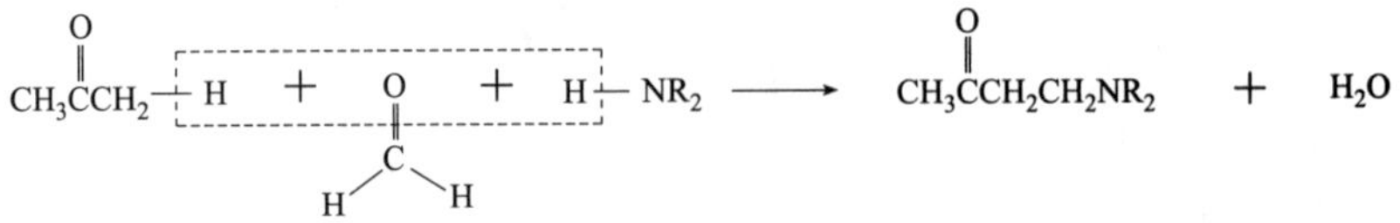

Mannich 碱通常是不太稳定的化合物，可以发生多种化学反应，利用这些反应可以制备各种不同的新化合物，在有机合成中具有重要的用途。

若 Mannich 碱中，胺基 β-位上有氢原子，加热时可脱去胺基生成烯，特点是在原来含有活性氢化合物的碳原子上增加一个次甲基双键。例如：

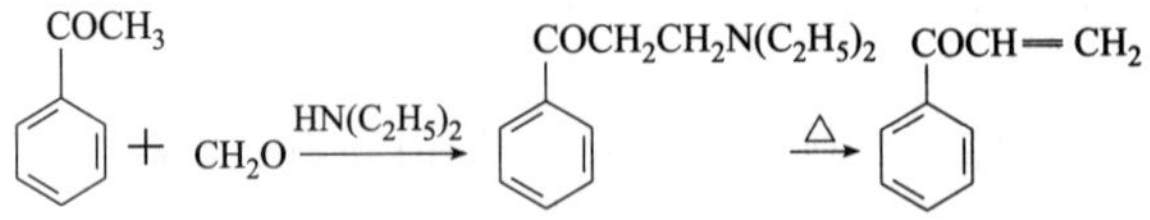

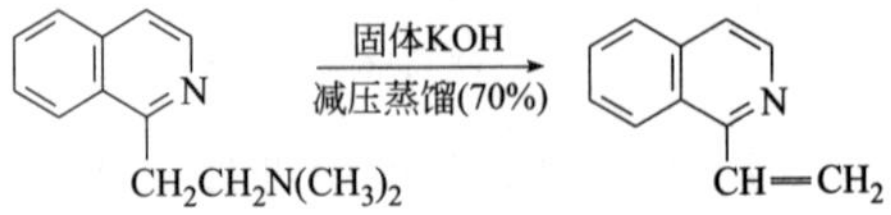

松树叶蜂 Diprion pini 性信息素活性成分的关键中间体 2-亚甲基辛醛（**21**）的合成如下[44]。

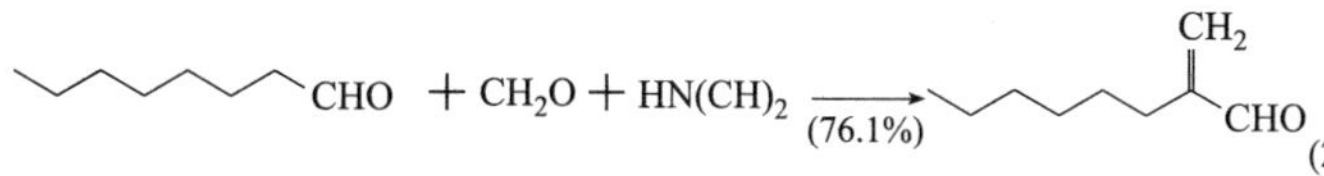

Mannich 碱的消除，可直接在惰性溶剂中加热分解，也可被酸或碱所催化。常用的碱有氢氧化钾、二甲苯胺等。若把 Mannich 碱变成季铵盐，则消除更容易进行。

对于不同结构的 Mannich 碱，分解条件也不相同。有些需要在减压蒸馏或水蒸气蒸馏条件下进行，有些需要在溶剂中加热进行，而有些则会自动分解。

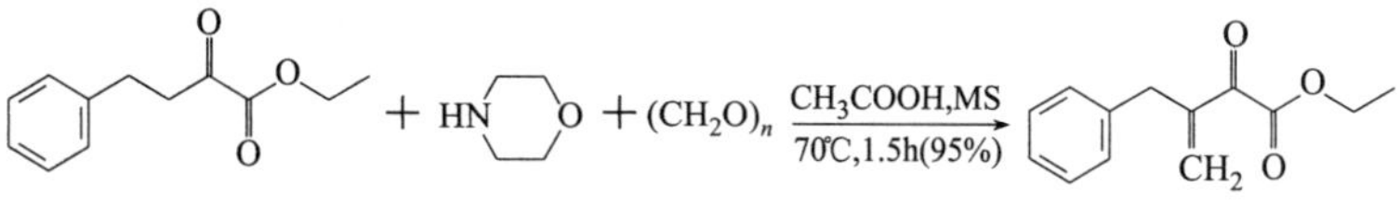

其他一些 β-(N,N-二甲基) 氨基酮类化合物也非常不稳定，在乙酸钠或其他弱碱溶液中即可分解，放出二甲胺生成相应的 α,β-不饱和酮类混合物。

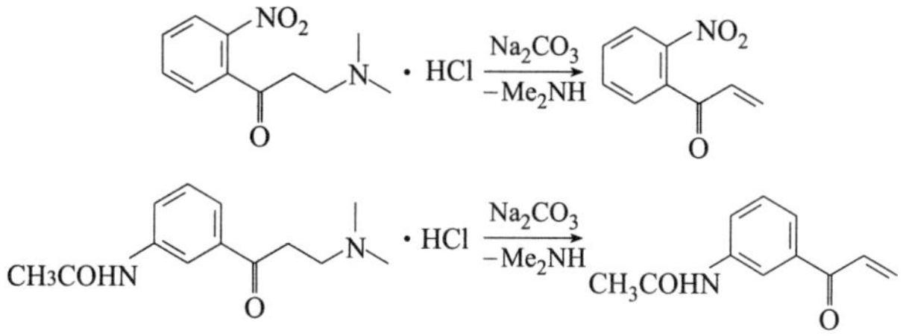

利尿药依他尼酸（又名利尿酸，Ethacrynic acid)(**22**) 的一条合成路线如下：

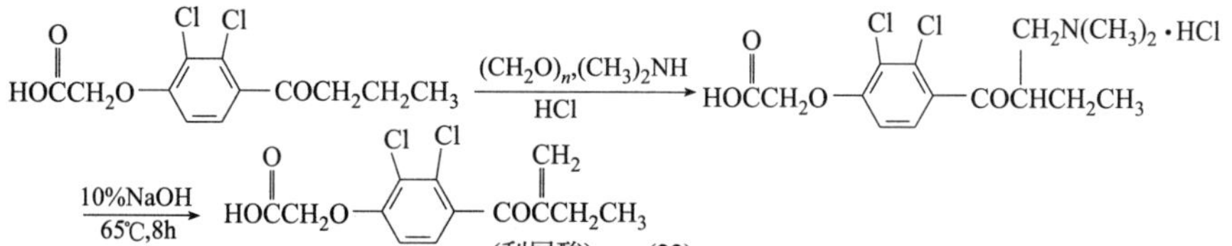

有时若 Mannich 碱的一个碳原子上连有两个羧基时，分解过程中可以同时失去一个羧基，最终产物中只保留一个羧基。例如：

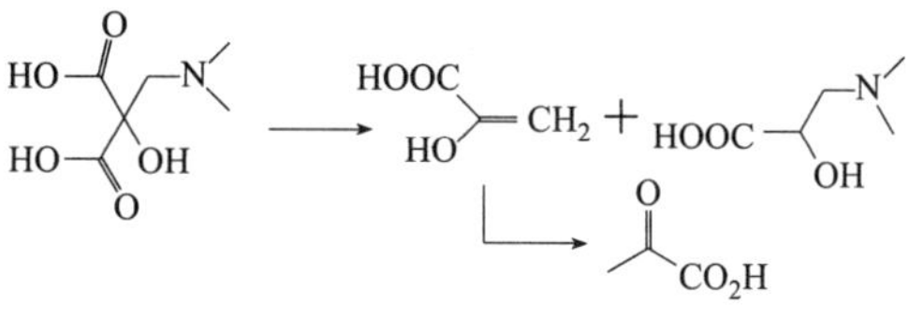

5. 亚砜和砜的热消除

亚砜热消除时，发生顺式消除反应生成烯烃。

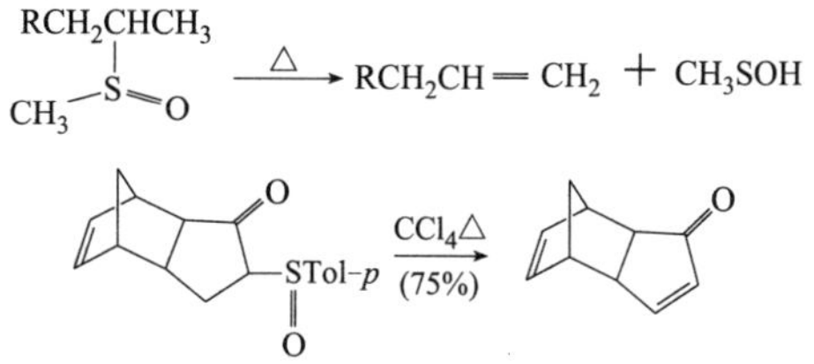

显然，反应也是经历了五元环过渡态进行的，因而为顺式消除。

由于亚砜可由二甲亚砜的烃基化反应得到，其热消除是由烃化试剂合成增加一个碳原子的末端烯烃的方法之一。

$$Ph_2C=CH_2+CH_3SOCH_3 \xrightarrow{NaH} Ph_2CHCH_2CH_2SOCH_3 \xrightarrow[(96\%)]{150\sim200℃} Ph_2CHCH=CH_2$$

硫醚的氧化可以生成亚砜。利用这一性质，可以在有机分子的特定位置引入烃硫基，生成硫醚，再将其氧化为亚砜，进而热解，则在此处生成碳碳双键。例如抗癌药康普瑞汀 D-2（**23**）的合成[45]。

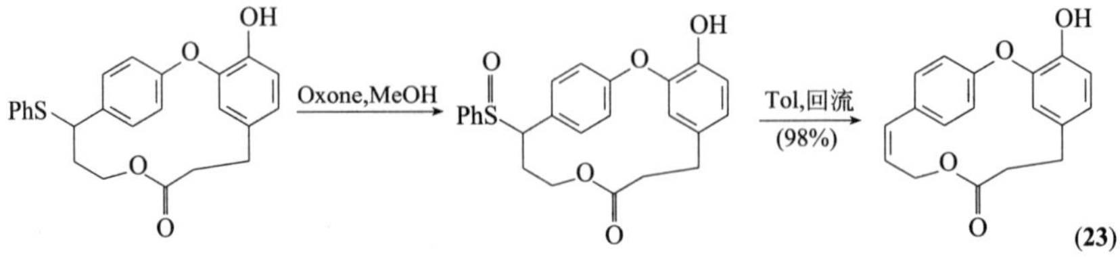

(23)

式中，Oxone 为过硫酸氢钾复合盐。

砜加热也可以生成烯烃，常用于 α,β-不饱和羰基化合物的合成。

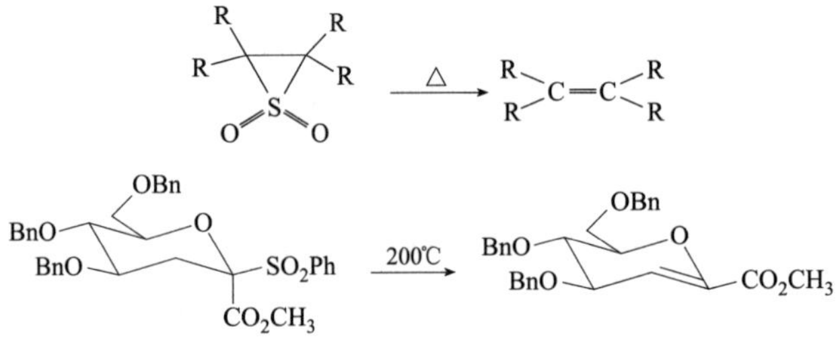

第三节　醇的消除反应

有多种方法可以使醇脱水，如热解法、酸催化下的脱水等。醇脱水可以生成烯或醚，这主要取决于醇的结构和反应温度。醇分子内脱水生成烯，其间可能会发生重排等反应；醇分子间脱水则生成醚类化合物。多元醇可以发生消除反应，一些醇的衍生物也可以发生消除反应。这些反应在药物及其中间体的合成中占有非常重要的地位

一、醇的热解反应

若将醇气化，在 Al_2O_3 催化剂存在下进行气相脱水，反应温度较低时有利于醚的生成，而温度较高时有利于烯的生成，并且很少有重排反应发生。

$$CH_3CH_2OH \xrightarrow{Al_2O_3} \begin{cases} \xrightarrow{260℃} C_2H_5OC_2H_5 + H_2O \\ \xrightarrow{360℃} CH_2=CH_2 + H_2O \end{cases}$$

$$CH_3CH_2CH_2CH_2OH \xrightarrow[\triangle]{Al_2O_3} CH_3CH_2CH=CH_2 + H_2O$$

如下仲醇在 Al_2O_3 催化下脱水，主要生成取代基较多的烯烃。

$$RCH_2CHCH_3 \xrightarrow[\triangle]{Al_2O_3} RCH=CHCH_3 + RCH_2CH=CH_2$$

用 Al_2O_3 作催化剂时，由于氧化铝表面具有带有—OH 的活性中心，醇可以被吸附于催化剂表面，生成醇铝化合物，而后分解生成烯

$$\underset{}{\diagup}Al{-}OH + HOCH_2CH_2R \xrightarrow{-H_2O} \underset{}{\diagup}Al{-}OCH_2CH_2R \longrightarrow \underset{}{\diagup}Al{-}OH + CH_2=CHR$$

醇铝化合物

当然，不同结构的 Al_2O_3，其催化活性存在很大差异。

除了 Al_2O_3 外，还可以使用其他金属氧化物作脱水催化剂，例如 Cr_2O_3、TiO_2、WO_3、ThO_2、硫化物、其他金属盐、沸石等。

值得指出的是，使用稀土金属氧化物如二氧化钍作催化剂时，其消除方向与用 Al_2O_3 时不同，主要产物为取代基较少的烯烃，为由甲基仲醇合成端基烯提供了较好的合成方法[46]。

$$(CH_3)_2CHCH_2CHCH_3 \xrightarrow[(87\%)]{ThO_2,387℃} (CH_3)_2CHCH_2CH=CH_2 + (CH_3)_2CHCH=CHCH_3$$

可能的反应过程如下：

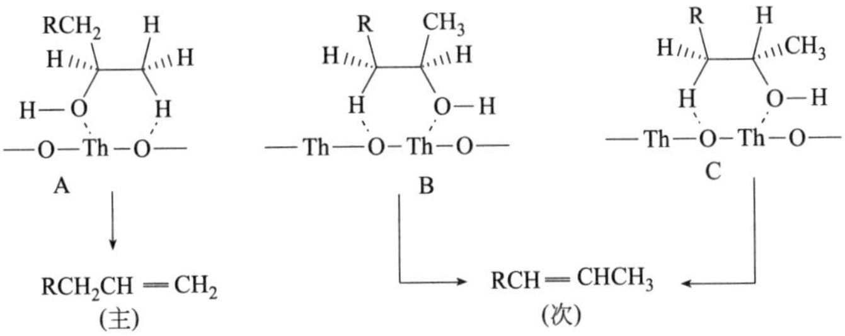

在生成的三种过渡态中，A 是最稳定的，B 和 C 由于重叠张力大而不稳定，因此端基烯为主要产物。和二氧化钍一样，很多稀土氧化物都有这种性质。

防止醇脱水重排的一种方法是将醇转化为酯，而后进行热消除反应。

醇的镁盐在高温（200～340℃）加热，可以分解为烯。

可能的反应机理为 Ei 机理[47]。

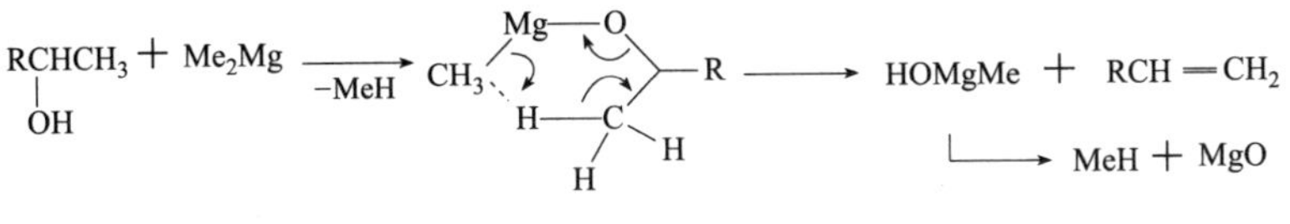

醇铝、醇锌也可发生类似的反应。

这种高温下的脱水，更适合于工业生产，实验室中很少应用。

二、酸催化下脱水成烯

醇类分子内脱水是合成烯烃的主要方法之一，一般是在酸催化下进行的。

1. 反应机理

在酸催化下，醇羟基首先质子化生成锌盐，然后锌盐发生消除反应生成烯。常用的催化剂有硫酸、氢卤酸、硫酸氢钾、甲酸、对甲苯磺酸、乙酸、草酸、酸酐（乙酸酐、邻苯二甲酸酐）等。催化剂不同、醇的结构不同，反应机理也不尽相同。

$$-\overset{|}{\underset{H}{C}}-\overset{|}{\underset{OH}{C}}-\ \underset{\longleftarrow}{\overset{H^+}{\rightleftharpoons}}\ -\overset{|}{\underset{H}{C}}-\overset{|}{\underset{+OH_2}{C}}-\ \underset{\longleftarrow}{\overset{-H_2O}{\rightleftharpoons}}\ -\overset{|}{\underset{H}{C}}-\overset{|}{\underset{+}{C}}-\ \rightleftharpoons\ \overset{}{\underset{}{>}}C=C\overset{}{\underset{}{<}}\ +\ H^+$$

醇的结构与脱水方式和难易程度有很大关系。三类醇的脱水反应速率为 3°>2°>1°。仲醇、叔醇在硫酸催化下会发生重排的事实，说明反应可能是按 E1 机理进行的。例如：

$$H_3C-\overset{CH_3}{\underset{H_3C}{\overset{|}{\underset{|}{C}}}}-\overset{}{\underset{OH}{CH}}-CH_3 \rightleftharpoons^{H^+} H_3C-\overset{HC}{\underset{H_3C}{\overset{|}{\underset{|}{C}}}}-\overset{}{\underset{+OH_2}{CH}}-CH_3 \underset{+H_2O}{\overset{-H_2O}{\rightleftharpoons}} H_3C-\overset{CH_3}{\underset{CH_3}{\overset{|}{\underset{|}{\overset{+}{C}}}}}-\overset{}{CH}-CH_3 \xrightarrow{-H^+} (CH_3)_3CCH=CH_2$$

$$(CH_3)_2C=C(CH_3)_2 \xleftarrow{-H^+} H_3C-\overset{CH_3}{\underset{CH_3}{\overset{|}{\underset{|}{\overset{+}{C}}}}}-\overset{}{CH}-CH_3 \leftarrow$$

伯醇在硫酸催化下的脱水尚有争议。如正丁醇的脱水，主要生成 2-丁烯。一种解释是：

$$CH_3CH_2CH_2CH_2OH \rightleftharpoons^{H^+} CH_3CH_2CH_2CH_2\overset{+}{OH_2} \underset{H_2O}{\overset{-H_2O}{\rightleftharpoons}} CH_3CH_2CH_2\overset{+}{CH_2} \xrightarrow{-H^+} CH_3CH_2CH=CH_2$$

$$CH_3CH=CHCH_3 \xleftarrow{-H^+} CH_3CH_2-\overset{+}{CH}CH_3 \xleftarrow{H迁移}$$

另一种解释是生成的 1-丁烯在酸性条件下异构化为 2-丁烯。

$$CH_3CH_2CH=CH_2 \underset{-H^+}{\overset{+H^+}{\rightleftharpoons}} CH_3-CH_2-\overset{+}{CH}-CH_3 \underset{+H^+}{\overset{-H^+}{\rightleftharpoons}} CH_3CH=CHCH_3$$

这种观点认为，伯醇难以生成真正的碳正离子，质子化的伯醇，失去水和失去一个质子几乎是同时进行的，因而开始时主要是 1-丁烯，异构化后生成热力学更稳定的 2-丁烯。也可能是生成的酸式硫酸酯发生酯的热消除生成 1-丁烯。

2. 醇的结构对反应的影响

醇的酸催化脱水成烯，多按 E1 机理进行，反应中生成碳正离子。因此，三类醇的脱水反应速度是叔醇>仲醇>伯醇。反应条件应按照醇的活性来选择。伯醇可选用高浓度的强酸（硫酸、磷酸）和较高的反应温度。而叔醇、仲醇的反应条件较温和。

例如冠状动脉扩张药派克昔林（Perhexiline）等的中间体 α-（2,2-二苯基乙烯基）吡啶 (**24**) 的合成[48]。

β 位有吸电子基团的醇，由于 β-H 的活性增大，可在温和的条件下脱水，甚至碱催化也能脱水。

矽肺病治疗药克矽平（Oxypovidinum）、眩晕、头晕、呕吐或耳鸣等症治疗药倍他定盐酸盐（Betahistine hydrochloride）中间体 2-乙烯基吡啶的合成如下：

氢卤酸、氯化氢乙醇溶液、磺酸等也可以用于醇的脱水。例如抗真菌药盐酸萘替芬 (Naftifine hydrochloride) 原料药 (**25**) 的合成[49]。

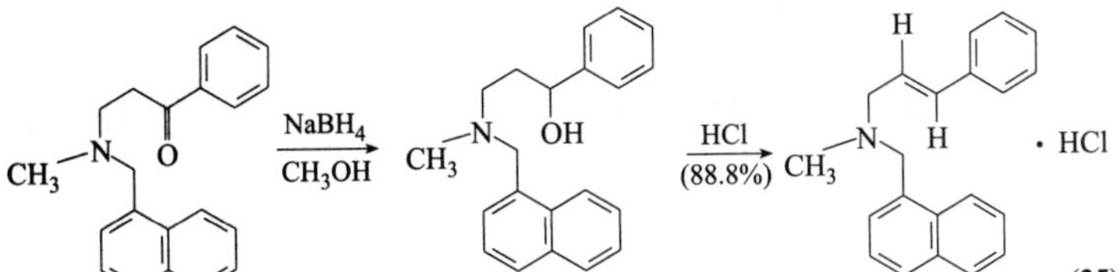

(25)

抗癫痫药物盐酸噻加宾 (Tiagabin hydrochloride) 中间体 4-溴-1,1-二 (3-甲基-2-噻吩基)-1-丁烯 (**26**) 的合成中使用氢溴酸，则环丙基的开环和醇的脱水一锅完成[50]。

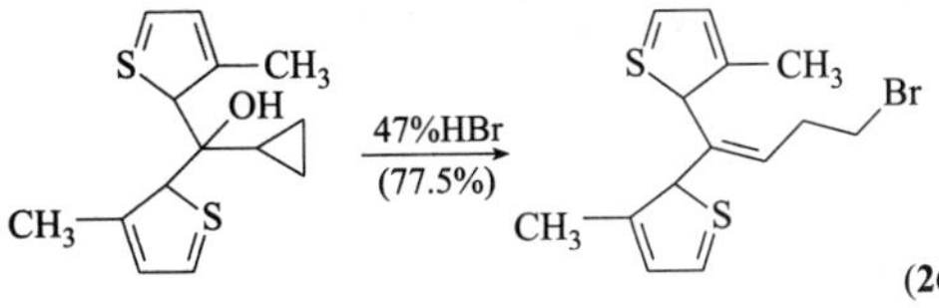

(26)

间氯苯乙烯可以由相应的醇用硫酸氢钾进行脱水来合成。

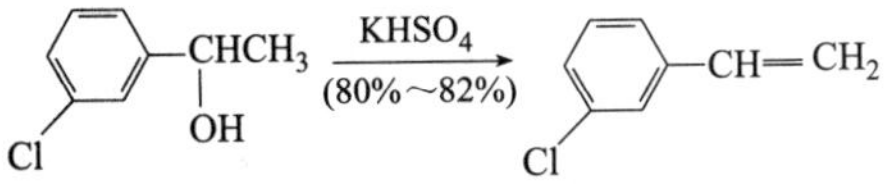

有些反应可以使用氯化亚砜将醇转化为烯类化合物。例如用于绝经后妇女雌激素受体阳性或不详的转移性乳腺癌治疗药物枸橼酸托瑞米芬 (Toremifene citrate) 原料药 (**27**) 的合成[51]。反应中可能是氯化亚砜分解放出的氯化氢起了催化剂的作用。

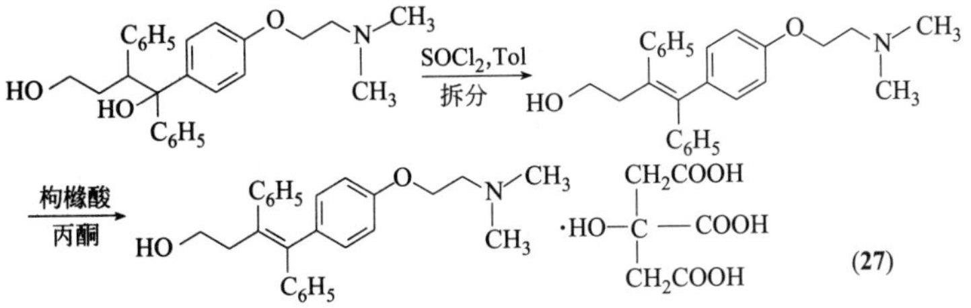

(27)

值得指出的是，伯醇在强酸存在下于较低的反应温度，容易分子间脱水生成醚，这是在合成中需要注意的。

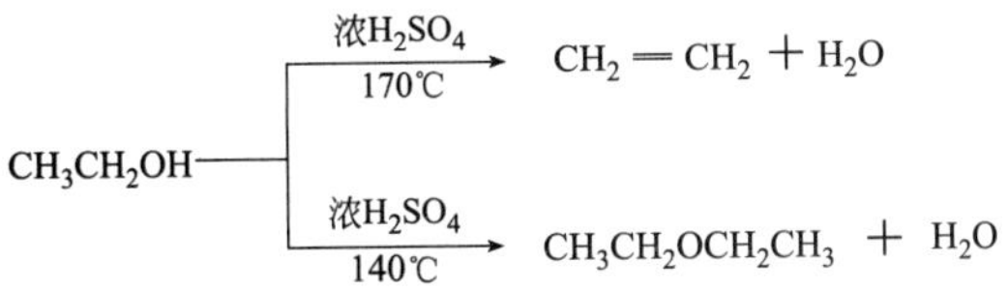

近年来人们发现了一些反应的选择性高、专一性强和使反应条件更加温和的脱水试剂，例如 NBS-Py、POCl_3（或 SOCl_2）-Py、DMF-AcONa、DMF-TsONa、TsCl-Py·DMF、DMSO 以及 Ph_3P-CCl_4 等，这些试剂对于提高复杂烯烃的收率非常有意义。例如：

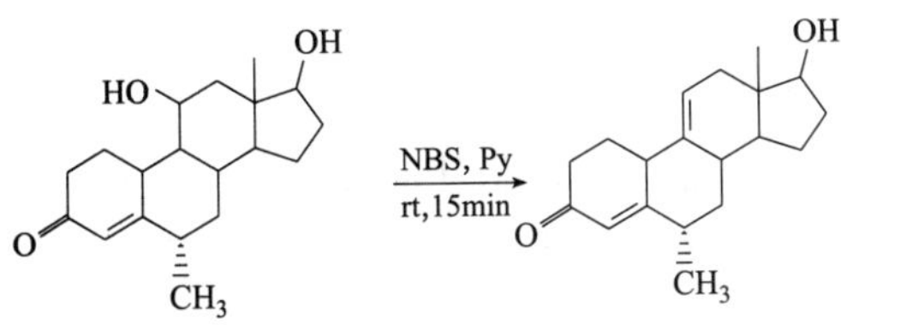

某些含叔羟基的化合物可用二甲亚砜脱水。例如：

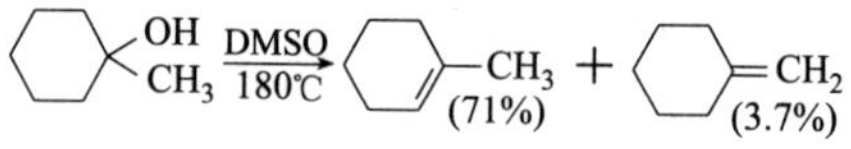

二甲亚砜的脱水，可能与二甲亚砜的硫-氧键与醇的羟基和 β-H 形成六元环过渡态有关。

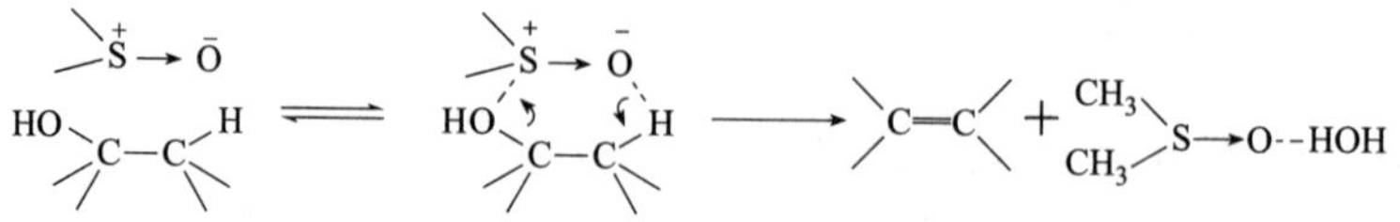

1,4-二醇用二甲亚砜脱水，可高收率的生成环醚。例如：

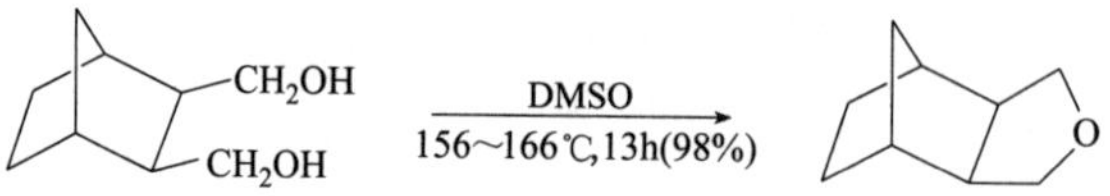

三、多元醇的脱水反应

常见的多元醇主要是 1,2-二醇、1,3-二醇、1,4-二醇、甘油等。糖类化合物属于多羟基醛或酮，在糖苷类药物合成中常常会用到脱去二醇成烯的反应。

邻二醇可以消除两个羟基生成烯烃。

这类反应具有优良的立体选择性。反应过程是邻二醇与适当的试剂生成环状中间体而保持构型，继而进行顺式消除，立体选择性地生成顺、反异构体。

邻二醇与 1,1'-硫代羰基二咪唑反应，生成邻二醇的硫代碳酸酯中间体，后者与三烃基氧基磷（亚磷酸酯）反应生成烯，该反应称为 Corey-Winter 烯烃合成反应。显然，该方法属于顺式消除反应。

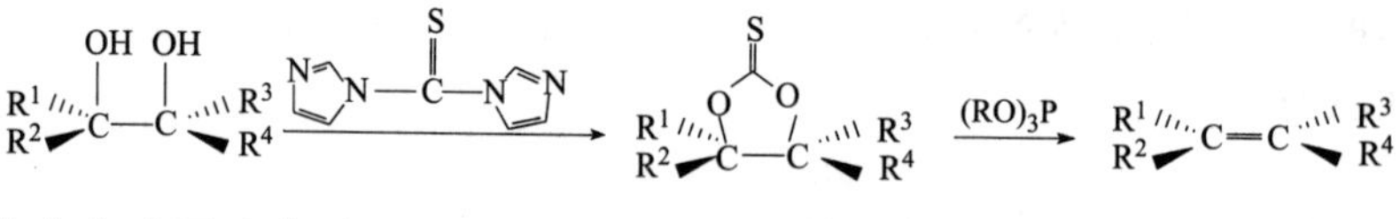

上述反应中生成了硫代碳酸酯中间体，而后与亚磷酸酯反应，最后生成烯。

邻二醇与硫代光气反应也可以生成硫代碳酸酯。

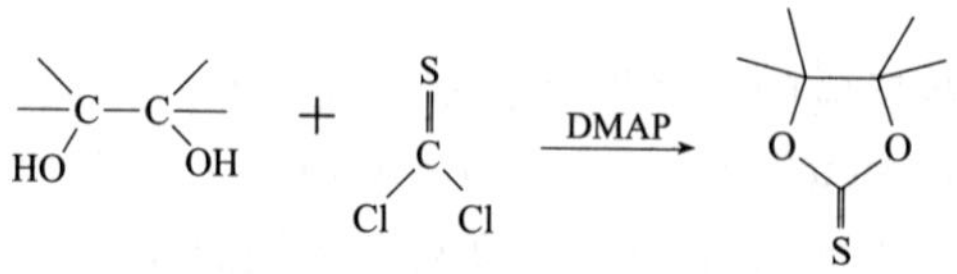

这种用硫光气代替硫羰基二咪唑的改进方法，使反应温度降低很多，温和的条件使带有多种官能团的复杂分子也可应用。

将烯烃转换成邻二醇的方法很多，但是其逆反应却比较少，实用例子也很匮乏。对于羟基比较多的糖合成化学来说，该方法特别有用，特别是合成不饱和糖类化合物。例如如下不饱和糖（**28**）的合成[52]。

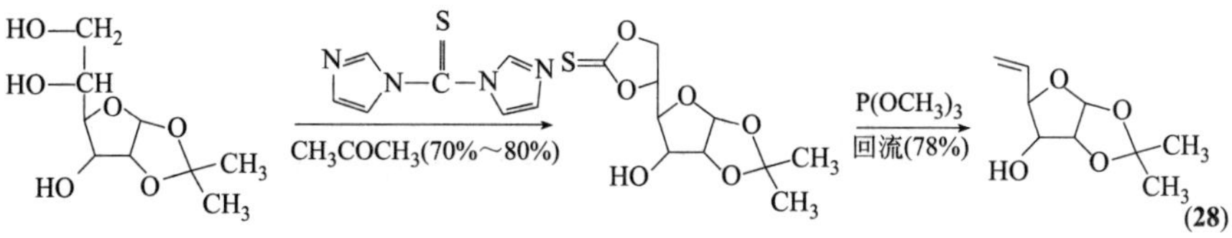

又如抗艾滋病药物 2,3-双脱氧脱氢肌苷（**29**）的合成如下[53]：

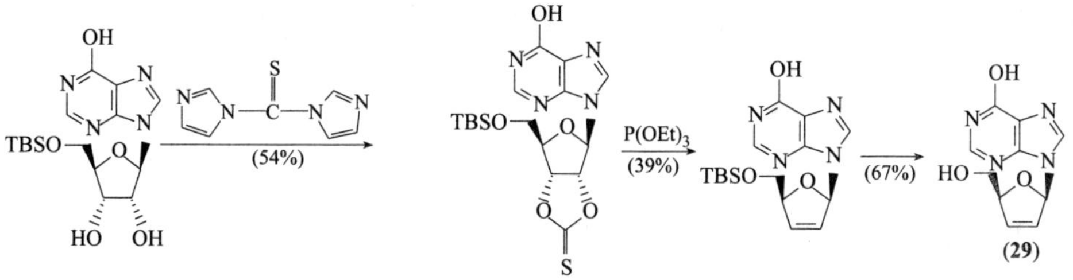

也可以将邻二醇类化合物制成双（二硫代碳酸酯）[双（黄原酸酯）]，而后在苯或甲苯中用三丁基锡烷还原得到烯类化合物。还原机理可能是自由基过程。

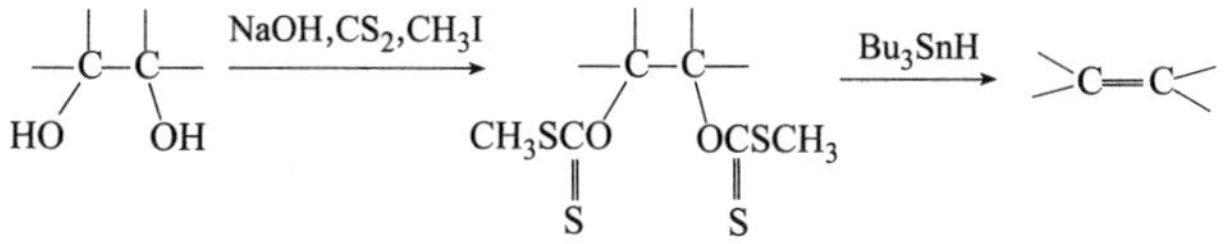

例如如下反应：

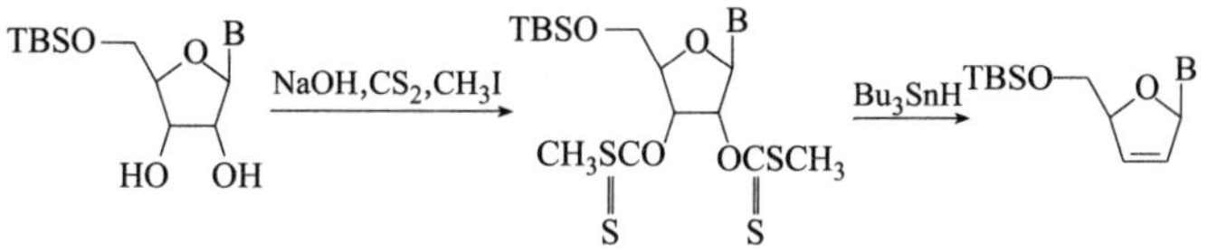

也可以将邻二醇制成缩醛的形式，而后还原生成烯。二甲基甲酰胺二甲缩醛为方便的试剂。例如如下反应[54]。

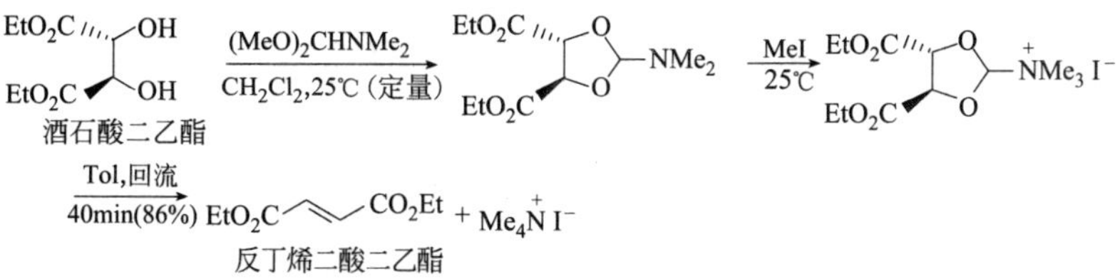

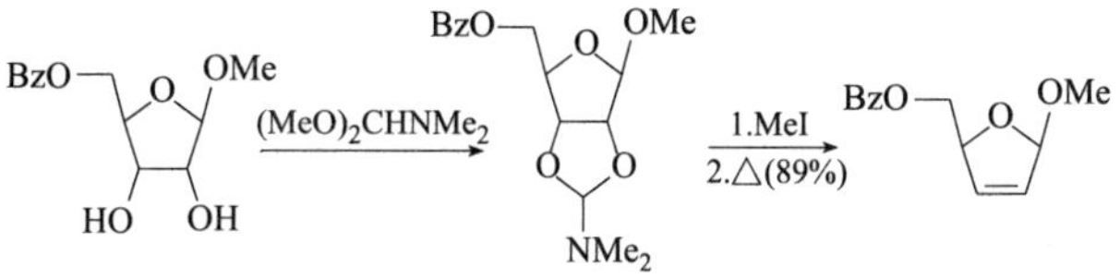

酒石酸二乙酯

反丁烯二酸二乙酯

也可以将邻二醇转化为邻溴乙酸酯，后者用 Zn-CU 脱去溴和乙酸根生成烯，例如 2',3'-双脱氧脲苷（**30**）的合成[55]。

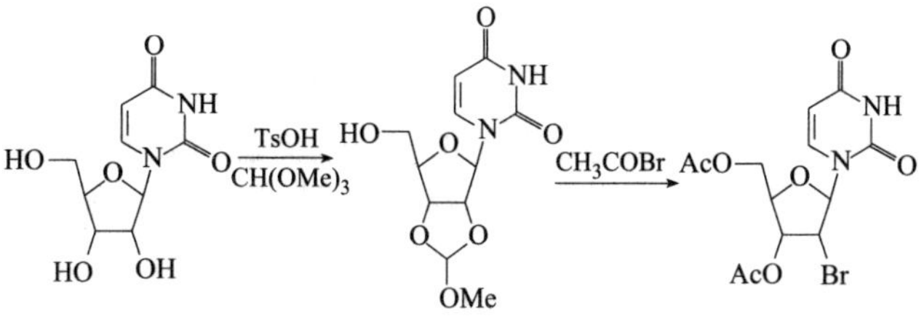

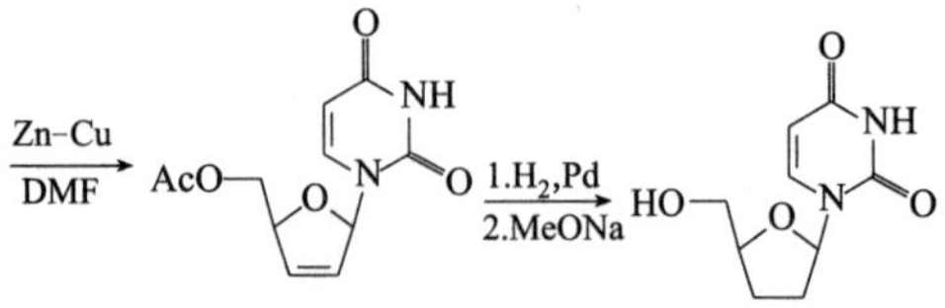

（30）

邻二醇转化为磺酸酯中间体，可以间接发生脱氧作用生成烯。例如邻二甲磺酸酯和邻二甲苯磺酸酯，分别与萘-钠和 DMF 中的 NaI（或 NaI-Zn）作用生成烯。

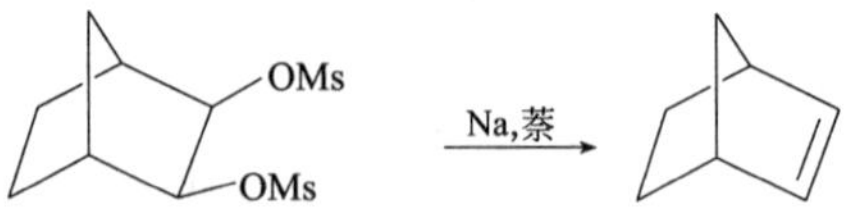

使用 NaI 时，首先是碘负离子亲核取代磺酸酯基，而后进行反式消除生成烯。

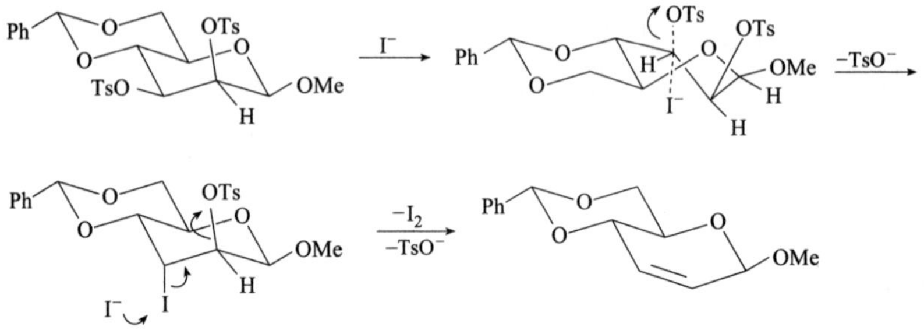

使用 NaI-Zn 的反应称为 Tipson-Cohen 反应，在含糖类化合物合成中有应用。例如抗生素类药物地贝卡星（Dibekacin）中间体（**31**）的合成：

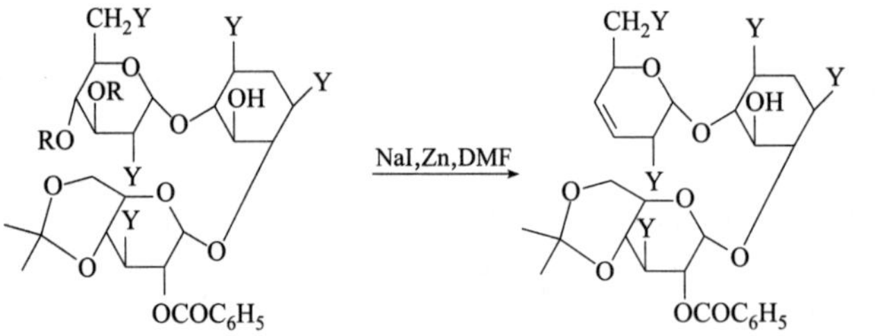

R= CH₃SO₂, p -CH₃C₆H₄SO₂
Y= NHCO₂Et

（31）

邻二醇在酸催化下可以脱去一分子水生成烯醇，后者互变为羰基化合物。例如如下 1,2-二醇在硫酸作用下只脱去一分子水而生成酮，得到的产物为甲状腺肥大治疗药奥生多龙（Oxendolone）中间体 16β-乙基雌烷-4-烯-3,17-二酮（**32**）[56]。

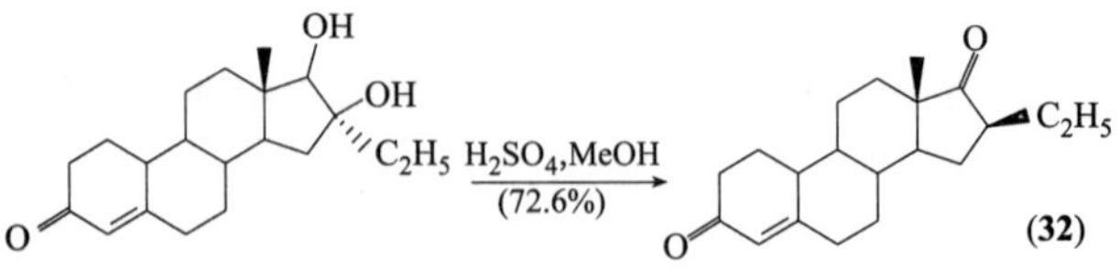

（32）

甘油脱水可以生成丙烯醛。丙烯醛是重要的有机合成中间体，广泛用于医药、农药等行业。反应可以在液相或气相条件下进行，常用的催化剂有硫酸、亚硫酸钾、硫酸氢钾等。在很多反应中是利用甘油原位生成丙烯醛而进行相应的反应。例如喹啉的合成。

$$\text{(苯胺)} \quad + \quad HOCH_2CHCH_2OH \xrightarrow[PhNO_2]{H_2SO_4} \text{(喹啉)}$$
$$\underset{OH}{|}$$

甘油与甲酸反应可以生成甲酸甘油酯，后者加热分解放出一氧化碳并脱去一分子水生成烯丙醇。后者为镇痛药钠络酮（Naloxone）、丁丙诺啡（Buprenornhine）、苄达明（Benzydamine）等的中间体。

$$HOCH_2\underset{OH}{\underset{|}{C}}HCH_2OH \xrightarrow{HCO_2H} HCOOCH_2\underset{OH}{\underset{|}{C}}HCH_2OH \xrightarrow[-H_2O(46\%)]{-CO} CH_2=CH-CH_2OH$$

1,4-丁二醇在硫酸催化下脱水，可生成四氢呋喃。

$$HOCH_2CH_2CH_2CH_2OH \xrightarrow{H_2SO_4} \text{(四氢呋喃)} + H_2O$$

$$(CH_3)_2\underset{OH}{\underset{|}{C}}CH_2CH\underset{OH}{\underset{|}{C}}(CH_2)_4CH_3 \xrightarrow[(94\%\sim97\%)]{H_3PO_4} \text{(产物)}$$

1,5-戊二醇在阳离子交换树脂催化下分子内脱水生成，生成四氢吡喃。

$$HO(CH_2)_5OH \xrightarrow[(94\%)]{\text{阳离子交换树脂}} \text{(四氢吡喃)}$$

二氧六环则可由乙二醇或环氧乙烷来制备；

$$2HOCH_2CH_2OH \xrightarrow[\text{或}H_3PO_4]{H_2SO_4} \text{(二氧六环)} + 2H_2O$$

$$2 \text{(环氧乙烷)} \xrightarrow{40\%H_2SO_4} \text{(二氧六环)}$$

第四节　其他消除反应

除了上述各种消除反应外，还有一些也属于消除反应。在四乙酸铅-Cu^{2+}盐催化剂存在下，很多脂肪族羧酸都可以脱羧生成烯。例如：

$$\text{(环丁烷甲酸)} \xrightarrow{Pb^{4+}-Cu^{2+}} \text{(环丁烯)}$$

$$\text{(环己基)}-CH_2COOH \xrightarrow{Pb^{4+}-Cu^{2+}} \text{(亚甲基环己烷)}=CH_2$$

在氧气存在下，邻位二羧酸在哌啶中与四乙酸铅一起加热，可以发生氧化脱羧反应生成烯烃。

$$\underset{HOOC}{\overset{R^1}{\underset{R^2}{C}}}-\underset{COOH}{\overset{R^3}{\underset{R^4}{C}}} \xrightarrow[Py]{Pb(OAc)_4,O_2} \underset{R^2}{\overset{R^1}{C}}=\underset{R^4}{\overset{R^3}{C}}$$

例如1,4-环己二烯的合成：

$$\underset{COOH}{\overset{COOH}{}} \xrightarrow[Py(76\%)]{Pb(OAc)_4,O_2} \text{(1,4-环己二烯)}$$

此类反应的反应过程如下：

$$\text{COOH} \xrightarrow{2Pb(OAc)_4} \text{COOPb}^{4+}(OAc)_3 \longrightarrow \quad + CO_2 + Pb^{3+}(OAc)_3$$

$$\longrightarrow \quad + Pb^{3+}(OAc)_3 \longrightarrow \quad + CO_2$$

实际上该方法在合成环烯类化合物的合成中应用较多，因为很多环状邻位二羧酸容易通过 Diels-Alder 反应或环加成反应来制备。

用催化量的钯或铑的配合物脱羧可以高选择性、高收率的合成端基烯，例如由壬二酸脱羧合成 1,6-庚二烯。

$$HO_2CCH_2CH_2(CH_2)_3CH_2CH_2COOH + 2Ac_2O \xrightarrow[\,(66.7\%)\,]{Pd(PPh_3)_2Cl_2} CH_2=CH(CH_2)_3CH=CH_2 + 2CO + 4AcOH$$

β-羟基酸受热时，发生消除反应，主产物是 α,β-不饱和酸，例如：

$$\underset{\underset{OH}{|}}{CH_3CHCH_2COOH} \xrightarrow[-H_2O]{\triangle} CH_3CH=CHCOOH \quad 巴豆酸$$

$$HO-CHCOOH \xrightarrow[-H_2O]{\triangle} \quad 富马酸$$

β-羟基酸与过量的 DMF 二甲缩醛一起加热回流，可以消去 β-羟基酸的羟基和羧基生成烯类化合物[57]。

$$\underset{\underset{HO}{|}}{-C}\underset{\underset{COOH}{|}}{-C}- \xrightarrow{Me_2NHCH(OMe)_2} \quad$$

反应过程如下：

$$\underset{\underset{HO}{R^1}\,}{\overset{R^2\,R^4}{C-C}}-R^3 \xrightarrow[-2MeOH]{Me_2NHCH(OMe)_2} \quad \longrightarrow \quad + DMF + CO_2$$

利用该反应可以合成一～四取代的乙烯衍生物。将 β-羟基酸与过量的 DMF 二甲缩醛于氯仿中加热回流，即可高收率的得到相应的烯。有证据证明，反应是经历上述两性离子中间体的 E1 或 E2 消除反应。例如香料玫瑰呋喃的合成[58]。

$$\xrightarrow[\substack{R=CH_2C(CH_3)_3}]{\substack{Me_2NHCH(OR)_2 \\ CHCl_3,\triangle\,(61\%)}} \quad$$

如下 β-羟基酸在三氯氧钒存在下于氯苯中回流，生成相应的烯。

$$\xrightarrow[\substack{C_6H_5Cl,回流(61\%)}]{VOCl_3} \quad Ph$$

　　β-羟基酸的内酯加热脱羧也可以生成烯烃,反应属于立体专一的顺式消除,反应也涉及两性离子中间体。

例如 1,1-二氟-2-甲基丙烯的合成:

　　另外,醛、酮还可以在金属催化剂的催化作用下脱去羰基生成烃[59]。

　　消除反应是合成不饱和化合物的一种应用十分广泛的反应,当然还有其他一些反应也可以归于消除反应,如羧酸脱水生成烯酮或酸酐、羧酸的脱羧、酰胺脱水生成腈、肟脱水生成腈、醇脱水生成醚等,这些内容本书暂不作进一步讨论。

◆ **参考文献** ◆

[1] 林原斌,刘展鹏,陈红飙.有机中间体的制备与合成.北京:科学出版社,2006:65.

[2] 刘升,王维伟,杜晓华.精细与专用化学品,2015,22(1):14.

[3] 徐卫国,陈先进.CN.1566048.2005-01-19.

[4] 林原斌,刘展鹏,陈红飙.有机中间体的制备与合成.北京:科学出版社,2006:109.

[5] 韩广甸,赵树纬,李述文.有机制备化学手册(中卷),北京:化学工业出版社,1978:227.

[6] Allen C F, Kalm M J. Org Synth, 1963, Coll Vol 4:616.

[7] 陈芬儿.有机药物合成法.北京:中国医药科技出版社,1999:4.

[8] 段行信.实用精细有机合成手册.北京:化学工业出版社,2000:39.

[9] 林原斌,刘展鹏,陈红飙.有机中间体的制备与合成.北京:科学出版社,2006:55.

[10] Allred E L, Beck B R, Voorhees K J. J Org Chem, 1975, 39(10):1425.

[11] Cripps H N, Kiefer E F. Organic Syntheses, 1973, Coll Vol 5:22.

[12] 孙昌俊,曹晓冉,王秀菊.药物合成反应——理论与实践.北京:化学工业出版社,2007:361.

[13] 孙昌俊,曹晓冉,王秀菊.药物合成反应——理论与实践.北京:化学工业出版社,2007:355.

[14] 刘旭桃,李梅连,肖方青.中国医药工业杂志,2006,37:443.

[15] 张胜建,应丽艳,江海亮等.精细化工,2008,25(12):1236.

[16] Skatteb L, Solomon S. Org Synth, 1973, Coll Vol 5:306.

[17] 张俊,李星,孙丽文等.中国医药工业杂志,2012,43(10):812.

[18] 韩莹,黄嘉梓,屠树滋.中国药科大学学报,2001,32(1):8.

[19] Winfrid Schoberth, Michael Hanack. Synthesis, 1972:703.

[20] 孙昌俊,曹晓冉,王秀菊.药物合成反应——理论与实践.北京:化学工业出版社,2007:352.

[21] Coq A L, Gorgues A. Org Synth, 1988, Coll Vol 6:954.

[22] 孙昌俊,曹晓冉,王秀菊.药物合成反应——理论与实践.北京:化学工业出版社,2007:362.

[23] 林原斌,刘展鹏,陈红飙.有机中间体的制备与合成.北京:科学出版社,2006:105.

[24] Osmo H. Org Synth, 1993, Coll Vol 8:247.

[25] 吴珊珊,魏运洋.江苏化工,2005,32(1):31.

［26］ 陈琦，冯维春，李坤等. 山东化工，2002，31（3）：1.

［27］ Perry R A, Chen S C, Menon B C, et al. Can J Chem, 1976, 54 (15)：2385.

［28］ Barry M. Trost, Lautens M, Tetrahedron Letters, 1983, 24 (42)：4525.

［29］ Danheiser R L, Nowick J S, Lee J H, et al. Organic Syntheses, 1998, Coll Vol 9：293.

［30］ Shimagaki M. Tetrahedron Lett, 1995, 36：719.

［31］ Corey E J. J Org Chem, 1989, 54 (2)：389.

［32］ 陈芬儿. 有机药物合成法. 北京：中国医药科技出版社，1999：328.

［33］ Salaün J, Fadel. A. Org Synth, 1990, Coll Vol 7：117.

［34］ 陈芬儿. 有机药物合成法：第一卷. 北京：中国医药科技出版社，1999：201.

［35］ Furniss B S, Hannaford A J, Rogers V, et al. Vogel's Textbook of Practical Chemistry. Longman London and New York. Fourth edition, 1978：336，588.

［36］ Iacono S, James R. Rasmussen. Org Synth, 1990, Coll Vol 7：139.

［37］ 黄宪等. 新编有机合成化学. 北京：化学工业出版社，2003：50.

［38］ Cope A C, Trumbell E R. Org Reactons, 1960, 11：317.

［39］ Brasen W, R, Hauser C R. Organic Syntheses, 1963, Coll Vol 4：582.

［40］ Roberts T L, Borromeo F S, Poulter C D. Tetrahedron Lett, 1977, 19：1621.

［41］ Arava V R, Malreddy S. Thummala S R. Synth Commun, 2012, 42：3545.

［42］ Cope A C, Ciganek E. Organic Syntheses, 1963, Coll Vol 4：612.

［43］ Sammelson R E, Kurth M J. Tetrahedron Lett, 2001, 42：3419.

［44］ 徐艳杰，孟祎，张方丽等. 应用化学，2003，7：696.

［45］ Rychnovsky J, Hwang K. J Org Chem, 1995, 59 (18)：5414.

［46］ Lundeen A, Tanhoozer R. J Org Chem, 1967, 32 (11)：3386.

［47］ Ashby E C, Willard G F, Goel A B. J Org Chem, 1979, 44 (8)：1221.

［48］ 孙昌俊，曹晓冉，王秀菊. 药物合成反应——理论与实践. 北京：化学工业出版社，2007：351.

［49］ 陈卫平. 中国医药工业杂志，1989，20（2）：148.

［50］ 赵学清. 中国医药工业杂志，2006，37（2）：75.

［51］ 陈仲强，陈虹. 现代药物的制备与合成：第一卷. 北京：化学工业出版社，2008：193.

［52］ Horton D, Thompson J K, Tindall C G, Methods Carbohydr Chem, 1972, 6：297.

［53］ Chu C K, Bhadti V S, Doboszewski B, et al. J Org Chem, 1989, 54 (9)：2217.

［54］ Hanessian S, Bargiotti A, La Rue M. Tetrahedron Lett, 1978：737.

［55］ 傅颖，李虎林，何银霞等. 西北师范大学学报，2013，49（4）：61.

［56］ 陈芬儿. 有机药物合成法. 北京：中国医药科技出版社，1999：97.

［57］ Hara S, Taguchi H, Yamamoto H, et al. Tetrahedron Lett, 1975, 19：1545.

［58］ Marshall J A, Dubay W J. J Org Chem, 1993, 58 (14)：3602.

［59］ Ding K, Xu S, Alotaibi R, et al. J. Org. Chem, 2017, 82 (9)：4924.

第十章 | 重排反应

重排反应是有机化学的重要反应，一般地，在进攻试剂作用或者介质的影响下，有机分子发生原子或原子团的转移和电子云密度重新分布，或者重键位置改变，环的扩大或缩小，碳架发生了改变等，统称为重排反应。

有机重排反应到目前为止已经有近二百种，有多种不同的分类方法。本章按照亲核、亲电、芳环上的重排等方式进行编排，介绍基本的重排反应及其在药物合成中的应用。

第一节 亲核重排反应

重排反应中以亲核重排最多见，而亲核重排中又以 1,2 重排为最常见。

一般来说，亲核 1,2-重排反应包括三个步骤，即离去基团的离去、基团的 1,2-迁移、亲核试剂的进攻（或发生消除反应）。其中 1,2-迁移步骤是真正发生重排的步骤。

由于迁移基团是带着一对电子迁移的，因此，迁移终点的原子必须是一个外层只有六个电子的原子。反应的第一步是建立一个六电子体系。

例如在如下反应中，后两步是同时进行的，第一步是生成氮烯，第二步是 R 基团的迁移，第三步是氮上的一对电子向 C-N 键的移动，第二步和第三步是同时进行的，结果生成异氰酸酯。

在上述反应中，若 R 为手性基团，则重排后手性基团的绝对构型保持不变。

在有些反应中，碳正离子可能不再是活性中间体，很可能是经历了一种三元环结构的状态，类似于 S_N2 反应。在如下反应中，前两步是同时进行的。

这种情况类似于邻近基团 R 参与协助离去基团的离去（邻基参与）。要发生这一过程，在立体化学上要求邻近基团 R 与离去基团 X 处于反式共平面的位置。

在亲核重排反应中，最常见的是碳正离子（由碳至碳的碳碳重排）重排、碳烯的重排（由碳至碳的重排）、氮烯的重排（由碳至氮的重排）和氧正离子的重排（由碳至氧的重排）。

一、由碳至碳的重排反应

由碳至碳的重排反应又称为碳碳重排反应，其间经历碳正离子中间体。发生碳正离子重排反应的例子很多，本节只介绍在药物合成中常见的几个重排反应。

1. Wagner-Meerwein 重排反应

在 Lewis 酸或质子酸催化下生成的碳正离子中，烃基（主要包括烷基和芳基）或氢从一个碳原子迁移至邻近另一个带正电荷的碳原子上的反应，统称为 Wagner-Meerwein 重排反应。该重排属于 1,2-亲核重排反应。

2-崁醇或异崁醇用 H_2SO_4，P_2O_5、无水 $ZnCl_2$ 等脱水剂脱水时，发生重排生成崁烯。

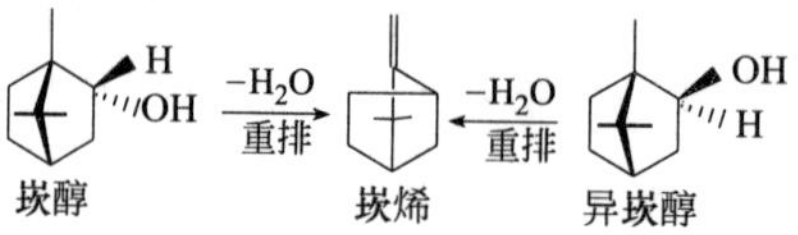

反应机理如下：

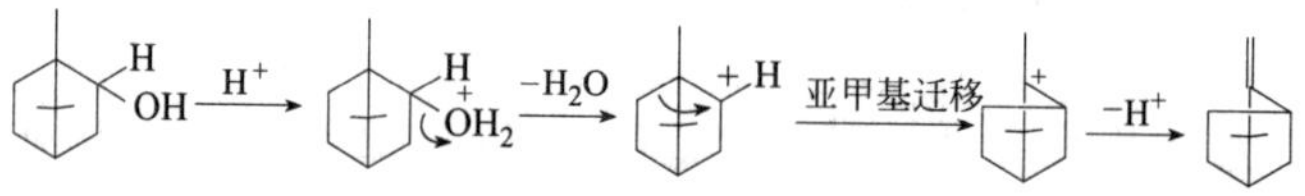

Wagner-Meerwein 重排反应属于分子内的重排，是由碳至碳的重排。重排到终点碳原子上，通常原来连有羟基或卤素原子，在酸或碱催化下，羟基（羟基失去水）或卤素原子失去，生成碳正离子，而后碳正离子邻近碳原子上的 H 或 R 基团带着一对电子迁移到碳正离子的碳原子上，最后在起点碳原子上进行亲核加成或发生消除反应，生成重排产物。

该类重排与碳正离子的稳定性有关。碳正离子的稳定性次序为：3°＞2°＞1°。重排的动力之一是重排后生成更稳定的碳正离子。例如：

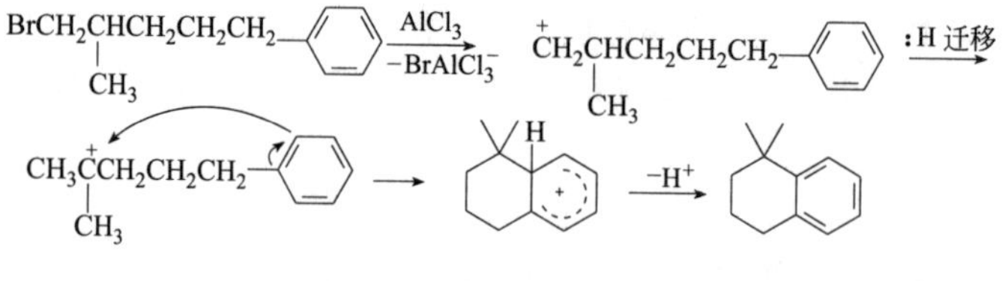

上述重排过程中，1°碳正离子重排生成更稳定的 3°碳正离子，反应容易进行。

碳正离子的生成方法很多，如烯烃的质子化、卤代烃脱卤素原子、醇在酸性条件下可以失去水、脂肪族胺分子中氨基的重氮化、磺酸酯失去磺酸基等。例如抗癌化合物 1-脱氧紫杉醇中间体（**1**）的合成[1]。

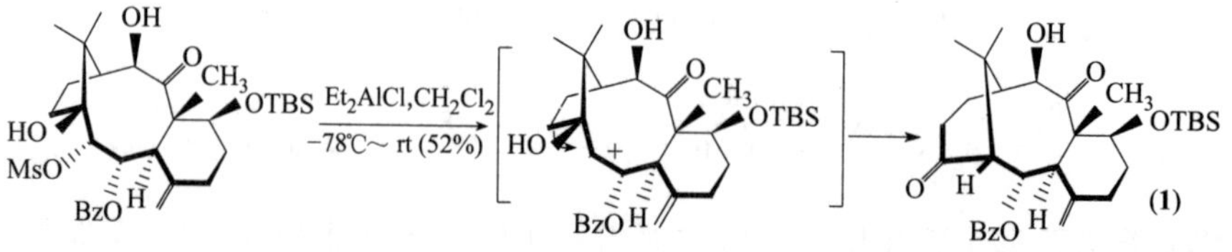

Wagner-Meerwein 重排反应中有时转变为中性化合物也是一种动力。有时为了促进重排反应的发生，可以在离去基团或其 β-位上引入活性基团。例如化合物（**2**）的合成[2]。

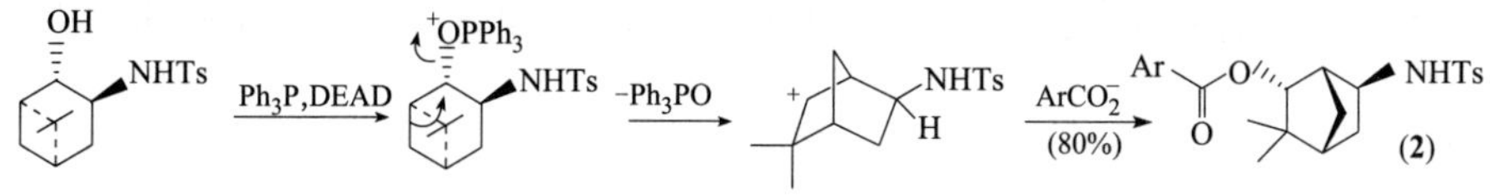

Wagner-Meerwein 重排反应在有机反应中十分普遍，同时也给有机合成带来了许多方便。例如医药中间体、脑血管扩张剂、抗菌素、抗癌药物、人造血等的重要原料金刚烷[3]的合成。

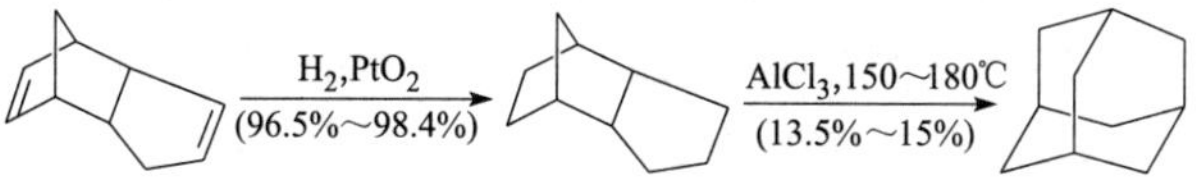

在二环体系中，通过重排可以在桥头碳原子邻近位置引进官能团，通过重排也有可能在二环结构中不易引入官能团的位置引入官能团。例如：

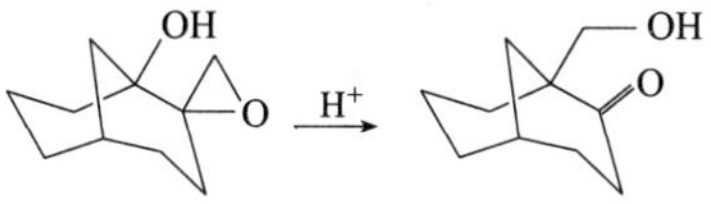

另外，Wagner-Meerwein 重排反应对于构建某些环状骨架特别有用，可以缩短合成路线。例如如下天然产物中广泛存在的 n，7,6-三环骨架的合成[4]。

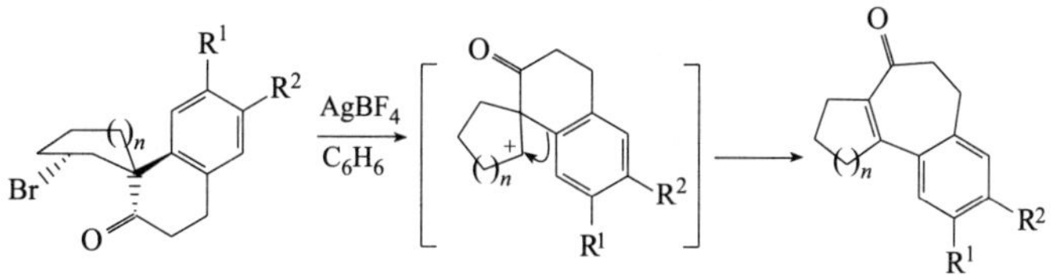

2. Pinacol 重排反应

品那醇在酸催化下重排生成不对称羰基化合物（醛、酮）的反应称为品那醇（Pinacol）重排反应。典型的例子是的 2,3-二甲基-2,3-丁二醇的重排，生成抗真菌药特比萘芬（Terbinafine）中间体（**3**）[5]。

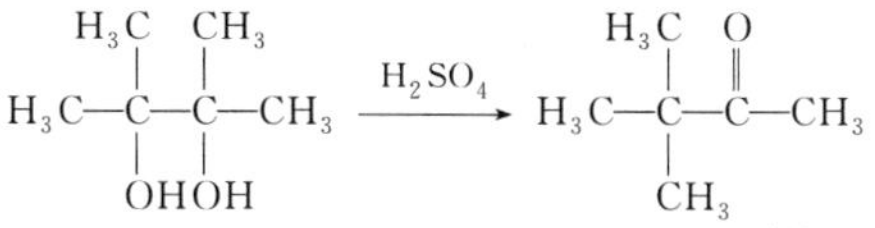

反应机理如下：

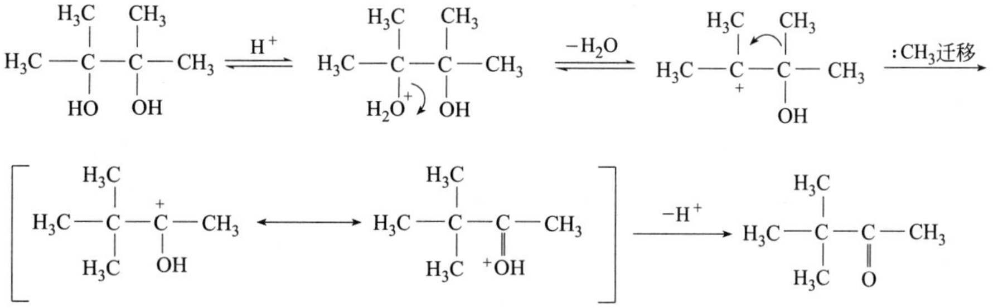

反应中品那醇失去一分子水后已经生成了叔碳正离子，但仍能发生重排的原因是被氧原子稳定的碳正离子比叔碳正离子更稳定。

喹诺酮类抗菌药盐酸环丙沙星（Ciprofloxacin hydrochloride）等的中间体环丙基丙醛的合成如下[6]。

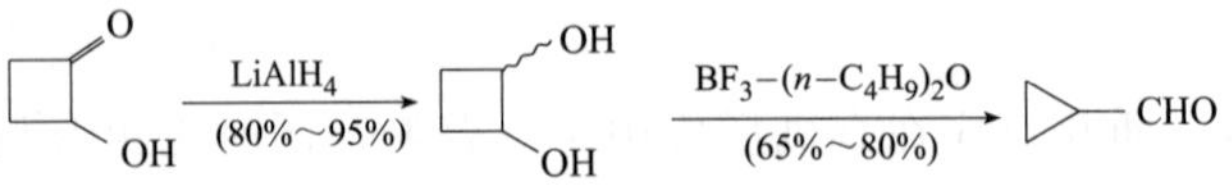

大量的实验事实证明了碳正离子的存在和基团的迁移。进一步的研究，特别是立体化学的研究结果证明，重排基团和离去基团处于反式位置时更有利于重排反应的发生。

顺式-1,2-二甲基-1,2-环己二醇在稀硫酸存在下发生品那醇重排，生成 2,2-二甲基环己酮，而反式-1,2-二甲基-1,2-环己二醇则生成了缩环的 1-甲基-1-乙酰基环戊烷。顺式结构比反式结构发生品那醇重排反应要快得多。

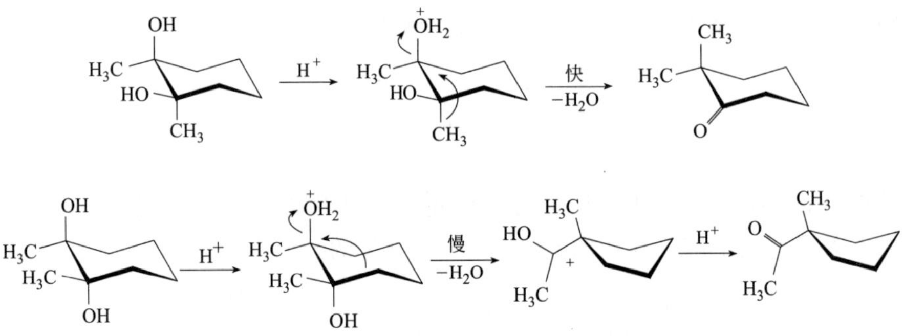

在品那醇重排反应中，有两个问题值得注意，一是邻二醇中哪一个羟基接受质子而作为水离去，二是邻近连有羟基的碳原子上的哪一个基团迁移。

哪一个羟基接受质子失水，取决于羟基接受质子的能力，与给电子基团相连的碳原子上的羟基，由于氧原子上电子云密度较大，容易与质子结合形成质子化的醇，因而易于离去。一般来说，给电子能力的次序为苯基＞烷基＞H。当然，也可以通过失水后生成的碳正离子的稳定性来判断，能够生成更稳定碳正离子的羟基容易接受质子失水。例如：

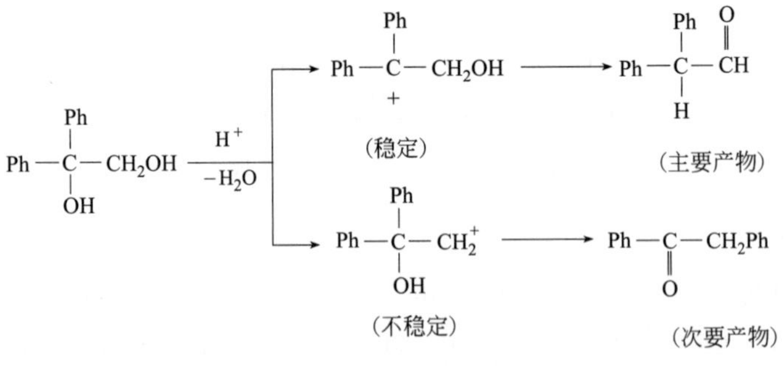

重排时哪一个基团迁移，可以根据基团的迁移倾向来判断。迁移倾向的大小主要由其亲核性决定，亲核性强的易于迁移。其次序为：叔烷基＞环己基＞仲烷基＞苄基＞伯烷基＞甲基＞苯基＞H。值得注意的是，各种教科书上的顺序并不完全一致，这可能与采用的实验条件不完全相同有关，也可能与数据处理的误差有关，但总的大体趋势是一致的。

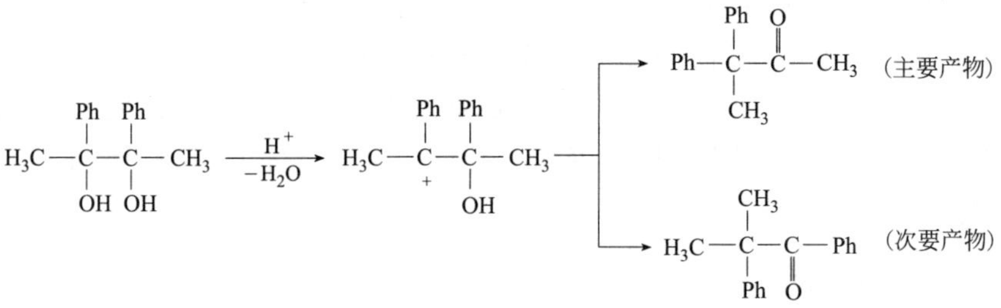

一般情况下，氢的迁移是很慢的，但有时氢的迁移比芳基和烷基都快。例如：

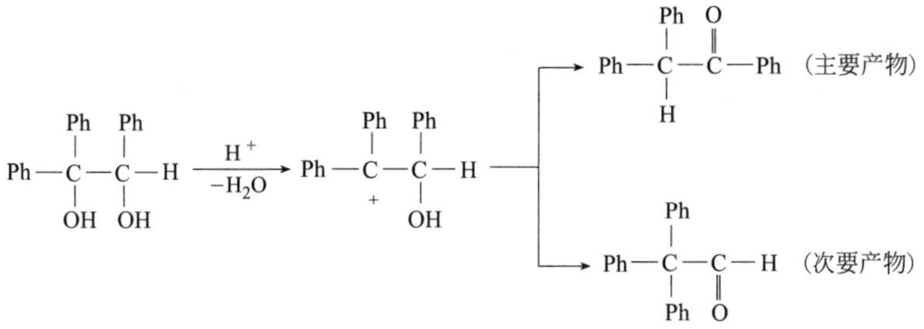

若两个基团均为取代芳基时，迁移次序为：

$p\text{-}CH_3OPh \longrightarrow p\text{-}CH_3Ph \longrightarrow p\text{-}C_6H_5Ph \longrightarrow Ph \longrightarrow P\text{-}ClPh \longrightarrow p\text{-}BrPh \longrightarrow 0\text{-}CH_3OPh \longrightarrow p\text{-}O_2NPh$

邻位上有取代基的芳环难以迁移，这可能与空间位阻有关。

实际上，当邻二醇的取代基各不相同时，常常得到的是各种重排产物的混合物，只是各种产物的比例不同而已。

若四个基团中有氢存在时，产物中除生成酮外，还可能有醛。例如均二苯基乙二醇与20％的硫酸共热3h，生成二苯基乙醛。

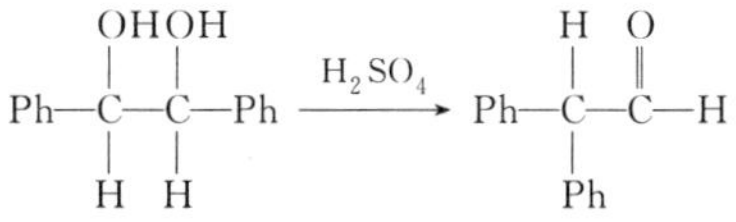

品那醇重排反应，还与反应条件有关。对于同一反应物，反应条件不同，重排的主要产物也可能不同。例如：

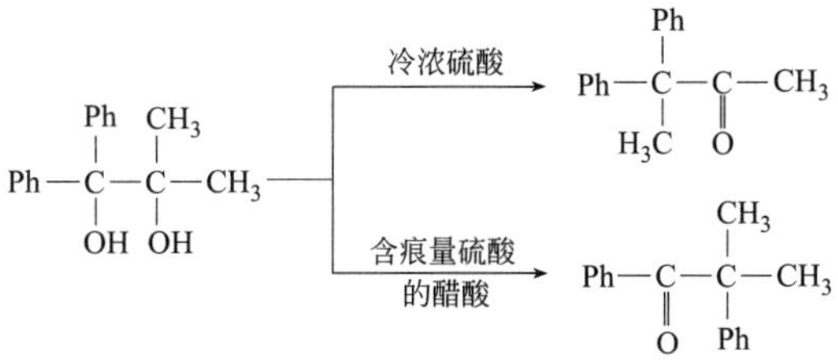

脂环族 α-二醇发生品那醇重排时常改变环的结构，故可以应用此反应使环扩大或缩小。脂环族 α-二醇比脂肪族的更容易发生重排。

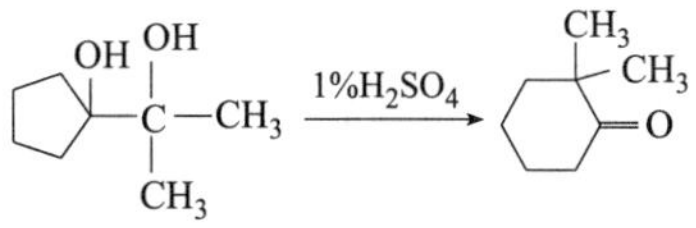

酸为品那醇重排反应常用的催化剂，一般使用稀硫酸（80～120℃）、浓硫酸（0℃左右）、50％磷酸、硼酸等，有时也可以使用三氟化硼的醚溶液。用盐酸、$I_2\text{-}CH_3CO_2H$、

CH_3CO_2H、CH_3COCl、SiO_2-H_3PO_4 等时，也可以得到类似的结果。有时也可以使用 Lewis 酸。近年来杂多酸催化品那醇重排反应的报道很多。

固相条件下的品那醇重排、电化学方法在品那醇重排反应中也有不少报道。微波辐射也可以促进品那醇重排反应。以 $FeCl_3$ 为催化剂进行无溶剂条件下的品那醇重排，微波辐照 1min，品那酮的收率达 $86\% \sim 96\%$[7]。

有些邻二醇转变为单磺酸酯后，在碱性条件下即可以发生品那醇重排反应。若邻二醇分子中的羟基，一个连在叔碳原子上，另一个连在仲碳原子上，则仲碳羟基容易生成磺酸酯。在碱性条件下重排时，磺酸酯基作为离去基团离去，叔碳上的基团迁移，生成重排产物。这恰恰与邻二醇在酸性条件下的重排不同，酸性条件下叔碳羟基离去，迁移的基团是仲碳上的基团。因此，两种条件下重排产物是不同的。

如下具有光学活性的邻二醇，首先与甲基磺酰氯反应，而后重排，得到具有光学活性的产物（**4**），对映体过量百分比高达 $99\%ee$[8]。

除了邻二醇可以发生品那醇重排反应外，很多化合物也可以发生品那醇重排反应。从邻二醇重排反应的反应机理来看，反应中首先失去一个羟基，生成了 β-位碳正离子中间体，而后再发生重排。因此，凡是能够生成相同的中间体的其他类型的反应物，均可发生类似的品那醇重排反应，得到酮类化合物。这类重排被称为半品那醇重排（Semipinacol）反应。以下化合物均可以发生 Semipinacol 重排反应。

（1）邻氨基醇

例如抗高血压药硫酸胍乙啶（Guanethidine sulfate）中间体环庚酮（**5**）的合成：

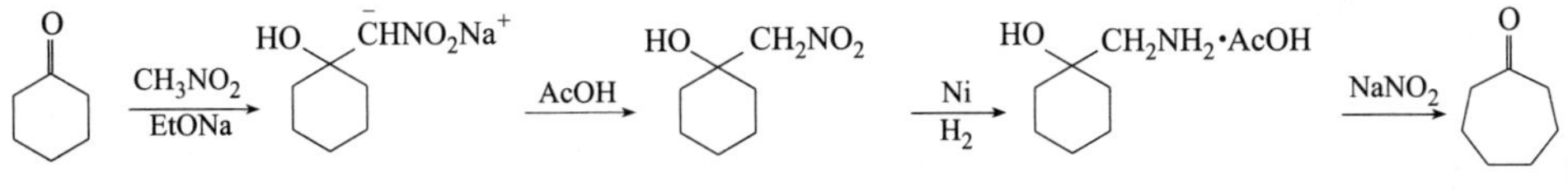

不过，上述反应也属于 Demyanov 重排反应。

麻醉剂氯胺酮（ketamine）原料药（**6**）的合成如下[9]。

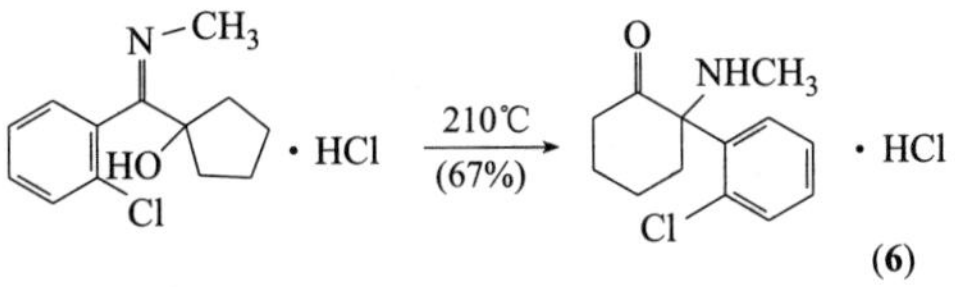

（2）邻卤代醇 邻卤代醇与硝酸银反应失去卤化银生成碳正离子，后者重排生成羰基化合物。

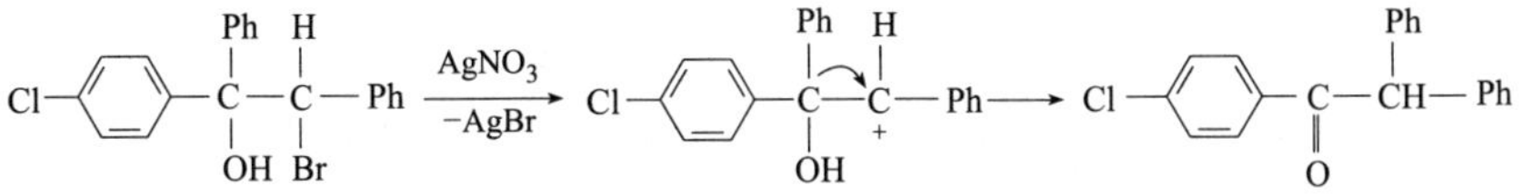

医药及香料中间体苯乙醛的亚硫酸氢钠加成物的合成如下：

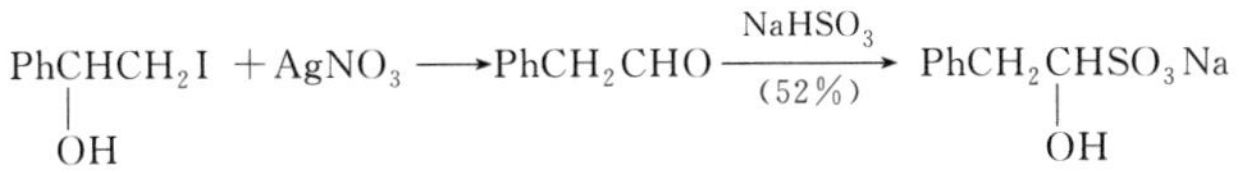

$$PhCHCH_2I \underset{OH}{|} + AgNO_3 \longrightarrow PhCH_2CHO \xrightarrow[(52\%)]{NaHSO_3} PhCH_2CHSO_3Na \underset{OH}{|}$$

（3）环氧乙烷衍生物 环氧乙烷衍生物在酸性试剂如 $BF_3\text{-}Et_2O$、$MgBr_2\text{-}Et_2O$、5mol/L 的 $LiClO_4$ 乙醚溶液、$InCl_3$ 以及 $Bi(OTf)_3$、$VO(OEt)Cl_2$ 等作用下或直接加热，发生 Semipinacol 重排反应，生成醛或酮。

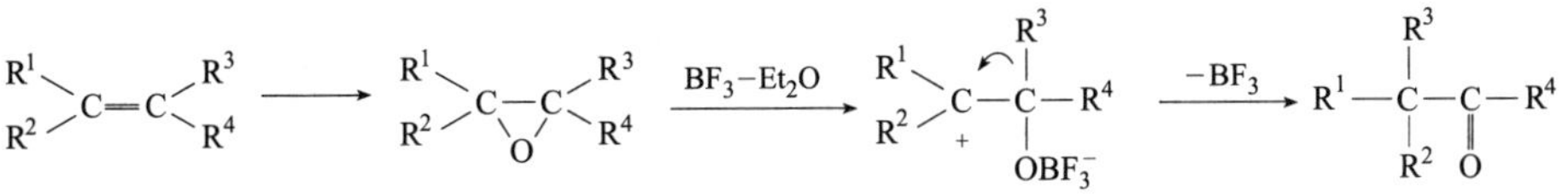

（4）某些卤化物水解时可以发生 Semipinacol 重排反应。

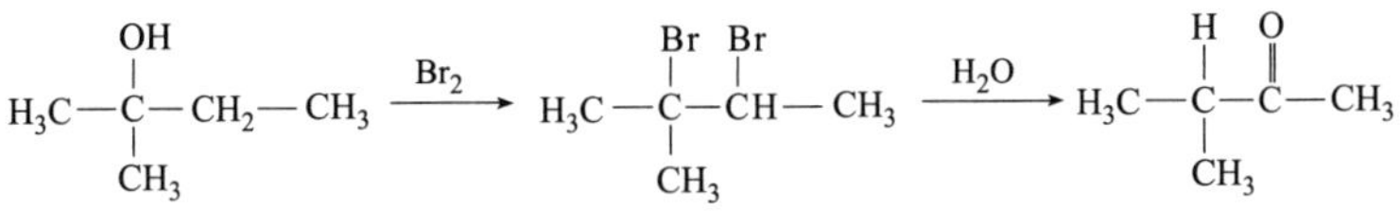

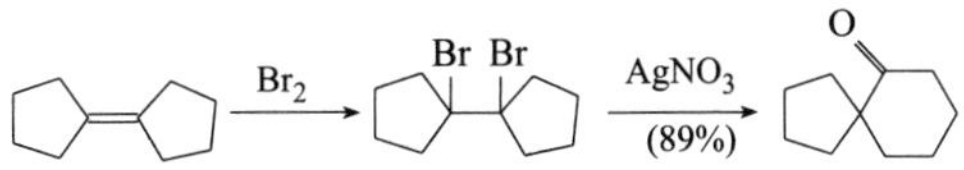

（5）磺酸酯类化合物分子中的磺酸酯基是很好的离去基团，在有些反应中可以适用于对酸敏感的化合物的重排。例如：

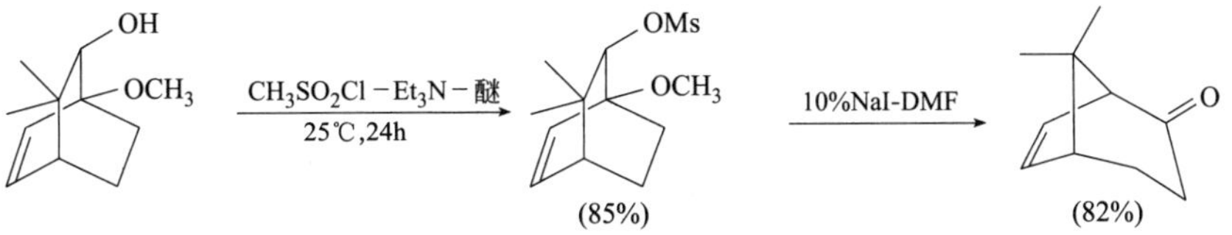

关于品那醇重排反应，近年来有了很大进展，固体酸的应用较多，分子筛、高温液态水、超临界水等也成为品那醇重排研究的热点。随着光化学、电化学、微波、超声波等新技术的发展，品那醇重排反应的应用将越来越广泛。

3. Demyanov 重排反应

脂肪族伯胺重氮化反应后生成碳正离子，随后发生重排生成相应的产物，该类反应称为 Demyanov 重排反应。特别是环状的甲基胺，经亚硝酸处理，会发生扩环或缩环的反应，生成新的环状化合物。

反应机理与 Wagner-Meerwein 重排反应相似，也是由碳正离子进行的重排。

Demyanov 反应中，由于生成了碳正离子，重排时既可能发生碳原子的迁移，也可能发生氢原子的迁移，同时，碳正离子既可以与亲核试剂反应，又可以发生消除反应生成烯，因此，反应产物比较复杂。当伯碳正离子重排成仲碳正离子时，重排产物的收率一般较高。

对于氨基位于脂肪环上的胺，与亚硝酸反应后生成的碳正离子直接在环上，重排后生成缩环的产物。例如抗菌药环丙沙星（Ciprofloxacin）等的中间体环丙基甲醇（**7**）的合成。

若脂肪环上连有氨甲基（—CH$_2$NH$_2$），与亚硝酸反应后，生成连在环上的亚甲基碳正离子，此时重排则生成扩环的产物。例如抗高血压药硫酸胍乙啶（Guanethidine sulfate）等的中间体环庚醇的合成。

脂环族的环状 β-氨基醇，经重氮化反应失去氮气后，也可以发生扩环反应生成环酮。该类反应称为 Tiffeneau-Demyanov 扩环反应，该反应与半品那醇重排极为相似。Tiffeneau-Demyanov 扩环反应一般适用于四～八元的碳环，产率也比普通的 Demyanov 重排产物高，该反应也可用于大环化合物的合成，例如化合物（**8**）的合成[10]。

β-卤代醇也可以发生类似于 Tiffeneau-Demyanov 重排反应。

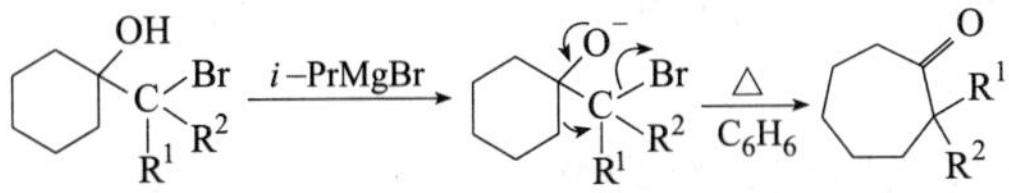

除了简单的脂肪族伯胺如甲胺、乙胺等外，其他脂肪族伯胺、脂肪族环状甲基胺，一般都能发生 Demyanov 重排反应，但反应的产物往往比较复杂。

一些杂环甲基胺化合物也可以发生 Demyanov 反应，但收率较低。例如：

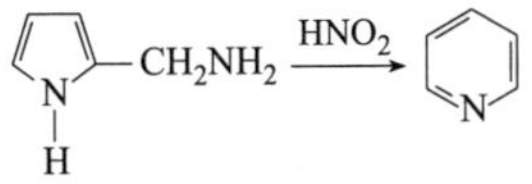

除了上述各种化合物可以发生 Demyanov 反应外，一些醇、烯等在一定的条件下可以生成碳正离子的脂肪族化合物，发生扩环或缩环反应，也可以归属于 Demyanov 重排反应。例如药物、农药甲氰菊酯等的中间体环丁酮（**9**）的合成如下[11]。

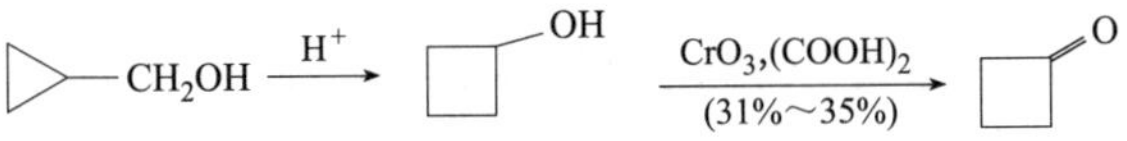

Demyanov 重排反应经历了碳正离子的过程，脂环化合物环上碳原子带正电荷时，通过 1,2-亲核重排环会缩小；碳正离子位于环的 α-位时，重排后环会扩大。扩环大多见于三～八元环，而缩环多见于四元环及六～八元环。

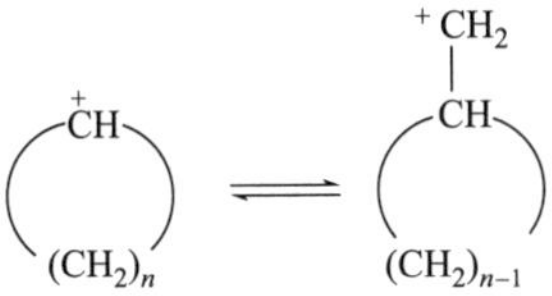

降低环的张力是扩环反应的动力之一，因此，小环的扩环反应收率一般较高。五元环难以通过 1,2-亲核重排反应来合成四元环状化合物，因为由五元环变为四元环伴随着环的张力增大，反应难以进行。而在三元环和四元环之间的转化中，环的张力不是主要的影响因素[12]。

4. 二苯乙醇酸重排反应

邻二酮（α-二酮）类化合物在碱性条件下发生重排反应，生成 α-羟基羧酸，称为二苯乙醇酸重排反应，又叫二苯基乙二酮-二苯基乙醇酸（Benzil-benzilic acid）重排反应。典型的例子是二苯基乙二酮重排生成二苯基羟基乙酸，并因此而得名。

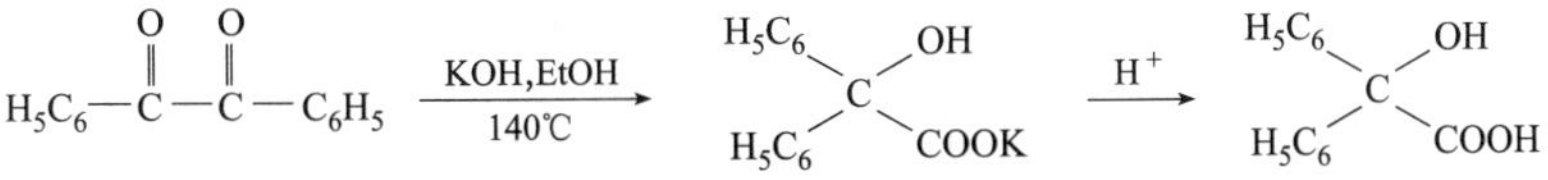

二苯基羟基乙酸是用于治疗胃及十二指肠溃疡、胃炎、胃痉挛、胆石症等的药物胃复康（Benaetyzine）等的中间体。反应机理如下：

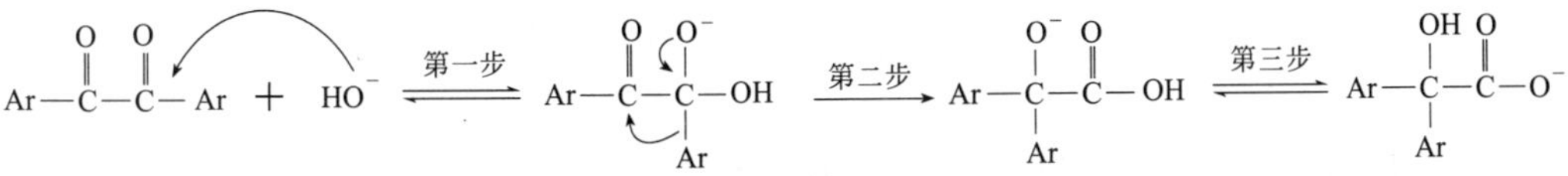

该反应生成稳定的羧酸盐是反应的动力。决定反应速度的是第二步反应，即烃基的迁移。

除了 α-芳二酮外，某些脂肪族、脂环族、杂环族的 α-二酮也可以发生该重排反应。例如化合物（**10**）的合成[13]。

$$\text{furyl-C(=O)-C(=O)-furyl} \xrightarrow[\text{H}_2\text{O(54\%)}]{\text{KOH,EtOH}} \text{furyl-C(OH)(CO}_2\text{K)-furyl}$$

（**10**）

又如柠檬酸的合成[14]。柠檬酸是一种重要的有机酸，在工业、食品业、化妆业等具有很多的用途，工业上采用生物学方法制备。

$$\begin{array}{c} \text{O=C-CH}_2\text{COOH} \\ \text{O=C-CH}_2\text{COOH} \end{array} \xrightarrow[\text{(85\%)}]{\text{PhCH}_2\overset{+}{\text{N}}(\text{CH}_3)_3\overset{-}{\text{OH}}} \begin{array}{c} \text{CH}_2\text{COOH} \\ \text{HO-C-COOH} \\ \text{CH}_2\text{COOH} \end{array}$$

乙二醛在碱性条件下室温可以转化为羟基乙酸。最佳反应条件为乙二醛的浓度为 0.2mol/L、氢氧化钠溶液的浓度为 0.2mol/L、反应温度 35℃，反应时间 35min，羟基乙酸的收率为 72.8%[15]。

$$\text{H-C(=O)-C(=O)-H} \longrightarrow \text{HOCH}_2\text{COOH}$$

环状的 α-二酮重排后生成缩环的 α-羟基酸。例如四氧代嘧啶经重排后生成阿脲酸（**11**）：

$$\xrightarrow[\text{2.水解}]{\text{1.CH}_3\text{CO}_2\text{Na,CH}_3\text{OH}}$$

（**11**）

植物生长调节剂、医药中间体 9-羟基芴-9-羧酸（**12**）的合成如下[16]。

$$\xrightarrow[\text{2. H}^+(95\%)]{\text{1.NaOH}}$$

（**12**）

甾体化合物利用该反应可以使其中的某一环缩小，例如：

$$\xrightarrow[\triangle \ (92\%\sim100\%)]{\text{KOH,C}_3\text{H}_7\text{OH,H}_2\text{O}}$$

反应介质对二苯乙醇酸重排反应有影响，α-二酮若在碱性水溶液催化下反应，而后中和，得到的是羟基乙酸；若该反应是在醇钠（钾）中进行，则得到的是羟基乙酸酯。例如二苯基羟乙酸叔丁酯（**13**）的合成。

$$\text{Ph-C(=O)-C(=O)-Ph} \xrightarrow[\text{(CH}_3)_3\text{COH(93\%)}]{\text{(CH}_3)_3\text{COK}} \text{Ph}_2\text{CCOOC(CH}_3)_3$$ OH

（**13**）

但所使用的醇钠（钾），最好是甲醇、叔丁醇钠（钾），而不要使用乙醇、异丙醇等的钠盐或钾盐，因为这些醇有 α-H，具有 α-H 的醇钠（钾）与 α-二酮混合后，可以发生氧化还原反应，使 α-二酮生成 α-羟基酮，致使重排反应难以进行。反应中一般也不能使用酚盐，因为它们的碱性一般较弱，不能满足反应的需要。

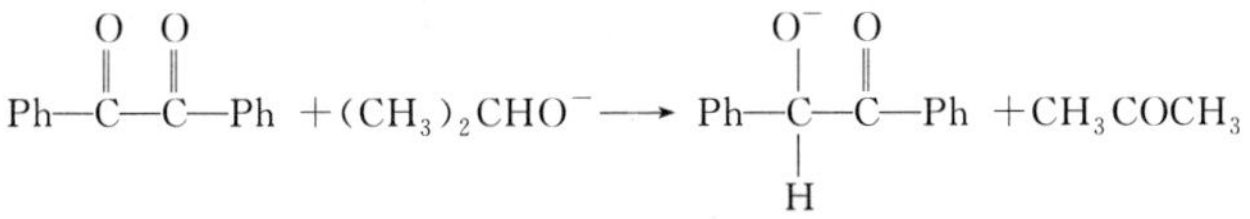

$$Ph-\overset{O}{\underset{}{C}}-\overset{O}{\underset{}{C}}-Ph +(CH_3)_2CHO^- \longrightarrow Ph-\overset{O^-}{\underset{H}{C}}-\overset{O}{\underset{}{C}}-Ph +CH_3COCH_3$$

用季铵碱可代替氢氧化钾、氢氧化钠等，可以在温和的条件下高收率的得到相应的二芳基羟基乙酸。例如[17]：

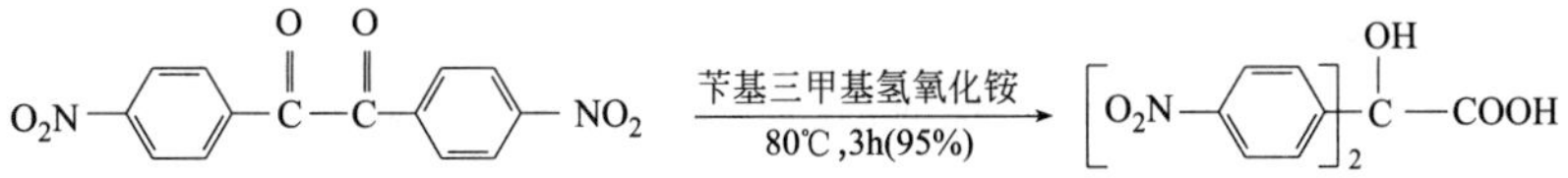

$$O_2N-\text{（苯环）}-\overset{O}{\underset{}{C}}-\overset{O}{\underset{}{C}}-\text{（苯环）}-NO_2 \xrightarrow[80℃,3h(95\%)]{\text{苄基三甲基氢氧化铵}} \left[O_2N-\text{（苯环）}\right]_2\overset{OH}{\underset{}{C}}-COOH$$

芳基 Grignard 试剂属于强碱，可以使 α-芳二酮发生类似的重排反应，产物不是羟基乙酸，而是 α-羟基酮。

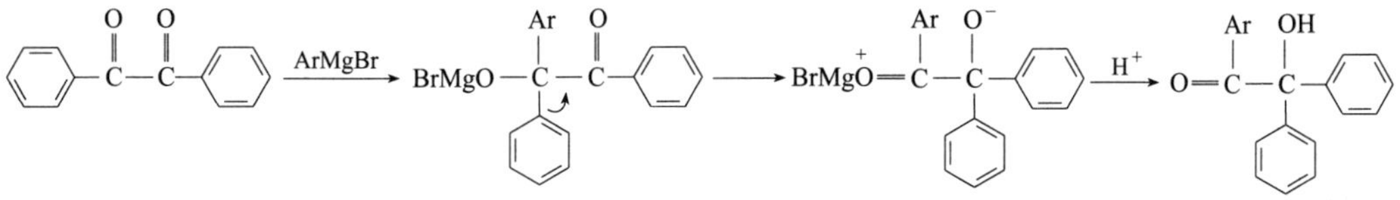

不对称的 α-芳香二酮重排时，芳环上取代基的性质对重排反应有影响。例如下列化合物的重排：

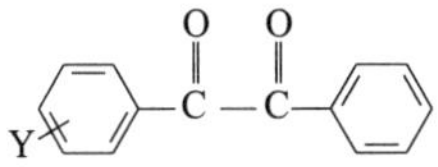

究竟是带取代基 Y 的芳环迁移还是不带取代基的苯环迁移，取决于取代基 Y 的性质。若 Y 为吸电子基团，由于 Y 的吸电子作用，使得与 Y 相连的苯环电子云密度降低，并使与其相连的羰基碳原子正电荷增加，从而更容易受到碱的进攻（反应机理中的的第一步反应），第二步发生迁移重排时，带吸电子基团的苯环迁移，并最终生成重排产物。若 Y 为给电子基团时，苯环上电子云密度增大，同时向与其相连的羰基碳原子转移，使得该羰基碳原子正电荷减少，此时碱更容易进攻另一个羰基碳原子（反应机理中的第一步），第二步发生迁移重排时，不带取代基的苯环迁移，并最终生成重排产物。

Y：吸电子基团

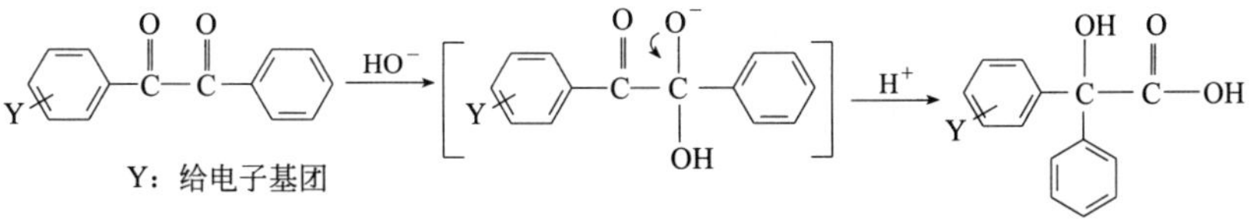

Y：给电子基团

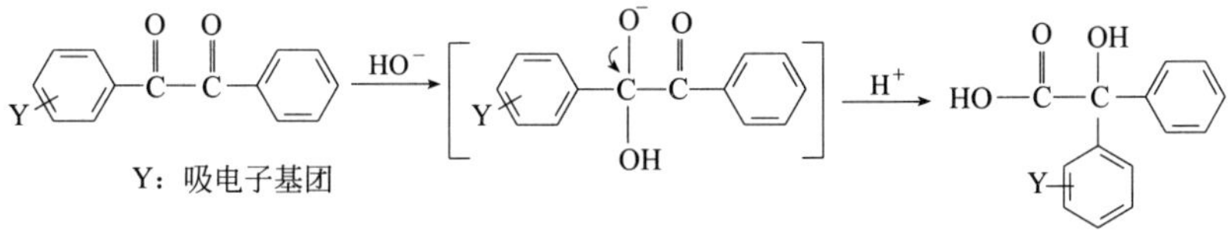

脂肪族 α-二酮也可以发生该类重排反应，但具有 α-H 的二酮，常常会发生羟醛缩合反应，使得重排产物收率降低，甚至不能发生重排反应。

空间位阻对重排反应有明显的影响。空间位阻越大，重排反应越难进行。例如六甲基丁二酮，不发生该类重排反应。当然，也可能与六个甲基的给电子效应而使羰基碳原子正电荷降低，不利于碱基的进攻有关。微波技术也已用于该类重排反应。

二苯羟乙酸重排反应在药物合成、甾族化合物、天然化合物的研究中应用广泛，引起了人们的广泛关注。

5. Wolff 重排反应和 Arndt-Eistert 合成

羧酸首先制成酰氯，酰氯与重氮甲烷反应生成 α-重氮甲基酮（Diazoketone），称为 Arndt-Eistert 反应。α-重氮甲基酮在加热、光照或催化剂等作用下放出氮生成酮碳烯（Keto-carbene），再重排成反应活性很强的烯酮（Ketene），称为 Wolff 重排反应。烯酮是非常活泼的中间体，与水、醇、氨（胺）反应后，得到比原来羧酸增加一个碳原子的羧酸或其衍生物（酯、酰胺）。

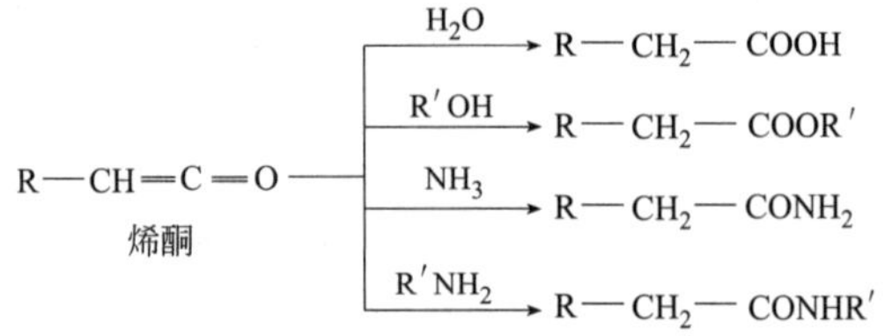

$$R-CH=C=O \begin{cases} \xrightarrow{H_2O} R-CH_2-COOH \\ \xrightarrow{R'OH} R-CH_2-COOR' \\ \xrightarrow{NH_3} R-CH_2-CONH_2 \\ \xrightarrow{R'NH_2} R-CH_2-CONHR' \end{cases}$$

烯酮

Wolff 重排反应机理如下：

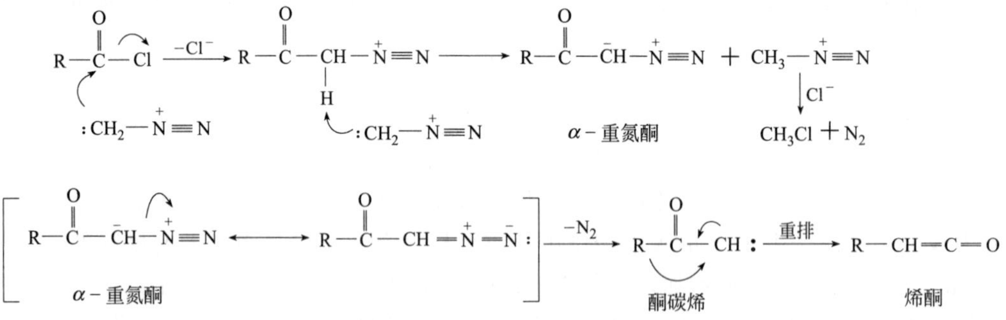

在上述反应中，酰氯与重氮甲烷反应生成 α-重氮酮的过程并不难理解，属于羰基上的亲核加成-消除机理。反应中需要 2 摩尔量的重氮甲烷，其中 1 摩尔量的重氮甲烷与酰氯反应生成 α-重氮酮，另一摩尔量的重氮甲烷与氯化氢反应生成一氯甲烷和氮气。α-重氮酮分子中的重氮基不稳定，容易失去氮气分子而生成酮碳烯。酮碳烯发生重排生成烯酮。当然，α-重氮酮生成烯酮更可能是协同进行的。

α-重氮酮性质活泼，可以发生 Wolff 重排反应、环丙烷化、叶立德反应、插入反应等。下面仅讨论 α-重氮酮失去氮分子生成酮碳烯，而后重排生成烯酮的 Wolff 重排反应过程。值得指出的是，α-重氮甲基酮有两种构型，s-(E) 型和 s-(Z) 型，二者可以通过中间 C-C 键的旋转互相转化。Wolff 重排反应优先发生于 s-(Z) 构型。

用光学活性的羧酸进行上述反应则进一步证明，该反应为分子内的重排反应。若重排基团为手性基团，则重排后手性碳的绝对构型不变。

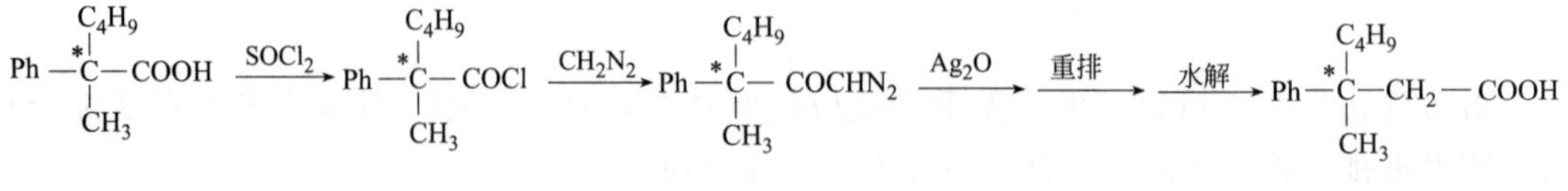

这些实验结果表明，Wolff 重排与氮分子的失去是同时进行的，即该重排是一协同过程。

关于在反应过程中是否有游离碳烯的生成，要具体问题具体分析。有些光催化的 Wolff 重排反应有游离的碳烯生成，加热和由金属等催化剂催化的 Wolff 反应可能是协同反应，至少有些反应并无游离的碳烯生成。

Wolff 重排反应适用的范围很广。若用如下通式表示该类反应：

$$R{-}COOH \xrightarrow{SOCl_2} R{-}\overset{O}{\overset{\|}{C}}{-}Cl \xrightarrow{2CH_2N_2} R{-}\overset{O}{\overset{\|}{C}}{-}\overset{-}{C}H{-}\overset{+}{N}{=}N \xrightarrow{\text{重排}} R{-}CH{=}C{=}O \xrightarrow{H_2O} R{-}CH_2COOH$$

$$\alpha\text{-重氮酮}$$

式中的 R 基团，可以是脂肪族烃基、芳香族烃基和杂环类化合物。这些化合物分子中，还可以具有其他基团，但这些基团不应和重氮甲烷或 α-重氮酮发生反应。

1-萘乙酸乙酯（**14**）是植物生长调节剂，具有促根、增产的功能，同时也是医药中间体。其一种合成方法如下[18]。

$$(14)$$

二元羧酸也可以发生该反应，例如 1,12-十二二羧酸的合成。

除了重氮甲烷，其他重氮化合物也能发生该反应。

$$R{-}\overset{O}{\overset{\|}{C}}{-}Cl + R'CHN_2 \longrightarrow R{-}\overset{O}{\overset{\|}{C}}{-}\overset{R'}{\overset{|}{C}}N_2 \longrightarrow R{-}\overset{R'}{\overset{|}{C}}H{-}\overset{O}{\overset{\|}{C}}{-}OH + N_2$$

在 Wolff 重排反应中，催化剂对反应有影响。常用的催化剂有氧化银、苯甲酸银的三乙胺叔丁醇溶液、胶体铂、硫代硫酸钠、氢氧化钾的甲醇溶液、叔胺的苄基醇溶液等。使用氧化银作催化剂时，氧化银最好使用前临时制备。除了上述催化剂外，钌、铑、钯、铜的化合物也具有明显的催化作用。过渡金属催化剂的使用不仅降低了反应温度（与加热法相比），而且通过形成活性较弱的金属卡宾而改变了反应历程。

在加热或光照条件下也可以发生 Wolff 重排反应。光照的方法比氧化银催化往往更有效。方便的方法是将重氮酮在反应介质（H_2O，ROH，RNH_2）中加热或光照。但加热法不如光照法，因为光照法可以在很低的温度下进行（对光敏感的反应物或产物除外）。若采用加热法，则有可能因为温度高引起反应底物的分解或发生其他副反应。

反应溶剂对 Wolff 重排反应有影响。反应介质对 Wolff 重排反应的影响在于生成烯酮后的反应。反应若在水中进行，最终生成的产物是增加碳原子的羧酸；在醇中进行反应时，烯酮与醇反应生成羧酸酯；烯酮与氨或胺反应则生成酰胺。

环状的 α-重氮酮重排后生成缩环化合物。

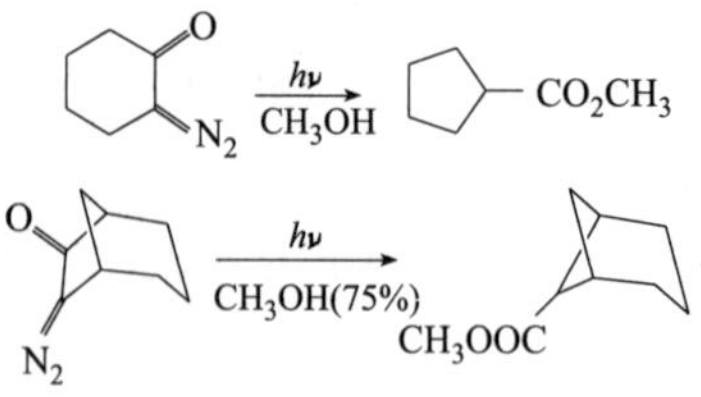

Wolff 重排反应在有机合成中的应用越来越广泛，特别是在桥环和天然产物的合成中，是发生缩环的一种重要方法。

6. Favorskii 重排反应

α-卤代酮在碱催化下重排生成酸或其衍生物的反应，称为 Favorskii 重排反应。

环状的 α-卤代酮反应后可以得到环缩小的产物。

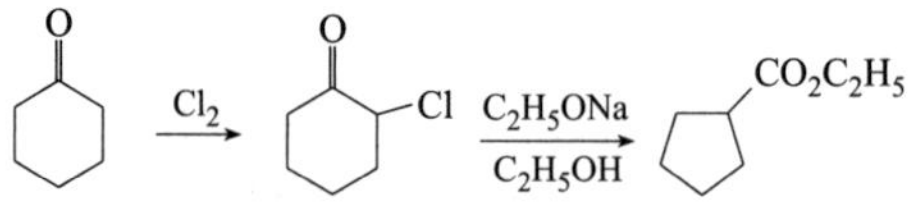

关于 Favorskii 反应，目前人们普遍接受的反应机理用如下反应表示：

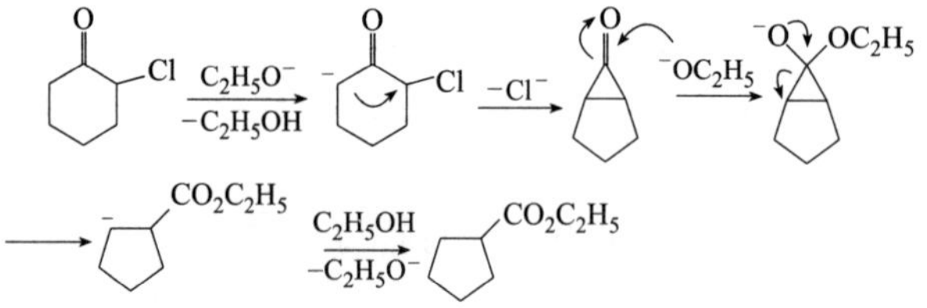

首先碱夺取羰基 α-H 生成碳负离子，紧接着碳负离子发生分子内 S_N2 反应，失去氯负离子生成环丙酮中间体，而后亲核试剂进攻环丙酮的羰基并开环，最后生成缩环的产物。

这种环丙酮中间体的反应机理得到了同位素标记实验的支持。

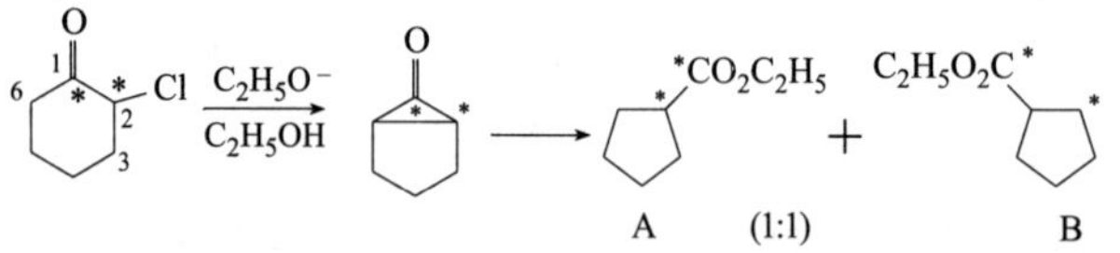

上述反应中，α-氯代环己酮的 1,2-位碳原子均为同位素标记的碳原子。若只是简单的 C_6 向 C_2 迁移并取代氯原子，则只能有一种产物 A。而事实上是得到两种产物 A 和 B，而且二者的比例为 1∶1。这说明反应中间体中与羰基相连的两个 α-碳原子处在相同的位置上，这只能是环丙酮中间体。

在下面的反应中，中间体环丙酮已经分离出来。

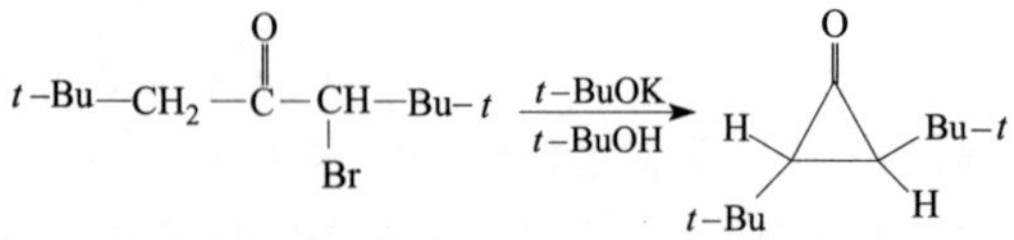

降糖药格列齐特（Gliclazide）中间体反-1,2-环戊基二甲酸（**15**）的合成如下[19]。

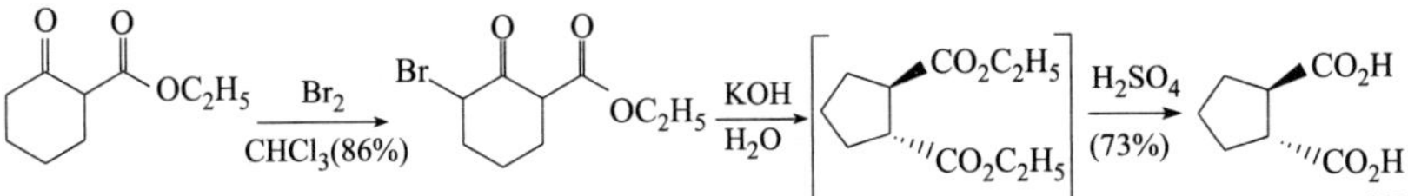

(15)

与上述反应相似的反应是反-1,2-环戊基二甲酰胺（**16**）的合成[20]，其也是降糖药格列齐特（Gliclazide）中间体。

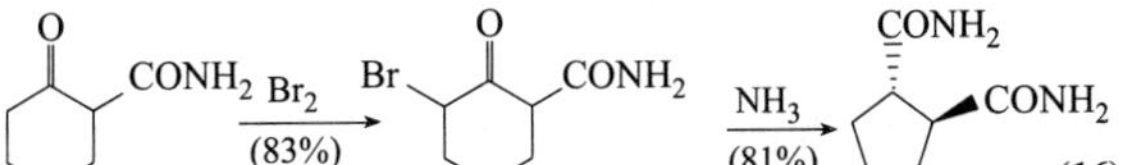

(16)

中间体环丙酮是很不稳定，原因是羰基碳为 sp^2 杂化碳，环丙酮的角张力比环丙烷还要大。羰基被加成并开环后变为 sp^3 杂化碳，角张力明显减小，变成比较稳定的化合物。

开链的 α-卤代酮是一种典型的 Favorskii 重排反应底物。如 2,2-二甲基丙酸乙酯的合成：

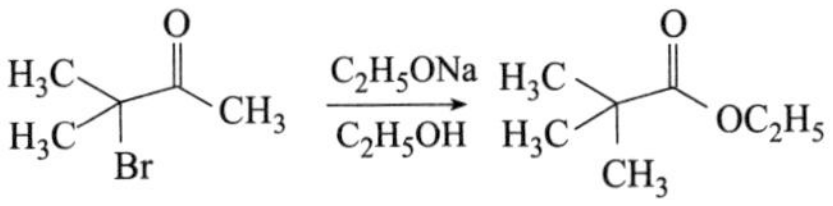

在 Favorskii 重排反应中，若中间体环丙酮结构不对称，在空间位阻不大的情况下，羰基上加成后究竟从哪一边开环，取决于两种开环产物的相对稳定性。例如，下面两个反应都生成相同的环丙酮中间体，中间体开环时生成两种不同的碳负离子［1］和［2］，由于［1］的碳负离子上的负电荷与苯环共轭，而［2］中的不能，因此［1］比［2］稳定的多，优先生成，相应的产物也为占优势的产物。

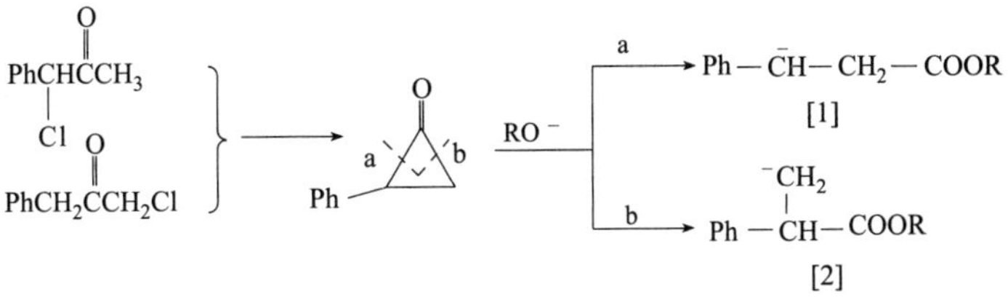

若两种开环后的负离子稳定性相差不大，则两种重排产物的比例也应差别不大。

α-卤代酮分子中的卤素原子比较活泼，而 Favorskii 重排反应又是在碱性条件下进行的，因此，在该反应中，卤素原子的 S_N2 取代反应是常见的副反应，生成相应的醚：α-烷氧基醚。

$$PhCH_2\overset{O}{\overset{\|}{C}}CH_2Cl \xrightarrow{RO^-} PhCH_2\overset{O}{\overset{\|}{C}}CH_2O—OR + Cl^-$$

Favorskii 重排反应常用的碱有醇钠、氢氧化钠、碳酸钠、伯胺、仲胺等。

α-卤代酮常用的是氯代或溴代酮。

具有 α-H 的 α,α'-二卤代酮或具有 α'-H 的 α,α-二卤代酮，重排时会同时脱去卤化氢，生成 α,β-不饱和酯或酸。反应具有立体选择性，得到顺式立体异构体。

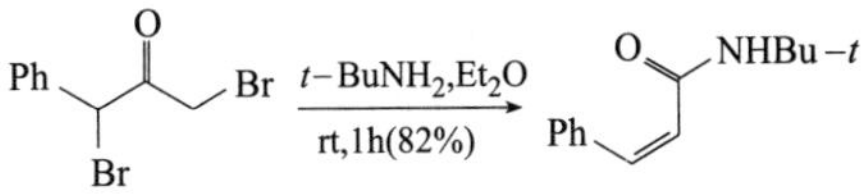

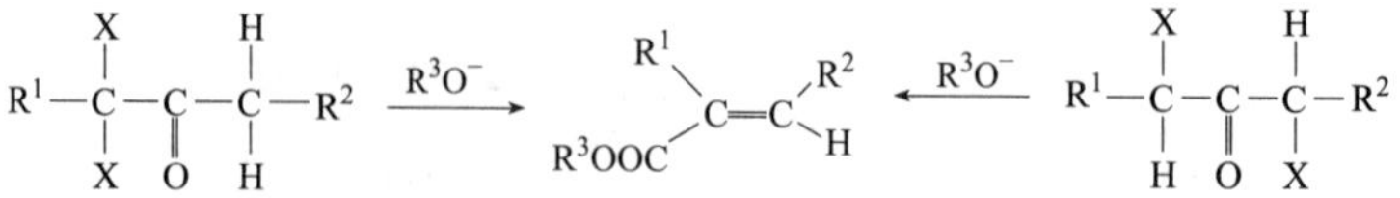

α,α'-二卤代环酮可以合成环烯基羧酸及其衍生物。

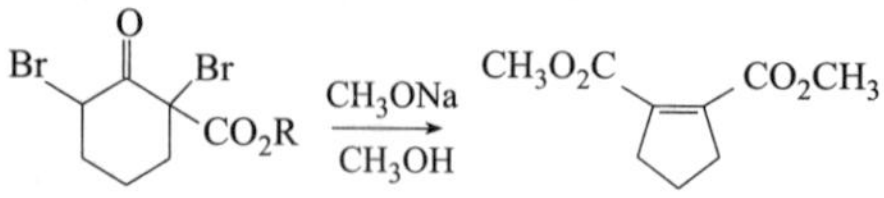

上述反应中都是羰基两侧中卤素的异侧必须有 α-H 存在。若异侧没有 α-H，反应将按准 Favorskii（quasi-Favorskii）重排机理进行，一般认为与 Benzil 重排反应（二苯基羟乙酸）相似，也称为半二苯乙醇酸机理。

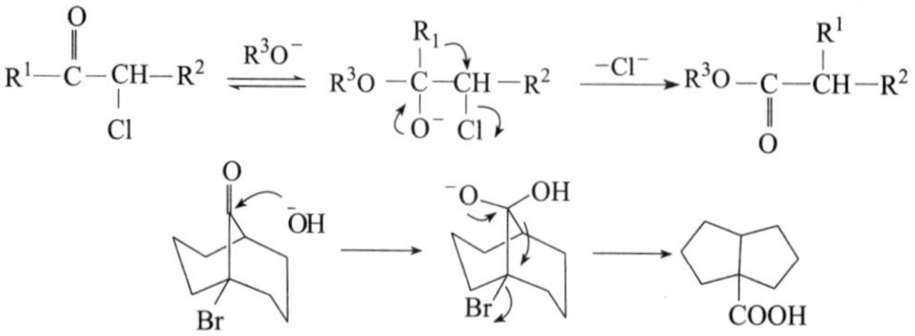

准 Favorskii 重排和 Favorskii 重排反应的产物是相同的。

具有 α-H 的环状卤代酮，有时也可能按准 Favorskii 重排机理进行。例如：

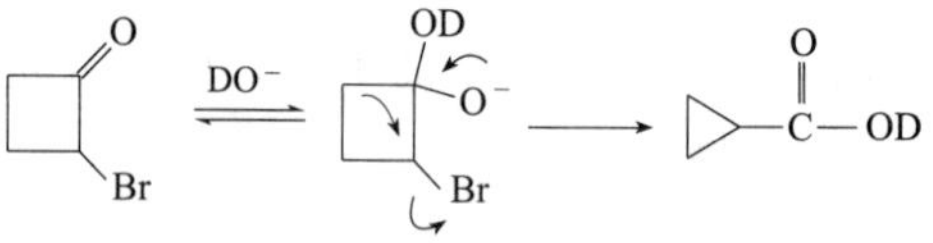

上述反应若按照环丙酮中间体机理进行，很显然，环丙酮中间体环张力太大，在能量上达不到，很难生成，但若按照准 Favorskii 重排反应进行，则比较容易解释。

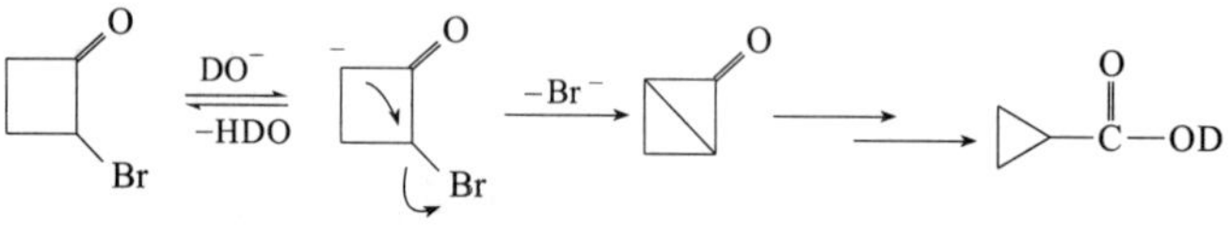

α-羟基酮、α,β-环氧酮以及 α-卤代砜都能进行 Favorskii 重排反应。α,β-环氧酮重排后生成 β-羟基酸。

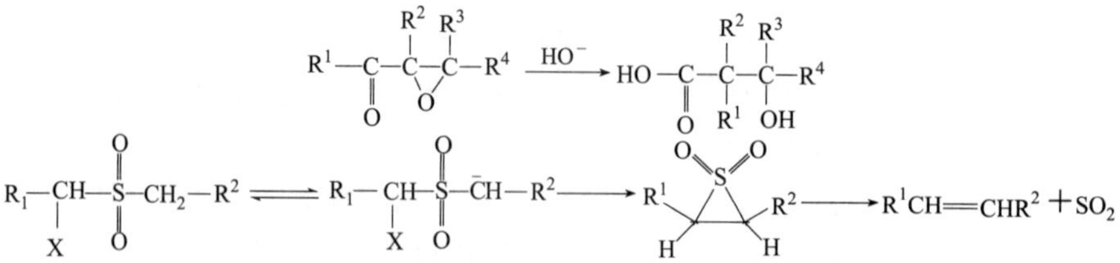

除了 α-卤代酮之外，其他带可以离去基团的化合物，若能形成环丙酮中间体，也可作为 Favorskii 重排的原料，如 α-烷氧基酮、α-磺酸酯基酮，甚至普通的酰胺、内酰胺等都有可能发生 Favorskii 重排反应。

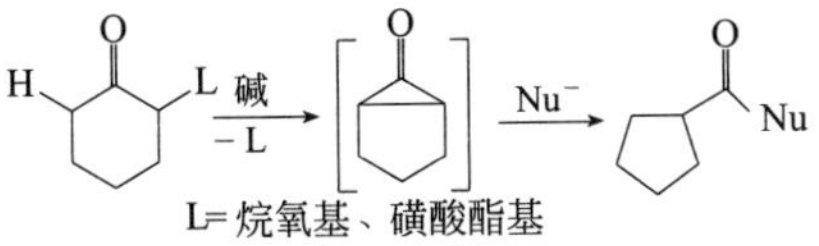

L=烷氧基、磺酸酯基

在碱性条件下，某些 α-卤代酰胺或 α-卤代内酰胺也能发生 Favorskii 类型的重排，生成 α-氨基酰胺或缩环的 α-氨基酸。2-哌嗪甲酸氢溴酸盐（**17**）是抗癌药吡嗪硫酮（Oltipraz）和一线抗结核药物吡嗪酰胺（Pyrazinamide）及抗风湿药物中间体，可以通过如下重排反应来合成[21]。

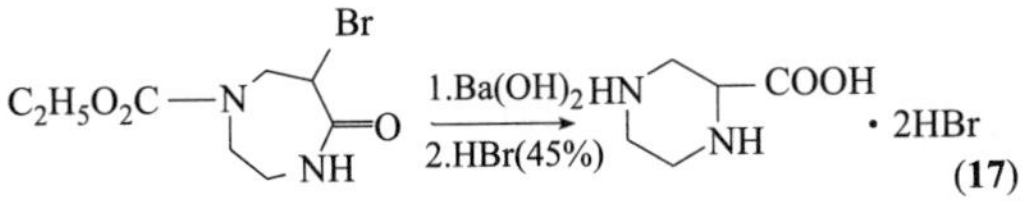

Favorskii 重排反应的应用很广，既适用于开链的脂肪族 α-卤代酮，也适用于环状的 α-卤代酮，还适用于某些 α-位连有其他离去原子或基团的酮类化合物。该反应在天然产物的研究中也得到应用。不对称的 Favorskii 重排反应研究也取得了一定的进展。

二、由碳至氮的重排反应

由碳至氮的亲核重排，很多是生成氮烯中间体。常见的有关氮烯的重排有 Beckmann 重排、Hofmann 重排、Curtius 重排、Schmidt 重排、Lossen 重排、Neber 重排等。

1. Beckmann 重排反应

醛、酮与盐酸羟胺在弱碱性或弱酸性条件下反应生成肟，后者在酸性催化剂存在下发生重排，生成 N-取代酰胺，该反应称为 Beckmann 重排反应。

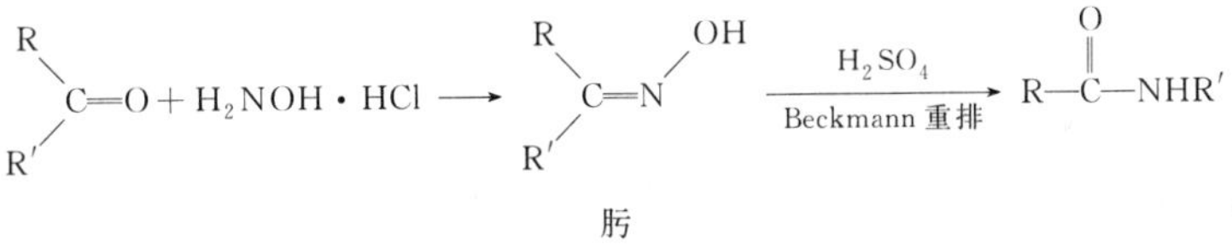

肟有顺反异构体，例如：

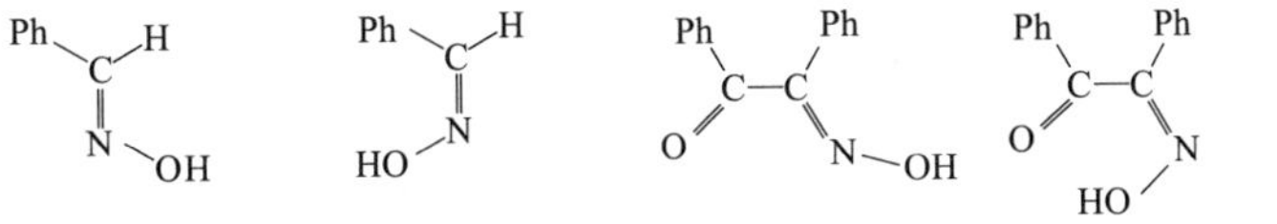

α-苯甲醛肟
mp 35℃

β-苯甲醛肟
mp 130℃

α-二苯乙酮单肟
mp 151℃

β-二苯乙酮单肟
mp 112℃

Beckmann 重排反应可以被多种催化剂催化，很难用一种机理来表示。但从最终结果来看，目前认为是"反位互换"，即肟分子中肟的羟基与处于反位上的基团交叉互换其位置，最后生成 N-取代的酰胺。

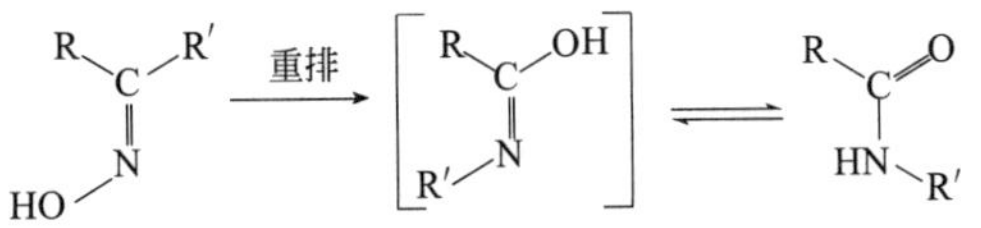

反位互换

酸催化下重排历程通常表示如下：

当使用光学活性的（＋）-α-苯乙基甲基酮肟在酸性条件下进行反应时，发现手征性碳原子的绝对构型没有发生变化，得到了光学纯度达 99.6％的 N-α-苯乙基乙酰胺。

如上反应说明，Beckmann 重排反应是一种分子内的重排反应，是由碳至氮的重排，迁移基团的迁移和离去基团的离去是同时进行的。这种观点已经被多数学者所接受。

使用五氯化磷作催化剂时的反应机理如下：

Beckmann 重排反应生成碳正离子，有些已经用核磁共振或紫外光谱法所证实。

也有光催化 Beckmann 重排反应的报道。

Beckmann 重排反应主要适用于酮肟的重排，有很多因素可以影响重排反应的进行，如催化剂、溶剂以及肟的结构等。

Beckmann 重排反应的催化剂，包括矿物酸（硫酸、盐酸、多聚磷酸）、有机酸（甲酸、三氟甲磺酸）、Lewis 酸（BX_3、AlX_3、$TiCl_4$、$ZnCl_2$、Re_2O_7 等）、卤化剂（PCl_5、$POCl_3$、$SOCl_2$ 等）、酰氯（$RCOCl$、$MeSO_2Cl$、$PhSO_2Cl$ 等），当然还有一些其他催化剂，如三氯乙醛等。这些催化剂的作用是促进肟羟基的离去，有的催化剂是使肟质子化，有的催化剂则是与肟生成更好的离去基团，例如用酰氯作催化剂时生成肟的酯。其中最常用的催化剂是浓硫酸、PCl_5 的醚溶液、HCl 的乙酸和乙酸酐溶液（Beckmann 混合液）、多聚磷酸及三氟乙酸酐等。用多聚磷酸时产率一般较高；产物为水溶性的酰胺时，用三氟乙酸酐作催化剂较好。也有用甲酸、液体 SO_2、PPh_3-CCl_4、$(Me_2N)_3PO$、P_2O_5-甲磺酸、$SOCl_2$ 及硅胶来催化反应的。

环酮肟在 DMF 存在下用 $POCl_3$ 于 90℃反应，则在发生 Beckmann 重排反应的同时，在内酰胺氮原子上引入了甲醛基[22]。

R=H, 60%；R=CH_3, 42%；R=Cl,30%

醛肟重排可以用铜、Raney-Ni、乙酸镍、三氟化硼、三氟乙酸、PCl_5、磷酸作催化剂。用乙酸镍作催化剂时，反应可以在中性均相中进行，效果极佳。也有将醛肟吸附于硅胶上于100℃加热来进行反应的报道。

催化剂的选择不但要考虑是醛肟还是酮肟，而且还要考虑肟的具体结构。不对称的肟在质子酸催化下会发生异构化，因此得到的往往是酰胺的混合物。

选用非极性或极性小的非质子溶剂作溶剂，PCl_5 作催化剂时，可以有效防止异构化。反应物容易磺化时，应避免使用浓硫酸。

如果肟分子中存在对酸敏感的基团时，可以在吡啶中用酰氯作催化剂，用酰氯进行重排时，先生成酮肟酯，后者在酸性条件下再进行重排。有时也可以使用 Lewis 酸催化。

近年来有不少文献报道，超声波对 Beckmann 重排反应有催化作用，可以缩短反应时间，提高收率。在微波促进下，蒙脱土 K10、有机锗试剂等也能催化 Beckmann 重排反应。

溶剂对反应速度、收率、酰胺异构体的比例有很大影响，一般来说，极性溶剂和较高的温度都能加速反应。在 Beckmann 重排反应中，当溶剂中有亲核性化合物或溶剂本身为亲核性化合物（醇、酚、硫醇、胺或叠氮、偏磷酸酯等）时，重排生成的中间体碳正离子会与之结合生成相应的化合物，不能得到酰胺。

由此可以想到，若肟的分子这含有羟基、氨基、巯基等基团时，这些基团也有可能参与反应。例如如下反应，苯环上的羟基发生分子内的亲核进攻，生成苯并噁唑衍生物。

染料中间体 5-氯-2-甲基苯并噻唑（**18**）的合成如下。

醛肟虽然比酮肟更容易生成，但用醛肟制备酰胺的情况并不多。因为醛分子羰基碳原子上有一个氢原子，重排后只能得到 *N*-取代甲酰胺或酰胺，利用醛肟合成酰胺应用较少。

乙醛肟、苯甲醛肟、肉桂醛肟在二甲苯中与硅胶一起回流，分别非立体选择性的生成乙酰胺、苯甲酰胺和肉桂酰胺。三氟化硼在乙酸或乙醚溶液中可以使脂肪醛肟重排生成相应的酰胺。在如下反应中，乙酸铜可以将肟转化为酰胺。

酮肟中包括脂肪族酮肟、芳香族酮肟、芳香脂肪混合酮肟、环酮肟、杂环酮肟等，都可以发生 Beckmann 重排反应。

解热镇痛及非甾体抗炎镇痛药对乙酰氨基苯酚（4-Acetamidophenol）可用合成如下[23]。

对称的酮发生 Beckmann 重排，得到唯一的重排产物。例如治疗癫痫病药物加巴喷丁盐酸盐（Gabapentin hydrochloride）原料药（**19**）[24] 的合成。

不对称的酮与盐酸羟胺反应则生成两种肟的异构体，一般是空间位阻较大的烃基与肟的羟基处于反位的 E 型异构体较稳定，生成的量较大。若使用两种肟的混合物进行 Beckmann 重排反应，往往得到两种酰胺的混合物，其中占优势比例的肟生成的相应的酰胺也较多。例如 α-甲基环己酮，与盐酸羟胺反应后只生成反式肟，重排后只生成一种酰胺。

又如抗高血压类药物苯那普利（Benazepril）中间体（**20**）的合成[25]。

若肟分子中的两个 R 基团其中之一容易生成比较稳定的碳正离子，则反应中可能会发生如下的裂解副反应（反常的 Beckmann 反应）。

在该反应中生成了稳定的 Ph_2CH^+，而后与氯负离子结合生成二苯基氯甲烷，并成为主反应。

许多脱水剂可以使醛肟脱水生成腈。其中常用的是乙酸酐。在温和条件下（室温）有效的试剂有 Ph_3P-CCl_4、SeO_2、硫酸铁、$SOCl_2$-苯并三唑、$TiCl_3$（OTf）、CS_2、离子交换树脂 Amberlyst A26（OH^-）、KSF 蒙脱石等。在钌催化剂存在下将肟加热也可以得到腈。

有些酮肟在质子酸或 Lewis 酸作用下也可以生成腈。例如：

$$\underset{\underset{O}{\overset{R}{\underset{\overset{|}{C}}{\overset{\overset{N}{\overset{|}{\parallel}}}{C}}}}{\overset{OH}{R'}} \xrightarrow{SOCl_2} R-C\equiv N \ + \ R'COO^-$$

除了肟之外，还有很多化合物也可以发生 Beckmann 重排反应。例如酮的亚胺、腙、缩氨基脲、肟的有机酸酯、无机酸酯等。

抗菌药环丙沙星（Ciprofloxacin）等的中间体环丙胺（**21**）的一条合成路线，就是使用乙酰环丙烷的肟，用苯磺酰氯作催化剂来合成的。实际上反应中先生成磺酸酯而后再进行重排。

$$\triangleright\!\!-COCH_3 \xrightarrow[Na_2CO_3(96\%)]{NH_2OH \cdot HCl} \underset{CH_3}{\triangleright\!\!-\overset{NOH}{\overset{\parallel}{C}}} \xrightarrow[(91\%)]{PhSO_2Cl} \triangleright\!\!-NH_2 \quad \textbf{(21)}$$

卤代亚胺等也可以发生 Beckmann 重排反应。

$$p\text{-}ClPh\underset{Ph}{\overset{NCl}{\overset{\parallel}{C}}} \xrightarrow{AgBF_4} PhCONHPhCl\text{-}p$$

Beckmann 重排反应在有机合成、药物合成中应用广泛，可以用于合成 N-取代酰胺或胺类化合物，也用于肟的结构测定。

2. Hofmann 重排反应

氮原子上无取代基的酰胺在碱性条件下用氯或溴处理，失去羰基生成减少一个碳原子的伯胺，此反应称为 Hofmann 重排反应。由于在反应中失去一个碳原子，故也称为 Hofmann 降解反应。

$$RCONH_2 + Br_2 \xrightarrow{NaOH} RNH_2 + Na_2CO_3 + NaBr + H_2O$$

反应机理如下：

$$NaOH \ + \ Br_2 \longrightarrow NaOBr \ + \ NaBr \ + \ H_2O$$

在上述机理中，第一步中间体 N-卤代酰胺和第三步异氰酸酯中间体，已经分离出来。重排反应发生在反应的第三步，也可能是第二步和第三步同时进行的。

用光学活性的酰胺进行该重排反应，结果得到构型保持的胺。

$$Ph\!-\!\!\overset{CH_3}{\underset{H}{\overset{|}{\underset{|}{C^*}}}}\!-\!CONH_2 \xrightarrow[(95.5\%ee)]{Br_2, HO^-} Ph\!-\!\!\overset{CH_3}{\underset{H}{\overset{|}{\underset{|}{C^*}}}}\!-\!NH_2$$

这一实验结果表明，该反应的第三步重排过程应当是分子内的协同反应，即卤素负离子的离去和 R 基团的迁移是同步进行的。重排过程中尚缺少生成氮烯而后重排的证据。

Hofmann 重排反应是制备伯胺的一种重要方法，适用的范围很广。反应物可以是脂肪族、脂环族、芳香族的酰胺，也可以是杂环族的酰胺。其中以低级脂肪族酰胺合成伯胺的收率较高。无论哪一种酰胺，酰胺的氮原子上都不能含有其他取代基。

丁胺卡那霉素（Amikacin）中间体 γ-氨基-α-羟基丁酸（**22**）的合成如下[26]。

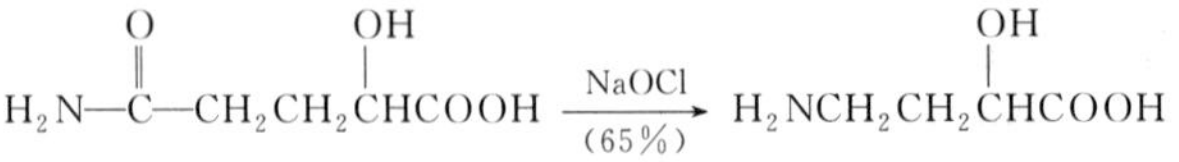

$$H_2N\overset{O}{\overset{\|}{C}}-CH_2CH_2\overset{OH}{\overset{|}{C}}HCOOH \xrightarrow[(65\%)]{NaOCl} H_2NCH_2CH_2\overset{OH}{\overset{|}{C}}HCOOH \tag{22}$$

又如抗病毒药奈韦拉平（Nevirapine）中间体 2,6-二氯-3-氨基-4-甲基吡啶（**23**）的合成[27]。

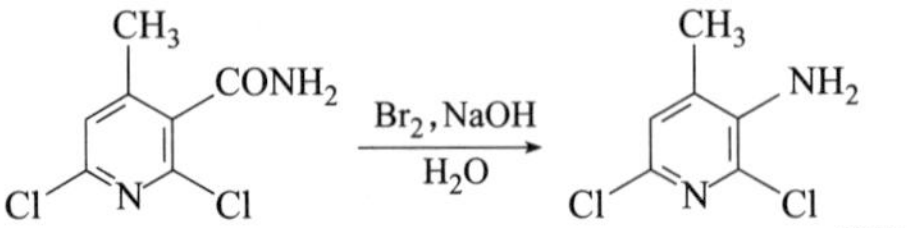

$$\xrightarrow[H_2O]{Br_2,NaOH}$$

(23)

八个碳原子以下的单酰胺通常可以高收率的得到伯胺，而碳原子数更多的单酰胺，水溶性差，容易与未重排的卤酰胺负离子反应生成了酰基脲或与生成的胺反应生成了脲类化合物。

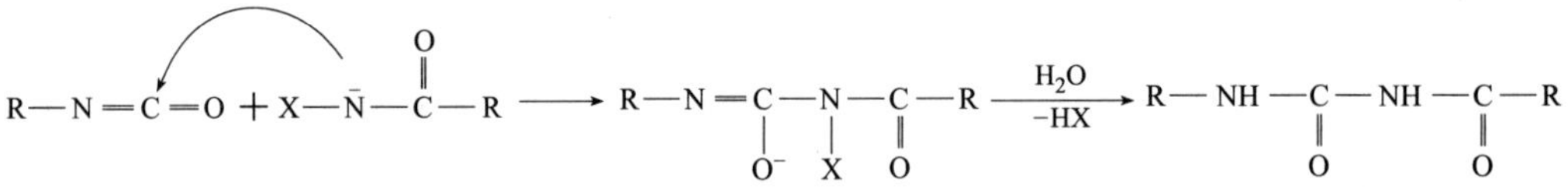

此时可以在甲醇中反应生成氨基甲酸甲酯，后者水解也可以得到较高收率的伯胺。

$$C_{11}H_{23}CONH_2 \xrightarrow[Br_2]{CH_3ONa} C_{11}H_{23}NHCO_2CH_3 \xrightarrow[H_2O]{HO^-} C_{11}H_{23}NH_2$$

这种方法也适用于脂环类酰胺制备环状伯胺。环丙沙星、环丙氟哌酸等的中间体环丙胺的合成如下[28]。

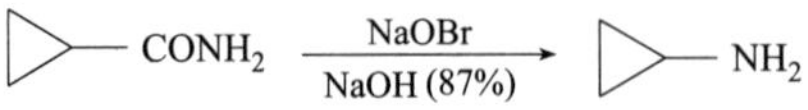

抗菌药帕珠沙星（Pazufloxaxin）原料药（**24**）的合成如下[29]。

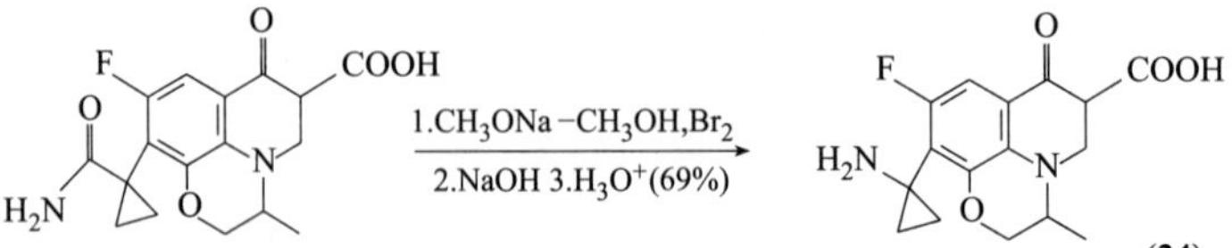

(24)

丁二酰胺用次氯酸钠处理时，重排后不生成乙二胺，而是生成二氢脲嘧啶，水解后生成β-氨基丙酸。β-氨基丙酸主要用于合成泛酸和泛酸钙、肌肽、帕米膦酸钠、巴柳氮等，在医药、饲料、食品等领域应用广泛。

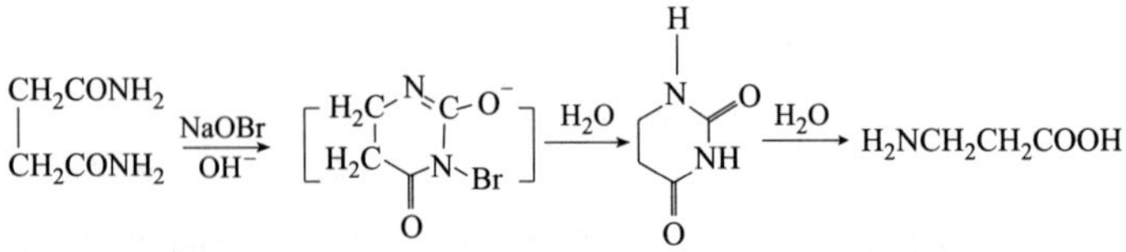

若两个酰胺基相距较远，则可生成正常的二胺。己二酸二酰胺及其高级同系物通过 Hofmann 重排反应可以生成二胺。例如：

$$H_2NCO(CH_2)_nCONH_2 \longrightarrow H_2N(CH_2)_nNH_2 (n \geqslant 6)$$

α-羟基酸的酰胺用次氯酸钠处理，得到醛。

$$RCHCONH_2 \xrightarrow{NaOCl} \left[\begin{array}{c} RCHNH_2 \\ | \\ OH \end{array} \right] \longrightarrow RCHO + NH_3$$

含 α,β-不饱和双键的酰胺用甲醇-次氯酸钠溶液处理生成氨基甲酸甲酯类化合物，原因是重排后生成的异氰酸酯与甲醇反应，而得到氨基甲酸甲酯类化合物。

$$\text{PhCH=CHCONH}_2 \xrightarrow[\text{CH}_3\text{OH(70\%)}]{\text{NaOCl}} \text{PhCH=CHNHCO}_2\text{CH}_3$$

α,β-乙炔基酰胺发生 Hofmann 反应生成腈。

$$RC{\equiv}CCONH_2 \xrightarrow{NaOCl} [RC{\equiv}CNH_2] \longrightarrow RCH_2C{\equiv}N$$

丁二酰亚胺在水中与次溴酸钠反应生成 β-氨基丙酸，而在乙醇钠的乙醇溶液中用溴处理，生成 β-氨基丙酸乙酯。

$$\xrightarrow[\text{C}_2\text{H}_5\text{OH}]{\text{Br}_2,\text{C}_2\text{H}_5\text{ONa}} \text{H}_2\text{N}\text{—}\text{CH}_2\text{CH}_2\text{—COOC}_2\text{H}_5$$

骨骼肌松弛药巴氯芬（Baclofen）原料药（**25**）的合成如下[30]。

$$\xrightarrow[\text{50℃}]{\text{NaOH, H}_2\text{O}} \xrightarrow[\text{2.H}^+(76\%)]{\text{1.NaOH, Br}_2} \quad (\mathbf{25})$$

邻苯二甲酰亚胺经 Hofmann 重排生成抗炎药甲灭酸（Mefenamic acid）等的中间体的邻氨基苯甲酸。

$$\xrightarrow[\text{OH}^-(95\%)]{\text{NaOCl}}$$

酰胺分子中的其他基团可能影响重排反应。芳香族或杂环酰胺基的邻位有氨基或羟基时，反应中生成的异氰酸酯可进行分子内的亲核加成，生成环脲或氨基内脲，例如：

$$\xrightarrow[\text{OH}^-]{\text{NaOBr}}$$

容易发生芳香环上卤代的芳香酰胺，发生 Hofmann 重排反应时可能会发生环上的卤化副反应。

酰胺的 α-位有羟基、卤素等原子或基团，以及 α,β-不饱和酰胺发生 Hofmann 重排反应时，生成不稳定的胺或烯胺，水解后生成醛。

$$RCHCONH_2 \xrightarrow[\text{Y}]{NaOBr,H_2O} \left[\underset{\text{Y}}{RCHNH_2} \right] \xrightarrow{H_2O} RCH_2CHO$$

式中，Y＝Cl、Br、OH

$$RCH{=}CHCONH_2 \xrightarrow{NaOBr,H_2O} [RCH{=}CHNH_2] \xrightarrow{H_2O} RCH_2CHO$$

利用这一性质，可以制备醛、酮甚至腈类化合物。

$$C_{11}H_{23}\underset{\underset{OH}{|}}{\overset{\overset{CH_3}{|}}{C}}CONH_2 \xrightarrow[rt(100\%)]{NBS,AcOAg,DMF} C_{11}H_{23}COCH_3$$

α,β-位含有炔键的酰胺，重排后得到腈。

$$CH_3(CH_2)_4C{\equiv}CCONH_2 \xrightarrow[\text{2. Ba(OH)}_2]{\text{1. NaOCl, H}_2O} CH_3(CH_2)_4CH_2CN$$

Hofmann 重排反应通常是用氯或溴在氢氧化钠溶液中与酰胺首先在低温进行反应，而后加热生成伯胺，也可以直接用次氯酸钠或次溴酸钠溶液反应。一般很少用到碘。在具体操作中，可将酰胺加入碱溶液中，而后在低温下慢慢加入溴或次氯酸盐，也可先在碱中加入溴或次氯酸盐，再加入酰胺。反应结束后加热可得到胺。有时也使酰胺先与溴反应生成 N-溴代酰胺，而后进行重排反应。

治疗外周神经痛药物普瑞巴林（Pregabalin）中间体 3-氨甲基-5-甲基己酸（**26**）合成如下[31]。

$$(CH_3)_2CHCH_2\underset{CO_2H}{\overset{NH_2}{\diagdown}}\overset{O}{\diagup} \xrightarrow[(77.3\%)]{Br_2,NaOH} (CH_3)_2CHCH_2\underset{CO_2H}{\overset{NH_2}{\diagdown}}$$

(**26**)

若在 -40°C 将溴滴加至甲醇-甲醇钠溶液中使生成次溴酸甲酯，则不饱和酰胺分子中的双键不受影响。

$$\text{（环结构）CONH}_2 \xrightarrow{CH_3OBr} \text{（环结构）NHCOOCH}_3$$

海因类化合物可以代替卤素，例如苯基氨基甲酸酯的合成，苯基氨基甲酸异丙酯（**27**）是合成燕麦灵等的主要中间体，乙酯是合成镇痛、催眠药（俗称乌拉坦）的主要中间体[32]。

$$\text{（苯基）}\overset{O}{\underset{}{C}}{-}NH_2 + Br{-}\underset{O}{\overset{CH_3\ CH_3}{N}}{-}Br \xrightarrow[(74\%)]{i\text{-}PrOH,CH_3CN} \text{（苯基）}NH\overset{O}{\underset{}{C}}{-}OPr{-}i$$

(**27**)

近年来，人们又发现了一些关于 Hofmann 重排反应的新方法，主要是一些新试剂的发现。所用的新试剂主要包括以下几种：

(1) $Pb(OAc)_4$；

(2) $Ph(OTs)OH,PhI(OCH_3)_2,Ph(OAc)_2,PhI(OCOCF_3)_2,PhI(OAc)_2$、$C_6H_5IO$ 类；

(3) 二溴海因-$Hg(OAc)_2$-ROH，二溴海因-AgOAc-ROH 类；

(4) NBS-$Hg(OAc)_2$-ROH，NBS-AgOAc-ROH、NBS-DBU-ROH 类。

新试剂的发现，大大提高了重排反应的收率，例如[33]：

$$CH_3(CH_2)_8CONH_2 \xrightarrow[(100\%)]{A(或B,C,D),DMF} CH_3(CH_2)_8NHCOOCH_3$$

式中，A 为 NBS-$Hg(OAc)_2$-CH_3OH；B 为 NBS-AgOAc-CH_3OH；

C 为二溴海因-$Hg(OAc)_2$-CH_3OH；D 为二溴海因-AgOAc-CH_3OH

抗结核病药利福平（Rifampicin）等的中间体环丁基胺的合成如下[34]。

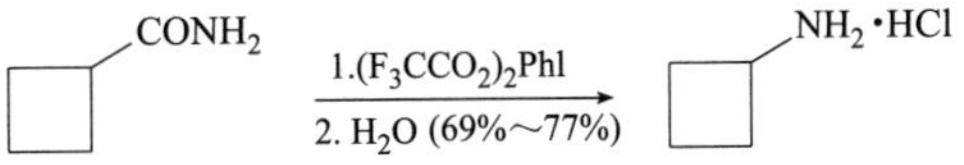

电化学诱导（Electrochem Inducted）法是近年来开发的 Hofmann 重排反应的新方法。特点是在中性、温和的条件下，于不同醇组成的新溶剂系统中反应，顺利地得到重排产物氨基甲酸酯类化合物。

$$R-\overset{\overset{O}{\|}}{C}-NH_2 \xrightarrow[EI]{R'OH,CH_3CN} RNHCO_2R'$$

Hofmann 重排反应是由酰胺制备减少一个碳原子的伯胺的重要方法之一，在有机合成、药物合成中应用十分广泛，也可以用于天然产物的合成。研究新试剂来代替溴、铅等有害试剂，仍是化学工作者关注的问题。

3. Curtius 重排反应

酰基叠氮化合物加热分解放出氮气，生成异氰酸酯，该反应称为 Curtius 重排反应。

$$R-\overset{\overset{O}{\|}}{C}-N_3 \xrightarrow{\triangle} R-N=C=O+N_2$$

反应若在非质子溶剂中进行，可以得到异氰酸酯，若在水中进行，生成胺，若在醇中进行，则生成氨基甲酸酯类化合物。

Curtius 重排反应的应机理如下：

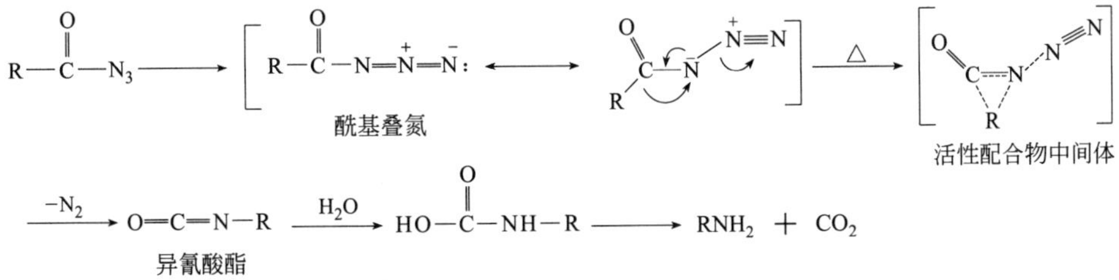

显然，反应机理与 Hofmann 重排反应机理相似，也是生成异氰酸酯。反应中氮气作为离去基团，与 N_2^+ 处于反位的 R 基团迁移，N_2 的失去与 R 基团的迁移是同时进行的，是分子内由碳至氮的协同过程。若 R 基团为手性基团，则重排后 R 基团的绝对构型保持不变。例如[35]：

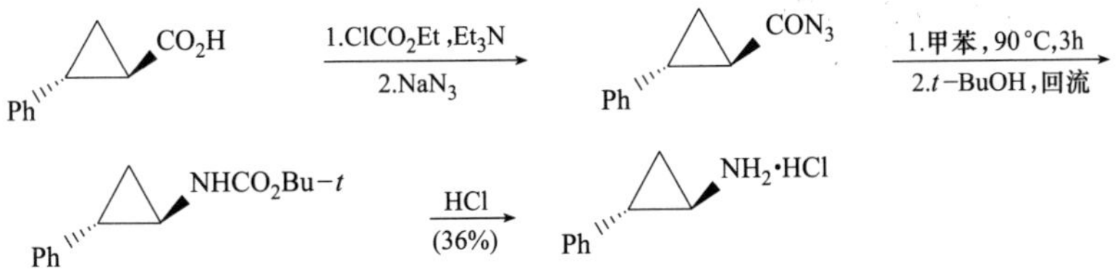

该反应几乎适用于所有类型的羧酸，包括脂肪族、脂环族、芳香族、杂环以及不饱和羧

酸等。含有多官能团的羧酸只要可以生成酰基叠氮，也大都能进行 Curtius 重排反应。

磺酰脲类抗糖尿病药格列美脲（Glimepiride）中间体反-4-甲基环己基异氰酸酯的合成如下[36]。

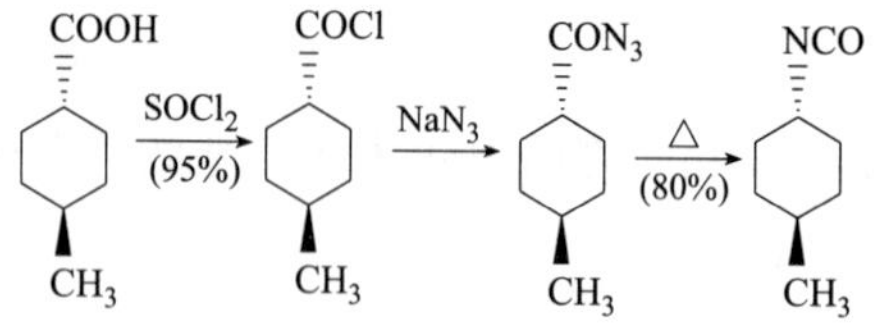

又如农药中间体 4-溴苯基异氰酸酯的合成：

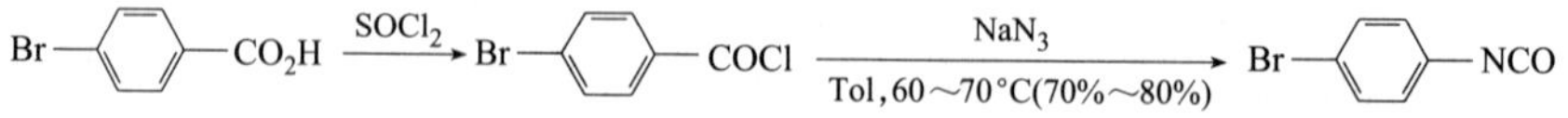

若将上述反应中苯环上的溴原子用氯代替，则 4-氯苯基异氰酸酯的收率达 89%。

若反应在醇中进行，则生成相应的羧酸酯，例如高血压症治疗药物阿齐沙坦（Azilsartan medoxomil）中间体（**28**）的合成[37]。

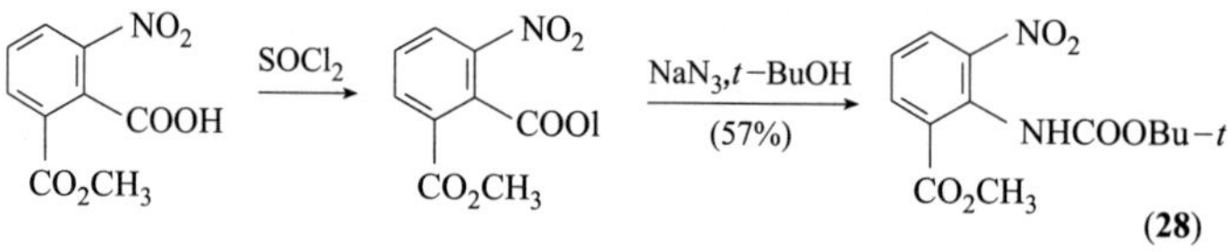

(**28**)

α,β-不饱和酸的酰基叠氮分解后生成比酰基叠氮少一个碳原子的醛。例如：

$$RCH{=}CHCON_3 \longrightarrow RCH{=}CHNCO \xrightarrow{H_3O^+} RCH_2CHO$$

一些二元或多元酰基叠氮，同样可以重排生成二元或多元胺。此时选用酰氯与叠氮钠反应比较好。例如[38]：

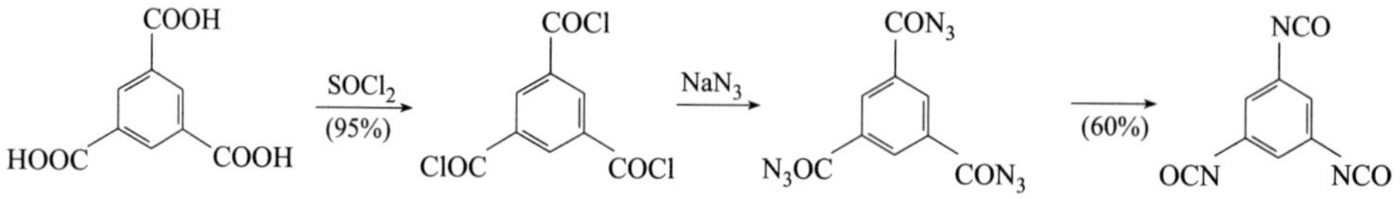

酰基叠氮的热分解温度一般都不高，在 100℃左右。酸对热分解反应有催化作用。既可用 Lewis 酸作催化剂，也可以用质子酸作催化剂。

热分解反应常用的溶剂是苯、甲苯、氯仿等。热分解反应若在苯、氯仿等非质子溶剂中进行，可以得到异氰酸酯。若在水、醇、胺中进行，则分别得到胺、氨基甲酸酯、取代的脲，因为热分解过程中生成的异氰酸酯可以立即与水、醇、胺反应生成相应的化合物。

此反应的关键原料酰基叠氮的制备方法主要有如下四种。

(1) 由酰氯制备酰基叠氮　酰氯与叠氮钠反应可以生成酰基叠氮。

$$R{-}\overset{\overset{O}{\|}}{C}{-}Cl + NaN_3 \longrightarrow R{-}\overset{\overset{O}{\|}}{C}{-}N_3 + NaCl$$

(2) 由酯制备酰基叠氮　酯类化合物与叠氮钠或二苯氧基磷酰叠氮（DPPA）反应，可以生成酰基叠氮。

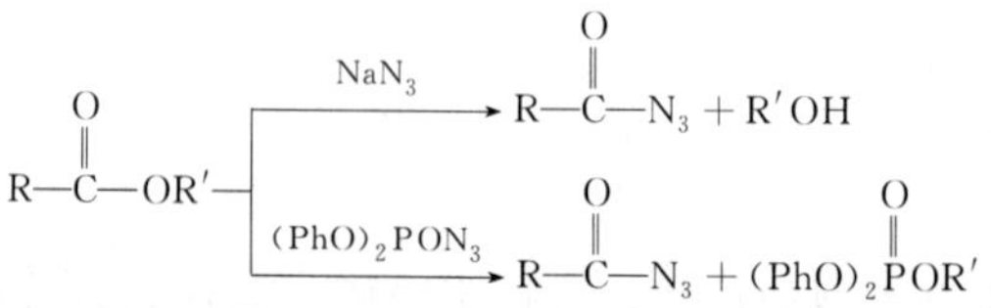

羧酸也可以直接与二苯氧基磷酰叠氮（DPPA）反应生成酰基叠氮。

$$RCOOH+(PhO)_2PON_3 \longrightarrow R-\overset{O}{\overset{\|}{C}}-N_3 + (PhO)_2\overset{O}{\overset{\|}{P}}OH$$
$$(DPPA)$$

（3）由酸酐制备酰基叠氮 酸酐可以与叠氮钠反应生成酰基叠氮，但酸酐的数量有限。将羧酸在三乙胺存在下与氯甲酸酯反应，可以生成混合酸酐，混合酸酐再与叠氮钠反应，很容易得到酰基叠氮。

$$R-\overset{O}{\overset{\|}{C}}-OH + Cl-\overset{O}{\overset{\|}{C}}-OEt \xrightarrow{Et_3N} R-\overset{O}{\overset{\|}{C}}-O-\overset{O}{\overset{\|}{C}}-OEt \xrightarrow{NaN_3} R-\overset{O}{\overset{\|}{C}}-N_3$$

（4）由酰肼制备酰基叠氮 酰肼与亚硝酸反应生成 N-亚硝基酰肼，后者脱水生成酰基叠氮。

$$R-\overset{O}{\overset{\|}{C}}-NHNH_2 \xrightarrow{HNO_2} R-\overset{O}{\overset{\|}{C}}-NHNH-NO \rightleftharpoons R-\overset{O}{\overset{\|}{C}}-NHN-NOH \xrightarrow{-H_2O} R-\overset{O}{\overset{\|}{C}}-N_3$$

酰肼可以由酰氯、酸酐或酯的肼解来合成。

如具有抑制 γ-分泌酶作用的 N-烷基磺胺类药物等的中间体 2-(1-咪唑基) 乙胺 （**29**） 的合成[39]。

$$\overset{N}{\underset{N}{\diagdown}}\diagup CO_2C_2H_5 \xrightarrow[\text{(94.5\%)}]{NH_2NH_2} \overset{N}{\underset{N}{\diagdown}}\diagup CONHNH_2 \xrightarrow[\text{(79.5\%)}]{NaNO_2,HCl} \overset{N}{\underset{N}{\diagdown}}\diagup NH_2$$
$$(\textbf{29})$$

值得指出的是，若选用多元酸的酯与肼反应先制成酰肼，再与亚硝酸钠反应的方法，效果有时不一定很好，因为可能会发生如下反应。

在实际操作中，究竟采用哪种方法合成酰基叠氮，要根据反应物的结构来决定。

Curtius 重排反应因其反应条件温和、产率高，污染小，在有机合成中应用较多。可以通过酰基叠氮加热生成异氰酸酯，这是非光气法合成异氰酸酯的方法之一，但使用叠氮化合物必须注意安全。

4. Schmidt 重排反应

在酸催化下，羧酸、酮（或醛）与叠氮酸反应，分别生成伯胺、N-烃基取代的酰胺或腈，该反应统称为 Schmidt 重排反应。

$$R-COOH+HN_3 \xrightarrow{H_2SO_4} RNH_2+CO_2+N_2$$

$$RCHO+HN_3 \xrightarrow{H_2SO_4} R-CN+CO_2+N_2$$

$$RCOR'+HN_3 \xrightarrow{H_2SO_4} RCONHR'+N_2$$

该反应的反应底物包括羧酸、醛和酮类化合物，它们的反应机理各不相同。

羧酸的 Schmidt 重排反应：

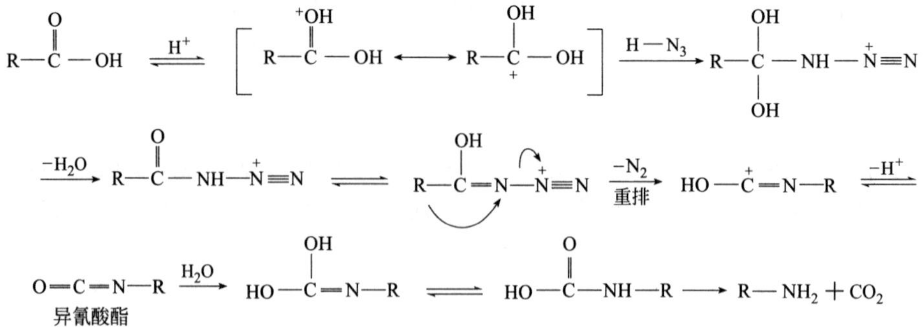

反应中质子化的羧酸与叠氮酸反应，而后经重排生成异氰酸酯，后者水解后生成生成比原来羧酸减少一个碳原子的胺。

酮的 Schmidt 重排反应：

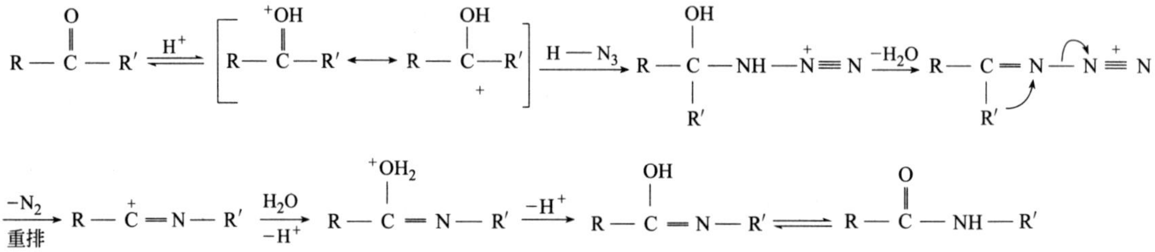

反应中质子化的酮羰基与叠氮酸反应，经脱水、失去氮分子，重排生成质子化的 N-取代亚胺，后者与水分子结合，最终生成 N-取代酰胺，氮上的取代基就是原来酮分子中羰基上的一个取代基。

醛的 Schmidt 重排反应：

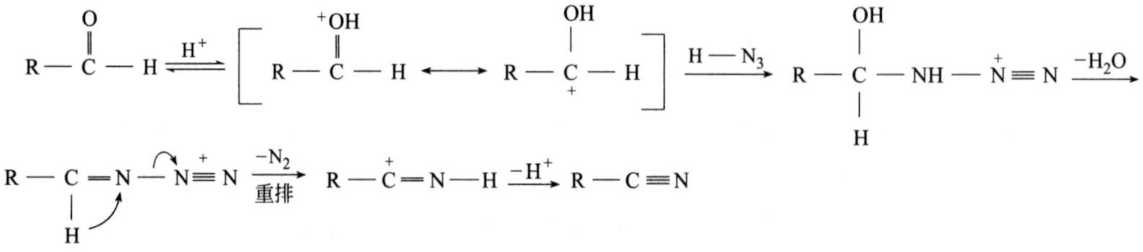

反应中质子化的醛羰基与叠氮酸反应，经脱水、失去氮分子，重排生成质子化的亚胺，后者失去质子，最终生成腈。生成的腈与原来的醛具有相同的碳原子数目。

显然，在上述三种不同底物的反应中，都是首先进行羰基上的质子化，与叠氮酸加成后，再通过消除和重排等过程，最后得到相应的产物。

在羧酸类化合物中，脂肪族羧酸、芳香族羧酸、杂环类羧酸等都可以发生 Schmidt 重排反应。即使是长碳链的羧酸以及空间位阻较大的羧酸，采用该重排反应都可以得到高收率的胺。抗结核病药利福平（Rifampicin）等的中间体环丁基胺的合成如下。

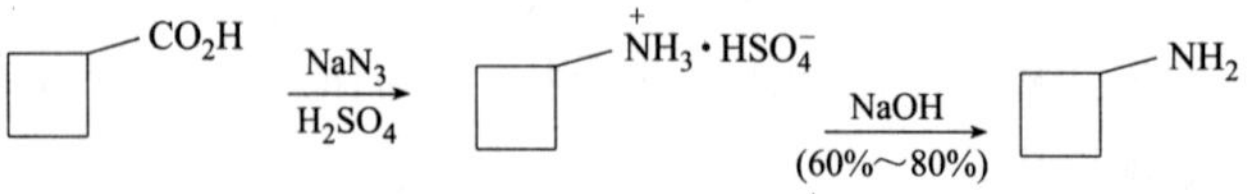

羧酸的来源很广，因此，这是由羧酸制备胺类化合物的方法之一。但叠氮酸有毒，且容易爆炸，影响了其应用。叠氮酸的 4%～10% 的氯仿或苯溶液，可以由叠氮钠与浓硫酸在氯仿或苯中反应来制备。凡是对浓硫酸稳定的羧酸，都适用于用此法制备相应的胺。该重排反应不适用于对浓硫酸不稳定的有机酸。例如 α-氯代酸，因为其容易发生脱氯化氢反应。

反应中手性中心的绝对构型不变，例如：

$$\text{（环状结构）-COOH} + NaN_3 \xrightarrow[CHCl_3]{H_2SO_4} \text{（环状结构）-NH}_2$$

环状的二元羧酸与叠氮钠反应可以生成环状的二胺。反应中顺式的二元羧酸生成顺式的二胺，而反式的二元羧酸则生成反式的二胺。

$$\text{（环丁烷）-COOH/COOH} \xrightarrow[H_2SO_4]{NaN_3} \text{（环丁烷）-NH}_2/NH_2$$

α,β-不饱和羧酸及其酯，通过该重排反应生成不稳定的烯胺，后者水解生成羰基化合物。肉桂酸在发生该反应时生成苯乙醛。

$$PhCH\!=\!CHCOOH \xrightarrow{HN_3} \underset{\text{烯胺}}{PhCH\!=\!CHNH_2} \rightleftharpoons \underset{\text{亚胺}}{PhCH_2CH\!=\!NH} \longrightarrow PhCH_2CHO$$

环状 α,β-不饱和羧酸反应后生成环酮。例如药物麝香酮（**30**）的合成[40]。

$$\underset{(CH_2)_{12}}{CH_3\,CH\!-\!CH\!=\!C}\text{—COOH} \xrightarrow[H_2SO_4\,(58.8\%)]{HN_3} \underset{(CH_2)_{12}}{CH_3\,CH\!-\!CH_2\!-\!C}\text{=O}$$

$$\text{（30）}$$

α-氨基酸的氨基对羧基有抑制作用。如下 α-氨基酸对叠氮酸是不活泼的，甘氨酸、马尿酸和硝基马尿酸、α-或 β-丙氨酸、苯丙氨酸、乙酰基丙氨酸、苯甘氨酸、N-对甲苯磺酰基苯丙氨酸、β-苯基-β-氨基氢化肉桂酸等。二肽和多肽也不与叠氮酸反应。由 α-氨基二元羧酸合成二氨基羧酸是可以的。例如：

$$\underset{NH_2}{HO_2C(CH_2)_3CHCOOH} + HN_3 \xrightarrow{H_2SO_4} \underset{NH_2}{H_2N(CH_2)_3CHCOOH}$$

酮类化合物的 Schmidt 重排反应生成 N-取代的酰胺。酮类化合物中，二烷基酮、环酮、二芳基酮，以及烷基芳基混合酮等都能发生该重排反应。

单酮重排后产物比较简单，只有一种 N-取代酰胺。

$$\underset{}{R\!-\!\overset{O}{\overset{\|}{C}}\!-\!R} + HN_3 \xrightarrow{H_2SO_4} R\!-\!\overset{O}{\overset{\|}{C}}\!-\!NH\!-\!R$$

混合酮重排后得到两种酰胺的混合物，混合物的比例取决于基团的迁移能力。在烷基芳基酮的反应中，一般是芳基优先迁移（除非烷基体积很大），生成 N-芳基酰胺为主。

$$\underset{\text{混合酮}}{R\!-\!\overset{O}{\overset{\|}{C}}\!-\!R'} \xrightarrow[H_2SO_4]{HN_3} R\!-\!\overset{O}{\overset{\|}{C}}\!-\!NHR' + R'\!-\!\overset{O}{\overset{\|}{C}}\!-\!NHR + N_2$$

例如乙酰苯胺的合成。

$$C_6H_5COCH_3 + NaN_3 \xrightarrow[(98\%)]{PPA} CH_3CONHC_6H_5$$

环酮重排后生成环状内酰胺。

醌类化合物也可以发生该重排反应。

只要基团的位置合适，也可以发生分子内的 Schmidt 重排反应，尤其是羰基和叠氮相隔四个碳的底物，反应更容易进行，原因是易生成稳定的六元环中间体[41]。

R=H	TFA,40min	83%
R=CO₂CH₃	TFA,16h	66%
R=CO₂CH₃	TiCl₄,CH₂Cl₂,20min	70%

在发生 Schmidt 重排反应时，酮的活性大于羧酸，一般的反应活性顺序为：

二烷基酮、环酮 > 烷基芳基酮 > 二芳基酮、羧酸

因此，分子中同时含有羰基和羧基时，羰基优先发生重排反应。例如：

醛发生 Schmidt 重排反应生成腈。无论脂肪醛还是芳香醛，都可以发生该反应而生成腈。

$$CH_3CHO \xrightarrow[(64\%)]{HN_3} CH_3CN$$

若反应中叠氮酸过量，也会生成四唑类化合物。

烷基叠氮与醛反应则生成 N-取代酰胺。

后来人们将叔醇和烯在酸性条件下与叠氮酸反应生成亚胺的反应也归属于 Schmidt 重排反应。

$$R_3COH \xrightarrow[H_2SO_4]{HN_3} R_2C=NR$$

$$R_2C=CR_2 \xrightarrow[H_2SO_4]{HN_3} R_2CHC=NR$$
$$\qquad\qquad\qquad\qquad\qquad\quad |$$
$$\qquad\qquad\qquad\qquad\qquad\quad R$$

通过 Schmidt 重排反应，羧酸可以生成减少一个碳原子的伯胺，酮与叠氮酸反应可以生成 N-取代酰胺。除了叠氮酸之外，烷基叠氮化合物也可以用于该重排反应。该重排反应在有机合成、药物及天然产物的合成中有广泛的用途。

5. Lossen 重排反应

异羟肟酸或其酰基衍生物等在单独加热或在 $SOCl_2$、P_2O_5、Ac_2O 等脱水剂存在下加热，可生成异氰酸酯。再经水解生成胺，此反应称为 Losson 重排反应。

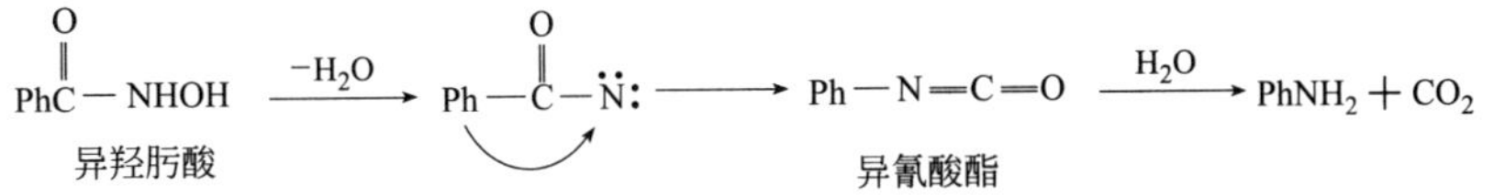

$$\underset{\text{异羟肟酸}}{PhC-NHOH} \xrightarrow{-H_2O} Ph-\overset{O}{\overset{||}{C}}-\ddot{N}: \longrightarrow \underset{\text{异氰酸酯}}{Ph-N=C=O} \xrightarrow{H_2O} PhNH_2 + CO_2$$

酸催化下的反应机理如下：

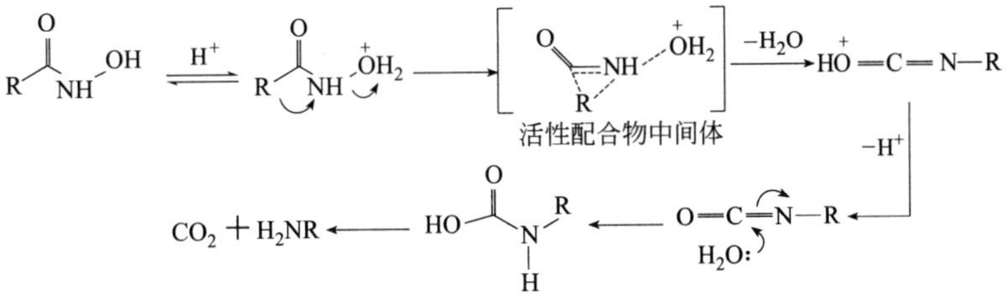

反应中经活性配合物中间体（或氮烯），生成异氰酸酯，最后生成与起始原料羧酸相比减少一个碳原子的胺。

很显然，Lossen 重排反应机理与 Hofmann 重排反应机理非常相似。

反应若在醇中进行，则生成氨基甲酸酯；若在胺中进行，则生成脲的衍生物。

该重排是分子内重排。若迁移基团是手性基团，则重排后迁移基团的绝对构型保持不变。

此反应适用于多种类型的羧酸，但更适合于由芳香族羧酸制备芳香胺，也适用于芳香杂环羧酸制备相应的胺。

脂肪族二元羟肟酸在苯或甲苯中，在氯化亚砜作用下重排生成二异氰酸酯。

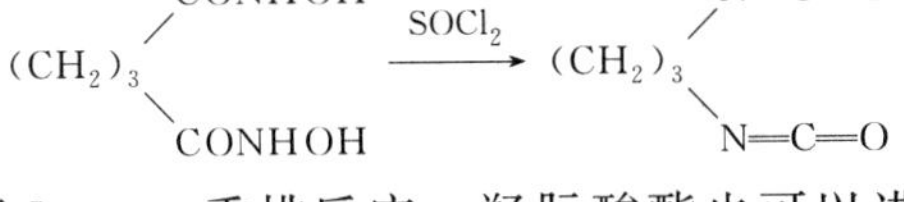

直接用羟肟酸可以进行 Lossen 重排反应，羟肟酸酯也可以进行此反应。通常将适当的酰氯加到羟肟酸的冷的碱性溶液中，搅拌后产物很快析出，过滤，既得羟肟酸酯。

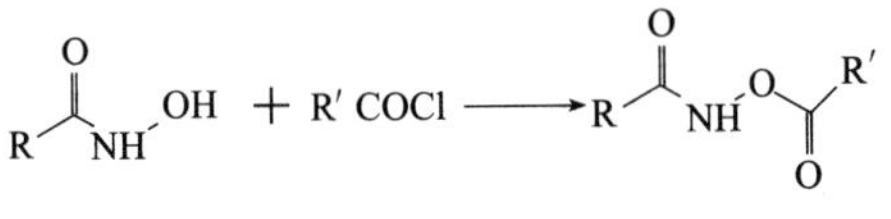

羟肟酸与甲磺酰氯反应生成甲基磺酸酯。

$$R-\underset{NH}{\underset{|}{C}}-OH + CH_3SO_2Cl \longrightarrow R-\underset{NH}{\underset{|}{C}}-O-SO_2CH_3$$

如下两个反应可以看作是该反应的变化形式。

$$H_3C-\langle\ \rangle-COOH + NH_2OH \xrightarrow[150\sim170℃]{PPA} H_3C-\langle\ \rangle-NH_2 + CO_2$$

$$Cl-\langle\ \rangle-COOH + CH_3NO_2 \xrightarrow[\triangle]{PPA} Cl-\langle\ \rangle-NH_2$$

此反应是硝基甲烷与 PPA 加热生成 NH_2OH 并参加了反应。

$$CH_3NO_2 + PPA \xrightarrow{\triangle} NH_2OH + CO$$

3-氨基香豆素本身具有止痛、镇静、抗菌等功能，为新药开发中间体，药物新生霉素（novobiocin）、氯新生霉素（chlorobiocin）分子中含有 3-氨基香豆素结构单元。其合成方法如下[42]。

$$\text{(coumarin-COOH)} + NH_2OH \cdot HCl \xrightarrow[(51.5\%)]{PPA} \text{(coumarin-NH}_2)$$

Lossen 重排反应在加热条件下即可进行，常用的溶剂是苯、甲苯，一般反应温度不高。

催化剂对重排反应有影响。常用的酸性催化剂有乙酸酐、氯化亚砜、P_2O_5，酰氯（生成酯），也可以使用 Lewis 酸。

在用羟肟酸进行反应时，羟肟酸可以与生成的异氰酸酯发生缩合等副反应。

$$R-\underset{NH}{\underset{|}{C}}-OH + RNCO \longrightarrow R-\underset{NH}{\underset{|}{C}}-O-\underset{O}{\underset{|}{C}}-\underset{R}{\underset{|}{NH}}$$

Lossen 重排过程是富电子迁移基团向缺电子氮的迁移，迁移基团有给电子基存在时，能加大反应速度，有吸电子基时，反应速度减慢。羟肟酸酯分子酰氧基中的 R' 有吸电子基时会使反应速度加快，有给电子基时反应速度减慢。

Hofmann 重排反应、Schmidt 重排反应、Curtius 重排反应以及 Lossen 重排反应，有许多相似之处，它们都是由羧酸制备胺的方法，但又各具特点，在合成中均占有一定的位置。

Schmidt 重排反应在具体操作上占有优势，常常是只需一步反应，常用硫酸作为催化剂，对硫酸敏感的羧酸不易采用 Schmidt 重排反应。Curtius 重排反应反应条件温和，但不方便之处是需要将羧酸转化为酰基叠氮，危险性较大。Lossen 重排反应则是需制备羟肟酸，羟肟酸稳定性差，且不太容易制备，因而应用也最少。Hofmann 重排反应应用较多，且可以用来制备难以用亲核取代反应来制备的芳香胺，如果分子中不含对卤素及碱敏感的基团，一般还是选择 Hofmann 重排反应来合成胺。四种重排反应的关系如下所示：

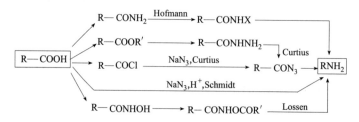

6. Neber 重排反应

酮肟的磺酸酯在醇钠（钾）存在下反应，而后水解生成 α-氨基酮，该反应称为 Neber 反应。这是由酮制备 α-氨基酮的方法之一。

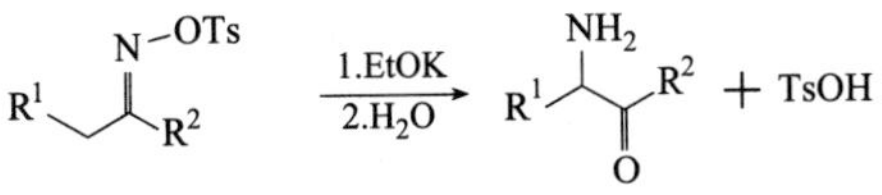

反应机理如下：

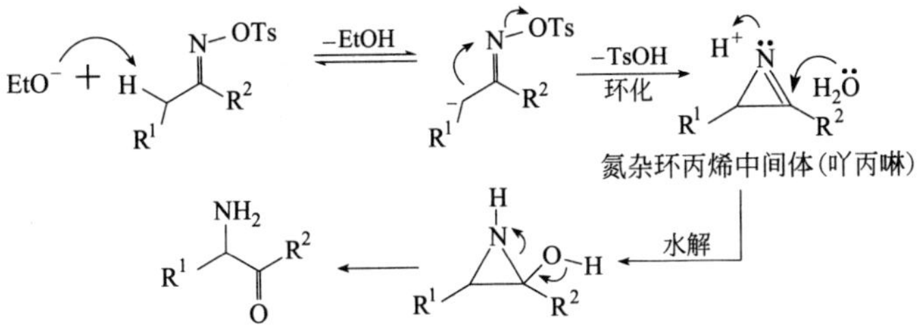

氮杂环丙烯中间体(吖丙啉)

反应的第一步是碱夺取酮肟磺酸酯 α-碳原子上一个氢原子，生成碳负离子；第二步是进行分子内的 S_N2 反应，环化失去磺酸基，生成氮杂环丙烯中间体——吖丙啉；第三步是吖丙啉水解，最后生成 α-氨基酮。在有些反应中，吖丙啉已经分离出来。反应中也有可能第一步和第二步是同时进行的协同反应，一步就生成了吖丙啉。还有一种可能就是第二步是分步进行的，先失去磺酸基，生成氮烯，而后再生成吖丙啉。

若用下面的反应式表示 Neber 反应：

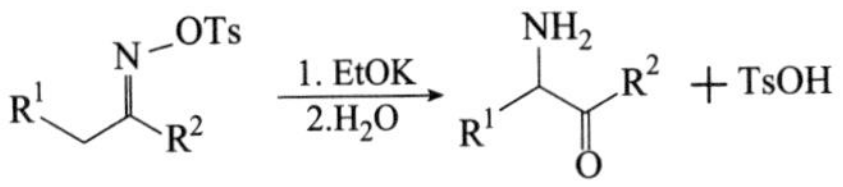

式中的 R^1 一般是芳基，但烷基和氢也可以。R^2 是烷基或芳基，即具有 α-氢的酮肟可以发生 Neber 重排反应生成 α-氨基酮。但 R^2 不能为氢，即醛肟的芳磺酸酯不能发生此反应。例如如下反应[43]：

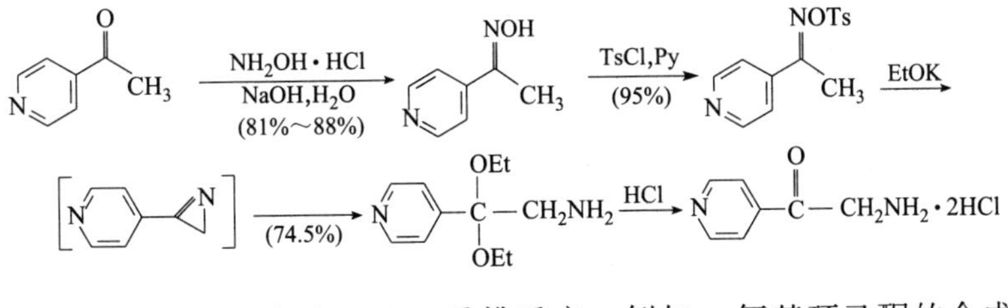

带有 α-氢的环酮肟也可以发生 Neber 重排反应。例如 α-氨基环己酮的合成。

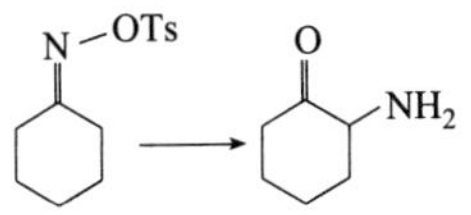

杂环酮肟也可以发生 Neber 重排反应。多巴胺 D_3 受体选择性激动剂 PD128907 中间体（**31**）的合成如下[44]。

$$CH_3O\text{-} \underset{O}{\overset{O}{\bigcirc}} \xrightarrow[\text{Py,CH}_3\text{OH(93\%)}]{NH_2OH \cdot HCl} CH_3O\text{-}\underset{O}{\overset{NOH}{\bigcirc}} \xrightarrow[\text{Py(93\%)}]{TsCl}$$

$$CH_3O\text{-}\underset{O}{\overset{N-OTs}{\bigcirc}} \xrightarrow[\text{2.HCl(79\%)}]{1.C_2H_5ONa,Tol} CH_3O\text{-}\underset{O}{\overset{O}{\bigcirc}}NH_2 \cdot HCl$$

$$(31)$$

酮肟的磺酸酯，可以由酮肟与对甲苯磺酰氯在碱性条件下直接反应来制备。磺酰氯主要是对甲苯磺酰氯。所用的碱可以是无机碱，也可以使用吡啶等有机碱。比较好的方法是肟在苯中用氨基钠处理生成肟的钠盐，而后于 20～30℃ 加入对甲苯磺酰氯。如果氨基钠足够纯的话，转化率 85%～100%。

酮肟的磺酸酯有时也可以先制成羟胺的磺酸酯，而后再与酮反应来制备。例如化合物（**32**）的合成[45]。

$$\underset{O}{\overset{}{\bigcirc\text{-}CH_2\text{-}C\text{-}\bigcirc}} + H_3C\text{-}\bigcirc\text{-}SO_2\text{-}ONH_2 \longrightarrow$$

$$\xrightarrow[\text{2.10\%HCl,H}_2\text{O(34\%)}]{1.C_2H_5ONa,C_2H_5OH} \underset{NH_2}{\overset{}{\bigcirc\text{-}CH}}\text{-}\underset{O}{\overset{}{C\text{-}\bigcirc}} \cdot HCl \quad (32)$$

醛肟的磺酸酯不发生 Neber 重排反应，而是发生 E2 消除反应生成腈或异腈。

反应中所用的碱除了醇钾、醇钠之外，也有使用吡啶的报道。常用的醇盐是乙醇、叔丁醇的钾或钠盐。使用甲醇时氨基酮的收率很低，主要产物是 Beckmann 重排产物。

该反应与 Beckmann 重排反应不同，Beckmann 重排是肟的反式重排，而 Neber 重排则是肟的两种异构体都能发生重排，该反应不是立体专一性反应，反式和顺式酮肟重排后得到同一产物。

除了酮肟的磺酸酯外，如下化合物也可以发生 Neber 重排反应[46]：

$$\underset{CHCH_3}{\overset{NH_2}{\bigcirc}} \xrightarrow[\text{PhH,5℃}]{t\text{-BuOCl}} \underset{CHCH_3}{\overset{NCl_2}{\bigcirc}} \xrightarrow[\text{CH}_3\text{ONa,CH}_3\text{OH}]{} \underset{C CH_3}{\overset{NCl}{\bigcirc}}$$

$$\xrightarrow[\text{CH}_3\text{ONa,CH}_3\text{OH}]{} \underset{OCH_3}{\overset{NH}{\bigcirc}} \xrightarrow[\text{(55\%\sim72\%)}]{HCl,H_2O} \underset{O}{\overset{}{\bigcirc\text{-}C}}\text{-}CH_2NH_2 \cdot HCl$$

酮的三甲基腙盐在醇钾（钠）作用下也可以发生 Neber 重排反应，生成 α-氨基酮。例如如下反应[47]。

$$\underset{}{\overset{Ph}{\bigcirc}}N-N(CH_3)_2 \xrightarrow[\text{(76\%)}]{CH_3I} \underset{}{\overset{Ph}{\bigcirc}}N-\overset{+}{N}(CH_3)_3I^- \xrightarrow[\text{(74\%)}]{CH_3ONa} \underset{O}{\overset{Ph\ NH_2}{\bigcirc}}$$

在手性相转移催化剂存在下可以发生不对称 Neber 重排反应。

Neber 重排反应可以合成 α-氨基酮，α-氨基酮除了自身的用途外，也是重要的有机合成中间体。

三、由碳至氧的重排

由碳至氧的亲核重排反应，中间生成带正电性的氧。这类重排主要有氢过氧化物（Hydroperoxide）重排反应和 Baeyer-Villiger 反应。

1. 氢过氧化物重排反应

氢过氧化物重排反应指烃被氧化为氢过氧化物后，在质子酸或 Lewis 酸催化下，O-O 键发生断裂，同时烃基发生亲核重排，基团由碳原子迁移至氧原子上，生成醇（酚）和酮的反应。

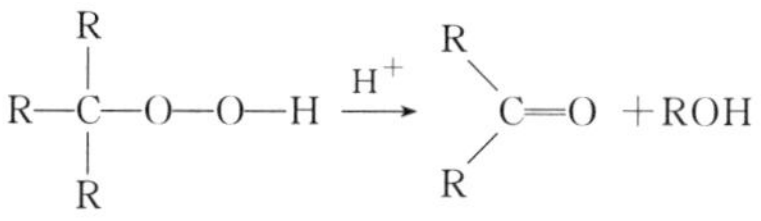

$$R-\underset{R}{\overset{R}{C}}-O-O-H \xrightarrow{H^+} \underset{R}{\overset{R}{C}}=O + ROH$$

氢过氧化物重排在工业上有重要应用，例如以异丙苯为原料生产苯酚和丙酮。

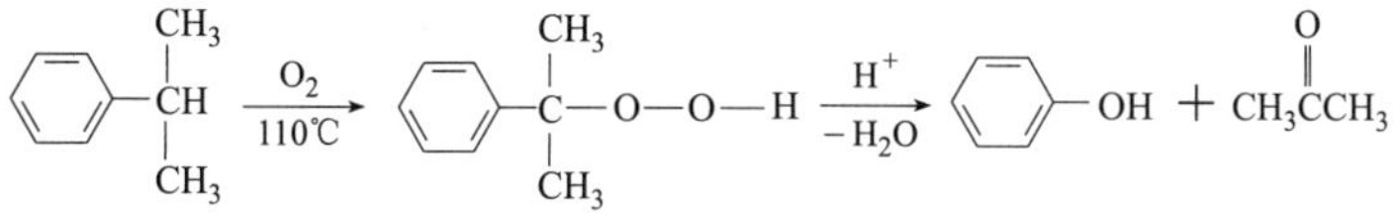

以异丙苯过氧化物为例，表示该类反应的反应机理如下：

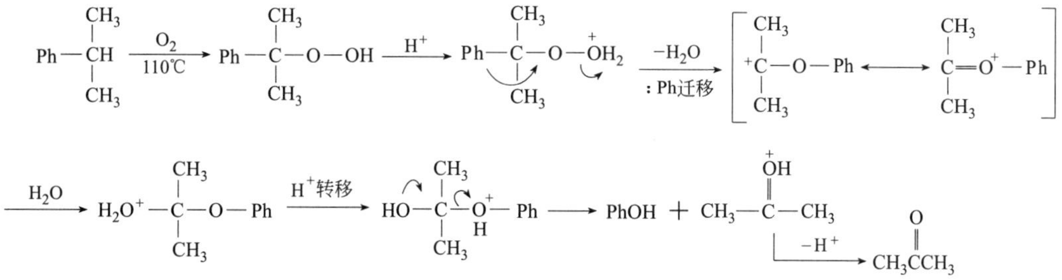

反应中水的离去和苯基的迁移是协同进行的。原则上讲，凡是具有 R_3C-OOH 结构的化合物都可以发生该重排反应，其中 R 可以是烃基或芳基。

R_3C-OOH 类化合物可以通过氧化芳环或碳碳双键的 α-H 来制备。常用的氧化剂有过氧化氢、过氧乙酸、过氧苯甲酸等。有些化合物也可以使用廉价的空气。醇与 H_2O_2 作用也可以生成氢过氧化物。

伯醇氧化得到的氢过氧化物，若 R 基的迁移能力比氢大，重排产物将是比原来的醇少一个碳原子的醇。

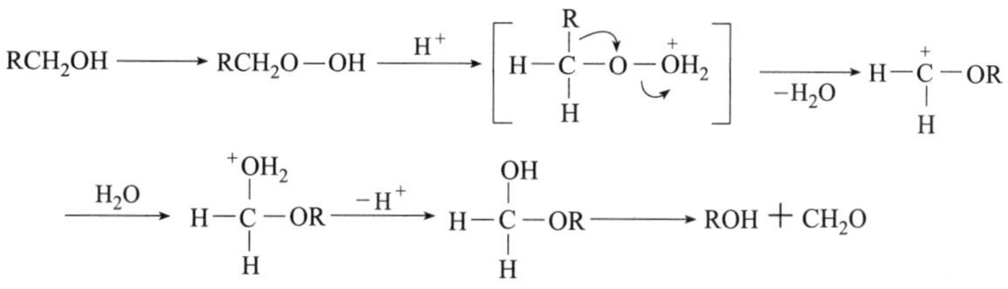

过氧酸酯也可以发生类似的重排反应。

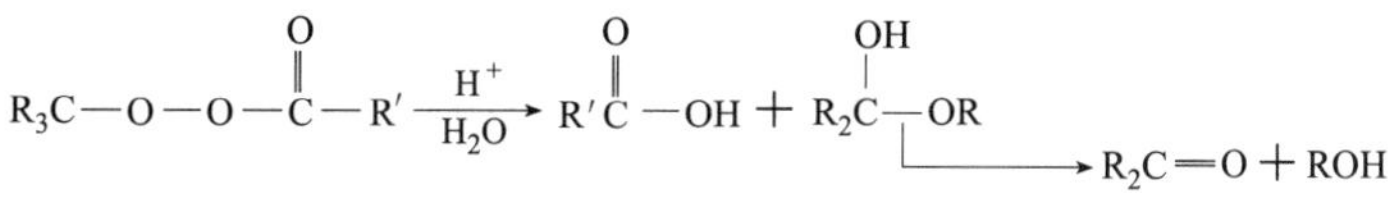

该重排反应是在酸性条件下进行的，常用的酸是硫酸，高氯酸的乙酸溶液等。

氢过氧化物分子中的烃基对重排反应有影响。若分子中同时存在芳基和烷基，重排时芳基更容易迁移。因为该重排反应属于亲核重排，芳环上有给电子基团的芳环更容易迁移。

仲丁基苯氧化水解可以合成丁酮和苯酚。

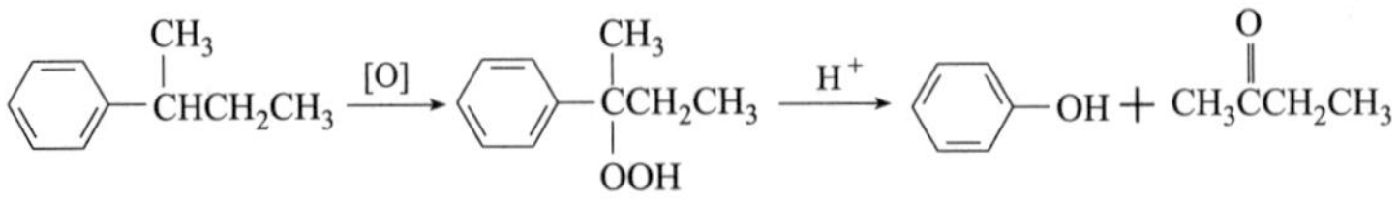

2. Baeyer-Villiger 反应

醛、酮类化合物在酸催化下与过酸反应，在分子中氢或烃基与羰基之间插入氧原子生成酯的反应，称为 Baeyer-Villiger 反应。

$$R-\overset{O}{\overset{\|}{C}}-R' + PhCO_3H \longrightarrow R-\overset{O}{\overset{\|}{C}}-OR' + PhCO_2H$$

反应机理如下：

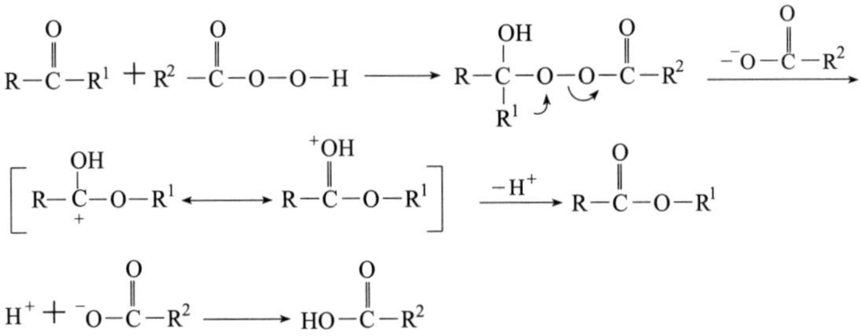

反应中首先是过氧化物和酮进行亲核加成，而后在一个协同过程中，R^1 基团由碳原子迁移至氧原子上，同时离去基团（R^2COO^-）带着负电荷离去，最后生成酯和羧酸。

反应过程中，酸的催化作用是提高羰基的亲核加成活性，同时促进离去基团的离去。

Bayer-Villiger 反应适用的范围很广，脂肪族酮、芳香酮、混合酮等都可以发生该重排反应。环酮发生此反应生成扩环的内酯。环己酮氧化后生成己内酯，后者聚合生成聚己内酯，可以制备可控释药物载体、完全可降解塑料手术缝合线等。

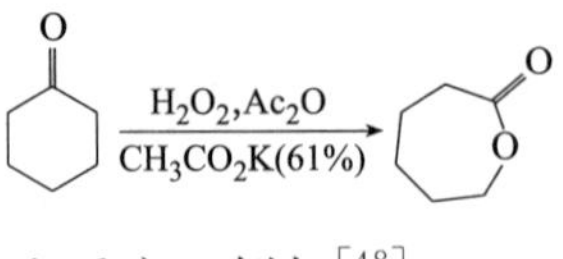

一些并环酮类化合物也可以发生反应。例如[48]：

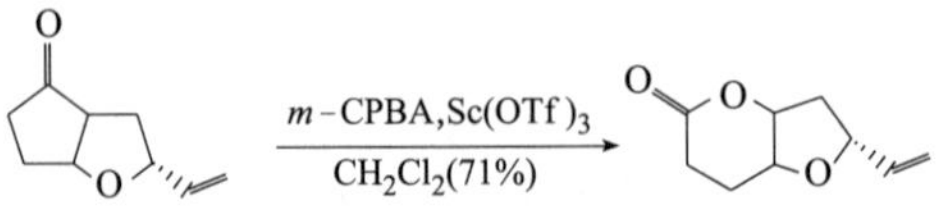

对于非环状的酮来说，R 是二级、三级的烷基或烯丙基时，反应更容易进行。但 R 是一级时，用过氧三氟乙酸、BF_3-H_2O_2，以及 $H_2S_2O_8$-H_2SO_4 时也足以进行该反应。

醛在该重排反应中发生氢迁移一般生成酸。但若与间氯过氧苯甲酸（*m*-CPBA）在二氯甲烷中室温反应，可得到高收率的甲酸酯，且手性碳构型保持不变。例如化合物（**33**）的合成[49]。

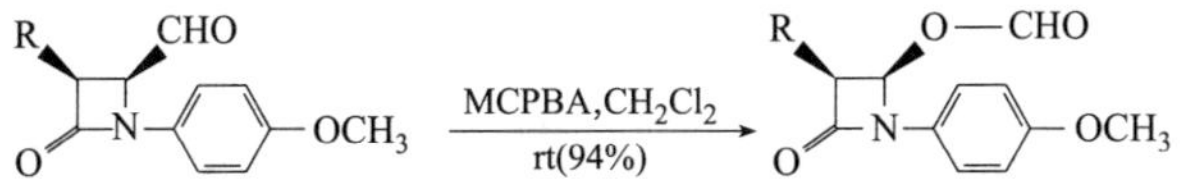

(33)

Baeyer-Villiger 反应常用的过酸有过乙酸、过三氟乙酸、过苯甲酸、过氧化氢-三氟化硼、过顺丁烯二酸、过邻苯二甲酸、间氯过苯甲酸、过硫酸、过磷酸等。其中过三氟乙酸和过苯甲酸类应用最多。若在反应中加入磷酸氢二钠作缓冲剂，可以避免过三氟乙酸与反应产物之间的酯交换，收率可达 80%～90%。磺酸树脂制成过氧磺酸树脂也可用作氧化剂。

各种氧化剂的氧化活性顺序如下：

过三氟乙酸＞单过顺丁烯二酸＞单过邻苯二甲酸＞过-3,5-二硝基苯甲酸＞过对硝基甲酸＞

过间氯苯甲酸，过甲酸＞过苯甲酸＞过乙酸≫过氧化氢＞叔丁基过氧化物

近年来有很多关于 Baeyer-Villiger 反应氧化方法的报道。已知的改进方法有：用醛作共氧化剂，以分子氧氧化；金属配合物催化氧化；有机锡催化氧化；有机/无机化合物催化氧化；生物催化氧化等。

不对称的酮重排后的产物与酮的结构有关，取决于酮的电子效应和稳定中间体的构象，当没有特殊的构象要求时，电子效应起主导作用，稳定正电荷能力越强的基团优先迁移。重排的最终结果是在酮羰基碳与容易迁移的烃基碳之间，插入一个氧原子，生成相应的酯。在 Baeyer-Villiger 重排反应中，基团迁移能力的优先次序如下：

叔烷基＞环己基＞仲烷基＞苄基＞苯基＞伯烷基＞环丙基＞甲基

由于甲基的迁移能力小，因此，利用该重排反应可以由甲基酮制备相应的乙酸酯及其水解产物醇或酚。

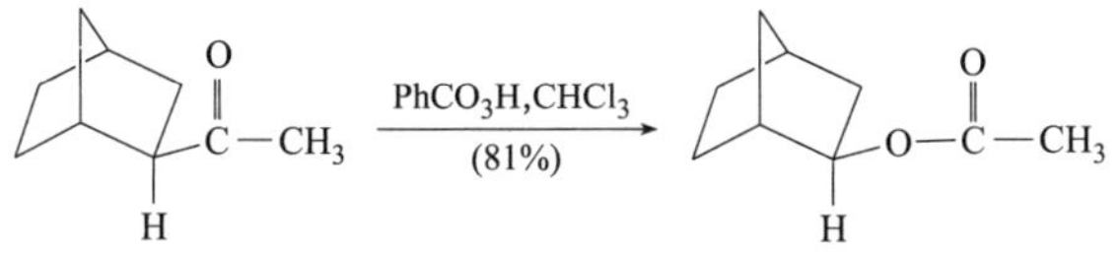

适用于原发性震颤麻痹症及非药原性震颤麻痹综合征的药物左旋多巴（又名左多巴）中间体 2-氨基-3-(3,4-二羟基苯基) 丙酸 (**34**) 的合成如下[50]。

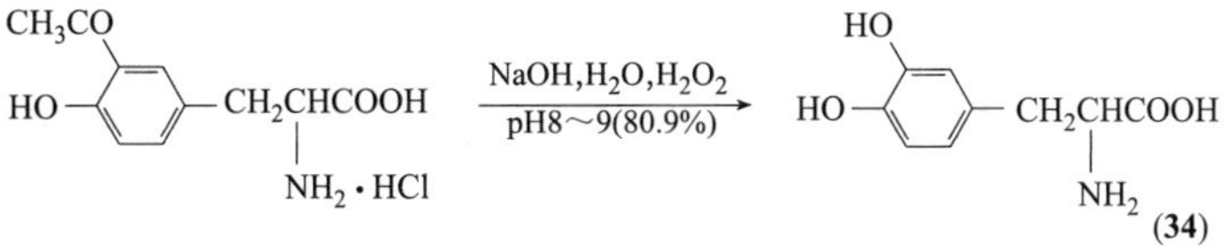

对于芳香酮来说，芳环的迁移能力与环上的取代基性质和位置有关。以二苯酮为例，对位取代的苯基的迁移能力为：

$CH_3O＞CH_3＞H＞Cl＞NO_2$

即随着芳环上取代基给电子能力的增强，相应芳环的迁移能力也越大。例如在如下反应中，苯基更容易迁移。

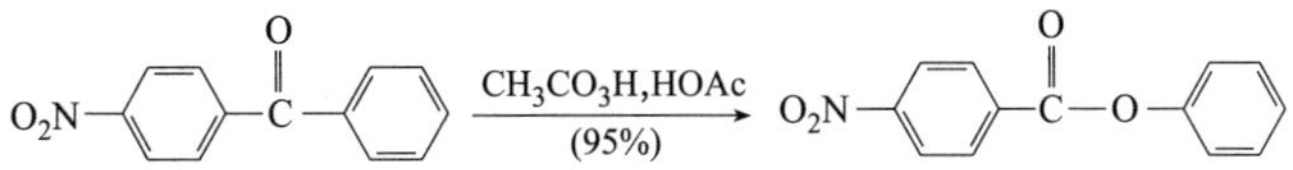

Dakin 氧化就是芳基醛或芳基酮在碱性条件下与 H_2O_2 作用，经 Baeyer-Villiger 反应生成酯，后者在碱性条件下水解生成酚类化合物的反应。例如：

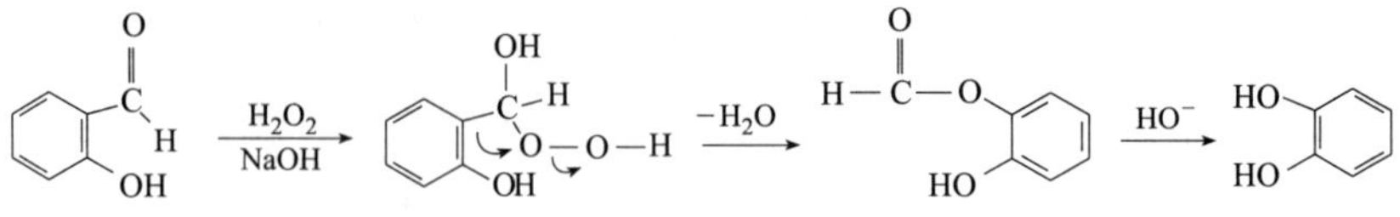

以 H$_2$O$_2$ 水溶液为氧化剂在有机合成中有许多优点，在 Baeyer-Villiger 反应中的应用也越来越多。

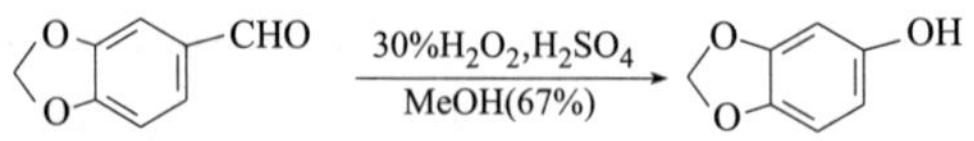

在甲基三氧化铼（TMO）催化剂存在下，用 H$_2$O$_2$ 可以实现酮的 Baeyer-Villiger 反应。如：

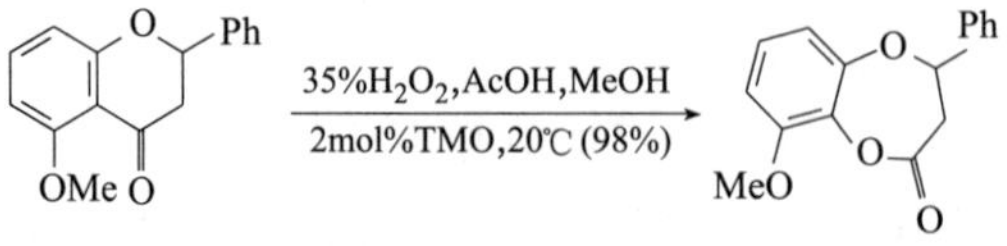

采用酶作为催化剂催化 Baeyer-Villiger 反应也有报道。

Baeyer-Villiger 重排反应广泛用于在有机合成中。此反应的成功之处在于它的多样性。例如，链状酮氧化生成酯、环酮氧化成内酯、安息香醛氧化生成酚、α-二酮转化为酐；其他基团对反应影响较小；可以预测反应的区域选择性；反应一般为立体选择性；很多物质可以作为氧化剂等。

第二节　亲电重排

亲电重排反应也叫富电子重排，因为重排主要发生在碳原子上，也叫做碳负离子重排反应。这类反应在有机合成、药物合成中同样具有重要的用途。

亲电重排反应可以分为三步反应：

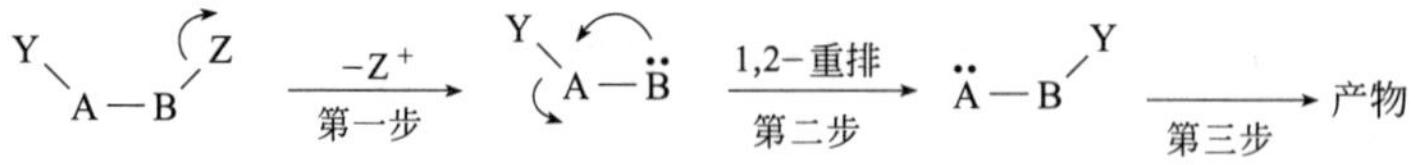

反应的第一步是在亲核试剂的作用下，反应底物中离去基团 Z 以正离子的形式离去生成富电中心 B，离去基团 Z 以氢或金属原子为最常见；第二步是迁移基团 Y 留下一对成键电子，以正离子的形式迁移至富电中心 B，生成新的富电中心 A；第三步是新的富电中心 A 生成稳定的中性分子。

这类重排比较少，常见的有 Stevens 重排反应、Sommelet-Hauser 重排反应和 Wittig 重排反应等。

一、Stevens 重排反应

含有 β-氢的季铵碱在加热条件下会发生 E2 消除反应生成烯，此反应称为季铵碱的 Hofmann 消除反应。

$$R\underset{\beta}{-}CH_2\underset{\alpha}{CH_2}\overset{+}{N}(CH_3)_3 \xrightarrow{\triangle} R-CH=CH_2+N(CH_3)_3$$

若季铵盐分子中不含 β-氢，而且 α-位具有吸电子的基团时，由于 α-氢受到季铵基和吸电子基团 Y 的双重影响，酸性明显增强，在碱的作用下容易失去 α-氢生成叶立德（Ylide）：

$$R^2-\overset{R^1}{\underset{R^3}{N^+}}-CH_2-Y \xrightarrow{\text{碱}} R^2-\overset{R^1}{\underset{R^3}{N^+}}-\bar{C}H-Y$$

叶立德氮原子上的烃基会发生 1,2-迁移，最终生成叔胺。该反应称为 Stevens 重排反应。

$$R^2-\overset{R^3}{\underset{R^1}{N^+}}-\bar{C}H-Y \xrightarrow{R^1\text{迁移}} R^2-\overset{R^3}{\underset{R^1}{N}}-CH-Y$$

关于 Stevens 重排反应机理，目前人们普遍接受的是自由基型反应机理。

$$Y-\overset{R^3}{\underset{R^1}{\bar{C}H-N^+}}-R^2 \longrightarrow \left[Y-\overset{R^3}{\underset{\cdot R^1}{\bar{C}H-N^+}}-R^2 \longleftrightarrow Y-\overset{R^3}{\underset{\cdot R^1}{CH-N}}-R^2 \right] \longrightarrow Y-\overset{R^3}{\underset{R^1}{CH-N}}-R^2$$

自由基对　溶剂笼子

自由基对在溶剂笼子中很难旋转，并立即在笼子中重新结合，这与手性迁移基团在迁移过程中构型保持不变的事实是一致的。更能稳定生成的碳自由基的基团往往优先发生迁移。因为自由基在溶剂笼子中迅速结合，这也可以解释为什么几乎没有分子间交叉产物生成。

自由基逃出溶剂笼子，可以生成 R^1-R^1，在有些实验中检测到了 R^1-R^1，证明了该机理的正确性。

也有人提出了离子型机理，以如下反应为例，表示其反应机理如下：

$$Z-CH_2-\overset{R}{\underset{R^2}{N^+}}-R^1 \xrightarrow{-R^-} Z=CH-\overset{R^1}{\underset{R^2}{N}} \longrightarrow Z-\overset{R}{\underset{R^2}{CH-N}}-R^1$$

$$C_6H_5COCH_2-\overset{+}{\underset{CH_2C_6H_5}{N}}(CH_3)_2 \underset{-H_2O}{\overset{HO^-}{\rightleftharpoons}} C_6H_5CO\bar{C}H-\overset{+}{\underset{CH_2C_6H_5}{N}}(CH_3)_2 \xrightarrow{\text{慢}} C_6H_5CO\underset{CH_2C_6H_5}{CH}-N(CH_3)_2$$

首先是碱夺取 α-碳上的氢失去一分子水生成碳负离子（叶立德），而后苄基与氮原子间的 C-N 键发生异裂，苄基带着正电荷迅速迁移，最终生成叔胺。反应为分子内的反应，可以解释交叉反应中没有交叉产物生成的原因，也可以解释当使用具有光学活性的季铵盐时，迁移基团的构型保持不变：

$$C_6H_5COCH_2-\overset{+}{\underset{CH_3{}^*CHC_6H_5}{N}}(CH_3)_2 \xrightarrow[-H_2O]{HO^-} C_6H_5CO\underset{CH_3{}^*CHC_6H_5}{CH}-N(CH_3)_2$$

这似乎用如下环状过渡态表示更合适。

$$C_6H_5COCH_2-\overset{+}{\underset{CH_3^*CHC_6H_5}{N}}(CH_3)_2 \xrightarrow[-H_2O]{HO^-} \left[\overset{O}{\underset{*CH}{\underset{H_3C\quad C_6H_5}{}}}... \right] \longrightarrow C_6H_5CO\underset{CH_3\overset{*}{C}HC_6H_5}{CH}-N(CH_3)_2$$

也有人提出了离子对机理：

$$
Y-CH-\overset{+}{\underset{R^1}{N}}-R^2 \longrightarrow \left[Y-CH=\overset{+}{\underset{\underset{R^1}{\,}}{N}}-R^2 \right] \longrightarrow Y-CH-\overset{R^3}{\underset{R^1}{N}}-R^2
$$

溶剂笼子

虽然人们提出了各种不同的机理，但最终的结果都是重排后生成季铵盐氮上的一个烃基迁移至与氮原子直接相连的一个碳原子上，生成叔胺。

有机合成中间体 2-二甲氨基-1-对氟苯基-2-苄基-1-丁酮（**35**）的合成如下[51]。

在下面的反应中，可以得到两种重排产物：

$$
CH_2=CHCH_2-\overset{+}{\underset{\overset{|}{*}\underset{|}{CHR}}{N}(CH_3)_2} \xrightarrow{NaNH_2} CH_2=CHCH N(CH_3)_2 + CH_2-CH=CHN(CH_3)_2
$$

（1,2-迁移）　　　　　（1,4-迁移）

由此说明，该重排既可以发生 1,2-重排，又可以发生远程的重排（1,4-重排）。1,4-重排的过程可能如下：

抗白血病药物三尖杉碱（Cephalotaxine）中间体（**36**）的合成如下[52]。

另外，还有硫叶立德和氧叶立德，它们也可以发生 Stevens 重排反应。

硫醚与卤代烃反应生成锍盐，锍盐可以生成锍叶立德并发生 Stevens 重排反应。

$$
R^1-CH_2-S-R^2 + RX \longrightarrow R^1-CH_2-\overset{+}{\underset{R}{S}}-R^2 \quad X^-
$$

$$
PhCOCH_2-\overset{+}{\underset{CH_2Ph}{S}}-CH_3 \underset{-H_2O}{\overset{HO^-}{\rightleftharpoons}} PhCOC\overset{-}{\underset{CH_2Ph}{H}}-\overset{+}{S}-CH_3 \longrightarrow PhCOCH-S-CH_3
$$

又如新药中间体邻甲基苄基甲基硫醚的合成[53]。

$$\text{PhCH}_2-\overset{+}{\text{S}}(\text{CH}_3)_2\cdot\text{Br}^- \xrightarrow[\,(85.7\%)\,]{\text{CH}_3\text{ONa}} \text{(邻-CH}_3\text{,CH}_2\text{SCH}_3\text{苯)}$$

Stevens 重排反应中，迁移基团是手性基团时，构型保持的程度会受到迁移基团上取代基的性质影响，一般从季铵盐出发要比从锍盐出发的 Stevens 重排反应迁移基团构型保持程度要好一些。

如果季铵盐分子中具有 β-氢，可能会与 Hofmann 重排反应发生竞争性反应；若吸电子基团是芳环，则可能会与 Sommelet-Hauser 重排反应发生竞争性反应。例如：

$$\text{Ph}_2\text{CH}-\overset{+}{\text{N}}(\text{CH}_3)_3 \xrightarrow{\text{碱}} \text{Ph}_2\overset{-}{\text{C}}-\overset{+}{\text{N}}(\text{CH}_3)_3 \Longleftrightarrow \text{Ph}_2\text{CH}-\overset{+}{\underset{\overset{|}{\text{CH}_2}}{\text{N}}}(\text{CH}_3)_2$$

Stevens 重排 → $\text{Ph}_2\text{CH}-\text{CH}_2-\text{N}(\text{CH}_3)_2$ （15%～20%）

Sommelet-Hauser 重排 → （邻-CH$_2$Ph, CH$_2$N(CH$_3$)$_2$）（80%～85%）

若试剂碱的碱性特别强时，Sommelet-Hauser 反应会成为主要反应。

stevens 重排反应的关键中间体是叶立德。对该反应的拓展主要集中在叶立德的生成上。研究表明，可以有多种不同的叶立德，并且也可以有多种不同的生成叶立德的方法[54]。

二、Sommelet-Hauser 重排反应

苄基季铵盐在氨基钠等强碱作用下发生重排，生成邻位取代的苄基叔胺，该反应称为 Sommelet-Hauser 重排反应。例如：

$$\text{PhCH}_2-\overset{+}{\text{N}}(\text{CH}_3)_3\text{I}^- \xrightarrow[\text{NH}_3]{\text{NaNH}_2} \text{(邻-CH}_2\text{N(CH}_3)_2\text{, CH}_3\text{苯)}$$

反应机理如下

$$\xrightarrow[-\text{NH}_3]{\text{NaNH}_2} [1] \Longleftrightarrow [2] \xrightarrow{\text{重排}} \xrightarrow{\text{芳构化}} \text{(邻-CH}_3\text{, CH}_2\text{NR}_2\text{苯)}$$

首先是碱夺取酸性比较强的苄基上的 α-氢，生成叶立德 [1]，[1] 与 [2] 之间建立动态平衡，显然 [1] 更稳定，平衡倾向于左侧。但由于 [2] 可以发生重排，生成稳定的化合物，故平衡逐渐向右移动，最终生成重排产物。该机理属于分子内的重排反应。

除了苄基三甲基季铵盐外，其他苄基季铵盐也可以发生 Sommelet-Hauser 重排反应，如苄基二甲基烯丙基、苄基二甲基环丙甲基以及其他取代基的苄基季铵盐。

芳香杂环季铵盐化合物照样可以发生该重排反应。例如：

$$\text{(N-甲基吡咯-2-CH}_2\overset{+}{\text{N}}(\text{CH}_3)_3) \xrightarrow[(79\%)]{\text{NaNH}_2\text{,NH}_3} \text{(N-甲基-2-甲基吡咯-3-CH}_2\text{N(CH}_3)_2)$$

环状的季铵盐重排后可以得到扩环的化合物。例如：

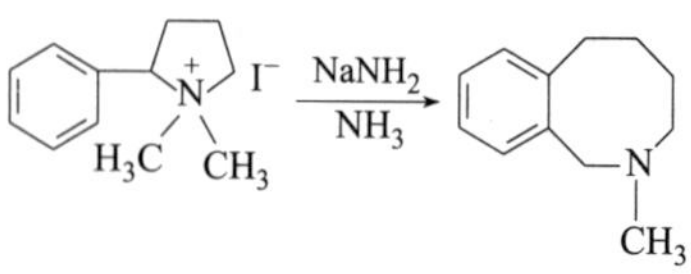

Sommelet-Hauser 重排反应常用的碱是强碱，如氨基钠、氨基锂、氨基钾、丁基锂、苯基锂（钠）、LDA 等，这些强碱容易夺取苄基亚甲基上的氢生成叶立德。

该重排反应一般收率很高，季铵盐以苄基三甲基卤化铵居多，而且芳环上可以连有各种不同的取代基。若将氮上的甲基改为其他基团，虽然反应也可以发生，但由于氮上的取代基不同，会发生竞争性反应，生成多种不同的重排产物。

反应中常用的溶剂是液氨，反应中加入少量的硝酸铁，对反应有促进作用。

锍盐也可以发生类似的反应，例如：

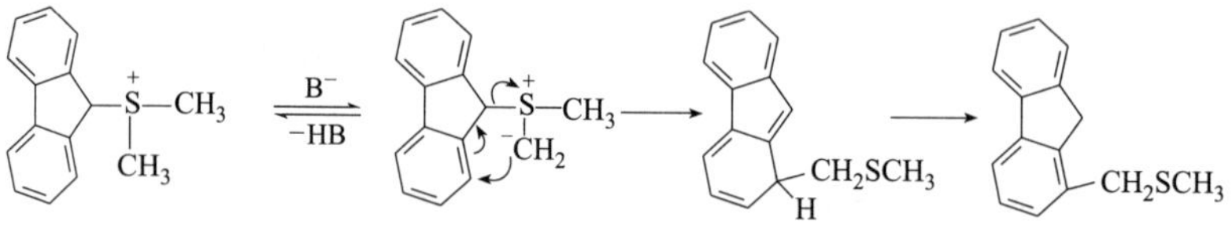

Stevens 重排与 Sommelet-Hauser 重排反应十分相似，都是苄基季铵盐在碱性条件下进行的重排反应，在反应机理上都是生成叶立德。

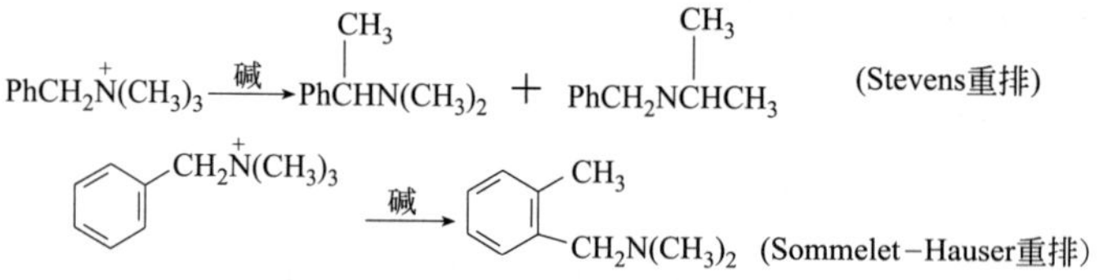

因此，反应中常常会有这两种反应的竞争，Stevens 重排产物是 Sommelet-Hauser 重排产物的副产物。实验发现，反应温度是控制两种重排反应的主要因素，温度高对 Stevens 重排反应有利，而温度低对 Sommelet-Hauser 重排反应更有利。例如：

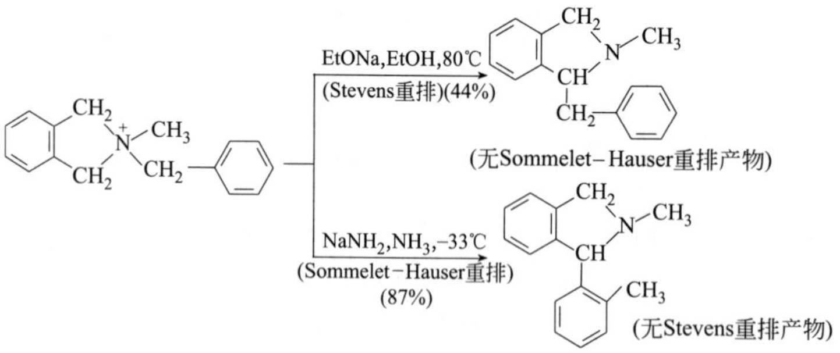

对于反应试剂碱来说，碱的碱性强，更有利于 Sommelet-Hauser 重排反应，碱性偏弱时则更有利于 Stevens 重排反应。但也有例外，说明反应中一定还有其他因素的影响。

Sommelet-Hauser 重排反应是在苯环邻位上引入甲基的方法之一。由于产物是苄基叔胺，进一步烷基化后再次重排，如此继续，可以沿着苯环不断甲基化，直到遇到邻位被占据的情况。例如 1,2,3-三甲苯的合成。

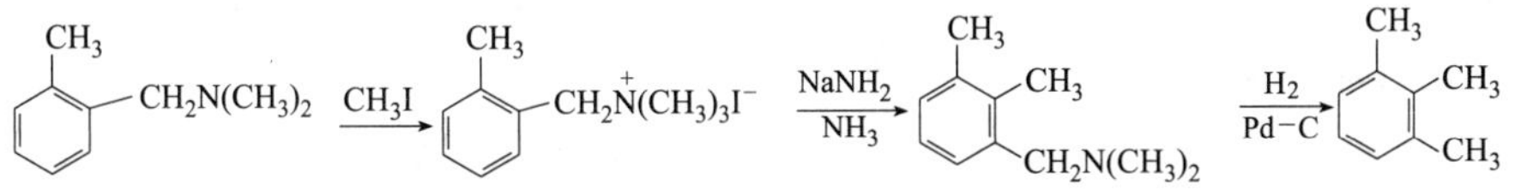

三、Wittig 重排反应

Wittig 重排反应分为 [1,2]-Wittig 重排反应和 [2,3]-Wittig 重排反应，它们都属于 σ-迁移反应。[1,2]-Wittig 重排反应是指醚类化合物在强碱作用下分子中的一个烃基发生迁移，生成醇类化合物。

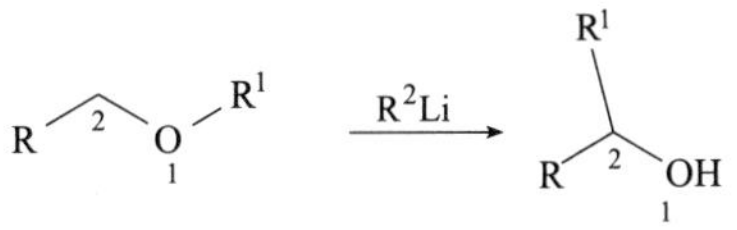

[1，2]-Wittig 重排反应的反应机理如下：

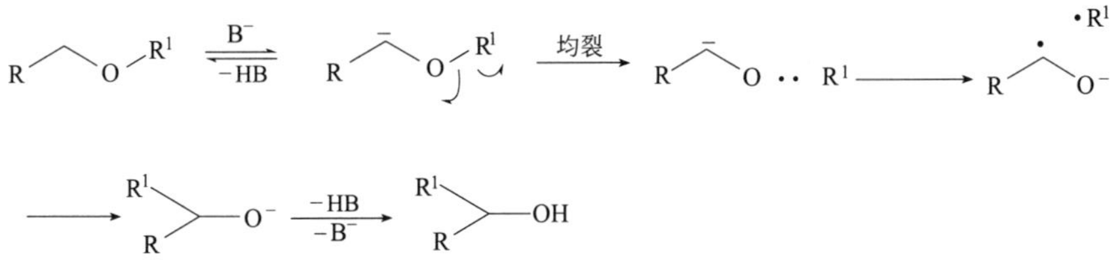

反应按照自由基型机理进行。首先是碱夺取醚的 α-氢，生成碳负离子，而后发生 O-C 键的均裂产生烃基自由基和碳负离子氧自由基，碳负离子氧自由基立即转变为更稳定的氧负离子碳自由基，后者与烃基自由基结合，最终生成醇类化合物。该重排是由氧向碳的迁移。

还有一种观点认为，该反应是自由基对机理，均裂生成的自由基被溶剂笼子包围，以解释反应的分子内过程和构型保持的属性，在重排过程中手性基团的构型不变。

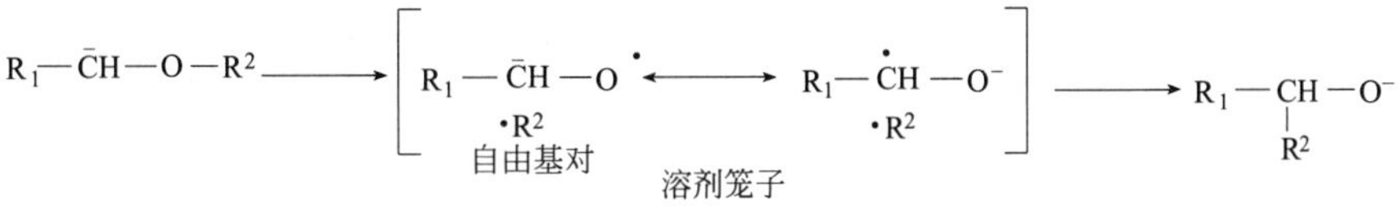

溶剂笼子机理概念的提出，主要是在 Wittig 反应中，基团迁移的趋势具有如下顺序：苄基、烯丙基＞乙基＞甲基＞苯基。这种顺序是和自由基的稳定性次序一致的。

反应中有醛类化合物生成，也支持自由基型反应机理。

新药开发中间体萘并 [2,1-b] 吖啶-7,14-二酮（**37**）的合成如下[55]。

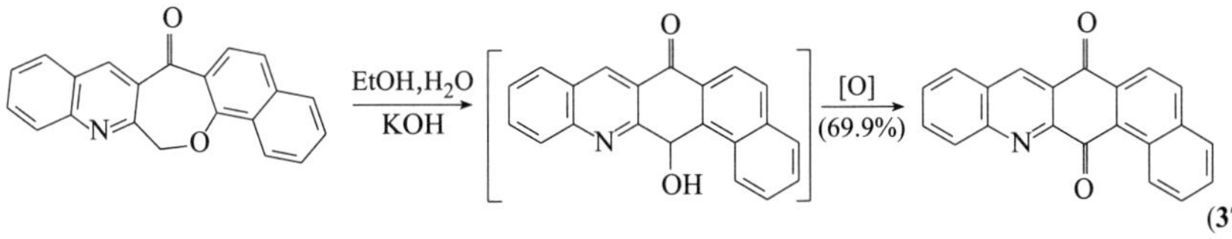

亚胺类化合物可以发生 1,2-Wittig 重排反应[56]。

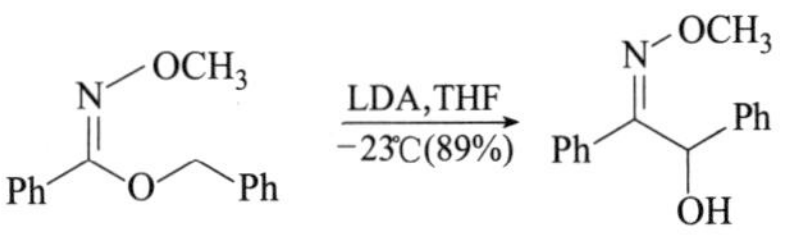

1,2-Wittig 重排反应常用的碱为烷基锂、苯基锂、氨基钠，二烷基氨基锂、萘基锂，有时也可以使用氢氧化钠、氢氧化钾等无机碱。

反应常用的溶剂是 THF、己烷、苯等。反应一般是在低温下进行的。

环氧乙烷衍生物在强碱二烷基氨基锂作用下也可以发生 Wittig 重排反应，这是由环氧乙烷衍生物合成醛或酮的方法之一。

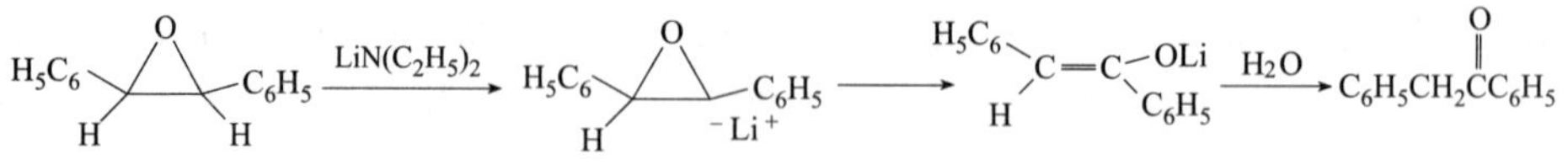

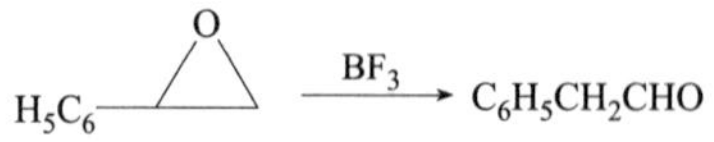

[2,3]-Wittig 重排反应是指烯丙基醚用强碱处理生成高级烯丙基醇的反应，也称为 Still-Wittig 重排反应。

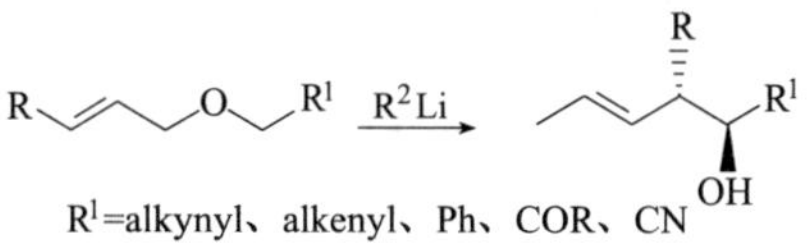

R^l=alkynyl、alkenyl、Ph、COR、CN

[2,3]-Wittig 重排反应的反应机理如下：

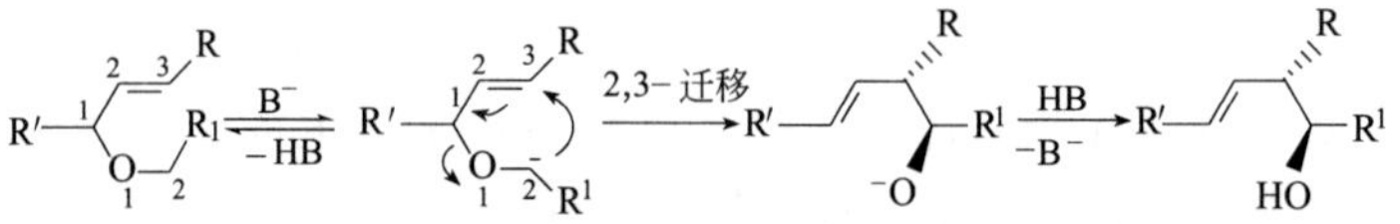

[2,3]-Wittig 重排反应是一种协同反应。首先在强碱作用下夺取烯丙基醚 α-碳上的质子，接着发生 [2,3] -σ 重排，后处理得到高烯丙醇化合物。新生成的 C=C 双键，一般以反式为主。

一般来说，[2,3]-Wittig 重排反应适用于各种吸电子取代基的烯丙基醚，如芳基、芳杂基、卤素、炔基、氰基、酰基、烷氧羰基、羰基、氨基甲酰基、或一些杂原子等。在低温下反应可以避免或减少 [1,2] -Wittig 重排反应的发生。虽然 [2,3]-Wittig 重排在底物的选择上具有一定的局限性，但各种不同类型的底物的重排仍时有报道。

非环状底物醚，只要能够产生相应的碳负离子，低温下就能够高选择性地发生 [2,3]-Wittig 重排反应。碳负离子最常用的生成方法是使用 n-BuLi 或 LDA，它们可以容易地夺取 α-碳原子上的氢。

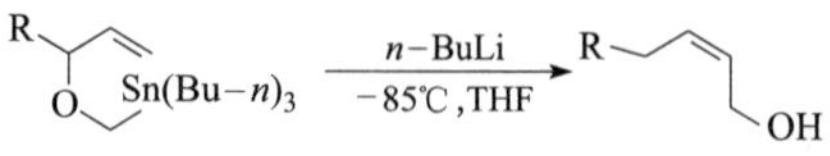

例如如下反应[57]：

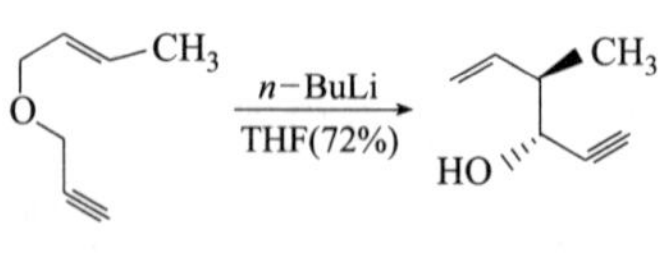

有机合成中间体 E,E-1,5,7-壬三烯-3-醇（**38**）的合成如下[58]：

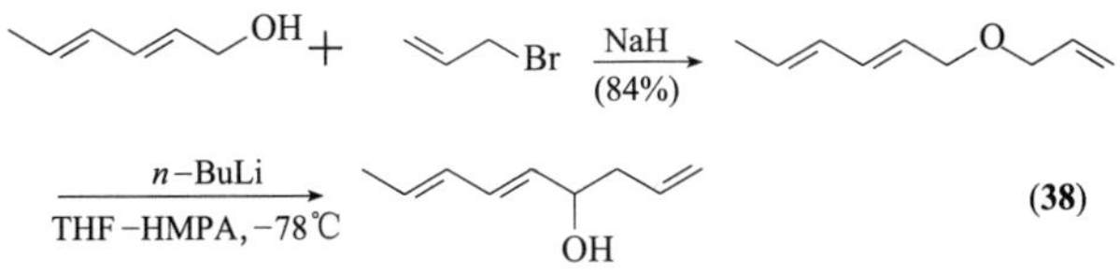

(38)

叔醇烯丙基醚重排时立体选择性差，因为反应中生成的过渡态的能量差别较小。

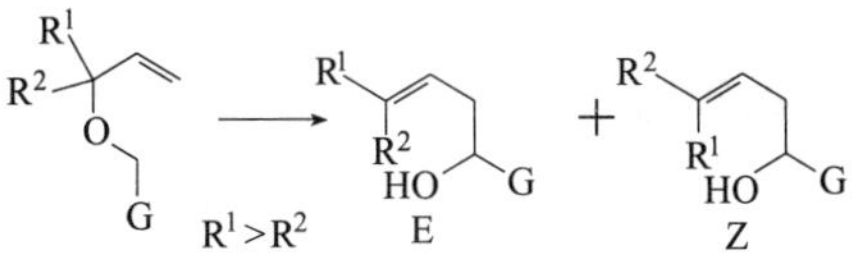

用炔丙基代替烯丙基，发生〔2,3〕-Wittig 反应时，可以生成丙二烯型的醇。

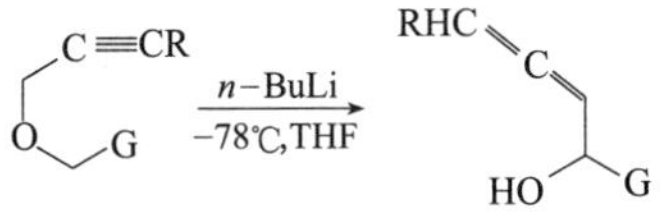

G＝CN、CH₃C≡C、COOH、SnR₃等

非环状底物得到的大都是仲醇类化合物，对于构建叔醇的反应体系研究的很少。

关于杂-2,3-Wittig 重排反应的研究主要集中在烯丙基硫醚和烯丙基胺。硫-2,3-Wittig 重排反应在萜类化合物的合成有较广泛的应用，而氮-2,3-Wittig 重排研究的并不多。

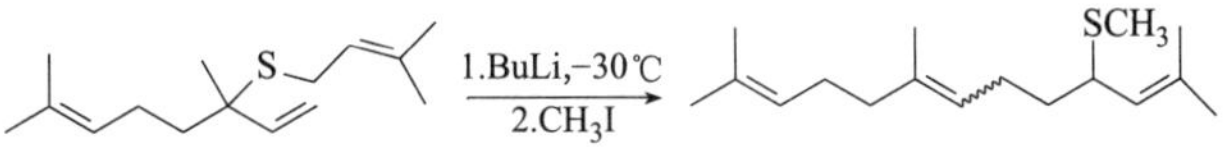

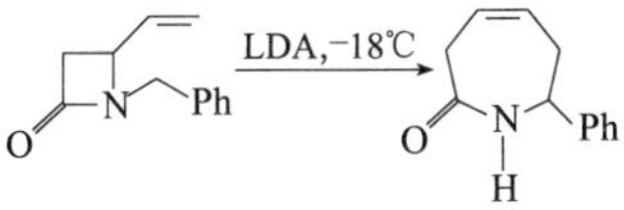

2,3-Wittig 重排反应也适用于一些环状底物。例如如下反应[59]。

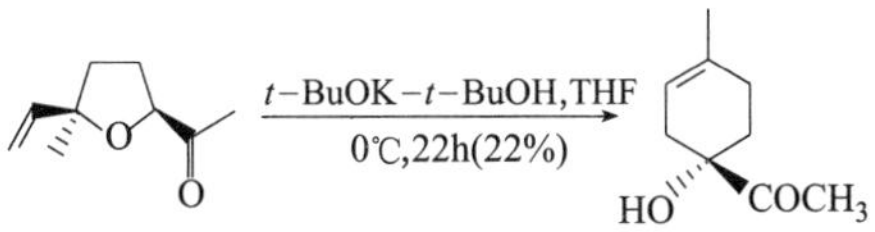

由于 2,3-Wittig 重排反应可以在特定的位置生成 C-C 键、立体专一性地形成两个相邻的手性中心以及进行手性转移，因此在天然产物的合成中有较广泛的应用。

第三节　芳香族芳环上的重排反应

很多芳香族化合物可以发生芳环上的重排反应，按照反应机理，芳环上的重排反应可以分为亲电重排、亲核重排、通过环状过渡态进行的重排反应等。这些重排反应在有机合成、药物合成中具有非常重要的用途。

一、芳环上的亲电重排反应

芳环上的亲电重排最常见的形式如下：

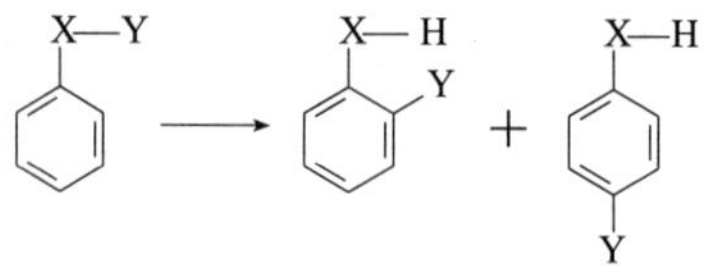

重排中基团的迁移起点 X 通常为 O、N 等，迁移基团 Y 的迁移终点是芳环碳原子，一般在 X 的邻、对位。

1. 基团迁移起点为氧原子的重排反应

这类重排主要是 Fries 重排反应。酚酯在 F-C 反应催化剂存在下，酰基迁移至芳环上原来酚羟基的邻位或对位，生成酚酮，称为 Fries 重排反应。

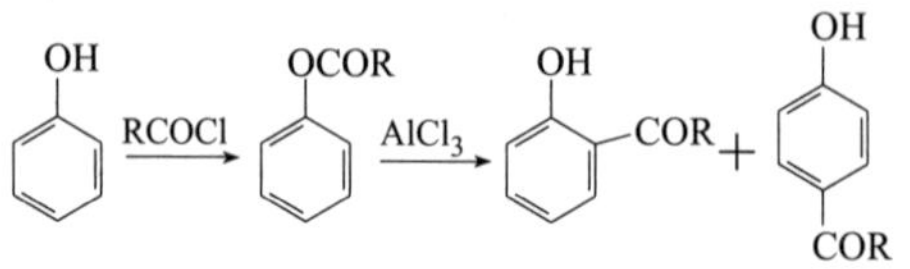

Fries 重排的反应机理，一般认为是经历了酰基正离子中间体的亲电取代（分子间反应）：

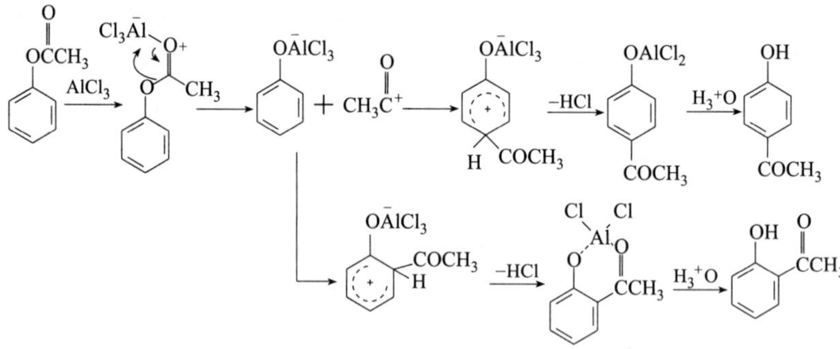

反应过程中，酚酯与三氯化铝首先形成本配合物。由于三氯化铝的影响，促使酰氧键断裂，生成酰基正离子，而后酰基正离子作为亲电试剂进攻芳环羟基的邻、对位，最后生成邻、对位产物。很显然，Fries 重排反应机理与 F-C 反应类似。

该反应常用的催化剂大多是 Lewis 酸或 Bronsted 酸，例如 $AlCl_3$、$TiCl_4$、$FeCl_3$、$ZnCl_2$、HF、$SnCl_4$、H_2SO_4、多聚磷酸、对甲苯磺酸、甲磺酸、三氟化硼等，也有使用沸石、金属-三氟甲磺酸盐、杂多酸、离子液体等作催化剂的报道。

最常用的催化剂是无水三氯化铝。酚酯与三氯化铝的摩尔比至少是 1:1，有时甚至高达 1:5 以上。催化剂用量大有利于邻位产物的生成。例如支气管哮喘治疗药氨来占诺（Amlexanox）等的中间体（**39**）的合成[60]。

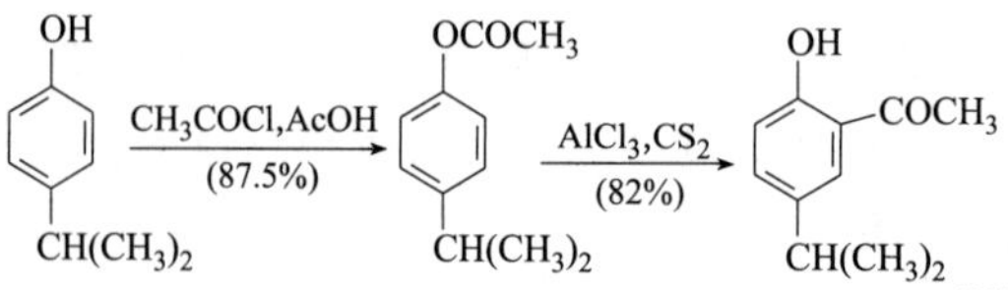

对于有些用 $AlCl_3$ 催化无法进行或 $AlCl_3$ 用量过大的反应，可以改用 Se(OTf)$_3$ 作催化剂。

三氟化硼-水配合物也可以催化酚酯的 Fries 重排反应。例如抗早产药利托君（Rito-drine）中间体对羟基苯丙酮的合成[61]。

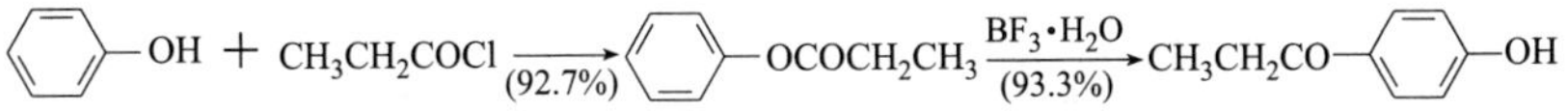

$$\text{C}_6\text{H}_5\text{—OH} + \text{CH}_3\text{CH}_2\text{COCl} \xrightarrow[(92.7\%)]{} \text{C}_6\text{H}_5\text{—OCOCH}_2\text{CH}_3 \xrightarrow[(93.3\%)]{\text{BF}_3\cdot\text{H}_2\text{O}} \text{CH}_3\text{CH}_2\text{CO—C}_6\text{H}_4\text{—OH}$$

甲磺酸促进的 Fries 重排反应，对位异构体的选择性很好。

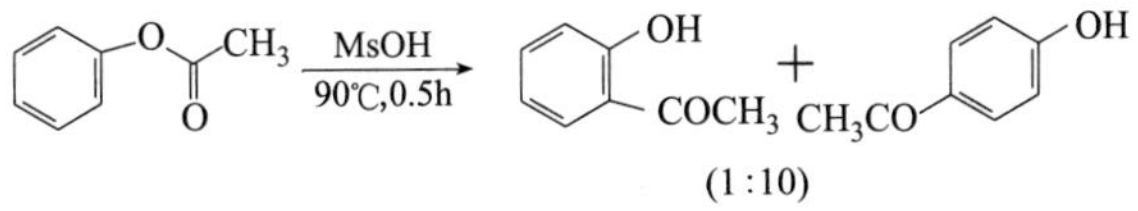

（1:10）

在三氟甲磺酸催化下进行 Fries 重排反应，重排产物的收率很高[62]。

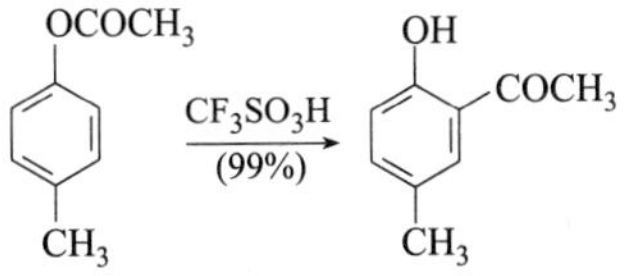

酚酯的结构对反应有影响，酰基的 R 基可以是脂肪族烃基，也可以是芳香族烃基。例如抗肿瘤新药开发中间体（**40**）的合成[63]。

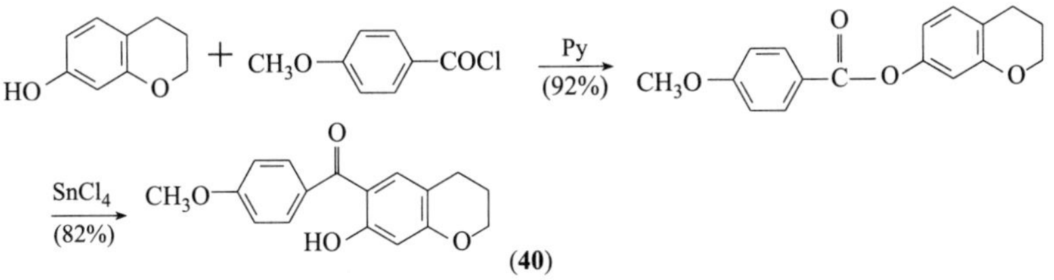

酯的结构中羧酸基 R 体积越大，越有利于 o-异构体的生成，酚基芳环上有间位定位基时一般会阻碍重排反应的发生。虽然仍可进行，但收率往往不高。另外，芳环上的取代基由于空间位阻，重排基团倾向于向满足其空间要求的位置重排。

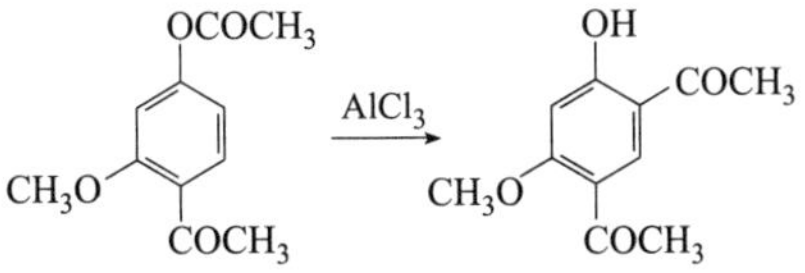

上述反应不能得到 2-位异构体，可能是 2-位空间位阻较大的缘故。但如果分子中的甲氧基改为羟基，则有 2-位异构体的生成。

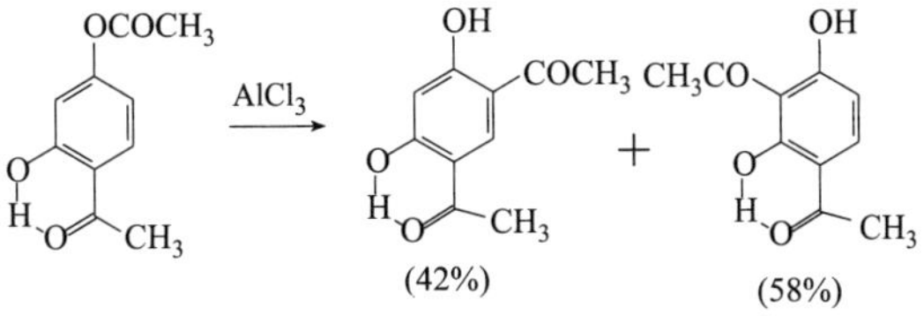

（42%）　　　（58%）

这可能是羟基与羰基形成氢键，减低空间位阻造成。也可能是氢的体积比甲基小得多的原因。

Fries 重排反应常用的溶剂是二硫化碳、四氯化碳、氯苯、硝基苯等。使用硝基苯时反应温度低，反应速度快，但硝基苯毒性大。

也可以不使用溶剂，将反应物与无水三氯化铝充分混合后直接加热，也可以实现该类重排反应。例如如下反应：

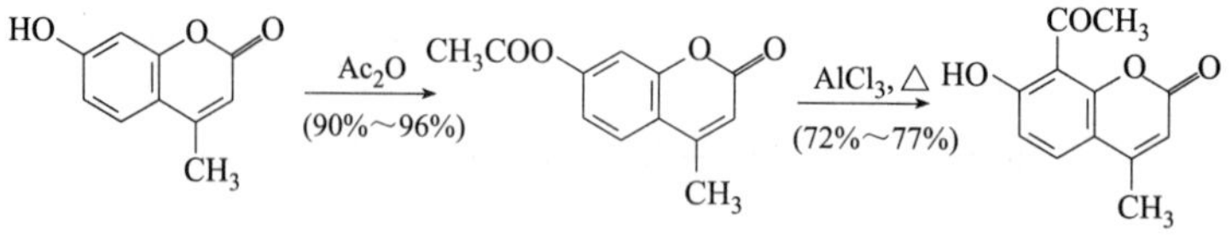

反应温度对 Fries 重排反应有明显的影响。酚酯在无水三氯化铝存在下发生 Fries 重排，低温时乙酰基重排到原来酯基的对位是动力学控制反应，反应速度快，是主要产物。但温度高时，重排到原来酯基的邻位，此时，羟基氧原子和羰基氧原子与三氯化铝的铝原子形成六元环配合物，比较稳定，后者水解，生成邻位重排产物，属于热力学控制反应。

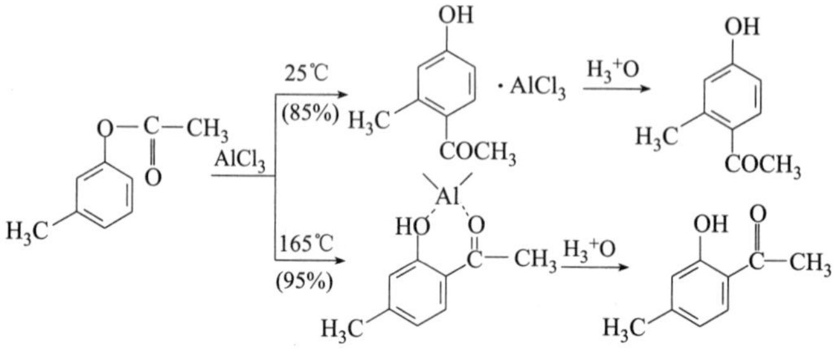

分子中同时含有酯基和酰胺基时，酯基更容易发生重排。例如治疗高血压病药物醋丁洛尔（Acebutolol）中间体（**41**）的合成[64]。

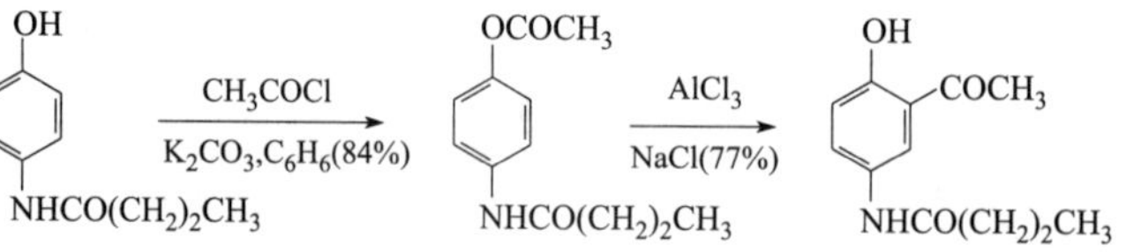

(**41**)

微波技术应用于 Fries 重排反应取得了很好的效果，反应在几分钟内即可完成。例如[65]：

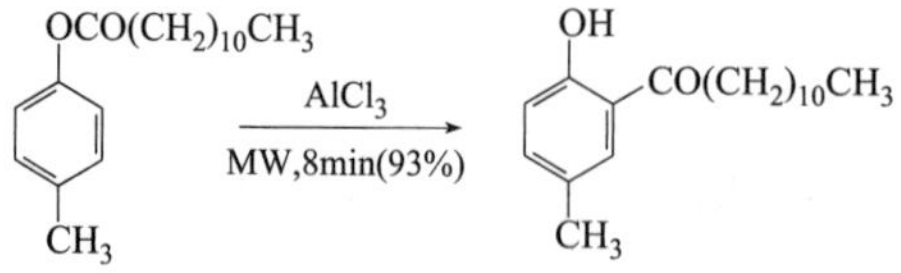

利用 β-环糊精对底物的包结作用可以提高 Fries 重排反应的选择性。例如 β-环糊精先将乙酸苯酯包结，而后在无水三氯化铝催化下进行固相反应（加少量硝基苯），邻位产物的产率几乎达 100%。

亦有在离子液体中进行 Fries 重排反应的报道，得到邻、对位的重排产物。例如[66]。

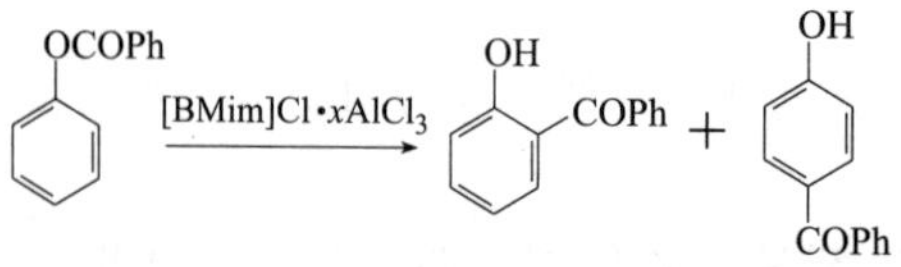

改变该离子液体中 AlCl₃ 的用量，得到的邻、对位产物的比例也不相同。随着 AlCl₃ 用

量的增大，对位异构体的比例增大。

Fries 重排反应是在芳环上引入酰基的重要方法。例如肾上腺素的中间体氯乙酰儿茶酚（**42**）的合成：

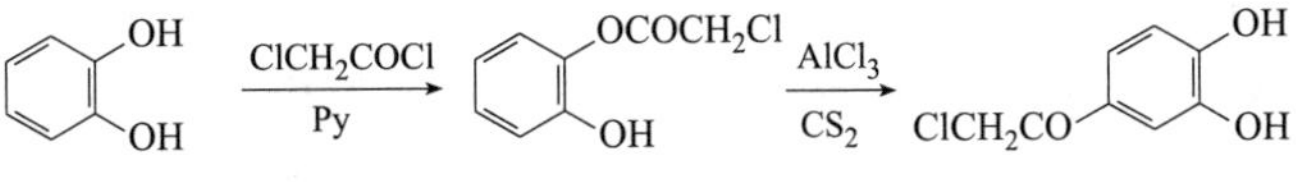

(42)

一些磺酸酯也可以发生重排，例如[67]：

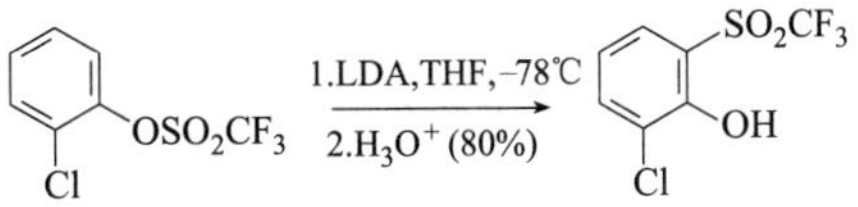

在有些反应中，也可以使用光诱导 Fries 重排反应，即 Photo-Fries 重排反应。光诱导的 Fries 重排反应是自由基型反应机理，邻位和对位产物都可能生成。与 Lewis 酸催化的 Fries 重排反应不同，当环上连有间位定位基时反应仍可进行，但收率较低。关于光催化的 Fries 重排反应，已有证据证明是按照下面的机理进行的。

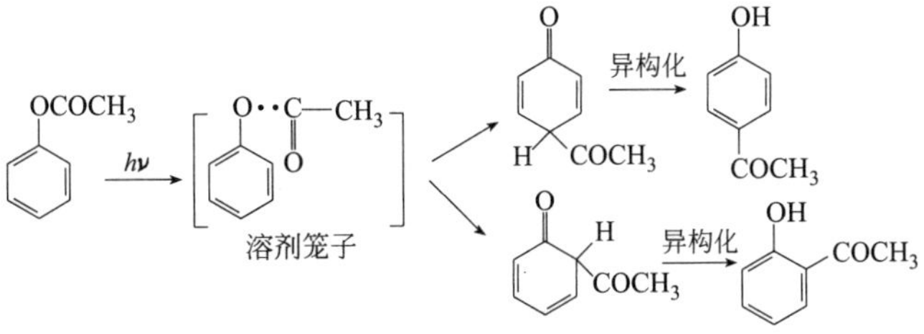

Fries 重排反应应用广泛，是合成芳香酮的重要方法之一。目前研究的方向主要是催化剂。高效、环保、可循环使用、选择性高的催化剂是人们追求的目标。

2. 基团迁移起点为氮原子的重排反应

这类反应比较多，主要包括 Orton 重排反应、Nitramine 重排反应、Hofmann-Martius 重排反应和 Reilly-Hickinbottom 重排反应、Sulphanilic acid 重排反应、Diazoamino-aminoazo 重排反应、Fischer-Hepp 重排反应等。现以 Diazoamino-aminoazo 重排反应为例介绍该类反应，其余则只以相应反应式表示之。

偶氮氨基化合物与酸（HCl、HCOOH、CH_3COOH 等）一起加热，则发生重排反应生成氨基偶氮化合物。此时反应速度比较慢。若偶氮氨基化合物与苯胺或苯胺盐酸盐一起加热，则反应比较迅速，生成氨基偶氮化合物。此类反应称为 Diazoamino-aminoazo 重排反应（偶氮氨基-氨基偶氮化合物重排反应），有时简称为偶氮氨基化合物的重排反应。

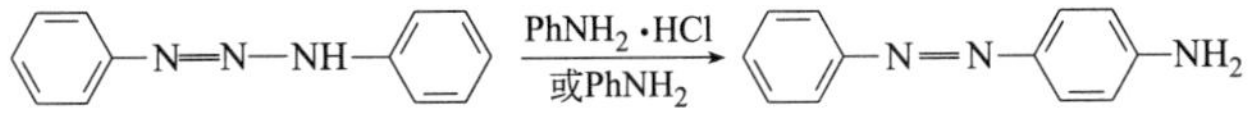

反应机理如下：

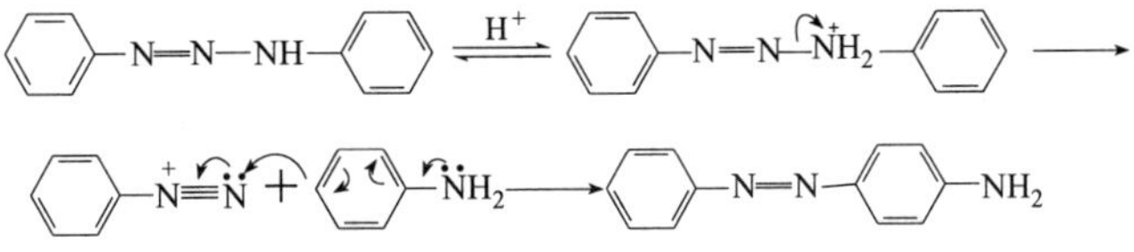

首先是偶氮氨基苯接受一个质子生成铵盐，在加热条件下铵盐分子中的 N-N 键异裂生成苯胺和重氮盐正离子，最后重氮盐正离子作为亲电试剂与苯胺分子中苯环发生亲电取代反应，生成氨基偶氮苯，属于分子间的重排反应。反应发生在氨基的对位或邻位。

分子间重排反应的实验依据是：反应中有苯酚生成，最可能的原因是重氮盐水解，生成苯酚；反应中加入 N,N-二甲基苯胺或苯酚，会发生交叉反应。例如：

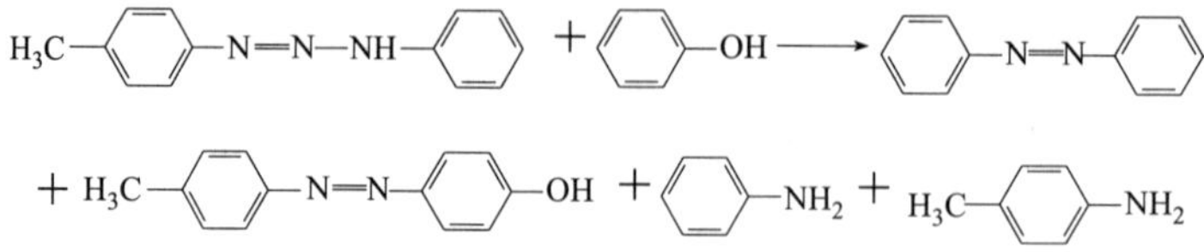

在上述反应中，生成两种不同的偶氮苯类化合物和苯胺、对甲苯胺，出现这种情况的原因是偶氮氨基化合物存在互变异构体。

$$Ar-N=N-NH-Ar' \rightleftharpoons Ar-NH-N=N-Ar'$$

在重排中解离时可能生成两种不同的重氮盐 ArN_2^+ 和 $Ar'N_2^+$，因此生成两种偶氮化合物。

该重排反应一般发生在对位，生成对位偶氮化合物，例如染料和医药中间体 2-甲基-4-邻甲苯基偶氮苯胺的合成[68]。

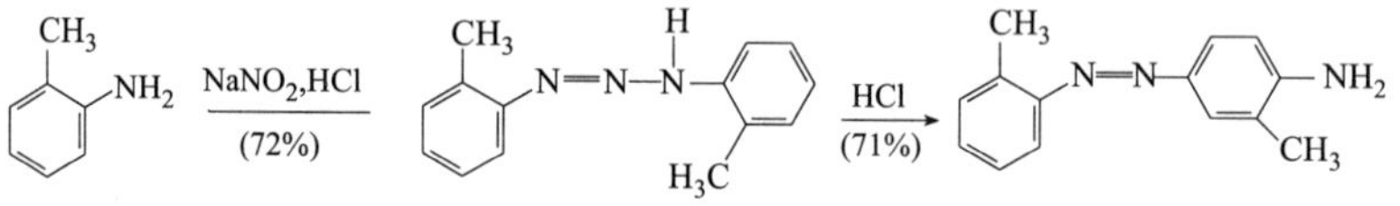

若对位已有取代基，则可以发生在邻位，生成邻位偶氮化合物。例如化合物（**43**）的合成。

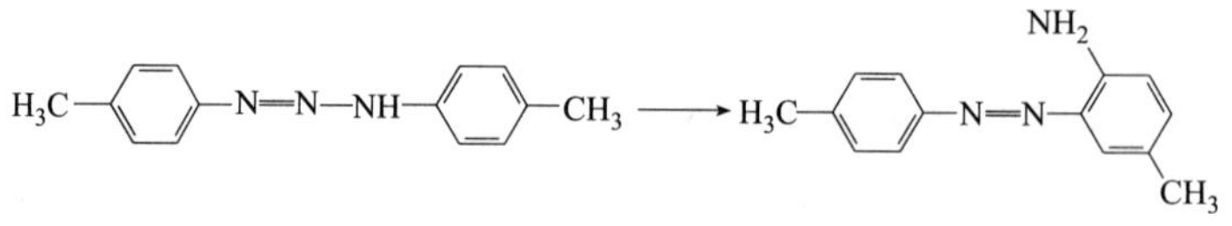

（**43**）

芳环上的取代基通常指卤素原子、芳基、烃基等。连有强吸电子基团的化合物难以发生该重排反应。

该重排是在酸性条件下进行的，反应介质的 pH 值对重排反应有影响。若反应介质的碱性较强，则离解生成的重氮盐稳定性降低，影响偶联反应的进行。

重排反应常用酸作催化剂，如盐酸、氢溴酸、磷酸，一般不用浓硫酸，以减少副反应的发生。也可以使用 F-C 反应的催化剂，如氯化铝、溴化铝、氯化锑、氯化铁、三氟化硼-乙醚、三氟甲苯等。其中盐酸应用最广。使用氯化铝等盐时不必使用无水三氯化物。

重排反应的反应温度一般在 $40\sim60℃$。

其实，很多芳香胺类化合物的重氮盐与某些芳香胺的偶联反应，也可能就是先生成偶氮氨基化合物，而后接着发生重排反应。

其他基团迁移起点为氮原子的芳环上的重排反应如下。

（1）Orton 重排反应　N-卤代酰基苯胺经 HX 处理，卤素原子重排到芳环上，生成酰基卤代苯胺，该反应称为 Orton 重排反应，又叫氯胺重排反应。

式中 X 主要为氯和溴，N-碘代酰基芳香胺应用较少。

（2）Nitramine 重排反应　N-硝基芳胺经酸处理，重排生成邻、对位硝基芳胺，其中邻位产物为主。该反应称为 Nitramine 重排反应，又叫 N-硝基芳胺重排反应。

治疗高血压药物地巴唑（Dibazolum）等的中间体邻硝基苯胺的合成如下。

（3）Fischer-Hepp 重排反应　N-亚硝基仲芳胺在酸性条件下重排生成对亚硝基芳胺，该反应称为 Fischer-Hepp 重排反应，又叫亚硝胺（Nitrosamine）重排反应。

（4）Hofmann-Martius 重排反应和 Reilly-Hickinbottom 重排反应　N-烷基苯胺盐酸盐或氢溴酸盐在加热时转化为邻或对烷基苯胺，该反应称为 Hofmann-Martius 重排反应，又称为 Aniline 重排反应。

若将游离的 N-烃基取代的芳香胺与 Lewis 酸如 $AlCl_3$、$CoCl_2$、$CdCl_2$、$TiCl_4$、$ZnCl_2$ 等一起直接加热至 $200 \sim 350℃$，也可以发生重排反应，生成邻、对位烃基取代的芳香胺，此时的反应称为 Reilly-Hickinbottom 重排反应。

（5）Sulphanilic acid 重排反应（详见本书第五章磺化和氯磺化反应）

二、芳香族化合物的亲核重排反应

芳环上的亲核重排反应主要有 Bamberger 重排反应、Sommelet-Hauser 重排反应（见本章第一节）和 Smiles 重排反应等。这类重排反应在重排过程中，迁移基团是作为亲核试剂进攻芳环原来取代基的邻、对位而生成重排产物。

1. Bamberger 重排反应

苯基羟胺在稀硫酸中加热，发生重排生成对氨基酚。该反应称为苯基羟胺重排反应，又叫 Bamberger 重排反应。

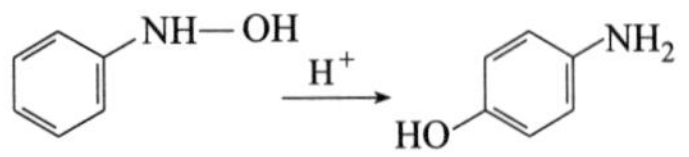

反应机理如下：

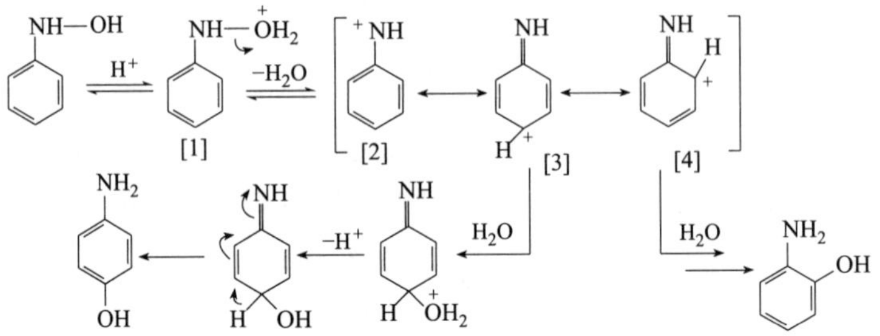

按照现代的观点，羟胺的重排属于分子间的亲核重排反应。首先是苯基羟胺的氧原子接受一个质子生成 [1]，[1] 失去一分子水生成氮正离子 [2]，[2] 的共振式结构主要是 [3] 和 [4]。[3] 结合水分子后失去质子，最后恢复苯环的完整结构生成对羟基苯胺。而 [4] 最后则生成邻羟基苯胺。该反应是亲核试剂对苯环的进攻，属于分子间的亲核重排反应。

该反应最早是指硝基苯还原为苯基羟胺（胲），后者在酸性条件下可以发生 Bamberger 重排反应，生成对氨基酚或其衍生物的反应。后来发现其他的芳香羟胺，若芳环的邻、对位上未被取代，也会发生类似的重排反应。例如：

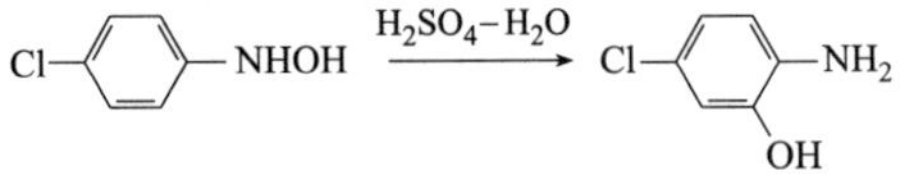

若羟基苯胺在盐酸-乙醇溶液中进行，除了主产物对乙氧基苯胺外，还有对氯和邻氯苯胺生成。

这是合成氨基酚的一种方便的方法。特别是由于苯基羟胺可以由硝基化合物直接还原得到，生成的羟胺可以不经分离在硫酸作用下直接重排得到氨基酚类化合物。

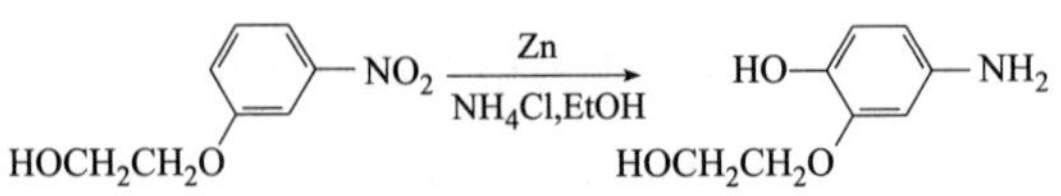

解热止痛药扑热息痛等的中间体对氨基苯酚的合成如下。

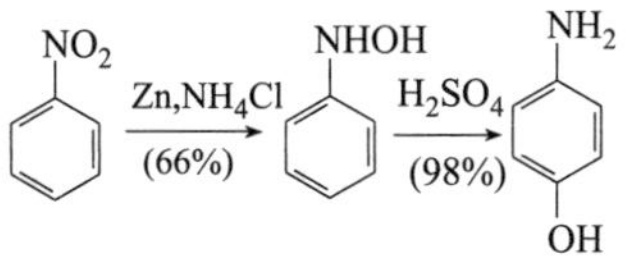

硝基化合物也可以通过在酸性条件下用电解法还原来制备氨基酚。例如：

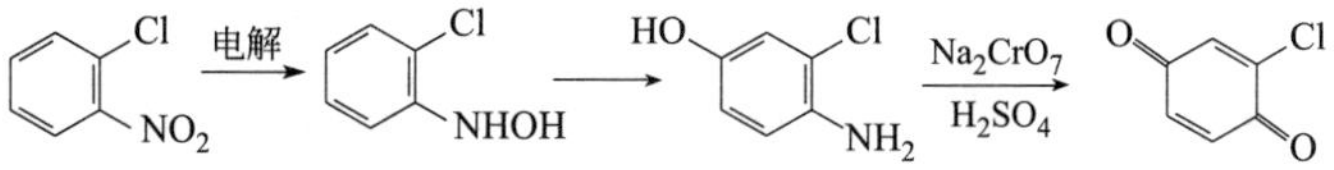

当羟基苯胺的对位连有烃基取代基时，重排过程中可能会引起烃基的重排。例如：

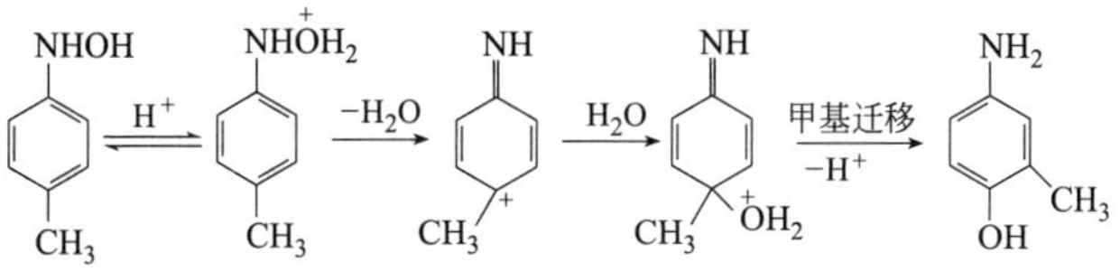

低级烷基取代的硝基化合物在钯-炭催化剂存在下用氢气还原，溶剂采用醇-硫酸，则可以一步得到重排的芳基醚类化合物。反应中也是首先将硝基还原为 N-羟基苯胺，而后在酸的作用下失去羟基生成碳正离子，最后醇作为亲核试剂与碳正离子结合，生成相应的烷氧基苯胺类化合物。这是拓展了的 Bamberger 重排反应。如 5-甲氧基吲哚中间体 2-乙基-4-甲氧基苯胺（**44**）的合成[69]。5-甲氧基吲哚为抗肠易激综合征药替加色罗（Tegaserod）等的中间体。

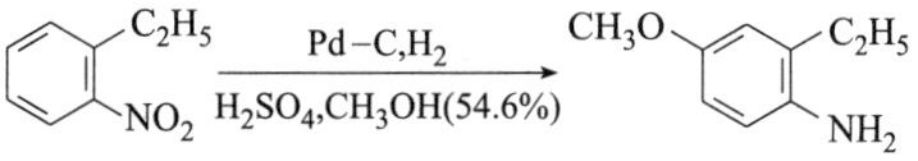

又如 2-甲基-4-甲氧基苯胺（**45**）的合成[70]。

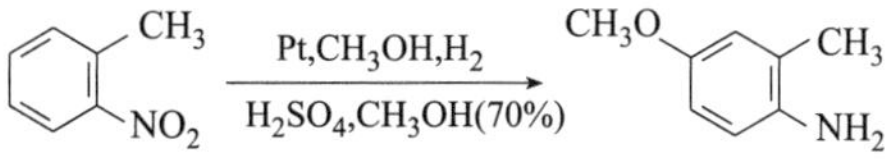

除此之外，N-烷氧基-N-芳基酰胺类化合物也可以发生 Bamberger 重排反应。

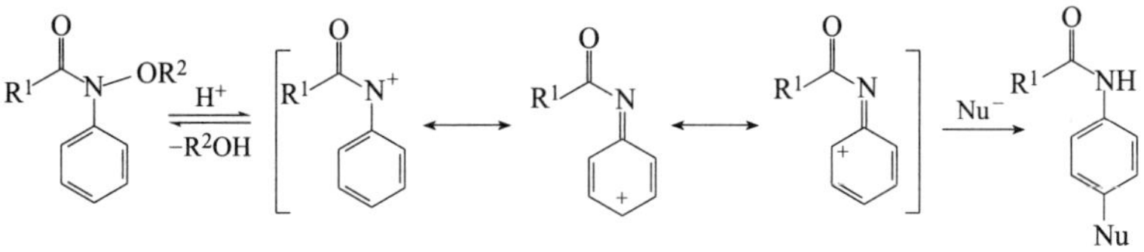

当上述反应在 HCl 存在下反应时，可以生成对位或邻位被氯原子取代的酰基芳胺。例如利眠宁（Chlordiazepoxide）、非那西丁（Phenacetin）等医药中间体对氯苯胺的合成。

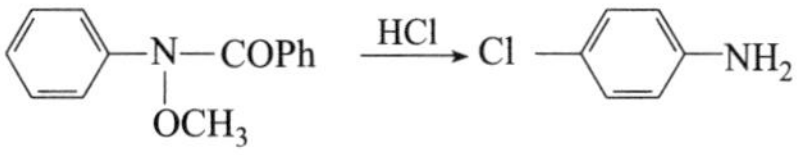

芳环上也可以引入甲硫基。例如：

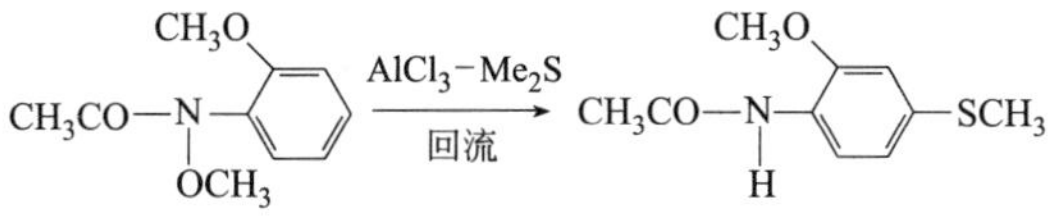

该类重排反应是在酸性条件下进行的，常用的酸为硫酸、盐酸、磷酸等，有时也用高氯酸作重排反应的催化剂。

硝基苯在某些过渡金属存在下于氟化氢中还原，可以生成氟代苯胺，其中对氟苯胺为主要产物。该反应也可归于 Bamberger 重排反应[71]。其过程如下：

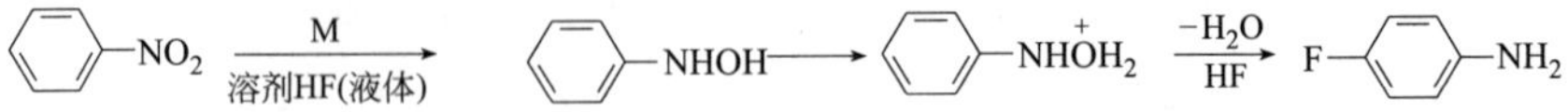

Bamberger 重排反应是由羟基芳胺合成氨基酚类化合物的方法之一。N-烷氧基-N-芳基酰胺的重排则不仅可以进行保留或脱去酰基的重排反应，而且氮上的烷氧基可以向芳环的邻、对位迁移，还可以有选择地在芳环的某一位置引入各种亲核基团。在有机合成方面，特别是在一些天然化合物的合成方面具有重要的意义。

2. Smiles 重排反应

Smiles 重排反应实际上是具有如下通式的一组反应：

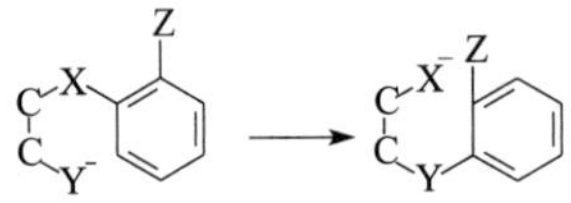

式中，X 一般为 S、SO、SO_2、O、COO 等；Y 一般为 OH、NH_2、NHR、SO_2NHR、SO_2NH_2、SH 或 CH_3 等的共轭碱；Z 一般是 NO_2、SO_2R 等。

Smiles 重排反应为简单的分子内的亲核取代反应。以如下反应表示其反应机理如下：

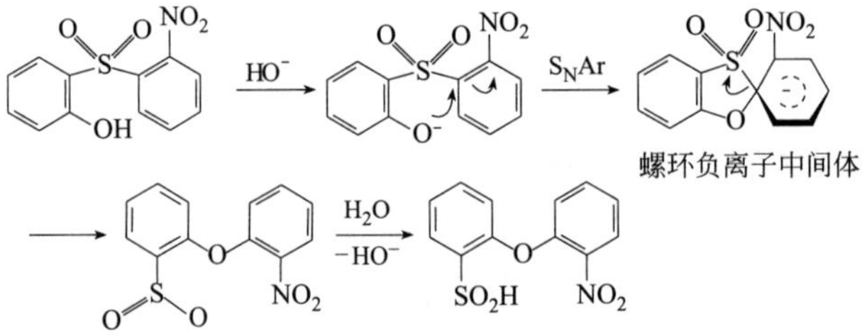

螺环负离子中间体

显然，在上述反应中，亲核试剂是酚氧负离子（ArO^-），生成螺环负离子中间体（Meisenhermer 配合物），而离去基团是芳基亚磺酸负离子（$ArSO_2^-$）。硝基的作用是提高硝基邻位的亲核反应活性。

在 Smiles 重排反应通式中，X、Y、Z 可以分别代表上式中的各种基团。这些化合物都可以发生 Smiles 重排反应。X、Y 之间的两个碳原子，可以是芳香族化合物芳环上的两个碳原子，也可以是脂肪族化合物的碳原子，可以是饱和的，也可以是不饱和的，碳原子上也可以连有取代基。例如[72]：

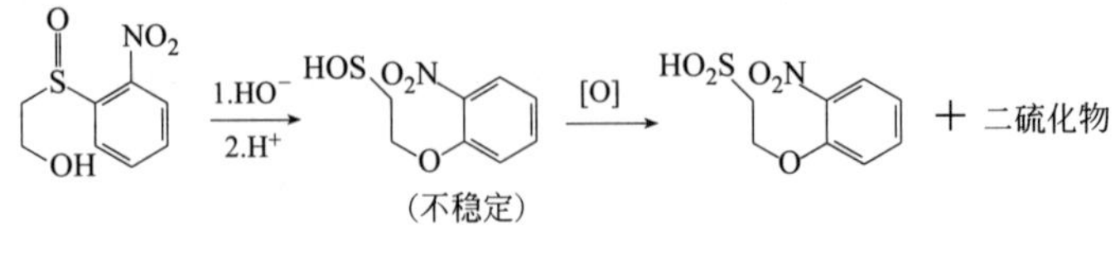

（不稳定）

又如：

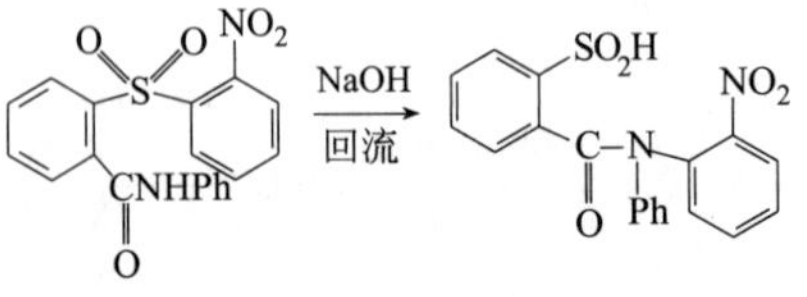

Z 的作用是提高 Z 基团邻位的反应活性。环上发生亲核取代的位置基本上都是被活化的，通常是被邻位或对位硝基所活化。但如果没有 Z 基团时也能发生该重排反应，只是要使用更强的碱（例如丁基锂、苯基锂等）。例如化合物（**46**）的合成：

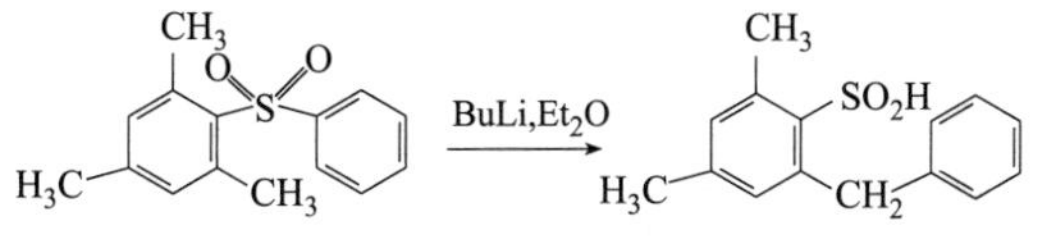

(46)

在上述反应中，亲核试剂是碳负离子，使用了强碱，该反应又叫 Truce-Smiles 重排反应。

O-芳基醚也可以发生 Smiles 重排反应。例如强效非甾体抗炎解热镇痛药双氯芬酸钠（Diclofenac sodium）的关键中间体 2,6-二氯二苯胺（**47**）的合成[73]。

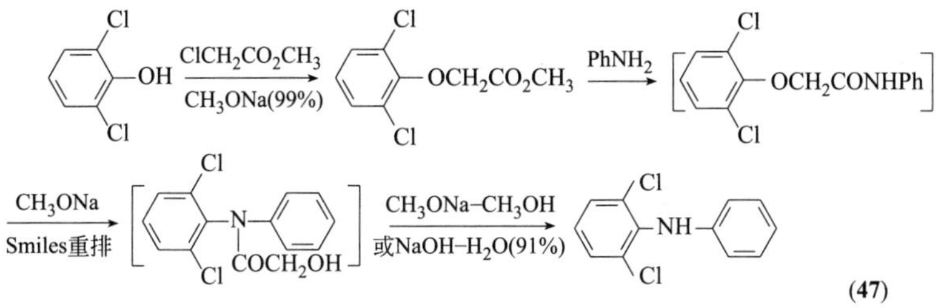

(47)

值得指出的是，α-或 β-萘与 1,3,5-三甲基苯生成的砜，在 *t*-BuOK-DMSO 中或在 BuLi-乙醚中反应时，重排反应与正常的 Smiles 重排反应不同，不是发生在与砜基相连的碳原子上，而是发生在其相邻的碳原子上，这可能与空间位阻有关。例如化合物（**48**）的合成[74]。

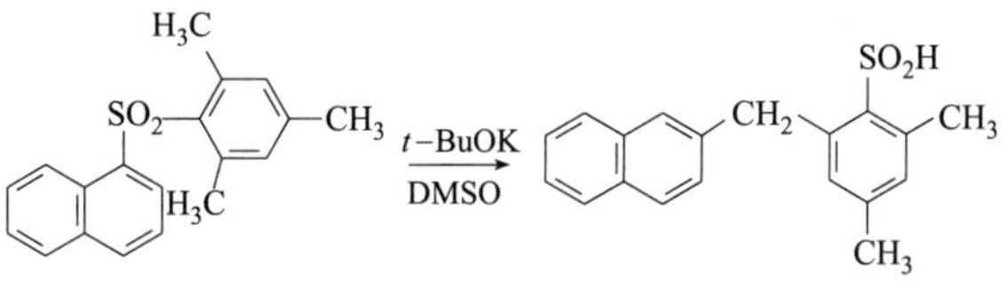

(48)

一些杂环类化合物也可以发生该重排反应，例如[75]：

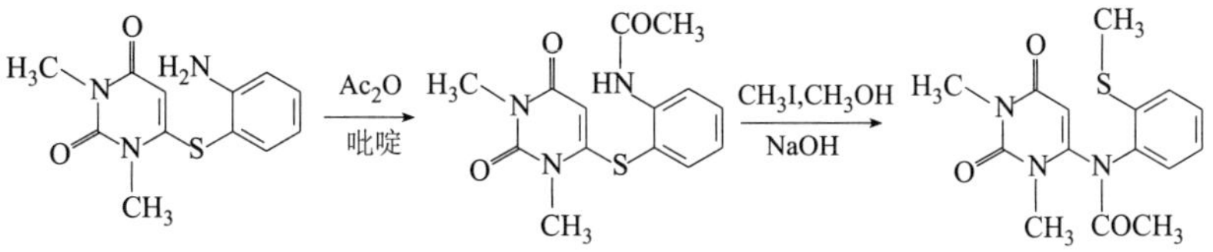

酚类化合物转变为硫酚，是一种变化了的 Smiles 重排反应，又叫 Newman-Kwart 反应。

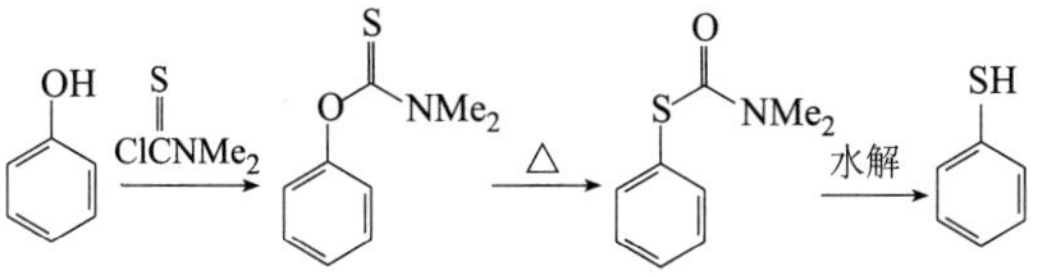

可能的反应过程如下：

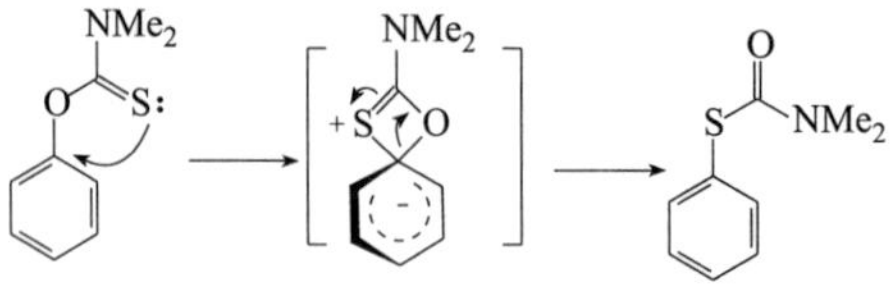

具体例子如下[76]。

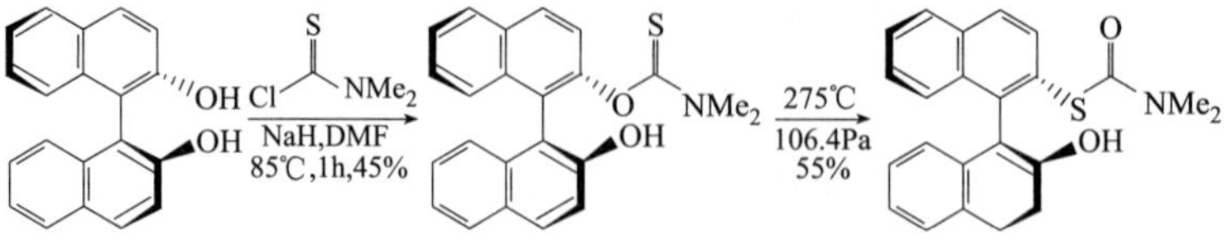

该类反应是在碱性条件下进行的重排反应，常用的碱有碳酸钠、碳酸钾、氢氧化钠、氢氧化钾、醇钠、氨基钠、烷基锂、苯基锂等。具体选用哪一种碱，视具体情况而定。若 Y 上的氢的酸性较强，可以使用较弱的碱，相反，则应选用较强的碱。

作为亲核取代反应底物的芳环，若环上连有吸电子基团时，由于吸电子基团的影响，该芳环上电子云密度降低，有利于重排反应的发生，相对而言，吸电子基团的邻、对位正电性更强，更有利于亲核试剂的进攻。若环上连有给电子基团，则亲核取代会困难一些。

进行亲核进攻的芳基负离子，若 6 位有取代基，则更有利于重排反应，反应速度明显提高。例如：

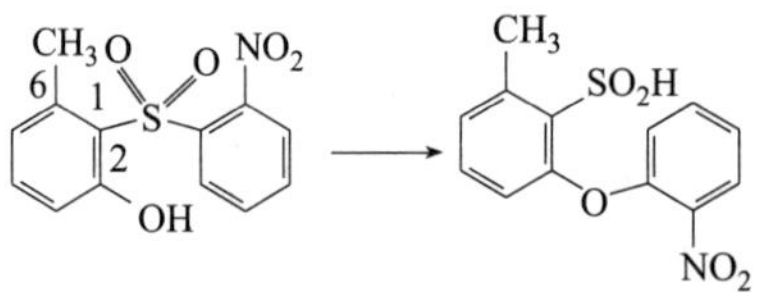

反应速率提高的原因主要是立体效应。上述化合物中 6-位被甲基、氯或溴取代，其反应速率是 4 位被同一基团取代时反应速率的 10^5 倍。原因是这个分子由于 6 位取代基位阻因素所采取的最佳构象正好是重排反应所需要的构象，因此反应的活化能降低，反应速率提高。

微波技术应用于该重排也有报道，例如化合物（**49**）的合成[77]。

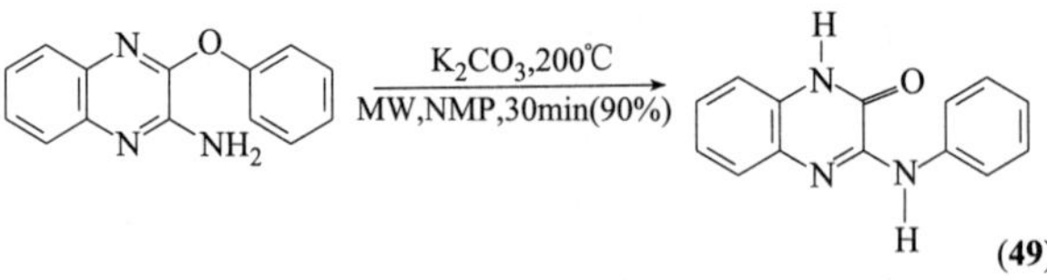

三、芳香族化合物通过环状过渡态进行的重排反应

这类反应主要有 Claisen 重排、Cope 重排、Fischer 吲哚合成法、联苯胺重排等，它们的共同特点是，在反应过程中生成环状过渡态，最后生成重排产物。本节只介绍 Claisen 重排、和 Fischer 吲哚合成法。

1. Claisen 重排反应

Claisen 重排反应大致可分为两类，一类是芳香族化合物的 Claisen 重排，一类是脂肪族化合物的 Claisen 重排。本节主要讨论芳香族的 Claisen 重排反应。

脂肪族化合物的 Claisen 重排反应

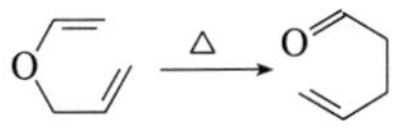

芳香族化合物（芳基烯丙基醚）的 Claisen 重排反应

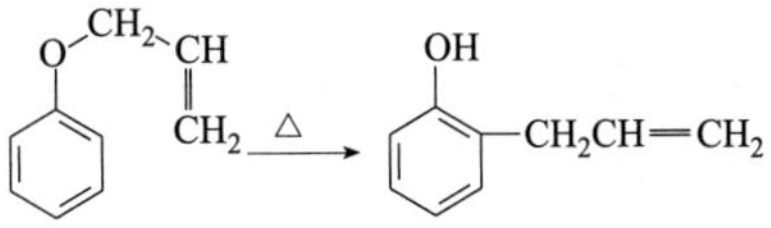

关于芳基烯丙基醚 Claisen 反应的反应机理，有两种解释方法，其一是环状过渡态理论，其二是分子轨道对称性守恒原理。环状过渡态理论认为可能的机理如下：

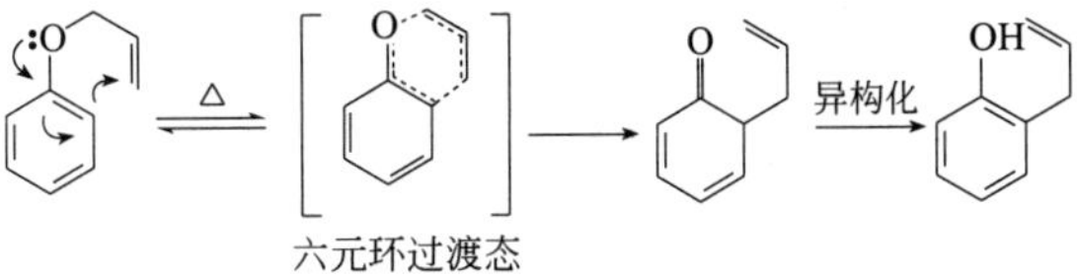

六元环过渡态

这一理论认为，该反应为分子内的重排过程，经过一个包含六个原子的环状过渡态，按照协同机理进行的。对于苯基烯丙基醚来说，重排得到邻位异构体。

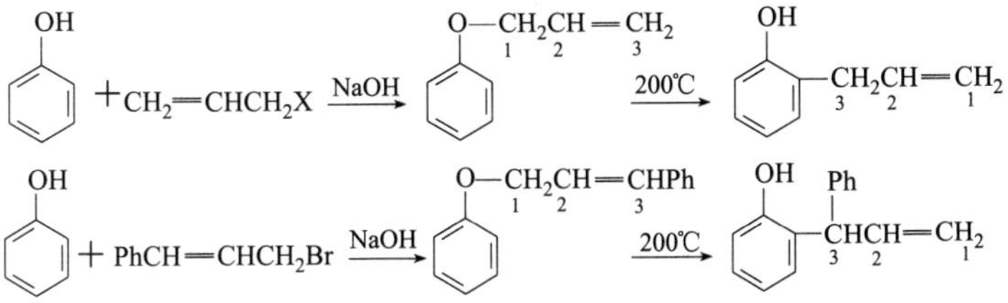

重排后烯丙基醚中烯丙基 3-位碳原子连到苯环邻位碳原子上。

若芳基烯丙基醚的芳环上醚基的两个邻位都被其他取代基占领，则经历两次重排得到对位异构体，它保持了原来烯丙基的结构，这时原来苯基烯丙基醚中与氧原子相连的碳原子连接到苯环上。

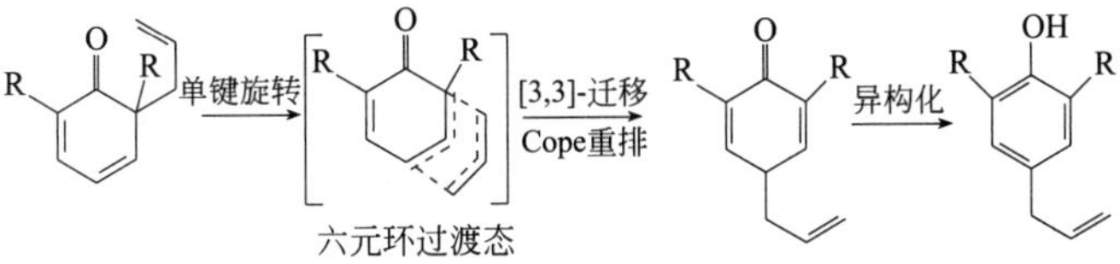

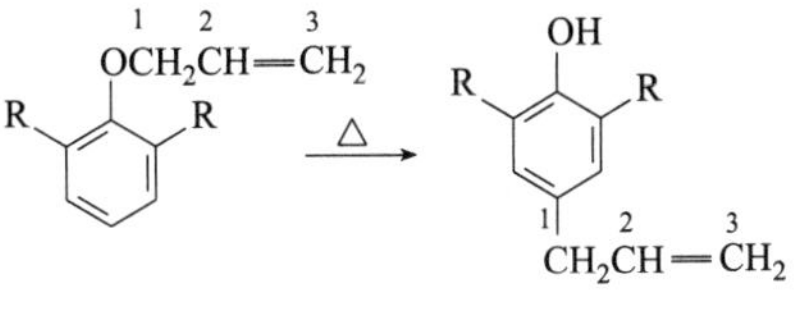

六元环过渡态

芳基烯丙基醚的芳环上可以带有各种取代基，包括邻、对位定位基和间位定位基等。烯丙基醚部分可以是烯丙基，也可以是取代的烯丙基。

例如平喘药奈多罗米钠（Nedocromol sodium）中间体（**50**）的合成[78]。

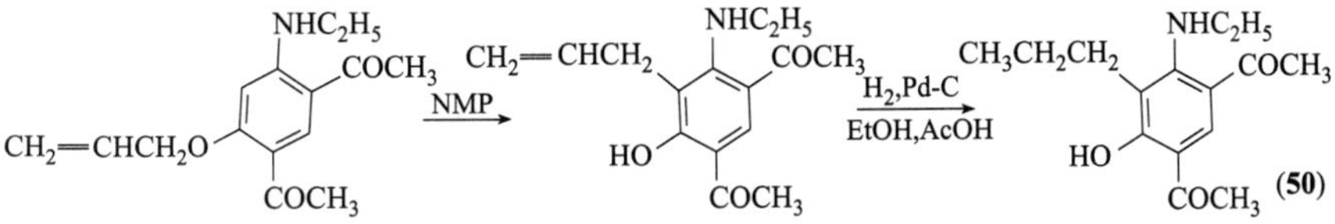

萘系烯丙基醚也可以发生该重排反应。

Claisen 重排反应除了芳基烯丙基醚外，也可以用炔丙基醚或芳基丙二烯甲醚等，环合后生成苯并吡喃、苯并呋喃类化合物。

芳香杂环烯丙基醚也可以发生该重排反应，例如化合物（**51**）的合成[79]。

药物中间体 6-烯丙基-5-羟基脲苷（**52**）的合成如下[80]。

重排反应也可以发生在 N、S 等杂原子上。发生在 N 上的重排反应叫 Eschenmoser-Claisen 重排反应，例如：

杀菌剂烯丙苯噻唑（probenazole）原料药（**53**）的合成如下[81]。

N-烯丙基芳香胺季铵盐发生 Claisen 重排，可以将烯丙基引入芳香胺衍生物的邻位，重排产物是合成吲哚满和吲哚类化合物的中间体。例如化合物（**54**）的合成[82]。

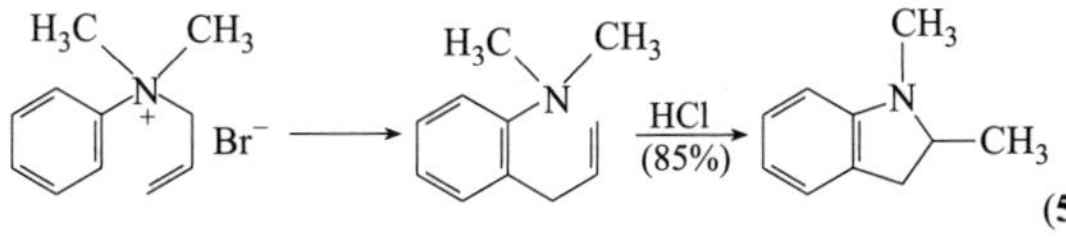

H₃C 部分结构式及反应式

如下杂环胺也可以发生 *N*-Claisen 重排反应，但烯丙基重排至另一苯环上。

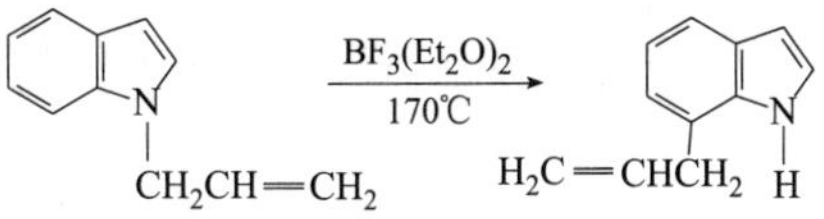

芳基烯丙基硫醚也可以发生 Claisen 重排反应。例如硫色满-3-羧酸的合成[83]。

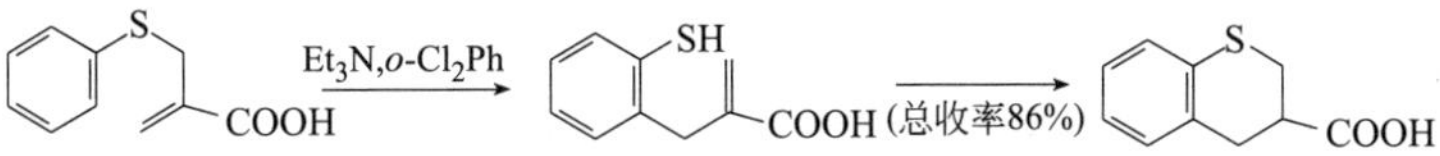

关于 Claisen 重排反应的立体化学，取代的烯丙基芳基醚，无论原来的烯丙基双键是 *Z* 构型还是 *E* 构型，重排后新双键的构型都是 *E* 型，这是因为重排反应所经历的六元环过渡态具有稳定的椅式构象的缘故。

芳环的结构对反应速率有影响。苯环上的给电子基团对反应有利，使反应速率变大，吸电子基团对反应不利，使反应变慢，但作用都不十分明显。芳环上可以连有各种取代基，如烷基、烷氧基、卤素原子、硝基、乙酰氨基等。

若芳环的邻位有醛基或羧基时，重排常伴有脱羰基或羧基的反应，甚至伴有少量间位重排产物生成。例如[84]：

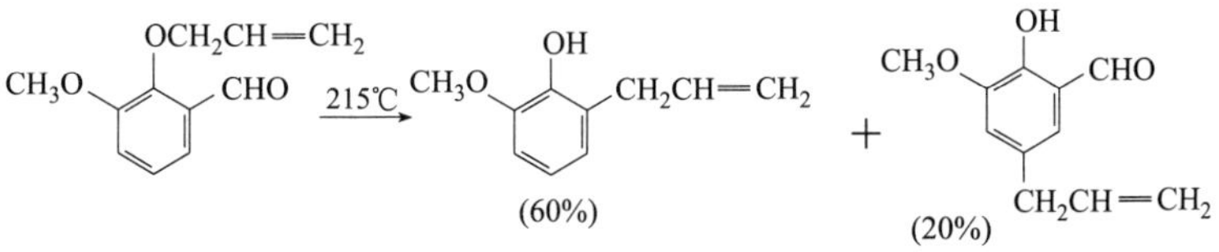

Claisen 重排反应可以在气相、液相、溶液中进行，或在无溶剂、无催化剂时单独加热来进行。单独加热常在 100～250℃无氧条件下进行。在溶液中进行反应时，常用的溶剂有甲苯、二苯醚、联苯、四氢萘、DMF、*N*,*N*-二甲基苯胺、二甘醇乙醚以及三氟乙酸等。溶剂对反应速度影响很大，在 17 种不同溶剂中进行反应，反应速率能相差 300 倍，其中极性溶剂为好，以三氟乙酸效果最好，甚至在室温即可进行重排反应。间二甲酚的烯丙基醚，在强极性溶剂中有利于重排到邻位，在弱极性溶剂中有利于重排到对位。

为了降低反应温度、缩短反应时间、提高反应收率和选择性，许多化学工作者在探索研究 Claisen 反应的催化剂。已经报道的催化剂有质子酸（硫酸、磷酸、三氟乙酸等）、Lewis 酸 [AlCl₃、SnCl₄、BCl₃、Bi(OTf)₃]、杂多酸、金属配合物、分子筛、离子液体等。

若芳基烯丙基醚的邻、对位都被占领，在一定的条件下也可以重排到间位[85]。

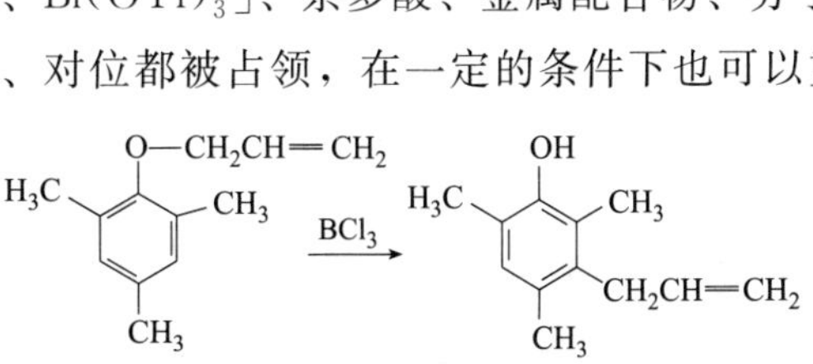

Claisen 重排反应的主要副反应是脱去烯丙基生成酚。例如如下反应，除了生成正常的

重排产物外，还有相应的酚和二烯生成。

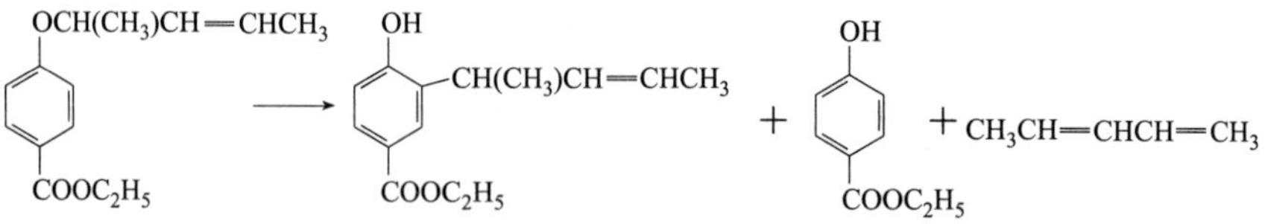

在如下反应中，有苯并四氢呋喃衍生物的生成，可能是重排产物又进行分子内关环而生成的。2-烯丙基苯酚在酸催化剂存在下，例如吡啶盐酸盐、次溴酸-乙酸或甲酸，会主要生成 2-甲基二氢苯并呋喃。

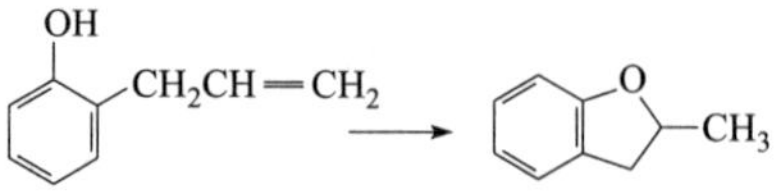

在强碱存在下，烯丙基酚会异构化为丙烯基酚，例如[86]：

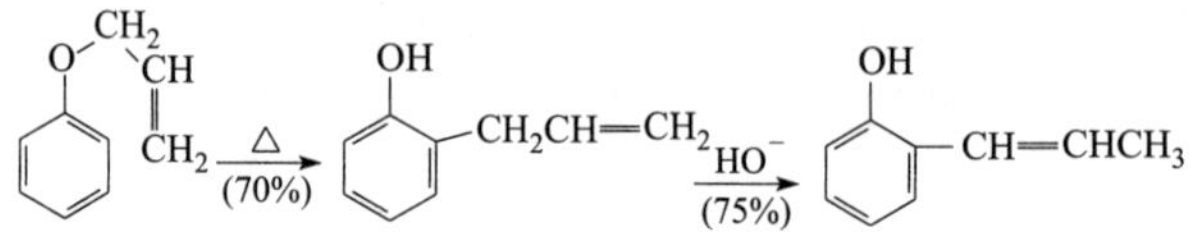

Claisen 重排反应已有近 100 年的历史，目前已经发展成为一类非常重要的重排反应，并衍生出多种重排反应。这些重排反应主要有如下数种：Carroll 重排反应、Eschenmoser 重排反应、Jonhson 重排反应、Ireland-Claisen 重排反应、Reformatsky-Claisen 重排反应、Thio-Claisen 重排反应、Aza-Claisen 重排反应、Chelate-Claisen 重排反应、Diosphenol-Claisen 重排反应 、Metallo-Claisen 重排反应和 Retro-Claisen 重排反应等。

2. Fischer 吲哚合成法

醛、酮与芳肼反应生成醛、酮的芳腙，芳腙在 Lewis 酸或质子酸存在下加热，生成吲哚类化合物，该反应称为 Fischer 吲哚合成法。

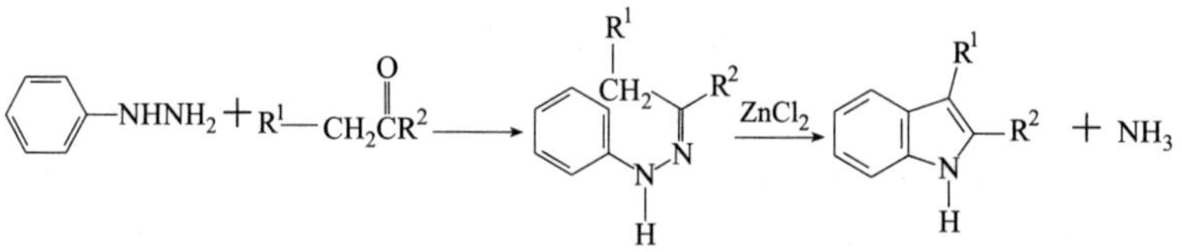

反应机理如下：

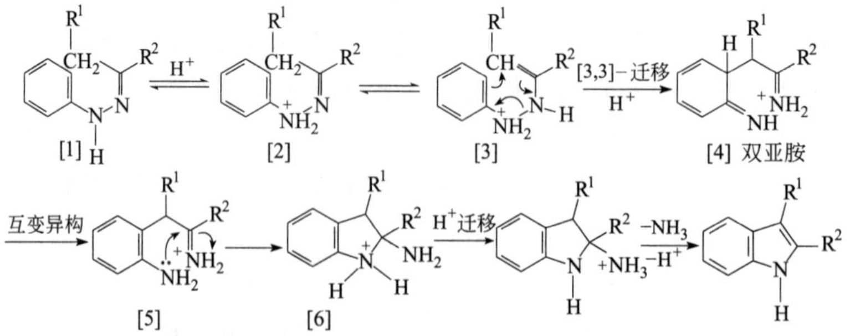

苯腙 [1] 首先质子化为 [2]，[2] 互变异构化生成烯肼 [3]，[3] 发生 [3,3]σ-迁移，N-N 键断裂，同时生成新的 C-C 键并生成中间体双亚胺 [4]，[4] 立即异构化为具有苯环结

构的中间体 [5]，[5] 的氨基对亚胺双键进行亲核加成生成中间体 [6]，[6] 失去氨生成吲哚类化合物。反应的关键一步是 [3,3]σ-迁移。该机理已经被多种实验证实。

然而，并非所有的苯腙都能发生 Fischer 反应生成吲哚类化合物。具有如下结构的醛、酮（至少具有两个 α-H）与苯肼反应生成的腙才可以发生该重排反应：

$$(H)R^1-CH_2-\overset{\overset{\displaystyle O}{\|}}{C}-R \qquad RCH_2-\overset{\overset{\displaystyle O}{\|}}{C}-H$$
（酮）　　　　　　（醛）

醛分子中的 R 不能为氢，即乙醛与苯肼生成的腙在氯化锌催化剂存在下用于合成未取代的吲哚尚未成功。但将催化剂负载于玻璃珠上，而后在加热条件下通入乙醛蒸气，则可以得到吲哚。吲哚是重要的医药中间体，可以由丙酮酸与苯肼反应得到吲哚-2-甲酸，后者加热脱羧来合成。

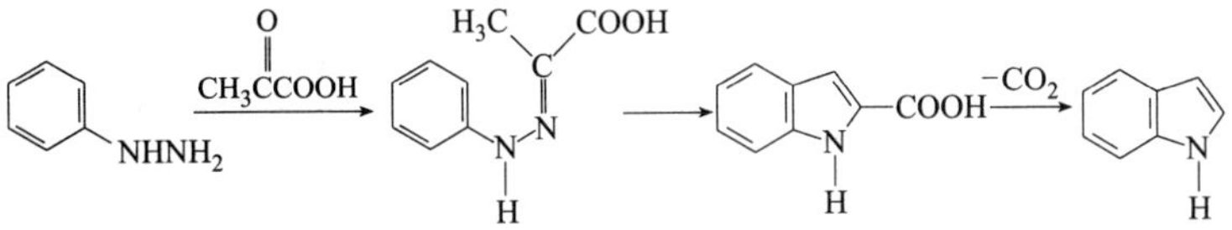

偏头痛病治疗药佐米曲坦（Zolmitriptan）原料药（**55**）的合成如下[87]。

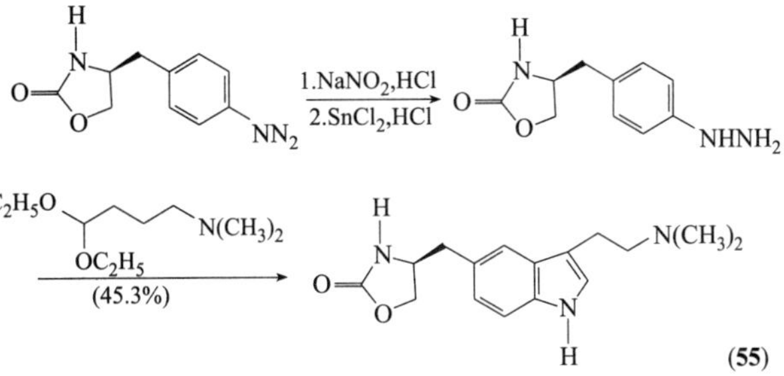

（45.3%）

（**55**）

又如偏头痛病治疗药舒马普坦（Sumatriptan）原料药（**56**）的合成[88]。

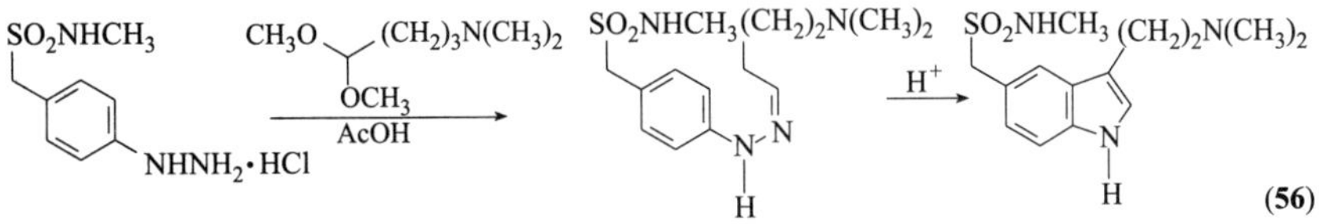

（**56**）

当使用酮作为反应物时，若使用对称的酮，此时生成的产物单一。例如医药中间体 2,5-二甲基吲哚（**57**）的合成[89]。

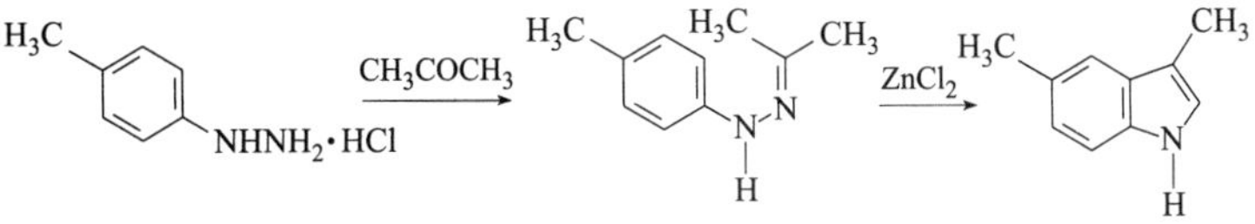

（**57**）

若使用不对称的酮，此时生成的腙环合时生成两种可能的吲哚衍生物：

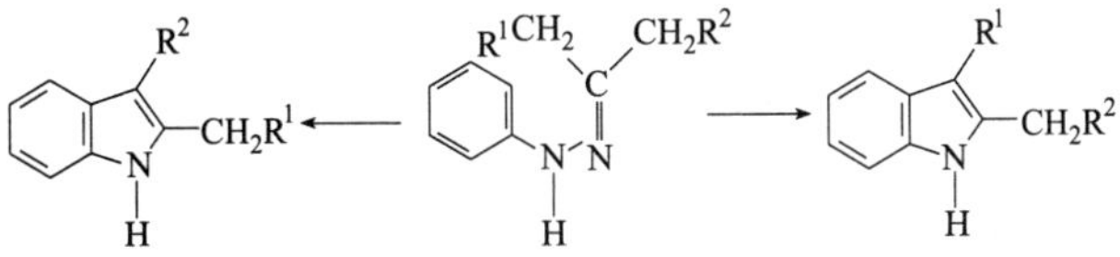

不对称的酮究竟以哪一种方式环合，取决于酮的结构和催化剂酸的强度和用量。例如：

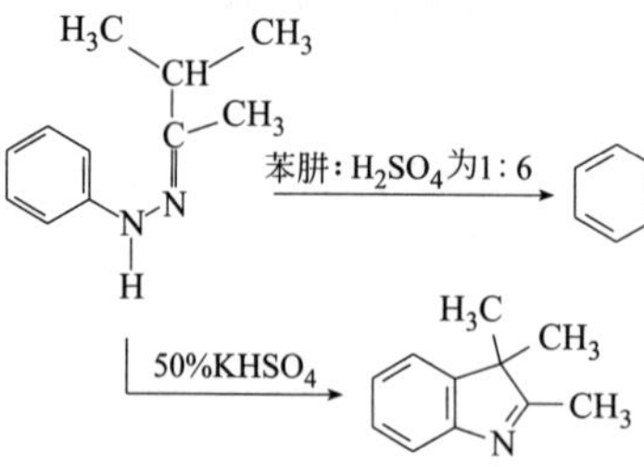

新药开发中间体（**58**）的合成如下[90]。

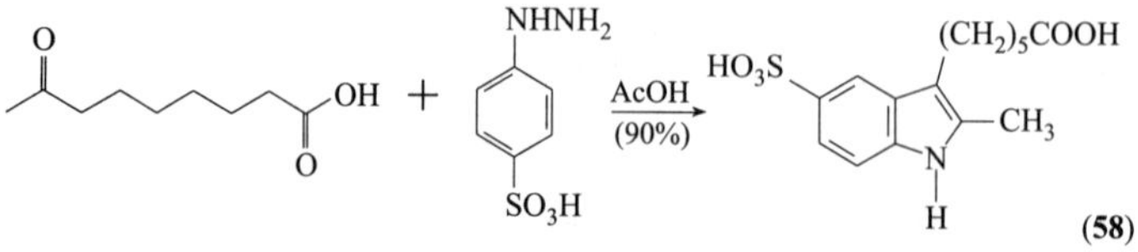

当使用芳香酮时产物比较单一。例如新药、染料中间体 2-苯基吲哚（**59**）的合成[91]。

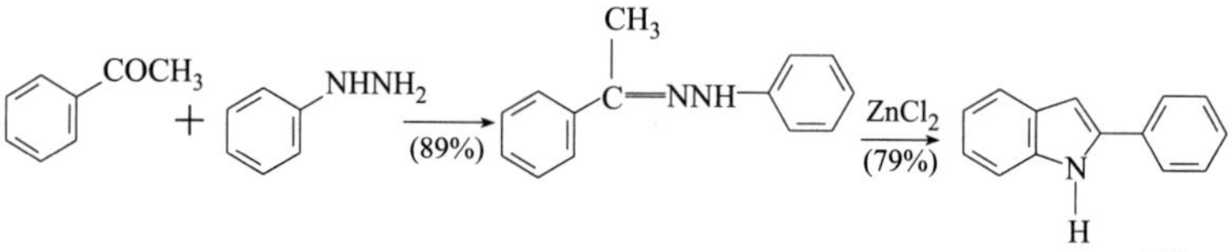

只有一个 α-氢的酮生成的腙，反应后得到假吲哚的衍生物。

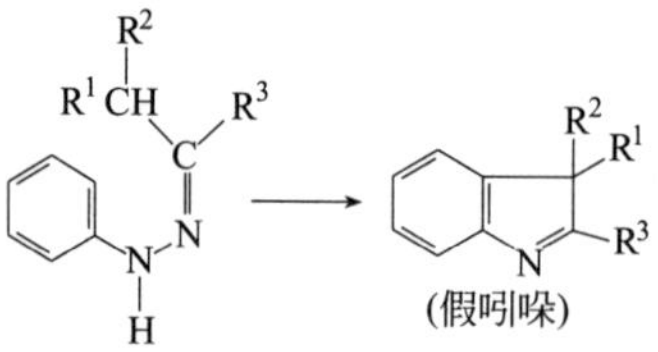

环己酮与苯肼反应生成的腙反应后生成四氢咔唑。

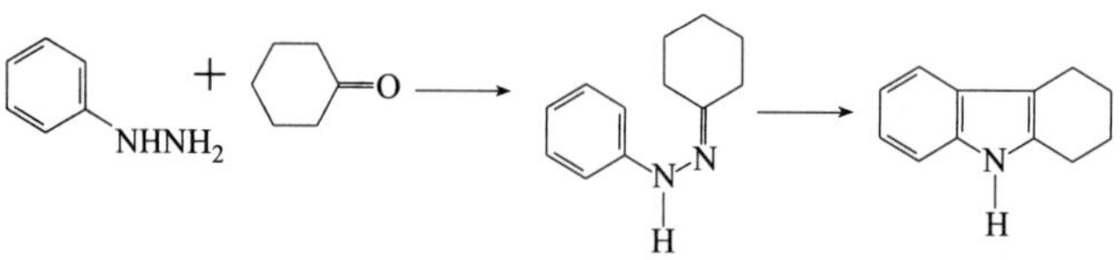

抗忧郁药丙辛吲哚盐酸盐中间体环辛并 [*b*] 吲哚（**60**）的合成如下[92]。

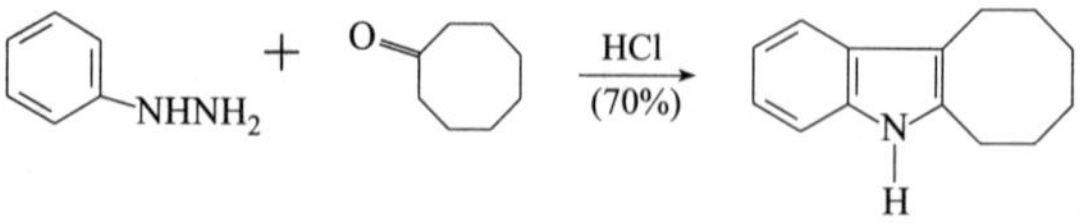

杂环酮与芳香肼生成的腙也可以发生该重排反应。例如：

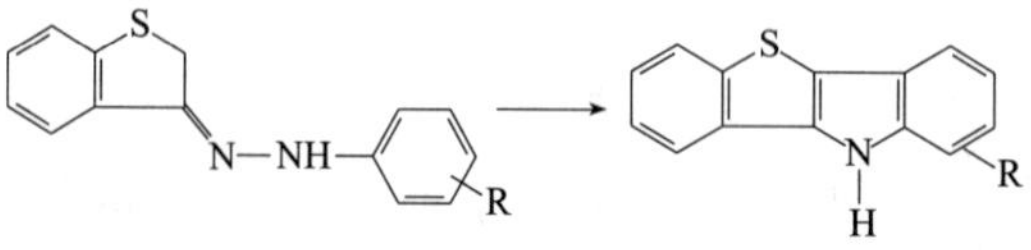

芳环上带有取代基的苯肼与醛、酮生成的腙也可发生该反应。具有给电子基团的芳香肼生成的腙易重排，而具有吸电子基团的芳香肼生成的腙重排要困难一些，但这种影响并

不大。

　　醛、酮与吡啶或喹啉的肼生成的腙也可以发生该重排反应。

　　Fischer 吲哚合成法常用的催化剂有无机酸，如浓盐酸、干燥的氯化氢、硫酸、磷酸、多聚磷酸等；Lewis 酸如三氟化硼、氯化亚酮、氯化锌、四氯化钛等金属卤化物，其中氯化锌最有效；有机酸如甲酸、对甲苯磺酸等。有些反应也可以不使用催化剂。某些过渡金属以及微波辐射也可以促进该反应。某些有机碱也可以作为催化剂，例如 EtONa、NaB(OAc)$_3$H 等。也有在离子液体中进行该反应的报道。

　　Fischer 吲哚合成法虽然应用广泛，但收率低、区域选择性低是其两个缺点，其中收率低是长期以来备受关注的问题。收率低当然与生成副产物有关。Fischer 吲哚合成法的主要副产物有如下三种：双吲哚、吲哚啉和聚线性吲哚。如何提高产品收率、提高反应的选择性仍然是该反应的研究内容之一。

◆ 参考文献 ◆

[1]　Gao X, Paquette L A. J Org Chem, 2005, 70 (1)：315.

[2]　Andrew E P, Neison J D, Rheingold A L. Tetrahedron Lett, 1997, 38 (13)：2235.

[3]　Schleyer P von R, Donaldson M M, Nicolas R D, et al. Org Synth, 1973, Coll Vol 5：16.

[4]　王爱霞，宋振雷，高栓虎等. 有机化学, 2007, 27 (9)：1171.

[5]　Furniss B S, Hannaford A J, Rogers V, et al. Vogel's Textbook of Practical Organic Chemistry. Fourth edition, Longman, London and New York. 1978：439.

[6]　Barnier J P, Champion J, Conia J M. Org Synth, 1990, Coll Vol 7：129.

[7]　边延江，贾志强. 有机化学, 2009, 29 (6)：975.

[8]　Shinohara T, Suzuki K. Tetrahedron Lett, 2002, 43：6937.

[9]　王世玉，李崇熙. 中国医药工业杂志, 1986, 17 (2)：49.

[10]　Thies R W, Pierce J R. I Org Chem, 1982, 47：798.

[11]　Miroslav K, Jan R. Org Synth, 1990, Coll Vol 7：114.

[12]　Smith M B, March J. March 高等有机化学——反应、机理与结构. 李艳梅译. 北京：化学工业出版社, 2009：200.

[13]　哈森其木格，王继明. 化学世界, 2008, 49 (10)：604.

[14]　US. 2010/0249451A1.

[15]　张磊. 现代化工. 2002, 22, 增刊：130.

[16]　程潜，李长荣，张彦文等. 合成化学, 1997, 5 (1)：97.

[17]　Meshram H M. US. 2010/0249451.

[18]　Lee V, Newman M S. Org Synth, 1970, 50：77.

[19]　鄢明国，黄耀东. 安徽化工, 2002, 2：22.

[20]　Bischoff C, Schroder K. Journal f. Prakt Chemie, 1981, 323 (4)：616.

[21]　Merour J Y, Coadau J Y. Tetrahedron Lett, 1991, 32 (22)：2469.

[22]　Majo V J, Venugopal M, Prince A A M, et al. Synth Commun, 1995, 25 (23)：3863.

[23]　刘宁，赵凌冲，余志华. 江苏化工, 2006, 17：14.

[24]　徐显秀，魏忠林，柏旭. 有机化学, 2006, 26 (3)：354.

[25]　王甦惠，王玉成. 徐州师大学报：自然科学报, 1999, 17 (2)：34.

[26]　卢旭耀，赵宝生. 精细化工, 1997, 14 (5)：46.

[27]　孟庆伟，曾伟，赖琼等. 中国医药工业杂志, 2006, 37 (1)：5.

［28］ 易健民，唐阔文，黄良.精细化工，2000，17（9）：552.

［29］ 张文治，束家友.中国医药工业杂志，2003，34（12）：593.

［30］ 郭忠武.医药工业，1988，19（6）：266.

［31］ 杨健，黄燕.中国医药工业杂志，2005，35（4）：195.

［32］ 黄光佛.湖北化工，2000，5：21.

［33］ Togo H，Nabana T，Yamaguchi K. J Org Chem，2000，65：8391.

［34］ Merrick R A. Julie B S，Alan E T，et al. Org Synth，1993，Coll Vol 8：132.

［35］ Shu F，Zhou Q. Synth Commun，1999，29（4）：567.

［36］ 邓勇，沈怡，严忠勤等.中国医药工业杂志，2005，36（3）：138.

［37］ 束蓓艳，吴雪松，岑均达.中国医药工业杂志，2010，41（12）：881.

［38］ Davis M C. Synth Commun，2007，37（20）：3519.

［39］ 江来恩，邓胜松.中国医药工业杂志，2010，41（4）：253.

［40］ Mookherjee B D，Trenkle R W，Petll R R. J Org Chem，1971，36（22）：3266.

［41］ Aube J，Milligan G I. J Am Chem Soc，1991，113：8965.

［42］ 孙一峰，宋化灿，徐晓航等.中山大学学报：自然科学版，2002，41（6）：42.

［43］ John L，Lamattina，Suleske R T. Org Synth，1986，64：19.

［44］ 蔡进，李铭东，张皎月等.中国新药杂志，2006，15（12）：987.

［45］ Tamura Y，Fujiwara H，Sumoto K，et al. Synth，1973：215.

［46］ Baumgarten H E，Petersen J M. Org Synth，1973，Coll Vol 5：909.

［47］ Parcell R P，Sanchez J P. J Org Chem，1981，46（25）：5229.

［48］ Chandler C L，Phillips A. J. Org Lett，2005，7：3493.

［49］ Alcaide B，Aly M F，Sierra M A. Tetrahedron Lett，1995，36（19）：3401.

［50］ 谢如刚，陈翌清，袁德其等.有机化学，1985，4：297.

［51］ 谢川，周荣，彭梦侠等.精细石油化工，1999，3：12.

［52］ 孙默然，卢宏涛，杨华.有机化学，2009，29（10）：1668.

［53］ 刘斌，李捷，朱畅蟾.上海师范大学学报，1995，23（2）：156.

［54］ 孙昌俊，茹淼焱.重排反应原理.北京：化学工业出版社，2017：140.

［55］ 高文涛，张朝花，李阳等.有机化学，2009，29（9）：1423.

［56］ Naito T，et al. Tetrahedron，2004，60：3893.

［57］ Nakai T，Mikami K. Org Reaction，1995，46：105.

［58］ 李正名，王天生，高振衡.有机化学，1990，10：427.

［59］ Nakai T，Mikami K，Taya S，et al. Tetrahedron Lett，1981，22：69.

［60］ 陈爱军，韩召耸.应用化工，2010，39（2）：303.

［61］ 王立平，李鸿波，梁伍等.中国医药工业杂志，2009，40（12）：885.

［62］ Murashige R，et al. Tetrahedron，2011，67（3）：641.

［63］ 王世辉，王岩，朱玉莹等.中国药物化学杂志，2010，20（5）：342.

［64］ 吕德刚，张奎，张雷.应用化工，2006，35（3）：240.

［65］ 袁淑军，吕春绪，蔡春.精细化工，2005，21（3）：230.

［66］ Harjani J R，et al. Tetrahedron Lett，2001，42：1791.

［67］ Dyke A M，Gill D M，Harvey J N，et al. Angew Chem Int Ed，2008，47：5067.

［68］ Nino A D，Donna L D，Maiuolo L，et al. Syhthesis，2008，3：459.

［69］ 郭翔海，刘彦明，司爱华等.石油化工，2008，37（8）：827.

［70］ 邱潇，姜佳俊，王幸仪等.有机化学，2005，25（5）：561.

［71］ Tordeux M，Wakselman C. J Fluorine Chem，1995，74：251.

［72］ Nakamura N. J Am Chem Soc，1983，105：7172.

［73］ 秦丙昌，陈静，朱文举等.化学研究与应用，2009，7：1079.

［74］ Truce W E，Robbins C R，Kreider E M. J Am Chem Soc，1966，88（17）：4027.

［75］ Maki Y, Hiramitsu T, Suzuki M. Tetrahedron, 1980, 36（14）: 2097.

［76］ Albrow V, Biswas K, Cranse A, et al. Tetrahedron: Asymmetry, 2003, 14: 2813.

［77］ Bi C F, Aspnes G E, Guzman-Perez A, et al. Tetrahedron Lett, 2008, 49: 1832.

［78］ 韩莹, 黄淑云, 李兴伟. 现代药物与临床, 2010, 25（2）: 142.

［79］ Suhre M H, Reif M, Kirsch S F. Org. Lett, 2005, 7: 3873.

［80］ Otter B A, Taube A, Fox J J. J Org Chem, 1971, 36（9）: 1251.

［81］ 尹炳柱, 王俊学, 姜海燕等. 化学通报, 1988, 5: 31.

［82］ Katayama H. Chem Pharm Bull, 1978, 26: 2027.

［83］ Benett J B. Synth, 1977: 589.

［84］ Molina P, Alajarin M, et al. J Org Chem, 1990, 55（25）: 6140.

［85］ Borgulya J, et al. Helv Chim Acta, 1973, 56: 14.

［86］ 段行信. 实用精细有机合成手册. 北京: 化学工业出版社, 2000: 431.

［87］ 符乃光, 陈平. 化学试剂, 2008, 30（11）: 865.

［88］ 陈勇, 蒋金芝, 王艳. 广州化学, 2008, 33（1）: 35.

［89］ 徐小军, 尤庆亮, 余朋高等. 化学与生物工程, 2013, 30（4）: 59.

［90］ 孙彦伟, 马军营, 孙超伟等. 河北科技大学学报, 2010, 31（3）: 93.

［91］ 孙昌俊, 曹晓冉, 王秀菊. 药物合成反应——理论与实践. 北京: 化学工业出版社, 2007: 437.

［92］ 孙昌俊, 曹晓冉, 王秀菊. 药物合成反应——理论与实践. 北京: 化学工业出版社, 2007: 452.

第十一章 | 缩合反应

缩合反应的含义很广，很难下一个确切的定义。一般来说，缩合反应是指两个或两个以上分子失去某一简单分子（如 H_2O、HX、ROH 等），从而生成新分子的反应，或同一分子发生分子内反应生成新分子，都称为缩合反应。就新键的形成而言，既包括碳碳键，又包括碳杂键；就反应类型而言，缩合反应与烃化反应、酰化反应及环合反应等的界限难以区分。

本章所讨论的内容，仅限于具有活泼氢的化合物与含羰基化合物（醛、酮、酯等）之间的加成和消除而形成碳碳键的反应，同时介绍协同反应。

第一节 醛、酮类化合物之间的缩合反应

这类反应主要包括羟醛缩合、安息香缩合和氨烷基化反应等。

一、羟醛缩合反应

含有 α-H 的醛、酮，在碱或酸的催化下，生成 β-羟基醛或酮的反应，称为羟醛缩合反应（Aldol 缩合）。β-羟基醛、酮经脱水可生成 α,β-不饱和醛、酮。经典的羟醛缩合为乙醛在碱催化下的缩合，生成巴豆醛。

$$2\ CH_3CHO \xrightarrow[\text{稀 NaOH}]{} \overset{\text{OH}}{\underset{|}{CH_3CHCH_2CHO}} \xrightarrow{-H_2O} CH_3CH=CHCHO$$

羟醛缩合可分为同分子醛、酮的自身缩合、异分子醛、酮的交叉缩合以及分子内的羟醛缩合。

1. 自身缩合

羟醛缩合反应既可被酸催化，也可被碱催化，但碱催化应用最多。

碱催化的反应机理：

式中，R′=H，烷基，芳基

碱（B^-）首先夺取一个 α-H 生成碳负离子，碳负离子烯醇化作为亲核试剂进攻另一分

子醛、酮的羰基进行亲核加成并质子化，生成 β-羟基化合物，后者在碱的作用下失去一分子水，生成 α,β-不饱和羰基化合物。

酸催化的反应机理：

$$RCH_2-\overset{O}{\overset{\|}{C}}-R' \xrightarrow{HA} \left[RCH_2-\overset{+OH}{\overset{\|}{C}}-R' \longleftrightarrow RCH_2-\overset{OH}{\underset{+}{\overset{|}{C}}}-R' \right] + A^-$$

$$RCH_2-\overset{O}{\overset{\|}{C}}-R' \xrightarrow{HA} RCH-\underset{H}{\overset{+OH}{\overset{\|}{C}}}-R' + A^- \Longleftrightarrow RCH=\overset{OH}{\overset{|}{C}}-R' + HA$$

$$RCH_2-\underset{+}{\overset{OH}{\overset{|}{C}}}-R' + RCH=\overset{OH}{\overset{|}{C}}-R' \Longleftrightarrow RCH_2\overset{OH}{\overset{|}{\underset{R'}{C}}}-\overset{R}{\overset{|}{C}H}-\overset{+OH}{\overset{\|}{C}}-R' \xrightarrow{-H^+}$$

$$RCH_2\overset{OH}{\underset{R'}{\overset{|}{C}}}-\overset{R}{\underset{}{\overset{|}{C}H}}-\overset{O}{\overset{\|}{C}}-R' \xrightarrow{H^+} RCH_2\overset{}{\underset{R'}{\overset{|}{C}}}=\overset{R}{\underset{}{\overset{|}{C}}}-\overset{O}{\overset{\|}{C}}-R' + H_2O$$

酸催化首先是醛、酮分子的羰基氧原子接受一个质子生成锌盐，从而提高了羰基碳原子的亲电活性，另一分子醛、酮的烯醇式结构的碳碳双键碳原子进攻羰基，生成 β-羟基醛、酮，而后失去一分子水生成 α,β-不饱和醛、酮。

催化剂对羟醛缩合反应的影响较大，常用的碱催化剂有碳酸钠（钾）、氢氧化钠（钾）、乙醇钠、磷酸钠、乙酸钠、叔丁醇铝、氢化钠、氨基钠等，有时也可用阴离子交换树脂。氢化钠等强碱一般用于活性差、空间位阻大的反应物之间的缩合，如酮-酮缩合，并且在非质子溶剂中进行反应。三乙胺等有机胺类化合物也是羟醛缩合反应中广泛应用的碱性催化剂。

常用的酸催化剂有盐酸、硫酸、对甲苯磺酸、阳离子交换树脂，以及三氟化硼等 Lewis酸。$(VO)_2P_2O_7$、α-$VOHPO_4$、铌酸和 MFI 沸石等也可以用作酸性催化剂。

将催化剂负载于固体载体上制成的固体酸或碱催化剂，也用于醛、酮的自身缩合反应。固体超强酸、固体超强碱催化的醛、酮的自身缩合也有不少报道，特别是酮的自身缩合。

含一个 α-活泼氢的醛自身缩合生成单一的 β-羟基醛，例如：

$$2(CH_3)_2CHCHO \xrightarrow[(85\%)]{KOH} (CH_3)_2CHCH-\overset{OH}{\underset{}{\overset{|}{C}}}(CH_3)_2\overset{O}{\overset{\|}{C}}H$$

含两个或两个以上 α-H 的醛自身缩合，在稀碱、低温条件下生成 β-羟基醛；温度较高或用酸作催化剂，均得到 α,β-不饱和醛。实际上多数情况下加成和脱水进行的很快，最终生成的是 α,β-不饱和醛。生成的 α,β-不饱和醛以醛基与另一个碳碳双键碳原子上的大基团处在反位上的异构体为主。例如：

$$2CH_3CH_2CH_2CHO \left\{ \begin{array}{l} \xrightarrow[(75\%)]{NaOH,25℃} CH_3CH_2CH_2CH-\underset{\overset{|}{OH}\ \ \overset{|}{C_2H_5}}{CHCHO} \\ \\ \xrightarrow[\text{或}H_2SO_4]{NaOH,80℃} \underset{H}{\overset{CH_3CH_2CH_2}{\diagdown}}C=C\underset{\overset{}{\underset{CHO}{\diagup}}}{\overset{C_2H_5}{\diagup}} + \underset{H}{\overset{CH_3CH_2CH_2}{\diagdown}}C=C\underset{\overset{}{\underset{C_2H_5}{\diagup}}}{\overset{CHO}{\diagup}} \end{array} \right.$$

（主）　　　　　　（次）

含 α-H 的脂肪酮自身缩合比醛慢得多，常用强碱来催化，如醇钠、叔丁醇铝等，有时也可以使用氢氧化钡。

丙酮自身缩合的速度很慢，反应平衡偏向于左方。达到平衡时，缩合物的浓度仅为丙酮的 0.01％。为了打破这种平衡，有时可以采用索氏提取方法，将氢氧化钡置于抽提器中，丙酮反复回流并与催化剂接触发生自身缩合，而缩合产物留在烧瓶中避免了可逆反应，提高了收率。有机合成中间体异亚丙基丙酮的合成如下[1]。

$$2\ CH_3COCH_3 \xrightarrow[\text{(68\%～74\%)}]{Ba(OH)_2} (CH_3)_2C{-}CH_2COCH_3 \xrightarrow[\text{(85\%～95\%)}]{I_2} (CH_3)_2C{=}CHCOCH_3$$
$$\underset{OH}{|}$$

丙酮的自身缩合，若采用弱酸性阳离子交换树脂（Dowex-50）为催化剂，可以直接得到缩合脱水产物，收率 79％。

苯乙酮在叔丁醇铝催化下自身缩合生成缩二苯乙酮。

$$2PhCOCH_3 \xrightarrow[\text{Xyl,}\triangle\text{(77\%～82\%)}]{Al(OBu\text{-}t)_3} \underset{Ph}{\overset{CH_3}{|}}C{-}CHCOPh$$

酮的自身缩合，若是对称的酮，缩合产物较简单，但若是不对称的酮自身缩合，则无论是碱催化还是酸催化，反应主要发生在羰基 α-位上取代基较少的碳原子上，得到相应的 β-羟基酮或其脱水产物。

$$2\ CH_3(CH_2)_n\overset{O}{\overset{||}{C}}CH_3 \xrightarrow[\text{(65\%)}]{HO^- \text{ 或 } H^+} CH_3(CH_2)_n\underset{CH_3}{\overset{|}{C}}{=}\overset{O}{\overset{||}{C}}CH(CH_2)_nCH_3$$

根据插烯原理，羟醛缩合反应中，γ-位具有活泼氢的 α,β-不饱和羰基化合物，反应时发生在 γ-位。

2. 交叉缩合

在不同的醛、酮分子间进行的缩合反应称为交叉羟醛缩合。交叉羟醛缩合主要有如下两种情况。

（1）两种含 α-H 的不同醛、酮的交叉缩合　当两个不同的含 α-H 的醛进行缩合时，若二者的活性差别小，则在制备上无应用价值。因为除了生成两种交叉缩合产物外，还有两种自身缩合产物，加之脱水后生成 α,β-不饱和化合物，产物极为复杂。若二者活性差别较大，利用不同的反应条件，仍可得到某一主要产物。例如：

$$CH_3CHO + CH_3CH_2CH_2CHO \longrightarrow \begin{cases} \xrightarrow{NaOH} CH_3CH_2CH_2CHCH_2CHO \xrightarrow[-H_2O]{} CH_3CH_2CH_2CH{=}CHCHO \\ \qquad\qquad\qquad\quad \underset{OH}{|} \qquad\qquad\qquad\qquad\qquad \text{（主）} \\ \xrightarrow[rt]{HCl} CH_3CHCHCHO \xrightarrow[-H_2O]{} CH_3CH{=}CCHO \\ \qquad\quad \underset{OCH_3}{|} \qquad\qquad\qquad\quad \underset{CH_3}{|}\ \text{（主）} \end{cases}$$

含 α-H 的醛与含 α-H 的酮，在碱性条件下缩合时，由于酮自身缩合困难，将醛慢慢滴加到含催化剂的酮中，可有效地抑制醛的自身缩合，主要产物是 β-羟基酮，后者失水生成 α,β-不饱和酮。例如：

$$(CH_3)_2CHCHO + CH_3COCH_3 \xrightarrow{NaOH} (CH_3)_2CHCHCH_2\overset{O}{\overset{||}{C}}CH_3 \xrightarrow[\text{(60\%)}]{-H_2O} (CH_3)_2CHCH{=}CHCOCH_3$$
$$\qquad\qquad\qquad\qquad\qquad\qquad\qquad\qquad \underset{OH}{\overset{OH}{|}}$$

对于不对称的甲基酮，无论酸催化还是碱催化，与醛反应时常常主要得到双键上取代基较多的 α,β-不饱和酮。

$$CH_3CH_2CHO + CH_3CH_2COCH_3 \xrightarrow{H^+ \text{ 或 } OH^-} CH_3CH_2CH{=}\underset{\underset{CH_3}{|}}{C}COCH_3 + H_2O$$

（2）不含 α-H 的甲醛、芳醛、酮与含 α-H 的醛、酮的缩合 在碱性催化剂如氢氧化钠（钾）、氢氧化钙、碳酸钠（钾）、叔胺等存在下，甲醛与含 α-H 的醛、酮反应，在醛、酮的 α-碳原子上引入羟甲基，该反应称为 Tollens 缩合反应，又称为羟甲基化反应。

反应可以停止于这一步，但更常见的是通过交叉的 Cannizzaro 反应，另一分子的甲醛将新生成的羟基醛还原为 1,3-二醇。例如：

$$(CH_3)_2CHCHO + HCHO \xrightarrow{NaOH} (CH_3)_2\underset{\underset{CH_2OH}{|}}{C}CHO \xrightarrow{HCHO} (CH_3)_2C(CH_2OH)_2 + HCO_2Na$$

如果醛或酮具有多个 α-氢，则它们都可以发生该反应。该反应的一个重要的用途是由乙醛和甲醛合成季戊四醇。季戊四醇是重要的化工原料，也是医药、农药、炸药等的中间体。

$$CH_3CHO + 3HCHO \xrightarrow{\text{碱}} \underset{\text{三羟甲基乙醛}}{(HOCH_2)_3CCHO} \xrightarrow[\text{碱}]{HCHO} \underset{\text{季戊四醇}}{C(CH_2OH)_4} + \underset{\text{（以甲酸盐的形式）}}{HCOOH}$$

环己酮与过量的甲醛可以发生如下反应，生成的产物是降血脂药尼克莫尔（Nicomol）的中间体 2,2,6,6-四羟甲基环己醇（**1**）[2]。

芳香醛与含 α-H 的醛、酮在碱催化下进行羟醛缩合，脱水后生成 α,β-不饱和羰基化合物的反应，称为 Claisen-Schmidt 反应。例如苯甲醛与乙醛的反应。

反应中可生成两种醇醛，反应可逆，$K_2 \gg K_1$。由于交叉缩合反应生成的醇醛分子中，羟基受到苯环和醛基影响，很容易发生不可逆的脱水反应，生成 α,β-不饱和醛，因此经过一定时间后，体系中乙醛的自身缩合物逐渐经过平衡体系变为交叉缩合产物，最终生成肉桂醛。

心脏病治疗药酸普罗帕酮（Propafenone hydrochloride）中间体 2'-羟基查尔酮（**2**）的合成如下[3]。

取代苯甲醛与丙酮的 Claisen-Schmidt 反应，芳环上连有吸电子基团的苯甲醛更容易发生缩合反应，而连有给电子基团的苯甲醛则需要更苛刻的反应条件。原因是 Claisen-Schmidt 反应属于羰基上的亲核加成，当苯环上连有吸电子基团时，羰基碳上的正电性增强，有利于亲核试剂的进攻[4]。

如下两种不同的酮也可以发生交叉羟醛缩合反应，生成的产物（**3**）是抗肿瘤药靛玉红（Indirubin）原料药[5]。

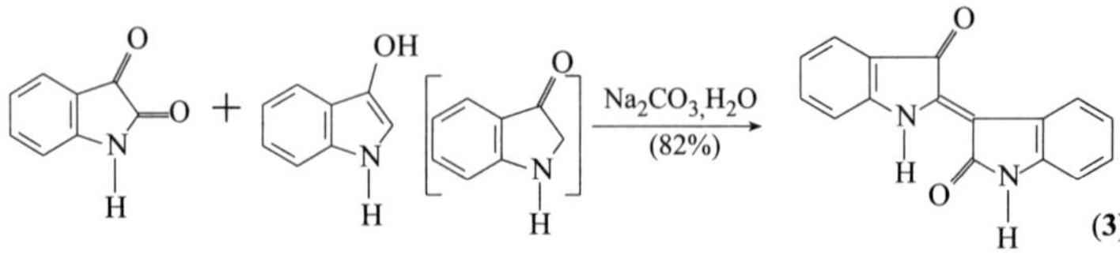

近年来，碱性离子液体催化的 Claisen-Schmidt 反应、大环聚醚催化下的 Claisen-Schmidt 反应、近临界水中的 Claisen-Schmidt 反应以及超声波、微波促进下的 Claisen-Schmidt 反应也不断有报道。

3. 分子内的羟醛缩合反应和 Robinson 环化

脂肪族二元醛酮，只要两个羰基距离合适，可进行分子内的羟醛缩合，生成环状的 α,β-不饱和羰基化合物，是合成五六元环状化合物的重要方法之一。由于分子内缩合比分子间缩合容易进行，收率一般比较高。例如：

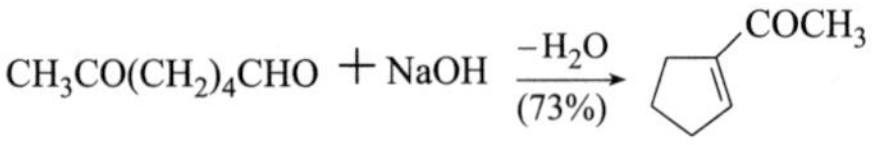

分子内的羟醛缩合反应，可以大致分为二醛缩合、二酮缩合、醛酮缩合三种类型。除了直接使用醛、酮之外，有些反应物常常是通过醇、缩醛（缩酮）、烯醇（烯醇醚、烯醇酯）、烯胺、Mannich 碱、季铵盐、氯乙烯等原位产生羰基。此外，Michael 加成是合成 1,5-二酮和 δ-醛酮的重要方法，它们常常不需分离而直接进行分子内的羟醛缩合反应（Robinson, 环化）。Robinson 环化反应常常用于合成并环类化合物。例如：

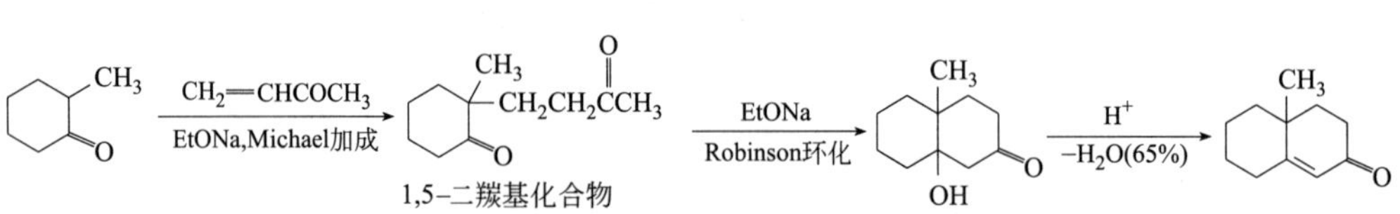

二醛缩合——脂肪族 α,ω-二醛（链长>C$_5$）在中等条件下（酸或碱催化）生成环状的 α,β-不饱和醛。已经报道的用这种方法合成的产物有五元环、六元环、七元环、十五元环、十七元环化合物等。1,6-二醛生成环戊烯醛，1,7-二醛生成环己烯醛。

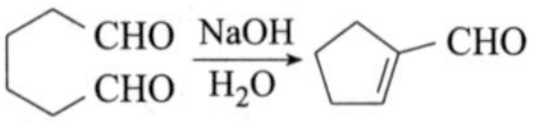

反应应当在高度稀释的条件下进行，以减少分子间交叉缩合，提高环化产物的收率。

如下二缩醛在酸性条件下原位生成二醛，而后可发生分子内羟醛缩合反应生成环状烯醛。

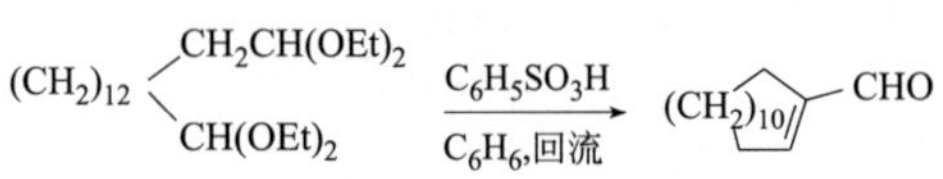

二酮缩合——利用二酮的自身缩合反应是合成环状 α,β-不饱和酮或环状 β-醇酮的常用方法，六元环化合物容易生成。利用 1,5-二酮可以生成环己烯酮；1,7-二酮容易生成酰基环己烯衍生物。

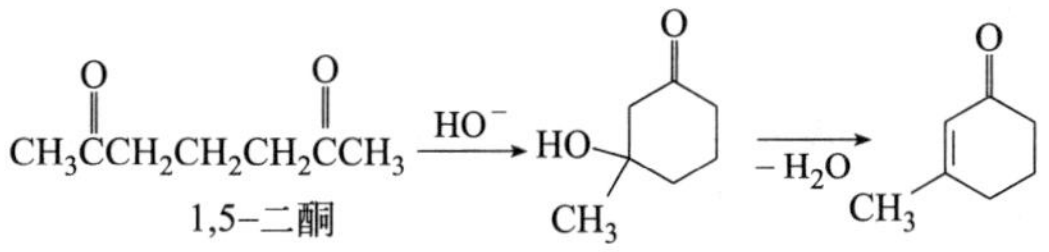

普通的酸或碱（如 HCl，醇钠等）对分子内的羟醛缩合是有效的，有时也可以使用仲胺类化合物，如哌啶、四氢吡咯等。

1,4-二酮可以生成环戊烯酮衍生物，例如新药开发中间体 3-甲基-2-环戊烯酮（**4**）的合成[6]。

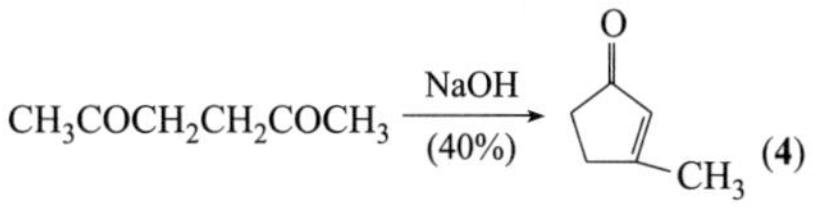

1,6-二酮也容易生成酰基环戊烯衍生物。例如：

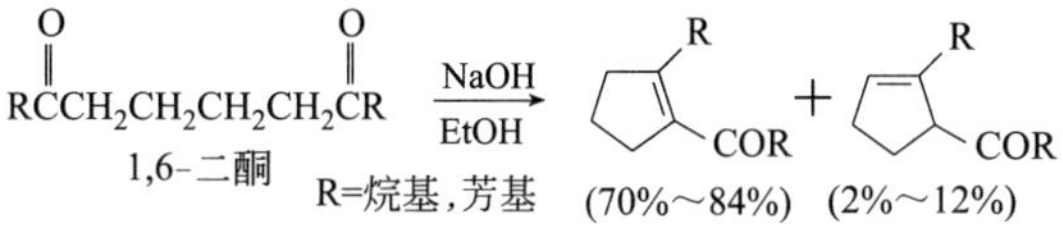

环酮也可以发生该反应。例如：

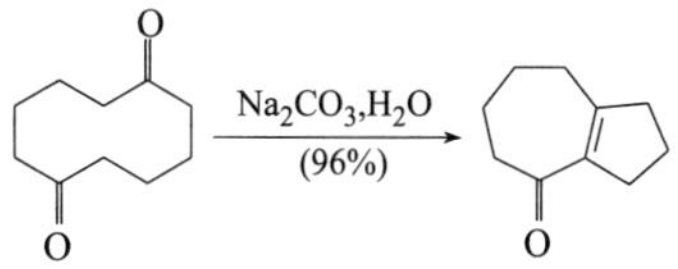

同一反应物在不同的条件下可能生成不同的环化产物。例如：

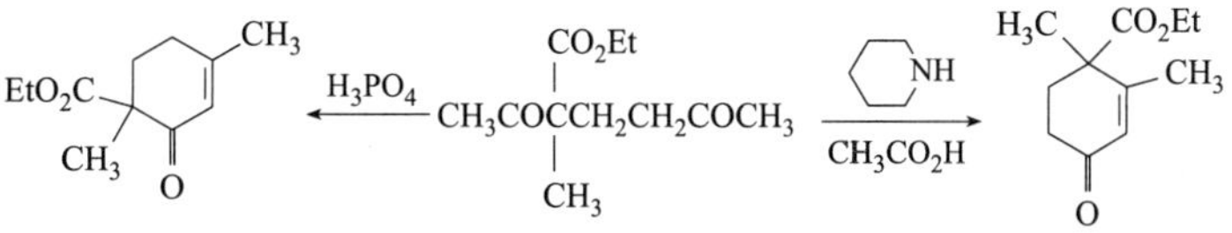

在哌啶催化下可能是首先生成烯胺，而后再进行分子内的羟醛缩合反应；而在酸催化下则生成热力学更稳定的产物。

在如下反应中，酸和碱两种催化剂也得到了不同的反应产物。

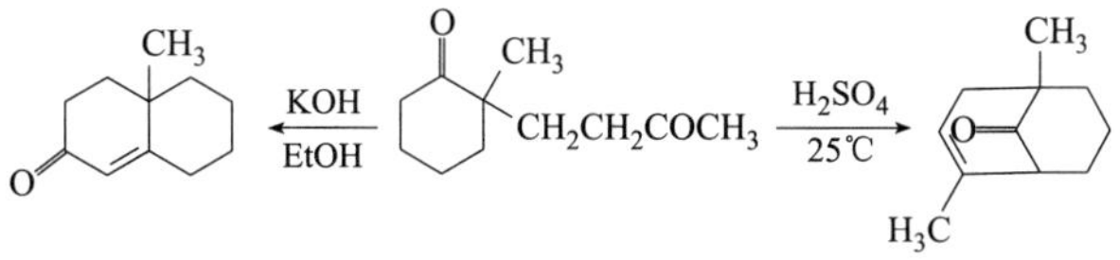

碱催化时，原料侧链甲基酮的甲基对环上羰基进攻进行羟醛缩合反应；而酸催化时是环酮的羰基 α-位亚甲基对侧链羰基的进攻进行羟醛缩合反应。

酮醛缩合——酮醛（有时原位产生）发生分子内的羟醛缩合反应生成环状化合物，常见的是五元环和六元环化合物的合成。例如如下甾族化合物的合成：

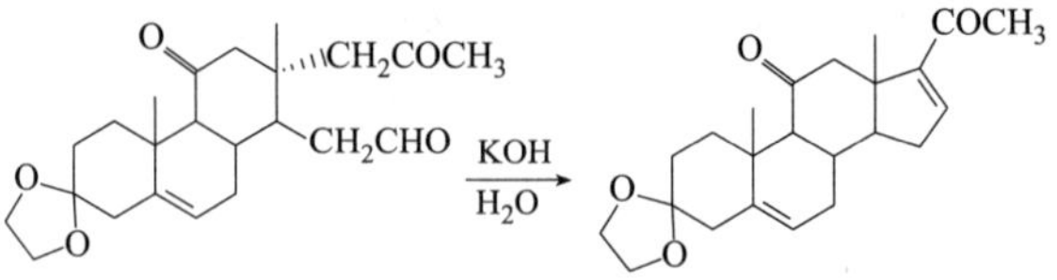

在上述反应中，是酮的 α-碳原子进攻醛的羰基而发生的羟醛缩合反应。而在下面的反应中则生成了五元环的醛，而不是七元环的酮。

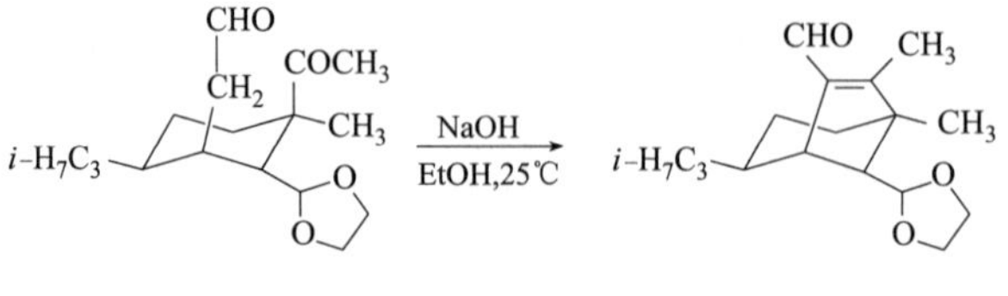

这种结果似乎说明主要的影响因素是产物的结构和生成的环的大小而不是醛或酮基团的反应活性。

在如下 6-氧代-3-异丙基庚醛的反应中，使用哌啶乙酸盐作催化剂时，只生成 2-甲基-5-异丙基-1-环戊烯-1-甲醛，而在氢氧化钾或酸作催化剂时，则 1-乙酰基-4-异丙基-1-环戊烯是主要产物。

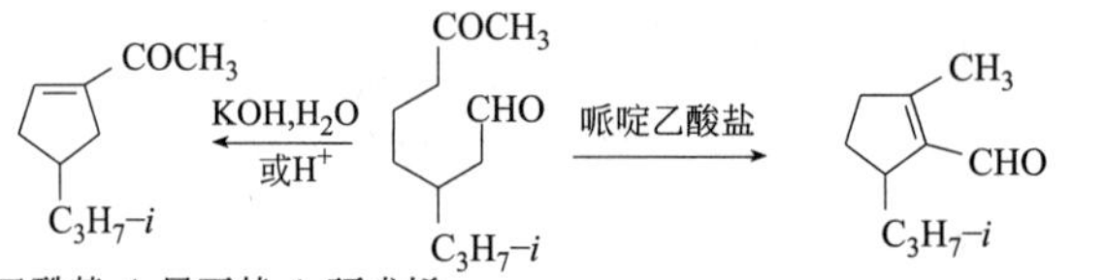

1-乙酰基-4-异丙基-1-环戊烯　　2-甲基-5-异丙基-1-环戊烯-1-甲醛

上述结果可以这样来解释：在哌啶盐作催化剂时，比较活泼的醛基容易与哌啶生成烯胺（动力学控制）并进而进攻酮的羰基，最终生成 2-甲基-5-异丙基-1-环戊烯-1-甲醛；在氢氧化钾或酸催化时，更容易发生烯醇化的酮（热力学控制）进攻醛的羰基，并最终生成 1-乙酰基-4-异丙基-1-环戊烯。

酮与 α,β-不饱和醛发生 Michael 加成生成 δ-醛酮，后者环化生成环状不饱和酮。

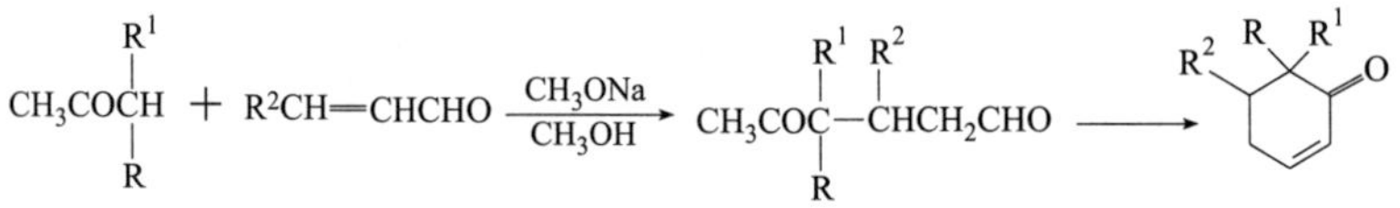

利用该反应可以合成桥环化合物，生成的桥环化合物不容易脱水。例如：

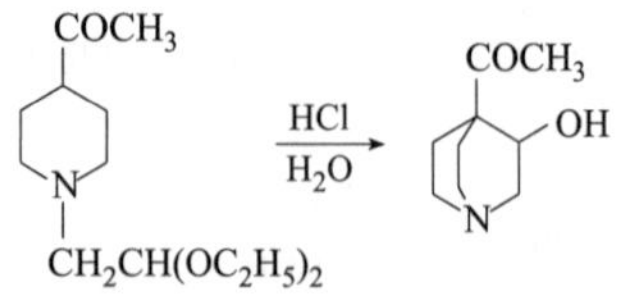

4. 定向羟醛缩合

前已述及，含 α-氢的不同醛、酮分子之间，可以发生自身的羟醛缩合，也可以发生交叉羟醛缩合，产物复杂，缺少制备价值。但近年来含 α-氢的不同醛、酮分子之间的区域选择性及立体选择性的羟醛缩合，已发展为一类形成新的碳碳键的重要方法，这种方法称为定向羟醛缩合。定向羟醛缩合采用的主要方法是将亲核试剂完全转化为烯醇盐、烯醇硅醚、亚

胺负离子或腙 α-碳负离子，而后使其作为亲核试剂与羰基化合物反应。只要加成速率大于质子交换以及通过其他机理进行亲核体—亲电体相互转变的速率，将可以得到预期的产物。这类反应有时也叫引导的羟醛缩合反应（Directed aldol reaction）。

（1）烯醇盐法

$$C_3H_7COCH_3 \xrightarrow[-78℃]{LDA-THF} C_3H_7\overset{OLi}{\underset{}{C}}=CH_2 \xrightarrow[2.H_3^+O(65\%)]{1.\ CH_3(CH_2)_2CHO} C_3H_7\overset{O}{\underset{}{C}}-CH_2\overset{OH}{\underset{}{CH}}(CH_2)_2CH_3$$

反应中先将醛、酮的某一组分，在强碱作用下形成烯醇负离子或等效体，而后再与另一分子的醛、酮反应，从而实现区域或立体选择性羟醛缩合。烯醇盐主要有烯醇锂、烯醇镁、烯醇钛、烯醇锆、烯醇锡等。对于这类反应，无论是烯醇负离子的形成，还是在加成步骤，均需在动力学控制的条件下进行。

使用强碱 LDA，在非质子性溶剂中低温下，对具有明显差异的不对称酮去质子化是产生动力学控制烯醇负离子的一种简便方法，生成的负离子对醛的加成收率很好。

有报道称，Lewis 酸 $TiCl_4$ 及 Lewis 酸-Lewis 碱组合试剂 $[TiCl_4\text{-}n\text{-}Bu_3N]$ 或 $[Ti(OBu\text{-}n)_4\text{-}t\text{-}BuOK]$ 促进的羟醛缩合，不但可以直接使用醛、酮本身，而且反应表现出高化学选择性、高区域选择性和高收率。例如如下反应，用 $TiCl_4$ 催化醛与酮的交叉羟醛缩合反应，可以选择性地在不对称酮取代基较多的一边进行反应。虽然反应机理尚不太清楚，不过所使用的条件显然是热力学控制的条件。

区域选择性 91：1
立体选择性 76：24 (*syn*：*anti*)

（2）烯醇硅醚法　烯醇硅醚是烯醇负离子的一种常用形式。

先将一种羰基化合物与三甲基氯硅烷反应生成烯醇硅醚，而后再在四氯化钛、三氟化硼、四烃基氟化铵等 Lewis 酸催化剂存在下与另一分子的羰基化合物发生羟醛缩合。烯醇硅醚对酮羰基的亲核能力不强，不能直接与酮反应，$TiCl_4$ 等 Lewis 酸与酮羰基配位可以起到活化作用，从而可以诱导烯醇硅醚对羰基化合物的加成生成羟醛缩合产物。例如有机合成中间体 3-羟基-3-甲基-1-苯基-1-丁酮的合成[7]。

该反应是由 MuKaiyama T 于 1973～1974 年提出来的，后来称为 MuKaiyama 反应。这是定向羟醛缩合的一种重要方法，应用广泛。

MuKaiyama 反应的羰基化合物可以是醛、酮、缩醛或缩酮、酮酸酯等。反应具有良好的化学选择性，在酮和醛同时存在的情况下，醛优先反应，与酮的反应快于与酯的反应。由于反应是在酸性条件下进行，也可以直接与缩醛、缩酮反应，生成 β-醚酮。例如：

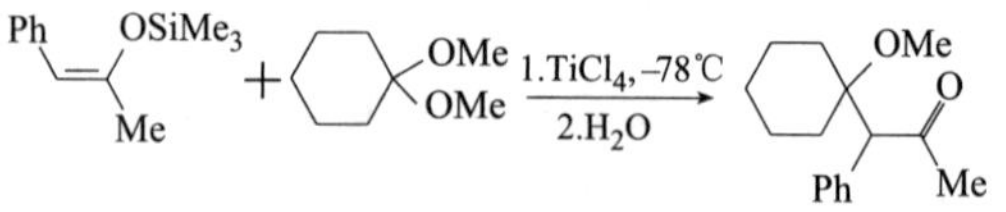

使用缩醛和缩酮的主要优点是它们在羟醛缩合反应中只能作为亲电试剂参与反应，从而避免了羰基化合物由于烯醇化而导致的可能副反应。

MuKaiyama 羟醛缩合反应显示较强的溶剂效应。在经典的条件下，最佳溶剂是二氯甲烷，使用苯和烷烃收率下降。乙醚、THF、二氧六环会与 Lewis 酸结合使反应难以进行。质子性溶剂如乙醇较少使用。具有 Lewis 碱性的溶剂如 DMF 偶尔用于一些特殊硅醚的反应。

氟离子也可以诱导 MuKaiyama 反应。反应中氟离子首先进攻硅生成三甲基氟硅烷和烯醇负离子，后者与醛反应生成加成物。

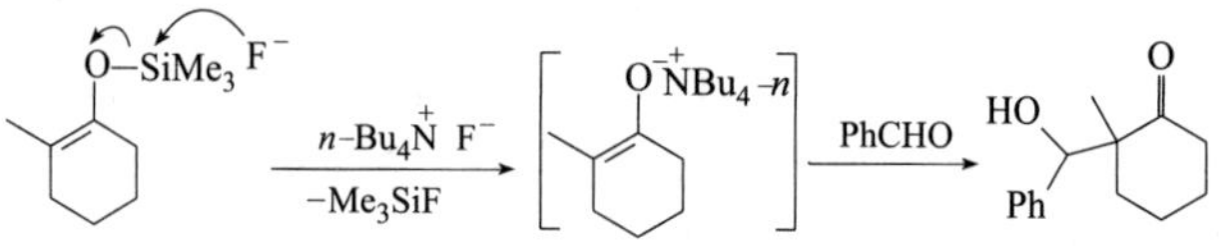

（3）亚胺法　醛形成的碳负离子容易发生自身缩合，这一问题的解决方法是先使醛与胺反应生成亚胺或 N,N-二甲基腙的氮杂烯醇负离子等合成等效体。醛与胺生成亚胺，再与 LDA 反应生成亚胺锂，而后再与另一分子的醛、酮发生羟醛缩合，生成 α,β-不饱和醛或 β-羟基醛。

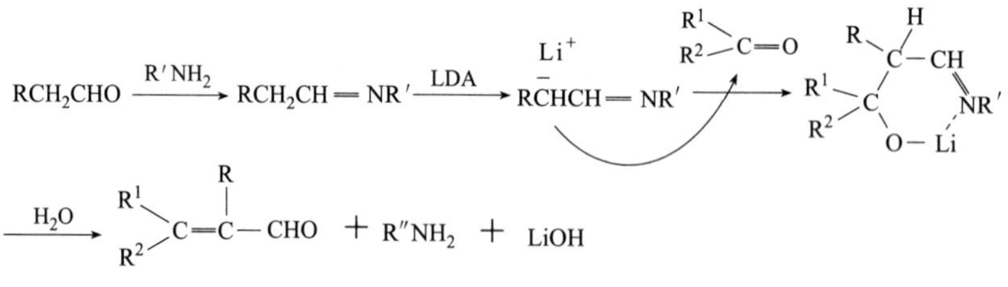

例如

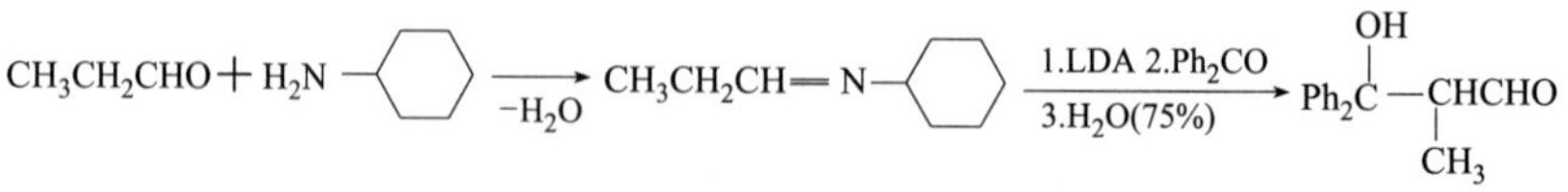

常用的等效体如下：

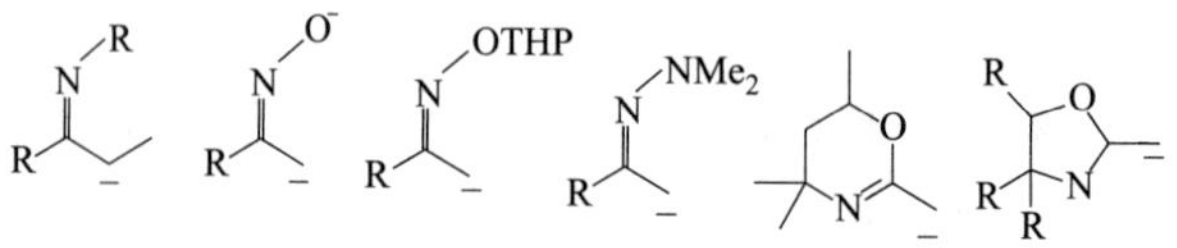

（4）烯醇硼化物法　烯醇硼化物也是定向羟醛缩合的重要等效体。烯醇硼化物可以在温和的条件下快速与醛发生羟醛缩合加成，而且非对映立体选择性好。烯醇硼化物比烯醇锂化物更具有共价键特征，结构更紧密。该方法可以以优异的收率得到 β-羟基羰基化合物。

$$R^1R^2C = CR^3(OBR^4_2) + R^5R^6CO \longrightarrow \underset{R^6}{\overset{R^1 \; R^2 \; R^3}{\bigg|}} \underset{O-B}{\overset{R^5}{\bigg|}} \underset{R^4}{\overset{O}{\bigg|}} \xrightarrow{H_2O} R^5R^6C(OH)C(R^1R^2)COR^3$$

$$n\text{-}C_4H_9CH = C(C_6H_5)OB(C_4H_9\text{-}n)_2 \xrightarrow[\text{2.H}_2O]{\text{1.PhCHO}} \underset{\text{PhCH}}{\overset{OH}{\bigg|}} \underset{\text{CH}}{\overset{C_4H_9\text{-}n}{\bigg|}} \text{COC}_6H_5$$

上式中的烯醇硼化物可以用多种方法来制备[8]。

（5）Morita-Baylis-Hillman 反应　该反应是 α,β-不饱和化合物，在叔胺或三烃基膦催化下，与醛发生的羟醛缩合反应，也叫 Baylis-Hillman 反应，有时也称为 Rauhut-Currier 反应。该反应是一个连有吸电子基团的烯（缺电子烯）与一个羰基（醛亚胺）碳之间形成 C-C 键的反应。缺电子烯烃包括丙烯酸酯、丙烯腈、乙烯基酮、乙烯基砜、丙烯醛等。亲核性碳可以是醛、α-烷氧基羰基酮、醛亚胺和 Michael 反应的受体等。

$$\underset{R^1}{\overset{X}{\bigg|}} R^2 + \overset{EWG}{\diagup} \xrightarrow{\text{叔胺}} \underset{R^2}{\overset{R^1 \; XH}{\bigg|}} \overset{EWG}{\diagdown}$$

X = O, NR_2
EWG = CO_2R, COR, CHO, CN, SO_2R, SO_3R, PO(OR)_2, CONR_2, CH=CHCO_2R

具体例子如下。

反应机理如下。

叔胺或三苯基膦首先与 α,β-不饱和化合物进行共轭加成生成烯醇负离子，再与醛进行羟醛缩合，最后经质子交换、β-消除形成 α,β-不饱和键。总的结果是 α,β-不饱和化合物的 α-碳负离子与醛、酮羰基的加成反应。

很多 α,β-不饱和化合物都适用于该反应，如上述反应式中列出的。除了醛之外，亚胺鎓、活化的酮、活化的亚胺也可以作为亲电体。

该反应作为催化剂的 Lewis 碱，包括叔胺（DABCO、DBU、DMAP）、三苯基膦和 Lewis 酸-碱体系所产生的卤素负离子等。$TiCl_4$ 也可以作为催化剂，其原理是体系中产生的氯负离子起着该反应中叔胺的作用，即亲核试剂和离去基团的双重作用。

例如如下反应[9]：

$$p\text{-}O_2NPhCHO + \overset{O}{\diagup\diagdown} \xrightarrow[\text{CH}_2\text{Cl}_2, -78℃(91\%)]{\text{TiCl}_4, \text{Bu}_4\text{NBr}} p\text{-}O_2NPh \overset{OH \; O}{\underset{Cl}{\bigg|}}$$

5. 类羟醛缩合反应

醛、酮可以发生羟醛缩合反应，还有其他一些稳定的碳负离子同样可以与醛、酮反应，称为类羟醛缩合反应。其中比较常见的有烯丙基负离子、具有 α-H 的硝基化合物负离子、环戊二烯负离子等。

（1）**烯丙基负离子等效体**　在 Lewis 作用下，许多烯丙型的金属或非金属化合物可以与醛反应，生成的烯烃经氧化断键后可以生成 β-羟基醛，因此该类反应等效于醛的交叉羟醛缩合反应。

反应具有很高的立体选择性，选择不同的 M 和反应条件，可以得到不同的立体异构体的产物（*syn* 或 *anti*）。

（2）**硝基化合物的类羟醛缩合反应**　含有 α-H 的硝基烷烃，由于硝基的强吸电子作用，α-H 具有酸性，在碱的作用下可以生成碳负离子，后者与醛反应生成 β-硝基醇。该反应称为 Henry 反应。硝基甲烷有三个 α-H，伯硝基烷有两个 α-H，它们都可以进行该反应。芳香醛发生该反应时，容易直接脱水生成共轭的硝基化合物。

抗血栓药盐酸噻氯匹定（Ticlopidine hydrochloride）中间体（**5**）的合成如下[10]。

除了硝基甲烷外，其他具有 α-H 的硝基烷也可发生类羟醛缩合反应，例如帕金森病治疗药物卡比多巴的中间体（**6**）的合成[11]。

将硝基烷烃转化为亚胺酸硅酯可以得到高收率的产物。

在上述反应中亚胺酸硅酯在氟离子的作用下生成亚胺酸负离子，后者与醛反应生成的主要产物为 *anti*-异构体。

提高反应收率的另一种方法是硝基烷经 LDA 去质子化生成双锂盐，而后再与醛反应，

酸化后可以得到 *syn*-异构体。

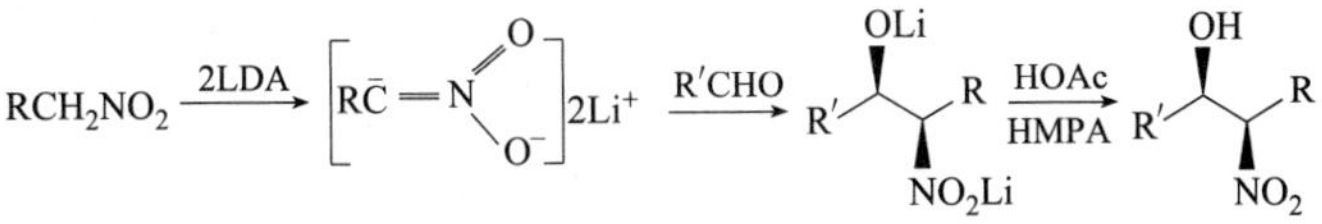

$$RCH_2NO_2 \xrightarrow{2LDA} [R\bar{C}=N\overset{O}{\underset{O^-}{}}]2Li^+ \xrightarrow{R'CHO} R'\underset{NO_2Li}{\overset{OLi}{|}}R \xrightarrow[HMPA]{HOAc} R'\underset{NO_2}{\overset{OH}{|}}R$$

含有 α-H 的腈也可以发生类似的反应。

（3）环戊二烯负离子参与的类羟醛缩合反应　环戊二烯、茚、芴等含活泼亚甲基的化合物，在碱的作用下可以生成具有芳香性的稳定负离子，后者可以与羰基化合物发生类羟醛缩合反应。例如：

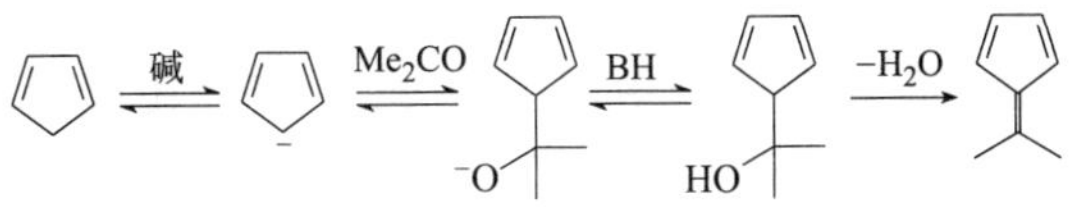

二、安息香缩合反应

苯甲醛在氰离子催化下自身缩合生成二苯基羟乙酮（安息香），这种特殊的缩合反应称为安息香缩合反应。

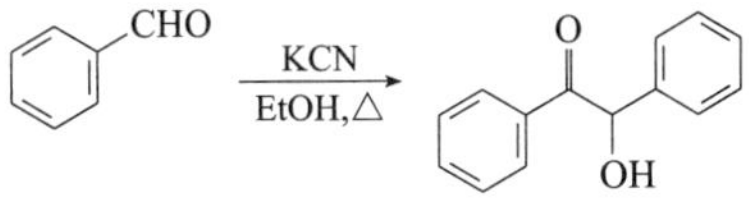

反应机理如下：

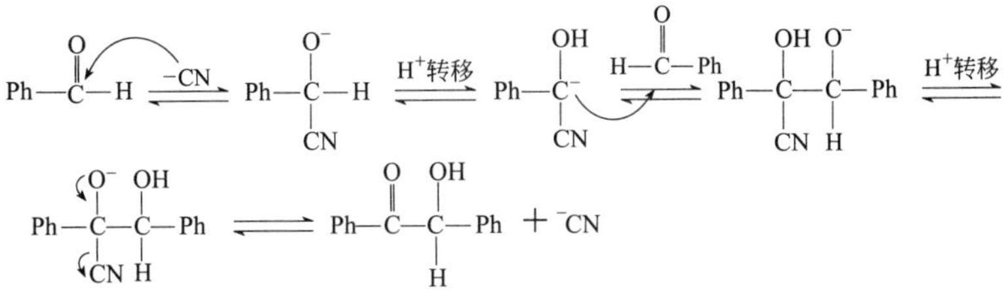

由上述机理可知，氰基负离子有三种作用。一是作为亲核试剂进攻芳醛的羰基；二是由于氰基吸电子作用，从而促进发生质子转移生成碳负离子，使之成为亲核基团；三是氰基作为一个离去基团离去，因为氰基是一个好的离去基团。

在上述机理中，关键步骤是失去质子生成碳负离子，由于氰基强的吸电子作用，从而使得原来醛的 C-H 键的酸性增强，更有利于离去生成碳负离子。

两个醛分子具有明显的不同作用，反应中通常将在产物中不含 C-H 键的醛称为给体，因为它将氢原子提供给了另一个醛分子受体的氧原子。有些醛只能起其中的一种作用，因而不能发生自身缩合，但它们常常可以与另外的不同的醛缩合。例如，对二甲胺基苯甲醛就不是一个受体，而只是一个给体，它自身不能缩合，但可以与苯甲醛缩合。苯甲醛可以起两重作用，但作为受体要比给体更好。

安息香缩合是可逆的，若将安息香与对甲氧基苯甲醛在氰化钾存在下反应，得到交叉结构的安息香类化合物。

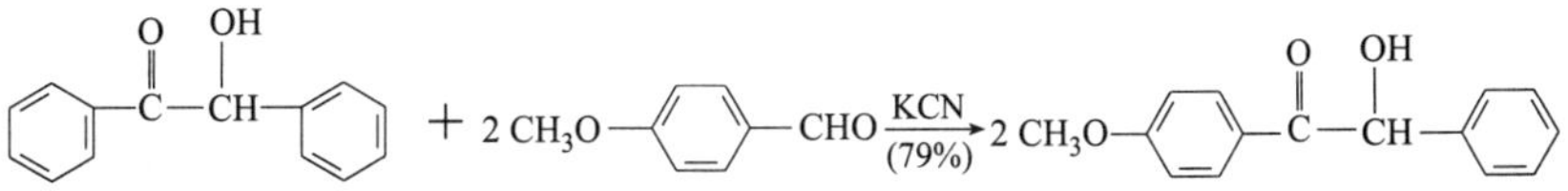

芳环上有给电子基团时，使得羰基活性降低，不利于安息香缩合，而芳环上有吸电子基团时，虽可增加羰基的活性，有利于氰基的加成，但加成后的碳负离子却因吸电子基团的影响而变的稳定，不容易与另一分子芳香醛反应，也会使安息香缩合不容易发生。但有给电子基团或吸电子基团的芳香醛，二者都可发生交叉的安息香缩合，生成交叉结构的安息香产物。

一些杂环芳香醛也可以发生该反应。例如呋喃甲醛可发生类似的反应[12]：

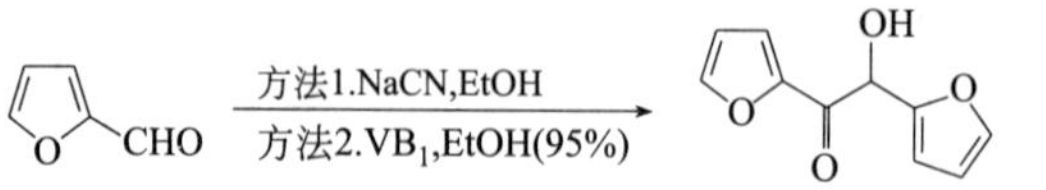

CHO
方法1.NaCN,EtOH
方法2.VB1,EtOH(95%)
OH
O

用氰基负离子催化脂肪族醛不能得到预期结果，因为其碱性太强，易发生羟醛缩合反应。

安息香缩合反应的催化剂除了氰化钠、氰化钾之外，也可用汞、镁、钡的氰化物。上世纪 70 年代末发现维生素 B_1（磺胺素）可以代替剧毒的氰化物。其结构如下：

NH2
H3C
CH2CH2OH
H3C
CH2
S · Cl−
H

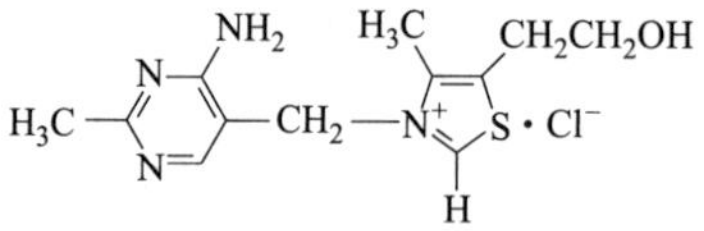

分子中有一个嘧啶环和一个噻唑环，噻唑环可以起到与氰基负离子相似的作用，反应中首先被碱夺去噻唑环上的一个质子生成碳负离子，此碳负离子作为亲核试剂进攻芳醛的羰基，最后再作为离去基团离去。

抗癫痫药、抗心律失常药苯妥英钠（Phenytoinum natricum）、胃病治疗药贝那替嗪（Benactyzine）等的中间体苯偶姻（**7**）的合成如下[13]。

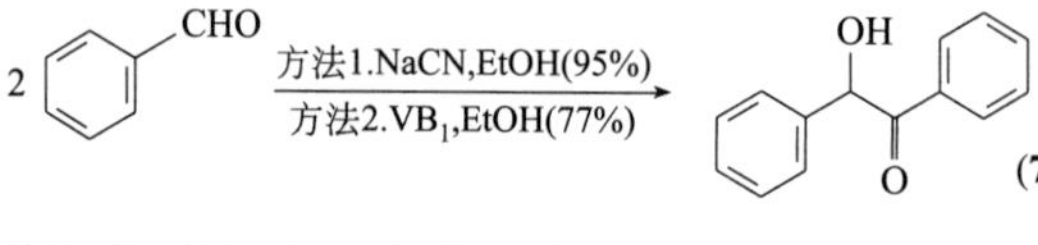

2
CHO
方法1.NaCN,EtOH(95%)
方法2.VB1,EtOH(77%)
OH
O

(**7**)

近年来还发现噻唑啉负离子和烷基或芳基咪唑啉啶等也可以作为安息香缩合的催化剂。

H3C
CH3
H5C2
S
R
R
R
R

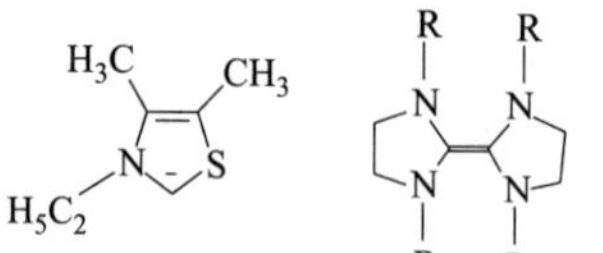

噻唑啉负离子　　取代咪唑啉啶

这类催化剂可以催化脂肪族醛的缩合反应。例如食用香料丁偶姻（**8**）的合成[14]。

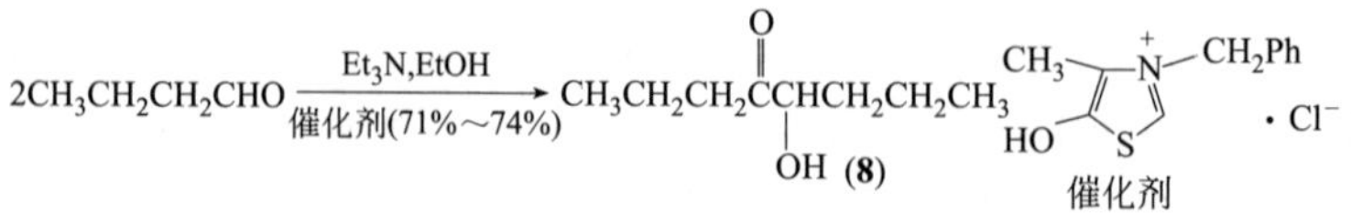

2CH3CH2CH2CHO
Et3N,EtOH
催化剂(71%～74%)
CH3CH2CH2CCHCH2CH2CH3
O
OH (8)
CH3
CH2Ph
HO
S
· Cl−
催化剂

该反应也可以发生在分子内，例如化合物（**9**）的合成[15]。

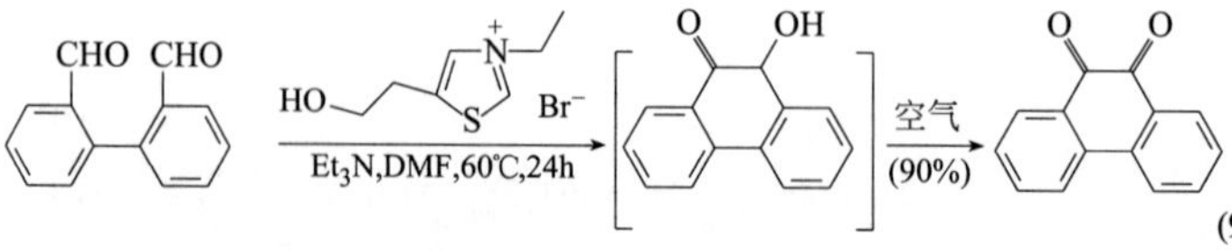

CHO CHO
HO
Br−
Et3N,DMF,60℃,24h
O OH
空气
(90%)
O O

(**9**)

近年来关于安息香缩合反应的研究有很多报道，维生素 B_1 法、相转移催化维生素 B_1 法、超声波维生素 B_1 法、微波维生素 B_1 法、金属催化法、生物催化法、手性三唑啉盐作催化剂前体合成法等研究均取得了可喜的成果。

三、氨烷基化反应

氨烷基化反应主要有 Mannich 反应、Pictet-Sperngler 反应、Strecker 反应等，本节只介绍 Mannich 反应。

含活泼氢的化合物，与甲醛（或其他醛）以及氨或胺（伯、仲胺）脱水缩合，活泼氢原子被氨甲基或取代氨甲基所取代，生成含 β-氨基（或取代氨基）的羰基化合物的反应，称为 Mannich 反应，又称为氨甲基化反应。其反应产物叫做 Mannich 碱或盐。以丙酮与甲醛的反应为例表示如下。动力学研究证明，Mannich 反应为三级反应，酸和碱都对反应都有催化作用。

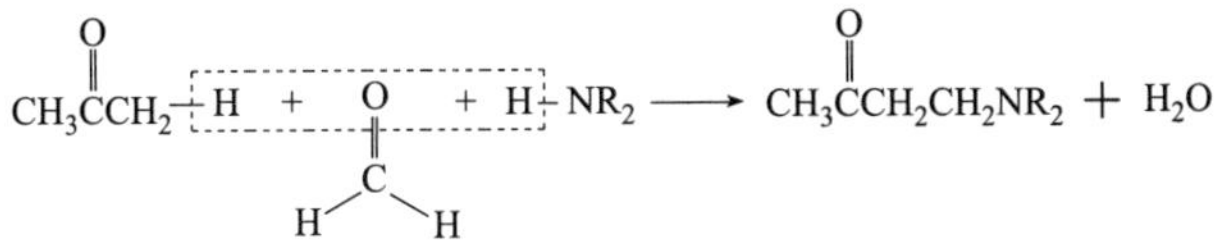

$$CH_3CCH_2\!-\!H + O + H\!-\!NR_2 \longrightarrow CH_3CCH_2CH_2NR_2 + H_2O$$

酸催化机理：

$$H\!-\!C\!-\!H + R_2NH \rightleftharpoons H\!-\!\underset{NR_2}{\overset{OH}{C}}\!-\!H \xrightarrow[-H_2O]{H^+} H\!-\!\overset{+NR_2}{C}\!-\!H$$
$$[1] \qquad\qquad [2]$$

$$R^1\!-\!\overset{O}{C}\!-\!CH_3 + H^+ \rightleftharpoons R^1\!-\!\overset{+OH}{C}\!-\!CH_3 \xrightarrow{-H^+} R^1\!-\!\underset{}{C}\!=\!CH_2 \xrightarrow{H\!-\!C\!-\!H} R^1\!-\!\overset{+OH}{C}\!-\!CH_2CH_2NR_2$$

$$\xrightarrow{-H^+} R^1\!-\!\overset{O}{C}\!-\!CH_2CH_2NR_2$$

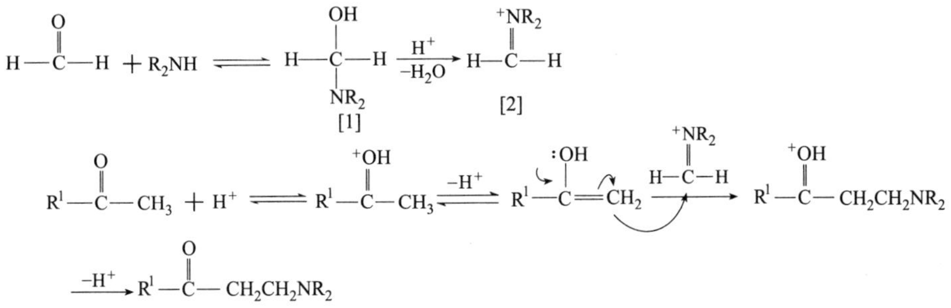

首先是胺与甲醛反应生成 N-羟甲基胺 [1]，[1] 接受质子后失去水生成亚胺盐（亚胺鎓离子）[2]，[2] 又叫 Eschenmoser's 盐。[2] 再与含活泼氢化合物的烯醇式进行反应，失去质子后生成 Mannich 碱。在很多反应中，[1] 也可以作为 Mannich 试剂进行反应。

碱催化机理：

若用碱催化，则是碱与活泼氢化合物作用生成碳负离子，后者再和醛与胺（氨）反应生成的加成产物作用。

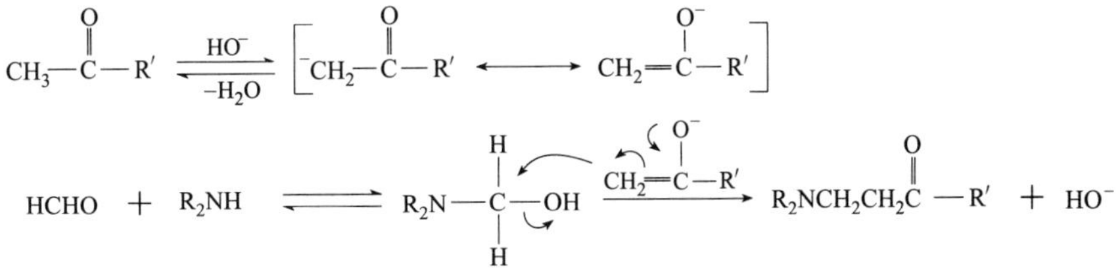

$$CH_3\!-\!\overset{O}{C}\!-\!R' \xrightarrow[-H_2O]{HO^-} \left[CH_2\!-\!\overset{O}{C}\!-\!R' \longleftrightarrow CH_2\!=\!\overset{O^-}{C}\!-\!R' \right]$$

$$HCHO + R_2NH \rightleftharpoons R_2N\!-\!\overset{H}{\underset{H}{C}}\!-\!OH \xrightarrow{CH_2=\overset{O^-}{C}-R'} R_2NCH_2CH_2\overset{O}{C}\!-\!R' + HO^-$$

最后一步反应相当于 S_N2 反应。

含活性氢化合物除了醛、酮之外，还有羧酸、酯、腈、硝基烷烃、炔以及邻、对位未被取代的酚类等，甚至一些杂环化合物如吲哚、α-甲基吡啶等也可发生该反应。

胺可以是伯胺、仲胺或氨。芳香胺有时也可发生反应，反应常在醇、水、乙酸、硝基苯等溶剂中进行。反应中常加入少量盐酸以利于反应进行。Mannich 反应中以酮的反应最重要。

抗真菌药盐酸奈替芬（Naftifine hydrochloride）等的中间体（**10**）的合成如下[16]：

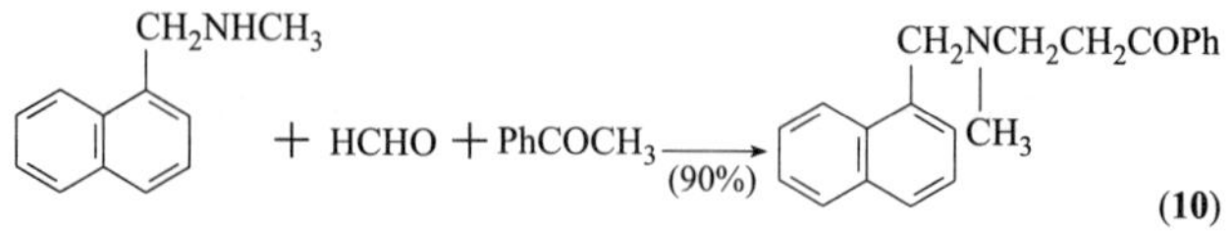

(10)

经典的 Mannich 反应中，常常使用胺（或氨）的盐酸盐，因为反应中必须有一定浓度的质子才有利于亚胺正离子［2］的生成。反应中所需的质子与活泼氢化合物的酸性有关。酚类化合物本身可以提供质子，可以直接用游离胺和甲醛反应。一般 pH 3～7，必要时可以加入适量的酸加以调节。若酸性过强，可能影响活泼氢化合物的离解，不利于反应的进行。合适的 pH 值可根据具体反应来确定。反应中常用聚甲醛，质子的存在可以促进聚甲醛的分解，并且可以防止某些 Mannich 碱在加热过程中的分解。在酸性条件下反应得到的产品为 Mannich 碱的盐，中和后生成 Mannich 碱。

值得指出的是，在 Mannich 反应中，当使用氮原子上含有多个氢的氨或伯胺时，若活泼氢化合物和甲醛过量，则氮上的氢均可参加缩合反应，生成多取代的 Mannich 碱。例如甲基酮与甲醛和氨的反应。

$$3R-\overset{O}{\overset{\|}{C}}-CH_3 + 3HCHO + NH_3 \longrightarrow N(CH_2CH_2\overset{O}{\overset{\|}{C}}R)_3$$

当活泼氢化合物具有两个或两个以上的活泼氢时，在甲醛和胺过量的情况下可以生成多氨甲基化产物。

$$R-\overset{O}{\overset{\|}{C}}-CH_3 + 3HCHO + 3NH_3 \longrightarrow (H_2NCH_2)_3\overset{O}{\overset{\|}{C}}CR$$

有时可以利用这一性质合成环状化合物，例如：

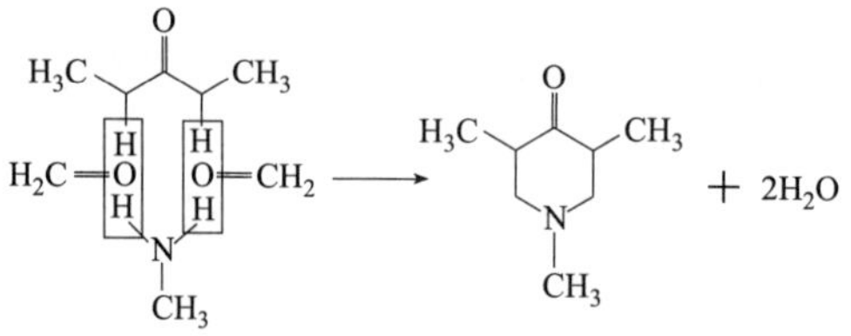

20 世纪 70 年代，Mannich 反应的一个重要进展是发现了新的 Mannich 反应试剂，三氟乙酸二甲基亚甲基铵盐和二甲基甲基铵盐酸盐：

$$(CH_3)_2\overset{+}{N}=CH_2 \cdot F_3CCOO^- \qquad (CH_3)_2\overset{+}{N}=CH_2 \cdot Cl^-$$

这种试剂可以在特殊位置进行烷基化反应，可以方便的得到用通常的 Mannich 反应难以得到或收率很低的 Mannich 碱。特点是反应具有定向性，很少有重 Mannich 碱生成，并且很少有聚合物。例如镇痛药盐酸曲马多（Tramadol）中间体（**11**）的合成。

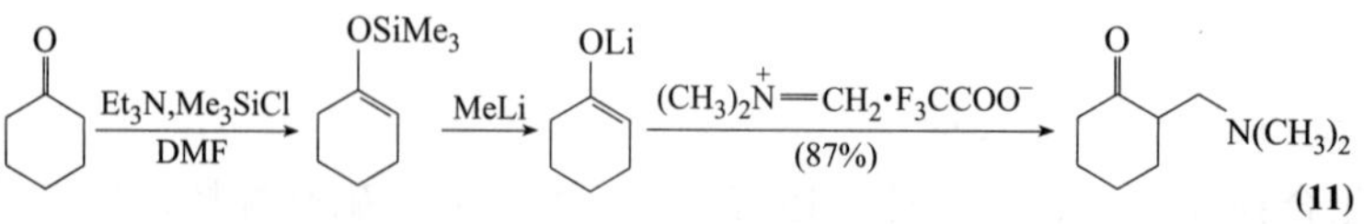

(11)

三氟乙酸二甲基亚甲基铵盐可以方便地由三氟乙酸酐与三甲胺氧化物在二氯甲烷中反应

来得到结晶状产物。

$$(CH_3)_3N \longrightarrow O + (CF_3CO)_2O \xrightarrow[0℃]{CH_2Cl_2} (CH_3)_2\overset{+}{N}\!=\!CH_2 \cdot F_3CCOO^-$$

也可以由如下反应来制备：

$$(CH_3)_2NCH_2CH_2N(CH_3)_2 + 2CF_3COOH \longrightarrow (CH_3)_2\overset{+}{N}\!=\!CH_2 + H_2\overset{+}{N}(CH_3)_2 + 2CF_3COO^-$$

含 α-活泼氢的不对称的酮发生 Mannich 反应，常常得到混合物，而当使用不同的 Mannich 试剂时，可以得到区域选择性的产物。例如当使用 $(CH_3)_2\overset{+}{N}\!=\!CH_2 \cdot CF_3COO^-$ 时，在三氟乙酸中反应，氨甲基化发生在已有取代基的 α-碳原子上，而当用 $(i\text{-}Pr)_2\overset{+}{N}\!=\!CH_2 \cdot ClO_4^-$ 时，氨甲基化发生在没有取代基的 α-碳原子上。

另一种区域选择性合成 Mannich 碱的方法，是将酮转化为烯醇硼烷基醚，而后与碘化二甲基亚甲基铵盐反应。碘化二甲基亚甲基铵盐又称为 Eschenmoser 盐。

$$\underset{OB(C_2H_5)_2}{(C_2H_5)_2CHC\!=\!CHCH_2CH_3} + (CH_3)_2\overset{+}{N}\!=\!CH_2I^- \xrightarrow{(94\%)} \underset{O\ CH_2N(CH_3)_2}{(C_2H_5)_2CHC\!-\!CHCH_2CH_3}$$

α,β-不饱和酮的 Mannich 反应，若 α-位有位阻时，则发生 γ-氨基化反应。例如：

溶剂有时会对反应产物产生非常大的影响。如 1,2-二苯甲酰基乙烷在不同溶剂中的反应：

治疗闭塞性血管病药物托哌酮（Tolperisone）等的中间体（**12**）的合成[17]。

在 Mannich 反应中除了使用甲醛（或聚甲醛）外，也可使用其他醛，包括脂肪族醛和芳香族醛，但它们活性较甲醛低。使用二醛类化合物可合成环状化合物，戊二醛、甲胺和丙酮二羧酸反应，可生成止吐药盐酸格拉司琼（Granisetron hydrocholride）的中间体假石榴碱（**13**）[178]。

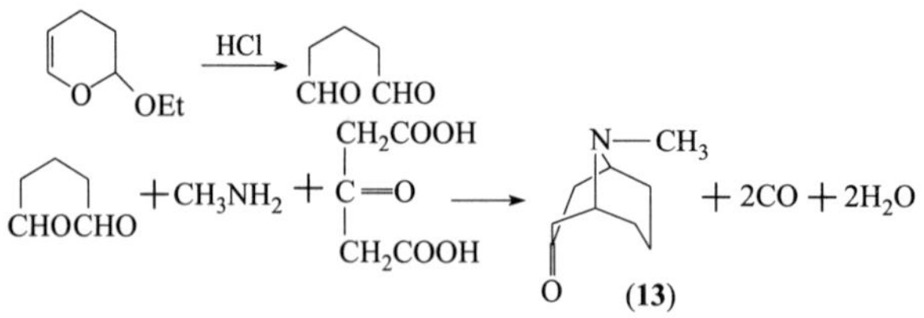

γ-丁内酯在 LDA 作用下与二甲基亚甲基碘化铵反应，可以生成氨甲基化产物，后者与过量碘甲烷反应生成季铵盐，用碱处理则生成亚甲基丁内酯，其为具有抗真菌、抗癌等作用的郁金香内酯（**14**）（Tulipalin A）。

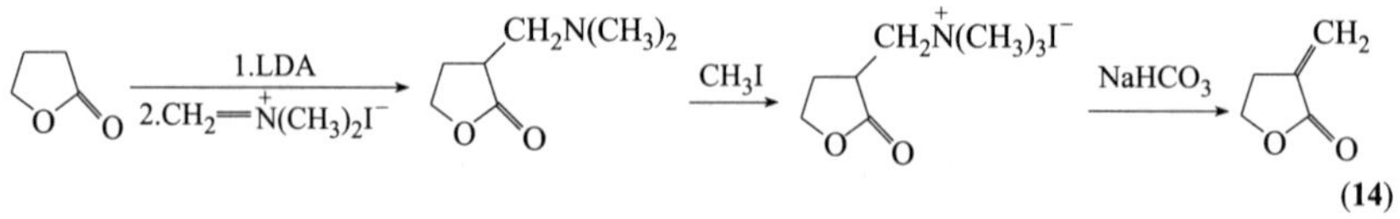

一些芳香杂环化合物也可以发生 Mannich 反应。例如：

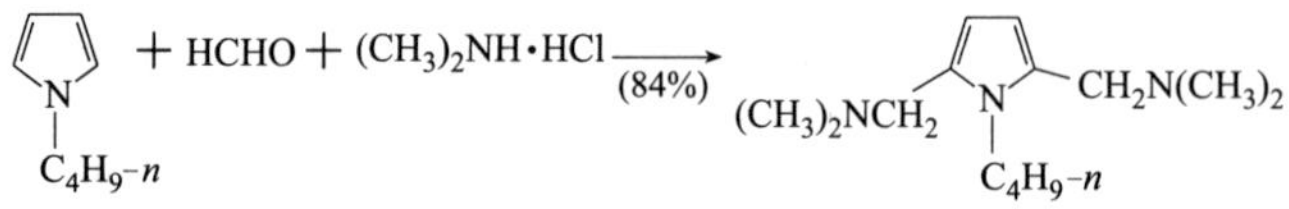

吲哚的氨甲基化反应发生在吡咯环的 β-位，例如抗炎药吲哚美辛（Indometacin）中间体吲哚-3-乙酸（**15**）的合成[19]。

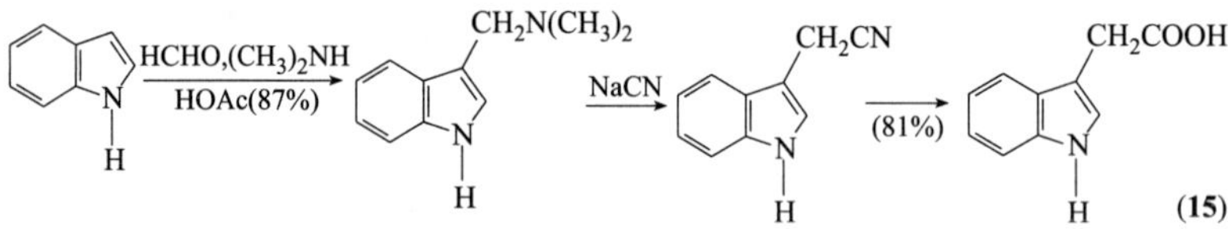

一些酚类化合物可以发生 Mannich 反应，酚类的氨甲基化遵守某些规律，通常羟基的 2,5-位无取代基的酚，氨甲基化发生在羟基的邻位，即使 4-位没有取代基，也是主要发生在邻位。当用过量的醛和胺，并加强反应条件时，可以发生环上的多氨甲基化反应。苯环 2,5-位有取代基的酚，发生 Mannich 反应的位置是在羟基的对位，而不是邻位。

基于酚类化合物的 Mannich 反应主要发生在羟基的邻位，一些化学工作者提出了一种反应机理，即 Mannich 试剂先与酚生成氢键，而后与邻位反应，得到邻位氨甲基化产物。

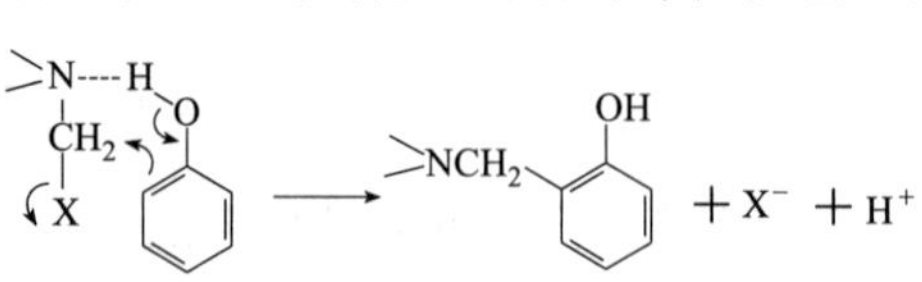

酚类的 Mannich 反应得到的 Mannich 碱，在镍催化剂存在下进行氢解，可以将胺基脱去，得到在芳环上引入甲基的化合物。例如维生素 K 中间体化合物（**16**）的合成：

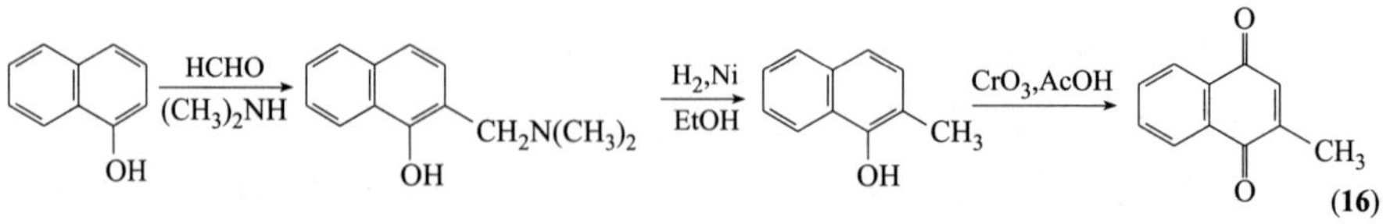

还有很多化合物可以发生 Mannich 反应。例如芳香胺、具有 α-氢的腈、氢氰酸、烯、尿素及其衍生物、肼、酰胺、磺酰胺、砜、硫醇、硫酚、磺酸、亚磺酸、含 Se-H 及 P-H 键

的化合物等。

不对称 Mannich 反应受到人们的普遍重视，是合成光学活性 β-氨基羰基化合物的有效方法。近年来，在手性有机催化剂诱导下的不对称 Mannich 反应的报道较多。例如在 L-脯氨酸催化下的如下反应，可以得到高光学纯度的 Mannich 产物[20]。

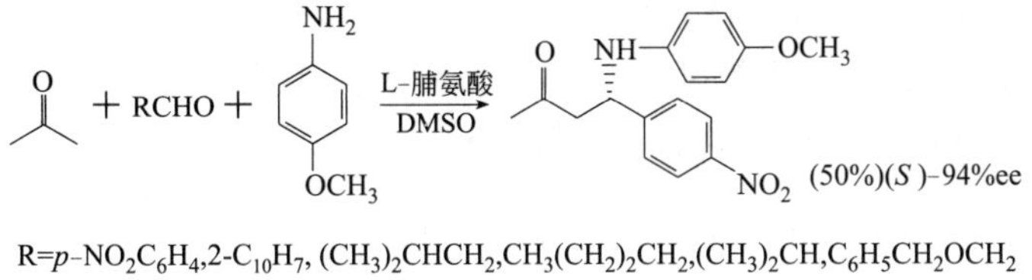

$R=p\text{-}NO_2C_6H_4,2\text{-}C_{10}H_7,(CH_3)_2CHCH_2,CH_3(CH_2)_2CH_2,(CH_3)_2CH,C_6H_5CH_2OCH_2$

又如[21]：

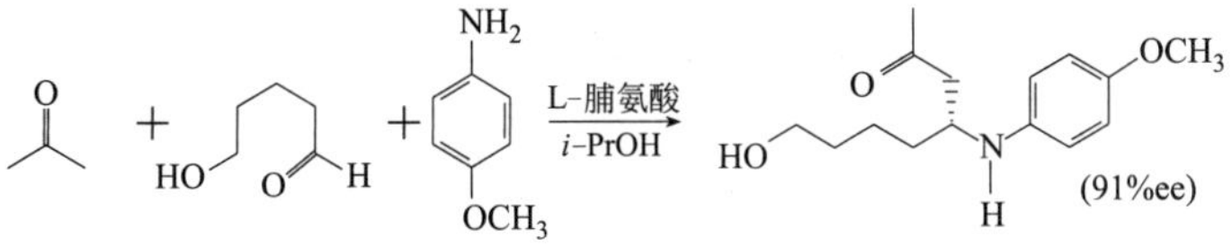

微波、离子液体、高压等技术用于不对称 Mannich 反应的报道也不少。

Mannich 碱通常是不太稳定的化合物，可以发生多种化学反应，利用这些反应可以制备各种不同的新化合物。Mannich 碱的主要反应类型如下：脱氨甲基反应（R-CH$_2$ 键的断裂）、脱胺反应（CH$_2$-N 键的断裂）、取代反应（氨基被取代、NH 中的氢被硝基、亚硝基、乙酰基等取代）、还原反应、与有机金属化合物的反应、成环反应等。

若 Mannich 碱中，胺基 β-位上有氢原子，加热时可脱去胺基生成烯，特点是在原来含有活性氢化合物的碳原子上增加一个次甲基双键。例如：

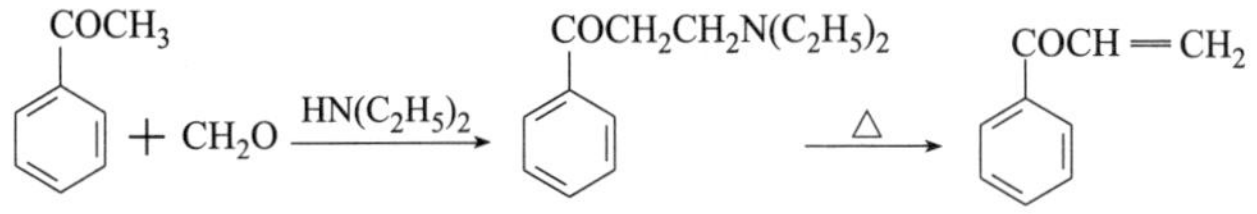

Mannich 碱的热消除，可被酸或碱所催化，也可直接在惰性溶剂中加热分解。利尿酸（Ethacrynic acid）原料药（**17**）的合成如下：

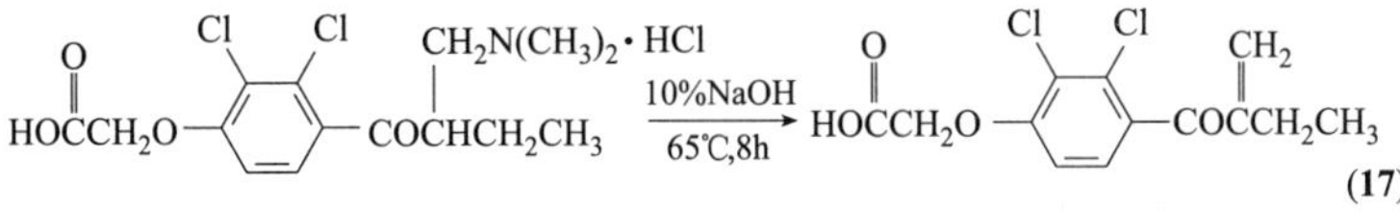

常用的碱有氢氧化钾、二甲苯胺等。若把 Mannich 碱变成季铵碱，则消除更容易进行。此时的反应又叫 Mannich-Eschenmosor 亚甲基化反应。

Mannich 碱的季铵盐与氰化钠反应，则可以被氰基取代生成腈。例如如下反应，生成的产物（**18**）[22] 是强心、降压药物盐酸匹莫苯（Pimobendan hydrochloride）、心脏病治疗药左西孟旦（Levosimendan）等的中间体。

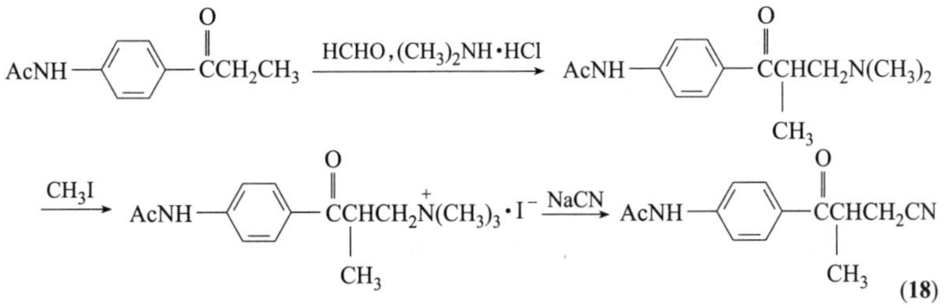

第二节 羰基的烯化反应——Wittig 反应

三苯基膦与卤代烃反应生成膦鎓盐（Phosphonium salts），鎓盐中与磷原子相连的 α-碳上的氢被带正电荷的磷活化，能被强碱如苯基锂夺去，生成磷叶立德（Phosphorous ylid）或其共振结构叶林（Yliene）的磷化合物，即 Wittig 试剂。

$$Ph_3P: + BrCH_2CH_2CH_3 \xrightarrow{S_N2} Ph_3\overset{+}{P}CH_2CH_2CH_3 \cdot Br^-$$

膦鎓盐

$$\xrightarrow[-PhH, LiBr]{Et_2O, PhLi} \left[Ph_3\overset{+}{P}—\overset{-}{C}HCH_2CH_3 \longleftrightarrow Ph_3P=CHCH_2CH_3 \right]$$

Ylide   Yliene
Wittig试剂

Wittig 试剂具有很强的亲核性，与醛、酮作用，羰基直接变成烯键，并同时生成氧化三苯基膦。此反应由 Wittig 于 1953 年发现，称为 Wittig 反应。由于该反应可以在羰基化合物羰基的位置直接引入碳碳双键，因此又称作羰基烯化反应。Wittig 反应产率高、立体选择性好，并且反应条件温和，是合成烯键的一个重要方法，在药物合成中有广泛的用途。例如抗凝血药奥扎格雷钠（Ozagrel sodium）中间体对甲基肉桂酸甲酯（**19**）的合成[23]。

$$H_3C-\text{对位苯环}-CHO \xrightarrow[K_2CO_3, C_6H_6 (70.5\%)]{BrCH_2CO_2CH_3, PPh_3} H_3C-\text{对位苯环}-CH=CHCO_2CH_3$$

(**19**)

广谱抗生素头孢克肟（Cefixime）中间体（**20**）的合成如下[24]。

$$\xrightarrow[2.HCHO(85\%)]{1.PPh_3, NaI} \qquad \xrightarrow[\text{酶}(87\%)]{PhOH}$$

(**20**)

目前研究最多的 Wittig 试剂是三苯基膦生成的叶立德，为黄色至红色的化合物，通常是由三苯基膦与有机卤化物在非质子溶剂中制备的。

三苯基膦与有机卤化物反应，首先生成季膦盐，而后在非质子溶剂中加碱处理，失去一分子卤化氢而生成 Wittig 试剂。

$$Ph_3P + XCH\overset{R^1}{\underset{R^2}{}} \longrightarrow Ph_3\overset{+}{P}—CH\overset{R^1}{\underset{R^2}{}} X^- \xrightarrow{C_6H_5Li} \left[Ph_3\overset{+}{P}—\overset{-}{C}\overset{R^1}{\underset{R^2}{}} \longleftrightarrow Ph_3P=C\overset{R^1}{\underset{R^2}{}} \right]$$

Ylide   Ylene

常用的碱有丁基锂、苯基锂、氨基钠、氢化钠、醇钠、氢氧化钠、叔丁醇钾、二甲亚砜盐（$CH_3SOCH_2^-$）、叔胺等。常用的非质子溶剂有 THF、DMF、DMSO、乙醚等。

这种结构的磷叶立德可分为三类：a.稳定的叶立德，R 为酯基、羧基、氰基等吸电子基；b.活泼的叶立德，R 为烷基或环烷基；c.中等活泼的叶立德，R 为烯基或芳基。

制备 Wittg 试剂所用碱的强度随叶立德的结构不同而不同。制备活泼的叶立德必需用苯基锂、丁基锂、氨基钠等强碱，而制备稳定的叶立德，采用醇钠甚至氢氧化钠即可。Wittig

试剂活性高，对水、空气都不稳定，因此制备时一般应在无水、氮气保护下操作，而且制得的试剂不经分离直接与醛、酮进行反应。

关于 Wittig 反应的机理，目前还缺乏一致的看法。基本有两种观点，一种观点认为该反应必须首先形成内锇盐，再生成磷氧杂四元环。另一种观点认为反应不必经过内锇盐，而是直接形成磷氧杂四元环。

(内锇盐)　　　　　(磷氧杂四元环)

第一种观点始于上世纪 60 年代末，认为磷叶立德作为亲核试剂，首先与羰基进行亲核加成形成内锇盐，并通过四元环状过渡态，最后分解为烯和氧化三苯基膦（由于磷-氧（P＝O）键键能很强，极易脱去氧化三苯基膦而生成烯烃）。

生成双键的位置是固定的，即原来羰基被换成亚烷基。上述机理可以看做是［2＋2］方式的两步过程，首先生成偶极中间体内锇盐，该内锇盐在－78℃是比较稳定的，但 0℃时即分解生成氧化三苯基膦和烯烃。

关于 Wittig 试剂内锇盐机理可以解释很多问题，但内锇盐是否存在，一直缺乏实验根据。上世纪 70 年代，人们发现不稳定的叶立德在－70℃于无盐条件下发生 Wittig 反应，磷的 NMR 值在－66，这与四元环中的磷原子的价态相符。同时对某些磷氧杂四元环进行 X 射线晶体结构测定，证实了其四元环结构。

关于 Wittig 反应机理的另一种解释是 Wittig 试剂首先与醛、酮的羰基进行［2＋2］环加成，一步生成磷氧杂四元环，而后再分解为氧化三苯基膦和烯。

这一机理预见了空间位阻较大的醛与无支链的活泼叶立德反应具有高度的 Z 型选择性。

目前认为。Wittig 反应的机理与反应物结构和反应条件有关。低温下、于无盐体系中，活泼的叶立德主要是通过磷氧杂四元环机理进行的；在有盐（如锂盐）体系中叶立德与醛、酮反应的机理可能是通过形成内锇盐进行的。但多数报道倾向于磷氧杂四元环机理。

用 Wittig 反应合成烯烃类化合物有如下特点：反应条件温和，产品收率高；生成的烯烃一般不会异构化，而且双键的位置是确定的，双键就在原来羰基的位置；α,β-不饱和羰基化合物的反应，一般不发生 1,4-加成，只发生 1,2-加成；采用适宜的反应试剂和反应条件，可立体选择性地得到顺、反异构体，一般而言，在非极性有机溶剂中，共轭稳定的 Wittig 试剂与醛反应优先生成 E 烯烃，而不稳定的 Wittig 试剂则优先生成 Z 烯烃；季鏻盐本身是相转移催化剂，因而可在相转移条件下进行反应。Wittig 反应更适合于二和三取代烯烃的合成。

脂肪族、脂环族、芳香族的醛、酮均可与 Wittig 试剂进行反应，生成相应的烯类化合物。醛、酮分子中若含有烯键、炔键、羟基、醚基、氨基、芳香族硝基（卤素）、酰胺基、酯基等基团时，均不影响反应的进行。但醛、酮的反应活性可以影响反应速度和产品收率。一般而言，醛反应最快，酮次之，酯最慢。例如，当同一 Wittig 试剂分别与丁烯醛和的环己酮在相似条件下反应时，丁烯醛容易亚甲基化，而环己酮的反应产物收率低。

$$Ph_3P=CHCO_2C_2H_5 \begin{cases} \xrightarrow[C_6H_6,\triangle(80\%)]{CH_3CH=CHCHO} CH_3CH=CHCH=CHCO_2C_2H_5 \\ \xrightarrow[C_6H_6,\triangle(22\%)]{} \end{cases}$$

正是由于羰基存在着这种反应性差异，可以进行选择性亚甲基化。例如酮基羧酸酯类化合物进行 Wittig 反应时，酮羰基参加反应，而酯羰基不受影响。顽固性皮肤 T-细胞淋巴瘤治疗药 Bexarotene 中间体（**21**）的合成如下[25]：

$$\xrightarrow[C_6H_6(78\%)]{CH_3PPh_3Br, KN(TMS)_2}$$

(21)

Wittig 试剂除了与醛、酮反应外，也可和烯酮、异氰酸酯、酰亚胺、酸酐、亚硝基化合物等发生类似的反应，生成烯类化合物。

$$RN=O + Ph_3P=C\begin{smallmatrix}R^1\\R^2\end{smallmatrix} \longrightarrow RN=C\begin{smallmatrix}R^1\\R^2\end{smallmatrix}$$

$$+ Ph_3P=C\begin{smallmatrix}R^1\\R^2\end{smallmatrix} \longrightarrow$$

$$\begin{smallmatrix}R\\R\end{smallmatrix}C=N-R + Ph_3P=C\begin{smallmatrix}R^1\\R^2\end{smallmatrix} \longrightarrow \begin{smallmatrix}R\\R\end{smallmatrix}C=C\begin{smallmatrix}R^1\\R^2\end{smallmatrix}$$

Wittig 试剂与烯酮类化合物反应，可以生成累积二烯类化合物。

$$R_2C=C=O + Ph_3P=C\begin{smallmatrix}R^1\\R^2\end{smallmatrix} \longrightarrow R_2C=C=C\begin{smallmatrix}R^1\\R^2\end{smallmatrix}$$

$$RN=C=O + Ph_3P=C\begin{smallmatrix}R^1\\R^2\end{smallmatrix} \longrightarrow RN=C=C\begin{smallmatrix}R^1\\R^2\end{smallmatrix}$$

Wittig 试剂的制备比较麻烦，而且 Wittig 反应的后处理比较困难，很多人对其进行了改进。例如用膦酸酯［1］、硫代膦酸酯［2］、膦酰胺［3］等代替三苯基膦来制备 Wittig 试剂。

$$\underset{[1]}{(RO)_2\overset{O}{P}-CH_2R'} \qquad \underset{[2]}{(RO)_2\overset{S}{P}-CH_2R'} \qquad \underset{[3]}{(R_2N)\overset{O}{P}-CHR^1R^2}$$

这些试剂具有或者制备容易、或者立体选择性高、或者产品易于分离提纯等特点。例如膦酸酯可通过 Arbuzow 重排反应来制备。

$$(RO)_3P + R'X \longrightarrow [(RO)_3\overset{+}{P}R'] X^- \xrightarrow{\text{Arbuzow重排}} (RO)_2\overset{O}{\overset{\|}{P}} - R' + RX$$

$$(C_2H_5O)_3P + BrCH_2COOC_2H_5 \xrightarrow{\text{Arbuzow重排}} (C_2H_5O)_2\overset{O}{\overset{\|}{P}}CH_2CO_2C_2H_5 + C_2H_5Br$$

利用膦酸酯与醛、酮在碱存在下反应生成烯烃的反应，称为 Horner 反应，也叫 Horner-Wittig 反应。可以使用的碱有氨基钠、氨基钾、叔丁基钾、苯基钾、氢化钠、正丁基锂等强碱。常用的溶剂为二氧六环、1,2-二甲氧基乙烷、DMF、THF 等。

Horner-Wittig 反应反应机理与 Wittig 反应相似，但在消除步骤略有差别。一般情况下，由于在磷和相邻碳负离子上都连有位阻较大的取代基，因而有利于生成 E 型烯烃。例如具有多种生物学功能的白藜芦醇中间体 (E)-3,4′,5-三甲氧基二苯乙烯（**22**）的合成如下[26]。

Horner 反应适用于各种取代烯烃的制备。α,β-不饱和醛、双酮、烯酮等都可以发生反应。

相转移催化法在 Horner 反应中也得到应用。例如：

$$PhCH=CHCHO + (EtO)_2\overset{O}{\overset{\|}{P}}CH_2C_6H_4Br\text{-}p \xrightarrow[C_6H_6(81\%)]{Bu_4N^+I^-, NaOH, H_2O} PhCH=CHCH=CHC_6H_4Br\text{-}p$$

文献报道，α-烷氧羰基膦酸酯与苯甲醛在表面活性剂三甲基苄基氢氧化铵存在下，在 THF 中于 $-78\,^{\circ}\text{C}$ 反应 15min，可以立体选择性地生成顺式 α,β-不饱和酸酯，此法具有反应迅速、产率高、立体选择性好、后处理简单等特点。

$$PhCHO + (PhO)_2\overset{O}{\overset{\|}{P}}CH_2CO_2C_2H_5 \xrightarrow[THF, -78\,^{\circ}C]{PhCH_2N(CH_3)_3OH} \begin{matrix} Ph \quad CO_2C_2H_5 \\ (98\%) \ (Z{:}E\text{为}93{:}7) \end{matrix}$$

Horner 反应与 Wittig 反应相比，具有一些特殊的优越性：膦酸酯制备容易，且价格低廉；膦酸酯试剂较 Wittig 试剂反应性强，稳定性高，可以与一些难以发生 Wittig 反应的醛或酮进行反应；产品易于分离，反应结束后，膦酸酯生成水溶性的磷酸盐很容易与生成的烯烃分离；立体选择性高，产物主要是反式异构体。

该方法的重要性还在于，若反应中用锂作为碱，在中间体 1,2-亚膦酰醇一步可以被分离纯化，得到纯的非对映异构体。后者经立体选择性消除可以得到纯的 E 或 Z 烯烃。膦氧化物可以通过烷基三苯基鏻与氢氧化钾一起加热得到。该法可用于 Z 烯的制备，而 E 烯则可以通过对 β-酮膦氧化物立体选择性还原-消除来制备。

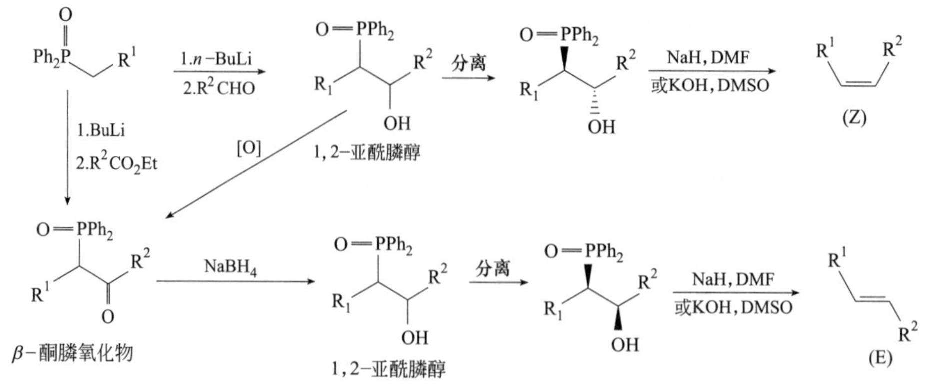

关于膦酰胺也可以发生类似的反应。由于膦酰胺可以由相应的卤化物来制备，因此，利用膦酰胺来制备烯烃的报道也不少。例如：

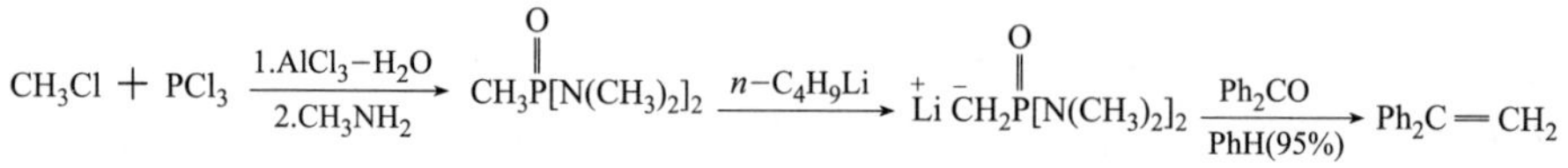

关于 Wittig 反应，Schlosser 等做了进一步的改进，他们发现，在 Wittig 试剂制备和后续的脱质子反应步骤中，加入过量的锂盐，可以使 Wittig 反应选择性地生成 E 构型的烯烃。这种选择性获得 E 构型烯烃的方法后来称为 Schlosser 改良法。

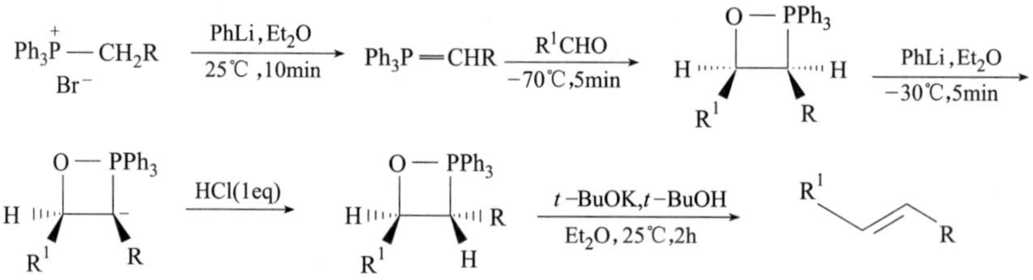

R	R[1]	产率/%	E:Z
CH_3	C_5H_{11}	70	90:10
C_5H_{11}	CH_3	60	96:4
C_3H_7	C_3H_7	72	98:2
CH_3	Ph	69	99:1
C_2H_5	Ph	72	97:3

这种选择性生成 E 构型烯烃的原因，是 Wittig 试剂与羰基化合物生成的四元环中间体（顺式内锇鎓盐），在烷基锂或芳基锂（BuLi，PhLi 等）和低温条件下，α-位脱去质子生成 α-碳负离子，迅速转化为热力学稳定的反式内锇鎓盐中间体异构体，最后后者分解得到 E 构型的烯烃。

人们对其他 Ylide 也已进行了广泛的研究，如硫、胂、氮、锑、硅等。硫原子具有低能量的 d 轨道，因此，它也能和磷一样能稳定 α-碳负离子。在碱性试剂存在下，α-甲硫基二甲基亚砜可与芳香醛顺利缩合，缩合产物进行醇解，可以得到羧酸酯，提供了一种羧酸酯的制备方法。例如：

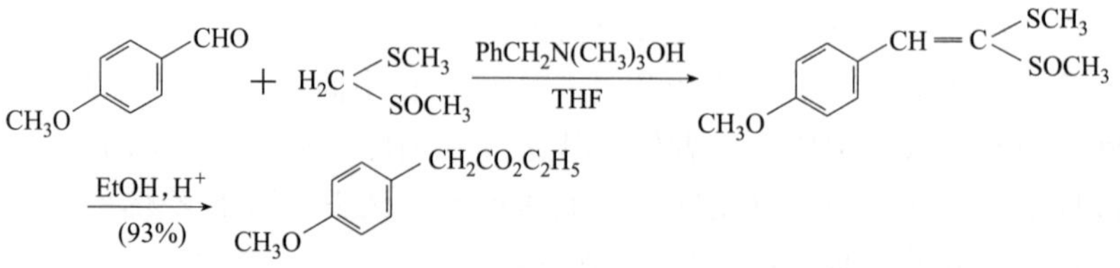

上述反应中最后一步醇解很容易进行。将缩合产物溶于无水乙醇中，冰浴冷却，通入氯化氢气体，而后室温放置。减压除去溶剂，剩余物过硅胶柱纯化即可。

一些含硅化合物也可以发生 Witigg-Horner 反应。α-三甲基硅基乙酸叔丁酯于－78℃与二异丙基氨基锂反应，生成的 α-锂盐与羰基化合物迅速缩合，生成 α,β-不饱和羧酸酯。

$$R(R')C=O + H_2C(Si(CH_3)_3)(CO_2C(CH_3)_3) \xrightarrow[-78℃]{LiN(C_3H_7-i)_2,THF} R(R')C=CHCO_2C(CH_3)_3$$

很多醛和酮都可发生 Wittig 反应，但羧酸衍生物（如酯）反应性不强。有位阻的酮类反应效果不理想，反应较慢且产率不高。

相转移催化技术、微波技术也已用于 Wittig 反应。例如香料及药物合成中间体肉桂酸乙酯的合成。

$$PhCHO + Ph_3P=CHCO_2C_2H_5 \xrightarrow[(85\%)]{微波，硅胶} PhCH=CHCO_2C_2H_5$$

不对称 Wittig 反应近年来报道逐渐增加，其中光学活性 Wittig 试剂的研究较多，是获得手性烯烃最直接的方法。虽然不对称 Wittig 反应的报道已有不少，但仍处于探索阶段，很多问题尚不清楚，有待进一步的开发与研究。

第三节　醛酮类化合物与羧酸及其衍生物之间的缩合反应

这类反应较多，但从反应机理上来看，基本都是羧酸及其衍生物首先生成碳负离子，后者再与醛、酮的羰基进行亲核加成而进行的。

一、Knoevenagel 反应

醛、酮与含活泼亚甲基的化合物，例如丙二酸、丙二酸酯、氰乙酸酯、乙酰乙酸乙酯等，在碱性条件下发生缩合反应，生成 α,β-不饱和化合物，该类反应统称为 Knoevenagel 缩合反应。反应结果是在活泼亚甲基化合物的亚甲基的位置上引入了 C=C 双键。用通式表示如下：

$$R^1(R^2)C=O + Z(Z')CH_2 \xrightarrow{碱} R^1(R^2)C=C(Z)(Z') + H_2O$$

式中，Z 和 Z' 可以是 CHO、RC=O、COOH、COOR、CN、NO$_2$、SOR、SO$_2$R、SO$_2$OR、或类似的吸电子基团。当 Z 为 COOH 时，反应中常常会发生原位脱羧。

常用的催化剂为碱，例如吡啶、哌啶、丁胺、二乙胺、氨-乙醇、甘氨酸、氢氧化钠、碳酸钠、碱性离子交换树脂等。

反应中若使用足够强的碱，则只含有一个 Z 基团的化合物（CH$_3$Z 或 RCH$_2$Z）也可以发生该反应。例如药物喘咳宁（Orthoxine）中间体（**23**）的合成，反应这使用了硝基乙烷。

(23)

反应中还可以使用其他类型的化合物，如氯仿、2-甲基吡啶、端基炔、环戊二烯等。实际上该反应几乎可以使用任何含有可以被碱夺取氢的含有 C-H 键的化合物。

反应机理（以吡啶等叔胺为催化剂）如下：

$$CH_2(CO_2C_2H_5)_2 + B^- \xrightarrow{-HB} \bar{C}H(CO_2C_2H_5)_2 \xrightarrow{R-CH=O} R-\overset{O^-}{\underset{}{C}}HCH(CO_2C_2H_5)_2 \xrightleftharpoons[-B^-]{HB}$$

$$R-\overset{OH}{\underset{|}{C}}HCH(CO_2C_2H_5)_2 \xrightarrow{-H_2O} RCH=C(CO_2C_2H_5)_2$$

若以仲、伯胺或铵盐为催化剂，有可能仍按上述机理进行，还可能由于醛、酮与这些碱生成亚胺或 Schiff 碱而按下面机理进行。

一般认为，用伯、仲胺催化，有利于生成亚胺中间体，可能按第二种机理进行；若反应在极性溶剂中进行，则第一种机理的可能性较大。

Knoevenagel 反应可以看作是羟醛缩合的一种特例，在这里亲核试剂是活泼亚甲基化合物。若用丙二酸作为亲核试剂，则消除反应与脱羧反应同时发生，是合成 α,β-不饱和羧酸的方法之一。

例如抗帕金森病药物伊曲茶碱（Istradefylline）中间体、预防和治疗支气管哮喘和过敏性鼻炎药物曲尼司特（Tranilast）中间体 (E)-3,4-二甲氧基肉桂酸（**24**）的合成[27]。

当用吡啶作溶剂或催化剂时，往往会发生脱羧反应，生成 α,β-不饱和化合物。

值得指出的是，苯环上有吸电子基团（如 p-NO$_2$、m-NO$_2$、p-CN、m-Br 等）的取代苯甲醛，在吡啶催化下与甲基丙二酸缩合，可生成 α-甲基-β-羟基苯丙酸化合物，而未取代的苯甲醛和苯环上有给电子基团的苯甲醛，在吡啶存在下却不与甲基丙二酸发生缩合反应。

$$O_2N-\langle\ \rangle-CHO + CH_3CH(COOH)_2 \xrightarrow[(47\%)]{Py} O_2N-\langle\ \rangle-\underset{CH_3}{\overset{OH}{\underset{|}{CH-CHCOOH}}}$$

有时也可以使用强碱，如氢化钠或丁基锂等。降血脂药氟伐他汀钠（Fluvastatin sodium）中间体（**25**）的合成如下[28]。由于使用了很强的过量的碱，乙酰乙酸甲酯的甲基参加了反应而不是亚甲基。

$$\text{（结构式）} + CH_3COCH_2CO_2CH_3 \xrightarrow[(83\%)]{NaH, n-BuLi} \text{（产物结构式 25）}$$

乙酸-哌啶很容易催化芳香醛与 β-羰基化合物的缩合反应。例如长效消炎镇痛药萘丁美酮（Nabumetone）中间体（**26**）的合成[29]。

$$\text{（结构式）} + CH_3COCH_2CO_2CH_2Ph \xrightarrow[C_6H_{12}(81.6\%)]{\langle NH, AcOH} \text{（产物结构式 26）}$$

Knoevenagel 反应有时也可以被酸催化。例如钙拮抗剂尼莫地平（Nimodipine）中间体（**27**）的合成如下[30]。

$$\text{（结构式）} + CH_3COCH_2CO_2CH_2CH_2OCH_3 \xrightarrow[(88.3\%)]{H_2SO_4} \text{（产物结构式 27）}$$

超声波可以促进反应的进行，也可以在无溶剂条件下利用微波照射来完成反应。沸石、过渡金属化合物如 SmI_2、$BiCl_3$ 等也用于促进 Knoevenagel 反应。

Doebner 主要在使用的催化剂方面作了改进，用吡啶-哌啶混合物代替 Knoevenagel 使用的氨、伯胺、仲胺，从而减少了脂肪醛进行该反应时生成的副产物 β,γ-不饱和化合物（一般情况下脂肪醛与丙二酸类活泼亚甲基化合物在碱催化下往往生成 α,β-和 β,γ-不饱和酸的混合物）。不仅反应条件温和、反应速度快、产品纯度和收率高，而且芳醛和脂肪醛均可获得较满意的结果。有时又叫 Knoevenagel-Doebner 缩合反应。该类反应常用的溶剂是苯、甲苯，并进行共沸脱水。

例如心脏病治疗药盐酸艾司洛尔（Esmolol hydrochloride）中间体（**28**）的合成[31]。

$$CH_3O-\langle\ \rangle-CHO + CH_2(COOH)_2 \xrightarrow[(74\%)]{\langle NH, C_5H_5N} CH_3O-\langle\ \rangle-CH=CHCOOH$$

位阻较小的酮，例如丙酮、甲基酮、环酮等，与活性较高的亚甲基化合物如丙二腈、腈基乙酸（酯）、脂肪族硝基化合物等，也能顺利进行 Knoevenagel-Doebner 缩合反应。位阻大的酮反应较困难，产品收率较低。

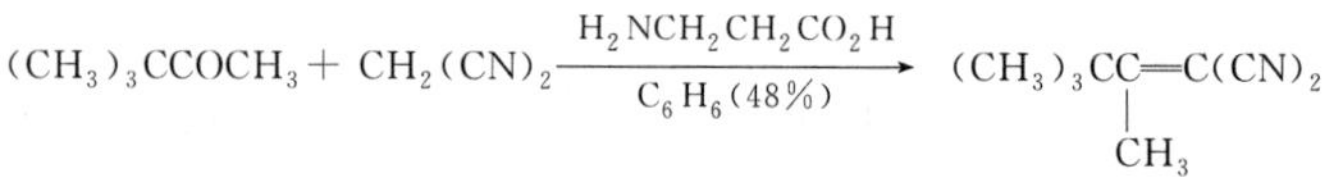

$$(CH_3)_3CCOCH_3 + CH_2(CN)_2 \xrightarrow[C_6H_6(48\%)]{H_2NCH_2CH_2CO_2H} (CH_3)_3CC{=}C(CN)_2$$
$$\qquad\qquad\qquad\qquad\qquad\qquad\qquad\qquad\qquad\qquad\overset{|}{CH_3}$$

活泼亚甲基化合物为腈基乙酸乙酯，催化剂为乙酸铵时的反应称为 Cope 缩合反应。

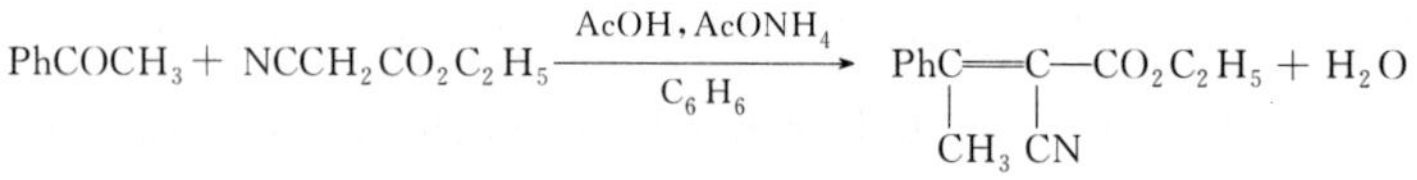

$$PhCOCH_3 + NCCH_2CO_2C_2H_5 \xrightarrow[C_6H_6]{AcOH,AcONH_4} PhC{=}C{-}CO_2C_2H_5 + H_2O$$
$$\qquad\qquad\qquad\qquad\qquad\qquad\qquad\qquad\overset{|}{CH_3}\ \overset{|}{CN}$$

醛与乙酰乙酸乙酯发生 Knoevenagel 反应，在仲胺催化下，原料配比或反应温度不同可生成两种产物。

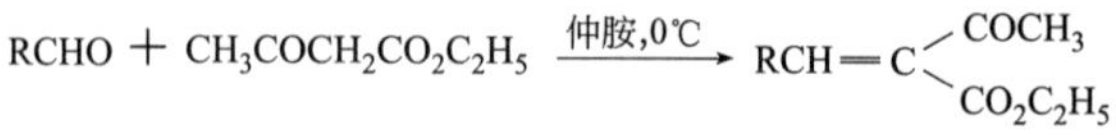

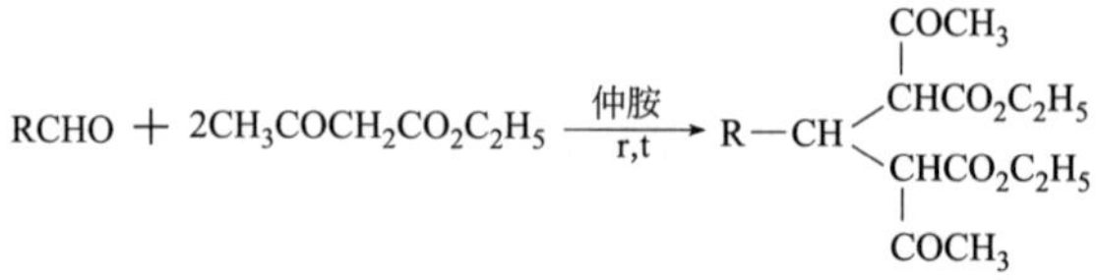

$$RCHO + CH_3COCH_2CO_2C_2H_5 \xrightarrow{仲胺,0℃} RCH{=}C\big\langle{}^{COCH_3}_{CO_2C_2H_5}$$

$$RCHO + 2CH_3COCH_2CO_2C_2H_5 \xrightarrow{仲胺 \atop r,t} R{-}CH\Big\langle{\overset{\overset{\displaystyle COCH_3}{|}}{\underset{\underset{\displaystyle COCH_3}{|}}{\overset{CHCO_2C_2H_5}{\underset{CHCO_2C_2H_5}{}}}}}$$

利用 Knoevenagel 反应可以合成香豆素类化合物，具体内容见第十二章第三节。

微波应用于 Knoevenagel 反应，可明显缩短反应时间、提高收率。超声波技术、离子液体技术均已用于 Knoevenagel 反应。

二、Stobbe 反应

醛或酮与丁二酸酯在强碱作用下发生的缩合反应称为 Stobbe 缩合反应。该反应是由 Stobbe H 于 1893 年首先报道的。常用的催化剂为叔丁醇钾、氢化钠、醇钠、三苯甲基钠等。

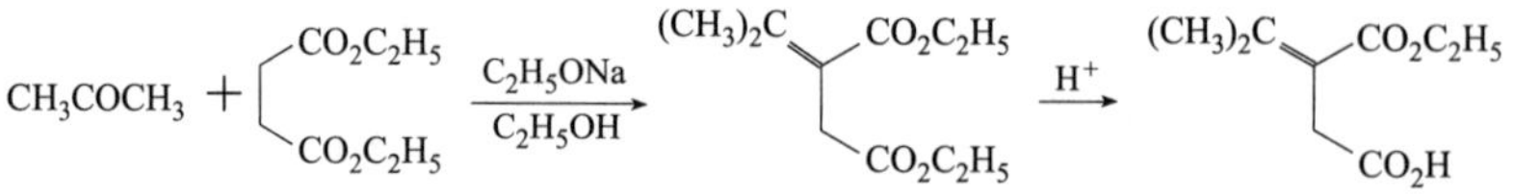

$$CH_3COCH_3 + {CO_2C_2H_5 \atop CO_2C_2H_5} \xrightarrow[C_2H_5OH]{C_2H_5ONa} {(CH_3)_2C{\diagdown}CO_2C_2H_5 \atop {\diagup\atop CO_2C_2H_5}} \xrightarrow{H^+} {(CH_3)_2C{\diagdown}CO_2C_2H_5 \atop {\diagup\atop CO_2H}}$$

丁二酸酯与醛、酮缩合比普通酯容易得多，对碱强度要求也不太高，而且反应产率一般较好。该反应中丁二酸酯的一个酯基转变为羧基，产物是 α,β-不饱和酸酯。反应机理如下：

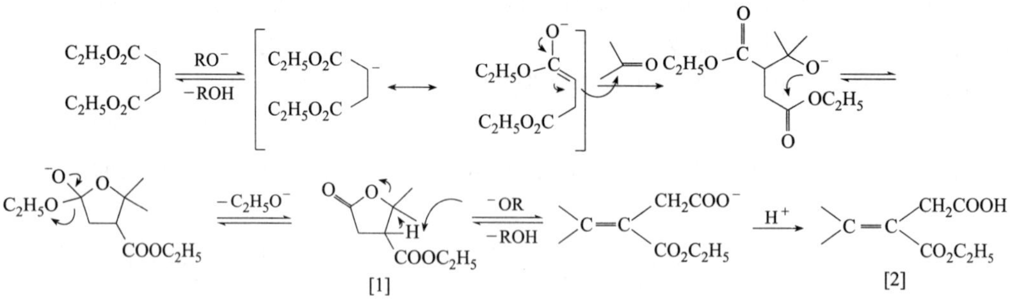

反应中生成的中间体 γ-内酯 [1] 可以分离出来。在碱的作用下，[1] 可以定量的转化为 [2]。[2] 在强酸中加热水解，发生脱羧反应，生成较原来的起始原料醛、酮增加三个碳原子的不饱和酸。

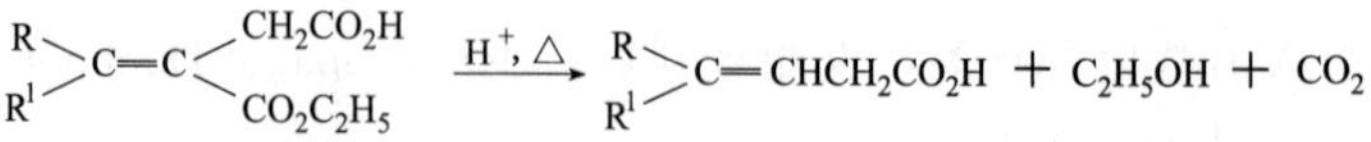

$$\overset{R}{\underset{R^I}{}}{C}{=}{C}\overset{CH_2CO_2H}{\underset{CO_2C_2H_5}{}} \xrightarrow{H^+,\triangle} \overset{R}{\underset{R^I}{}}{C}{=}CHCH_2CO_2H + C_2H_5OH + CO_2$$

[2] 在碱性条件下水解，而后酸化，可得到二元羧酸。例如倍半木脂素 3,4-二香草基四氢呋喃阿魏酸酯中间体 (**29**) 的合成[32]。

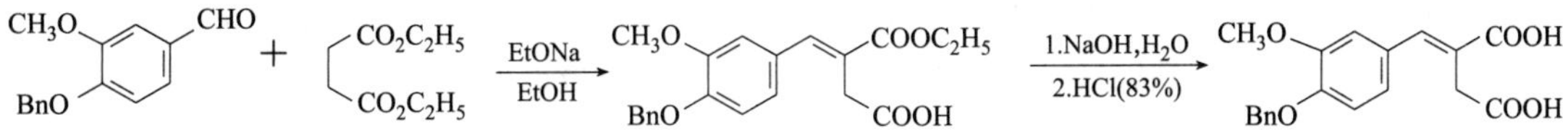

若以芳香醛、酮为原料，生成的羧酸经催化还原后，再经分子内的 F-C 反应，可生成环己酮的稠环衍生物，例如抗抑郁药盐酸舍曲林（Sertraline hydrochloride）的重要中间体 α-萘满酮的合成：

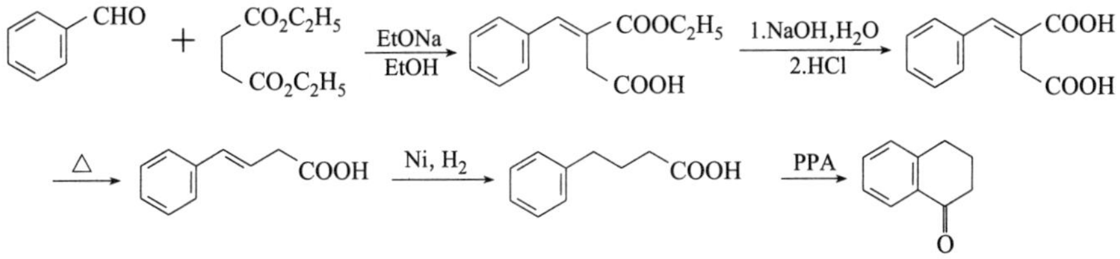

利用 Stobbe 反应可以合成出用其他方法不容易合成的化合物。例如：

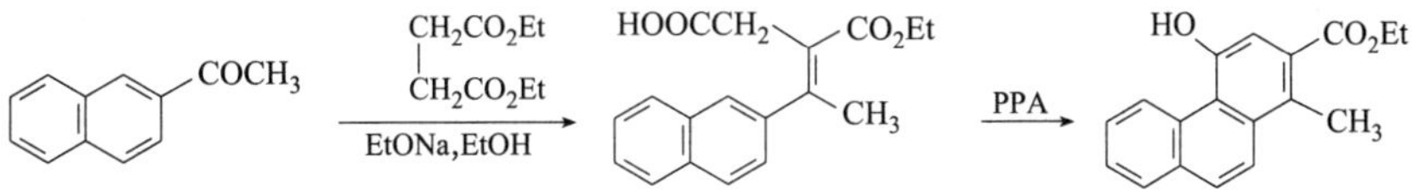

又如如下反应[33]。

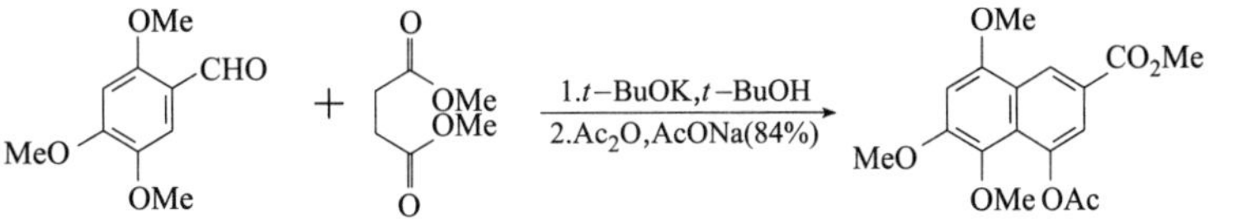

Stobbe 反应也可用于合成 γ-酮酸类化合物。

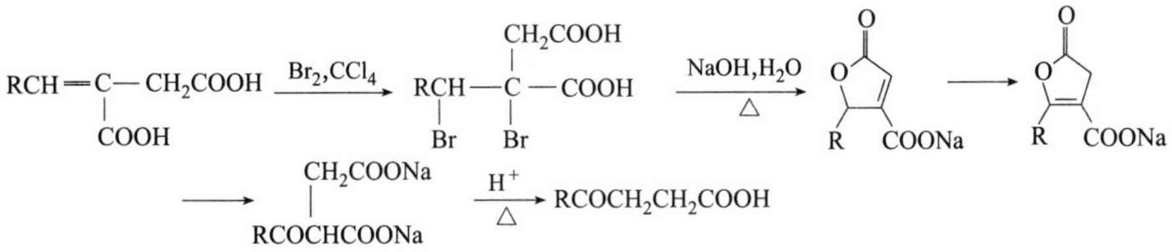

除了丁二酸酯以外，某些 γ-酮酸酯可在碱的催化下与醛、酮发生类似的反应。例如：

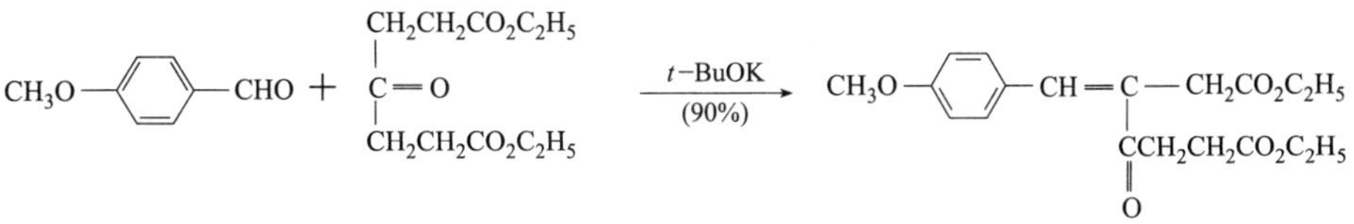

Stobbe 反应已扩展到戊二酸二叔丁基酯。按照 Stobbe 反应机理，反应过程中也可以内酯化而生成单酸。

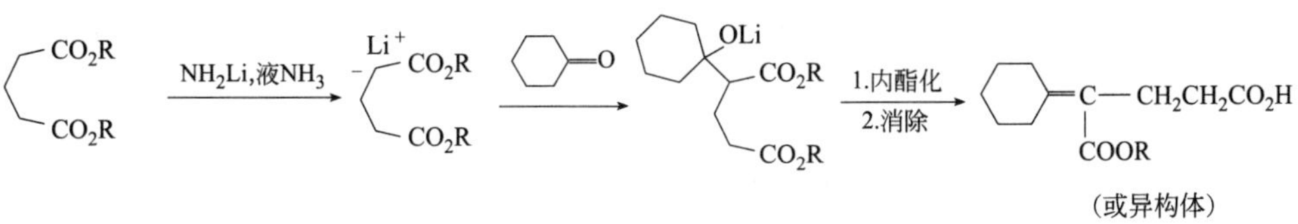

（或异构体）

三、Perkin 反应

芳香醛与脂肪酸酐在碱性催化剂存在下加热，生成 β-芳基丙烯酸衍生物的反应，称为 Perkin 缩合反应。该反应是由 Prkin W H 于 1868 年首先报道的。

$$ArCHO + (RCH_2CO)_2O \xrightarrow{RCH_2CO_2K} ArCH=CRCOOH + RCH_2COOH$$

反应机理如下：

反应中酸酐的烯醇式负离子与羰基进行羟醛缩合型反应，最后生成 α,β-不饱和酸。

在三乙胺存在下，醛与乙酸酐反应生成不饱和酸，有人提出了如下反应机理。

反应中不是羟醛缩合型反应，而是生成烯酮并与羰基进行环加成，最后发生开环断裂得到 α,β-不饱和酸。

由于酸酐的 α-氢原子比羧酸盐的 α-氢原子活泼，故更容易被碱夺去产生碳负离子，因此一般认为在 Perkin 反应中与芳醛作用的是酸酐而不是羧酸盐。用碳酸钾、三乙胺、吡啶等代替乙酸钠，苯甲醛与乙酸酐照样能进行 Perkin 反应；但在同样的碱性催化条件下，苯甲醛与乙酸钠却不发生缩合反应，从而证明确实是酸酐与芳醛发生反应。

心绞痛治疗药普尼拉明（Prenvlamine）中间体肉桂酸的合成如下[34]。

Perkin 反应通常仅适用于芳香醛和无 α-H 的脂肪醛。芳醛的芳基可以是苯基、萘基、蒽基、杂环基等。适用的催化剂一般是与脂肪酸酐相对应的脂肪酸钠（钾）盐，有时也使用三乙胺等有机碱。有报道称，使用相应羧酸的铯盐，可以缩短反应时间和提高产物的收率，原因是铯盐的碱性更强。

由于羧酸酐 α-H 的活性不如醛、酮 α-H 活性高，而且羧酸盐的碱性较弱，因此 Perkin 反应常在较高温度下进行。

催化剂钾盐的效果比钠盐好。但温度高时，容易发生脱羧和消除反应而生成烯烃。

$$\text{PhCH-CH}_2\text{-C-O}^- \xrightarrow[-\text{HO}^-]{\triangle} \text{PhCH=CH}_2 + \text{CO}_2$$

芳环上的取代基对 Perkin 反应的收率有影响。环上有吸电子基团时，反应容易进行，收率较高，反之则反应较慢，收率较低。

Perkin 反应生成的 α,β-不饱和酸有顺反异构体，占优势的异构体为 β-碳上大基团与羧基处于反位的异构体。

$$\text{PhCHO} + (\text{CH}_3\text{CH}_2\text{CO})_2\text{O} \xrightarrow{\text{CH}_3\text{CH}_2\text{CO}_2\text{Na}}$$
（主）　（次）

苯环上的醛基邻位上如果有羟基，生成的不饱和酸将失水环化，生成香豆素类化合物。例如水杨醛与乙酸酐发生 Perkin 反应，香豆素的收率可达 90%。

Perkin 反应中酸酐的 α-碳上有两个氢时，总是发生脱水生成烯，这种情况无法得到 β-羟基酸。当使用 $(\text{R}_2\text{CHCO})_2\text{O}$ 类型的酸酐时，由于不会发生脱水，总是得到 β-羟基酸。

发生该反应的醛除了芳香醛外，插烯衍生物如 ArCH=CHCHO 也可发生 Perkin 反应。

酸酐的来源少，数量有限，故 Perkin 反应的应用范围受到一定限制。此时可采用羧酸盐与乙酸酐反应生成混合酐，再利用混合酐进行 Perkin 反应。例如化合物（**30**）的合成[35]。

2-乙酰基-4-硝基苯氧乙酸在吡啶存在下与乙酸酐一起加热，则发生分子内的缩合，生成苯并呋喃甲酸衍生物，此时是酮羰基参与了反应。

如果脂肪酸 β-位上连有烷基等取代基，由于位阻的原因不容易进行 Perkin 反应，但反应温度较高时可得到脱羧产物。

芳香醛与环状丁二酸酐反应，不是生成 α,β-不饱和酸，而是生成 β,γ-不饱和酸。例如苯甲醛与丁二酸酐的反应：

$$\text{PhCHO} + \begin{matrix} \text{CO} \\ | \\ \text{CO} \end{matrix}\text{O} \xrightarrow{-\text{H}_2\text{O}} \text{PhCH}\begin{matrix} \text{CO} \\ | \\ \text{CO} \end{matrix}\text{O} \xrightarrow{\text{H}_2\text{O}} \begin{matrix} \text{H} \quad \text{COOH} \\ \text{Ph} \\ \text{HO} \quad \end{matrix} \xrightarrow{\text{内酯化}} \begin{matrix} \text{Ph} \quad \text{COOH} \\ \text{O} \\ \text{O} \end{matrix}$$

$$\xrightarrow{\triangle} \text{PhCH}=\text{CHCH}_2\text{COOH} + \begin{matrix} \text{Ph} \\ \text{O} \\ \text{O} \end{matrix} + \text{CO}_2$$

$$\xrightarrow{\text{H}_2\text{O},\triangle} \text{PhCH}=\text{CHCH}_2\text{COOH}$$

α,β-不饱和酸与苯甲醛反应时，双键发生移位，缩合仍发生在 α-位，显然这一点是与不饱和醛参加的羟醛缩合不同的。

$$\begin{matrix} \text{CHO} \end{matrix} + \text{CH}_3\text{CH}=\text{CHCOOH} \xrightarrow[\text{HO}^-]{(\text{CH}_3\text{CO})_2\text{O}} \begin{matrix} \text{CH}=\text{CCOOH} \\ | \\ \text{CH}=\text{CH}_2 \end{matrix} \\ \begin{matrix} \text{CH}=\text{CH}-\text{CH}=\text{CHCOOH} \end{matrix}$$

若羧酸的 α-位连有酰胺基或 β-位连有羰基时，发生 Perkin 反应得到关环化合物。例如抗精神病药物中间体（**31**）的合成[36]。

$$\begin{matrix} \text{CHO} \\ \text{CH}_3\text{O} \\ \text{OCH}_3 \end{matrix} + \begin{matrix} \text{O} \\ \| \\ \text{OH} \\ \text{HN}-\text{COPh} \end{matrix} \xrightarrow[(69\%\sim73\%)]{\text{AcONa,Ac}_2\text{O}} \begin{matrix} \text{O} \\ \text{CH} \\ \text{N} \quad \text{Ph} \\ \text{CH}_3\text{O} \\ \text{OCH}_3 \quad (\mathbf{31}) \end{matrix}$$

相转移催化法在 Perkin 反应中得到了应用，季铵盐、聚乙二醇等对该反应具有明显的催化作用。例如：

$$\begin{matrix} \text{CHO} \\ \text{Cl} \end{matrix} + (\text{CH}_3\text{CO})_2\text{O} \xrightarrow[\text{CH}_3\text{CO}_2\text{K},160℃(95.7\%)]{\text{聚乙二醇}-600} \begin{matrix} \text{CH}=\text{CHCO}_2\text{H} \\ \text{Cl} \end{matrix}$$

微波技术应用于 Perkin 反应也时有报道。

四、Darzens 缩合反应

醛、酮在碱性条件下与 α-卤代酸酯作用，生成环氧乙烷衍生物的反应，称为 Darzen 反应。该反应由 Darzens G 于 1902 年首先报道。生成的环氧乙烷衍生物直接加热或水解，生成新的醛或酮。

$$\begin{matrix} \text{R}^1 \\ \text{R}^2 \end{matrix}\text{C}=\text{O} + \begin{matrix} \text{O} \\ \| \\ \text{ClCH}-\text{C}-\text{OC}_2\text{H}_5 \\ | \\ \text{R} \end{matrix} \xrightarrow{\text{EtONa}} \begin{matrix} \text{R}^1 \quad \text{R} \\ \text{R}^2 \quad \text{CO}_2\text{C}_2\text{H}_5 \\ \text{O} \end{matrix} \xrightarrow[\text{或水解}]{\triangle} \begin{matrix} \text{R}^1 \\ \text{R}^2 \end{matrix}\text{CH}-\text{C}-\text{R} \\ \text{O}$$

可能的反应机理如下：

反应的第一步是碱夺取与卤素原子相连的碳上的氢生成碳负离子，接着碳负离子进攻羰基化合物的羰基碳原子，发生 Knoevenagel 型反应，随后再发生分子内的 S_N2 反应失去卤素负离子，生成环氧化合物。例如治疗肺动脉高压药物安贝生坦（Ambrisentan）中间体 3,3-二苯基-2,3-环氧丙酸甲酯的合成[37]。

该类反应常用的碱是醇盐（如乙醇钠、异丙醇钠等）、氢氧化物、碳酸盐、丁基锂、LDA 和 NaHMDS 等，反应的收率普遍较高，有时也可以使用氨基钠等。

生成的 α,β-环氧化合物有顺、反异构体。在该反应中，一般居优势的异构体是酯基与环氧环另一碳原子上体积较大的基团处于反位的产物。

从构象分析可以看出，赤型的稳定性远远大于苏型，故生成的产物以反式结构为主。

溶剂可影响顺反异构体的比例。在乙醇以及非极性溶剂如苯、己烷中反应，反式异构体占优势，在极性非质子溶剂中如 HMPT，顺式异构体的比例会增大。

溶剂对 Daraen 反应顺反异构体的影响

溶剂	碱	产物比例/%	
		反式	顺式
苯或己烷	NaH	90	10
乙醇	乙醇钠	90	10
HMPA	NaH	50	50

在乙醇中反应时，副产物 α,β-不饱和酸酯的生成量增加。

该反应中使用的羰基化合物，除脂肪醛的收率不高外，其他芳香醛、脂基芳基酮、脂环酮以及 α,β-不饱和醛酮和酰基磷酸酯等，都可以顺利地进行反应。脂肪醛有时效果不理想的原因是在碱性催化剂存在下发生自身缩合。α-卤代酸酯最好使用 α-氯代酸酯，因为 α-溴代酸酯和 α-碘代酸酯活性较高，容易发生取代反应而使产物复杂化。

但一些脂肪族醛，若采用二（三甲基硅基）氨基锂作催化剂，低温下进行反应，也能得到良好收率的环氧化合物。反应是分步进行的，首先由氯代酸酯与二（三甲基硅基）氨基锂在 THF 中于 $-78℃$ 反应生成氯代酯的共轭碱，而后与脂肪醛等反应。

$$ClCH_2CO_2C_2H_5 \xrightarrow[\text{2.CH}_3\text{CHO}]{\text{1.LiN[Si(CH}_3)_3]_2}$$

除了 α-卤代酸酯外，α,α-二氯代羧酸酯、α-氯代酮、α-氯代腈、α-氯代砜、α-氯代亚砜、α-氯代 N,N-二取代酰胺、α-氯代酮亚胺及重氮乙酸酯等都可以发生类似反应，甚至烯丙基卤、苄基卤、9-氯代芴、2-氯甲基苯并噁唑等也可以发生 Darzens 反应。有些反应可以采用相转移催化法，使反应在水溶液中进行。

用 α-氯代酮时，可生成 α-环氧基酮类化合物。

$$C_6H_5CHO + C_6H_5COCH_2Cl \xrightarrow{OH^-,0℃}$$

Darzens 缩合反应在药物合成中应用广泛，例如抗炎药酮基布洛芬（Ketoprofen）中间体（**32**）的合成[38]。

$$\xrightarrow[\text{NaOCH(CH}_3)_2]{\text{ClCH}_2\text{CO}_2\text{CH(CH}_3)_2} \quad \xrightarrow[\text{2.HCl(84\%)}]{\text{1.NaOH}}$$

反应中若使用 α-卤代羧酸，则可以生成 α,β-环氧烷基酸。

$$PhCOCH_3 + ClCH_2CO_2H \xrightarrow[\text{-80℃,THF}]{\text{LiN(Pr-}i)_2}$$
$$(E:Z 为 65:35)$$

用苄基三乙基氯化铵作为相转移催化剂，氯代乙腈与环己酮在 50% 的氢氧化钠水溶液中反应，可以得到的环氧腈类化合物。例如：

$$+ ClCH_2CN \xrightarrow[\text{50\%NaOH,15~20℃(79\%)}]{\text{PhCH}_2\overset{+}{N}Et_3 \ \overset{-}{Cl}}$$

在某些活泼金属促进下，三甲基氯硅烷可以催化 Darzens 缩合反应。例如[39]：

$$ArCHO + PhCOCH_2Br \xrightarrow[\text{(CH}_3)_3\text{SiCl}]{\text{Mg-EtOH}}$$

超声辐射技术也用于 Darzens 缩合反应。有时也可以将相转移催化与超声辐射联合使用，以取的更好的效果。

不对称 Darzens 缩合反应也有不少报道，例如 α-卤代甲基砜与醛的反应：

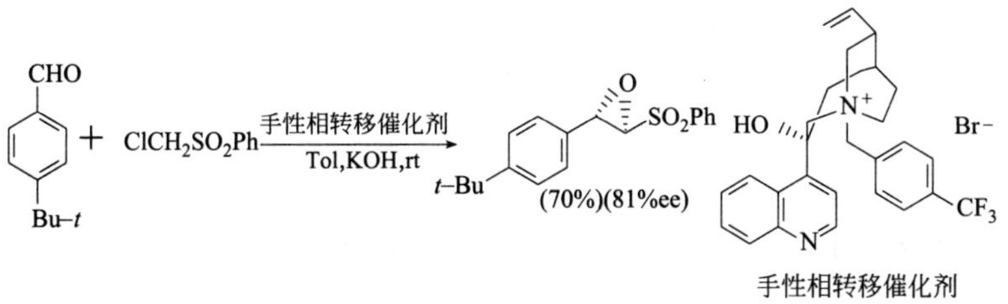

用 α-氯代酮亚胺在二异丙基氨基锂作用下与羰基化合物可以进行如下反应：

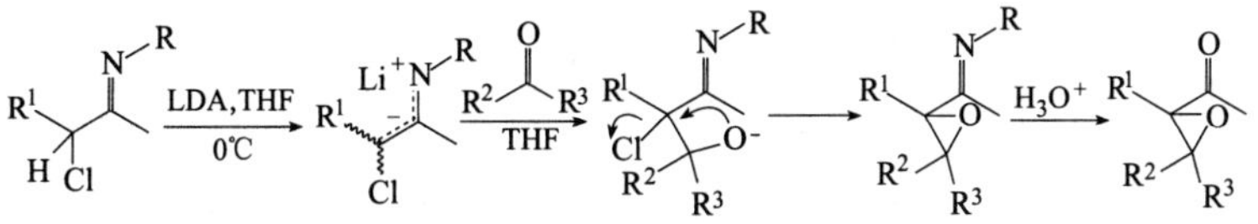

若以各种亚胺类化合物代替羰基化合物与各种 α-卤代化合物进行 Darzens 缩合反应，则生成氮杂环丙烷衍生物，此时称为氮杂 Darzens 缩合反应。

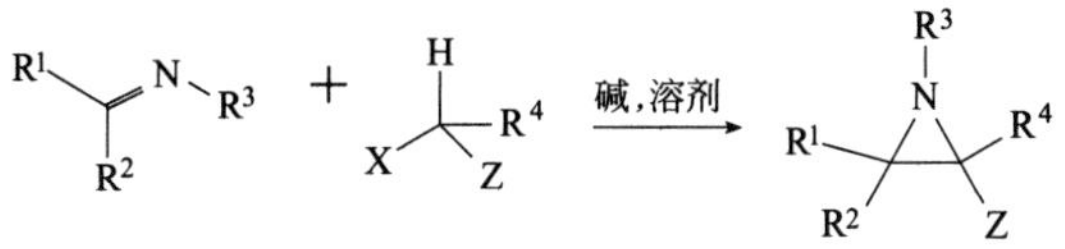

X = Cl,Br,I. Z = COR,CO₂R,CN,SO₂R,POR

Darzens 缩合反应在有机合成中占有重要的地位，缩合产物 α,β-环氧化合物具有很好的反应活性，可以制备链增长的多种化合物，在药物合成中应用较广。

五、Reformatsky 反应

醛、酮和 α-卤代酸酯在金属锌存在下，于惰性溶剂中反应，生成 β-羟基酸酯或 α,β-不饱和酸酯的反应，称为 Reformatsky 反应。该反应是由 Reformatsky S 于 1887 年首先报道的。

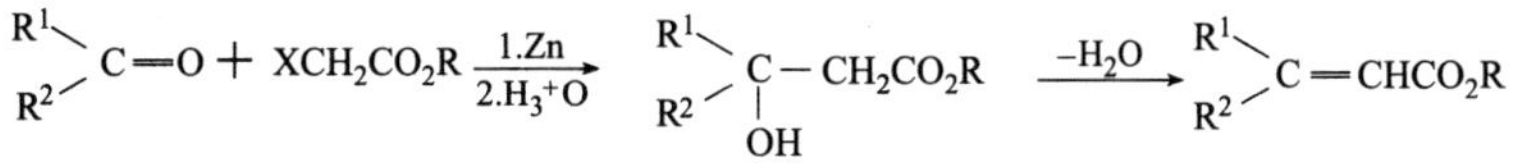

反应机理如下：

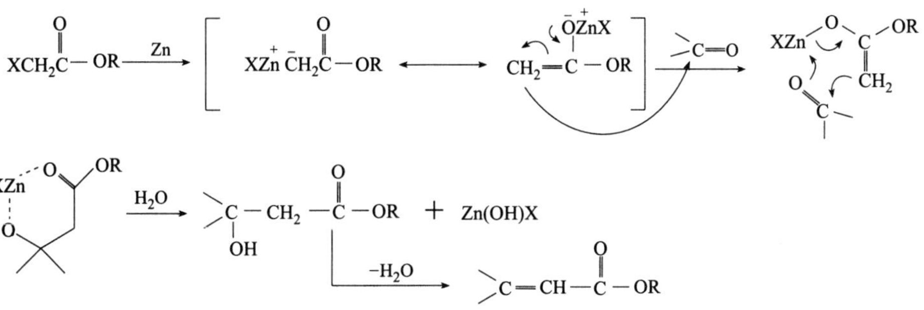

金属锌首先与 α-卤代酸酯反应生成有机锌试剂，有机锌试剂中与锌原子相连的碳原子作为亲核试剂的中心原子，与醛、酮的羰基碳原子进行亲核加成，生成六元环结构的 β-羟基酸酯的卤化锌盐，最后水解生成相应的 β-羟基酸酯。若后者脱水则生成 α,β-不饱和酸酯。反应中因为生成稳定的六元环结构而使反应容易进行。

随着研究的深入，除了锌之外，很多金属如 Li、Mg、Cd、Ba、In、Ge、Ni、Co、Ce 等或金属盐，如 $CrCl_2$、$SmCl_2$、$TiCl_2$ 等，都可以发生类似的反应，因此都被认为是 Reformatsky 型反应。

关于有机锌化合物的结构，X-射线及 NMR 证实，有如下两种形式，其中以二聚体为主，在反应中二聚体解离，与羰基化合物形成六元环加成物，并最终生成相应的产物。

二聚体

Reformatsky 反应中适用的羰基化合物可以是各种醛、酮，有时也可以使用酯。醛的活性一般比酮大，脂肪醛容易发生自身缩合副反应。

α-卤代酸酯中，以 α-溴代酸酯最常用。因为碘代酸酯虽然活性高，但稳定性差，而氯代酸酯则活性较低，反应速度慢。利用该反应可以制备比原来的醛酮增加两个碳原子的 β-羟基酸酯或 α,β-不饱和酸酯。

强效镇痛药伊那朵林（Enadoline）中间体 4-苯并呋喃乙酸（**33**）的合成如下[40]。

一些 α-多卤化物、β-、γ-甚至更高级的卤代酸酯也可以发生 Reformatsky 反应。炔、酰胺、酮、二元羧酸酯以及腈的卤化物也适用。

除了卤化物之外，含其他离去基团如 Me_3Si—、BzO—、PyS—等的有机化合物也可以发生 Reformatsky 型反应。

与制备 Grignard 试剂时的情况相同，反应在无水条件下进行，碘可以促进反应的进行。

该反应也可以使用卤代不饱和酸酯，例如 $RCHBrCH =\!\!=CHCO_2C_2H_5$，有时也可以使用 α-卤代腈、α-卤代酮、α-卤代的 N,N-二烷基酰胺。

用活化的锌、锌-银-石墨、或者锌-超声波，可获得特别高的反应活性。锌可用稀盐酸处理，再用丙酮、乙醚洗涤，真空干燥。也可用金属钠、钾、萘基锂等还原无水氯化锌来制备。

$$ZnCl_2 + 2K \xrightarrow[\triangle]{THF, N_2} Zn + 2KCl$$

用金属钾还原氯化锌制得的锌活性很高，用其进行溴代乙酸乙酯与环己酮的缩合反应，可以在室温下进行，而且几乎定量地生成 β-羟基酸酯。

$$Zn + BrCH_2CO_2C_2H_5 \longrightarrow BrZnCH_2CO_2C_2H_5 \xrightarrow[(97\%)]{} \text{（环己烷）} \xrightarrow{OH} CH_2CO_2C_2H_5$$

醛、酮可以是脂肪族的，也可以是芳香族或杂环的，或含有各种官能团。例如甲瓦龙酸内酯中间体 5-乙酰氧基-3-甲基-3-羟基戊酸乙酯（**34**）的合成[41]，甲瓦龙酸内酯为生物合成萜类化合物的重要前体。

$$CH_3CO_2CH_2CH_2COCH_3 \xrightarrow[\text{EtOAc}(84\%)]{BrCH_2CO_2C_2H_5 , Zn} CH_3CO_2CH_2CH_2\underset{\underset{CH_3}{|}}{\overset{\overset{OH}{|}}{C}}CH_2CO_2C_2H_5 \qquad (34)$$

腈类化合物也可以发生反应，此时首先生成亚胺类化合物，后者水解生成羰基化合物。例如喹诺酮类药物吉米沙星（Gemifloxaxin）中间体（**35**）的合成[42]。

$$\text{（吡啶衍生物）} \xrightarrow[\text{2.酸化}]{\text{1.}BrCH_2CO_2C_2H_5,Zn} \text{（亚胺中间体）} \xrightarrow[(\text{总收率}88\%)]{H_3^+O} \text{（酮产物）} \qquad (35)$$

硫代羰基化合物也可以发生该反应，例如：

$$\text{（硫代内酰胺 + }BrCH_2CO_2H_3) \xrightarrow[(71\%)]{Zn,THF} \text{（产物）}$$

表 11-1 列出了一些可以发生 Reformatsky 反应的化合物及反应产物。

表 11-1 Reformatsky 反应原料与产物

羰基化合物等	α-卤代物	β-产物
醛、酮	卤代酸酯	羟基酸酯
	卤代炔	羟基炔
	卤代酰胺	羟基酰胺
	卤代酮	羟基酮
	卤代腈	羟基腈或杂环化合物
酯	卤代酸酯	半缩醛、半缩酮衍生物
腈	卤代酸酯	羰基亚胺
酰氯	卤代酸酯	二羰基化合物
亚胺	卤代酸酯	内酰胺
二氧化碳	卤代酸酯	丙二酸单酯
环氧化合物	卤代酸酯	γ-,δ-,ε-羟基酸酯

Reformatsky 反应常用的溶剂有乙醚、苯、甲苯、THF、DMSO、二甲氧基乙烷、二氧六环、DMF 或者这些溶剂的混合液体等。反应在无水条件下进行。若在反应中加入硼酸三甲酯，其可以中和反应中生成的碱式氯化锌，使反应在中性条件下进行，抑制了脂肪醛的自身缩合，从而提高了反应收率。例如：

$$CH_3CHO + BrCH_2CO_2C_2H_5 \xrightarrow[\text{THF,rt}(95\%)]{Zn,B(OCH_3)_3} CH_3\underset{\underset{OH}{|}}{CH}CH_2CO_2C_2H_5$$

水解后得到的产物是 β-羟基酸酯。但有些时候，特别是使用芳香醛时，β-羟基酸酯会继续直接发生消除反应生成 α,β-不饱和酸酯。通过同时使用锌和三丁基膦，α,β-不饱和酸酯会成为主要产物。从而可能替代 Wittig 反应。

缩合产物 β-羟基酸酯脱水时常用的脱水剂有乙酸酐、乙酰氯、硫酸氢钾、85％的甲酸、20％～65％的硫酸、氯化亚砜等。

分子内同时具有 α-卤代羧酸酯结构的羰基化合物，可以发生分子内的 Reformatsky 反应生成环状化合物。例如：

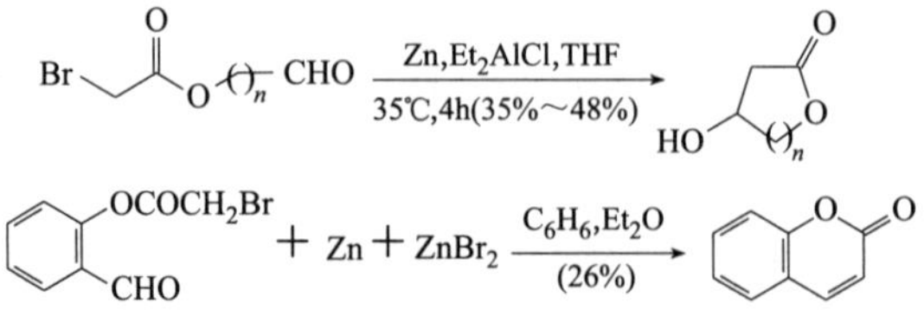

很多情况下 Reformatsky 反应是一步操作完成的，即将 α-卤代酸酯、羰基化合物、锌于溶剂中一起反应，操作起来比较方便。但有时可以采用两步反应法，即首先将 α-卤代酸酯与锌反应生成有机锌试剂，而后再加入羰基化合物。这种两步法可以避免羰基化合物被锌还原的副反应，有利于提高反应收率。在两步法中，二甲氧基甲烷是优良的溶剂，第一步几乎可以定量地生成有机锌试剂。例如：

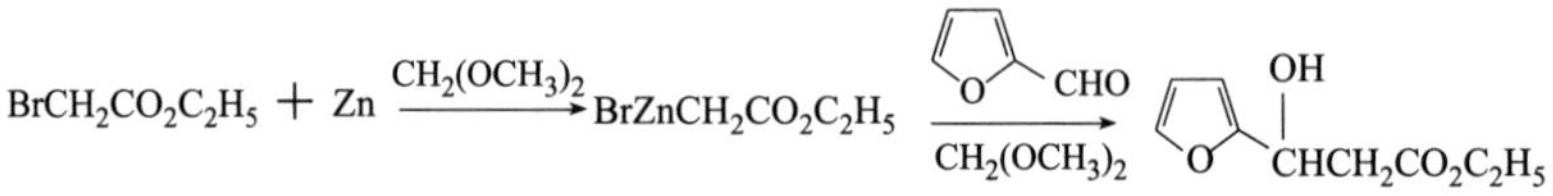

也可以使用其他金属代替锌，如镁、锂、铝、铟、锰、低价钛等。其他一些化合物如 SmI_2、$Se(OTf)$、PPh_3 等也可以进行反应。

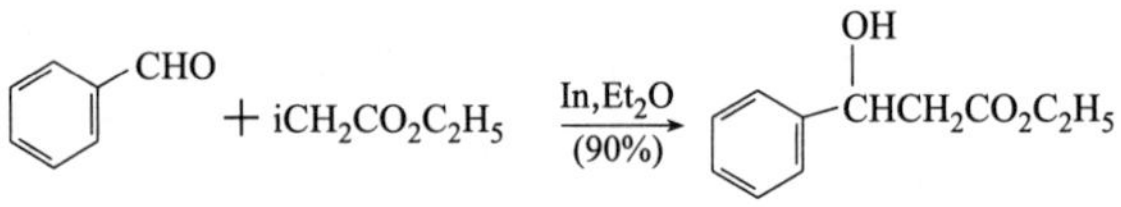

传统的 Reformatsky 反应是在无水条件下进行的，限制了其应用。自 Barbier 反应发现以来，水相中的 Reformatsky 反应引起了人们的广泛关注，并已取得可喜的进展。水相中的 Reformatsky 反应具有很多优点。可以省去一些基团的保护和去保护的过程；无需处理易燃的要求无水的有机溶剂；一些水溶性反应物可以直接在水中使用；反应更安全等。

金属铟是这类反应比较理想的金属，铝、镁、锌、锡的报道也很多，特别是便宜的锌。

不对称 Reformatsky 反应的研究有了迅速发展。主要包括两个方面，一是使用手性的卤代酸酯或羰基化合物进行的底物诱导的不对称 Reformatsky 反应。二是选择手性催化剂进行催化的不对称 Reformatsky 反应。这方面的研究虽然有很大进展，但主要还是限于理论研究。

第四节　酯缩合反应

酯缩合反应本节主要讨论 Claisen 酯缩合和 Dieckmann 酯缩合反应。

一、Claisen 酯缩合反应

含有 α-氢的羧酸酯在碱性（如醇钠）条件下缩合生成 β-酮酸酯的反应称为 Claisen 酯缩合反应，又称为酯缩合反应，该类反应是由 Claisen R L 于 1887 年首先报道的。

$$2\ CH_3CO_2C_2H_5 \xrightarrow{C_2H_5ONa} CH_3COCH_2CO_2C_2H_5 + C_2H_5OH$$

反应机理如下：

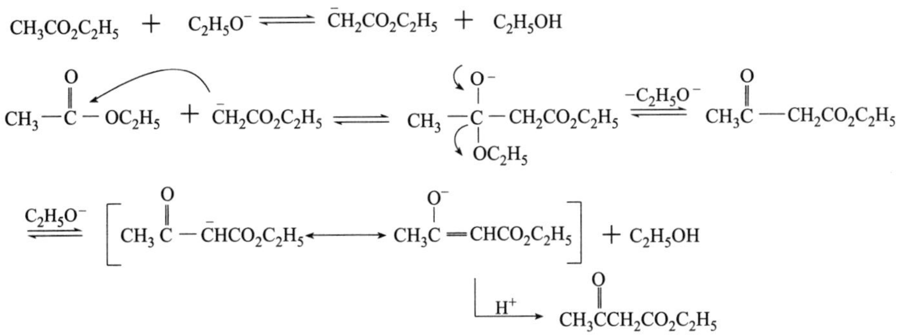

$$CH_3CO_2C_2H_5 + C_2H_5O^- \Longleftrightarrow \bar{C}H_2CO_2C_2H_5 + C_2H_5OH$$

由此可见，Claisen 酯缩合反应是碳负离子进行的酯羰基上的亲核加成，而后失去醇生成 β-酮酸酯。

上述反应是可逆的，普通的酯是很弱的酸（如乙酸乙酯，pK_a24），醇钠的碱性也不够强，从而形成碳负离子较困难，反应明显偏向左方。这种反应之因此能进行的比较完全，是由于初始加成物消除烷氧基负离子生成 β-酮酸酯。β-酮酸酯亚甲基上的氢原子更活泼，是一种比较强的酸，很容易和醇钠生成烯醇盐，同时不断蒸出反应中生成的酸性更弱的乙醇，最后经酸中和生成 β-酮酸酯。为了使反应向右移动，宜使用强碱催化剂以利于碳负离子的形成和平衡向产物的方向移动。

Claisen 缩合反应常用的碱是醇钠、氨基钠、氢化钠、三苯甲基钠等。一些位阻大的酯，也可以用 Grignard 试剂作为碱来使用。例如：

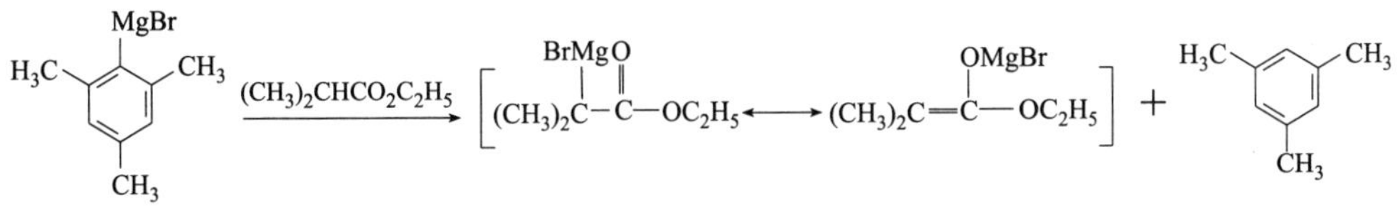

根据反应底物的不同，Claisen 酯缩合反应大致可以分为如下几种类型：酯-酯缩合、酯-酮缩合和酯-腈缩合。二元羧酸酯发生分子内的酯缩合反应生成环状化合物，称为 Dieckmann 酯缩合反应。

1. 酯-酯缩合

酯-酯缩合有三种情况：同酯缩合、异酯缩合和二元酸酯的分子内缩合。

（1）同酯缩合　系指酯的自身缩合，如乙酸乙酯自身缩合生成乙酰乙酸乙酯。参加缩合的酯必须具有 α-H。同酯缩合的产物一般比较简单，收率也较高。

该反应的经典例子是由乙酸乙酯合成乙酰乙酸乙酯。乙酰乙酸乙酯在有机合成中具有非常重要的用途，其 α-碳上可以发生烷基化、酰基化等反应，而后经酸式断裂、酮式断裂等可以合成多种具有不同结构的化合物。

　　如果酯的 α-碳上只有一个氢原子，若酸性太弱，用乙醇钠难以形成碳负离子，需用较强的碱。如异丁酸乙酯在三苯甲基钠作用下可进行缩合，而在乙醇钠作用下则不能发生反应：

$$2(CH_3)_2CHCO_2Et \xrightarrow{Ph_3CNa, Et_2O} (CH_3)_2CH-\overset{O}{\overset{||}{C}}-C(CH_3)_2CO_2Et + EtOH$$

　　两分子丁二酸酯缩合可以生成环状化合物 2,5-二氧代-1,4-环己二酸二乙酯（**36**）[43]，其为镇痛药盐酸伊那朵林（Enadoline hydrochloride）的中间体。

$$2 \begin{array}{|c} CH_2CO_2C_2H_5 \\ CH_2CO_2C_2H_5 \end{array} \xrightarrow[(64\%\sim68\%)]{1.EtONa, 2.H_2SO_4}$$

（**36**）

　　一些环内酯也可以发生该反应。例如 γ-丁内酯在甲醇-甲醇钠作用下的缩合反应，最终生成的产物双环丙基甲酮（**37**）[44]，为抗艾滋病药依氟维纶（Efavirenz）和伊尔雷敏（Yierleimin）的中间体。

$$\xrightarrow{CH_3OH \atop CH_3ONa} \xrightarrow[-CO_2]{HCl} ClCH_2(CH_2)_2\overset{O}{\overset{||}{C}}(CH_2)_2CH_2Cl \xrightarrow[(总收率52\%\sim55\%)]{NaOH}$$

（**37**）

　　（2）异酯缩合　两种不同的酯进行缩合称为异酯缩合，又称交叉酯缩合反应。若两种酯均含 α-H，且活性差别不大，则既可发生同酯缩合，又可发生异酯缩合，得到四种缩合产物的混合物，实用价值不大。若两种酯的 α-氢活性不同时，则酸性较强的酯优先与碱作用生成碳负离子，并作为亲核试剂与另一分子的酯羰基进行缩合反应。如下三种酯 α-氢酸性强弱顺序为：

$$CH_3COOC_2H_5 > RCH_2COOC_2H_5 > RR'CHCOOC_2H_5$$

　　若酯的 α-碳上即有 α-氢又有芳环，由于失去 α-氢后生成的碳负离子负电荷得到分散而容易形成，故更容易作为亲核试剂发生异酯缩合，例如 α-苯基乙酰乙酸乙酯的合成：

$$CH_3COOC_2H_5 + PhCH_2CO_2C_2H_5 \xrightarrow[2.H_3O^+]{1.NaH} CH_3COCHCO_2C_2H_5 + C_2H_5OH$$
$$\overset{|}{Ph}$$

　　内酯与羧酸酯也可以发生酯缩合反应，例如高血压治疗药利美尼定（Rilmenidine）中间体（**38**）的合成。

$$+ CH_3CO_2C_2H_5 \xrightarrow[(78\%)]{C_2H_5OH, Na}$$

（**38**）

　　若两种酯中一种含 α-H，另一种不含 α-H，在碱性条件下缩合时，则 β-酮酸酯的收率较高（也会发生同酯缩合）。常见的不含 α-H 的酯有甲酸酯、草酸二乙酯、碳酸二乙酯、芳香羧酸酯等。例如治疗各种原因引起的白细胞减少、再生障碍性贫血等的药物利可君（Leucoson，Leukogen）等的中间体 α-甲酰基苯乙酸乙酯（**39**）的合成[45]。

$$PhCH_2CO_2C_2H_5 + HCO_2C_2H_5 \xrightarrow{CH_3ONa} PhC-CO_2C_2H_5 \xrightarrow[(92.6\%)]{HCl} PhCHCO_2C_2H_5$$
$$\overset{|}{CHONa} \qquad\qquad \overset{|}{CHO}$$

（**39**）

　　苯乙酸乙酯与碳酸二乙酯缩合生成苯基丙二酸二乙酯，其为镇静药苯巴比妥（Phenobarbital)、抗癫痫药物扑米酮（Primidone）等的中间体。

$$PhCH_2CO_2C_2H_5 + C_2H_5O-\overset{\overset{\displaystyle O}{\|}}{C}-OC_2H_5 \xrightarrow[\text{2. } H_3O^+]{\text{1. } NaNH_2} PhCH(CO_2C_2H_5)_2 + C_2H_5OH$$

碳酸酯的反应活性较差，一般情况下收率较低。反应中常使用过量的碳酸酯，不断蒸出反应中生成的乙醇，以提高产品收率。

草酸酯可以进行酯缩合反应，例如抗肿瘤药三尖杉酯碱中间体（**40**）的合成[46]。

$$(CH_3)_2C=CHCH_2CO_2C_2H_5 + \begin{matrix} CO_2C_2H_5 \\ | \\ CO_2C_2H_5 \end{matrix} \xrightarrow[(65\%)]{NaH,\,C_6H_6} (CH_3)_2C=CHCHCO_2C_2H_5$$

$$\begin{matrix} | \\ COCO_2C_2H_5 \end{matrix}\ \ (\textbf{40})$$

又如运动营养饮料等的成分，氨基酸、多肽合成前体 2-氧代戊二酸的合成[47]。

为了使交叉酯缩合反应具有制备价值，人们进行了深入研究，其中之一是活化羰基。活化羰基可以用咪唑及其衍生物为活化剂、Lewis 酸/碱促进的方法，此时交叉缩合的选择性很高[48]。

$$R^1=(CH_3)_3CCH_2;R^2=CH_3(CH_2)_3;R^3=CH_3$$

上述反应使酰氯与咪唑衍生物首先进行反应，生成酰基咪唑正离子，从而使得酰基被活化，容易受到另一种含 α-H 的羧酸酯生成的负离子的进攻，提高了交叉缩合的选择性。

最具有普遍性的方法是将欲作为亲核体的组分预先用强碱（如 LDA）去质子化，制成预制烯醇负离子或烯醇硅醚，而后与欲作为亲电体的组分或其活化形式结合。这一方法已应用于生物碱（-）-secodaphniphyline 的合成[49]。

2. 酯-酮缩合

羧酸酯与酮反应生成 1,3-二酮，是合成 1,3-二酮的重要方法之一。反应条件和反应机理与 Claisen 酯缩合相似。酮的 α-H 的酸性比酯的 α-H 酸性强，酮容易生成碳负离子而进攻酯羰基发生亲核加成，最终生成酸性更强的 1,3-二酮，此反应也称为 Claisen 缩合。此时应当有酮自身缩合的产物生成。若酯比酮更容易生成碳负离子，则主要产物为 β-羟基酸酯，失水后生成 α,β-不饱和酸酯，同时产物中有酯自身缩合的产物。

$$CH_3CH_2CO_2C_2H_5 + CH_3COCH_2CH_3 \xrightarrow[\text{2. } H_3^+O(51\%)]{\text{1. } NaH} CH_3CH_2COCH_2COCH_2CH_3$$

有报道称，在酮-酯缩合反应中加入冠醚可以提高产物收率。

酮与甲酸酯在碱性条件下缩合生成酮醛，而与其他的羧酸酯反应时，则生成 β-二酮。

$$CH_3COCH_2R + HCOOC_2H_5 \xrightarrow[\text{或 } C_2H_5ONa]{Na} CH_3COCHCHO$$
$$\qquad\qquad\qquad\qquad\qquad\qquad\qquad\qquad | \atop R$$

$$CH_3COCH_2R + R'COOC_2H_5 \xrightarrow[\text{或 } C_2H_5ONa]{Na} CH_3COCHCOR'$$
$$\qquad\qquad\qquad\qquad\qquad\qquad\qquad\qquad | \atop R$$

1H-吲唑是重要的医药、有机合成中间体，其一条合成路线就是利用环己酮与甲酸酯进行酮-酯缩合，而后与肼反应成环来合成的。

酮与碳酸二甲酯反应生成 β-酮酸酯。例如喹诺酮类抗菌药盐酸环丙沙星（Ciprofloxacin hydrochloride）中间体（**41**）的合成[50]。

又如膀胱癌治疗药溴匹利明（Bropirimine）中间体（**42**）的合成[51]。

酮也可与草酸二烷基酯反应，例如消炎镇痛药伊索昔康（Isoxicam）中间体（**43**）的合成[52]。

对于不对称的酮，可有两个酰基化的方向，一般来说，反应发生在取代基较少的一边。甲基比亚甲基优先酰基化，而亚甲基比次甲基优先酰基化，R_2CH 很少被酰基化。

例如磷酸二酯酶抑制剂西地那非（Sildenafil）等的中间体 2-丙基吡唑-3-羧酸乙酯（**44**）的合成[53]。

酯-酮缩合反应也可以用于成环反应，尤其是制备五六元环化合物。分子内同时含有酮基和酯基时，若位置合适可发生分子内的酯-酮缩合，生成五元或六元环状二酮。

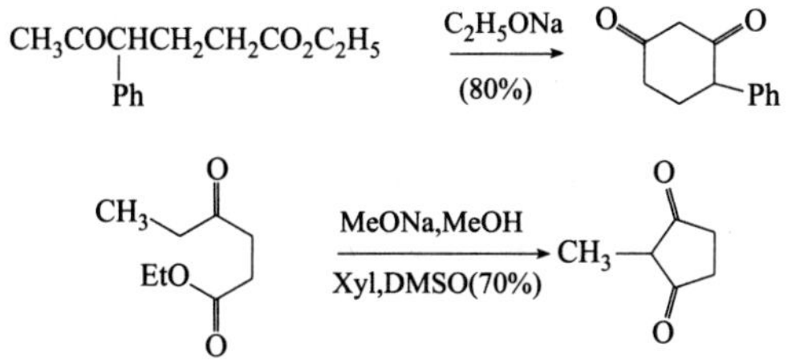

$$CH_3COCHCH_2CH_2CO_2C_2H_5 \xrightarrow[(80\%)]{C_2H_5ONa}$$

如下 1,3-二酮若使用 2mol 的碱，可以生成双碳负离子，此时与酯反应，可以是位阻小的碳负离子作为亲核试剂进攻酯羰基，从而生成 1，3,5-三酮。

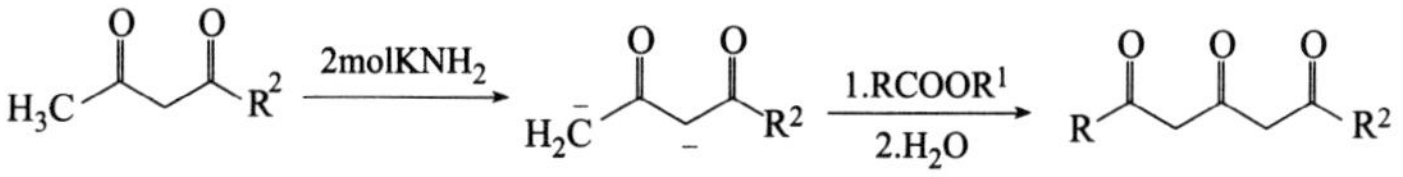

酮也可与丁二酸酯反应，如抗抑郁药盐酸曲舍林（Sertraline hydrochloride）中间体（**45**）的合成。

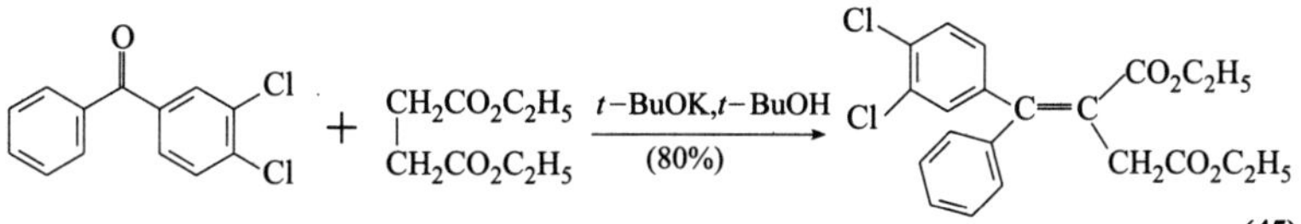

(**45**)

3. 酯-腈缩合

酯与腈发生缩合反应，产物是 β-酮腈。

氰基具有很强的吸电子能力，其 α-H 的酸性较强，很容易被碱夺去生成碳负离子。生成的碳负离子对酯羰基进行亲核加成，而后失去烷氧基，生成 β-羰基腈类化合物。反应机理与酯缩合相似。因为氰基 α-H 的酸性较强，使用醇钠就可顺利的催化反应。例如：

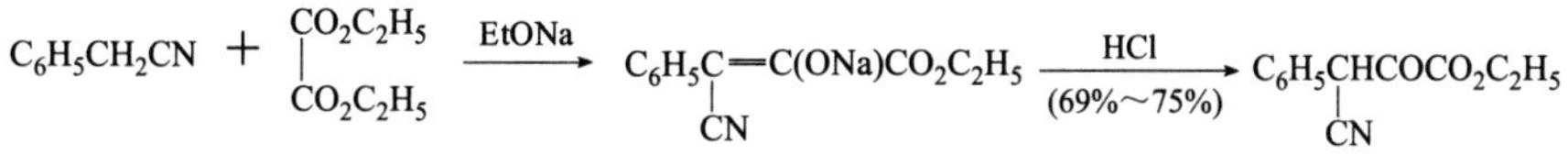

非典型性精神病治疗药布南色林（Blonanserin）中间体 4-氟苯甲酰乙腈（**46**）的合成如下[54]。

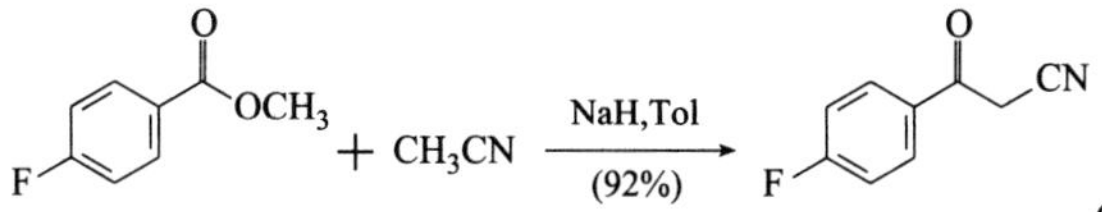

(**46**)

苯乙腈与碳酸二乙酯反应，可以生成镇静药苯巴比妥（Phenobarbital）中间体（**47**），总收率 $70\% \sim 78\%$。

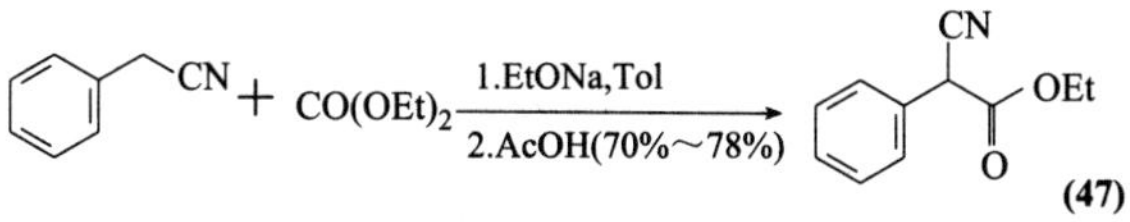

(**47**)

除了上述酯-酮缩合、酯-腈缩合外，羧酸也可以与酯缩合生成 β-酮酸盐。

反应中将羧酸转化为双负离子，而后碳负离子对酯羰基进行亲核加成，消去醇，生成 β-酮酸盐。羧酸可以是 RCH_2COOH 或 $R_2CHCOOH$。因为 β-酮酸很容易失去羧基生成酮，因此该方法可以制备酮 RCH_2COR^1 和 R_2CHCOR^1。若使用甲酸酯，则反应后生成醛，是将羧酸转化为醛的一种方法。

很多其他碳负离子基团也可以与酯发生缩合反应，如乙炔负离子、α-甲基吡啶负离子、DMSO 的共轭碱、硝基烷烃负离子、亚硝酸烷基酯负离子、酰胺负离子等。

$$RCOOR' + 2CH_3SOCH_2 \longrightarrow RCOCHSOCH_3 + R'O^- + (CH_3)_2SO$$

$$\xrightarrow{H_3O^+} RCOCH_2SOCH_3 \xrightarrow{Al-Hg} RCOCH_3$$

上述反应生成的酮亚砜，还原后可以得到甲基酮。

酰胺可以与羧酸酯发生缩合反应。例如降血脂药阿托伐他汀钙（Atorvastatin calcium）中间体（**48**）的合成如下[55]。

(48)

如下 1,3-二噁烷负离子与酯反应，生成的缩合产物用 NBS 或 NCS 氧化水解，可以生成 α-酮醛或 α-二酮。

二、Dieckmann 酯缩合反应

二元羧酸酯在碱性条件下发生分子内的酯缩合，生成环状 β-酮酸酯的反应，称为 Dieckmann 酯缩合反应，Dieckmann 缩合可看成是分子内的 Claisen 酯缩合反应，该反应最早是由 Dieckmann W 于 1894 年报道的。

该反应可用于五～七元环的环状 β-酮酸酯的合成。合成 9～12 元环的产率很低，甚至不反应。大环可以通过高度稀释的方法进行合成，因为此时两个分子接触的几率明显小于分子的一端同另一端接触的几率。

Dieckmann 缩合反应的反应机理和反应条件与 Claisen 酯缩合反应基本一致。

传统上使用的碱是乙醇钠，反应在无水乙醇中进行。目前大多采用位阻大、亲核性小的碱，如叔丁醇钾、二异丙基氨基锂（LDA）、双三甲基硅基胺基锂（LHMDS）等，反应在非质子溶剂如 THF 中进行，这有利于降低反应温度，减少副反应的发生。使用更强的碱，如 $NaNH_2$、NaH、KH 等通常可以提高反应收率。有时使用乙醇钠无效，必须使用更强的碱。

二元羧酸酯发生分子内的酯缩合生成环状的酮酯，后者进一步水解脱羧，生成环酮，是制备环酮的方法之一。一般而言，合成五元环、六元环化合物时收率较高。

例如阿片类镇痛药芬太尼（Fentanyi）中间体（**49**）的合成[56]，第一步反应属于 Michael 加成，第二步属于 Dieckmann 缩合反应。

$$PhCH_2CH_2NH_2 + 2CH_2=CHCO_2CH_3 \xrightarrow[(98.5\%)]{CH_3OH} PhCH_2CH_2N(CH_2CH_2CO_2CH_3)_2$$

如下反应生成了七元环化合物，生成的产物（**50**）是血管加压素 V2 受体拮抗药托伐普坦（Tolvaptan）中间体[57]。

也可以使用 $TiCl_4$ 和三乙胺（三丁胺）催化剂，氮杂二元酸酯进行分子内的酯缩合，可以生成氮杂的环酮类化合物。

文献报道，在聚乙烯负载的金属钾（PE-K）作用下，己二酸二乙酯于甲苯中室温发生分子内缩合反应，2-乙氧羰基环戊酮的收率达 89%。

利用 Dieckmannn 反应合成四元环虽然有报道，但收率很低。如下反应生成含四元环的螺环化合物。

Dieckmann 酯缩合反应，若两个酯基在分子中所处的化学环境不同，则存在着反应的选择性问题。非对称酯的选择性取决于两个酯基 α-碳上氢原子的酸性和空间位阻。酸性强，将优先与碱作用生成相应的碳负离子（或烯醇负离子），从而作为亲核试剂进攻另一个酯基。

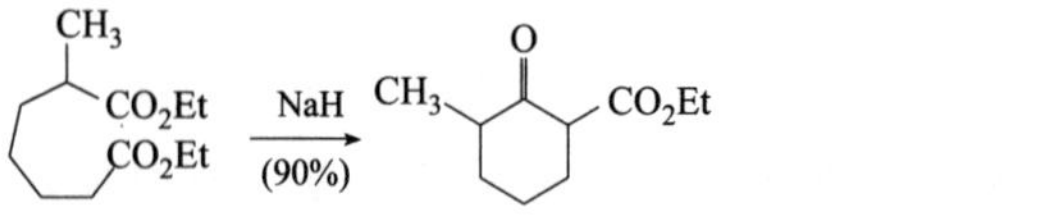

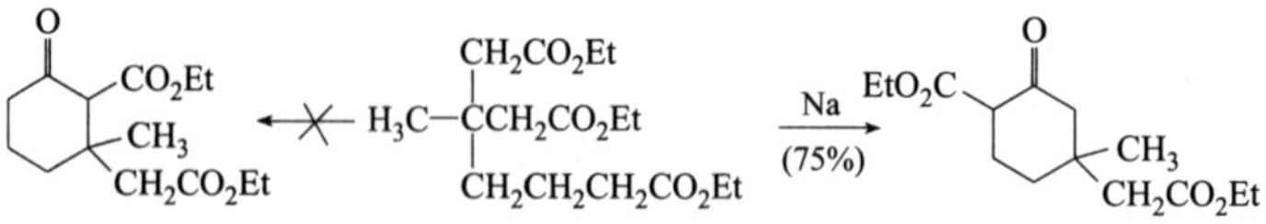

在如下反应中，底物 a 处碳原子上的氢酸性较强，更容易生成相应的碳负离子，作为亲核试剂进攻另一个酯基中的羰基，最终生成化合物 A，因此化合物 A 是主要产物。

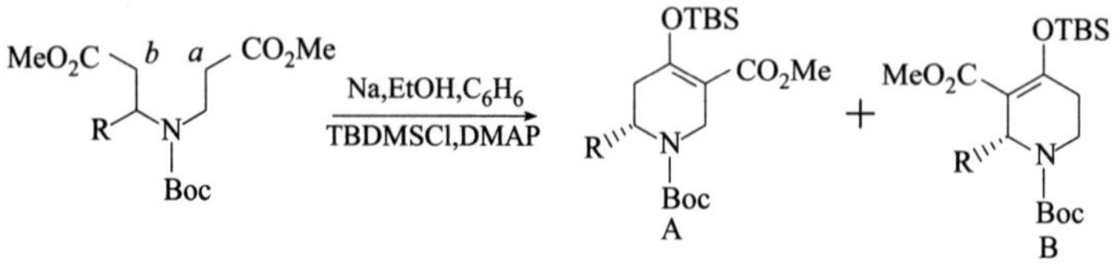

安眠药加波沙朵（Gaboxadol）等的中间体（**51**）的合成如下[58]：

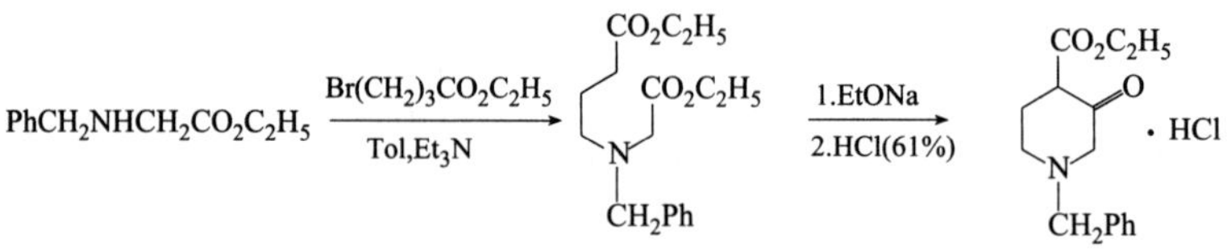

利用 Dieckmann 反应可以合成桥环化合物。例如新药开发中间体 1-氮杂双环［2.2.2］辛-3-酮（**52**）的合成[59]。

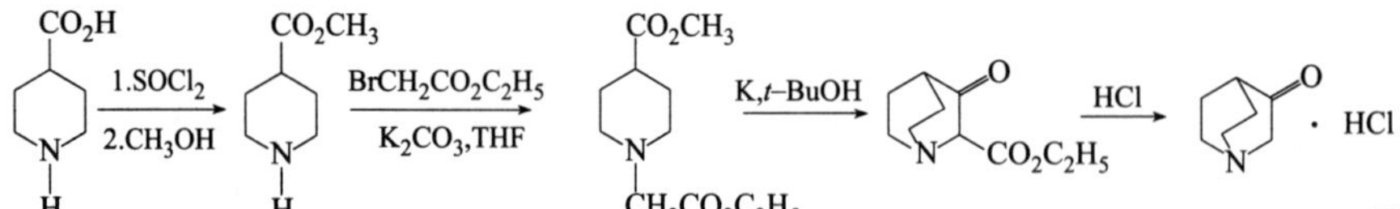

若两个酯基其中一个不含 α-氢，则不存在区域选择性。例如如下反应：

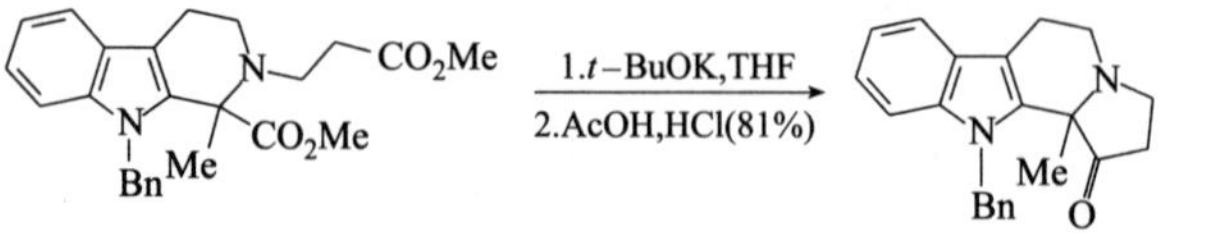

其实，很多反应是首先进行分子间的酯缩合，而后再进行分子内的 Dieckmann 酯缩合反应。一个明显的例子是丁二酸二乙酯的缩合生成 2,5-二乙氧羰基-1,4-环己二酮。

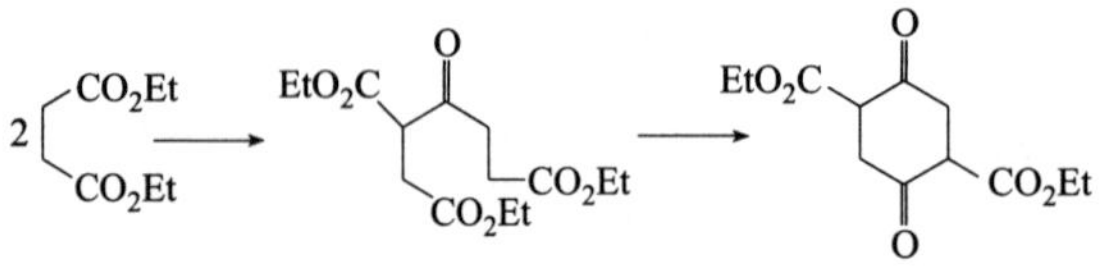

丁二酸二乙酯与邻氨基苯甲酸酯可发生如下的反应。

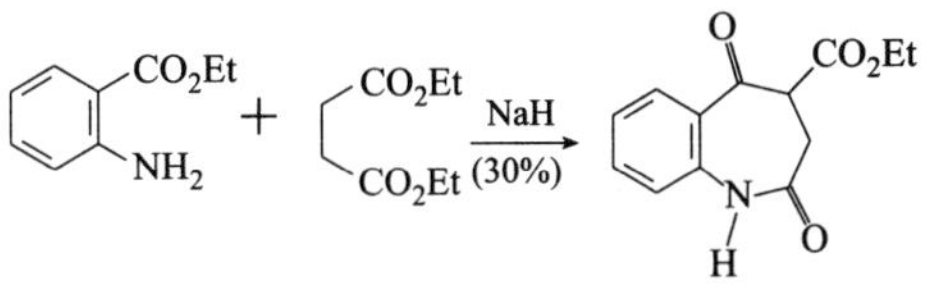

草酸二甲（乙）酯与其他二羧酸二酯反应，可以生成环二酮类化合物。例如：

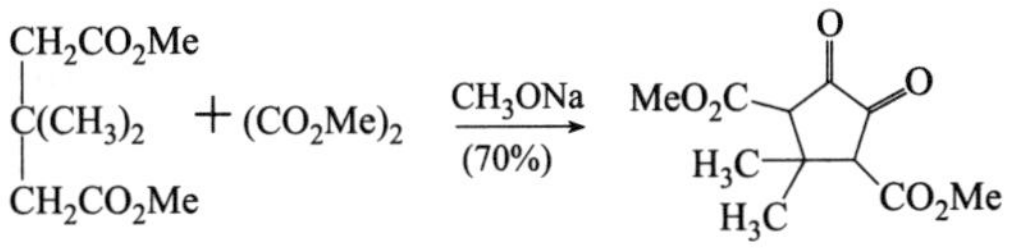

对于 α,β-不饱和羧酸酯，可以先进行 Michael 加成，而后再进行 Dieckmann 酯缩合反应。例如合成杀虫剂、抗菌药等农药、医药的中间体 N-苄基-3-吡咯烷酮的合成[60]。

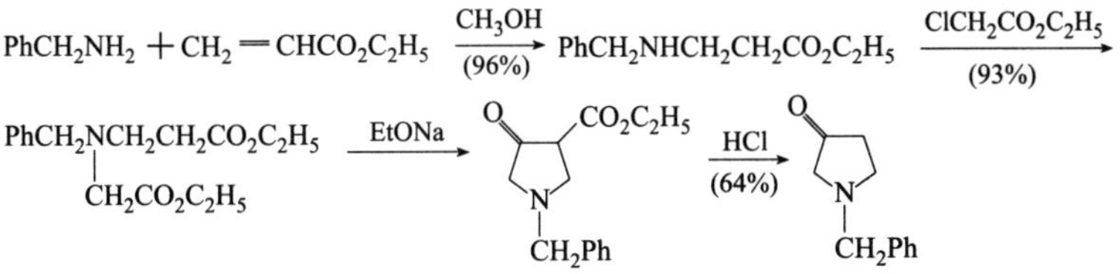

与 Dieckmann 缩合相似的一个缩合反应是 Thorpe-Ziegler 缩合反应，在合成一些中等或大环化合物中有实际合成意义。

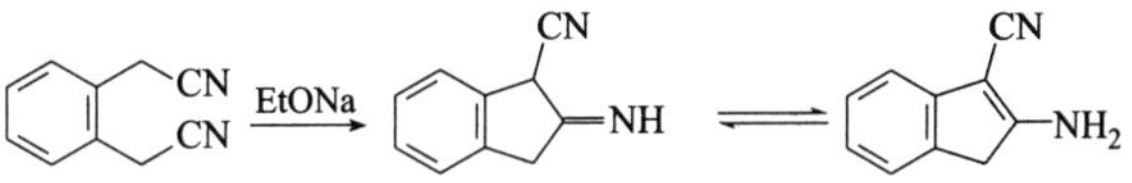

第五节 烯键上的加成缩合反应

本节只讨论 Michael 加成反应和 Prins 反应。

一、Michael 加成反应

经典意义上的 Michael 加成反应是指活泼亚甲基化合物碳负离子或其他稳定的碳负离子类亲核试剂（例如有机铜锂），与 α,β-不饱和醛、酮、腈、硝基化合物及羧酸衍生物在碱性条件下发生 1,4-加成反应，生成 β-羰烷基类化合物。该反应是由美国化学家 Arthur Michael 于 1887 年发现的。其实早在 1883 年，Komnenos 等就报道了第一例碳负离子与 α,β-不饱和羧酸酯的 1,4-加成反应，但直到 1887 年 Michael 发现使用乙醇钠可以催化丙二酸酯与肉桂酸酯的 1,4-加成后，对该类反应的研究才得到迅速发展。由于 Michael 在该领域中的贡献，称为 Michael 加成反应，或 Michael 反应。例如如下反应：

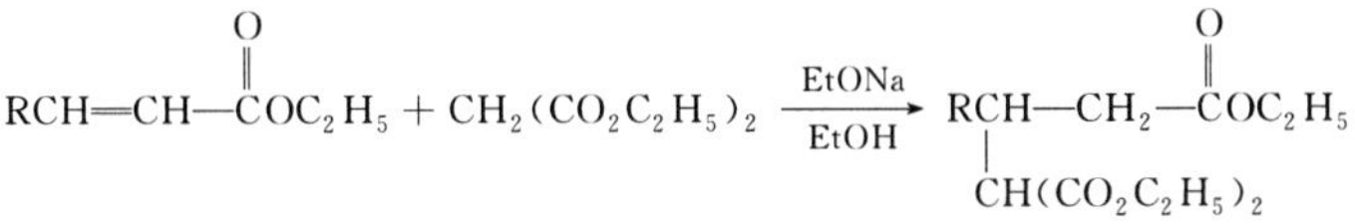

Michael 加成反应从反应机理上来看，属于共轭加成或 1,4-加成，是有机合成中形成碳碳单键的常用反应之一。

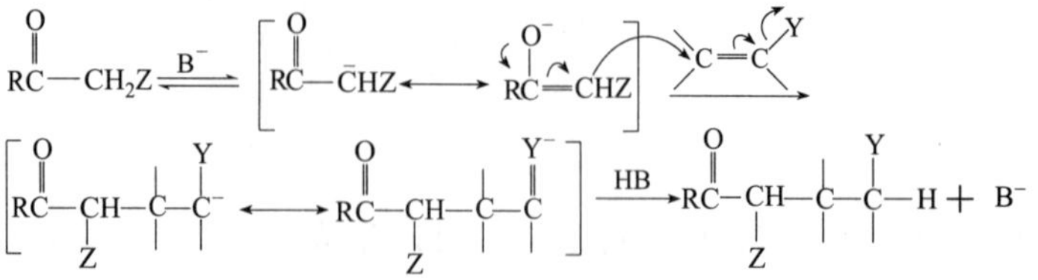

反应中活泼亚甲基化合物首先在碱的作用下烯醇化，生成烯醇负离子，而后烯醇负离子的碳原子进攻 α,β-不饱和化合物的碳碳双键的 β-碳原子，最后生成 β-羰烷基化合物。反应中的 α,β-不饱和化合物常常被称为 Michael 受体，而活泼亚甲基化合物则称为 Michael 供体。

当然，反应中也可以发生 1,2-加成，生成羰基上的加成产物。因此，区域选择性是 Michael 反应的必须关注的问题。实际上，在传统的 Michael 反应中，给体进攻羰基的 1,2-加成是动力学控制反应，而 1,4-加成属于热力学控制的反应，1,4-加成产物在热力学上更稳定。

常见的 Michael 供体有丙二酸酯、氰基乙酸酯、β-酮酯、乙酰丙酮、硝基烷烃、砜类化合物等。常见的 Michael 受体为 α,β-不饱和羰基化合物及其衍生物，如 α,β-不饱和醛、α,β-不饱和酮、α,β-炔酮、α,β-不饱和腈、α,β-不饱和羧酸酯、α,β-不饱和酰胺、杂环 α,β-烯烃、α,β-不饱和硝基化合物以及对苯醌类等。

Michael 受体的活性与 α,β-不饱和键上连接的官能团的性质有关。若相连官能团的吸电子能力强，则 β-碳上电子云密度低，容易受到亲核试剂的进攻，反应活性高，容易发生反应。根据在具体反应中的反应情况，所连接取代基的吸电子能力依如下顺序逐渐降低：

$$NO_2 > SO_3R > CN > CO_2R > CHO > COR$$

中枢神经抑制剂盐酸巴氯芬（Baclofen hydrochloride）中间体（**53**）的合成如下[61]。

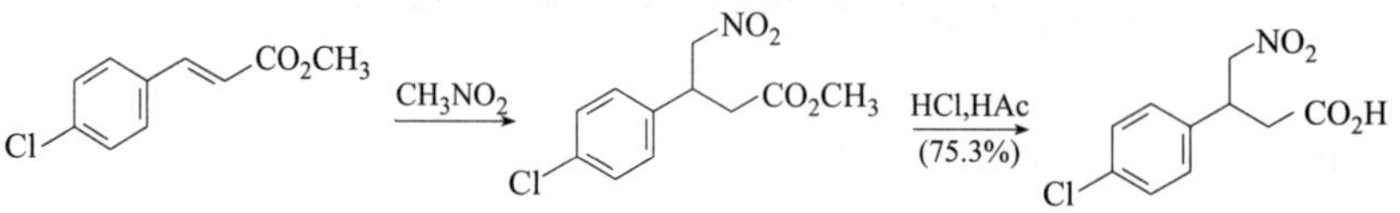

(53)

环状的 α,β-不饱和酮可以作为 Michael 受体。例如消炎镇痛药卡洛芬（Carprofen）中间体 2-(3-氧代环己基) 丙酸（**54**）的合成[62]。

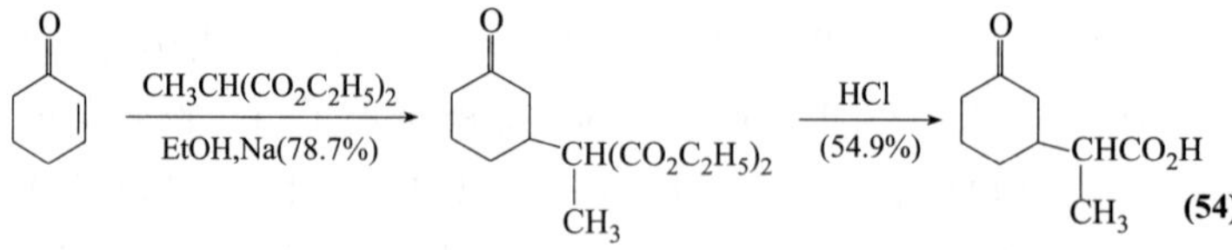

(54)

有时候芳香醛也可以作为 Michael 反应的给体，例如如下反应：

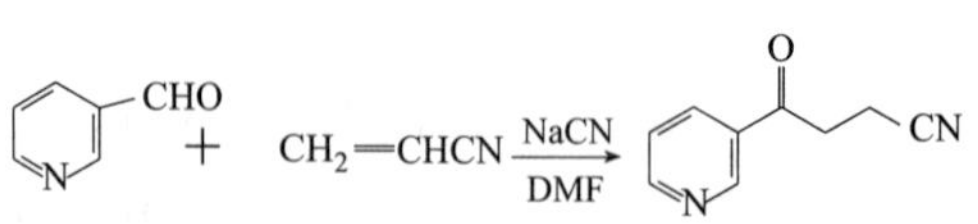

该方法是芳醛在催化剂存在下对丙烯腈 α,β-不饱和双键的加成反应来制备腈的方法，一般也适用于杂环芳醛。反应历程一般认为是 Lapworth 历程，即氰基催化苯偶姻机理。氰基稳定了能进行 Michael 加成的碳负离子，而后进行共轭加成，最后消除而得到产品[63]。

Michael 反应中常用的碱有氢氧化钠（钾）、醇钠（钾）、金属钠、氨基钠、氢化钠、吡啶、哌啶、三乙胺、季铵碱、碳酸钠（钾、锂、铯）、乙酸钠、PPh$_3$、DBU、TMG（四甲基胍）等。在具体反应中究竟选择哪一种碱，可以根据 Michael 供体的活性和反应条件而定。供体的酸性强，可以适当选用较弱的碱。

有时一些简单的无机盐如三氯化铁、氟化钾等也用作 Michael 反应的催化剂。烯酮肟与乙酰乙酸乙酯在三氯化铁催化剂存在下，首先发生 Michael 加成反应，再经脱水、环合，可以得到烟酸衍生物[64]。

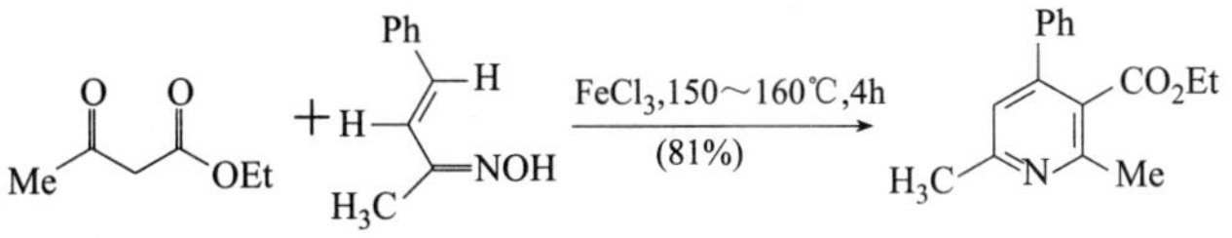

氟化钾可以催化如下反应，生成的产物（**55**）是止吐药大麻隆中间体[65]。

(55)

目前随着人们对 Michael 反应体系研究的不断深入，该反应的给体、受体和催化剂类型有了很大的扩展。现在将任何带有活泼氢的亲核试剂与活性 π-体系发生共轭加成的过程，统称为 Michael 反应。

Michael 加成反应常常和 Robinson 环化联系在一起，是合成环状化合物的一种有用的方法。Michael 加成反应后的某些产物，进一步进行分子内的羟醛缩合或酯缩合，生成环己酮衍生物。环酮类化合物与 α,β-不饱和酮在催化剂碱的作用下发生缩合、环化，最后生成并环 α,β-不饱和酮。该反应是 20 世纪 30～50 年代在研究甾体化合物的合成中发展起来的一种成环方法，Robinson 于 1935 年首先报道了该反应。例如：

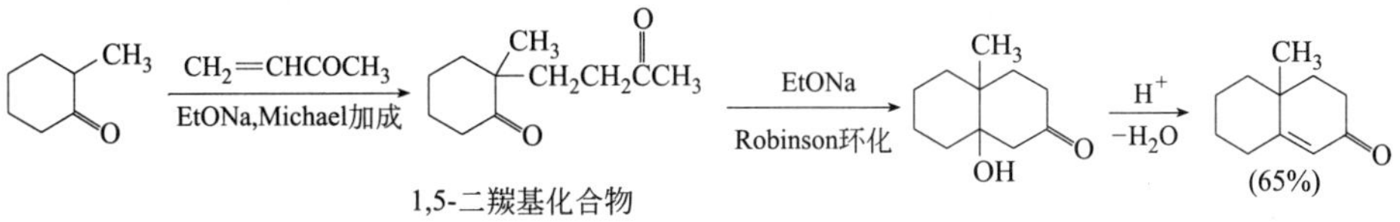

1,5-二羰基化合物

该反应的前半部分是 Michael 加成反应，生成 1,5-二羰基化合物；后半部分是分子内的羟醛缩合反应（Robinson 环化），生成 β-羟基酮，后者失水生成环状 α,β-不饱和羰基化合物。

也可以发生分子内的 Michael 加成反应。例如[66]：

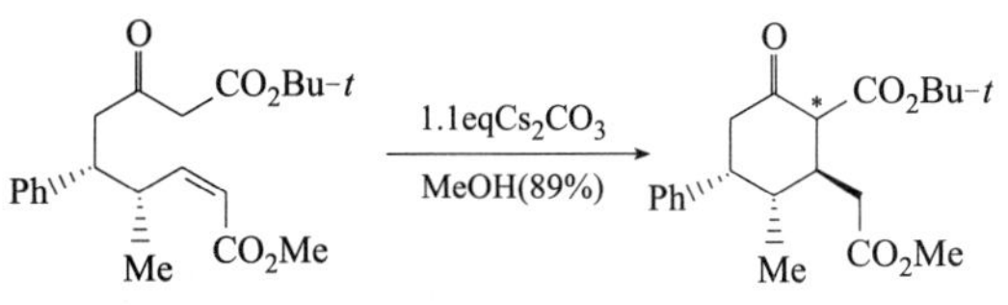

经典的 Michael 反应是在质子性溶剂中使用催化量的碱进行的，后来的研究发现，使用等摩尔的碱可以将活泼亚甲基化合物转化为烯醇式，反应的收率更高，而且选择性强。例如如下反应，在等摩尔碳酸锂催化下发生双分子 Michael 反应，可以得到单一的光学异构体。

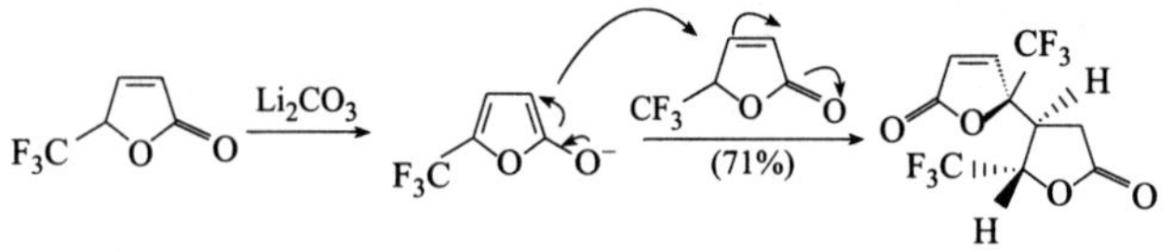

除了烯醇负离子的碳原子作为 Michael 反应的供体生成 C-C 键之外，一些杂原子（S、N、P、O、Si、Sn、Se 等）的负离子也可以与 Michael 受体反应，生成含杂原子的化合物。例如：

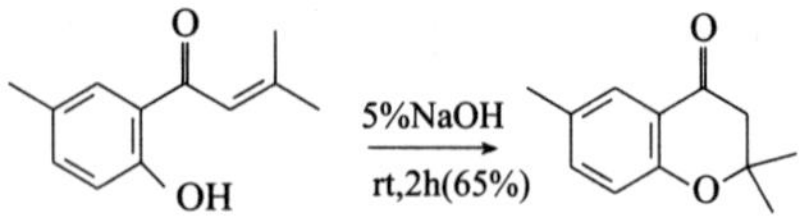

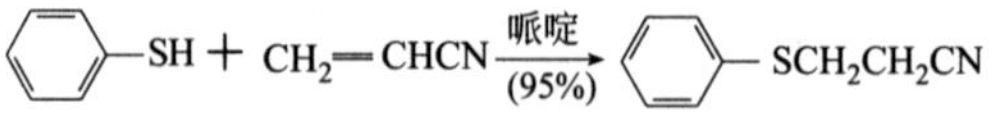

在催化量 DBU 催化下，苯胺衍生物可以与 α,β-不饱和醛发生 Michael 加成，氮原子连接在 α,β-不饱和醛的 β-位上。在 $InCl_3$、$La(OTf)_3$、$Yb(OTf)_3$ 存在下，于一定的压力下，胺可以与 α,β-不饱和酯发生 Michael 加成，生成 β-氨基酯。

也有光引发 Michael 加成的报道。在钯催化剂存在下，或在光引发下，分子内含有氨基和 α,β-不饱和酮基的化合物可以发生分子内的 Michael 反应生成环胺。

在特殊情况下，Michael 加成反应也可以被酸催化。例如如下分子内的 Michael 反应。

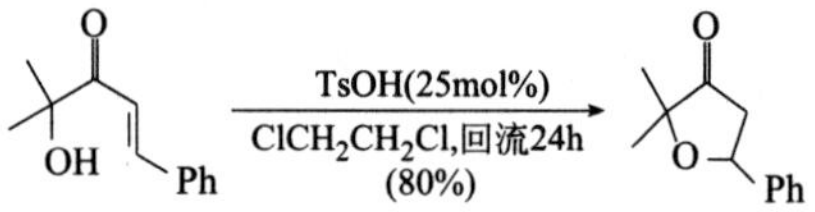

Michael 反应的研究发展很快，微波、超声波、离子液体技术、相转移催化以及固相合成方面的研究已有很多报道。不对称 Michael 反应的研究也已取得许多令人瞩目的成就[67]。

抗癌药紫杉醇合成中间体，天然产物类固醇类化合物合成中间体（**56**）的合成如下[68]。

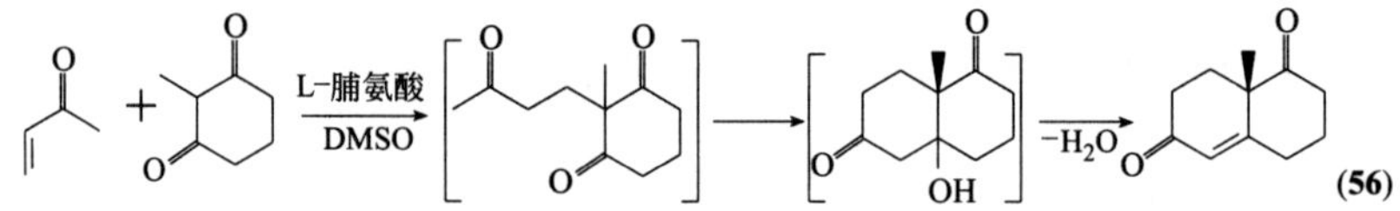

Michael 加成反应在天然产物及药物合成中得到了广泛的应用。

二、Prins 反应

甲醛或其他醛与烯烃在酸催化下加成缩合，生成 1,3-二醇或其环状缩醛的反应，称为 Prins 反应。

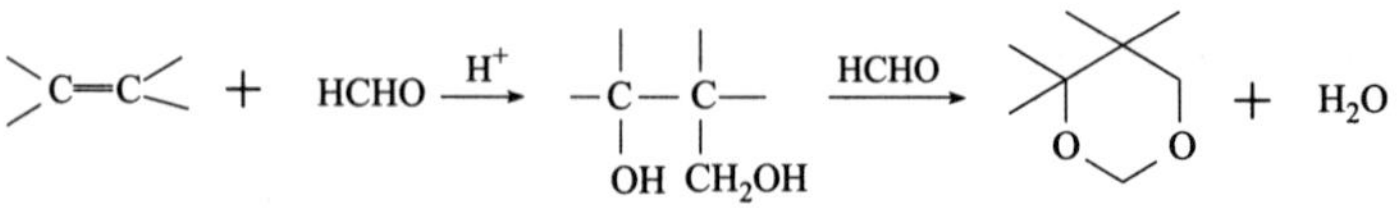

反应机理为：

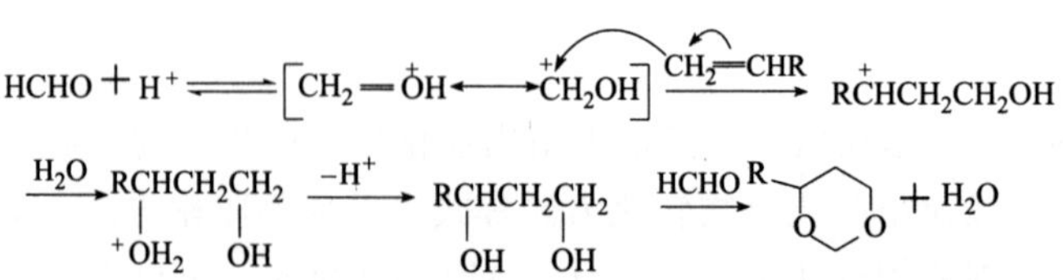

在酸催化下，甲醛首先质子化为羟甲基碳正离子，进而与烯烃发生亲电加成生成1,3-二醇，甲醛再与1,3-二醇发生缩醛化反应，生成1,3-二噁烷类化合物。

常用的催化剂为硫酸，有时也用盐酸、磷酸、强酸性离子交换树脂、Lewis酸等。若用盐酸作催化剂，则可能发生环状缩醛生成卤代醇的副反应。

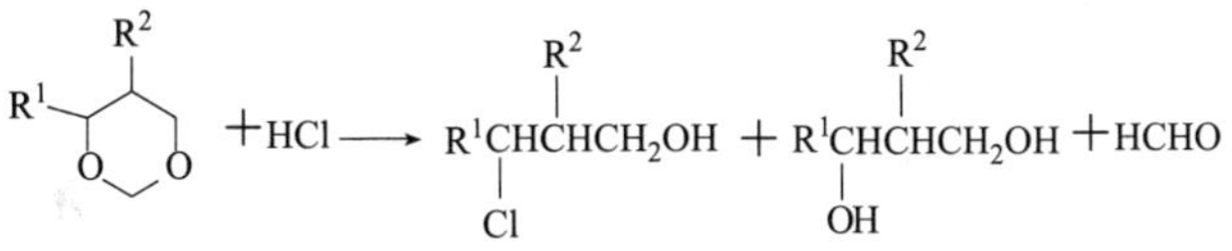

$$R^1CHCHCH_2OH + R^1CHCHCH_2OH + HCHO$$

除了甲醛外，也可用其他醛，例如：

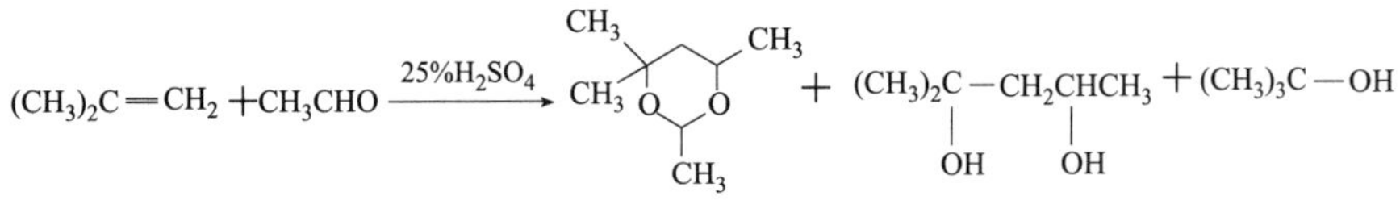

由上述反应可以看出，Prins反应除生成环状缩醛外，还可生成1,3-二醇及烯烃的水合产物。1,3-二醇及环状缩醛的比例，取决于醛、催化剂种类及浓度、反应温度等，也与烯烃的结构有关。低分子量的多取代烯烃，如 $R^1R^2C=CH_2$、$R^1R^2C=CHR^3$、$R^1R^2C=CR^3R^4$，在30%左右的硫酸中与甲醛反应，在较低温度下主要产物是缩醛；而分子量大的烯烃，只有酸的浓度较大、反应温度较高时，主要产物才是环状缩醛。

芳基乙烯与甲醛反应时，生成的环状缩醛，经还原可以开环。

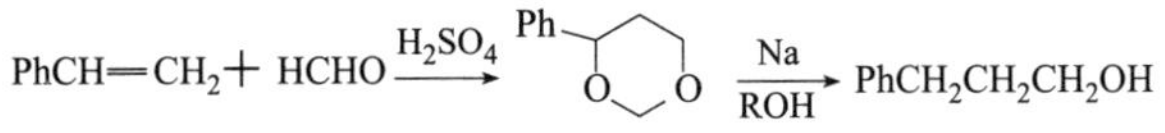

生成的产物是比原来的烯烃增加一个碳原子的醇。例如抗菌药氯霉素中间体（**57**）的合成：

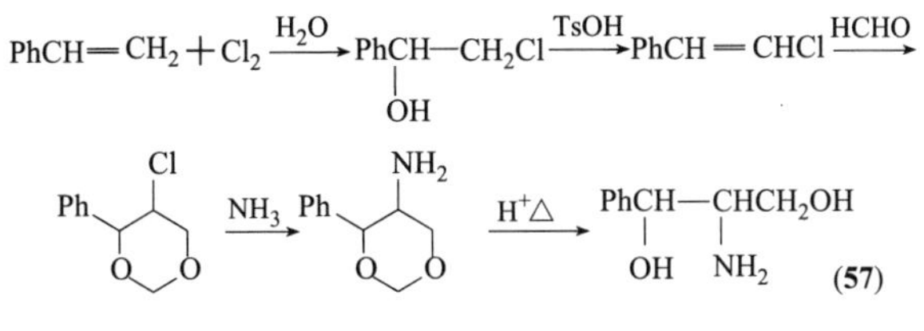

第六节　环加成反应

环加成反应（Cycloaddition reaction）是在光或热的条件下，两个或多个带有双键、共轭双键或孤对电子的分子相互作用生成环状化合物的反应。环加成反应在反应过程中不消除小分子化合物，没有 σ-键的断裂，Diels-Alder反应就是典型的环加成反应。

环加成反应有不同的分类方法，按照成环反应中参加反应的电子数目不同，环加成反应可分为 [4+2]、[2+2] 环加成等，其中最常见的 Diels-Alder 反应、1,3-偶极环加成就属于 [4+2] 环加成反应。这类反应在环状化合物的合成中应用广泛，已发展成为有机合成中的一类重要的反应。本节主要介绍 Diels-Alder 反应和1,3-偶极环加成反应。

一、Diels-Alder 反应

共轭二烯烃与烯、炔进行环化加成生成环己烯衍生物的反应称为 Diels-Alder 反应（简称 D-A 反应），也叫双烯合成，是由德国化学家 Diels O 和 Alder K 于 1928 年发现的，并因此获得 1950 年诺贝尔化学奖。该反应是由六个 π-电子参与的 ［4+2］环加成反应，不仅可以一次形成两个碳碳单键，建立环己烯体系，而且在多数情况下是一种协同反应，表现出可以预见的立体选择性和区域选择性。

其中最简单的 D-A 反应应当是 1,3-丁二烯与乙烯的环加成反应。1,3-丁二烯及其衍生物等称为双烯体，而乙烯及其衍生物称为亲双烯体。

反应中亲双烯体加到双烯体的 1,4-位上生成环己烯衍生物。

1. Diels-Alder 反应的反应机理

无催化剂的 Diels-Alder 反应机理，一般认为属于协同反应，生成六元环过渡态，没有中间体生成，协同一步完成。

关于环加成的协同反应机理，可以用前线轨道理论来解释。前线轨道理论最早是由日本福井谦一于 1952 年提出的。他首先提出了前线分子轨道和前线电子的概念，已占有电子的能级最高的轨道称为最高占有轨道（HOMO），未占有电子的能级最低的轨道称为最低未占轨道（LUMO）。有的共轭体系中含有奇数个电子，它的 HOMO 轨道中只有一个电子，这样的轨道称为单占轨道（SOMO）。单占轨道既是 HOMO，又是 LUMO，HOMO 和 LUMO 统称为前线轨道，用 FOMO 表示。处于前线轨道上的电子称为前线电子。前线电子是分子发生化学反应的关键电子，类似于原子之间发生化学反应的"价电子"。这是因为分子的 HOMO 对其电子的束缚力较小，具有电子给予体的性质；LUMO 对电子的亲和力较强，具有电子接受体的性质，这两种轨道最容易发生作用。因此，在分子间进行化学反应时，最先作用的分子轨道是前线轨道，起关键作用的是前线电子。

前线轨道理论在解释环加成反应时提出，在发生环加成反应时应符合以下几点。

（1）两个分子发生环加成反应时，起决定作用的轨道是一个分子的 HOMO 与另一分子的 LUMO，反应中，一个分子的 HOMO 电子进入另一分子的 LUMO。

（2）当两个分子相互作用形成 σ-键时，两个起决定作用的轨道必须发生同位相重叠。因为同位相重叠使能量降低，互相吸引；而异位相重叠使体系能量升高，互相排斥。

（3）相互作用的两个轨道，能量必须相近，能量越接近，反应就越容易进行。因为相互作用的分子轨道能差越小，新形成的成键轨道的能级越低，相互作用后体系能级降低得多，体系越趋于稳定。

例如 1,3-丁二烯和乙烯的环加成，无论是 1,3-丁二烯的 HOMO 和乙烯的 LUMO，还是 1,3-丁二烯的 LUMO 和乙烯的 HOMO，基态时其分子轨道都是位相相同的重叠，因此

D-A 反应是对称允许反应（图 11-1）。

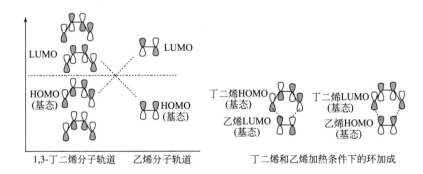

图 11-1 1,3-丁二烯和乙烯的分子轨道及加热条件下的环加成

在 D-A 反应中，常见的亲双烯体（一般连有吸电子基团）如下：

糖尿病治疗药米格列奈钙（Mitiglinide calcium）中间体顺式全氢异吲哚（**58**）的合成如下：

三键化合物（ —C≡C—Z 或 Z—C≡C—Z ）也可以作为亲双烯体，丙二烯是很差的亲双烯体，但连有活化基的丙二烯可以作为亲双烯体。苯炔虽然不能分离得到，但可以作为亲双烯体被二烯捕获。

亲双烯体双键或三键上的原子，除了碳原子之外，还可以是一个或两个杂原子，称为杂亲双烯体，常见的杂原子有 N、O、S 等。杂亲双烯体参与的 Diels-Alder 反应是合成杂环化合物的一种方法。

常见的双烯体（连有给电子基团容易发生反应）可以是开链的、环内的、环外的、跨环的、环内环外的等。

对于双烯体，要求具有单键顺式结构或反应中能够转化为单键顺式结构，而如下化合物则不能进行该反应，因为它们不能通过单键的旋转生成单键顺式结构。

双烯体上连有给电子取代基，而亲双烯体上连有吸电子取代基时，反应容易进行。例如抗恶性肿瘤抗生素盐酸伊达比星（Idarubixin hydrochloride）中间体6-乙氧基-4a,5,8,8a-四氢萘-1,4-二酮（**59**）的合成[69]。

1,3-丁二烯是气体，使用不便。其替代物是3-环丁烯砜，3-环丁烯砜是固体，使用方便。1,3-丁二烯可以由逆 Diels-Alder 反应原位产生。

一些芳香族化合物也可以像双烯体一样进行 Diels-Alder 反应。苯与亲双烯体的反应性能很差，只有非常少的亲双烯体如苯炔能与苯反应。萘和菲与亲双烯体的反应也是惰性的，但蒽和其他至少具有三个线性苯环的化合物可以顺利地发生 Diels-Alder 反应。

含杂原子的双烯体或亲双烯体也可以发生 D-A 反应，生成杂环化合物。亲双烯体主要有如下类型：N≡C—、—N＝C—、—N＝N—、O＝N—、—C＝O，甚至氧分子。

维生素 B$_6$ 中间体 2-甲基-3-羟基吡啶-4,5-二甲酸二乙酯（**60**）的合成如下[70]。

D-A 反应既可以发生在两个分子间，只要位置合适，也可以发生在分子内。这是合成双环和多环化合物的一种方便方法。

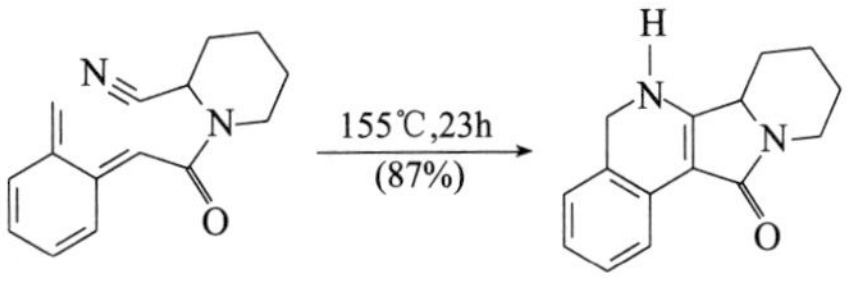

155℃,23h
(87%)

目前文献中已经报道了很多加速 D-A 反应的方法。例如微波、超声波、在乙醚溶剂中加入 $LiClO_4$、在色谱填充物上吸附反应物等。在超临界 CO_2 作溶剂的 D-A 反应、固相载体上的 D-A 反应、沸石承载催化剂的 D-A 反应、氧化铝用于促进 D-A 反应的报道也逐渐增多。另外，在水中进行的 D-A 反应受到人们的普遍关注。

2. Diels-Alder 反应的立体化学特点

（1）顺式原理　D-A 反应从机理上属于［4＋2］环加成反应，双烯体和亲双烯体的 p 轨道通过上下重叠成键。因此，D-A 反应是立体专一性顺式加成反应，双烯体和亲双烯体的立体构型在反应前后保持不变。这一现象称为顺式原理。例如，1,3-丁二烯与顺式丁烯二酸（酯）反应，生成顺式 1，2，3,4-四氢苯二甲酸（酯），而与反式丁烯二酸反应生成相应的反式衍生物。

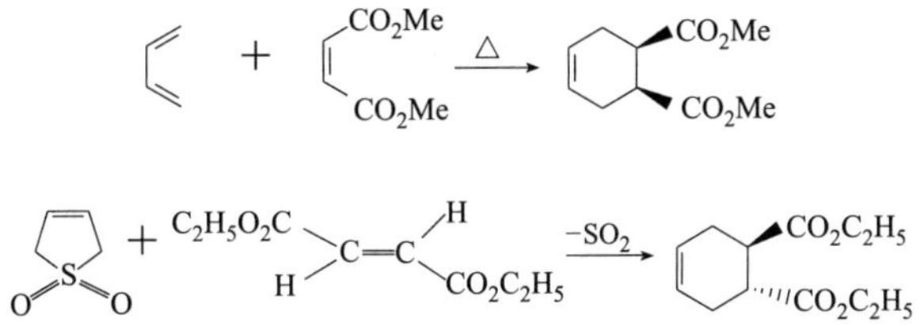

（2）内型规则　D-A 反应遵循内型规则，即生成的产物以内型为主。原因是当采取内型方式进行反应时，亲双烯体上的取代基与双烯 π-轨道存在有利于反应的次级作用。例如环戊二烯与顺丁烯二酸酐的反应：

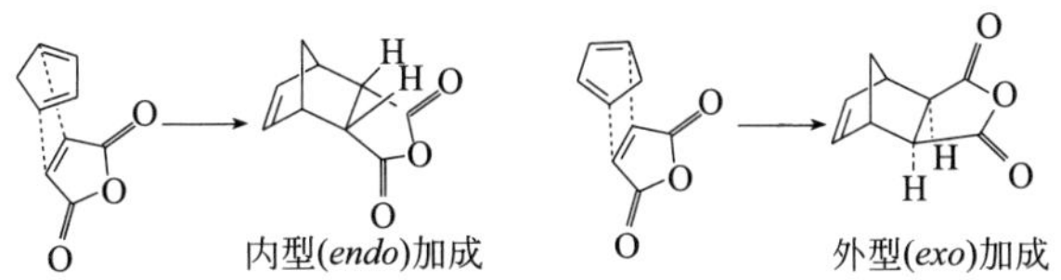

内型(endo)加成　　　　外型(exo)加成

其他反应也有类似的情况。例如：

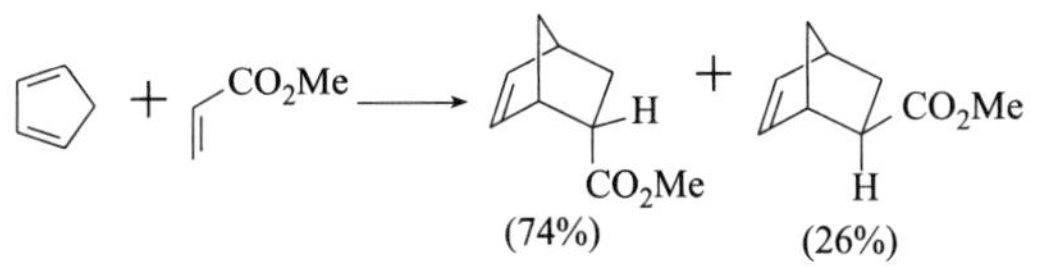

（74%）　　　　　（26%）

D-A 反应生成热力学不稳定的内型异构体为主的产物，说明 D-A 反应是受热力学和动力学控制的反应。反应条件对内型规则有规律性的影响：升高反应温度会降低内型产物的比例；增大压力会增加内型产物的比例；使用路易斯酸催化剂会显著增加内型产物的比例。

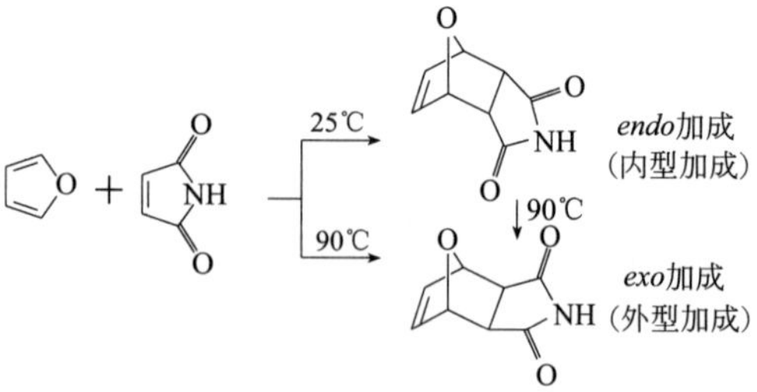

例如抗癌药去甲斑蝥素原料药（**61**）的合成[71]，长时间反应后生成稳定性强的外型产物。

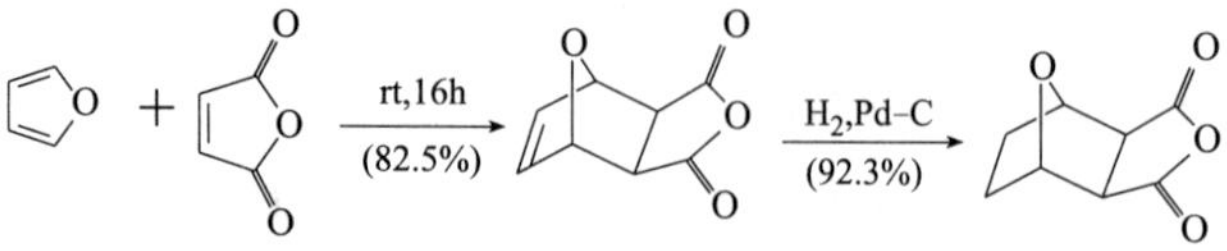

值得指出的是，内型规则主要适用于环状亲双烯体的 D-A 反应，对于非环状亲双烯体并不完全遵循内型规则。对于分子内的 D-A 反应，使用内型规则也需谨慎。

（3）Diels-Alder 反应的区域选择性　D-A 反应具有区域选择性，当一个不对称的双烯体与一个不对称的亲双烯体反应时，可能生成两个位置异构体。但根据取代基性质，往往得到一种主要产物。

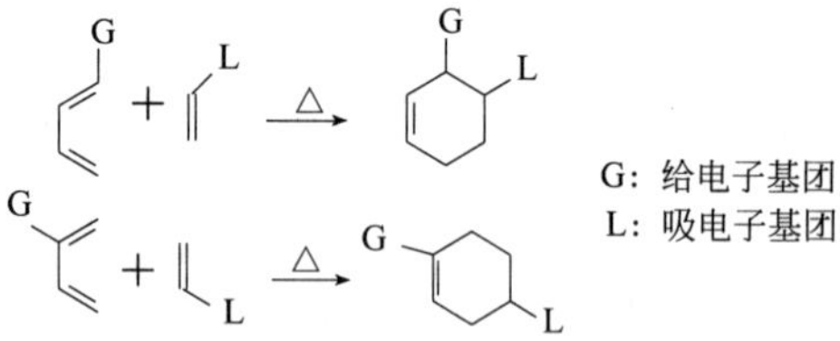

G：给电子基团
L：吸电子基团

1-取代丁二烯与不对称亲双烯体反应时，主要得到邻位产物（1,2-定位加成物）。加成方向与取代基性质无关。例如：

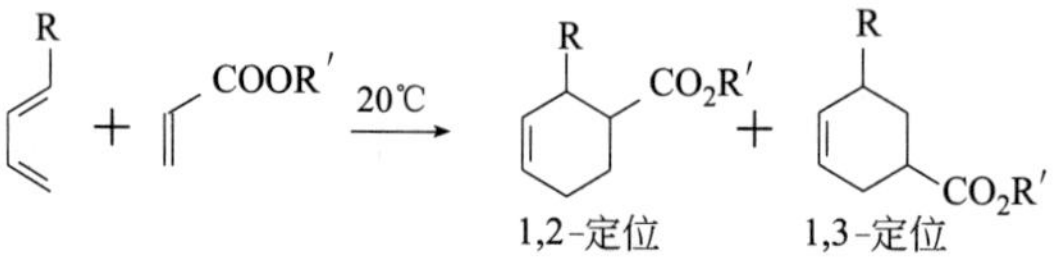

1,2-定位　　1,3-定位

R	R′	1,2-定位	:	1,3-定位	收率/%
NEt$_2$	Et	100	:	0	94
Me	Me	18	:	1	64
Ph	Me	39	:	1	61
t-Bu	Me	4.1	:	1	76
COOH	H	100	:	1	67
COONa	Na	1	:	1	60

在上述反应中无论给电子基团还是吸电子基团，反应的主要产物都是 1,2-定位产物。但 2,4-戊二烯酸钠与丙烯酸钠反应时，则两种产物的比例相当，这可能是由于生成 1,2-定位产物时，两个带负电荷的基团相距较近，互相排斥，从而使得 1,3-定位产物更有利造成的。

2-取代丁二烯与不对称亲双烯体反应时主要得到对位产物。加成方向与取代基性质无关。

R	1,2-定位	:	1,3-定位	收率/%
OEt	100	:	0	50
Me	54	:	1	54
Ph	4.5	:	1	73
CN	100	:	0	86
t-Bu	3.5	:	1	47

可以推断，1,3-二取代-1,3-丁二烯与不对称亲双烯体反应，取代基的定位效应应当具有加合性，其中一种几乎为唯一产物。

区域选择性是由取代基影响双烯体和亲双烯体前线轨道各碳原子位置的轨道系数造成的。双烯体在 C1 位置有取代基时，C4 位的轨道系数最大；在 C2 位有取代基时，C1 位轨道系数最大；连有吸电子基团的亲双烯体则是 C2 位置的轨道系数最大。反应中双烯体和亲双烯体轨道系数大的原子之间最容易结合成键，这就决定了邻、对位加成的区域选择性。

D-A 反应对位阻比较敏感。例如如下 A 和 B 是一对异构体，但 A 的空间位阻比 B 大，提高了反应的活化能，发生 D-A 反应困难一些。

位阻大的亲双烯体，难以发生 D-A 反应，但在超高压情况下可以发生 D-A 反应。抗癌活性成分斑蝥素（**62**）可以在超高压条件下使用空间位阻较大的原料经多步反应合成出来。

(**62**)

近年来，人们发现许多催化剂可以催化 D-A 反应，例如 AlCl₃、BF₃、SnCl₄、TiCl₄ 等 Lewis 酸。催化剂不仅提高了环加成的反应速率，有时还会影响反应的定位。例如：

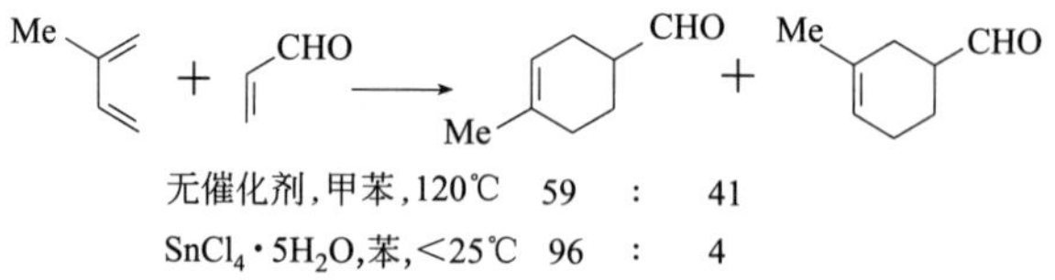

无催化剂,甲苯,120℃   59 : 41
SnCl₄·5H₂O,苯,<25℃   96 : 4

催化剂也可能影响环加成反应的立体化学特征。例如：

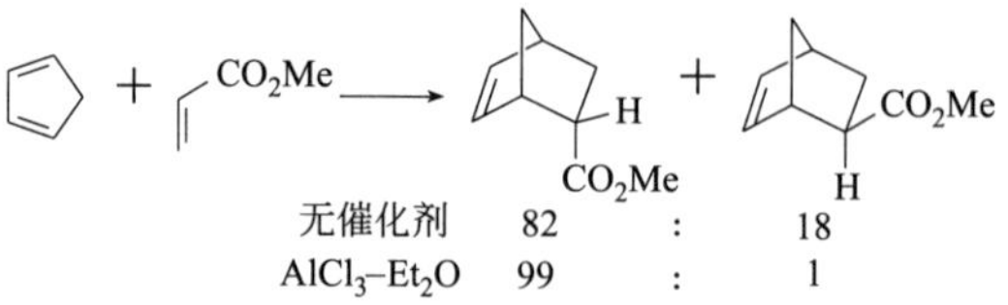

无催化剂   82 : 18
AlCl₃–Et₂O   99 : 1

不对称 Diels-Alder 反应近年来发展迅速，在有机合成特别是药物合成中应用越来越多，受到人们的普遍关注。

二、1，3-偶极环加成反应

1,3-偶极环加成反应又叫 Huisgen 反应或 Huisgen 环加成反应，是发生在 1,3-偶极体和烯烃、炔烃或其衍生物等之间的一个协同的环加成反应。烯类化合物等称为亲偶极体。

1,3-偶极体根据其结构可以分为含杂原子的 1,3-偶极体和全碳原子的 1,3-偶极体，因此，1,3-偶极环加成也可以依此分为含杂原子的 1,3-偶极体的环加成反应和全碳 1,3-偶极体的环加成反应。本节只介绍含杂原子的 1,3-偶极体的环加成反应。

叠氮化合物与双键加成生成三唑啉，通过对双键的 1,3-偶极环加成，可以制备五元环状化合物。

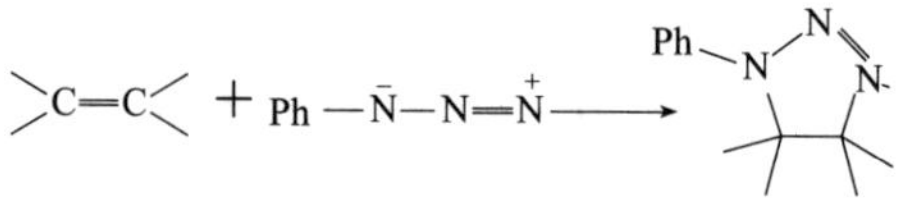

可以发生 1,3-偶极环加成反应的偶极化合物一般有这样一种原子序列：a—b—c。a 原子的外层有六个电子，而 c 原子的外层有八个电子，且至少有一对孤对电子。可以用反应通式表示如下：

由于 1,3-偶极类化合物很多，亲偶极体又可以是含碳、氮、氧、硫等的重键化合物，因此，1,3-偶极环加成反应是合成五元环化合物的有价值的方法。

1,3-偶极化合物可以分为如下几种类型（表 11-2）。

表 11-2 一些常见的 1,3-偶极化合物

化合物	名称	化合物	名称
1.中心原子为氮，并具有双键		**3.中心原子为氧**	
$-C\equiv\overset{+}{N}-\overset{-}{C}\longleftrightarrow -\overset{-}{C}=\overset{+}{N}=C$	腈叶立德	$\overset{-}{C}-\overset{+}{O}=C\longleftrightarrow C=\overset{+}{O}-\overset{-}{C}$	羰基叶立德
$-C\equiv\overset{+}{N}-\overset{-}{N}\longleftrightarrow -\overset{-}{C}=\overset{+}{N}=N$	腈亚胺	$\overset{-}{C}=\overset{+}{O}-\overset{-}{O}\longleftrightarrow C=\overset{+}{O}-\overset{-}{O}$	羰基氧化物
$\overset{-}{O}-\overset{+}{N}=CR\longleftrightarrow O=\overset{+}{N}-\overset{-}{CR}$	氧化腈	$\overset{-}{O}-\overset{+}{O}=O\longleftrightarrow O=\overset{+}{O}-\overset{-}{O}$	臭氧(Ozone)
$R_2\overset{-}{C}-\overset{+}{N}\equiv N\longleftrightarrow R_2C=\overset{+}{N}=\overset{-}{N}$	重氮烷	**4.中心原子为碳**	
$\overset{-}{N}=\overset{+}{N}-N-\longleftrightarrow N=\overset{+}{N}=\overset{-}{N}-$	叠氮化合物	$\overset{..}{\overset{-}{C}}-\overset{+}{C}=C\longleftrightarrow -\overset{-}{C}=\overset{+}{C}-\overset{-}{C}$	乙烯基卡宾
$\overset{-}{O}-\overset{+}{N}\equiv N\longleftrightarrow O=\overset{+}{N}=\overset{-}{N}$	一氧化二氮	$-\overset{-}{C}-\overset{+}{C}=N\longleftrightarrow -\overset{-}{C}=\overset{+}{C}-\overset{-}{N}$	亚胺基卡宾
2.中心原子为氮，但不具有双键		$\overset{..}{\overset{-}{C}}-\overset{+}{C}=O\longleftrightarrow -\overset{-}{C}=\overset{+}{C}-\overset{-}{O}$	羰基卡宾
$C=\overset{+}{N}-\overset{-}{C}\longleftrightarrow \overset{-}{C}-\overset{+}{N}=C$	甲亚胺 叶立德	$\overset{..}{:N}-\overset{+}{C}=C\longleftrightarrow :N=\overset{+}{C}-\overset{-}{C}$	乙烯基氮烯
$C=\overset{+}{N}-\overset{-}{N}\longleftrightarrow \overset{-}{C}-\overset{+}{N}=N$	甲亚胺亚胺	$\overset{..}{:N}-\overset{+}{C}=N\longleftrightarrow :N=\overset{+}{C}-\overset{-}{N}$	亚胺基氮烯
$C=\overset{+}{N}-\overset{-}{O}\longleftrightarrow \overset{-}{C}-\overset{+}{N}=O$	氧化甲亚胺	$\overset{..}{:N}-\overset{+}{C}=O\longleftrightarrow :N=\overset{+}{C}-\overset{-}{O}$	羰基氮烯

在上述类型 1 中（中心原子为氮，并具有双键），在一种极限式中，外层只有六个电子的原子连接一个双键，而在另一种极限式中，在相同的原子处连接一个三键。

$$\overset{-}{a}-\overset{+}{b}\equiv c-\longleftrightarrow \overset{-}{a}-\overset{+}{b}=c-$$

若将 a、b、c 原子限定于元素周期表第二周期元素，则 b 原子只能为 N，c 原子可以是 N 和 C，a 原子则可以是 C、O、N。因此，上述类型的化合物共有六种，如表中 1 所示。

其他类型的 1,3-偶极化合物有 12 种（其中 2 有三种，3 有三种，4 有六种）。

值得指出的是，1,3-偶极式 $\overset{+}{a}=b-\overset{-}{c}$ 并不意味着其具有较大的偶极矩，因为上述结构也可以写为 $\overset{+}{a}=b-\overset{-}{c}\longleftrightarrow \overset{-}{a}-b=\overset{+}{c}$，亲核端和亲电端相互抵消。因此，1,3-偶极化合物往往是低偶极矩的。

在上述 18 种偶极化合物中，有些是不稳定的，只能在反应中原位产生并进一步发生反应。目前已报道的 1,3-偶极化合物的反应中，至少已有 15 种与烯键可以发生环加成反应。加成反应属于立体专一性的顺式加成。关于 1,3-偶极加成的反应机理，以前曾认为是经过一个双自由基中间体而进行的，但现在大多认为应该是总电子数 6π 体系的一步的协同过程，中间经历五元环过渡态。溶剂对反应速率的影响不大，而且是立体专一的顺式加成反应。

与其他产物相比，通过 1,3-偶极加成生成的环化产物并不稳定，例如烷基叠氮化合物与烯反应生成三唑啉，后者在加热或光照条件下容易分解放出氮气，生成氮丙啶类化合物。

$$\text{>C=C<} + \text{Ph}-\bar{\text{N}}-\text{N}=\overset{+}{\text{N}} \longrightarrow \overset{\text{Ph}}{\underset{}{\text{三唑啉环}}} \longrightarrow \text{氮杂环丙烷} + \text{N}_2$$

中心原子为氮，且具有三键的 1,3-偶极体系 $a\equiv\overset{+}{\text{N}}-\bar{b}$ 为直线型结构，参加反应时要想与亲偶极体有效结合，则必须变成具有弯曲结构的 1,3-偶极式 $\overset{+}{a}=\text{N}-\bar{b}$。例如重氮甲烷具有如下结构：

$$\text{N}\equiv\overset{+}{\text{N}}-\bar{\text{C}}< \longleftrightarrow \overset{}{\text{N}}=\overset{}{\text{C}}-\underset{\overset{+}{\text{N}}}{\text{N}}$$

羟胺唑头孢菌素丙二醇中间体 1,2,3-三唑-5-硫醇 (**63**) 的合成如下[72]。

$$\text{C}_6\text{H}_5\overset{\text{O}}{\underset{}{\text{C}}}-\text{N}=\text{C}=\text{S} + \text{CH}_2\text{N}_3 \xrightarrow{(40\%)} \underset{\text{S}}{\text{三唑}}\text{NHC}\overset{\text{O}}{\underset{}{}}\text{C}_6\text{H}_5 \xrightarrow{(70\%)} \text{HS}\underset{\text{H}}{\text{三唑}}$$

(63)

1,3-偶极环加成反应与 Diels-Alder 反应有些相似。1,3-偶极反应的立体化学及动力学研究表明，溶剂的极性对加成反应的影响小；反式烯烃比顺式烯烃容易发生反应；亲偶极体系的立体化学仍保留在反应产物中。

亲偶极体也可以是杂原子重键，如酮（羰基）、腈（氰基）、亚胺（亚胺基）、硫酮（C=S）等都是常见的亲偶极体系。

含碳碳叁键的炔类化合物也可以作为亲偶极体发生 1,3-偶极加成反应。例如炔与叠氮化合物反应生成三唑。

$$-\text{C}\equiv\text{C}- + \text{RN}_3 \longrightarrow \overset{\text{R}}{\underset{}{\text{三唑}}}$$

Cu(I) 对端基炔与叠氮化合物的 [3+2] 环加成有催化作用。例如新药开发中间体 1-苄基-2-苯基-1H-1,2,3-三氮唑 (**64**) 的合成[73]。

$$\text{PhC}\equiv\text{CH} + \text{PhCH}_2\text{N}_3 \xrightarrow[\text{PhCO}_2\text{H,BuOH(98\%)}]{\text{CuSO}_4\cdot5\text{H}_2\text{O,NaAsc}} \underset{\text{Ph}}{\text{三唑}}\text{N}-\text{CH}_2\text{Ph}$$

(64)

一些 1,3-偶极试剂可以由合适的三元环化合物开环原位生成。例如氮杂环丙烷可以加成到活性的双键上生成吡咯烷。

$$\overset{\text{Ph}\quad\text{Ph}}{\underset{\text{Ph}}{\text{氮杂环丙烷}}} \xrightarrow{\triangle} \left[\overset{\text{Ph}\overset{+}{\quad}\bar{\quad}\text{Ph}}{\underset{\text{Ph}}{\text{偶极}}}\right] \xrightarrow{(94\%)} \text{双环吡咯烷}$$

氮杂环丙烷可以与碳碳叁键加成，也可以与其他不饱和键加成，如 C=O、C=N、C≡N 等。而在有些反应中，氮杂环丙烷断裂的不是 C-C 键，而是 C-N 键。

也可以发生分子内的 [3+2] 环加成，这是合成双环或多环化合物的一种方法。例如：

分子内的 [3＋2] 环加成，可用于某些具有生理活性化合物的合成，例如可卡因（**65**）的合成，可卡因 1985 年起列为世界性主要毒品之一。

(65)

◆ 参考文献 ◆

[1] 孙昌俊，曹晓冉，王秀菊. 药物合成反应——理论与实践. 北京：化学工业出版社，2007：331.

[2] 蔡黎明，向龙，吕亚非. 北京化工大学学报，2008，35（4）：34.

[3] 李秀珍，黄生建，陈侠等. 中国医药工业杂志，2009，40（5）：329.

[4] 祝宝福，申东升，朱云菲. 化学试剂，2008，30（7）：537.

[5] 陈芬儿. 有机药物合成法. 北京：中国医药科技出版社，1999：194.

[6] Laurence B, Marianne B, et al. J Chem, 1997, 50 (9): 921.

[7] Mukaiyama T, Narasaka K. Org Synth, 1993, Coll Vol 8: 323.

[8] 孙昌俊，王秀菊. 缩合反应原理. 北京：化学工业出版社，2017：21.

[9] Shi M, Feng Y. J. Org Chem, 2001, 6: 406.

[10] 岑均达. 中国医药工业杂志，1997，28（5）：197.

[11] 刘颖，刘登科，刘默等. 精细化工中间体，2008，38（2）：45.

[12] 乔艳红，化学试剂，2007，26（3）：18.

[13] 孙昌俊，曹晓冉，王秀菊. 药物合成反应-理论与实践. 北京：化学工业出版社，2007：407.

[14] Stetter H, Kuhlmann H. Org Synth, 1990, Coll Vol 7: 95.

[15] Enders D, Niemeier O. Synlett, 2004: 2111.

[16] 陈卫平，孙丽琳，杨济秋. 中国医药工业杂志，1989，20（4）：148.

[17] 孙昌俊，曹晓冉，王秀菊. 药物合成反应——理论与实践. 北京：化学工业出版社，2007：398.

[18] 孙昌俊，曹晓冉，王秀菊. 药物合成反应——理论与实践. 北京：化学工业出版社，2007：436.

[19] 段行信. 实用精细有机合成手册. 北京：化学工业出版社，2000：441.

[20] List B. J Am Chem Soc, 2000, 122: 9336.

[21] Kazuhiro N, Kosuke N, Masashi Y, et al. Heterocycles, 2006, 70: 335.

[22] 孙昌俊，曹晓冉，王秀菊. 药物合成反应——理论与实践. 北京：化学工业出版社，2007：413.

[23] 郑钦国，黄宪. 杭州大学学报：自然科学版，1989，16：230.

[24] 姜起栋，黄薇，梁丽娟. 中国抗生素杂志，2011，36（5）：357.

[25] 陆文超，于顺廷，饶龙意等. 中国医药工业杂志，2012，43（4）：241.

[26] 刘鹏，李家杰，程卯生. 中国药物化学杂志，2008，18（6）：424.

[27] 李凡，侯兴普. 中国医药工业杂志，2010，41（4）：241.

[28] 蔡正艳，宁奇，周伟澄. 中国医药工业杂志，2007，38（2）：73.

[29] 陈小全，左之利，仇玉琴等. 有机化学，2010，30（7）：1069.

[30] 徐云根，华维一. 中国医药工业杂志，2005，36（1）：8.

[31] 蒋荣海，陈晓琳. 中国药物化学杂志，1993，3：203.

[32] 夏亚穆，王伟，杨丰科等. 高等学校化学学报，2010，31（5）：947.

[33] Giles R G F, Green I R, van Eeden N. Eur J Org Chem, 2004: 4416.

［34］ 吴赛苏. 化学世界，2002，11：599.

［35］ Solladie G, et al. Tetrahedron, 2003, 59: 3315.

［36］ Monk K A, Sarapa D, Mohan R S. Synth. Commun, 2000, 30: 3167.

［37］ 周付刚，谷建敏. 中国医药工业杂志，2010，41（1）：1.

［38］ 余红霞，郭峰，陈芬儿. 中国药物化学杂志，2003，13（2）：97.

［39］ 王进贤，文小刘，李顺喜等. 西北师范大学学报，2011，47（3）：60.

［40］ 仇缀百，焦萍，刘丹阳. 中国医药工业杂志，2000，31（12）：554.

［41］ 胡晓，翟剑锋，王理想等. 化工时刊，2009，23（7）：46.

［42］ 刘巧云，陈文华，郭亮. 中国医药工业杂志，2010，41（8）：571.

［43］ 林原斌，刘展鹏，陈红飙. 有机中间体的制备与合成. 北京：科学出版社，2006：342.

［44］ 林原斌，刘展鹏，陈红飙. 有机中间体的制备与合成. 北京：科学出版社，2006：291.

［45］ 陆强，王艳艳. 食品与药品，2012，14（2）：110.

［46］ 陈芬儿. 有机药物合成法. 北京：中国医药科技出版社，1999：532.

［47］ Bottorff E M, Moore1 L L. Organic Syntheses, 1973, Coll Vol 5: 687.

［48］ Misaki T. J Am Chem Soc, 2005, 127: 2854.

［49］ Heatheock C H. J Org Chem, 1997, 57: 2566.

［50］ 马明华，纪秀贞，沈百林等. 药学进展，1997，21（2）：110.

［51］ 陈仲强，陈虹. 现代药物的制备与合成：第一卷. 北京：化学工业出版社，2008：208.

［52］ 刘志东，丁颖，王吉山等. 化学研究，2000，11（3）：61.

［53］ 徐宝峰，赵爱华，吴秋业. 化学研究与应用，2002，14（5）：605.

［54］ 王俊芳，王小妹，王哲烽等. 中国医药工业杂志，2009，40（4）：247.

［55］ 陈仲强，陈虹. 现代药物的制备与合成. 第一卷. 北京：化学工业出版社，2008：440.

［56］ 谌志华，曾海峰，梁姗姗等. 中国医药工业杂志，2013，44（5）：438.

［57］ 童家勇，张灿. 中国医药工业杂志，2012，43（9）：736.

［58］ 荣连招，常东亮. 中国药物化学杂志，2007，17（3）：166.

［59］ 何敏焕，项斌，高扬等. 浙江工业大学学报，2011，39（1）：34.

［60］ 李桂花，陈延蕾，钱超等. 化学反应工程与工艺，2010，26（5）：477.

［61］ 江淼，谌志华，邹志芹等. 中国医药工业杂志，2010，41（6）：407.

［62］ Berger L, Corraz A J, et al. US. 3896145. 1975.

［63］ Stetter H, Kuhlmann H, Lorenz G. Org Synth, 1988, Coll Vol 6: 866.

［64］ Chibiryaev A M. et al. Tetrahedron Lett, 2000, 41: 4011.

［65］ 陈芬儿. 有机药物合成法. 北京：中国医药科技出版社，1999：168.

［66］ Kwan E E, Scheerer J R, Evans D A. J Org Chem 2013, 78: 175.

［67］ 李洪森，燕方龙，赵琳静等. 化学试剂，2009，31（12）：992.

［68］ Bui T, Barbas C F. Tetrahedron Letters, 2000, 41（36）：6951.

［69］ Lewis T R, et al. J Am Chem Soc, 1952, 74（21）：5321.

［70］ 英志威，段梅莉，冀亚飞. 中国医药工业杂志，2009，40（2）：81.

［71］ 胡仲禹，黄华山，夏美玲等. 江西化工，2013：104.

［72］ 孙昌俊，曹晓冉，王秀菊. 药物合成反应——理论与实践. 北京：化学工业出版社，2007：449.

［73］ Shao C, Wang X, Xu J, et al. J Org Chem, 2010, 75: 7002.

第十二章 | 杂环化反应

环状化合物包括碳环化合物（饱和、不饱和）和含有氮、硫、氧等杂原子的杂环化合物（饱和、不饱和），杂环化合物主要是通过开链化合物的环合反应来合成的。

环合反应有多种分类方式，根据环合反应中失去的简单分子，可分为脱水环合、脱醇环合、脱卤化氢环合、脱氨环合、脱硫化氢环合等。根据参加环合反应的分子数目，可分为单分子环合（分子内环合）、双分子或多分子环合。也可按环的大小来分类或按成环反应时的成键类型来分类。但在许多情况下各种类型很难截然分开。

环状化合物种类很多，结构各异，一个环状化合物可能有多条不同的合成路线，但按键的形成来分类，有以下类型：通过碳杂键形成的环合；通过碳碳键形成的环合；通过碳杂键和碳碳键形成的环合，有时也可在两个杂原子之间成键环合。

C-C 键环合

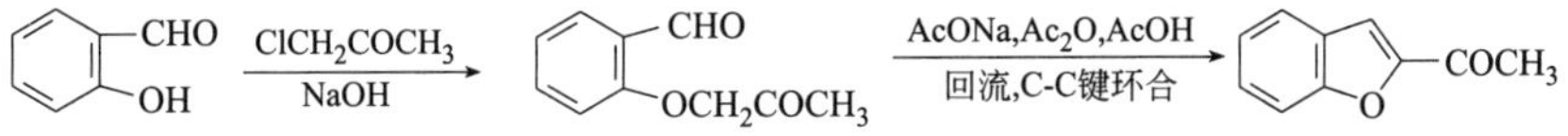

C-S 键环合

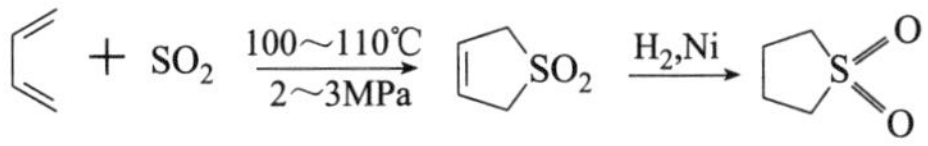

C-O 键环合

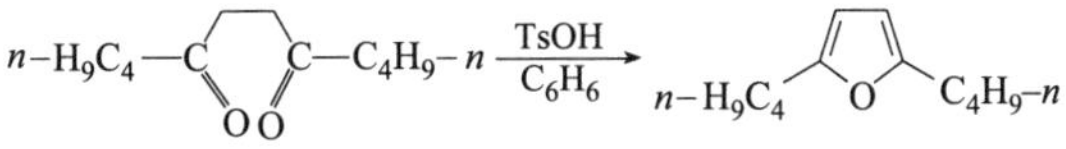

C-N 键环合

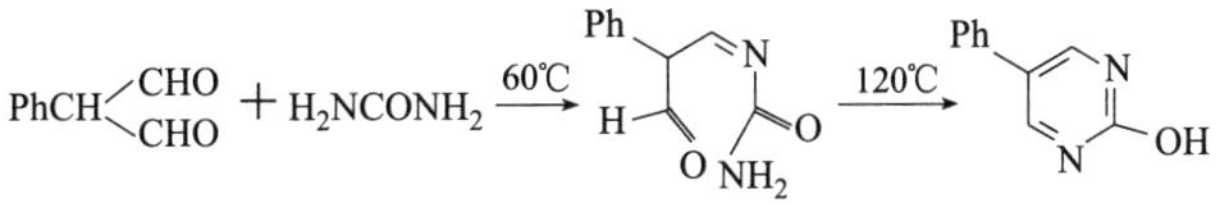

C-C 键和 C-杂键环合

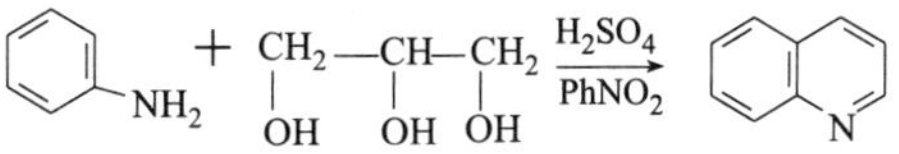

N-N 键环合

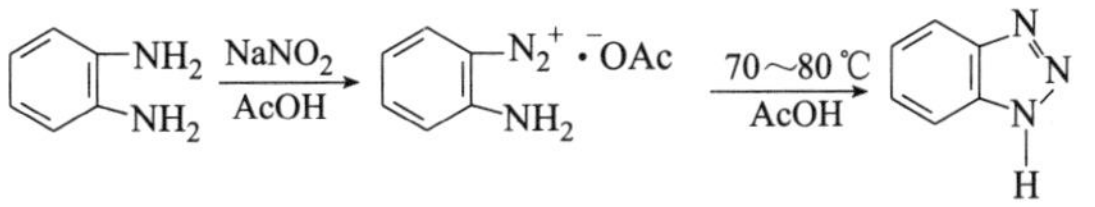

含一个或两个杂原子的五元和六元环以及它们的苯并稠杂环，绝大多数采用碳杂键以及碳杂键和碳碳键这两种方式环合成环。从键的形成来看，碳原子与杂原子之间结合成键比碳碳之间结合成键要容易得多。

环合反应类型很多，所用试剂更是多种多样，但有以下一些基本规律。

（1）具有芳香性的六元碳环，五元、六元杂环都比较稳定且容易形成。本章主要讨论五六元杂环化合物的环合反应。

（2）绝大多数环状化合物是由两个分子先在适当位置成键，生成一个分子，然后分子内部发生环合生成新的环状化合物。

（3）大多数环合反应在形成环状结构时，会消去某些简单的小分子化合物，例如水、醇、氨、卤化氢、氢气等。

（4）为了促进小分子化合物的除去，常加入一些催化剂。例如脱水时加酸；脱醇、脱氨时加酸或碱；脱卤化氢时加碱等。

（5）Diels-Alder 等协同反应在环状化合物的合成中也有重要用途。

（6）环合时应用较多的反应是亲核基团与羰基碳原子的反应。形成碳碳键时，所选亲核试剂应具有烯醇式或烯胺式结构，它们的 β-碳原子进攻羰基碳原子，加成后脱水缩合。反应过程如下：

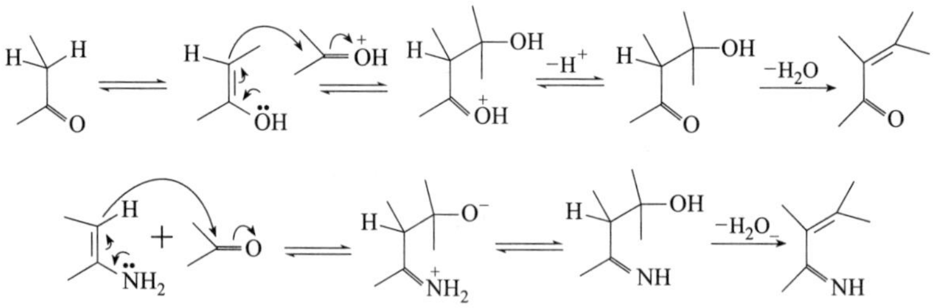

其实，普通的羟醛缩合也是这样进行反应的。

形成碳杂键时，亲核试剂为带有杂原子的基团，杂原子作为亲核试剂进攻羰基碳原子，加成后脱水，反应过程如下：

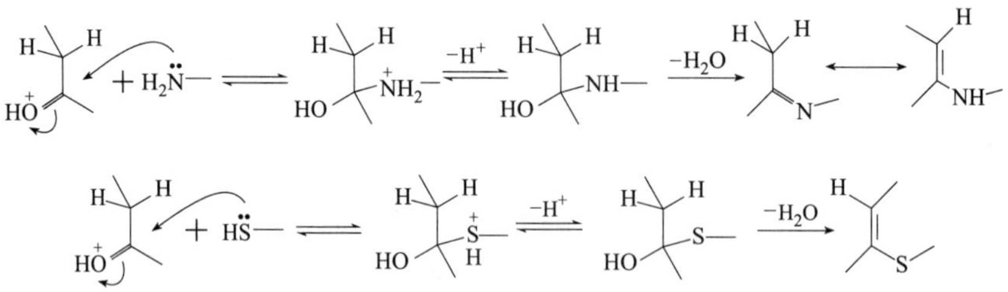

环合反应在药物合成中应用十分广泛，许多药物分子中含有杂环结构单元。杂环化合物的类型很多，本章只讨论含一个和两个杂原子的五六元环化合物的常见合成方法。

第一节　含一个杂原子的五元环化合物的合成

含一个杂原子的五元环化合物中，常见的是含氧、氮和硫原子的化合物，如呋喃、吡咯、噻吩及其苯并衍生物等。

一、含一个氧原子的五元杂环化合物

含一个氧原子的五元芳香杂环化合物主要有呋喃、苯并呋喃及其衍生物等。

1. 呋喃、四氢呋喃及其衍生物

呋喃类化合物是重要的化工原料，其制备很早就引起了人们的关注。糠醛（呋喃甲醛）来源于富含戊糖的农副产品（玉米芯、棉籽皮、米糠等），这些农副产品用稀酸处理，可以得到糠醛。

$$戊聚糖 \xrightarrow{H_3O^+} HO\text{—}\cdots\text{—}CHO \xrightarrow[-3H_2O]{H^+} \text{（呋喃）}CHO$$

$$戊糖$$

呋喃的很多衍生物可以通过糠醛的结构改造来合成。工业上四氢呋喃可由顺丁烯二酸酐来合成。

$$\xrightarrow{H_2,Ni} \xrightarrow[\triangle]{催化剂,H_2} \underset{OH}{CH_2CH_2CH_2CH_2}\underset{OH}{} \xrightarrow{-H_2O} \text{（THF）}$$

由 1,4-丁二醇合成 THF，可用硫酸、磷酸、强酸性阳离子交换树脂等作脱水剂。肝脏保护药依泊二醇（Epomediol）中间体（±）-蒎脑（**1**）[1] 的合成如下。

$$\xrightarrow[(74\%)]{H_2SO_4}$$

$$\textbf{(1)}$$

1,3-丁二烯用空气氧化可生成呋喃，后者加氢生成 THF。

$$CH_2\!=\!CH\!-\!CH\!=\!CH_2 + O_2 \longrightarrow \text{（呋喃）} \xrightarrow{Ni,H_2} \text{（THF）}$$

关于呋喃类化合物的化学合成，主要有如下几种方法。

（1）Paal-Knorr 呋喃合成法　以 1,4-二羰基化合物为原料合成呋喃衍生物，称为 Paal-Knorr 呋喃合成法。几乎所有 1,4-二羰基化合物（主要是醛、酮）都能用该方法制备呋喃衍生物，反应容易进行，收率较高，但局限性是 1,4-二羰基化合物的来源有限。

$$R\text{—}C\text{—}\cdots\text{—}C\text{—}R \xrightarrow[C_6H_6]{TsOH} R\text{（呋喃）}R$$

反应机理如下：

反应中，一个羰基转化成烯醇式，烯醇的氧原子与另一个羰基发生亲核加成，这是决定反应速度的一步反应，而后脱水生成呋喃衍生物。该反应适用范围很广，可以合成各种单取代、双取代、三取代、四取代的呋喃衍生物，位阻特别大的一些 1,4-二羰基化合物除外。

可用的催化剂有硫酸、盐酸、磷酸、对甲苯磺酸、脱水剂（如乙酐、五氧化二磷等）等。例如用于老年痴呆症检测试剂合成中间体 2-对氟苯基-5-对甲氧基苯基呋喃（**2**）的合成[2]。

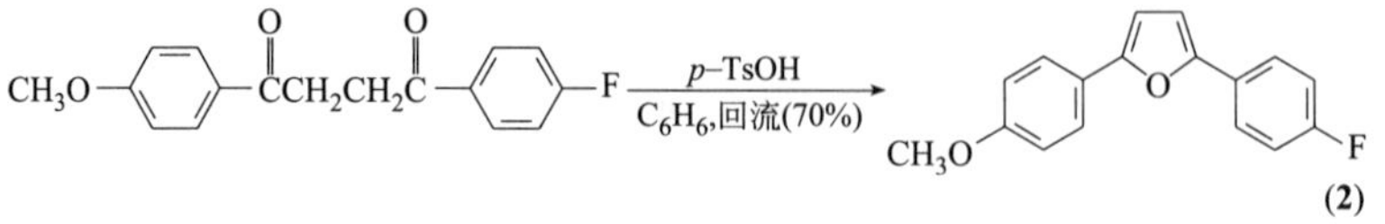

环化反应通常是在酸溶液中较长时间的回流，含有对酸敏感基团的反应底物不适合用该方法。1,4-二羰基化合物的类似物可以是缩醛、缩酮，或以环氧乙烷基代替其中一个羰基。

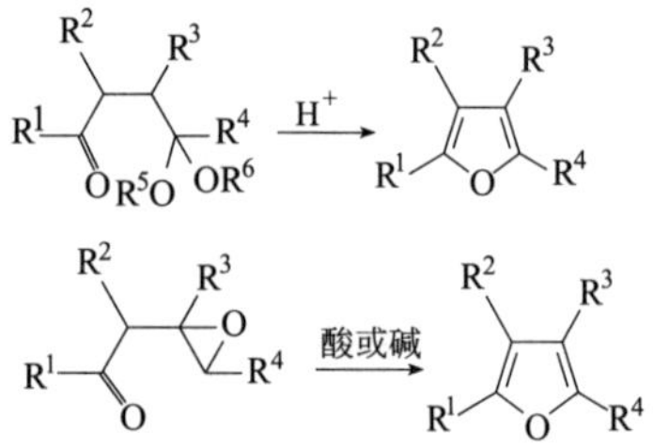

（2）Feist-Benary 反应 以 α-卤代羰基化合物和 1,3-二羰基化合物为原料，在碱（不用氨）存在下反应，生成呋喃类衍生物，该反应称为 Feist-Benary 反应。

反应机理如下：

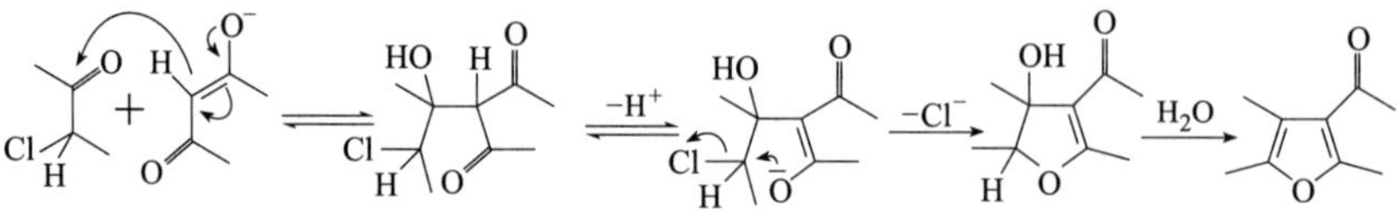

反应的第一步是羟醛缩合，形成 C-C 键，这是决定反应速度的一步反应。而后再发生分子内 S_N2 反应环合失去卤素负离子，最后脱水生成呋喃衍生物。

例如药物中间体呋喃-3-甲酸的合成：

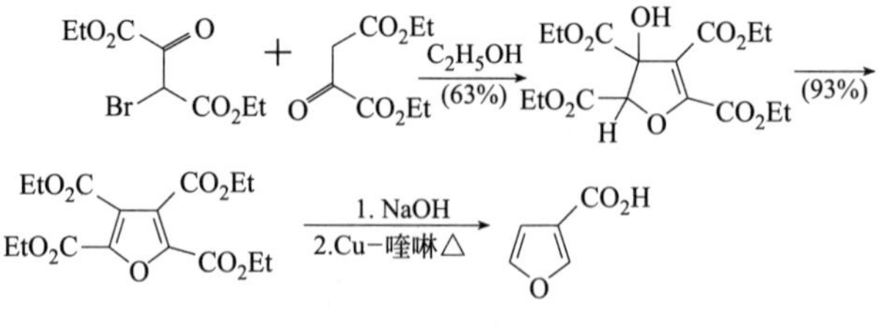

反应中的 1,3-二羰基化合物可以是 1,3-二酮、乙酰乙酸酯、1,3-醛酮等，α-卤代羰基化合物则可以是 α-卤代醛或酮，有时也可以使用 2-卤代乙酰乙酸酯类化合物。

在 β-酮酸酯与 α-卤代酮的反应中，存在 C-烷基化和羟醛缩合反应的竞争，因此可能生成呋喃衍生物的混合物。然而，在某些情况下可以控制反应条件以提高反应的区域选择性。例如氯代丙酮与乙酰乙酸乙酯之间的反应，在不同条件下可以分别得到不同的产物。

2. 苯并呋喃及其衍生物

苯并呋喃又名氧茚或香豆酮，一些天然产物中含有苯并呋喃的结构，在药物合成中也有重要应用。

苯并呋喃合成方法也较多，最早是以香豆素为原料合成的。

该反应称为 Perkin 重排反应，也叫香豆素-苯并呋喃转化反应。反应过程如下：

这类化合物也可以由邻位有羰基的苯酚和 α-卤代羰基化合物为起始原料来合成。例如：

上述反应第一步是发生 Willanmson 醚化反应，第二步则是发生分子内 Perkin 缩合反应。

治疗痛风病药物苯溴马隆（Benzbromarone）等的中间体 2-乙酰基苯并呋喃（**3**）的合成中，使用了水杨醛和 α-卤代羰基化合物为起始原料，反应中发生了分子内的羟醛缩合反应[3]。

苯酚与 α-卤代羰基化合物反应生成醚，而后关环可以也生成苯并呋喃衍生物。例如 3-甲基苯并呋喃（**4**）的合成：

    1,3-环己二酮与氯乙醛反应，可以生成四氢苯并呋喃类化合物。例如神经保护剂伊那朵林（Enadoline）中间体 4-氧代-4,5,6,7-四氢苯并呋喃（**5**）的合成[4]。

$$\text{1,3-环己二酮} \xrightarrow[\text{NaHCO}_3,\text{H}_2\text{O}(48\%)]{\text{ClCH}_2\text{CHO}} \text{(5)}$$

二、含一个氮原子的五元芳香杂环化合物的合成

含一个氮原子的五元杂环芳香化合物主要有吡咯、吲哚及其衍生物等。

1. 吡咯及其衍生物的合成

吡咯类化合物的主要合成方法有如下几种。

（1）Paal-Knorr 吡咯合成法 吡咯衍生物可以通过 1,4-二酮与氨（或胺）的反应来合成，该反应称为 Paal-Knorr 反应，这同呋喃的 Paal-Knorr 合成法差不多。

$$\text{CH}_3\text{CCH}_2\text{CH}_2\text{CCH}_3 + \text{NH}_3 \longrightarrow$$

抗炎、抗癌、降胆固醇等的新药中间体 N-乙氧羰基-2,5-二甲基吡咯（**6**）就是利用该方法来合成的[5]。

$$\text{H}_3\text{C} \cdots \text{CH}_3 + \text{H}_2\text{N}-\overset{\text{O}}{\text{C}}-\text{OC}_2\text{H}_5 \xrightarrow[\text{(87.5\%)}]{\text{H}^+}$$

又如如下化合物的合成[6]。

$$\text{H}_3\text{C} \cdots \text{CH}_3 + \text{PhCH}_2\text{NH}_2 \xrightarrow[\text{(85\%)}]{\text{HCO}_2\text{H}}$$

微波、超声辐射、离子液体法合成吡咯衍生物的报道也很多。

目前关于 Paal-Knorr 反应的催化剂报道很多，主要有质子酸、Lewis 酸、氧化铝、碘、蒙脱土、硅胶负载的硫酸氢钠等。选择合适的符合价格低廉、绿色环保的催化剂仍是研究方向之一。

（2）Barton-Zard 吡咯合成法 在碱的作用下，硝基烯烃与 α-异腈基乙酸酯反应，生成5-位未被取代的吡咯衍生物，称为 Barton-Zard 吡咯合成反应[7]。

$$\underset{R^1}{\overset{NO_2}{\underset{R^2}{\diagup}}} + \bar{C}\!\equiv\!\overset{+}{N}CH_2CO_2R^3 \xrightarrow{\text{碱}}$$

该反应常用的碱为非亲核性的碱如 DBU（1,8-二氮杂二环 [5.4.0] 十一碳-7-烯）、K_2CO_3、t-BuOK、TMG（四甲基胍）等。利用该缩合反应可方便地制备出 5-位未被取代的各种吡咯。

该反应的反应机理如下：

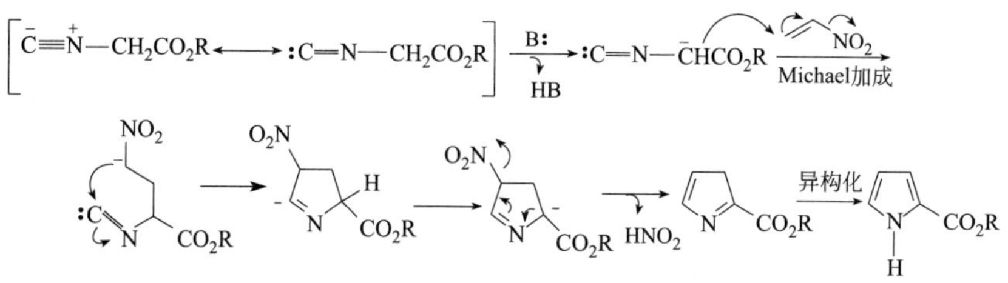

反应中 α-异腈基乙酸酯经过去质子后生成相应的碳负离子，后者与硝基烯发生 Michael 加成，而后再进行关环、碱诱导脱去 HNO_2、异构化等一系列变化，最后生成吡咯衍生物。

当反应中使用 1,2-二取代的硝基烯时，最终得到 3,4-二取代的吡咯-2-羧酸酯，与硝基相连的碳上的取代基位于吡咯环的 4-位。例如：

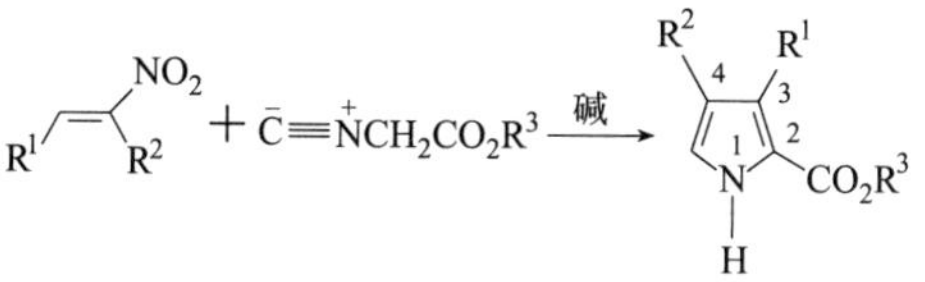

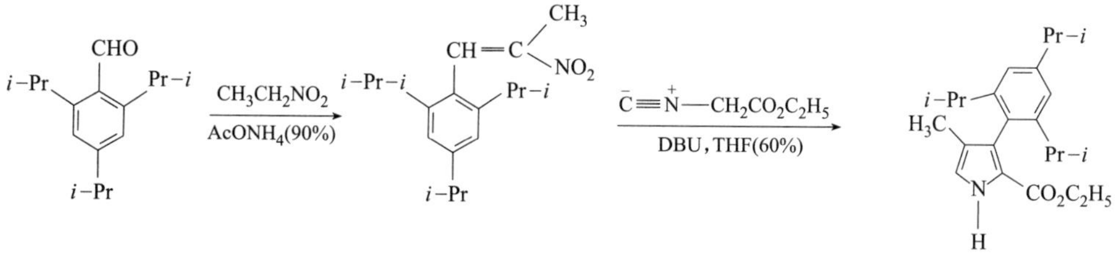

3,4-二取代吡咯-2-羧酸酯皂化为 3,4-二取代吡咯-2-羧酸，后者热消除脱羧得到 3,4-二取代吡咯。

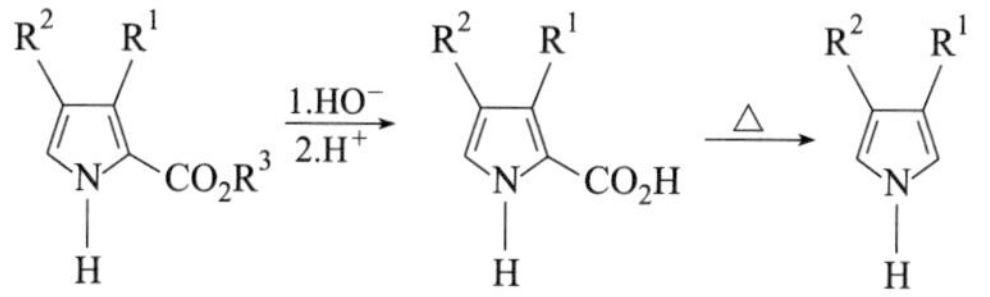

在实际反应中，常常会使用邻乙酰氧基硝基烷烃，因为其制备比较容易，在碱的作用下会发生消除反应原位生成硝基烯烃而参与有关反应。例如：

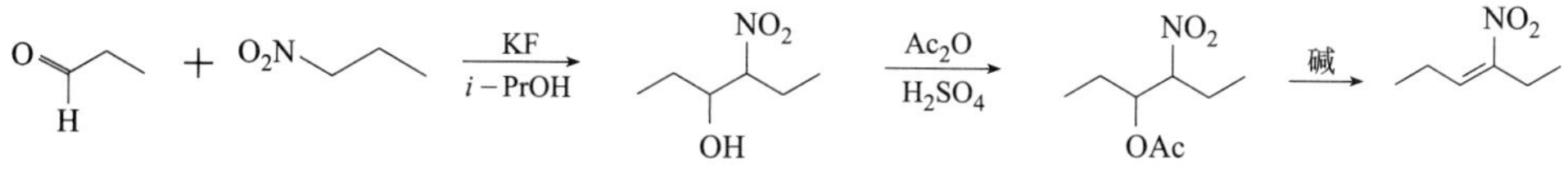

反应中也可以使用异腈基乙酰胺。例如化合物 N,N-二甲基-3-乙基-4-甲基吡咯-3-羧酸酰胺的合成[8]。

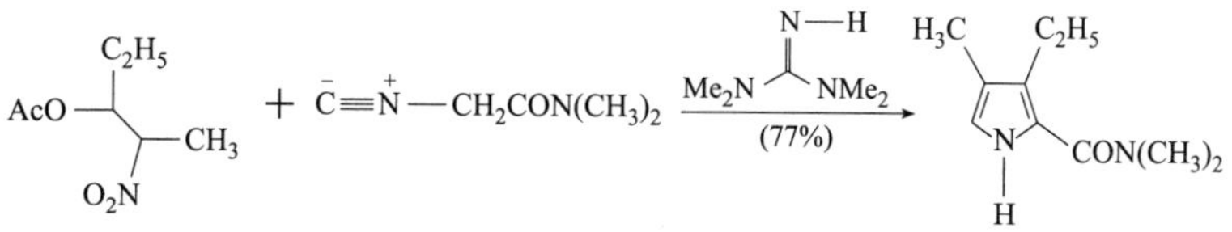

Barton-Zard 反应随着硝基烯烃合成方法的发展已经被广泛应用于天然和非天然吡咯化

合物的合成，可以很方便地合成 β-取代吡咯，产率很高（80%～90%）。但最大的问题是不能在吡咯的 5-位上引入取代基，另外当 β-位有一个基团是氢，收率则一般，这些限制了其应用。

（3）Knorr 吡咯合成法 α-氨基酮（或 α-亚硝基酮反应中原位产生）与含有活泼 α-亚甲基的羰基化合物，在碱性条件下发生缩合反应生成吡咯衍生物，该反应称为 Knorr 吡咯合成反应。

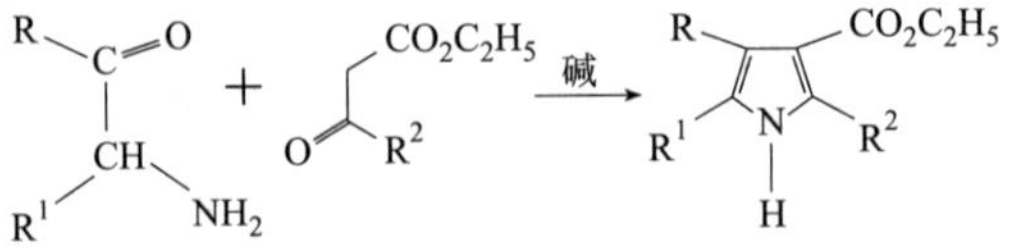

反应机理如下：

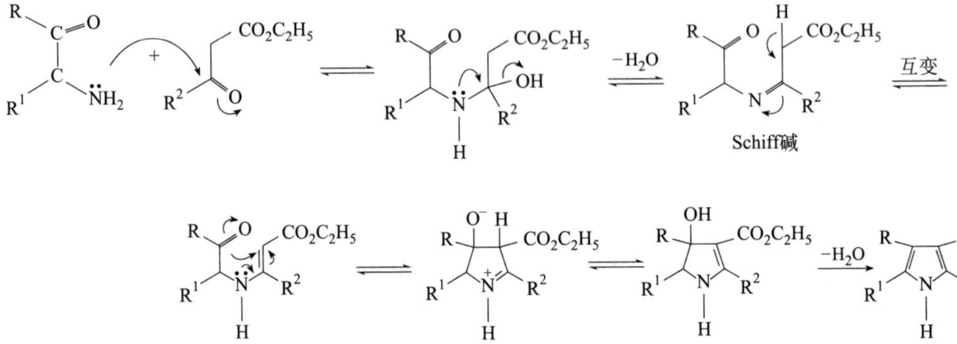

反应中首先是 α-氨基酮的氨基对含亚甲基的羰基化合物的羰基进行亲核加成，脱水后生成 Schiff 碱，而后经互变异构化、环合、脱水等一系列反应，最终生成吡咯衍生物。

抗肿瘤新药苹果酸舒尼替尼（Sunitinib malate）中间体（**7**）的合成如下[9]。

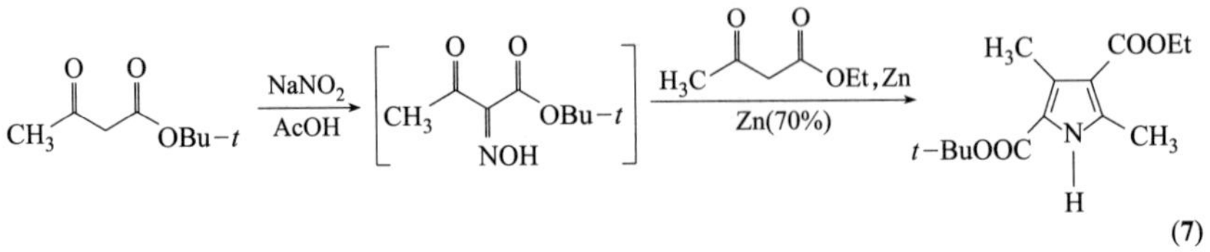

在上述反应中，肟被锌粉还原为氨基并进而参与相应反应。

含有活泼 α-亚甲基的羰基化合物，可以是 β-羰基酸或酯，也可以是 1,3-二羰基化合物等。例如：

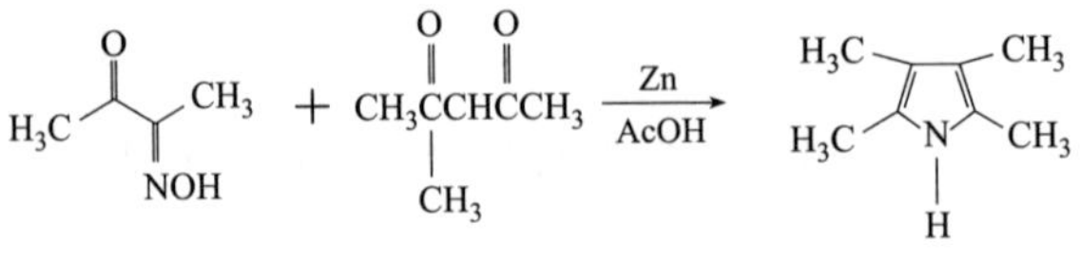

反应中的原料 α-氨基酮也可以由相应的 α-卤代酮与氨反应得到。

（4）Hantzsch 吡咯合成法 α-卤代酮与 β-酮酸酯和氨、伯胺发生反应生成吡咯衍生物，称为 Hantzsch 吡咯合成反应，这是由三分子参与成环的反应，第一步应当是 α-卤代酮与氨（胺）反应生成氨基酮，其余过程和 Knorr 吡咯合成法相似。

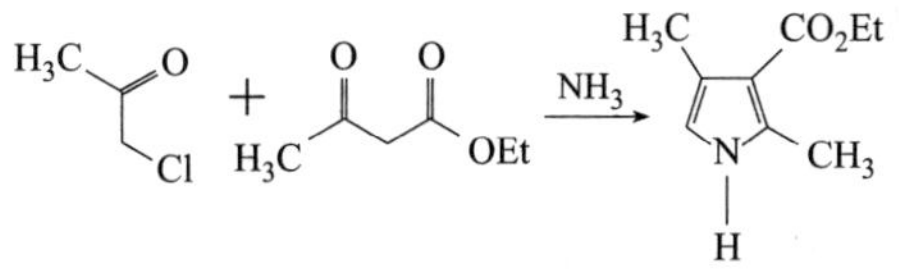

例如消炎镇痛药佐美酸钠（Zomepirac sodium）中间体（**8**）的合成[10]。

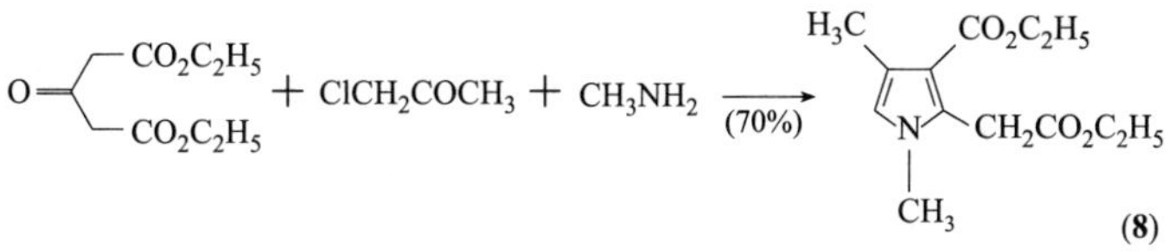

又如如下反应[11]。

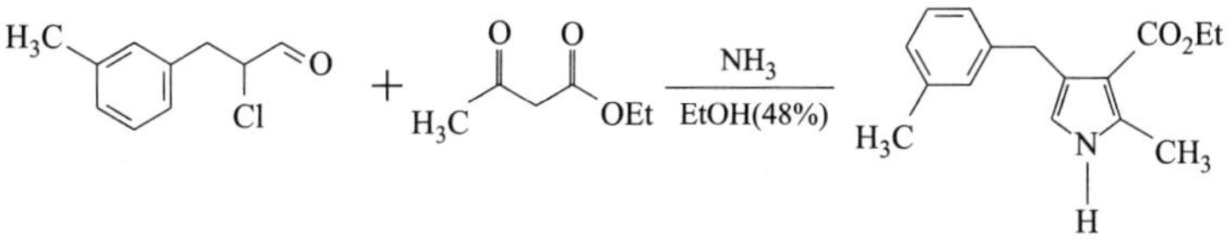

其实，该反应也可以使用其他 α-卤代羰基化合物，例如 α-卤代醛等。也可以直接使用 α-氨基-α,β-不饱和酸酯或氨基不饱和腈等来代替 β-酮酸酯和氨。例如：

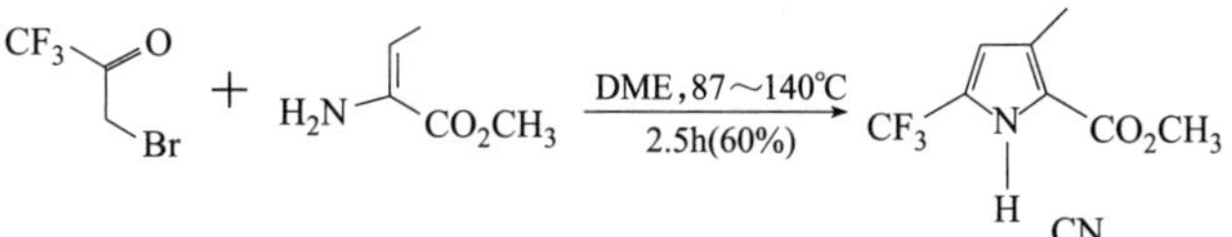

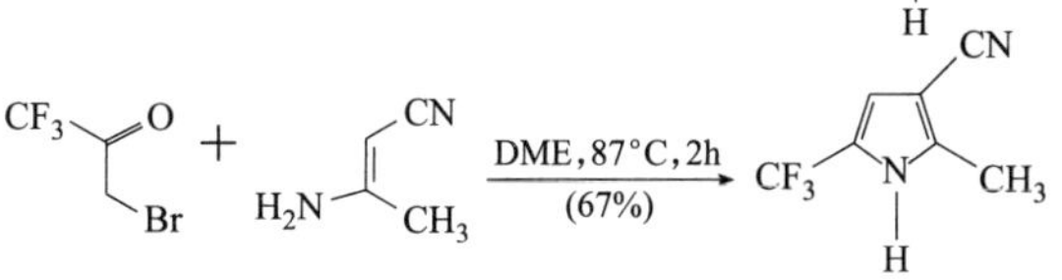

2. 吲哚及其衍生物的合成

从结构上看，吲哚属于苯并吡咯。吲哚可以从煤焦油中分离出来，吲哚类化合物的合成方法很多，仅介绍如下几种主要的方法。

（1）Nenitzescu 吲哚合成法　对苯醌与 β-氨基巴豆酸酯发生缩合反应生成 5-羟基吲哚衍生物，称为 Nenitzescu 吲哚合成法。用该方法合成吲哚的原料之一的烯胺，通常是 β-氨基丙烯酸酯、丙烯酰胺、丙烯腈。而制备吲哚衍生物时，烯胺 β-位上常常要连有取代基，如烷基、苯基、烷氧基或羰烷氧基（酯基）等。β-氨基-α,β-不饱和酮与对苯醌反应，生成 3-酰基-5-羟基吲哚和苯并呋喃的混合物。

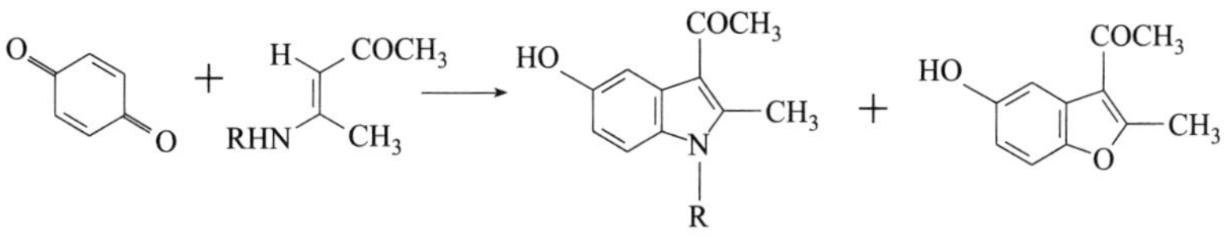

反应机理如下：

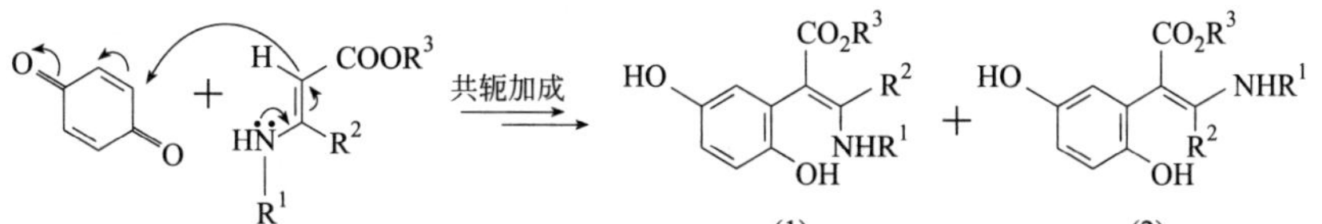

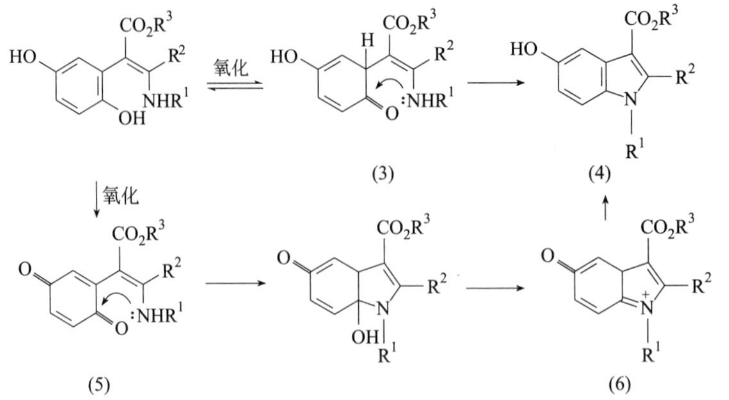

反应的第一步是烯胺与对苯醌的共轭加成（Michael 加成），生成中间体（1）和（2），二者为顺、反异构体。在经典的 Nenitzescu 反应中，（2）可以分离出来。

另一种可能的机理如下：

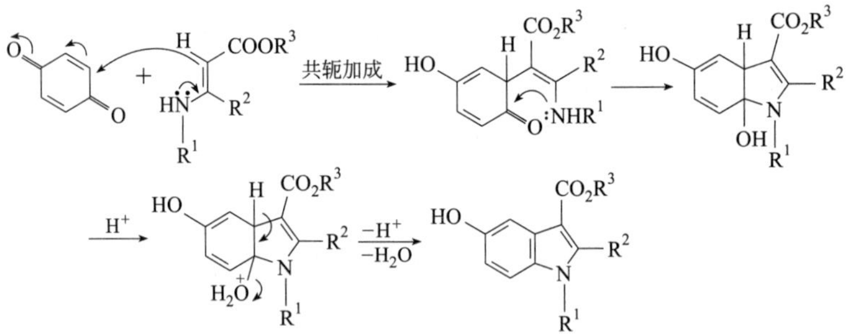

该反应通常用于制备 5-羟基吲哚衍生物，吲哚的氮原子、C-2 位以及苯环上可以带有取代基。3-位一般为酯基，也可以为酰基、氰基或酰胺基。3-位为酯基的吲哚衍生物是非常有用的一类化合物，因为在碱性或酸性条件下很容易脱去生成吲哚的其他衍生物。

抗流感病毒药盐酸阿比朵尔（Arbidol hydrochloride）等的中间体 1,2-二甲基-5-羟基-$1H$-吲哚-3-羧酸乙酯（**9**）的合成如下[12]。

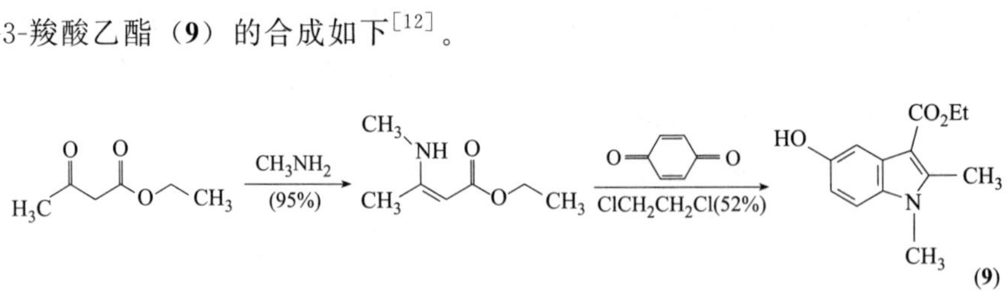

该反应只适用于 1,4-醌，如对苯醌，1,4-萘醌等，这些醌的环上可以连有 1、2 或 3 个取代基，但此时可能生成多个异构体。

用该方法合成吲哚的原料之一的烯胺，通常是 β-氨基丙烯酸酯、丙烯酰胺、丙烯腈。而制备吲哚衍生物时，烯胺 β-位上常常要连有取代基，如烷基、苯基、烷氧基或羰烷氧基（酯基）等。β-氨基-α,β-不饱和酮与对苯醌反应，生成 3-酰基-5-羟基吲哚和苯并呋喃的混合物。

环状的烯胺也可以与对苯醌反应，例如：

Nenitzescu 反应最常用的溶剂是乙酸，也可以使用丙酮、甲醇、乙醇、苯、二氯甲烷、氯仿、二氯乙烷。使用乙酸的最大好处是其可以使中间体烯胺顺、反异构体异构化为容易生成 5-羟基吲哚的异构体。在如下反应中，反应原料相同，但反应溶剂不同，得到的主要产物也不同。

Nenitzescu 反应为放热反应，一般是在反应溶剂中回流进行的。有时反应温度对生成的产物有影响。例如，2-三氟甲基对苯醌与 3-氨基-2-环己烯-1-酮在乙酸中反应，反应温度不同，得到的主要产物也不同。

醌亚胺与活泼亚甲基化合物可以发生类似的反应。例如：

（2）Bartoli 吲哚合成法　邻位取代的硝基苯与三分子乙烯基 Grignard 试剂反应，可以生成 7-取代吲哚，后来称为 Bartoli 吲哚合成法。

可能的反应机理如下：

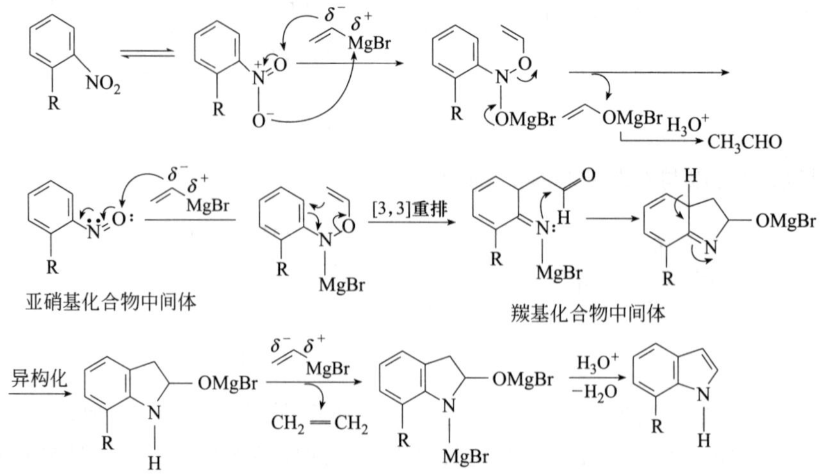

反应中首先是硝基与乙烯基 Grignard 试剂发生加成反应生成亚硝基化合物中间体，乙烯醇镁水解生成乙醛。亚硝基化合物分子中的亚硝基属于邻、对位定位基，氧原子的未共电子对向氮原子转移，氧原子显示部分正电性，可以与乙烯基 Grignard 试剂带负电荷的碳原子反应，生成具有 N-O-C 结构的中间体，后者受邻位取代基的位阻发生 [3，3]-σ-迁移，生成羰基化合物中间体。后者发生分子内的亲核加成等一系列反应，生成 7-取代的吲哚衍生物。

反应中生成的亚硝基化合物中间体可以分离出来。将其与 2 分子的 Grignard 试剂反应，也可以得到吲哚类化合物，从而证明亚硝基化合物是该反应的中间体。

具体例子如下：

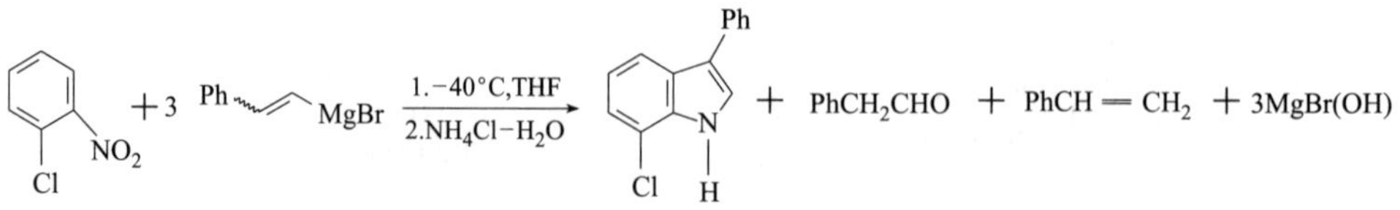

反应中有 3 分子 Grignard 试剂参与了反应。其中 1 分子在第二步被消除，最终转化为羰基化合物；1 分子与亚硝基化合物反应，成为吲哚环的一部分；1 分子与氮上的氢交换，最终生成烯烃。

Dobbs A 对 Bartoli 反应进行了改进。他用邻位的溴作定位基生成 7-溴吲哚衍生物，而后用偶氮二异丁腈和三丁基锡烷将溴脱去，则生成 7-位无取代基的吲哚。

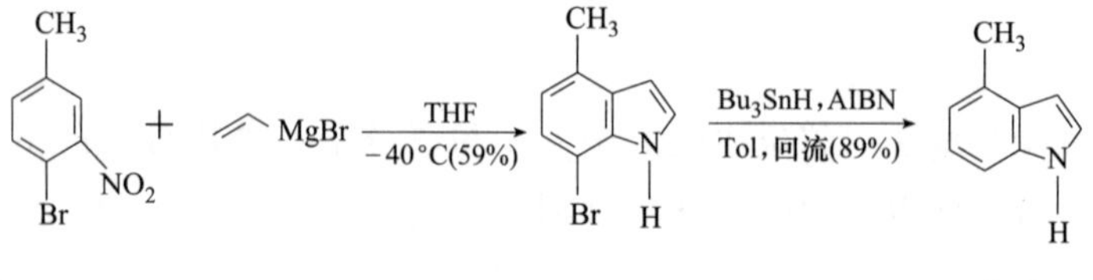

3-硝基-2-氯吡啶与乙烯基溴化镁反应，可以生成 7-氯-6-氮杂吲哚[13]。

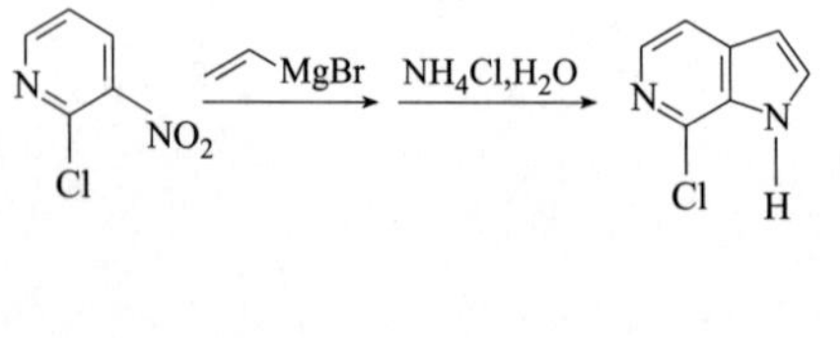

（3）Bischer-Möhlau 吲哚合成反应　芳胺与 α-卤代羰基化合物作用得到 α-芳胺基酮，后者经酸或氯化锌催化脱水，发生 C-C 环合反应生成吲哚衍生物。例如：

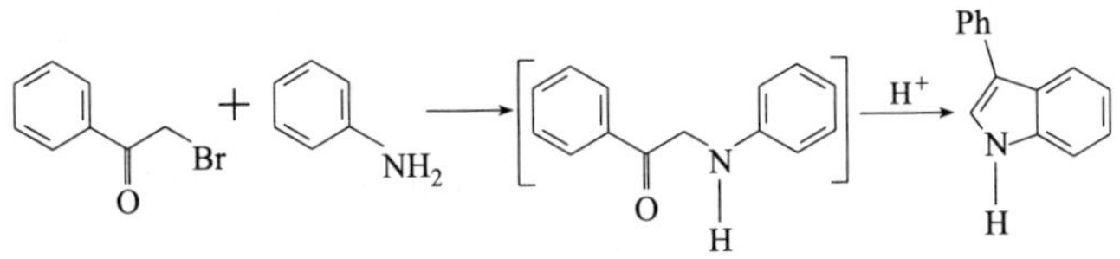

反应机理如下：

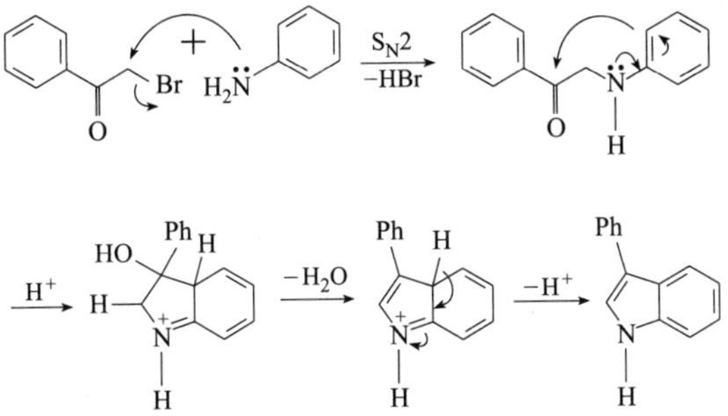

新药开发中间体 4,6-二甲氧基-3-甲基吲哚（**10**）的合成如下[14]。

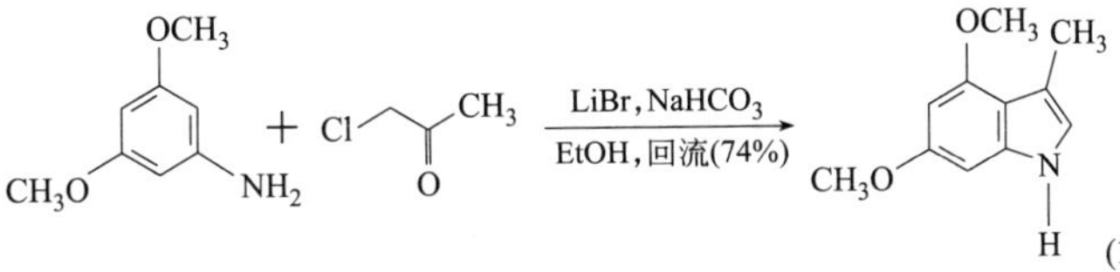

该方法适用于制备 2,3-位取代基相同的吲哚衍生物。例如：

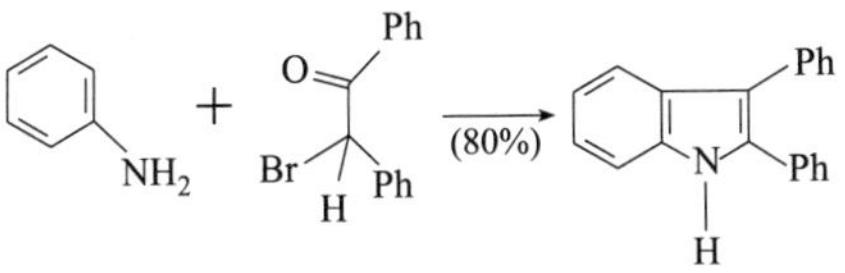

当使用本方法合成 2,3-位取代基不同的吲哚衍生物时，通常使用氯化锌作催化剂。若使用酸作催化剂，则往往得到的是混合物，有时甚至得不到所希望得到的化合物。例如，N-乙基-苯胺基丙酮 A 以氯化锌作催化剂，得到 N-乙基-3-甲基吲哚 B，收率 80%；若在过量苯胺和溴化氢存在下加热，则得到化合物 B 和 C 的混合物，比例约 1∶1；若在过量的 N-甲基苯胺和少量的氯化氢存在下加热，则分离出来的产物是 N-乙基-2-甲基吲哚 C。C 的生成是由于在反应过程这发生了重排。

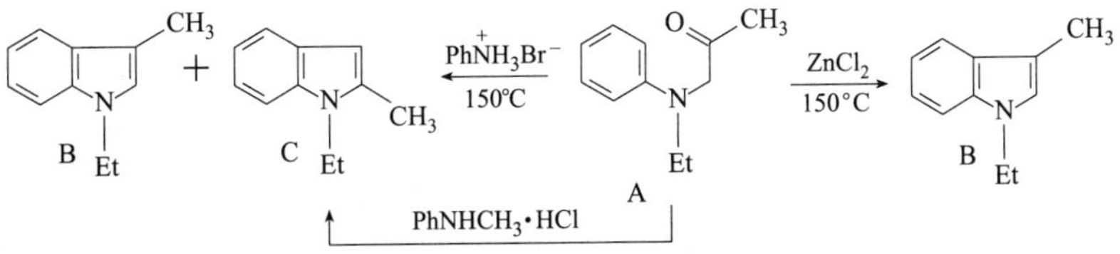

反应中有时也可以使用 α-羟基酮。例如：

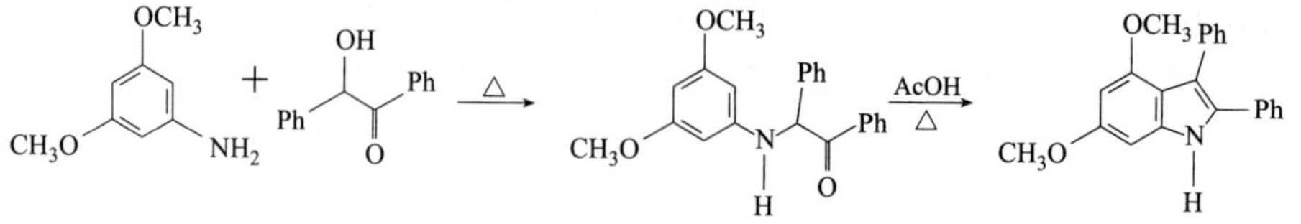

医药中间体（可用于中药黄三七主要成分 Soulied vaginata 的合成）6-甲氧基靛红（**11**）的合成如下[15]。

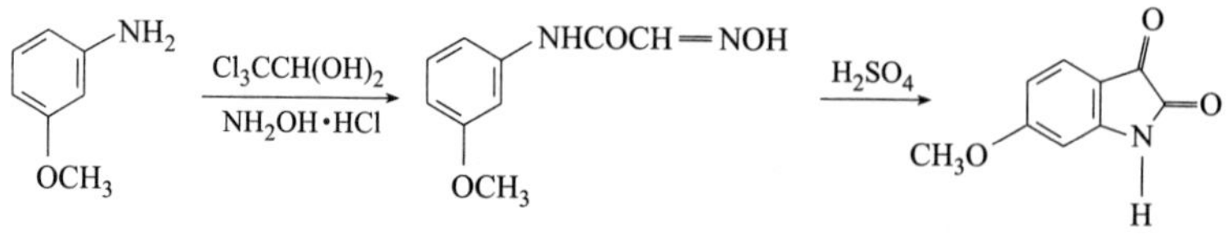

（4）Madelung 吲哚合成法　N-酰基邻甲苯胺发生分子内的 Claisen 缩合，可以生成吲哚衍生物，该反应称为 Madelung 吲哚合成法。

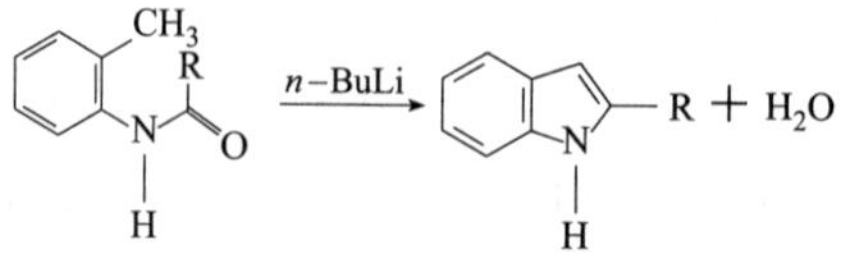

可能的反应机理如下：

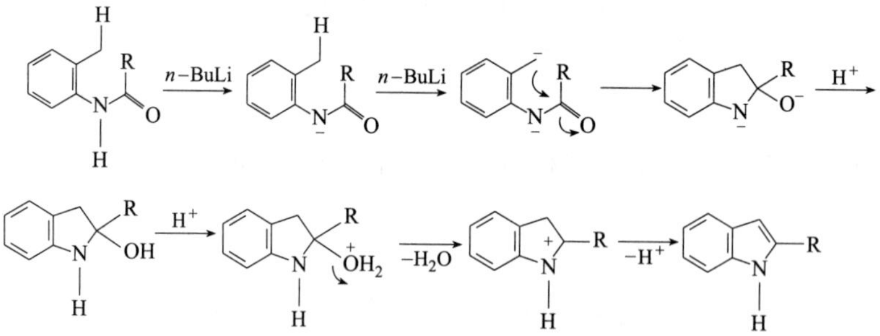

该方法的关键是除去甲基上的质子生成碳负离子，因此常常使用强碱，如氨基钠（钾）、丁基锂、醇钠（钾）等。使用强碱时，酰胺 N 上的氢比甲基上的氢酸性强，因此更容易被碱夺去，必须使用过量的强碱才能使甲基上的氢失去（生成双负离子），而后碳负离子对酰胺的羰基进行亲核进攻，生成新的双负离子。在酸的作用下最后失去水生成吲哚类化合物。

N-甲酰基邻甲苯胺可以生成吲哚，吲哚为抗抑郁药吲达品（Indalpine）等的中间体[16]。

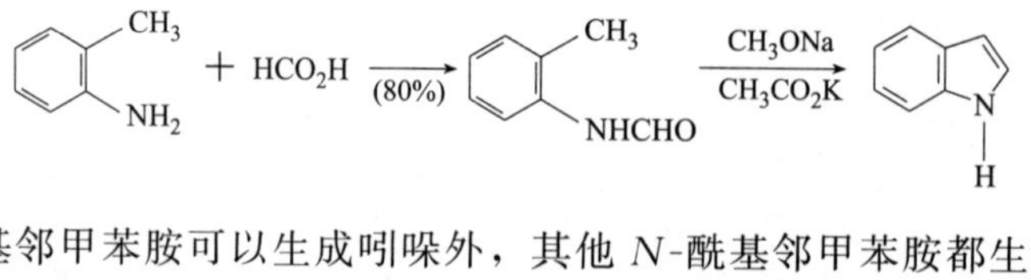

除了 N-甲酰基邻甲苯胺可以生成吲哚外，其他 N-酰基邻甲苯胺都生成 2-取代的吲哚。

该反应的适用范围比较广，邻烃基苯胺苯环上还可以连有其他取代基，如甲氧基、氯等；邻烃基苯胺的烃基除了甲基外，还可以是其他烃基，如乙基、丙基等，但此时在吲哚的3-位上引入了取代基；N 上的酰基可以是脂肪族酰基，也可以是芳香族酰基。若邻甲苯胺的甲基上连有吸电子基团如—CN、—CO$_2$R、—SO$_2$Ph 等，则增加的亚甲基上氢的酸性，将有利于反应的进行[17]。

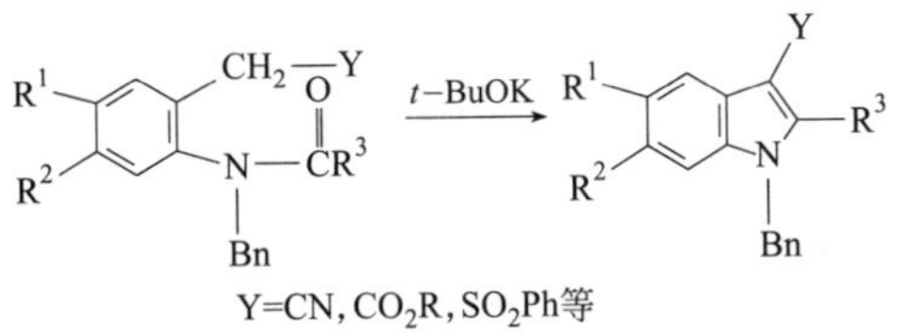

Y=CN,CO₂R,SO₂Ph等

如下反应再发生分子内的进一步环化，生成新的吲哚衍生物[18]。

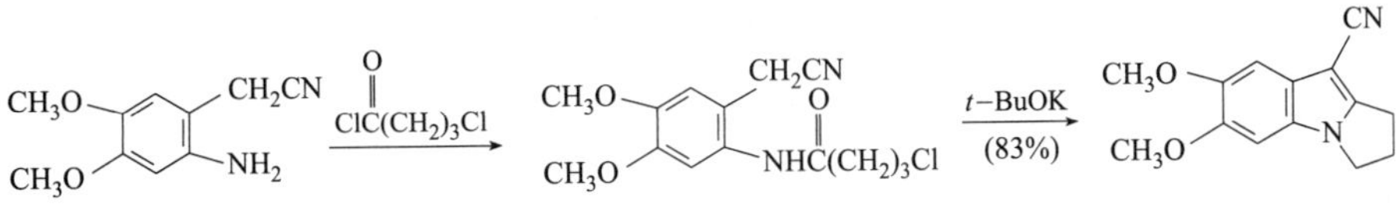

邻异氰基甲苯与二烷基氨基锂反应生成吲哚也属于 Madelung 吲哚合成法

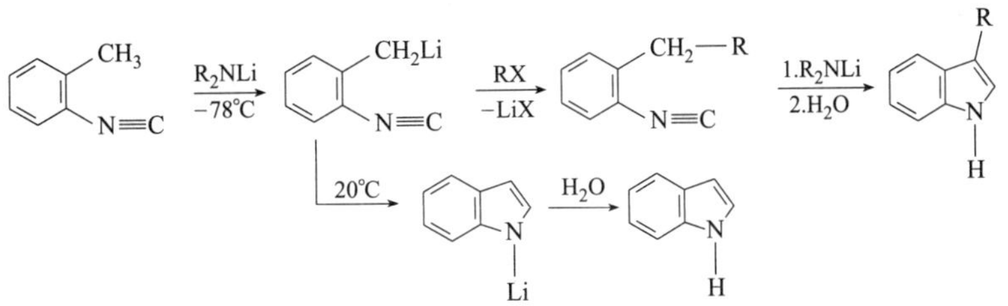

该方法既可以合成吲哚，也可以合成 3-取代吲哚。

三、含一个硫原子的五元杂环化合物的合成

含一个硫原子的芳香杂环化合物主要为噻吩、苯并噻吩及其衍生物。

1. 噻吩及其衍生物

噻吩的主要用途是用于医药合成，也用于合成染料、合成树脂、合成农药、合成香料等方面。世界上生产消费的噻吩及其衍生物中，约 95% 应用于医药行业。噻吩类衍生物的化学合成主要有如下几种方法。

（1）Paal-Knorr 噻吩合成法　1,4-二羰基化合物与一个硫源反应生成噻吩：

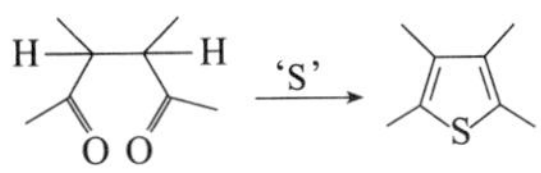

这和吡咯、呋喃的 Paal-Knorr 反应是一样的，有时也做 Paal-Knorr 噻吩合成法。常用的含硫化合物是含磷的硫化合物，例如五硫化二磷、Lawesson 试剂等，另外常用的含硫化合物还有双三甲基甲硅烷硫化物、硫化氢等。

这类反应可能是经历了双硫代酮过程：

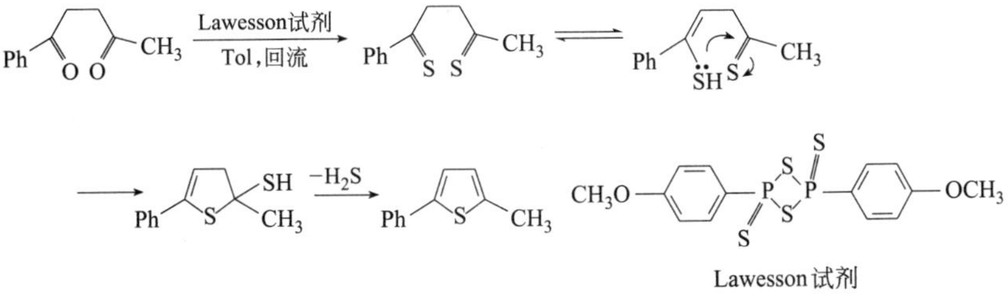

Lawesson试剂

例如化合物（**12**）的合成[19]。

使用双三甲基硅烷硫醚的例子如下：

$$Ar = Ph, 4-CH_3Ph$$

若使用 1,4-二羧酸，则反应中的某一阶段必须完成还原反应，因为最终的反应结果是生成噻吩而非 2- 或 5- 氧化噻吩。例如癫痫病治疗药盐酸噻加宾（Tiagabine hydrochloride）等的中间体 3- 甲基噻吩的合成[20]。

（2）Hinsberg 合成法   1,2-二羰基化合物与硫代二乙酸乙酯（或硫代二亚甲基酮）在碱性条件下发生羟醛缩合反应，生成 3,4- 二取代噻吩-2,5- 二羧酸衍生物。该反应称为 Hinsberg 反应。

抗过敏新药中间体 3,4- 二羟基-5- 甲基噻吩-2- 羧酸甲酯（**13**）的合成[21]。

又如有机合成中间体化合物（**14**）的合成[22]。

（3）Fiesselmann 噻吩合成法

巯基乙酸衍生物与 1,3-二羰基化合物（或等价物）反应，生成噻吩-2- 羧酸酯。该反应称为 Fiesselmann 噻吩合成反应。

该类反应往往首先是在酸催化下反应，而后再在碱催化下进行关环、脱水生成噻吩类衍生物。

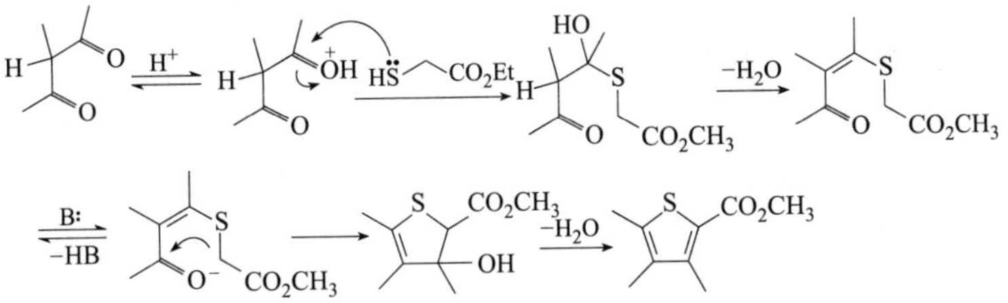

具体例子如下[23]：

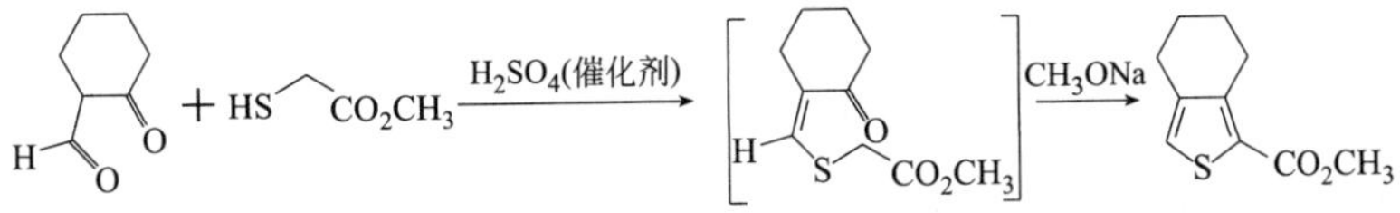

将 1,3-二羰基化合物转化为 β-卤代羰基化合物，而后与巯基乙酸酯或其他含有活泼亚甲基的硫醇反应，生成噻吩-2-羧酸酯。

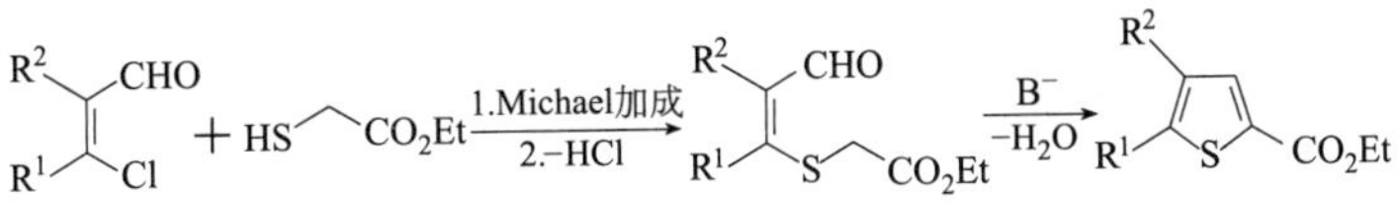

该反应的第一步是 Micheal 加成，接着脱去 HCl 生成中间体，中间体经分子内缩合、脱水生成噻吩类化合物。例如消炎镇痛药替诺昔康（Tenoxicam）中间体 3-羟基噻吩-2-甲酸甲酯（**15**）的合成[24]。

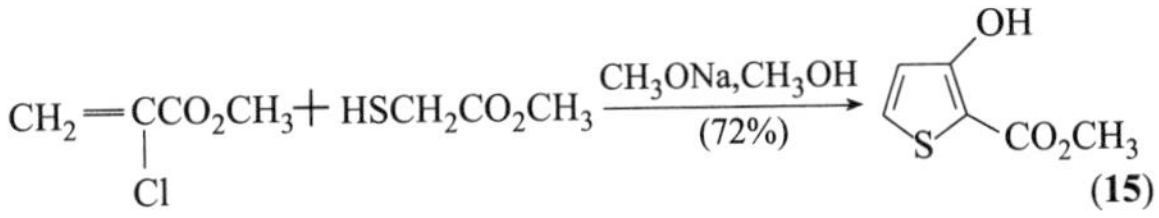

$$CH_2=CCO_2CH_3 + HSCH_2CO_2CH_3 \xrightarrow[(72\%)]{CH_3ONa,CH_3OH}$$

（4）Gewald 噻吩合成法　在吗啉存在下，α-亚甲基羰基化合物与腈基乙酸酯或丙二腈和硫，在乙醇溶液中发生环缩合反应，生成 2-氨基噻吩。该反应称为 Gewald 噻吩合成反应。

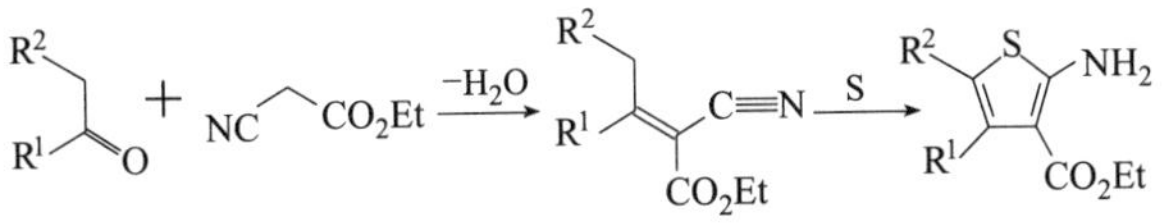

反应中首先是羰基化合物与腈基乙酸酯发生 Knoevenagel 缩合反应生成 α,β-不饱和腈，后者再与硫发生环合反应生成噻吩类化合物。

该方法是一种高效、快速合成氨基噻吩类化合物的重要方法，近年来发展很快，有了各种不同的改进方法，Gewald 反应目前可以分为三种反应类型。

第一种类型是含 α-巯基的醛或酮与腈基乙酸酯、丙二腈、苯甲酰基乙腈等氰基化合物，在有机碱如三乙胺、吗啡啉、哌啶等作用下，以乙醇、二氧六环等为溶剂进行反应，生成 2-氨基噻吩类化合物。

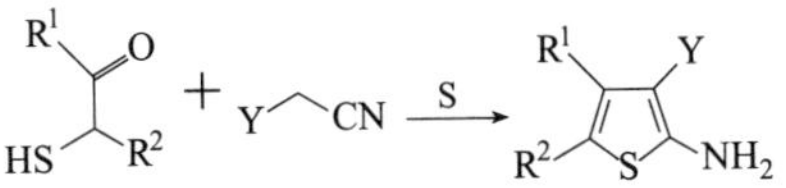

$R^1.R^2=H.$ 烷基，芳基，环烷基等
$Y=CN.CO_2CH_3$，$CO_2C_2H_5$，PhCO等

第二种类型是醛、酮或 1,3-二羰基化合物与活泼的氰基化合物如腈基乙酸酯、腈基乙酰胺、α-腈基酮等在单质硫和胺如哌啶、二乙胺、吗啡啉等作用下生成 2-氨基噻吩类衍生物。该类反应常用的溶剂是乙醇、DMF、二氧六环、或过量的酮如甲基乙基酮、环己酮等。在这类反应中，使用简单的醛、酮代替第一类中的含 α-疏基的醛或酮，原料易得、价格低廉，而且一般收率也较高。这种方法的应用比较普遍。

R^1.R^2=H.烷基，芳基，环烷基等
Y=CN.CO$_2$CH$_3$，CO$_2$C$_2$H$_5$，PhCO等

如用于治疗绝经后妇女骨质疏松症的药物雷尼酸锶（Strontium ranelate）中间体（**16**）的合成[25]。

重要的医药中间体和化工原料（**17**）的合成如下[26]。

第三种类型是由两步反应组成的，首先由羰基化合物与活泼腈基化合物发生 Knovenagel 反应生成 α,β-不饱和腈基化合物，第二步是 α,β-不饱和腈基化合物与硫在胺存在下反应生成 2-氨基噻吩衍生物。

R^1.R^2=H.烷基，芳基，环烷基等
Y=CN.CO$_2$CH$_3$，CO$_2$C$_2$H$_5$，PhCO等

近年来，固相合成技术、微波技术应用于 Gewald 反应的报道很多。

2. 苯并噻吩及其衍生物

苯并噻吩在结构上与苯并呋喃和吲哚相似。关于苯并噻吩类化合物的合成方法，近几十年来发展较快。主要的合成方法是以苯的衍生物为原料，建立噻吩环生成苯并噻吩衍生物，而以噻吩衍生物建立苯环合成苯并噻吩的方法不多。也可以通过苯并噻吩的结构改造来合成其衍生物。

（1）以苯的衍生物为原料，建立噻吩环生成苯并噻吩衍生物　这种方法很多，仅介绍其中几种比较常见的方法。

2-芳硫基羰基化合物（或酸）的分子内环化可以生成苯并噻吩，这是合成苯并噻吩常用的方法。

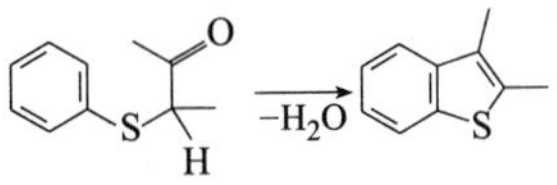

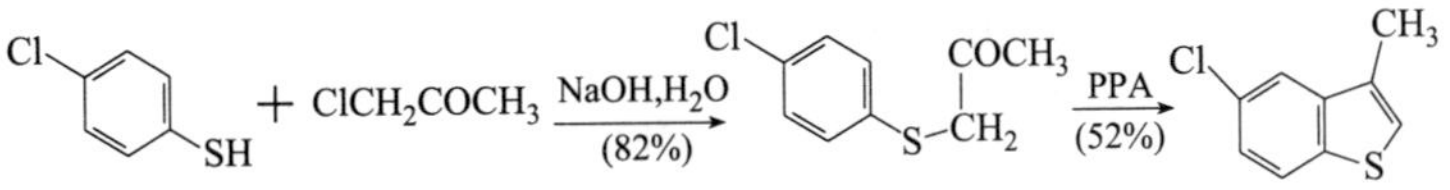

抗骨质疏松药盐酸雷洛昔芬（Raloxifene）、阿佐昔芬（Arzoxifene）等的中间体 6-甲氧基-2-(4-甲氧基苯基）苯并［*b*］噻吩（**18**）的合成如下[27]。此反应过程中发生了重排反应。

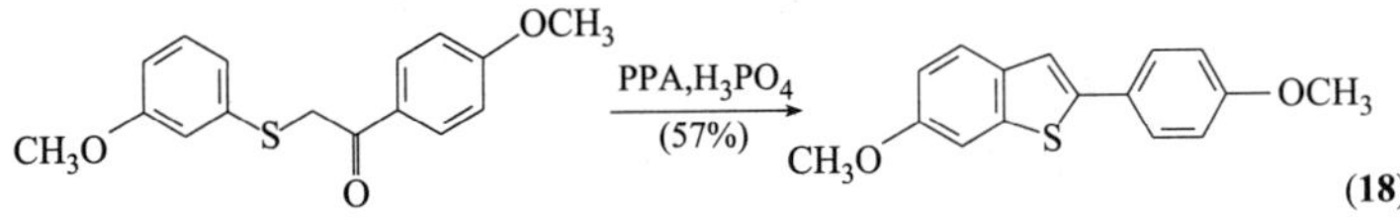

若使用芳硫基乙缩醛，则可以生成噻吩环上无取代基的苯并噻吩。

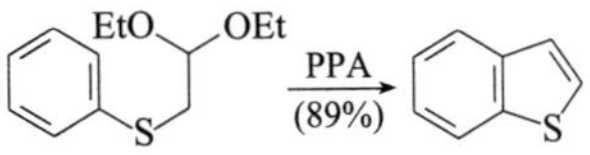

2-芳硫基乙酰氯在 Lewis 酸催化剂存在下加热生成 3-羟基苯并噻吩衍生物。例如：

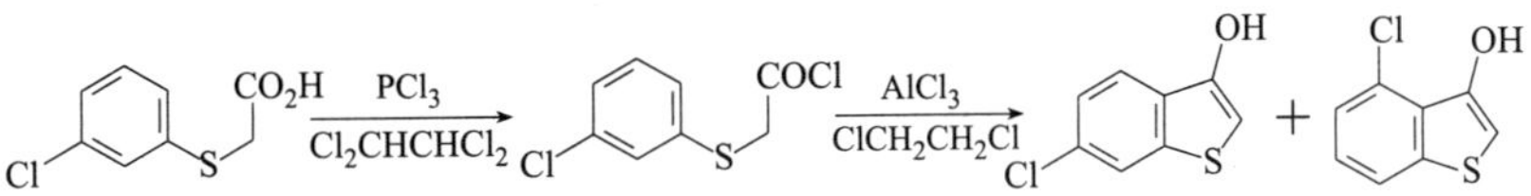

2-(邻巯基芳基）乙醛、酮、或羧酸及其衍生物在一定的条件下进行分子内环化，可以生成苯并噻吩衍生物。

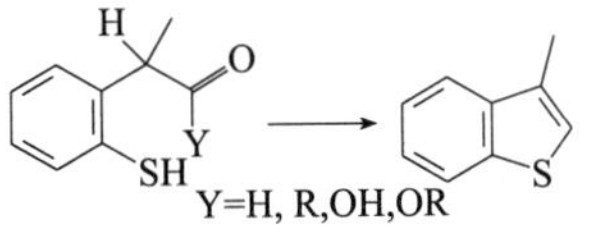

利用烯丙基硫醚的 Claisen 重排，而后进行烯键的氧化，可以生成邻巯基苯乙醛衍生物，后者关环生成苯并噻吩类化合物。

芳基 2-氯-2-烯丙基硫醚发生 Claisen 重排，而后再进行分子内环合，生成重要的化学试剂、精细化学品、医药、材料中间体 2-甲基苯并噻吩（**19**）[28]。

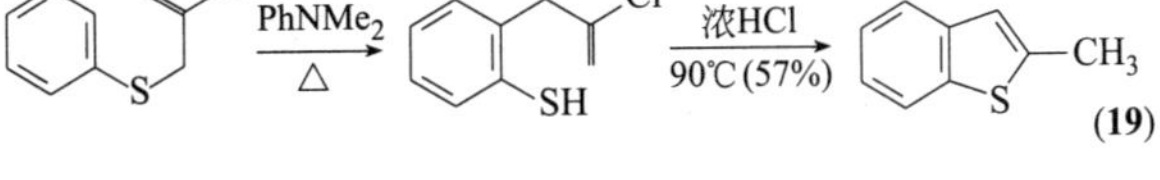

邻烷氧羰基甲基硫基苯甲醛（酮）发生分子内环化可以生成苯并噻吩。例如：化合物 4-三氟甲基苯并噻吩-2-甲酸甲酯的合成[29]。

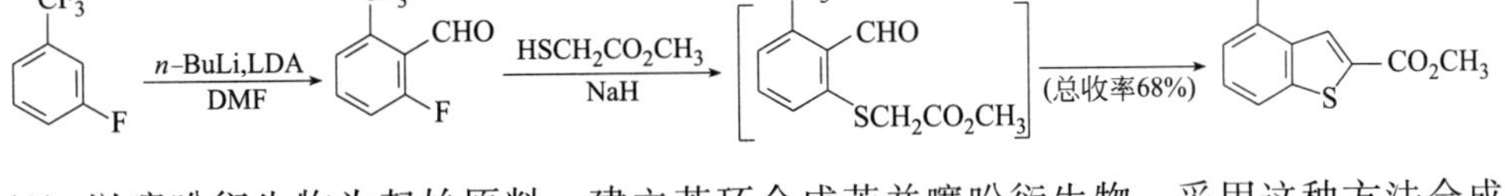

（2）以噻吩衍生物为起始原料，建立苯环合成苯并噻吩衍生物 采用这种方法合成苯并噻吩衍生物的报道不多。

利用含噻吩环的 β-酮亚砜衍生物，在酸催化剂存在下通过关环、重排生成 4,5-二取代的苯并噻吩类衍生物，但收率并不高[30]。

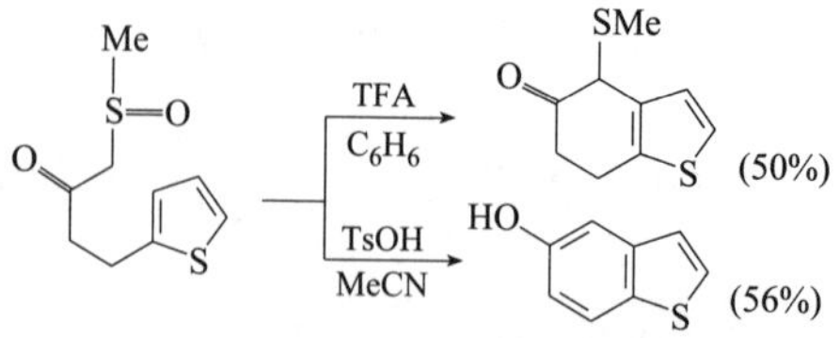

（3）苯并噻吩环的化学修饰　对苯并噻吩进行化学修饰，引入各种不同的取代基，是合成苯并噻吩衍生物的重要方法，但在反应时噻吩环往往比较活泼，故用这种方法还是主要对噻吩环的化学修饰。苯并噻吩可以发生卤化、硝化、磺化、酰基化、烃基化等反应，生成3-位或2-位的取代产物。特别是烃基化反应，反应方法很多。

2-乙酰基苯并噻吩是哮喘病治疗药齐留通（Zileuton）的中间体[31]。

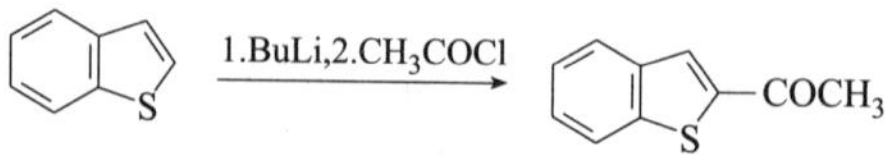

又如3-氯甲基苯并噻吩的合成：

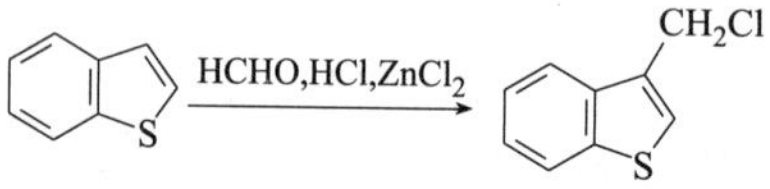

第二节　含两个杂原子的五元杂环化合物的合成

含两个杂原子的化合物则主要是含一个氧原子和一个氮原子、两个氮原子和一个氮原子和一个硫原子等的化合物。

一、含一个氧原子和一个氮原子的五元芳香杂环化合物

这类化合物主要有噁唑、苯并噁唑、异噁唑和苯并异噁唑。

1. 噁唑及其衍生物

噁唑类化合物的主要合成方法有如下几种。

（1）Robinson-Gabriel 合成法　α-酰胺基酮、酯或酰胺，在硫酸或多聚磷酸作用下环化脱水生成噁唑类化合物，该方法称为 Robinson-Gabriel 合成法。

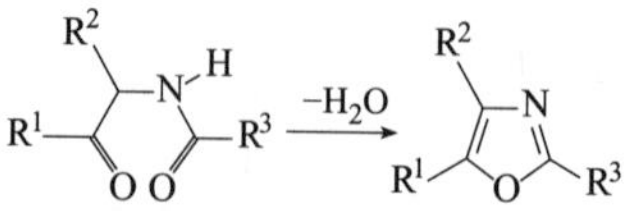

反应机理如下：

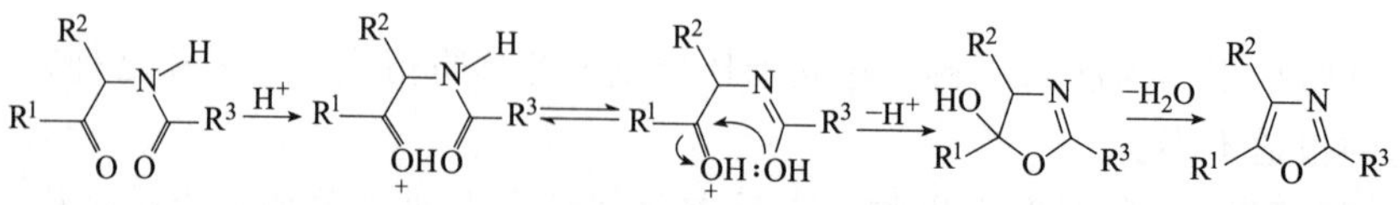

通过示踪原子 O^{18} 表明，噁唑中的氧原子来自于酰胺基。

关环反应也可以用 $POCl_3$、PCl_5、SO_2Cl_2、光气、P_2O_5 等，还可以用其他方法。例如利尿药、高血压治疗药盐酸西氯他宁（Cicletanine hydrochloride）的中间体（**20**）的合成[32]。

如下化合物用 $POCl_3$ 作脱水剂生成噁唑衍生物（**21**）[33]。

（2）BlUmlein-Lewy 合成法　α-卤代酮或 α-羟基酮与酰胺通过 O-烷基化反应缩合生成噁唑。用甲酰胺生成 2-位无取代基的噁唑。

α-溴代苯乙酮与甲酰胺环合，可以生成苯基噁唑[34]。

而用尿素时则生成 2-氨基噁唑。

在上述反应中，尿素发生互变异构化，而后进行 O-烃基化反应，最后环化得到产物。

例如[35]：

若反应中使用硫脲，则生成 2-氨基噻唑。

α-羟基酮与酰胺在酸性条件下加热，可以生成噁唑衍生物，并环噁唑衍生物可以由环状偶姻与酰胺直接合成。

$$(CH_2)_n \underset{OH}{\overset{O}{\diagdown}} + \underset{H_2N}{\overset{O}{\diagdown}}H \xrightarrow[H^+]{\triangle} (CH_2)_n \underset{N}{\overset{O}{\diagdown}}H$$

利用生成的并环噁唑可以制备 ω-氰基羧酸。例如：

$$(CH_2)_n \underset{N}{\overset{O}{\diagdown}}H \xrightarrow[CH_2Cl_2]{O_2,h\nu} (CH_2)_n \underset{CN}{\overset{O}{\diagdown}} O - C H \xrightarrow{-CO} (CH_2)_n \underset{CN}{\overset{O}{\diagdown}}OH$$

α-羟基酮（偶姻）的羧酸酯用乙酸铵的乙酸溶液处理，可以生成噁唑衍生物，该方法称为 Davidson 噁唑合成法。例如：

$$\underset{Ph}{\overset{Ph}{\diagdown}}CH-O-C-CH_2Ph \xrightarrow{NH_3} \underset{Ph}{\overset{Ph}{\diagup}}N \overset{}{\diagdown}CH_2Ph$$

$$\underset{Et}{\overset{Et}{\diagdown}}\underset{OCOEt}{\overset{OCOEt}{\diagdown}} \xrightarrow{CH_3CO_2NH_4} \underset{Et}{\overset{Et}{\diagup}}N \overset{}{\diagdown}Et$$

例如消炎镇痛药奥沙普秦（Oxaprozin）原料药（**22**）的合成[36]。

$$\text{（结构式）} + \text{（丁二酸酐）} \xrightarrow[\substack{AcONH_4, AcOH \\ (63\%)}]{Py} \text{（22结构式）} CH_2CH_2COOH$$

(22)

（3）van Leusen 反应　对甲苯磺酰甲基异腈与醛在碱性条件下反应，生成 4,5-二氢噁唑衍生物，消除对甲苯磺酸得到噁唑衍生物。该方法具有一定的合成价值[37]。

$$RCHO + Ts\overset{+}{\diagdown}\underset{N}{\overset{-}{=}}C \xrightarrow{K_2CO_3} \underset{R}{\overset{Ts}{\diagup}}\underset{O}{\overset{N}{\diagdown}} \longrightarrow R \overset{N}{\diagdown}_O + TsOH$$

大致的反应过程如下：

$$Ts\overset{+}{\diagdown}\underset{N}{=}C \xrightarrow{K_2CO_3} Ts\overset{-}{\diagdown}\overset{+}{N}=C \quad H-C-R \longrightarrow \underset{H}{\overset{R}{\diagup}}\underset{O^-}{\overset{N}{\diagdown}}=C \longrightarrow \underset{H}{\overset{Ts}{\diagup}}\overset{N}{\diagdown}_O \xrightarrow{-TsOH} R\overset{N}{\diagdown}_O$$

该方法也适用于噻唑、咪唑类化合物的合成。

醛酸酯也可以发生该类型的反应。例如[38]：

$$\underset{H}{\overset{O}{\diagdown}}C-CO_2Et + p\text{-}C_6H_4SO_2\overset{+}{\diagdown}\underset{N}{=}C \xrightarrow[CH_2Cl_2(80\%)]{DBU} EtO_2C\overset{N}{\diagdown}_O$$

如下酮酯在乙酸铵存在下反应，可以生成噁唑衍生物。

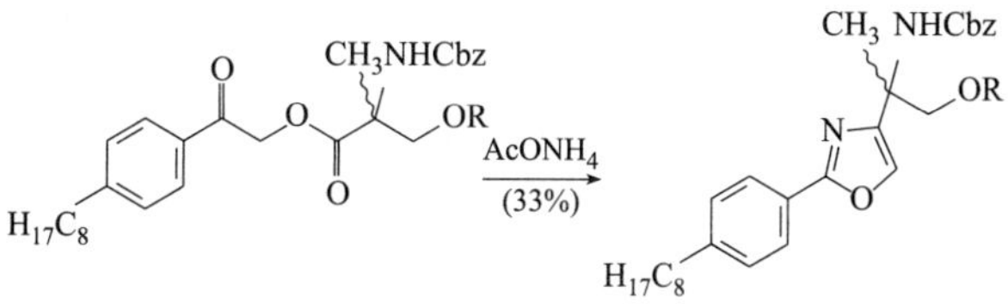

2. 苯并噁唑及其衍生物

邻氨基苯酚与羧酸及其衍生物的缩合反应是苯并噁唑的常用的合成方法。

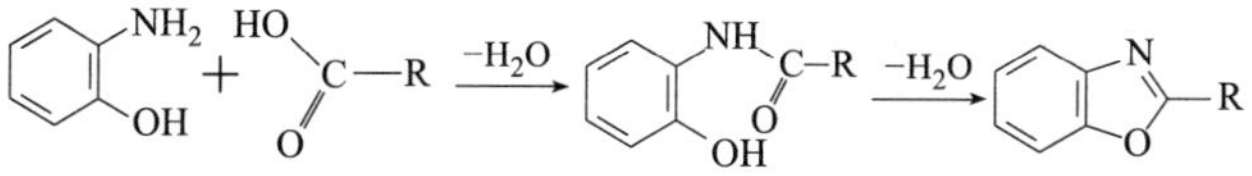

反应中生成的中间体邻酰胺基苯酚可以分离出来。第一步生成酰胺的反应可以使用缩合剂，如 PyBOP、DCC 等。

芳环上连有不同取代基（吸电子、给电子）的邻氨基苯酚，都可以与羧酸发生环化反应生成苯并噁唑衍生物。例如：

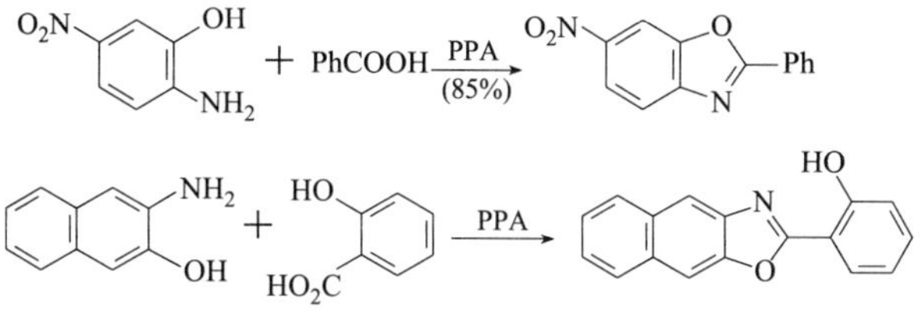

邻氨基苯酚在 KOH 存在下与二硫化碳一起反应（乙醇中回流），可以生成巯基苯并噁唑，收率 65%。

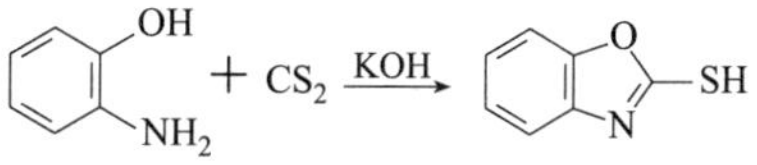

也可以使用邻氨基苯酚与酰氯反应来合成苯并噁唑类化合物。例如消炎镇痛药苯噁洛芬（Benoxaprofen）中间体（**23**）的合成如下[39]：

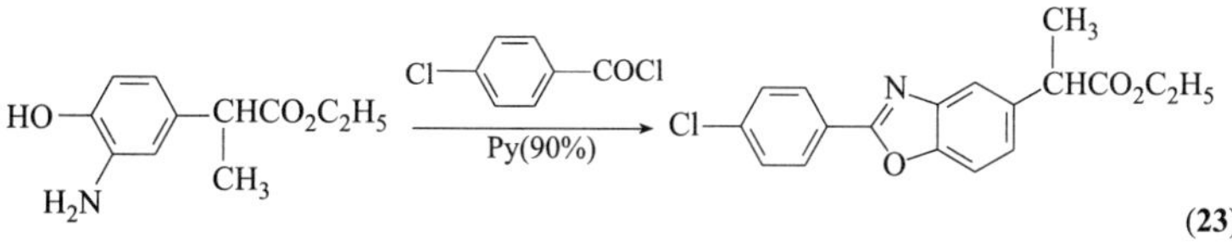

用邻酰胺基苯酚酯也可以合成苯并噁唑衍生物。例如：

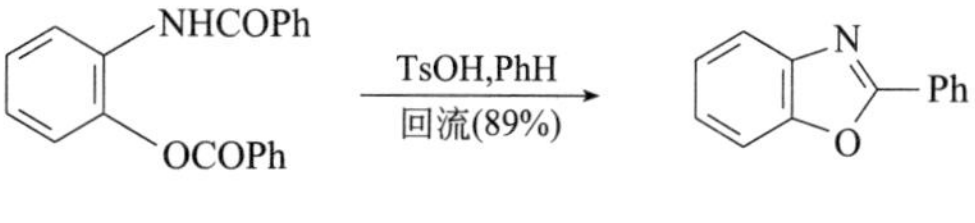

采用固相合成法使羧酸与邻氨基苯酚反应合成苯并噁唑衍生物也有报道。

邻氨基苯酚与原甲酸三乙酯在浓盐酸作用下反应，则生成 2-位无取代基的苯并噁唑。

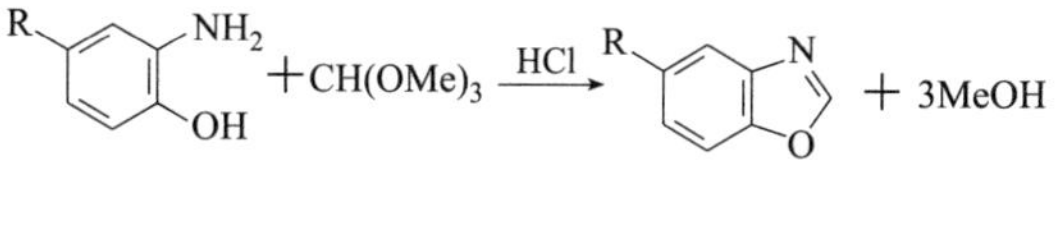

α-氨基萘酚与芳香醛在三乙胺存在下也可以生成相应的萘并噁唑衍生物。例如如下反应，收率可达 89%。

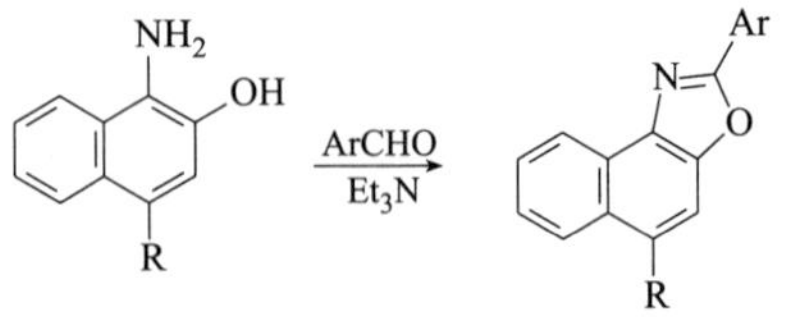

邻羟基苯丙酮肟在沸石存在下于 170℃反应，可以脱水关环生成 2-乙基苯并噁唑，其为一种香料。该反应中经历了 Beckmann 重排反应[40]。

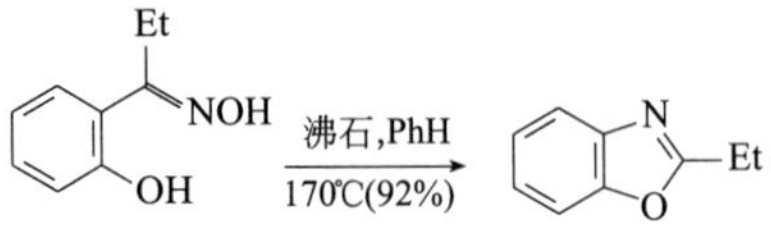

3. 异噁唑及其衍生物

异噁唑与噁唑是同分异构体，异噁唑分子中的氮原子与氧原子直接相连。异噁唑的合成方法主要有如下几种。

（1）Claisen 异噁唑合成法　1,3-二羰基化合物与羟胺反应可以生成 3,5-二取代异噁唑，该方法称为 Claisen 异噁唑合成法。

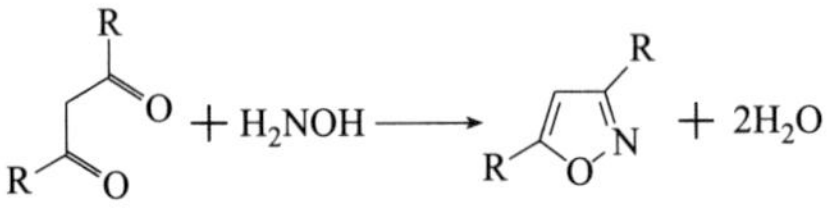

反应机理如下：

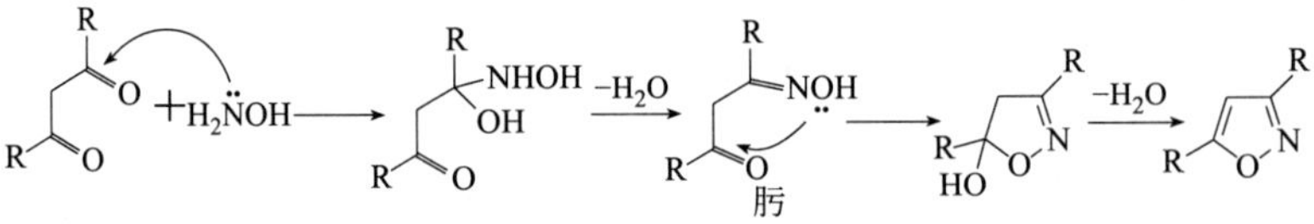

1,3-二羰基化合物可以是 1,3-二酮、1,3-醛酮、1,3-二醛、相应缩醛或其他合成子。类风湿病治疗药物来氟米特（Leflunomide）中间体（**24**）的合成如下[41]。

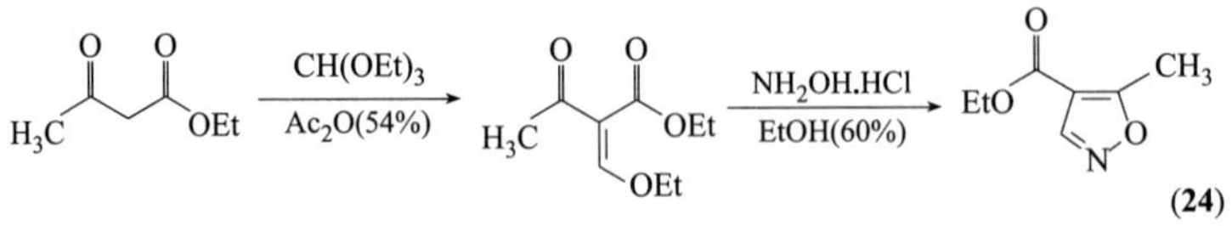

又如消炎镇痛药伊索昔康（Isoxicam）的中间体 5-甲基异噁唑-3-甲酰胺（**25**）的合成[42]。

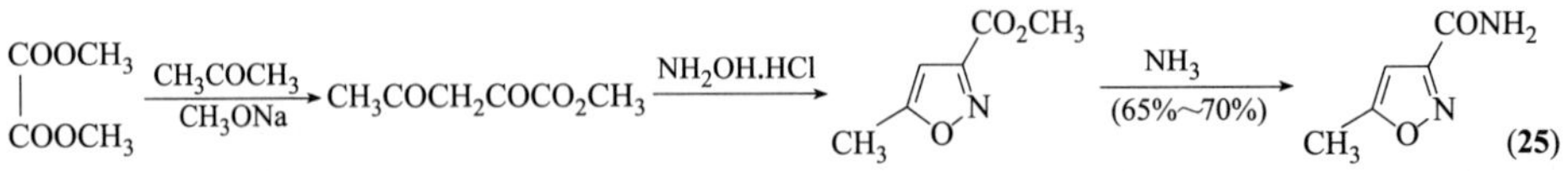

不对称的二酮可能会生成两种异噁唑的混合物，但控制反应条件有可能实现区域选择性反应，得到一种主要产物。

α,β-不饱和羰基化合物生成的肟，在二铬酸化四吡啶合钴存在下环合可以生成异噁唑，例如查耳酮肟的环化反应。

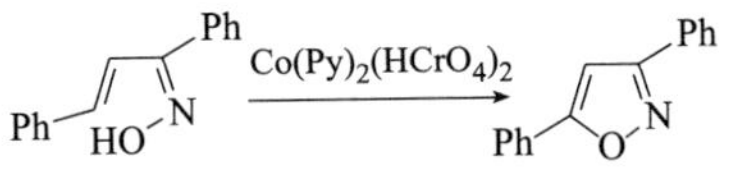

（2）腈的 *N*-氧化物与炔、烯发生 1,3-偶极加成 腈的 *N*-氧化物与炔、烯发生 1,3-偶极加成可以生成异噁唑衍生物。

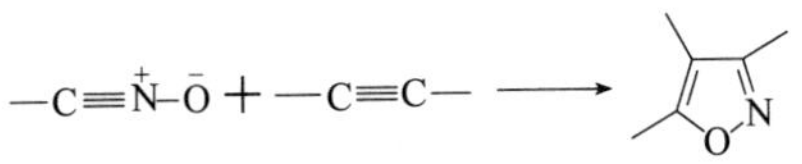

若使用的烯不连有在环加成反应中可以一步消去的基团，则首先生成异噁唑啉，异噁唑啉脱氢生成异噁唑。

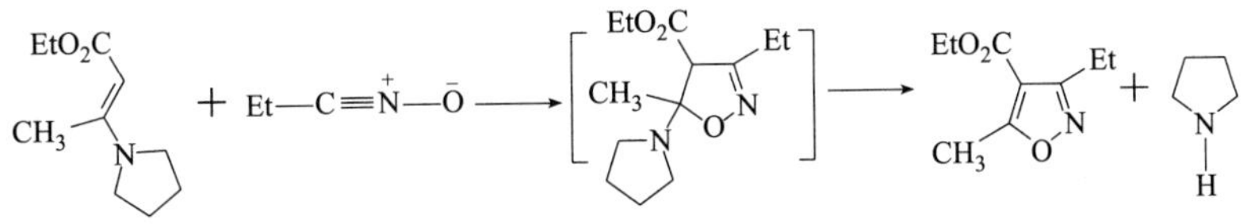

腈的 *N*-氧化物可以通过如下反应原位产生。一是卤代肟在碱性条件下脱卤化氢，二是硝基化合物的脱水。

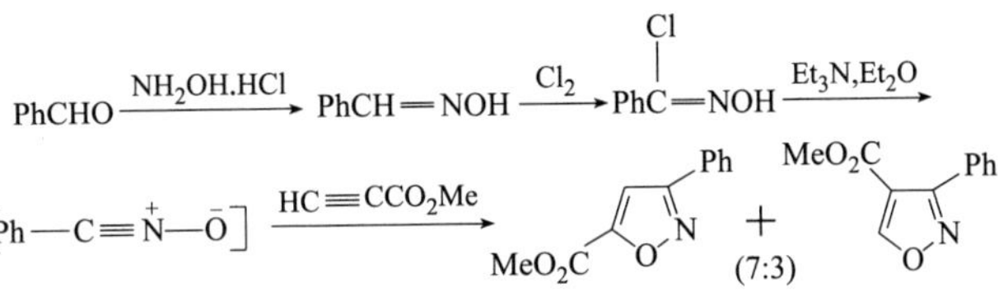

抗鼻病毒和肠病毒药物普米可那利（Pleconaril）中间体（**26**）的合成如下[43]。

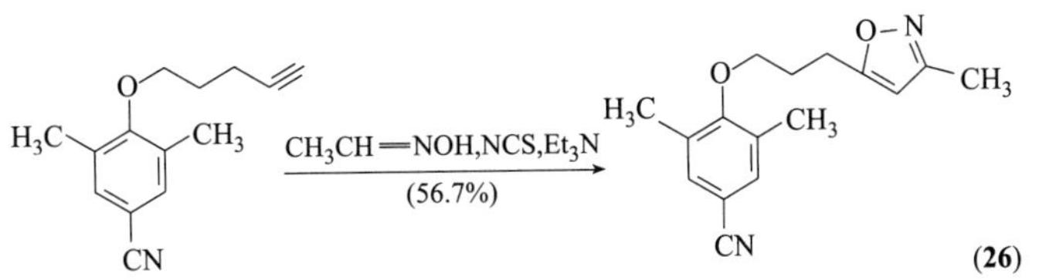

硝基化合物在 POCl$_3$ 作用下生成腈的 *N*-氧化物的反应如下：

$$CH_3CH_2CH_2NO_2 \xrightarrow[Et_3N]{POCl_3} \left[CH_3CH_2C \equiv \overset{+}{N} — \overset{-}{O} \right]$$

用（Boc）$_2$O 和 DMAP 与硝基烷烃反应也可以制备腈 *N*-氧化物，例如：

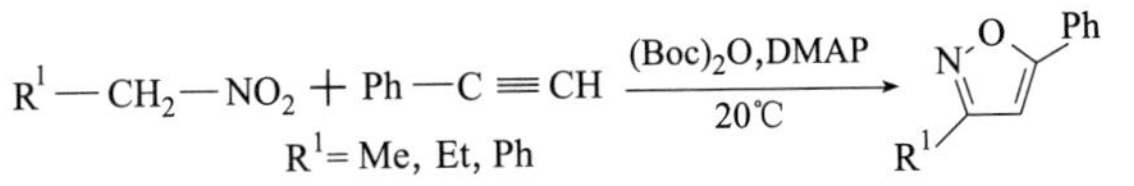

二溴甲醛肟与丙炔酸乙酯反应可以生成 3-溴-5-异噁唑甲酸乙酯（**27**），其为支气管哮喘病治疗药溴沙特罗（Broxaterol）的中间体[44]。

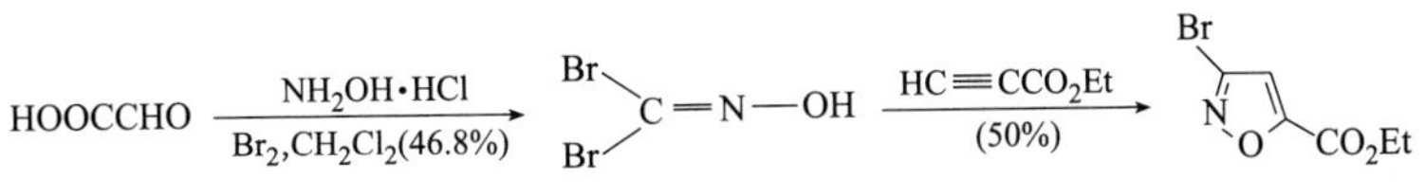

（3）α-氯代苯甲醛肟与乙酰乙酸乙酯反应也可以生成异噁唑衍生物。例如抗生素苯唑青霉素中间体 5-甲基-3-苯基异噁唑-4-羧酸（**28**）的合成[45]。

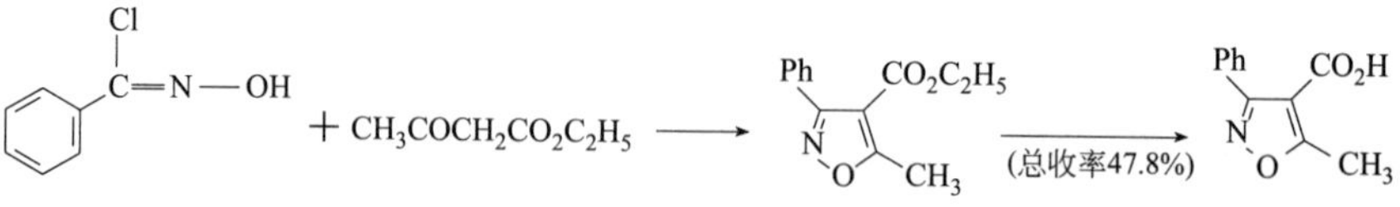

4. 苯并异噁唑及其衍生物

苯并异噁唑的早期合成是邻卤芳酮肟在碱性条件下的环化。例如：

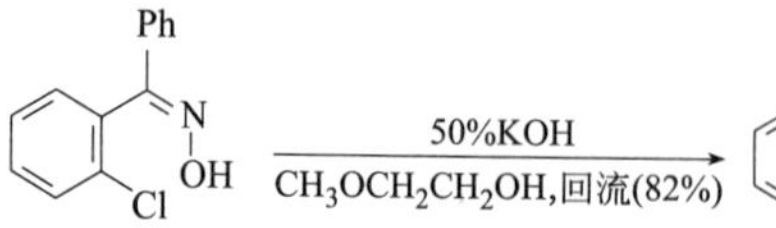

精神病治疗药物利培酮（Risperidone）和帕潘立酮（Paliperodone）的中间体 6-氟-3-（4-哌啶基）-1,2-苯并异噁唑盐酸盐（**29**）的合成如下[46]。

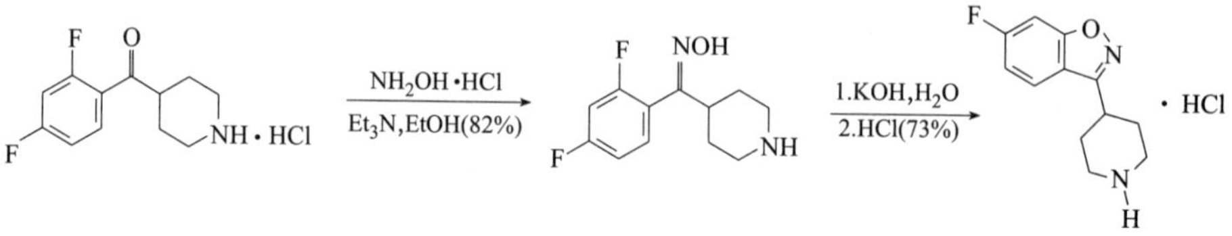

邻羟基芳酮肟也可以环化生成苯并异噁唑。

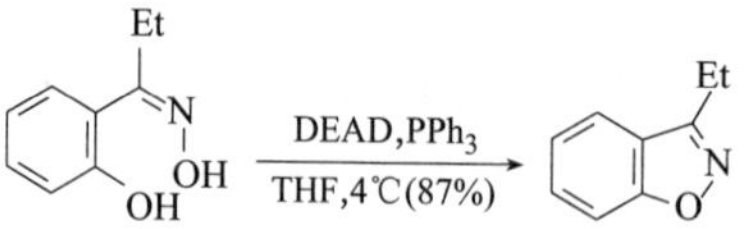

二、含一个硫原子和一个氮原子的五元杂环芳香化合物

这类化合物主要有噻唑、苯并噻唑及其衍生物。

1. 噻唑及其衍生物

噻唑衍生物存在于自然界中，很多噻唑类化合物具有重要的生物学功能，在药物合成中也占有非常重要的地位。噻唑类化合物的合成方法有多种，仅介绍其中的几种方法。

（1）Hantzsch 合成法 α-卤代羰基化合物与硫代酰胺或硫脲环合，可以生成噻唑类化合物，称为 Hantzsch 合成法，这是合成噻唑类化合物最常用的方法。

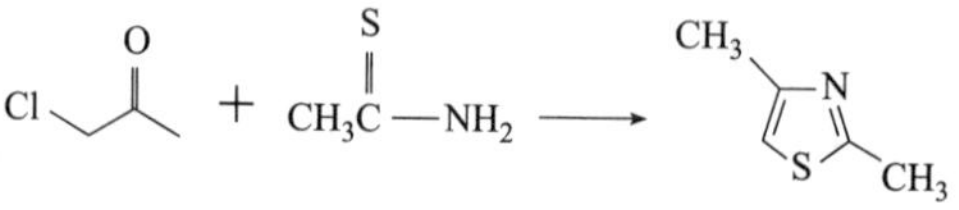

该类反应的反应机理如下：

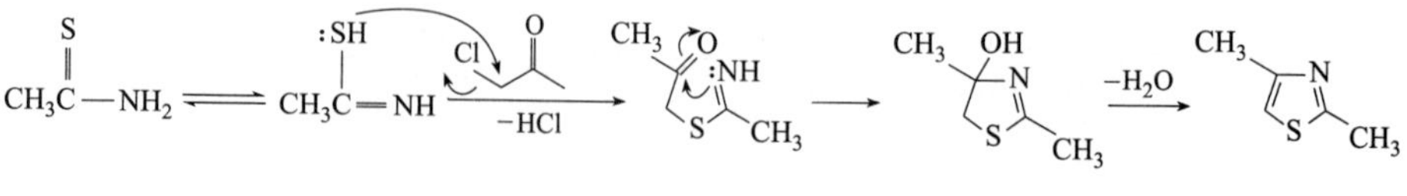

α-卤代羰基化合物可以是卤代酮、卤代醛及其等价物，有时也可以使用 α-卤代羧酸、α-卤代羧酸酯、α-卤代酮酸酯、α-卤代酰胺等。反应的另一组分除了硫代酰胺外，还可以使用硫脲、取代硫脲。使用硫脲时，得到 2-氨基噻唑衍生物。

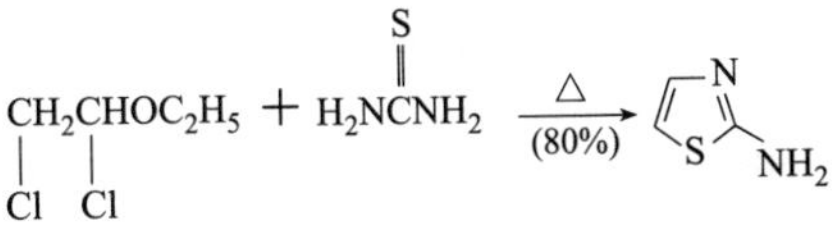

在此反应中，1,2-二氯乙醚是氯乙醛的等价物，与硫脲反应后生成 2-氨基噻唑。

抗溃疡药法莫替丁（Famotidine）中间体 2-胍基-4-氯甲基噻唑盐酸盐（**30**）的合成如下[47]。

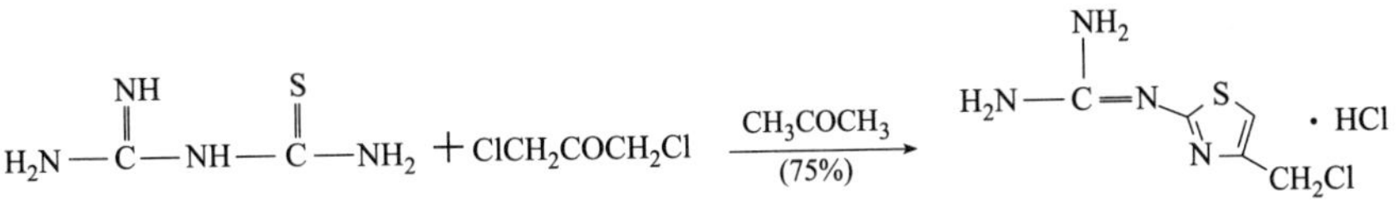

非甾体抗炎药甲磺酸达布非龙（Darbufelone mesilate）中间体 2-氨基噻唑啉-4-酮（**31**）的合成如下[48]。

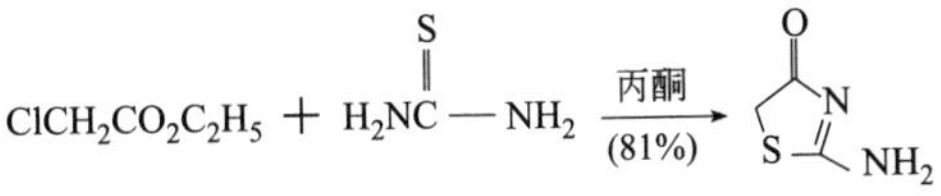

使用氨基硫代甲酸铵与卤代羰基化合物反应，可以生成巯基噻唑，例如抗生素头孢地秦钠（Cefodizime sodium）中间体（**32**）的合成[49]。

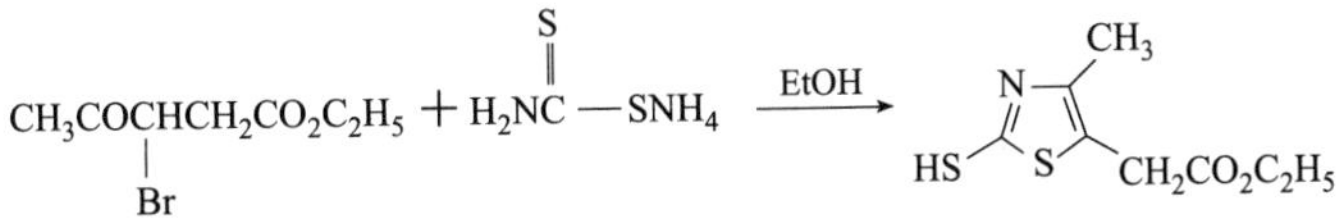

（2）Cook-Heilbron 合成法 α-氨基腈与 CS₂、COS、二硫代羧酸盐（酯）、异硫氰酸盐（酯）可以在温和的条件下反应，生成 2,4-二取代的 5-氨基噻唑，称为 Cook-Heilbron 噻唑合成法。

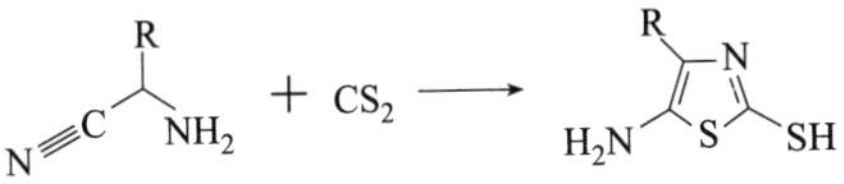

反应机理如下：

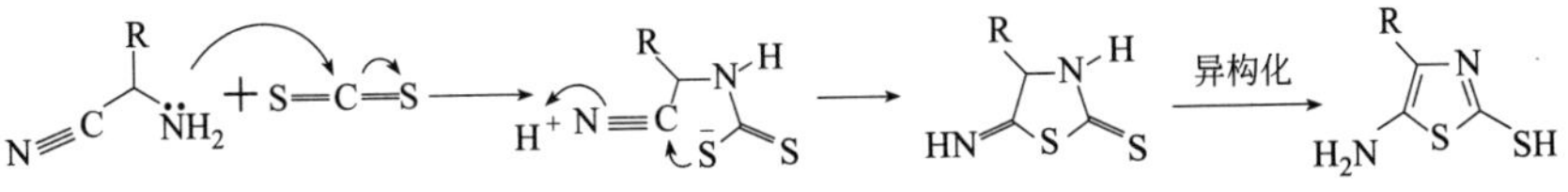

（3）噻唑的其他合成方法 噻唑类化合物还有很多合成方法，例如 β-氯乙胺盐酸盐与硫氰酸钾在碱性条件下反应，可以生成 2-氨基噻唑啉。

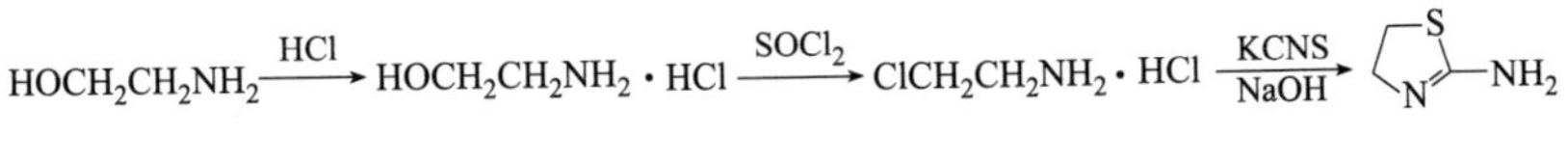

异腈在碱性条件下生成碳负离子，而后与醛或其等价物反应，生成 4,5-二氢噻唑衍生物，再发生消除得到噻唑衍生物。例如：

具体合成路线如下[50]。

半胱氨酸与甲醛反应可以生成硫杂脯氨酸（**33**），是抗癌化合物噻唑烷酸衍生物的中间体。

预防和治疗各种原因引起的白细胞减少、再生障碍性贫血及血小板减少药利可君（Leucoson）原料药（**34**）的合成如下[51]。

2. 苯并噻唑及其衍生物

工业上苯并噻唑由 N,N-二甲基苯胺与硫黄一起加热回流合成。

在苯并噻唑类化合物中，以 2-取代苯并噻唑更重要，以下仅介绍几种常见的取代苯并噻唑的合成方法。

（1）邻氨基苯硫酚的缩合反应　邻氨基苯硫酚与醛、羧酸、酰氯、酸酐和酯等作用得到目的物。邻氨基苯硫酚与醛在催化剂存在下反应，生成 2-烃基苯并噻唑。

该反应的反应机理如下：

近年来文献报道在路易斯酸催化下，邻氨基苯硫酚和醛反应生成 2-取代苯并噻唑，主要的路易斯酸有 Sc(OTf)$_3$、Yb(OTf)$_3$、Sn(OTf)$_3$、Cu(OTf)$_3$ 等，发现 Sc(OTf)$_3$ 效果最好。也有以氯化铵作为催化剂的报道。

抗肿瘤活性化合物（**35**）的合成如下[52]。

邻氨基苯硫酚与羧酸及其衍生物缩合，可以生成 2-烃基取代的苯并噻唑衍生物，例如：

反应中经历了邻酰胺基苯硫酚中间体，这种中间体有时可以分离出来。

邻氨基苯硫酚在无水氯化锌存在下与甲酸反应，可生成苯并噻唑。

邻氨基苯硫酚与苯甲酰氯在两种离子液体中反应，分别得到苯并噻吩的 2-取代衍生物。

X = O,S,NH;R$_1$=H,Me,Cl;R$_2$=H,F
IL　[hbim]$^+$BF$_4^-$,10～25min,79%～96%
　　[bbim]$^+$BF$_4^-$,40～120min,79%～94%

（2）硫代酰胺或硫脲的环合反应　芳基硫代酰胺或硫脲以及相应衍生物经环化可以生成 2-取代苯并噻唑。芳基硫代酰胺或硫脲可以连有不同的取代基，因而产物中苯环和 2-位的取代基可选择范围广，可以合成各种不同取代基的苯并噻唑衍生物。

硫代酰胺在铁氰化钾及氢氧化钠存在下环化合成 2-苯基苯并噻唑。

目前认为该类反应属于自由基型反应机理。

取代苯胺和苯甲酰氯反应生成 N-取代苯甲酰胺，后者用 Lawesson 试剂硫化得到相应的硫代酰胺。

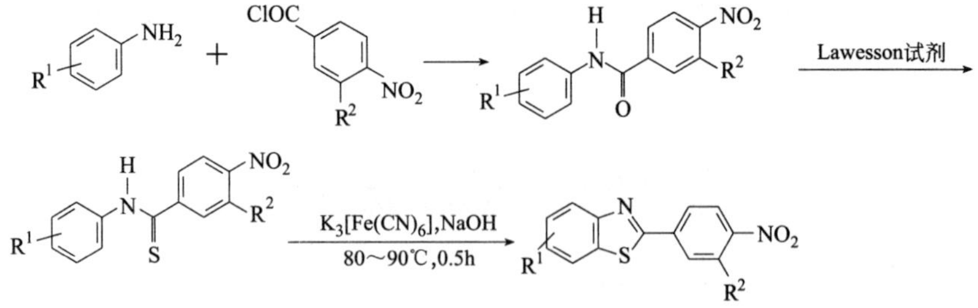

值得指出的是，苯胺环上取代基的位置不同（氨基的间位），环化时可能生成不同的异构体。有报道称，使用邻溴苯胺的硫酰胺环化，可以避免异构体的生成。例如：

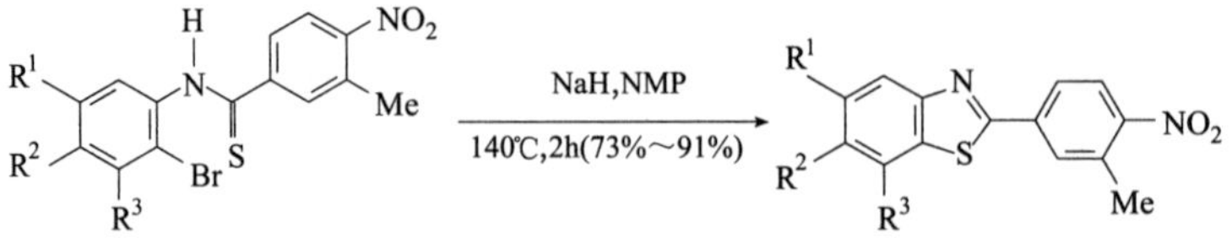

上述反应苯环上连接的是氨基而不是硝基时可以在更温和的条件下完成环化。

苯胺与硫氰酸盐在酸性条件下反应，可生成苯基硫脲，后者氧化脱氢 C-S 键环合，生成 2-氨基苯并噻唑。

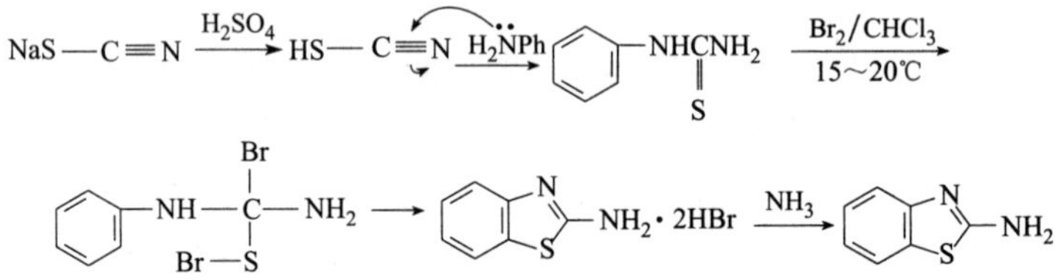

例如杀菌剂三环唑（Tricyclazole）中间体 2-氨基-4-甲基苯并噻唑（**36**）的合成[53]。

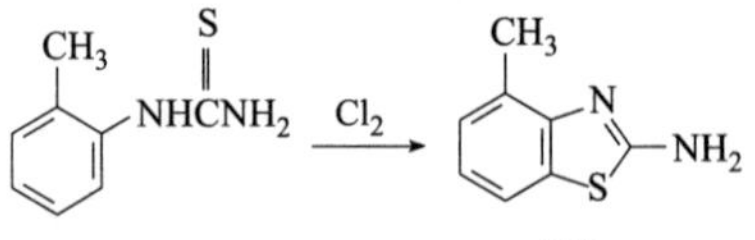

(36)

也可用氯化硫、硫酰氯等作脱氢试剂：

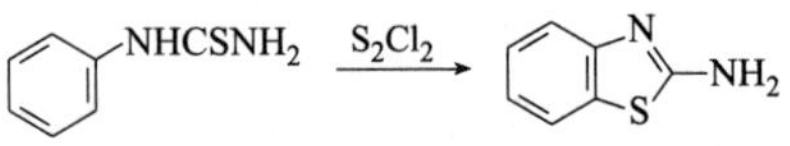

三、含两个氮原子的五元杂环芳香化合物

这类化合物主要有咪唑、苯并咪唑、吡唑、吲唑等，它们在有机合成、药物合成中都有广泛的用途。

1. 咪唑及其衍生物

咪唑存在于自然界中，组氨酸、组胺分子中含有咪唑环结构。

（1）1,2-二羰基化合物与氨和醛发生环合生成咪唑衍生物

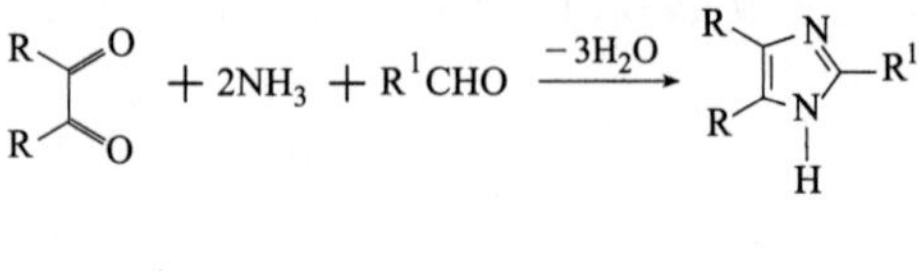

　　乙二醛、氨和甲醛一起反应，则生成咪唑，这是最早合成咪唑的一条路线。反应时可以以铵盐代替氨。

　　关于该反应的反应机理尚不太清楚，不过从生成物的结构看，可能是二羰基化合物先与氨反应生成双亚胺，而后再与醛缩合失水生成产物。

　　1,2-二羰基化合物可以是醛、酮、醛酯、酮酯等。醛类化合物可以是脂肪族醛，也可以是芳香族醛。例如治疗十二指肠溃疡、胃溃疡等的药物西咪替丁（Cimetidine）等的中间体（**37**）的合成[54]。

$$CH_3COCH_2CO_2C_2H_5 \xrightarrow[HCl]{NaNO_2} CH_3COCCO_2C_2H_5 \xrightarrow[HCl]{CH_2O} CH_3COCCO_2C_2H_5 \xrightarrow[CH_2O]{NH_3}$$

（37）

　　若使用除甲醛以外的其他醛，则生成 2-取代的咪唑衍生物。例如抗阿米巴药、抗滴虫药塞克硝唑（Secnidazole）等的中间体 2-甲基咪唑的合成。

$$\begin{array}{c}CHO\\|\\CHO\end{array} + CH_3CHO \xrightarrow[(86\%)]{NH_4HCO_3}$$

　　若反应中使用伯胺盐和甲醛，则生成 1-烷基咪唑。

$$\begin{array}{c}H\\C=O\\H-C=O\end{array} + RNH_2 + HCHO \xrightarrow[90\sim95℃]{H_3PO_4}$$

（2）α-卤代酮或 α-羟基酮与脒反应生成咪唑衍生物

$$\begin{array}{c}R^1\\R^2\end{array}\begin{array}{c}O\\OH\end{array} + \begin{array}{c}H_2N\\HN\end{array}R^3 \xrightarrow{-2H_2O}$$

$$\begin{array}{c}O\\Br\end{array} + \begin{array}{c}H_2N\\H_2N\end{array}NHAc \xrightarrow[rt(39\%)]{DMF,CH_3CN}$$

　　溴代乙缩醛、甲酰胺和氨一起反应可以生成咪唑。反应的初始阶段，卤素可能被氨取代。

$$\begin{array}{c}O\quad O\\\diagup\quad\diagdown\\Br\end{array} + HCONH_2 + NH_3 \xrightarrow[(60\%)]{175℃}$$

　　溴代马来醛的烯醇醚与脒反应生成 5-甲酰基咪唑衍生物。

$$\begin{array}{c}OPr\text{-}i\\Br\quad CHO\end{array} + \begin{array}{c}HN\\ArHN\end{array}Bu\text{-}n \xrightarrow[rt(52\%)]{K_2CO_3,CHCl_3} OHC\begin{array}{c}N\\Ar\end{array}Bu\text{-}n$$

　　该反应的大致过程如下：

分子内含有脒基和羰基的化合物，可以发生分子内的缩合反应生成咪唑类化合物，如下反应在反应中生成脒基团而后进行分子内环合[55]。

若使用三氯乙腈，则反应后生成咪唑羧酸或咪唑羧酸酯。

（3）以 1,2-二胺类化合物为原料合成咪唑类化合物　1,2-二胺与原酸三酯反应可以生成咪唑啉类化合物，后者氧化生成咪唑类化合物。例如麻醉剂马来酸咪达唑仑（Midazolam maleate）原料药（38）的合成[56]。

腈与乙二胺在酸或碱催化下可以生成咪唑啉类化合物。例如短效 α-受体阻断药妥拉唑林（Tolazoline）原料药的合成。

又如心脏病治疗药物琥珀酸西苯唑啉（Cibenzoline succinate）中间体（40）的合成[57]。

2. 苯并咪唑及其衍生物

天然产物中含有苯并咪唑结构单元的重要化合物是维生素 B_{12}、苯并咪唑类化合物在药物开发和合成中有重要应用。

苯并咪唑分子中与苯环上相邻的位置各连接一个氮原子，因此最常用的合成方法是以邻苯二胺类化合物为起始原料合成苯并咪唑类化合物。

（1）邻苯二胺与羧酸的反应　邻苯二胺和甲酸于 95～100℃加热，可制备苯并咪唑。反应中首先脱水生成甲酰胺，再继续脱水环合生成苯并咪唑。苯并咪唑是抗真菌药物克霉唑（Clotrimazole）等的中间体。

降血脂药益多酯（Etofylline clofibrate）中间体（**41**）就是采用这种方法合成的[58]。

也可用其他羧酸来合成 2-取代苯并咪唑及其衍生物，例如：

用邻苯二胺与 α,β-不饱和酸反应可以合成 2-乙烯基苯并咪唑。

R = H, 4-CH₃, 2-Cl. 4-Cl, 3-NO₂, 4-NO₂
R¹ = H, CH₃, C₆H₅; R² = H, CH₃, C₆H₅

N-单取代的邻苯二胺和其他羧酸的反应很慢，使用三氟甲磺酸酐和三苯氧膦混合物可以作为有效的脱水剂，也可使用多聚磷酸。例如如下抗高血压药替米沙坦（Telmisartan）中间体（**42**）的合成[59]。

除了邻苯二胺与羧酸的反应外，邻苯二胺也可以与羧酸衍生物如酰氯、酯等反应生成苯并咪唑衍生物，不过报道相对较少。

邻硝基苯胺还原后具有和邻苯二胺同样的性质，因此也被用作合成苯并咪唑类化合物的原料。例如在还原剂氯化亚锡存在下用微波在 130℃加热直接从 2-硝基苯胺一步合成 2-取代苯并咪唑，产率最高达到 95%[60]。

R¹= H, MeO, NO₂

（2）邻苯二胺与醛的反应　以邻苯二胺和醛为原料合成苯并咪唑也是一个较为传统的路

线。反应分三步进行，一是邻苯二胺与醛羰基缩合形成 Schiff 碱，二是 Schiff 碱发生关环反应生成氢化苯并咪唑，三是氧化脱氢生成苯并咪唑类化合物。其中关键步骤是氧化脱氢。氧化脱氢的方法有多种。

该方法常用硝基苯（高沸点氧化剂）、对苯醌、2,3-二氯-5,6-二氰基对苯醌（DDQ）、硝酸铈铵-H_2O_2、四氰乙烯、MnO_2、Pb（OAc）$_4$、过硫酸氢钾氧化剂（Oxone）、$Na_2S_2O_5$、KI-I_2 等做氧化剂。

$$\text{邻苯二胺} + CH_3CH_2CHO \xrightarrow[\text{SiO}_2,\text{MW}]{\text{PhNO}_2} \text{2-乙基苯并咪唑}$$

新药开发中间体 2-对甲氧基苯基苯并咪唑（**43**）的合成如下[61]。

$$CH_3O-C_6H_4-CHO + \text{邻苯二胺} \xrightarrow[(78\%)]{I_2-KI-K_2CO_3-H_2O} \text{(43)}$$

在如下反应中以硝酸铈铵（CAN）和双氧水为催化剂合成苯并咪唑衍生物，双氧水起到氧化剂的作用[62]。

$$R-\text{邻苯二胺} + ArCHO \xrightarrow[50℃]{CAN,H_2O_2} \text{苯并咪唑}$$

也可以使用空气中的氧作氧化剂。如下反应以 Fe(Ⅲ)-Fe(Ⅱ) 为氧化还原的催化剂，使用空气作氧化剂合成了苯并咪唑类化合物[63]。

$$\text{二胺} + HO-C_6H_4-CHO \xrightarrow[CH_3CN(92\%)]{FeCl_3,O_2} \text{苯并咪唑}$$

金属铟化合物能催化由醛和邻苯二胺合成苯并咪唑类化合物的空气氧化反应，反应操作简单，反应时间更短（30min），产率也达到 92% 以上，但金属铟化合物价格高。

$$\text{邻苯二胺} + RCHO \xrightarrow[O_2]{In(OTf)_3} \text{苯并咪唑}$$

不用催化剂，将邻苯二胺类化合物溶解在各种常用的有机溶剂中，然后在空气存在下（鼓泡），于小于或等于100℃的条件下反应，得到了预想的苯并咪唑类化合物。以二氧六环为溶剂时效果最好。在进行的 27 个相关反应中，产率最高可达 90% 以上[64]。

$$\text{甲基邻苯二胺} + \text{肉桂醛} \xrightarrow[\text{空气},100℃,16h(88\%)]{\text{二氧六环}} \text{苯并咪唑类化合物}$$

邻硝基卤苯分子中的卤素原子容易于被氨基取代，因此，易得的邻硝基卤苯也是合成苯并咪唑类化合物的重要原料之一。其通常的步骤为：卤素的胺取代、硝基的还原、二胺与醛的缩合。

在还原芳环上的硝基时，使用 Raney-Ni 的甲醇溶液，最后在 THF 溶液中进行关环缩合反应，该方法的合成产率比较高。

（3）邻苯二胺与尿素、硫脲、二氧化碳和二硫化碳等的反应　邻苯二胺与尿素加热脱氨，生成苯并咪唑-2-酮，其互变异构体为 2-羟基苯并咪唑。

邻苯二胺与硫脲的反应基本相似，生成 2-巯基苯并咪唑。

胃动力药多潘立酮（Domperidone）中间体 4-(5-氯-2-氧代苯并咪唑基)-1-哌啶甲酸乙酯（**44**）的合成如下[65]。

邻苯二胺在水存在下与二氧化碳高温高压下反应，可生成 2-羟基苯并咪唑。

邻苯二胺和二硫化碳进行反应，脱去硫化氢，进行 C-N 键环合，生成 2-巯基苯并咪唑。

能够有效地抑制胃酸分泌的质子泵抑制剂奥美拉唑（Omeprazole）中间体 5-甲氧基-2-巯基苯并咪唑（**45**）的合成如下[66]。

$$\text{(45)}$$

3. 吡唑及其衍生物

吡唑与咪唑是同分异构体，吡唑的两个氮原子处于相邻的位置，也叫 1,2-二唑。吡唑的合成方法比较多，主要的合成方法有如下几种。

（1）1,3-二羰基化合物与肼或取代肼的缩合　吡唑分子中两个氮原子相邻，因此，肼及取代肼是常用的原料。

不对称的 1,3-二酮与取代的肼反应可以生成不同异构体的混合物。该反应的反应机理属于羰基上的亲核加成-消除反应，反应与取代基的性质和反应介质的 pH 值有关。

1,3-二羰基化合物可以是 1,3-二酮、1,3-醛酮、β-酮酸酯、丙二酸酯等。肼可以是肼、烷基肼、芳基肼等。

1,3-二羰基化合物与取代的肼反应，若两个羰基的反应活性差别不大，则反应缺乏选择性，得到 1,3,4,5-位有取代基的吡唑衍生物。

烯醇盐与酰氯反应生成 1,3-二羰基化合物，而后直接加入肼衍生物，可以合成吡唑衍生物。该方法选择性高、副反应少，是一种值得关注的方法[67]。

减肥药盐酸利莫那班（Rimonababt hydrochloride）中间体（**46**）的合成如下[68]。

$$\text{(46)}$$

1,2-双取代肼与丙二酸二乙酯反应，生成吡唑二酮。例如消炎镇痛药地夫美多（Difmedol）中间体（**47**）的合成[69]。

$$\text{(47)}$$

也可以使用酰肼，产物的结构由 1,3-二酮的结构决定。例如：

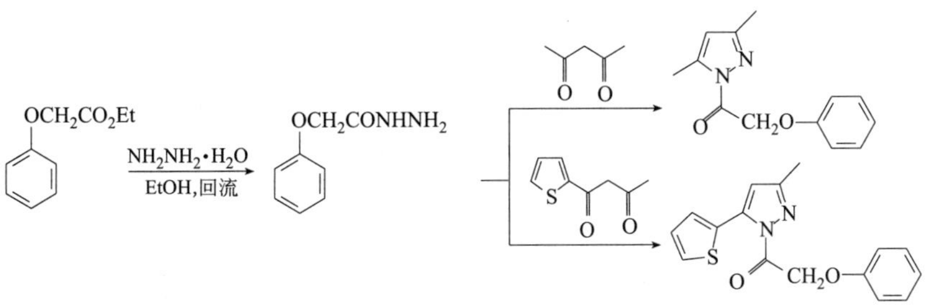

（2）α,β-不饱和醛、酮、羧酸及其衍生物与肼反应合成吡唑衍生物　肼、取代肼与α,β-不饱和羰基化合物反应存在两种可能。一是肼先和羰基反应生成腙，腙再和双键加成生成吡唑衍生物；二是肼先和双键发生 Macheal 加成，而后再与羰基缩合生成吡唑衍生物。这两种不同的途径得到的产物不同，属于取代基位置不同的异构体。很多情况下是按照第一种方式进行的。

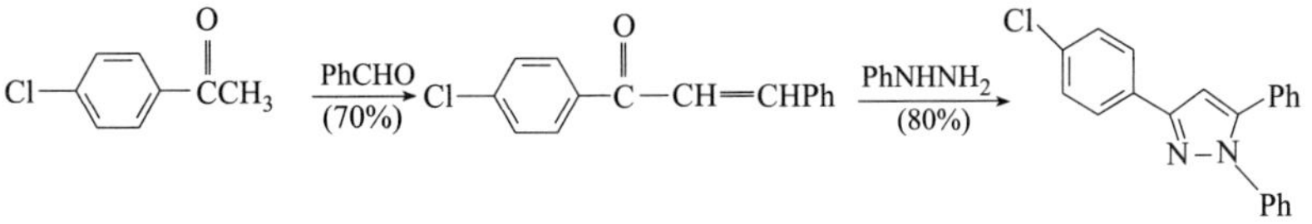

如下 α,β-不饱和羰基化合物与对甲苯磺酰基肼反应合成了吡唑衍生物[70]。

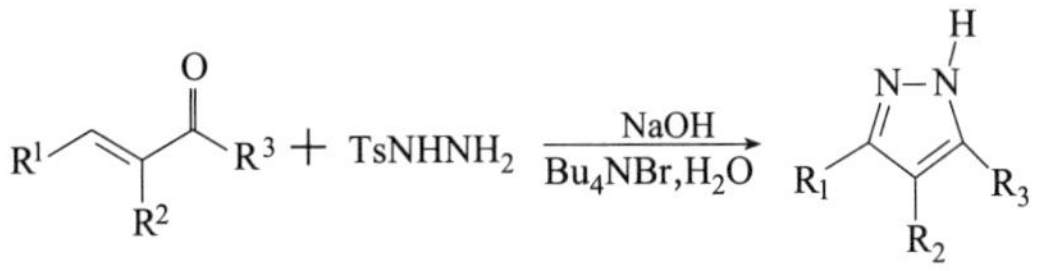

α,β-环氧化合物类似于 1,3-二羰基化合物，与肼反应可以生成吡唑类化合物，例如：

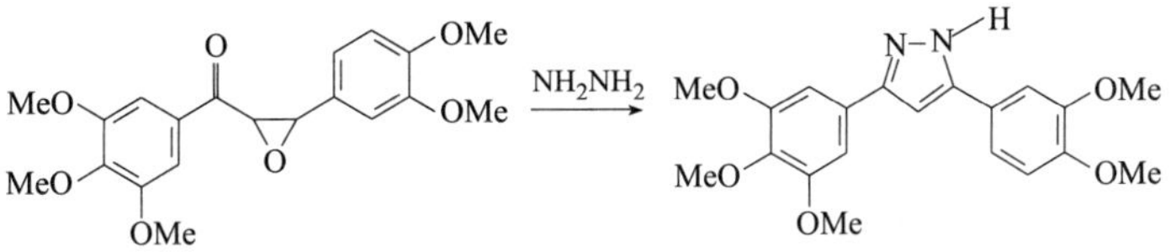

丙烯腈、丙二腈等化合物分子中的氰基，可以看做是潜在的羰基，与肼反应可以生成吡唑衍生物。在微波辐照条件下氰基酮与肼反应可以生成吡唑衍生物。

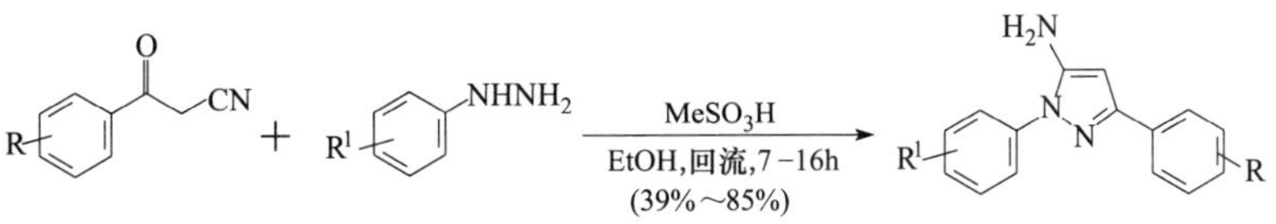

R = H, 2-CH₃, 3-CH₃, 4-CH₃, 2-CH₃O, 3-CH₃O, 4-CH₃O
R₁ = H, 2-CH₃, 3-CH₃, 4-CH₄

例如镇定催眠药扎来普隆（Zaleplon）的中间体 3-氨基-4-氰基吡唑（**48**）的合成[71]。

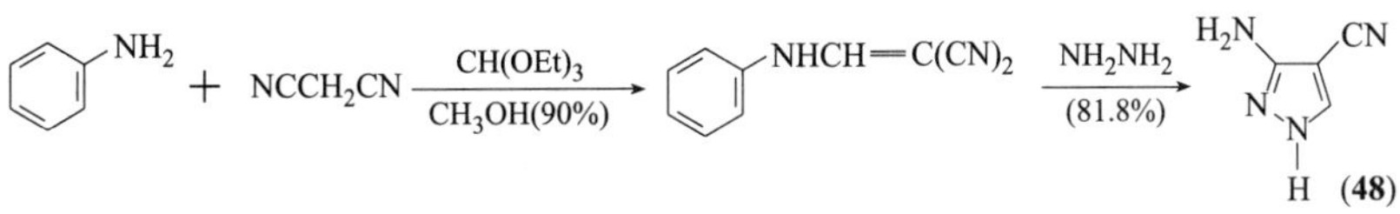

化合物（**48**）也可以用如下方法来合成[72]。

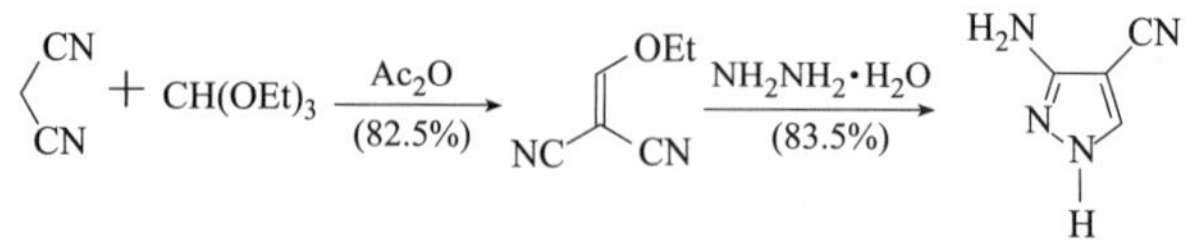

4. 吲唑及其衍生物

吲唑作为吲哚的生物电子等排体，日益引起药物研究者的重视。

（1）以邻取代苯胺为原料合成吲唑　邻甲基苯胺乙酰化后进行亚硝基化，生成 N-亚硝基化合物，后者加热重排生成偶氮化合物，最后脱去乙酸生成吲唑[73]。

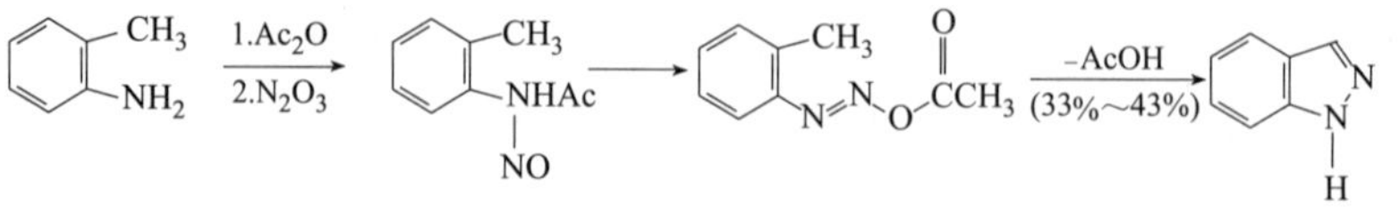

又如如下反应[74]：

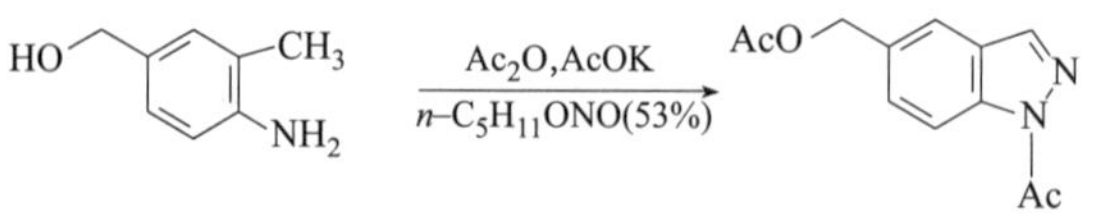

以 4-甲氧基-2-甲基苯胺为起始原料，在 0℃ 条件下，于 50% 氟硼酸水溶液中，滴加亚硝酸钠水溶液，得到其四氟硼酸重氮盐中间体，最后与乙酸钾在 18-冠-6 催化下反应，得到 5-甲氧基-1H-吲唑。

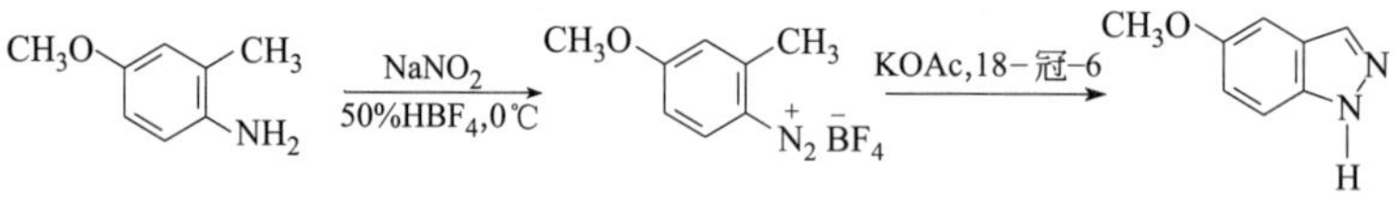

该反应的适用范围较广，苯环上可以连有取代基，因为环化时属于芳环上的亲电取代反应。因此给电子取代基有利于环化反应，而吸电子基团不利于环化反应。

邻氨基苯乙酸经重氮化、环合、脱羧等反应，也可以生成吲唑[75]。

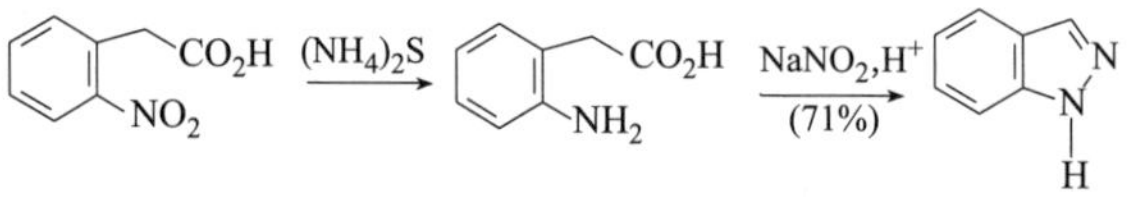

对于 N-单取代的邻氨基苯甲酸衍生物，也可以进行反应。

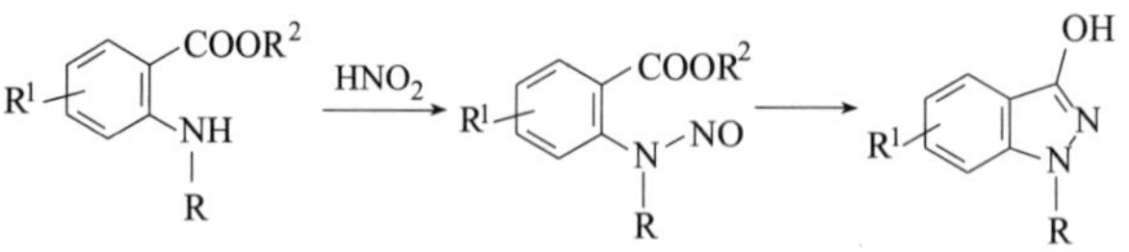

（2）以肼为原料合成吲唑　取代苯肼与尿素直接加热可生成吲唑酮。

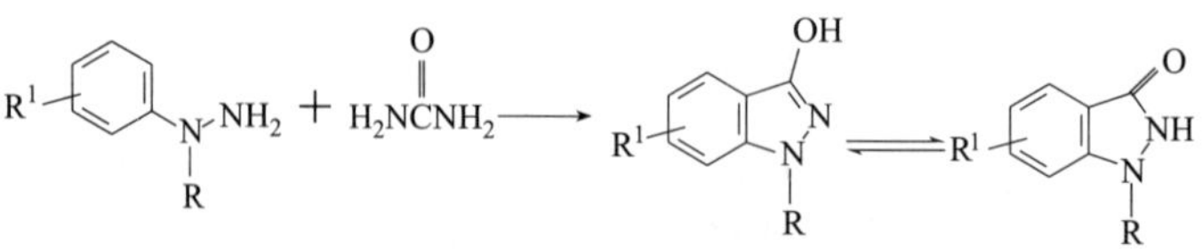

例如镇痛药苄达明中间体（**49**）的合成[76]：

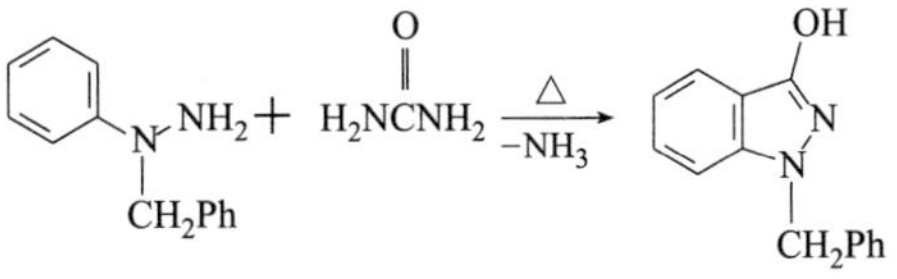

(49)

若苯肼与异氰酸盐反应先生成氨基脲，后者加热也可以生成吲唑衍生物。

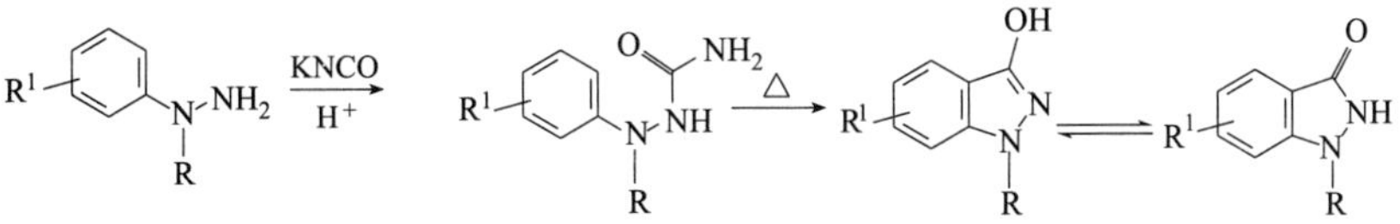

邻卤代羰基化合物与肼或苯肼反应，可以生成吲唑类化合物。例如化合物（**50**）的合成[77]。

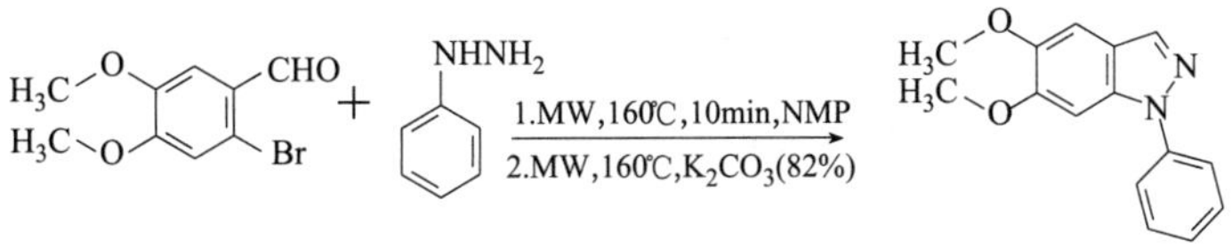

(50)

反应中可能首先生成腙，而后进行环上的亲核取代，最终生成产物。邻卤代芳香族羰基化合物的腙类化合物直接发生分子内的环上的亲核取代，可以生成吲唑衍生物。

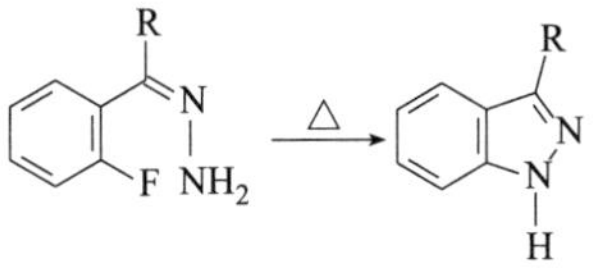

用取代 2-氟苯腈与 98％水合肼在正丙醇中回流，可以得到 3-氨基吲唑。此方法操作简单，一步即可合成最终产物。

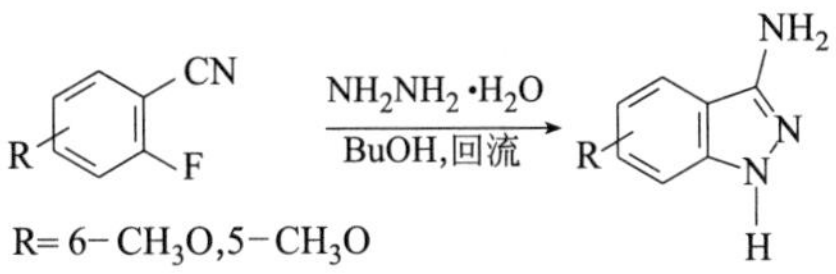

R=6−CH₃O,5−CH₃O

邻卤代酰肼加热可以生成 3-羟基吲唑类化合物。例如：

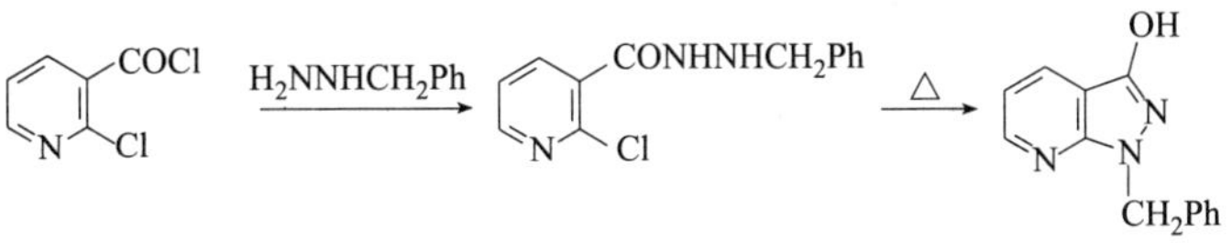

以 N-取代的邻肼基苯甲酸衍生物可以得到 2-取代的吲唑衍生物。

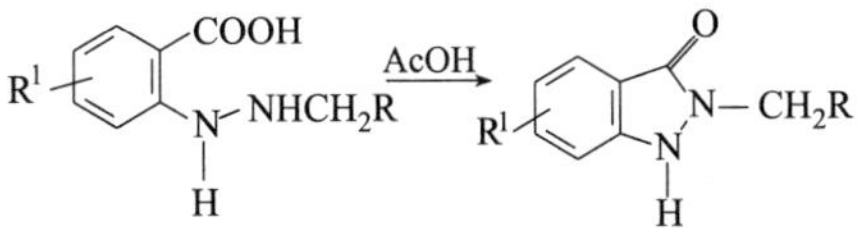

当然，使用邻卤代芳香酸（酯）与水合肼反应也可以生成邻肼基芳香羧酸，而后环化生成吲唑衍生物。

在如下反应中，靛红水解生成邻氨基苯甲酰基甲酸盐，重氮化后生成重氮盐，用氯化亚锡还原生成 1H-吲唑-3-甲酸（**51**），为止吐药盐酸格拉司琼（Granisetron hydrochloride）的中间体[78]。

邻氨基苯甲酸重氮化，而后重氮基还原，是合成 3-羟基吲唑的一种简单、方便的方法。

吲哚亚硝化发生在在吲哚的 3-位，生成肟（亚硝基化合物与肟是互变异构体），在酸的作用下再进行 N-亚硝基化，经重排得吲唑-3-甲醛类化合物。例如 IGF-1R 抑制剂中间体 6-氟-3-甲酰基吲唑（**52**）的合成[79]。

第三节 含一个杂原子的六元环化合物的合成

含一个杂原子的六元环化合物主要是含氧、氮、硫原子的化合物，包括吡喃、吡喃酮、吡啶、噻喃及其苯并衍生物如香豆素、色酮、喹啉、异喹啉等，这些化合物大都有重要的生物学活性，在药物及其中间体的合成中占有非常重要的地位。

一、含一个氧原子的六元杂环化合物

常见的比较重要的含有一个氧原子的六元杂环化合物有吡喃酮、香豆素、色酮、黄酮等。本节只讨论香豆素类化合物的合成。

香豆素又名 1,2-氧萘酮或苯并-2-吡喃酮，可以看作是邻羟基肉桂酸的内酯，是重要的香料、医药中间体。

（1）Pechmann 合成法　在强酸存在下，苯酚与 β-酮酸酯发生环合反应生成香豆素类化合物，该方法称为 v Pechmann 合成法。

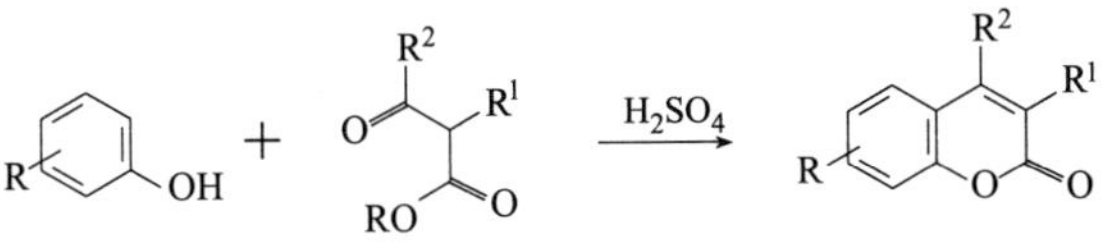

反应机理如下：

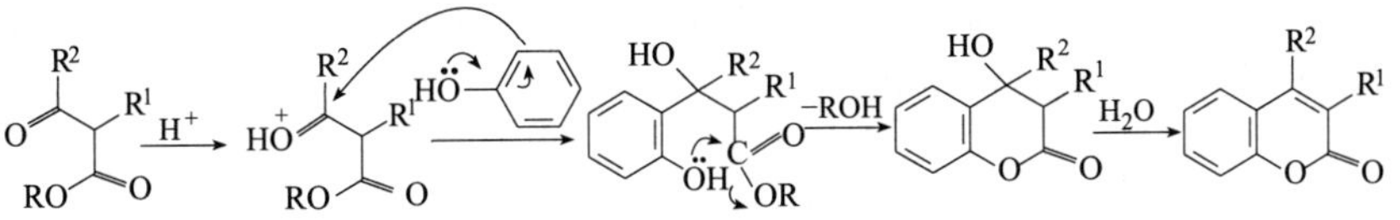

反应的第一步是芳环上的亲电取代，因此，对于苯酚来说，苯环上的取代基性质和位置对反应有影响，烷基影响较小。但当苯环上连有硝基或羰基时，反应甚至不能发生。

苯环上取代基的位置对反应也有影响。间甲苯酚与乙酰乙酸乙酯或其他 β-酮酸酯发生反应的速率最快，对甲苯酚次之，邻甲苯酚最差。间和对氯苯酚可以与乙酰乙酸乙酯反应，而邻氯苯酚则不能进行该反应。

β-醛基酸也可发生该反应，但 β-醛基乙酸不稳定，可以由苹果酸在硫酸作用下原位产生。

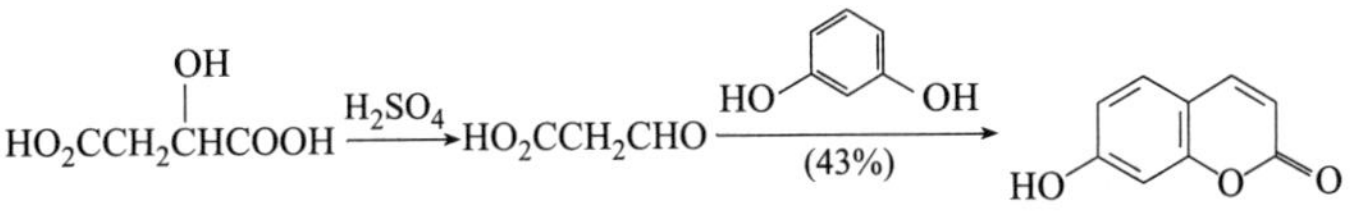

羟基噻吩类化合物与乙酰乙酸乙酯也可以发生反应，生成类似于香豆素结构的化合物。

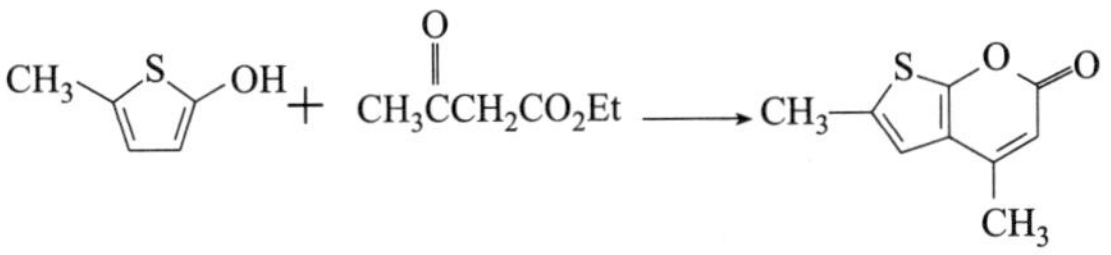

有时也可以使用 HCl 作催化剂，好处之一是有时可以避免使用硫酸时芳环上的磺化反应。例如心脏病治疗药乙胺香豆素盐酸盐（**53**）的合成：

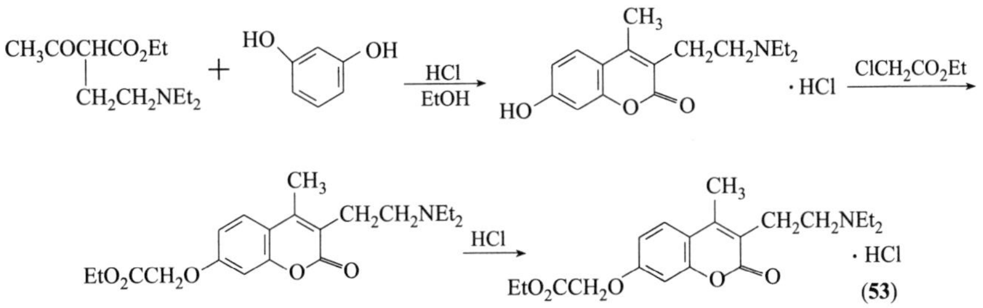

(**53**)

Simonis 以 P_2O_5 代替硫酸，使酚与乙酰乙酸乙酯反应，得到的不是香豆素，而是色酮。该反应则称为 Simonis 反应。

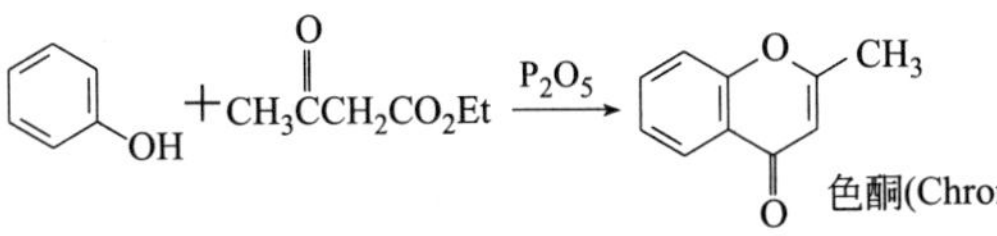

色酮(Chromone)

有时可以使用 $POCl_3$ 代替硫酸。一些不能使用硫酸的反应，有时也可以使用 $POCl_3$。

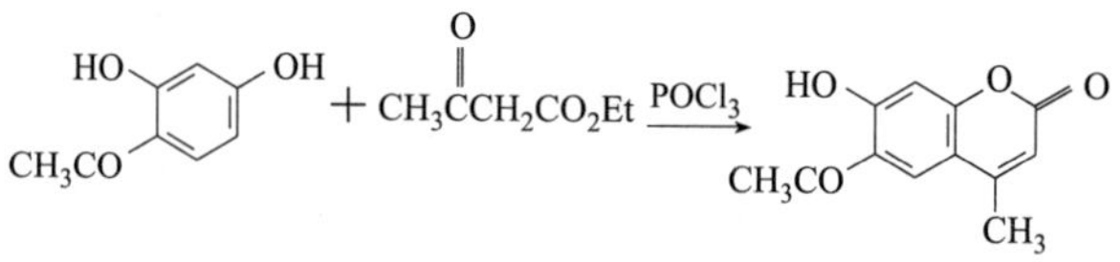

一些 Lewies 酸如无水 AlCl₃ 有时也可以使用。不仅 AlCl₃ 可以催化缩合反应，有时甚至可以改变缩合的方向得到不同的香豆素衍生物。例如上述反应不用 POCl₃ 而改用无水 AlCl₃，则得到了另一种香豆素衍生物。

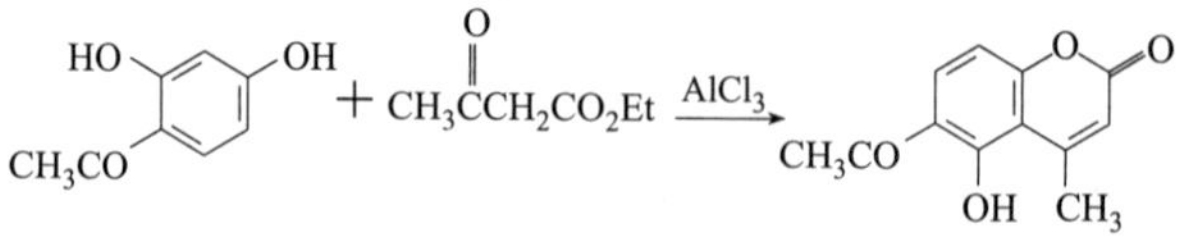

又如如下反应：

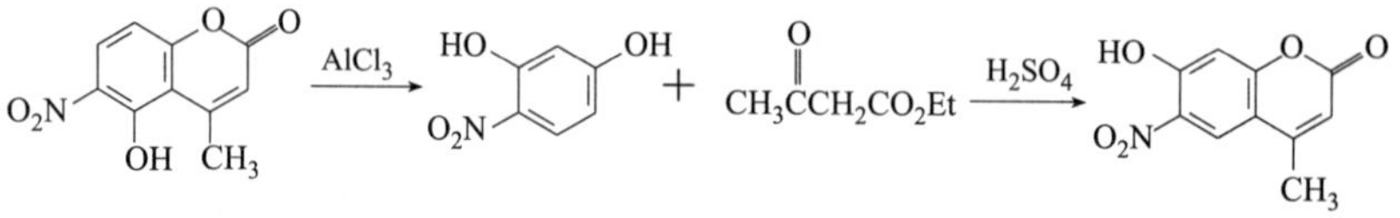

文献还报道了很多其他催化剂，如醇钠、乙酸钠、硼酸酐、氯化铁、氯化锡、四氯化钛、氯化亚砜等。

也可用如下反应来合成 4-羟基香豆素衍生物，生成的 3-苄基-4-羟基香豆素（**54**）是合成心脏病治疗药普罗帕酮（Propafenone）等的中间体[80]。

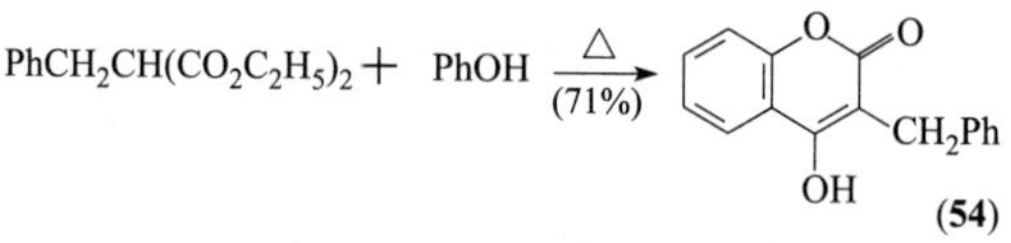

$$PhCH_2CH(CO_2C_2H_5)_2 + PhOH \xrightarrow[\ (71\%)\ ]{\triangle}$$

(54)

（2）Perkin 反应合成香豆素类化合物　芳香醛与脂肪酸酐在碱性催化剂存在下加热，生成 β-芳基丙烯酸衍生物的反应，称为 Perkin 反应。

$$ArCHO + (RCH_2CO)_2O \xrightarrow{RCH_2CO_2K} ArCH{=}CRCOOH + RCH_2COOH$$

水杨醛与乙酸酐发生 Perkin 反应生成香豆素[81]。

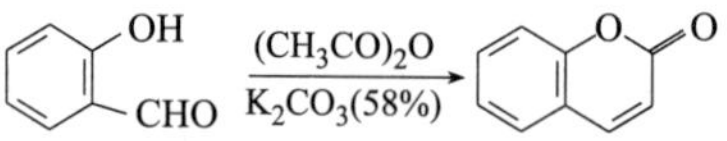

$$\xrightarrow[K_2CO_3(58\%)]{(CH_3CO)_2O}$$

水杨醛与丙酸酐在丙酸钠的作用下，通过 Perkin 反应和脱水缩合，生成 3-甲基香豆素，可作为香料使用。

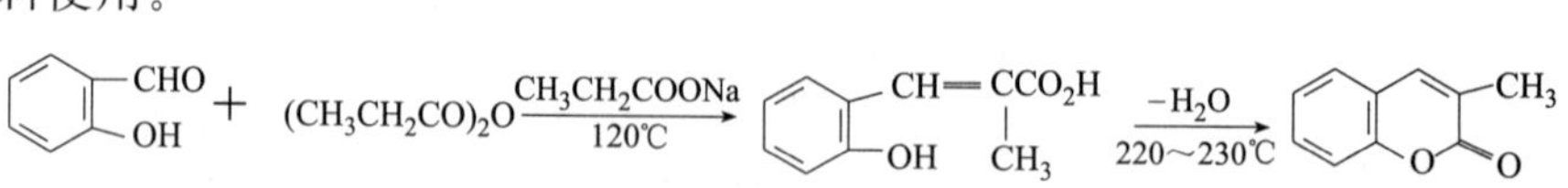

$$+ (CH_3CH_2CO)_2O \xrightarrow[120℃]{CH_3CH_2COONa} \cdots \xrightarrow{-H_2O}_{220\sim230℃}$$

（3）Knoevenagel 反应合成香豆素类化合物　邻羟基苯甲醛与含活泼亚甲基化合物（如丙二酸酯、腈基乙酸酯、丙二腈等）在哌啶存在下发生环合反应，生成香豆素-3-羧酸衍生物，该方法比 Perkin 反应要温和得多。

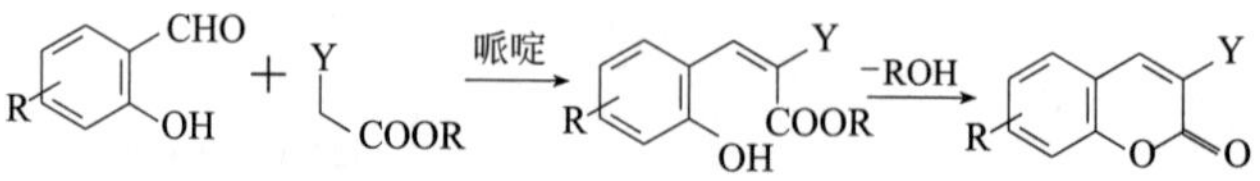

Y = CN, COOR, CONH₂ 等

水杨醛与乙酰乙酸乙酯反应，生成医药中间体 3-乙酰基香豆素（**55**）[82]。

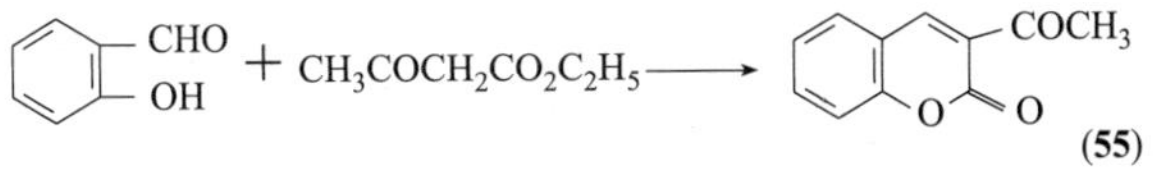

（**55**）

水杨醛与丙二腈或丙二酸二乙酯反应，都可以得到香豆素类化合物。

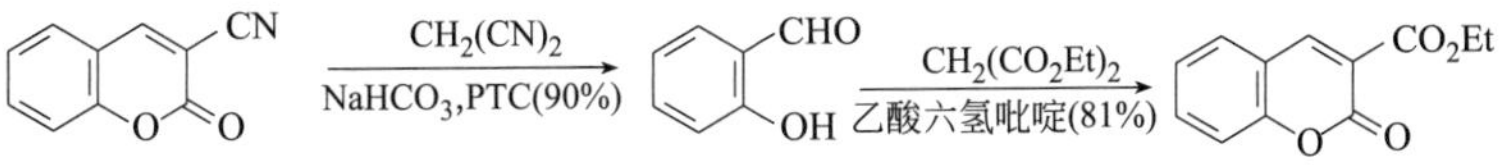

由于该方法使用了弱碱，使反应的适用范围扩大。

（4）Wittig 反应合成香豆素类化合物 邻羟基苯乙酮与膦叶立德在甲苯中回流，可以较高收率的得到香豆素类化合物。取代的邻羟基苯乙酮类化合物是比较容易得到的原料，通过该方法可以方便地得到目标化合物。

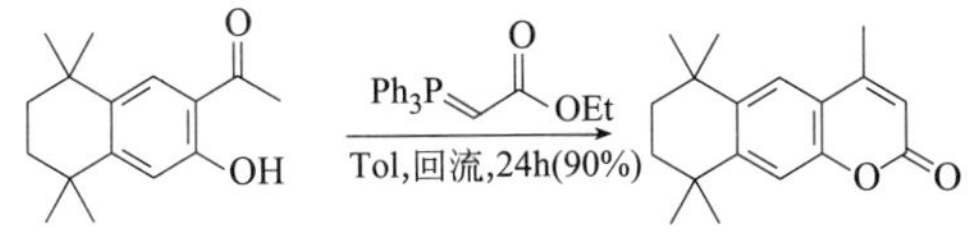

如下反应则是在 N,N-二乙基苯胺中回流得到香豆素类化合物。

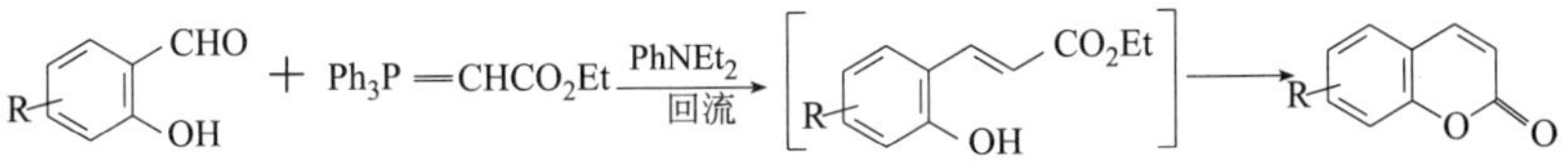

其实，反式肉桂酸酯是不太容易转化为香豆素的，在反应过程中可能发生了转化过程，以对甲氧基水杨醛为例表示如下[83]。

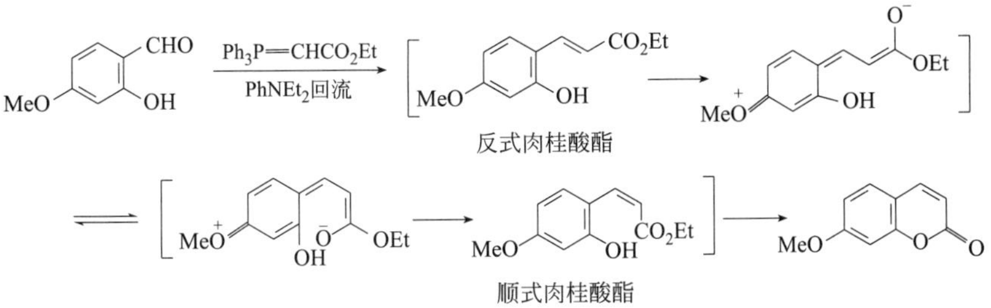

反式肉桂酸酯

顺式肉桂酸酯

生成的产物 7-甲氧基香豆素是重要的医药中间体。

（5）Reformatsky 反应合成香豆素类化合物 对于 3,4-二取代的香豆素类化合物，用普通的方法制备比较困难。但可以设计合适的原料，利用 Reformatsky 反应的条件通过多步反应，最终转化为香豆素类化合物。

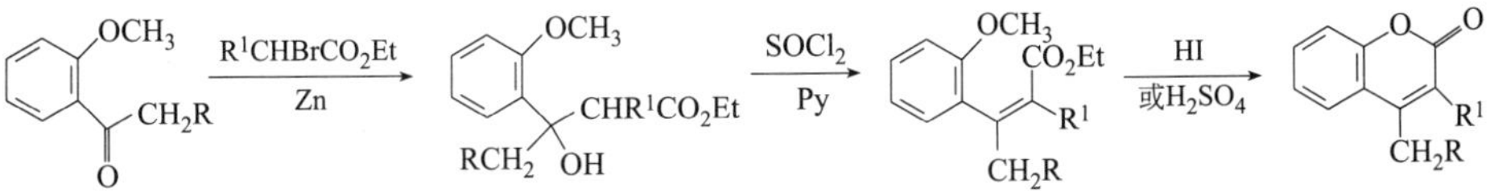

二、含一个氮原子的六元环化合物的合成

这类化合物主要有吡啶、喹啉、异喹啉类化合物，在药物合成中占有非常重要的地位。

1. 吡啶及其衍生物的合成

吡啶本身在自然界中并不以游离状态存在，但其衍生物广泛存在于生物体内，并且具有明显的生物活性。仅介绍几种常见的吡啶类化合物合成方法。

（1）由 1,5-二羰基化合物与氨反应合成吡啶衍生物　1,5-二羰基化合物与氨反应首先生成 1,4-二氢吡啶，后者氧化脱氢生成吡啶。

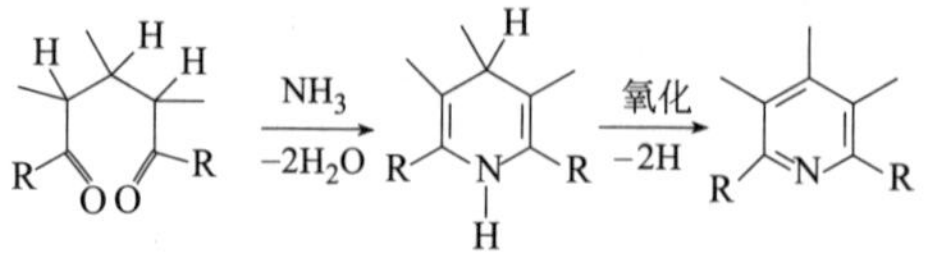

反应中生成环状的 1,4-二氢吡啶通常不稳定，容易脱氢生成具有芳香性的吡啶衍生物。

氨与不饱和的 1,5-二羰基化合物或其等价物（如吡喃鎓离子）反应，直接生成吡啶。具体例子如下：

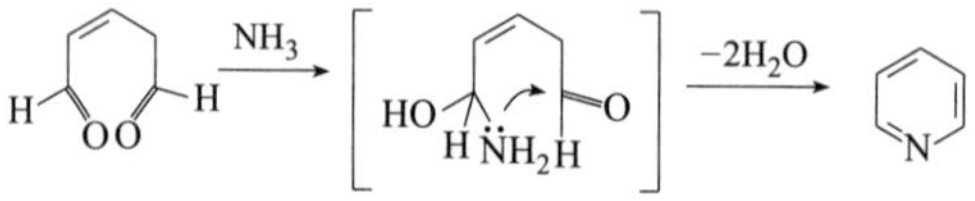

这类反应的副反应是 1,5-二羰基化合物的自身羟醛缩合。

α,β-不饱和酮与乙烯基醚发生杂 Diels-Alder 反应，生成 2-烷氧基-3,4-二氢-2H-吡喃，其相当于 1,5-二酮类化合物，与羟胺反应直接生成吡啶衍生物。

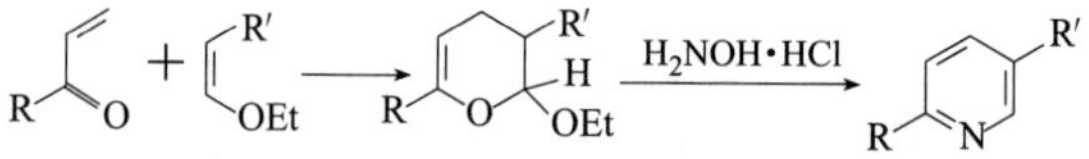

上述反应中以羟胺代替氨有独到的好处。不仅可以避免分子内的羟醛缩合，而且还可以免去脱氢步骤，因为生成的 N-羟基中间体可以脱水，直接生成吡啶衍生物。例如：

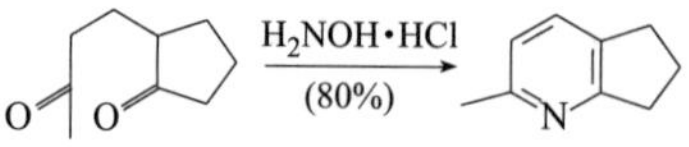

广谱抗真菌药环吡酮胺（Ciclopirox olamine）中间体 4-甲基-6-环己基-1-羟基-2（1H）-吡啶酮（**56**）的合成如下[84]。

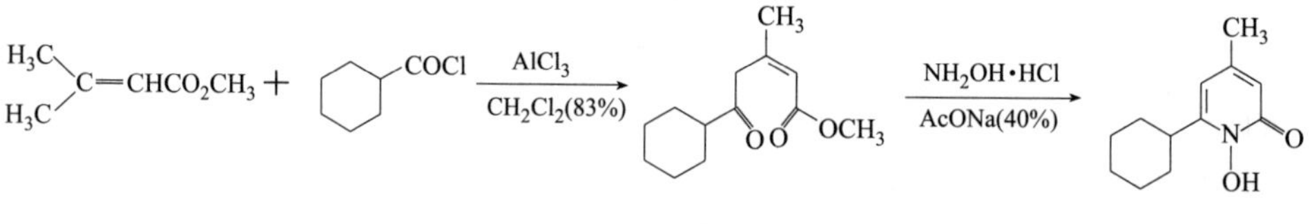

（2）Chichibabin 吡啶合成法　醛与氨发生缩合反应生成吡啶类化合物，该反应称为 Chichibabin 吡啶合成法，是由俄国化学家 Chichibabin 于 1906 年首先报道的。

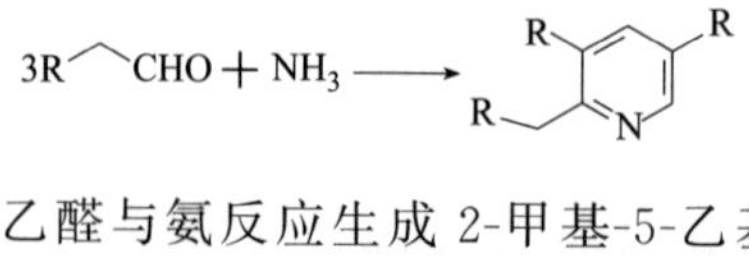

该反应一个较好的例子是乙醛与氨反应生成 2-甲基-5-乙基吡啶。此反应必须使用 4 个乙醛分子和一个氨分子反应。

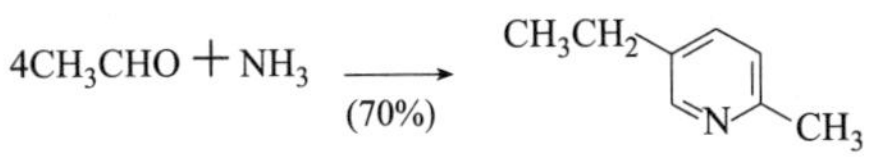

不过用该法合成吡啶类化合物的其他例子较少。

（3）Hantzsch 合成法　两分子 β-羰基化合物（二酮、乙酰乙酸酯等）、一分子醛和一分子氨反应发生四分子反应，生成 1,4-二氢吡啶，后者脱氢生成吡啶。该反应称为 Hantzsch 吡啶合成法。Hantzsch 合成法是最常用的吡啶合成法，该方法使用范围广，而且使用灵活。

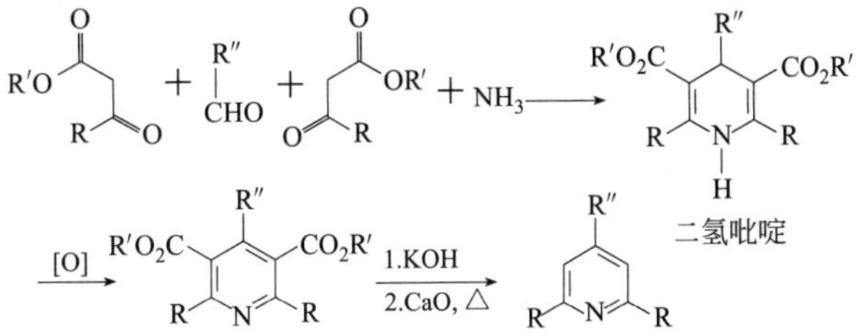

二氢吡啶衍生物的氧化比较方便的方法是用硝酸-硫酸水溶液（或铁氰化钾）。脱去羧酸酯基的方法是先皂化再脱羧，也可以用碱石灰实现一步脱去羧酸酯基。

可能的反应过程如下：

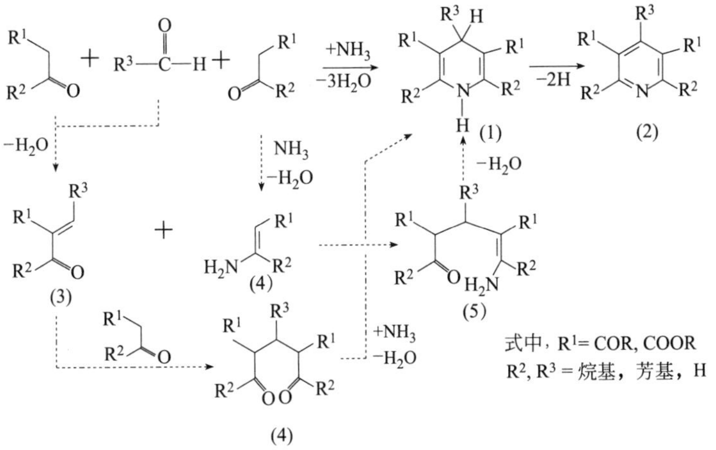

1,4-二氢吡啶（1）可通过两种途径生成。第一条途径，氨与 β-二羰基化合物反应生成 β-烯胺酮（4），醛与 β-二羰基化合物发生 Knoevenagel 缩合反应生成 α,β-不饱和羰基化合物（3），（3）与（4）发生 Michael 加成反应生成 5-氨基-4-戊烯酮（5），（5）经环合生成 1,4-二氢吡啶（1）。另一条途径是由两分子 β-二羰基化合物和一分子醛首先发生 Knoevenagel 缩合反应，再发生 Michael 加成反应生成 1,5-二羰基化合物（4），（7）和氨反应生成 1,4-二氢吡啶（1）。（1）氧化或脱氢则生成吡啶衍生物（2）。值得注意的是，无论那一条途径，最终都是原料醛的羰基碳成吡啶的 C-4 位碳原子。很多情况下第二条途径似乎更容易进行，且 1,5-二羰基化合物可分离。

这种方法生成的 1,4-二氢吡啶衍生物，由于在每个 β-位都连有共轭的取代基而较稳定，且在脱氢之前容易分离出来。用硝酸或亚硝酸可发生典型的氧化反应生成吡啶衍生物。其他氧化剂如硝酸铈铵、蒙脱土负载的硝酸铜、膨润土负载的二氧化锰等也可顺利完成这种氧化。

例如吡卡酯（Pyricarbates）、司替碘铵（Stilbazium）、吡扎地尔（Pirozadil）等的中间体 2,6-二甲基吡啶（**57**）的合成[85]。

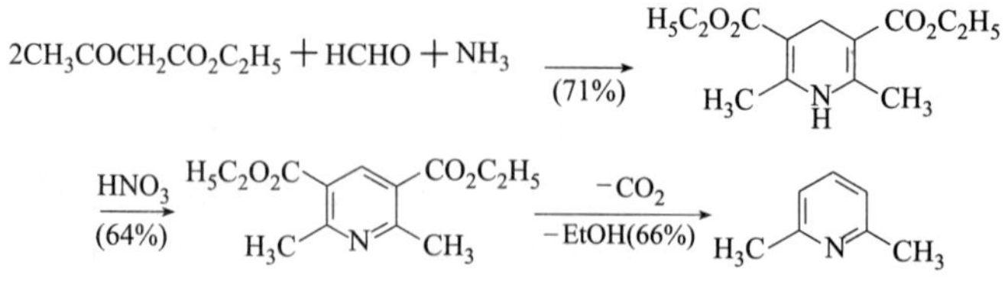

$$2CH_3COCH_2CO_2C_2H_5 + HCHO + NH_3 \xrightarrow{(71\%)}$$

(57)

Hantzsch 反应的原理具有典型性，以不同的羰基化合物为原料，可以有多种合成吡啶环的方法，这些方法大都有和 Hantzsch 反应相似的反应机制。

1,3-二酮与醛、氨反应的例子如下：

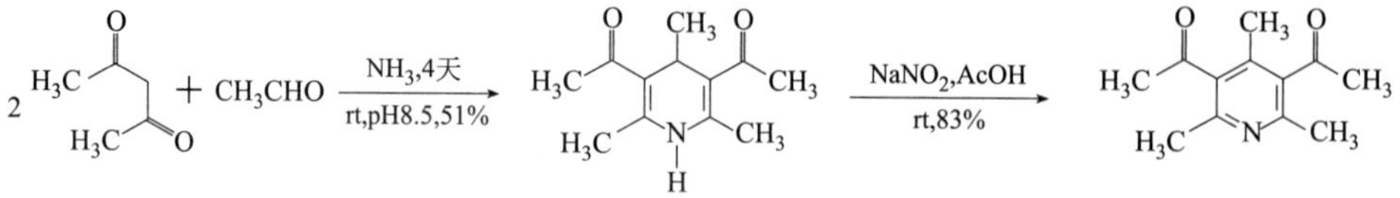

用 1,3-酮酯与醛、氨反应的例子如下，产物（**58**）为治疗高血压、心脏病的药物硝苯地平（Nifedipine）（**60**）原料药。

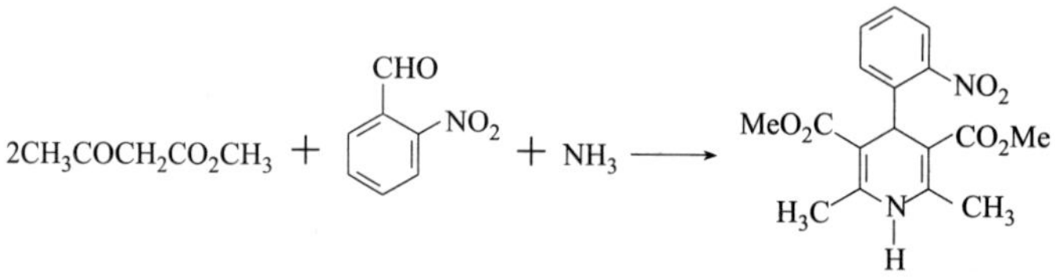

(58)

不对称的 1,4-二氢吡啶可以通过 Hantzsch 合成法分两步来合成。分别地制备醇醛缩合产物，然后与氨和不同的 1,3-二羰基组分或烯胺酮进行第二步反应。例如强效钙拮抗剂盐酸尼卡地平（Nicardipine hydrochloride）原料药（**59**）的合成[86]。

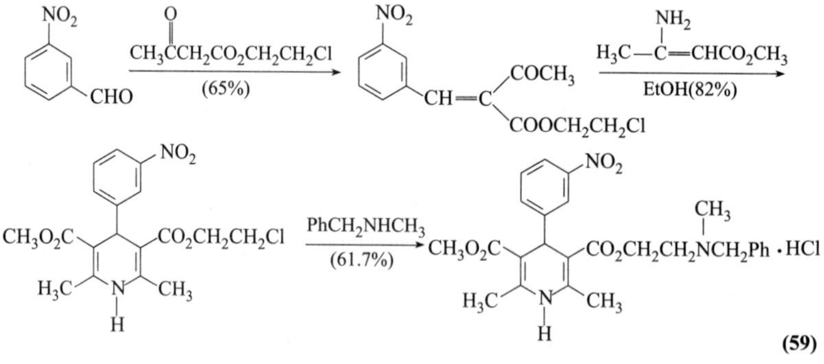

(59)

（4）Guareschi-Thorpe 缩合反应（2-吡啶酮合成法）　腈基乙酸乙酯与 β-二羰基化合物在氨存在下反应生成 2-吡啶酮。该反应称为 Guareschi-Thorpe 缩合反应。

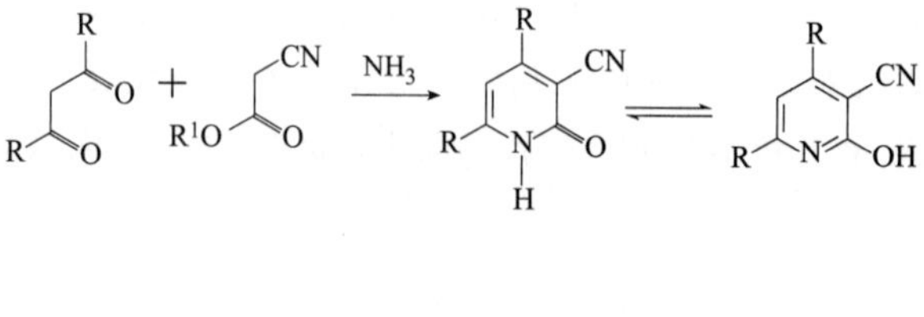

可能的反应机理如下：

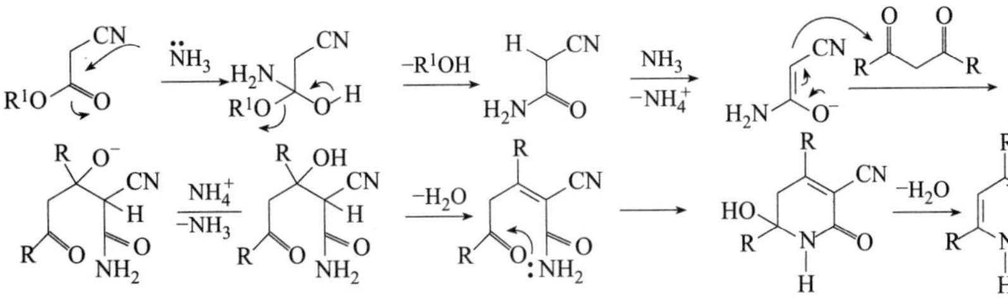

反应中首先生成氰基乙酰胺，氰基乙酰胺亚甲基氢活泼，失去质子生成的负离子作为亲核试剂与 β-二羰基化合物继续反应，最终生成产物。因此，反应中也可以直接使用腈基乙酰胺。例如强心药米力农（Milrinone）原料药（**60**）的合成[87]。

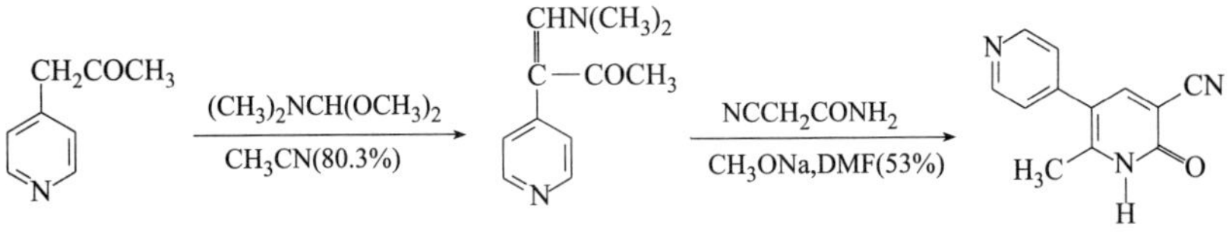

若 β-二羰基化合物两个羰基的活性有足够的差异，则其中亲电性更强的羰基与 3-氨基烯酮、3-氨基丙烯酸酯或氰基乙酰胺的中心碳原子反应，只生成两个吡啶或吡啶酮的异构体之一。

3-腈基-6-甲基-2（1）-吡啶酮（**61**）的合成如下[88]。

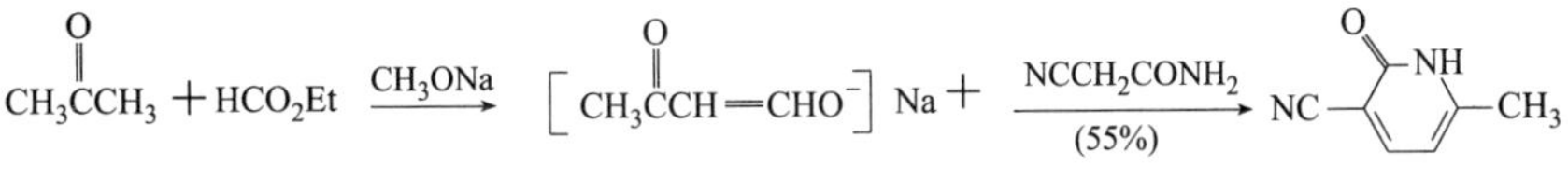

使用 $H_2NCOCH_2C(NH_2)=NH \cdot HCl$ 代替氰基乙酰胺，生成 2-氨基吡啶-3-甲酰胺。

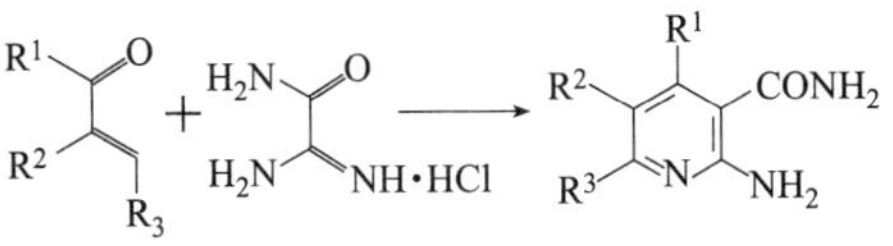

用硝基乙酰胺代替氰基乙酰胺，则生成 3-硝基-2-吡啶酮。

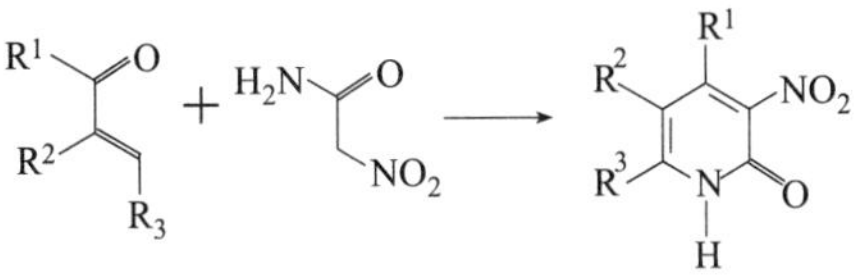

（5）扩环重排合成法　含氮的三元或五元杂环化合物经分子内重排，可以扩环生成六元吡啶环。例如噁唑环中的二烯键可以作为双烯体与一个亲双烯体发生 Diels-Alder 反应，加成物可以看成是二氢噁唑与四氢呋喃并合的杂环化合物，后者经扩环重排，氧桥断裂，最后生成吡啶衍生物。例如：

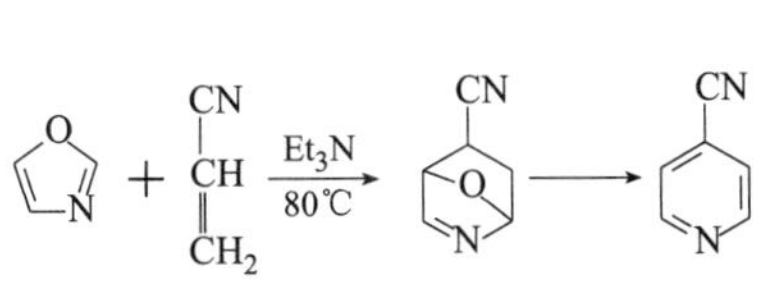

例如利尿药盐酸西氯他宁（Cicletanine hydrochloride）中间体 2-甲基-3-羟基-4,5-二羟甲基吡啶（维生素 B$_6$）(**62**) 的合成[89]。

(62)

2. 喹啉及其衍生物的合成

喹啉类化合物在药物合成中具有重要的应用。喹啉有多种不同的合成方法，但从成键的反应类型来看，主要还是通过碳杂键和碳碳键的形成来合成的。

（1）Skraup 和 Doebner-von Miller 喹啉合成法　苯胺或其衍生物与无水甘油、浓硫酸及适当的氧化剂一起加热可以生成喹啉或其衍生物，该方法称为 Skraup 喹啉合成法。

整个反应是按如下步骤进行的。

首先是甘油在硫酸作用下脱水生成丙烯醛，苯胺再与丙烯醛发生 Micheacl 加成生成 β-苯胺基丙醛。后者再在酸催化下环化脱水，生成 1,2-二氢喹啉。最后二氢喹啉被硝基苯氧化脱氢生成喹啉。硝基苯则被还原为苯胺，可继续参加反应。

例如氯化喹啉类抗阿米巴药物喹碘仿（Chiniofon）等的中间体 8-羟基喹啉的合成。

由于 Skraup 反应使用的是甘油，因此，该方法在合成吡啶环上没有取代基的喹啉类化合物中应用非常广泛，特别是稠杂环类化合物。例如[90]：

该反应适用于氨基邻位至少一个位置未被取代的芳香伯胺。反应中使用甘油、硫酸和氧化剂。但芳环上含有一些活泼基团的芳香胺，由于不能经受强烈的反应条件而不适用于 Skraup 反应。例如乙酰基、氰基、甲氧基、氟等，原因是这些基团太活泼，或者环上磺化、或者反应中降解、或者在反应中水解。

萘、蒽、菲、芘的伯胺容易发生 Skraup 反应生成相应的苯并喹啉衍生物。

由于反应中是甘油脱水生成丙烯醛参与反应，因此，也可以不用甘油而直接用丙烯醛或其他 α,β-不饱和醛，但此时的反应为 Doebner-von Miller 改进的喹啉合成法。

α,β-不饱和羰基化合物可以是醛或酮。取代基可以在羰基的 α-位或 β-位，从而得到 3-取代或 2-取代喹啉。若使用 α,β-不饱和酮，则生成 4-位取代的喹啉。

当然，也可以使用取代的芳香伯胺和 α,β-不饱和羰基化合物反应，合成苯环和吡啶环都连有取代基的喹啉衍生物。例如 2-甲基-8-喹啉羧酸 (**63**) 的合成[91]。

(2) Friedländer 喹啉合成法 邻氨基苯甲醛、乙醛在氢氧化钠溶液存在下发生缩合反应生成喹啉，后来称为 Friedländer 喹啉合成反应。目前一般指邻氨基芳香族醛或酮与各种含 α-氢的羰基化合物发生缩合，生成喹啉类化合物的反应。

Friedländer 反应常用的催化剂是碱或酸，有时也可以不使用催化剂。有时有无催化剂或使用酸或碱催化剂会得到不同的反应产物。经典的 Friedländer 是在碱催化剂存在下于溶剂中加热来实现的。常用的碱催化剂有氢氧化钠、氢氧化钾、哌啶、醇钠、碱金属碳酸盐、吡啶、离子交换树脂等。典型的活泼亚甲基化合物是乙醛、环己酮、β-酮酸酯等。

酸催化常用催化剂盐酸、硫酸、对甲苯磺酸、多聚磷酸等，有时也可使用有机酸如乙酸。

不用催化剂时，往往反应温度较高，因为温度低时很多缩合中间体不能发生环合反应。

使用不同的催化剂（酸或碱），有时得到的主要产物也可能不同。例如：

酸催化86% 碱催化11% 痕量 71%

4-氨基尼克甲醛与 2-丁酮在乙醇中反应，当用乙醇钠作催化剂时，几乎完全得到 2,3-二甲基-1,6-二氮杂萘;当用哌啶作催化剂时,则得到了两种不同的产物,二者几乎等量。

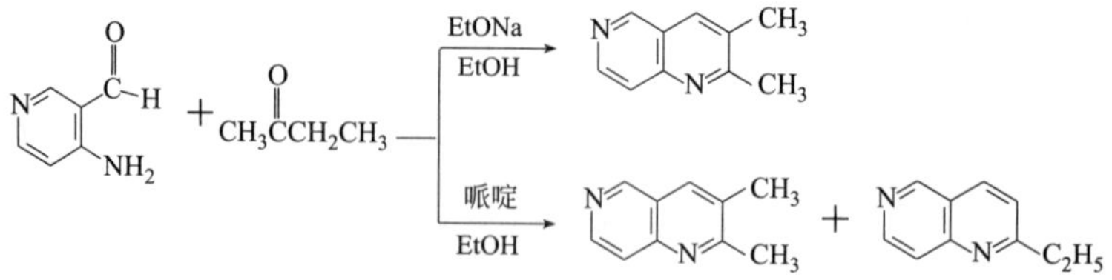

在如下反应中,酸催化和直接加热得到不同的产物,而在碱作用下基本不反应。

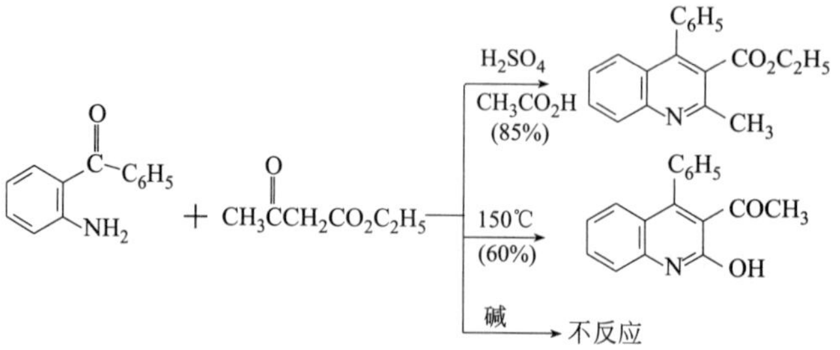

使用该方法制备喹啉类化合物收率有时并不高,但该方法具有一定的应用范围,一般适用于制备喹啉的杂环上连有取代基的衍生物。特别适用于制备 3-位上有取代基的喹啉衍生物。后者用其他方法往往存在较大困难。如 3-硝基喹啉和 3-苯磺酰基喹啉衍生物的合成:

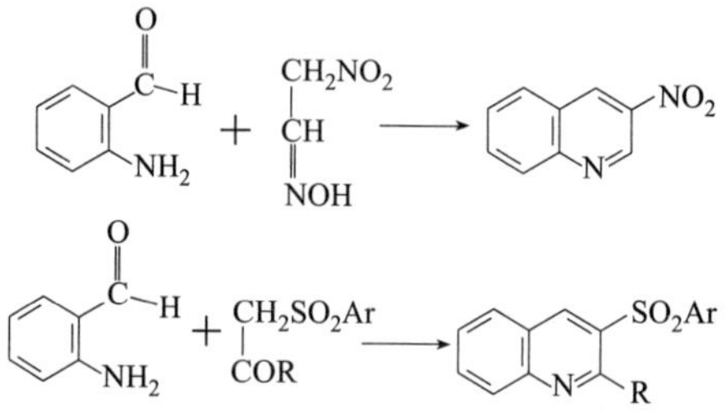

有时也可以用邻氨基芳香腈来代替邻氨基芳香醛。例如抗老年痴呆症药物他克林(Tacrine)等的中间体 9-氨基四氢吖啶(**64**)的合成[92]。

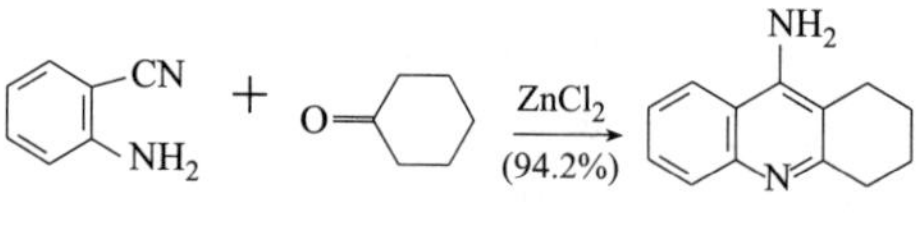

(64)

2-氨基-3-吡啶甲醛与 β-羰基磷酸酯在氢氧化钠的甲醇溶液反应,得到 2-取代-1,8-二氮杂萘,并未得到 2,3-二取代-1,8-二氮杂萘,反应具有很高的区域选择性。

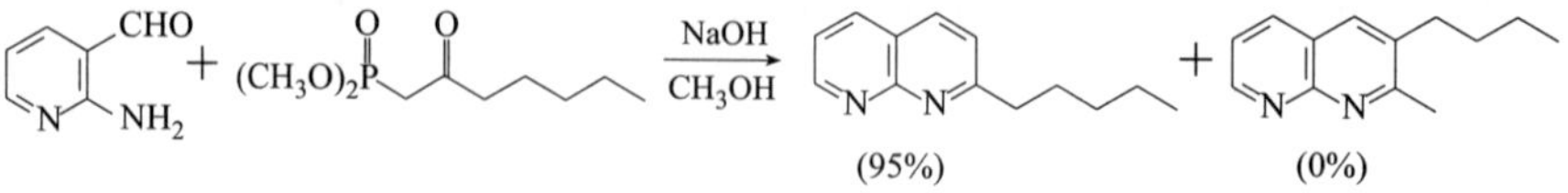

当使用不对称的酮时,区域选择性是 Friedländer 反应的一个突出问题。通过在酮的 α-碳上引入磷酸酯基,则区域选择性明显提高。

(3)Combes 喹啉合成法 在酸催化剂存在下,苯胺与 β-二酮反应可以生成喹啉类化合物,称为 Combes 喹啉合成法。

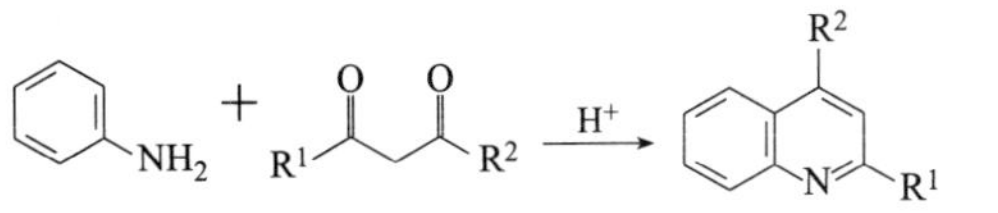

该反应的起始原料芳基伯胺，氨基至少有一个邻位没有取代基，因为成环时是在氨基的邻位。β-二酮可以是对称的，也可以是不对称的。不对称的 β-二酮与芳香胺反应第一步生成 Schiff 碱可能有两种异构体，哪一种异构体为主要产物，取决于第一步生成 Schiff 碱的能力，性质活泼的羰基更容易生成 Schiff 碱。β-酮醛也可以发生该反应，醛基更容易生成 Schiff 碱。当然，生成 Schiff 碱的能力还受反应温度等因素的影响。

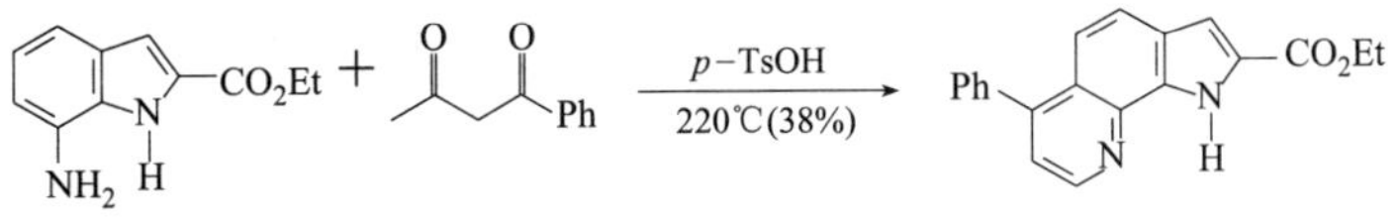

第二步成环反应，对于对称的芳香伯胺，成环没有选择性，但对于芳环上有取代基的芳香伯胺，成环反应的选择性和产物的生成会受到反应介质的酸性和反应温度的影响。如：

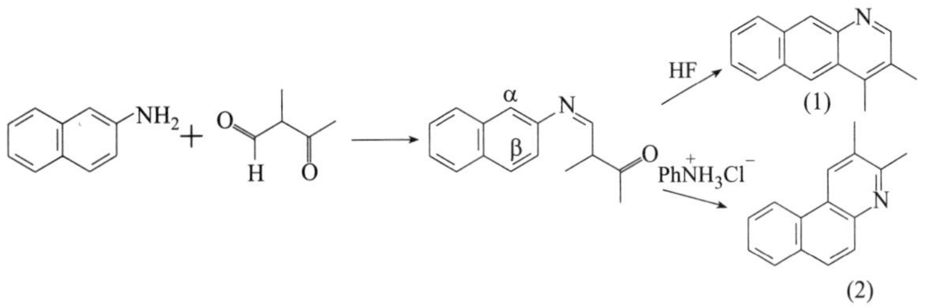

在上述反应中，在 HF 存在下，成环时主要发生在 β-位，生成化合物（1）；在苯胺盐酸盐存在下则主要发生的 α-位，生成化合物（2）。

又如如下反应：

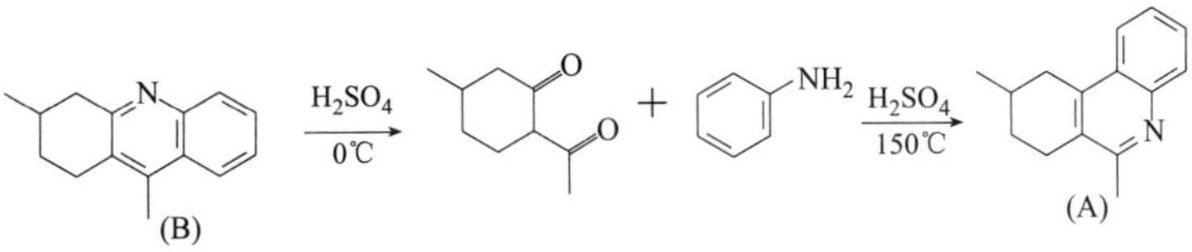

在上述反应中，化合物 A 的生成，是在硫酸催化下高温反应，此时更有利于 1,3-二酮的环外羰基生成 Schiff 碱，最终生成化合物 A；在低温条件下，环上羰基慢慢生成 Schiff 碱，而后关环生成化合物 B。这可能与动力学和热力学控制有关。

1,3-丙二醛可以发生该反应，但 1,3-丙二醛不稳定，可以将其转化为相应的等价物来进行反应。例如[93]：

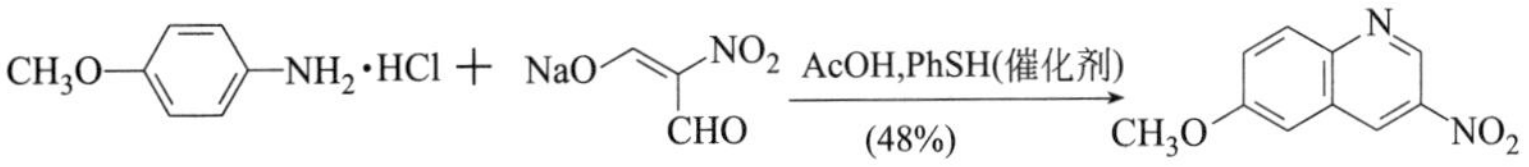

（4）Conrad-Limpach-Knorr 喹啉合成法（Conrad-Limpach 反应） 芳胺与 β-酮酸酯缩合，而后在惰性溶剂如二苯醚中加热发生分子内环合可以生成喹诺酮衍生物。这是合成喹诺酮类化合物的一种方便方法。例如：

反应在较低的温度下进行，苯胺与 β-酮酸酯的酮羰基反应，得到 β-苯胺基丙烯酸酯，后者高温环化生成 4-喹诺酮类化合物；在高温下，苯胺与 β-酮酸酯的酯基反应（胺解）得到酰基苯胺，后者环化生成 2-喹诺酮类化合物。

该反应最早是将苯胺和乙酰乙酸乙酯一起直接加热生成 2-甲基-4-羟基喹啉，收率较低（30%），后来加入惰性溶剂如二苯醚、矿物油，于 240～250℃ 加热 20min，产物的收率达到 90%～95%。

该反应适用于各种不同的芳香胺，芳环上可以连有烷基、硝基、卤素、烷氧基等。也适用于杂环类芳香胺。由于关环时温度较高，有些不稳定而容易分解的化合物往往收率较低，甚至没有制备价值。

β-酮酸酯并不限于乙酰乙酸乙酯，也可以使用其他类似化合物，例如如下反应：

采用 Conrad-Limpach 方法也可以合成一些稠环化合物。例如：

α-取代的乙酰乙酸乙酯可以与芳香胺反应生成 3-位取代的 4-喹诺酮。

2-位没有取代基的 4-喹诺酮不能用 Conrad-Limpach 方法合成，但可以由 β-芳氨基丙烯酸酯来制备。

3-位取代的 4-喹诺酮可以用酯的甲酰基衍生物来制备。例如：

盐酸洛美沙星中间体（**65**）的合成如下[94]。

丙二酸酯与原甲酸酯反应可以生成乙氧亚甲基丙二酸酯，其可以作为中间体进行 Conrad-Limpach 反应。

盐酸芦氟沙星中间体（**66**）的合成如下[95]。

使用如下改进的 Conrad-Limpach 方法，也可以合成相应的 4-喹诺酮类化合物。芳环上的 R 基团，可以是不同位置的卤素原子、烷氧基、三氟甲基等。

丙二酸二烷基酯直接与芳香胺反应，可以生成 2,4-二羟基喹啉衍生物。例如：

酰基丙二酸酯与芳香胺反应可以生成 3-酰基-2,4-二羟基喹啉衍生物。例如：

喹诺酮类化合物在药物化学中占有重要地位。喹诺酮类抗菌药物具有抗菌谱广、作用机制独特、高效低毒等特点。已有十几种药物上市，例如：环丙沙星、依诺沙星、洛美沙星、氧氟沙星、吉米沙星等。

近年来，铜催化剂近年来催化合成喹啉得到广泛关注，苯胺与 $C(sp^3)/C(sp^2)$-H 键反应获得喹啉衍生物[96]：

2017 年，Weng 用 DMF 作为碳源，用铜催化剂催化合成了喹啉环[97]。

3. 异喹啉及其衍生物的合成

异喹啉类化合物的合成方法也比较多，仅介绍其中几种。

（1）Bischler-Napieralski 异喹啉合成反应　β-苯乙胺的 N-酰基衍生物，于惰性溶剂中，在催化剂存在下发生分子内缩合、脱水，生成 3,4-二氢异喹啉类化合物，该反应称为 Bischler-Napieralski 反应。这是合成异喹啉类化合物最常用的方法。

关于该反应的反应机理，用 $POCl_3$ 作催化剂时，发现发生环化反应的中间体是腈基正离子。目前人们普遍接受的机理是 Foder 提出的酰基亚胺氧盐和腈盐中间体的机理。Foder 还发现，反应中加入 $SnCl_4$、$ZnCl_2$ 可以加速环化反应。

如果酰胺先用 PCl_5 处理，分离出生成的亚胺氯，再加热环化，可以得到更高收率的产物。该类反应的中间体是腈基正离子。

该反应常用的催化剂是 $POCl_3$-P_2O_5，还可以使用 PCl_5、$AlCl_3$、$SOCl_2$、$ZnCl_2$、Al_2O_3、$POBr_3$、$SiCl_4$、PPA 等。对酸敏感的底物，可以使用 Tf_2O-DMAP。常用的溶剂有甲苯、硝基苯、苯、氯仿、THF 等。在合成方法上，近年来报道了固相合成法、微波促进的合成法、离子液体中的合成法等。

例如非细胞毒性抗肿瘤药物德氮吡格（Tetrazanbigen，TNBG）中间体（**67**）的合成[98]：

又如抗胃溃疡药洛氟普啶盐酸盐（Revaprazan hydrochloride）的中间体 1-甲基-2,3-二氢异喹啉（**68**）的合成[99]。

该反应的适用范围较广，苯环上可以连有取代基。因为环化时属于芳环上的亲电取代反应，因此给电子取代基有利于环化反应，而吸电子基团不利于环化反应。

除了苯环以外，其他芳香环状化合物也可发生该反应。

N 上的酰基可以是脂肪烃酰基（含甲酰基），芳香烃酰基，有时也可以是 N 上直接连有羧酸酯基。

芳烃的 β-乙胺基上可以连有取代基，反应后得到连有取代基的相应产物。

芳香族 β-乙胺也可以发生该反应。例如：

相应的硫代酰胺也可以发生该类反应。例如：

关于该反应的手性合成，也有很多报道。

（2）Pictet-Spengler 合成法　β-芳基乙胺在酸性溶液中与羰基化合物缩合，生成 1，2，3，4-四氢异喹啉，该反应称为 Picter-Spengler 反应，又叫 Picter-Spengler 异喹啉合成法。

反应中常用的羰基化合物是醛、如甲醛或甲醛缩二甲醇、苯甲醛等。有时也可以使用活泼的酮。实际上，该反应是 Mannich 氨甲基化的一种特例。

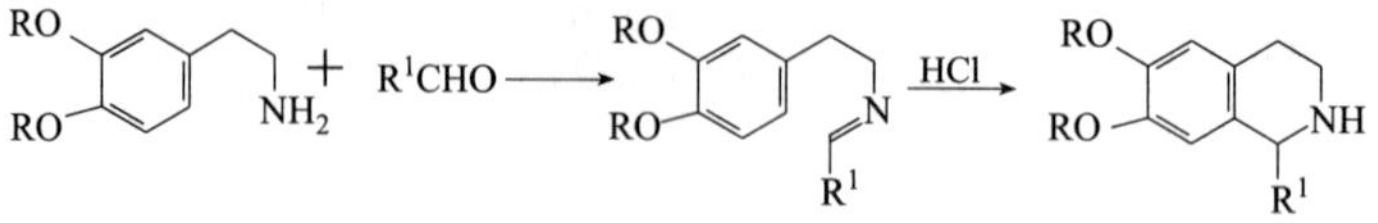

可能的反应机理如下：

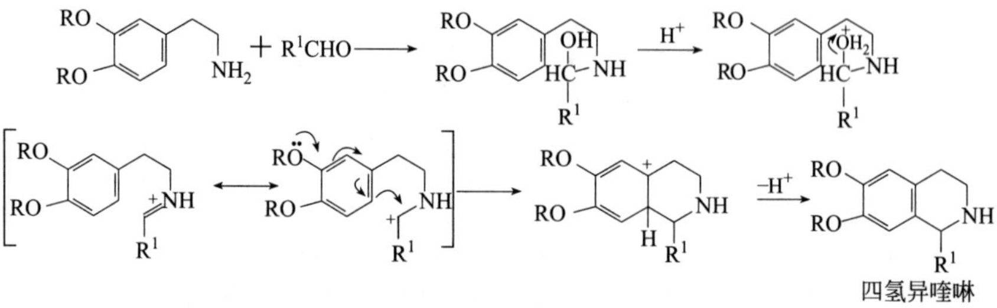

在上述反应中，β-芳基乙胺首先与醛反应生成 α-羟基胺，脱水后生成亚胺，后者在酸催化下与芳环发生分子内亲电取代反应而关环，得到四氢异喹啉衍生物。

例如高血压病治疗药喹那普利（Quinapril）中间体（**69**）的合成[100]。

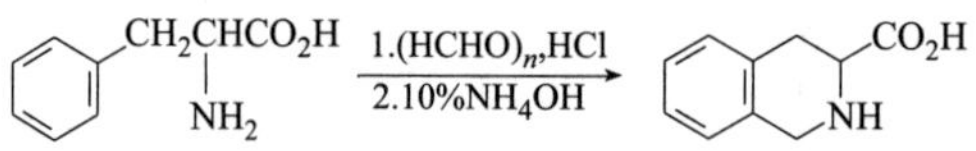

又如非去极化型肌松药苯磺酸阿曲库铵（Atracurium besilate）中间体 6，7-二甲氧基-1，2，3，4-四氢异喹啉草酸盐（**70**）的合成[101]。

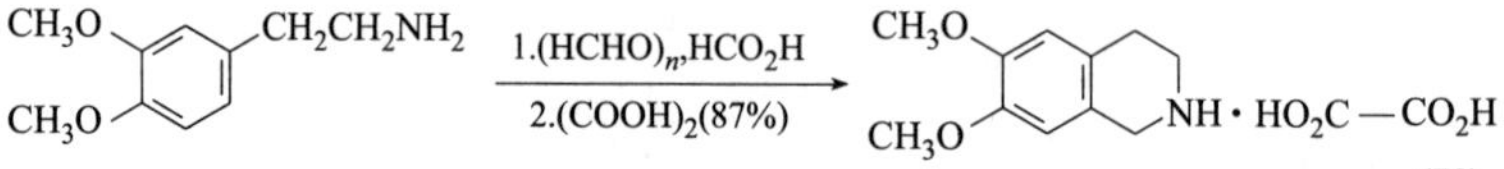

生成的四氢异喹啉脱氢生成异喹啉衍生物，是合成异喹啉类化合物的一种方法。

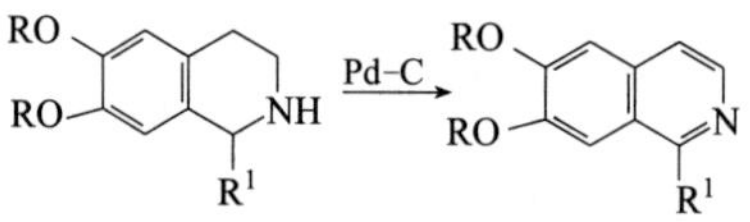

该反应常用无机酸作催化剂，例如盐酸、硫酸等，许多反应是在弱酸性条件下进行的。三氟化硼也可作为催化剂，例如[102]：

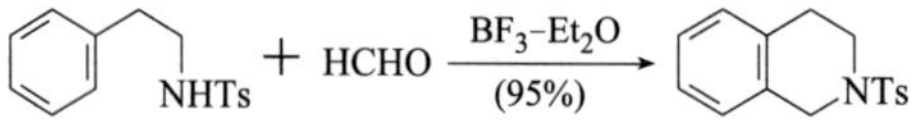

又如[103]

酮的活性低于醛，反应相对较困难。使用微波加热或沸石催化剂，可使反应顺利进行。

乙醛酸及其衍生物、酮酸、酮酸酯等可以作为羰基化合物参与 Pictet-Spengler 环化反应。

一些羰基化合物的等价物也可以进行 Pictet-Spengler 环化反应，这些等价物主要是 N,O-缩醛类杂环化合物，如 1,3-噁嗪烷（Oxazinane）、1,3-噁唑烷（Oxazolidine）。

Oxazinane   Oxazolidine

这些等价物极大拓展了 Pictet-Spengler 环化反应的应用范围。

（3）Pomeranz-Fritsch 合成法　在酸性介质中，氨基缩乙醛与芳香醛发生缩合、关环反应生成异喹啉类化合物，该类反应称为 Pomeranz-Fritsch 异喹啉合成反应。

反应机理如下：

反应中首先是氨基对质子化的羰基进行亲核加成，脱水后生成 Schiff 碱。Schiff 碱再经过芳环上的亲电取代等一系列变化，最后生成异喹啉类化合物。

环合反应常用硫酸作催化剂，硫酸的浓度范围从发烟硫酸到 70％ 的硫酸。可以单独使用硫酸，也可以使用硫酸与气体氯化氢、乙酸、氧化磷、三氯氧磷等，有时也用浓盐酸。例如抗血小板药物中间体 7-羟基异喹啉的合成[104]。

该方法的一种改进是将苄基胺与乙二醛的半缩醛进行反应生成相应的异喹啉类化合物。该方法称为 Schlittler-Muller 异喹啉改进合成法。

后来人们对该方法做了很多改进，其中之一是分两步合成四氢异喹啉。将反应中生成的 Schiff 碱原位氢化为氨基乙缩醛，而后经酸催化环合-氢解，得到四氢异喹啉衍生物。

4-羟基四氢异喹啉　1,2-二氢异喹啉

当使用芳基酮代替芳基醛时，可以得到 1-取代的异喹啉类化合物。

另外一种改进方法是苄基胺与卤代乙缩醛的反应，生成异喹啉衍生物，该方法称为 Bobbitt 改进法[105]。

在不对称合成方面，近年来也有了迅速的发展。

第四节　含两个杂原子的六元杂环芳香化合物

含两个杂原子的六元杂环化合物主要有嘧啶、吡嗪、哒嗪等及其苯并类化合物。他们的分子中都含有两个亚胺氮原子，每个氮原子提供一个电子形成大 π 键，属于等电子（$4n+2$）的封闭共轭体系，具有芳香性。

一、嘧啶类化合物

嘧啶类化合物是生命活动中一类很重要的物质，广泛存在于生物体内，如核酸中最常见的五种含氮碱性组分中就有三种含嘧啶结构，即尿嘧啶、胞嘧啶和胸腺嘧啶。嘧啶类化合物因具有较强的生物活性而受到广泛关注，已经开发出的带有嘧啶环结构的药物越来越多。

嘧啶环中两个氮原子处于间位，因此合成嘧啶环的最好方法是使同一碳原子上连有两个氨基的化合物同 1,3-二羰基化合物反应，用通式表示如下。

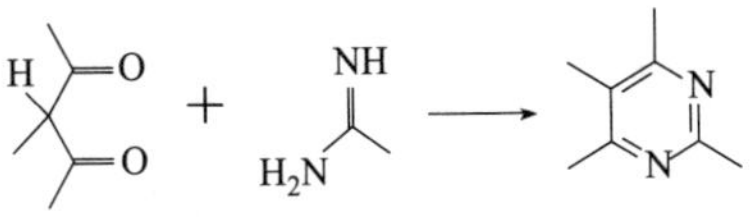

常用的 1,3-二羰基化合物有：1,3-二醛（酮）、1,3-醛酮、1,3-醛酯、1,3-酮酯、1,3-二酯、1,3-醛腈、1,3-酮腈、1,3-酯腈、1,3-二腈等。

同碳上连有两个氨基的化合物有脲、硫脲、胍（$(H_2N)_2C\!=\!NH$）、脒（$R\!-\!C(NH_2)\!=\!NH$）等，选用上述二氨基化合物可分别使嘧啶环的 2-位碳原子上连有羟基、巯基、氨基和烷基。

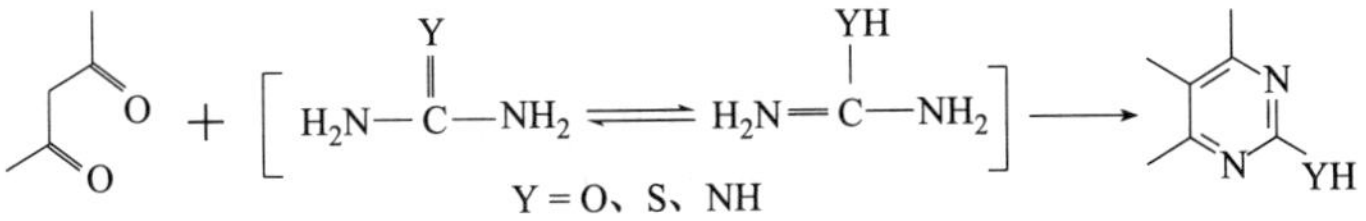

显然选用的原料与嘧啶环上取代基的种类和位置有关系。选用适宜的 1,3-二羰基化合物可以使制得的嘧啶的 4-位、5-位或 6-位具有所需要的取代基。

从化学键的形成来看，嘧啶类化合物的合成大都是通过 C-N 键的形成来合成的，因此，氮原子的亲核性强弱对环合反应有直接影响。例如，用硫脲进行环合比尿素来得容易，原因是硫脲中的硫比尿素中的氧电负性小，吸电子能力比氧低，胍和脒的碱性强，胍和脒进行环合反应也比较容易进行。

以 1,3-二酯为原料，可以合成 4,6-二羟基嘧啶衍生物。例如镇静催眠药苯巴比妥（**71**）及硫喷妥钠（**72**）的合成：

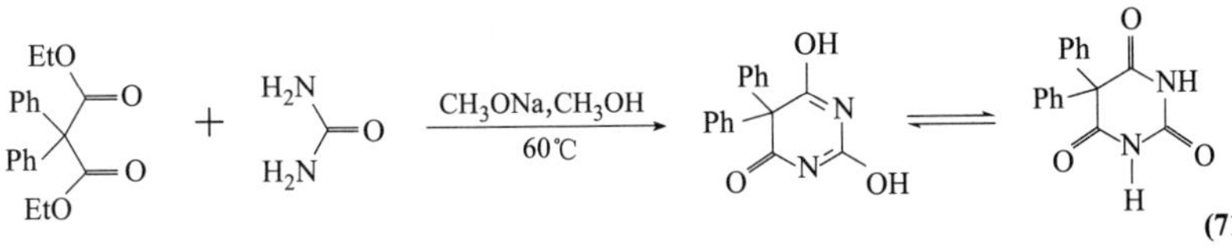

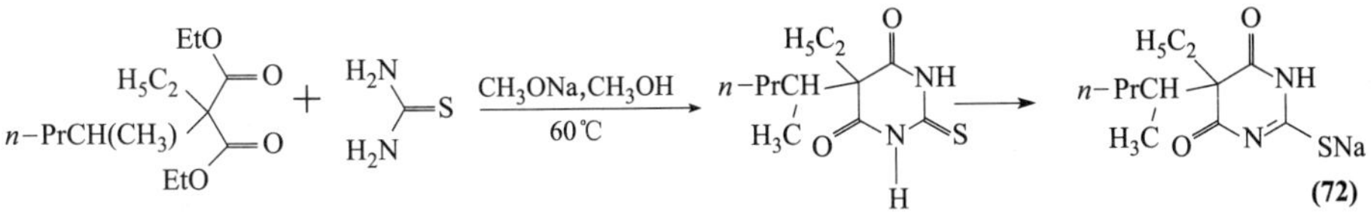

上述 1,3-二酯实际上是二烃基丙二酸酯衍生物，也可以是单取代丙二酸酯或丙二酸酯。丙二酸酯与乙脒反应，生成中枢性降压药莫索尼定（Moxonidine）等的中间体 2-甲基-4,6-二羟基嘧啶[106]。

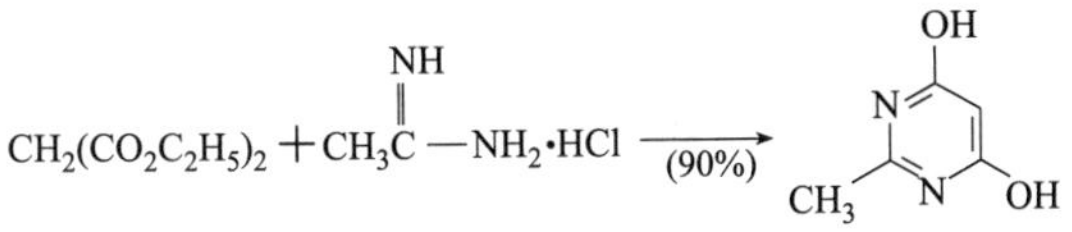

硝酸胍与丙二酸二乙酯在醇钠作用下可以生成 2-氨基-4,6-二羟基嘧啶。

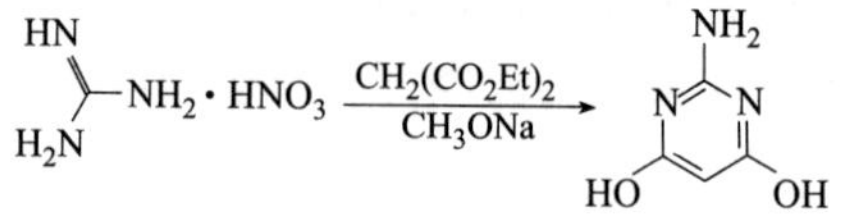

利用 1,3-二酮类为原料与同碳上二氨基化合物反应，可以制备 2-位上不同取代基的 4,6-二烃基嘧啶。该方法应用较广。

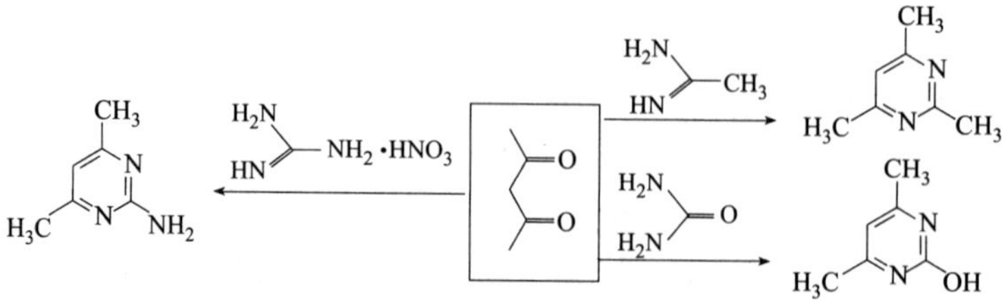

广谱抑菌药磺胺二甲嘧啶（**73**）就是由戊二酮与磺胺脒缩合而成的。

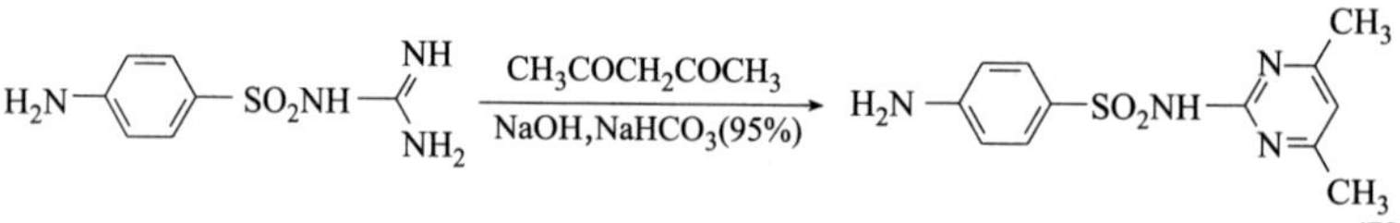

1,3-酮酯主要是乙酰乙酸乙酯类，以 1,3-酮酯为原料，可以合成 6-位取代的嘧啶衍生物。例如药物潘生丁、抗凝血药莫哌达醇（Mopidamol）等的中间体 6-甲基脲嘧啶的合成[107]。

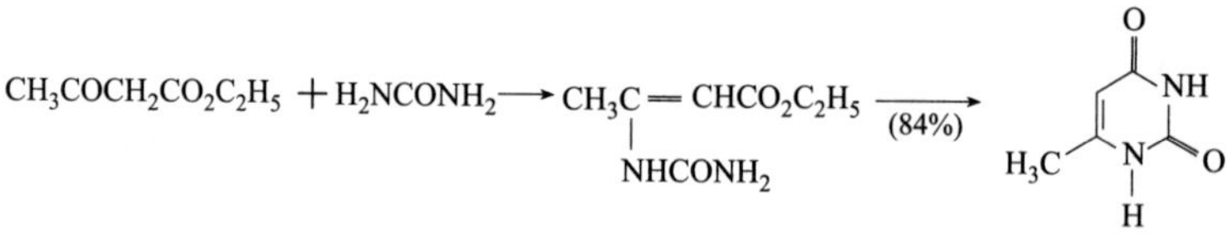

这种方法应用较多，因为 1,3-酮酯的来源较容易，可以是脂肪族的酮酸酯，也可以是芳香族的酮酸酯，此外，分子中还可以连有其他取代基。

以 1,3-醛腈与尿素为原料，可合成 4-氨基嘧啶类衍生物，如药物中间体 2-羟基-4-氨基嘧啶的合成。氰基乙醛不稳定，常将其转化为缩醛来使用。

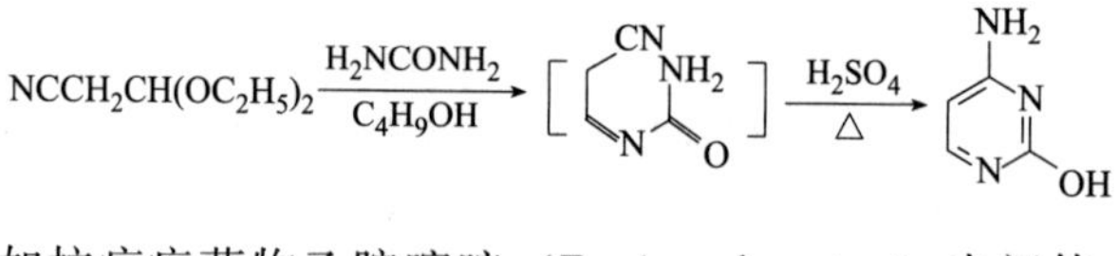

与之类似的反应如抗疟疾药物乙胺嘧啶（Pyrimethamine）中间体（**74**）的合成：

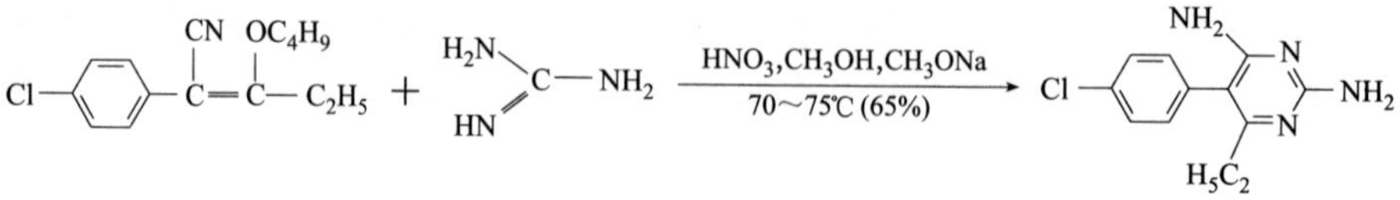

又如抗肿瘤药盐酸尼莫司汀（Nimustine hydrochloride）中间体 2-甲基-4-氨基-5-乙酰胺甲基嘧啶（**75**）的合成[108]。

CH₃OCH₂CHCN 的结构式，CH(OCH₃)₂

$$\text{CH}_3\text{OCH}_2\text{CHCN} \underset{\text{CH(OCH}_3)_2}{\big|} + \text{CH}_3\text{C}\overset{\text{NH}}{=}\text{NH}_2 \cdot \text{HCl} \xrightarrow[\text{2.HCO}_2\text{C}_2\text{H}_5 \text{ 3.H}_2\text{O (66\%)}]{\text{1.CH}_3\text{ONa,CH}_3\text{OH}} \quad (75)$$

腈基乙酸酯与硫脲、尿素、胍等反应时，酯基首先胺解生成氰基乙酰胺类化合物，而后关环得到嘧啶类化合物。

生成的产物 2,6-二氨基-4-羟基嘧啶为降压药米诺地尔（Minoxidil）、叶酸等的中间体。

丙醛酸与尿素反应可以生成尿嘧啶。但丙醛酸不稳定，可以采用以苹果酸为原料在浓硫酸存在下原位生成，再与尿素缩合得到尿嘧啶。

$$\text{HOOCCH}_2\text{CHCOOH} \xrightarrow{\text{H}_2\text{SO}_4} \underset{\text{CHO}}{\overset{\text{COOH}}{|}} + \text{CO} + \text{H}_2\text{O} \xrightarrow[\text{(50\%\sim55\%)}]{\text{H}_2\text{NCONH}_2}$$

尿嘧啶为抗癌药 5-氟脲嘧啶（5-Fluorouracil）等的中间体，也是 RNA 中特有的碱基。尿嘧啶可阻断抗癌药替加氟的降解作用，提高氟脲嘧啶的浓度，而增强抗癌作用。

二、吡嗪

吡嗪分子中的两个氮原子处于六元环 1,4-位，因此，整个分子是对称的。吡嗪化合物的合成有多种方法。常见的有如下几种。

1. α-氨基酮或 α-氨基醛的自身缩合

对称的吡嗪类化合物可以由 α-氨基酮或 α-氨基醛的自身缩合，而后氧化得到。

但 α-氨基羰基化合物通常是不稳定的，其盐的形式比较稳定。因此它们在合成中一般由 2-重氮基、肟基或叠氮基酮在反应中原位产生。缩合后得到的二氢吡嗪，空气中氧化即可得到吡嗪衍生物，最简单的方法是进行加热。

$$\text{PhCH}_2\text{COCl} \xrightarrow{\text{CH}_2\text{N}_2} \xrightarrow{\text{H}_2,\text{Pd}} \left[\underset{\text{NH}_2}{\overset{\text{O}}{\text{Bn}}}\right] \longrightarrow \left[\text{Bn} \quad \text{Bn}\right] \xrightarrow{\triangle} \text{Bn} \quad \text{Bn}$$

2. α-氨基酸酯的自身缩合

α-氨基酸酯比较稳定。自身缩合后生成吡嗪二酮类化合物，但其氧化反应却难以进行。

可以先将其转化为二氯化物或二烷氧基二氢吡嗪，而后进行芳构化得到吡嗪衍生物。

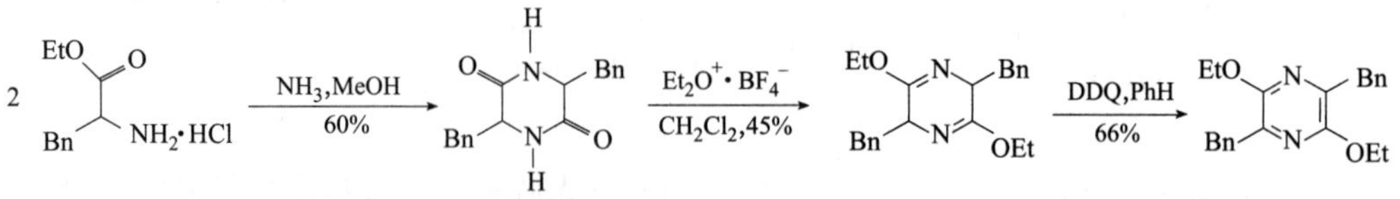

3. 1,2-二羰基化合物与 1,2-二胺反应

1,2-二羰基化合物与 1,2-二胺缩合，而后氧化，生成吡嗪类化合物。这种方法更适合于合成对称的吡嗪。

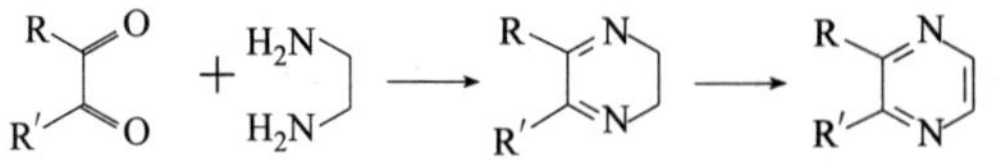

例如治疗结核病药物吡嗪酰胺（Pyrazinamide）等的中间体苯并吡嗪（喹喔啉）的合成[109]。

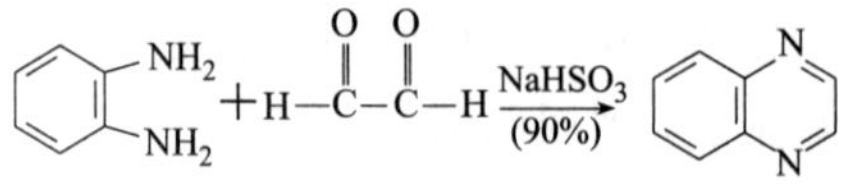

若用 1,2-二羰基化合物与 1,2-二烯胺反应，则直接生成吡嗪类化合物。例如：

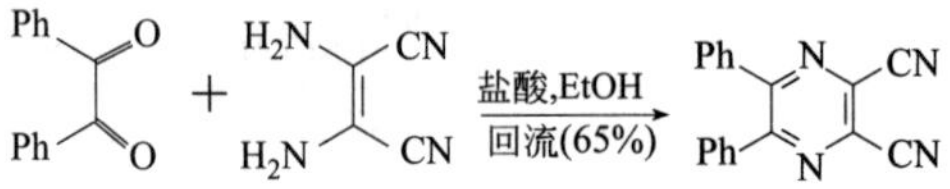

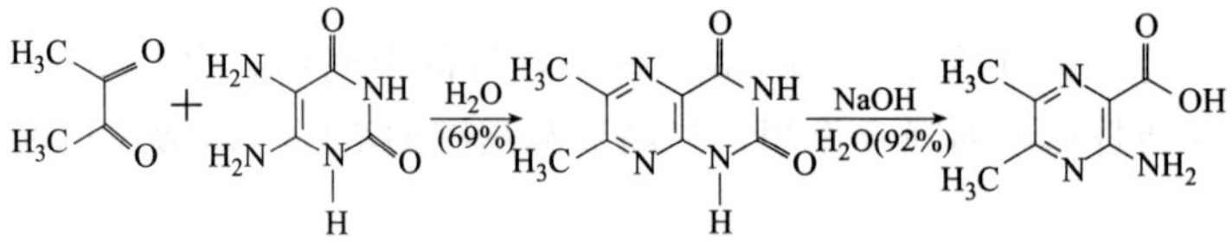

不对称的 1,2-二羰基化合物和不对称的 1,2-二胺反应，可能生成吡嗪的混合物。有时控制适当的反应条件可以使其中的一种为主要产物。例如：

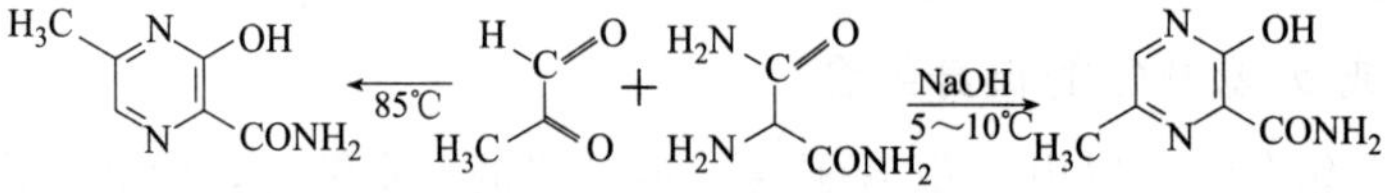

草酸二乙酯与 1,2-二胺反应可生成 2,3-二氧代哌嗪（**76**），为抗菌药他唑西林的中间体[110]。

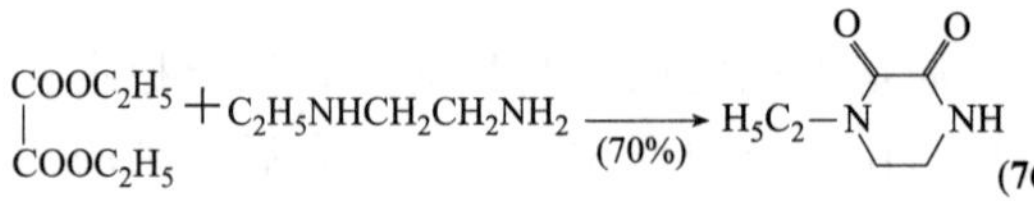

三、哒嗪

哒嗪类化合物具有良好的生物活性，近年来已成为医药、农药研究的热门课题。

哒嗪类化合物合成最方便的方法是 1,4-二羰基化合物与肼的反应。若使用不饱和的 1,4-二羰基化合物，环化后可直接得到哒嗪；若为饱和的，则先生成二氢哒嗪，氧化脱氢后得到哒嗪。

顺丁烯二酸酐与肼反应生成羟基哒嗪酮。

不饱和1,4-二羰基化合物可以由呋喃衍生物来制备，而后与肼反应得到哒嗪衍生物。如：

若使用饱和的1,4-二羰基化合物，可能会生成二氢哒嗪和 N-氨基吡咯的混合物。

合成哒嗪酮的有效方法是使用1,4-酮酸或1,4-酮酯与肼反应，首先生成二氢哒嗪酮，后者脱氢生成哒嗪酮。脱氢常用的方法是用溴素，先生成 C-溴化物，而后消除溴化氢。用间硝基苯甲酸作氧化剂也可取得不错的结果。

糠醛转化为粘氯酸（1,4-醛酸），后者与甲基肼反应，生成消炎镇痛药依莫法宗（Emorfazone）中间体（**77**）[111]。

芳香族化合物与丁二酸酐进行 F-C 反应生成1,4-酮酸，而后与肼进行缩合是合成6-芳基哒嗪酮的一种方便方法。例如新药中间体化合物（**78**）的合成：

心脏病治疗药左西孟坦（Levosimendan）中间体 6-(4'-氨基苯基)-5-甲基-2,3,4,5-四氢哒嗪-3-酮（**79**）的合成如下[112]。

(79)

苯乙酮与乙醛酸在碱性条件下反应，生成 1,4-不饱和酮酸，而后再与肼反应可以生成哒嗪酮类化合物。

也可以使用三氯乙醛来代替乙醛酸。

杂环化合物这类很多，在有机合成中，杂环化合物的合成占到很大比例，越来越受到药物合成、化学合成工作者的重视。

◆ **参考文献** ◆

[1] Cocker W, et al. J Chem Soc, Perkin Trans I, 1972, 15: 1971.

[2] 张继昌，苏坤，颜继忠等. 浙江化工，2009，40（7）：4.

[3] 李家明，查大俊，何广卫. 中国医药工业杂志，2000，31（7）：289.

[4] 仇缀百，焦平，刘丹阳. 中国医药工业杂志，2009，31（12）：554.

[5] 张娟，范晓东，刘毅锋等. 现代化工，2006，26（11）：47.

[6] 朱新海，陈功，许樽乐等. 有机化学，2008，28（1）：115.

[7] Barton D H R, Zard S Z. Chem Commun, 1985: 1098.

[8] Barton D H, Kervagoret J, Zard S Z. Tetrahedron, 1990, 46（21）: 7587.

[9] 刘翔宇，杜焕达，王琳等. 精细化工中间体，2009，30（3）：40.

[10] John R C, Wong S. J Med Chem, 1973, 16（2）: 173.

[11] Matiychuk V S, Martyak R L, Obushak N D, et al. Chem Heterocycl Com, 2004, 40: 1218.

[12] 张珂良，宫平. 精细与专用化学品，2007，15（13）：14.

[13] Blaazer A R, Lange J H M, den Boon F S, et al. J Med Chem, 2011, 46: 5086.

[14] Pchalek K, Jones A W, Monique M T, et al. Tetrahedron, 2005, 61（1）: 77.

[15] 王鸿玉，宋云龙，章玲等. 药学实践杂志，2015，33（2）：127.

[16] 孙昌俊，曹晓冉，王秀菊. 药物合成反应——理论与实践. 北京：化学工业出版社，2007：441.

[17] Orlemans E N O, Schreuder A H, Conti P G M, et al. Tetrahedron, 1987, 43: 3817.

[18] Tetrahedron Lett. 1985, 26（5）: 685.

[19] Jones R A, Civcir P U. Tetrahedron, 1997, 53（34）: 11529.

[20] 陈仲强，陈虹. 现代药物的制备与合成：第一卷. 北京：化学工业出版社，2008：321.

[21] Mullican M D, Sorenson R J, Connor D T, et al. J Med Chem, 1991, 34（7）: 2186.

［22］ 曾涵，尹筱莉，孟华等. 天然产物研究与开发, 2010, 22: 826.

［23］ Taylor E L, Dowling J E. J Org Chem, 1997, 62: 1599.

［24］ Huddleston P R, Baeker J M. Synth Commun, 1979, 9（8）: 731.

［25］ 王强，潘红娟，袁哲东. 中国医药工业杂志, 2007, 38（2）: 76.

［26］ 陈安军，许杰华. 山东化工, 2009, 38（1）: 5.

［27］ 宋艳玲，赵艳芳，孟艳秋等. 中国新药杂志, 2005, 14（7）: 882.

［28］ Anderson W K, LaVoie E J, Bottaro J C. J Chem Soc Perkin Trans I, 1976: 1.

［29］ Bridges A J, Lee A, Maduakor E C, et al. Tetrahedron Lett, 1992, 33（49）: 7499.

［30］ Oikawa Y, Yonemitsu O. J Org Chem, 1976, 41（7）: 1118.

［31］ 陈仲强，陈虹. 现代药物的制备与合成: 第一卷. 北京: 化学工业出版社, 2008: 340.

［32］ Maeda I. Bull Chem Soc Japan. 1969, 42: 1435.

［33］ Godfrey A G, Brooks D A, Hay L A, et al. J Org Chem, 2003, 68（7）: 2623.

［34］ Weitman M, Lerm an L, Cohen S, et al. Tetrahedron, 2010, 66: 14: 65.

［35］ Singh N, Bhati S K, Kumar A. Eur J Med Chem, 2008, 43: 2597.

［36］ 陈邦银，张汉萍，丁惟培等. 中国医药工业杂志, 1991, 22（5）: 205.

［37］ van Leusen A M, Hoogenboom B E, Siderus H. Tetrahedron Lett, 1972: 2369.

［38］ Bull J A, Balskus E P, Horan R A J, et al. Chem Eur J 2007, 13: 5515.

［39］ Dunwell D W. Evans D, Hicks T A. J Med Chem, 1975, 18（1）: 53.

［40］ Bhawal B N, Mayabhate S P, Likhite A P. Synth Commun, 1995, 25: 3315.

［41］ 徐军，廖本仁. 中国医药工业杂志, 2002, 33（4）: 158.

［42］ Good R H, et al. J Chem Soc Perkin Trans 1, 1972: 2441.

［43］ 陈仲强，陈虹. 现代药物的制备与合成: 第一卷. 北京: 化学工业出版社, 2008: 100.

［44］ 陈宝泉，马宁，曾海霞等. 中国药物化学杂志, 2002, 12（4）: 233.

［45］ Kurkouska Joanna, Zadrozna Irmina. Journal of Research, 2003, 5: 541.

［46］ 陆学华，潘莉，唐承卓等. 中国药物化学杂志, 2007, 17（2）: 89.

［47］ 周媛，杜芳艳. 湖北化工, 2000, 5: 19.

［48］ 曲虹琴，赵冬梅，程卯生. 中国药物化学杂志, 2004, 14（5）: 298.

［49］ 付德才，楼杨通，李忠民. 中国药物化学杂志, 2002, 12（2）: 105.

［50］ Hartman G D, Weinstock L M. Org Synth, 1988, Coll Vol 6: 620.

［51］ 陆强，王艳艳. 食品与药品, 2012, 14（2）: 110.

［52］ 雷英杰，毕野，欧阳杰等. 化学研究与应用, 2012, 10: 1596.

［53］ 丁成荣，贺孝啸，张翼等. 浙江工业大学学报, 2010, 38（2）: 138.

［54］ 施炜，李润涛，杜诗初等. 中国医药工业杂志, 1987, 18（2）: 26.

［55］ Galeazzi E, Guzman A, Nava J L. J Org Chem, 1995, 60（4）: 1090.

［56］ Walsef A, et al. J Org Chem, 1978, 43（5）: 936.

［57］ 陈芬儿. 有机药物合成法. 北京: 中国医药科技出版社, 1999: 279.

［58］ 陈芬儿. 有机药物合成法. 北京: 中国医药科技出版社, 1999: 1016.

［59］ 付焱，郭毅，杨双革等. 中国新药杂志, 2003, 12（7）: 538.

［60］ VanVliet D S, Gillespiean P, Scicinski J. TetrahedronLett, 2005, 46: 6741.

［61］ Gogol P, Knwar G. Tetrahedron Lett, 2006, 47: 79.

［62］ Ahrami K, Khodaci M M, Naali F, J Org Chem, 2008, 73（17）: 6835.

［63］ Singh M P, Sasmal S, Lu W, Chatterjee M N. Synthesis, 2000: 1380.

［64］ Lin S N, Yang L H. Tetrahedron Lett, 2005, 46: 4315.

［65］ 孙昌俊，曹晓冉，王秀菊. 药物合成反应——理论与实践. 北京: 化学工业出版社, 2007: 438.

［66］ 陈芬儿. 有机药物合成法. 北京: 中国医药科技出版社, 1999: 83.

［67］ HellerS T, et al. Org Lett, 2006, 8（13）: 2675.

［68］ 汤立合，陶林，陈合兵等. 中国医药工业杂志, 2007, 38（4）: 252.

［69］ 陈芬儿. 有机药物合成法. 北京：中国医药科技出版社，1999：181.

［70］ Wen J, Fu Y, Zhang R Y, et al. Tetrahedron, 2011, 67（49）：9618.

［71］ 王春，徐自奥. 安徽化工，2012，38（3）：14.

［72］ 张书桥，刘艳丽，吴达俊. 合成化学，2002，2：170.

［73］ Rolf H, Klaus B. Org Synth, 1973, Coll Vol 5: 650.

［74］ Sun J H, Teleha C A, Yan J S, et al. J Org Chem. , 1997, 62（16）：5627.

［75］ 蔡可迎，宗志敏，魏贤勇. 化学试剂，2007，29（1）：53.

［76］ Baiocchi L, Corsi G, Palazzo G. Synthesis, 1978: 633.

［77］ Pabba C, Wang H J, Mulligan S R, et al. Tetrahedron Letters, 2005, 46（44）：7553.

［78］ 张东峰，王燕，林紫云等. 中国药物化学杂志，2006，16（6）：366.

［79］ G Bachi, Cary C M Lee, D Yang, et al. J Am Chem Soc, 1986, 108（14）：4115.

［80］ 吴艳，张亚青. 陕西化工，1997，1：24.

［81］ 孙昌俊，曹晓冉，王秀菊. 药物合成反应——理论与实践. 北京：化学工业出版社，2007：453.

［82］ 何延红，官智. 西南师范大学学报：自然科学版，2012，37（1）：122.

［83］ Harayama T, Nakatsuka K, Nishioka H, et al. Chem Pharm Bull, 1994, 42（10）：2170.

［84］ 李绮云，孙洪远，庞景茹. 中国药物化学杂志，1995，5（1）：52.

［85］ 林原斌，刘展鹏，陈红飙. 有机中间体的制备与合成. 北京：科学出版社，2006：708.

［86］ 张学民，解季芳，管作武等. 中国医药工业杂志，1990，21（3）：104.

［87］ 陈芬儿. 有机药物合成法. 北京：中国医药科技出版社，1999：428.

［88］ 林原斌，刘展鹏，陈红飙. 有机中间体的制备与合成. 北京：科学出版社，2006：722.

［89］ 陈芬儿. 有机药物合成法. 北京：中国医药科技出版社，1999：762.

［90］ Fujiwara H, Kitagawa K. Heterocycles, 2000, 53: 409.

［91］ Li X G, Cheng X, Zhou Q L. Synth Commun, 2002, 32（16）：2477.

［92］ 孙昌俊，曹晓冉，王秀菊. 药物合成反应——理论与实践. 北京：化学工业出版社，2007：440.

［93］ Magnus P, Eisenbeis S A, Fairhurst R A, et al. J Am Chem Soc, 1997, 119（24）：5591.

［94］ 陈仲强，陈虹. 现代药物的制备与合成：第一卷. 北京：化学工业出版社，2008：133.

［95］ 陈仲强，陈虹. 现代药物的制备与合成：第一卷. 北京：化学工业出版社，2008：131.

［96］ Pang X, Wu M, Ni J, et. al. J. Org. Chem, 2017, 82（19）：10110.

［97］ Weng Y, Zhou H, Sun C, et. al. J. Org. Chem, 2017, 82（17）：9047.

［98］ Tiwari R T, Singsh D, Singsh J, et al. Eur J Med Chem, 2006, 41（1）：40.

［99］ 李桂珠，刘秀杰，王宝杰等. 沈阳药科大学学报，2007，27（6）：337.

［100］ 陈芬儿. 有机药物合成法. 北京：中国医药科技出版社，1999：334.

［101］ 陈芬儿. 有机药物合成法. 北京：中国医药科技出版社，1999：120.

［102］ 倪峰，蒋慧慧，施小新. 合成化学，2009，17（1）：10.

［103］ Luo S, Zhao J, Zhai H. J Org Chem, 2004, 69（13）：4548.

［104］ 张惠斌，冯玫华，彭司勋. 中国药科大学学报，1991，22（6）：326.

［105］ Grajewska A, Rozwadowska M D. Tetrahedron Asymmetry, 2007, 18: 2910.

［106］ 武引文，梅和珊，张忠敏等. 中国药物化学杂志，2001，11（1）：45.

［107］ 蒋忠良，施宪法，栾家国. 化学试剂，1995，17（5）：307.

［108］ 陈芬儿. 有机药物合成法. 北京：中国医药科技出版社，1999：866.

［109］ 邹祺，郑永勇，李斌栋等. 江苏化工，2005，33（增刊）：124.

［110］ 姚庆祥，刘仁勇. 沈阳药科大学学报，1985，2（2）：128.

［111］ 陈芬儿. 有机药物合成法. 北京：中国医药科技出版社，1999：955.

［112］ 孙昌俊，曹晓冉，王秀菊. 药物合成反应——理论与实践. 北京：化学工业出版社，2007：456.